2023中国电力电子与能量转换大会暨中国电源学会第二十六届学术年会及展览会（CPEEC&CPSSC 2023）&第二届国际电力电子技术与应用会议（IEEE PEAS 2023）

2023中国电力电子与能量转换大会暨中国电源学会第二十六届学术年会及展览会
（CPEEC&CPSSC 2023）、第二届国际电力电子技术与应用会议
（IEEE PEAS 2023）11月在广州召开

2600余人参加会议

2023中国电力电子与能量转换大会暨中国电源学会第二十六届学术年会及展览会（CPEEC & CPSSC 2023）&第二届国际电力电子技术与应用会议（IEEE PEAS 2023)

大会主席、西安交通大学刘进军教授在学术年会和 PEAS 2023 国际会议开幕式中致辞

IEEE PELS 主席张榴晨教授在 PEAS 2023 国际会议开幕式中致辞

大会技术程序委员会主席、浙江大学李武华教授介绍会议情况

特邀大会报告人做报告

大会分会场现场

墙报交流

2023中国电力电子与能量转换大会暨中国电源学会第二十六届学术年会及展览会(CPEEC & CPSSC 2023)&第二届国际电力电子技术与应用会议(IEEE PEAS 2023)

专题活动：电源人才对接会现场

专题活动：人工智能对电力电子与电力传动学科的机遇与挑战专题论坛

专题活动：电源科研成果交流会

专题活动：电源创新产品推广会

颁发优秀合作伙伴证书

同期电源新产品新技术展览会现场

中国电源学会成立40周年纪念仪式及颁奖 & 第九届中国电源学会科学技术奖

中国电源学会副理事长、南京航空航天大学
阮新波教授主持开幕式

中国科协党组成员、国际合作部部长
罗晖女士讲话

为当选学会会士代表颁发证书

为卓越贡献个人颁发证书

为卓越贡献单位颁发证书

中国电源学会理事长刘进军教授（右）
向杰出贡献奖获奖人李立涅院士颁奖

第九届中国电源学会科学技术奖

中国电源学会理事长刘进军教授（右）
向杰出贡献奖获奖人徐德鸿教授颁奖

特等奖颁奖

一等奖颁奖

二等奖颁奖

优秀产品创新奖颁奖

青年奖颁奖

GaN Systems杯第九届高校电力电子应用设计大赛

大赛承办单位中国矿业大学李小强副教授
主持决赛开幕式

决赛报告现场

决赛现场测试

中国电源学会理事长、西安交通大学刘进军教授（右）
为特等奖获奖队西南交通大学代表队颁发证书

大赛冠名合作单位 GaN Systems，an Infineon
Company 公司副总裁庄渊棋先生致辞

为竞赛合作及联合支持单位颁发证书

专题交流

第七届电气化交通前沿技术论坛
（4月，武汉）

第九届特种电源学术交流会
（5月，哈尔滨）

第七届高校电力电子学科青年学者论坛
（7月，北京）

中国电源学会电能质量专业委员会行业发展论坛
（8月，桐庐）

中国电源学会电力电子化电力系统及装备专业委员会
第二届学术交流会（8月，深圳）

2023中国新能源车充电与驱动技术大会
（10月，杭州）

专题交流&继续教育与培训

2023电力电子与变频电源新技术学术论坛
（10月，徐州）

联合青年人才论坛
（11月，广州）

联合女科学家论坛
（11月，广州）

2023中国电源学会电磁兼容专业委员会
首届学术年会（11月，武汉）

新能源车充电与驱动技术高级研修班
（4月，杭州）

新能源汽车中磁性元件技术与应用高级研修班
（第一期）（4月，惠州）

继续教育与培训

高品质电源电磁兼容性高级研讨班
（5月，上海）

功率变换器磁技术分析、测试与应用高级研修班
（6月，福州）

光伏、储能电源设计与应用高级研修班
（7月，合肥）

新能源汽车中磁性元件技术与应用高级研修班
（第二期）（8月，杭州）

高效率高功率密度电源技术与设计高级研讨班
（8月，南京）

第三代半导体器件、驱动控制、测试及应用技术
高级研修班（10月，上海）

纪念中国电源学会成立40周年座谈会&组织建设

纪念中国电源学会成立40周年座谈会
暨2023年中国电力电子发展战略
圆桌会议（8月，烟台）

中国电源学会九届四次常务理事（扩大）会议
（3月，天津）

中国电源学会九届五次常务理事会议
（11月，广州）

中国电源学会九届三次全体理事会议
（11月，广州）

《电源学报》编委会议（11月，广州）

CPSS TPEA 编委会议（11月，广州）

中国电源行业年鉴 2024

中国电源学会　编著

机 械 工 业 出 版 社

《中国电源行业年鉴 2024》由中国电源学会编著，对电源行业整体发展状况进行了综合性、连续性、史实性的总结和描述，是电源行业权威的资料性工具书。《中国电源行业年鉴 2024》共分八篇，前两篇：政策法规、宏观经济及相关行业运行情况，主要介绍了与电源行业相关领域的政策法规、宏观经济及相关行业运行情况，为行业发展和各单位的决策提供指导和参考；后六篇：电源行业发展报告及综述、电源行业新闻、科研与成果、电源标准、主要电源企业简介、电源重点工程项目应用案例及相关产品，从各个方面介绍了 2023 年电源行业的发展状况。

《中国电源行业年鉴 2024》可供相关政府职能部门、生产企业、高等院校、科研院所、采购单位、检测服务机构和电源工程技术人员参考。

图书在版编目（CIP）数据

中国电源行业年鉴. 2024 / 中国电源学会编著.
北京：机械工业出版社，2024.8. -- ISBN 978-7-111-76464-9

Ⅰ．TM91-54

中国国家版本馆 CIP 数据核字第 20248LS411 号

机械工业出版社（北京市百万庄大街 22 号　邮政编码 100037）
策划编辑：杨　琼　　　　　　　　责任编辑：杨　琼　朱　林
责任校对：王　延　郑　婕　梁　静　封面设计：鞠　杨
责任印制：邓　博
北京盛通数码印刷有限公司印刷
2024 年 10 月第 1 版第 1 次印刷
210mm×297mm・35.75 印张・7 插页・1530 千字
标准书号：ISBN 978-7-111-76464-9
定价：298.00 元

电话服务　　　　　　　　　　　网络服务
客服电话：010-88361066　　　　机　工　官　网：www.cmpbook.com
　　　　　010-88379833　　　　机　工　官　博：weibo.com/cmp1952
　　　　　010-68326294　　　　金　书　网：www.golden-book.com
封底无防伪标均为盗版　　　　　机工教育服务网：www.cmpedu.com

《中国电源行业年鉴 2024》编辑委员会

（排名不分先后）

名誉主任：	徐德鸿	中国电源学会	名誉理事长、监事长
		浙江大学	教授
主　　任：	刘进军	中国电源学会	理事长
		西安交通大学	教授
副 主 任：	罗　安	中国电源学会	副理事长
		中国工程院	院士
		湖南大学	教授
	章进法	中国电源学会	副理事长
		台达电子企业管理（上海）有限公司	研发主任
	阮新波	中国电源学会	副理事长
		南京航空航天大学	教授
	邓建军	中国电源学会	副理事长
		中国工程院	院士
		中国工程物理研究院流体物理研究所	研究员
	马　皓	中国电源学会	副理事长
		浙江大学伊利诺伊大学厄巴纳香槟校区联合学院	副院长/教授
	袁小明	中国电源学会	副理事长
		华中科技大学	教授
	周桃园	中国电源学会	副理事长
		华为数字能源技术有限公司	数字能源产品与解决方案总裁
	杜　雄	中国电源学会	副理事长
		重庆大学电气工程学院	副院长/教授
	张　磊	中国电源学会	秘书长
委　　员：	于　玮	中国电源学会	常务理事
		易事特集团股份有限公司	副总裁
	史平君	中国电源学会	常务理事
		西安四维电气有限责任公司	总经理
	吕征宇	中国电源学会	常务理事
		浙江大学	教授
	刘程宇	中国电源学会	常务理事
		深圳科士达科技股份有限公司	董事长
	刘　强	中国电源学会	常务理事
		深圳市中自信息技术有限公司	董事长
	许建平	中国电源学会	常务理事
		西南交通大学	教授
	孙　跃	中国电源学会	常务理事
		重庆大学	教授
	孙耀杰	中国电源学会	常务理事
		复旦大学	教授
	李永东	中国电源学会	常务理事
		清华大学	教授

李民英	中国电源学会	常务理事
	广东志成冠军集团有限公司	总工程师
李武华	中国电源学会	常务理事
	浙江大学	教授
杨　旭	中国电源学会	常务理事
	西安交通大学	教授
肖　曦	中国电源学会	常务理事
	清华大学	教授
吴煜东	中国电源学会	常务理事
	株洲中车时代半导体有限公司	执行董事
汪之涵	中国电源学会	常务理事
	深圳青铜剑科技股份有限公司	董事长
张卫平	中国电源学会	常务理事
	北方工业大学	教授
张　兴	中国电源学会	常务理事
	合肥工业大学	教授
张承慧	中国电源学会	常务理事
	山东大学	教授
陈　为	中国电源学会	常务理事
	福州大学	教授
陈成辉	中国电源学会	常务理事
	科华数据股份有限公司	董事长
陈道炼	中国电源学会	常务理事
	青岛大学电气工程学院	院长/教授
卓　放	中国电源学会	常务理事
	西安交通大学	教授
胡先红	中国电源学会	常务理事
	中兴通讯股份有限公司	总工程师
查晓明	中国电源学会	常务理事
	武汉大学	教授
柏子平	中国电源学会	常务理事
	苏州汇川技术有限公司	总工程师
耿　华	中国电源学会	常务理事
	清华大学	教授
徐殿国	中国电源学会	常务理事
	哈尔滨工业大学	教授
高　勇	中国电源学会	常务理事
	西安工程大学	教授
曹仁贤	中国电源学会	常务理事
	阳光电源股份有限公司	董事长
盛　况	中国电源学会	常务理事
	浙江大学电气工程学院	院长/教授
康　勇	中国电源学会	常务理事
	华中科技大学	教授
谢少军	中国电源学会	常务理事
	南京航空航天大学	教授

主　编：韩家新
副主编：阮新波　张　磊

《中国电源行业年鉴 2024》编辑部

主　任：陈国珍

编　辑：杨乃芬　胡　珺　陈　帆　崔凌云
　　　　贾志刚　耿　越　张　楠　范旭杰
　　　　刘梓民　郭凯凯　刘晓妍　王　君
　　　　帖为钦

前　言

《中国电源行业年鉴》（以下简称《年鉴》）是由中国电源学会编著的电源行业权威的资料性工具书，每年出版一期，对上一年度电源行业整体发展状况进行综合性、连续性、史实性的总结和描述，为政府有关部门，为行业科研、生产、采购和应用提供服务和参考。

中国电源学会成立于1983年，是国家一级社团法人，以促进我国电源科学技术进步和电源产业发展为己任，既团结了全国电源界的专家学者和广大科技人员，也汇聚了众多的电源企业。中国电源学会经过40多年的努力和奋斗，为我国电源科技进步和产业发展做出了重要贡献，对电源行业发展状况有着深入和全面的了解，是编辑出版《年鉴》的最具权威性的单位。

本期《年鉴》共分为八篇，整体内容划分两个部分。

第一部分是前两篇：政策法规、宏观经济及相关行业运行情况，主要介绍了与电源行业相关的国家政策法规和宏观经济环境及相关行业运行情况，为电源行业的发展和各个单位的决策提供指导和参考。

第二部分是后六篇：电源行业发展报告及综述、电源行业新闻、科研与成果、电源标准、主要电源企业简介、电源重点工程项目应用案例及相关产品，从各个方面介绍了2023年电源行业的发展状况。

电源行业发展报告及综述篇，进一步丰富了市场分析的细分领域。

电源行业新闻篇，包括学会大事记、电源大事记和会员大事记，记录2023年电源及相关领域的重大事件。

科研与成果篇，包括第九届中国电源学会科学技术奖获奖成果介绍，同时通过学会渠道广泛征集、更新了我国电源及相关领域科研团队信息及研究项目信息。

电源标准篇，学会团体标准建设综述，包含了学会团体在2023年同时推进的三批团体标准的各阶段工作情况介绍，以及学会2023年发布的11项团体标准的节选内容。

主要电源企业简介篇，对企业按照地区和主要产品进行分类索引，方便读者查阅。

电源重点工程项目应用案例及相关产品篇，以目录形式收录了更多电源重点工程项目应用案例及新产品，以便读者把握行业发展态势，同时仍选择优秀产品进行了整版介绍。

在本期《年鉴》编辑过程中，中国电源学会学术工作委员会、中国电源学会电能质量专业委员会、中国电源学会特种电源专业委员会、中国电源学会无线电能传输技术及装置专业委员会、南京国臣直流配电科技有限公司等撰写了相关行业发展报告及技术综述。学会各专业委员会、会员企业、高等院校、科研院所为《年鉴》提供了内容素材，东莞市石龙富华电子有限公司、商宇（深圳）科技有限公司、深圳市科达嘉电子有限公司等单位为《年鉴》的出版提供了经费的支持，在此一并表示感谢。

《年鉴》是资料性工具书，是电源行业发展的历史记录，希望电源界各个方面，包括企业、高等院校、科研机构、标准制定和咨询服务机构等提供资料，撰写文章，使《年鉴》更全面地反映行业发展情况。

《年鉴》出版时间较短，编辑出版水平有待提高，希望社会各界多提意见和建议，对本期《年鉴》的疏漏、错误之处，敬请批评指正。

《中国电源行业年鉴》编辑部
2024年5月

中国电源学会简介

中国电源学会（以下简称学会）成立于1983年，以电源科技界、学术界和企业界的凝聚优势，团结组织电源科技工作者，促进电源科学普及与技术发展，促进产学研相结合。

学会汇聚了全国电源界的科技工作者及众多的电源企业，目前有个人会员17000余人，他们当中有院士、科学家、工程技术人员、企业高管、教师及学生；有企业会员460家，其中副理事长单位11家，常务理事单位44家，理事单位113家，包含了国内外知名的电源企业。同时，学会与几千家企业保持着联系，形成了覆盖全国的服务和信息网络。

学会下设直流电源、照明电源、特种电源、变频电源与电力传动、元器件、电能质量、电磁兼容、磁技术、新能源电能变换技术、信息系统供电技术、无线电能传输技术及装置、新能源车充电与驱动、电力电子化电力系统及装备、交通电气化共14个专业委员会，以及学术、组织、专家咨询、国际交流、科普、编辑、标准化、青年、女科学家、会员发展共10个工作委员会。另外，还有业务联系的10个具有法人资格的地方电源学会。

学会每年举办各种类型的学术交流会。中国电源学会学术年会至今已经成功举办了26届。2023年中国电力电子与能量转换大会暨中国电源学会第二十六届学术年会及展览会在广州举办，2600余人参加，是国内电源界水平最高、规模最大的学术会议。于2014年发起的国际电力电子技术与应用会议暨博览会（IEEE International Power Electronics and Application Conference and Exposition，简称 IEEE PEAC），是中国电源领域首个国际性会议，至今已举办了3届。2021年创办首届国际电力电子技术与应用学术会议（IEEE International Power Electronics and Application Symposium，简称 IEEE PEAS）。此外，学会每年还举办各种类型的专题研讨会。

中国电源学会的主要出版物有：《电源学报》（中文核心期刊）、《电力电子技术及应用英文学报》（CPSS-TPEA）、《中国电源行业年鉴》、电力电子技术英文丛书、《中国电源学会通讯》（电子版）学会微信公众号等。同时，学会还组织编辑出版系列中文丛书、技术专著以及各种学术会议论文集。

学会于2011年设立"中国电源学会科学技术奖"，奖励在我国电源领域的科学研究、技术创新、新品开发、科技成果推广应用等方面做出突出贡献的个人和单位。电源科技奖于2020年由每两年评选一次调整为每年评选一次。

学会每年举办高校电力电子应用设计大赛，加强国内高校电力电子相关专业学生的相互交流，提高学生创造力及工程实践能力。

学会于2016年正式启动团体标准工作，本着"行业主导、需求为先、系统规划、务实高效"的原则，大力推动团体标准建设，以满足行业发展需要，促进电源行业技术进步、自主创新和产业升级。

学会积极开展继续教育活动，每年举办不同主题的培训班。同时，开展一系列行业服务活动，如科技成果鉴定、技术服务、技术咨询、参与工程项目评价等。

学会地址：天津市南开区黄河道467号大通大厦10层　　邮编：300110
电　　话：022-27680796　27634742　　　　　　　　传真：022-27687886
网　　站：www.cpss.org.cn　　　　　　　　　　　　邮箱：cpss@cpss.org.cn

中国电源学会组织机构名单

主要领导名单

名誉理事长：徐德鸿
理 事 长：刘进军
副理事长：罗 安　章进法　阮新波　邓建军　马 皓
　　　　　袁小明　周桃园　杜 雄
秘 书 长：张 磊

常务理事名单
（按姓氏笔画为序）

于 玮	马 皓	邓建军	史平君	吕征宇	刘 强	刘进军	刘程宇	许建平	阮新波
孙 跃	孙耀杰	杜 雄	李永东	李民英	李武华	杨 旭	肖 曦	吴煜东	汪之涵
张 兴	张 磊	张卫平	张承慧	陈 为	陈成辉	陈道炼	卓 放	罗 安	周桃园
胡先红	查晓明	柏子平	袁小明	耿 华	徐殿国	高 勇	曹仁贤	盛 况	康 勇
章进法	谢少军								

理事名单
（按姓氏笔画为序）

于 玮	于吉永	万成安	马 皓	马季军	马新群	王 东	王 冀	王宁宁	王议锋
王兴贵	王来利	王念春	王建国	王懿杰	车延博	牛新国	邓建军	叶贵荣	叶德智
史平君	丘东元	白小青	冯江华	曲荣海	吕征宇	朱 淼	朱明星	朱春辉	刘 扬
刘 闯	刘 芳	刘 强	刘兆燊	刘进军	刘树林	刘晓东	刘程宇	许建平	阮新波
孙 凯	孙 跃	孙向东	孙耀杰	苏义鑫	杜 雄	李 虹	李永东	李民英	李武华
李练兵	李洪涛	李积明	李晨光	杨 旭	杨 耕	杨玉岗	杨永恒	肖 曦	吴汉熙
吴良材	吴煜东	佟为明	余克壮	汪之涵	沈 捷	沈长松	沈国桥	宋 滔	张 兴
张 波	张 勇	张 森	张 磊	张卫平	张文学	张军明	张纯江	张承慧	陆益民
陈 为	陈 武	陈 敏	陈一逢	陈四雄	陈立烽	陈永刚	陈成辉	陈忠友	陈桥梁
陈海荣	陈道炼	陈冀生	茆美琴	林 桦	林 磊	杭丽君	卓 放	易扬波	罗 安
周 波	周世兴	周京华	周桃园	郑大为	郑大鹏	赵志刚	赵善麒	胡先红	胡家兵
查晓明	柏子平	皇甫宜耿	姚飞平	袁小明	袁宝山	耿 华	顾亦磊	徐国卿	徐殿国
高 勇	高 峰	高大庆	唐德平	涂春鸣	黄 兴	黄敏超	黄懿赟	梅云辉	曹仁贤
盛 况	崔纳新	康 勇	康劲松	章进法	程 泽	焦海波	舒 杰	温旭辉	谢少军
蔡 旭	蔡 蔚	薛红兵	戴永军	戴瑜兴					

分支机构及主任委员名单

工作委员会：

学术工作委员会　　　　　　　　　李武华
组织工作委员会　　　　　　　　　张卫平
编辑工作委员会　　　　　　　　　阮新波

科普工作委员会	孙耀杰
国际交流工作委员会	孙　凯
标准化工作委员会	卓　放
青年工作委员会	宋文胜
女科学家工作委员会	杭丽君
会员发展工作委员会	杜　雄
专家咨询工作委员会	查晓明

专业委员会：

直流电源专业委员会	杨　旭
特种电源专业委员会	李洪涛
元器件专业委员会	张　波
电磁兼容专业委员会	李　虹
磁技术专业委员会	杨玉岗
变频电源与电力传动专业委员会	杨　耕
照明电源专业委员会	王懿杰
电能质量专业委员会	朱明星
新能源电能变换技术专业委员会	张　兴
信息系统供电技术专业委员会	谢少军
无线电能传输技术及装置专业委员会	孙　跃
新能源车充电与驱动专业委员会	张军明
电力电子化电力系统及装备专业委员会	袁小明
交通电气化专业委员会	李永东

地方学会及理事长名单

（按学会名称汉语拼音字母顺序排列）

重庆市电源学会	冯德伦
福建省电源学会	郭新华
广东省电源学会	张　波
陕西省电源学会	杨　旭
上海电源学会	蔡　旭
四川省电源学会	许建平
天津市电源学会	程　泽
武汉市电源学会	裴雪军
西安市电源学会	马瑞卿
浙江省电源学会	吕征宇

中国电源学会理事单位名单

（按单位名称汉语拼音字母顺序先行后列排列）

副理事长单位

广东志成冠军集团有限公司　　　　华为技术有限公司
科华数据股份有限公司　　　　　　山特电子（深圳）有限公司
深圳市航嘉驰源电气股份有限公司　深圳市禾望电气股份有限公司
深圳市汇川技术股份有限公司　　　台达电子企业管理（上海）有限公司
阳光电源股份有限公司　　　　　　伊顿电源（上海）有限公司
中兴通讯股份有限公司

常务理事单位

安徽中科海奥电气股份有限公司　　安泰科技股份有限公司非晶制品分公司
北京动力源科技股份有限公司　　　成都航域卓越电子技术有限公司
东莞市奥海科技股份有限公司　　　东莞市石龙富华电子有限公司
弗迪动力有限公司电源工厂　　　　广州金升阳科技有限公司
广州三晶电气股份有限公司　　　　航天柏克（广东）科技有限公司
合肥华耀电子工业有限公司　　　　鸿宝电源有限公司
湖南艾华集团股份有限公司　　　　湖南三安半导体有限责任公司
华东微电子技术研究所　　　　　　华润微电子有限公司
金风科技股份有限公司　　　　　　科威尔技术股份有限公司
茂硕电源科技股份有限公司　　　　美的集团
南京博兰得电子科技有限公司　　　南京国臣直流配电科技有限公司
宁波赛耐比光电科技有限公司　　　厦门市爱维达电子有限公司
上海杰瑞兆新信息科技有限公司　　深圳古瑞瓦特新能源有限公司
深圳华德电子有限公司　　　　　　深圳科士达科技股份有限公司
深圳市必易微电子股份有限公司　　深圳市皓文电子股份有限公司
深圳市科信通信技术股份有限公司　深圳市盛弘电气股份有限公司
深圳市英威腾电源有限公司　　　　深圳市永联科技股份有限公司
深圳威迈斯新能源股份有限公司　　深圳英飞源技术有限公司
石家庄通合电子科技股份有限公司　特变电工新疆新能源股份有限公司
万帮数字能源股份有限公司　　　　温州大学
　　　　　　　　　　　　　　　　西南应用磁学研究所
西安爱科赛博电气股份有限公司　　（中国电子科技集团公司第九研究所）
先控捷联电气股份有限公司　　　　芯朋微电子股份有限公司
易事特集团股份有限公司　　　　　浙江东睦科达磁电有限公司
中国电子科技集团公司第十四研究所　株洲中车时代半导体有限公司

理 事 单 位

阿里巴巴（中国）有限公司　　　　艾德克斯电子有限公司
爱士惟科技（上海）有限公司　　　北京大华无线电仪器有限责任公司

北京合康新能科技股份有限公司	北京力源兴达科技有限公司
北京纵横机电科技有限公司	成都金创立科技有限责任公司
成都森未科技有限公司	东莞立讯技术有限公司
东莞铭普光磁股份有限公司	东莞新能源科技有限公司
佛山市顺德区冠宇达电源有限公司	公牛集团股份有限公司
固德威技术股份有限公司	固纬电子（苏州）有限公司
冠佳技术股份有限公司	广东电网有限责任公司电力科学研究院
广东力科新能源有限公司	广东省洛仑兹技术股份有限公司
广西电网有限责任公司电力科学研究院	广州回天新材料有限公司
广州致远仪器有限公司	国网北京市电力公司电力科学研究院
国网河南省电力公司电力科学研究院	国网湖北省电力有限公司电力科学研究院
国网重庆市电力公司电力科学研究院	杭州铂科电子有限公司
杭州博睿电子科技有限公司	杭州飞仕得科技股份有限公司
杭州中恒电气股份有限公司	航天科工惯性技术有限公司
河北久维电子科技有限公司	核工业理化工程研究院
横河测量技术（上海）有限公司	湖南炬神电子有限公司
湖南科瑞变流电气股份有限公司	惠州志顺电子实业有限公司
江苏爱克赛实业有限公司	江苏宏微科技股份有限公司
江西艾特磁材有限公司	江西大有科技有限公司
江西耀润磁电科技有限公司	六和电子（江西）有限公司
龙腾半导体股份有限公司	洛阳隆盛科技有限责任公司
麦田能源股份有限公司	明纬（广州）电子有限公司
纳微达斯半导体（上海）有限公司	南方电网电力科技股份有限公司
宁波乐铂科技有限公司	宁波生久科技有限公司
宁波希磁电子科技有限公司	宁夏银利电气股份有限公司
派恩杰半导体（杭州）有限公司	青岛鼎信通讯股份有限公司
青岛海信日立空调系统有限公司	衢州三源汇能电子有限公司
赛尔康技术（深圳）有限公司	厦门赛尔特电子有限公司
厦门讯亨电子科技有限公司	商宇（深圳）科技有限公司
上海超群检测科技股份有限公司	上海电气电力电子有限公司
上海电器科学研究所（集团）有限公司	上海科梁信息科技股份有限公司
上海临港电力电子研究有限公司	上海强松航空科技有限公司
上海维安半导体有限公司	上海沃孚半导体有限公司
深圳供电局有限公司	深圳可立克科技股份有限公司
深圳欧陆通电子股份有限公司	深圳青铜剑技术有限公司
深圳市倍思科技有限公司	深圳市铂科新材料股份有限公司
深圳市鼎泰佳创科技有限公司	深圳市海思瑞科电气技术有限公司
深圳市瀚强科技股份有限公司	深圳市宏丰光城电子有限公司
深圳市汇业达通讯技术有限公司	深圳市京泉华科技股份有限公司
深圳市雷能混合集成电路有限公司	深圳市首航新能源股份有限公司
深圳市斯康达电子有限公司	深圳市瓦特源检测研究有限公司
深圳市英可瑞科技股份有限公司	深圳市英威腾光伏科技有限公司
深圳市智胜新电子技术有限公司	深圳市中电熊猫展盛科技有限公司
苏州博思得电气有限公司	苏州纳芯微电子股份有限公司
田村（中国）企业管理有限公司	无锡新洁能股份有限公司
武汉恩硕科技有限公司	西安伟京电子制造有限公司

小米通讯技术有限公司	英飞凌科技（中国）有限公司
英飞特电子（杭州）股份有限公司	长城电源技术有限公司
浙江艾罗网络能源技术股份有限公司	浙江嘉科电子有限公司
浙江榆阳电子股份有限公司	臻驱科技（上海）有限公司
中电科瑞志电源技术（西安）有限公司	中国船舶集团有限公司系统工程研究院
中国电力科学研究院有限公司武汉分院	中山市宝利金电子有限公司
中冶赛迪电气技术有限公司	重庆华创智能科技研究院有限公司
重庆荣凯川仪仪表有限公司	珠海格力电器股份有限公司
珠海英搏尔电气股份有限公司	珠海智融科技股份有限公司

目 录

《中国电源行业年鉴 2024》编辑委员会
《中国电源行业年鉴 2024》编辑部
前言
中国电源学会简介
中国电源学会组织机构名单
中国电源学会理事单位名单

第一篇 政策法规

国务院办公厅关于进一步构建高质量充电基础设施
　体系的指导意见（国务院办公厅）…………… 2
国家碳达峰试点建设方案（国家发展改革委）……… 5
碳达峰碳中和标准体系建设指南（国家标准委等）…… 10
国家发展改革委　国家能源局关于加快推进充电基础
　设施建设　更好支持新能源汽车下乡和乡村振兴的
　实施意见（国家发展改革委　国家能源局）……… 15
新产业标准化领航工程实施方案（2023—2035 年）
　（工业和信息化部　科技部　国家能源局
　国家标准委）………………………………… 17
国家发展改革委等部门关于加强新能源汽车与电网融合
　互动的实施意见（国家发展改革委　国家能源局
　工业和信息化部　市场监管总局）……………… 22
工业和信息化部办公厅关于印发国家汽车芯片标准体系
　建设指南的通知（工业和信息化部办公厅）…… 24
国家金融监督管理总局关于加强科技型企业全生命周期
　金融服务的通知（国家金融监督管理总局）…… 28
国家能源局关于进一步规范可再生能源发电项目电力
　业务许可管理的通知（国家能源局）…………… 30
国家发展改革委等部门关于促进退役风电、光伏设备
　循环利用的指导意见（国家发展改革委　国家能源局
　工业和信息化部　生态环境部　商务部
　国务院国资委）……………………………… 31
无线充电（电力传输）设备无线电管理暂行规定
　（工业和信息化部）…………………………… 33
国家能源局关于加快推进能源数字化智能化发展的
　若干意见（国家能源局）……………………… 38

第二篇 宏观经济及相关行业运行情况

中华人民共和国 2023 年国民经济和社会发展统计公报
　（节选）（国家统计局）………………………… 42
2023 年电子信息制造业运行情况（工业和信息化部）…… 50
2023 年通信业统计公报（工业和信息化部）……… 53
2023 年全国电力工业统计数据（国家能源局）…… 57
2023 年可再生能源发展情况（国家能源局、工业和
　信息化部）…………………………………… 58
2023 年汽车工业经济运行情况（工业和信息化部
　装备工业一司，数据来自中国汽车工业协会）…… 60

第三篇 电源行业发展报告及综述

2023 年中国电源学会会员企业 30 强名单 ………… 62
中国电源技术研究发展情况——基于 2023 年中国电源
　学会第二十六届学术年会 ……………………… 63
　一、引言 …………………………………… 63
　二、中国电源技术研究发展概况 ……………… 64
电压暂降研究和治理技术的现状和发展趋势 ……… 74
　一、概述 …………………………………… 74
　二、电压暂降特征与检测技术 ………………… 74
　三、电压暂降后果与风险评估技术 …………… 79
　四、电压暂降治理技术与应用 ………………… 83
　五、电压暂降研究与治理技术的发展趋势 …… 86
　参考文献 …………………………………… 86
国内特种电源技术及应用研究进展概述 …………… 88
　一、特种电源技术发展现状与趋势 …………… 88
　二、特种电源关键技术发展概述 ……………… 88
　三、特种电源应用进展概述 …………………… 94
　四、其他特种电源前沿交叉技术及应用 ……… 98
　五、总结与展望 ……………………………… 101
　参考文献 …………………………………… 101
无线电能传输系统控制方法综述 …………………… 104
　一、概述 …………………………………… 104
　二、WPT 系统控制性能指标 ………………… 104
　三、WPT 系统控制方法 ……………………… 104
　四、WPT 系统控制技术的发展趋势展望 …… 109
　参考文献 …………………………………… 110
光储直柔技术的发展与应用 ……………………… 112

一、前言	112
二、光储直柔技术发展	112
三、光储直柔技术的应用	115
四、总结	115
参考文献	115

第四篇　电源行业新闻

学会大事记 ……………………………………… 119

风雨四十载　扬帆再出发——中国电源学会成立
　40周年纪念仪式圆满结束 ……………………… 119
CPEEC & CPSSC 2023 圆满结束　会议实现多项
　突破 ………………………………………………… 119
第九届中国电源学会科学技术奖颁奖仪式隆重
　举行 ………………………………………………… 121
《电源产业与技术发展路线图》正式出版 ………… 122
"GaN Systems 杯"第九届高校电力电子应用设计
　大赛圆满结束 …………………………………… 122
中国电源学会科技服务行动——"电源云讲坛"
　系列活动成功举办 ……………………………… 124
"CPSS & PELS 联合女科学家论坛"顺利召开 …… 124
"CPSS & PELS 联合电源青年人才论坛"顺利
　召开 ………………………………………………… 125
电源高端人才对接会顺利召开 …………………… 125
5·30全国科技工作者日｜点燃青春火炬，传承科技
　之光——电源青年科技楷模学习宣传活动 …… 126
中国电源学会九届四次常务理事（扩大）会议在
　天津召开 ………………………………………… 126
中国电源学会女科学家工作委员会承办 NGO CSW67
　平行会议 ………………………………………… 126
中国电源学会电磁兼容专委会"高校电磁兼容学术
　交流系列活动" …………………………………… 127
第七届高校电力电子学科青年学者论坛在北京顺利
　召开 ………………………………………………… 128
2023中国电源学会电磁兼容专业委员会首届学术
　年会在武汉成功举办 …………………………… 129
中国电源学会信息系统供电技术专业委员会2023年度
　年会圆满举行｜纪念中国电源学会成立40周年
　会员服务系列活动 ……………………………… 129
中国电源学会第四届专家咨询工作委员会换届大会
　成功召开 ………………………………………… 130
中国电源学会新能源车充电与驱动专业委员会换届
　大会顺利召开 …………………………………… 130
中国电源学会第四届青年工作委员会换届大会暨
　电源技术青年创新与发展论坛顺利召开 ……… 130
中国电源学会第七批18项团标获准立项 ………… 131
中国电源学会2023年度11项团体标准正式发布 … 132
5·30全国科技工作者日｜中国电源学会科学技术奖
　申报宣讲会成功举办 …………………………… 133
2023年高品质电源电磁兼容性高级研讨班圆满
　结束 ………………………………………………… 133
2023年高效率高功率密度电源技术与设计高级
　研讨班圆满举办 ………………………………… 133
2023年新能源车充电与驱动技术高级研修班圆满
　结束 ………………………………………………… 134
2023年新能源汽车中磁性元件技术与应用高级
　研修班（第一期）圆满举办 …………………… 134
2023年功率变换器磁技术分析、测试与应用高级
　研修班圆满结束 ………………………………… 134
2023年新能源汽车中磁性元件技术与应用高级
　研修班（第二期）圆满举办 …………………… 135
光伏、储能电源设计、应用与测试在线研修班圆满
　举办 ………………………………………………… 135
2023年第三代半导体器件、驱动控制、测试及应用
　技术高级研修班圆满结束 ……………………… 135

电源大事记 ……………………………………… 137

2023年全国电力供需形势分析 …………………… 137
能源发展回顾与展望（2023）——能源篇 ……… 138
2023年度十大国内能源新闻（节选） …………… 141
盘点 2023 年国家能源局光伏专项政策 …………… 143
2023年全国光伏制造行业运行情况 ……………… 143
2023年国内半导体十大新闻 ……………………… 144
2023年我国新增充电基础设施 338.6 万台 ………… 144
2023年中国锂电池行业总产值超 1.4 万亿元 …… 145
2023年太阳能发电装机突破 6 亿 kW ……………… 145
2023年中国风电行业发展研究报告 ……………… 145
2023年我国新能源汽车销售 949.5 万辆，
　市占率达 31.7% …………………………………… 147

会员大事记 ……………………………………… 148

2024 华为中国数字能源伙伴大会顺利召开 ……… 148
科华数据核级 UPS 护航中广核防城港核电站 3 号
　机组首次并网发电 ……………………………… 149
山特揽收 2023 年中国智能建筑品牌两大奖项 …… 149
航嘉荣获国家级荣誉 ……………………………… 149
禾望电气获得全球首张构网型变流器证书 ……… 150
汇川技术展现岸电绿色硬核实力 ………………… 150
台达武汉研发中心新大楼揭幕启用 ……………… 150
阳光电源助力建成全球首个海上构网型储能 …… 151
回顾中兴通讯2023 ………………………………… 151
中科海奥荣获省级企业技术中心认定 …………… 153
动力源荣获2022—2023年度中国电动车共享换电/
　换电方案技术创新品牌奖 ……………………… 153
奥海科技产品获德国红点奖和当代好设计奖 …… 154
金升阳两项专利荣获"中国专利优秀奖" ………… 154
华耀亮相中国（江苏）国际储能大会 …………… 154
湖南艾华集团助力 GaN Systems 杯 ……………… 154
三安半导体荣获多项荣誉 ………………………… 154
华润微荣获"2023第一财经资本市场价值榜年度
　创新力企业" ……………………………………… 155
茂硕电源助力 CPEEC & CPSSC 2023 顺利召开 …… 155
美的能源技术获评"国际领先" …………………… 156
南京国臣公司全力参与深圳建科院国家重点项目

建设 …… 156	商宇科技闪耀 2023 中国制造强国论坛 …… 159
2023 爱维达全国合作伙伴大会圆满召开 …… 157	上海电气电力电子获评上海市"专精特新"中小
英威腾电源荣获国家级专精特新"小巨人"企业	企业 …… 160
称号 …… 157	英飞特电子亮相 2023 金砖国家新工业革命展 …… 160
万帮数字能源家庭储能系统获 2023 年德国 iF	零碳"黑灯工厂"照亮企业转型升级路 …… 161
设计奖 …… 158	瞻芯电子获上海市科技奖 …… 161
爱科赛博成功登陆上海证券交易所科创板 …… 158	基本半导体荣获国家级专精特新"小巨人"企业
先控电气获国家级专精特新"小巨人"企业认定 …… 158	认定 …… 162
易事特荣获中国电源学会卓越贡献表彰 …… 159	科达嘉荣获"2022 年度汽车电子科学技术奖—优秀
江苏绿阳新能源荣获"2023 中国储能行业十佳	创新产品奖" …… 162
工商业储能系统供应商"项目奖 …… 159	珠海云充荣获专精特新企业称号 …… 163

第五篇　科研与成果

第九届中国电源学会科学技术奖获奖成果 …… 169
特等奖
　　大型光伏电站用并网逆变器关键技术及其工程
　　应用 …… 169
　　多变流器电能系统稳定性及构网控制基础理论与
　　方法 …… 169
一等奖
　　新能源发电装备暂态稳定理论与控制方法 …… 170
　　模块化多电平换流器直流故障应力演化机理及
　　穿越控制方法 …… 170
　　大功率牵引变流系统设计与控制关键技术及应用 …… 171
　　新能源变换器集群的协同调控理论与高效复用
　　技术 …… 171
二等奖
　　电力电子系统故障检测、诊断和容错关键技术
　　研究及应用 …… 172
　　面向多元接入的多端柔性互联系统关键技术、
　　装备研制与应用 …… 173
　　高安全精细化控制的大容量电池储能系统关键
　　技术及工程应用 …… 173
　　直串式潮流控制器核心技术、装备研制及工程
　　应用 …… 174
　　大功率多堆燃料电池动力系统协调控制与服役
　　性能保障方法 …… 175
　　谐振变换系统拓扑构建理论与性能提升方法 …… 175
　　LED 照明系统高效高可靠运行机理及控制方法 …… 175
　　电机驱动系统鲁棒预测控制理论及方法 …… 176
　　复杂工况下高品质永磁电机驱动系统控制理论与
　　方法研究 …… 176
优秀产品创新奖
　　PRE20 系列双向可编程交流电源 …… 177
　　1.5kW 大功率球场灯 LED 驱动电源 …… 177
　　HCA 系列高性能高压变频器 …… 178
　　X 射线源（PSS 系列） …… 178
　　基于澎湃 P2 芯片及澎湃 G1 芯片的小米 13 Ultra
　　电池管理系统 …… 179
　　WiseMDC 智慧液冷模块化数据中心 …… 179
　　高效高密 DC/DC 电源（DB1500 S4854） …… 180
杰出贡献奖
　　李立涅 …… 180
　　徐德鸿 …… 181
杰出青年奖
　　李睿 …… 181
优秀青年奖
　　陈材 …… 182
　　辛振 …… 182
　　李彬彬 …… 183
电源相关科研团队简介（按照团队名称汉语拼音
顺序排列） …… 184
1. 安徽大学工业节电与电能质量控制省级协同创新
　　中心 …… 184
2. 安徽大学特种电源与电能质量研究团队 …… 184
3. 安徽工业大学优秀创新团队 …… 186
4. 安徽工业大学电力电子与控制研究团队 …… 186
5. 北方工业大学新能源发电与智能电网研究团队 …… 188
6. 北京交通大学电力电子与电力牵引研究所团队 …… 188
7. 重庆大学电磁场效应、测量和电磁成像研究
　　团队 …… 189
8. 重庆大学高功率脉冲电源研究组 …… 189
9. 重庆大学节能与智能技术研究团队 …… 189
10. 重庆大学无线电能传输技术研究所 …… 190
11. 重庆大学新能源电力系统安全分析与控制
　　团队 …… 190
12. 重庆大学新型电力电子器件封装集成及应用
　　团队 …… 190
13. 重庆大学周雒维教授团队 …… 191
14. 大连理工大学电气学院运动控制研究室 …… 191
15. 大连理工大学特种电源团队 …… 191
16. 大连理工大学压电俘能、换能的研究团队 …… 191
17. 电子科技大学功率集成技术实验室 …… 192
18. 电子科技大学国家 863 计划强辐射实验室电子
　　科技大学分部 …… 192
19. 东南大学江苏电机与电力电子联盟 …… 192
20. 东南大学先进电能变换技术与装备研究所 …… 193
21. 福州大学定制电力研究团队 …… 193
22. 福州大学功率变换与电磁技术研发团队 …… 193
23. 福州大学智能控制技术与嵌入式系统团队 …… 194
24. 复旦大学智慧能源控制与仿真实验室 …… 194

25. 广西大学电力电子系统的分析与控制研究
    团队 ………………………………………… 195
26. 国网江苏省电力公司电力科学研究院电能质量
    监测与治理技术研究团队 ………………… 195
27. 国网江苏省电力公司电力科学研究院主动配电网
    攻关团队 …………………………………… 195
28. 哈尔滨工业大学电力电子与电力传动课题组 …… 195
29. 哈尔滨工业大学电能变换与控制研究所 ……… 196
30. 哈尔滨工业大学动力储能电池管理创新团队 …… 196
31. 哈尔滨工业大学模块化多电平变换器及多端
    直流输电团队 ……………………………… 197
32. 哈尔滨工业大学先进电驱动技术创新团队 …… 197
33. 哈尔滨工业大学（威海）可再生能源及微电网
    创新团队 …………………………………… 197
34. 海军工程大学舰船综合电力技术国防科技重点
    实验室 ……………………………………… 197
35. 河北工业大学电池装备研究所 ………………… 198
36. 河北工业大学电器元件可靠性团队 …………… 198
37. 合肥工业大学张兴教授团队 …………………… 198
38. 湖南大学电动汽车先进驱动系统及控制团队 …… 198
39. 湖南大学电能变换与控制创新团队 …………… 199
40. 湖南科技大学特种电源与储能控制研究团队 …… 199
41. 华北电力大学电气与电子工程学院新能源电网
    研究所 ……………………………………… 199
42. 华北电力大学先进输电技术团队 ……………… 200
43. 华北电力大学直流输电研究团队 ……………… 200
44. 华东师范大学微纳机电系统课题组 …………… 200
45. 华南理工大学电力电子系统分析与控制团队 …… 200
46. 华中科技大学半导体化电力系统研究中心 …… 200
47. 华中科技大学创新电机技术研究中心 ………… 201
48. 华中科技大学电气学院高电压工程系高电压与
    脉冲功率技术研究团队 …………………… 201
49. 华中科技大学高性能电力电子变换与应用研究
    团队 ………………………………………… 201
50. 华中科技大学特种电机研究团队 ……………… 202
51. 华中科技大学高压大功率特种电源团队 ……… 202
52. 吉林大学仪器电源研究团队 …………………… 202
53. 江南大学新能源技术与智能装备研究所 ……… 204
54. 江苏工程职业技术学院新能源及新能源汽车
    创新团队 …………………………………… 204
55. 江苏师范大学电驱动机器人 …………………… 204
56. 兰州理工大学电力变换与控制团队 …………… 204
57. 辽宁工程技术大学电力电子与电力传动磁集成
    技术研究团队 ……………………………… 204
58. 闽南师范大学"木兰为舟"团队 ……………… 205
59. 南昌大学吴建华教授团队 ……………………… 205
60. 南昌大学信息工程学院能源互联网研究团队 …… 205
61. 南京航空航天大学高频新能源团队 …………… 206
62. 南京航空航天大学航空电力系统及电能变换
    团队 ………………………………………… 206
63. 南京航空航天大学航空电能变换与微型电网能量
    管理研究团队 ……………………………… 206
64. 南京航空航天大学模块电源实验组 …………… 206
65. 南京航空航天大学先进控制实验室 …………… 207
66. 南京航空航天大学国家国防科工局"航空电源
    技术"国防科技创新团队、"新能源发电与
    电能变换"江苏省高校优秀科技创新团队 …… 207
67. 南京理工大学先进电源与储能技术研究所 …… 207
68. 清华大学电力电子与电气化交通研究团队 …… 208
69. 清华大学电力电子与多能源系统研究中心
    （PEACES） ………………………………… 208
70. 清华大学汽车工程系电化学动力源课题组 …… 208
71. 清华大学先进电能变换与电气化交通系统
    团队 ………………………………………… 209
72. 山东大学分布式新能源技术开发团队 ………… 212
73. 山东大学新能源发电与高效节能系统优化控制
    团队 ………………………………………… 212
74. 陕西科技大学新能源发电与微电网应用技术
    团队 ………………………………………… 213
75. 上海大学电机与控制工程研究所 ……………… 213
76. 上海海事大学电力传动与控制团队 …………… 214
77. 上海交通大学风力发电研究中心 ……………… 214
78. 四川大学高频高精度电力电子变换技术及其
    应用团队 …………………………………… 214
79. 太原理工大学电力电子技术及其磁集成技术
    研究团队 …………………………………… 215
80. 天津大学电气自动化与信息工程学院天津大学
    先进电能变换与系统控制中心 …………… 215
81. 天津大学自动化学院电力电子与电力传动
    课题组 ……………………………………… 217
82. 天津工业大学电工电能新技术研究团队 ……… 217
83. 天津天雾抑爆灭火产业技术研究院有限公司
    抑爆灭火高精尖产业设计中心 …………… 218
84. 同济大学电源系统智能管控实验室 …………… 218
85. 同济大学磁浮与直线驱动控制团队 …………… 218
86. 同济大学电力电子可靠性研究组 ……………… 218
87. 同济大学电力电子与电力传动系统团队 ……… 218
88. 同济大学铁道与城市轨道交通研究院、磁浮技术
    重点实验室 ………………………………… 219
89. 同济大学电力电子与新能源发电课题组 ……… 222
90. 温州大学智慧海洋数字综合能源变换技术创新
    团队 ………………………………………… 222
91. 无锡太湖学院江苏省物联网应用技术重点建设
    实验室 ……………………………………… 224
92. 武汉大学电气与自动化学院大功率电力电子技术
    研究中心 …………………………………… 225
93. 武汉理工大学电力电子技术研究所 …………… 226
94. 武汉理工大学夏泽中团队 ……………………… 226
95. 武汉理工大学自动控制实验室 ………………… 226
96. 西安电子科技大学电源技术应用研究所 ……… 226
97. 西安电子科技大学电源网络设计与电源噪声
    分析团队 …………………………………… 226
98. 西安交通大学电力电子与新能源技术研究
    中心 ………………………………………… 227

99. 西安理工大学光伏储能与特种电源装备研究团队 …… 227
100. 西安理工大学交流变频调速及伺服驱动系统研究团队 …… 227
101. 西安理工大学无线电能传输团队 …… 227
102. 西南交通大学电能变换与控制实验室 …… 228
103. 西南交通大学高功率微波技术实验室 …… 231
104. 西南交通大学电气工程学院列车控制与牵引传动研究室 …… 231
105. 西南交通大学汽车研究院 …… 232
106. 西南科技大学新能源测控研究团队 …… 232
107. 厦门大学微电网研究团队 …… 232
108. 湘潭大学智能电力变换技术及应用研究团队 …… 233
109. 燕山大学可再生能源系统控制团队 …… 233
110. 浙江大学 GTO 实验室 …… 233
111. 浙江大学陈国柱教授团队 …… 233
112. 浙江大学电力电子技术研究所徐德鸿教授团队 …… 233
113. 浙江大学电力电子先进控制实验室 …… 234
114. 浙江大学电力电子学科吕征宇团队 …… 234
115. 浙江大学何湘宁教授研究团队 …… 234
116. 浙江大学石健将老师团队 …… 234
117. 浙江大学微纳电子所韩雁教授团队 …… 235
118. 浙江大学智能电网柔性控制技术与装备研发团队 …… 235
119. 中国东方电气集团中央研究院智慧能源与先进电力变换技术创新团队 …… 235
120. 中国工程物理研究院流体物理研究所特种电源技术团队 …… 236
121. 中国科学院近代物理研究所电源室 …… 236
122. 中国科学院等离子体物理研究所 ITER 电源系统研究团队 …… 236
123. 中国科学院电工研究所大功率电力电子与直线驱动技术研究部 …… 237
124. 中国科学院电工研究所高功率密度电气驱动及电动汽车技术研究部 …… 238
125. 中国矿业大学电力电子与矿山监控研究所 …… 239
126. 中国矿业大学信电学院 505 实验室 …… 239
127. 中国矿业大学无线电能传输技术团队 …… 239
128. 中国矿业大学（北京）大功率电力电子应用技术研究团队 …… 239
129. 中山大学第三代半导体 GaN 功率电子材料与器件研究团队 …… 240
130. 中山大学广东省绿色电力变换及智能控制工程技术研究中心 …… 240

电源相关科研项目介绍（按照项目名称汉语拼音顺序排列） …… 241
1. 超紧凑电力电子硬件在环实时仿真器 …… 241
2. 川藏铁路列车智能操控理论与关键技术研究 …… 241
3. 电力牵引与控制 …… 242
4. 电气激励下高速列车牵引传动系统机电耦合共振机理与主动控制研究 …… 242
5. 多频复合电流跟踪 PWM 控制磁耦合谐振无线电能传输机理及关键问题研究 …… 242
6. 分层介质下无线电能传输系统传能机理及关键技术研究 …… 242
7. 非均匀退磁影响下城轨列车永磁无位置传感器牵引系统容错控制研究 …… 243
8. 高速列车牵引系统健康监测、故障诊断与安全控制技术研究 …… 243
9. 高速列车电力牵引系统关键技术 …… 243
10. 高速列车碳化硅牵引系统多物理场耦合机理及关键技术研究 …… 243
11. 高温车用 SiC 器件及系统的基础理论与评测方法研究 …… 244
12. 关闭矿井狭长空间分布式压缩空气规模储能的基础研究（子课题 4：关闭矿井 CAES 分布式空间特征提取与五维数据融合） …… 244
13. 寒区全气候电动汽车动力电池系统热电耦合机理与高效管理 …… 244
14. 基于薄膜电容的三角形连接级联 H 桥 STATCOM 电容容量设计研究 …… 245
15. 基于宽频控制的高速磁浮列车推力波动机理及抑制 …… 245
16. 基于列车网络控制的高速动车组智能操控理论与关键技术研究 …… 245
17. 基于时空多尺度迭代学习的重载列车运行控制方法研究 …… 245
18. 计及关键机理特征的动力电池非线性衰减识别和后续性能预测 …… 246
19. 跨频段超表面介入无线电能传输系统工作机制及关键问题研究 …… 246
20. 锂离子电池老化过程中热安全特性演变机制及在线表征 …… 246
21. 强鲁棒性锂离子电池循环寿命预估研究 …… 246
22. 任意多线圈架构 MC WPT 系统本征态传能机理研究 …… 247
23. 任意多线圈架构磁耦合无线电能传输系统本征态建模及空间能力提升策略研究 …… 247
24. 三维动态磁耦合无线电能传输系统本征态传能机制及能效提升策略研究 …… 247
25. 双频调制 PWM 操控电动汽车无线充电系统金属异物检测机制研究 …… 247
26. 水上水下无人探测设备并行无线供电机理及关键技术研究 …… 248
27. 水下大功率高效无线电能传输机理及关键技术研究 …… 248
28. 适用于川藏铁路列车应急自走行的电能路由器控制研究 …… 248
29. 无线电能-智能可穿戴电子设备柔性供电技术研究 …… 248
30. 谐波分离与复用磁耦合谐振无线电能传输机理及关键技术研究 …… 249

第六篇 电源标准

中国电源学会团体标准2023年度工作综述 …………… 251
 一、团体标准建设工作概要 ………………………… 251
 二、2022年立项团体标准审查及审批工作概要 …… 251
 三、2023年立项团体标准起草工作概要 …………… 258
 四、启动2024年立项团体标准工作简况 …………… 259
中国电源学会2023年发布团体标准节选 ……………… 260
 一、锂电池检测用双向AC-DC电源模块技术规范
  （T/CPSS 1001—2023） ………………………… 260
 二、直流散热风扇环境适应性测试技术规范
  （T/CPSS 1002—2023） ………………………… 261
 三、直流散热风扇通用性能测试规范
  （T/CPSS 1003—2023） ………………………… 262
 四、磁约束聚变实验装置磁体电源程序软件测试
  指南（T/CPSS 1004—2023） …………………… 263
 五、多旋翼无人机磁耦合静态无线充电系统通用
  技术要求（T/CPSS 1005—2023） ……………… 264
 六、多旋翼无人机磁耦合静态无线充电系统测试
  要求（T/CPSS 1006—2023） …………………… 266
 七、空气源热泵接入低压电网电能质量技术要求
  （T/CPSS 1007—2023） ………………………… 267
 八、配电台区低电压治理技术规范
  （T/CPSS 1008—2023） ………………………… 268
 九、并网逆变器超高次谐波评估方法
  （T/CPSS 1009—2023） ………………………… 269
 十、电力系统超高次谐波测量方法
  （T/CPSS 1010—2023） ………………………… 270
 十一、电弧炉用柔性直流电源装置技术规范
  （T/CPSS 1011—2023） ………………………… 272

第七篇 主要电源企业简介（同类企业按单位名称汉语拼音字母顺序排列）

副理事长单位 ………………………………………… 286
 广东志成冠军集团有限公司（高层专访：李民英
  总工程师） ………………………………………… 286
 华为技术有限公司 …………………………………… 287
 科华数据股份有限公司 ……………………………… 287
 山特电子（深圳）有限公司（高层专访：余宝锋
  山特市场营销总监） ……………………………… 287
 深圳市航嘉驰源电气股份有限公司 ………………… 288
 深圳市禾望电气股份有限公司（高层专访：周党生
  业务副总裁） ……………………………………… 289
 深圳市汇川技术股份有限公司（高层专访：张键明
  董秘办经理、周小磊EBO管理部总监） ………… 290
 台达电子企业管理（上海）有限公司（高层专访：
  周志宏 台达首席可持续发展官暨发言人） …… 291
 阳光电源股份有限公司（高层专访：顾亦磊 阳光
  电源股份有限公司副董事长兼光储集团总裁） … 292
 伊顿电源（上海）有限公司（高层专访：李海平
  总经理） …………………………………………… 294
 中兴通讯股份有限公司（高层专访：刘明明
  中兴通讯副总裁、通信能源产品总经理） ……… 294
常务理事单位 ………………………………………… 296
 安徽中科海奥电气股份有限公司 …………………… 296
 安泰科技股份有限公司非晶制品分公司（高层专访：
  刘天成 安泰科技股份有限公司非晶制品分公司
  总经理） …………………………………………… 296
 北京动力源科技股份有限公司（高层专访：李尧
  总裁助理） ………………………………………… 297
 成都航域卓越电子技术有限公司（高层专访：陈中梅
  副总经理） ………………………………………… 298
 东莞市奥海科技股份有限公司（高层专访：刘昊
  董事长） …………………………………………… 299
 东莞市石龙富华电子有限公司（高层专访：李涛
  营销中心总经理） ………………………………… 301
 弗迪动力有限公司电源工厂 ………………………… 302
 广州金升阳科技有限公司（高层专访：奉启珠
  国内模块营销中心总监） ………………………… 302
 广州三晶电气股份有限公司 ………………………… 303
 航天柏克（广东）科技有限公司 …………………… 303
 合肥华耀电子工业有限公司 ………………………… 304
 鸿宝电源有限公司（高层专访：王丽慧
  总经理） …………………………………………… 304
 湖南艾华集团股份有限公司（高层专访：艾亮
  总裁） ……………………………………………… 305
 湖南三安半导体有限责任公司 ……………………… 306
 华东微电子技术研究所 ……………………………… 306
 华润微电子有限公司 ………………………………… 307
 金风科技股份有限公司 ……………………………… 307
 科威尔技术股份有限公司 …………………………… 307
 茂硕电源科技股份有限公司（高层专访：顾永德
  公司创始人） ……………………………………… 308
 美的集团 ……………………………………………… 309
 南京博兰得电子科技有限公司（高层专访：徐明
  CEO） ……………………………………………… 309
 南京国臣直流配电科技有限公司 …………………… 310
 宁波赛耐比光电科技有限公司（高层专访：张莉
  董事长） …………………………………………… 311
 厦门市爱维达电子有限公司（高层专访：王勇军
  总裁） ……………………………………………… 312
 上海杰瑞兆新信息科技有限公司（高层专访：杨静
  总经理） …………………………………………… 313
 深圳古瑞瓦特新能源有限公司 ……………………… 314
 深圳华德电子有限公司 ……………………………… 314
 深圳科士达科技股份有限公司 ……………………… 314
 深圳市必易微电子股份有限公司（高层专访：谢朋村
  董事长） …………………………………………… 315
 深圳市皓文电子股份有限公司 ……………………… 316
 深圳市科信通信技术股份有限公司（高层专访：周军
  电源产品线总监） ………………………………… 316

深圳市盛弘电气股份有限公司（高层专访：吕晓强总经办主任） …………………………………… 317
深圳市英威腾电源有限公司（高层专访：牟长洲总经理） ………………………………………… 318
深圳市永联科技股份有限公司（高层专访：朱建国董事长） ……………………………………… 319
深圳威迈斯新能源股份有限公司 ………………… 320
深圳英飞源技术有限公司（高层专访：吴晓明高级副总裁） ……………………………………… 320
石家庄通合电子科技股份有限公司 ……………… 321
特变电工新疆新能源股份有限公司 ……………… 321
万帮数字能源股份有限公司（高层专访：赵颖品牌总监） ………………………………………… 322
温州大学 …………………………………………… 323
西安爱科赛博电气股份有限公司（高层专访：白小青董事长兼总经理） ………………………… 323
西南应用磁学研究所（中国电子科技集团公司第九研究所） ……………………………………… 324
先控捷联电气股份有限公司 ……………………… 325
芯朋微电子股份有限公司 ………………………… 325
易事特集团股份有限公司（高层专访：何思模创始人、董事局主席） …………………………… 325
浙江东睦科达磁电有限公司（高层专访：赵万军总经理） ………………………………………… 326
中国电子科技集团公司第十四研究所 …………… 327
株洲中车时代半导体有限公司 …………………… 327

理事单位

阿里巴巴（中国）有限公司 ……………………… 327
艾德克斯电子有限公司 …………………………… 328
爱士惟科技（上海）有限公司 …………………… 328
北京大华无线电仪器有限责任公司 ……………… 328
北京合康新能科技股份有限公司 ………………… 329
北京力源兴达科技有限公司 ……………………… 330
北京纵横机电科技有限公司 ……………………… 330
成都金创立科技有限责任公司 …………………… 331
成都森未科技有限公司 …………………………… 331
东莞立讯技术有限公司 …………………………… 331
东莞铭普光磁股份有限公司 ……………………… 331
东莞新能源科技有限公司 ………………………… 332
佛山市顺德区冠宇达电源有限公司 ……………… 332
公牛集团股份有限公司 …………………………… 332
固德威技术股份有限公司 ………………………… 332
固纬电子（苏州）有限公司 ……………………… 333
冠佳技术股份有限公司 …………………………… 333
广东电网有限责任公司电力科学研究院 ………… 333
广东力科新能源有限公司 ………………………… 333
广东省洛仑兹技术股份有限公司 ………………… 334
广西电网有限责任公司电力科学研究院 ………… 334
广州回天新材料有限公司 ………………………… 334
广州致远仪器有限公司 …………………………… 334
国网北京市电力公司电力科学研究院 …………… 335
国网河南省电力公司电力科学研究院 …………… 335
国网湖北省电力有限公司电力科学研究院 ……… 335
国网重庆市电力公司电力科学研究院 …………… 336
杭州铂科电子有限公司 …………………………… 336
杭州博睿电子科技有限公司 ……………………… 336
杭州飞仕得科技有限公司 ………………………… 337
杭州中恒电气股份有限公司 ……………………… 337
航天科工惯性技术有限公司 ……………………… 337
河北久维电子科技有限公司 ……………………… 337
核工业理化工程研究院 …………………………… 338
横河测量技术（上海）有限公司 ………………… 338
湖南炬神电子有限公司 …………………………… 338
湖南科瑞变流电气股份有限公司 ………………… 339
惠州志顺电子实业有限公司 ……………………… 339
江苏爱克赛实业有限公司 ………………………… 340
江苏宏微科技有限公司 …………………………… 340
江西艾特磁材有限公司 …………………………… 341
江西大有科技有限公司 …………………………… 341
江西耀润磁电科技有限公司 ……………………… 341
六和电子（江西）有限公司 ……………………… 341
龙腾半导体股份有限公司 ………………………… 342
洛阳隆盛科技有限责任公司 ……………………… 342
麦田能源股份有限公司 …………………………… 342
明纬（广州）电子有限公司 ……………………… 343
纳微半导体（上海）有限公司 …………………… 343
南方电网电力科技股份有限公司 ………………… 344
宁波乐铂科技有限公司 …………………………… 344
宁波生久科技有限公司 …………………………… 344
宁波希磁电子科技有限公司 ……………………… 345
宁夏银利电气股份有限公司 ……………………… 345
派恩杰半导体（杭州）有限公司 ………………… 346
青岛鼎信通讯股份有限公司 ……………………… 346
青岛海信日立空调系统有限公司 ………………… 346
衢州三源汇能电子有限公司 ……………………… 346
赛尔康技术（深圳）有限公司 …………………… 347
厦门赛尔特电子有限公司 ………………………… 347
厦门讯亨电子有限公司 …………………………… 348
商宇（深圳）科技有限公司 ……………………… 348
上海超群检测科技股份有限公司 ………………… 348
上海电气电力电子有限公司 ……………………… 349
上海电器科学研究所（集团）有限公司 ………… 349
上海科梁信息科技股份有限公司 ………………… 350
上海临港电力电子研究有限公司 ………………… 350
上海强松航空科技有限公司 ……………………… 351
上海维安半导体有限公司 ………………………… 351
上海沃孚半导体有限公司 ………………………… 351
深圳供电局有限公司 ……………………………… 351
深圳可立克科技股份有限公司 …………………… 352
深圳欧陆通电子股份有限公司 …………………… 352
深圳青铜剑技术有限公司 ………………………… 352
深圳市倍思科技有限公司 ………………………… 353
深圳市铂科新材料股份有限公司 ………………… 353
深圳市鼎泰佳创科技有限公司 …………………… 353

深圳市海思瑞科电气技术有限公司	354
深圳市瀚强科技股份有限公司	354
深圳市宏丰光城电子有限公司	354
深圳市汇业达通讯技术有限公司	355
深圳市京泉华科技股份有限公司	355
深圳市雷能混合集成电路有限公司	355
深圳市首航新能源股份有限公司	356
深圳市斯康达电子有限公司	356
深圳市瓦特源检测研究有限公司	356
深圳市英可瑞科技股份有限公司	356
深圳市英威腾光伏科技有限公司	357
深圳市智胜新电子技术有限公司	357
深圳市中电熊猫展盛科技有限公司	357
苏州博思得电气有限公司	358
苏州纳芯微电子股份有限公司	358
田村（中国）企业管理有限公司	358
无锡新洁能股份有限公司	359
武汉恩硕科技有限公司	359
西安伟京电子制造有限公司	359
小米通讯技术有限公司	359
英飞凌科技（中国）有限公司	360
英飞特电子（杭州）股份有限公司	360
长城电源技术有限公司	360
浙江艾罗网络能源技术股份有限公司	361
浙江嘉科电子有限公司	361
浙江榆阳电子股份有限公司	361
臻驱科技（上海）有限公司	362
中电科瑞志电源技术（西安）有限公司	362
中国船舶集团有限公司系统工程研究院	362
中国电力科学研究院有限公司武汉分院	362
中山市宝利金电子有限公司	363
中冶赛迪电气技术有限公司	363
重庆华创智能科技研究院有限公司	363
重庆荣凯川仪仪表有限公司	364
珠海格力电器股份有限公司	364
珠海英搏尔电气股份有限公司	364
珠海智融科技股份有限公司	365

会员单位 365

广东省 365

安德力士（深圳）科技有限公司	365
东莞宏强电子有限公司	365
东莞立德电子有限公司	365
东莞市大忠电子有限公司	366
东莞市金河田实业有限公司	366
东莞市乔顿电子有限公司	366
东莞市长工微电子有限公司	366
佛山市禅城区华南电源创新科技园投资管理有限公司	367
佛山市汉毅电子技术有限公司	367
佛山市南海区平洲广日电子机械有限公司	367
佛山市南海赛威科技技术有限公司	368
佛山市顺德区瑞淞电子实业有限公司	368

佛山市顺德区伊戈尔电力科技有限公司	368
佛山市欣源电子股份有限公司	368
佛山市新辰电子有限公司	369
广东安充重工科技有限公司	369
广东宝星新能科技有限公司	370
广东创电科技有限公司	370
广东大比特资讯广告发展有限公司	370
广东德珑磁电科技股份有限公司	371
广东恒翼能科技有限公司	371
广东鸿威国际会展集团有限公司	371
广东南方宏明电子科技股份有限公司	371
广东顺德三扬科技股份有限公司	372
广东新成科技实业有限公司	372
广州德肯电子股份有限公司	373
广州东芝白云菱机电力电子有限公司	373
广州高雅信息科技有限公司	373
广州华工科技开发有限公司	373
广州健特电子有限公司	374
广州金磁海纳新材料科技有限公司	374
广州科谷动力电气有限公司	374
广州欧颂电子有限公司	374
广州擎天实业有限公司	374
广州市爱浦电子有限公司	375
广州市昌菱电气有限公司	375
广州市能智威电子有限公司	375
广州旺马电子有限公司	376
海丰县中联电子厂有限公司	376
辉碧电子（东莞）有限公司广州分公司	376
惠州三华工业有限公司	376
理士国际技术有限公司	377
茂睿芯（深圳）科技有限公司	377
全天自动化能源科技（东莞）有限公司	377
山克新能源科技（深圳）有限公司	378
深圳阿洛西设备有限公司	378
深圳基本半导体有限公司	378
深圳聚新汽车电子技术有限责任公司	379
深圳库马克科技有限公司	379
深圳力能时代技术有限公司	379
深圳力钛科技有限公司	379
深圳麦格米特电气股份有限公司	380
深圳麦科信科技有限公司	380
深圳尚阳通科技股份有限公司	380
深圳市柏瑞凯电子科技股份有限公司	381
深圳市北汉科技有限公司	381
深圳市槟城电子股份有限公司	381
深圳市创容新能源有限公司	382
深圳市村田电源技术有限公司	382
深圳市飞尼奥科技有限公司	382
深圳市冠新科技有限公司	382
深圳市航智精密电子有限公司	382
深圳市核达中远通电源技术股份有限公司	383
深圳市虹茂半导体有限公司	383

公司名称	页码
深圳市虹美功率半导体有限公司	384
深圳市华科智源科技有限公司	384
深圳市捷益达电子有限公司	384
深圳市金威源科技股份有限公司	385
深圳市巨鼎电子有限公司	385
深圳市康奈特电子有限公司	385
深圳市科达嘉电子有限公司	385
深圳市力生美半导体股份有限公司	386
深圳市联宇科技有限公司	386
深圳市鹏源电子有限公司	386
深圳市普乐华科技有限公司	387
深圳市瑞必达科技有限公司	387
深圳市瑞汉科技有限公司	387
深圳市瑞晶实业有限公司	387
深圳市瑞隆源电子有限公司	388
深圳市三和电力科技有限公司	388
深圳市英威腾网能技术有限公司	388
深圳市运通天下科技有限公司	389
深圳市振华微电子有限公司	389
深圳市知用电子有限公司	389
深圳市卓越至高电子有限公司	389
深圳欣锐科技股份有限公司	390
深圳易能时代科技有限公司	390
深圳中测通科技有限公司	390
深圳中瀚蓝盾技术有限公司	390
天宝集团控股有限公司	391
维谛技术有限公司	391
维沃移动通信有限公司	391
协丰万佳科技（深圳）有限公司	392
亚源科技股份有限公司	392
英富美（深圳）科技有限公司	392
英诺赛科（深圳）半导体有限公司	392
中山市科博电器有限公司	393
珠海镓未来科技有限公司	393
珠海金波科创电子有限公司	393
珠海锦泰电子科技有限公司	393
珠海山特电子有限公司	394
珠海泰为电子有限公司	394
珠海云充科技有限公司	394
专顺电机（惠州）有限公司	394

上海市 ·········· 395

公司名称	页码
昂宝电子（上海）有限公司	395
忱芯科技（上海）有限公司	395
大交新能源技术（上海）有限责任公司	395
登钛电子技术（上海）有限公司	396
航裕电源系统（上海）有限公司	396
华特力科（北京）商贸有限公司	396
捷蒽迪电子科技（上海）有限公司	396
柯贝尔电能质量技术（上海）有限公司	396
美尔森电气保护系统（上海）有限公司	397
敏业信息科技（上海）有限公司	397
上海埃德电子股份有限公司	397
上海爱硕科贸有限公司	397
上海萃锦半导体有限公司	398
上海大周信息科技有限公司	398
上海汉象智能科技有限公司	398
上海华湘计算机通讯工程有限公司	398
上海华翌电气有限公司	399
上海吉电电子技术有限公司	399
上海杰鸥科工贸有限公司	399
上海科泰电源股份有限公司	400
上海南芯半导体科技股份有限公司	400
上海全力电器有限公司	400
上海申睿电气有限公司	401
上海数明半导体有限公司	401
上海唯力科技有限公司	401
上海稳利达科技股份有限公司	401
上海新进芯微电子有限公司	402
上海伊意亿新能源科技有限公司	402
上海英联电子系统有限公司	402
上海鹰峰电子科技股份有限公司	402
上海远宽能源科技有限公司	402
上海瞻芯电子科技有限公司	403
上海灼日新材料科技有限公司	403
思瑞浦微电子科技（苏州）股份有限公司	403
思源清能电气电子有限公司	403
致瞻科技（上海）有限公司	404

江苏省 ·········· 404

艾普斯电源（苏州）有限公司	404
常熟凯玺电子电气有限公司	404
常州博瑞电力自动化设备有限公司	404
常州浩仪科技有限公司	405
常州市创联电源科技股份有限公司	405
常州市红光电能科技股份有限公司	405
东电化兰达（中国）电子有限公司	405
江南大学	406
江苏坚力电子科技股份有限公司	406
江苏兴顺电子有限公司	406
江苏易矽科技有限公司	406
江苏毅昌科技有限公司	407
昆山渝科电子科技有限公司	407
雷诺士（常州）电子有限公司	407
南京海迪自动化科技有限公司	407
南京泓帆动力技术有限公司	408
南京酷科电子科技有限公司	408
南京兰泰机电集成有限公司	408
南京瑞途优特信息科技有限公司	408
南京研旭电气科技有限公司	409
南瑞联研半导体有限责任公司	409
潜润电子科技（苏州）有限公司	409
苏州锴威特半导体股份有限公司	410
苏州美恩斯电子科技有限公司	410
苏州水芯电子科技有限公司	410
苏州万瑞达电气有限公司	410

苏州西伊加梯电源技术有限公司	411
太仓电威光电有限公司	411
无锡希恩电气有限公司	411
扬州星瀚科技有限公司	412
越峰电子（昆山）有限公司	412
张家港市电源设备厂	412
张家港市加亿德机械制造有限公司	412
致茂电子（苏州）有限公司	413

浙江省 … 413
杭州奥能电源设备有限公司	413
杭州精日科技有限公司	413
杭州易泰达科技有限公司	414
杭州远方仪器有限公司	414
杭州之江开关股份有限公司	414
弘乐集团有限公司	415
宁波博威合金材料股份有限公司	415
宁波久源电子有限公司	415
宁波磊邦新材料科技有限公司	415
宁波烯铝新能源有限公司	415
铁城信息科技有限公司	416
祥博传热科技股份有限公司	416
浙江大华技术股份有限公司	417
浙江大维高新技术股份有限公司	417
浙江恩鸿电子有限公司	417
浙江富特科技股份有限公司	418
浙江海利普电子科技有限公司	418
浙江宏胜光电科技有限公司	418
浙江华昱欣科技有限公司	419
浙江暨阳电子科技有限公司	419
浙江晶能微电子有限公司	419
浙江巨磁智能技术有限公司	420
浙江君亿环保科技有限公司	420
浙江芯科半导体有限公司	420
浙江长春电器有限公司	420
中川智能科技有限公司	421

北京市 … 421
北京柏艾斯科技有限公司	421
北京创四方电子集团股份有限公司	421
北京航天星瑞电子科技有限公司	422
北京恒电电源设备有限公司	422
北京汇众电源技术有限责任公司	422
北京机械设备研究所	423
北京京仪椿树整流器有限责任公司	423
北京森社电子有限公司	423
北京韶光科技有限公司	423
北京市天润中电高压电子有限公司	424
北京新雷能科技股份有限公司	424
北京鑫思源融科技有限公司	424
北京雅世恒源科技发展有限公司	425
北京银星通达科技开发有限责任公司	425
北京英博电气股份有限公司	425
北京元十电子科技有限公司	426
北京长城电子装备有限责任公司	426
北京智源新能电气科技有限公司	426
北京中天汇科电子技术有限责任公司	426
深圳市合派电子技术有限公司	427
士兰达（北京）电子科技有限公司	427
威尔克通信实验室	427
新驱科技（北京）有限公司	427

山东省 … 428
百思科新能源技术（青岛）有限公司	428
冠县联恒电子技术有限公司	428
海湾电子（山东）有限公司	428
海英特电源技术有限公司	428
华夏天信智能物联股份有限公司	429
济南晶恒电子有限责任公司	429
临沂昱通新能源科技有限公司	429
青岛航天半导体研究所有限公司	430
青岛聚能创芯微电子有限公司	430
青岛威控电气有限公司	430
青岛云路特变智能科技有限公司	431
青岛云路新能源科技有限公司	431
山东艾诺智能仪器有限公司	432
山东东泰方思电子有限公司	432
山东华天科技集团股份有限公司	432
山东镭之源激光科技股份有限公司	432
烟台瑞本电气设备有限公司	433
元山（济南）电子科技有限公司	433

安徽省 … 433
安徽博微智能电气有限公司	433
安徽大学绿色产业创新研究院	434
安徽乐图电子科技股份有限公司	434
安徽中鑫半导体有限公司	434
合肥联信电源有限公司	434
黄山申格电子科技股份有限公司	435
科大智能（合肥）科技有限公司	435
宁国市裕华电器有限公司	435
天长市中德电子有限公司	436
芜湖国睿兆伏电子有限公司	436
中国科学院等离子体物理研究所	436

四川省 … 437
成都氮矽科技有限公司	437
成都光电传感技术研究所有限公司	437
成都谱景允升科技有限公司	437
成都蓉矽半导体有限公司	437
成都思创电气工程有限公司	438
四川格斯拉科技有限公司	438
四川英杰电气股份有限公司	438
四川中光天欣电子有限责任公司	439

福建省 … 439
福州福光电子有限公司	439
厦门恒昌综能自动化有限公司	439
厦门拓宝科技有限公司	439
厦门奕昕科技有限公司	439

中航太克（厦门）电力技术股份有限公司 …… 440	航天长峰朝阳电源有限公司 …… 448
湖北省	润新微电子（大连）有限公司 …… 449
武汉市华兴特种变压器制造有限公司 …… 440	中国科学院近代物理研究所 …… 449
武汉武新电气科技股份有限公司 …… 440	力高仪器有限公司 …… 449
武汉新瑞科电子科技有限公司 …… 441	云南省工投软件技术开发有限责任公司 …… 449
武汉羿变电气有限公司 …… 441	**会员企业按主要产品索引** …… 451
武汉永力科技股份有限公司 …… 441	新能源电源（光伏逆变器、风力变流器等）（103）… 451
湖南省	通用开关电源（100） …… 452
盖贝斯数据技术有限公司 …… 442	模块电源（93） …… 453
湖南东方万象科技有限公司 …… 442	通信电源（67） …… 454
湖南恩智测控技术有限公司 …… 442	UPS（66） …… 454
湖南华鑫电子科技有限公司 …… 442	特种电源（62） …… 455
湖南汇鑫电力成套设备有限公司 …… 443	功率器件（50） …… 455
天津市	半导体集成电路（42） …… 456
安晟通（天津）高压电源科技有限公司 …… 443	其他（42） …… 456
东文高压电源（天津）股份有限公司 …… 443	电源测试设备（40） …… 457
天津铭锐创科技股份有限公司 …… 443	稳压电源（器）（40） …… 457
天津市鲲鹏电子有限公司 …… 443	变频电源（器）（35） …… 458
天津天雾抑爆灭火产业技术研究院有限公司 …… 444	照明电源、LED驱动电源（33） …… 458
河北省	PC、服务器电源（27） …… 458
盾石磁能科技有限责任公司 …… 444	EPS（25） …… 459
河北汇能欣源电子技术有限公司 …… 444	电焊机、充电机、电镀电源（25） …… 459
河北申科磁性材料有限公司 …… 445	电子变压器（23） …… 459
河北远大电子有限公司 …… 445	电抗器（22） …… 459
河南省	滤波器（21） …… 460
河南求同电气科技有限公司 …… 445	磁性元件/材料（20） …… 460
特富特电磁科技（洛阳）有限公司 …… 446	蓄电池（20） …… 460
郑州丰研电子科技有限公司 …… 446	电容器（18） …… 460
中国空空导弹研究院 …… 446	直流屏、电力操作电源（18） …… 460
陕西省	电感器（17） …… 461
陕西柯蓝电子有限公司 …… 446	电源配套设备（自动化设备、SMT设备、绕线机等）（14） …… 461
西安科湃电气有限公司 …… 447	电阻器（6） …… 461
西安思源清科智能科技有限公司 …… 447	风扇、风机等散热设备（4） …… 461
西安迅湃快速充电技术有限公司 …… 447	机壳、机柜（4） …… 461
其他	胶（2） …… 461
广西科技大学 …… 448	
广西普德新星电源科技有限公司 …… 448	

第八篇 电源重点工程项目应用案例及相关产品

2023年电源重点工程项目应用案例 …… 464	11. 交通银行股份有限公司全行机房中小功率UPS及铅酸电池项目 …… 472
1. 科华硬核实力赋能中广核"华龙一号"首堆首次并网发电 …… 464	12. 深圳超充之城项目 …… 473
2. 中标我国首个超大容量变速抽水蓄能项目 …… 464	13. 与"光"同行，先控保障东磁项目顺利进行 …… 474
3. 英特模三期试验中心 …… 465	14. 先控PCS储能系统电源车，助力绿色亚运 …… 474
4. 迎接5G浪潮 台达为法国龙头电信商部署预制型数据中心 …… 466	15. 助力充电系统发展，先控入围中石化电动汽车充电设备招标 …… 475
5. 涠洲岛5MW/10MW·h储能电站 …… 467	16. 先控助力正定国际机场获得三星级"双碳机场" …… 475
6. 大功率手机无线充电用导磁片产品 …… 468	17. 杭州第19届亚洲运动会火炬传递（宁波站）电力保障项目 …… 476
7. 小米智能工厂（二期） …… 469	18. 南海海缆有限公司项目 …… 476
8. 周口店"零碳村镇"项目 …… 469	19. 天津滨海国际机场航站楼项目 …… 477
9. 湖南芙蓉云数据中心 …… 470	
10. 壳牌深圳机场光储充一体站 …… 471	

20. 爱克赛科技集团筑牢保电"防护墙",全力护航
    成都大运会 ················· 477
21. 成都大运会电源保障项目 ············ 478
22. 杭州第19届亚运会体育场馆、市政道路以及
    地标建筑项目 ················· 479
23. 阳煤集团七元煤业有限责任公司应急电源设计
    方案 ······················ 479
24. 某试验基地通信试验网络管控项目 ······· 480
25. 中汽研新能源汽车检验中心(天津)有限公司
    大功率欧美日标充电设施测试系统采购项目 ··· 481

2023年电源产品主要应用市场目录 483

1. 金融/数据中心 ················· 483
2. 电信/基站 ··················· 484
3. 工业/自动化 ·················· 485
4. 制造、加工及表面处理 ············· 489
5. 照明 ····················· 489
6. 轨道交通 ··················· 489
7. 充电桩/站 ··················· 490
8. 车载驱动 ··················· 492
9. 新能源 ···················· 493
10. 计算机/消费电子 ··············· 499
11. 安防/特种行业 ················ 501
12. 环保/节能 ·················· 501
13. 通用产品 ··················· 501
14. 电源配套产品 ················· 503

2023年代表性电源产品介绍 507

1. 科华慧云7.0模块化数据中心(科华数据股份
   有限公司) ··················· 507
2. 山特城堡系列UPS(1~10kVA)(山特电子
   (深圳)有限公司) ··············· 508
3. 多功能电网模拟装置(深圳市禾望电气股份
   有限公司) ··················· 509
4. MD880系列电池模拟器(深圳市汇川技术股份
   有限公司) ··················· 510
5. 高功率密度48V/12V双向DC-DC转换器(台达
   电子企业管理(上海)有限公司) ········ 511
6. PowerTitan2.0液冷储能系统(阳光电源股份
   有限公司) ··················· 512
7. 伊顿93PR UPS(伊顿电源(上海)有限
   公司) ····················· 513
8. 模块化电源 ZXEPS EBD48600 N1(中兴通讯
   股份有限公司) ················· 514
9. 纳米晶带材(安泰科技股份有限公司非晶制品
   分公司) ···················· 515
10. 液冷充电模块(北京动力源科技股份有限
    公司) ···················· 516
11. 15W超薄磁吸无线充电模组(东莞市奥海科技
    股份有限公司) ················ 517
12. 60W PD快充(东莞市石龙富华电子有限
    公司) ···················· 518
13. 15~5000W机壳开关电源(广州金升阳科技
    有限公司) ··················· 519
14. 户用智慧储能一体机(广州三晶电气股份有限
    公司) ···················· 520
15. HB系列光伏逆变器(鸿宝电源有限公司) ··· 521
16. LP系列基板自立型铝电解电容器(湖南艾华
    集团股份有限公司) ·············· 522
17. D2000系列可编程双向直流电源(科威尔技术
    股份有限公司) ················· 523
18. S6系列体育场馆照明智能驱动(茂硕电源科技
    股份有限公司) ················· 524
19. 博兰得65W氮化镓快充充电器(南京博兰得
    电子科技有限公司) ·············· 525
20. LED驱动电源(宁波赛耐比光电科技有限
    公司) ···················· 526
21. DPS系列分布式电源(厦门市爱维达电子有限
    公司) ···················· 527
22. 模块电源(上海杰瑞兆新信息科技有限
    公司) ···················· 528
23. 800kW柔性共享超充堆(深圳市盛弘电气
    股份有限公司) ················· 529
24. RM系列10~3000kVA模块化UPS(深圳市
    英威腾电源有限公司) ············· 530
25. 全系列液冷电能变换模块(深圳英飞源技术
    有限公司) ··················· 531
26. 480kW直流充电系统(万帮数字能源股份
    有限公司) ··················· 532
27. 爱科-PRE20系列回馈型可编程交流源载一体机
    (西安爱科赛博电气股份有限公司) ······ 533
28. 爱科-PRD系列双向可编程直流电源(西安爱科
    赛博电气股份有限公司) ············ 534
29. SinPOWER-第四代高功率密度电能质量治理
    模块(西安爱科赛博电气股份有限公司) ···· 535
30. SinPOWER-动态电压治理设备(DVR)(西安
    爱科赛博电气股份有限公司) ·········· 536
31. 储能一体化电源系统——工商业储能(先控捷联
    电气股份有限公司) ·············· 537
32. PN8149W(芯朋微电子股份有限公司) ···· 538
33. EA660系列智能模块化UPS(易事特集团股份
    有限公司) ··················· 539
34. KPH-HP第三代气雾化铁硅铝磁粉芯(浙江东睦
    科达磁电有限公司) ·············· 540
35. STB-LA(宁波希磁电子科技有限公司) ···· 541
36. 金属磁粉芯大电流电感(深圳市科达嘉电子
    有限公司) ··················· 542
37. 61800能源回收式电网模拟电源(致茂电子
    (苏州)有限公司) ··············· 543
38. 62000D能源回收式可程控双向直流电源供应器
    (致茂电子(苏州)有限公司) ········· 544

第一篇　政策法规

国务院办公厅关于进一步构建高质量充电基础设施体系的指导意见（国务院办公厅）…… 2
国家碳达峰试点建设方案（国家发展改革委）………………………………………………… 5
碳达峰碳中和标准体系建设指南（国家标准委等）…………………………………………… 10
国家发展改革委　国家能源局关于加快推进充电基础设施建设　更好支持新能源
　　汽车下乡和乡村振兴的实施意见（国家发展改革委　国家能源局）………………… 15
新产业标准化领航工程实施方案（2023—2035年）（工业和信息化部　科技部
　　国家能源局　国家标准委）……………………………………………………………… 17
国家发展改革委等部门关于加强新能源汽车与电网融合互动的实施意见
　　（国家发展改革委　国家能源局　工业和信息化部　市场监管总局）……………… 22
工业和信息化部办公厅关于印发国家汽车芯片标准体系建设指南的通知
　　（工业和信息化部办公厅）……………………………………………………………… 24
国家金融监督管理总局关于加强科技型企业全生命周期金融服务的通知
　　（国家金融监督管理总局）……………………………………………………………… 28
国家能源局关于进一步规范可再生能源发电项目电力业务许可管理的通知
　　（国家能源局）…………………………………………………………………………… 30
国家发展改革委等部门关于促进退役风电、光伏设备循环利用的指导意见
　　（国家发展改革委　国家能源局　工业和信息化部　生态环境部　商务部
　　国务院国资委）…………………………………………………………………………… 31
无线充电（电力传输）设备无线电管理暂行规定（工业和信息化部）……………………… 33
国家能源局关于加快推进能源数字化智能化发展的若干意见（国家能源局）…………… 38

国务院办公厅关于进一步构建高质量充电基础设施体系的指导意见

发布单位：国务院办公厅
发布日期：2023 年 6 月 19 日

各省、自治区、直辖市人民政府，国务院各部委、各直属机构：

充电基础设施为电动汽车提供充换电服务，是重要的交通能源融合类基础设施。近年来，我国充电基础设施快速发展，已建成世界上数量最多、服务范围最广、品种类型最全的充电基础设施体系。着眼未来新能源汽车特别是电动汽车快速增长的趋势，充电基础设施仍存在布局不够完善、结构不够合理、服务不够均衡、运营不够规范等问题。为进一步构建高质量充电基础设施体系，更好支撑新能源汽车产业发展，促进汽车等大宗消费，助力实现碳达峰碳中和目标，经国务院同意，现提出以下意见。

一、总体要求

（一）指导思想。以习近平新时代中国特色社会主义思想为指导，全面贯彻落实党的二十大精神，扎实推进中国式现代化建设，坚持稳中求进工作总基调，完整、准确、全面贯彻新发展理念，加快构建新发展格局，着力推动高质量发展，坚持目标导向和问题导向，加强统筹谋划，落实主体责任，持续完善网络，提高设施能力，提升服务水平，进一步构建高质量充电基础设施体系，更好满足人民群众购置和使用新能源汽车需要，助力推进交通运输绿色低碳转型与现代化基础设施体系建设。

（二）基本原则。科学布局。加强充电基础设施发展顶层设计，坚持应建尽建、因地制宜、均衡合理，科学规划建设规模、网络结构、布局功能和发展模式。依据国土空间规划，推动充电基础设施规划与电力、交通等规划一体衔接。

适度超前。结合电动汽车发展趋势，适度超前安排充电基础设施建设，在总量规模、结构功能、建设空间等方面留有裕度，更好满足不同领域、不同场景充电需求。持续完善充电基础设施标准体系，推动中国标准国际化。

创新融合。充分发挥创新第一动力作用，提升充电基础设施数字化、智能化、融合化发展水平，鼓励发展新技术、新业态、新模式，推动电动汽车与充电基础设施网、电信网、交通网、电力网等能量互通、信息互联。

安全便捷。坚持安全第一，加强充电基础设施全生命周期安全管理，强化质量安全、运行安全和信息安全，着力提高可靠性和风险防范水平。不断提高充电服务经济性和便捷性，扩大多样化有效供给，全面提升服务质量效率。

（三）发展目标。到 2030 年，基本建成覆盖广泛、规模适度、结构合理、功能完善的高质量充电基础设施体系，有力支撑新能源汽车产业发展，有效满足人民群众出行充电需求。建设形成城市面状、公路线状、乡村点状布局的充电网络，大中型以上城市经营性停车场具备规范充电条件的车位比例力争超过城市注册电动汽车比例，农村地区充电服务覆盖率稳步提升。充电基础设施快慢互补、智能开放，充电服务安全可靠、经济便捷，标准规范和市场监管体系基本完善，行业监管和治理能力基本实现现代化，技术装备和科技创新达到世界先进水平。

二、优化完善网络布局

（一）建设便捷高效的城际充电网络。以国家综合立体交通网"6 轴 7 廊 8 通道"主骨架为重点，加快补齐重点城市之间路网充电基础设施短板，强化充电线路间有效衔接，打造有效满足电动汽车中长途出行需求的城际充电网络。拓展国家高速公路网充电基础设施覆盖广度，加密优化设施点位布局，强化关键节点充电网络连接能力。新建高速公路服务区应同步建设充电基础设施，加快既有高速公路服务区充电基础设施改造，新增设施原则上应采用大功率充电技术，完善高速公路服务区相关设计标准与建设管理规范。推动具备条件的普通国省干线公路服务区（站）因地制宜科学布设充电基础设施，强化公路沿线充电基础服务。

（二）建设互联互通的城市群都市圈充电网络。加强充电基础设施统一规划、协同建设，强化不同城市充电服务数据交换共享，加快充电网络智慧化升级改造，实现跨区域充电服务有效衔接，提升电动汽车在城市群、都市圈及重点城市间的通达能力。以京津冀、长三角、粤港澳大湾区、成渝地区双城经济圈为重点加密建设充电网络，打造联通区域主要城市的快速充电网络，力争充电技术、标准和服务达到世界先进水平。

（三）建设结构完善的城市充电网络。以城市道路交通网络为依托，以"两区"（居住区、办公区）、"三中心"（商业中心、工业中心、休闲中心）为重点，推动城市充电网络从中心城区向城区边缘、从优先发展区域向其他区域有序延伸。大力推进城市充电基础设施与停车设施一体规划、建设和管理，实现城市各类停车场景全面覆盖。合理利用城市道路邻近空间，建设以快充为主、慢充为辅的公共充电基础设施，鼓励新建具有一定规模的集中式充电基础设施。居住区积极推广智能有序慢充为主、应急快充为辅的充电基础设施。办公区和"三中心"等城市专用和公用区域因地制宜布局建设快慢结合的公共充电基础设施。促进城市充电网络与城际、城市群、都市圈充电网络有效衔接。

（四）建设有效覆盖的农村地区充电网络。推动农村地区充电网络与城市、城际充电网络融合发展，加快实现充电基础设施在适宜使用电动汽车的农村地区有效覆盖。积极推动在县级城市城区建设公共直流快充站。结合乡村级充电网络建设和输配电网发展，加快在大型集镇、易地搬迁集中安置区、乡村旅游重点村镇等规划布局充电网络，大力推动在乡镇机关、企事业单位、商业建筑、交通枢纽场站、公共停车场、物流基地等区域布局建设公共充电基础设施。结合推进以县城为重要载体的城镇化建设，在基础较好的地区根据需要创建充电基础设施建设应用示范县和示范乡镇。

三、加快重点区域建设

（一）积极推进居住区充电基础设施建设。在既有居住区加快推进固定车位充电基础设施应装尽装，优化布局公共充电基础设施。压实新建居住区建设单位主体责任，严格落实充电基础设施配建要求，确保固定车位按规定100%建设充电基础设施或预留安装条件，满足直接装表接电要求。以城市为单位加快制定居住区充电基础设施建设管理指南，优化设施建设支持政策和管理程序，落实街道办事处、居民委员会等基层管理机构责任，建立"一站式"协调推动和投诉处理机制。鼓励充电运营企业等接受业主委托，开展居住区充电基础设施"统建统服"，统一提供建设、运营、维护等服务。结合完整社区建设试点工作，整合推进停车、充电等设施建设。鼓励将充电基础设施建设纳入老旧小区基础类设施改造范围，并同步开展配套供配电设施建设。

（二）大力推动公共区域充电基础设施建设。以"三中心"等建筑物配建停车场以及交通枢纽、驻车换乘（P+R）等公共停车场为重点，加快建设公共充电基础设施，推动充电运营企业逐步提高快充设施占比。在政府机关、企事业单位、工业园区等内部停车场加快配建充电基础设施，并鼓励对公众开放。在确保安全前提下，在具备条件的加油（气）站配建公共快充和换电设施，积极推进建设加油（气）、充换电等业务一体的综合供能服务站。结合城市公交、出租、道路客运、物流等专用车辆充电需求，加快在停车场站等建设专用充电站。加快旅游景区公共充电基础设施建设，A级以上景区结合游客接待量和充电需求配建充电基础设施，4A级以上景区设立电动汽车公共充电区域。

四、提升运营服务水平

（一）推动社会化建设运营。促进充电基础设施投资多元化，引导各类社会资本积极参与建设运营，形成统一开放、竞争有序的充电服务市场。推广充电车位共享模式，提高车位和充电基础设施利用效率。鼓励充电运营企业与整车企业、互联网企业积极探索商业合作模式。加强监测研判，在车流量较大区域、重大节假日期间等适度投放移动充电基础设施，增强充电网络韧性。

（二）制定实施统一标准。结合电动汽车智能化、网联化发展趋势和新型能源体系建设需求，持续完善充电基础设施标准体系，加强建设运维、产品性能、互联互通等标准迭代更新，加快先进充换电技术标准制修订，提升标准国际化引领能力。鼓励将智能有序充电纳入车桩产品功能范围。推动制定综合供能服务站建设标准和管理制度。通过放宽市场准入特别措施等政策工具，鼓励有关单位率先制定实施相关标准。

（三）构建信息网平台。推动建设国家充电设施监测服务平台。坚持政府引导、市场运作，鼓励以省（自治区、直辖市）为单位构建充电基础设施监管与运营服务平台，着力强化省级平台互联互通。规范充电基础设施信息管理，统一信息交换协议，明确信息采集边界和使用范围，促进公共充电基础设施全面接入，引导居住区"统建统服"充电基础设施有序接入，鼓励私人充电基础设施自愿接入。强化与电动汽车、城市和公路出行服务网等数据互联互通，通过互联网地图服务平台等多种便利渠道，及时发布公共充电基础设施设置及实时使用情况。

（四）加强行业规范管理。完善充电基础设施生产制造、安装建设、运营维护企业的准入条件和管理政策，以规范管理和服务质量为重点构建评价体系，推动建立充电设备产品质量认证运营商采信制度。压实电动汽车、动力电池和充电基础设施生产企业产品质量安全责任，严格充电基础设施建设、安装质量安全管理，建立火灾、爆炸事故责任倒查制度。完善充电基础设施运维体系，落实充电运营企业主体责任，提升设施可用率和故障处理能力。明确长期失效充电桩的认定标准和管理办法，建立健全退出机制。引导充电基础设施投资运营企业投保产品责任保险。

五、加强科技创新引领

（一）提升车网双向互动能力。大力推广应用智能充电基础设施，新建充电基础设施原则上应采用智能设施，推动既有充电基础设施智能化改造。积极推动配电网智能化改造，强化对电动汽车充放电行为的调控能力。充分发挥新能源汽车在电化学储能体系中的重要作用，加强电动汽车与电网能量互动，提高电网调峰调频、安全应急等响应能力，推动车联网、车网互动、源网荷储一体化、光储充换一体站等试点示范。

（二）鼓励新技术创新应用。充分发挥企业创新主体作用，打造车、桩、网智慧融合创新平台。加快推进快速充换电、大功率充电、智能有序充电、无线充电、光储充协同控制等技术研究，示范建设无线充电线路及车位。加强信息共享与统一结算系统、配电系统安全监测预警等技术研究。持续优化电动汽车电池技术性能，加强新体系动力电池、电池梯次利用等技术研究。推广普及机械式、立体式、移动式停车充电一体化设施。

六、加大支持保障力度

（一）压实主体责任。切实加强组织领导，压紧压实地方政府统筹推进充电基础设施发展的主体责任,将充电基础设施建设管理作为完善基础设施和公共服务的重要着力点。充分发挥规划引领作用,省级政府以构建高质量充电基础设施体系为重点,科学制定布局规划,做好与交通网络体系的衔接融合;地市级政府以"两区"、"三中心"为重点,以区县为基本单元制定布局规划,分场景优化充电基础设施结构,加强公用桩和专用桩布局,并纳入国土空间规划"一张图"实施监督信息系统。

(二)完善支持政策。落实峰谷分时电价政策,引导用户广泛参与智能有序充电和车网互动。2030年前,对实行两部制电价的集中式充换电设施用电免收需量(容量)电费。鼓励地方各级政府对充电基础设施场地租金实行阶段性减免。鼓励电网企业在电网接入、增容等方面优先服务充电基础设施建设。

(三)强化要素保障。地方各级政府要进一步加强充电基础设施发展要素保障,满足充电基础设施及配套电网建设用地、廊道空间等发展需要,因地制宜研究给予资金支持。鼓励地方建立与服务质量挂钩的运营补贴标准,加大对大功率充电、车网互动等示范类项目的补贴力度,通过地方政府专项债券等支持符合条件的充电基础设施项目建设。提高金融服务能力,充分利用现有金融支持政策,推广股权、项目收益权、特许经营权等质押融资方式,通过绿色债券等拓宽充电基础设施投资运营企业和设备厂商融资渠道。鼓励开发性金融机构创新融资支持模式,实施城市停车、充电"一张网"专项工程。

(四)加强协同推进。国家发展改革委、国家能源局会同各有关方面统筹推进本指导意见实施,加强部门协同配合,强化对各地的指导监督,定期开展实施情况评估,及时总结推广典型经验做法,重大情况及时向党中央、国务院报告。地方各级政府建立发展改革、能源、交通运输、自然资源、工业和信息化、住房城乡建设、商务、消防救援、城市管理等有关部门紧密配合的充电基础设施建设协同推进机制,全面摸排基本情况,科学评估建设需求,简化建设手续,建立健全标准和政策体系,持续跟踪解决重点难点问题,实现信息共享和政策联动。

国家碳达峰试点建设方案

发布单位：国家发展改革委
发布日期：2023 年 11 月 6 日

为全面贯彻党的二十大精神，认真贯彻落实党中央、国务院决策部署，按照《中共中央 国务院关于完整准确全面贯彻新发展理念做好碳达峰碳中和工作的意见》和国务院《2030 年前碳达峰行动方案》有关部署要求，制定本方案。

一、总体要求

（一）指导思想。以习近平新时代中国特色社会主义思想为指导，全面贯彻党的二十大精神，深入贯彻习近平经济思想和生态文明思想，完整、准确、全面贯彻新发展理念，加快构建新发展格局，着力推动高质量发展，按照国家碳达峰碳中和工作总体部署，在全国范围内选择 100 个具有典型代表性的城市和园区开展碳达峰试点建设，聚焦破解绿色低碳发展面临的瓶颈制约，激发地方主动性和创造性，通过推进试点任务、实施重点工程、创新政策机制，加快发展方式绿色转型，探索不同资源禀赋和发展基础的城市和园区碳达峰路径，为全国提供可操作、可复制、可推广的经验做法，助力实现碳达峰碳中和目标。

（二）工作原则

——坚持积极稳妥。聚焦碳达峰碳中和重点领域和关键环节，将探索有效做法、典型经验、政策机制以及不同地区碳达峰路径作为重点，尊重客观规律，科学把握节奏，不简单以达峰时间早晚或峰值高低来衡量工作成效。

——坚持因地制宜。充分考虑不同试点的区位特点、功能定位、资源禀赋和发展基础，因地制宜确定试点建设目标和任务，探索多元化绿色低碳转型路径。

——坚持改革创新。牢固树立绿水青山就是金山银山的理念，持续深化改革、开展制度创新、加强政策供给，不断完善有利于绿色低碳发展的政策机制。

——坚持安全降碳。统筹发展与安全，坚持先立后破，妥善防范和化解探索中可能出现的风险挑战，切实保障国家能源安全、产业链供应链安全、粮食安全和群众正常生产生活。

二、主要目标

到 2025 年，试点城市和园区碳达峰碳中和工作取得积极进展，试点范围内有利于绿色低碳发展的政策机制基本构建，一批可操作、可复制、可推广的创新举措和改革经验初步形成，不同资源禀赋、不同发展基础、不同产业结构的城市和园区碳达峰路径基本清晰，试点对全国碳达峰碳中和工作的示范引领作用逐步显现。

到 2030 年，试点城市和园区经济社会发展全面绿色转型取得显著进展，重点任务、重大工程、重要改革如期完成，试点范围内有利于绿色低碳发展的政策机制全面建立，有关创新举措和改革经验对其他城市和园区带动作用明显，对全国实现碳达峰目标发挥重要支撑作用，为推进碳中和奠定良好实践基础。

三、建设内容

（一）确定试点任务。试点城市和园区要根据国家碳达峰行动总体部署，结合所在地区工作要求，系统梳理自身碳达峰碳中和工作基础与进展，深入分析绿色低碳转型面临的关键制约，围绕能源绿色低碳转型、产业优化升级、节能降碳增效以及工业、建筑、交通等领域清洁低碳转型，谋划部署试点建设任务。

（二）实施重点工程。试点城市和园区要结合试点目标，在能源基础设施、节能降碳改造、先进技术示范、环境基础设施、资源循环利用、生态保护修复等领域规划实施一批重点工程，形成对试点城市和园区碳达峰碳中和工作的有力支撑。要加强对配套工程建设的各类要素保障，推动重点工程项目有序实施。

（三）强化科技创新。试点城市和园区要加强科技支撑引领，支持科研单位、高校、企业等围绕绿色低碳开展应用基础研究和关键技术研发。要创新绿色低碳技术推广应用机制，大力培育绿色低碳产业，支持和引导企业积极应用先进适用绿色低碳技术，努力形成新的产业竞争优势。要加强碳达峰碳中和专业人才培养、引进和使用，推动完善碳达峰碳中和学科体系。

（四）完善政策机制。试点城市要深入剖析当前绿色低碳发展存在的体制机制短板，加快建立和完善有利于绿色发展的财政、金融、投资、价格政策和标准体系，创新碳排放核算、评价、管理机制，推动城市能效与碳效整体提升。试点园区要加快建立以碳排放控制为导向的管理机制，着力提升园区绿色低碳循环发展水平。

（五）开展全民行动。试点城市和园区要着力加强对公众的生态文明科普教育，普及"双碳"基础知识。要大力推广绿色低碳生活理念，促进绿色消费，创新探索绿色出行、制止浪费、垃圾分类等方面体制机制。要引导企事业单位加强能源资源节约，提升绿色发展水平，切实增强各级干部推进绿色低碳发展的理论水平和业务能力。

四、组织实施

（一）确定试点名单。统筹考虑各地区碳排放总量及增长趋势、经济社会发展情况等因素，首批在15个省区开展碳达峰试点建设（名额分配安排见附件1）。试点城市建设主体原则上为地级及以上城市，试点园区建设主体为省级及以上园区。有关省区发展改革委要根据碳达峰碳中和工作实际、本地区城市和园区绿色低碳发展水平等情况，按照分配名额提出碳达峰试点城市和园区建议名单，报本地区人民政府同意后，于2023年11月15日前报国家发展改革委确认。国家发展改革委将根据首批试点推进情况，组织开展后续试点建设。

（二）编制实施方案。有关省区发展改革委要指导试点城市和园区按照《碳达峰试点实施方案编制指南》（附件2）要求，结合自身实际科学编制试点实施方案，明确重点任务、改革举措、重大项目和工作进度安排，报国家发展改革委审核并按照审核意见进行修改完善，经本地区人民政府同意后，以试点所在省区省级发展改革委或所在城市人民政府名义印发，并抄报国家发展改革委。

（三）开展试点建设。各试点城市人民政府和试点园区管理机构要切实担负起主体责任，完善工作机制，明确各方职责，按照实施方案扎实开展建设。有关省区发展改革委要认真履行指导责任，督促试点城市和园区推进各项重点工作，及时协调解决试点建设中遇到的困难和问题，加大政策和资金支持力度，确保工作取得实效。国家发展改革委将会同有关方面统筹现有资金渠道，对符合要求的试点建设项目予以支持。鼓励金融机构支持碳达峰试点城市和园区建设，综合运用绿色信贷、绿色债券、绿色基金等金融工具，按市场化方式加大对相关绿色低碳项目的支持力度。

（四）加强总结评估。有关省区发展改革委要组织试点城市和园区定期开展建设情况总结评估，系统梳理试点工作进展成效，深入分析试点建设中遇到的问题，及时将有关情况报送国家发展改革委。国家发展改革委将会同有关方面加强对试点工作指导和督促检查，组织行业专家和专业机构提供政策指导和技术帮扶，对试点成效突出的城市和园区予以通报表扬，对工作进度滞后、试点效果不彰的试点及所在地区进行督促并责令限期整改。

（五）做好经验推广。试点城市和园区要及时梳理总结有推广价值的经验模式、典型案例和成功做法，归纳后形成信息上报。有关省区发展改革委要将行之有效的经验做法在本地区率先推广，推动转化为地方法规、政策制度、标准规范等。国家发展改革委将组织开展多种形式的试点经验交流活动，宣传推广绿色低碳发展创新模式和典型经验。

附件：1. 首批国家碳达峰试点名额安排
　　　2. 碳达峰试点实施方案编制指南

附件1

首批国家碳达峰试点名额安排

地区	名额	地区	名额
河北省	3	山东省	3
山西省	2	河南省	2
内蒙古自治区	3	湖北省	2
辽宁省	2	湖南省	2
黑龙江省	2	广东省	3
江苏省	3	陕西省	2
浙江省	2	新疆维吾尔自治区	2
安徽省	2		

附件2

碳达峰试点实施方案编制指南

一、工作基础

（一）实施主体概况。简述试点城市区位交通、自然条件、经济发展状况、产业结构和布局等；试点园区区位条件、占地面积、园区发展建设情况、经济产业发展水平、园区主导产业和重点企业发展状况等。

（二）能耗和碳排放情况。简述城市或园区近年能源结构、能源供需关系、能源生产、能源消费、主要资源消耗等情况。分析试点城市或园区碳排放总量和强度变化情况、能源消费总量和强度变化情况、各重点领域碳排放增长情况等。

（三）绿色低碳发展基础。总结城市和园区近年来产业结构调整、重点领域能效提升、绿色低碳管理等方面情况。梳理碳达峰碳中和相关工作基础和进展，包括体制机制建设情况、已实施的具体政策措施、绿色低碳科技创新研究与推广情况等。

（四）碳减排难点分析。结合本地区经济社会发展实际和资源环境禀赋，分析绿色低碳转型和碳达峰碳中和工作面临的主要困难和短板弱项，有针对性提出改进相关领域工作的政策措施。

二、建设目标

提出碳达峰试点工作的总体目标和实施路径，明确推进碳达峰行动的路线图、施工图，以及重点任务举措等。视情提出重点领域、重点行业碳达峰试点目标。可参考表1和表2列出的指标，并根据实际情况补充或删减。

表1 碳达峰试点城市建设参考指标

序号	类别	具体指标	单位	2022年	2025年	2030年
1	绿色低碳发展指标	单位GDP能源消费量	吨标准煤/万元			
2		单位GDP二氧化碳排放量	吨/万元			
3		单位工业增加值二氧化碳排放量	吨/万元			
4		战略性新兴产业增加值占比	%			
5		土地资源产出率	亿元/平方公里			
6		第三产业占比	%			
7	能源绿色低碳转型指标	非化石能源消费占比	%			
8		电能占终端用能的比重	%			
9		需求侧响应能力	%			
10		综合能源站、微电网、源网荷储一体化等新模式新业态规模	个			
11		可再生能源发电总装机容量	千瓦			
12	城乡建设绿色低碳发展指标	新建建筑中星级绿色建筑占比	%			
13		达到最高节能改造标准建筑占比	%			
14		城镇建筑可再生能源替代率	%			
15		建筑垃圾资源化利用率	%			
16	交通领域低碳发展指标	新能源汽车市场渗透率	%			
17		新能源汽车保有量	辆			
18		城市绿色出行比例	%			
19	循环经济助力降碳指标	9种主要再生资源循环利用率	%			
20		工业余能回收利用率	%			
21		大宗固废综合利用率	%			
22		主要资源产出率年均复合增速	%			
23		城市生活垃圾资源化利用率	%			
24	碳汇能力巩固提升指标	城市森林覆盖率	%			
25		植树造林(或抚育森林、草原)面积	公顷			
26	绿色低碳创新指标	绿色低碳技术研究与试验发展经费投入强度	%			

表2 碳达峰试点园区建设参考指标

序号	类别	具体指标	单位	2022年	2025年	2030年
1	绿色低碳发展指标	工业增加值平均增长率	%			
2		单位工业增加值综合能耗	吨标准煤/万元			
3		单位工业增加值二氧化碳排放量	吨/万元			
4	能源绿色低碳转型指标	非化石能源消费占比	%			
5		可再生能源使用比例	%			
6		工业余热回收利用率	%			
7	建筑领域绿色发展指标	新建建筑中星级绿色建筑占比	%			
8		新建厂房屋顶光伏覆盖率	%			
9		公共建筑单位面积能耗	MJ/m²			

（续）

序号	类别	具体指标	单位	2022年	2025年	2030年
10	交通领域绿色发展指标	货物清洁运输比例	%			
11		园区新能源、清洁能源动力交通工具保有量（或占比）	辆(%)			
12	循环发展指标	一般工业固体废物综合利用率	%			
13		工业用水重复利用率	%			
14	绿色低碳创新指标	绿色低碳技术研究与试验发展经费投入强度	%			

三、主要任务

综合考虑功能定位、区位特点、经济发展水平、资源禀赋等，合理部署碳达峰试点建设任务，包括但不限于以下内容。

（一）试点城市主要建设任务

1. 推动能源绿色低碳转型。结合本地能源禀赋，在保障能源安全供应的基础上，合理确定能源绿色低碳转型路径。可再生能源资源丰富的地区，要加大可再生能源开发和利用力度，提升可再生能源生产和消费占比。可再生能源资源禀赋一般的地区，要进一步扩大绿电和绿证交易规模，同时充分挖掘本地区分布式可再生能源开发潜力，为本地能源供给提供有效补充。

2. 提升能源资源利用效率。把节约能源资源摆在突出位置，在能源开发、储存、加工转换、输送分配、终端使用等环节全面提升能源利用效率，优化和改造区域能源系统，实现能源梯级高效利用。加强工业、建筑、交通等重点领域节能管理，对区域重点用能单位开展节能诊断，挖掘节能潜力。构建废弃物循环利用体系，充分发挥循环经济助力降碳作用。

3. 推动重点行业碳达峰。产业结构偏重的城市和资源型城市，要推进产业结构优化，着力提高重点行业能效水平，推动企业开展清洁能源替代、电气化改造、工业流程再造、二氧化碳捕集利用等节能降碳改造。产业结构较优的城市，要推动优势产业加速向高端化、智能化、绿色化转型，大力发展战略新兴产业，在完成碳达峰碳中和目标任务过程中锻造新的产业竞争优势。推动重点行业企业建立绿色用能监测与评价体系，引导企业提升绿色能源使用比例。

4. 加快城乡建设低碳转型。推行绿色低碳城乡规划设计理念，提高新建建筑节能标准，推进既有建筑节能改造，推广绿色低碳建材和绿色建造方式。因地制宜推进清洁供暖。严寒、寒冷地区城市要充分利用可再生能源和工业余热供暖，逐步降低化石能源供暖比例；夏热冬冷地区城市要推广各类高效热泵产品，扩大地热能、空气热能等可再生能源应用规模。

5. 促进交通运输绿色低碳发展。加快推动交通运输工具装备低碳转型，大力推广新能源汽车，推动公共领域车辆全面电气化替代，淘汰老旧交通工具。优化大宗货物运输结构，加强铁路专用线建设和内河高等级航道建设，因地制宜推进铁水联运、公铁联运、海铁联运。加强交通绿色基础设施建设，完善充电桩、换电站等配套设施，推进交通枢纽场站绿色升级。发展智能交通，推动各类运输方式系统对接、数据共享，提升运输效率。

（二）试点园区主要建设任务

1. 加快提升能源清洁化利用效率。开展园区节能诊断，系统分析园区能源利用状况，充分挖掘园区能源节约潜力，推进节能降碳改造，推广高效节能设备。推动园区用能系统再造，开展一体化供用能方案设计，加快园区用能电气化改造，推广综合能源站、源网荷储一体化、新能源微网等绿色高效供用能模式，推动能源梯级高效利用。积极推广应用各类清洁能源替代技术产品，提升园区清洁能源利用水平。

2. 推动园区产业高质量发展。聚焦园区主导产业，加快产业链延链补链强链，形成产业协同效应。以节能降碳为导向，推进园区存量产业绿色低碳转型升级，推动重点企业实施工艺流程绿色低碳再造。提升园区绿色制造水平，推动新一代信息技术与制造业深度融合，大力发展绿色低碳产业。

3. 提升基础设施绿色低碳水平。提升园区建筑、交通、照明、供热等基础设施节能低碳水平，新建基础设施优先采用绿色设计、绿色建材和绿色建造方式。完善园区污水处理设施、垃圾焚烧设施、危险废物处理设施等环境基础设施。加强园区能源、碳排放智慧监测管理设施建设，运用新一代信息技术提升绿色低碳管理水平。

4. 大力推动资源循环利用。开展园区物质流分析，加快提升资源产出率和循环利用率。优化园区空间布局，深挖产业关联性，深入开展园区循环化改造，促进物料循环利用、废物综合利用、能量梯级利用、水资源再生利用，推进工业余压余热、废气废液废渣资源化利用。

5. 提升减污降碳协同能力。深入分析园区污染物排放类型，探索开展大气污染物与二氧化碳排放协同控制和改造提升。支持污染治理技术和节能降碳技术在园区开展综合性示范应用，大力推动园区减污降碳协同增效。综合运用清洁生产审核、环境污染第三方治理等方式，协同提高节能降碳减污水平。

四、科技创新

聚焦区域绿色低碳科技需求，加强重点技术研发和产业化应用。对于科教基础和创新能力较强的城市，要加大绿色低碳技术创新研发力度，积极参与前沿技术标准研究制定，探索绿色低碳技术研发应用推广新机制，进一步激发企业创新活力。对于科技创新基础相对薄弱的城市，要鼓励引导企业应用先进适用绿色低碳技术，开展绿色低碳先进技术产业化示范。具备条件的试点城市，要积极支持属地高校建设"双碳"相关学科专业，加强专业人才培养。园区要根据自身产业特色和发展需求，引导企业加强自主创新，开展与高校、科研院所的联合创新，支持企业开展绿色低碳先进技术工程示范和产业应用。

五、重点工程

结合试点主要任务，提出能源基础设施、节能降碳改造、绿色低碳先进技术示范、环境基础设施、循环经济发展、生态保护修复等领域拟开展的重点工程项目，包括项目内容、建设期限、预期效果等，并说明拟实施的重点工程项目对试点建设的支撑作用。

六、政策创新

围绕支持绿色低碳发展的财政、金融、投资、价格等重要政策创新，以及碳排放统计核算、项目碳排放评价、产品碳足迹管理等配套制度开展先行探索，根据试点主要任务安排，紧密联系本地区工作实际，在重点领域开展先行先试，重点阐述政策机制创新的任务目标、内容、创新点及实施路径。

七、全民行动

在政府机关、企事业单位、群团组织、社会组织中开展生态文明科普教育，普及碳达峰碳中和基础知识能力。推动吃、穿、住、行、用、游等领域消费绿色转型，推进生活垃圾减量化资源化，推动形成绿色低碳的生产生活方式。指导区域内重点用能单位深入研究碳减排路径，"一企一策"制定节能降碳专项工作方案。强化干部教育培训，切实增强推动绿色低碳发展的本领。

八、保障措施

提出组织领导、政策支持、资金保障、监督考评、宣传推广等方面的务实举措，保障试点工作顺利推进。

碳达峰碳中和标准体系建设指南

发布单位：国家标准委等
发布日期：2023年4月22日

为贯彻落实党中央、国务院关于碳达峰碳中和重大战略决策，深入实施《国家标准化发展纲要》，根据《建立健全碳达峰碳中和标准计量体系实施方案》相关要求，加快构建结构合理、层次分明、适应经济社会高质量发展的碳达峰碳中和标准体系，制定本指南。

一、总体要求

（一）指导思想

以习近平新时代中国特色社会主义思想为指导，全面贯彻落实党的二十大精神，深入践行习近平生态文明思想，立足新发展阶段，完整、准确、全面贯彻新发展理念，加快构建新发展格局，坚持系统观念，突出标准顶层设计、强化标准有效供给、注重标准实施效益、统筹推进国内国际，持续健全标准体系，努力为实现碳达峰、碳中和目标贡献标准化力量。

（二）基本原则

坚持系统布局。加强顶层设计，优化政府颁布标准和市场自主制定标准二元结构，强化跨行业、跨领域标准协同，提升标准的适用性和有效性，实现各级各类标准的衔接配套。

坚持突出重点。加快完善基础通用标准。聚焦重点领域和重点行业，加强节能降碳标准制修订。及时将碳达峰碳中和技术创新成果转化为标准，以科技创新推动绿色发展。

坚持稳步推进。锚定碳达峰碳中和近期目标与长远发展需求，加快标准更新升级，扎实推进标准研制，坚持系统推进和急用先行相结合，分年度分步骤有序稳妥实施。

坚持开放融合。扎实推动标准化国际交流合作，积极参与国际标准规则制定，强化国际标准化工作统筹，加大中国标准国外推广力度，促进国内国际协调一致。

（三）主要目标

围绕基础通用标准，以及碳减排、碳清除、碳市场等发展需求，基本建成碳达峰碳中和标准体系。到2025年，制修订不少于1000项国家标准和行业标准（包括外文版本），与国际标准一致性程度显著提高，主要行业碳核算核查实现标准全覆盖，重点行业和产品能耗能效标准指标稳步提升。实质性参与绿色低碳相关国际标准不少于30项，绿色低碳国际标准化水平明显提升。

二、标准体系框架

碳达峰碳中和标准体系包括基础通用标准子体系、碳减排标准子体系、碳清除标准子体系和市场化机制标准子体系等4个一级子体系，并进一步细分为15个二级子体系、63个三级子体系。该体系覆盖能源、工业、交通运输、城乡建设、水利、农业农村、林业草原、金融、公共机构、居民生活等重点行业和领域碳达峰碳中和工作，满足地区、行业、园区、组织等各类场景的应用。本标准体系根据发展需要进行动态调整。

三、标准重点建设内容

（一）基础通用标准子体系

1. 术语、分类和碳信息披露标准

重点制修订温室气体与应对气候变化管理相关术语及定义、碳排放数据分类与编码技术规范、碳排放信息采集方法及要求、碳信息披露等标准。

2. 碳监测核算核查标准规范

重点制修订二氧化碳、甲烷等温室气体监测方法、监测设备、在线监测系统和碳管控平台建设等标准，大气成分物理化学特性长期动态观测、监测、评估、预报相关标准。制修订地区、园区等区域碳排放核算和报告标准。加快制修订能源、冶金、建材、化工、有色、纺织、机械、信息通信、交通运输、畜禽养殖等重点行业企业碳排放核算和报告标准以及数据质量相关标准规范。完善能效提升、可再生能源利用、原燃料替代、余能利用、生物海洋林草土壤固碳、畜禽养殖等典型项目碳减排量评估标准。研制产品碳足迹量化和种类规则等通用标准，探索制定重点产品碳排放核算及碳足迹标准。制修订碳排放核查程序、人员和机构等基础共性标准。

3. 低碳管理及评价标准

重点制修订城市、设施、企业、供应链、园区、技术等绿色低碳评价、环境影响评价标准，绿色产品评价标准，绿色低碳产业统计核算相关标准，碳中和评价通则标准，以及不同应用场景的碳达峰碳中和相关规划设计、管理体系及实施评价等通用标准。

（二）碳减排标准子体系

1. 节能标准

加快制修订火电、钢铁、建材、化工、有色、煤炭、采矿、轻工、机械、交通运输等重点行业强制性能耗限额标准，推动实现能耗限额指标与碳排放强度指标相协调。坚持减污与降碳协同、源头与末端结合，发挥标准倒逼、优化、调整、促进作用。对标国际先进水平，提升家用电器、农村居民供暖设备、制冷及冷链物流设备、工业设备、

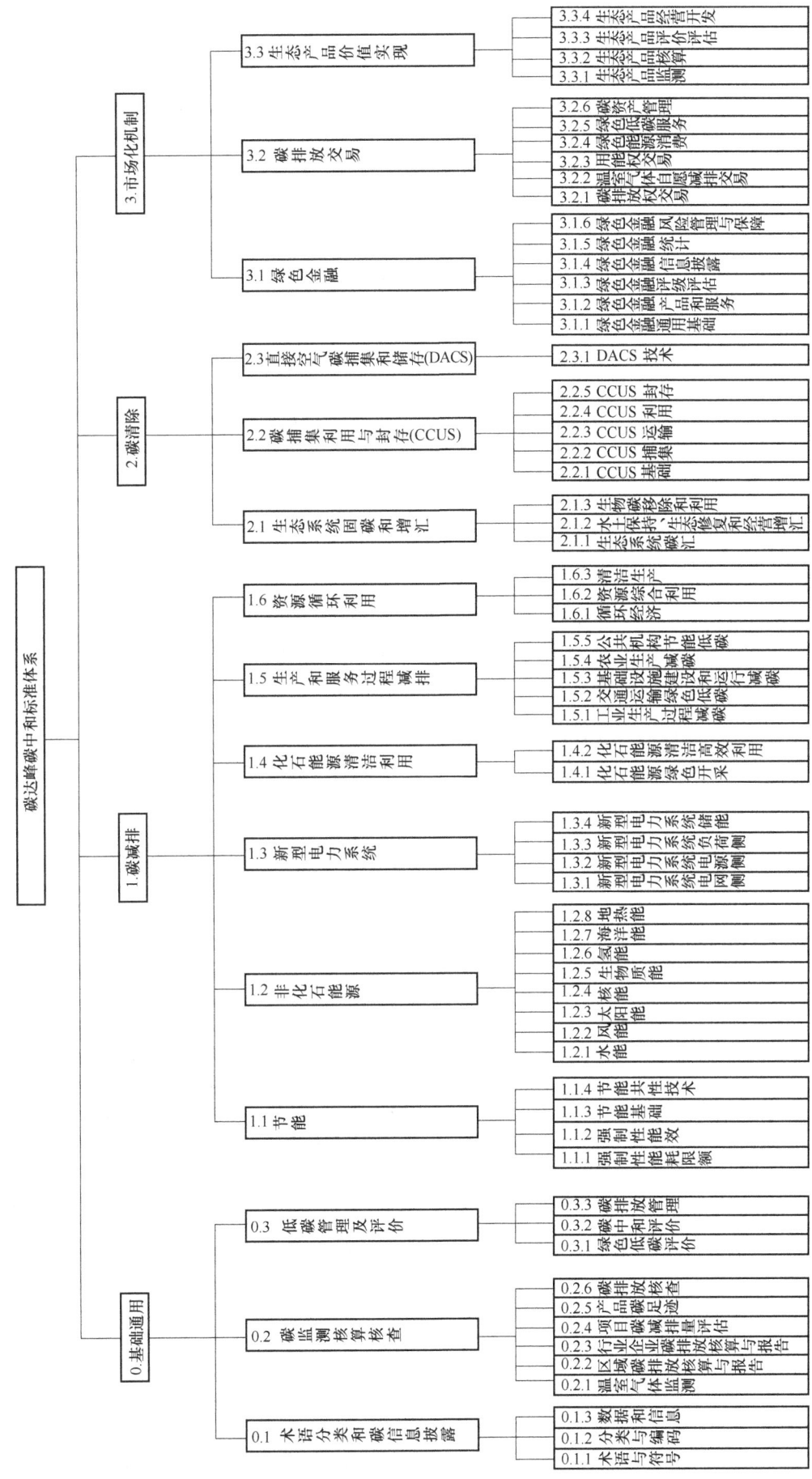

照明产品、数据中心、新能源和可再生能源设备、机械制造装备等重点产品和设备强制性能效标准。加快完善与强制性节能标准配套的能耗计算、能效检测、节能评估、节能验收、能源审计等标准。

加快制定节能设计规划、能量平衡测算、能源管理体系、能源绩效评估、经济运行、合理用能、节能诊断、节能服务、绿色节约型组织评价等基础标准。完善能效对标、节能技术评价、系统节能、能量回收、余能利用、能量系统优化、高效节能设备、节能监测、节能量测量和验证、能源计量、数字赋能技术、区域能源系统、分布式能源系统、能源管控中心等节能共性技术标准。

2. 非化石能源标准

水力发电领域重点制修订水电机组扩容增效、宽负荷稳定运行、运行状态评估与延寿等标准，以及小水电绿色改造、生态流量、安全鉴定等绿色发展技术标准。

风力发电领域重点制修订风能资源监测、评估以及风力预报预测等标准，风力发电机组、关键零部件标准，消防系统标准，风电塔筒用材料标准，海上风力发电工程施工标准以及并网标准，风电系统稳定性计算标准。

光伏发电领域重点制修订太阳能资源监测、评估以及辐射预报预测等技术标准，高效光伏电池、组件及关键材料、电气部件、支撑结构关键产品的技术要求、阻燃耐火性能要求、检测方法和绿色低碳标准，光伏组件、支架、逆变器等主要产品及设备修复、改造、延寿及回收再利用标准。

光热利用领域重点制修订光热发电设备标准，以及太阳能法向直接辐射预报预测等标准。完善太阳能集热关键部件材料产品标准和检测评估标准。太阳能供热、制冷系统以及太阳能多能互补系统标准。

核能发电领域重点制修订核电技术标准、核电厂风险管理标准、维护有效性评估标准，以及核动力厂厂址评价标准。

生物质能领域重点制修订生活垃圾焚烧发电、农林生物质热电、生物质清洁供热、生物天然气（沼气）、生物质热解气化、生物质液体燃料和生物质成型燃料等方面的原料质量控制、重点技术和设备、产品质量分等分级等标准。

氢能领域重点完善全产业链技术标准，加快制修订氢燃料品质和氢能检测等基础通用标准，氢和氢气系统安全、风险评估标准，氢密封、临氢材料、氢气泄漏检测和防爆抑爆、氢气安全泄放标准，供氢母站、油气氢电综合能源站安全等氢能安全标准，电解水制氢系统及其关键零部件标准，炼厂氢制备及检测标准，氢液化装备与液氢储存容器、高压气态氢运输、纯氢/掺氢管道等氢储输标准，加氢站系统及其关键技术和设备标准，燃料电池、冶金等领域氢能应用技术标准。

海洋能、地热能领域重点制修订海洋能发电设备测试、评估、部署、运行等标准以及地热能发电设备标准。

3. 新型电力系统标准

电网侧领域重点制修订变电站二次系统技术标准，交直流混合微电网运行、保护标准，新能源并网、配电网以及能源互联网等技术标准。

电源侧领域重点制修订分布式电源运行控制、电能质量、功率预测等标准。

负荷侧领域重点制修订电力市场负荷预测，需求侧管理，虚拟电厂建设、评估、接入等标准。

储能领域重点制修订抽水蓄能标准，电化学、压缩空气、飞轮、重力、二氧化碳、热（冷）、氢（氨）、超导等新型储能标准，储能系统接入电网、储能系统安全管理与应急处置标准。

4. 化石能源清洁利用标准

煤炭领域重点制修订煤炭筛分、沉陷区地质环境调查、生态修复成效评价、智能化煤炭制样、化验系统性能、组分类型测定等标准。

石油领域重点制修订低碳石油开采、炼油技术标准，低排放、高热值、高热效率燃料标准。

天然气领域重点制修订液化天然气质量、流量测量、取样导则、成分分析及测定、尾气处理及评价、管道输送要求以及页岩气技术标准。

5. 生产和服务过程减排标准

工业生产过程减碳领域重点制修订钢铁、石化、化工、有色金属、建材、机械、造纸、纺织、汽车、食品加工等行业低碳固碳技术、低碳工艺及装备、非二氧化碳温室气体减排技术、原燃料替代技术、低碳检测技术、低碳计量分析技术、绿色制造、节水等关键技术标准及配套标准样品。

交通运输绿色低碳领域重点制修订铁路、公路、水运、民航、邮政等领域基础设施和装备能效标准，以及物流绿色设备设施、高效运输组织、绿色出行、交通运输工具低碳多元化动力适用、绿色交通场站设施、交通能源融合、行业减污降碳等标准。加快完善轨道交通领域储能式电车、能量储存系统、动力电池系统、电能测量等技术标准。完善道路车辆能源消耗量限值及标识、能耗计算试验及评价方法相关标准。加快完善电动汽车驱动系统、充换电系统、动力电池系统相关安全要求、性能要求、测试方法、远程服务管理、安全技术检验等标准。加快研究制订机动车下一阶段排放标准，推进机动车减污降碳协同增效。

基础设施建设和运行减碳领域重点制修订城市基础设施低碳建设、城镇住宅减碳、低碳智慧园区建设、农房低碳改造、绿色建造、污水垃圾资源化利用、海水淡化等标准，建筑废物循环利用设备、空气源热泵设备等标准，以及面向节能低碳目标的通信网络、数据中心、通信机房等信息通信基础设施的工程建设、运维、使用计量、回收利用等标准。

农业生产减碳领域重点制修订种植业温室气体减排技术标准以及动物肠道甲烷减排技术、畜禽液体粪污减排技术等养殖业生产过程减排标准，完善工厂化农业、规模化养殖、农业机械等节能低碳标准。

公共机构节能低碳领域重点制修订机关、医院、学校等典型公共机构能源资源节约、绿色化改造标准，节约型机关、绿色学校、绿色医院、绿色场馆等评价标准，以及公共机构低碳建设、低碳经济运行等管理标准。

6. 资源循环利用标准

重点制修订循环经济管理、绩效评价等标准。推动制修订清洁生产评价通则标准，稀土、钒钛磁铁矿综合利用标准以及磷石膏、赤泥、熔炼废渣等大宗固废综合利用标准。制修订废金属、废旧纺织品、废塑料、废动力电池等再生资源回收利用标准。加快完善水回用标准。制修订汽车零部件、内燃机、机械工具等再制造标准。制修订林草产业资源循环利用标准。

（三）碳清除标准子体系

1. 生态系统固碳和增汇标准

重点制修订陆地、湖泊和海洋生态系统碳汇及木质林产品碳汇相关术语、分类、边界、监测、计量等通用标准，森林、草原、人工草地、林地、湿地、荒漠、矿山、岩溶、海洋、土壤、冻土等资源保护、生态修复、水土资源保护和水土流失综合治理、固碳增汇、经营增汇减排评估标准和技术标准，林草资源保护和经营技术标准，森林增汇经营、木竹替代、林业生物质产品标准，以及生物碳移除和利用、高效固碳树种草种藻种的选育繁育等标准。研究制定生态修复气象保障相关标准。

2. 碳捕集利用与封存标准

重点制修订碳捕集利用与封存（CCUS）相关术语、评估等基础标准，燃烧碳排放捕集标准，完善二氧化碳管道输送等标准。推动制定二氧化碳驱油（EOR）、化工利用、生物利用、燃料利用等碳利用标准，以及陆上封存、海上封存等碳封存标准。

3. 直接空气碳捕集和储存标准

重点制修订直接空气碳捕集和储存（DACS）应用条件、技术要求、实施效果评估等标准。

（四）市场化机制标准子体系

1. 绿色金融标准

重点制修订绿色金融术语、金融机构碳核算、银行企业和个人碳账户管理、气候投融资和转型金融分类目录等基础通用标准，绿色贷款、绿色债券、绿色保险、碳金融衍生品交易等绿色金融产品服务标准。推动制修订绿色债券信用评级等绿色金融评价评估标准。完善金融机构和金融业务环境信息披露等标准。

2. 碳排放交易相关标准规范

制修订碳排放配额分配、调整、清缴、抵销等标准规范。完善碳排放权交易实施规范，以及碳排放权交易机构和人员要求相关标准规范。推动制修订重点领域自愿减排项目减排量核算方法等标准规范。完善可再生能源消纳统计核算、监测、评估以及绿电交易等绿色能源消费标准。完善绿色低碳技术评估服务、合同能源管理、碳资产管理等标准。

3. 生态产品价值实现标准

重点制修订自然资源确权、生态产品信息调查、生态产品动态监测等标准。完善生态产品、生态资产、生态系统服务功能、生态系统生产总值等评价标准。健全生态综合整治、矿山矿坑修复、水生态治理、水土流失综合治理、土地综合整治等标准，以及生态农业、生态产品质量追溯等标准。推动制修订生态环境损害鉴定评估技术标准以及生态产品价值实现绩效评估等标准。

四、国际标准化工作重点

（一）形成国际标准化工作合力

成立由市场监管总局（标准委）、国家发展改革委、工业和信息化部、生态环境部牵头，外交、商务、国际合作、科技、自然资源、住房城乡建设、交通运输、农业农村、能源、林业和草原等部门参与的碳达峰碳中和国际标准化协调推进工作组，积极稳妥推进国际标准化工作。充分发挥我国在碳捕集与封存、新型电力系统、新能源等领域技术优势，设立一批国际标准创新团队，凝聚科技攻关人员和标准化专家的力量，同步部署科研攻关和国际标准制定工作。

（二）加强国际交流合作

加强与联合国政府间气候变化专门委员会（IPCC）、国际标准组织（ISO、IEC、ITU）等机构的合作对接，聚焦能源绿色转型、工业、城乡建设、交通运输、新型基础设施、碳汇、绿色低碳科技发展、循环经济等重点，跟踪碳达峰碳中和领域最新国际动态。深入研究欧盟、美国等区域和国家相关标准化政策和技术性贸易措施。加强与重点区域、国家的标准化交流与合作，推进绿色"一带一路"建设。在标准化对外援助培训或海外工程项目中加大中国碳达峰碳中和标准的宣传与使用。推动金砖国家、亚太经合组织等框架下开展节能低碳标准化对话，发展互利共赢的标准化合作伙伴关系。

（三）积极参与国际标准制定

重点推动提出温室气体排放监测核算、林草固碳和增汇、能源领域的传统能源清洁低碳利用、智能电网与储能、新型电力系统、清洁能源、绿色金融、信息通信领域与数字赋能等国际标准提案，推动标准研制。积极争取在国际标准组织中成立区域能源系统、医用冷冻装备、生态碳汇等技术机构。深入参与国际标准组织应对气候变化治理工作，推荐中国专家参加气候变化协调委员会（CCCC）、环境社会治理（ESG）协调委员会、联合国秘书长独立咨询委员会能源结构专委会（CEET）等战略研究和协调治理机构。积极联合相关国家共同制定并发布《多能智慧耦合能源系统》《多源固废能源化》等政策白皮书。

（四）推动国内国际标准对接

开展碳达峰碳中和国内国际标准比对分析，重点推动温室气体管理、碳足迹、碳捕集利用与封存、清洁能源、节能等领域适用的国际标准转化为我国标准，及时实现"应采尽采"。成体系推进碳达峰碳中和国家标准、行业标准、地方标准等外文版制定和宣传推广，通过产品与服务贸易、国际合作、海外工程等多种渠道扩大我国标准海外应用。

五、组织实施

（一）坚持统筹协调

加强碳达峰碳中和标准体系建设的整体部署和系统推进，发挥国家碳达峰碳中和标准化总体组的统筹与技术协调作用，加强对各标准子体系建设工作的指导，强化国家标准和行业标准的协同。建立完善全国标准化技术委员会联络机制，通过成立联合工作组、共同制定、联合归口等方式，共同推进跨行业跨领域标准的研制工作。发挥行业有关标准化协调推进组织的作用，在本行业内统筹推进碳达峰碳中和标准化工作。

（二）强化任务落实

各行业各领域要按照碳达峰碳中和标准体系建设内容，加快推进相关国家标准、行业标准制修订，做好专业领域标准与基础通用标准、新制定标准与已发布标准的有效衔接。各地方、社会团体等加强与标准化技术组织合作，依法因地制宜、多点并行推动碳达峰碳中和地方标准、团体标准制修订。不断加大投入力度，支持关键标准研究、制定、实施、国际交流等工作。

（三）加强宣贯实施

广泛开展碳达峰碳中和标准化宣传工作，充分利用广播、电视、报刊、互联网等媒体，普及碳达峰碳中和标准化知识，提高公众绿色低碳标准化意识。适时组织开展碳达峰碳中和标准体系建设评估，及时总结碳达峰碳中和标准化典型案例，推广先进经验做法。

国家发展改革委 国家能源局关于加快推进充电基础设施建设 更好支持新能源汽车下乡和乡村振兴的实施意见

发布单位：国家发展改革委 国家能源局
发布日期：2023年5月17日

各省、自治区、直辖市人民政府，新疆生产建设兵团，国家电网有限公司、中国南方电网有限责任公司：

我国已建成世界上数量最多、辐射面积最大、服务车辆最全的充电基础设施体系，为新能源汽车快速发展提供了有力保障。但广大农村地区仍存在公共充电基础设施建设不足、居住社区充电设施安装共享难、时段性供需矛盾突出等问题，制约了农村地区新能源汽车消费潜力的释放。适度超前建设充电基础设施，优化新能源汽车购买使用环境，对推动新能源汽车下乡、引导农村地区居民绿色出行、促进乡村全面振兴具有重要意义。为做好相关工作，经国务院同意，制定如下实施意见。

一、创新农村地区充电基础设施建设运营维护模式

（一）加强公共充电基础设施布局建设。支持地方政府结合实际开展县乡公共充电网络规划，并做好与国土空间规划、配电网规划等的衔接，加快实现适宜使用新能源汽车的地区充电站"县县全覆盖"、充电桩"乡乡全覆盖"。合理推进集中式公共充电场站建设，优先在县乡企事业单位、商业建筑、交通枢纽（场站）、公路沿线服务区（站）等场所配置公共充电设施，并向易地搬迁集中安置区、乡村旅游重点村等延伸，结合乡村自驾游发展加快公路沿线、具备条件的加油站等场所充电桩建设。

（二）推进社区充电基础设施建设共享。加快推进农村地区既有居住社区充电设施建设，因地制宜开展充电设施建设条件改造，具备安装条件的居住社区可配建一定比例的公共充电车位。落实新建居住社区充电基础设施配建要求，推动固定车位建设充电设施或预留安装条件以满足直接装表接电需要。落实街道办事处等基层管理机构管理责任，加大对居住社区管理单位的指导和监督，建立"一站式"协调推动和投诉解决机制。居住社区管理单位应积极协助用户安装充电设施，可探索与充电设施运营企业合作的机制。引导社区推广"临近车位共享""社区分时共享""多车一桩"等共享模式。

（三）加大充电网络建设运营支持力度。鼓励有条件地方出台农村地区公共充电基础设施建设运营专项支持政策。利用地方政府专项债券等工具，支持符合条件的高速公路及普通国省干线公路服务区（站）、公共汽电车场站和汽车客运站等充换电基础设施建设。统筹考虑乡村级充电网络建设和输配电网发展，加大用地保障等支持力度，开展配套电网建设改造，增强农村电网的支撑保障能力。到2030年前，对实行两部制电价的集中式充换电设施用电免收需量（容量）电费，放宽电网企业相关配电网建设投资效率约束，全额纳入输配电价回收。

（四）推广智能有序充电等新模式。提升新建充电基础设施智能化水平，将智能有序充电纳入充电基础设施和新能源汽车产品功能范围，鼓励新售新能源汽车随车配建充电桩具备有序充电功能，加快形成行业统一标准。鼓励开展电动汽车与电网双向互动（V2G）、光储充协同控制等关键技术研究，探索在充电桩利用率较低的农村地区，建设提供光伏发电、储能、充电一体化的充电基础设施。落实峰谷分时电价政策，鼓励用户低谷时段充电。

（五）提升充电基础设施运维服务体验。结合农村地区充电设施环境、电网基础条件、运行维护要求等，开展充电设施建设标准制修订和典型设计。完善充电设施运维体系，提升设施可用率和故障处理能力，推动公共充换电网络运营商平台互联互通。鼓励停车场与充电设施运营企业创新技术与管理措施，引导燃油汽车与新能源汽车分区停放，维护良好充电秩序。利用技术手段对充电需求集中的时段和地段进行提前研判，并做好服务保障。

二、支持农村地区购买使用新能源汽车

（六）丰富新能源汽车供应。鼓励新能源汽车企业针对农村地区消费者特点，通过差异化策略优化配置，开发更多经济实用的车型，特别是新能源载货微面、微卡、轻卡等产品。健全新能源二手车评估体系，对新能源二手车加强检查和整修，鼓励企业面向农村地区市场提供优质新能源二手车。

（七）加快公共领域应用推广。加快新能源汽车在县乡党政机关、学校、医院等单位的推广应用，因地制宜提高公务用车中新能源汽车使用比例，发挥引领示范作用。鼓励有条件的地方加大对公交、道路客运、出租汽车、执法、环卫、物流配送等领域新能源汽车应用支持力度。

（八）提供多元化购买支持政策。鼓励有条件的地方对农村户籍居民在户籍所在地县域内购买新能源汽车，给予消费券等支持。鼓励有关汽车企业和有条件的地方对淘汰低速电动车购买新能源汽车提供以旧换新奖励。鼓励地方

政府加强政企联动，开展购车赠送充电优惠券等活动。加大农村地区汽车消费信贷支持，鼓励金融机构在依法合规、风险可控的前提下，合理确定首付比例、贷款利率、还款期限。

三、强化农村地区新能源汽车宣传服务管理

（九）加大宣传引导力度。通过新闻报道、专家评论、互联网新媒体等方式积极宣传，支持地方政府和行业机构组织新能源汽车厂家开展品牌联展、试乘试驾等活动，鼓励新能源汽车企业联合产业链上游电池企业开展农村地区购车三年内免费"电池体检"活动，提升消费者对新能源汽车的接受度。

（十）强化销售服务网络。鼓励新能源汽车企业下沉销售网络，引导车企及第三方服务企业加快建设联合营业网点、建立配套售后服务体系，定期开展维修售后服务下乡活动，提供应急救援等服务，缓解购买使用顾虑。鼓励高职院校面向农村地区培养新能源汽车维保技术人员，提供汽车维保、充电桩维护等相关职业教育，将促进就近就地就业与支持新能源汽车消费有效衔接。

（十一）加强安全监管。健全新能源汽车安全监管体系，因地制宜利用多种手段，提升新能源汽车及电池质量安全水平，严格农村地区充电设施管理，引导充电设施运营企业接入政府充电设施监管平台，严格配套供电、集中充电场所安全条件，确保符合有关法律法规、国家标准或行业标准规定，强化管理人员安全业务培训，定期对存量充电桩进行隐患排查。引导农村居民安装使用独立充电桩，并合理配备漏电保护器及接地设备，提升用电安全水平。

各地区、各有关部门要切实加强组织领导，明确责任分工，积极主动作为，推动相关政策措施尽快落地见效，完善购买使用政策，进一步健全充电基础设施网络，确保"有人建、有人管、能持续"，为新能源汽车在农村地区的推广使用营造良好环境，更好满足群众生产生活需求。

新产业标准化领航工程实施方案（2023—2035 年）

发布单位：工业和信息化部　科技部　国家能源局　国家标准委
发布日期：2023 年 8 月 22 日

新产业是指应用新技术发展壮大的新兴产业和未来产业，具有创新活跃、技术密集、发展前景广阔等特征，关系国民经济社会发展和产业结构优化升级全局。标准化在推进新产业发展中发挥着基础性、引领性作用。实施新产业标准化领航工程，对于推动新产业高质量发展、加快建设现代化产业体系具有深远意义。为深入贯彻落实《国家标准化发展纲要》部署要求，持续完善新兴产业标准体系，前瞻布局未来产业标准研究，充分发挥标准的行业指导作用，系统提升标准的经济效益、社会效益、生态效益，引领新产业高质量发展，制定本实施方案。

一、指导思想

以习近平新时代中国特色社会主义思想为指导，全面贯彻落实党的二十大精神，立足新发展阶段，完整、准确、全面贯彻新发展理念，服务新发展格局，坚持新型工业化道路，以推动新兴产业创新发展和抢抓未来产业发展先机为目标，以完善高效协同的新产业标准化工作体系为抓手，统筹推进新产业标准的研究、制定、实施和国际化，充分发挥新产业标准对推动技术进步、服务企业发展、加强行业指导、引领产业升级的先导性作用，不断提升新产业标准的技术水平和国际化程度，为加快新产业高质量发展、建设现代化产业体系提供坚实的技术支撑。

二、基本原则

坚持创新引领。优化产业科技创新和标准化布局联动机制，协同推进技术研发、标准研制和产业发展。加强关键技术领域标准研究，推动先进适用的科技创新成果形成标准，促进科技创新成果高效转化。

坚持应用带动。面向新产业发展需求，坚持企业主体、市场导向、应用牵引，强化创新成果迭代和应用场景构建，着力打造大企业引领带动、中小企业深度参与、全产业链紧密协作的新产业标准化工作模式。

坚持系统布局。强化新产业发展战略、规划、政策、标准的协同，统筹推进国际标准、国家标准、行业标准、团体标准等各类型标准研制，全面加强标准研究、制定、实施、复审等全生命周期管理，持续完善新产业标准化工作体系。坚持工程推进。紧密围绕新产业高质量发展对标准化工作的需求，科学确立具有前瞻性、系统性和阶段性的中长期目标，细化任务分工，明确进度安排，加强工程化推进，注重阶段性成果评估，确保取得实效。

坚持开放合作。深化国际标准化交流与合作，稳步扩大标准制度型开放。持续提升我国标准与国际标准关键技术指标的一致性。结合我国新产业发展的实践经验，凝练技术规范和管理要求，积极贡献中国方案，共同制定国际标准。

三、主要目标

到 2025 年，支撑新兴产业发展的标准体系逐步完善、引领未来产业创新发展的标准加快形成。共性关键技术和应用类科技计划项目形成标准成果的比例达到 60% 以上，标准与产业科技创新的联动更加高效。新制定国家标准和行业标准 2000 项以上，培育先进团体标准 300 项以上，以标准指导产业高质量发展的作用更加有力。开展标准宣贯和实施推广的企业 10000 家以上，以标准服务企业转型升级的成效更加凸显。参与制定国际标准 300 项以上，重点领域国际标准转化率超过 90%，支撑和引领新产业国际化发展。

到 2030 年，满足新产业高质量发展需求的标准体系持续完善、标准化工作体系更加健全。新产业标准的技术水平和国际化程度持续提升，以标准引领新产业高质量发展的效能更加显著。

到 2035 年，满足新产业高质量发展需求的标准供给更加充分，企业主体、政府引导、开放融合的新产业标准化工作体系全面形成。新产业标准化发展基础更加巩固，以标准引领新产业高质量发展的效能全面显现，为基本实现新型工业化提供有力保障。

四、重点任务

（一）完善高效协同的新产业标准化工作体系

1. 协同推进新产业发展战略、规划、政策、标准实施。聚焦新型工业化、制造强国、网络强国等发展战略，开展新产业标准需求分析和研究，强化标准对产业发展战略实施的技术支撑。围绕落实国家、行业和重点领域规划，加快关键和急需标准研制与实施，有力支撑规划分步骤分阶段实施。坚持标准与产业政策同研究、同部署、同实施，鼓励在产业政策中引用先进适用的标准，助力产业政策落实落细。

2. 协同推进新产业各类型标准研制。紧跟新产业发展趋势，强化国际标准、强制性国家标准、推荐性国家标准、行业标准、团体标准的系统性和协调性。鼓励我国企事业单位联合国内外产业链上下游企业共同制定国际标准。聚焦保障人身健康和生命财产安全、生态环境安全、满足经济社会管理基本需要等重点领域，开展强制性国家标准研制。围绕满足基础通用、与强制性国家标准配套、对各有关行业起引领作用等需要的技术要求，开展推荐性国家标准研制。加强关键技术、先进工艺、试验方法、重要产品和典型应用等行业标准研制。鼓励社会团体快速响应技术创新和市场需求，自主制定和发布团体标准，实施先进团体标准应用示范。

3. 协同推进新产业标准全生命周期管理。健全覆盖新产业标准研究、制定、宣贯、实施、复审、修订、废止等全过程的追溯、监督和纠错机制，实现标准制定与实施信息反馈的闭环管理。鼓励行业协会、标准化技术组织、标准化专业机构等开展新产业标准的宣贯和培训，引导企业在研发、生产、管理等环节对标达标，促进新产业标准的应用推广。动态跟踪评估新产业标准的实施效果，及时开展标准复审，确保标准满足新产业发展需求。

4. 协同推进新产业技术基础标准化建设。加强新产业标准中关键技术指标的试验验证，提升标准的先进性和适用性。研制一批新产业重点领域计量技术规范，提升计量的精准性和科学性。加快重点领域可靠性与质量提升标准研制，提升产品质量水平和品牌影响力。加强新产业重点领域技术基础公共服务体系建设，提升新产业标准、计量、认证认可、检验检测、试验验证、产业信息、知识产权、成果转化等一体化服务能力。

5. 协同推进新产业标准化技术组织建设与管理。紧扣新产业发展需求，优化完善现有标准化技术组织体系，结合实际适时组建新兴领域的标准化技术组织。建立健全产业链上下游、产业生态体系各环节标准化技术组织的协作机制，共同推进重点标准的研制与实施。定期组织开展标准化技术组织考核评估，持续提升标准化技术组织的工作能力和成效。

6. 协同推进大中小企业标准化融通发展。依托行业协会、标准化技术组织、标准化专业机构等，面向企业开展标准专题培训和诊断服务，指导企业提升标准化能力，鼓励企业制定技术指标优于国家标准、行业标准的企业标准。强化"一流企业做标准"理念，发挥好龙头企业在产业生态体系构建和供应链主导地位的优势作用，加强与关键配套环节中小企业的技术协作，联合开展标准研制，形成全产业链协同推进、上下游协调配套的工作格局。鼓励优质中小企业积极参与国家标准和行业标准研制。支持符合条件的中小企业特色产业集群研制团体标准，参与先进团体标准应用示范。

（二）强化标准支撑产业科技创新体系建设的能力

1. 提升标准与产业科技创新联动水平。建立标准研制与产业科技创新的协同机制，推动将标准化工作基础、能力和水平作为关键共性技术和应用类科技计划项目的设置依据。加大对标准化工作的支持力度，适度超前开展关键技术领域重点标准研究和验证。推动将标准化成果作为重大项目的主要产出指标，纳入科技计划绩效评价体系，提高科技计划项目成果的产业化水平。结合新产业发展实际，适时建立技术成熟度评估标准体系，鼓励标准化专业机构依据标准开展新产业技术成熟度评估。

2. 提升先进适用科技创新成果向标准转化水平。紧密跟踪研究全球新兴产业和未来产业的技术发展趋势，在标准中精准确定核心技术指标和实现方法，有效支撑前瞻性基础技术、先导性通用技术、引领性原创技术的攻关和应用。健全科技成果转化为标准的评价机制与服务体系，加强对重点领域科技计划项目成果的先进性、适用性和扩散性评估，建设可转化为标准的科技创新成果库。支持科技计划项目管理专业机构与标准化专业机构加强协同，加快将行业急需、先进适用的关键共性技术、先进生产工艺、通用试验方法等科技创新成果转化为标准。

3. 提升标准制定质量水平。加强新产业标准中关键技术指标、先进制造工艺、通用试验方法等试验验证，确保标准技术内容的科学性和适用性。强化新产业标准体系建设，指导全产业链相关方协同推进标准研制，确保上下游标准的有效衔接。加强新产业标准实施效果跟踪评估，建立重点领域标准化效益评价机制，鼓励标准化专业机构等开展标准化效益评价试点。加强新产业标准的复审工作，加快老旧落后标准修订，持续提升标准的质量水平。

4. 提升标准制定效率水平。推动将新产业科技创新成果高效转化为标准，缩短新技术、新工艺、新材料、新方法标准的研制周期。加强新产业标准预研工作，提升标准研制的可行性。加大新产业标准统筹协调力度，加强跨行业、跨领域标准化技术组织的协作，提高标准研制速度。指导行业协会、标准化专业机构等加强标准化基础理论、工作方法和支撑能力建设，提高标准关键环节和主要内容的审查效率。发展机器可读标准，促进标准数字化转型。

（三）全面推进新兴产业标准体系建设（节选）

2. 新能源。研制光伏发电、光热发电、风力发电等新能源发电标准，优化完善新能源并网标准，研制光储发电系统、光热发电系统、风电装备等关键设备标准。

专栏2　新能源
新能源发电 　　面向光伏应用创新融合发展趋势，研制光电建筑（BIPV）、光储系统、光伏农业、光伏交通等标准。研制槽式、塔式、菲涅尔发电配套技术，大容量储热技术、高参数发电技术等光热标准。研制深海漂浮风力发电、沙戈荒风力发电、分散式风力发电、构网型风力发电开发与运营标准，以及风电制氢、风光一体化标准。开展利用生物质能、地热能等发电标准预研。 新能源并网 　　加快双高双峰形势下新能源并网安全稳定运行和控制领域标准研究，制修订大型风电场集群、光伏电站、分布式光伏、户用光伏等新能源并网标准。研制特高压交直流、配电网智能调控等电网标准。研制电力需求侧资源开发、应用等电力需求侧管理、电能替代以及分布式微电网标准。研制并推广电动汽车充换电设施与服务网络建设相关标准。

新能源关键设备

研制 TOPCon、异质结、钙钛矿等新型高效电池和组件以及光储部件等标准。研制智能光伏标准，完善光伏组件回收利用及光储系统检测、安全管理、状态评价等标准。研制海上风电工程一体化设计与仿真、大容量海上风力发电机组试验检测、大容量与高电压储能变流器技术与试验检测等标准。研制光热发电系统中吸热器、大容量储热、槽式集热器等关键设备技术标准。研制风电机组及关键部件状态监测与检修、智能运维、故障预警、更新延寿等标准。

5. 新能源汽车。聚焦新能源汽车领域，研制动力性测试、安全性规范、经济性评价等整车标准，驱动电机系统、动力蓄电池系统、燃料电池系统等关键部件系统标准，汽车芯片、传感器等核心元器件标准，自动驾驶系统、功能安全、信息安全等智能网联技术标准，以及传导充电、无线充电、加氢等充换电基础设施相关标准。

专栏 5　新能源汽车

新能源汽车整车

面向新能源汽车动力性、安全性、经济性评价需求，制修订纯电动汽车、混合动力汽车和燃料电池汽车等整车动力性测试评价标准，研制电动汽车安全和远程监管标准与燃料电池汽车碰撞后安全、氢安全标准，制修订电动汽车能量消耗量限值、能耗折算方法标准。

关键部件系统

研制电机控制器、减速器总成等驱动电机系统标准。聚焦提升动力蓄电池性能要求，制修订动力蓄电池安全性、电性能、循环性能、热管理系统标准。研制动力蓄电池梯次利用、回收利用、碳核算标准，支撑电池全生命周期管理。研制空气压缩机、氢气循环泵及耐久性等燃料电池系统标准。

核心元器件

围绕动力系统、底盘系统、车身系统、座舱系统及智能驾驶等主要应用场景，研制汽车芯片环境及可靠性、电磁兼容、功能安全和信息安全等通用要求，控制、计算、传感等芯片产品与技术应用，系统匹配和整车匹配等测试标准；制定高精度传感器、激光雷达、高精度摄像头等器件标准。

智能网联技术

研制智能网联汽车术语和定义、自动驾驶系统设计运行条件等基础标准，功能安全及预期功能安全过程、审核及评估、整车网络安全、数据安全、软件升级、数字证书及密码应用、测试目标物等通用规范，应急辅助、组合驾驶辅助、自动驾驶、车用操作系统、数据交互、LTE-V2X 网联功能等产品与技术应用标准。

充换电基础设施

面向新能源汽车传导充电、无线充电、加氢、车网互动等需求，制修订电动汽车传导充电连接装置、互操作性、传导充电性能、无线充电通信一致性要求、燃料电池汽车加氢枪、加氢通信协议、充放电双向互动标准。面向新能源汽车换电需求，制定纯电动汽车车载换电系统互换性、换电通用平台、纯电动商用车换电安全等标准。

6. 绿色环保。聚焦实现碳达峰碳中和目标，研制温室气体基础通用、核算核查、技术与装备、监测、管理与评价标准。优化完善绿色产品、绿色工厂、绿色工业园区和绿色供应链等标准。研制工业节能、工业节水、工业环保、工业资源综合利用等标准。

专栏 6　绿色环保

碳达峰碳中和

研制术语定义、数据质量、标识标志、报告声明与信息披露等基础通用标准。研制组织温室气体排放量、项目温室气体减排量、产品碳足迹核算核查标准。研制源头控制、生产过程控制、末端治理、协同降碳等技术与装备标准。研制温室气体排放监测技术、分析方法、设备及系统等监测标准。研制绿色低碳评价、碳排放管理、碳资产管理等管理与评价标准。

绿色制造

制修订绿色制造术语、属性等基础通用标准，各细分行业、细分领域的绿色工厂评价标准，绿色工业园区评价通则等绿色园区标准，供应链长、带动性强的行业绿色供应链标准，以及重点产品绿色设计相关标准，持续完善绿色制造标准体系。

工业节能

研制新型基础设施节能标准。研制重点行业先进节能技术工艺、重点用能设备系统节能改造等设备节能标准。研制分布式能源、工业绿色微电网、可再生能源、余热余能回收利用等节能方法与技术应用标准。制修订能源计量、能效测试、能效评估、能量系统优化及梯级利用、能源管理体系、能源绩效评估、能源审计、节能监察、节能服务等配套管理服务标准。

工业节水

围绕石化化工、钢铁、有色金属、黄金、建材、轻工、纺织、电子等重点用水行业，研制取水定额、节水型企业、节水型园区标准。研制废水循环利用、非常规水利用等节水工艺和技术应用标准。制修订水平衡测试、水足迹、节水诊断等管理服务标准。

工业环保

制修订汽车生产过程限用物质管控标准，船舶、电子等行业限用物质管控标准，持续推进有害物质管控要求与国际接轨。制修订石化化工、钢铁、有色金属、黄金、建材、轻工、纺织等行业重点工艺减污技术标准。研制低噪声技术产品标准及低能耗、分散式、模块化、智能化污水、烟气、固废处理等工业环保装备标准。

工业资源综合利用

研制尾矿、冶炼渣、工业副产石膏、赤泥、化工废渣、煤矸石、粉煤灰等工业固废综合利用标准。制修订废钢铁、废有色金属、再生金、废纸、废塑料、新能源汽车废旧动力蓄电池、废旧轮胎、废玻璃、废旧纺织品、废弃电器电子产品、废旧光伏产品、废旧风力发电装置、废旧海洋工程装备等综合利用标准。研制工程机械、机床工具、矿山机械等高附加值产品再制造标准。

（四）前瞻布局未来产业标准研究

1. 元宇宙。开展元宇宙标准化路线图研究。加快研制元宇宙术语、分类、标识等基础通用标准，元宇宙身份体系、数字内容生成、跨业互操作、技术集成等关键技术标准，虚拟数字人、数字资产流转、数字内容确权、数据资产保护等服务标准，开展工业元宇宙、城市元宇宙、商业元宇宙、文娱元宇宙等应用标准研究，以及隐私保护、内容监管、数据安全等标准预研。

2. 脑机接口。开展脑机接口标准化路线图研究。加快研制脑机接口术语、参考架构等基础共性标准。开展脑信息读取与写入等输入输出接口标准，数据格式、传输、存储、表示及预处理标准，脑信息编解码算法标准研究。开展制造、医疗健康、教育、娱乐等行业应用以及安全伦理标准预研。

3. 量子信息。开展量子信息技术标准化路线图研究。加快研制量子信息术语定义、功能模型、参考架构、基准测评等基础共性标准。聚焦量子计算领域，研制量子计算处理器、量子编译器、量子计算机操作系统、量子云平台、量子人工智能、量子优化、量子仿真等标准。聚焦量子通信领域，研制量子通信器件、系统、网络、协议、运维、服务、测试等标准。聚焦量子测量领域，研制量子超高精度定位、量子导航和授时、量子高灵敏度探测与目标识别等标准。

4. 人形机器人。研制人形机器人术语、通用本体、整机结构、社会伦理等基础标准。开展人形机器人专用结构零部件、驱动部件、机电系统零部件、控制器、高性能计算芯片及模组、能源供给组件等基础标准预研。研制人形机器人感知系统、定位导航、人机交互、自主决策、集群控制等智能感知决策和控制标准。开展人形机器人运动、操作、交互、智能能力分级分类与性能评估等系统评测标准预研。开展机电系统、人机交互、数据隐私等安全标准预研。面向工业、家庭服务、公共服务、特种作业等场景，开展人形机器人应用标准预研。

5. 生成式人工智能。围绕多模态和跨模态数据集，研制视频、图像、语言、语音等数据集和语料库的标注要求、质量评价、管理能力、开源共享、交易流通等基础标准。围绕大模型关键技术领域，研制通用技术要求、能力评价指标、参考架构，以及训练、推理、部署、接口等技术标准。围绕基于生成式人工智能（AIGC）的应用及服务，面向应用平台、数据接入、服务质量及应用可信重点方向，研制AIGC模型能力、服务平台技术要求、应用生态框架、服务能力成熟度评估、生成内容评价等应用标准。在工业、医疗、金融、交通等重点行业开展AIGC产品及服务的风险管理、伦理符合等标准预研。

6. 生物制造。研制传感器等关键元器件，生物反应器等生产设备，生产技术规范等工艺标准。优化完善生物制造食品、药品、精细化学品等应用领域的产品、检测和评价方法等标准。

7. 未来显示。开展量子点显示、全息显示、视网膜显示等先进技术标准预研。研制Micro-LED显示、激光显示、印刷显示等关键技术标准，新一代显示材料、专用设备、工艺器件等关键产品标准，以及面向智慧城市、智能家居、智能终端等场景的应用标准。

8. 未来网络。开展6G基础理论、愿景需求、典型应用、关键能力等标准预研。面向下一代互联网升级演进，构建"IPv6+"技术标准体系，开展分段路由（SRv6）、应用感知网络（APN6）、随路检测（iFit）等核心技术标准研制；面向产业数字化转型紧迫需求，加快确定性网络、数字孪生网络、算网融合/算力网络、自智网络、网络内生安全等关键网络技术标准研制；面向海空天地一体化、高通量全息通信、海量人机物通信等新场景，开展新型网络体系结构、路由协议、智能管控等标准预研。开展Web3.0相关标准预研，研制术语、参考架构等基础类标准，跨链技术要求、分布式数字身份分发等技术类标准，以及面向数据资产交易、数字身份认证、数字藏品管理等场景的应用类标准。

9. 新型储能。聚焦锂离子电池领域，研制电池碳足迹、溯源管理等基础通用标准，正负极材料、保护器件等关键原材料及零部件标准，以及回收利用标准。面向钠离子电池、氢储能/氢燃料电池、固态电池等新型储能技术发展趋势，加快研究术语定义、运输安全等基础通用标准，便携式、小型动力、储能等电池产品标准。

（五）拓展高水平国际标准化发展新空间

1. 扩大标准制度型开放。积极营造内外资企业公开、公平、公正参与标准化工作的环境，保障外商投资企业依法参与标准制定。聚焦贸易便利化，结合重大国际合作项目积极推动质量标准、检验检测、认证认可等有效衔接，努力实现重点领域同线同标同质。围绕政策、规则和标准联通需求，持续推进国家标准和行业标准外文版研制，助力我国技术、产品、工程和服务"走出去"。

2. 加快国际标准转化。组织有关行业协会、标准化技术组织、标准化专业机构，系统开展新产业重点领域国内外标准对比研究和分析，结合我国产业发展实际，研究提炼亟待转化的国际标准项目清单。在国家标准计划和行业标准计划中优先支持国际标准转化项目，持续提升国际标准转化率，推动我国标准与国际标准体系兼容。

3. 深度参与国际标准化活动。鼓励国内企事业单位积极参与国际标准组织和各类国际性专业标准组织活动，健全以企业为主体、产学研联动的国际标准化工作机制，发挥标准化研究机构和标准化技术组织的技术支撑作用，贡献中国技术方案，携手全球产业链上下游企业共同制定国际标准。建设重点领域国际标准化信息资源库，提高国内外标准信息共享和服务水平。

4. 推动构建良好的国际标准化合作环境。倡导开放、包容、合作、共赢的国际标准化理念,维护国际标准组织的工作体系。持续完善标准化领域的双边和多边合作机制,积极与金砖国家、亚太经合组织等开展标准化交流,继续深化东北亚、欧洲和亚太等区域的标准化合作,推动国内外协会和标准化组织建立互利共赢的合作伙伴关系。发挥国际论坛"软倡议"作用,宣传我国标准化政策和立场,讲好"中国故事",积极扩大国际标准化工作"朋友圈"。

五、保障措施

(一)**加强组织领导**。完善新产业标准化工作协作机制,健全标准化技术组织体系,加强横向协同、纵向联动,及时研究解决工程实施中的问题。加快建设综合性标准化研究机构,打造标准化高端智库。有关行业协会、地方工业和信息化、科技、市场监管、能源等主管部门要加强协作,制定切实可行的落实举措,统筹推进各项任务实施。

(二)**加大资源投入**。推动国家科技计划项目和重大产业化专项加大对标准研究的支持力度。加大对新产业标准化工作的经费支持,强化政策保障。发挥好国家先进制造业集群等优势作用,支持地方加大新产业重点领域标准化工作力度,鼓励重点企业加大标准化相关经费投入,积极引导社会资本向新产业标准领域汇聚,形成多元化的经费保障机制。

(三)**动态考核评估**。加强方案实施情况的动态监测和效果反馈,做好新产业标准化工作新进展、新成效的总结和推广。定期开展方案执行进度和实施效果评估,做好方案动态调整。

(四)**健全人才队伍**。加强面向标准化从业人员的专题培训,健全标准化培训体系。鼓励标准化研究机构培养和引进标准化高端人才,加强国际标准化研究机构建设。支持企业将标准化人才纳入职业能力评价和激励范围,做大标准化专业人才"蓄水池",构建标准化人才梯队。

(五)**注重宣传激励**。召开新产业标准化领航峰会,积极交流新产业标准化成果和典型经验。支持在新产业标准化工作方面做出突出贡献的单位和个人参与国家级奖励的评选表彰。鼓励地方政府、社会团体等按照国家有关规定对新产业标准化工作突出的单位、个人以及先进标准项目予以表彰奖励。

国家发展改革委等部门关于加强新能源汽车与电网融合互动的实施意见

发布单位：国家发展改革委　国家能源局　工业和信息化部　市场监管总局
发布日期：2024年1月4日

各省、自治区、直辖市、新疆生产建设兵团发展改革委、能源局、工业和信息化主管部门、市场监管部门，北京市城市管理委员会、上海市交通委员会，国家能源局各派出机构，国家电网有限公司、中国南方电网有限责任公司：

新能源汽车通过充换电设施与供电网络相连，构建新能源汽车与供电网络的信息流、能量流双向互动体系，可有效发挥动力电池作为可控负荷或移动储能的灵活性调节能力，为新型电力系统高效经济运行提供重要支撑。车网互动主要包括智能有序充电、双向充放电等形式，可参与削峰填谷、虚拟电厂、聚合交易等应用场景。为深入贯彻中央全面深化改革委员会会议有关精神，积极落实《国务院办公厅关于进一步构建高质量充电基础设施体系的指导意见》（国办发〔2023〕19号）有关要求，充分发挥新能源汽车在电化学储能体系中的重要作用，巩固和扩大新能源汽车发展优势，支撑新型能源体系和新型电力系统构建，现提出以下意见。

一、总体要求

（一）指导思想

以习近平新时代中国特色社会主义思想为指导，全面贯彻党的二十大精神，扎实推进中国式现代化建设，完整、准确、全面贯彻新发展理念，加快构建新发展格局，着力推动高质量发展，坚持系统观念，强化创新引领，完善标准体系，加强政策扶持，大力培育车网融合互动新型产业生态，有力支撑高质量充电基础设施体系构建和新能源汽车产业高质量发展。

（二）基本原则

政府引导，市场参与，多方协同。加强车网互动顶层设计，坚持系统观念，从社会整体效益的高度进行统筹谋划。通过营造良好市场环境和创新市场机制，充分调动产业链各方积极性，建立符合市场规律、多方合作共赢的系统化推进机制。

积极探索，适度超前，有序建设。结合各省市新能源汽车推广与电力市场改革进展，积极探索兼顾多方利益的车网互动业务场景和商业模式，面向不同场景需求，按照适度超前的原则，因地制宜、分类实施、有序推进车网互动生态建设。

鼓励创新，统一标准，保障安全。推动关键技术和核心装备攻关，强化企业创新主体作用，以创新引领发展。加快推动标准制修订工作，引领行业协同规范发展。建立健全配套监管措施，完善测试认证、系统接入、聚合调控等环节配套管理机制，保障车网互动场景下电网运行安全。

（三）发展目标

到2025年，我国车网互动技术标准体系初步建成，充电峰谷电价机制全面实施并持续优化，市场机制建设取得重要进展，加大力度开展车网互动试点示范，力争参与试点示范的城市2025年全年充电电量60%以上集中在低谷时段、私人充电桩充电电量80%以上集中在低谷时段，新能源汽车作为移动式电化学储能资源的潜力通过试点示范得到初步验证。

到2030年，我国车网互动技术标准体系基本建成，市场机制更加完善，车网互动实现规模化应用，智能有序充电全面推广，新能源汽车成为电化学储能体系的重要组成部分，力争为电力系统提供千万千瓦级的双向灵活性调节能力。

二、重点任务

（一）协同推进车网互动核心技术攻关

加大动力电池关键技术攻关，在不明显增加成本基础上将动力电池循环寿命提升至3000次及以上，攻克高频度双向充放电工况下的电池安全防控技术。研制高可靠、高灵活、低能耗的车网互动系统架构及双向充放电设备，研发光储充一体化、直流母线柔性互济等电网友好型充换电场站关键技术，攻克海量分布式车网互动资源精准预测和聚合调控技术。加强车网互动信息交互与信息安全关键技术研究，构建"车—桩—网"全链条智能高效互动与协同安全防控技术体系，实现"即插即充（放）"智能便捷交互，同时确保信息安全和电网运行安全。

（二）加快建立车网互动标准体系

加快制修订车网互动相关国家和行业标准，优先完成有序充电场景下的交互接口、通信协议、功率调节、预约充电和车辆唤醒等关键技术标准制修订；力争在2025年底前完成双向充放电场景下的充放电设备和车辆技术规范、车桩通信、并网运行、双向计量、充放电安全防护、信息安全等关键技术标准的制修订。同步完善标准配套检测认证体系，推动在车辆生产准入以及充电桩生产、报装、验收等环节落实智能有序充电标准要求。积极参与车网互动领域的国际标准合作，提升中国标准的国际影响力。

（三）优化完善配套电价和市场机制

鼓励针对居民个人桩等负荷可引导性强的充电设施制

定独立的峰谷分时电价政策，并围绕居民充电负荷与居民生活负荷建立差异化的价格体系，力争2025年底前实现居民充电峰谷分时电价全面应用，进一步激发各类充换电设施灵活调节潜力。研究探索新能源汽车和充换电场站对电网放电的价格机制。建立健全车网互动资源聚合参与需求侧管理以及市场交易机制，优化完善辅助服务机制，丰富交易品种，扩大参与范围，提高车网互动资源参与需求响应的频次和规模，探索各类充换电设施作为灵活性资源聚合参与现货市场、绿证交易、碳交易的实施路径。鼓励双向充放电设施、储充/光储充一体站、换电站等通过资源聚合参与电力市场试点示范，验证双向充放电资源的等效储能潜力。

（四）探索开展双向充放电综合示范

积极探索新能源汽车与园区、楼宇建筑、家庭住宅等场景高效融合的双向充放电应用模式。优先打造一批面向公务、租赁、班车、校车、环卫、公交等公共领域车辆的双向充放电示范项目；鼓励电网企业联合充电企业、整车企业等共同开展居住社区双向充放电试点。结合试点示范，积极探索双向充放电可持续商业模式，完善典型应用场景下的双向充放电业务流程与管理机制，建立健全双向充放电车辆的电池质保体系，强化消费者权益保护，加强试点成效评估与总结，形成一批可复制、可推广的典型模式和经验。

（五）积极提升充换电设施互动水平

大力推广智能有序充电设施，原则上新建充电桩统一采用智能有序充电桩，按需推动既有充电桩的智能化改造。建立健全居住社区智能有序充电管理体系和流程，明确电网企业、第三方平台企业和新能源汽车用户等各方责任与权利，明确社区有序充电发起条件和响应要求。鼓励电网企业与充电运营商合作，建立电网与充换电场站的高效互动机制，提升充换电场站的功率响应调节能力。探索研究针对不同类型智能有序充换电设施的电力接入容量核定方法和相关标准规范，有效提升配电网接入能力。鼓励充电运营商等接受业主委托，开展居住区充电设施"统建统服"。鼓励充电运营商因地制宜建设光储充一体化场站，促进交通与能源融合发展。

（六）系统强化电网企业支撑保障能力

将车网互动纳入电力需求侧管理与电力市场建设统筹推进。支持电网企业结合新型电力负荷管理系统开展车网互动管理，优先实现10千伏及以上充换电设施资源的统一接入和管理，逐步覆盖至低压配电网及关口表后的各类充换电设施资源。进一步完善电网需求侧管理与电力调控平台功能，为车网互动聚合交易提供基础支撑与技术服务。加快完善车网互动配套并网、计量、保护控制与信息交互要求与技术规范，探索关口表后的充换电设施独立计量方案。优化电网清分结算机制，支持车网互动负荷聚合商直接参与电力市场的清分结算。

三、保障措施

（一）加强统筹协调。国家发展改革委、国家能源局统筹开展车网互动顶层设计，积极推进配套政策、电价与市场机制建设，强化指导监督。工业和信息化部、国家能源局推动新能源汽车、充换电设施加快应用智能有序充电功能。国家标准化管理委员会组织能源行业电动汽车充电设施标准化技术委员会、全国汽车标准化技术委员会加快车网互动标准体系建设，指导开展相关国际标准合作。

（二）压实各方责任。各级地方政府有关部门要按照实施意见要求，加快推动车网互动相关工作，加快推广智能有序充电，研究探索车网互动应用试点，推动将智能充放电设施建设和改造纳入充电基础设施建设支持政策范畴，对车网互动试点示范项目加大资金支持。国家能源局派出机构要建立健全包括充电桩、充换电站、虚拟电厂、负荷聚合商在内的用户及第三方辅助服务市场机制。电网企业要积极开展配套电网改造，加快智能有序充电和双向充放电业务体系建设，做好聚合商平台对接工作。新能源车企、充电设备制造与运营企业等要严格落实生产、销售与服务责任，支持车网融合生态建设。行业协会要积极搭建交流平台，增进各方共识，共同培育产业生态。

（三）强化试点示范。国家能源局牵头开展车网互动试点示范工作。初步在长三角、珠三角、京津冀鲁、川渝等条件相对成熟的地区开展车网互动规模化试点示范，力争2025年底前建成5个以上示范城市以及50个以上双向充放电示范项目。支持示范城市和示范项目积极开展商业合作和服务模式创新，形成可复制、可推广的建设经验。加强宣传引导和舆论监督，提高各方认可度和参与度，构建有利于车网互动发展的舆论氛围。

工业和信息化部办公厅关于印发国家汽车芯片标准体系建设指南的通知

发布单位：工业和信息化部办公厅

发布日期 2023 年 12 月 29 日

前言

汽车芯片是汽车电子系统的核心元器件，是汽车产业实现转型升级的重要基础。与消费类及工业类芯片相比，汽车芯片的应用场景更为特殊，对环境适应性、可靠性和安全性的要求更为严苛，需要充分考虑芯片在汽车上应用的实际需求，有效开展汽车芯片标准化工作，更好满足汽车技术和产业发展需要。与此同时，随着新能源汽车产业蓬勃发展，智能化、网联化等技术在汽车领域加速融合应用，我国汽车芯片的技术先进性、产品覆盖度和应用成熟度不断提升，也为开展汽车芯片标准化工作奠定了良好基础。

为深入贯彻落实《国家标准化发展纲要》《新产业标准化领航工程实施方案（2023-2035 年）》等要求，科学规划和系统部署汽车芯片标准化工作，引导和规范汽车芯片功能、性能测试及选型应用，推动汽车芯片产业的健康可持续发展，工业和信息化部梳理编制了《国家汽车芯片标准体系建设指南》，基于汽车芯片技术结构及应用场景需求搭建标准体系架构，以汽车技术逻辑结构为基础，提出标准体系建设的总体架构、内容及标准重点建设方向，充分发挥标准在汽车芯片产业发展中的引导和规范作用，为打造可持续发展的汽车芯片产业生态提供支撑。

一、总体要求

（一）指导思想

坚持以习近平新时代中国特色社会主义思想为指导，全面贯彻党的二十大精神，深入推进新型工业化，积极落实《国家标准化发展纲要》《新产业标准化领航工程实施方案（2023-2035 年）》等要求，加快推进制造强国建设，分阶段构建跨行业、跨领域、适应我国技术和产业发展需要的国家汽车芯片标准体系，充分发挥标准的基础性、引领性和规范性作用，有序推进标准研制和贯彻实施，加速推动汽车芯片研发应用，支撑和保障汽车产业健康可持续发展。

（二）基本原则

立足国情、统筹规划。结合我国汽车芯片技术和产业发展现状特点，发挥政府在顶层设计、组织协调和政策制定等方面的引导作用，鼓励行业机构、产业链上下游企业积极参与，构建国家标准、行业标准和团体标准协同发展的标准化工作格局，形成适合我国国情的汽车芯片标准体系。

基础先立、急用先行。分阶段规划布局汽车芯片标准体系建设重点任务，结合行业发展现状和未来应用需求，持续完善标准体系，合理安排标准的制修订进度，加快推进面向基础、共性和重点产品等急需标准项目的研究制定。

创新驱动、融合发展。发挥标准在技术创新、成果转化、整体竞争力提升等方面的引导作用，以产业创新发展需求为导向，充分融合汽车和集成电路行业在技术研发、产业化发展和市场推广等方面优势，加强行业统筹协调，推动汽车芯片产业健康可持续发展。

开放兼容、动态完善。结合国际和国内产业发展趋势，强化标准对于汽车芯片应用场景需求的适配，不断动态优化完善汽车芯片标准体系。提升标准制度型开放水平，注重国内国际标准协调兼容，积极参与相关国际标准法规制定协调，贡献我国汽车芯片标准研制经验。

（三）建设目标

根据汽车芯片技术现状、产业应用需要及未来发展趋势，分阶段建立健全我国汽车芯片标准体系。加大力量优先制定基础、共性及重点产品等急需标准，构建汽车芯片设计开发与应用的基础；再根据技术成熟度，逐步推进产品应用和匹配试验标准制定，切实满足市场化应用需求。通过建立完善的汽车芯片标准体系，引导和推动我国汽车芯片技术发展和产品应用，培育我国汽车芯片技术自主创新环境，提升整体技术水平和国际竞争力，打造安全、开放和可持续的汽车芯片产业生态。

到 2025 年，制定 30 项以上汽车芯片重点标准，明确环境及可靠性、电磁兼容、功能安全及信息安全等基础性要求，制定控制、计算、存储、功率及通信芯片等重点产品与应用技术规范，形成整车及关键系统匹配试验方法，满足汽车芯片产品安全、可靠应用和试点示范的基本需要。

到 2030 年，制定 70 项以上汽车芯片相关标准，进一步完善基础通用、产品与技术应用及匹配试验的通用性要求，实现对于前瞻性、融合性汽车芯片技术与产品研发的有效支撑，基本完成对汽车芯片典型应用场景及其试验方法的全覆盖，满足构建安全、开放和可持续汽车芯片产业生态的需要。

二、建设思路

汽车芯片标准体系基于汽车芯片技术结构，适应我国汽车芯片技术产业现状及发展趋势，形成从汽车芯片应用场景需求出发，以汽车芯片通用要求为基础、各类汽车芯片应用技术条件为核心、汽车芯片系统及整车匹配试验为闭环的汽车芯片标准体系技术逻辑结构。以"汽车芯片应用场景"为出发点和立足点，包括动力系统、底盘系统、车身系统、座舱系统及智驾系统五个方面，向上延伸形成基于应用场景需求的汽车芯片各项技术规范及试验方法。

根据标准内容分为基础通用、产品与技术应用和匹配试验三类标准。其中，基础通用类标准主要涉及汽车芯片的共性要求；产品与技术应用类标准基于汽车芯片产品的基本功能划分为多个部分，并根据技术和产品的成熟度、发展趋势制定相应标准；匹配试验类标准包含系统和整车两个层级的汽车芯片匹配试验验证要求。三类标准共同实现不同应用场景下汽车关键芯片从器件—模块—系统—整车的技术标准全覆盖。汽车芯片标准体系技术逻辑结构如图1所示。

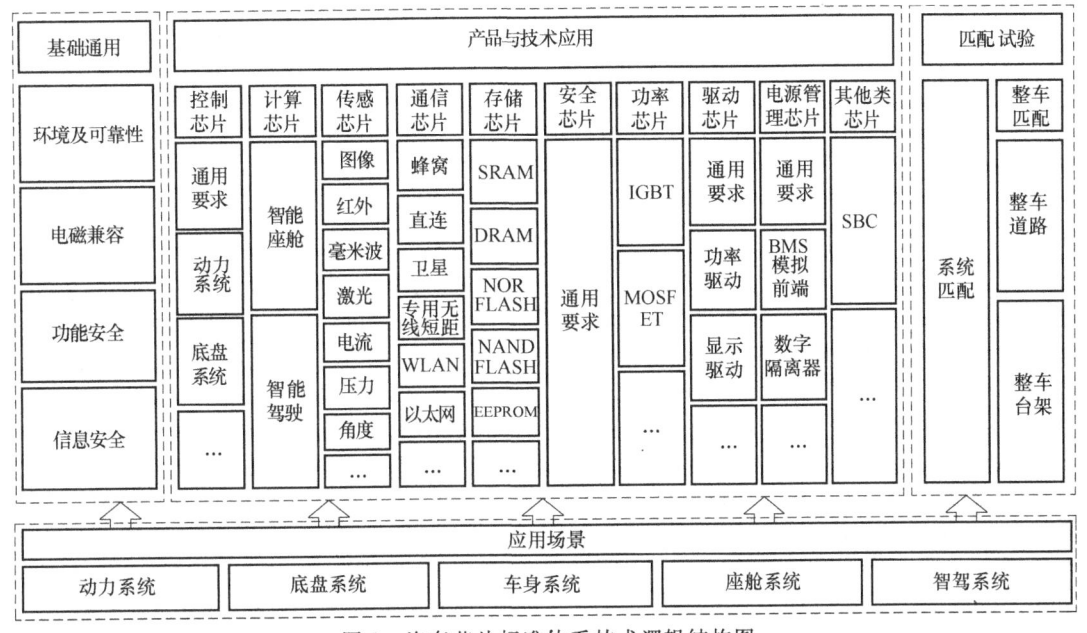

图1 汽车芯片标准体系技术逻辑结构图

应用场景：芯片在汽车不同零部件系统、不同工作场景的功能、性能差异较大，因此标准体系的技术逻辑应充分考虑汽车芯片的应用场景。根据汽车作为智能化运载工具所需实现的各项功能，其芯片的应用场景划分为动力系统、底盘系统、车身系统、座舱系统和智驾系统。

基础通用：基于汽车行业对芯片的可靠性、运行稳定性和安全性等应用需求，提取出汽车芯片共性通用要求，主要包括环境及可靠性、电磁兼容、功能安全和信息安全共4个方面的要求。

产品与技术应用：根据实现功能的不同，将汽车芯片产品分为控制芯片、计算芯片、传感芯片、通信芯片、存储芯片、安全芯片、功率芯片、驱动芯片、电源管理芯片和其他类芯片共10个类别，再基于具体应用场景、实现方式和主要功能等对各类汽车芯片进行标准规划。其中，控制芯片主要涉及通用要求、动力系统、底盘系统等技术方向；计算芯片包括智能座舱和智能驾驶芯片；传感芯片主要涉及可见光图像、红外热成像、毫米波雷达、激光雷达及其他各类传感器等技术方向；通信芯片主要涉及蜂窝、直连、卫星、专用无线短距传输、蓝牙、无线局域网（WLAN）、超宽带（UWB）及以太网等车内外通信技术方向；存储芯片主要涉及静态存储（SRAM）、动态存储（DRAM）、非易失闪存（包括NOR FLASH、NAND FLASH、EEPROM）等技术方向；安全芯片是指以独立芯片的形式存在的、为车载端提供信息安全服务的芯片；功率芯片主要涉及绝缘栅双极型晶体管（IGBT）、金属-氧化物半导体场效应晶体管（MOSFET）等技术方向；驱动芯片主要涉及通用要求、功率驱动、显示驱动等技术方向；电源管理芯片主要涉及通用要求、电池管理系统（BMS）、数字隔离器等技术方向；其他类芯片包括系统基础芯片（SBC）等。

匹配试验：汽车芯片在满足芯片通用要求和自身技术指标基础上，还应符合汽车行驶状态下与所属零部件系统及整车的匹配要求，因此需要对芯片与系统/整车匹配情况进行试验验证。其中，整车匹配包括整车匹配道路试验、整车匹配台架试验2个技术方向。

三、建设内容

（一）体系架构

依据汽车芯片标准体系的技术逻辑结构，综合各类汽车芯片在汽车不同应用场景下的性能要求、功能要求及试验方法，将汽车芯片标准体系架构定义为基础、通用要求、产品与技术应用、匹配试验等4个部分，同时根据内容范围、技术要求等方面的共性和差异，对4个部分做进一步细分，形成内容完整、结构合理、层次清晰的17个子类（如图2所示，括号内数字为体系编号）。

（二）体系内容

汽车芯片标准体系涵盖以下标准类型及重点标准建设方向。

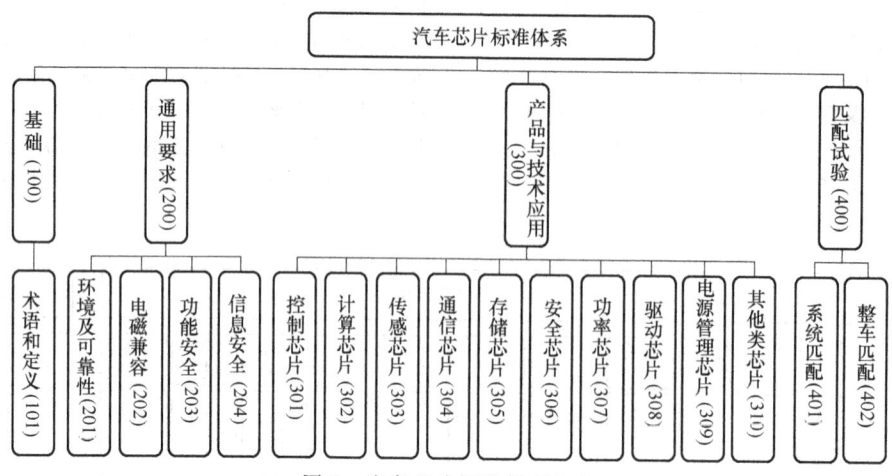

图 2　汽车芯片标准体系架构

1. 基础（100）

基础类标准包括汽车芯片术语和定义标准。术语和定义标准用于统一汽车芯片领域的基本概念，对汽车芯片标准制定过程中涉及的常用术语进行统一定义，保证术语使用的规范性和含义的一致性，同时为其他各部分标准的制定提供规范化术语支撑。汽车芯片术语和定义标准将在现行集成电路相关标准基础上，从芯片产品搭载在汽车上的实际功能和应用角度出发，对特有术语进行定义并体现汽车芯片产品分类。

2. 通用要求（200）

通用要求类标准对汽车芯片的共性要求和评价准则进行统一规范，主要包括环境及可靠性、电磁兼容、功能安全和信息安全4个方面。

环境及可靠性标准规范在复杂环境条件下汽车芯片或多器件协作系统的可靠性要求，预防可能发生的各种潜在故障，从而提高汽车产品的可靠性和安全性。标准重点建设方向包括环境及可靠性通用规范、试验方法和要求、一致性检验规程等。其中，将优先制定汽车芯片和电动汽车芯片环境及可靠性通用规范等标准。

电磁兼容标准规范汽车芯片或多器件协作系统各主要功能节点及其下属系统在复杂电磁环境下的功能可靠性保障能力，其主要目的一是规定芯片电磁能量发射，避免对其他器件或系统产生影响；二是规定芯片或多器件协作系统的电磁抗干扰能力，使其可在汽车电磁环境中可靠运行。标准重点建设方向为汽车芯片电磁兼容试验标准等。

功能安全标准规范汽车芯片企业流程管理措施、芯片产品内部多功能模块的流程管理及技术措施等要求，其主要目的是避免系统性失效和硬件随机失效导致的不合理风险。标准重点建设方向为功能安全半导体应用指南等。

信息安全标准规范汽车芯片应满足的信息安全要求和应具备的信息安全功能。通过芯片的信息安全设计、流程管理等措施，避免因攻击导致芯片数据、外部接口及软硬件安全等受到威胁。标准重点建设方向为信息安全技术规范等。

3. 产品与技术应用（300）

产品与技术应用类标准规范在汽车上应用的各类芯片所应符合的技术要求及试验方法。此类标准涵盖控制芯片、计算芯片、传感芯片、通信芯片、存储芯片、安全芯片、功率芯片、驱动芯片、电源管理芯片和其他类芯片10个类别。

控制芯片标准规范汽车上各类控制器、动力系统、底盘系统等控制芯片技术要求及试验方法。标准重点建设方向包括通用要求和动力系统、底盘系统控制芯片等。

计算芯片标准规范汽车用于人机交互、智能座舱、视觉融合处理、智能规划、决策控制等领域执行复杂逻辑运算和大量数据处理任务的芯片技术要求及试验方法。标准重点建设方向包括智能座舱和智能驾驶计算芯片等。

传感芯片标准规范汽车用于感知和探测外界信号、化学组成、温湿度等物理条件的芯片技术要求及试验方法。标准重点建设方向包括环境感知传感芯片和电动车用传感芯片等。其中，将优先制定图像感测与处理、毫米波雷达、激光雷达、电动车用电压/位置/磁场检测等芯片标准。

通信芯片标准规范汽车用于内部设备之间及汽车与外界其他设备进行信息交互和处理的芯片技术要求及试验方法。标准重点建设方向包括车载无线通信和车内通信芯片等。其中，将优先制定蜂窝通信、直连通信、卫星定位、蓝牙、专用无线短距传输、WLAN、UWB、NFC、ETC等车载无线通信芯片，以及LIN、CAN、以太网PHY、以太网交换机、中央网关、串行器和解串器、音视频总线等车内通信芯片相关标准。

存储芯片标准规范汽车用于数据存储的芯片技术要求及试验方法。标准重点建设方向包括易失性和非易失性存储器芯片。其中，将优先推进DRAM、SRAM、NORFLASH、NAND FLASH、EEPROM等芯片标准制定。

安全芯片标准规范汽车用于提供信息安全服务的芯片技术要求及试验方法。标准重点建设方向为汽车安全芯片产品标准等。

功率芯片标准规范汽车用于处理高电压、大电流工况的芯片技术要求及试验方法。标准重点建设方向包括电动汽车用IGBT模块、功率模块、功率分立器件等。

驱动芯片标准规范汽车用于驱动各系统主芯片、电路或部件进行工作的芯片技术要求及试验方法。标准重点建设方向包括驱动芯片、功率驱动芯片、显示驱动芯片等。

电源管理芯片标准规范汽车用于内部电路电能转换、配电、检测、电源信号（电流、电压）整形及处理的芯片技术要求及试验方法。标准重点建设方向包括电源管理芯片、模拟前端芯片、数字隔离器芯片等。

其他类芯片标准规范不属于上述各类的汽车芯片技术要求及试验方法。一般为暂无明确分类的新技术、新产品。

4. 匹配试验（400）

匹配试验类标准包括汽车芯片在所属零部件系统或整车搭载状态下的试验方法。

系统匹配标准规范汽车各类芯片在所属零部件系统搭载状态下的功能及性能匹配试验方法，检测汽车芯片在所属零部件系统上的工作情况。标准重点研究方向为系统匹配试验标准等。

整车匹配标准规范汽车各类芯片在汽车整车搭载状态下的功能及性能匹配试验方法，检测汽车芯片在整车工况下的工作情况。标准重点研究方向为整车台架、道路匹配试验标准等。

四、组织实施

加强统筹组织协调。构建跨行业、跨领域、跨部门协同发展、相互促进的工作机制，整合汽车产业链上下游优势资源力量，发挥好全国汽车、集成电路、半导体器件标准化技术委员会等组织作用，加强与通信、信息技术、北斗卫星导航等相关标委会的工作协同，统筹合力推进汽车芯片标准化工作。

促进标准实施应用。以汽车行业实际应用需求为导向，推动全产业链标准应用能力建设，提升标准在汽车芯片研发、测试和应用等各环节的引导和规范作用。建立健全汽车芯片测试评价体系，支持第三方检测能力建设，有力促进汽车芯片搭载应用，为行业管理提供支撑保障。

深化国际交流合作。加强国际标准和技术法规跟踪研究，深化与联合国世界车辆法规协调论坛（UN/WP.29）、国际标准化组织（ISO）和国际电工委员会（IEC）等国际组织的交流合作，推动与其他国家汽车芯片标准化机构建立技术交流机制，在汽车芯片相关国际标准制定中发声献智。

国家金融监督管理总局关于加强科技型企业全生命周期金融服务的通知

发布单位：国家金融监督管理总局

发布日期：2024年1月12日

为深入贯彻中央金融工作会议和中央经济工作会议精神，扎实做好科技金融大文章，推动银行业保险业进一步加强科技型企业全生命周期金融服务，现就有关事项通知如下：

一、总体要求

（一）指导思想

坚持以习近平新时代中国特色社会主义思想为指导，全面贯彻党的二十大精神，切实落实中央金融工作会议和中央经济工作会议部署，完整、准确、全面贯彻新发展理念，深刻把握金融工作的政治性、人民性，深化金融供给侧结构性改革，把更多金融资源用于促进科技创新，不断提升金融支持科技型企业质效，推动创新链产业链资金链人才链深度融合，促进"科技—产业—金融"良性循环，助力高水平科技自立自强和科技强国建设。

（二）基本原则

坚持问题导向。提高政治站位，强化责任担当，心怀"国之大者"，充分认识实现高水平科技自立自强的重要性和紧迫性。深入研究科技型企业发展的规律和特点，认真分析企业金融需求，攻坚克难、久久为功，持续优化科技金融服务，支持科技型企业发展壮大。

坚持聚焦重点。坚持科技创新"四个面向"，强化企业科技创新主体地位，提高金融服务质效。围绕技术研发、科技成果转移转化、知识产权运用保护等重点领域，支持大型科技型企业发挥引领作用，营造有利于科技型中小微企业发展的良好金融环境，激发企业生命力和创新活力。

坚持统筹协调。加强政策协同配合，推动健全多元化科技投入机制，加快完善金融服务支撑体系。根据初创期、成长期、成熟期等不同发展阶段科技型企业的需求，针对性提供企业全生命周期的多元化金融服务。

坚持安全发展。坚持稳中求进工作总基调，统筹做好金融支持和风险防范。压实风险防控主体责任，守住不发生系统性金融风险底线。推动优化科技金融风险分担补偿机制，构建科技金融服务长效机制。

二、持续深化科技金融组织管理机制建设

（三）健全组织架构

鼓励有条件有能力的银行保险机构根据自身情况，将科技金融纳入机构战略规划和年度重点任务。建立健全科技金融工作领导协调机制，加强统筹协调和规划部署。探索完善专业化的科技金融服务组织体系，构建相对独立的集中化科技金融业务管理机制，强化前中后台协同。

（四）做实专门机构

鼓励银行保险机构在科技资源集聚的地区，规范建设科技金融专业或特色分支机构，专注做好科技型企业金融服务。切实配套加强各类资源保障，适当下放业务审批权限，建立差别化的审批流程。培育专业人才队伍，有条件的可探索配备科技金融专职审查审批人员，提升业务管理和风险控制能力。

（五）优化管理制度

支持银行机构单列科技型企业贷款规模，调整优化经济资本占用系数。探索较长周期绩效考核方案，实施差异化激励考核，切实提高科技金融相关指标在机构内部绩效考核中的占比。优化科技金融业务尽职免责机制，研究建立尽职免责负面清单，完善免责认定标准和流程。小微型科技企业不良贷款容忍度可较各项贷款不良率提高不超过3个百分点。鼓励银行机构结合实际细化制定工作方案，适当提高大、中型科技型企业不良贷款容忍度。

（六）细化风险评审

鼓励银行保险机构针对不同地区、处于不同行业和不同生命周期的科技型企业，建立健全差异化的专属评估评价体系。突出科技人才、科研能力、研发投入、成果价值等创新要素，分层分类设立科技型企业信用评价模型。支持保险机构加快科技领域风险数据积累和行业协同，优化迭代精算模型，合理确定风险定价。

（七）强化数字赋能

鼓励银行保险机构加大数字金融研发投入，依法合规运用新一代信息技术，推动科技型企业金融服务业务处理、经营管理和内部控制等关键环节向数字化、智能化转型发展，持续提高运营效率，优化内部资源配置，提升风险防范水平，更好满足科技型企业融资需求。推动搭建科技型企业信息服务平台，汇总企业工商登记、资质认证、股权质押、投融资等基础数据，穿透创业投资基金、股权投资基金的资金来源和投向等信息。

三、形成科技型企业全生命周期金融服务

（八）支持初创期科技型企业成长壮大

鼓励银行机构在防控风险的基础上加大信用贷款投放力度，综合运用企业创新积分等多方信息，开发风险分担与补偿类贷款，努力提升科技型企业"首贷率"。在依法合

规、风险可控前提下，规范与外部投资机构合作，独立有效开展信贷评审和风险管理，探索"贷款+外部直投"等业务模式，为初创期科技型企业融资提供金融支持。支持稳妥探索顾问咨询、财务规划等金融服务，依法合规拓宽高净值科技人才财富管理渠道。鼓励保险机构开发科技型企业创业责任保险等产品，有效满足初创期科技型企业风险保障需求。在风险可控前提下，引导保险资金投资科技型企业和面向科技型企业的创业投资基金、股权投资基金等，推动更多资金投早、投小、投科技。

（九）丰富成长期科技型企业融资模式

鼓励银行机构结合成长期科技型企业扩大生产需要，加大项目贷款投放。拓宽抵质押担保范围，加快发展知识产权质押融资，探索基于技术交易合同的融资服务模式。规范发展供应链金融，依托产业链核心科技型企业，通过应收账款、票据、订单融资等方式，加大产业链上下游中小微科技型企业信贷支持。支持保险机构开发科技成果转化费用损失保险等险种，优化首台（套）重大技术装备、重点新材料首批次应用、软件首版次质量安全保险运行机制，为促进科技成果转移转化提供有效风险保障。

（十）提升成熟期科技型企业金融服务适配性

推动银行机构积极满足企业合理有效融资需求，强化风险管理、资金归集、债券承销等综合金融服务，帮助科技型企业优化融资结构。鼓励通过并购贷款支持企业市场化兼并重组。支持保险机构主动对接成熟期科技型企业风险保障和风险管理需求，通过共保体、大型商业保险和统括保单等形式，提供综合性保险解决方案。在依法依规、商业自愿前提下，引导金融机构投资创业投资机构相关债务融资工具和公司债券。

（十一）助力不同阶段科技型企业加大研发投入

在风险可控前提下，支持银行机构加大科技型企业研发贷款支持，结合企业研发费用税前加计扣除等情况，开展贷款审查和管理，合理确定贷款方式、额度和期限。推进知识产权金融服务先行先试，稳妥扩大知识产权质押融资内部评估试点，支持符合条件的银行探索开展知识产权内评估，科学应用评估规则和标准，提高知识产权质押融资业务办理效率。鼓励保险机构拓展科技项目研发费用损失保险、研发中断保险，健全知识产权被侵权损失保险、侵权责任保险等保险服务，有效分散企业研发风险。

四、扎实做好金融风险防控

（十二）落实风险防控主体责任

银行保险机构要强化科技型企业金融风险管理和防控，坚持自主决策、自担风险、自我约束。银行机构要进一步加强授信管理，提高资金配置效率，避免多头过度授信。保险机构要提高偿付能力风险管理水平，健全审慎稳健资金运作机制。

（十三）加强贷款资金用途监控

银行机构要做好科技型企业贷款差异化"三查"，加强科技型企业风险监测预警，强化资金用途监控，防范资金套取和挪用风险。

（十四）强化业务合规性审查

银行保险机构要建立稳健的业务审批流程，坚持依法合规、风险可控，坚守机构定位，按照"实质重于形式"原则，对新产品、新业务、新模式的合规性进行审查，坚决防止监管套利。严禁银行机构违规开展股权投资业务。

五、加强组织保障和政策协同

（十五）加强组织领导

各监管局要明确科技金融责任部门和职责分工，加强统筹协调，层层压实责任。要结合辖区科技资源实际情况，因地制宜细化落实政策措施，督促有能力有条件的银行保险机构，开展科技金融服务能力提升行动，切实加大科技型企业的融资支持和保险保障力度。

（十六）强化监督跟踪

各监管局要严格落实监管责任，强化科技金融动态分析评价，按季度报送辖内科技金融统计监测情况。要适时开展督导检查，密切监测科技金融风险，防范辖内科技金融资源和风险过度集中。要规范有序做好科技金融专业或特色机构的监管评价和管理，引导其立足服务科技创新的特色定位，实现集约化、专业化发展。

（十七）做好政策协同

各监管局要加强与地方财政、科技、工信等部门沟通协作，推动共建常态化科技型企业融资对接机制，统筹推进企业信息共享、担保增信和金融风险分担补偿等外部生态体系建设，形成发展科技金融的强大合力。要及时总结科技金融良好实践做法，加大经验宣传推广交流力度。

国家能源局关于进一步规范可再生能源发电项目电力业务许可管理的通知

发布单位：国家能源局
发布日期：2023年10月26日

各派出机构，有关电力企业：

为进一步规范可再生能源发电项目电力业务许可管理，助力推动能源绿色低碳高质量发展，现就有关事项通知如下。

一、豁免分散式风电项目电力业务许可

在现有许可豁免政策基础上，将分散式风电项目纳入许可豁免范围，不要求其取得电力业务许可证。

本通知印发前，已取得电力业务许可证的分散式风电项目运营企业，向所在地国家能源局派出机构（以下简称派出机构）申请注销电力业务许可证。

二、明确可再生能源发电项目相关管理人员兼任范围

可再生能源发电项目运营企业申请电力业务许可证时，其生产运行负责人、技术负责人、安全负责人和财务负责人的任职资格和工作经历应符合《电力业务许可证管理规定》要求。项目由专业运维公司或企业（集团）内部关联企业统一管理的上述人员中，技术负责人、财务负责人可在不同省份项目间兼任；生产运行负责人只能在同一省份不同项目间兼任，其他情况不得兼任。可再生能源发电项目运营企业申请电力业务许可证时，应提供上述人员的任职文件及相关工作经历。

已取得电力业务许可证的可再生能源发电项目运营企业，如管理人员不符合上述要求，应在本通知印发后1年内进行变更，逾期未变更的，按照许可条件未保持情况处理。

三、规范可再生能源发电项目许可登记

风电、光伏发电等可再生能源发电项目申请电力业务许可证时，"机组情况登记"同一栏目中可登记单台/个（以下统称台）机组/单元（以下统称机组），也可登记多台机组。登记单台机组的，投产日期为机组首次并网发电的日期；登记多台机组的，投产日期为多台机组中最后一台机组并网的日期。同一批次投产机组因机组型号不同分开登记的，投产日期均登记为该批次最后一台机组的并网日期。项目运营企业应对申请电力业务许可证时填报的投产日期真实性负责。本通知印发前已经取得电力业务许可证的企业，许可证中登记的机组投产日期与上述要求不一致的，应在本通知印发后1年内向发证机关申请登记事项变更，并提供可以证明机组投产日期的有关材料；逾期未变更的，按照企业运营机组实际情况与许可登记不一致情况处理。

光伏发电项目以交流侧容量（逆变器的额定输出功率之和，单位MW）在电力业务许可证中登记，分批投产的可以分批登记。本通知印发前，以光伏组件的标称功率总和（单位MWp）在电力业务许可证中登记的，不再进行变更。

四、调整可再生能源发电项目（机组）许可延续政策

达到设计寿命的风电机组，按照《风电场改造升级和退役管理办法》（国能发新能规〔2023〕45号）相关规定及时开展安全性评估。经评估符合安全运行条件且评估结果报当地能源主管部门后，相关运营企业按照《电力业务许可证监督管理办法》第十五条申请许可延续；未开展安全评估或评估结果不符合安全运行要求的，注销（变更）电力业务许可证。

达到设计寿命的生物质、光热发电机组，参照煤电机组许可延续政策和标准执行。

根据目前水电行业管理政策，水电机组暂不纳入许可延续管理。水电机组申请电力业务许可证时，不登记机组设计寿命。

五、明确异地注册企业电力业务许可管理职责

可再生能源发电项目所在地与运营企业注册地不在同一省份的，该发电项目电力业务许可证的申请及变更应向项目所在地派出机构提出。同一企业在不同派出机构辖区运营多个可再生能源发电项目，但未在项目所在地市场监督管理部门登记为公司、非公司企业法人或分支机构的，电力业务许可证的申请及许可事项的变更应由项目法人分别向各项目所在地派出机构提出。某个企业（以统一社会信用代码识别）在一个派出机构辖区内，所有项目只能取得一个电力业务许可证。

六、加强可再生能源发电项目许可数据信息管理

建立许可数据信息定期核验机制，持证可再生能源发电项目运营企业应当结合日常业务，每年对运营项目许可相关数据信息进行1次核对，对已发生变化的登记事项和许可事项应在30日内向派出机构申请办理变更手续，并补充完善其他相关数据信息。对于2年内未登录系统进行数据信息完善的企业，派出机构应予以重点关注，加强日常监管，确保许可数据信息动态调整，同时在国家可再生能源发电项目信息管理平台建档立卡系统中予以更新。

本通知自印发之日起施行，有效期五年。

国家发展改革委等部门关于促进退役风电、光伏设备循环利用的指导意见

发布单位：国家发展改革委　国家能源局　工业和信息化部　生态环境部　商务部　国务院国资委

发布日期：2023年8月17日

各省、自治区、直辖市及计划单列市、新疆生产建设兵团发展改革委、能源局、工业和信息化主管部门、生态环境厅（局）、商务主管部门、国资委：

近年来，我国新能源产业快速发展，风电、光伏等新能源设备大量应用，装机规模稳居全球首位。随着产业加快升级和设备更新换代，新能源设备将面临批量退役问题。为全面贯彻党的二十大精神，深入贯彻《2030年前碳达峰行动方案》有关部署，加快构建废弃物循环利用体系，促进退役风电、光伏设备循环利用，现提出如下意见。

一、总体要求

（一）指导思想

以习近平新时代中国特色社会主义思想为指导，全面贯彻党的二十大精神，深入贯彻习近平生态文明思想，完整、准确、全面贯彻新发展理念，加快构建新发展格局，着力推动高质量发展，加快发展方式绿色转型，深入践行全面节约战略，积极构建覆盖绿色设计、规范回收、高值利用、无害处置等环节的风电和光伏设备循环利用体系，补齐风电、光伏产业链绿色低碳循环发展最后一环，助力实现碳达峰碳中和。

（二）基本原则

——坚持系统观念。坚持从设备全生命周期角度考虑风电、光伏设备退役问题，加强产业链上下游协同，促进退役风电、光伏设备循环利用，实现资源利用效率最大化。

——坚持创新驱动。着力推动退役风电、光伏设备循环利用技术创新、模式创新，促进循环利用技术进步、成本下降、效率提升。鼓励有条件的地方和企业率先行动，培育先进技术和商业模式。

——坚持分类施策。综合考虑产业发展阶段、设备类型和退役情况，远近结合、适度超前，加快规范集中式风电场、光伏发电站设备循环利用，逐步完善分布式光伏设备处理责任机制。

——坚持区域统筹。结合各地风电、光伏设备生产和退役情况，因地制宜布局退役设备循环利用产业集聚区，支持退役风电、光伏设备在区域间协同利用，加快培育资源循环利用产业。

（三）主要目标

到2025年，集中式风电场、光伏发电站退役设备处理责任机制基本建立，退役风电、光伏设备循环利用相关标准规范进一步完善，资源循环利用关键技术取得突破。到2030年，风电、光伏设备全流程循环利用技术体系基本成熟，资源循环利用模式更加健全，资源循环利用能力与退役规模有效匹配，标准规范更加完善，风电、光伏产业资源循环利用水平显著提升，形成一批退役风电、光伏设备循环利用产业集聚区。

二、重点任务

（一）大力推进绿色设计。引导生产制造企业以轻量化、易拆解、易运输、易回收为目标，在产品设计生产阶段进行绿色设计。积极实施《光伏制造行业规范条件》等规范要求，深入开展"绿色设计示范企业"创建。鼓励生产制造企业在保障产品质量性能和使用安全的前提下，在产品设计生产过程中优先选用再生材料。引导生产制造企业强化信息公开，面向设备回收、资源化利用主体公开零部件原材料、产品结构等详细信息和资源循环利用技术建议。（工业和信息化部、国家发展改革委按职责分工负责）

（二）建立健全退役设备处理责任机制。督促指导集中式风电和光伏发电企业依法承担退役新能源设备（含零部件，下同）处理责任，不得擅自以填埋、丢弃等方式非法处置退役设备，不得向生活垃圾收集设施中投放工业固体废弃物。督促指导发电企业将废弃物循环利用和妥善处置作为风电场改造升级项目的重要内容。（国家能源局、生态环境部按职责分工负责）督促指导发电企业拆除风电、光伏设备后及时做好周边生态环境修复。（国家能源局、自然资源部按职责分工负责）指导发电企业完善退役风电、光伏设备报废管理制度，提升报废资产处置效率。落实国有资产交易流转有关要求，进一步优化国有退役风电、光伏设备处理处置制度，推动企业高效、规范处置相关资产。（国务院国资委、国家能源局按职责分工负责）

（三）完善设备回收体系。支持光伏设备制造企业通过自主回收、联合回收或委托回收等模式，建立分布式光伏回收体系。鼓励风电、光伏设备制造企业主动提供回收服务。支持第三方专业回收企业开展退役风电、光伏设备回收业务。支持发展退役新能源设备拆除、运输、回收、拆解、利用"一站式"服务模式。鼓励生产制造企业、发电企业、运营企业、回收企业、利用企业建立长效合作机制，畅通回收利用渠道，加强上下游产业衔接协同。引导风电机组拆除后进行就地、就近、集中拆解。引导再生资源回

收企业规范有序回收废钢铁、废有色金属等再生资源。（国家发展改革委、工业和信息化部、商务部按职责分工负责）

（四）强化资源再生利用能力。鼓励再生利用企业开展退役风电、光伏设备精细化拆解和高水平再生利用，重点聚焦风电机组中的基础、塔架、叶片、机舱、发电机、齿轮箱、电控柜等部件，以及光伏组件中的光伏层压件、边框、接线盒等部件开展高水平再生利用。支持龙头企业针对复杂材料加快形成再生利用产业化能力，重点聚焦风机叶片纤维复合材料，以及光伏组件中半导体材料、金属材料、聚合物等，探索兼顾经济性、环保性的再生利用先进技术和商业模式。（工业和信息化部、国家发展改革委按职责分工负责）

（五）稳妥推进设备再制造。严格用户单位采购再制造产品质量把关。稳妥推进风力发电机组、光伏组件再制造产业发展，率先发展风电设备中发电机、齿轮箱、主轴承等高值部件，以及光伏逆变器等关键零部件再制造。稳妥有序探索在新能源运营维修领域应用再制造部件，支持风电、光伏设备生产制造企业和运维企业拓展再制造业务。鼓励研究机构、行业组织和骨干企业共同搭建风力发电机组、光伏组件零部件再制造检测验证平台。培育风电、光伏再制造设备第三方鉴定评估机构，促进行业规范发展。（国家发展改革委、工业和信息化部、市场监管总局按职责分工负责）

（六）规范固体废弃物无害化处置。加大对退役风电、光伏设备回收利用处置全过程环境污染防治的监管力度，严格退役设备无害化处置的污染控制要求，确保符合国家环境保护标准，减少终端固体废弃物带来的环境污染风险。（生态环境部负责）

三、强化保障措施

（一）加大技术研发力度。将退役风电、光伏设备循环利用技术研发纳入国家重点研发计划相关重点专项。开发风电、光伏设备残余寿命评估技术，构建设备寿命评估方法学和技术体系，推动设备及关键部件延续利用和梯次利用。开展光伏组件高纯分离、稀有金属回收提取、复合材料回收利用、再生资源高值利用、风电设备零部件再制造等重点难点技术攻关，突破核心技术装备，研究建立全材料整线回收工艺。加快光伏组件回收等产业技术基础公共服务平台建设。加快开展利用技术体系集成示范，推动形成若干"政产学研用"一体化的科技成果转化模式。（科技部、工业和信息化部按职责分工负责）

（二）强化资金和政策支持。利用中央预算内投资现有资金渠道，加强对退役风电、光伏设备循环利用项目的支持。依法落实节能节水、固定资产加速折旧、资源综合利用产品增值税即征即退等相关税收优惠政策。研究将退役风电、光伏设备循环利用产业纳入绿色产业指导目录。丰富绿色金融产品和服务，为符合条件的退役风电、光伏设备循环利用类项目提供融资便利。鼓励有条件的地方制定退役风电、光伏设备循环利用产业专项支持政策。（国家发展改革委、财政部、税务总局、人民银行等部门按职责分工负责）

（三）健全标准规范体系。研究制定风电和光伏设备绿色设计、综合利用等标准规范。支持行业协会、龙头企业、第三方研究机构等研究制定退役风电、光伏设备相关技术标准。（工业和信息化部、国家能源局、国家发展改革委、市场监管总局等部门按职责分工负责）研究制定特殊环境下退役风电、光伏设备的绿色拆解及不同材质（含金属和复合材料）零部件回收利用标准。完善寿命期内风电设备、光伏组件及相关零部件运行评价标准，将设备及零部件可回收、可循环利用作为评价的重要内容，推动开展绿色认证工作。（市场监管总局负责）加快研究以填埋、焚烧、回收利用等方式处理废弃风机叶片、光伏组件整机和零部件的环境影响，针对废弃风电和光伏设备回收、利用、处置过程的污染控制问题，研究制定废弃风电光伏设备污染防治技术规范。（生态环境部负责）

（四）培育重点地区和企业。结合各地风电、光伏设备生产和退役情况，指导支持部分重点区域建设退役新能源设备循环利用产业集聚区。（国家发展改革委、工业和信息化部、国家能源局会同有关部门负责）支持中央企业发挥示范引领作用，率先加强退役风电、光伏设备循环利用，建设一批重点项目。（国务院国资委、国家发展改革委会同有关部门负责）

四、加强组织实施

（一）加强组织领导。国家发展改革委加强统筹协调，加大对退役风电、光伏设备循环利用工作的推进力度。各有关部门按职责分工，制定相关配套政策，形成协同推进合力。各地要充分认识退役风电、光伏设备循环利用的重要意义，采取有力措施强化政策落实。

（二）强化宣传引导。各地、各有关部门要加大对退役风电、光伏设备循环利用优秀项目和典型案例的宣介力度，推广一批可借鉴、可复制的先进经验。鼓励地方、行业协会和相关机构组织开展技术产品对接交流会、应用示范现场会等活动，促进先进技术产品模式交流推广。支持行业协会、第三方研究机构以编制行业发展报告等形式，梳理技术趋势和发展实践，推广最新技术模式，宣传典型案例，引导行业健康发展。

无线充电（电力传输）设备无线电管理暂行规定

发布单位：工业和信息化部
发布日期：2023 年 5 月 31 日

第一条 为规范无线充电（电力传输）（以下简称无线充电）设备的使用，避免对各类依法开展的无线电业务产生有害干扰，维护空中电波秩序，促进无线充电产业高质量发展，根据《中华人民共和国无线电管理条例》，参考国际电信联盟《无线电规则》及相关建议书，制定本规定。

第二条 本规定所称无线充电是指利用磁耦合（磁感应、磁共振）以及电容耦合等机理实现电源到负荷的非波束式近场电力传输技术。

无线充电设备是辐射无线电波的非无线电设备，按照组成方式可分为由连接电源的能量发射端和作用于负荷的能量接收端组成的无线充电设备、仅包含能量发射端的无线充电设备、仅包含能量接收端的无线充电设备。

本规定适用于生产或者进口在国内销售、使用的移动通信终端无线充电设备、便携式消费电子产品无线充电设备（以下简称移动、便携式无线充电设备），以及电动汽车（含摩托车）无线充电设备。

第三条 生产或者进口在国内销售、使用的无线充电设备，无需办理无线电频率使用许可、无线电台执照以及无线电发射设备型号核准，但应当符合产品质量、电磁辐射和电气安全等法律法规、国家标准，以及国家无线电管理有关规定。

第四条 移动、便携式无线充电设备的工作频率范围为 100-148.5kHz、6765-6795kHz、13553-13567kHz 频段，且额定传输功率不超过 80W，工作频率等相关技术参数应当满足《无线充电（电力传输）设备技术要求》（见附件1）。

第五条 额定传输功率大于 22kW 但不超过 120kW 的电动汽车（含摩托车）无线充电设备工作频率为 19-21kHz 频段；额定传输功率不超过 22kW 的电动汽车（含摩托车）无线充电设备工作频率为 79-90kHz 频段。上述电动汽车（含摩托车）无线充电设备的工作频率等相关技术参数应当满足《无线充电（电力传输）设备技术要求》（见附件1）。

第六条 无线充电设备同时具备信息传输功能的，用于信息传输的无线电发射设备单元（或模块）应当符合国家无线电管理有关规定。

第七条 使用无线充电设备，不得对其他合法的无线电业务及台（站）产生有害干扰，也不得提出免受无线电干扰和辐射无线电波干扰的保护要求。如对其他合法的无线电业务及台（站）产生有害干扰时，应立即停止使用，并在采取措施消除有害干扰后方可继续使用。

第八条 为保护射电天文业务，无线充电设备不得在射电天文台址的干扰保护距离内（见附件2）使用。相关省、自治区、直辖市无线电管理机构在会同地方政府相关部门制定射电天文台电磁环境保护区时，应充分考虑上述要求。

第九条 在船舶、航空器和铁路机车（含动车组列车）内使用无线充电设备应当遵守本规定及相关行业主管部门的规定。

第十条 无线充电设备应当在其产品使用说明（含电子显示的说明）中注明以下内容：

（一）产品名称、型号及专用标识；

（二）设备采用的无线充电机理、额定传输功率、额定工作频率或工作频率范围；

（三）设备符合国家《无线充电（电力传输）设备无线电管理暂行规定》以及产品质量、电磁辐射和电气安全等法律法规、国家标准等有关规定；

（四）不得擅自改变使用场景或使用条件、扩大工作频率范围、加大传输功率（包括额外加装功率放大器）；

（五）不得对其他合法的无线电业务及台（站）产生有害干扰，也不得提出免受无线电干扰和辐射无线电波干扰的保护要求，如对其他合法的无线电业务及台（站）产生有害干扰时，应立即停止使用，并在采取措施消除有害干扰后方可继续使用；

（六）无线充电设备禁用区域，禁止使用无线充电功能；

（七）使用无线充电设备如对广播业务的接收造成影响，应立即停止使用无线充电设备；

（八）在船舶、航空器和铁路机车（含动车组列车）内使用无线充电设备应当遵守本规定及相关行业主管部门的规定；

（九）其他需要说明的事项。

第十一条 生产和进口无线充电设备的企业以及相关行业协会，应当加强行业自律，推进行业诚信体系建设，鼓励通过自愿性认证等方式保障无线充电设备符合国家有关规定。生产、进口无线充电设备的企业应当在无线充电设备的显著位置标注或者采用电子形式显示无线充电设备的专用标识，确因设备尺寸过小等原因无法标注或者显示专用标识的，应当在设备的独立外包装或者使用说明中标注。专用标识有关要求另行制定。

第十二条 生产、进口、销售以及使用无线充电设备违反本规定的，由无线电管理机构予以责令改正。

第十三条 违反本规定，使用无线充电设备干扰无线电业务正常进行的,由无线电管理机构依据《中华人民共和国无线电管理条例》第七十三条予以查处。

第十四条　工业、医疗等领域的无线充电设备有关规定,由国家无线电管理机构会同相关部门另行制定。

第十五条　根据产业发展和技术进步情况,由国家无线电管理机构对本规定相关内容适时予以调整。

第十六条　本规定自2024年9月1日起施行。自施行之日起,停止生产或者进口在国内销售、使用的不符合本规定要求的无线充电设备,在此之前生产或进口的无线充电设备可以继续销售和使用到报废为止。

附件：1. 无线充电（电力传输）设备技术要求
　　　2. 我国相关射电天文台台址及与无线充电设备之间的干扰保护距离

附件1

无线充电（电力传输）设备技术要求

一、工作频率范围及额定传输功率

（一）移动、便携式无线充电设备

工作频率范围(发射端)	100-148.5kHz、6765-6795kHz、13553-13567kHz
额定传输功率	不超过80W
典型设备	移动通信终端、笔记本电脑、平板电脑、可穿戴设备、家用机器人、家用电器无线充电设备及车载无线充电设备等（不含工业和商用机器人、厨房电器、两轮电动车等特殊用途或专业领域无线充电设备）

（二）电动汽车（含摩托车）无线充电设备

额定传输功率	大于22kW且不超过20kW	不超过22kW
工作频率范围	19-21kHz	79-90kHz
典型设备	公交车、卡车等	乘用车、摩托车等

二、磁场强度发射限值（距设备10米处，准峰值测试法）

工作频率范围	磁场强度发射限值	测量带宽
19-21kHz	72dBμA/m	200Hz
79-90kHz	79kHz为67.8dBμA/m（每十倍频程下降10dB）	200Hz
100-119kHz	42dBμA/m	200Hz
119-135kHz	119kHz为66dBμA/m（每倍频程下降3dB，其中129.1kHz±500Hz频段内限值为42dBμA/m）	200Hz
135-140kHz	42dBμA/m	200Hz
140-148.5kHz	37.7dBμA/m	200Hz
6765-6795kHz	42dBμA/m	9kHz
13553-13567kHz	42dBμA/m	9kHz

三、杂散发射限值

（一）无线充电设备工作在最大额定传输功率状态

1. 移动、便携式无线充电设备,杂散发射限值需满足下表：

测试频段	测试带宽	杂散发射限值	检波方式
9-150kHz	200Hz(6dB)	9kHz为27dBμA/m（10米处）（每十倍频程下降10dB）	准峰值
150-526.5kHz	9kHz(6dB)	9kHz为27dBμA/m（10米处）（每十倍频程下降10dB）	准峰值
526.5-1606.5kHz	9kHz(6dB)	−4dBμA/m（10米处）	准峰值
1606.5kHz-5.9MHz	9kHz(6dB)	1606.5kHz为4.5dBμA/m（10米处）（每十倍频程下降10dB）	准峰值

(续)

测试频段	测试带宽	杂散发射限值	检波方式
5.9-26.1MHz	9kHz(6dB)	-13.5dBμA/m (10米处)	准峰值
26.1-30MHz	9kHz(6dB)	-3.5dBμA/m (10米处)	准峰值

2. 电动汽车（含摩托车）无线充电设备，杂散发射限值需满足下表：

测试频段	测试带宽	杂散发射限值	检波方式
9-150kHz	200Hz(6dB)	9kHz 为 27dBμA/m (10米处) (每十倍频程下降10dB)	准峰值
150-526.5kHz	9kHz(6dB)		准峰值
526.5-1606.5kHz	9kHz(6dB)	-43dBμA/m * (10米处)	准峰值
1606.5kHz-5.9MHz	9kHz(6dB)	1606.5kHz 为 4.5dBμA/m(10米处) (每十倍频程下降10dB)	准峰值
5.9-26.1MHz	10kHz(6dB)	-63dBμA/m * (10米处)	准峰值
26.1-30MHz	9kHz(6dB)	-3.5dBμA/m (10米处)	准峰值
48.5-72.5MHz	100kHz(3dB)	-54dBm	RMS(均方根)
76-108MHz			
167-223MHz			
470-566MHz			
606-798MHz			
30-1000MHz 内的其他频段	100kHz(3dB)	-36dBm	RMS(均方根)

*注1：城区内部署在"距住宅25米及以上且距专用广播监测终端所在位置40米及以上水平距离，或钢筋混凝土结构建筑物地下一层及以下"所有区域的电动汽车(含摩托车)无线充电设备，非城区部署在"距住宅55米及以上且距专用广播监测终端所在位置90米及以上水平距离，或者钢筋混凝土结构住宅地下一层及以下，或者专用广播监测终端所在钢筋混凝土结构建筑物地下二层及以下"所有区域的电动汽车(含摩托车)无线充电设备，中波频段(526.5-1606.5kHz)的杂散发射限值为9.3-4.5dBμA/m，短波频段(5.9-26.1MHz)的杂散发射限值为-1.1--7.6dBμA/m，每十倍频程下降10dB。

注2：当电动汽车(含摩托车)无线充电设备的工作频率固定在调幅广播频道间隔(中波间隔为9kHz，短波间隔为10kHz)的整数倍即90kHz，且具有一定的稳定度(±3Hz)时，中波频段(526.5-1606.5kHz)的杂散发射限值为-11.5dBμA/m，短波频段(5.9-26.1MHz)的杂散发射限值为-31.5dBμA/m。

（二）无线充电设备待机或空闲状态

1. 移动、便携式无线充电设备，杂散发射限值需满足下表：

测试频段	测试带宽	杂散发射限值	检波方式
9-150kHz	200Hz	9kHz 为 5.5dBμA/m (10米处) (每十倍频程下降10dB)	准峰值
150kHz-10MHz	9kHz		准峰值
10-30MHz	9kHz	-25dBμA/m(10米处)	准峰值
48.5-72.5MHz	100kHz	-57dBm	RMS(均方根)
76-108MHz			
167-223MHz			

（续）

测试频段	测试带宽	杂散发射限值	检波方式
470-566MHz	100kHz	-57dBm	RMS（均方根）
606-798MHz			
30-1000MHz 内的其他频段			

2. 电动汽车（含摩托车）无线充电设备，杂散发射限值需满足下表：

测试频段	测试带宽	杂散发射限值	检波方式
9-150kHz	200Hz	9kHz 为 5.5dBμA/m （10 米处） （每十倍频程下降 10dB）	准峰值
150-526.5kHz	9Hz		准峰值
526.5-1606.5kHz	9kHz	-43dBμA/m* （10 米处）	准峰值
1606.5kHz-5.9MHz	9kHz	1606.5kHz 为 -17dBμA/m （10 米处） （每十倍频程下降 10dB）	准峰值
5.9-26.1MHz	10kHz	-63dBμA/m* （10 米处）	准峰值
26.1-30MHz	9kHz	-25dBμA/m （10 米处）	准峰值
48.5-72.5MHz	100kHz	-57dBm	RMS（均方根）
76-108MHz			
167-223MHz			
470-566MHz			
606-798MHz			
30-1000MHz 内的其他频段			

* 注1：城区内部署在"距住宅 25 米及以上且距专用广播监测终端所在位置 40 米及以上水平距离，或钢筋混凝土结构建筑物地下一层及以下"所有区域的电动汽车（含摩托车）无线充电设备，非城区部署在"距住宅 55 米及以上且距专用广播监测终端所在位置 90 米及以上水平距离，或者钢筋混凝土结构住宅地下一层及以下，或者专用广播监测终端所在钢筋混凝土结构建筑物地下二层及以下"所有区域的电动汽车（含摩托车）无线充电设备，中波频段（526.5-1606.5kHz）的杂散发射限值为 9.3-4.5dBμA/m，短波频段（5.9-26.1MHz）的杂散发射限值为 -1.1--7.6dBμA/m，每十倍频程下降 10dB。

注2：当电动汽车（含摩托车）无线充电设备的工作频率固定在调幅广播频道间隔（中波间隔为 9kHz，短波间隔为 10kHz）的整数倍即 90kHz，且具有一定的稳定度（±3Hz）时，中波频段（526.5-1606.5kHz）的杂散发射限值为 -11.5dBμA/m，短波频段（5.9-26.1MHz）的杂散发射限值为 -31.5dBμA/m。

四、接收阻塞限值（距设备 10 米处，准峰值测试法）

在下表所示的无用信号干扰情况下，无线充电设备应仍能按照接收端的性能准则正常工作。

频段	接收阻塞限值
无线充电设备工作的中心频点（fc）	72dBμA/m
中心频点 fc±F	72dBμA/m
中心频点 fc±10*F	82dBμA/m

注1：F 为无线充电设备工作的频率范围宽度。
注2：占用带宽是指在此频段的频率下限之下和频率上限之上所发射的平均传输功率分别等于某一给定发射的总平均传输功率的规定百分数 β/2。除非 ITU-R 建议书对某些适当的发射类别另有规定，β/2 值应取 0.5%。

附件 2

我国相关射电天文台台址及与
无线充电设备之间的干扰保护距离

一、我国贵州黔南州、新疆和静县乌拉斯台、内蒙古正镶白旗、青海德令哈市、新疆巴里坤红柳峡等地射电天文台站与无线充电设备之间的干扰保护距离为 5 千米；

二、上海佘山射电天文台站与无线充电设备之间的干扰保护距离为 1 千米；

三、新疆奇台县射电天文台站与无线充电设备之间的干扰保护距离为东西约 2.5 千米，南北约 4 千米的矩形区域；

四、新疆乌鲁木齐南山地区射电天文台站与无线充电设备之间的干扰保护距离为 3 千米；

五、云南景东县射电天文台站与无线充电设备之间的干扰保护距离为 3 千米。

国家能源局关于加快推进能源数字化智能化发展的若干意见

发布单位：国家能源局
发布日期：2023 年 4 月 2 日

各省（自治区、直辖市）能源局，有关省（自治区、直辖市）及新疆生产建设兵团发展改革委，有关中央企业：

推动数字技术与实体经济深度融合，赋能传统产业数字化智能化转型升级，是把握新一轮科技革命和产业变革新机遇的战略选择。能源是经济社会发展的基础支撑，能源产业与数字技术融合发展是新时代推动我国能源产业基础高级化、产业链现代化的重要引擎，是落实"四个革命、一个合作"能源安全新战略和建设新型能源体系的有效措施，对提升能源产业核心竞争力、推动能源高质量发展具有重要意义。为加快推进能源数字化智能化发展，现提出如下意见。

一、总体要求

（一）指导思想。以习近平新时代中国特色社会主义思想为指导，深入贯彻党的二十大精神，立足新发展阶段，完整、准确、全面贯彻新发展理念，加快构建新发展格局，深入实施创新驱动发展战略，推动数字技术与能源产业发展深度融合，加强传统能源与数字化智能化技术相融合的新型基础设施建设，释放能源数据要素价值潜力，强化网络与信息安全保障，有效提升能源数字化智能化发展水平，促进能源数字经济和绿色低碳循环经济发展，构建清洁低碳、安全高效的能源体系，为积极稳妥推进碳达峰碳中和提供有力支撑。

（二）基本原则。需求牵引。针对电力、煤炭、油气等行业数字化智能化转型发展需求，通过数字化智能化技术融合应用，急用先行、先易后难、分行业、分环节、分阶段补齐转型发展短板，为能源高质量发展提供有效支撑。

数字赋能。发挥智能电网延伸拓展能源网络潜能，推动形成能源智能调控体系，提升资源精准高效配置水平；推动数字化智能化技术在煤炭和油气产供储销体系全链条和各环节的覆盖应用，提高行业整体效能、安全生产和绿色低碳水平。

协同高效。推动数据资源作为新型生产要素的充分流通和使用，打通不同主体间的信息壁垒，带动能源网络各环节的互联互动互补，提升产业链上下游及行业间协调运行效率，以数字化智能化转型促进能源绿色低碳发展的跨行业协同。

融合创新。聚焦原创性、引领性创新，加快人工智能、数字孪生、物联网、区块链等数字技术在能源领域的创新应用，推动跨学科、跨领域融合，促进创新成果的工程化、产业化，培育数字技术与能源产业融合发展新优势。

（三）发展目标。到 2030 年，能源系统各环节数字化智能化创新应用体系初步构筑、数据要素潜能充分激活，一批制约能源数字化智能化发展的共性关键技术取得突破，能源系统智能感知与智能调控体系加快形成，能源数字化智能化新模式新业态持续涌现，能源系统运行与管理模式向全面标准化、深度数字化和高度智能化加速转变，能源行业网络与信息安全保障能力明显增强，能源系统效率、可靠性、包容性稳步提高，能源生产和供应多元化加速拓展、质量效益加速提升，数字技术与能源产业融合发展对能源行业提质增效与碳排放强度和总量"双控"的支撑作用全面显现。

二、加快行业转型升级

（四）以数字化智能化技术加速发电清洁低碳转型。发展新能源和水能功率预测技术，统筹分析有关气象要素、电源状态、电网运行、用户需求、储能配置等变量因素。加强规模化新能源基地智能化技术改造，提高弱送端系统调节支撑能力，提升分布式新能源智能化水平，促进新能源发电的可靠并网及有序消纳，保障新能源资源充分开发。加快火电、水电等传统电源数字化设计建造和智能化升级，推进智能分散控制系统发展和应用，助力燃煤机组节能降碳改造、灵活性改造、供热改造"三改联动"，促进抽水蓄能和新型储能充分发挥灵活调节作用。推动数字技术深度应用于核电设计、制造、建设、运维等各领域各环节，打造全面感知、智慧运行的智能核电厂，全面提升核安全、网络安全和数据安全等保障水平。

（五）以数字化智能化电网支撑新型电力系统建设。推动实体电网数字呈现、仿真和决策，探索人工智能及数字孪生在电网智能辅助决策和调控方面的应用，提升电力系统多能互补联合调度智能化水平，推进基于数据驱动的电网暂态稳定智能评估与预警，提高电网仿真分析能力，支撑电网安全稳定运行。推动变电站和换流站智能运检、输电线路智能巡检、配电智能运维体系建设，发展电网灾害智能感知体系，提高供电可靠性和对偏远地区恶劣环境的适应性。加快新能源微网和高可靠性数字配电系统发展，提升用户侧分布式电源与新型储能资源智能高效配置与运行优化控制水平。提高负荷预测精度和新型电力负荷智能管理水平，推动负荷侧资源分层分级分类聚合及协同优化管理，加快推动负荷侧资源参与系统调节。发展电碳计量与核算监测体系，推动电力市场和碳市场数据交互耦合，支撑能源行业碳足迹监测与分析。

（六）以数字化智能化技术带动煤炭安全高效生产。推动构建智能地质保障系统，提升矿井地质条件探测精度与地质信息透明化水平。提升煤矿采掘成套装备智能化控制水平，采煤工作面加快实现采-支-运智能协同运行、地面远程控制及井下无人/少人操作，掘进工作面加快实现掘-支-锚-运-破多工序协同作业、智能快速掘进及远程控制。推动煤矿主煤流运输系统实现智能化无人值守运行，辅助运输系统实现运输车辆的智能调度与综合管控。推动煤矿建立基于全时空信息感知的灾害监测预警与智能综合防治系统。推进大型露天煤矿无人驾驶系统建设与常态化运行，支持露天煤矿采用半连续、连续开采工艺系统，提高露天煤矿智能化开采和安全生产水平。支持煤矿建设集智能地质保障、智能采掘（剥）、智能洗选、智能安控等于一体的智能化煤矿综合管控平台。

（七）以数字化智能化技术助力油气绿色低碳开发利用。加快油气勘探开发专业软件研发，推进数字盆地建设，推动油气勘探开发数据库、模型库和样本库建设。推动智能测井、智能化节点地震采集系统建设，推进智能钻完井、智能注采、智能化压裂系统部署及远程控制作业，扩大二氧化碳驱油技术应用。加快智能钻机、机器人、无人机、智能感知系统等智能生产技术装备在石油物探、钻井、场站巡检维护、工程救援等场景的应用，推动生产现场井、站、厂、设备等全过程智能联动与自动优化。推动油气与新能源协同开发，提高源网荷储一体化智能调控水平，强化生产用能的新能源替代。推动油气管网的信息化改造和数字化升级，推进智能管道、智能储气库建设，提升油气管网设施安全高效运行水平和储气调峰能力。加快数字化智能化炼厂升级建设，提高炼化能效水平。

（八）以数字化智能化用能加快能源消费环节节能提效。持续挖掘需求侧响应潜力，聚焦传统高载能工业负荷、工商业可中断负荷、电动汽车充电网络、智能楼宇等典型可调节负荷，探索峰谷分时电价、高可靠性电价、可中断负荷电价等价格激励方式，推动柔性负荷智能管理、虚拟电厂优化运营、分层分区精准匹配需求响应资源等，提升绿色用能多渠道智能互动水平。以产业园区、大型公共建筑为重点，以提高终端能源利用效能为目标，推进多能互补集成供能基础设施建设，提升能源综合梯级利用水平。推动普及用能自主优优、多能协同调度等智能化用能服务，引导用户实施技术节能、管理节能策略，大力促进智能化用能服务模式创新，拓展面向终端用户的能源托管、碳排放计量、绿电交易等多样化增值服务。依托能源新型基础设施建设，推动能源消费环节节能提效与智慧城市、数字乡村建设统筹规划，支撑区域能源绿色低碳循环发展体系构建。

（九）以新模式新业态促进数字能源生态构建。提升储能与供能、用能系统协同调控及诊断运维智能化水平，加快推动全国新型储能大数据平台建设，健全完善各省（区）信息采集报送途径和机制。提升氢能基础设施智能调控和安全预警水平，探索氢能跨能源网络协同优化潜力，推动氢电融合发展。推进综合能源服务与新型智慧城市、智慧园区、智能楼宇等用能场景深度耦合，利用数字技术提升综合能源服务绿色低碳效益。推动新能源汽车融入新型电力系统，提高有序充放电智能化水平，鼓励车网互动、光储充放等新模式新业态发展。探索能源新型基础设施共建共享，在确保安全、符合规范、责任明确的前提下，提高基础资源综合利用效率，降低建设和运营成本。推动能源行业大数据监测预警和综合服务平台体系建设，打造开放互联的行业科技信息资源服务共享体系，支撑行业发展动态监测和需求布局分析研判，服务数字治理。

三、推进应用试点示范

（十）推动多元化应用场景试点示范。围绕重点领域、关键环节、共性需求，依托能源工程因地制宜挖掘和拓展数字化智能化应用，重点推进在智能电厂、新能源及储能并网、输电线路智能巡检及灾害监测、智能变电站、自愈配网、智能微网、氢电耦合、分布式能源智能调控、虚拟电厂、电碳数据联动监测、智慧库坝、智能煤矿、智能油气田、智能管道、智能炼厂、综合能源服务、行业大数据中心及综合服务平台等应用场景组织示范工程承担系统性数字化智能化试点任务，在技术创新、运营模式、发展业态等方面深入探索、先行先试。

（十一）加强试点示范项目评估管理。强化试点示范项目实施监测，建立常态化项目信息上报及监测长效机制，提升项目管理信息化水平。建立试点示范成效评价机制，充分发挥行业协（学）会、智库咨询机构等多方力量在示范项目技术支持、试验检测、评估论证等方面的能力和作用，推动开展示范项目定期评优，分析评估新技术、新产品、新方案、新模式实际应用效果，总结可复制推广的做法和成功经验，组织遴选一批先进可靠、成熟适用、应用前景广阔、带动性强的示范内容，向领域内类似场景进行推广应用，加强标杆示范引领，确保取得实效。

四、推动共性技术突破

（十二）推动能源装备智能感知与智能终端技术突破。加快能源装备智能传感与量测技术研发，提升面向海量终端的多传感协同感知、数据实时采集和精准计量监测水平。推动先进定位与授时技术在能源装备感知终端的集成应用，加快相关终端产品研发。推动面向复杂环境和多应用场景的特种智能机器人、无人机等技术装备研发，提升人机交互能力和智能装备的成套化水平，服务远程设备操控、智能巡检、智能运维、故障诊断、应急救援等能源基础设施数字化智能化典型业务场景。推动基于人工智能的能源装备状态识别、可靠性评估及故障诊断技术发展。

（十三）推动能源系统智能调控技术突破。推动面向能源装备和系统的数字孪生模型及智能控制算法开发，提高能源系统仿真分析的规模和精度。加快面向信息物理融合能源系统应用的低成本、高性能信息通信技术研究，实现新型通信技术、感知技术与能源装备终端的融合，提升现场感知、计算和数据传输交互能力。推动能源流与信息流高度融合的智能调控及安全仿真方法研究，强化多源数据采集、保护数据隐私的融合共享及大数据分析处理，发展基于群体智能、云边协同和混合增强的能源系统调控辅助决策技术，提升能源系统动态监测、协同运行控制及灾害预警水平，探索多能源统一协同调度，支撑系统广域互济调节、新能源供给消纳和安全稳定运行。

（十四）推动能源系统网络安全技术突破。加强融合本体安全和网络安全的能源装备及系统保护技术研究，加快推进内生安全理论技术在能源系统网络安全领域的应用，提升网络安全智能防护技术水平，强化监控及调度系统网络安全预警及响应处置，提高主动免疫和主动防御能力，实现自动化安全风险识别、风险阻断和攻击溯源。推动开展能源数据安全共享及多方协同技术研发，发展能源数据可信共享与精准溯源技术，强化数据共享中的确权及动态访问控制，提高敏感数据泄露监测、数据异常流动分析等技术保障能力，促进构建数据可信流通环境，提高数据流通效率。

五、健全发展支撑体系

（十五）增强能源系统网络安全保障能力。推动煤矿构建覆盖业务全生命周期的"预警、监测、响应"动态防御体系，提升油气田工业主机主动防御能力，加强电厂工控系统网络安全防护，推进传统能源厂（站）信息系统网络安全动态防护、云安全防护、移动安全防护升级，加快实现核心装备控制系统安全可信、自主可控。进一步完善电力监控系统安全防护体系，推进电力系统网络安全风险态势感知、预警和应急处置能力建设，强化电力行业网络安全技术监督。加快推动能源领域工控系统、芯片、操作系统、通用基础软硬件等自主可控和安全可靠应用。

（十六）推动能源数据分类分级管理与共享应用。推动能源行业数据分类分级保护制度建设，加强数据安全治理。对于安全敏感性高的数据，提高数据汇聚融合的风险识别与防护水平，强化数据脱敏、加密保护和安全合规评估；对于安全敏感性低的数据，健全确权、流通、交易和分配机制，有序推动数据在产业链上下游的共享，推进数据共享全过程的在线流转和在线跟踪，支持数据便捷共享应用。加强行业大数据中心数据安全监管，强化数据安全风险态势监测，规范数据使用。充分结合全国一体化大数据中心体系建设，推动算力资源规模化集约化布局、协同联动，提高算力使用效率。

（十七）完善能源数字化智能化标准体系。立足典型场景应用需求，加强能源各行业现行相关标准与数字技术应用的统筹衔接，推动各行业加快编制一批数字化智能化关键技术标准和应用标准，推进与国际标准体系兼容，引导各行业分类制定数字化智能化评价体系。持续完善能源数字化智能化领域标准化组织建设，加强标准研制、实施和信息反馈闭环管理。建立健全能源数字化智能化与标准化互动支撑机制，完善数字化智能化科技成果转化为标准的评价机制和服务体系，广泛挖掘技术先进、市场推广价值优良的示范成果进行技术标准化推广应用。

（十八）加快能源数字化智能化人才培养。深化能源数字化智能化领域产教融合，支持企业与院校围绕重点发展方向和关键技术共建产业学院、联合实验室、实习基地等。依托重大能源工程、能源创新平台，加速能源数字化智能化中青年骨干人才培养，加速培育一批具备能源技术与数字技术融合知识技能的跨界复合型人才。鼓励将能源数字化智能化人才纳入各类人才计划支持范围，优化人才评价及激励政策。促进交流引进，大力吸引能源数字化智能化领域海外高层次人才回国（来华）创业和从事教学科研等活动。

六、加大组织保障力度

（十九）强化组织实施。国家能源局牵头建立能源数字化智能化发展专项协调推进机制，会同有关部门分工协作解决重大问题，指导各地方完善相关配套政策机制。各地方能源主管部门要根据意见要求，建立健全工作机制，结合实际加快推动本地区能源数字化智能化发展。各相关企业要切实发挥创新主体作用，依托专业领域优势，做好各项要素保障。相关行业协（学）会、智库咨询机构要充分发挥沟通政府与服务企业的桥梁纽带作用，做好政策宣传解读，及时反映行业和企业诉求，为相关部门和企业提供信息服务、搭建沟通合作桥梁。

（二十）推动协同创新。依托国家能源科技创新体系，推动建设一批能源数字化智能化研发创新平台，积极探索"揭榜挂帅""赛马"等机制，围绕能源数字化智能化技术创新重点方向开展系统性研究，加快前沿和关键核心技术装备攻关，提升全产业链自主可控水平。充分发挥龙头企业牵引作用，鼓励民营企业和社会资本积极参与能源数字化智能化技术创新，支持由企业牵头联合科研机构、高校、金融机构、社会服务机构等共同发起建立能源数字化智能化创新联合体，大力推进产学研深度融合，鼓励开展国际合作，构建开放共享的创新生态圈，加速科技研发与科技成果应用的双向迭代。

（二十一）加大支持力度。国家明确的各类能源数字化智能化示范项目，各级能源主管部门要加大支持力度，优先纳入相关规划。将能源数字化智能化创新应用示范相关技术装备优先纳入能源领域首台（套）重大技术装备支持范围，享受相关优惠和支持政策，并在行业评优评奖方面予以倾斜。发挥财政资金的引导作用，落实好促进数字科技创新的投资、税收、金融、保险、知识产权等支持政策，用好科技创新再贷款和碳减排支持工具，鼓励金融机构创新产品和服务，加大对能源数字化智能化技术创新的资金支持力度，形成支持能源数字化智能化发展的长效机制。

第二篇 宏观经济及相关行业运行情况

中华人民共和国2023年国民经济和社会发展统计公报（节选）（国家统计局） ……………… 42
2023年电子信息制造业运行情况（工业和信息化部） ……………………………………… 50
2023年通信业统计公报（工业和信息化部） ………………………………………………… 53
2023年全国电力工业统计数据（国家能源局） ……………………………………………… 57
2023年可再生能源发展情况（国家能源局、工业和信息化部） …………………………… 58
2023年汽车工业经济运行情况（工业和信息化部 装备工业一司，
　数据来自中国汽车工业协会） ……………………………………………………………… 60

中华人民共和国 2023 年国民经济和社会发展统计公报（节选）

来源：国家统计局
发布时间：2024 年 2 月 29 日

2023 年是全面贯彻党的二十大精神的开局之年，是三年新冠疫情防控转段后经济恢复发展的一年。面对复杂严峻的国际环境和艰巨繁重的国内改革发展稳定任务，在以习近平同志为核心的党中央坚强领导下，各地区各部门坚持以习近平新时代中国特色社会主义思想为指导，全面贯彻落实党的二十大和二十届二中全会精神，按照党中央、国务院决策部署，坚持稳中求进工作总基调，完整、准确、全面贯彻新发展理念，加快构建新发展格局，着力推动高质量发展，全面深化改革开放，加大宏观调控力度，着力扩大内需、优化结构、提振信心、防范化解风险，国民经济回升向好，高质量发展扎实推进，现代化产业体系建设取得重要进展，科技创新实现新的突破，改革开放向纵深推进，安全发展基础巩固夯实，民生保障有力有效，社会大局和谐稳定，全面建设社会主义现代化国家迈出坚实步伐。

一、综合

初步核算，全年国内生产总值 1260582 亿元，比上年增长 5.2%。其中，第一产业增加值 89755 亿元，比上年增长 4.1%；第二产业增加值 482589 亿元，增长 4.7%；第三产业增加值 688238 亿元，增长 5.8%。第一产业增加值占国内生产总值比重为 7.1%，第二产业增加值比重为 38.3%，第三产业增加值比重为 54.6%。最终消费支出拉动国内生产总值增长 4.3 个百分点，资本形成总额拉动国内生产总值增长 1.5 个百分点，货物和服务净出口向下拉动国内生产总值 0.6 个百分点。分季度看，一季度国内生产总值同比增长 4.5%，二季度增长 6.3%，三季度增长 4.9%，四季度增长 5.2%。全年人均国内生产总值 89358 元，比上年增长 5.4%。国民总收入 1251297 亿元，比上年增长 5.6%。全员劳动生产率为 161615 元/人，比上年提高 5.7%。

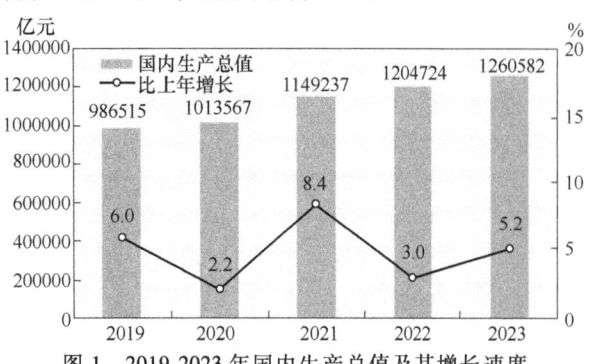

图 1 2019-2023 年国内生产总值及其增长速度

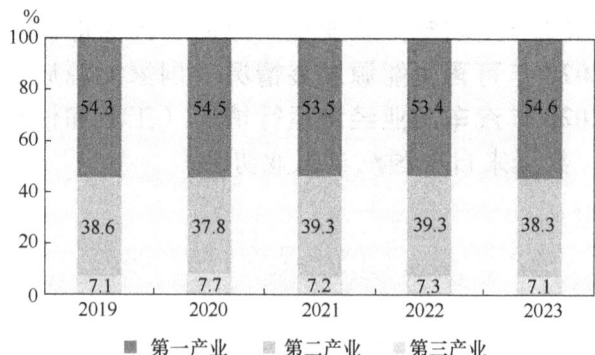

图 2 2019-2023 年三次产业增加值占国内生产总值比重

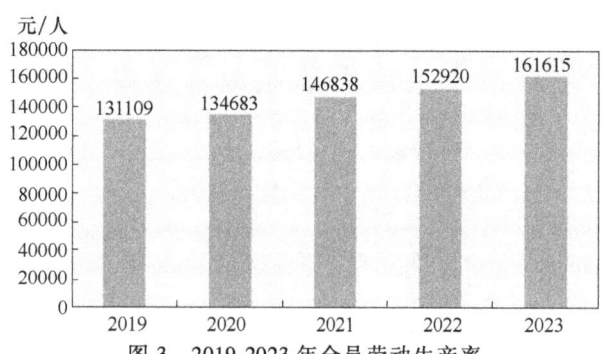

图 3 2019-2023 年全员劳动生产率

年末全国人口 140967 万人，比上年末减少 208 万人，其中城镇常住人口 93267 万人。全年出生人口 902 万人，出生率为 6.39‰；死亡人口 1110 万人，死亡率为 7.87‰；自然增长率为 -1.48‰。

表 1 2023 年年末人口数及其构成

指标	年末数（万人）	比重（%）
全国人口	140967	100.0
其中：城镇	93267	66.2
乡村	47700	33.8
其中：男性	72032	51.1
女性	68935	48.9
其中：0-15 岁（含不满 16 周岁）	24789	17.6
16-59 岁（含不满 60 周岁）	86481	61.3
60 周岁及以上	29697	21.1
其中：65 周岁及以上	21676	15.4

年末全国就业人员 74041 万人,其中城镇就业人员 47032 万人,占全国就业人员比重为 63.5%。全年城镇新增就业 1244 万人,比上年多增 38 万人。全年全国城镇调查失业率平均值为 5.2%。年末全国城镇调查失业率为 5.1%。全国农民工总量 29753 万人,比上年增长 0.6%。其中,外出农民工 17658 万人,增长 2.7%;本地农民工 12095 万人,下降 2.2%。

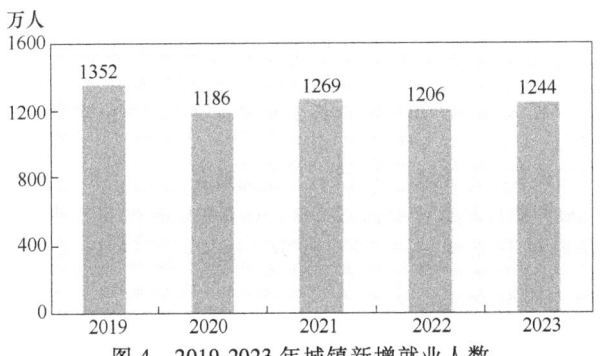

图 4 2019-2023 年城镇新增就业人数

全年居民消费价格比上年上涨 0.2%。工业生产者出厂价格下降 3.0%。工业生产者购进价格下降 3.6%。农产品生产者价格下降 2.3%。12 月份,70 个大中城市中,新建商品住宅销售价格同比上涨的城市个数为 20 个,持平的为 2 个,下降的为 48 个;二手住宅销售价格同比上涨的城市个数为 1 个,下降的为 69 个。

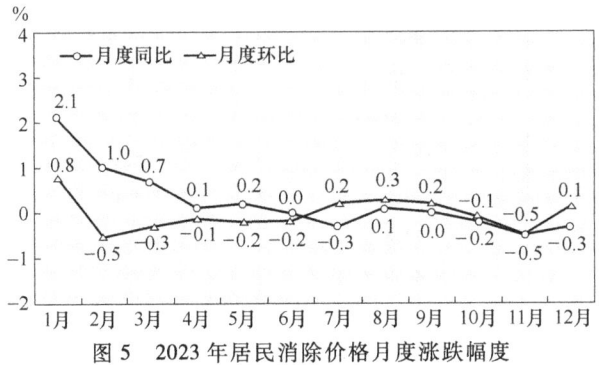

图 5 2023 年居民消费价格月度涨跌幅度

表 2 2023 年居民消费价格比上年涨跌幅度

(单位:%)

指标	全国	城市	农村
居民消费价格	0.2	0.3	0.1
其中:食品烟酒	0.3	0.4	0.1
衣着	1.0	1.1	0.6
居住	0.0	0.0	0.0
生活用品及服务	0.1	0.1	-0.1
交通通信	-2.3	-2.3	-2.4
教育文化娱乐	2.0	2.1	1.5
医疗保健	1.1	1.1	1.3
其他用品及服务	3.2	3.4	2.5

年末国家外汇储备 32380 亿美元,比上年末增加 1103 亿美元。全年人民币平均汇率为 1 美元兑 7.0467 元人民币,比上年贬值 4.5%。

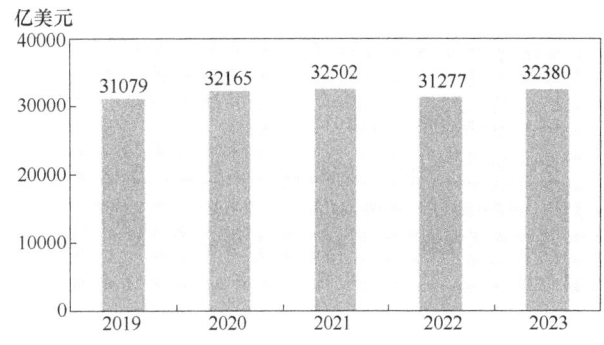

图 6 2019-2023 年年末国家外汇储备

新动能成长壮大。全年规模以上工业中,装备制造业增加值比上年增长 6.8%,占规模以上工业增加值比重为 33.6%;高技术制造业增加值增长 2.7%,占规模以上工业增加值比重为 15.7%。新能源汽车产量 944.3 万辆,比上年增长 30.3%;太阳能电池(光伏电池)产量 5.4 亿千瓦,增长 54.0%;服务机器人产量 783.3 万套,增长 23.3%;3D 打印设备产量 278.9 万台,增长 36.2%。规模以上服务业中,战略性新兴服务业企业营业收入比上年增长 7.7%。高技术产业投资比上年增长 10.3%,制造业技术改造投资增长 3.8%。电子商务交易额 468273 亿元,比上年增长 9.4%。网上零售额 154264 亿元,比上年增长 11.0%。全年新设经营主体 3273 万户,日均新设企业 2.7 万户。

城乡融合和区域协调发展步伐稳健。年末全国常住人口城镇化率为 66.16%,比上年末提高 0.94 个百分点。分区域看,全年东部地区生产总值 652084 亿元,比上年增长 5.4%;中部地区生产总值 269898 亿元,增长 4.9%;西部地区生产总值 269325 亿元,增长 5.5%;东北地区生产总值 59624 亿元,增长 4.8%。全年京津冀地区生产总值 104442 亿元,比上年增长 5.1%;长江经济带地区生产总值 584274 亿元,增长 5.5%;长江三角洲地区生产总值 305045 亿元,增长 5.7%。粤港澳大湾区建设、黄河流域生态保护和高质量发展等区域重大战略深入推进。

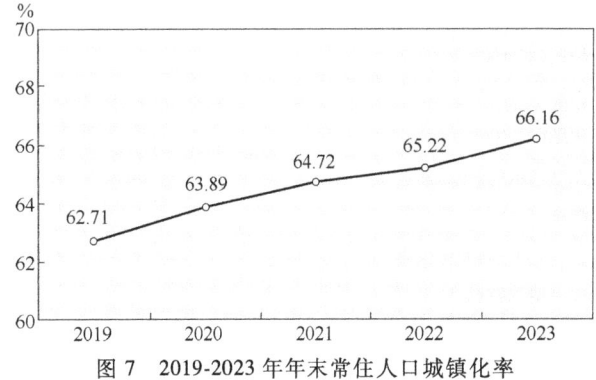

图 7 2019-2023 年年末常住人口城镇化率

绿色低碳转型深入推进。全年全国万元国内生产总值二氧化碳排放与上年持平。水电、核电、风电、太阳能发电等清洁能源发电量 31906 亿千瓦时,比上年增长 7.8%。在监测的 339 个地级及以上城市中,空气质量达标的城市占 59.9%,未达标的城市占 40.1%。3641 个国家地表水考核断面中，水质优良（Ⅰ～Ⅲ类）断面比例为89.4%，Ⅳ类断面比例为8.4%，Ⅴ类断面比例为1.5%，劣Ⅴ类断面比例为0.7%。

三、工业和建筑业

全年全部工业增加值399103亿元，比上年增长4.2%。规模以上工业增加值增长4.6%。在规模以上工业中，分经济类型看，国有控股企业增加值增长5.0%；股份制企业增长5.3%，外商及港澳台商投资企业增长1.4%；私营企业增长3.1%。分门类看，采矿业增长2.3%，制造业增长5.0%，电力、热力、燃气及水生产和供应业增长4.3%。

全年规模以上工业中，农副食品加工业增加值比上年增长0.2%，纺织业下降0.6%，化学原料和化学制品制造业增长9.6%，非金属矿物制品业下降0.5%，黑色金属冶炼和压延加工业增长7.1%，通用设备制造业增长2.0%，

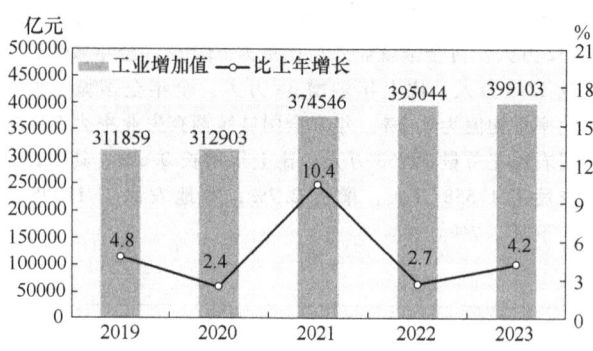

图8　2019-2023年全部工业增加值及其增长速度

专用设备制造业增长3.6%，汽车制造业增长13.0%，电气机械和器材制造业增长12.9%，计算机、通信和其他电子设备制造业增长3.4%，电力、热力生产和供应业增长4.3%。

表3　2023年规模以上工业主要产品产量及其增长速度

产品名称	单位	产量	比上年增长（%）
纱	万吨	2234.2	-2.2
布	亿米	294.9	-4.8
化学纤维	万吨	7127.0	10.3
成品糖	万吨	1270.6	-13.2
卷烟	亿支	24427.5	0.4
彩色电视机	万台	19339.6	-1.3
家用电冰箱	万台	9632.3	14.5
房间空气调节器	万台	24487.0	13.5
粗钢	万吨	101908.1	0.0
钢材	万吨	136268.2	5.2
十种有色金属	万吨	7469.8	7.1
其中:精炼铜(电解铜)	万吨	1298.8	13.5
原铝(电解铝)	万吨	4159.4	3.7
水泥	亿吨	20.2	-0.7
硫酸(折100%)	万吨	9580.0	3.4
烧碱(折100%)	万吨	4101.4	3.5
乙烯	万吨	3189.9	6.0
化肥(折100%)	万吨	5713.6	5.0
发电机组(发电设备)	万千瓦	23442.7	28.5
汽车	万辆	3011.3	9.3
其中:新能源汽车	万辆	944.3	30.3
大中型拖拉机	万台	38.0	-7.2
集成电路	亿块	3514.4	6.9
程控交换机	万线	507.0	-42.6
移动通信手持机	万台	156642.2	6.9
微型计算机设备	万台	33056.9	-17.4
工业机器人	万套	43.0	-2.2
太阳能工业用超白玻璃	万平方米	159264.8	58.6
充电桩	万个	287.8	36.9

全年规模以上工业企业利润76858亿元,比上年下降2.3%。分经济类型看,国有控股企业利润22623亿元,比上年下降3.4%;股份制企业56773亿元,下降1.2%,外商及港澳台商投资企业17975亿元,下降6.7%;私营企业23438亿元,增长2.0%。分门类看,采矿业利润12392亿元,比上年下降19.7%;制造业57644亿元,下降2.0%;电力、热力、燃气及水生产和供应业6822亿元,增长54.7%。规模以上工业企业每百元营业收入中的成本为84.76元,比上年增加0.04元;营业收入利润率为5.76%,下降0.20个百分点。年末规模以上工业企业资产负债率为57.1%,比上年末下降0.1个百分点。全年规模以上工业产能利用率为75.1%。

初步核算,全年一次能源生产总量48.3亿吨标准煤,比上年增长4.2%。

表4 2023年主要能源产品产量及其增长速度

产品名称	单位	产量	比上年增长(%)
原煤	亿吨	47.1	3.4
原油	万吨	20902.6	2.1
天然气	亿立方米	2324.3	5.6
发电量	亿千瓦时	94564.4	6.9
其中:火电	亿千瓦时	62657.4	6.4
水电	亿千瓦时	12858.5	-4.9
核电	亿千瓦时	4347.2	4.1
风电	亿千瓦时	8858.7	16.2
太阳能发电	亿千瓦时	5841.5	36.7

年末全国发电装机容量291965万千瓦,比上年末增长13.9%。其中,火电装机容量139032万千瓦,增长4.1%;水电装机容量42154万千瓦,增长1.8%;核电装机容量5691万千瓦,增长2.4%;并网风电装机容量44134万千瓦,增长20.7%;并网太阳能发电装机容量60949万千瓦,增长55.2%。

五、国内贸易

全年社会消费品零售总额471495亿元,比上年增长7.2%。按经营地分,城镇消费品零售额407490亿元,增长7.1%;乡村消费品零售额64005亿元,增长8.0%。按消费类型分,商品零售额418605亿元,增长5.8%;餐饮收入52890亿元,增长20.4%。服务零售额比上年增长20.0%。

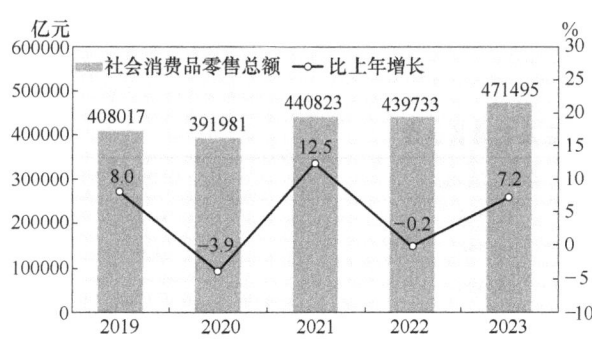

图14 2019-2023年社会消费品零售总额及其增长速度

全年限额以上单位商品零售额中,粮油、食品类零售额比上年增长5.2%,饮料类增长3.2%,烟酒类增长10.6%,服装、鞋帽、针纺织品类增长12.9%,化妆品类增长5.1%,金银珠宝类增长13.3%,日用品类增长2.7%,家用电器和音像器材类增长0.5%,中西药品类增长5.1%,文化办公用品类下降6.1%,家具类增长2.8%,通信器材类增长7.0%,石油及制品类增长6.6%,汽车类增长5.9%,建筑及装潢材料类下降7.8%。

全年实物商品网上零售额130174亿元,按可比口径计算,比上年增长8.4%,占社会消费品零售总额比重为27.6%。

六、固定资产投资

全年全社会固定资产投资509708亿元,比上年增长2.8%。固定资产投资(不含农户)503036亿元,增长3.0%。在固定资产投资(不含农户)中,分区域看,东部地区投资增长4.4%,中部地区投资增长0.3%,西部地区投资增长0.1%,东北地区投资下降1.8%。

在固定资产投资(不含农户)中,第一产业投资10085亿元,比上年下降0.1%;第二产业投资162136亿元,增长9.0%;第三产业投资330815亿元,增长0.4%。基础设施投资增长5.9%。社会领域投资增长0.5%。民间固定资产投资253544亿元,下降0.4%;其中制造业民间投资增长9.4%,基础设施民间投资增长14.2%。

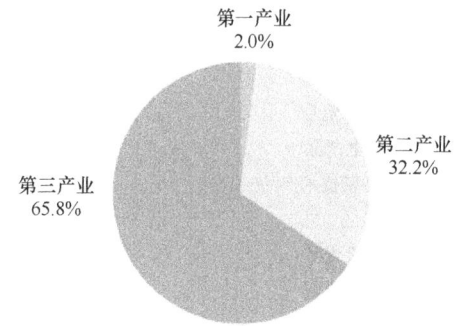

图15 2023年三次产业投资占固定资产投资(不含农户)比重

表7 2023年分行业固定资产投资（不含农户）增长速度

行业	比上年增长（%）	行业	比上年增长（%）
总计	3.0	金融业	-11.9
农、林、牧、渔业	1.2	房地产业	-8.1
采矿业	2.1	租赁和商务服务业	9.9
制造业	6.5	科学研究和技术服务业	18.1
电力、热力、燃气及水生产和供应业	23.0	水利、环境和公共设施管理业	0.1
建筑业	22.5	居民服务、修理和其他服务业	15.8
批发和零售业	-0.4	教育	2.8
交通运输、仓储和邮政业	10.5	卫生和社会工作	-3.8
住宿和餐饮业	8.2	文化、体育和娱乐业	2.6
信息传输、软件和信息技术服务业	13.8	公共管理、社会保障和社会组织	-37.0

表8 2023年固定资产投资新增主要生产与运营能力

指标	单位	绝对数
新增220千伏及以上交流变电设备容量	万千伏安	25656
新建铁路投产里程	公里	3637
其中：高速铁路	公里	2776
增、新建铁路复线投产里程	公里	3351
电气化铁路投产里程	公里	4463
新改建高速公路里程	公里	7498
港口万吨级及以上码头泊位新增通过能力	万吨/年	32529
新增民用运输机场	个	5
新增光缆线路长度	万公里	474

七、对外经济

全年货物进出口总额417568亿元，比上年增长0.2%。其中，出口237726亿元，增长0.6%；进口179842亿元，下降0.3%。货物进出口顺差57883亿元，比上年增加1938亿元。对共建"一带一路"国家进出口额194719亿元，比上年增长2.8%。其中，出口107314亿元，增长6.9%；进口87405亿元，下降1.9%。对《区域全面经济伙伴关系协定》（RCEP）其他成员国进出口额125967亿元，比上年下降1.6%。民营企业进出口额223601亿元，比上年增长6.3%，占进出口总额比重为53.5%。

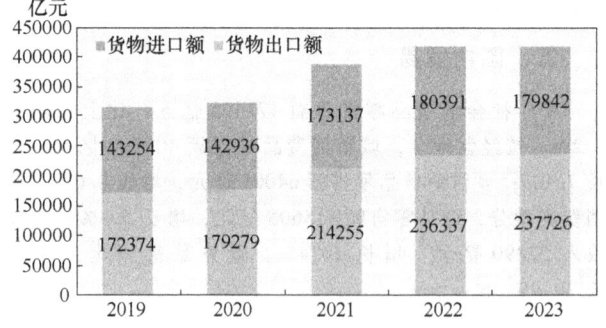

图16 2019-2023年货物进出口总额

表10 2023年货物进出口总额及其增长速度

指标	金额（亿元）	比上年增长（%）
货物进出口总额	417568	0.2
货物出口额	237726	0.6
其中：一般贸易	153530	2.5
加工贸易	49062	-9.0
其中：机电产品	139196	2.9
高新技术产品	59279	-5.8
货物进口额	179842	-0.3
其中：一般贸易	117042	1.3
加工贸易	27061	-11.3
其中：机电产品	65363	-5.5
高新技术产品	47916	-5.2
货物进出口顺差	57883	3.5

表11 2023年主要商品出口数量、金额及其增长速度

商品名称	单位	数量	比上年增长（%）	金额（亿元）	比上年增长（%）
钢材	万吨	9026	36.2	5929	-3.4
纺织纱线、织物及其制品	—	—	—	9454	-3.1
服装及衣着附件	—	—	—	11206	-2.8
鞋靴	万双	891424	-2.5	3470	-8.0
家具及其零件	—	—	—	4517	0.2
箱包及类似容器	万吨	331	13.5	2512	9.3
玩具	—	—	—	2858	-7.4
塑料制品	—	—	—	7090	1.4
集成电路	亿个	2678	-1.8	9568	-5.0
自动数据处理设备及其零部件	—	—	—	13187	-15.8
手机	万台	80213	-2.0	9797	2.9
集装箱	万个	231	-27.9	581	-39.8
液晶平板显示模组	万个	168929	2.9	1873	3.8
汽车（包括底盘）	万辆	522	57.4	7165	76.8

表12 2023年主要商品进口数量、金额及其增长速度

商品名称	单位	数量	比上年增长（%）	金额（亿元）	比上年增长（%）
大豆	万吨	9941	11.4	4199	4.8
食用植物油	万吨	981	51.4	734	21.1
铁矿砂及其精矿	万吨	117906	6.6	9418	11.2
煤及褐煤	万吨	47442	61.8	3723	30.2
原油	万吨	56399	11.0	23733	-2.6
成品油	万吨	4769	80.3	1965	50.0
天然气	万吨	11997	9.9	4523	-3.4
初级形状的塑料	万吨	2960	-3.2	3182	-14.8
纸浆	万吨	3666	25.7	1665	11.6
钢材	万吨	765	-27.6	891	-21.5
未锻轧铜及铜材	万吨	550	-6.3	3356	-6.9
集成电路	亿个	4796	-10.8	24591	-10.6
汽车（包括底盘）	万辆	80	-8.9	3321	-5.8

表13 2023年对主要国家和地区货物进出口金额、增长速度及其比重

国家和地区	出口额（亿元）	比上年增长（%）	占全部出口比重（%）	进口额（亿元）	比上年增长（%）	占全部进口比重（%）
东盟	36817	0.0	15.5	27309	0.4	15.2
欧盟	35226	-5.3	14.8	19833	4.6	11.0
美国	35198	-8.1	14.8	11528	-1.8	6.4
日本	11076	-3.5	4.7	11309	-7.9	6.3
韩国	10467	-2.2	4.4	11381	-13.9	6.3
中国香港	19333	-1.3	8.1	958	84.3	0.5
中国台湾	4819	-11.1	2.0	14033	-10.5	7.8
俄罗斯	7823	53.9	3.3	9093	18.6	5.1
巴西	4159	1.0	1.7	8625	18.4	4.8
印度	8279	6.5	3.5	1301	12.2	0.7
南非	1661	4.4	0.7	2245	3.7	1.2

全年服务进出口总额65754亿元，比上年增长10.0%。其中，出口26857亿元，下降5.8%；进口38898亿元，增长24.4%。服务进出口逆差12041亿元。

全年外商直接投资新设立企业53766家，比上年增长39.7%。实际使用外商直接投资额11339亿元，下降8.0%，折1633亿美元，下降13.7%。其中，共建"一带一路"国家对华直接投资（含通过部分自由港对华投资）新设立企业13649家，增长82.7%；对华直接投资额1221亿元，下降11.4%，折176亿美元，下降16.7%。高技术产业实际使用外资额4233亿元，下降4.9%，折610亿美元，下降10.8%。

全年对外非金融类直接投资额9170亿元，比上年增长16.7%，折1301亿美元，增长11.4%。其中，对共建"一带一路"国家非金融类直接投资额2241亿元，增长28.4%，折318亿美元，增长22.6%。

表 14　2023 年外商直接投资额及其增长速度

行业	企业数（家）	比上年增长（%）	实际使用金额（亿元）	比上年增长（%）
总计	53766	39.7	11339	-8.0
其中：农、林、牧、渔业	418	-0.5	51	-36.8
制造业	3624	1.5	3179	-1.8
电力、热力、燃气及水生产和供应业	568	8.6	319	15.6
交通运输、仓储和邮政业	867	44.0	149	-57.2
信息传输、软件和信息技术服务业	3764	23.0	1134	-26.7
批发和零售业	18010	65.3	690	-28.2
房地产业	684	17.7	810	-11.4
租赁和商务服务业	10673	42.8	1819	-15.4
居民服务、修理和其他服务业	726	76.6	34	77.7

表 15　2023 年对外非金融类直接投资额及其增长速度

行业	金额（亿美元）	比上年增长（%）
总计	1301	11.4
其中：农、林、牧、渔业	8	-3.6
采矿业	70	39.0
制造业	279	29.0
电力、热力、燃气及水生产和供应业	31	-12.5
建筑业	67	5.1
批发和零售业	292	38.6
交通运输、仓储和邮政业	65	42.3
信息传输、软件和信息技术服务业	49	-10.9
房地产业	10	-57.4
租赁和商务服务业	337	-13.0

全年对外承包工程完成营业额 11339 亿元，比上年增长 8.8%，折 1609 亿美元，增长 3.8%。其中，对共建"一带一路"国家完成营业额 1321 亿美元，增长 4.8%，占对外承包工程完成营业额比重为 82.1%。对外劳务合作派出各类劳务人员 35 万人。

九、居民收入消费和社会保障

全年全国居民人均可支配收入 39218 元，比上年增长 6.3%，扣除价格因素，实际增长 6.1%。全国居民人均可支配收入中位数 33036 元，增长 5.3%。按常住地分，城镇居民人均可支配收入 51821 元，比上年增长 5.1%，扣除价格因素，实际增长 4.8%。城镇居民人均可支配收入中位数 47122 元，增长 4.4%。农村居民人均可支配收入 21691 元，比上年增长 7.7%，扣除价格因素，实际增长 7.6%。农村居民人均可支配收入中位数 18748 元，增长 5.7%。城乡居民人均可支配收入比值为 2.39，比上年缩小 0.06。按全国居民五等份收入分组，低收入组人均可支配收入 9215 元，中间偏下收入组人均可支配收入 20442 元，中间收入组人均可支配收入 32195 元，中间偏上收入组人均可支配收入 50220 元，高收入组人均可支配收入 95055 元。全国农民工人均月收入 4780 元，比上年增长 3.6%。脱贫县农村居民人均可支配收入 16396 元，比上年增长 8.5%，扣除价格因素，实际增长 8.4%。

全年全国居民人均消费支出 26796 元，比上年增长 9.2%，扣除价格因素，实际增长 9.0%。其中，人均服务性消费支出 12114 元，比上年增长 14.4%，占居民人均消费支出比重为 45.2%。按常住地分，城镇居民人均消费支出 32994 元，增长 8.6%，扣除价格因素，实际增长 8.3%；农村居民人均消费支出 18175 元，增长 9.3%，扣除价格因素，实际增长 9.2%。全国居民恩格尔系数为 29.8%，其中城镇为 28.8%，农村为 32.4%。

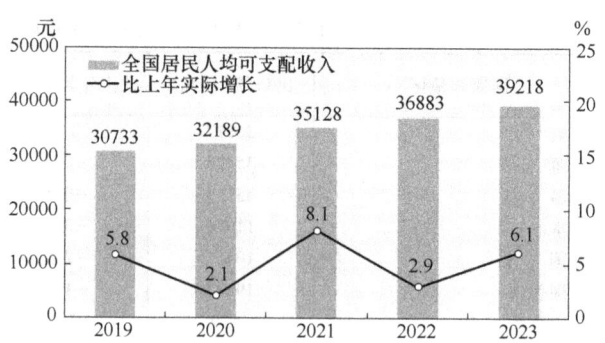

图 18　2019-2023 年全国居民人均可支配收入及其增长速度

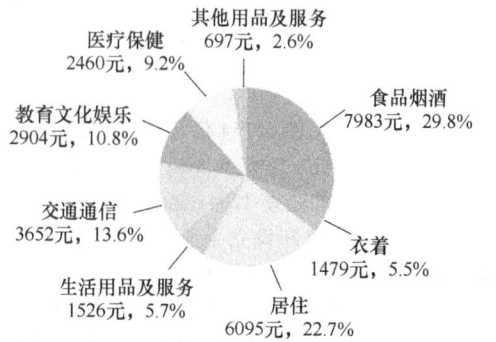

图 19　2023 年全国居民人均消费支出及其构成

十二、资源、环境和应急管理

初步核算,全年能源消费总量57.2亿吨标准煤,比上年增长5.7%。煤炭消费量增长5.6%,原油消费量增长9.1%,天然气消费量增长7.2%,电力消费量增长6.7%。煤炭消费量占能源消费总量比重为55.3%,比上年下降0.7个百分点;天然气、水电、核电、风电、太阳能发电等清洁能源消费量占能源消费总量比重为26.4%,上升0.4个百分点。重点耗能工业企业单位电石综合能耗下降0.8%,单位合成氨综合能耗上升0.9%,吨钢综合能耗上升1.6%,单位电解铝综合能耗下降0.1%,每千瓦时火力发电标准煤耗下降0.2%。初步测算,扣除原料用能和非化石能源消费量后,全国万元国内生产总值能耗比上年下降0.5%。全国碳排放权交易市场碳排放配额成交量2.12亿吨,成交额144.4亿元。

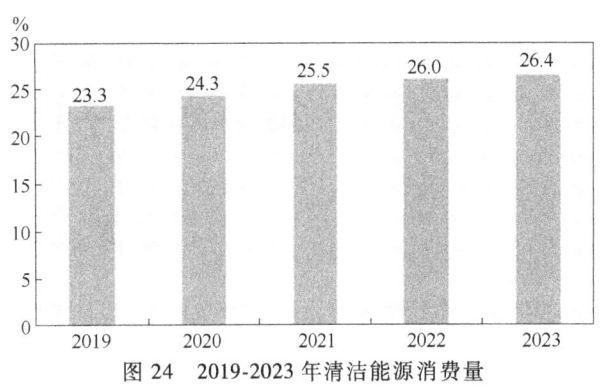

图24　2019-2023年清洁能源消费量占能源消费总量的比重

2023年电子信息制造业运行情况

来源：工业和信息化部

2023年我国电子信息制造业生产恢复向好，出口降幅收窄，效益逐步恢复，投资平稳增长，多区域营收降幅收窄。

一、生产恢复向好

2023年，规模以上电子信息制造业增加值同比增长3.4%，增速比同期工业低1.2个百分点，但比高技术制造业高0.7个百分点。12月份，规模以上电子信息制造业增加值同比增长9.6%。

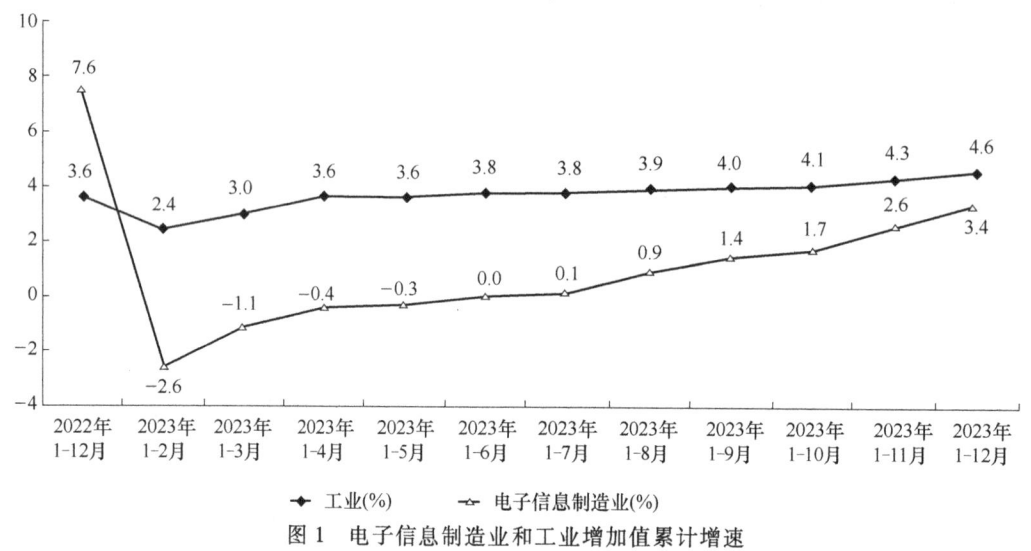

图1 电子信息制造业和工业增加值累计增速

2023年，主要产品中，手机产量15.7亿台，同比增长6.9%，其中智能手机产量11.4亿台，同比增长1.9%；微型计算机设备产量3.31亿台，同比下降17.4%；集成电路产量3514亿块，同比增长6.9%。

二、出口降幅收窄

2023年，规模以上电子信息制造业出口交货值同比下降6.3%，比同期工业降幅深2.4个百分点。12月份，规模以上电子信息制造业出口交货值同比下降5.5%。

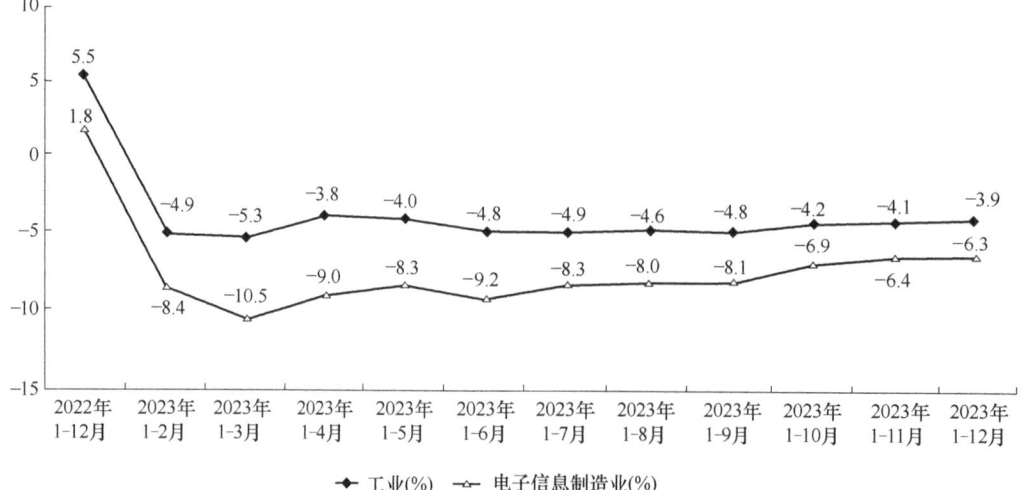

图2 电子信息制造业和工业出口交货值累计增速

据海关统计，2023年，我国出口笔记本电脑1.4亿台，同比下降15.1%；出口手机8.02亿台，同比下降2%；出口集成电路2678亿个，同比下降1.8%。

三、效益逐步恢复

2023年，规模以上电子信息制造业实现营业收入15.1万亿元，同比下降1.5%；营业成本13.1万亿元，同比下降1.4%；实现利润总额6411亿元，同比下降8.6%；营业收入利润率为4.2%。

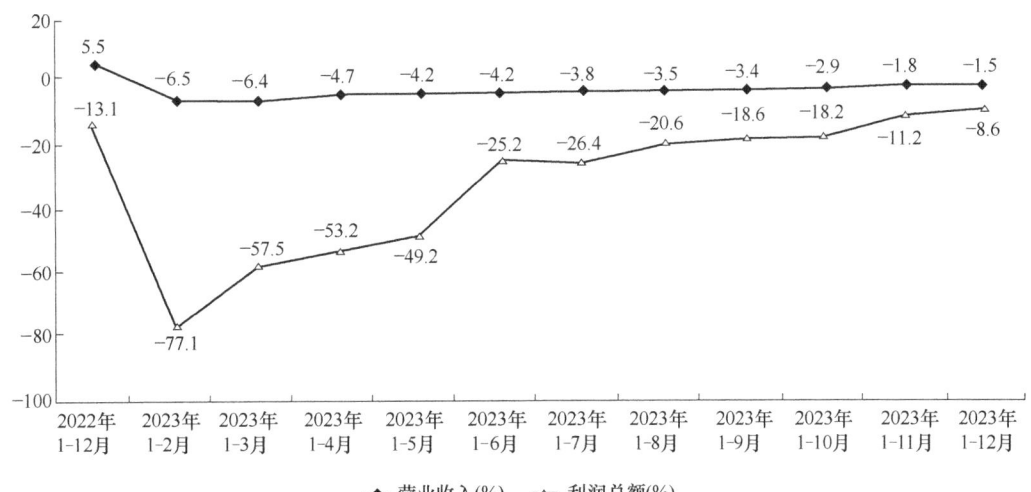

图3　电子信息制造业营业收入、利润总额累计增速

四、投资平稳增长

2023年，电子信息制造业固定资产投资同比增长9.3%，比同期工业投资增速高0.3个百分点，但比高技术制造业投资增速低0.6个百分点。

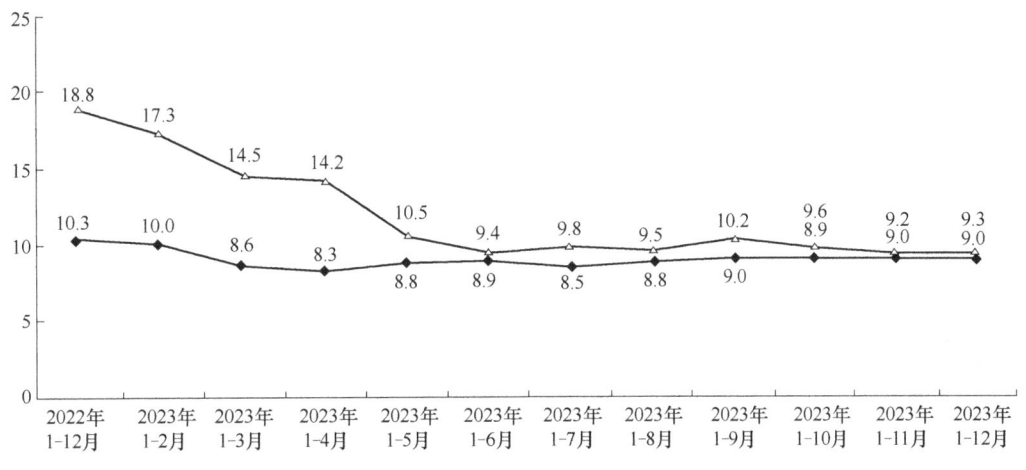

图4　电子信息制造业和工业固定资产投资累计增速

五、多区域营收降幅收窄

2023年，规模以上电子信息制造业东部地区实现营业收入102827亿元，同比下降1.2%；中部地区实现营业收入25331亿元，同比下降1.5%；西部地区实现营业收入21903亿元，同比下降3.3%；东北地区实现营业收入1007亿元，同比增加9%。四个地区电子信息制造业营业收入占全国比重分别为68.1%、16.8%、14.5%和0.7%。

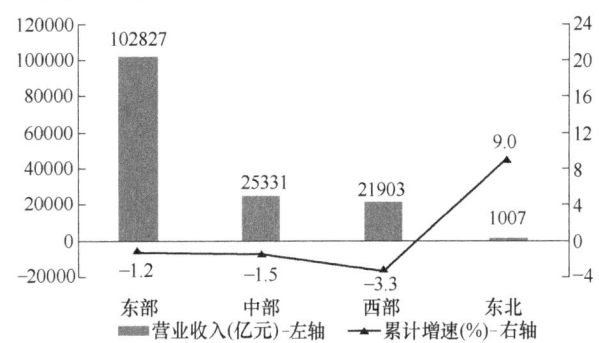

图5　电子信息制造业分地区营业收入增长情况

2023年，规模以上电子信息制造业京津冀地区实现营业收入7497亿元、同比下降2.8%，营收占全国比重5%；长三角地区实现营业收入42600亿元、同比下降1.8%，营收占全国比重28.2%。

注：1. 文中统计数据除注明外，其余均为国家统计局数据或据此测算。

2. 文中"电子信息制造业"与国民经济行业分类中的"计算机、通信和其他电子设备制造业"为同一口径。

2023年通信业统计公报

来源：工业和信息化部

2023年，我国通信业全面贯彻落实党的二十大精神，认真落实党中央国务院各项决策部署，坚持稳中求进工作总基调，全力推进网络强国和数字中国建设，促进数字经济与实体经济深度融合，全行业主要运行指标平稳增长，5G、千兆光网等网络基础设施日益完备，各项应用普及全面加速，行业高质量发展稳步推进。

一、行业总体情况

（一）电信业务量收保持增长

经初步核算（注释1），2023年电信业务收入累计完成1.68万亿元，比上年增长6.2%。按照上年价格计算的电信业务总量同比增长16.8%。

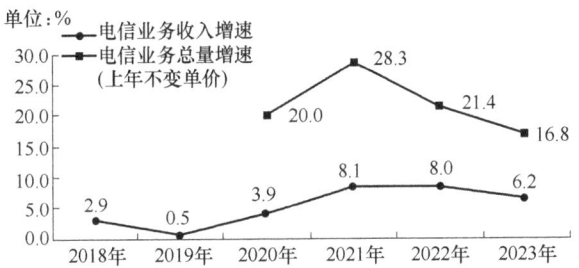

图1　2018—2023年电信业务收入和电信业务总量增长情况

注：自2020年起电信业务总量开始采用上年不变价计算方法。

（二）固定互联网宽带接入业务收入平稳增长

2023年，完成固定互联网宽带接入业务收入2626亿元，比上年增长7.7%，在电信业务收入中占比由上年的15.2%提升至15.6%，拉动电信业务收入增长1.2个百分点。

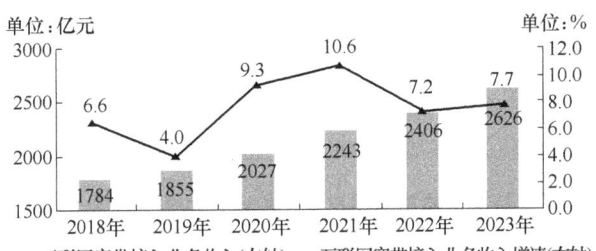

图2　2018—2023年互联网宽带接入业务收入发展情况

（三）移动数据流量业务收入小幅回落

2023年，完成移动数据流量业务收入6368亿元，比上年下降0.9%，在电信业务收入中占比由上年的40.5%下降至37.8%。

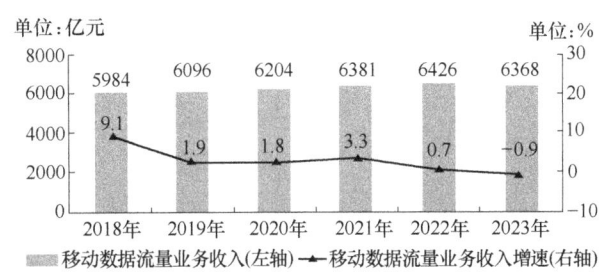

图3　2018—2023年移动数据流量业务收入发展情况

（四）新兴业务收入保持较高增速

数据中心、云计算、大数据、物联网等新兴业务快速发展，2023年共完成业务收入3564亿元，比上年增长19.1%，在电信业务收入中占比由上年的19.4%提升至21.2%，拉动电信业务收入增长3.6个百分点。其中，云计算、大数据业务收入比上年均增长37.5%，物联网业务收入比上年增长20.3%。

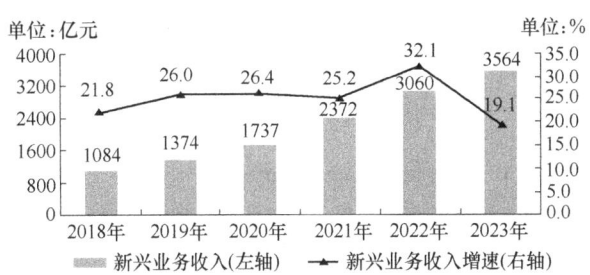

图4　2018—2023年新兴业务收入发展情况

（五）语音业务收入持续下滑

互联网应用对话音业务替代影响持续加深。2023年，三家基础电信企业完成固定语音和移动语音业务收入185.3亿元和1108亿元，比上年分别下降8%和2.5%，两项业务合计占电信业务收入的7.7%，占比较上年回落0.8个百分点。

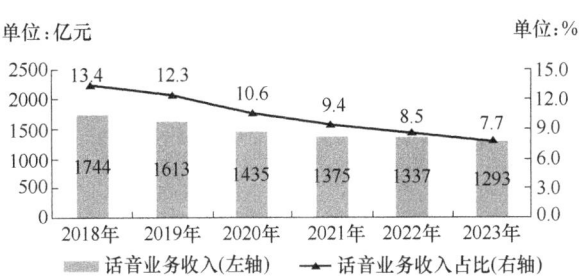

图5　2018—2023年话音业务收入发展情况

二、用户发展情况

（一）移动电话用户保持增长

2023年，全国电话用户净增3707万户，总数达到19亿户。其中，移动电话用户总数17.27亿户，全年净增4315万户，普及率（注释2）为122.5部/百人，比上年末提高3.3部/百人。其中，5G移动电话用户达到8.05亿户，占移动电话用户的46.6%，比上年末提高13.3个百分点。固定电话用户总数1.73亿户，全年净减608.8万户，普及率为12.3部/百人，比上年末下降0.4部/百人。

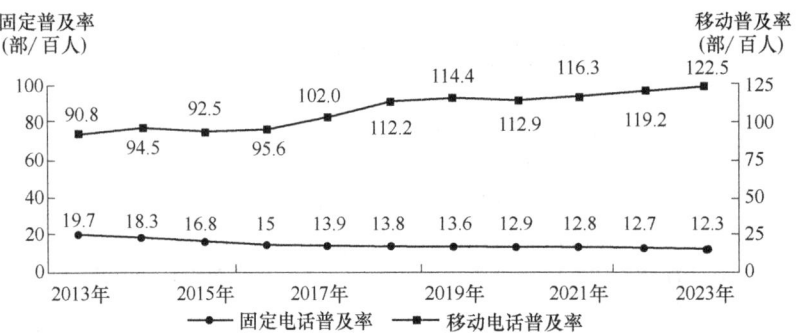

图6　2013—2023年固定电话及移动电话普及率发展情况

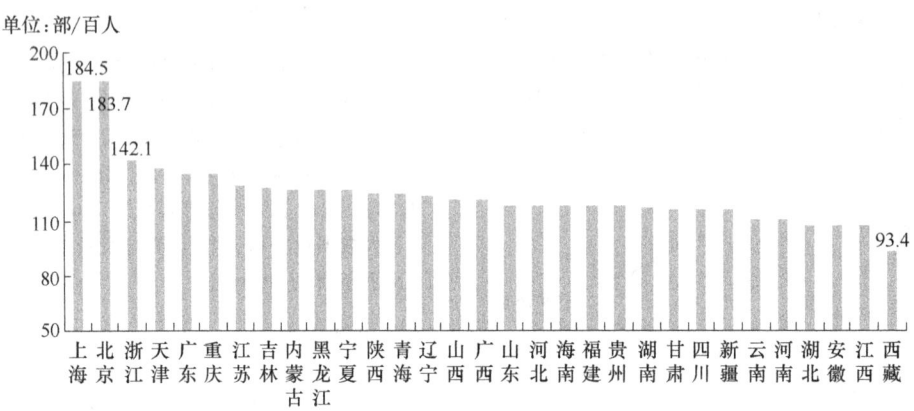

图7　2023年各省移动电话普及率情况

（二）固定宽带接入用户持续增加

截至2023年底，三家基础电信企业的固定互联网宽带接入用户总数达6.36亿户，全年净增4666万户。其中，100Mbit/s及以上接入速率的用户为6.01亿户，全年净增4756万户，占总用户数的94.5%，占比较上年末提高0.6个百分点；1000Mbit/s及以上接入速率的用户为1.63亿户，全年净增7153万户，占总用户数的25.7%，占比较上年末提高10.1个百分点。

固定互联网宽带接入服务持续在农村地区加快普及，截至2023年底，全国农村宽带用户总数达1.92亿户，全年净增1557万户，比上年增长8.8%，增速较城市宽带用户高1.3个百分点。

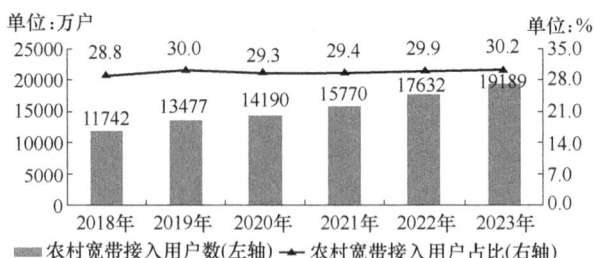

图9　2018—2023年农村宽带接入用户及占比情况

（三）蜂窝物联网用户规模加速扩大

截至2023年底，三家基础电信企业发展蜂窝物联网用户23.32亿户，全年净增4.88亿户，较移动电话用户数高6.06亿户，占移动网终端连接数（包括移动电话用户和蜂窝物联网终端用户）的比重达57.5%。

（四）IPTV（网络电视）用户稳步增加

截至2023年底，三家基础电信企业发展IPTV（网络电视）用户总数达4.01亿户，全年净增2058万户。

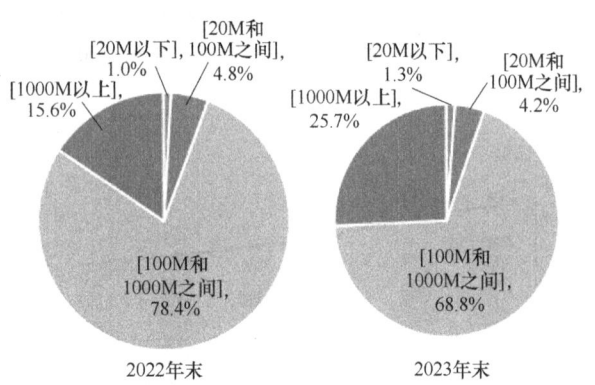

图8　2022年和2023年固定互联网宽带各接入速率用户占比情况

图 10 2018—2023 年物联网用户情况

三、电信业务量情况

（一）移动互联网流量较快增长，月户均流量（DOU）持续提升

2023 年，移动互联网接入流量达 3015 亿 GB，比上年增长 15.2%。截至 2023 年底，移动互联网用户达 15.17 亿户，全年净增 6316 万户。全年移动互联网月户均流量（DOU）达 16.85GB/户·月，比上年增长 10.9%；12 月当月 DOU 达 18.93GB/户，较上年底提高 2.75GB/户。

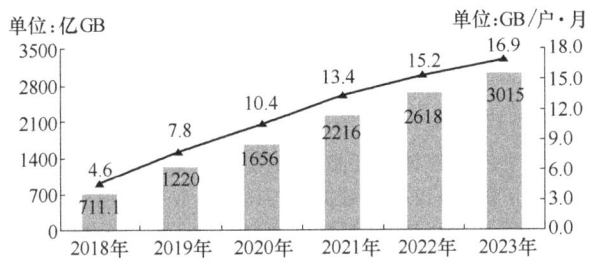

图 11 2018—2023 年移动互联网流量及月户均流量（DOU）增长情况

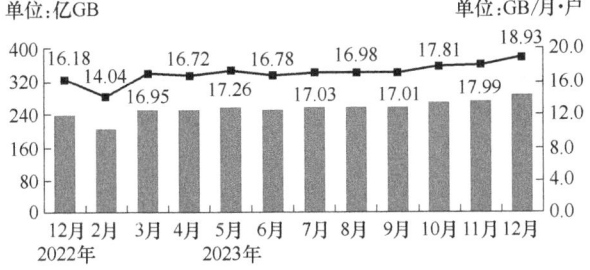

图 12 2023 年移动互联网接入当月流量及当月 DOU 情况

（二）短信业务量收和通话时长小幅下降

2023 年，全国移动短信业务量比上年下降 0.3%，移动短信业务收入比上年下降 0.7%。全国移动电话去话通话时长 2.24 万亿分钟，比上年下降 2.7%。

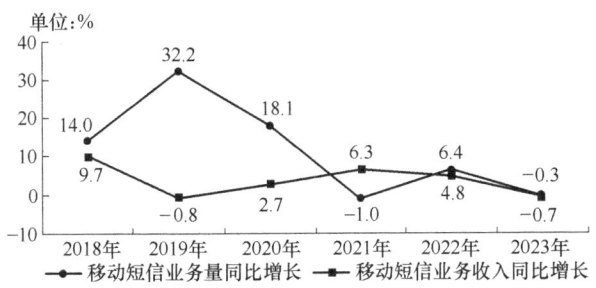

图 13 2018—2023 年移动短信业务量和收入增长情况

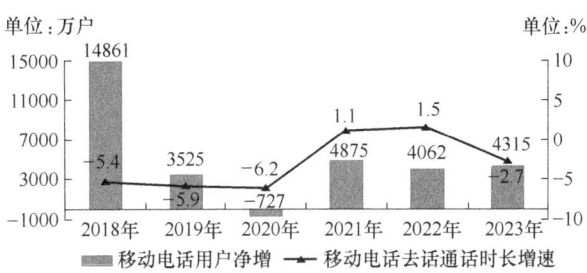

图 14 2018—2023 年移动电话用户和通话量增长情况

四、网络基础设施情况

（一）固定资产投资保持稳定

2023 年，三家基础电信企业和中国铁塔股份有限公司共完成电信固定资产投资 4205 亿元，比上年增长 0.3%。其中，5G 投资额达 1905 亿元，同比增长 5.7%，占全部投资的 45.3%。

（二）全光网建设快速推进

2023 年，新建光缆线路长度 473.8 万公里，全国光缆线路总长度达 6432 万公里；其中，长途光缆线路、本地网中继光缆线路和接入网光缆线路长度分别为 114 万、2310 万和 4008 万公里。截至 2023 年底，互联网宽带接入端口数达到 11.36 亿个，比上年末净增 6486 万个。其中，光纤接入（FTTH/O）端口达到 10.94 亿个，比上年末净增 6915 万个，占比由上年末的 95.7% 提升至 96.3%。截至 2023 年底，具备千兆网络服务能力的 10G PON 端口数达 2302 万个，比上年末净增 779.2 万个。

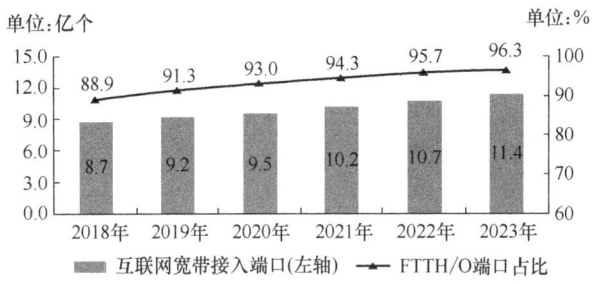

图 15 2018—2023 年互联网宽带接入端口发展情况

（三）5G 网络建设深入推进

截至 2023 年底，全国移动通信基站总数达 1162 万个，其中 5G 基站（注释3）为 337.7 万个，占移动基站总数的 29.1%，占比较上年末提升 7.8 个百分点。

图 16 2018—2023 年移动电话基站发展情况

（四）数据中心机架数量大幅增长

截至2023年底，三家基础电信企业为公众提供服务的互联网数据中心机架数量达97万个，全年净增15.2万个。

五、区域发展情况

（一）各地区电信业务收入份额小幅波动

2023年，东部、西部地区电信业务收入在全国的占比分别为51.3%、24.0%，比上年分别提升0.2个和0.1个百分点；中部、东北地区占比分别为19.5%、5.2%，比上年分别下降0.1个和0.2个百分点。京津冀地区收入占全国比重为9.4%，比上年下降0.1个百分点；长三角地区收入占全国收入比重为22.9%，比上年提升0.3个百分点。

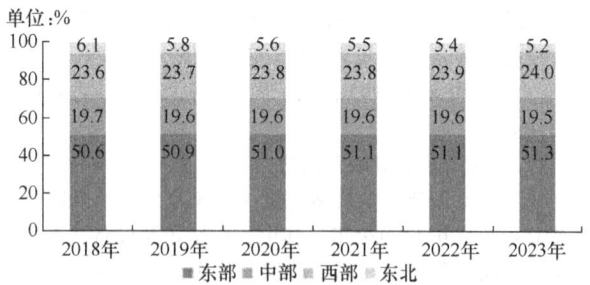

图17　2018—2023年东、中、西、东北部地区电信业务收入比重

（二）各地区千兆用户占比均实现较快提升

截至2023年底，东、中、西部和东北地区1000Mbit/s及以上接入速率的宽带接入用户分别达7226万、4133万、4331万和637万户，占本地区固定宽带接入用户总数的比重分别为27.2%、25.6%、25.3%和17.0%，占比较上年分别提高9.5个、11个、10.6个和8.8个百分点。京津冀、长三角地区1000Mbit/s及以上接入速率的宽带接入用户分别达1317万户、3170万户，占本地区固定宽带接入用户总数的比重分别为27.5%、25.3%，占比较上年分别提高10个和8.4个百分点。

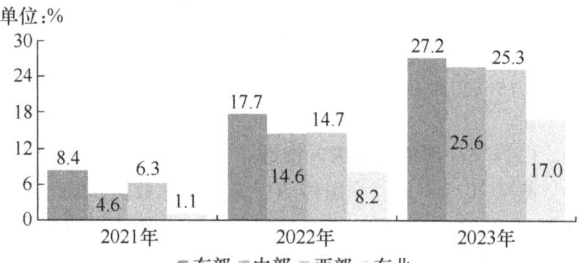

图18　2021—2023年东、中、西、东北地区1000Mbit/s及以上速率固定宽带接入用户渗透率情况

（三）各地区移动互联网接入流量均保持两位数增长

2023年，东、中、西部和东北地区移动互联网接入流量分别达到1295亿GB、693.9亿GB、867.3亿GB和158.9亿GB，比上年分别增长15.9%、17.2%、12.2%和17.6%，区域间增速差距缩小。12月当月，西部地区当月户均流量达到19.91GB/户，比东部、中部和东北地区分别高出1.28GB/户、0.37GB/户和5.05GB/户。2023年，京津冀、长三角地区移动互联网接入流量分别达到218.2亿GB和552.8亿GB，同比增长12.1%和16.8%。

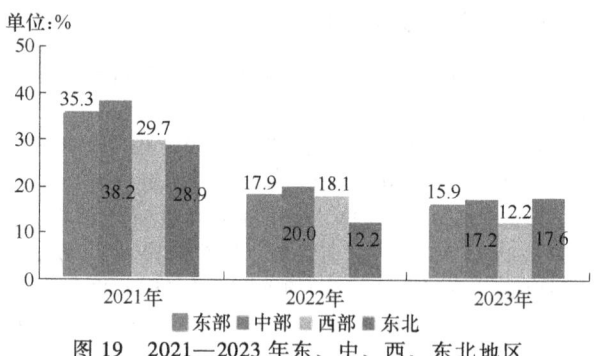

图19　2021—2023年东、中、西、东北地区移动互联网接入流量增速情况

注释：

1. 本公报中2023年数据均为初步统计数，2022年及之前年份采用年报决算数据。各项统计数据均未包括香港特别行政区、澳门特别行政区和台湾省。部分数据因四舍五入的原因，存在总计与分项合计不等的情况。

2. 计算普及率使用的全国人口数据，来源于国家统计局发布的2023年末人口数。

3. 自2023年3月起，将现有5G基站中的室内基站数统计口径由按基带处理单元统计调整为按射频单元折算，由于具备使用条件的基站数据是动态更新的，故不能追溯调整以往数据。

2023年全国电力工业统计数据

来源：国家能源局

1月26日，国家能源局发布2023年全国电力工业统计数据。

截至12月底，全国累计发电装机容量约29.2亿千瓦，同比增长13.9%。其中，太阳能发电装机容量约6.1亿千瓦，同比增长55.2%；风电装机容量约4.4亿千瓦，同比增长20.7%。

2023年，全国6000千瓦及以上电厂发电设备累计平均利用3592小时，比上年同期减少101小时。主要发电企业电源工程完成投资9675亿元，同比增长30.1%。电网工程完成投资5275亿元，同比增长5.4%。

指标名称	单位	全年累计	同比增长(%)
全国发电装机容量	万千瓦	291965	13.9
其中:水电	万千瓦	42154	1.8
火电	万千瓦	139032	4.1
核电	万千瓦	5691	2.4
风电	万千瓦	44134	20.7
太阳能发电	万千瓦	60949	55.2
全国线路损失率	%	4.54	-0.28▲
6000千瓦及以上电厂发电设备利用小时	小时	3592	-101*
其中:水电	小时	3133	-285*
火电	小时	4466	76*
电源工程建设投资完成额	亿元	9675	30.1
其中:水电	亿元	991	13.7
火电	亿元	1029	15.0
核电	亿元	949	20.8
电网工程建设投资完成额	亿元	5275	5.4

注：
1. 全国发电装机容量及其中的分项指截至统计月的累计装机容量。
2. "同比增长"列中，标*的指标为绝对量；标▲的指标为百分点。

2023年可再生能源发展情况

来源：国家能源局、工业和信息化部

中国在全球清洁能源发展中发挥着举足轻重的作用。根据最新数据，2023年全球可再生能源新增装机5.1亿千瓦，其中中国的贡献超过了50%。

中国已经成为世界清洁能源发展的不可或缺的力量。投资方面，中国企业海外清洁能源投资遍布主要国家和地区，涵盖风电、光伏发电、水电等主要领域，在实现互利共赢的基础上，有力支撑了相关国家能源绿色低碳发展。产业方面，中国持续推动技术和产品创新积极融入全球清洁能源产业链，源源不断向世界分享高质量的清洁能源产品。目前，中国风电、光伏产品已经出口到全球200多个国家和地区，累计出口额分别超过334亿美元和2453亿美元。国际可再生能源署报告指出，过去十年间，全球风电和光伏发电项目平均度电成本分别累计下降超过了60%和80%，这其中很大一部分归功于中国创新、中国制造、中国工程。在助力全球清洁能源发展的同时，中国敞开怀抱欢迎世界各国企业来华投资兴业，持续打造市场化、法治化、国际化一流营商环境，共同推动清洁能源发展，推进全球能源转型。

新型储能发展情况

2023年，国家能源局认真贯彻落实"四个革命、一个合作"能源安全新战略，锚定"双碳"目标，推动新型储能多元化高质量发展取得显著成效。新型储能日益成为我国建设新型能源体系和新型电力系统的关键技术，培育新兴产业的重要方向及推动能源生产消费绿色低碳转型的重要抓手。

新型储能发展迅速，已投运装机超3000万千瓦。截至2023年底，全国已建成投运新型储能项目累计装机规模达3139万千瓦/6687万千瓦时，平均储能时长2.1小时。2023年新增装机规模约2260万千瓦/4870万千瓦时，较2022年底增长超过260%，近10倍于"十三五"末装机规模。从投资规模来看，"十四五"以来，新增新型储能装机直接推动经济投资超1千亿元，带动产业链上下游进一步拓展，成为我国经济发展"新动能"。

多地加快新型储能发展，11省（区）装机规模超百万千瓦。截至2023年底，新型储能累计装机规模排名前5的省区分别是：山东398万千瓦/802万千瓦时、内蒙古354万千瓦/710万千瓦时、新疆309万千瓦/952万千瓦时、甘肃293万千瓦/673万千瓦时、湖南266万千瓦/531万千瓦时，装机规模均超200万千瓦，宁夏、贵州、广东、湖北、安徽、广西6省区装机规模超过100万千瓦。分区域看，华北、西北地区新型储能发展较快，装机占比超过全国50%，其中西北地区占29%，华北地区占27%。

新型储能新技术不断涌现，技术路线"百花齐放"。锂离子电池储能仍占绝对主导地位，压缩空气储能、液流电池储能、飞轮储能等技术快速发展，2023年以来，多个300兆瓦等级压缩空气储能项目、100兆瓦等级液流电池储能项目、兆瓦级飞轮储能项目开工建设，重力储能、液态空气储能、二氧化碳储能等新技术落地实施，总体呈现多元化发展态势。截至2023年底，已投运锂离子电池储能占比97.4%，铅炭电池储能占比0.5%，压缩空气储能占比0.5%，液流电池储能占比0.4%，其他新型储能技术占比1.2%。

新型储能多应用场景发挥功效，有力支撑新型电力系统构建。一是促进新能源开发消纳，截至2023年底，新能源配建储能装机规模约1236万千瓦，主要分布在内蒙古、新疆、甘肃等新能源发展较快的省区。二是提高系统安全稳定运行水平，独立储能、共享储能装机规模达1539万千瓦，占比呈上升趋势，主要分布在山东、湖南、宁夏等系统调节需求较大的省区。三是服务用户灵活高效用能，广东、浙江等省工商业用户储能迅速发展。

近期，国家能源局组织开展了新型储能试点示范工作，遴选了一批技术指标先进、应用场景丰富的新型储能项目，将以此为抓手，持续推动新型储能高质量发展，努力促进能源科技进步。

光伏、风电发电建设情况

2023年新增光伏并网容量21630万千瓦，其中集中式光伏电站12001.4万千瓦，分布式光伏9628.6万千瓦；而分布式光伏中户用光伏装机达到4348.3万千瓦。

截至12月底，全国累计发电装机容量约29.2亿千瓦，同比增长13.9%。其中，光伏发电装机容量约6.1亿千瓦，同比增长55.2%，其中集中式光伏电站3.5亿千瓦，分布式光伏电站2.5亿千瓦，户用光伏1.2亿千瓦。风电装机容量约4.4亿千瓦，同比增长20.7%。

全国光伏制造行业运行情况

2023年，我国光伏产业技术加快迭代升级，行业应用加快融合创新，产业规模实现进一步增长。根据光伏行业规范公告企业信息和行业协会测算，全国多晶硅、硅片、电池、组件产量再创新高，行业总产值超过1.7万亿元。

多晶硅环节，1—12月全国产量超过143万吨，同比增长66.9%。

硅片环节，1—12月全国产量超过622GW，同比增长67.5%，产品出口70.3GW，同比增长超过93.6%。

电池环节，1—12月全国晶硅电池产量超过545GW，同比增长64.9%；产品出口39.3GW，同比增长65.5%。

组件环节，1—12月全国晶硅组件产量超过499GW，同比增长69.3%；产品出口211.7GW，同比增长37.9%。

全年主要光伏产品价格出现明显下降，出口总体呈现"量增价减"态势。1—12月，多晶硅、组件产品价格降幅均超过50%。

2023年汽车工业经济运行情况

来源：工业和信息化部 装备工业一司，数据来自中国汽车工业协会

2023年，汽车制造业增加值同比增长13%；完成营业收入100975.8亿元，同比增长11.9%；实现利润总额5086.3亿元，同比增长5.9%。

1—12月，汽车产销分别完成3016.1万辆和3009.4万辆，同比分别增长11.6%和12%。

1—12月，乘用车产销分别完成2612.4万辆和2606.3万辆，同比分别增长9.6%和10.6%。

1—12月，商用车产销分别完成403.7万辆和403.1万辆，同比分别增长26.8%和22.1%。

1—12月，新能源汽车产销分别完成958.7万辆和949.5万辆，同比分别增长35.8%和37.9%；新能源汽车新车销量达到汽车新车总销量的31.6%。

1—12月，汽车整车出口491万辆，同比增长57.9%。新能源汽车出口120.3万辆，同比增长77.6%。

第三篇　电源行业发展报告及综述

2023 年中国电源学会会员企业 30 强名单 ... 62
中国电源技术研究发展情况——基于 2023 年中国电源学会第二十六届学术年会 ... 63
 一、引言 ... 63
 二、中国电源技术研究发展概况 ... 64
电压暂降研究和治理技术的现状和发展趋势 ... 74
 一、概述 ... 74
 二、电压暂降特征与检测技术 ... 74
 三、电压暂降后果与风险评估技术 ... 79
 四、电压暂降治理技术与应用 ... 83
 五、电压暂降研究与治理技术的发展趋势 ... 86
 参考文献 ... 86
国内特种电源技术及应用研究进展概述 ... 88
 一、特种电源技术发展现状与趋势 ... 88
 二、特种电源关键技术发展概述 ... 88
 三、特种电源应用进展概述 ... 94
 四、其他特种电源前沿交叉技术及应用 ... 98
 五、总结与展望 ... 101
 参考文献 ... 101
无线电能传输系统控制方法综述 ... 104
 一、概述 ... 104
 二、WPT 系统控制性能指标 ... 104
 三、WPT 系统控制方法 ... 104
 四、WPT 系统控制技术的发展趋势展望 ... 109
 参考文献 ... 110
光储直柔技术的发展与应用 ... 112
 一、前言 ... 112
 二、光储直柔技术发展 ... 112
 三、光储直柔技术的应用 ... 115
 四、总结 ... 115
 参考文献 ... 115

2023 年中国电源学会会员企业 30 强名单

序号	企业	主要产品领域
1	阳光电源股份有限公司	光伏逆变器、风能变流器、储能系统、新能源车电控系统等
2	深圳市汇川技术股份有限公司	变频器、伺服驱动器、PLC、HMI、伺服/直驱电机、传感器、一体化控制器及专机、工业视觉、机器人控制器、电动汽车电机控制器等
3	台达电子企业管理(上海)有限公司	通信电源及系统、UPS、计算机及网络设备用交换式电源供应器、电脑及消费电子适配器,直流模块电源,照明及背光电源,变频器及工业自动化系统,太阳能、风能变换器及新能源发电系统,新能源汽车车载
4	科华数据股份有限公司	信息化设备用 UPS、工业动力 UPS 系统设备、建筑工程电源、数据中心产品、新能源产品、配套产品等
5	固德威技术股份有限公司	新能源电源(光伏逆变器/风力变流器等),其他(储能产品)
6	深圳麦格米特电气股份有限公司	变频器、伺服驱动器、驱动系统、车用电机控制器、光伏逆变器等
7	深圳威迈斯新能源股份有限公司	车载充电机、车载 DC/DC 变换器、车载集成产品
8	深圳科士达科技股份有限公司	UPS、光伏逆变器、储能等
9	东莞市奥海科技股份有限公司	充电器、电源适配器、动力工具电源、储能、电机控制器、整车控制器、充电桩、充电模块、光伏/储能逆变器等
10	易事特集团股份有限公司	UPS、EPS、分布式发电、电动汽车充电桩
11	深圳可立克科技股份有限公司	开关电源、LED 驱动电源、磁性器元件、新能源产品等
12	深圳市英威腾电气股份有限公司	变频器、UPS、电机控制器、光伏逆变器、新能源车电控系统等
13	浙江艾罗网络能源技术股份有限公司	其他(逆变器、储能电池)
14	深圳市禾望电气股份有限公司	风电变流器、光伏逆变器、模块及配件业务等
15	伊戈尔电气股份有限公司	LED 驱动电源、变压器等
16	深圳市航嘉驰源电气股份有限公司	PC 电源、机箱、电源适配器、移动电源、电源转换器、充电器
17	深圳欧陆通电子股份有限公司	电源适配器、工业电源等
18	深圳市盛弘电气股份有限公司	新能源电源,UPS,电焊机/充电机/电镀电源,滤波器,电池检测设备
19	英飞特电子(杭州)股份有限公司	LED 驱动电源、开关电源等
20	广州金升阳科技有限公司	AC/DC 电源模块、机壳开关电源、DC/DC 电源模块、导轨电源、EMC 辅助模块、隔离变送器、IGBT 驱动器、IC、变压器、电流传感器、磁电控制器等产品
21	珠海英搏尔电气股份有限公司	电机控制器为主,车载充电机、DC/DC 变换器等
22	四川英杰电气股份有限公司	功率控制电源系统、特种电源
23	广州三晶电气股份有限公司	变频电源(器),新能源电源(光伏逆变器/风力变流器等)
24	杭州中恒电气股份有限公司	数据中心、新能源车充换电、通信电源等
25	深圳英飞源技术有限公司	电能变换模块、充电系统、储能系统
26	北京合康新能科技股份有限公司	变频电源(器),新能源电源(光伏逆变器/风力变流器等)
27	北京新雷能科技股份有限公司	模块电源、厚膜工艺电源及电路、逆变器、特种电源
28	深圳欣锐科技股份有限公司	车载充电机、车载电源集成产品、车载 DC/DC 变换器等
29	茂硕电源科技股份有限公司	通用开关电源,照明电源/LED 驱动电源等
30	深圳市核达中远通电源技术股份有限公司	开关电源

注:1. 此名单以会员企业提供的 2023 年企业销售数据、上市公司年报等数据为依据得出,未提供数据的会员企业未进行排行。

2. 此名单中仅对主要产品为电源整机的会员企业进行了排行,主要产品为蓄电池、锂电池、功率器件等配套产品的会员企业未列入其中。

3. 同时涉及电源产品以外其他产品的会员企业,根据电源部分的经营数据进行排行。

中国电源技术研究发展情况
——基于2023年中国电源学会第二十六届学术年会

中国电源学会学术工作委员会
马皓、李武华、李楚杉

一、引言

电力电子技术是面向能源转换、电能控制和电能利用领域，通过控制功率电路中半导体器件的开关斩波工作，实现电能高效变换、控制和利用的电子技术。电力电子技术融合了电子工程、电力电子电路、计算机科学、控制理论等多个学科领域的理论与技术，是内蕴多学科交叉属性的前沿技术。电力电子技术应用领域十分广泛，已经渗透至国民经济和社会生活的各个方面。无论是在国防、电力、机械、矿冶、交通、化工等传统重要领域，还是航天、激光、通信、高速轨道交通、机器人、电动汽车、新能源等战略行业与新兴产业，电力电子技术都发挥了巨大的作用。随着大数据、人工智能等信息技术以及新一代宽禁带半导体技术的飞速发展，电力电子变换装备将走向智能化、数字化、集成化。未来，电力电子技术更将逐步拓展至生物电磁、深海深空深地探测与通信、高速航天交通、空间太阳能发电等前沿领域，成为其中实现电能变换和利用的核心环节。同时，随着"双碳"计划的持续推进与中国高端制造业的快速发展，电力电子技术在国民经济中的地位将进一步提升，电能系统必将实现全面电力电子化。

随着电力电子技术的蓬勃发展，在电力电子技术的各个研究领域，新技术与新方法持续涌现。在开关电源、直流功率变换与功率因数校正领域，可再生能源以及数据中心供电仍保持强劲的发展势头，变换器的效率提升策略仍是研究热点，且随着直流配电系统发展，系统的稳定性研究及其评估方法也受到广泛关注。在变频电源及电力传动系统领域，随着电力电子技术、自动控制技术的快速革新，电机驱动及控制正朝着高能效、智能化、集成化方向发展。如何解决传统控制策略下电流谐波含量高、运行转矩脉动大、系统抗干扰能力差等问题，是变频器与电力传动系统领域的研究热点。在电力电子器件研究领域，随着新能源汽车及新能源电力设备市场的迅速扩张及需求驱动，新型功率器件的性能与稳定性被赋予更高期待，国内外研究者从材料选择、结构设计、制备工艺、状态监测等多角度入手，寻求器件装备高效可靠运行的突破创新。在高频磁性元件和磁集成技术领域，降低磁性元件的尺寸和损耗是开关电源小型化和高效化发展的关键。当前的研究热点包括磁元件结构优化设计、变压器磁集成、PCB集成电感设计、电磁干扰抑制等方向。

在新能源变换与控制领域，风能、太阳能等可再生能源发电装机渗透率显著提高，正深刻改变着电网的运行特性。这一变革导致传统电网的同步机主导特性持续弱化，相关电力电子装置及直流输电设备的性能需求不断攀升。当前，在弱电网下，分布式新能源单元与电网系统之间的交互作用影响以及电网短路故障下并网系统的安全稳定运行，已成为本领域的研究焦点。在电能质量治理与优化领域，我国高技术及装备制造业持续快速增长的同时也将大量非线性负荷接入电网。此外，"十四五"以来新能源并网规模持续扩大，造成了配电网电压波动、谐波、无功等电能质量问题愈发突出，新型补偿装置、分布式电能质量治理策略与人工智能技术的应用成为当前研究热点。在照明电源与消费电子领域，如何提高电源效率和功率密度，并实现小型化和高性能化是该领域的发展方向。研究热点主要包括新应用场景系统拓扑结构的研究、电路各工作模态的精确建模与控制工作、磁性元件集成结构以及高频化宽禁带半导体器件的驱动问题等。

在特种电源领域，通过应用新型电力电子器件、创新拓扑结构、改进控制算法、优化热设计与热管理、分析失效机理、完善故障诊断机制以及加强电磁兼容等途径，探索多学科交叉融合，增强特种电源在极端环境和特种应用场景下的可靠性，推进关键性能指标的提升，并提高状态检测和健康管理的智能化水平，是该领域的研究热点。在电磁兼容与可靠性领域，随着电力电子装备在直流输电、航空航天等关键领域的加速渗透，由功率半导体器件高速开关引起的电磁干扰问题变得日益突出，开展针对新型应用场景下的电磁噪声建模、噪声传播路径分析以及高效滤波器设计已成为该领域的研究热点。在无线电能输出技术领域，随着电动汽车、智能家居、电子医疗设备等领域的高速发展，无线电能传输技术以其特有的便捷性、灵活性、安全性成为许多领域供能方案的重要技术路线之一，另外国家提出的深空、深地、深海、深蓝的"四深"战略意味着未来电子设备将面临更严酷的应用环境，对供能方式的安全性与稳定性提出了更高的要求，这也给无线电能传输领域带来了新的挑战和机遇。

人工智能大模型的相继推出极大加速了互联网和信息技术相关产业发展持续高速发展。我国数据中心数量和规模高速增加，作为信息系统高效持续稳定运行的保障，供电系统的关键设备不间断电源（UPS）的技术也随着数据中心数据吞吐量的指数级增长而不断迭代。储能技术的迅速发展也为信息系统的可靠供电提供了架构级改革的新机遇。锂离子电池、燃料电池以及氢能源的引入成为了实现信息系统稳定供电的新手段。在电动汽车系统中，为满足汽车驱动高效、可靠、安全、高功率密度根本需求，产学界从功率器件驱动技术的优化设计、电机控制手段的改善、变换器效率的提高等方面开展研究。在充电技术方面，车载充电器要适应动力电池的宽范围电压变化，也要满足整车的高功率密度要求，可靠变换和效率作为变换器的两个基础指标也影响着车载充电技术的发展。高效大功率的充电站建设方案以及大规模接入后的电网特性变化也受到行业的广泛关注。

在交通电气化领域，当前的研究热点主要集中于功率器件驱动、热损耗与结温分布特性分析、牵引变流器优化控制与调制技术、牵引变流器寿命与可靠性评估，以永磁同步电机为主的电机驱动及其控制、新型牵引供电与牵引传动拓扑、电力牵引系统健康状态监测、寿命评估和智能运维等。在电力电子化电力系统及装备领域，随着电力电子装备在电网中的渗透率以及电力系统的动态复杂性不断提高，本领域重点探索故障下电力电子装备的控制策略，微电网场景下电力电子装备的最优化自同步方法，以及新型电力系统中电力电子装备的优化改进。在电池、燃料电池以及氢能等储能系统研究领域，随着可再生能源的增长、电动车辆的普及以及电气化交通的发展，电池与储能装置正朝着高能量密度、快速充放电、长周期寿命和安全可靠性方向发展。在电能与其他能量转换元件、装置与系统领域，现有新型技术多用于提升能量转换效率并减少能量转换过程中的损耗。可再生能源技术与现有电力系统的高效集成已成为研究热点。此外，随着微电子技术的发展，高能效、小型化电能转换设备的需求也在不断扩大，推动了新材料和纳米技术在能量转换设备中的应用。

在电力电子装置相关电工材料和元器件技术领域，随着碳化硅等宽禁带半导体器件的广泛应用，使得电力电子装置走向高频高压化大功率化。在高频高温高压的极端工作环境压力下，电力电子器件相关材料和元器件技术正朝着更好的散热耐高温性能、更强的绝缘介电性能以及更高可靠性的方向发展。在电力电子与直流输配电领域，随着新能源的大规模接入和电力需求的持续增长，高压直流输电系统和多端高压直流输电系统得到了越来越多的关注和研究。另外，可控换相流器在耗能、单阀短路瞬间及单阀短路后等状态下的控制也是当前研究热点。在电力电子和人工智能研究领域，随着我国对能源系统的要求越来越高，构建智能电力系统、综合能源系统、发展智能能源管理技术已成为该领域的研究热点。这些研究热点在电力电子和人工智能领域的交叉融合中扮演着重要角色，为实现能源系统的智能化、高效化和可靠化提供了新的技术手段和研究方向。

在"双碳"目标下，我国电力电子学术研究与产业发展正面临历史未有之机遇。电力电子技术已渗透至国民经济与人类生活的每一个角落，并在电能系统的低碳化、直流化、移动化、数字化以及分布化的发展进程中起到支柱作用。在电力电子系统大框架下，材料学、能源学、微电子学正加速融入电力电子学，这些学科的融入不仅丰富了电力电子技术的研究内容，也碰撞出了新兴研究方向与领域。因此，亟需通过系列调研综述，跟踪中国电力电子技术发展情况。2023中国电力电子与能量转换大会暨中国电源学会第二十六届学术年会及展览会（CPEEC & CPSSC 2023）于2023年11月10日—13日在广州成功举行，第二届国际电力电子技术与应用研讨会（IEEE PEAS 2023）同期举办。会议共录用论文1141篇，设置9场大会报告、5场电力电子高峰论坛报告，15场专题讲座、60个中文主题技术报告分会场、37个英文主题报告分会场、共计592场口头报告，10个工业报告分会场38场报告，6场专题活动以及2个墙报交流时段。同期展览共有98家单位参展、展位数量213个。本次会议实现多项突破，录用论文首次超过1000篇，展位数量首次超过200个，参会人数首次超过2600人，在注册参会人数上已成为本领域全球最大的学术会议。本文基于此次学术会议，介绍中国电源技术研究的发展情况，为未来学科发展提供参考。

二、中国电源技术研究发展概况

1. 新颖开关电源：直流变换、功率因数校正

随着能源可持续发展的推进与供电需求的不断提高，光伏、风电等新能源得到了大力发展。直流配电系统因其可实现新能源的高效接入，灵活接纳电动汽车、大型数据中心等直流型负荷而受到广泛关注。对数据中心供电而言，变换器效率优化是提高数据中心能效的重要手段；而在便携设备与适配器等小功率场合，为实现宽输入电压范围内的高效率，隔离型四管Buck-Boost（FSBB）变换器展现出了显著的研究价值。随着直流配电系统的发展，电力电子变换器对系统稳定性的影响也受到了关注。在现行交流系统领域，低成本、高效率三相降压型整流器的研究仍是研究重点之一。此外，在航天领域，针对基于热离子发电器的新型空间电源系统控制策略研究也受到关注。

哈尔滨工业大学徐殿国教授等针对数据中心供电用LLC电源提出了一种优化设计方法，通过对LLC变压器绕组以及磁心优化设计，实现了1MHz开关频率下超过95%的效率，改善了数据中心系统能效水平。南京航空航天大学阮新波教授等学者在小功率场合针对隔离型FSBB提出了一种新型控制策略，通过间接调控励磁电感电流最小值，在实现所有开关管的零电压开关的同时减小了原边电流有效值，实现了变换器宽范围高效率运行。东南大学陈武教授等面向多电压等级并联型直流配电系统，对系统进行了简化建模及环路增益分析，并根据麦克斯韦稳定判据，提出了基于等效环路增益表达式。合肥工业大学张兴教授等对比分析了三相电流型PWM整流器各PWM序列作用下的工作模态，阐述桥臂开关管高电压应力的机理，并提出了一种改进拓扑与优化的PWM序列，有效降低了开关器件的电压应力。上海空间电源研究所刘世超研究员等学者对热离子发电功率变换器的工作原理以及工作特性进行了详细分析，给出基于热离子发电器最大功率输出的双端电压控制策略的具体方案，实现了功率变换器工作在过功率模式以及欠功率模式下功率态分配调节，同时保证热离子发电器的最大功率输出。

2. 变频电源及电力传动系统

作为实现工业现代化的重要基础和推动力，电力传动技术是电力电子与电机及其控制相结合的产物，在我国加快经济转型和强化节能减排中发挥着举足轻重的作用。随着电力电子技术、自动控制技术、微机技术的不断进步，电力传动系统正朝着强控制性能、高可靠性、低成本方向发展。永磁同步电机具有功率密度高、效率高、转矩密度高的优势，在电气化交通、伺服驱动领域应用广泛。在传统永磁同步电机矢量控制系统中，定子电流谐波含量高、稳定运行时转矩脉动大、控制器控制参数固定、单位电流产生转矩小等问题亟待解决。为了减小尺寸并降低成本，永磁同步电机的最大转速设计得越来越高，然而受到功率器件开关频率与开关损耗的限制，在高转速电机驱动系统中通常要求低载波比运行，这就导致相电流谐波含量高、控制性能下降，同时离散误差和控制延迟也会带来不利影响。随着低电感电机的出现，电流源型逆变器在许多领域得到了广泛应用，但其传统空间矢量调制策略会引起较大的共模电压，对电机驱动系统带来负面影响。在变频空调领域，为了提高电能质量都会采用 Boost PFC 电路，但传统控制方法的动态性能需要进一步提高。为了兼顾系统性能和可靠性，在工业电动车领域会采用低精度编码器的感应电机驱动控制系统，但在低速工况下磁场定向和速度控制性能差的问题依然有待解决。国内学者针对这些问题进行了细致深入的研究，并取得了丰富的研究成果。

针对传统的永磁同步电机矢量控制系统定子电流谐波含量高、稳定运行时转矩脉动大、控制器控制参数固定、单位电流产生转矩小等问题，武汉大学查晓明教授团队将基于 SVPWM 算法的三电平逆变器与最大转矩电流比策略、模糊控制算法和在线参数辨识技术相结合，显著增强了系统对电压、电流、转矩和转速的控制能力，取得了良好的控制效果。针对电流源型逆变器的传统空间矢量调制策略会引起较大共模电压的问题，华中科技大学蒋栋教授等提出了一种基于相电压的优化零矢量调制策略，抑制了全功率因数范围内的共模电压，并实现了该调制策略下的最小开关次数。针对高速永磁同步电机低载波比运行存在的次谐波问题，浙江大学李武华教授等提出基于扩张状态观测器的系统次谐波干扰估计方法，并通过前馈控制策略大幅抑制了次谐波干扰。针对采用传统控制方法的 Boost PFC 变换器存在动态性能不高的问题，哈尔滨工业大学徐殿国教授等提出一种基于电压环参数动态调节的变换器双闭环优化控制策略，改善了系统抗扰动能力。针对高速电机驱动系统中离散化误差和控制延迟影响控制性能的问题，合肥工业大学杨淑英教授等提出了一种基于扩展状态观测器的离散电流控制器，该方案不仅克服了离散误差和控制延迟的不利影响，而且显著提高了参数的鲁棒性。针对采用低精度编码器的感应电机驱动系统低速工况下磁场定向和速度控制性能差的问题，中南大学粟梅教授等提出了一种改进矢量控制方案，该方案结合了卡尔曼滤波和全阶观测器可以抑制转子角度的干扰信号并且得到无时延、无颠簸的速度信号，实现转子磁链的精确定位，提高了低速工况下电驱系统的性能。

3. 硅基器件、SiC/GaN 器件、新型功率器件及其应用

作为当今电子产业发展的新动力，以 SiC、GaN 为代表的第三代半导体材料具有宽禁带、高临界击穿电场等独特的物理特性，所制备器件具有击穿电压高、输出电流大等明显优势，得到了学术界与工业界的广泛关注及研究。在新能源汽车、电源设备、射频器件等需求驱动下，新型功率器件将迎来显著市场增量。为实现器件性能的全方位提升，满足高密度大容量电力电子装备及各种复杂极端工况等现实需求与挑战，现有研究从材料优化、结构设计、工艺改进等多角度入手，致力于提升器件性能、可靠性和稳定性。同时，作为智能电网、新能源发电等领域的核心关键，电力电子器件全生命周期的状态健康监测也成为保障装备系统的安全稳定运行的重要途径，因此，如何对芯片器件进行全面的性能测试与评估亟待更多探索。目前，国内学者针对这些问题进行了细致深入的研究，并取得了丰富的研究成果。

西安理工大学的尹忠刚教授等提出一种集成 SBD 双槽栅 SiC MOSFET 新结构，通过采用"一"字型 PSR 层、源极侧壁集成 SBD 等设计，在耐压基本保持不变的基础上，实现导通电阻和动态特性的共同优化。南京邮电大学的郭宇锋教授等设计了一个基于 OFET 的顶栅底接触结构的 H 桥电路，该器件在电流密度、开关电流比、器件稳定性等方面具有明显优势，证明了有机功率器件功率领域应用的可行性及极高价值。电子科技大学张波教授等对增强型双沟槽 SiC MOSFET 第三象限浪涌电流能力进行了试验分析和失效机理研究，在不同栅源电压下完成单次和重复浪涌电流实验，分析静态参数退化情况并划分失效机理，推动了 RDT-SiC MOSFET 的应用及器件加固方面的研究。浙江大学的盛况教授等提出了将微通道结构嵌入芯片衬底的近结冷却方案，设计并制造了良好散热效果的硅基歧管式近结微通道热模拟芯片，对解决高热流密度电力电子器件的散热问题具有重要指导意义。西安工程大学的高勇教授等将不同老化程度下结壳温度偏差划分为不同等级，构建结温模型并计算结壳温差，将结果用于健康评估准则的对比，实现焊料健康状态评估。

4. 高频磁元件和集成磁

随着宽禁带器件的持续发展，开关电源向着高频化、小型化和高效化发展，高频磁性元件和集成磁在现代电源系统中的重要性日益凸显。为了降低寄生参数、降低损耗、提高功率密度并帮助系统散热，高频化、集成化和平面化的磁性元件设计逐渐成为研究人员的共识。目前，国内学者在磁元件结构设计优化、集成电感设计、变压器磁集成、电磁干扰抑制等诸多领域进行了深入研究，并解决了这一领域诸多难题。

西安交通大学王威望教授利用复频域电路模型分析了寄生参数对高频变压器绕组电压振荡的特性影响，并通过仿真波形与复频域计算波形对比验证了模型的准确性。太原理工大学的杨玉岗教授团队针对未来大数据中心和绿色化供电系统中高变比 LLC 谐振变换器面临的挑战，提出了一种新型"十"字结构低匝比平面变压器，显著降低了变压器的匝数并有效节省了磁性材料用量。为验证该设计的

性能，使用有限元软件进行仿真，并搭构建380V输入、12V/1kW输出的实验样机，验证了新型磁集成变压器方案的有效性，为高变比LLC谐振变换器提供了一种有效的解决方案。杭州电子科技大学王宁宁教授提出了基于PCB工艺制造的嵌入磁粉芯螺线管电感器的设计、建模、制造和表征方法。通过对比三种电感器：空气芯电感器、磁粉芯电感器、镍铁薄膜电感器，证实了磁粉芯的集成电感具有更为优异的性能。与近年报道的其他电感对比，基于PCB工艺的嵌入磁心螺线管电感在实现较高电感值的同时，具有简单、成本低廉的制造优势，为未来集成电源技术的发展展示了广泛的应用潜力。福州大学林苏斌教授团队针对反相绕组法的共模噪声抑制效果进行研究，以PFC电路为例，采用滤波器的插入损耗作为评估共模噪声抑制效果的方法，对反相绕组的类变压器模型中各参数进行了定量讨论。研究结果指导了共模噪声抑制的最优反相绕组设计方案，并通过实验验证了此优化方法的有效性。针对一、二次侧均为低压大电流的应用，南京航空航天大学陈乾宏教授等提出了一次、二次绕组交错串并联的磁集成矩阵变压器结构，实现了一、二次侧自动均流并有效降低了功率器件的电流应力和损耗。

5. 新能源电能变换

积极发展风电、光伏发电等新能源发电，加快能源体系绿色低碳转型是人类应对能源危机和环境污染的一致选择。然而，随着新能源发电技术装机渗透率的持续增长，其固有的间歇性和波动性特点日益凸显，对传统电网中同步机的主导特性产生重要影响，也对变换器的高效稳定运行提出了严峻挑战。并网变换器作为可再生能源发电单元与电网的接口装置，对于能量的双向流动起着重要作用。由于新能源地理位置的偏远性，发出电能需经长距离输电线路以及多台变压器连接到配电网及负荷中心，线路阻抗无法忽略，系统呈弱电网特性。此外，在电网短路故障下，将会使并网逆变器的暂态同步机制受到影响，导致失步脱网风险，整流器的输出呈现较大波动，威胁后级用电设备安全。国内学者对新能源与控制、并网变换器与电网系统的交互作用开展了大量研究工作。

合肥工业大学张兴教授等针对单一控制模式的并网逆变器难以满足短路比大幅波动下的并网稳定性要求，提出了一种并网逆变器混合模式控制策略。该策略对跟网模式和构网模式输出调制信号的加权实现特性融合，舍去跟网模式中的锁相环结构，统一采用构网模式功率环输出角度，显著降低并网逆变器输出阻抗的容性负阻区，提高并网逆变器在宽短路比范围内的稳定性。重庆大学姚俊教授等针对新能源并网变换器在电网短路故障下的暂态同步机制极易受并网点电压的影响，导致失步脱网风险等问题，提出了基于自动虚拟变阻器的改进锁相环控制策略。该方法通过构建虚拟阻抗并负反馈至锁相环的输入环路，可以自适应地抵消/补偿线路电阻的压降效应，使新能源并网变换器不仅具备自主平衡能力，并同时显著增强其暂态同步稳定性及其准静态小干扰同步稳定性。湖南大学涂春鸣教授等为实现锁相环跟踪带宽和系统稳定裕度之间的折中，建立了并网系统复空间矢量等效单输入和单输出模型，提出了一种基于系统稳定域的锁相环参数设计方法。将额定工况与稳定边界的距离作为稳定裕量，通过刻画不同锁相环参数下的稳定运行边界，根据所需稳定裕量选择锁相环参数，使得并网变流器在弱电网条件下具有足够的稳定裕度和满意的动态性能。安徽大学曹文平教授等基于三相电流源型整流器提出了一种应对电压暂降的快响应控制策略。该控制策略通过采样三相输入电压，结合整流器调制度公式得到闭环参考电压，在检测到网侧发生电压暂降时，自动匹配与输入电压相适应的输出电压参考值，再交由PI控制器进行主动调节，可以解决电压暂降下的系统过调制和跟踪速度慢的问题。燕山大学郭小强教授等对考虑时间延时的电流源变换器控制系统进行了理论推导和稳定性分析，得到了并网电流源变换器的延时稳定区间，提出了一种基于时间延迟的固有阻尼控制方法。当延迟时间和谐振频率与采样频率的比值位于其稳定区间内，并网电流源逆变器可以在不使用有源阻尼控制和复杂计算的情况下稳定运行，研究结果可为LCL滤波器的参数设计提供指导。西南交通大学的周国华教授等围绕单相三端口光储并网逆变器，分析逆变器的拓扑结构及其功率传输特性，提出一种适用于该逆变器的非对称载波层叠调制策略，以抑制端口电压发生波动时逆变器输出电压的畸变，确保光伏和储能系统的稳定工作。上海交通大学李睿教授面向柔性直流输电系统中具备直流侧故障阻断能力的MMC子模块拓扑开展研究，通过详细分析半桥型和全桥型MMC子模块在直流侧故障时的工作特性，提出一种基于逆阻型元件的新型子模块。该拓扑无需向子模块正常电流通路中插入额外功率器件，即可改变故障电流路径，与现存具备故障阻断能力的子模块拓扑相比，提出的拓扑在正常工况下具有更低的导通损耗。

6. 电能质量治理与优化

我国制造业水平的飞速发展导致大量非线性负荷分散接入电网并引起电能质量问题，而"十四五"以来新能源并网规模持续扩大，进一步影响了电能质量。大型工业、新能源并网带来了多类型、分布式扰动，造成有源配电网电压波动、谐波、无功等电能质量问题愈发突出。与此同时，我国高技术制造业持续快速增长，制造业高端化、智能化、绿色化不断深入，产业迈向高端化的同时，也带来了精密仪器制造、医院/数据中心不间断电源、半导体/芯片加工等高附加值且供电质量敏感负荷密集接入，对电能质量提出更高要求。并网变流器、有源滤波器等应用了电力电子技术的新型电能质量补偿装置是提升配电网供电品质的重要装备，其高性能拓扑与运行控制技术成为研究热点。此外，基于电力电子装备的分布式电能质量治理策略也得到广泛关注。

为了提升单相接地故障的调控能力，补偿配电网接地故障中的无功、有功和谐波分量，有源消弧装置得到了广泛研究。针对现有配电网接地故障消弧装置存在的开关器件多、损耗大、功率密度低等问题，湖南大学涂春鸣教授等提出了一种基于异质器件混合的双功能接地故障调控变流器（HASD），能够在电网正常运行时进行无功补偿并提高电网功率因数，在电网发生单相接地故障时进行无功补偿和故障电流调控，有效抑制接地故障电流，并通过器件混合提高效率和功率密度，提高装置综合性能。储能变流器同样广泛应用于配电网供电品质提升，针对两级式储能变流器在并网和离网模式下电池均需持续工作的问题，西安交通大学卓放教授等提出了一种分时工作模式和改进型模态切换策略，有效提高了电池寿命和系统效率。在并网模式下，仅利用后级逆变器进行电能质量治理，大幅降低电池工作时长，提高并网运行效率；在离网模式下，前级DC/DC变换器和电池启动，实现应急供电，增强系统可靠性；在切换过程中，利用虚拟阻抗环流控制，实现快速、无缝切换，降低切换过程中的谐波和电压波动。现有三相降压型 PWM 整流器在不平衡输入电压条件下输入电流谐波含量大、波形畸变严重，影响电网安全稳定运行，武汉大学查晓明教授等提出了一种基于间接电流控制的改进型控制策略，有效降低了输入电流谐波含量，实现了输入电流正弦化，对数字控制器的要求较低，可推广应用于航空电源、数据中心等领域。有源电力滤波器的传统无差拍控制存在时间延迟和控制精度低等问题，在负载突变情况下可能导致新的谐波电流出现和电能质量恶化，安徽大学朱明星教授等提出了一种基于 SVPWM 的改进型无差拍控制策略，有效提高了控制精度和补偿效果，为有源电力滤波器的控制技术提供了新的思路。针对并网变流器在直流电压控制模式下交流阻抗辨识精度低导致宽频振荡分析难的问题，清华大学姜齐荣教授等提出了一种基于谐波线性化推导的全工况交流阻抗模型，并揭示了全工况阻抗模型的黑箱辨识机理，有效提高了阻抗辨识的精度与速度。随着分布式发电的应用规模增大，其具备的间歇性与随机性也使得电能质量问题日益严重，给大电网带来了冲击，华中科技大学李达义教授等深入分析微电网中的电能质量问题特征，提出了一种基于磁通型可调电抗器的微网电能质量控制器，能够有效抑制谐波并进行无功补偿，改善电压波形并提高电压稳定性，从而大幅提高微网的电能质量，有利于推进分布式发电并网与智能电网建设。传统单级正激功率因数校正变换器存在能量传输死区、输入电流谐波含量大的问题，给电网带来高次谐波污染，西安科技大学刘树林教授等提出了一种基于副边附加电容磁复位的单级正激 PFC 变换器，有效解决了传统单级正激 PFC 变换器的缺陷，提高了功率因数和输入电流质量。

7. 照明电源与消费电子

随着能源需求的增长和新型电源应用场景的要求，现代消费电子和照明电源在功能性和应用范围方面不断扩展，其研究热点主要包括无线能量传输系统、高效率高功率密度功率转换器、高效能源管理的控制策略、电动汽车充电技术、储能系统实时测试方法等。以上研究方向对电源技术的发展和应用产生积极的影响，满足消费电子和照明电源大框架下对于高效、高可靠的电源需求。

上海科技大学傅旻帆研究员等面向无线充电的宽耦合系数场景，分析推导了耦合变化容忍度的理论极限，提出了一种基于 LCC/S-S 补偿的可重构无线电能传输系统，可在超宽耦合变化范围内保持稳定的输出功率。南京航空航天大学吴红飞教授等针对 XPU 供电的超低压、超大电流输出需求，设计了基于分数匝绕组的变压器结构，有效减小了变压器绕组损耗，同时极大地减小了变压器的占地面积并提高了电流密度和效率。哈尔滨工业大学高珊珊教授面向储能应用中电化学电池的在线阻抗谱测量需求，设计了基于 DAB 功率变换器的在线阻抗检测方法：系统进行在线主动扰动，通过测量和分析被测对象阻抗的频率响应特性，并基于实验验证了该方法的准确性与可行性。西南交通大学陈正格教授等提出了双电感复用无桥 Buck-Boost 变换器，在半个工频周期内，双电感交替工作于 DCM、CCM 以降低输出纹波，且不需要复杂的控制与辅助电路即可实现 PFC 与输出调节。东北电力大学刘鸿鹏教授等针对含有太阳能光伏发电和储能设备的隧道直流供电系统多目标优化问题，建立了以隧道直流供电系统运行成本和联络线功率峰谷差为优化目标的能量管理多目标优化模型，并采用 NSGA-II 求解得出能量管理的方案。面向电动汽车作为电源的双向供电需求，合肥工业大学李贺龙教授、丁立健教授等学者提出了一种 3ph/1ph 兼容的变换器的控制策略，通过对不同桥臂采用独立的混合控制策略，同时调节交流输出电压和平衡各相的电流应力，平衡主动桥臂支路和被动支路之间的电流应力，使器件利用率最大化，提高了 1ph 的输出功率。

8. 特种电源

特种电源是电磁发射、雷达系统、激光武器、微纳卫星、空间探测器、粒子加速器、心脏起搏器、X 射线成像等装置中的核心电能转换装备。通过应用新型电力电子器件、创新拓扑结构、改进控制算法、优化热设计与热管理、分析失效机理、完善故障诊断机制以及加强电磁兼容设计等途径，增强特种电源在极端环境下的适应性与可靠性，推进效率、功率密度、输出精度、纹波系数等关键性能指标的提升，并提高状态检测和健康管理的智能化水平，是该领域的热点研究方向。

中国工程物理研究院李松杰工程师和哈尔滨工业大学的鄂鹏教授介绍了空间磁重联地面模拟装置的脉冲电流源的设计方法，通过合理设计充放电电路，并利用电容器组储能，可在负载线圈上产生幅值和脉宽满足物理实验要求的脉冲电流。此外，通过对故障保护系统的设计，保证了脉冲电流源的安全可靠运行，为磁重联物理机理的研究提供了重要实验平台。湖南大学易伟浪等学者分析了柴油发电机和储能系统组成的供电系统在脉冲负荷下的功率振荡机理，并提出了一种自适应同步转矩控制策略，通过引入额外同步转矩，实现储能变换器输出角频率对柴油发电机的动态跟踪，抑制了功率振荡并改善了供电品质。南京航空航天大学伍群芳研究员等提出了一种基于解耦电容电压的功率补偿控制方法，利用解耦电容电压对两级式功率变换器进行实时功率调节，在降低解耦电容容量的同时实现了变占空比、变幅值、变频率等复杂工况下脉冲功率的平滑输出，减小了机载雷达等复合型脉冲功率负载对飞机电气系统的冲击。湖南大学徐千鸣教授等提出了一种宽频带四桥臂功率放大器拓扑，该拓扑通过桥臂复用，在低频段引入解耦电容实现功率解耦，抑制了直流侧电压纹波；在高频段采用交错并联，提高了等效开关频率，改善了输出电压品质，进而有效拓宽了功率放大器的工作频带，兼顾了不同频段的输出性能，为超声换能、电磁发射等提供了高保真宽频带的电源解决方案。中国工程物理研究院流体物理研究所袁建强研究员等学者通过搭建电容器寿命试验平台并结合电场仿真分析，对不同设计工艺下的器件进行长期脉冲放电考核，分析了直线变压器驱动（LTD）等脉冲功率系统中全膜电容器的失效规律和寿命分布，总结了焊接工艺、绝缘距离、电极处理、卷绕平整度等因素对电容器绝缘性能的影响规律，为抑制电容器击穿并提升其寿命指明了优化方向。针对星载固态雷达的脉冲供电需求，兰州空间技术物理研究所王旭升等学者采用双向变换器作为缓冲单元将负载电流微分信号引入双向变换器控制回路，提高了变换器动态响应速度和鲁棒性，实现了母线电压波动的精准抑制，该方案还可回收雷达发射管关断时的残余能量以提升系统效率。中国工程物理研究院流体物理研究所刘宏伟高级工程师等面向航空装备防雷试验需求，研制了产生雷电间接效应多重脉冲电流的模拟电路和装置，提出了基于低储能Crowbar拓扑的脉冲生成方案，设计了基于延迟线的紧凑型双路触发装置，避免使用长高压线缆，保证了多脉冲触发的精度和重复性，实现了脉冲参数的精准可控。

9. 电磁兼容

近年来，以功率半导体器件为关键组件的电能变换装备正在加速渗透直流输电、固态变压器、航空航天等多个关键技术领域。然而，功率半导体器件高速开关过程中产生的高电压变化率（dv/dt）和高电流变化率（di/dt）将会引发显著的电磁干扰问题。针对这一挑战，电磁噪声建模、噪声回路分析以及高效滤波器设计已成为电磁兼容研究的前沿课题。此外，功率半导体器件相较于无源器件在耐用性方面更加脆弱，电能变换装备的可靠性、稳定性以及容错能力的提升也是该领域亟待攻克的关键问题。

南京航空航天大学张方华教授团队对双向LLC谐振变换器的共模噪声路径进行了研究，分析了不同控制方式下的噪声特征，实测结果表明：中心对称控制方式可以实现奇次频率共模噪声的抵消，有助于减小EMI滤波器体积、提高整机功率密度。现有电磁兼容研究大多集中于电能变换器对其他设备的电磁干扰问题，忽略了其他噪声源对电能变换器自身控制的干扰问题。因此，华中科技大学裴雪军教授团队针对并网变换器应用场景，分析了该场景下共模电磁干扰扰弱电耦合机理及对控制系统的影响，建立了包含强弱电耦合路径的并网变换器共模EMI模型，并通过实验验证了该模型的正确性。随着碳化硅等宽禁带半导体器件的广泛应用，通信电源中的电磁噪声谐波将达到射频范围，辐射发射认证也是通信电源发展所面临的一大挑战。针对这一问题，哈尔滨工业大学和军平教授团队提出了一种远场辐射预测新方法，该方法对交流/直流通信电源的共模激励源进行了识别和测量，并通过电磁数值仿真得到了辐射传递函数的幅频曲线，对具有复杂测试布局的4kW通信电源的远场辐射成功进行了预测。在电磁兼容测试过程中，直流电源与LISN之间插入的背景滤波器可能会引发电源系统振荡现象，为了稳定该测试系统，浙江大学刘兴高教授等学者探索了该电源系统适用的级联稳定性判据及其适用的剖面位置，并据此设计了代测设备的差模滤波器，解决了测试系统的稳定性问题。

10. 无线电能传输

随着电动汽车、智能家居和电子医疗设备的高速发展，传统物理接线供能方式极大地限制了设备的灵活性和使用空间，并且存在较大的安全隐患。而无线电能传输技术以其特有的安全性、灵活性、可靠性、不受极端天气影响等特点完美解决了物理接线方式引发的问题，受到学者们的广泛关注。目前该领域主要研究无线电能传输耦合系统中原、副耦合线圈偏移、偏转造成的传输功率大幅度下降的问题，提出了基于控制、耦合线圈结构设计、补偿拓扑设计等方法以改善线圈偏移问题。无线电能传输耦合系统中出现金属异物也会导致系统参数发生漂移从而降低系统的传输效率甚至会引起火灾等事故，因此无线电能传输系统中的金属异物检测技术也是研究热点之一。而在更高功率的应用中，传输功率不足限制了无线电能传输技术的进一步发展，如何实现无线电能传输系统效率、安全性、传输功率的有效平衡是该领域的核心技术挑战。未来，构建局域无线电能传输网是必然趋势，如何实现局域无线电能传输网传输效率、传输距离的有效平衡以及局域网之间的互联互通和协调配合将是未来新的研究热点。另外，随着国家提出深空、深地、深海、深蓝的"四深"战略，意味着未来的大型电子设备将面临更加严酷的环境，对供能方式的功率密度、安全性、稳定性提出了更高的要求，这也给无线电能传输领域带来了新的挑战和机遇。

浙江大学马皓教授团队提出了一种原边并联电感补偿的感应式无线充电补偿网络，并在1kW的实验平台上得到了验证，结果表明在电池充电的整个阶段都可以自然实现零电压开通（ZVS）。针对目前无线电能传输网常用传能机制难以同时兼顾功率、效率及距离的问题，中国矿业大学廖志娟等学者提出了适用于任意多发射系统的同相位本征态传能工作机制，并对同相位本征态工作机制系统的能效特性及关键影响参数进行了分析与仿真验证，证实了所提出的传能机制及高能效特性。南京航空航天大学陈乾宏教授等学者从原、副边线圈间磁耦合部分的磁场分布入手，分析了磁场纵向、径向分量的分布规律，研究了传统纵向磁场检测方案出现检测盲区及对副边错位敏感的原因，提出了一种以检测径向磁场为主体的异物检测方法。该方法具有无检测盲区、错位不敏感等优势，最后在500W和3.3kW的功率条件下验证了所提检测方案的有效性。哈尔滨工业大学张一鸣等学者提出了一种基于双边LCC补偿拓扑的双频恒压输出参数设计方法，该方法可以在不同耦合系数下，通过合理选择工作频率来提高系统效率。由仿真结果可知，耦合系数在0.2~0.6范围内时，系统交流-交流效率超过95.0%。青岛大学陈书可等学者针对SSC-WPT技术在更高功率的应用中功率容量不足的问题，提出了一种以DD-Q磁集成解耦并联的SSC-WPT供电系统，建立并分析了电路的互感等效模型，通过P-LCL补偿网络实现了与负载无关的恒压输出。搭建了输出功率为1kW/输出电压150V实验样机，仿真和实验证明所提WPT供电方案增加了功率输出，具有与负载无关的较稳定的电压输出。针对耦合极板偏移或传输距离改变引起耦合电容变化导致系统传输功率波动的问题，重庆大学戴欣教授团队提出了移相调谐和功率流控制方法。通过调节原、副边变换器输出电压的相对相位角使得系统处于谐振状态，进而改变副边变换器内部相位角进行功率调节，实现功率传输方向和大小控制并保证系统能够稳定调功。

11. 信息系统供电技术：UPS、直流供电、电池管理

人工智能大模型的相继推出极大加速了互联网和信息技术相关产业的发展。受到新基建、数字经济等国家政策的影响以及大数据、云计算、人工智能、5G等新一代信息通信技术发展的驱动，围绕着数据的交换所必需的数据存储、运算、传输和管理的信息设备规模逐步扩大、运行要求也在不断提高。作为信息系统高效、持续、稳定运行的保障，不间断电源（UPS）技术也随着数据中心数据吞吐量的指数级增长而不断迭代。高效稳定运行和节能降耗是指导UPS技术迭代的两大方向。另外，为实现可靠供电，数据中心的供电结构也在不断优化。储能技术的迅速发展也为信息系统的可靠供电提供了架构级改革的新机遇。锂离子电池、燃料电池以及氢能源的引入成为实现信息系统稳定供电的新手段。在我国"双碳"政策背景下，不间断供电技术与储能技术的结合为两者的行业发展提供了巨大增长空间。

北方工业大学周京华教授团队对不间断电源、超级电容系统、燃料电池和制氢电源等可靠供电的关键技术展开了一系列的研究工作。在数据中心供电方面，首先分析了典型供电架构的功能和特点，介绍了数据中心供电结构的发展和演变，结合"双碳"政策的背景和目前发展中遇到的问题为数据中心供电架构未来的发展方向给出了预测；对于超级电容储能手段，阐述了其管理系统的主要功能组成、荷电状态估算、均压和热管理等关键技术，并对其未来发展和应用做出了展望。西安交通大学刘进军教授、刘增副教授团队对储能变流器和并网控制中的关键技术进行了研究。针对T型中点箝位三电平变流器在应用过程中产生的中点电位波动问题，提出了基于虚拟空间矢量脉宽调制的混合中点电位平衡策略，提高了控制动态响应速度、交流侧波形质量的同时实现了中点电位的精确补偿。华南理工大学刘俊峰教授团队针对信息系统供电中的双向变换器控制策略进行了归纳总结，为双向变换器的研究应用提供参考和思路。科华数据股份有限公司的易龙强工程师，立足于产业界，分析了数据中心典型交直流不间断供电架构性能，从电能变换级数优化角度研究探讨了供电架构提升可靠性和效率的方法，对未来新拓扑、器件以及新能源技术在供电结构中的应用做出了展望。针对磷酸铁锂电池电流波动情况下难以保证模型参数辨识精度的问题，西安理工大学孙向东教授、任碧莹教授团队，在双极化等效电路模型的基础上提出了基于多重自适应遗忘因子的递推最小二乘算法进行电池模型参数辨识，在保留计算简单性的同时准确表征了电池模型参数，还能够提高电池SOC的估计精度。

12. 电动汽车充电与驱动

在化石能源日渐枯竭和全球气候问题愈发严重的背景下，"节能减排"的理念得到了各个行业的广泛关注。交通运输业作为我国经济的支柱型产业、碳排放重点行业，每年的碳排放量约占全国总排放量的10%，能否有效落实"节能减排"对于我国是否能够如期实现"碳达峰"与"碳中和"影响重大。电动汽车的发展作为落实节能减排的重要措施之一，推动了电动汽车产业的蓬勃发展。车载电池设计的优化，燃料电池的发展，宽禁带器件的应用等技术大幅降低了整车成本，大大加速了电动汽车技术的发展。

在电动汽车产业中，充电和驱动是两个关键的领域。在充电技术方面，车载充电器要适应动力电池的宽范围电压变化，也要满足整车的高功率密度要求，同时可靠变换和效率作为变换器的两个基础指标也影响着车载充电技术的发展。此外，非车载充电设施的建设也成为行业发展的重要支撑，高效大功率的充电站建设方案以及大规模接入后的电网特性变化也受到行业的广泛关注。在汽车驱动方面，为满足行业对高效、可靠、安全、高功率密度的电动汽车驱动系统的需求，产学界从功率器件驱动技术的优化设计、电机控制手段的改善、逆变器效率的提高等方面展开了深入研究。

湖南大学刘平副教授等学者针对电动汽车领域中广泛使用的移相全桥变换器的死区设置问题提出了死区时间三阶段优化设置方法。作为实现软开关的必要条件，现有的死区时间取值方法多基于经验，无法保证定频控制下全负载范围内的软开关。采用提出的三阶段死区时间设置方法可准确设定死区时间，达成移相全桥变换器的软开关宽范围实现。燕山大学郭小强教授团队针对车载充电器的高功率密度设计问题，开发了基于三相电流型变换器的高能高功率密度车载充电器，在充分发挥了三相电流型整流器宽输出电压范围、高可靠性优点的同时，规避了高开关频率数字化实现的控制效果退化风险。浙江大学张军明教授团队关注了电动汽车驱动在汽车频繁变速、爬坡等不同工况下驱动内电力电子器件的应力和损耗，提出了一种自适应的智能IGBT门极驱动方法。驱动环路的反馈参数会随着负载电流的变化智能调节，实现开关器件的损耗优化，提高了电动汽车驱动器的效率和可靠性。浙江大学徐德鸿教授团队针对传统直流充电桩中两电平PWM整流器开关损耗大、开关频率低等问题，提出了一种低电压应力的零电压软开关整流器的调制方案。该方案在直流母线上设置了辅助电路，由此实现有源箝位实现低电压应力的开关，保证了整流器的高效变换。

考虑到电动汽车充电宽输出电压范围与高效率的需求，北京理工大学沙德尚教授团队提出了基于半控型双有源桥的单级高频隔离AC-DC变换器，采用峰值电流最优控制策略与四种调制模态以实现平滑的模态切换，可实现高质量功率因数校正与恒定的输出电压。浙江大学陈敏教授等学者考虑到车网互动技术会为配电网带来谐波污染和稳定性问题，提出了一种电网友好的充电设备控制方案。该方案采用下垂控制策略，保证电网电能质量的同时使电动汽车负荷具有一定的需求侧响应调节能力，为电网提供主动支撑的功能。

13. 电力电子化电力系统及装备

随着新能源、直流输电、微电网等技术的发展，电力电子装备在电网中的渗透率不断提高，现代电力系统正在逐渐演变成具有高比例电力电子装备和可再生能源的新一代电力系统。其中，电力电子装备种类和控制结构的多样性，以及设备间、控制回路间和设备-电网之间的强耦合均增加了现代电力系统的动态复杂性。同时，这也使得并网电力电子装备的技术研究成为国内外的研究重点。

武汉大学查晓明教授团队分析了采用比例下垂控制和积分控制的无功环对故障期间逆变器电流限幅的影响机理。在此基础上，对虚拟同步机在故障后的振荡模态进行划分，并详细分析了虚拟同步机由于电流限幅重复触发导致系统失稳的原因。进一步提出基于转矩差前馈的虚拟同步机故障后振荡抑制与致稳控制策略，并给出了基于等面积法则和积分离散迭代计算的转矩差前馈系数计算选取方法。华中科技大学邹旭东教授等通过构造惯量函数的方法实现了具有典型 df/dt 虚拟惯量控制的永磁直驱风机的动态惯量评估。首先依据幅相运动方程的建模方法，建立了直驱风机的小信号模型，通过时域仿真证明了所提模型能够准确表征风机动态行为的能力。通过类比同步机转子运动方程，从所建模型中提取出了直驱风机惯量函数的表达式，最后分析了控制器动态和工作点对风机惯量特性的贡献。西安交通大学熊连松教授等提出了基于在有功功率环中快速预置恒定功率来调整调度指令的改进下垂控制。在功率预置框架下，逆变器仅需牺牲较小的频率偏差即可消除不平衡功率。他们首先论证了功率预置的原理，并详细阐述了功率预置的快速计算方法，并通过实验验证了所提控制优异的调频性能。西安交通大学刘进军教授团队针对基于柔性切换变流器的微电网自同步过程，提出了一种快速、平滑的最优化控制方法。研究结构显示通过基于模型的最优控制和实时修正，可以简单有效地实现动态过程的全局优化，从而弥补线性控制和模型预测控制在应对惯性系统时的缺陷。华北电力大学齐磊教授等提出了面向海上风电的低成本基于晶闸管的直流耗能装置，采用低成本的晶闸管替代了全控器件，将直流耗能装置回归到使用晶闸管的技术路线上从而提升技术经济性。进一步提出了参数选取方法，并用系统仿真表明所提方案具有良好的故障穿越性能，为故障穿越问题的解决提供了低成本高性能的方案。华中科技大学时晓洁教授等选取了国内外具有代表性的分布式电源并网标准，从频率支撑、电压支撑、故障穿越及孤岛保护等多方面进行对比分析，指出了国际上被广泛接受的 IEEE 1547 标准、德国中低压并网标准及我国分布式电源并网标准的主要差异，在此基础上分析了我国标准的发展趋势，为其进一步完善提供了借鉴依据。

14. 交通电气化

交通电气化是现代交通发展的重要方向，其不仅是实现节能环保、应对气候变化的关键举措，更是推动我国能源结构调整、促进相关产业发展的重要动力。交通电气化领域以轨道交通、新能源汽车、船舶、全电飞机为主，目前交通电气化的研究热点主要集中于功率器件驱动，热损耗与结温分布特性分析，牵引变流器优化控制与调制技术，牵引变流器寿命与可靠性评估，以永磁同步电机为主的电机驱动及其控制，新型牵引供电与牵引传动拓扑，电力牵引系统健康状态监测、寿命评估和智能运维等。

功率器件是电力电子设备的基础，西南交通大学宋文胜教授针对IGBT结温在线监测问题，提出了一种利用高压电阻作为承压器件，配合低压二极管的IGBT导通压降在线监测电路，并分析了所提新型监测电路的结构及原理，以及影响监测电路检测效果的电路参数。通过双脉冲实验完成对所提监测电路监测效果的验证，结果表明所提监测电路具有良好的有效性与可靠性。

电机是电气化交通领域电气传动系统和机械传动系统的连接者。现有的相电流降额容错控制（PCDFTC）研究仅针对具有多组相同对称定子绕组的电机，并且只能将整套绕组作为最小单元进行降额，因此扭矩操作范围（TOR）是有限的。为了克服这一限制，清华大学郑泽东教授提出了一种采用不对称电流 RMS 约束的在线 PCDFTC 方法，该方法可以在线实现，以生成电流参考，并在确保圆形基本旋转磁场的情况下，在整个 TOR 中实现最小定子铜损耗。该方法解决了基于离线优化方法的电流参考过大而无法存储在微控制器中的问题。如果电机是机电能量转换的枢纽，那么电机控制器就是电机的大脑，近年来，串联绕组拓扑凭借其高电压利用率和高功率密度特性在电机驱动领域得到关注。针对现有串联绕组拓扑共模抑制方法存在的不足，华中科技大学蒋栋教授在本次会议中提出了新型共模干扰抑制方法。该方法可以实现串联绕组电机驱动全转速范围的降共模电压调制，同时实现零轴电流的主动控制。从而在改善共模性能的同时，兼顾差模输出特性。现行贯通改造方案存在功率密度低、改造成本高等问题，而基于电力电子技术的贯通牵引供电系统为解决负序电能质量与电分相问题提供了契机。湖南大学涂春鸣教授提出了一种高频隔离型两相-单相贯通牵引供电装置及其控制策略。在充分利用既有两相牵引变压器的基础上，采用三有源桥变换器连接输入输出侧，减小装置体积，提升系统功率密度，降低贯通系统改造成本。同时，又针对该装置的结构特点，提出一种二次纹波传递抵消与功率均分的控制策略，有效抑制直流侧二次纹波与负序电能质量问题，降低装置直流侧电容容量，进一步优化装置成本与体积。

在航空航天领域，脉冲电流负载会影响航空电源系统的高效稳定运行，采用大容量储能电容阵的脉冲功率被动平抑技术极大增加了电源设备的体积与重量。主动平抑技术可以大幅降低电源设备的体积，但额外的有源电路也会带来功率损耗，使得系统效率难以提高。为解决此问题，南京航空航天大学邢岩教授提出了纹波电压补偿型脉冲功率平抑架构。通过引入等效功率变换级数的概念分析了其效率优势，并详细分析了所提纹波电压补偿型平抑架构、电路实现及其控制策略。

目前车载充电机的功率等级要求越来越高，而提高功率等级可能会导致变换器中开关管应力过高，多模块级联运行成为其解决方案。为降低级联 DAB 变换器的回流功率同时实现每个 DAB 变换器模块之间的功率均衡，山东大学张祯滨教授提出了一种基于回流功率优化的功率均衡控制方法，并与传统控制进行了比较，验证了所提方法的有效性。

15. 先进电池及其储能装置与系统

在"双碳"战略目标驱动下，未来电力系统将以新能源为主体。大规模储能技术可有效平抑风、光等可再生清洁能源的间歇性和波动性，大幅提高新能源利用效率和电能质量，增强电力系统安全性与灵活性。同时新能源汽车、不间断电源、多电全电飞机和通信设备等应用领域对高能量和高功率存储系统的需求也在不断增加。在新能源汽车中，电池作为动力源，关乎其续航里程和性能表现。而在不间断电源领域，储能装置扮演着保障供电稳定性的关键角色，确保电力系统在停电时能够持续供电。在多电全电飞机的应用中，电池的轻量化和高能量密度对提升飞机性能至关重要。在通信设备中，储能装置能够提供备用电力，保证通信系统的持续运行。然而在电池与储能装置的工作过程中，受环境和负载的影响，电池的性能和状态也在持续变化，同时电池热失控也是当前面临最主要的问题之一。因此对电池与储能装置应用前一致性的筛选与比较，应用时的状态监测与工况控制显得尤为重要。

哈尔滨工业大学王立国教授团队建立了考虑泵转速变化的锌溴液流电池变容量模型，并基于一阶戴维南等效电路和无迹卡尔曼滤波方法实现了泵转速变化过程电池荷电状态的准确估计。华中科技大学蒋凯教授团队提出了一种最小二乘法遗忘因子的自适应调节机制，可以根据电池戴维南等效电路模型误差的统计特性实时调节遗忘因子。实验结果表明，在动态应力测试工况下，动态遗忘因子的加入能够有效减小电池模型的电压预测误差。北京交通大学张彩萍教授团队对电池充电阶段开展容量增量分析，并提取健康因子作为电池健康状态的有效特征，采用支持向量回归与反向传播神经网络组合构建集成模型，实现对电池健康状态的在线评估。南京航空航天大学王莉团队利用虚拟阻抗下垂控制实现负载功率按频域特性分配，并提出了基于线性自抗扰控制的次电压控制回路以优化协调控制以及基于模型预测控制的混合储能系统DC/DC变换器的改进控制方法，从而提高混合储能系统的动态响应性能。哈尔滨理工大学陈明华团队制备了PVDF-HFP/PAN凝胶电解质，探究其应用于锂离子混合电容器的储能特性。结果表明，基于该凝胶电解质的软包锂离子混合电容器可释放40mAh/g的比容量，同时循环500圈后仍具有82%容量保持率。

16. 燃料电池与氢能及其装置与系统

随着对氢能作为清洁能源载体潜力的认识加深，燃料电池与氢能技术的发展趋势逐渐明晰，提升系统效率、可持续性和成本效益将成为该领域的研究重点。这涉及燃料电池设计优化、高效率催化剂研发，以及氢能的高效生产、储存和输送技术。氢能供应链的高效化和成本降低也是行业热点，旨在解决氢能在更广泛应用中所面临的技术和经济挑战。这些新兴趋势和增长点预示着燃料电池与氢能技术在全球能源可持续发展中扮演着日益重要的角色。

为了解决阳极封闭质子交换膜燃料电池（DEA-PEMFC）在长期运行中性能下降的问题，针对电池内部电、热和水分布的复杂性，西安交通大学尧兢等学者开发了一种三维瞬态模型。采用DEA-PEMFC内部物理和化学过程的精确模拟，并据此设计了一套有效的吹扫策略，显著提高了电池的整体运行效率和寿命。为了优化金属氢化物（MH）储氢系统的放氢效率，针对系统热管理的重要性，西安交通大学刘家璇等学者深入探讨了翅片设计参数如长度、宽度和数量对MH储罐放氢特性的影响，实现了储罐设计的全面优化。为了实现光伏/制氢/燃料电池集成能源系统的有效运行，内蒙古工业大学袁天泽等学者建立了包括光伏阵列、电解槽、储氢罐和燃料电池等多个关键组件的综合能源系统模型，并提出了相应的控制策略。通过模拟和分析，该研究团队展示了该系统在不同运行条件下的性能，证明了所提控制策略的有效性。为了实现金属铝氢化物水解释氢产物的循环再生，西安交通大学赵崇涵等学者针对水解储氢材料的循环性问题提出了一种简易方法将水解释氢产物的金属离子分离，并与现有的电解还原方法和化学制备方法结合，成功实现了金属铝氢化物水解释氢产物的循环再生。为了提升$LiBH_4/SiO_2/LaB_6$复合储氢材料的放氢特性，西安交通大学黄依静等学者利用机械球磨法制备了该复合材料，并对其放氢性能进行了测试。通过对不同质量比复合材料的放氢性能的测试和分析，研究团队探讨了催化剂比例对氢气释放温度和放氢量的影响，为进一步优化此类储氢材料的设计提供了有价值的数据。为了提高质子交换膜电解槽（PEMWE）中的传质过电势性能，针对阳极催化层中全氟磺酸离聚物的热退火处理，上海交通大学赵聪凡等学者进行了一系列的实验研究。结果表明，在146℃进行热退火处理能显著提升电池性能和降低传质损失，这主要归因于阳极催化层中溶解氧气传输的增强。这项研究为未来高性能PEMWE应用中PFSA离聚物的发展提供了新的视角。

17. 电能与其他能量转换元件、装置与系统

随着工业界对高效、可持续能源解决方案需求的不断增长，电能与其他能量转换元件、装置与系统研究领域迎来了发展机遇。电能转换和管理技术正变得更加高效和智能化，这些技术的发展不仅提升了电力系统的性能，也使得能源的利用更加多样和灵活。随着可再生能源和智能电网的发展，这一领域正日益成为实现全球能源转型的关键部分。

为了提高交流测试电源的效率和降低总谐波畸变（THD），针对线性功率放大器在交流测试电源中体积大、效率低的问题，湖南大学徐千鸣教授团队提出了基于级联多电平逆变器和线性放大器的混合功率放大器。通过对比三种混合功率放大器拓扑结构的优劣，提出了一种改进型控制电路，仿真结果表明这种混合功率放大器在半功率至全功率工况范围内，THD均小于0.7%，运行效率超过92%。为了提升摩擦纳米发电机（TENG）在自供电微系统中的实际应用能力，浙江大学杜禹侃等学者针对TENG大阻抗、高电压、低电流输出特性难以直接利用的问题，探讨了TENG的能量管理技术。并从TENG电能产生原理出发，分析了其在电路中的输出特性，并展示了几类针对TENG能量变换过程的电源管理技术，为TENG能量管理技

术的发展提供了有利参考。为了提高感应加热电源的输出功率并改善其工作稳定性，针对高频感应加热电源设计中的功率和稳定性限制，湖南大学马伏军教授团队提出了对称T型LCL高频谐振感应加热电源及其控制策略。这种电源设计采用了双端电源结构，可大幅提升输出功率并增强稳定性，同时不需要高频变压器，可通过静态耦合实现负载匹配。此外，还提出了一种新型的PWM双移相控制策略，该策略通过调节两端逆变器输出的PWM脉冲移相，实现了功率的大范围调节和开关管的软开关。通过仿真分析验证了该设计的正确性和控制策略的合理性。

18. 电力电子装置相关电工材料与元器件技术

随着特高压柔直输电技术、新能源汽车、轨道交通以及风电等领域的不断发展，电力电子器件高频化、高压化和大功率化是未来发展的重要方向。然而，高频高压以及器件运行产生的高温对设备整体安全性与可靠性提出了极大挑战，亟需寻找满足需求的电力电子器件封装和绝缘的新材料并对其工艺进行改进。其中，高分子聚合物材料、纳米填料环氧树脂复合材料等新型材料因具有高绝缘性能等优异特性而备受关注。同时，各类绝缘材料在高频非正弦激励下的绝缘老化机理对器件绝缘设计意义重大。此外，双面冷却结构的封装方法可以优化寄生参数实现均衡散热、提高功率模块性能，是器件封装技术研究热点。

在绝缘材料高频方波下的老化机理方面，西安交通大学王威望教授等学者研究了不同厚度的环氧试样在高频非正弦电压下的击穿特性，并通过加压与短路相结合的方式，研究环氧绝缘空间电荷积聚与消散特性。研究表明，在双极性方波下环氧树脂薄膜的击穿强度随频率的增加而降低，击穿场强下降的速率随着频率的增加逐渐降低；击穿场强随厚度的增大而减小，呈现类似指数规律下降的趋势。此外，交流电场下空间电荷积聚在电极/电介质界面附近，且绝缘介质内部平均电荷密度随频率的增加而降低。在新型电工材料方面，西安建筑科技大学王争东教授团队制备了苯基改性有机硅凝胶，室温击穿场强可达32.62kV/mm，相比纯有机硅凝胶提高了17.42%，且150℃击穿场强相较于室温击穿场强仅下降25.38%，展现出优良的高温耐电特性，同时该材料具有较低的介电损耗。浙江大学陈向荣教授团队研究了温度和微纳米填料浓度对环氧树脂混杂复合材料热绝缘和电绝缘性能的影响，发现通过采用适当的微米-纳米填料组合，可以同时提高导热性和击穿强度。在元器件技术方面，西安交通大学王来利教授团队提出了一种针对SiCMOSFET设计的双面散热芯片倒装功率模块，通过采用PTFE涂层敷DBC基板，实现了传统双面模块中金属垫片的去除，提高了模块的散热能力并降低了寄生电感。合肥工业大学赵玉顺教授采用差示扫描量热法研究了中频变压器用环氧树脂的固化动力学过程，并建立了固化动力学模型；采用有限元法对中频变压器的固封结构进行建模，计算了变压器用环氧树脂固化过程中的应力分布、固化度曲线和放热曲线，为中频变压器用环氧树脂的固化封装提供了参考。

19. 电力电子与直流输配电

近年来，随着新能源的大规模接入和电力需求的持续增长，传统交流输电系统面临着越来越多的挑战，如远距离输电损耗、电网稳定性等问题。为了解决这些问题，国内学者们致力于开发新型的直流输配电技术，如高压直流输电系统和多端直流输电系统，它们能够实现远距离、大容量的电力传输，同时减少输电能量损耗。电力电子变换器是直流系统中的重要组件，而常规直流输电换流站在新能源渗透率日益升高的弱电网环境下运行时会出现送端过电压和宽频振荡等问题，因此相关控制策略等问题受到了广泛关注。

重庆大学杨宏钧教授等提出了基于不同分区点的单输入单输出模型稳定性分析方法。在分析系统连接弱电网稳定性时，采用多个分区点的系统端口参数模型更准确，从而解决了系统稳定性分析可能对分区点选择敏感的问题。华中科技大学袁小明教授团队通过建立换流站的激励-响应关系，揭示了锁相环对交流电流频率调节的影响机制，并通过仿真进一步说明了锁相环的参变调节机制，解决了弱电网下换流站运行机制的认识问题。针对多端直流输电系统不能通过控制换流站实现直流潮流的精确控制的问题，东南大学陈武教授团队提出了一种基于耦合电感的多端口线间型直流潮流控制器，通过耦合电感传递多条线路之间的能量，实现了各条线路之间的解耦控制，并通过仿真验证了潮流控制器的有效性，解决了多端直流输电系统精确控制直流潮流的问题。上海交通大学朱淼教授团队基于新型可控电网换相换流器在单阀短路瞬间及单阀短路后电流波形及特征，提出了主保护和后备保护两种保护策略，通过仿真验证了所提保护方案的有效性，解决了可控电网换相换流器在单阀短路故障情况下的电流控制和保护问题。"先进输电技术"国家重点实验室汤广福院士、高冲研究员等学者提出了可控电网换相换流器主避雷器和V13子阀避雷器充当耗能电阻的耗能模式工作原理，建立了阀避雷器的非线性时变电压源模型，并通过直流系统仿真模型证明了可控电网换相换流器在发挥换流作用的同时充当直流耗能装置，解决了逆变站交流系统单相接地故障对直流系统的冲击问题。传统子模块电压平衡方法依赖于实时监测和排序每个子模块的电容器电压，这需要高速双向通信和复杂的协调计算，增加了实施成本并降低了系统可靠性。针对此问题，浙江大学李武华教授等学者提出了一种最优循环矩阵调制方法，其作为基本的循环调制方法，能保持固有的平衡能力和子模块均匀性，同时能够最大限度地减小子模块电容电压纹波。

20. 电力电子与人工智能

人工智能技术的快速发展对电力电子领域具有重要的推动作用。在电力电子器件和系统的设计优化方面，通过机器学习算法分析大量数据并识别最佳设计参数，以提高电力电子系统的效率、可靠性和性能。在电力电子系统的智能控制领域，利用深度学习和强化学习算法，系统可以自动调整控制策略以应对不同的工作条件和需求，从而提高系统的响应速度、稳定性和精度。在电力电子系统的故障诊断和预测维护方面，通过监测和分析系统运行数据可以自动检测异常行为并预测可能的故障，从而提前采取维护措施，减少系统停机时间和维修成本。人工智能技术还可以实现电力电子系统的自适应控制策略,系统可以根据外部环境和负载需求实时调整控制参数,以最大程度提高系统的性能和适应性。未来,人工智能在优化设计、智能化电力系统控制、能源管理与优化、电力电子设备故障诊断与预测维护、智能化电力市场交易以及新能源智能接入等多个领域都将发挥重要作用。安徽工业大学刘晓东教授利用人工智能算法解决直流微电网中的大信号稳定性分析问题。通过利用神经网络的黑箱建模优势,结合 Lyapunov 函数的稳定性分析方法,分析直流微电网的大信号稳定性。估计系统稳定区域,确定系统可容忍的大扰动幅度,分析了恒功率负载对系统稳定域的影响,并完成了仿真验证。

21. 电力电子与综合能源系统

随着我国经济社会快速发展,能源生产模式与消费模式正在发生重大转变,能源产业肩负着提高能源效率、保障能源安全和促进新能源消纳等新使命。传统能源系统建设以单一系统的纵向延伸为主,能源系统间物理互联和信息交互较少。而综合能源系统改变了传统能源系统建设路径和发展模式,是"建设清洁低碳、安全高效的现代能源体系"的题中之义。海军工程大学赵镜红等学者针对含氢负荷的园区综合能源系统,提出了一种考虑氢储能余热回收的日前经济优化调度模型。该模型以电网交易成本、氢储能和电池储能系统的使用成本、氢储能系统的启停惩罚构建日前优化调度目标函数,通过在目标函数中添加氢储能系统的使用成本和启停惩罚项,减少了氢储能系统启停次数,使制定的日前调度计划更加经济合理,同时实现了系统内电、氢、热能的协调控制。通过氢储能系统的余热回收,有效提高了系统的能量利用率并改善了系统运行的经济性,相比无余热回收的系统,日前优化调度成本最高降低了 10.4%。

电压暂降研究和治理技术的现状和发展趋势

中国电源学会电能质量专业委员会
汪颖、李顺祎

摘要：电压暂降作为电力系统中一种常见的质量问题，对工业生产和电力设备具有显著的负面影响。本报告聚焦电压暂降研究和治理技术，首先回顾了电压暂降的定义、特征及其检测技术，对比了当前各项技术的优劣；其次，详细分析了电压暂降后果严重程度评估和风险评估技术与应用现状，并展望了新型电力系统背景下的电压暂降风险评估挑战；再次，对电压暂降治理技术展开综述，详细分析对比了不同治理手段、不同治理设备的特点与优势；最后，针对现有研究和技术应用现状，报告指出了未来电压暂降研究和治理技术的发展趋势和潜在方向，旨在为电力系统的可靠性和电能质量的提升提供一定思路。

一、概述

制造业作为国民经济的主体，是立国之基石、兴国之根本、强国之重器。2015年提出的《中国制造2025》行动纲领强调，实施创新驱动发展战略，推动大众创业、万众创新，进一步发展服务业、高新技术产业、中小微企业，提高实体经济竞争力。2020年，国务院《关于促进国家高新技术产业开发区高质量发展的若干意见》围绕大力推进现代高端制造产业，明确指出应促进攻克支撑产业和区域发展的关键核心技术。电能是现代工业体系的载体，是制造业的重中之重，因此，电力安全稳定、解决典型电力扰动等问题是高端制造产业实现高速发展的重要保障[1]。

在多种电力扰动中，电压暂降和短时中断被认为是影响设备安全运行的最突出的典型扰动问题。电压暂降是电力系统运行过程中不可避免的短时扰动现象，体现为某点工频电压方均根值突然降低至0.1~0.9pu，并在短暂持续10ms~1min后恢复正常。以自动化精细化生产为特点的现代高端制造业，接入了大量精密用电设备，包括个人计算机（Personal Computer，PC）、变频器（Variable-frequency Drive，VFD）、可调速驱动器（Adjustable Speed Drives，ASD）、交流接触器（AC Contactor，ACC）和可编程逻辑控制器（Programmable Logic Controller，PLC）等。可能造成PC死机/重启/数据丢失、VFD失压保护无动作、ASD调速出错、ACC自动脱扣、PLC失去灵敏度等，进而导致整个生产/运行线路中断甚至发生危险，给制造业用户、电网和社会带来高额损失和不良影响[2]。

2015年，四川成都彭州石化因为电压暂降问题出现化工环节燃烧不充分、烟囱冒黑烟情况，造成环境污染的同时，也使得社会舆情严重。2020年青海省西宁电网发生单相接地故障，其引起的电压暂降使得电网甩负荷18.3万kW，影响电网安全生产。2017年美国纽约和布鲁克林因电压暂降造成地铁停运，影响几十万人次出行，造成重大经济损失和社会影响。2019年，中国广州白云机场行李分拣系统因电压暂降跳停，造成机场秩序紊乱。表1为由美国电力研究所（Electric Power Research Institute，EPRI）和中国各省电科院在2010—2020年间对不同敏感行业在电压暂降/中断下的经济损失调查结果。可见，对于电压暂降敏感行业，尤其是石油化工行业、半导体行业和汽车制造行业等，其年度电压暂降/中断经济损失达到了100万元/MW甚至更高。对于大型生产企业而言，其负荷总功率可达10~20MW以上，因此电压暂降事件给制造业带来的损失极为严重。

因此，电压暂降的治理显得尤为重要，在电力用户层面、电网层面、社会层面和国家层面可产生巨大效益。实现电压暂降治理的前提是电压暂降的检测与评估技术，目前也是电压暂降研究领域的重点。首先，需要明确电压暂降的特征，进而研发相应的检测技术，通过及时准确地检测电压暂降事件，可以帮助电力系统运维人员快速响应，采取相应的措施来防范潜在的事故，确保电力供应不受干扰。其次，对电压暂降水平进行评估，有助于了解其对电力系统的影响程度。通过深入分析电压暂降的后果严重程度与风险可能性，可以为制定相应的治理策略提供科学依据，还能帮助优化电力系统的设计和运行，提高系统的抗干扰能力，减小电压暂降对设备和系统的损害。基于以上技术，开展电压暂降治理，减少电压暂降事件的发生频率和影响程度，降低经济损失与社会危害，提升供电品质和用户满意度。

综上所述，本报告聚焦电压暂降研究和治理技术，首先，对电压暂降特征与检测技术进行综述；其次，介绍了电压暂降后果严重程度评估和风险评估技术与应用；再次，对电压暂降治理技术的研究进行了综述；最后，对电压暂降研究和治理技术的发展趋势进行了展望。

二、电压暂降特征与检测技术

电压暂降特征量是电能质量中重要的指标，针对当今电力系统中电压暂降敏感负荷大量接入的现状，如何准确快速地识别电压暂降信息是保证用电设备安全稳定运行的关键。

此处从电压暂降现象的特征入手，对时域和变换域中不同的电压暂降检测方法原理进行综述，详细分析有效值检测法、残差电压检测法、d-q坐标分量检测法、两点检测

表1 不同敏感行业的电压暂降/中断经济损失统计

敏感行业	单次暂降/中断经济损失（万元/MW）	年度暂降/中断经济损失（万元/MW）
金属矿开采	2.5~7.5	10~40
猪肉加工	3.0~5.0	10~30
饮料加工	3.0~5.0	10~30
棉纺厂	2.5~7.5	10~50
木制品厂	3.0~6.0	15~80
家具厂	5~15	10~30
造纸厂	2.0	17
印刷厂	1.0~2.0	15~50
制药厂	5.0~50	10~40
化工厂	10	20
医疗设备生产	5~15	10~40
石油化工厂	30~40	150~200
橡胶制品厂	3~4.5	4~16
金属加工器械	4~10	15~50
计算机生产	10~20	5~50
家用电器生产	2.5~7.5	15~50
通信设备生产	10	30
半导体加工	4.0~5.0	50
芯片生产	2.0~6.0	30~120
汽车制造	4.0~12.0	50~300

法以及小波变换、傅里叶变换等方法的时效性、抗干扰性以及实用性等不同特点，最后对所列的主要检测方法进行归纳和总结。

1. 电压暂降的特征

（1）电压暂降幅值

由于电压暂降是电压快速下降后恢复的过程，因此根据其典型波形变化特点，电压暂降幅值定义为暂降过程中的最低电压。电能质量标准 IEC 61000-4-30 规定使用暂降过程中的 $V_{rms(1/2)}$ 的最小值，其中，$V_{rms(1/2)}$ 为计算窗长度为1周波、每半周波更新计算一次的有效值，一般以电压数值或者标称电压、滑动参考电压的百分比表示。对于三相或两相电压暂降，电压暂降幅值应取三相中暂降最严重的一相计算。由于电压暂降是以时间上的采样点记录的，电压有效值只能根据时域采样电压进行计算，如下所示：

$$V_{rms}(k) = \sqrt{\frac{1}{N}\sum_{i=k-N+1}^{i=k} V_i^2} \quad (1)$$

式中，N 为半周波内的采样次数；V_i 为时域内采样电压值。可见，电压有效值并不是立即降低而是经历了一个周波的过渡过程。同时还发现，暂降过程中，有效值并不是完全恒定的，故障后电压也不是立即恢复。

（2）电压暂降持续时间

定义持续时间为当任意相电压的方均根值低于某一设定阈值的时刻开始至所有三相电压方均根值均恢复至设定阈值以上的时刻。阈值通常选择为标称电压幅值的90%。

（3）相位跳变

电力系统的短路故障不仅会引起电压幅值下降，还会导致电压相位角的改变。在50Hz或60Hz系统内，电压是有幅值和相位角的复数量（一个相量），系统的改变，如短路将引起电压的变化，这种变化不仅限于相量的幅值，也包括相位角的改变。我们将后者称为电压暂降的相位跳变，相位跳变为瞬时电压过零点的变化。对于许多设备而言，相位跳变并不值得关注，但是用相位角信息作为其触发角的电力电子换流器却可能会受影响。

为理解电压暂降相位跳变的产生原因，可用图的单相分压模型，其中，Z_S 和 Z_F 为复数值。忽略所有负荷电流，且假设 $E=1$，则 PCC 点电压为

$$\overline{V}_{sag} = \frac{Z_F}{Z_S + Z_F} \quad (2)$$

设 $Z_S = R_S + jX_S$，$Z_F = R_F + jX_F$，则电压矢量的幅角，即电压的相位跳变可由下式得出：

$$\Delta\phi = \arg(\overline{V}_{sag}) = \arctan\left(\frac{X_F}{R_F}\right) - \arctan\left(\frac{X_S + X_F}{R_S + R_F}\right) \quad (3)$$

若 $X_S/R_S = X_F/R_F$，则式（3）的值为0，即没有相位跳变。因此，如果系统与馈线的 X/R 比值不同，就会引起相位跳变。另一个原因是，暂降向低电压等级转移引起相位跳变。电压暂降分压模型如图1所示。

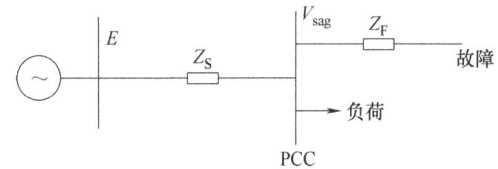

图1 电压暂降分压模型

（4）波形点

波形点指暂降发生时基波瞬时电压的相位角。为得到更精确的暂降持续时间，需要高精度地确定暂降的"开始"与"结束"，找到"暂降波形起始点"和"电压波形恢复点"都需要更先进的分析技术，这些技术仍在发展中。

1）暂降波形起始点。

暂降波形起始点是电压暂降开始时刻基频电压波形的相位角，该相位角对应于短路故障发生瞬间的角度。由于多数故障与闪络有关，故障发生在电压最大时刻的可能性比发生在电压接近于零的时刻的可能性要大。

在量化波形点时，需要有一个参考点。基频电压的向上过零点显然是一种选择。通常以故障前电压的最后一个向上过零点作为参考，因为这个电压很类似于基频电压。如图2所示，1周波（1/50s）开始于暂降发生前最后一个向上过零点。可见，暂降起始波形点大约为275°，仔细分析数据可知，波形点在276°和280°之间。暂降开始的斜坡实际持续4°，约185μs，这可能是由测量电路的低通特性所致。

图3给出了暂降的三相。对于每一相，水平轴零点是该相暂降开始前最后一个向上过零点。可见，三相波形点

不同，这是显然的，因为三相暂降事件开始于同一时刻。由于电压过零点存在120°偏移，因此，波形点值也相差120°。如果用相间电压，得到的结果又不同。在量化波形点时，明确定义参考点非常重要。

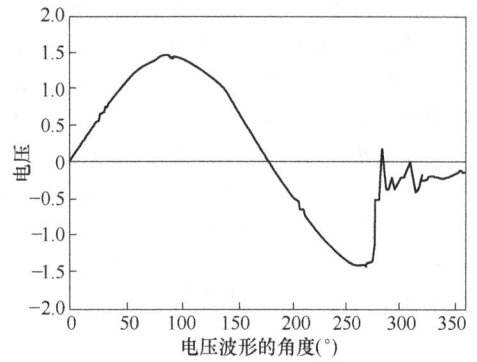

图2　暂降波形起始点的位置

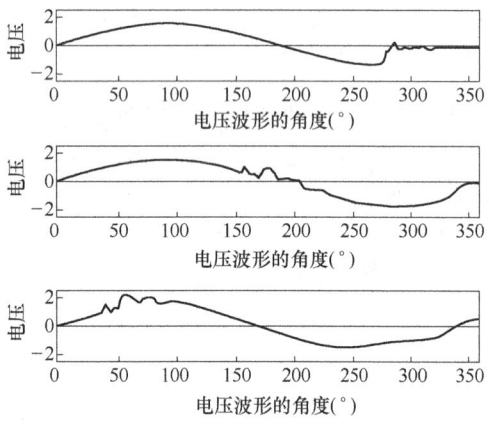

图3　三相中暂降发生起始点

2) 电压波形恢复点。

电压波形恢复点是指电压恢复时刻对应的基频电压波形的相位角。在前面已发现，许多电能质量监测寻找电压恢复到标称电压的90%或95%的点。注意，在多数情况下，这两个点之间是无关联的。

电压恢复对应于故障清除，一般发生在电流过零点。因为电力系统是感性的，电流过零对应于电压最大点。因此，可预期电压波形恢复点在90°或270°附近。这是假设以暂降前工频电压为参考点，而不是暂降过程中的电压。驱动故障电流的是暂降前电压，该电压与故障电流相比偏移90°。暂降波形恢复点的位置如图4所示，至少在这种情况下，暂降恢复比暂降发生得慢。电压恢复形状对应于断路器测试中的"暂态恢复电压"。图中平滑的正弦曲线是暂降前基频电压波形的延续。分析电压恢复的开始点，可发现波形点为52°，若进一步假设故障清除的瞬间为零电流时刻，可发现电流滞后于电压52°，这样可求出故障点处X/R等于$\arctan 52° = 1.3$。

对两相接地或三相故障，三相故障清除不在同一瞬间，这样会使电压恢复波形点的确定变得困难。将这一概念应用于三相不对称暂降的分析，需要清晰定义一个参考点和参考相。

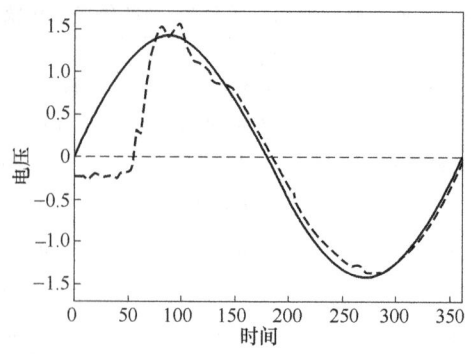

图4　暂降波形恢复点的位置

2. 电压暂降检测技术

现代电力系统中，随着半导体技术、数字化技术、电力电子技术及大规模集成技术的飞速发展，新型用电设备在各行各业中得到了广泛应用，这些设备对由系统正常运行时难以避免的故障导致的电压暂降十分敏感，由电压暂降导致的经济损失和用户抱怨日益严重。准确检测系统内发生的电压暂降，进而记录暂降事件的波形，是后续暂降多维特征分析和暂降治理的基础，也是暂降信息挖掘和相关知识发现的先决条件，对有效降低电压暂降给供用电双方带来的影响和危害具有重大意义。

（1）方均根值检测方法

由于电压暂降是电压幅值波形发生变化的事件，因此采用时域内滑动窗口计算有效值是分析电压暂降最常用的方法，也是标准中定义的电压暂降幅值计算方法，该方法根据热等效原理，计算公式如下所示：

$$U_{\rm rms}(i) = \sqrt{\frac{1}{N}\sum_{i=1}^{N} u^2(i)} \tag{4}$$

式中，$U_{\rm rms}$为电压有效值；N为选取的窗口宽度，可为每周波的采样点数或每周波的采样点数除以2；$u(i)$为第i次被采样到的电压波形的瞬时值。

根据滑动窗宽不同，其检测方法的效率也不同，常见的窗口宽度有以下三种：

1) 滑动窗为1周波，每半个周波滑动计算有效值（定义法）。有效值决定了任何类型的纯电阻设备（如白炽灯、电炉和电水壶）的性能，因此该方法适用于纯电阻类设备；不同次谐波在一个周期内正交，因此对谐波不敏感；由于每半个周波计算一次，具有计算快速的特点，因此该方法暂降幅值波形受半周计算起始点影响以及不适用于持续时间较短的电压暂降。

2) 滑动窗为1周波，逐点滑动计算有效值。不同次谐波在一个周期内正交，因此对谐波不敏感；逐点而计算精度高，但是计算速度慢。

3) 滑动窗为0.5周波，逐点滑动计算有效值。逐点计算精度高，由于滑动窗为0.5周波，计算暂降幅值时过渡较快，更适用于短时暂降或多级短时暂降，也由于计算窗口为半周波因此对偶次谐波敏感。

同电压幅值一样，在故障的发生和恢复阶段相位同样会发生突变。因此，电压相位随时间变化的曲线同样是后续数据分析中的关键。但是方均根值法无法检测相位突变情况，这是该方法的一大缺陷。

(2) 时频分析方法

1) 快速傅里叶变换。

快速傅里叶变换算法（FFT）最早由 J. W. Cooley 和 J. W. Tukey 于 1965 年提出，其用分治法的思想递归地将离散傅里叶变换（Discrete Fourier Transform，DFT）小规模化，主要通过将 DFT 矩阵分解为稀疏因子之积来快速计算，能够将 N 点 DFT 的计算复杂度从直接实现时的 $O(N^2)$ 降低到 $O(N\log N)$[3]。

令采样点 $N=2^M$，M 为正整数。我们可将离散傅里叶变换 $x(n)$ 按奇、偶分成两组，即令 $n=2r$ 及 $n=2r+1$（$r=0,1,\cdots,N/2-1$），于是

$$X(k)=\sum_{r=0}^{N/2-1}x(2r)W_{N/2}^{rk}+W_N^k\sum_{r=0}^{N/2-1}x(2r+1)W_{N/2}^{rk} \quad (5)$$

令

$$A(k)=\sum_{r=0}^{N/2-1}x(2r)W_{N/2}^{rk} \quad (k=0,1,\cdots,\frac{N}{2}-1) \quad (6)$$

$$B(k)=\sum_{r=0}^{N/2-1}x(2r+1)W_{N/2}^{rk} \quad (k=0,1,\cdots,\frac{N}{2}-1) \quad (7)$$

那么

$$X(k)=A(k)+W_N^k B(k) \quad (k=0,1,\cdots,\frac{N}{2}-1) \quad (8)$$

$A(k)$，$B(k)$ 都是 $N/2$ 点的 DFT，$X(k)$ 是 N 点的 DFT，这样就将 DFT 小规模化了。由以上分析可见，只要求出（0，0.5N-1）区间内各个整数 k 值所对应的 $A(k)$ 和 $B(k)$ 值，即可求出（0，N-1）区间内的全部 $X(k)$ 值，这一点恰恰是 FFT 能大量简化计算的关键所在。

提取电压暂降信号 FFT 分解后的基频幅值，作基频幅值随时间变化的曲线，即可得到电压暂降幅值，低于阈值时，可检测到电压暂降。

2) 小波变换。

小波变换是由法国理论物理学家 Grossmann 与法国数学家 Morlet 等共同提出的，是当前应用数学中一个迅速发展起来的新领域。经过近十多年的探索与研究，小波变换的重要数学形式化体系已经建立，理论基础更加坚实。与傅里叶变换、窗口傅里叶变换相比，小波变换是时间和频率的局域变换，因而能有效地从信号中提取有用的信息，通过伸缩和平移等运算功能对函数或信号进行多尺度细化分析，解决了傅里叶变换不能解决的许多困难问题。小波变换在电力系统分析中有广泛的应用。除了微分方程的求解问题之外，原则上，能用傅里叶分析的地方均可用小波分析，甚至能获得更好的结果。连续小波变换的表达式为[4]

$$\text{CWT}_x^\psi(\tau,s)=\Psi_x^\psi(\tau,s)=\frac{1}{\sqrt{|s|}}\int x(t)\psi*\left(\frac{t-\tau}{s}\right)dt \quad (9)$$

小波变换的一大特点是多分辨率分析（Multi-Resolution Analysis，MRA），又称为多尺度分析，是建立在函数空间概念上的理论，但其思想的形成来源于工程，其创建者 S. mallat 是在研究图像处理问题时建立这套理论的。Meyer 正交小波基的提出，使得 S. mallat 想到是否可以用正交小波基的多尺度特性将图像展开，以得到图像不同尺度的"信息增量"。正是这种想法导致了多分辨率分析理论的建立。多分辨率分析不仅为正交小波基的构造提供了一种简单的方法，而且为正交小波变换的快算法提供理论依据。

电压暂降的起止时刻常常对应着电压信号的奇异点，由于小波分析可在时频域局部化，并且时窗和频窗的宽度可调节，因此能够检测到突变信号；当取小波母函数为平滑函数的一阶导数时，信号的小波变换的模在信号的突变点取得局部极大值；如再考虑多分辨率（多尺度）小波分析，则随着尺度的增大，噪声引起的小波变换模的极大值点迅速减小，因而突变信号引起的小波变换模的极大值点得以显露，所以小波分析不但可以在低信噪比的信号中检测到突变信号，而且可以滤去噪声恢复原信号。因此可通过小波分析来检测扰动产生的奇异点，从而实现对电压暂降起止时刻的精确确定。

3) S 变换。

S 变换是由 R. G. Stockwell 在 1996 年提出的一种可逆的局部信号处理算法，该算法是由连续小波变换（CWT）和短时傅里叶变换（STFT）结合发展起来的另一种时频分析方法，其引入了宽度与频率成反比的高斯窗，具有与频率相关的分辨率。S 变换具有良好的时频特性，因而非常适合于进行电压暂降扰动信号特征提取。暂降信号经过 S 变换后得到一个复矩阵，对其求模后得到 S 模矩阵，模矩阵的行向量表示暂降信号频率的时域分布，列向量表示暂降信号的幅频特性。由于信号畸变主要体现在频率与幅值的变换，基频幅值变化可以有效表现各类暂降信号特征。信号的连续 S 变换定义如下[5]：

$$S(\tau,f)=\int_{-\infty}^{+\infty}x(t)w(\tau-t,f)\exp(-2\pi ift)dt \quad (10)$$

$$w(\tau-t,f)=\frac{|f|}{\sqrt{2\pi}}\exp\left[\frac{-f^2(\tau-t)^2}{2}\right] \quad (11)$$

式中，w 为高斯窗；τ 为控制高斯窗口在 t 轴位置的参数。由式中可以看出，S 变换不同于短时傅里叶变换之处在于高斯窗口的高度和宽度随频率而变化，这样就克服了短时傅里叶变换窗口高度和宽度固定的缺陷。

离散 S 变换可以通过以下方式获得：设 $x(kT)$（$k=0,1,2,\cdots,N-1$）是对连续时间信号 $x(t)$ 进行采样得到的离散时间序列，T 是采样时间间隔，N 为总采样点数。离散 S 变换为

$$S\left[jT,\frac{n}{NT}\right]=\sum_{m=0}^{N-1}X\left[\frac{m+n}{NT}\right]\exp\left(-\frac{2\pi^2 m^2}{n^2}\right)\exp\left(j\frac{2\pi mi}{N}\right) \quad (12)$$

式中，代表时间的 $j=0,1,2,\cdots,N-1$；代表频率的 $n=1,2,\cdots,N-1$。

显然，连续信号 $x(t)$ 的采样时间序列 $x(kT)$ 经 S 变换后结果是一个复时频矩阵，记为 S 矩阵，其列对应时间，行对应频率。将 S 矩阵各个元素求模后得到的矩阵记为 S 模矩阵，其列向量表示信号某一时刻的幅值随频率变化的分布，其行向量表示信号某一频率处的幅值随时间变化的分布。因此 S 模矩阵某位置元素的大小就是相应频率和时间处信号 S 变换的幅值。

S变换继承了短时傅里叶变换和连续小波变换的优点，同时也解决了两者的缺陷。短时傅里叶变换有窗口高度和宽度固定的特点，所以不能根据时间和频率的变换调整时频分辨率，而小波变换在分析不同信号时需要选取不同的母小波，S变换能够克服它们的缺陷，S变换的核心是一个窗宽与频率成反比的高斯窗函数，因此实现了在低频段时的频率分辨率较高，在高频段时的时间分辨率较高的多尺度分辨特性。

通过S变换能够较准确地求得电压暂降的电压幅值、起止时间和相位偏移量，但S变换的计算复杂度相对较高，且传统S变换高斯窗的宽度虽然是随频率变化的，但是其与频率的反比关系却仍是相对固定。因此，针对传统S变换的不足已发展有多种变体，诸如改进S变换、TT变换、快速S变换、不完全S变换以及离散正交S变换等方法。

（3）矢量变换方法

在电压暂降分析中，往往通过矢量变换使问题的分析求解得以简化。例如，当三相供电系统供电电压为对称的正弦交流时，可通过矢量变换，用撤除负荷电流基波有功分量的补偿电流矢量作为可控变量，来实时补偿三相负荷的无功功率变动量，以抑制电力系统的电压动态变化。矢量变换有多种形式，可分为dq变换、$\alpha\beta$变换等。从坐标变换和电机工程的观点来看，$\alpha\beta$变换属于定子坐标系变换，而dq变换属于转子坐标系变换。此处将对矢量变换的主要形式作介绍，并分析它们在电压暂降中的应用。

1）120变换。

120坐标系是一个静止的复数坐标系，与abc坐标系的关系为

$$\begin{aligned} i_a &= i_1 + i_2 + i_0 \\ i_b &= a^2 i_1 + a i_2 + i_0 \\ i_c &= a i_1 + a^2 i_2 + i_0 \end{aligned} \quad (13)$$

可以看出，120变换在形式上与对称分量变换方法很相似，不同的是120变换中的量是瞬时值，而对称分量法通过相量的形式进行表达，应用局限于稳态量，所以120变换又称为瞬时值对称分量变换。

对称分量法能将一组不对称的三相电压（或电流）分解为3组对称的正序、负序、零序电压（或电流），先按各序对称的三相系统单独作用的情况分别计算，再把结果叠加就得到原来那组不对称三相电压（或电流）作用的结果。

将单相电压看作两相为零的三相不对称电压，应用120变换提取其正序分量，然后基于复域abc/dq变换法计算电压的幅值与相角，实现电压暂降的检测。与其他检测法不同，120变换利用相量所包含的相角信息，只需进行复域d变换或者q变换，计算量减小，降低了对设备的硬件要求。

2）dq变换。

dq变换，即著名的派克变换，是一种将参考坐标自旋转电机的定子侧转移到转子侧的坐标变换。1929年，派克（R. H. Park）提出用$dq0$坐标系来表示同步电机基本方程，奠定了同步电机暂态分析的理论基础。经过半个多世纪，dq变换在电能质量分析、无功补偿及电机调速等技术领域又开拓了新的应用。

假设定子abc三相绕组沿气隙在空间上互差120°并作正弦分布，转子d轴绕组通以直流电流，所产生的磁场沿气隙作正弦分布。那么，定子绕组通以平衡的三相交流电流所产生的旋转磁场，与转子绕组通以直流电流并以同步角频率顺相序旋转所产生的旋转磁场有相同的效应。

该方法用两个同转子一起旋转的等效绕组代替静止的三相绕组，这样一来三相的对称交流就变成了直流。但是该方法仅能应用在三相对称且同时发生暂降的情况，但对于单相系统或是三相电压仅有一相或者两相发生暂降时，需要对任一相电压分开考虑，将该相电压视为三相中的某一相，然后利用延时或者其他方法构造虚拟的另外两相电压，这样便可以进行dq变换。单相dq变换法[6]根据所得电压构造出$\alpha\beta$静止坐标系中的分量，再将其转换到dq旋转坐标系中，最后通过滤波器得到暂降特征量进行暂降检测。该方法适用于单相电压系统，同时可以检测到相位变化，但增加了90°的延迟，使检测动态性变差，不利于实时检测。

3）$\alpha\beta$变换。

假定同步电机的定子三相绕组空间上互差120，且通以时间上互差120的三相正弦交流电，此时，在空间上会建立一个角速度为ω的旋转磁场。另外，若定子空间上有互相垂直的$\alpha\beta$两相绕组，且在绕组中通以互差90的两相平衡交流电流时，也能建立与三相绕组等效的旋转磁场，因而可用$\alpha\beta$两相绕组等效代替定子三相绕组的作用。这就是$\alpha\beta$变换的思路，也是$\alpha\beta$变换的物理解释。

假设同步电机的定子三相绕组通以时间上互差120的三相正弦交流电，其分别为i_a、i_b和i_c，而经过$\alpha\beta$变换后的两相电流分别为i_α和i_β，则变换的公式为

$$\begin{bmatrix} i_\alpha \\ i_\beta \end{bmatrix} = \sqrt{\frac{2}{3}} \begin{bmatrix} 1 & -\frac{1}{2} & -\frac{1}{2} \\ 0 & \frac{\sqrt{3}}{2} & -\frac{\sqrt{3}}{2} \end{bmatrix} \begin{bmatrix} i_a \\ i_b \\ i_c \end{bmatrix} \quad (14)$$

根据实测所得到的单相电压延时90°来构造$\alpha\beta$静止坐标系上u_α、u_β，再对u_α、u_β进行dq变换得到u_d、u_q，通过低通滤波器得到dq电压中的直流分量u_{d0}、u_{q0}，从而得到基波电压的幅值和相位。

由于u_α分量是由u_β滞后90°后的数据构成的，所以该方法所用的数据不具有同时性，这会造成从系统发生故障到检测到故障所用时间比较长；另一方面，数据的不同时性常常造成检测波形出现短时扰动。

（4）总结与发展趋势

1）检测算法小结。

为了清楚地对上述所有检测方法进行归纳，从检测快速性，准确性，突变起止时刻检测性能，抗谐波干扰性，能否检测相位突变，离散化实现难度这几个方面作总结，详情见表2[7]。

2）检测算法发展趋势。

此处对目前电能质量问题中关注较多的电压暂降问题进行检测算法的分类和总结，对每种检测算法的原理、特征及不足之处逐一进行介绍，并就电压暂降治理趋势与检测算法发展趋势做出展望。

表 2　不同电压暂降检测算法性能比较

检测算法	快速性	抗谐波干扰性	能否检测相位突变	离散化实现难度
有效值法	一般	较好	不能	简单
快速傅里叶变换	一般	好	能	一般
小波变换	一般	一般	不能	困难
S 变换	较好	好	能	困难
120 变换	较好	好	能	简单
dq 变换	较好	一般	能	简单
$\alpha\beta$ 变换	较好	一般	能	简单

① 越来越多的暂降敏感性负荷的接入，直接导致对于检测算法的快速性能要求越来越高。

② 谐波干扰会对检测算法的快速性提出挑战，如何权衡两者要求以及能否寻求新的低运算量、强抗干扰性和快速性符合要求的检测方法。

③ 对敏感型设备的电能质量要求进行调研，同时对电压暂降造成的损失进行技术经济性评估，根据对快速性、抗谐波干扰能力、是否需要检测相位突变、算法实现成本等实际需求选择合适的电压暂降检测算法。

三、电压暂降后果与风险评估技术

1. 电压暂降后果严重程度评价方法

（1）电压暂降后果严重程度评价发展历程

电压暂降是老问题，是系统运行不可避免的短时扰动现象，但电压暂降严重程度是近年来才提出的新概念、新命题。随着智能电网的建设，系统容量、规模、电压等级等快速发展，系统的复杂性、多样性，用户生产效率和设备敏感性增强。负荷结构、电气特性等发生了根本变化，尤其是基于微电子、计算机、电力电子等技术的可再生能源发电系统、用户设备与工业过程等越来越多地接入系统，这些设备对电压暂降非常敏感，给利益相关方造成了诸多麻烦和巨大损失，使电压暂降成为最严重的电能质量问题，科学评价其严重程度具有重要意义。

认识暂降严重程度起源于对工业用户的影响，经历了经验积累、观测与统计、定量评估与预测 3 个阶段。第 1 阶段，认识到电压暂降是敏感设备、过程不正常运行的主要原因[30]；第 2 阶段，对计算机、交流接触器、可编程逻辑控制器、可调速驱动装置等典型设备，以及造纸、化纤、化工、钢铁等过程进行调查、测试和损失统计。美国计算机和商用设备制造商协会（Computer and Business Equipment Manufacturers Association，CBEMA）、国际半导体设备与材料协会（Semiconductor Equipment and Materials International，SEMI）分别提出了 CBEMA（后改称 Information Technology Industry Council，ITIC）曲线和 SEMIF47 曲线等标准；第 3 阶段，研究设备敏感度评估方法，提出了概率、模糊、区间、多重不确定性等评估方法。经过上述 3 个认知阶段，人们已认识到了暂降严重程度的重要性和紧迫性，但对概念及存在条件、内涵、外延、评价指标、测度等的认识还不够，迫切需要在科学概念基础上，深入研究评价测度和方法。

在系统源、网、荷各侧，暂降严重程度的表现形式、响应机制和影响因素不同，是当前的研究热点。电源侧，集中式发电，因保护、控制、测量等配有直流电源，对暂降影响的关注不多，但大量风电、太阳能发电系统对电压暂降均非常敏感。电网侧，控制与保护、灵活输电设备等耗电量低，也采用了不间断电源和蓄电池等，关注度也不高。但用户侧，尤其是现代工业系统，大量元件和过程对电压暂降非常敏感。

1999 年，QaderMR、BollenMHJ 等提出了电压暂降严重性指标，以电压耐受曲线（Voltage Toleran Cecurve，VTC）为基础，考察了暂降幅值、持续时间以及综合严重程度，是最早提出的暂降严重程度概念，但有其局限性。从系统角度又提出了脆弱区域、暂降域等。倍受关注的风力、太阳能发电系统的低压穿越，实质是暂降严重程度的反映。可见，系统源、网、荷各侧均存在电压暂降严重程度问题。因此，认识暂降严重程度问题需结合各自特点和要求，研究评价测度与方法。

（2）电压暂降后果严重程度

高品质供电是智能电网的基本特征之一，对于提高能效和节能，提升用户对电力供应的满意度有重要意义。现有研究集中于耐受能力、穿越能力，重在考察设备响应特性。实质上，暂降严重程度不仅是设备响应和耐受能力问题，表现为故障率或停运率，还涉及能效等特征，因此，暂降严重程度概念应从广义和狭义两个角度考察。狭义上，暂降严重程度指设备在暂降作用下非正常工作，或设备响应事件，指标采用不正常率、损失率等，但仅考虑了直接损失和影响，对其他问题考虑不足。广义上，暂降严重程度应结合源、网、荷的不同特点与要求，根据直接和间接损失进行研究，影响和危害应包括功能性、安全性、经济性、结构性和效用性等方面。由于电压暂降和设备响应事件的多样性和复杂性，暂降严重程度具有复杂不确定性，应采用系列化、层次化和逐步确定化方法研究评价指标和测度。

暂降严重性指标最早于 1999 年提出，其后几年，诸多学者对暂降幅值、持续时间等严重性进行了研究。假设设备对暂降幅值、持续时间的响应独立，认为在暂降幅值与持续时间的不确定性阈值范围内，不同设备 VTC 曲线服从不同分布，用归一化方法评价严重程度 S_e，见式（15）。后续有用 0~100 进行量化，反映暂降与设备耐受能力的偏差[8]，见式（16）和（17）。但该方法不能反映对源、网、荷各侧的差异性，并忽略了测度存在条件、多值映射属性等的影响。

$$S_e = \frac{1-U}{1-U_{\text{curve}}(d)} \quad (15)$$

$$\text{DSI} = \begin{cases} 0 & , d < T_{\min} \\ (d - T_{\min}) \times \left(\dfrac{100}{T_{\max} - T_{\min}}\right) & , T_{\min} \leq d \leq T_{\max} \\ 100 & , d > T_{\max} \end{cases} \quad (16)$$

$$\mathrm{MSI}=\begin{cases}0 & ,m>V_{\max}\\(V_{\max}-m)\times\left(\dfrac{100}{V_{\max}-V_{\min}}\right) & ,V_{\min}\leq m\leq V_{\max}\\100 & ,m<V_{\min}\end{cases}\quad(17)$$

式中，U 为实际电压幅值；d 为暂降持续时间；$U_{\mathrm{curve}}(d)$ 为在参考曲线上具有相同持续时间的电压幅值；DSI 为暂降持续时间严重性指标；MSI 为暂降幅值严重性指标；T 和 V 分别为实际电压暂降持续时间和幅值；$V_{\min}$ 和 $V_{\max}$、$T_{\min}$ 和 $T_{\max}$ 分别为敏感设备在不确定区域内电压暂降幅值、持续时间的最小值和最大值。

现有严重程度指标没有考虑能效、潜在损失，更未考虑安全性、结构性、功能性损失，难以真实反映实际。事实上，严重程度评价是测度问题。根据测度论，经典概率测度有其存在条件，其中的可列可加性条件非常苛刻，实际很难满足。严重程度的复杂性、不确定性表现在设备结构、功能、效用等方面，设备响应事件的复杂性决定了对选用测度的新要求，采用不确定性测度是必然要求。

源、网、荷各侧的暂降严重程度受设备响应特性、扰动原因与特征等影响，严重程度的内涵、外延和边界在不同情况下所表现的不确定性程度不同。电压暂降不可避免，因此，暂降严重程度是客观存在的。在源、网、荷各侧，受系统结构、扰动原因、传播机制、对象特性、关注重点等影响，且很多响应事件有不可重复和小样本的特点，因此，采用合理的测度是关键。暂降严重程度的不确定性测度，与系统运行方式、机组组合、故障类型、地理环境、保护方式、被影响对象、用电特性等有关，根据系统、线路、设备等的扰动特征、危害和损失程度，结合源、网、荷特点和要求，研究评价测度是必然要求。

（3）严重程度评价指标体系

由于暂降严重程度的复杂性和多样性，不同层面的严重程度，需根据物理和数学特性，按源、网、荷的基本参数、状态性能、响应机理等刻画，用分层分步方式，将复杂不确定性问题分层次、角度进行确定化，建立严重程度指标体系，如图 5 所示。

图 5　电压暂降严重程度指标体系

1）电源侧指标。

可再生能源发电系统渗透率的提高，对低压穿越能力等提出了新要求。电源侧的暂降严重程度表现为同步、感应发电机和光伏发电设备的电压耐受能力、响应特性等，需考虑的指标有：

① 转矩和转速[9]。感应发电机在暂降过程中，特性会发生很大变化。转速下降导致转矩脉动甚至振荡，严重时引起短时制动，发电中断。转矩振荡幅度指标为

$$M=\dfrac{p}{\omega_1}\left[I_2^2\dfrac{r_2}{s}-I_{2'}^2\dfrac{r_{2'}}{2-s}\right]\quad(18)$$

式中，p 为极对数；ω_1 为同步角频率；I_2 和 r_2 为转子电流和电阻；s 为转子正序转差率。

② 低电压穿越能力[10]。发生某些暂降时，要求风机不脱网并能为系统提供支援，但目前尚不能完全实现该目标。低压穿越能力指标反映了风电机组等在发生电压暂降时保持并网，抑制波动的能力，也反映了暂降严重程度。

③ 发电效率[11]。机组发电的同时也产生电磁线圈阻抗损耗和导磁材料损耗。感应电机阻抗随转差率变化，暂降时会使定子电流增大，铜损增加，额外损耗导致发电效率下降。

2）电网侧指标。

随着超、特高压电网的建成，电网结构发生了巨大变化，以超、特高压为骨干，220kV 为地区次级输电网，110kV 为支撑级和 35kV 为补充的配电网趋于成熟，负荷快速增长。因此，分析暂降严重程度，需结合电网架构等建立电网侧指标。

① 负荷变化量。恒功率、恒电流、恒阻抗负荷，在电压变化时网损倍增，变化量包括末端负荷瞬时有功和有功平均减少量等。

② 不可传输电量。发生暂降时，不仅需考虑传输容量安全约束，还应考虑降减少的传输电量，它会影响用户供电和输电可靠性。不可传输电量为

$$\Delta E=\int_T\Delta P\mathrm{d}t\quad(19)$$

式中，ΔE 为不可传输电量；ΔP 为负荷瞬时有功减少值；T 为暂降持续时间。

③ 经济损失。输电量减少等导致的经济损失不容忽略，系统资产利用率等也是反映暂降严重程度的经济性指标。

3）负荷侧指标。

非线性、冲击性和敏感负荷同时接入电网，负荷结构和特性发生了很大变化。负荷对供电质量的要求越来越多样化；新增优质高效、合同化用电模式等对用户与电网的配合要求更高。从设备耐受能力、免疫力、满意度、响应特性以及扰动源区域等均为具体指标。

① 暂降域[12]。暂降域是指该区域内的故障会导致 PCC 点发生低于设定阈值的暂降。暂降域越大，影响的负荷越多。因负荷特性不同，暂降域有重叠性、区间性和差异性等特点。

② 暂降频次[13]。暂降频次是指单位时间内暂降发生次数。除了取决于故障率、故障位置、故障类型和保护特性外，还应考虑用户满意度、设备免疫力、能效等指标。

③ 损失成本。损失应包括直接和间接损失，两者差别很大[14]，不仅由行业、设备类型所致，还与市场有关，用技术经济法评价。

（4）小结与趋势分析

本节回顾了暂降严重程度研究现状，分析暂降严重程度的概念、指标、评价方法，并对值得深入研究的问题进

行了较全面的分析，总结出值得进一步探究的问题：

1）考虑源、网、荷特点和要求的暂降严重程度指标体系与标准。采用分层分级评价体系，根据安全性、可靠性和经济性进行分类评价，建立暂降严重程度综合标准，揭示指标间的映射规律。

2）暂降严重程度复杂不确定性分析与评价理论、方法。考虑内涵、外延属性，系统研究随机性、模糊性、粗糙性、区间性等，建立统一暂降严重程度不确定性模型与分析方法。

3）基于不确定性测度论，考虑测度存在条件和数学性质，建立不确定性评价测度理论与方法。

4）研究设备与过程暂降免疫力以及暂降严重程度技术与管理措施，加速相关标准和法规的建立。

5）将暂降严重程度与电能转换、能效等结合起来，研究源、网、荷协调发展的基础理论和关键技术，并扩展到能效管控、智能供配电系统等领域。

2. 电压暂降风险评估技术

电压暂降风险评估是电压暂降领域的重要研究方向，是综合考虑未来可能发生的暂降风险度量的方法。由于电压暂降无法完全避免，科学实施暂降风险评估，对于供电方而言，有利于其规划改造电网结构、优化制定运行方式，减小暂降发生概率与影响范围；对于用电方而言，有利于其编排调整生产计划，安装配置治理设备，降低暂降所致经济损失。因此，电压暂降风险评估对于电压暂降的分析与防治具有重要的理论价值与现实意义[15]。

本节首先从电压暂降风险量化指标入手，并分析总结基于仿真模拟、状态估计与数据驱动的三类风险评估方法以及各自的优缺点与适用场景；最后，指出新型电力系统背景下电压暂降风险评估研究面临的挑战，并对未来研究方向进行展望。

（1）风险量化指标

电压暂降风险指标主要反映电网侧不同位置、不同程度电压暂降的发生概率。在数学上，概率是一个统计学概念，在大量重复实验条件下，可由某事件的频次统计结果所算得的频率进行近似表示。目前，在暂降风险评估中也常通过统计手段得到相关指标，如暂降频次、系统电压平均有效值变化率指标（System Average RMS Variation Frequency Index，SARFI）、IEC 61000-2-8 表格等，在此基础上再基于统计结果算得频率，并获得频次的分布特性，以反映不同类型电压暂降发生的可能性。还有研究学者基于长期暂降监测数据的统计分析，构建概率分布模型，推测暂降发生可能。通过不同幅值、不同持续时间的暂降事件分布情况可从统计学角度获悉各类型暂降发生的可能性。但为从以上指标中获得准确的概率分布特性，需要进行长期的监测，实施成本较高，因此有参考文献[16-17]考虑利用母线电压时变区间特性、线路保护特性预估得到暂降发生频次。

（2）风险评估方法

1）基于仿真模拟的风险评估。

基于仿真模拟的电压暂降风险评估通过系统故障分析得到电网公共连接点的暂降风险。现有基于仿真模拟的电压暂降风险评估大多是采用随机抽样的方式来模拟电力系统故障实现风险评估。如蒙特卡罗法对故障变量进行随机抽样，通过大规模随机故障计算定量分析电网内各节点发生电压暂降的风险。在蒙特卡罗法的基础上，参考文献[18]通过故障概率模型优化、新能源出力不确定性建模、分布式电源建模、仿真范围扩充来改善随机抽样模型，使其概率分布特性更符合实际。

以上采用随机抽样模拟故障的风险评估方法反映了电力系统的随机性，原理简单，易于编制程序，适用于评估电网区域总体风险水平。但其精度与抽样数密切相关，在分析大型电网时，随机变量增多，为保证结果准确，抽样数也将显著增多，需要耗费大量的计算资源与时间。

2）基于状态估计的风险评估。

基于状态估计的电压暂降风险评估以电力系统状态估计理论为基础，通过监测点的量测数据来估计非监测点的暂降水平。参考文献[19]首先提出电压暂降状态估计的概念，基于最小二乘原理求解得到未知点的暂降幅值。参考文献[20]通过贝叶斯滤波实现电压暂降状态估计评估暂降风险，但以上方法多适用于辐射状网络的简单故障。因此，参考文献[21]提出了适用于复杂配电网络的故障路径搜索算法，提高了电压暂降状态估计的可实施性。参考文献[22]将状态估计方程运用至电压暂降状态评估中，并将状态估计方程与物理意义相结合转化为一个整数线性规划（Integer Linear Programming，ILP）问题来估计暂降频次，此方法可适用于任意网络与任意故障类型，但故障点的增多将带来维数灾难问题。因此，大量学者对电压暂降状态估计方程的求解进行了探索，遗传算法（Genetic Algorithm，GA）、奇异值分解法（Singular Value Decomposition，SVD）等的应用一定程度上提升了求解性能。参考文献[23]引入电压暂降模式概念，考虑故障模式与其引起的电压暂降模式之间的映射关系，基于模式匹配完成暂降水平评估，克服了现有方法数学模型复杂、寻优困难的问题。

基于状态估计的方法可推算非监测点暂降水平，有助于提升暂降风险的全网可观性，适用于监测水平不高的场合。同时，该方法还可用于不良暂降监测数据的检测与辨识、暂降监测装置的布点优化等场景。但在电网规模较大时，量测矩阵的存储与运算困难，同时电网的不确定性以及对约束条件考虑的不完善，也将影响状态估计的准确性。

3）基于数据驱动的风险评估。

基于数据驱动的方法通过对电压暂降监测数据的挖掘分析实现，主要关注暂降风险与其影响因素的关联性。参考文献[24]以大型城市的大量监测数据为基础，对暂降波形、相序、幅值等特征量进行分析，较为全面地分析了暂降事件特性。参考文献[25]采用灰靶理论、关联规则、神经网络等人工智能方法从监测数据中挖掘深层次暂降信息，揭示了各影响因素与暂降事件的关联关系。参考文献[26]通过马尔可夫链将暂降事件的发生转化为时序预测问题，前者在预测时着重考虑天气与暂降事件间的关联，后者通过同源聚合降低了监测数据冗余度，同时采用模糊C均值聚类考虑了监测数据的分布特性。参考文献[27]均以监测数据为基础并引入PIT来评价用户或过程的电压暂降风险。

随着量测和通信技术的发展，可获得数据的种类与数量越来越多，使得基于数据挖掘分析的方法受到更广泛的关注。首先，该方法通过挖掘监测数据与暂降风险间的关联关系就可完成风险评估，无需复杂的电网计算；其次，当随机变量增多时，仿真模拟方法的抽样量将大幅增加，而该方法仅需整合变量数据，增加输入维度并适当改变模型结构即可；再次，该方法的模型多为训练得到，当工况变化时，模型的更新只需用新工况下的数据重新训练即可完成；最后，训练完成的模型通过输入数据就可快速得出结果，有利于提升暂降风险评估的实时性。综上，该方法普适性较强，适用于影响因素复杂，工况多变的场合。但该方法是通过训练得到的模型直接表征输入与输出间的映射关系，物理可解释性较差。同时，模型结构复杂、超参数合理选取困难、输入数据预处理繁琐，也限制了该方法的工程实用。

4）方法小结。

目前，基于仿真模拟与基于状态估计的风险评估方法多从电网层面反映不同程度暂降发生的可能，是概率层面上暂降风险水平的体现，由于缺乏对用户、设备暂降耐受能力的考虑，用户是否受暂降影响的实际风险难以得知。而基于数据驱动的方法往往采用一个或几个同类监测点的数据进行暂降风险评估，易于考虑用户耐受特性，因此侧重于对用户受暂降影响后果的分析，但难以计及电网侧不同程度电压暂降的发生概率水平。对三类方法的数据来源、优缺点、适用场景、适用对象进行对比，见表3。

表3 不同电压暂降风险评估方法比较

方法	数据来源	优点	缺点	适用场景	适用对象
仿真模拟	仿真	原理简单、易编程实现	复杂系统下的计算资源耗费大、耗时久	电网模型参数已知、监测点较少	电网风险评估
状态估计	监测	理论成熟、机理明晰	监测数据要求高、状态估计方程求解难、复杂网络准确性差	电网模型参数已知且结构简单、监测点较少	电网风险评估
数据驱动	监测	影响因素考虑更全面、建模简单	模型可解释性差、物理意义不明确	已有较多监测数据、运行工况多样、影响因素复杂	用户风险评估

（3）新型电力系统背景下的电压暂降风险评估挑战

随着电力系统不断演化与转型升级，新型电力系统呈现出"高比例可再生能源电力系统""高比例电力电子装备电力系统""多能互补的综合能源电力系统"等新的技术特征，电压暂降风险评估也出现了以下需要深入研究分析的挑战。

1）系统故障特性更加复杂。

新型电力系统中大量新能源、电力电子设备、储能系统等的接入使电力系统的故障特性发生了改变，也导致电压暂降风险评估中面临以下新的挑战。

① 电压耐受与支撑能力的变化影响了电压暂降波及范围与严重程度。一方面，以新能源机组为例，标准规定风电机组在并网点电压跌至 0.2pu 时，应能不脱网连续运行 0.625s，而光伏机组在并网点电压跌至 0 时，应能不脱网连续运行 0.15s，即风电、光伏机组的低电压穿越能力与常规火电机组相比有较大差距。同时，其电压支撑能力与常规火电机组相比也较弱，在电压暂降期间可能出现大规模脱网，甚至引发连锁故障。另一方面，配电网中分布式电源的接入使得配电网由单一无源网络转变为有源网络，此时合理的分布式电源并网位置与安装容量将提升配电网的电压支撑能力，从而减小电压暂降波及范围与影响后果。

② 传统系统故障分析方法可能导致风险过评估或欠评估。目前暂降风险的计算过程往往对电力电子设备、分布式可再生能源、储能系统等采用简化处理，忽略了其电气、机械、控制特性与传统电网的差异，导致电压暂降风险过评估或欠评估的发生，如电力电子装置在发生短路时，由于其具有较高的内电抗和快速可控的参考电流，且故障恢复时基本没有类似同步机组的次暂态过程，使其短路电流的幅值和持续时间均较小，而基于仿真模拟的风险评估过程往往忽略了电力电子装置的故障分析或做近似处理，导致所得暂降深度与持续时间结果偏大，暂降风险出现过评估。

2）能源形式更加多样。

新型电力系统将不再是孤立的电力生产与消费系统，而是作为综合能源系统（Integrated Energy System，IES）的重要组成部分。IES 内含有两种或以上的能源形式，主要由供能网络、能源交换环节、能源储存环节、终端综合能源供用单元和用户组成。IES 的出现也给电压暂降风险评估带来了以下新挑战。

① 需要对 IES 多能耦合场景的电压暂降影响进行分析。IES 中的多个供能网络并不是孤立运行的，而是存在复杂的耦合关系。因此，IES 在遭受电压暂降时，一个网络的扰动将通过能源耦合环节传播至其他网络，影响能源的交换、使用、储存，甚至可能引起连锁故障。同时运行环境与能源发/输/配/用特性的不同也衍生出了多种类型的 IES。不同类型 IES 的能源形式、能量流、适用场景等也不尽相同，进一步加大了电压暂降影响后果分析的难度。

② 需要研究针对 IES 的电压暂降风险量化评估指标体系。在对 IES 进行电压暂降风险量化评估时，由于电压暂降将引起多供能网络共同扰动，仅考虑电力网络的暂降风险是远远不足的，其他供能网络的暂降风险也是不可忽视的。在量化 IES 暂降风险时，需要建立综合考虑各供能网络的电压暂降风险量化评估指标体系。

(4) 小结与趋势分析

面临新型电力系统背景下电压暂降风险评估的挑战，未来有以下几个可能的研究方向：

1）完善针对电压暂降的新型电力系统故障分析理论。未来在研究由故障引起的电压暂降的风险评估过程中，应在传统同步机组、恒功率、恒阻抗负荷为主的传统电网故障分析基础上，考虑电力电子设备、分布式新能源、储能系统的接入对系统稳态电压水平与故障电流特性的影响。一方面，需针对设备故障与交/直流故障混杂、电网形态结构改变的问题，研究复杂故障类型、模糊故障路径下的电压暂降风险；另一方面，针对分布式电源、电动汽车等单相大功率发/用电设备的大量使用带来的三相不对称问题，未来可考虑利用各序分量间的耦合关系对序分量法进行改进或采用相分量法来计算故障下的暂降幅值，避免电压暂降风险的过评估或欠评估。

2）研究在综合能源系统多能耦合场景下的电压暂降影响分析模型与风险评价指标体系。以电-气-热互联系统为例，在发生电压暂降时，首先需结合电-气、电-热之间的耦合环节（如热泵、锅炉、压缩机）的暂降耐受能力判断耦合设备是否遭受扰动；其次，根据 IES 的相依特性，研究电网暂降对其他供能网络的扰动影响以及其他供能网络受扰后可能再次影响电网的过程，并结合 VTC 与 PIT 曲线刻画 IES 中敏感设备的受扰概率，从电气特性与物理属性上综合分析暂降风险；最后在量化暂降风险时，除了考虑电网指标，还需要增加气网、热网等其他供能网络的相关指标，如气负荷损失、热负荷损失等，此外，对于电网、气网、热网安全性与稳定性的考虑也应一并纳入电压暂降风险量化指标体系中。

3）研究多方法融合的电压暂降风险评估方法。前文所述的三种风险评估方法各有优劣，可互为补充，通过三种方法的有效融合取得更好的评估效果。比如，通过融合仿真模拟与数据驱动方法，可从物理层面与信息层面全面评估暂降风险；又如，利用状态估计得到的丰富且高质量暂降数据改善数据驱动方法的评估效果。

4）研发多源数据融合的实用化电压暂降互动分析平台。针对当前电压暂降相关系统存在的"重监测、轻分析、少互动"的问题，需研发电压暂降互动分析平台，并基于多源数据融合实现风险评估等功能。首先，基于生产管理系统与调度系统的电网拓扑和设备参数进行暂降仿真分析；其次，结合电能质量监测系统的暂降事件记录、防灾减灾系统的气象信息等综合评估暂降发生概率；最后，利用营销业务应用系统以及用户外围交互输入的敏感设备信息等量化暂降影响后果。通过以上多源数据融合能全面、客观地给出综合可能性与严重性的暂降风险度量。

四、电压暂降治理技术与应用

电压暂降的治理问题本质上是供电电压暂降水平与用电设备电压暂降耐受能力的兼容性问题。电压暂降的产生与危害不仅与自然现象、电网结构有关，还与用户侧敏感设备的电压暂降耐受能力有关，所以电压暂降的治理需要供电侧、用户侧和设备制造商共同努力，减少电压暂降次数，减轻电压暂降的严重程度，降低设备对电压暂降的敏感度。因此，电压暂降治理技术一般可分为三类，具体分类方法如图 6 所示。

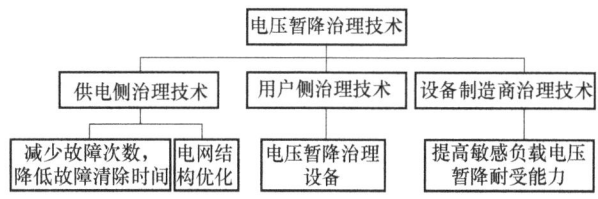

图 6 电压暂降治理技术分类

1. 电压暂降治理技术

(1) 供电侧治理技术

供电侧电压暂降治理措施根据电压暂降的起因和传播途径可分为两类。第一类从电压暂降形成条件进行防治，通过减少短路故障的发生次数，减少故障清除时间，降低电压暂降的危害程度。例如：供电侧可通过规范和完善树木修剪政策、增加避雷器、定期维护绝缘子等方式减少短路故障的发生次数，从而有效降低电压暂降问题的严重性。一些重要负荷处一般会设置保护装置，电压暂降通常伴随着保护装置的动作而清除，因此可以认为电压暂降持续时间与保护设备的动作时间密切相关。通过缩短保护设备动作时间，使其能够快速动作，减少故障清除时间，可在一定程度上缓解电压暂降带来的危害。

另一类根据电压暂降的传播途径进行防治，对电网拓扑进行合理规划，采用固态开关、故障限流器、固态断路器等设备对电网进行改造，电压暂降的幅值和持续时间都可得到一定程度的改善。超导限流器的发展为电压暂降的治理提供了新思路，参考文献 [28] 研究了电网中不同位置接入超导限流器对电压暂降治理的影响，证明合理选择超导限流器的安装位置、限流阻抗值和失超电流值可以有效抑制电压暂降。有学者提出了一种基于柔性直流技术的电压暂降治理方案，该方案将柔性直流输电整流侧连接电网，逆变侧连接敏感负荷，当电网侧发生电压故障时，由于柔性直流输电系统具有直流环节，电网侧故障不会直接影响负荷侧，逆变侧可以通过控制策略维持逆变器电压在一段时间内保持不变，从而缓解电压暂降。该方案能够很好地解决由于邻路短路故障引起的电压暂降，但无法解决自身线路发生故障导致的电压暂降。

(2) 用户侧治理技术

在供电系统与用电设备的接口处安装电压暂降治理设备是用户侧最常用的治理方案。适当选择电压暂降治理设备不仅可以解决电压暂降问题，还能在一定程度上消除谐波，治理三相不平衡，补偿无功功率，全面提高电能质量。电压暂降治理设备通常为基于电力电子技术的定制电力设备，包括动态电压恢复器（Dynamic Voltage Restorer）、配电网静止同步补偿器（D-STATCOM）、固态切换开关（Solid State Transfer Switch, SSTS）等。近几年，随着储能技术的发展，一些结合储能单元和电力电子开关器件的电压暂降治理新设备也陆续出现并在一定场合得到应用。某公司将高速电力电子开关与储能单元相结合，推出了一款高效、快速、可靠的多功能电压暂降补偿装置（MPC）。该设备能在2ms内从市电供电切换至储能单元供电，并通过配置大容量储能单元应对长达10min的电压暂降甚至短时中断。

（3）设备制造商治理技术

提高设备对电压暂降的耐受力是治理电压暂降、提高电能质量最有效的解决方法。由于设计和制造出对电压暂降有更强耐受能力的设备是可行的，因此在设备的设计阶段就可以考虑电压暂降和短时中断的影响。参考文献［29］提出了9种嵌入式的方案来提高敏感设备的耐受能力，通过在设备设计中使用更具鲁棒性或改进过的部件而不需要任何额外的功率调节装置。但敏感设备耐受能力提升的手段和应用范围有限，并且用户侧一般只能针对大型工业设备提出特定的电压耐受水平要求，在大多数情况下，用户侧与制造商没有直接联系。虽然提高用电设备的电压暂降耐受能力是解决电压暂降的最有效方法，但就目前的状况和水平来看，提高设备的电压暂降耐受能力还有一定的局限性。还有学者提出了电压暂降治理的基本原则，其中之一是越靠近负载就地解决问题成本越低。最佳方法是设备制造商提高设备抗电压暂降能力，但提高设备的电压暂降耐受能力存在局限性，而且已经在使用的敏感负荷也无法通过技术手段提高其电压暂降的耐受能力。故对于用户侧已经在使用的敏感负荷，安装电压暂降治理设备是最有效的电压暂降治理措施。

2. 电压暂降治理设备

（1）设备分类方法

电压暂降治理设备可以按照供电电源数量分为单供电电源和双供电电源电压暂降治理设备。其中，双供电电源电压暂降治理设备根据供电电源类型又可以分为双交流和交直流混合供电电压暂降治理设备。单供电电源电压暂降治理设备是指敏感负荷仅由单一电源供电的设备，该单一电源一般为交流电网，分类方法如图7所示。单供电电源电压暂降治理设备在电压暂降发生时，通过转换供电电源提供的电能来完成电压暂降的治理，设备自身不具备备用供电能力。双供电电源电压暂降治理设备的敏感负荷可由两个供电电源进行供电。在电压暂降发生时，该类设备可以切换供电回路，给敏感负荷提供不间断供电能力。

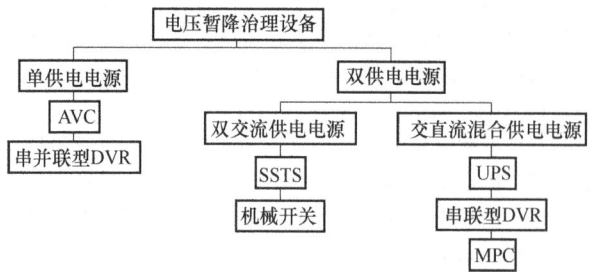

图7 电压暂降治理设备分类

单供电电源电压暂降治理设备由于仅由电网供电，在电压暂降发生时转换供电电源提供的电能来完成电压暂降的治理，故该类设备治理深度浅，一般只能治理50%以内的电压暂降。双供电电源电压暂降治理设备由于自带备用电源，所以能够深度补偿电压暂降，甚至短时电压中断。

单供电电源电压暂降治理设备的典型代表为某动态电压调节器（AVC）和串并联型DVR。双交流供电电源电压暂降治理设备的代表有基于机械开关以及基于SSTS的双回路供电设备。交直流混合供电电源电压暂降治理设备的代表有UPS、含储能环节的串联型DVR、MPC等。

（2）电压暂降治理设备

1）单供电电源电压暂降治理设备。

AVC是单电源电压暂降治理设备的典型代表。AVC主要由逆变器、整流器、旁路开关、注入变压器以及控制单元构成。AVC串联在供电电源与受保护负载之间，持续监测供电电源电压，一旦发现供电电压偏离额定电压水平，AVC会通过逆变器和注入变压器迅速注入一个适当的补偿电压，如图8所示。由于没有储能元件，AVC一般只能补偿单相跌至40%和三相跌至60%额定电压的暂降范围。参考文献［30］提出了一种不需要储能设备的相间交流-交流拓扑结构，该方案相对于传统AVC的优点在于用于补偿发生暂降相电压的能量不是来自于受影响的相而是来自于其他两相。由于单相短路在短路故障中所占比例最高，所以该方案可以满足大多数由于短路故障引起的电压暂降。经过仿真验证，该方案能够补偿0~100%的单相电压暂降及50%以内的三相电压暂降。

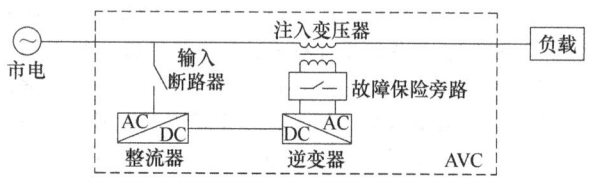

图8 AVC的结构

2）双供电电源电压暂降治理设备。

双供电电源电压暂降治理设备分为双交流供电电源电压暂降治理设备和交直流混合双供电电源电压暂降治理设备。

①SSTS。基于SSTS与基于机械切换开关的电压暂降设备是双交流供电电源电压暂降治理设备的典型代表。基于晶闸管投切控制的SSTS能快速地将敏感负荷由故障常用电源切换至备用电源，并在故障恢复时将负荷切换回常用电源，如图9所示，常用电源与备用电源需为两套独立的供电回路。该设备治理效果与快速开关的切换速度有关，且当常用电源发生电压暂降时，由于电压暂降的传播特性，邻路的备用电源也会发生电压暂降，故该设备对电压暂降治理存在一定局限性。因此SSTS可通过与其他电压暂降治理设备结合的方式治理深度电压暂降，目前存在一种基于电压跌落等级划分与时序配合的DVR与SSTS协调控制方法，实现了不同电压等级下DVR和SSTS的协调动作，在一定程度上提高了SSTS在电压暂降治理中的泛用性。该方法根据敏感负荷耐受电压能力及DVR的补偿深度将电压跌落等级划分为两个等级。以SSTS作为主控设备，DVR作为从控设备，通过SSTS和DVR的配合完成电压暂降的治理。该方法结合DVR和SSTS各自的优点，不仅能够治理电压暂降，还能够治理短时中断，但缺点是无法治理浅度电压暂降。

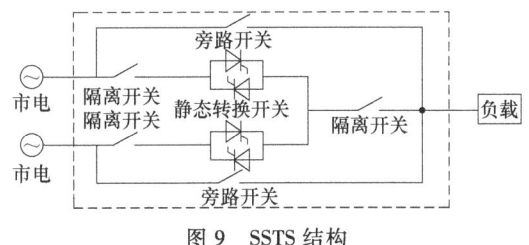

图 9　SSTS 结构

② UPS。交直流混合双供电电源电压暂降治理设备包括 UPS、串联型 DVR、MPC 等。UPS 通常用于为单台计算机、计算机网络、数据中心、医疗、工业等领域提供优质电力保障。按照逆变器接入方式，UPS 可分为后备式、在线互动式、在线式、双逆变电压补偿在线式；按照输出形式可分为交流 UPS 和直流 UPS。

后备式 UPS 在市电正常工作时，市电直接经交流旁路和转换开关向负载供电，逆变器不工作。当电压暂降发生时，转换开关动作，储能单元经逆变器向负载供电。后备式 UPS 的电能质量较差，只能用于保护对电能质量要求不高的敏感设备。与后备式 UPS 不同的是，在线互动式 UPS 只有一个能量双向流动的变换器，在市电正常时，市电经交流旁路向负载供电的同时，通过变换器向储能单元充电，当电压暂降发生时，转换开关切换至储能单元，储能单元经过变换器向负载供电。在线式 UPS 一般使用两级式变换结构，当市电正常时，交流电经整流器转换成直流电，再由逆变器转换成交流电向负载供电，与此同时向储能单元充电。当电压暂降发生时，输入由市电切换为储能单元供电，如图 10 所示。双逆变电压补偿在线式 UPS 将交流稳压的电压补偿原理应用于 UPS 中，当输入市电正常时，两组逆变器只对 UPS 输入和输出之间的电压差值进行补偿和调整，因此逆变器承担的输出功率小，一般最大只为输出功率的 20%。双逆变电压补偿在线式 UPS 在电网污染、输出限制、并机功能、过载能力和可靠性等方面具有很高的品质。以一种基于飞轮储能的直流 UPS 为例，该方案的拓扑结构由三相不控整流桥、双向变流器、永磁同步电机和飞轮转子组成，如图 11 所示。当市电正常时，由市电供电，市电经三相不控整流桥整流成直流电，向直流负载供电。同时，直流电经过双向变流器逆变后转换为交流电驱动飞轮电机。当电压暂降发生时，飞轮电机减速放电，维持直流母线电压恒定，对敏感直流负荷进行保护。

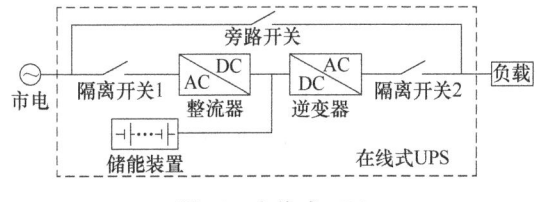

图 10　在线式 UPS

③ DVR。自从 1996 年美国某公司安装了世界上第一台 DVR 后，DVR 的研究与应用得到了迅速发展。按照装置与配电网的连接方式，DVR 可分为串联型 DVR、串并联型 DVR 及无串联变压器的串并联型 DVR，如图 12 所示。按

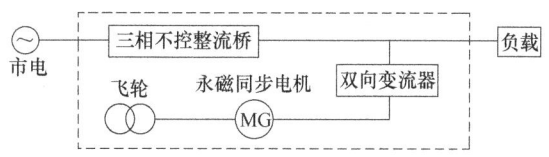

图 11　基于飞轮储能的 UPS

照所提分类方法，仅有串联型 DVR 能够被归类为双供电电源电压暂降治理设备，其余两类的原理类似于 AVC，故在此不再对另外两类进行赘述。串联型 DVR 的治理效果与电压暂降特征量检测方法、补偿策略、储能装置有关。较为常用的是一种基于变换检测法的改进算法，该算法能够在保证检测快速性的同时限制噪声和谐波，改善 DVR 的治理效果。常见的补偿策略有相位补偿策略、暂降前电压补偿策略、能量优化补偿策略以及综合补偿策略。对于串联型 DVR，可使用直流电容器、蓄电池、超级电容、超导储能装置及飞轮储能作为储能装置。以一种基于飞轮储能的 DVR 为例，该方案使得 DVR 结合了飞轮储能的特点，减少了 DVR 的有功输出，延长了补偿时间。

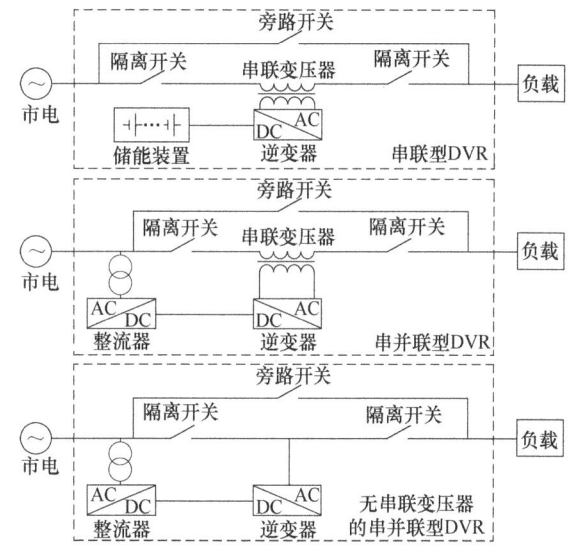

图 12　3 种类型的 DVR

④ 其他治理装置。近年来，一些新型交直流混合双供电电源电压暂降治理设备不断相继问世以面对更高性能要求的电压暂降应用场景。日本某公司提出了 MPC，该设备由高速电力电子开关 IGBT、逆变装置、储能单元组成，如图 13 所示。

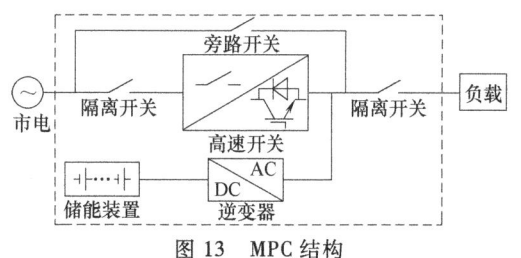

图 13　MPC 结构

正常运行时，高速开关处于闭合状态，由市电给敏感负荷供电，储能单元处于恒压浮充状态，设备能耗较低；

当检测到电压暂降时，高速开关快速断开，并由储能系统为敏感负荷可靠供电。该设备能在2ms内从市电供电切换至储能单元供电，并且通过配置大容量储能单元可以应对长达10min的电压暂降甚至短时电压中断。该公司的MPC设备能够覆盖3.3~10kV的电压范围，并可直接用于中压回路，避免在低压用户侧使用多台低压设备。除了能够治理电压暂降，MPC还可与双路电源或发电机灵活联动，辅助双电源切换，从而治理短时中断。瑞士某公司提出了基于隔离阻抗静态变换器（ZISC）的电压暂降治理装置，如图14所示。

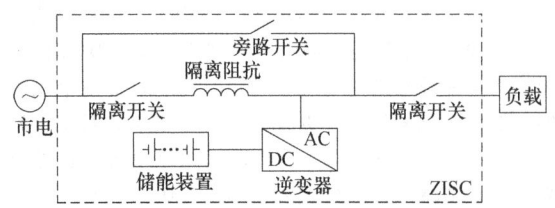

图14 基于ZISC的电压暂降治理装置

该治理装置由高性能功率转换器和耦合隔离线路电抗器构成，通过隔离线路电抗器与公共电网分离，功率转换器连续地调节和消除诸如谐波和电压不平衡的电力干扰，当电压暂降发生时，该设备能够快速切换至储能系统供电，从而有效治理电压暂降。

除了以上列举的电压暂降治理设备，还有诸如统一电能质量控制器、静止无功补偿器、D-STATCOM等。这些设备都可按照所提分类方法进行分类，此处不再逐一赘述。

3. 电压暂降治理技术所面临的挑战

目前电压暂降治理研究的挑战主要体现在技术和经济两个方面。技术方面、设备性能与应用范围、多种治理手段的组合、治理方案的个性化定制是现有暂降治理技术主要面临的挑战。

（1）技术方面

1）现有的单一治理手段在技术性能、应用范围及制造成本上仍值得完善。有必要对现有各种电压暂降治理技术持续改进，并尽可能降低其成本。

2）多种治理技术的合理组合、治理设备协调运行可有效提升治理效果。多种治理手段的组合是未来电压暂降治理值得探索的方向，但也是电压暂降治理研究的难点之一。

3）由于不同设备耐受能力不同，实际电网的电压暂降特性不同，电压暂降治理方案无法普遍适用，因此合理量化用户治理需求，进行电压暂降治理技术的个性化定制也是电压暂降治理的一大挑战。

（2）经济方面

1）第一大挑战即为电压暂降治理的技术经济分析，该问题涉及供电电压暂降水平评估、设备电压暂降耐受能力、治理方案技术性能、电压暂降经济性损失评估等多方面。当中存在众多不确定性及难以量化的参数，因此如何准确合理评估电压暂降治理方案的经济性，为电压暂降治理投资提供指导，则是电压暂降治理研究的一大难点。

2）电压暂降治理的相关利益主体包括供电方、用电方及设备制造商，由于电压暂降发生的不确定性、设备耐受能力的随机性以及相关标准规范的欠缺，如何在相关利益主体之间公平公正地进行电压暂降治理的责任划分、投资成本分担及收益划分等，也是电压暂降治理广泛推广应用需解决的关键问题之一。

五、电压暂降研究与治理技术的发展趋势

随着大规模新能源发电、高压直流输电、大功率直流负荷的快速发展，电力系统"源-网-荷"各部分电力电子化程度逐年提高使得电压暂降研究与治理技术产生新的挑战。在检测、评估与治理方面的发展趋势主要如下。

1）在电压暂降检测方面，随着未来稳态扰动与暂态扰动特性复杂性增高，对检测算法的快速性和抗干扰性要求持续增加，需进一步开发微秒级别的检测算法。其次，谐波干扰会对检测算法的快速性提出挑战，如何权衡两者要求以及能否寻求新的低运算量、强抗干扰性和快速性符合要求的检测方法。最后，对于不同的治理设备，其核心工作原理区别为"切、堵、补"等，不同工作原理的设备存在不同的检测需求，如是否检测相位突变、算法实现成本等，应该根据实际需求开发相应的检测算法。

2）在电压暂降评估方面，未来首先应完善新型电力系统故障分析理论，考虑电力电子设备、分布式新能源、储能系统等新型源荷设备并网，和电动汽车等单相大功率负荷、新型敏感负荷的响应，以及交/直流故障混杂、复杂电网形态结构下对系统稳态电压水平与故障电流特性的影响。其次，应完善多能耦合场景下的电压暂降影响分析模型与风险评价指标体系，对于电网、气网、热网安全性与稳定性的考虑也应一并纳入电压暂降风险量化指标体系中。最后，应融合多种方法开展电压暂降风险评估方法，如仿真模拟、状态估计和数据驱动，可以互为补充以改善评估精度。

3）在电压暂降治理方面，未来主要是从三个层面进一步开展研究，即电网层面、用户层面以及设备本体层面。在电网层面，需要更智能、自适应的电网调度系统，集成更大规模的储能系统，提高和优化分布式能源的低电压穿越能力与规程，装配速动性、适应性、选择性、可靠性更好的保护系统，建成多资源协同的扰动自趋优调控系统等。在用户层面，应积极开发技术经济性更优、范围更广的切补技术，并结合分布式能源和储能设备，提高用户侧的电能供应灵活性。在设备本体层面，完善在复杂电压暂降特征下，敏感负荷抗扰能力评估与划分方法，并进一步开发具有高抗扰能力的关键负荷，提高用户对电压暂降的耐受水平。

参 考 文 献

[1] 汪颖，周杨，肖先勇，等．电压暂降问题研究现状及面临的挑战[J]．供用电，2018，35（02）：2-9．

[2] 肖先勇，郑子萱．"双碳"目标下新能源为主体的新型电力系统：贡献、关键技术与挑战[J]．工程科学与技术，2022，54（01）：47-59．

[3] TAO R, LI YF, WANG Y. Short-Time Fractional Fourier

Transform and Its Applications [J]. IEEE Transactions on Signal Processing, 2010, 58 (05): 2568-2580.

[4] THIRUMALA K, UMARIKAR A C, JAIN T. Estimation of Single-Phase And Three-Phase Power-Quality Indices Using Empirical Wavelet Transform [J]. IEEE Transactions on Power Delivery, 2015, 30 (01): 445-454.

[5] 何智龙, 苏娟, 覃芳. S 变换在电能质量扰动中的分析 [J]. 电测与仪表, 2015, 52 (22): 25-30.

[6] 王炳昱, 熊炜, 刘冬梅. 基于 dq 变换的电压暂降检测方法对比分析 [J]. 电气技术, 2015, (07): 53-57.

[7] 伍红文, 郭敏, 邹建明, 等. 电压暂降在时域和变换域中的检测算法综述 [J]. 电测与仪表, 2021, 58 (08): 1-10.

[8] LU C N, SHEN C C. Voltage Sag Immunity Factor Considering Severity And Duration [C] //IEEE Power Engineering Society General Meeting. Denver, Co, United States, 2004.

[9] YAN X W, VENKATARAMANAN G, FLANNERY P S, et al. Evaluation of the Effect of Voltage Sags Due to Grid Balanced and Unbalanced Faults on DFIG Wind Turbines [J]. Epe Journal, 2010, 20 (04): 51-61.

[10] MENDES V F, DE SOUSA C V, SILVA S R, et al. Modeling and Ride-Through Control of Doubly Fed Induction Generators During Symmetrical Voltage Sags [J]. IEEE Transactions on Energy Conversion, 2011, 26 (04): 1161-1171.

[11] BISWAS S, GOSWAMI S K, CHATTERJEE A, et al. Optimum Distributed Generation Placement with Voltage Sag Effect Minimization [J]. Energy Conversion and Management, 2012, 53 (01): 163-174.

[12] MELHORN C J, DAVIS T D, BEAM G E. Voltage Sags: Their Impact on the Utility and Industrial Customers [J]. IEEE Transactions on Industry Application, 1998, 34 (03): 549-558.

[13] QADER M R, BOLLEN M H, ALLAN R. Stochastic Prediction of Voltage Sags in A Large Transmission System [J]. IEEE Transactions on Industry Application, 1999, 35 (01): 152-162.

[14] VEGUNTA S C, MILANOVIC J V. Estimation of Cost of Downtime of Industrial Process Due to Voltage Sags [C] //20th International Conference and Exhibition on Electricity Distribution (Cired 2009). Prague, Czech Republic, 2009.

[15] 张逸, 吴逸帆, 陈晶腾. 新型电力系统背景下电压暂降风险评估技术挑战与展望 [J]. 电力建设, 2023, 44 (02): 15-24.

[16] 徐培栋, 肖先勇, 汪颖. 考虑母线电压时变区间特性的电压暂降频次评估 [J]. 中国电机工程学报, 2011, 31 (10): 66-72.

[17] 叶曦, 刘开培, 李志伟. 不确定条件下计及线路保护动作特性的电压暂降频次评估 [J]. 电力自动化设备, 2018, 38 (03): 169-176.

[18] 曾江, 蔡东阳. 基于组合权重的蒙特卡洛电压暂降评估方法 [J]. 电网技术, 2016, 40 (05): 1469-1475.

[19] WANG B, XU W, PAN Z C. Voltage Sag State Estimation for Power Distribution Systems [J]. IEEE Transactions on Power Systems, 2005, 20 (02): 806-812.

[20] ZAMBRANO X, HERNáNDEZ A, IZZEDDINE M, et al. Estimation of Voltage Sags from A Limited Set of Monitors in Power Systems [J]. IEEE Transactions on Power Delivery, 2017, 32 (02): 656-665.

[21] 王宾, 潘贞存, 董新洲. 基于电压跌落状态估计的复杂配电网络故障路径搜索算法 [J]. 电网技术, 2007, 31 (10): 55-60.

[22] 唐琳, 肖先勇, 张逸, 等. 电压暂降状态和水平评估模式匹配法与监测装置多目标优化配置 [J]. 中国电机工程学报, 2015, 35 (13): 3264-3271.

[23] 司学振, 李琼林, 杨家莉, 等. 基于实测数据的电压暂降特性分析 [J]. 电力自动化设备, 2017, 37 (12): 144-149.

[24] 浦雨婷, 杨洪耕, 马晓阳. 基于数据挖掘与改进灰靶的电压暂降严重度分析与评估 [J]. 电力系统自动化, 2020, 44 (02): 198-206.

[25] XIAO F, AI Q. Data-Driven Multi-Hidden Markov Model-Based Power Quality Disturbance Prediction that Incorporates Weather Conditions [J]. IEEE Transactions on Power Systems, 2019, 34 (01): 402-412.

[26] 刘旭娜, 肖先勇, 刘阳, 等. 工业过程电压暂降风险等级层次化多级模糊综合评估 [J]. 电网技术, 2014, 38 (07): 1984-1988.

[27] 唐琳, 肖先勇, 张逸, 等. 电压暂降状态和水平评估模式匹配法与监测装置多目标优化配置 [J]. 中国电机工程学报, 2015, 35 (13): 3264-3271.

[28] 王泽, 张凯, 陈济民, 等. 应用于模块化多电平变频器的电容电压脉动抑制技术综述 [J]. 电工技术学报, 2018, 33 (16): 3756-3771.

[29] 杨晓峰, 郑琼林, 薛尧, 等. 模块化多电平换流器的拓扑和工业应用综述 [J]. 电网技术, 2016, 40 (01): 1-10.

[30] 刘波峰, 贺锐智, 黄守道. 低频工况下 MMC 电容电压波动抑制研究 [J]. 控制工程, 2017, 24 (08): 1553-1558.

国内特种电源技术及应用研究进展概述

中国电源学会特种电源专业委员会
栾崇彪、袁建强、李洪涛、刘宏伟、肖金水、肖龙飞、马勋

摘要：特种电源技术在核技术、航空航天、国防、高能物理等工程领域发挥重要作用，是大科学装置和高性能装备的重要技术基础。本文结合 2023 年度第九届全国特种电源学术交流会议相关研究进展，从电源电路拓扑及仿真、高功率逆变、功率器件及电子封装、电源控制及电磁兼容、高功率脉冲电源及应用、空间电源技术及应用、特种电源交叉技术及应用等基础层面对国内特种电源技术及应用的进展情况进行了概述，并对相关技术的发展进行了分析。

一、特种电源技术发展现状与趋势

特种电源技术在核技术、航空航天、国防、高能物理等工程领域发挥重要作用，是大科学装置和高性能装备的重要技术基础。本文从电源电路拓扑及仿真、高功率逆变、功率器件及电子封装、电源控制及电磁兼容等关键技术层面以及高功率脉冲电源及应用、空间电源技术及应用、特种电源交叉应用等基础层面对国内特种电源技术及应用的进展情况进行了概述，分析了相关技术的发展趋势，包括以下几个方面：

（1）高功率特种电源器件半导体化

为更好满足实际应用需求，特种电源朝着固态化、高可靠性以及长使用寿命等方向发展。开关作为其中的核心器件，已经从传统的气体、真空、伪火花开关向晶闸管、可关断晶闸管等半导体开关发展。由于半导体器件具有低电磁干扰、可关断、重复性好、高效率、寿命长等优点，在近年来得到了迅速的发展。固态开关大规模的并联和串联的应用有效地提升了脉冲电源的性能。

（2）特种电源的高可靠性要求

随着技术的发展，对加速器、闪光 X 光机、电磁加载等应用的高功率特种电源系统可靠性设计提出了更高的挑战，其研究内容涉及器件载流子物理机理及失效机理、电磁兼容特性、电源与负载耦合特性等。

（3）创新性的能量变换与状态管理技术

主要体现在：新型电路拓扑如功率合成 LTD、IVA 技术；基于高压大电流开关通断控制的脉冲形成与高效率能量转化拓扑；新型储能技术和储能材料；长脉宽调制器脉冲形成与波形跟随调整如平顶补偿技术；电源状态智能化管理等。

（4）高效率能量变换与高功率高重复频率高压脉冲产生技术

充电电源作为特种电源的初级部分，对特种电源的波形输出具有重要影响。特种电源小型化、轻量化的发展需求对充电电源提出了高功率密度与高稳定度输出的要求。基于电力电子开关技术的高频变换器是目前充电电源的主流技术路线，其具有效率高、体积小、功率密度高等优点，被广泛研究并使用。常见的高频变换器拓扑包括谐振变换器、Boost 变化器、Flyback 变换器、Ward 变换器等。一般地，变换器的频率在几十 kHz 到百 kHz。为了实现更高的功率密度，进一步提高高频逆变的开关频率是一种可行的方法。通过提高开关频率，其他主要部件如变压器的体积也大大减小。

二、特种电源关键技术发展概述

特种电源技术涉及的关键技术包括电源电路拓扑及仿真技术、高功率逆变技术、功率器件及电子封装技术、电源控制技术及电磁兼容技术等，本文结合 2023 年度第九届全国特种电源学术会议相关研究进展，从以上几个方面概述了特种电源关键技术研究进展。

（1）电源电路拓扑及仿真技术

创新性的能量变换需要从电源电路拓扑及仿真技术方面进行创新。南华大学郑亮等报道的《基于雪崩三极管和阶跃恢复二极管的脉冲电源设计》中针对传统脉冲源设计方案的局限性，提出一种包括 Marx 电路、阶跃恢复二极管（SRD）以及雪崩三极管（AT）的脉冲电源方案，实现了半幅脉宽为 4.495ns、下降沿为 1.937ns、幅度为 206V 的负极性脉冲，波形稳定[1]。实验结果表明，与传统脉冲源设计相比，脉冲在保持窄脉宽的同时幅值大幅提升，体积更小，能有效改善发射机探测范围。这种高幅值且窄脉宽的脉冲电源不仅适用于超宽带探地雷达系统，对于其他需要高精度脉冲信号的应用领域也具有广泛的应用前景。输出脉冲波形如图 1 所示。

西南交通大学熊健等报道的《CFQS 装置磁体电源系统充电模块设计》中提出采用电压电流双环控制策略保证了 CFQS 装置磁体电源系统输出稳定性，利用 Psim 软件仿真充电模块向超级电容器充电的特性，验证设计可行性[2]。CFQS 装置是西南交通大学（SWJTU）和日本国家核融合科学研究所（NIFS）联合设计制造的中国首台准环对称仿星器。超级电容器充电模块输出电压波形如图 2 所示。

秦皇岛职业技术学院李玉山与秦皇岛市燕秦纳米科技有限公司、燕山大学合作提出一种改进型 MMC（Improved MMC, I-MMC）拓扑，应用隔离型开关电容变换器，实现上、下桥臂一对子模块（A Pair of SM, PSM）高频链（High Frequency Link, HFL）互联，相单元内上、下桥臂

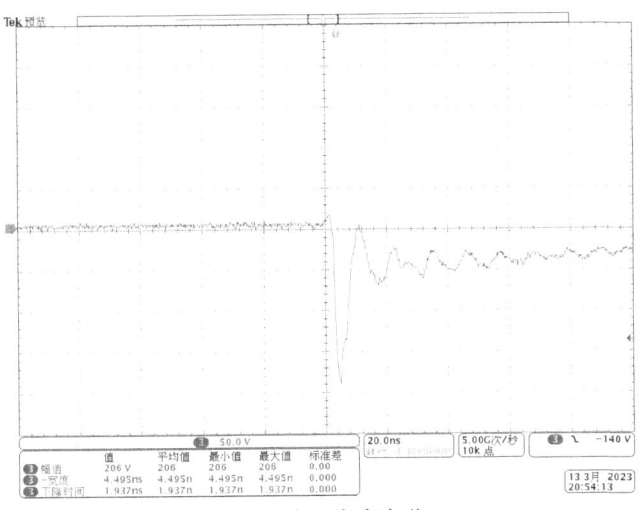

图 1 输出脉冲波形

图 2 超级电容器充电模块输出电压波形

PSM 并联的高频链两侧采用同步控制，使 SM 电容之间呈现开关电容特性，实现波动功率在电容之间的自由传递，进而消除相位相反的基频与 3 倍频波动分量。结合 MMC 运行调制比和功率因数分析基频与 3 倍频波动分量消除后 SM 电容取值，完成模块化设计。所提方案可将 SM 电容减小至常规 MMC 的 $1/4^{[3]}$。仿真与实验结果验证了所提拓扑方案的正确性与有效性。MMC 拓扑结构实验波形如图 3 所示。

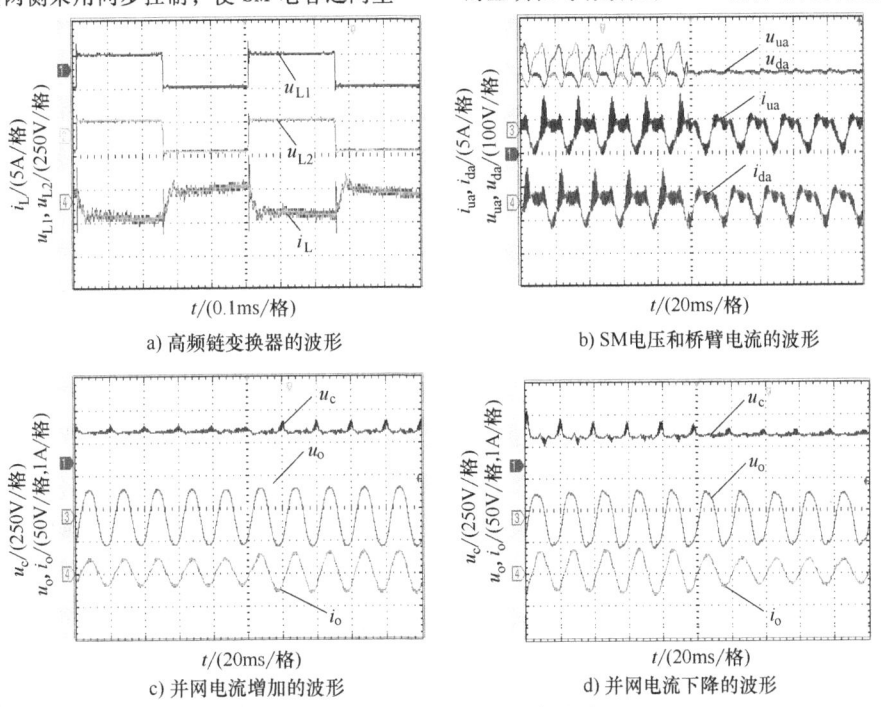

图 3 MMC 拓扑结构实验波形

核工业西南物理研究院的张锦涛等人在《PSM 高压电源系统的集成与仿真》中针对未来高压电源系统的发展，开展 PSM 高压电源（辅助加热系统中的关键部件）的集成与仿真，通过计算、仿真分析各种电气特性，为未来建造更高电气特性的 PSM 高压电源系统提供理论参考[4]。电源系统 5kHz 的调制输出波形如图 4 所示。

上海空间电源研究所及哈尔滨工业大学徐浩等为了扩展单级式隔离型 AC/DC 变换器的应用，改善其电流特性，提出一种交流侧为半桥三电平结构的新型拓扑（见图 5），基于三移相调制策略详细分析了变换器的工作原理和稳态特性，并通过三个移相角的关系实现了最小谐振电流方均根值。该变换器将交流侧开关管的电压应力降低到交流电压的一半，有助于降低功率损耗和成本[5]。进一步提出比例谐振复合奇模式重复控制的网侧电流闭环控制策略，通过比例谐振控制器实现对网侧电流基波分量的无静差闭环控制，通过奇模式重复控制器消除由电网电压谐波引起的网侧电流奇次谐波。

华中科技大学李志恒等建立了含缓冲电路和杂散电感的 MOSFET 模型并对其关断过程进行了分析，得到抑制电压尖峰的缓冲电路理论设计方法及表达式[6]。针对串联均压未考虑分布电容的问题，通过构造等电位点，建立了含有分布电容的等效电路并进行分析，根据电荷方程等式得到了缓冲电路非等参数设计方法及表达式，该参数设计方法可以补偿分布电容造成的电压分布不均，并更好地指导高压保护开关的均压方案设计。为了验证参数设计的合理性进行了仿真分析，仿真结果表明最终得到的整体设计方案可以满足尖峰抑制以及均压的设计要求。新型均压拓扑原理图如图 6 所示。

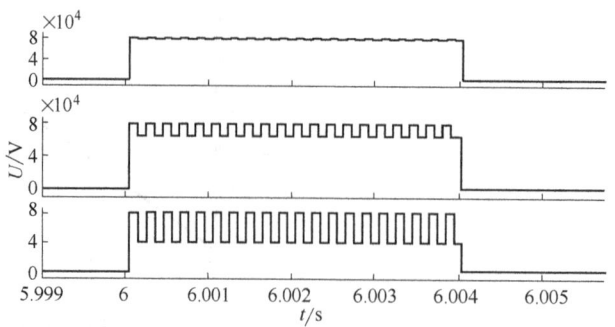

图 4　电源系统 5kHz 的调制输出波形

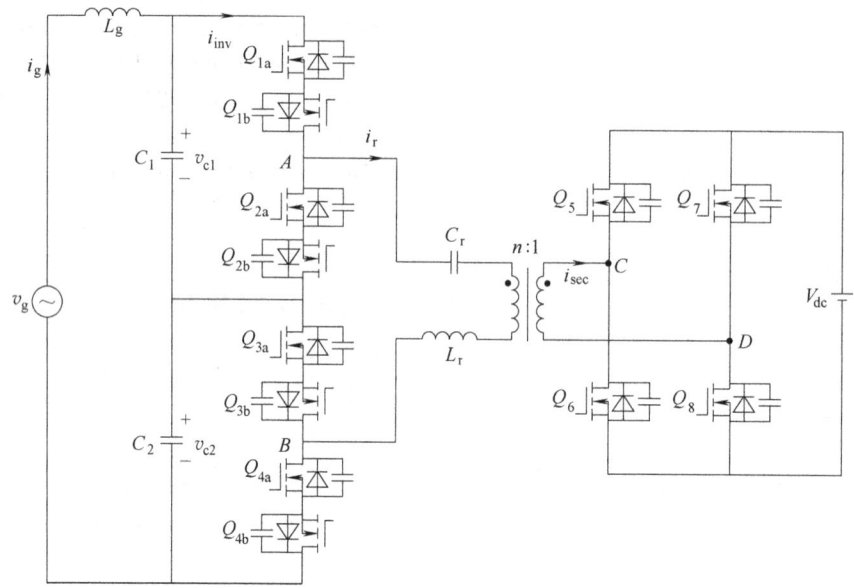

图 5　上海空间电源研究所提出的三电平单级式 AC/DC 变换器电路原理图

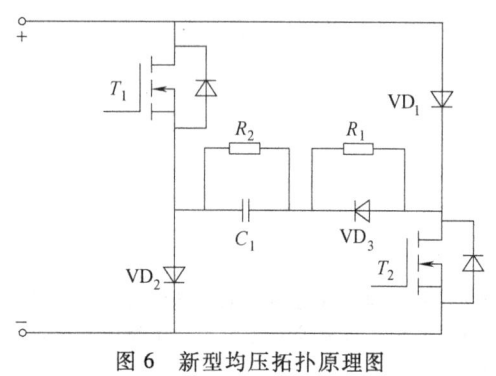

图 6　新型均压拓扑原理图

西安理工大学穆晓宇等利用实矢量合成虚拟电压矢量的方式，提出一种基于混合电压矢量的模型预测控制策略（见图 7），增加了单开关周期内的电压矢量个数，减小跟踪误差并有效抑制并网电流纹波。从静态、暂态等方面进行了仿真与实验分析验证[7]。

浙江大学朱基宏等提出了一种统一拓扑框图，它可以覆盖开关电容电路现已知的所有拓扑，并能够自动生成全新的结构[8]（见图 8）。在此框架内，可以确定功率元件的连接关系以及额定电气参数。通过提供更多不同特征的拓扑选择，工程师可以综合比较后进行优化设计进而找到特定工况下效率最优的拓扑。此外，所有衍生的拓扑都基于并行仿真和实验进行了验证，并详细介绍了所选拓扑结构的优点，以期能揭示开关电容电路优化的基本规律。

上海空间电源研究所徐锡炀等在《基于单神经元自适应控制的直流变换器设计》中提出了一种自适应 PID 参数的 DPWM 控制策略[9]。选取了传统 DPWM 控制的 Buck 电路进行建模，说明了 PID 参数对电路特性的重要性。介绍了基于 Hebb 学习规则的单神经元控制算法及其改进算法，展示了自适应 PID 参数调节的过程。将此算法与 Buck 电路模型结合，并进行了 Simulink 仿真，验证了此控制算法的有效性。仿真结果显示，基于单神经元的 PID 调节算法相比于传统的数字 PID 算法，具有更好的动态特性和稳态特性，在不同的输出参考电压下具有更好的泛化能力。不同参考电压下 PID 参数的调整状况如图 9 所示。

（2）高功率逆变技术

华中科技大学朱帮友等在《逆变型高压直流电源故障诊断技术研究》中针对逆变型高压直流电源故障诊断研究的空白，为了保证聚变装置平稳运行，以中国聚变工程试验装置 N-NBI 系统样机 200kV/25A 加速极电源为例开展故障诊断技术研究[10]。通过分析 200kV/25A 电源的硬件组成和控制系统，得到了简化等效电路和电源分析方法；通

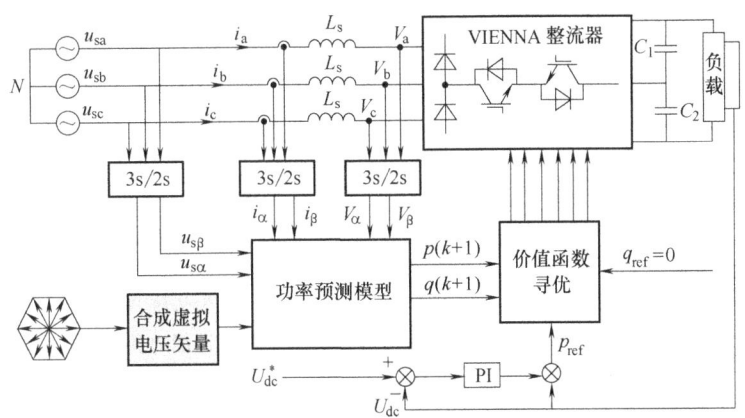

图 7 基于混合矢量的 VIENNA 整流器模型预测控制研究框图

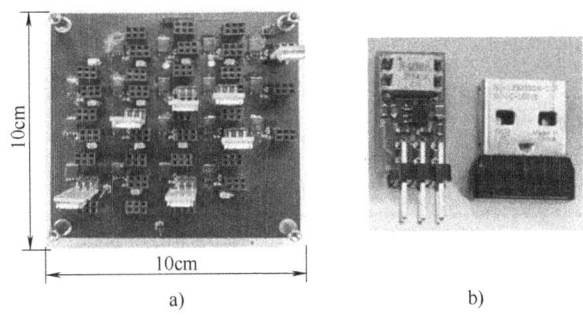

图 8 a) 基于四级统一拓扑的实验样机；b) 磁隔离驱动

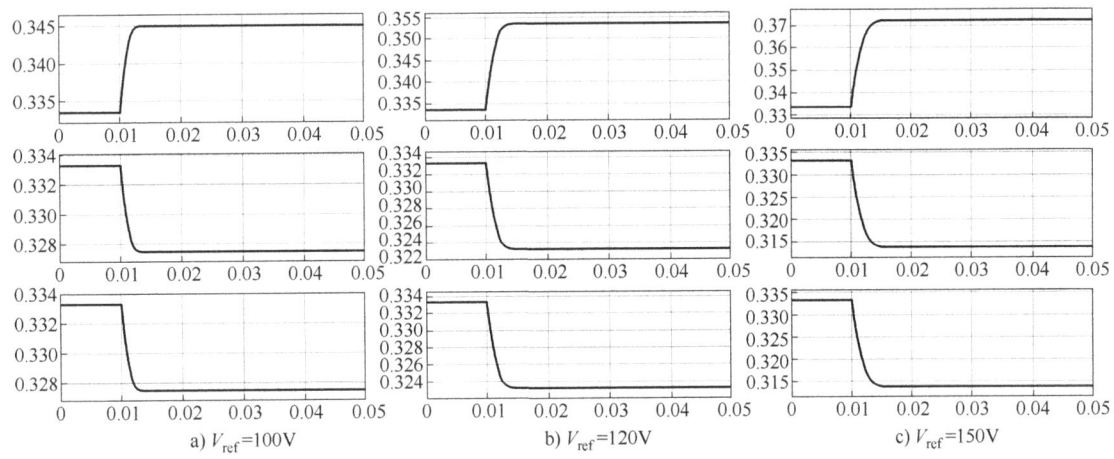

图 9 不同参考电压下 PID 参数的调整状况

过分析电源可能的故障情况，明确了故障诊断的研究范围，重点分析了逆变型高压直流电源从逆变器到输出的电压电流表达式和各个阶段电流路径的变化规律，针对 NPC 逆变器故障，着重分析了 NPC 逆变器输出电压电流，根据时域分析推导了逆变器输出电压电流表达式，提出了基于相电压、电流的逆变器故障诊断方法。搭建了基于 Matlab/Simulink 的 200kV/25A 逆变型高压直流电源仿真模型和 10kV/6A 实物样机。

华中科技大学杜震昌等与中国电力科学研究院有限公司合作在《加速极直流母线对输出电压波动影响的分析》中就直流母线电压纹波与加速极输出电压波动相关性展开分析[11]。基于原有的电路拓扑结构，分析了原有方案和现有研究所存在的局限与不足，将直流母线电压纹波考虑进特种高压直流电源中，利用状态空间平均法构建小信号模型求出传输特性并分析，得出了加速极输出电压波动受直流母线 1Hz~1kHz 纹波的波动影响较大的结论。研究弥补了该特种电源领域的空缺，为直流纹波的抑制提供了理论基础。传递函数波特图如图 10 所示。

（3）功率器件及电子封装技术

大连理工大学与中国工程物理研究院流体物理研究所、天府创新能源研究院合作在《全膜脉冲电容器电热老化分析》中为探究全膜脉冲电容器老化失效机理，开展了其寿命试验及电场与温度场的仿真。利用 LTD 基本放电单元（Brick）实验腔体对电容器进行寿命测试并获得失效电容器，分析了失效电容在不同故障形式下的失效原因，并利用有限元分析软件对电容器局部"电场易畸变"区域进行了电场仿真，分析了电容器内不同部位的电场畸变情况；对电容器整体进行温度场分析，获得了电容器在不同工况下，内部剖面和表面温度的分布情况；将击穿点视为热源，探究了击穿过程中击穿点区域的瞬时温升情况[12]（见图11）。

中国工程物理研究院流体物理研究所秦炎等与山东大学合作在《同面类体结构4H-SiC光导开关的导通特性研究》中提出了一种同面类体结构的平行电极开关，并通过实验和仿真进行了该结构导通特性的研究。采用SilvacoT-CAD仿真不同凹槽刻蚀深度下同面类体结构开关的电场分布[13]。仿真结果显示，凹槽深度在 $1.5\mu m$ 时，其边缘电场强度的尖峰值最小，即具有较好的耐压特性。采用高纯半绝缘4H-SiC材料为衬底、GaN为外延层制备了不同电极间隙、刻蚀深度为 $1.5\mu m$ 的同面类体结构光导开关。使用355nm激光器，外加直流高压源对开关进行了测试。结果表明：同面类体结构开关的光电流效率为传统开关的2.2~5.5倍，击穿场强为传统开关击穿场强的2~3倍，同面类体结构开关的导电流通能力和耐压性能都得到了提高（见图12）。

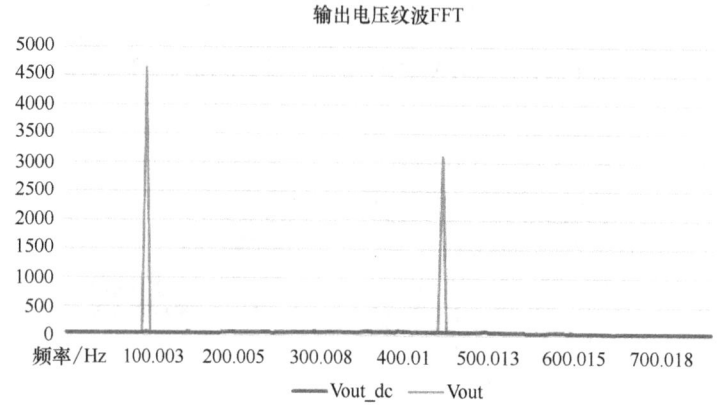

图10 传递函数波特图

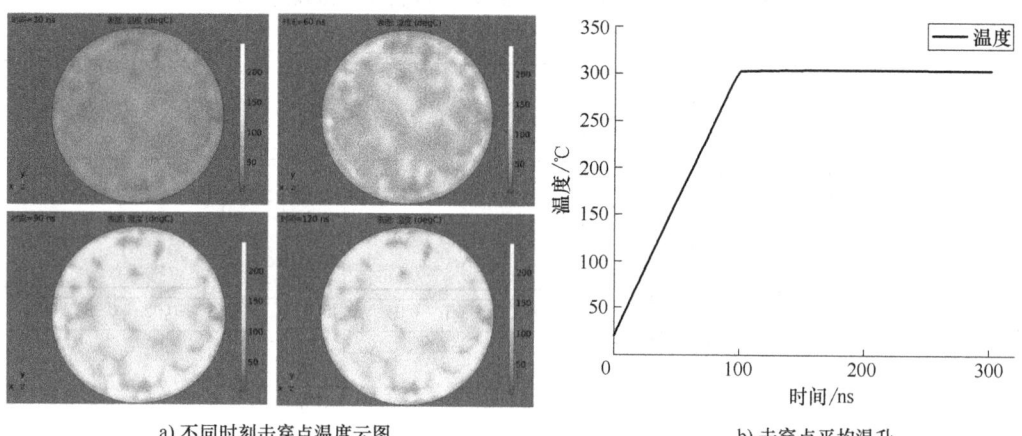

a) 不同时刻击穿点温度云图　　b) 击穿点平均温升

图11 击穿点局部区域温度

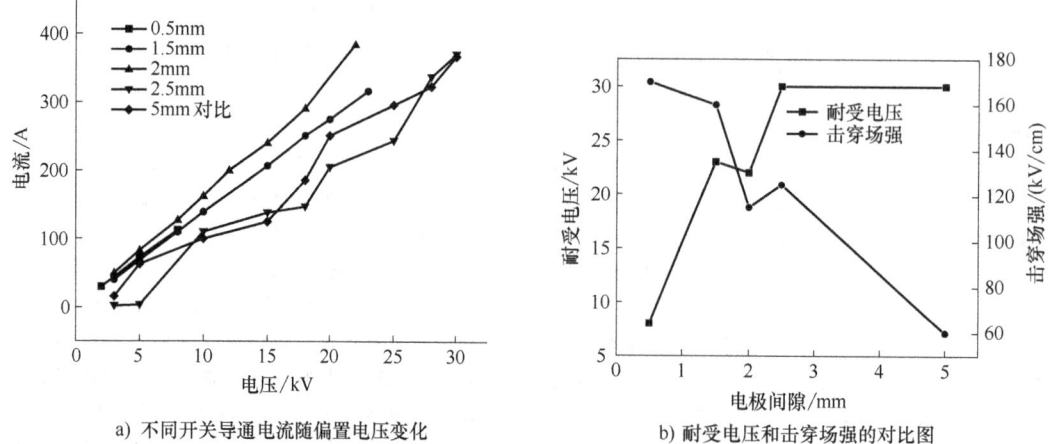

a) 不同开关导通电流随偏置电压变化　　b) 耐受电压和击穿场强的对比图

图12 同面类体结构光导开关耐压试验测试结果

国防科技大学王朗宁等在《高功率快响应碳化硅光电导器件研究》中利用重掺杂半绝缘碳化硅材料，采用电极正入射、非本征光激励方式和正对电极体结构方式，研制碳化硅光电导开关[14]。①针对光电导器件 MW 级功率需求，厘清了器件高电压强场工作特性，采用合理的封装方式与结构，合理设计的器件实现 20kV 电压工作。②针对非本征光激励下线性模式光电导器件光吸收低的问题，设计了光耦合透镜的近全反射腔结构，拟通过多次反射增加吸收光程的方法，提高器件的光电转换效率，仿真和实验验证了 2 倍的光电转换效率提升。③针对 MW 峰值功率碳化硅光电导器件寿命短问题，通过改善器件反射电极与碳化硅材料的接触膜层结构，研制了高效长寿命新型光导器件，在 16.5kV/mm 直流偏置和 100A 峰值电流输出下，优化后的器件寿命从亚秒量级提升至 10min 连续工作。

山东大学李阳凡等与中国工程物理研究院流体物理研究所合作在《亚纳秒触发 4H-SiC 光导开关性能研究》中采用高纯半绝缘 4H-SiC 晶片制作了平面型光导开关，利用不同外加电压和不同触发激光能量开展光电导测试实验[15]。实验结果表明：在外加电压为 2000V 时，CVR 电压峰值可达到 7.68V，即此时电路中的光电流大小约为 153.6A。同时，也发现在较短光脉冲触发下，波形中的振荡现象对于测试电路和测试手段更为敏感。不同外加电压下 SiC 光导开关输出电压波形如图 13 所示。

中国工程物理研究院微系统与太赫兹研究中心、中国工程物理研究院电子工程研究所高磊等在《基于 SiC 高压开关的并联功率模块设计》中介绍了基于脉冲功率半导体开关实现多芯片并联模块的设计过程[16]。模块采用 140mm 高压封装模块结构，通过该模块结构内部可以实现多颗脉冲功率开关器件的并联组合，单颗模块包含阳极、阴极端子和门极信号端子，方便进行更大功率应用扩展。通过三维建模和多物理场仿真，实现对于模块基板和端子的布局优化，实现内部场强降低和电流均匀性的提高，还研究了内部寄生参数的分布及其对于多芯片并联均流的影响。

西安交通大学胡龙等在《激光二极管触发的直流 100kV 砷化镓光导开关》中针对大型脉冲功率装置中高压气体开关触发应用需求，设计了电极间距 24mm 的异面结构 GaAs PCSS，采用波长 915nm、能量 13μJ 的激光脉冲触发 GaAs PCSS，对雪崩工作模式下开关直流耐压、延时抖动等特性进行实验研究[17]。实验结果表明，GaAs PCSS 直流工作电压可达 100kV，最低延时抖动约为 200ps，负载脉冲峰值电流约为 200A，脉冲上升时间约为 1ns。

重庆大学马久欣等在《高速 SiC-MOSFET 叠层封装结构设计及性能评估》中设计了一种高速 SiC-MOSFET 叠层封装结构，整体布局中无引线、无外接，寄生电感极低，可以大大地改善开关的动态性能[18]。文章通过对叠层封装进行电磁场仿真，揭示了该封装多介质界面的电磁场分布规律，初步验证了封装结构的可行性，并确定了封装待优化的电磁薄弱环节。文章搭建双脉冲测试平台，对所研制叠层封装 MOSFET 与同芯片晶圆商用 TO-263-7 封装开关的动态性能进行对比，实验表明在大电流工况下，所提封装上升速度提升 48%，关断速度提升 50%，开通损耗降低 54.6%，关断损耗降低 62.8%，实验结果验证了所提叠层封装结构对开关动态性能的改善作用。极限脉冲电流 90A 时 TO-263 与 PoP 封装双脉冲测试对比波形如图 14 所示。

（4）电源控制技术及电磁兼容技术

战略支援部队信息工程大学雷顺天等在《基于 PCB 金属连线耦合的无人机电子罗盘辐照 EMI 效应研究》中重点对电子罗盘 PCB 金属连线进行了电磁耦合仿真分析，设计

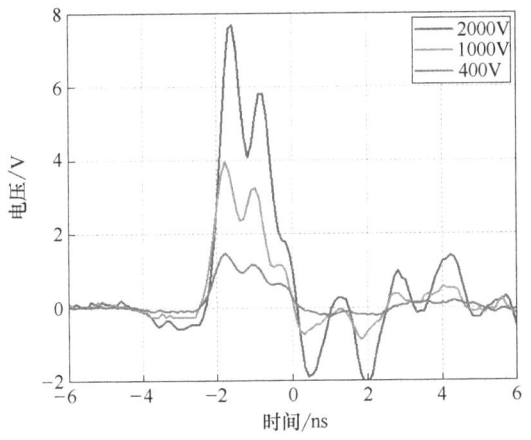

图 13 不同外加电压下 SiC 光导开关输出电压波形

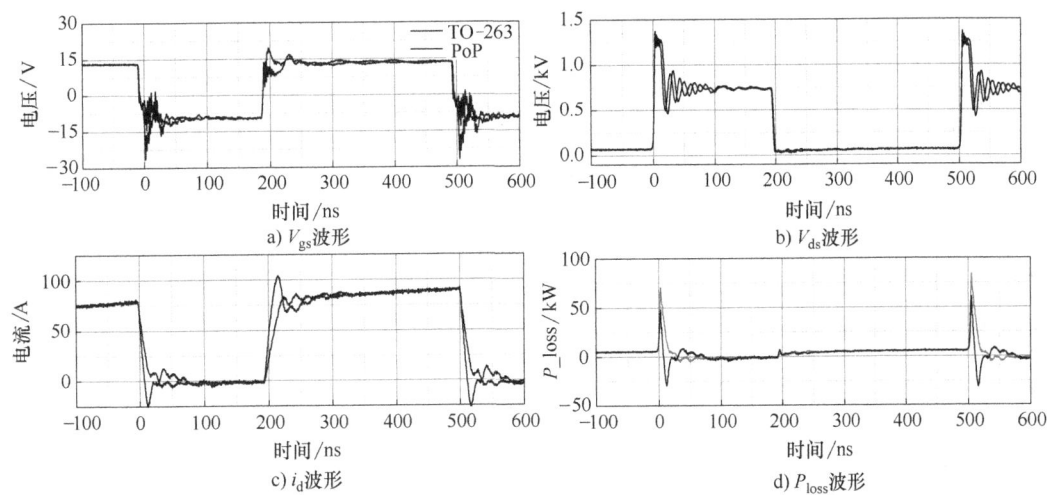

图 14 极限脉冲电流 90A 时 TO-263 与 PoP 封装双脉冲测试对比波形

了辐照式电磁干扰方案，开展了屏蔽室内电磁干扰试验与分析[19]。仿真和试验结果表明：电子罗盘 PCB 金属连线耦合路径对 1.25GHz 以上频段电磁干扰信号的电磁敏感度较高，耦合干扰电压作用于电源分配网络和信号传输网络，导致了电子罗盘出现航向角测向解析和 I^2C 信号传输故障（见图15）。

中国科学院合肥物质科学研究院等离子体物理研究所刘正之、黄懿赟在《托卡马克装置接地与防雷及电磁兼容系统设计》中对于大型超导托卡马克核聚变试验装置，以接地设计为主，结合雷电防护及电磁兼容，就接地系统设计的功能、目标、对象、技术要求、设计理念与设计方法，进行了系统阐述。提出了共用地网，分类专用接地母线，等电位均压连接，功能接地的一点接地，保安接地和等电位均压连接的多点接地的设计原则[20]（见图16）。

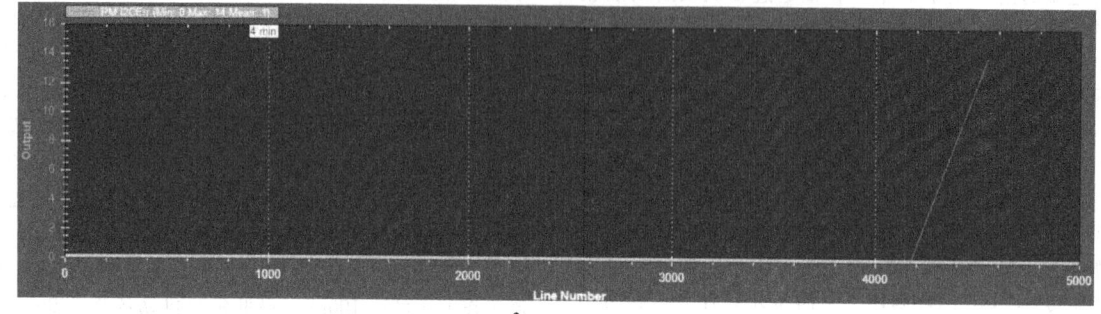

图15　电子罗盘 I^2C 信号传输错误值数据图

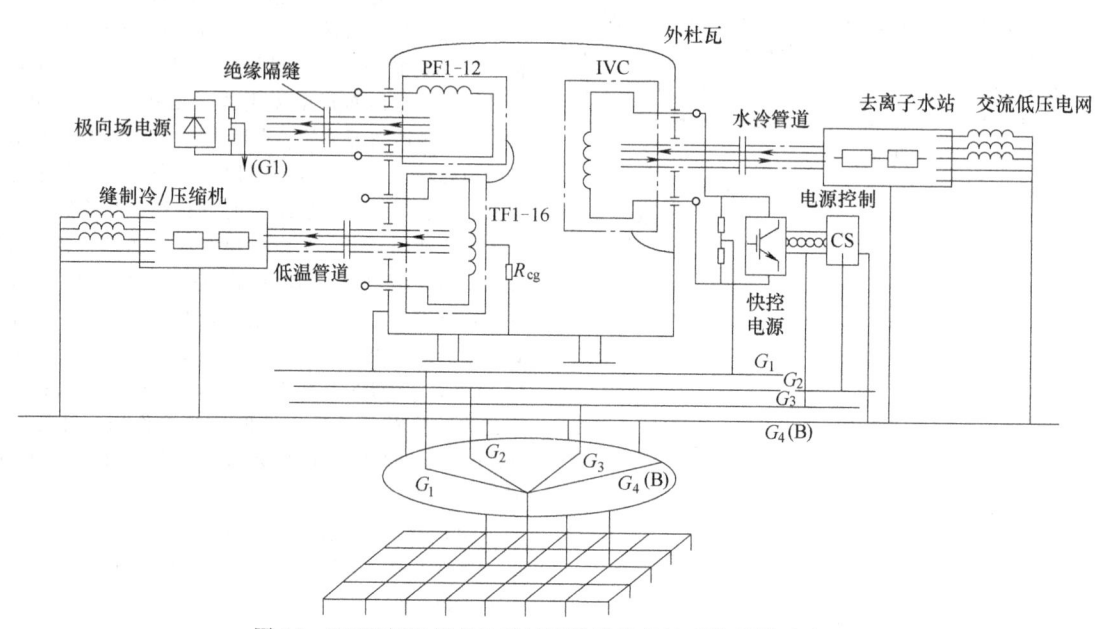

图16　EAST 超导托卡马克试验装置的接地系统设计示意图

上海空间电源研究所王嘉靖等在《基于 ANSYS 电磁传导干扰分析的 PCB 优化研究》中针对电磁兼容关键问题，在理论上讨论分析了电路电磁噪声干扰源和传播路径，分析了接地和开关电源电流、电压突变节点对传导干扰问题的影响，并据此优化了 PCB 布局[21]。同时根据 ANSYS 系列软件提取的 PCB 及无源器件寄生参数模型，结合电源控制芯片的特点，进行了优化设计仿真，使传导干扰达标 CE 标准。PFC 侧共模干扰传播路径如图17所示。

三、特种电源应用进展概述

国防科技大学李嵩等在《基于锂电储能的初级能源技术研究》中通过数值仿真和实验验证的方法，研究了一种基于锂电池储能的高功率初级能源，并开展了其在重频条件下的工作能力测试[22]。具体而言，提出并设计了一种由能库分系统、脉冲升压分系统和能量回收分系统构成的锂

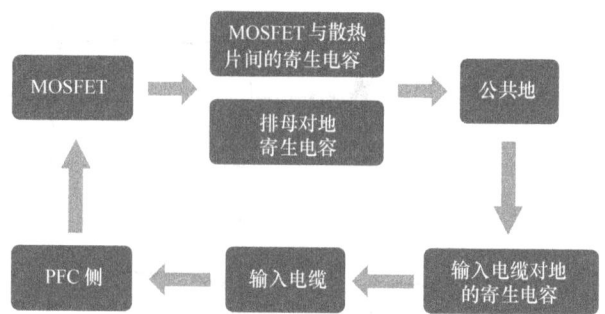

图17　PFC 侧共模干扰传播路径

电储能高功率初级能源；仿真研究了能量回收电感取值对初级能源能量回收效率的影响规律，并提出了优化方法；在此基础上，研制了高功率初级能源，搭建实验平台并开展了实验研究，在负载电容上实现了峰值电压 65.6kV，脉

冲上升时间 29.2μs；系统还实现了重复频率 3Hz 稳定运行 100 个脉冲，具有较好的工作稳定性（见图 18）。

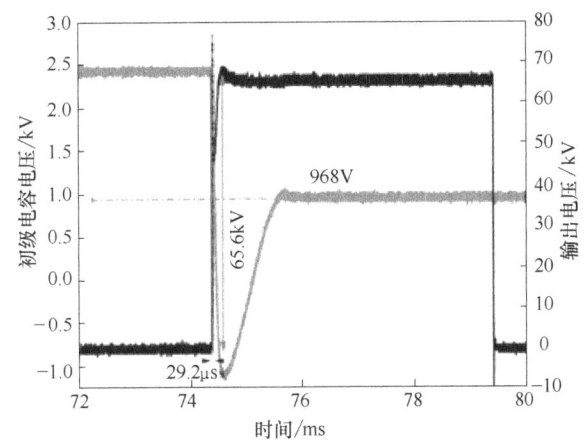

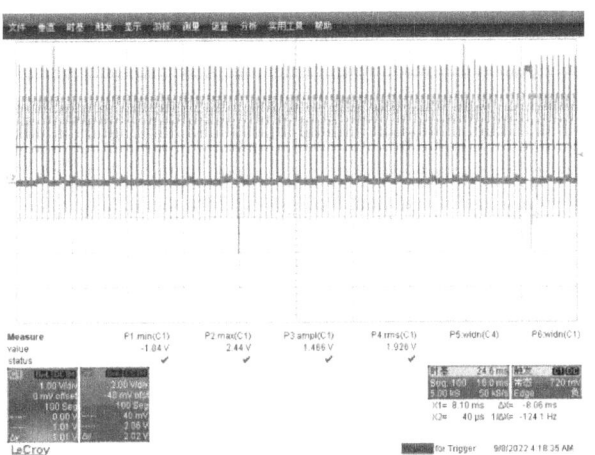

图 18　初级能源系统原边电容、负载电容电压波形及高功率初级能源输出脉冲电压波形（重频）

中电科蓝天科技股份有限公司鲁伟等在《一种级联式高功率脉冲电源》中针对高功率脉冲半导体激光器的特殊用电需求，研发了一种级联式高功率脉冲电源，输出的连续脉冲电流波形如图 19 所示。电源前级为高功率储能电池包，包含高压电池组、隔离充电器、均衡管理器、放电开关等；电源后级为多路脉冲驱动源，包含脉冲生成单元、触发控制单元、同步控制单元等[23]。试验结果表明，高功率脉冲电源能够以 300Hz 重复频率长时间工作，峰值功率达到 500kW 量级，多路输出同步精度优于 1μs，满足了高功率脉冲半导体激光器的用电需求。

华中科技大学张玉宸等在《多级 XRAM 型脉冲功率电源开关器件简化研究》分析多级 XRAM 电源拓扑结构的二极管器件功能，简化放电回路中的二极管数量。使用模块化的方法，建立了基于 ICCOS 的多级 XRAM 型脉冲电源的轨道炮仿真模型，系统总储能为 375kJ，发射效率接近 15%[24]。并通过仿真模型验证了简化前后模型的性能指标，结果证明简化多级拓扑中的最后一级上臂二极管对电源模块的放电电流没有明显影响。多级 XRAM 型脉冲功率电源 Simulink 仿真波形如图 20 所示。

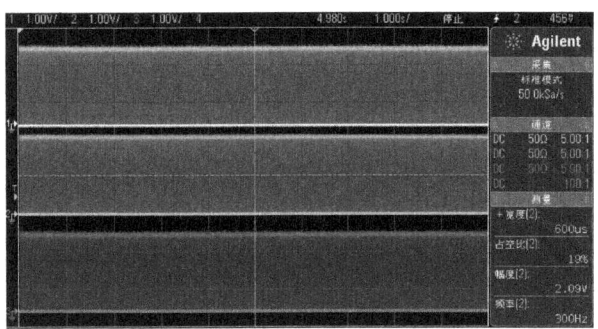

图 19　级联式高功率脉冲电源输出的连续脉冲电流波形

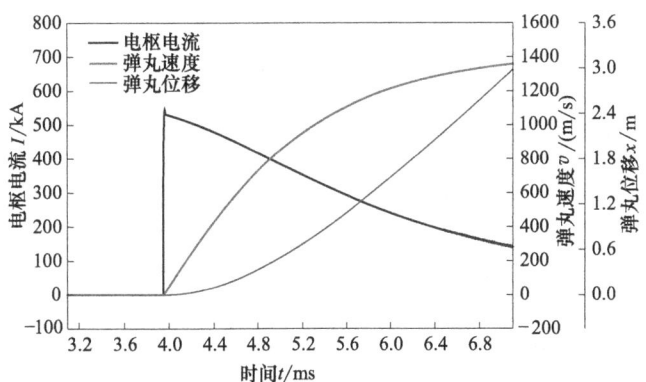

图 20　多级 XRAM 型脉冲功率电源 Simulink 仿真波形

国防科技大学楚旭等在《掺杂元素浓度对于 4H-SiC 光导开关器件高频响应特性的影响》中首先分析了施主杂质浓度和受主杂质浓度对于 4H-SiC 光导半导体瞬态响应能力的影响，并且选用了三种不同掺杂元素浓度 4H-SiC 晶圆制备的平面电极光导器件进行研究，对比不同器件在非本征模式下的高频响应输出[25]。实验结果表明，当掺杂 N 元素浓度小于 $10^{16}cm^{-3}$ 时，光导开关器件可以响应得到频率高达 10GHz 的微波输出。这说明可以通过控制 n 型钒补偿 4H-SiC 中掺杂元素的浓度，来进一步提升光导半导体器件的高频响应能力，从而实现更大频谱范围内的光导捷变频微波输出。三种 4H-SiC 光导器件样品射频输出波形对比如图 21 所示。

哈尔滨工业大学与中国工程物理研究院流体物理研究所合作在《空间等离子环境模拟与研究系统脉冲电源系统研制》提到空间环境地面模拟装置是哈尔滨工业大学承建的国家重大科技基础设施项目，其包含的空间等离子体环境模拟与研究系统中的近地空间等离子体环境模拟与研究系统采用一套包含 17 个线圈的磁体系统来为其研究的磁层顶磁重联模拟实验、由外部等离子枪驱动的模拟磁重联实验以及研究模拟"地球辐射带"的电磁波与等离子体相互作用的实验三项内容提供背景磁场，并且采用一套脉冲电源系统为磁体系统提供激励电流。该套脉冲电源系统的负载特性复杂以及需要输出电流具有多样性和多时序性，基于以上需求研制了一套基于电容储能的模块化脉冲电源系统，且针对磁体系统接收脉冲大电流时可能存在损坏的风险，研究一种电压外推方法来测试脉冲电源系统的输出电流性能是否满足设计指标需求[26]。最终实验结果证明该套脉冲电源系统能够为磁体系统提供满足设计指标需求的电

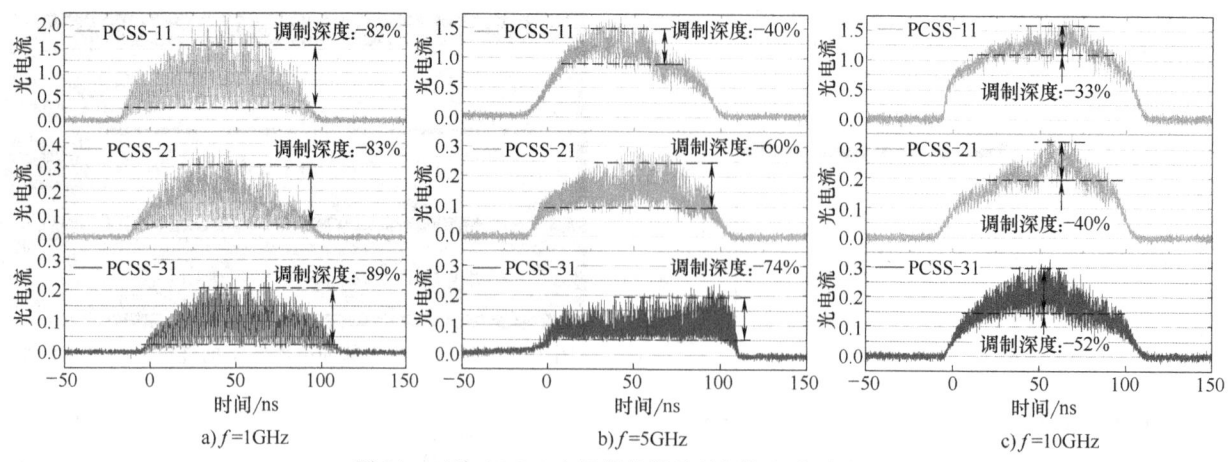

图 21　三种 4H-SiC 光导器件样品射频输出波形对比

流波形。磁体电源系统对磁体系统的放电实验现场配置如图 22 所示。

上海理工大学姜松等与上海健康医学院合作在《三电极结构在双源激励下的 DBD 放电特性》中优化电极结构以提高介质阻挡放电（DBD）的放电效率是一种可行的途径。提出了一种 DBD 结构和针板结构相结合的三电极结构。在 DBD 上施加正极性脉冲电压，在针板电极上施加负极性脉冲电压[27]。研究对比实心和丝网接地电极下 DBD 放电特性和光谱强度。结果表明，施加在针板上的负极性电压使 DBD 放电更加强烈。与传统双电极 DBD 相比，三电极 DBD 放电电流和功率都有明显提高。特别是丝网接地三电极结构下，在负极性脉冲维持期间，针板间隙处于击穿状态，DBD 放电出现很大的放电电流。不同结构下的 DBD 的放电光谱表明在丝网接地时三电极 DBD 激发粒子的光谱强度最强（见图 23）。这一趋势与 DBD 放电电流和功率一致。

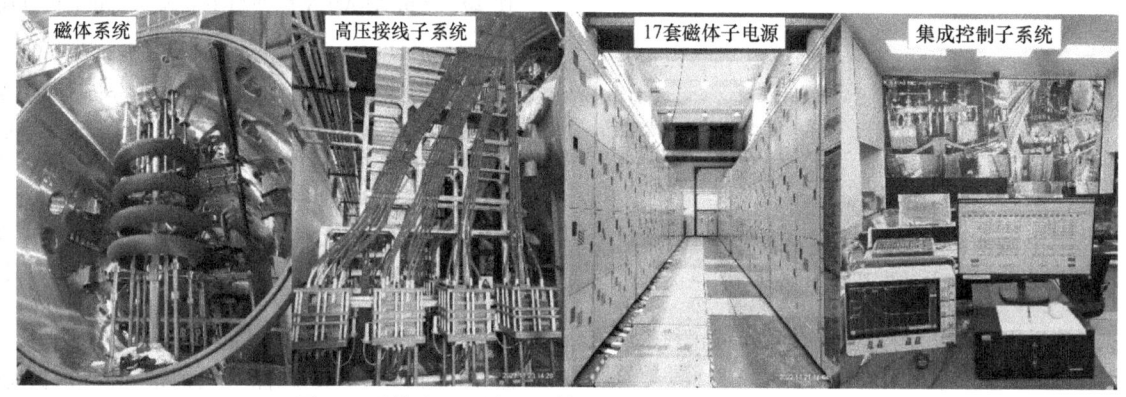

图 22　磁体电源系统对磁体系统的放电实验现场配置

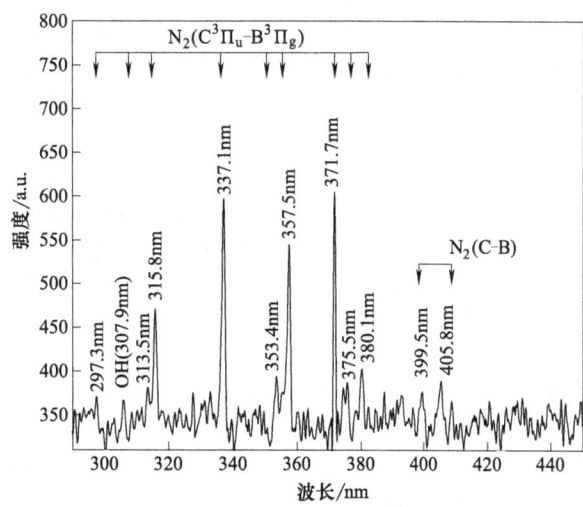

图 23　不同结构下的 DBD 发射光谱

华中科技大学曾宇轩等在《变母线电压的 LLC 高压电容充电电源设计》中提出了一种两级式可变母线电压的高压电容充电电源技术方案，该拓扑在半桥 LLC 谐振电路的基础上增加了一级图腾柱无桥 PFC 电路，通过改变母线电压来解决传统 LLC 谐振电源在输出更高电压时，工作频率变化范围过大带来的充电效率下滑的问题[28]。由于图腾柱电路本身具备功率因数校正的功能，该电源设计还具备能够直接从电网取电而不影响电网电能质量的优势。论文首先介绍了本电源设计中两部分的电路拓扑和工作原理，采用等效电阻法分析了电容负载下的电源输出特性。针对前级图腾柱电路设计了双环控制器以实现对母线电压和功率因素的控制，针对后级 LLC 电路提出了 PI 加低通滤波的恒流控制器以降低高频噪声带来的不利影响。最后通过模型构建与仿真分析，研究了高压电容充电电源 3000V/1A 时的充电特性，验证了本电源技术方案、设计和控制策略的可行性。变母线电压的 LLC 高压电容充电电源输出电压与开关频率的关系如图 24 所示。

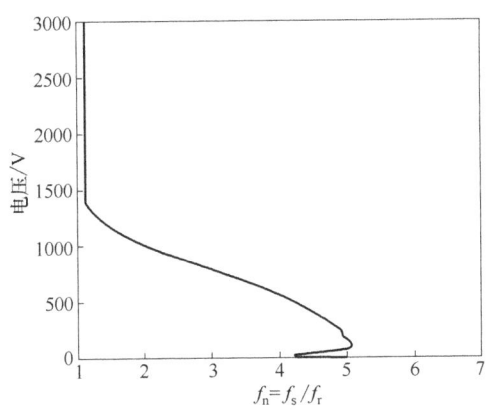

图 24 变母线电压的 LLC 高压电容充电电源输出电压与开关频率的关系

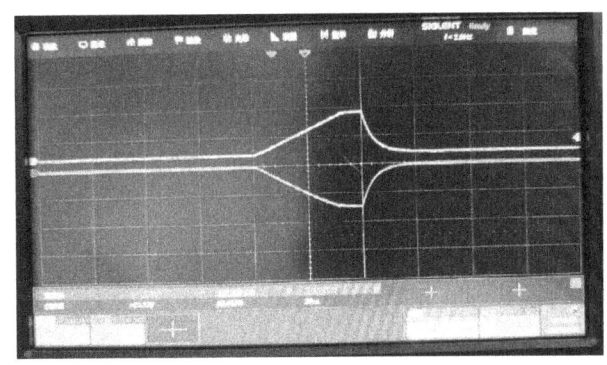

图 25 高稳定直流充电电源充电实验波形

中国工程物理研究院应用电子学研究所张北镇等在《高稳定直流充电电源设计与应用》中设计了一高功率直流开关电源，用于高功率微波系统中。该电源总输出功率不低于 120kW，具备同时输出正负极性高压能力。单极性充电负载 1.6μF，最大充电电压 45kV，重复工作频率 20Hz[29]。文中简介了基本设计指标和设计原则，以及紧凑化设计方法。整机附属功能还包括充电保护、故障警示、高压泄放等。还具备抗震、抗电磁干扰，满足高低温工作（-20~70℃）,防风沙，防盐雾，防凝露等优势。该电源与脉冲功率系统联合调试，获得良好效果。高稳定直流充电电源充电实验波形如图 25 所示。

核工业西南物理研究院陈俊宏等在《kA 级双阶梯脉冲电源方案设计与分析》中提到托卡马克装置预电离过程中，环向磁场应与电子回旋波频率相匹配，NCST（NanChang Spherical Tokamak）装置现有的电子回旋波频率较低，为了让环向场与已有的电子回旋波频率匹配，提出了新的环向场线圈电源方案，在原方案的磁场线圈平顶电流产生之前增加一个低电流台阶[30]。回顾 NCST 球形托卡马克装置环向场线圈电源的原有方案后，设计了全控型和半控型两种改造方案获得阶梯式脉冲电流，从电压电流的高次谐波、电流的可控性和纹波、改动和安装三方面对比两个方案，最终选定了半控型改造方案。kA 级双阶梯脉冲电源设计方案如图 26 所示。

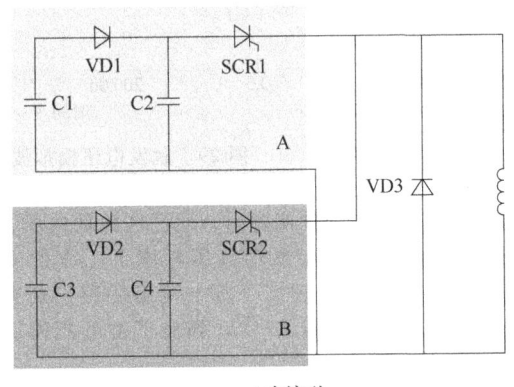

a) 半控型　　　　　　　b) 全控型

图 26 kA 级双阶梯脉冲电源设计方案

中国科学院合肥物质科学研究院等离子体物理研究所潘圣民与湖北追日电气、山东电力设备有限公司合作在《CRAFT NNBI 200kV 高压电源的研制》中提到 CRAFT NNBI 200kV 高压电源是作为 NNBI 的引出极高压电源，系统对电源的动态性能和稳态性能提出了严格的要求。针对这一应用，提出了基于三电平 NPC 逆变器+升压换流变压器+高压不可控整流（DC-AC-DC）的电源拓扑结构。该拓扑的结构优势在于：控制功能由低压侧实现，高压侧无需控制；升压换流变压器实现高压侧与低压侧的电气隔离[31]。为了实现输出电压的高精度控制，NPC 逆变器采用两级可调模式。粗调是通过调节直流母线的电压；精调是通过调节 NPC 的占空比。通过两级调节的配合来控制输出直流电压的质量，以确保最终高压直流侧的稳定度、精度和纹波等要求。对系统的硬件选型和反馈控制进行了详细分析，并使用 MATLAB/Simulink 软件对电源进行了仿真。最后，通过实验验证，与仿真结果吻合，电源满足 CRAFT NNBI 系统的要求、稳定性和动态响应。CRAFT NNBI 加速极电源拓扑结构图如图 27 所示。

中国工程物理研究院流体物理研究所李松杰等与哈尔滨工业大学合作在《波形可调的模块化脉冲放电电源研制》中针对空间磁暴环境地面模拟需求，设计了一套电容器型放电电源，产生电流前沿可调的脉冲电流。对调节电容和调节电感两种方案进行对比分析后，研制了一套由 5 个电容器组成的模块化放电电源，可以通过改变投入运行的模块数量实现放电波形调节[32]。通过仿真分析表明，给出的电路拓扑放电电流波形满足设计要求，放电试验结果证明了仿真结果可行性（见图 28）。

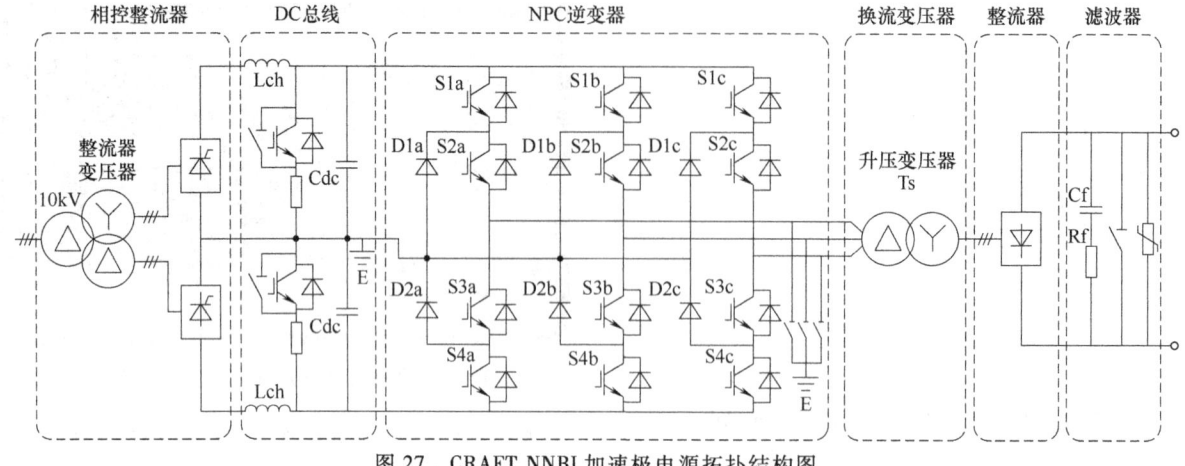

图 27　CRAFT NNBI 加速极电源拓扑结构图

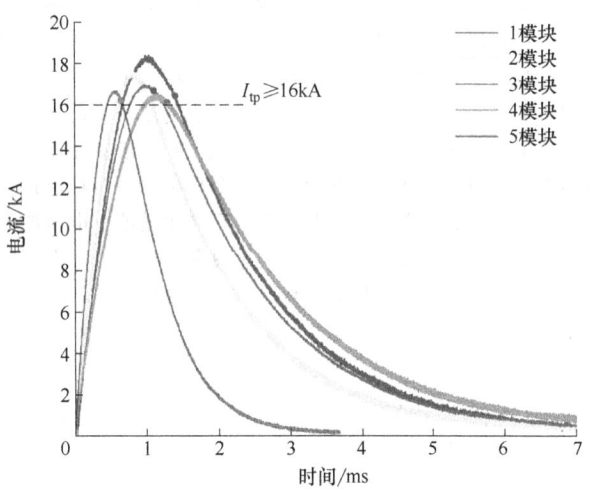

图 28　波形可调的模块化脉冲放电电源整机对负载放电实验结果

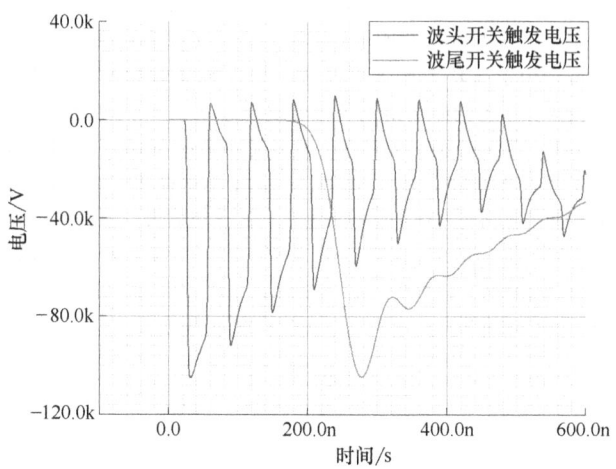

图 29　触发电压模拟波形

中国工程物理研究院流体物理研究所刘宏伟等在《雷电间接效应多重脉冲组大电流源设计》中针对雷电间接效应多重脉冲组测试需求，开展了雷电间接效应多重脉冲组大电流源设计。对比分析了两种雷电间接效应多重脉冲组模拟电路。对于传统 RLC 电路，分析了国家标准中给出的雷电间接效应多重脉冲组（H 波）的电参数与放电回路参数的关系，结果表明，设定工作电压后，放电回路的电阻、电感和电容可以由标准给出的参数计算得到；由于回路电感限制，采用该方法时，系统的储能较高[33]。利用电路储能元件间能量转换的方法可以显著降低储能需求，从理论上分析了该方法的电路参数。对两种模拟电路的优缺点进行了对比，采用低能电路完成了雷电间接效应多重脉冲组大电流源的参数设计和双路触发器的设计。触发电压模拟波形如图 29 所示。

四、其他特种电源前沿交叉技术及应用

上海空间电源研究所吴惠民等人在《800V 高压锂离子蓄电池组的空间应用》中介绍了一种空间用 800V 高压锂离子蓄电池组，通过设计了这种具有屏蔽效果的箱式电池组结构，达到兼顾屏蔽、散热、绝缘和防低气压放电的性能要求，通过这种低气压试验方法验证了高压蓄电池组在低气压环境下工作的安全性，最后证明 800V 高压锂离子蓄电池组适用于真空环境下的高压载荷的工作需求[34]。锂离子蓄电池模块串联模型示意图如图 30 所示。

中国科学院电工研究所徐旭哲等在《等离子体点火器高压交流电源研制和应用研究》中通过对高压交流电源主电路拓扑和电源输出功率控制方法的研究，设计了一套高压交流电源，并在模拟高空 6km 的低温 -16℃，低气压 50kPa 的条件下载航空发动机模拟燃烧平台上成功实现了点火[35]。不同气压下等离子体点火试验结果如图 31 所示。

西安理工大学陈曦等在《基于谐波消除技术的双频感应淬火电源研究》中在单逆变器淬火电源中引入特定谐波消除技术控制，其可以独立调节双频输出功率，实现消除谐波的同时完成基波和 k 次谐波解耦。并分析了双负载槽路分别采用 LCL 和 LC 补偿网络，对比了单极性和双极性调制方式的优缺点，最后，在 MATLAB 中搭建了仿真模型并进行小功率实验，验证了该方案的可行性和实用价值[36]。双极性控制方式的输出波形如图 32 所示。

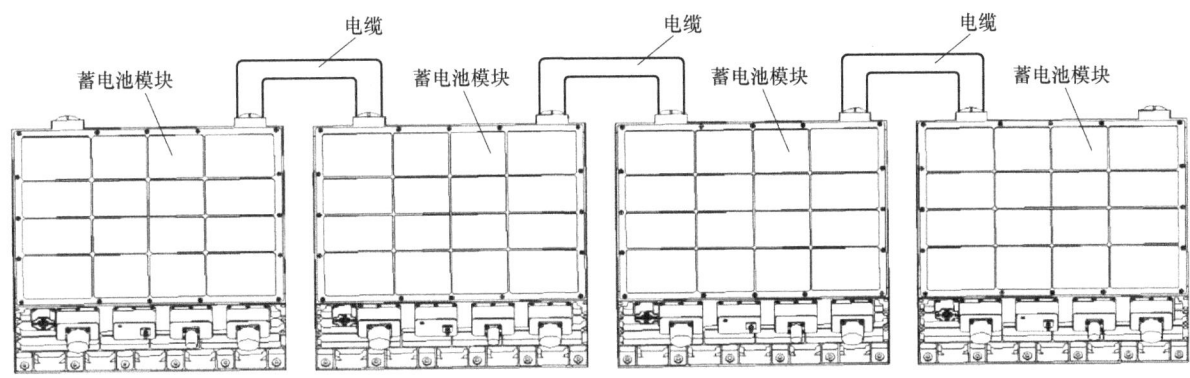

图 30 锂离子蓄电池模块串联模型示意图

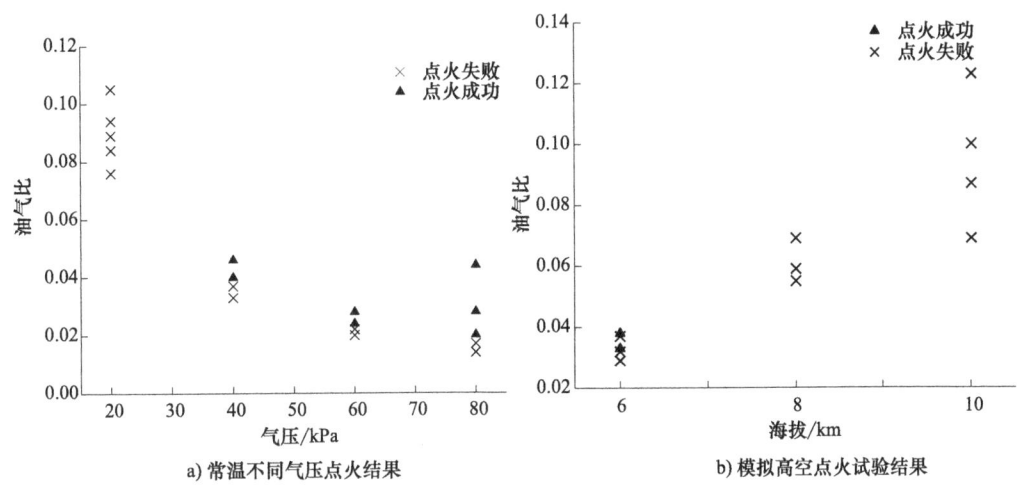

a) 常温不同气压点火结果　　　　b) 模拟高空点火试验结果

图 31 不同气压下等离子体点火试验结果

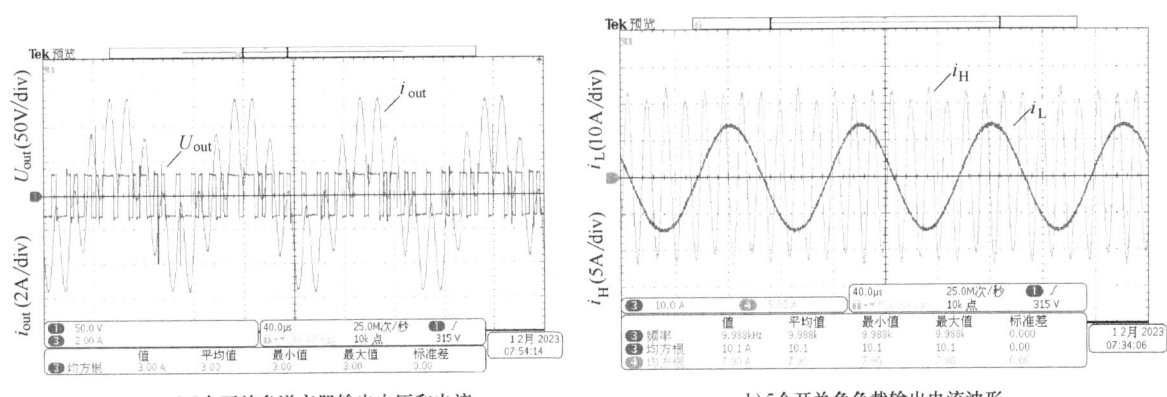

a) 5个开关角逆变器输出电压和电流　　　　b) 5个开关角负载输出电流波形

图 32 双极性控制方式的输出波形

浙江大学邓兆哲等在《基于状态平面轨迹的 DBD 谐振特性分析》中介绍了 DBD 驱动变换器的工作原理和状态平面建模，然后通过搭建 DBD 实验平台来验证所提出的模型。结果表明，DBD 负载的放电轨迹是一个具有明显边界的区域，其轨迹方程可用于计算负载等效电容，边界对应等效电容的差值可用来定量描述放电强度，最后给出了负载谐振频率随放电功率的变化规律[37]（见图 33）。

中国工程物理研究院激光聚变研究中心唐菱等人以及中国航天标准化与产品保证研究院李健等人在《大科学系统可用性设计的蒙特卡洛仿真》中对系统的运行流程及特征进行分析研究，并根据运行特征建立了该运行过程的数学模型。在该模型中，采用符合特定分布的随机数作为故障时间间隔和维修时间，用于模拟系统运行过程中的故障发生和维修行为，不断地比较时间关系，增加运行次数和运行时间，最终给出年度运行次数[38]（见图 34）。状态平面轨迹如图 35 所示。

中国工程物理研究院流体物理研究所马勋等在《轮辐状金属-陶瓷沿面阴极实验研究》中采用三维电场模型分析

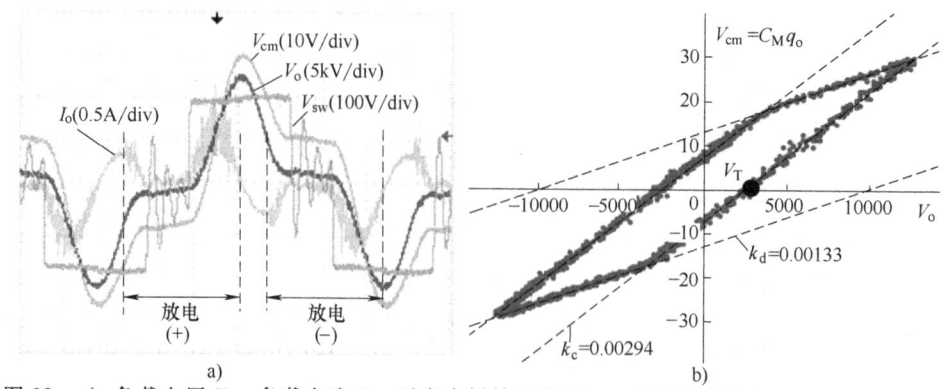

图33 a) 负载电压 V_o、负载电流 I_o、逆变全桥输出电压 V_{sw} 和测量电容电压 V_{cm} 的实验波形（$V_e = 900V$，$V_{om} = 12.6kV$）；b) 根据实验数据绘得李萨如图（$V_T = 2.412kV$）

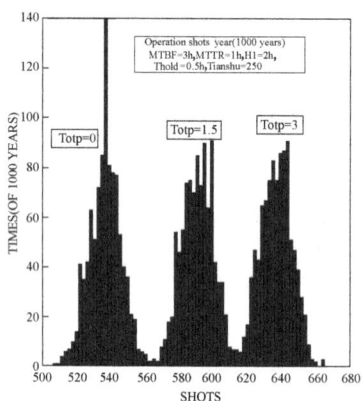

a) MTBF=3h, MTTR=1h, H1=2h, Thold=0.5h 条件下Totp分别为0、1.5h和3h时的年度运行次数（DAY=250，Nd=3）

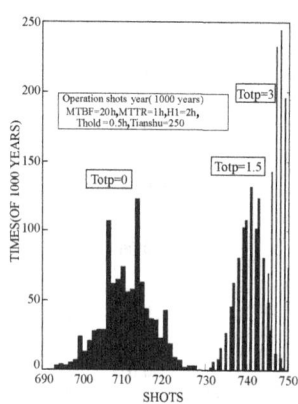

b) MTBF=20h, MTTR=1h, H1=2h, Thold=0.5h条件下Totp分别为0、1.5h和3h时的年度运行次数（DAY=25,Nd=3）

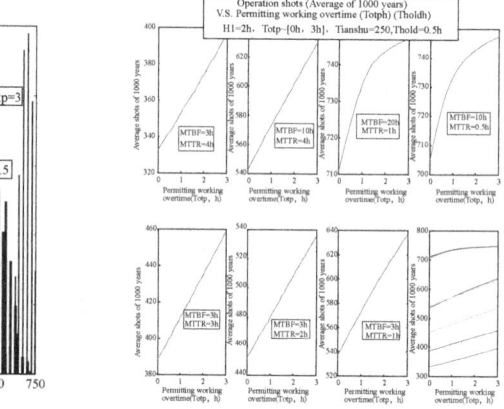

c) 不同MTBF、MTTR条件下年度运行平均运行次数随加班时间Totp的变化（DAY=250,1000次仿真，Thold=0.5）

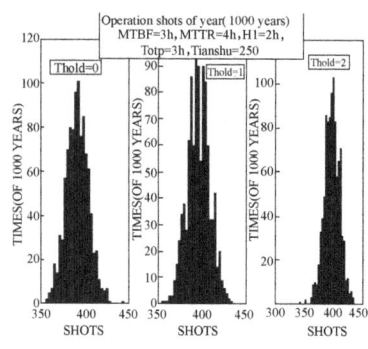

d) MTBF=3h,MTTR=4h,H1=2h,Totp=3h条件下Thlod 分别为 0、1h 和 2h 时的年度运行次数 (DAY=250,Nd=3)

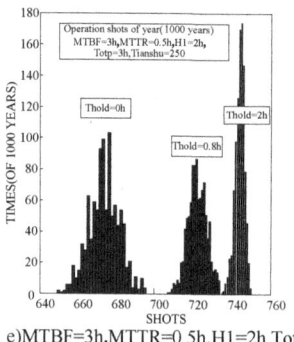

e) MTBF=3h,MTTR=0.5h,H1=2h,Totp=3h 条件下 Thlod 分别为 0、0.8h和2h 时的年度运行次数 (DAY=250,Nd=3)

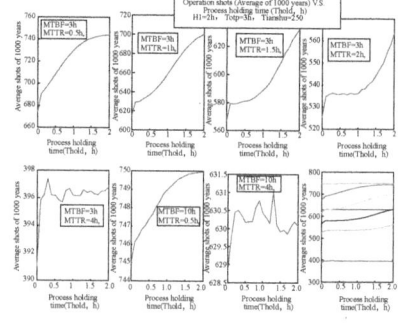

f) 不同MTBF、MTTR条件下年度运行平均运行次数随加班时间Thold的变化(DAY=250,1000次仿真，Totp=3)

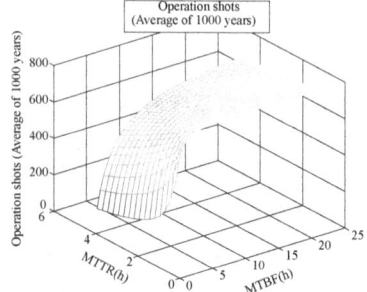

g) Thold=0.5, H1=2h,Totp=3h条件下年度平均运行次数随着MTBF和MTTR的变化(DAY=250，Nd=3)

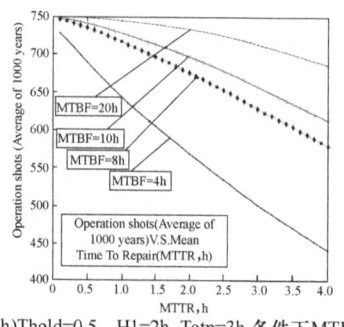

h) Thold=0.5, H1=2h, Totp=3h 条件下MTBF分别为20h、10h、8h和4h时的年度运行次数随MTTR的变化 (DAY=250,Nd=3)

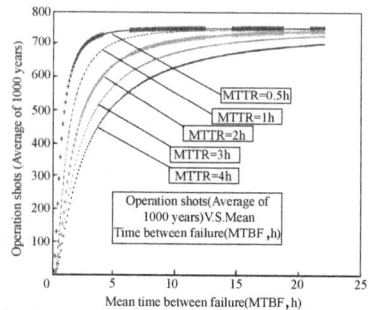

i) Thold=0.5, H1=2h, Totp=3h条件下MTTR 分别为 0.5h、1h、2h、3h 和 4h 时的年度运行次数随MTBF的变化 (DAY=250,Nd=3)

图34 大科学系统各参数对年度运行次数影响研究

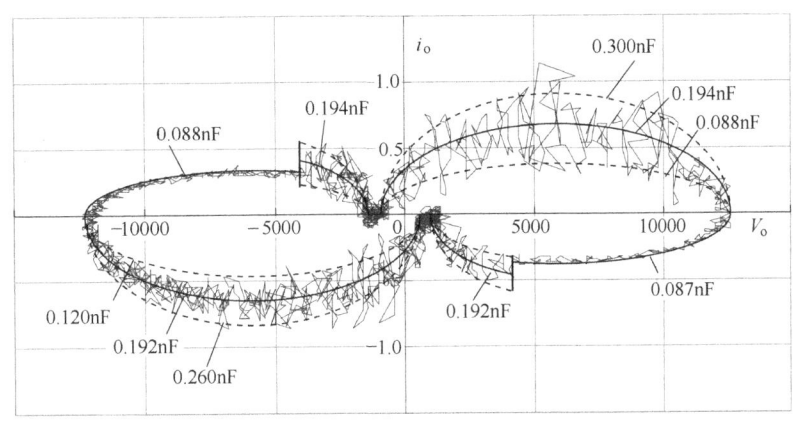

图 35　状态平面轨迹（V_{in} = 195V，V_{om} = 12.6kV）

了轮辐金属和陶瓷结构参数对三相点电场的影响，以二极管电压、电流及阴极耀斑分析其发射机制和发射特性，研究表明随着轮辐数量增多或陶瓷孔径变大，三相点电场呈下降趋势，其发射均匀度和发射能力也相应下降，在陶瓷孔径为 10mm 时 1kHz 帧率猝发 2 脉冲电流峰值偏差小于 10%，但耦合至二极管的能量基本一致，产生的 X 射线脉宽均为 38ns，最后，分析认为该阴极发射机制为三相点产生的初始电子轰击陶瓷表面产生二次电子倍增并向阳极提供电子电流[39]。1kHz 帧率下 X 射线信号测试如图 36 所示。

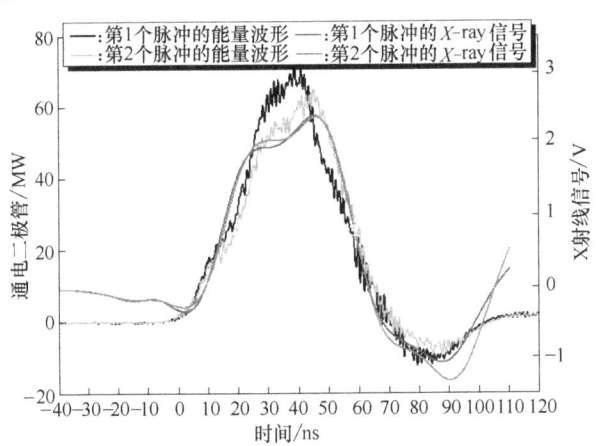

图 36　1kHz 帧率下 X 射线信号测试

西北核技术研究所张信军等在《一种角向传输线 B-dot 标定平台的设计》中分析了跨平台标定误差的来源，并针对性提出降低误差的措施，分析表明，安装偏心与探头纵向安装深度是跨平台标定误差的最大来源，需要在工程设计中重点关注，实际建立了离线标定平台并开展误差分析，得到跨平台标定误差 3.3% 的结果[40]。角向传输线 B-dot 典型标定波形如图 37 所示。

中国工程物理研究院流体物理研究所肖金水等在《用于非平衡气体动力学研究的超高马赫数电弧驱动激波管装置》中介绍了一种于非平衡气体动力学研究的超高马赫数电弧驱动激波管装置，突破了当前国内激波管驱动马赫数低于 25 的限制，实现了最高 42.6 马赫（对应速度 14.47km/s）的超高马赫数强激波的产生，是目前国内产生最高马赫数的激波管[41]。

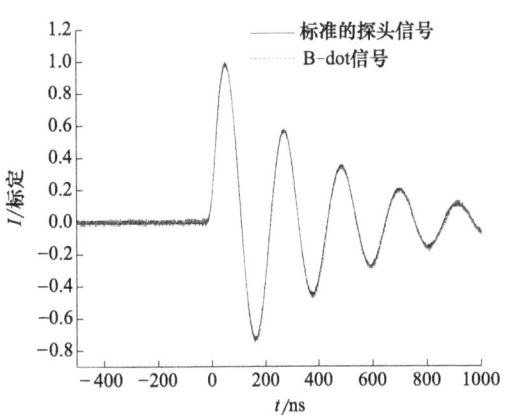

图 37　角向传输线 B-dot 典型标定波形

五、总结与展望

特种电源技术在核技术、航空航天、国防、高能物理等工程领域发挥重要作用，是大科学装置和高性能装备的重要技术基础。本文结合 2023 年度第九届全国特种电源学术会议相关研究进展，从电源电路拓扑及仿真、高功率逆变、功率器件及电子封装、电源控制及电磁兼容等关键技术层面以及高功率脉冲电源及应用、空间电源技术及应用、特种电源交叉应用等基础层面对国内特种电源技术及应用的进展情况进行了概述，分析了相关技术的发展趋势。特种电源朝着固态化、高可靠性以及长使用寿命等方向发展，固态开关大规模的并联和串联的应用有效地提升了脉冲电源的性能；加速器、闪光 X 光机、电磁加载等用高功率特种电源系统可靠性有了更高要求；在创新性的能量变换与状态管理技术方面，新型电路拓扑、基于高压大电流开关通断控制的脉冲形成与高效率能量转化拓扑、电源状态智能化管理等新技术大量涌现；在高效率能量变换与高功率高重复频率高压脉冲产生技术方面，特种电源小型化、轻量化的发展需求对充电电源提出了高功率密度与高稳定度输出的要求。

参 考 文 献

[1] 郑亮，陈文光，刘之戬，等. 基于雪崩三极管和阶跃恢复二极管的脉冲电源设计 [C]. 第九届特种电源

[2] 熊健, 刘海, 宣伟民, 等. CFQS装置磁体电源系统充电模块设计 [C]. 第九届特种电源学术交流会, 哈尔滨, 2023: 27-33.

[3] 李玉山, 钱伟刚, 滕甲训, 等. 新型全固态模块化多电平特种高压电源轻量化技术 [C]. 第九届特种电源学术交流会, 哈尔滨, 2023: 34-43.

[4] 张锦涛, 夏于洋. PSM高压电源系统的集成与仿真 [C]. 第九届特种电源学术交流会, 哈尔滨, 2023: 44-52.

[5] 徐浩, 江洁非, 陈彦如, 等. 三电平单级式隔离型谐振式AC-DC变换器及其闭环控制策略 [C]. 第九届特种电源学术交流会, 哈尔滨, 2023: 53-63.

[6] 李志恒, 马少翔, 朱帮友, 等. 高压保护开关缓冲电路参数优化设计研究 [C]. 第九届特种电源学术交流会, 哈尔滨, 2023: 64-78.

[7] 穆晓宇, 宋卫章, 党超亮. VIENNA整流器混合电压矢量模型预测控制研究 [C]. 第九届特种电源学术交流会, 哈尔滨, 2023: 94-103.

[8] 朱基宏, 杨宇航, 郑登科, 等. 开关电容变换器的统一拓扑推衍与分析 [C]. 第九届特种电源学术交流会, 哈尔滨, 2023: 104-112.

[9] 徐锡炀, 李旭评, 辛玉宝, 等. 基于单神经元自适应控制的直流变换器设计 [C]. 第九届特种电源学术交流会, 哈尔滨, 2023: 113-119.

[10] 朱帮友. 逆变型高压直流电源故障诊断技术研究 [C]. 第九届特种电源学术交流会, 哈尔滨, 2023.

[11] 穆晓宇, 宋卫章, 党超亮. 逆变型高压直流电源故障诊断技术研究 [C]. 第九届特种电源学术交流会, 哈尔滨, 2023: 94-103.

[12] 黄云祺, 王凌云, 张东东, 等. 全膜脉冲电容器电热老化分析 [C]. 第九届特种电源学术交流会, 哈尔滨, 2023: 173-184.

[13] 秦炎, 栾崇彪, 肖龙飞, 等. 同面类体结构4H-SiC光导开关的导通特性研究 [C]. 第九届特种电源学术交流会, 哈尔滨, 2023: 185-192.

[14] 王朗宁, 等. 高功率快响应碳化硅光电导器件研究 [C]. 第九届特种电源学术交流会, 哈尔滨, 2023.

[15] 李阳凡, 肖龙, 栾崇彪, 等. 亚纳秒触发4H-SiC光导开关性能研究 [C]. 第九届特种电源学术交流会, 哈尔滨, 2023: 103-106.

[16] 高磊, 等. 基于SiC高压开关的并联功率模块设计 [C]. 第九届特种电源学术交流会, 哈尔滨, 2023.

[17] 胡龙, 等. 激光二极管触发的直流100kV砷化镓光导开关 [C]. 第九届特种电源学术交流会, 哈尔滨, 2023.

[18] 马久欣, 余亮, 任吕衡, 等. 高速SiC-MOSFET叠层封装结构设计及性能评估 [C]. 第九届特种电源学术交流会, 哈尔滨, 2023: 211-218.

[19] 雷顺天, 余道杰, 王东, 等. 基于PCB金属连线耦合的无人机电子罗盘辐照EMI效应研究 [C]. 第九届特种电源学术交流会, 哈尔滨, 2023: 221-231.

[20] 刘正之, 黄懿赟. 托卡马克装置接地与防雷及电磁兼容系统设计 [C]. 第九届特种电源学术交流会, 哈尔滨, 2023: 232-238.

[21] 王嘉靖, 焦高鹏, 韩业华, 等. 基于ANSYS电磁传导干扰分析的PCB优化研究 [C]. 第九届特种电源学术交流会, 哈尔滨, 2023: 239-245.

[22] 李嵩, 岳云瑞, 樊鹏, 等. 基于锂电储能的初级能源技术研究 [C]. 第九届特种电源学术交流会, 哈尔滨, 2023: 249-253.

[23] 鲁伟, 许钊合, 徐伟, 等. 一种级联式高功率脉冲电源 [C]. 第九届特种电源学术交流会, 哈尔滨, 2023: 254-257.

[24] 张玉宸, 戴玲, 樊晟廷, 等. 多级XRAM型脉冲功率电源开关器件简化研究 [C]. 第九届特种电源学术交流会, 哈尔滨, 2023: 258-263.

[25] 楚旭, 刘福印, 牛昕玥, 等. 掺杂元素浓度对于4H-SiC光导开关器件高频响应特性的影响 [C]. 第九届特种电源学术交流会, 哈尔滨, 2023: 264-269.

[26] 关键, 马勋, 康传会, 等. 空间等离子环境模拟与研究系统脉冲电源系统研制 [C]. 第九届特种电源学术交流会, 哈尔滨, 2023: 271-285.

[27] 姜松, 张征东, 王永刚, 等. 三电极结构在双源激励下的DBD放电特性 [C]. 第九届特种电源学术交流会, 哈尔滨, 2023: 286-295.

[28] 曾宇轩, 菲华·帕兰斯, 于克训, 等. 变母线电压的LLC高压电容充电电源设计 [C]. 第九届特种电源学术交流会, 哈尔滨, 2023: 319-328.

[29] 张北镇, 宋法伦, 甘延青. 高稳定直流充电电源设计与应用 [C]. 第九届特种电源学术交流会, 哈尔滨, 2023: 329-333.

[30] 陈俊宏, 宣伟民, 王英翘, 等. kA级双阶梯脉冲电源方案设计与分析 [C]. 第九届特种电源学术交流会, 哈尔滨, 2023: 334-341.

[31] 潘圣民, 何宝灿, 冯虎林, 等. CRAFT NNBI 200kV高压电源的研制 [C]. 第九届特种电源学术交流会, 哈尔滨, 2023: 342-356.

[32] 李松杰, 赵娟, 康传会, 等. 波形可调的模块化脉冲放电电源研制 [C]. 第九届特种电源学术交流会, 哈尔滨, 2023: 382-390.

[33] 刘宏伟, 栾崇彪, 袁建强, 等. 雷电间接效应多重脉冲组大电流源设计 [C]. 第九届特种电源学术交流会, 哈尔滨, 2023: 421-429.

[34] 吴惠民, 陈海锋, 白羽, 等. 800V高压锂离子蓄电池组的空间应用 [C]. 第九届特种电源学术交流会, 哈尔滨, 2023: 453-458.

[35] 徐旭哲, 唐涛, 刘存喜, 等. 等离子体点火器高压交流电源研制和应用研究 [C]. 第九届特种电源学术交流会, 哈尔滨, 2023: 676-682.

[36] 陈曦, 权陈智, 李金刚, 等. 基于谐波消除技术的

双频感应淬火电源研究［C］.第九届特种电源学术交流会,哈尔滨,2023:683-690.

［37］ 邓兆哲,刘星亮,邱祁,等.基于状态平面轨迹的DBD谐振特性分析［C］.第九届特种电源学术交流会,哈尔滨,2023:722-730.

［38］ 唐菱,李玉海,李健,等.大科学系统可用性设计的蒙特卡洛仿真［C］.第九届特种电源学术交流会,哈尔滨,2023:691-701.

［39］ 马勋,李洪涛,袁建强,等.轮辐状金属-陶瓷沿面阴极实验研究［C］.第九届特种电源学术交流会,哈尔滨,2023:742-748.

［40］ 张信军,罗维熙,呼义翔,等.一种角向传输线B-dot标定平台的设计［C］.第九届特种电源学术交流会,哈尔滨,2023:749-755.

［41］ 肖金水,李洪涛,袁建强,等.用于非平衡气体动力学研究的超高马赫数电弧驱动激波管装置［C］.第九届特种电源学术交流会,哈尔滨,2023:756-758.

无线电能传输系统控制方法综述

中国电源学会无线电能传输技术及装置专业委员会
戴欣

一、概述

无线电能传输（Wireless Power Transfer，WPT）技术是一种借助于高频电磁场实现电能以无线进行传递的新兴技术，同时也是当前电气工程领域最活跃的热点研究方向之一，被美国《技术评论》杂志评选为未来十大科研方向之一，中国科学技术协会也将其列入十项引领未来的科学技术。由于该技术赋予用电设备以更高的灵活性与安全性，近年来在电动汽车、数码家电、生物医学等领域得到了广泛的应用与快速发展。

在 WPT 系统的运行过程中，存在着各种不确定的工况，如线圈位置偏移、电路参数漂移、功率管损坏以及系统受到外部电磁干扰等。这些情况的发生都会使得 WPT 系统的功率传输性能受到影响，甚至使系统失稳。

为保证无线电能传输系统功率输出的稳定性，闭环控制器的设计是整个系统设计流程中至关重要的一环。良好的控制器设计可以使得系统获得快速的动态响应能力，实现无差的设定值跟踪，甚至可以在系统受到外部干扰以及内部参数摄动的情况下依然保持优越的控制性能。

在控制器设计问题上，先进控制理论为 WPT 系统的控制器设计提供了大量的设计思路。在原边主动控制问题上，主要采用频域法进行控制器设计，形成了以 H 无穷控制方法为主导的控制器设计方法；而在副边 DC/DC 变换器控制问题上，以 DC/DC 变换器的动力学模型为基础，形成了以滑模控制、模型预测控制、自抗扰控制为主导的控制器设计方法。

本文主要综述了几大类 WPT 系统控制器设计方法的基本设计思路与方法，包含 PID 控制、H 无穷控制、仿射非线性控制、模型逆控制、内模控制、滑模控制、模型预测控制以及自抗扰控制八大类方法。进一步对各类控制器的特性进行了分析，旨在形成一种 WPT 系统控制器设计方法的系统性认知框架，为实际工程应用中控制器的选择提供指导，并对未来 WPT 系统控制器设计方法的研究方向提供参考。

二、WPT 系统控制性能指标

在 WPT 系统中，评价控制器性能的指标主要包含闭环系统调节时间、超调量、低调量和稳态误差四项指标。

设参考电压为 V_{ref}，系统输出为 y，闭环 WPT 系统的调节时间 t_s 定义为：输出 y 的响应曲线进入 $\pm 5\% V_{ref}$ 误差带的时间。

设系统输出 y 的峰值响应为 y_p，稳态响应为 y_{ss}，超调量 σ 定义为

$$\sigma \triangleq \frac{y_p - y_{ss}}{y_{ss}} \times 100\% \qquad (1)$$

在 WPT 系统的某些动态过程中，可能出现振荡收敛的调节过程。设振荡过程最低波谷对应的系统输出值为 y_d（$y_d < y_{ss}$），则系统的低调量定义为

$$\sigma_d \triangleq \left| \frac{y_d - y_{ss}}{y_{ss}} \right| \times 100\% \qquad (2)$$

稳态误差 e_{ss} 定义为

$$e_{ss} \triangleq |V_{ref} - y_{ss}| \qquad (3)$$

三、WPT 系统控制方法

1. 概述

为了使得 WPT 系统输出具有快速的动态响应能力以及对外界扰动和系统内部参数变化具有一定的鲁棒性，需要设计闭环控制器对 WPT 系统的输出进行调节。

当前 WPT 系统的控制方法包括 PID 控制、H 无穷控制、仿射非线性控制、模型逆控制、内模控制、滑模控制、模型预测控制以及自抗扰控制八大类。

2. PID 控制方法

在工程实际中，应用最为广泛的调节器控制规律为比例、积分、微分控制，简称 PID 控制。PID 控制器以其结构简单、稳定性好及工作可靠等特点而成为工业控制的主要技术之一。当被控对象的结构和参数不能完全掌握，或得不到精确的数学模型时，控制理论的其他技术难以采用时，系统控制器的结构和参数必须依靠经验和现场调试来确定。但是，PID 控制仍存在的问题表现为：PID 参数整定主要是依赖工程经验，直接在控制系统的试验中手动设置的，当频率、负载等参数变化引起系统动态特性变化时，PID 参数就需要重新整定；即使 PID 控制器具有参数自整定功能，但由于 PID 参数整定过程没有成熟的稳定性分析方法，其可靠性仍有待提升；由于自身的特性，PID 控制器能较好地控制二阶以下的对象，但面对一个高阶、非线性及具有各类不确定性的复杂过程时，控制仍有提升空间。

3. 基于 H 无穷控制理论的控制器设计

先进控制理论可以分为频域法以及时域法两大类。其中 H 无穷控制属于频域法中的标志性技术。它通过构造不确定性系统，将系统的不确定性与标称系统进行分离，并引入 H 无穷范数来描述系统的不确定性，进一步深入研究了各类不确定性（外界干扰、噪声、参数不确定性）的处

理方法。当前，在 WPT 系统中，H 无穷控制主要用来处理系统中存在的外界扰动问题以及系统参数摄动（互感参数、负载参数摄动）问题，使得 WPT 系统在不确定性存在的情况下保持稳定性以及快速的动态响应能力。对 WPT 系统而言，H 无穷控制主要有三大类应用，首先是混合灵敏度控制，其是后续所有 H 无穷控制设计方法的基础，主要用来处理外部扰动问题；第二类是 μ 综合控制，主要用来处理系统参数摄动问题；最后一类是利用线性矩阵不等式技术更精确地改善系统在参数不确定存在时的动态响应速度。

(1) 混合灵敏度控制器

对于闭环控制系统而言，系统的抗扰能力、跟踪性能以及控制增益之间存在着相互矛盾的关系。例如，要求系统实现快速的动态响应，必然会造成抗扰能力的下降以及控制增益的提升，这显然是不利于控制系统的工程实现的。可采用基于混合灵敏度的 H 无穷控制器设计方法来平衡闭环 WPT 系统控制增益与跟踪性能的矛盾关系，使得系统在具有快速动态响应能力的同时控制增益也得到一定程度的约束。

根据 H 无穷控制理论的设计框架，首先选择系统的灵敏度函数 W_p 以及 W_u。W_p 反映了对系统动态跟踪能力的限制，而 W_u 反映了对系统控制增益的限制。进一步得到系统的控制指标函数如下：

$$\begin{bmatrix} e_p \\ e_u \end{bmatrix} = \begin{bmatrix} W_p(I+GK)^{-1} \\ W_uK(I+GK)^{-1} \end{bmatrix} d \triangleq T_{de}d \quad (4)$$

式中，G 为开环 WPT 系统的传递函数；K 为控制器的传递函数；I 为合适维度的单位矩阵；d 为外界输入；T_{de} 为包含系统性能指标的传递函数矩阵。

H 无穷控制的目的便是寻找一控制器 K，使得传递函数矩阵 T_{de} 的 H 无穷范数低于某一给定值 γ（H 无穷抑制水平），即

$$\|T_{de}\|_\infty < \gamma \quad (5)$$

通过求解以下的代数里卡蒂方程

$$\begin{cases} A^TX+XA+X(\gamma^{-2}B_1B_1^T-B_2B_2^T)X+C_1C_1^T=0 \\ AY+YA^T+Y(\gamma^{-2}C_1^TC_1-C_2^TC_2)Y+B_1B_1^T=0 \end{cases} \quad (6)$$

可得到 H 无穷控制器的表达式为

$$K = \begin{bmatrix} A+\gamma^2B_1B_1^TX-B_2^2B_2^TX & 0 \\ -YC_2^TC_2(I-\gamma^{-2}YX)^{-1} & YC_2^T(I-\gamma^{-2}YX)^{-1} \\ -B_2^TX & 0 \end{bmatrix} \quad (7)$$

式中，$\{A, B_1, B_2, C_1, C_2\}$ 为闭环系统 T_{de} 的状态空间实现。X, Y 为代数里卡蒂方程 (6) 的解。

(2) μ 综合控制器

μ 综合控制方法在考虑外部干扰对闭环控制系统的影响之外，还考虑了系统内部参数摄动对闭环系统稳定性以及控制性能的影响，相较于 H 无穷控制器，通过合理设置控制器参数，μ 综合控制器有可能获得更好的鲁棒性能。

μ 综合控制技术通过引入结构奇异值（Structural Singular Value, SSV）μ 来描述参数不确定性对线性动态系统稳定性及性能的影响，并基于结构奇异值 μ 来寻找最优的 H 无穷控制器。

设 M 为一线性关联的传递函数矩阵，在 WPT 系统控制器设计中，它一般是前文中包含系统性能指标的传递函数矩阵 T_{de}，此时，关于参数摄动块 Δ 的结构奇异值可以描述为

$$\mu_\Delta(M(s)) = \sup_{\omega \in R} \mu_\Delta(M(j\omega)) \quad (8)$$

设 $K_\mu(s)$ 为待求解的控制器，通过定义虚拟的性能不确定性块 Δ_P，与模型不确定性块 Δ_r 构成增广的不确定性矩阵：

$$\hat{\Delta} = \left\{ \begin{bmatrix} \Delta_r & 0 \\ 0 & \Delta_P \end{bmatrix} : \|\Delta_r\|_\infty \le 1, \|\Delta_P\|_\infty \le 1 \right\} \quad (9)$$

进一步将闭环 WPT 系统转换为一个标准的 M-Δ 结构，如图 1 所示。

μ 控制器设计的理念是在模型不确定性和外部扰动的作用下，同时考虑闭环系统的鲁棒稳定性与鲁棒性能的问题，综合出一个控制器 $K_\mu(s)$，使得系统在最坏的情况下，在 $\omega \in [0, \infty]$ 频域内满足

$$\sup_{\omega \in R} \mu_{\hat{\Delta}}[M(j\omega)] < 1 \quad (10)$$

式 (10) 可转换为一优化问题，即寻找一个控制器，使得 $\sup_{\omega \in R} \mu_{\hat{\Delta}}[M(j\omega)]$ 的值达到最小，即

$$\inf_{K_\mu(s)} \sup_{\omega \in R} \mu_{\hat{\Delta}}[M(j\omega)] \quad (11)$$

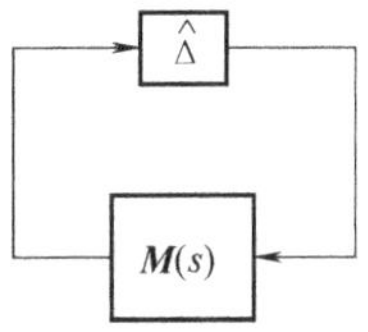

图 1　标准的 M-Δ 结构

系统的 SSV 往往难以直接求得，通常采用 SSV 的上界 $\inf_{D \in \underline{D}} \bar{\sigma}[DM(j\omega)D^{-1}]$ 进行替代，其中 D 为导入的定标矩阵。此时，上述优化问题可以进一步转化为

$$\inf_{K_\mu(s)} \sup_{\omega \in R} \inf_{D \in \underline{D}} \bar{\sigma}[DM(j\omega)D^{-1}] \quad (12)$$

对于式 (12) 的求解通常采用 D-K 迭代的算法，其核心思想为：先固定定标矩阵 D 再利用 H_∞ 优化方法（如解代数 Riccati 方程）求出最优控制器 $K_\mu(s)$，最小化表达式 (11)；接着固定控制器 $K_\mu(s)$，求最优的定标矩阵 D，最小化表达式 (11)，如此交替进行，直到式 (11) 的值小于 1 且迭代结果的相邻误差小于设定值。D-K 迭代算法的流程图如图 2 所示。

(3) 基于线性矩阵不等式的控制器设计

从传递函数零极点分布的视角分析 WPT 系统可知，闭环 WPT 系统在复平面上的零极点分布情况唯一决定了闭环系统的控制性能。因此，只要能控制闭环 WPT 系统的零极点分布位置，就能对 WPT 系统的控制性能进行更精确的预先设置，使其满足需求的性能指标。

为实现操控零极点分布这一目的，前文所述的两种方法均难以直接地实现。在此，通过引入线性矩阵不等式（Linear Matrix Inequality, LMI）技术，可将零极点操控问题转换为 LMI 的求解问题。通过 LMI 将闭环 WPT 系统的极

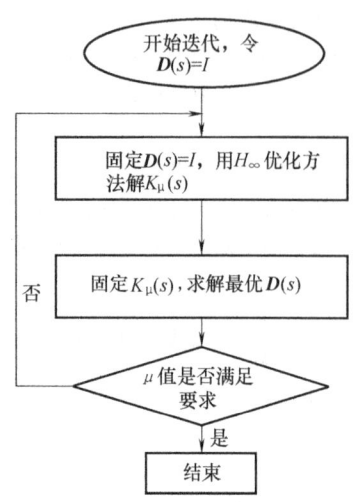

图2 D-K迭代算法的流程图

点配置到了复平面上的一条形区域中从而改善系统性能，如图3所示。

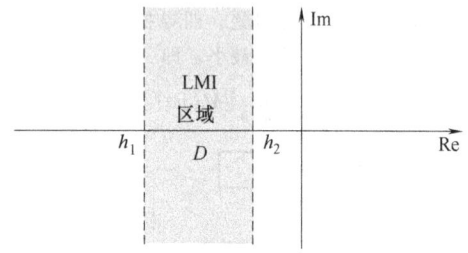

图3 闭环WPT系统的极点区域配置

首先在复平面上定义LMI-D区域：

$$D = \{s \in C : L + sP + \bar{s}P^T < 0\} \quad (13)$$

其中L与P为实数方阵。LMI-D区域（13）对应的特征方程为

$$f_D(s) = L + sP + \bar{s}P^T \quad (14)$$

进一步引入鲁棒D稳定性理论以及相关技术引理：

定理1 闭环系统的鲁棒D稳定性。对于具有特征方程（14）的LMI-D区域，如果存在一个对称正定矩阵X_{cl}，使得如下LMI成立

$$P_D(A_{cl}(\Delta), X_{cl}) = L \otimes X_{cl} + P \otimes (X_{cl} A_{cl}(\Delta)) + P^T \otimes (X_{cl} A_{cl}(\Delta))^T < 0 \quad (15)$$

则闭环系统关于有界参数不确定性是鲁棒D稳定的。其中"$\otimes$"表示矩阵的Kronecker乘积，$\{A_{cl}, B_{cl}, C_{cl}, D_{cl}\}$为含不确定块的闭环WPT系统的状态空间实现。

引理1 对于具有有界参数不确定性的系统，对于给定的参数以及LMI-D区域，如果存在对称正定矩阵X_{cl}以及ψ，使得以下LMI成立

$$\begin{bmatrix} P_D(A_{cl}, X_{cl}) & P_1^T \otimes (X_{cl} B_{cl}) & (P_2^T \psi) \otimes C_{cl}^T \\ P_1 \otimes (B_{cl}^T X_{cl}) & -\gamma \psi \otimes I & \psi \otimes D_{cl}^T \\ (\psi P_2) \otimes C_{cl} & \psi \otimes D_{cl} & -\gamma \psi \otimes I \end{bmatrix} < 0 \quad (16)$$

则所设定的LMI-D区域是可达的。其中$P = P_1^T P_2$为一满秩的矩阵分解。

引理1用来判定给定LMI-D区域是否合理，进一步利用定理1可推出控制器的表达式。基于MATLAB LMI工具箱，可以容易地求解LMI不等式，进而得到满足性能指标的H无穷控制器。

4. 基于仿射非线性理论的控制器设计

非线性微分几何控制理论一直是控制理论界解决非线性系统控制问题的强有力手段，它利用基于李导数（Lie derivative）的反馈线性化技术，直接将非线性系统进行坐标变换，在构建的线性坐标系统中进行控制器设计与闭环系统分析，从而避免了在工作点处进行局部线性化的过程，可实现宽工作范围的非线性系统分析。

首先，利用仿射非线性原理，构造满足状态反馈精确线性化条件的WPT系统仿射非线性模型；其次，在验证满足精确线性化条件后，利用积分曲线求解坐标映射规律，将非线性动态模型映射到线性空间中；最后，通过设计线性反馈控制器并进行坐标反映射，为WPT系统设计非线性控制器，提高系统在工作点偏移时的动态性能。

通过对WPT系统的耦合模型实施精确线性化，首先求取x空间到c空间的逆映射，再利用c空间到z空间的变换等效为x空间直接到z空间的映射，如图4所示。

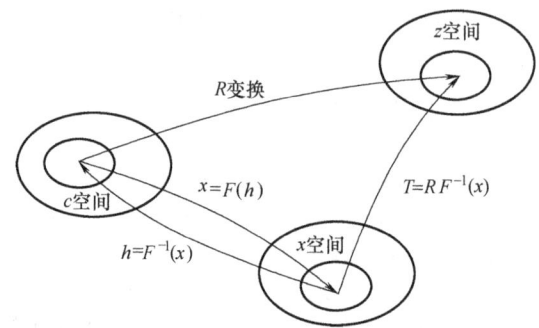

图4 x空间、c空间与z空间的坐标变换原理图

通过连续映射，得到x空间直接到z空间的坐标映射为

$$T = RF^{-1}(x_1, x_2) = \begin{bmatrix} -\ln\left(\dfrac{x_1}{x_{1REF}}\right) \\ \arcsin\left(\dfrac{x_1 \sin x_2}{x_{1REF}}\right) - x_{2REF} \end{bmatrix} \quad (17)$$

利用式（17），将系统化为Brunovsky标准型

$$\begin{cases} \dot{z}_1 = v_1 \\ \dot{z}_2 = v_2 \end{cases} \quad (18)$$

其中

$$v = [v_1, v_2]^T = \begin{bmatrix} \dot{y}_{1REF} - k_{11} e_1 - k_{12} \int e_1 dt \\ \dot{y}_{2REF} - k_{21} e_2 - k_{22} \int e_2 dt \end{bmatrix} \quad (19)$$

表示无偏差多变量控制器，$\{k_{11}, k_{12}, k_{21}, k_{22}\}$为控制器参数，$e_i(i=1, 2)$为跟踪误差。进一步得到系统的非线性控制律如下：

$$u = \begin{bmatrix} -\dfrac{x_1}{\alpha \cos x_2}\left(v_1 - \dfrac{R_1 + R'_{real}}{2L_1}\right) \\ \dfrac{1}{\beta \cos x_2}\left(\dfrac{-R_1 - R'_{real}}{2L_1} \sin x_2 + \omega_1 \cos x_2 - v_2\right) \end{bmatrix} \quad (20)$$

式中，$\beta = I_{1REF}\sqrt{1-(x/x_{1REF})}$。系统的控制框图如图 5 所示。

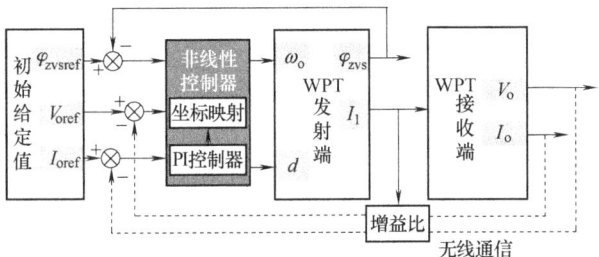

图 5　WPT 系统精确线性化非线性控制框图

5. 基于模型逆的控制器设计

相较于单变量（Single-Input Single-Output，SISO）系统，具有多个发射端以及多个接收端的 WPT 系统往往具有较高的模型阶数，采用 H 无穷控制器设计方法通常会得到一个高阶的控制器，不利于工程实现。利用 WPT 系统模态能量往往集中在低阶模态中的特点，采样基于模型逆的多输入多输出（Multi-Input Multi-Output，MIMO）WPT 系统控制器的设计方法，利用低阶的控制器矩阵实现了对高阶 MIMO-WPT 系统的控制。

首先，对给定的 WPT 系统传递函数矩阵 $\boldsymbol{G}(s)$，在考虑各传能通道的回路交互效应后，按式（21）计算可得到系统的等效传递函数矩阵（Equivalent Transfer Function Matrix，ETFM）。

$$\hat{\boldsymbol{G}}(s) = [\boldsymbol{G}^T(-s)(\boldsymbol{G}(s)\boldsymbol{G}^T(-s))^{-1}]^T \tag{21}$$

对于考虑了回路交互作用的多激励端 WPT 系统 $\hat{\boldsymbol{G}}(s)$，其带有积分动作的控制目标可以分解成矩阵 $\hat{\boldsymbol{G}}(s)$ 内每个元素的独立控制目标，即

$$\hat{\boldsymbol{G}}(s)\boldsymbol{G}_C(s) = \frac{\boldsymbol{I}}{s} \Leftrightarrow g_{c,ij}(s)\hat{g}_{ji}(s) = \frac{1}{s} \tag{22}$$

式中，$\boldsymbol{G}_C(s) = [g_{c,ij}(s)]_{p \times q}$。$\boldsymbol{G}_C(s)$ 是对应于 $\boldsymbol{G}(s)$ 的多变量控制器。

由式（22）可得到控制器 $g_{c,ij}$ 的表达式

$$g_{c,ij}(s) = \frac{1}{s} \frac{k_{\alpha,j}}{\hat{g}_{ji}(s)} \tag{23}$$

式中，$k_{\alpha,j}$（$j=1, 2, \cdots, q$）为引入的调节因子。通过对式（23）进行 Maclaurin 级数展开，并保留低阶项，可得到具有 PI 形式的控制器表达式。进一步将各个子控制器集中在如下的控制器矩阵中

$$\boldsymbol{G}_C(s) = \begin{bmatrix} k_{P,11} + \frac{k_{I,11}}{s} & k_{P,12} + \frac{k_{I,12}}{s} & \cdots & k_{P,1q} + \frac{k_{I,1q}}{s} \\ k_{P,21} + \frac{k_{I,21}}{s} & k_{P,22} + \frac{k_{I,22}}{s} & \cdots & k_{P,2q} + \frac{k_{I,1q}}{s} \\ \vdots & \vdots & \ddots & \vdots \\ k_{P,p1} + \frac{k_{I,p1}}{s} & k_{P,p2} + \frac{k_{I,p1}}{s} & \cdots & k_{P,pq} + \frac{k_{I,pq}}{s} \end{bmatrix} \tag{24}$$

其中

$$\begin{cases} k_{P,ij} = F'_{ji}(0) \\ k_{I,ij} = F_{ji}(0) \end{cases} \tag{25}$$

式（24）即为基于模型逆的控制器矩阵，因为其控制器矩阵内部含有（降阶后的）原系统模型的信息。

6. 基于内模原理的控制器设计

WPT 系统在进行原边控制的过程中，需要从副边采集输出电压/电流等信息。在原/副边进行无线通信的过程中，通信时延难免会对闭环系统的控制性能产生影响。利用内模原理进行控制器设计，可以抑制通信时延对闭环系统控制性能的不利影响，实现对参考信号的快速跟踪。

假设已经得到包含时延项的 WPT 系统模型 $M(s)$，可解耦成如下形式：

$$M(s) = M_+(s)M_-(s) \tag{26}$$

式中，$M_+(s)$ 包含系统的时延部分以及非最小相位部分，$M_-(s)$ 包含系统的最小相位部分。

控制器可按如下形式给出：

$$\begin{cases} Q(s) = f(s)/M_-(s) \\ f(s) = 1/(1+\lambda s)^n \end{cases} \tag{27}$$

式中，$f(s)$ 为引入的 n 阶低通滤波器，其引入目的是保证 $Q(s)$ 的有理性；λ 为滤波器时间常数，与跟踪性能以及闭环系统鲁棒性有关。进一步可得到反馈控制器如下：

$$C(s) = \frac{U(s)}{E(s)} = \frac{Q(s)}{1 - Q(s)M(s)} = \frac{M_-^{-1}(s)}{f^{-1}(s) - M_+(s)} \tag{28}$$

由式（28）可知，控制器中包含原系统的传递函数模型，因此被称为内模控制器。通过控制器 $C(s)$ 分子项的作用可有效消除通信时延的影响，并获得良好的闭环系统跟踪性能。

7. 滑模控制器设计

为了提升 WPT 系统在最大效率跟踪过程中的动态性能，可采用基于离散滑模控制的控制器设计方法。

被控对象为接收端额外引入的 Buck-boost 变换器，如图 6 所示。其中 Controller1 负责系统最大效率跟踪，Controller2 为一滑模控制器，负责稳定输出电压。

首先对 DC/DC 变换器进行动态建模，得到系统的状态空间模型。进一步，设计系统的滑模面为

$$s(k) = \alpha_1 x_1(k) + \alpha_2 x_2(k) + \alpha_3 x_3(k) \tag{29}$$

式中，α_1，α_2，α_3 为滑模系数，为保证闭环系统稳定性以及滑模面的可达性，滑模系数需满足如下条件：

$$\begin{cases} 0 < \alpha_1, 0 < \alpha_2, 0 < \alpha_3 \\ 0 < \left(\frac{\alpha_1 \beta L}{\alpha_2} - \frac{\beta L}{RC}\right) i_C(k) - \frac{\alpha_3 LC}{\alpha_2}[V'_{ref} - \beta V_{out}(k)] \\ < \beta V_{out}(k) \end{cases} \tag{30}$$

进一步，系统的滑模控制律可以表示为

$$u_{eq}(k) = 1 - \frac{K_1}{V'_{ref}} + \frac{K_1}{\beta V_{out}(k)} + \frac{K_2 i_C(k)}{\beta V_{out}(k)} \tag{31}$$

式中，$K_1 = \frac{\alpha_3 LCV'_{ref}}{\alpha_2}$，$K_2 = \frac{\beta L}{RC} - \frac{\alpha_1 \beta L}{\alpha_2}$。

8. 模型预测控制器设计

模型预测控制（Model Predictive Control，MPC）是一种基于最优化理论的控制方法。通过对控制序列在有限时域内进行滚动优化，实现当前时刻最优的控制输入，保证

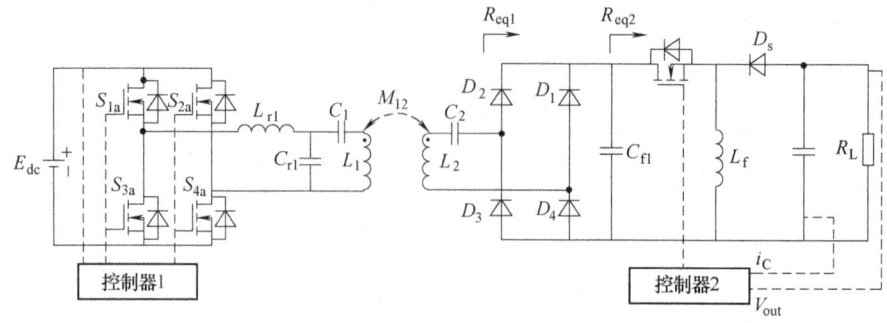

图 6 WPT 系统的控制结构

闭环系统良好的动态特性。可基于 MPC 控制技术,为 WPT 系统副边 DC/DC 变换器设计 MPC 控制器,使得 WPT 系统具有快速的动态响应能力。

首先基于 Beccuti 线性化方法建立 DC/DC 变换器的线性模型。进一步假设系统具有 z 周期的采样延时,建立系统的输出预测方程为

$$y(k+H_p \mid k-z) = C_m A_m^{H_p+z} x(k-z) + \sum_{i=-z}^{H_p-1} C_m A_m^{H_p-i-1} B_m u_d(k+i \mid k) + \sum_{i=-z}^{H_p-1} C_m A_m^{H_p-i-1} F_m \quad (32)$$

式中, H_p 为输出预测时域。

假设控制时域为 H_c ,可得到如下矩阵形式的预测方程:

$$Y_m(k) = \Gamma_x x(k-z) + \Gamma_U U_d(k) + \Gamma_z U_d(k-z) + \Gamma_F \quad (33)$$

式(33)中各项系数矩阵的展开表达式详见参考文献[21]。

进一步建立以下的代价函数:

$$\min_{U_d(k)} J = \frac{1}{2} U_d^T(k) G_h U_d(k) + f^T U_d(k) \quad (34)$$

其中

$$G_h = 2(\Gamma_U^T W_y \Gamma_U + W_u)$$
$$f^T = 2[(\Gamma_J - y_r)^T W_y \Gamma_U - u_r^T W_u]$$
$$\varphi = (\Gamma_J - y_r)^T W_y (\Gamma_J - y_r) + u_r^T W_u u_r \quad (35)$$

式中, W_u 与 W_y 为对角误差加权矩阵; y_r 为 DC/DC 变换器的参考输入电压, u_r 为 DC/DC 变换器的参考占空比。

通过求解式(34),可以得到系统的控制律为

$$U_d^*(k) = -G_h^{-1} f \quad (36)$$

DC/DC 变换器控制模块结构如图 7 所示。U_set 表示 DC/DC 变换器的输入电压。

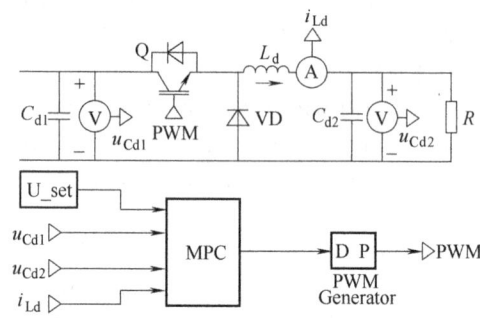

图 7 DC/DC 变换器控制模块结构

9. 基于自抗扰控制的控制器设计

自抗扰控制(Active Disturbance Rejection Control, ADRC)算法是一种基于扰动观测器的控制算法,旨在有效抑制系统中的各种扰动对系统性能的影响。其主要思想是通过引入一个扰动观测器来估计系统中的扰动,然后利用这个估计值来抑制扰动对系统的影响。不同控制算法的性能对比表 1。

表 1 不同控制算法的性能对比

	涉及文献	超调量 σ	低调量 σ_d	调节时间 t_s	稳态误差 e_{ss}	控制方式	时域法或频域法	SISO 或 MIMO 控制	需要传感器数量	是否需要原副边无线通信
H 无穷控制	[5]~[13]	[0%, 22%]	[0%, 22%]	[5ms, 60ms]	≈0	原边主动控制	频域法	SISO	1	需要
精确反馈线性化	[14]	0%	0%	[9ms, 11ms]	≈0	原边主动控制	时域法	MIMO	3	需要
模型逆控制	[15]	20%	10%	[60ms, 90ms]	≈0	原边主动控制	频域法	MIMO	=输出端个数	需要
内模控制	[17]、[18]	[0%, 4%]	[3%, 26%]	[3ms, 40ms]	≈0	原边主动控制	频域法	SISO	1	需要
多变量解耦控制	[16]	[0%, 60%]	[0%, 100%]	[100ms, 5s]	≈0	原边主动控制	频域法	MIMO	=输出端个数	需要

（续）

	涉及文献	超调量 σ	低调量 σ_d	调节时间 t_s	稳态误差 e_{ss}	控制方式	时域法或频域法	SISO或MIMO控制	需要传感器数量	是否需要原副边无线通信
量化反馈控制（QFT）	[19]	0%	0%	[60ms, 100ms]	≈0	原边主动控制	频域法	SISO	1	需要
滑模控制	[20]	[1.9%, 2%]	[1.9%, 2%]	[39.3ms, 48ms]	≈0	副边DC/DC控制	时域法	SISO	2	不需要
MPC	[21]	0%	0%	4ms	≈0	副边DC/DC控制	时域法	SISO	3	不需要
基于ADRC框架的控制	[22]~[24]	≈2%	≈3%	[8ms, 30ms]	≈0	副边DC/DC控制	时域法/频域法	SISO	1~3	不需要
无源PI	[25]	0%	0%	6ms	≈0	副边DC/DC控制	时域法	SISO	3	不需要
鲁棒自适应控制	[26]	≈6%	≈3%	100ms	≈0	副边DC/DC控制	频域法	SISO	1	不需要

进一步，在传统ADRC算法的框架之上，分别发展出了有限时间抗扰控制（Finite-Time Disturbance Rejection Control，FT-DRC）、无模型复合抗扰控制（Model-Free Composite Disturbance Rejection Control，MFC-DRC）、精确抗扰控制（Precise Disturbance Rejection Control，PDRC）。其设计的核心理念都在于引入了某种形式的状态观测器来对WPT系统存在的未知扰动以及参数不确定性进行观测，进一步设计控制器对扰动进行补偿。

其中FT-DRC算法引入了一种有限时间扩张状态观测器（Finite-Time Extended State Observer，FESO），保证了观测状态在有限时间内收敛；MFC-DRC引入了一种自适应扩张状态观测器（Adaptive Extended State Observer，AESO）来观测系统参数偏移引起的输出变化；PDRC引入了一种传递函数形式的线性观测器，保证了观测器与控制器的独立性，使得控制器动态不受观测器动态的影响。

WPT系统副边DC/DC变换器ADRC框架如图8所示。在利用扰动观测器得到扰动观测值以后，利用控制器对扰动进行补偿，从而得到稳定的输出电压。

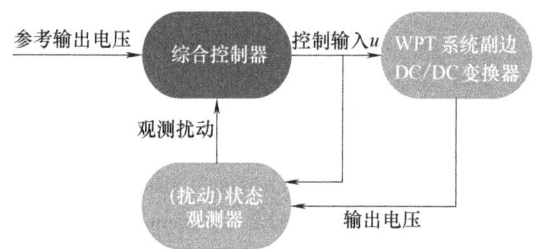

图8 WPT系统副边DC/DC变换器ADRC框架

此外，对于原边主动控制，还有量化反馈控制（Quantitative Feedback Theory，QFT）[19]以及基于PI的多变量解耦控制等控制器设计方法[16]；对于副边DC/DC变换器控制，还有无源PI[25]、鲁棒自适应控制等控制器设计方法[26]。表1详细比较了不同控制器的特性，可为工程设计提供参考。

10. 小结

WPT系统的控制器设计主要包含以下八类方法：①基于PID的控制器设计方法。其控制器结构简单，调参便捷，但对一些系统非线性以及不确定性较强的场合难以达到满意的控制效果。②基于H无穷控制的设计方法。主要用来处理WPT系统因外部扰动或参数摄动引起输出不稳定问题。③基于内模思想的设计方法，其主要作用是解决通信延时问题。④基于模型逆的控制方法，主要用于解决MIMO-WPT系统的多变量控制问题。⑤基于非线性系统精确反馈线性化的设计方法。其主要功能在于实现宽范围的系统输出控制器以及实现更快的输出动态响应速度。⑥基于滑模控制的控制器设计方法。通过引入滑模面来提升系统的动态响应速度。⑦基于MPC的控制器设计方法。其主要功能是从数学优化的角度提升系统的动态响应速度。⑧基于ADRC框架的控制器设计方法。其主要功能在于提升系统对抗外部扰动的能力。其中，基于先进控制理论的控制器性能对比见表1。在工程应用中，应根据实际工程需求合理选择控制器，保证系统的输出响应满足所需的性能指标。

四、WPT系统控制技术的发展趋势展望

对于WPT系统而言，目前还有相当多的控制问题尚未解决，为实现对复杂、非线性WPT系统更快速、更稳定的动态响应控制，未来WPT系统控制技术有望在以下几个方面发展壮大：

1）副边有源整流桥的稳定控制：为提升WPT系统的稳定性，同时在不引入DC/DC变换器的前提下消除原副边通信过程对控制性能的影响，需发展副边有源整流桥的建模与控制技术，设计高性能的有源整流桥控制器，保证系统的鲁棒控制性能。

2）双向WPT系统的快速切换控制：为实现互操作性更强的WPT系统，使得电动汽车的冗余能量能向电网或其他用电设备反馈，实现节能与能量智能调度的目的，需要发展双向WPT系统的快速切换控制技术，通过切换控制方法来实现快速的双向无线电能传输。

3）复杂WPT网络的多输出快速动态控制：为提升WPT系统的空间传能尺度，需发展网络化的WPT系统，实现能量流在空间中的全方位覆盖。为提升WPT网络的传能稳定性，需发展复杂WPT网络系统的多输出快速动态控制方法，解除WPT网络多通道耦合特性对系统控制性能的影响，提升系统的传能品质。

参 考 文 献

[1] CHEN Q H, WONG S C, TSE C K, et al. Analysis, design, and control of a transcutaneous power regulator for artificial hearts [J]. IEEE Transactions on Biomedical Circuits and Systems, 2009, 3（01）: 23-31.

[2] JANG Y T, JOVANOVIC M M. A contactless electrical energy transmission system for portable-telephone battery chargers [J]. IEEE Transactions on Industrial Electronics, 2003, 50（03）: 520-527.

[3] SAMPLE A P, WATERS B H, WISDOM S T, et al. Enabling Seamless Wireless Power Delivery in Dynamic Environments [J]. Proceedings of the IEEE, 2013, 101（06）: 1343-1358.

[4] VINCENT D, HUYNH P S, AZEEZ N A, et al. Evolution of hybrid inductive and capacitive AC links for wireless EV charging: A comparative overview [J]. IEEE Transactions on Transportation Electrification, 2019, 5（04）: 1060-1077.

[5] LI Y L, SUN Y, DAI X. Robust control for an uncertain LCL resonant ICPT system using LMI method [J]. Control Engineering Practice, 2013, 21（01）: 31-41.

[6] XIA CH Y, W W, CH G P, et al. Robust Control for the Relay ICPT System Under External Disturbance and Parametric Uncertainty [J]. IEEE Transactions on Control Systems Technology, 2017, 25（06）: 2168-2175.

[7] LI Y, DU H, YANG M, et al. Two-Degree-of-Freedom $H\infty$ Robust Control Optimization for the IPT System With Parameter Perturbations [J]. IEEE Transactions on Power Electronics, 2018, 33（12）: 10954-10969.

[8] YANG M, LI Y, DU H, et al. Hierarchical Multiobjective H-Infinity Robust Control Design for Wireless Power Transfer System Using Genetic Algorithm [J]. IEEE Transactions on Control Systems Technology, 2019, 27（04）: 1753-1761.

[9] LIANG Y, et al. $H\infty$ Robust Control for ICPT System With Selected Weighting Function Considering Parameter Perturbations [J]. IEEE Transactions on Power Electronics, 2022, 37（11）: 13914-13929.

[10] LI S, et al. Identification and $H\infty$ Robust Control of Wireless Power Transfer System by Hammerstein Model [J]. IEEE Transactions on Power Electronics, doi: 10.1109/TPEL.2023.3343085（early access）.

[11] XIA C, WANG W, REN S, et al. Robust Control for Inductively Coupled Power Transfer Systems With Coil Misalignment [J]. IEEE Transactions on Power Electronics, 2018, 33（09）: 8110-8122.

[12] LI Y L, SUN Y, DAI X. μ-Synthesis for Frequency Uncertainty of the ICPT System [J]. IEEE Transactions onIndustrial Electronics, 2013, 60（01）: 291-300.

[13] LI Y, DU H, HE Z, et al. Robust Control for the IPT System With Parametric Uncertainty Using LMI Pole Constraints [J]. IEEE Transactions on Power Electronics, 2020, 35（01）: 1022-1035.

[14] 陈诚. 无线电能传输系统多变量非线性反馈控制研究 [D]. 武汉: 武汉大学, 2019.

[15] 戴欣, 夏梓壹, 犹安红. 多激励端WPT系统基于模型逆的输出控制 [J]. 中国电机工程学报, 2022, 42（20）: 7319-7331.

[16] ZHU C, ZHONG W. Small-Signal Modeling and Decoupling Control Method of Modular WPT Systems [J]. IEEE Transactions on Power Electronics, 2023, 38（06）: 7863-7876.

[17] DENG Q, LI, Z LIU, J et al. Data-Driven Modeling and Control Considering Time Delays for WPT System [J]. IEEE Transactions on Power Electronics, 2022, 37（08）: 9923-9932.

[18] ZHAO S, TANG C, CHEN F, et al. Modeling and Control of the WPT System Subject to Input Nonlinearity and Communication Delay [J]. IEEE Transactions on Power Electronics, 2023, 38（11）: 14776-14787.

[19] NAGHASH R, ALAVI S M M, AFJEI S E. Robust Control of Wireless Power Transfer Despite Load and Data Communications Uncertainties [J]. IEEE Journal of Emerging and Selected Topics in Power Electronics, 2021, 9（04）: 4897-4905.

[20] YANG Y, ZHONG W, KIRATIPONGVOOT S, et al. Dynamic Improvement of Series-Series Compensated Wireless Power Transfer Systems Using Discrete Sliding Mode Control [J]. IEEE Transactions on Power Electronics, 2018, 33（07）: 6351-6360.

[21] ZHOU, Z ZHANG L, LIU Z, et al. Model Predictive Control for the Receiving-Side DC-DC Converter of Dynamic Wireless Power Transfer [J]. IEEE Transac-

tions on Power Electronics, 2020, 35 (09): 8985-8997.

[22] YUE J, LIU Z, SH H. Model-Free Composite Disturbance Rejection Control for Dynamic Wireless Charging System Based on Online Parameter Identification [J]. IEEE Transactions on Industrial Electronics. doi: 10.1109/TIE. 2023. 3317869 (early access).

[23] YUE J, LIU Z, SU H. Observer-Based Finite-Time Disturbance Rejection Control for Dynamic Wireless Charging Systems With Constant Output Voltage Regulation [J]. IEEE Transactions on Industrial Electronics. doi: 10. 1109/TIE. 2023. 3333040 (early access).

[24] ZHANG M, LIU Z, SU H. Precise Disturbance Rejection for Dynamic Wireless Charging System of Electric Vehicle Using Internal Model-Based Regulator With Disturbance Observer [J]. IEEE Transactions on Industrial Electronics. doi: 10.1109/TIE. 2023.3314907 (early access).

[25] LIU J, LIU Z, SU H. Passivity-Based PI Control for Receiver Side of Dynamic Wireless Charging System in Electric Vehicles [J]. IEEE Transactions on Industrial Electronics, 2022, 69 (01): 783-794.

[26] ZHANG M, LIU Z, SU H. Robust Adaptive Output Regulation for EV Dynamic Wireless Charging System With Sinusoidal Disturbance of Unknown Frequency [J]. IEEE Transactions on Industrial Electronics, doi: 10. 1109/TIE. 2023. 3308131 (early access).

光储直柔技术的发展与应用

南京国臣直流配电科技有限公司
侯琪芸、章琪、严建海、张保、陈文波

一、前言

1. 能源发展趋势

在履行《巴黎气候协定》要求和推进能源转型的双重背景下，各主要国家和地区逐步提高了天然气和可再生能源在发电结构中的比例，全球煤炭产量从2014年开始加速下降，煤炭投资也随之开始了逐步收缩[1]。目前全球80个国家和地方政府及企业加入"燃煤发电联盟"，承诺并计划逐步削减发电过程中的煤炭使用率，并有包括法国、日本、美国等在内的多个国家及地区为碳中和、碳达峰设定了具体时限。2020年9月22日，习近平主席在第七十五届联合国大会一般性辩论上提出了"中国二氧化碳排放力争于2030年前达到峰值，努力争取2060年前实现碳中和"两个目标。从此，"双碳"目标成为我国新时代经济社会发展的重要指引之一。实现"双碳"目标，关键在于推动能源清洁低碳安全高效利用，在能源供给侧构建多元化清洁能源供应体系，在能源消费侧全面推进电气化和节能提效[2]。而电力和电网作为当今社会能源的主要载体，也将承担更多能源清洁化发展的任务。2024年3月，国家发展改革委、国家能源局新发布了《关于新形势下配电网高质量发展的指导意见》（以下简称《意见》），《意见》提出要打造安全高效、清洁低碳、柔性灵活、智慧融合的新型配电系统，建设满足分布式新能源规模化开发和就地消纳要求的分布式智能电网，实现与大电网兼容并存、融合发展。到2025年，配电网网架结构更加坚强清晰、供配电能力合理充裕、承载力和灵活性显著提升、数字化转型全面推进；到2030年，基本完成配电网柔性化、智能化、数字化转型，实现主配微网多级协同、海量资源聚合互动、多元用户即插即用，有效促进分布式智能电网与大电网融合发展。

2. 配电网面临的挑战

"十四五"时期是我国开启全面建设社会主义现代化国家新征程的第一个五年，也是我国提出"碳达峰、碳中和"目标以来能源转型的重要窗口期。配电网作为电网的重要组成部分，直接面向广大用电客户，是联系能源生产和消费的关键枢纽，是服务国家实现"碳达峰、碳中和"目标的基础平台，也是构建能源互联网的重要基础。随着社会经济的不断发展，城市化进程加快，能源结构优化不断升级，电力体制改革逐步深入，对配电网提出更高的要求，需要统筹安全质量和效率效益，向安全可靠、绿色智能、友好互动、经济高效的智慧配电网不断进化[3]。此外，能源系统将"不可能三角"转变为"可能三角"还有一定的难度，即在三维规划中，同时满足"数量""质量"和"低碳"的三方面目标还面临一定挑战。

二、光储直柔技术发展

1. 光储直柔技术概述

"光储直柔"中的"光"即太阳能光伏技术。太阳能光伏发电是未来主要的可再生电源之一，建筑外表面为发展分布式光伏提供了空间资源。"储"即储能技术。在建筑中，储能设施有多种形式，如电化学储能、储热、抽水蓄能等。其中，电化学储能技术因响应速度快、效率高及对安装维护要求低等优点而得到广泛应用。"直"即直流技术。与交流相比，直流具有形式简单、易于控制、传输效率高等特点。在建筑中采用直流供电系统，有利于光伏、储能等分布式电源的灵活、高效接入和调控。"柔"即柔性用电技术。柔性是指建筑用电设备具备中断调节能力，能够主动改变从市政电网取电功率的能力。这有助于解决电力负荷峰值突出问题，实现市电供应、分布式光伏、储能以及建筑用能四者的协同关系。

这种新型配电系统由于采用直流微网对分布式电源进行高效消纳，可以有效降低系统的复杂性（省去逆变、整流环节），提高新能源发电的转换效率，并且由于没有频率和相位的限制，分布式电源并网更加可靠，系统的弃光率也明显降低。同时，由于系统采用了直流电，不存在频率、谐波、三相不平衡、无功功率等问题，所以供电电能质量和安全性更高。此外，系统内应用了柔性电力电子变换装置，使得系统运行状态灵活可调，结合相应的物联通信功能，系统也更加智能化。

该新型配电系统实现了建筑从单一的电力消费者向"生产、消耗、调蓄"三合一的新角色转型。该技术已列为国务院《2030年前碳达峰行动方案》、九部门《科技支撑碳达峰碳中和实施方案（2022—2030年）》中城乡建设领域实现"双碳"目标的重要技术。

2. 直流配电方案国内外研究现状

国外对直流配电网的研究起步较早。美国弗吉尼亚理工大学CPES中心于2010年提出了四级分层交直流混合配电系统结构[4]；2011年，美国北卡罗来纳大学提出了"The Future Renewable Electric Energy Delivery and Management（FREEDM）"系统结构[5]，用于构建未来自动灵活的配电网络；日本大阪大学于2006年提出±170V双极直流母线供电方案，并通过电力电子设备进行电能形式转换和升降压以满足负荷需求[6]；在欧洲，荷兰能源研究中心

(ECN)于1997年提出住宅类直流供电方案,陆续完成了300V直流供电的体育场项目和300V直流住宅供电项目[7]。意大利米兰理工大学于2004年提出了一种与大阪大学的双极结构类似的直流配电系统结构[8]。ABB公司于2012年对船用直流电网开展大量研究,电网采用1000V直流电,接入各种形式的直流设备和分布式能源,容量达到20MW,系统具有较高的供能效率[9]。

国内方面,国家电网公司、各大高校、电气设备供应商都积极开展了对直流配电网的研究。国家电网有限公司及中国电力企业联合会根据现有研究成果,组织各方面专家给出了不同应用场景下直流配电网的典型电网结构,对工程建设中电网结构的选择具有借鉴意义;浙江大学对直流配电网的特点、优势及其网络的整体概念进行了较为详细的综述,提出了直流配电网的拓扑结构——环状、放射状与双端配电[10];清华大学成立了碳中和研究院,对光储直柔领域关键核心技术进行攻关,并在光储直柔建筑调控方法上取得新的进展,此外还对光储直柔技术的落地实施进行探索,例如:与太古地产合作进行北京三里屯太古里光储直柔建筑建设等;能源基金会成立了六个综合工作组以支持对中国低碳发展有重要影响的综合性议题的研究和实践;格力开展了"多变流器场景下直流计量电能质量相关的场景符合性适用研究",打造的"绿能魔盒"对乡村场景、社区场景等光储直柔系统方案进行攻关与实证实验;南京国臣直流配电科技有限公司对不同场景下的光储直柔系统方案进行研究,并对方案进行了试点建设,例如:山西芮城县庄上村、南京国臣办公楼。据不完全统计,国内外实际运行的直流建筑项目已建成数十个,建筑类型涵盖了办公、校园、住宅和厂房,电压等级多在DC220V~400V。

根据上述国内外研究水平的概述,直流配电具备技术可行性。此外,随着全球对节能、减少排放、综合利用能源的要求越来越高,直流配电网将以其强大的技术和经济优势而拥有广阔的发展前景。

3. 光储直柔关键技术发展

(1) 光储直柔源荷特性及控制策略

随着分布式光伏、储能、充电桩等设备不断接入,光储直柔系统的容量及结构发生显著的变化。众多企业、研究机构等对现有设备的功率变换以及控制策略进行了大量研究。

在分布式光伏方面:由于光伏电池的电能输出与光强度和温度等环境参数密切相关,当这些参数发生变化时,光伏电池的输出电压和电流也会发生变化。所以,无论光伏发电并网还是离网,光伏变换器都需要能够实时追踪这些变化,并确保光伏电池始终运行在最大功率点,从而最大限度地提高系统的发电效率。国内外提出了许多最大功率跟踪的方法,主要分为两大类:第一大类为传统的最大功率跟踪算法及其改进算法,这类算法包括扰动观察法(P&O)或者爬山法、电导增量法、短路电流法、开路电压法、纹波关联法、极值轨迹搜寻法等方法。这些算法中的一部分对于统一光照强度下最大功率跟踪有很好的追踪效果;另一类为能够应用于局部阴影条件(PSC)下的最大功率跟踪算法,这类算法有粒子群法、直接搜寻法、斐波那契算法、混沌算法等多种基于太阳能电池I-V和P-V特性曲线的算法等[11]。

在分布式储能方面:由于储能装置能够根据电网需求和负荷变化,动态调节母线电压,从而确保整个供电系统的稳定性和可靠性,所以必须设计出高效、高功率输出且具有快速响应能力的双向变换器,以运用于母线与储能中间。目前国内外正在不断提升储能双向变换器的性能和效率,并加强储能双向变换器的标准化和规范化工作,以推动其在电力系统和新能源领域的应用。此外,由于隔离型双向DC/DC变换器采用了高频变压器,使其体积较大,设计成本较高,设计繁琐。所以,非隔离型双向DC/DC变换器在分布式储能系统中广泛运用。分布式储能功率单元控制策略有下垂控制法、主从设置法、平均电流均流法、最大电流均流法等,可实现对各模块输出电流的控制。其中,自适应动态下垂控制通过调节不同工作状态下动态下垂系数的大小,可以改善系统受功率波动时的动态响应速度。然而,传统下垂控制中的下垂系数固定,使储能模块间的充放电功率比值不变,考虑到各储能模块的SOC存在差异,所以长期以相同的输出功率比值运行,会导致储能模块因过充或过放而退出运行,影响直流微电网运行的稳定性[12]。

在电动汽车充电桩方面:目前国内外电动汽车充电桩的功率变换部分一般采用AC/DC+DC/DC两级变换方式,其中,前级AC/DC较为成熟的拓扑是三相PFC VIENNA,后级DC/DC拓扑一般根据电平的不同分为两电平变换方式和三电平变换方式。整流器是电动汽车充电桩的关键部件之一,国内外对其进行了大量的研究,如基于自抗扰控制算法的电压型PWM整流器,增强了EVCP充电时的抗干扰能力,但整流器消耗来自电网的恒定功率,在电网参量变化较大时只能"切负荷"运行,不能主动响应电网需求。采用负荷侧虚拟同步机技术的充电桩具备惯量模拟、有功调整、无功支撑等能力,能够满足电动汽车有序并网、安全充换电的实际需求。基于LVSM的三相电压型PWM整流器控制策略能够在电网参量变化时,实现负荷由"切负荷"到"降功率"运行,提高了整流器故障穿越能力[13]。而在充电桩中应用虚拟同步机技术,通过变换器的自主降额运行,可实现对弱电网的支撑作用。

在楼宇负荷方面:以LED技术发展为例,市场上不断涌现出新型的LED产品,这些产品不仅在性能上有了显著提升,而且还配备了智能化控制系统。国内外众多知名LED制造品牌纷纷致力于将智能控制集成到LED照明中,以此来满足消费者对于智能家居环境的需求。这些套件包括先进的智能感应器,能够感知周围环境并自动调整亮度;智能开关则能通过手势或语音命令进行开关或颜色调节的操作,极大地提高了用户体验。而在直流供电下的LED不仅更加节能,而且还发挥了更大的优势。首先,由于直流供电方式为LED提供了稳定的工作电流,这使得LED灯的发光亮度和稳定性得以保证。并且在调光过程中,直流供电能够确保LED灯光的输出稳定性,避免因为电压波动导致的亮度闪烁问题。其次,调光呈线性,直流供电的LED

调光控制精度更高，且通过精确控制电流或电压，其调光范围更广，可以实现从1%到100%的宽范围调光。

此外，随着多种类型直流负荷的应用，直流配电系统呈现多电压等级的特点，多电压等级直流母线的互联实现了电压匹配和功率交换，能更好地满足用户需求。

针对多电压等级直流母线的直流配电系统，国内外学者均开展了不同电压等级的直流配用电控制理论研究，提出多种协调控制策略，可分为集中式与分散式两类。美国弗吉尼亚理工大学构建了直流混合配电网分层控制架构，为直流配电过渡性发展从控制上提供了可实施方案。集中式控制策略，即将上层管理系统需要与各模块单元保持联系，确定其工作模式与出力大小，以保证系统的功率平衡，系统最优运行；但是，集中式控制策略对通信的依赖程度较高，系统的稳定性、可靠性完全依赖于该控制单元，如果控制单元出现故障，将会导致直流系统崩溃。为解决上述问题，提出了分散式控制策略，即系统中各模块单元根据直流母线电压信号（DBS）调整工作模式，共同维持直流母线稳定，但是系统级控制中的大部分目标均无法通过基于DBS的直流系统协调控制方法来实现，储能单元缺乏有效管理，无法实现储能单元的最优充放电控制，更无法实现直流微电网全局的最优经济运行[14]。另外，直流母线电压波动范围较大，无法实现最优运行。为了解决这个问题，基于互联通信的直流系统分层运行控制策略将分散式控制与上层管理相结合，在不同时间尺度上分别实现设备级控制和系统级控制，完成电气量控制、电能质量调节以及经济运行控制，极大提升了系统的可靠性与经济性。

目前，直流配电系统的协调控制策略主要针对单一母线结构的直流配电网，对于多个电压等级的直流配电系统的运行模式多样，切换流程复杂，对协调控制策略提出了更高的要求。同时，直流负荷类型多样化也阻碍了自适应协调控制的研究。因此，对多直流母线的光储直柔系统的统一的自适应协调控制策略亟待研究，对不同类型负荷的自适应调节亟待解决。

（2）光储直柔系统保护技术

随着光储直柔技术的不断发展，直流系统保护技术也得到了持续的改进和创新。

在直流短路保护方面，通常采用两种方案在直流系统中创建电流过零点。一种是基于触头分闸产生的高电弧电压来抵制系统电压，强制系统电流过零完成开断，即传统的机械式直流断路器；另一种是基于电流转移原理实现直流电流的快速开断，主要包括固态断路器、混合式直流断路器。机械式直流断路器最早由美国通用公司于1972年开发，国内外公司、高校陆续开发出不同电压、电流等级的机械式直流断路器，虽然其低成本、高可靠性的特点受到工业界青睐，但较慢的响应速度与较长的关断时间难以满足未来直流系统快速保护动作的要求。得益于半导体技术特别是宽禁带技术的急速发展，近年来直流固态开关受到广泛的关注，国内外科研究所与企业陆续推出不同拓扑结构的固态断路器以应对不同功率等级需求。虽然固态断路器在关断速度方面优势显著，但受限于半导体器件的固有特性，其相对较高的导通损耗限制了应用前景，特别是在中、高压领域。混合式直流断路器的提出旨在兼顾机械与固态断路器各自的优势，在有限增加成本的前提下有效提升故障保护速度。近年来国内外的研究聚焦于如何进一步降低通态损耗，不同的优化拓扑结构也相应出现。清华大学提出的耦合负压换流及其衍生结构即为典型代表，同时伊利诺伊理工大学提出的瞬时电流抑制技术也丰富了混合式直流断路器的设计思路[15-16]。

在接地保护方面，由于直流系统是不接地系统，所以定位接地故障是一个比较棘手的问题。Karlsson提出一种在换流器节点安装电流测量装置实现接地故障检测的方法，可以同时检测交直流两侧对接地故障，并对短路故障提供一定的保护作用，但采用此方案，需要在故障线路两端之间建立通信[17]。从国内目前的研究现状来看，主要有以下几种方法：平衡电阻法、低频探测法、变频探测法、霍尔磁式平衡法、振荡频率探测法、相位差磁调制检测法等。为防止接地及绝缘下降，采取如下措施：查看绝缘监察装置报警信号，瞬时停电查找接地点；直流熔丝、空开的上下级配合，定期进行蓄电池组核对性放电试验；在微弱信号处理方法上，采用正交矢量锁相放大的方法；在信号处理电路设计方面，采用了多路并行处理模式；改进变频信号法，提出采样交流信号波形后，进行频谱分析以计算接地电阻来判断故障支路[18]。但投入应用的直流系统接地故障监测装置只能发出接地故障告警信号，无法及时、全面隔离或切除接地故障，此方面的研究仍存在不足，有待进一步改进与完善。

在直流系统绝缘监测研究领域，早在20世纪80年代初，我国就已开始了对直流系统绝缘自动监测仪器的开发研制，到了20世纪80年代末90年代初，随着葛洲坝、三峡水利发电工程的进展以及我国内陆火力发电厂规模的发展，研制出一套巡检速度快、检测精度高的直流系统绝缘自动监测仪器越来越成为我国电力事业发展的迫切需要。1988年，长江水利委员会与武汉市琴台电子研制所联合，根据电力部下达的科研项目要求，成功研制"WZJ-4型微机直流系统绝缘监测仪"，填补了当时国内该领域的技术空白。目前国内专业从事直流系统绝缘监测仪器开发生产的公司不多，主要有武汉市琴台电器有限公司、北京思达星电力自动化有限公司、浙江星炬电力电子有限公司、大连旅顺电力电子设备有限公司等[18]。但目前我国现有直流绝缘监测仪器还存在以下一些问题：仪器的检测精度低，特别是在工业现场受干扰较大的情况下难以满足检测精度要求；仪器的巡检速度慢，在有些挂接负载较多的直流系统，仪器对全部支路寻检所需时间过长；仪器电路结构复杂，造价较高。

在交直流窜入保护方面，是近年来才受到特别关注的问题。目前行业内的绝缘监测系统具备基本的母线和支路绝缘下降监测功能，但普遍不具备交流窜入监测、蓄电池接地监测等，而且母线与支路之间不隔离，任意一条支路发生故障都可能引起其他支路保护误动，所以目前的监测和保护装置还进一步研究以满足直流系统安全运行的要求。

在直流灭弧和直流漏电保护方面，除了常用的物理灭弧方法以外，在灭弧产品方面，天水二一三电器集团有限公司提出一种提高直流接触器灭弧能力的灭弧系统方案和有效缩小产品体积的设计方案；广西大学王巨丰等人提出一种自能式多断口灭弧装置，可在3ms时间内全概率熄灭直流电弧，并阻断电弧重燃；南京国臣直流配电有限公司研发的低压直流带剩余电流保护断路器，保护动作时间小于0.1s；直流主动灭弧装置，可以实现无弧开断。Siemens、Doepke等公司最早展开B型剩余电流检测装置的研制，之后ABB、Sehneider等代表企业相继推出带平滑直流检测功能的B型产品；英国思克莱德大学在低压直流环网中应用电流差动保护实现故障隔离。国内方面，常熟开关、正泰电器等典型企业已经陆续推出B型漏电保护产品。

总体而言，国内外对于直流系统的安全性与故障保护的研究正在不断发展更新，以应对未来可能出现的新的挑战和问题。

（3）柔性用电技术

随着电力电子技术的发展，电力电子器件已经可以实现高效可靠的直流/直流变压和直流开关。与此同时，随着能源需求不断增长和电力系统的日益复杂化，不同机构与企业都积极开展了对柔性用电技术的研究。例如，南京国臣直流配电科技有限公司提出了电压带控制策略，将系统运行状态以电压范围进行区分，整体将系统启动后分为运行状态和工作状态，并允许电压在运行状态上限和下限之间合理波动，同时基于此控制策略设计出的设备能在工作电压上限和下限之间，保持一定程度的运行。此外，建筑中的电气设备作为电能消耗的主要终端，也在建筑中具有很大的柔性调节潜力。格力对光伏直驱变频离心机系统进行深入研究，并推出了太阳能中央空调；海信日立对新能源直驱技术、智能能源管理技术等进行深入挖掘，从而推出了光伏多联机，让中央空调的节能性能获得跨越式提升。

未来更多负荷将更加具有柔性和可调节性，不仅可以根据电力系统的需求进行快速响应和调整，从而达到优化电力资源配置的效果，而且可以提高电力系统的运行效率和可靠性[19]。

三、光储直柔技术的应用

据不完全统计，2022年处于不同工程实施阶段的建筑光储直柔工程中的类型中，办公与商业型建筑项目占比50%，居住型建筑与科教文卫建筑项目各占比19.1%，其他工程应用包括酒店、公园、停车场直流微电网等。整体上来看，光储直柔项目的建设目标以工程示范应用为主，同时结合实际情况，提高本地可再生能源消纳并降低建筑运行能耗与碳排放。办公建筑项目多数来源于电网与建筑技术公司的示范项目，如深圳建科院未来大厦R3全直流建筑示范。其中，科技园区与新农村建设也有光储直柔示范，如：雄安未来城市科技发展中心项目和芮城新能源装备产业园，主要目的在于探索可再生能源应用的新能源系统。部分房地产公司也将光储直柔技术创新用于商业建筑，进一步将该技术推向市场。此外，光储直柔技术在其他领域也在不断发展，如交通、工业园区等。

四、总结

随着全球能源结构的转型和"双碳经济"的发展，可再生能源被大规模开发，光储直柔系统正逐渐成为未来电力系统的重要发展方向。未来，光储直柔系统将广泛应用于城市、乡村、海岛等各个领域的电力系统中，实现可再生能源的大规模开发和利用，提高电力系统的稳定性、可靠性和经济性。同时，随着技术的不断进步和成本的降低，光储直柔系统还将进一步拓展其应用领域，为人类社会带来更加清洁、高效、可持续的能源解决方案，为推动绿色低碳发展和实现"双碳"目标做出更大的贡献。

参考文献

[1] 田慧芳. 国际碳中和的进展、趋势及启示[J]. 中国发展观察, 2020（23）：72-74

[2] 陈健, 吕志鹏, 方梦祥. "面向双碳战略的能源转型关键技术"专栏特约主编寄语[J]. 浙江电力, 2021, 40（12）：1-2.

[3] 吴志力, 刘艳茹, 崔凯. "十四五"能源转型步伐加快配电网如何高质量发展[N/OL].（2021-03-09）[2024-05-08]. http://www.cnenergynews.cn/dianli/2021/03/09/detail_2021030992719.html.

[4] BOROYEVICH D, CVETKOVIĆ I, DONG D, et al. Future electronic power distribution systems: a contemplative view [C]. Proceedings of the 2010 12th International Conference on Optimization of Electrical and Electronic Equipment. Basov, Russia, 2010: 1369-1380.

[5] HUANG A H, CROW M L, HEYDT G T, et al. The future renewable electric energy delivery and management (FREEDM) system: the energy internet [J]. Proceedings of the IEEE, 2011, 99（01）：133-148.

[6] SALOMONSSON D, SANNINO A. Load modelling for steady-state and transient analysis of low-voltage DC systems [J]. IET Electric Power Applications, 2007, 1（05）：690-696.

[7] 广东华南家电研究院直流家电技术与发展前景[J]. 家电科技, 2009（22）：48-49.

[8] BRENNA M, TIRONI E, UBEZIO G. Proposal of a local DC distribution network with distributed energy resources [C]. 2004 11th International Conference on Harmonics and Quality of Power (IEEE Cat. No. 04EX951), Lake Placid, NY, USA, 2004: 397-402.

[9] 张志旺, 曹莉. ABB船载直流电网系统浅析[J]. 船舶, 2018, 29（04）：61-66.

[10] 马钊, 焦在滨, 李蕊. 直流配电网络架构与关键技术[J]. 电网技术, 2017, 41（10）：3348-3357.

[11] 袁博. 光伏DC/DC变换器最大功率跟踪算法研究与设计[D]. 武汉：武汉理工大学, 2015.

[12] 焦猛. 分布式储能双向DC/DC变换器及SOC均衡

控制［D］. 秦皇岛：燕山大学，2020.

［13］ 曾进辉，赵勇超，兰征，等. 一种响应电网需求的电动汽车充电控制策略［J］. 电源技术，2020，44（12）：1835-1838，1846.

［14］ 李霞林，郭力，王成山，等. 直流微电网关键技术研究综述［J］. 中国电机工程学报，2016，36（01）：2-17.

［15］ 温伟杰，黄瑜珑，吕纲，等. 应用于混合式直流断路器的电流转移方法［J］. 高电压技术，2016，42（12）：4005-4012.

［16］ ZHOU Y, FENG Y, SHATALOV N, et al. An Ultra-Efficient DC Hybrid Circuit Breaker Architecture Based on Transient Commutation Current Injection［C］. IEEE Journal of Emerging and Selected Topics in Power Electronics, 2020, 9 (03): 2500-2509.

［17］ 金毅. 直流配电系统故障特征及保护原理研究［D］. 天津：天津大学，2014.

［18］ 李富颖. 关于直流系统绝缘监测装置的研究［D］. 保定：华北电力大学，2010.

［19］ 中国科学报. 柔性直流用电：建筑用能的未来［N/OL］.（2020-03-04）［2024-05-08］. https://news.sciencenet.cn/sbhtmlnews/2020/3/353684.shtm.

第四篇　电源行业新闻

学会大事记 ... 119
- 风雨四十载　扬帆再出发——中国电源学会成立40周年纪念仪式圆满结束 ... 119
- CPEEC & CPSSC 2023 圆满结束　会议实现多项突破 ... 119
- 第九届中国电源学会科学技术奖颁奖仪式隆重举行 ... 121
- 《电源产业与技术发展路线图》正式出版 ... 122
- "GaN Systems 杯"第九届高校电力电子应用设计大赛圆满结束 ... 122
- 中国电源学会科技服务行动——"电源云讲坛"系列活动成功举办 ... 124
- "CPSS & PELS 联合女科学家论坛"顺利召开 ... 124
- "CPSS & PELS 联合电源青年人才论坛"顺利召开 ... 125
- 电源高端人才对接会顺利召开 ... 125
- 5·30 全国科技工作者日｜点燃青春火炬，传承科技之光——电源青年科技楷模学习宣传活动 ... 126
- 中国电源学会九届四次常务理事（扩大）会议在天津召开 ... 126
- 中国电源学会女科学家工作委员会承办 NGO CSW67 平行会议 ... 126
- 中国电源学会电磁兼容专委会"高校电磁兼容学术交流系列活动" ... 127
- 第七届高校电力电子学科青年学者论坛在北京顺利召开 ... 128
- 2023 中国电源学会电磁兼容专业委员会首届学术年会在武汉成功举办 ... 129
- 中国电源学会信息系统供电技术专业委员会 2023 年度年会圆满举行｜纪念中国电源学会成立 40 周年会员服务系列活动 ... 129
- 中国电源学会第四届专家咨询工作委员会换届大会成功召开 ... 130
- 中国电源学会新能源车充电与驱动专业委员会换届大会顺利召开 ... 130
- 中国电源学会第四届青年工作委员会换届大会暨电源技术青年创新与发展论坛顺利召开 ... 130
- 中国电源学会第七批 18 项团标获准立项 ... 131
- 中国电源学会 2023 年度 11 项团体标准正式发布 ... 132
- 5·30 全国科技工作者日｜中国电源学会科学技术奖申报宣讲会成功举办 ... 133
- 2023 年高品质电源电磁兼容性高级研讨班圆满结束 ... 133
- 2023 年高效率高功率密度电源技术与设计高级研讨班圆满举办 ... 133
- 2023 年新能源车充电与驱动技术高级研修班圆满结束 ... 134
- 2023 年新能源汽车中磁性元件技术与应用高级研修班（第一期）圆满举办 ... 134
- 2023 年功率变换器磁技术分析、测试与应用高级研修班圆满结束 ... 134
- 2023 年新能源汽车中磁性元件技术与应用高级研修班（第二期）圆满举办 ... 135
- 光伏、储能电源设计、应用与测试在线研修班圆满举办 ... 135
- 2023 年第三代半导体器件、驱动控制、测试及应用技术高级研修班圆满结束 ... 135

电源大事记 ... 137
- 2023 年全国电力供需形势分析 ... 137
- 能源发展回顾与展望（2023）——能源篇 ... 138
- 2023 年度十大国内能源新闻（节选） ... 141
- 盘点 2023 年国家能源局光伏专项政策 ... 143
- 2023 年全国光伏制造行业运行情况 ... 143
- 2023 年国内半导体十大新闻 ... 144
- 2023 年我国新增充电基础设施 338.6 万台 ... 144

2023 年中国锂电池行业总产值超 1.4 万亿元 …… 145
2023 年太阳能发电装机突破 6 亿 kW …… 145
2023 年中国风电行业发展研究报告 …… 145
2023 年我国新能源汽车销售 949.5 万辆，市占率达 31.7% …… 147

会员大事记 …… 148

2024 华为中国数字能源伙伴大会顺利召开 …… 148
科华数据核级 UPS 护航中广核防城港核电站 3 号机组首次并网发电 …… 149
山特揽收 2023 年中国智能建筑品牌两大奖项 …… 149
航嘉荣获国家级荣誉 …… 149
禾望电气获得全球首张构网型变流器证书 …… 150
汇川技术展现岸电绿色硬核实力 …… 150
台达武汉研发中心新大楼揭幕启用 …… 150
阳光电源助力建成全球首个海上构网型储能 …… 151
回顾中兴通讯 2023 …… 151
中科海奥荣获省级企业技术中心认定 …… 153
动力源荣获 2022—2023 年度中国电动车共享换电/换电方案技术创新品牌奖 …… 153
奥海科技产品获德国红点奖和当代好设计奖 …… 154
金升阳两项专利荣获"中国专利优秀奖" …… 154
华耀亮相中国（江苏）国际储能大会 …… 154
湖南艾华集团助力 GaN Systems 杯 …… 154
三安半导体荣获多项荣誉 …… 154
华润微荣获"2023 第一财经资本市场价值榜年度创新力企业" …… 155
茂硕电源助力 CPEEC & CPSSC 2023 顺利召开 …… 155
美的能源技术获评"国际领先" …… 156
南京国臣公司全力参与深圳建科院国家重点项目建设 …… 156
2023 爱维达全国合作伙伴大会圆满召开 …… 157
英威腾电源荣获国家级专精特新"小巨人"企业称号 …… 157
万帮数字能源家庭储能系统获 2023 年德国 iF 设计奖 …… 158
爱科赛博成功登陆上海证券交易所科创板 …… 158
先控电气获国家级专精特新"小巨人"企业认定 …… 158
易事特荣获中国电源学会卓越贡献表彰 …… 159
江苏绿阳新能源荣获"2023 中国储能行业十佳工商业储能系统供应商"项目奖 …… 159
商宇科技闪耀 2023 中国制造强国论坛 …… 159
上海电气电力电子获评上海市"专精特新"中小企业 …… 160
英飞特电子亮相 2023 金砖国家新工业革命展 …… 160
零碳"黑灯工厂"照亮企业转型升级路 …… 161
瞻芯电子获上海市科技奖 …… 161
基本半导体荣获国家级专精特新"小巨人"企业认定 …… 162
科达嘉荣获"2022 年度汽车电子科学技术奖—优秀创新产品奖" …… 162
珠海云充荣获专精特新企业称号 …… 163

学会大事记

风雨四十载　扬帆再出发——中国电源学会成立40周年纪念仪式圆满结束

四十载风雨，四十载奋斗。2023年，中国电源学会喜迎40周年华诞。

作为40周年纪念活动的重要环节，学会的品牌会议——2023中国电力电子与能量转换大会暨中国电源学会第二十六届学术年会及展览会（CPEEC & CPSSC 2023）于2023年11月10—13日在广州召开，并在大会开幕式上举行了隆重的40周年纪念活动。

11月11日上午8点半，大会开幕式暨中国电源学会成立40周年纪念仪式正式开始。中国科协党组成员兼国际合作部部长罗晖女士，中国电源学会名誉理事长徐德鸿教授，中国电源学会理事长刘进军教授，中国工程院外籍院士、美国弗吉尼亚理工大学李泽元教授，中国工程院院士、南方电网公司李立涅院士，中国工程院院士、中国工程物理研究院邓建军院士，加拿大工程院院士、IEEE PELS 2021-2022主席、加拿大纽布伦斯威克大学张榴晨院士，丹麦科学院院士、IEEE PELS 2019-2020主席、丹麦奥尔堡大学Frede Blaabjerg院士，美国工程院院士、美国弗尼吉亚理工大学 Dushan Boroyevich院士，学会副理事长章进法博士、马皓教授、袁小明教授、杜雄教授，副监事长张波教授、汤天浩教授，原副理事长张占松教授、徐殿国教授、康勇教授、陈成辉总裁，张磊秘书长等有关领导和国内外知名专家，以及来自国内外相关高校、科研单位和企业的有关专家、科技人员2600余人参加，仪式由学会副理事长阮新波教授主持。

中国科协党组成员、国际合作部罗晖部长代表中国科协向中国电源学会表示热烈的祝贺，并肯定了学会成立40年来，在学术交流、人才培养、国际合作、教育培训、编辑出版、团体标准、科技奖励、举荐人才等方面开展了卓有成效的工作，在专业领域竖起了一面团结引领的旗帜，汇聚了一大批深有造诣的国内外科技工作者。学会的发展史，本身就是促进我国电源事业发展的辉煌的创新历史，也是引领电源领域科技工作者向科技强国进军的奋斗史。她希望学会以习近平新时代中国特色社会主义思想为指引，胸怀国之大者，立足新起点，奋进新征程，不断扩展服务人才的新格局，学术的新赛道，智库的新视野，科普的新平台，对外开放的新空间，在新长征中担当新使命，再创新辉煌。

刘进军理事长首先回顾了学会的40年发展历程及取得的主要成就。在过去的40年里，学会已累计举办了数百场各类国内、国际学术会议，为国内外学者提供了广阔的学术、技术和产业交流平台。学会主办的电源学报、CPSS TPEA英文期刊、中国电源学会科学技术奖、高校电力电子应用设计大赛、电源技术专业培训、学会团体标准等服务均已成为本领域的品牌活动，得到广大电源与电力电子科技人员和企业的充分认可。学会还与包括IEEE电力电子协会在内的众多国际组织开展了广泛的合作，有效推动我国电源与电力电子领域的国际交流。经过40年的努力，学会已经从一个小规模的学术团体发展为个人会员16000人、团体会员500家单位的规模，成为国内电源与电力电子技术领域最权威、最有影响力的学术组织，在国际同行中也享有盛誉。

刘进军理事长还代表学会对中国科协、学会全体会员以及广大企业、高校和科研单位、海内外的众多兄弟学会多年来对学会的支持和帮助表示感谢。

在中国电源学会成立40周年之际，多位院士专家、50余家高校、企业、国内外行业组织发来贺信，向中国电源学会40周年华诞表示热烈的祝贺！本次仪式中学会国际合作伙伴IEEE PELS 2021—2022主席张榴晨教授到场致辞并宣读贺信。

为庆祝学会成立40周年，学会还开展了卓越贡献个人和单位表彰、资深会员遴选、举办40周年学会发展座谈会、编撰纪念册、制作纪念宣传片、举办"我与中国电源学会"征文等一系列活动。

本次仪式上，向为中国电源学会创立和发展做出突出贡献的个人和单位颁发了学会成立40周年卓越贡献个人、卓越贡献单位证书。

为激励学会会员不断攀登科学技术高峰，表彰在电源及相关领域中成绩卓著或对学会做出重大贡献的学会会员，学会于2022年设立会士称号。本次仪式中宣布了学会2022年度、2023年度当选的27名会士名单并颁发证书。

学会成立40周年各项纪念活动得到了科华数据股份有限公司、阳光电源股份有限公司、中兴通讯股份有限公司、深圳市航嘉驰源电气股份有限公司、华为数字能源技术有限公司、伊顿电源（上海）有限公司、台达电子企业管理（上海）有限公司、西安爱科赛博电气股份有限公司、鸿宝电源有限公司、合肥华耀电子工业有限公司、茂硕电源科技股份有限公司、深圳威迈斯新能源股份有限公司、株洲中车时代半导体有限公司、广州三晶电气股份有限公司、深圳市铂科新材料股份有限公司、纳微半导体、小米通讯技术有限公司、三菱电机机电（上海）有限公司、GaN Systems等有关单位的大力支持，在此表示感谢。

40周年纪念活动，是对过往的回顾，也是对未来的展望；是对成绩的肯定，更是对未知的思考。如同刘进军理事长专题致辞中指出的，40周年是一个崭新的起点，面对新时代、新形势、新要求，学会将以建设世界一流学会为目标，继续秉持初心，与领域内广大科技工作者和企业携手并肩、坚持不懈，为实现电源与电力电子技术的更大突破和发展而努力奋斗！

CPEEC & CPSSC 2023圆满结束 会议实现多项突破

2023中国电力电子与能量转换大会暨中国电源学会第二十六届学术年会及展览会（CPEEC & CPSSC 2023）于2023年11月10—13日在广州召开。The 2nd IEEE International Power Electronics and Application Symposium（IEEE PEAS 2023）国际会议同期举办。本次会议实现多项突破，录用论文首次超过1000篇，展位数量首次超过200个，参会人数首次超过2600人，在注册参会人数上已成为本领域全球最大的学术会议。

中国电源学会学术年会暨展览会作为中国电源界规模最大、级别最高的学术、技术和产业盛会，已有超过40年历史。会议旨在促进电力电子、能量转换与电源技术相关领域海内外学者和相关人员的学术交流，促进产、学、研的合作，促进相关产业及产业链的技术创新和进步。

为进一步加强有关领域的深入交流、推动技术创新与产业升级，中国电源学会于2022年在现有品牌活动基础上整合升级，推出"中国电力电子与能量转换大会""全球电力电子高峰论坛"等品牌活动，并将举办周期由两年一届调整为一年一届，全力打造本领域全球顶尖会议平台。

同时，为传承历史、再创辉煌，学会于2023年全年组织开展纪念中国电源学会成立40周年会员服务系列活动。本次大会也是纪念活动的重要一环。

在新模式的促进下，2023中国电力电子与能量转换大会（CPEEC 2023）暨中国电源学会第二十六届学术年会（CPSSC 2023）共录用论文1141篇，其中中文论文656篇，英文论文485篇，设置9场大会报告、5场电力电子高峰论坛报告，15场专题讲座，60个中文主题技术报告分会场，37个英文主题报告分会场，共计592场口头报告，10个工业报告分会场38场报告，6场专题活动以及2个墙报交流时段，同期展览共有98家单位参展，展位数量213个。

高端讲座　开启盛宴

11月10日，15场高端讲座为本次学术盛宴拉开帷幕。包括美国工程院院士、中国工程院外籍院士、美国弗吉尼亚理工大学李泽元教授（Prof. Fred C. Lee）；美国伦斯勒理工学院、IEEE Fellow孙建教授；美国奥克兰大学Udaya K Madawala教授；浙江大学李武华教授等专家学者为与会者带来了15场内容丰富、精彩纷呈的专题讲座。每场讲座长达3.5小时，专家们深入浅出的讲解，全面细致的剖析，同时结合了丰富的理论知识及鲜活的实例，让与会者们豁然开朗，纷纷表示受益匪浅。

同日，GaN Systems杯第九届高校电力电子应用设计大赛决赛也在紧张地进行，20支决赛队伍激烈角逐。

群贤毕至　共襄盛典

11月11日上午8点半，大会开幕式暨中国电源学会成立40周年纪念仪式正式开始，中国科协党组成员兼国际合作部部长罗晖女士，中国电源学会名誉理事长徐德鸿教授，中国电源学会理事长刘进军教授，中国工程院外籍院士、美国弗吉尼亚理工大学李泽元教授，中国工程院院士、南方电网公司李立涅院士，中国工程院院士、中国工程物理研究院邓建军院士，加拿大工程院院士、IEEE PELS 2021-2022主席、加拿大纽布伦斯威克大学张榴晨院士，丹麦科学院院士、IEEE PELS 2019-2020主席、丹麦奥尔堡大学Frede Blaabjerg院士，美国工程院院士、美国弗尼吉亚理工大学Dushan Boroyevich院士等国内外知名专家，以及来自国内外相关高校、科研单位和企业的有关专家、科技人员2600余人参加，仪式由学会副理事长阮新波教授主持。

开幕式上还进行了第九届中国电源学会科学技术奖颁奖仪式，同时本次活动中还为未能现场颁奖的第六届杰出贡献奖进行了现场颁奖。

为激励学会会员不断攀登科学技术高峰，表彰在电源及相关领域中成绩卓著或对学会做出重大贡献的学会会员，学会于2022年设立会士称号。本次仪式中宣布了学会2022年度、2023年度当选的27名会士名单并颁发证书。

仪式最后大会技术程序委员会主席、浙江大学李武华教授介绍会议主要情况。

报告论坛　大咖云集

CPEEC & CPSSC 2023大会报告环节，美国工程院院士、中国工程院外籍院士、美国弗吉尼亚理工大学李泽元教授（Prof. Fred C. Lee）；中国南方电网公司专家委员会名誉主任委员李立涅院士；华为数字能源技术有限公司副总裁、研发管理部总裁何建军；株洲中车时代半导体有限公司副总经理肖强作了报告。

11日下午，由中国电源学会与IEEE电力电子学会（PELS）联合主办的The 2nd IEEE International Power Electronics and Application Symposium（IEEE PEAS 2023）国际会议正式启幕，大会技术程序委员会主席李武华教授主持PEAS 2023开幕式，刘进军教授、张榴晨教授分别代表联合主办单位中国电源学会和IEEE PELS致辞。仪式中还向清华大学耿华教授颁发了2023 IEEE PELS Sustainable Energy Systems Technical Achievement Award。

PEAS大会报告环节，丹麦科学院院士、IEEE电力电子学会前主席、IEEE Fellow、丹麦奥尔堡大学Frede Blaabjerg教授；美国工程院院士、IEEE Fellow、美国弗吉尼亚理工大学Dushan Boroyevich教授；IEEE Fellow、日本东京工业大学Hirofumi Akagi教授；三菱电机半导体大中国区技术总监Harufusa Kondo；纳微半导体副总裁兼中国区总经理Charles（Yingjie）Zha作了大会报告。

12日上午，品牌活动"全球电力电子高峰论坛"同期开幕。报告人分别是，IEEE电力电子学会前主席、加拿大工程院院士、加拿大纽布伦斯威克大学Liuchen Chang教授；美国工程院院士、IEEE Fellow、美国弗吉尼亚理工大学Dushan Boroyevich教授；阳光电源股份有限公司高级副总裁兼中央研究院院长赵为博士；纳微半导体高级应用工程总监、移动设计中心（深圳）负责人Xiucheng Huang博士；中国电源学会理事长、IEEE Fellow、西安交通大学刘进军教授。5位专家以国际视野的全新角度，紧扣电力电子领域的不同热点及发展趋势展开了热烈的交流和讨论，融汇前沿精华，碰撞思想火花，受到与会者的热烈欢迎。

名企亮相　合作支持

11日上午，年会同期展览会启幕，本次会议有98家企业参加现场展示，展位213个。

学会理事长刘进军教授、国家海洋技术中心韩家新研究员向为本次会议提供了大力支持的5家钻石合作伙伴颁发纪念牌：华为数字能源技术有限公司、株洲中车时代半导体有限公司、三菱电机机电（上海）有限公司、纳微半导体、茂硕电源科技股份有限公司。

同时向14家白金合作伙伴颁发纪念牌：富士电机（中国）有限公司、艾德克斯电子有限公司、深圳市汇川技术股份有限公司、湖南三安半导体有限责任公司、德国莱茵TÜV、Wolfspeed Inc.、罗姆半导体集团、派恩杰半导体、山东艾诺智能仪器有限公司、科威尔技术股份有限公司、深圳基本半导体有限公司、珠海镓未来科技有限公司、村田（中国）投资有限公司、湖南艾华集团股份有限公司。

分会场报告　精彩纷呈

11月12—13日，分会场交流包括60个中文主题技术报告分会场、37个英文主题报告分会场，共计592场口头报告，10个工业报告分会场38场报告，6场专题活动以及2个墙报交流时段，精彩纷呈。与会论文作者和产业界资深工程师就电力电子全领域的最新成果进行了充分的交流和探讨。本次会议特设优秀分会场报告人评选活动，最终106位报告人获选。大会还评选出CPEEC & CPSSC 2023优秀论文20篇、PEAS 2023优秀论文20篇，同时评出学术年会和PEAS 2023国际会议各5个专题共35名优秀专题主席。

会议期间还举办了第九届中国电源学会科学技术奖颁奖仪式和获奖成果展示、CPSS & PELS联合青年人才论坛、CPSS & PELS联合女科学家论坛、人工智能对电力电子与电力传动学科的机遇与挑战专题论坛、电源高端人才对接会、电源科研成果交流会、电源创新产品推广会，以及企业卫星会议等活动。

为期4天的会议，于11月13日圆满落下帷幕。此次会议的成功举办以及多项突破，也是为学会40周年华诞的最好献礼。

同时，CPEEC & CPSSC 2024已定档，将于2024年11月8—11日在西安举行，欢迎各位同行再聚西安！

第九届中国电源学会科学技术奖颁奖仪式隆重举行

2023年11月11日，第九届中国电源学会科学技术奖颁奖仪式在广州举行。仪式中向中国南方电网有限责任公司李立涅院士、浙江大学徐德鸿教授、台达集团创办人暨荣誉董事长郑崇华先生颁发杰出贡献奖，同时颁发特等奖2项、一等奖4项、二等奖9项、优秀产品创新奖7项，杰出青年奖1人，优秀青年奖3人。来自国内外相关高校、科研单位和企业的有关专家、科技人员2600余人共同见证了这场盛大的颁奖仪式。

"中国电源学会科学技术奖"（国科奖社证字第0220号）是代表本行业、本专业在全国范围内评选的最高科技奖励，奖励在我国电源领域的科学研究、技术创新、新品开发、科技成果推广应用等方面做出突出贡献的个人和单位。自设立以来，已成功评选9届，共计获奖项目148个，获奖人876名。评奖活动本着公开、公平、公正的原则，力求如实反映我国电源科技发展的最高水平。

第九届中国电源学会科学技术奖杰出贡献奖获得者为：中国南方电网有限责任公司李立涅院士，浙江大学徐德鸿教授。

李立涅院士是我国电网工程、直流输电专家。长期从事电网工程建设和电力系统技术、直流输电技术和交直流并联电网运行技术的研究，主持研发我国柔性直流输电技术、特高压多端柔性直流输电技术，主持建设世界上首个特高压多端柔性直流工程。

徐德鸿教授长期从事电源技术和重大工程电源装备研究开发，提出了齐边沿脉宽调制软开关变换理论，解决了软开关三相功率变换的国际难题；首创超级不间断电源概念，大幅提升了供电电源系统的可靠性；研制了高性能兆瓦级不间断电源系统，实现大容量不间断电源的自主自控。

鉴于两位专家学者对于我国电力电子技术和产业发展所做出的突出贡献，特授予李立涅院士、徐德鸿教授第九届中国电源学会科学技术奖杰出贡献奖。

在本次仪式中，还向未能现场颁奖的第六届中国电源学会科学技术奖杰出贡献奖获奖人台达集团创办人暨荣誉董事长郑崇华先生进行了现场颁奖。

台达集团自1971年创立后，逐步发展为营运遍布近40个国家及地区的全球电源领域领军企业。郑崇华先生带领台达在多个电源产品领域取得突破性成果，所设立"台达电力电子科教发展计划"与"中达学者计划"也极大地推动了我国高校电力电子与相关学科的发展。鉴于郑先生在电源领域做出的突出贡献，特授予郑崇华先生第六届中国电源学会科学技术奖杰出贡献奖。

中国电源学会理事长刘进军教授为三位杰出贡献奖获奖人颁奖。

第九届中国电源学会科学技术奖特等奖获奖项目包括合肥工业大学等单位完成的《大型光伏电站用并网逆变器关键技术及其工程应用》和西安交通大学完成的《多变流器电能系统稳定性及构网控制基础理论与方法》。中国电源学会副理事长、中国工程物理研究院邓建军院士为特等奖获奖项目代表合肥工业大学张兴教授、西安交通大学刘增副教授颁发获奖证书。

第九届中国电源学会科学技术奖一等奖获奖项目包括清华大学完成的《新能源发电装备暂态稳定理论与控制方法》，华中科技大学完成的《模块化多电平换流器直流故障应力演化机理及穿越控制方法》，西南交通大学等单位完成的《大功率牵引变流系统设计与控制关键技术及应用》，天津大学等单位完成的《新能源变换器集群的协同调控理论与高效复用技术》。中国电源学会副理事长、台达电子企业管理（上海）有限公司章进法博士为一等奖获奖项目代表清华大学耿华教授、华中科技大学林磊教授、西南交通大学宋文胜教授、天津大学何晋伟教授分别颁奖。

之后，中国电源学会副监事长华南理工大学张波教授、上海海事大学汤天浩教授为本届电源科技奖二等奖获奖项目颁奖。九个获奖项目分别是，浙江大学等单位完成的《电力电子系统故障检测、诊断和容错关键技术研究及应用》，上海交通大学等单位完成的《面向多元接入的多端柔性互联系统关键技术、装备研制与应用》，中国华能集团清洁能源技术研究院有限公司等单位完成的《高安全精细化控制的大容量电池储能系统关键技术及工程应用》，国网浙江省电力有限公司完成的《直串式潮流控制器核心技术、装备研制及工程应用》、西南交通大学完成的《大功率多堆燃料电池动力系统协调控制与服役性能保障方法》，哈尔滨工业大学完成的《谐振变换系统拓扑构建理论与性能提升方法》、东南大学等单位完成的《LED照明系统高效高可靠运行机理及控制方法》、北方工业大学等单位完成的《电机驱动系统鲁棒预测控制理论及方法》，哈尔滨工业大学完成的《复杂工况下高品质永磁电机驱动系统控制理论与方法研究》。

此外，第九届中国电源学会科学技术奖还评选出优秀产品创新奖获奖项目七项，分别是西安爱科赛博电气股份有限公司完成的《PRE20系列双向可编程交流电源》、台达电子企业管理（上海）有限公司完成的《1.5kW大功率球场灯LED驱动电源》、北京合康新能变频技术有限公司完成的《HCA系列高性能高压变频器》、苏州博思得电气有限公司完成的《X射线源（PSS系列）》、小米通讯技术有限公司完成的《基于澎湃P2芯片与澎湃G1芯片的小米13 Ultra电池管理系统》、科华数据股份有限公司完成的《WiseMDC智慧液冷模块化数据中心》、中兴通讯股份有限公司完成的《高效高密DC/DC电源（DB1500 S4854）》。中国电源学会副理事长华中科技大学袁小明教授、重庆大学杜雄教授为获奖单位代表颁奖。

近年来电源领域优秀青年科技人才不断涌现，本届青年奖项竞争也十分激烈。最终上海交通大学李睿教授获青年奖-杰出类，华中科技大学陈材副研究员、河北工业大学辛振教授、哈尔滨工业大学李彬彬教授获青年奖-优秀类。由中国电源学会副理事长、浙江大学马皓教授为获奖人颁发了奖杯和证书。

第九届中国电源学会科学技术奖评奖活动圆满落幕，本届评奖活动汇聚了电源行业顶尖人才和优秀成果，有效促进了电源科技创新和科技成果产业化，进一步推动了电源科技事业的发展，得到行业企业和广大科技工作者的广泛认可。2024年4月将继续开展第十届中国电源学会科学技术奖评奖工作，欢迎行业有关单位和人员参与。

《电源产业与技术发展路线图》正式出版

作为中国科协发展研究系列丛书之一，由中国电源学会编著的《电源产业与技术发展路线图》，由中国科学技术出版社正式出版发行。

在中国科学技术协会的指导和支持下，中国电源学会于2020—2022年组织开展《电源产业与技术发展路线图》（下称"路线图"）研究编写工作，广泛邀请各领域知名专家、学者和企业代表，组建了7个专题编写组，召开研讨、论证、评审会议20余场，共计200余位专家、企业人士参与。

路线图包含电源行业综合报告和功率元器件及模块、电力系统中的电力电子变换、变频电源及其应用、信息系统、特种电源、前沿技术6个重点领域报告，总计近30万字。路线图以2021—2035年为时间范围，全面梳理了国内外电源产业、技术发展现状和发展特点，剖析我国电源产业、技术发展面临的机遇与挑战，识别未来电源技术的重点发展方向、关键技术及其优先程度，从产业进展、人才建设、产业应用等方面对未来新技术、新产业和新模式进行预测研判，提出并制定政、产、学、研协同各方力量推进电源产业技术创新的行动指南，搭建电源总体和重点细分领域1+N的发展路线图体系。同时，也形成了一份电源产业与技术发展智库报告，为党和国家科学决策提出建议。

2022年11月7日，《电源产业与技术发展路线图》发布会暨产业技术发展研讨会以线上线下相结合的形式，在厦门成功举行，会议特邀路线图首席科学家、浙江大学徐德鸿教授和各编写组主要负责人、执笔人进行报告，来自电源及相关领域产学研代表近400人参加。与会者对路线图的出版均表示出极大的关注和期待。

在双碳大时代背景下，电源产业与技术也正在经历由新一代宽禁带半导体器件和各领域电气化信息化所带来的重大变革期。而此次路线图正式出版对于电源产业的健康有序创新发展将起到显著的推动作用。

"GaN Systems杯"第九届高校电力电子应用设计大赛圆满结束

2023年11月9—12日，"GaN Systems杯"第九届高校电力电子应用设计大赛决赛在广东省广州市举行。经过激烈角逐，西南交通大学代表队在众多参赛队伍中脱颖而出，斩获决赛特等奖。此外，2支队伍获得一等奖，3支队伍获得二等奖，4支队伍获得三等奖，8支队伍获得优胜奖。

高校电力电子应用设计大赛是中国电源学会自2015年发起的一项面向全国高校学生的探索性工程实践活动，是全国电力电子领域最高水平的大学生竞赛，已成功举办8届。本届大赛由中国电源学会、中国电源学会科普工作委员会主办，中国矿业大学承办，得到了冠名合作单位GaN Systems Inc.、联合支持单位宁波希磁科技有限公司、湖南艾华集团股份有限公司和测试设备指定供应商艾德克斯电子有限公司、EMI检测仪器提供服务商敏业信息科技（上海）有限公司的大力支持。

本届大赛以"高效高功率密度三相宽频逆变器设计"为题目，于2023年1月17日发布竞赛方案征集通知，之后共吸引了来自全国43所高校的68支队伍报名参赛。参赛学校涵盖面广泛，既有电力电子技术领域的老牌强校，又有近年来成长迅猛的新兴院校，68支队伍报名也是自大赛举办以来最多的一次，并且本届大赛延续上届大赛的组织形式，鼓励不同学校之间联合组队，并且不限每个学校参赛队伍数量。

5月14日，"GaN Systems杯"第九届高校电力电子应用设计大赛启动仪式暨参赛辅导说明会在江苏省徐州市中国矿业大学电气工程学院举行，大赛正式拉开了帷幕。大赛组委会特邀评审专家对报名参赛的项目计划书进行首次评审，评选出60支队伍进入初赛，同时给各参赛队提出了方案修改和改进意见。

进入初赛的各参赛队于8月15日提交了阶段研究报告，13位来自高校和企业的专家组成评审小组，对各参赛队提出的阶段研究报告进行了评审，主要针对研究报告所体现的项目实施情况、项目完整性和创新性等方面进行综合评估，并结合样机完成进度，经过充分讨论，投票确定了进入决赛的队伍。最终评出 24 支队伍获得决赛参赛资格。

11 月 9 日，本届大赛决赛在广州市举办，决赛开幕式由竞赛副秘书长、中国矿业大学李小强副教授主持，中国电源学会副理事长、竞赛副主席、台达电力电子（上海）设计中心主任章进法博士致辞，介绍了大赛整体情况，并表示高校电力电子应用设计大赛为广大高校电力电子及相关专业学生提供了一个学以致用、理论联系实践的展示平台，激励更多学生进行电力电子技术领域的创新；中国矿业大学电气工程学院党委书记伍小杰教授代表承办单位致辞，对进入决赛的参赛队表示了热烈的祝贺，同时对各位评审专家、赞助商代表等与会者的到来表示了欢迎。

本届竞赛冠名合作单位 GaN Systems, an Infineon Company 公司中国区技术总监屈云生先生致辞，向大赛的成功举行表示祝贺，同时高度评价设计大赛对促进新型功率器件的普及和发展所起的重要作用。随后本届大赛的联合赞助商宁波希磁科技有限公司副总裁雷效雨女士、湖南艾华集团股份有限公司总裁艾亮女士也发表致辞，预祝大赛圆满成功。

本届大赛决赛设置样机性能测试和汇报答辩两个环节。比赛题目"高效高功率密度三相宽频逆变器设计"极具挑战性，一方面涉及 GaN 器件的应用，另一方面对性能指标的要求，输出电压稳定性，以及谐波、输入电流纹波等都有非常高的要求，并且需要三相异步电动机空载起动测试，相较于往届大赛难度增大了很多。然而本届参赛队伍所提出的技术方案非常新颖，且各具特色，经过初选、预赛的不断改进，汇报方案也有了很大完善和提升，决赛作品表现出很高的设计水平，在答辩时逻辑清晰，思路敏捷，展现出当代大学生的专业素质和个人风采。各位评审专家热烈讨论，对决赛作品给予了高度的评价，各参赛队代表及与会观众不时爆发出热烈的掌声。

经过评审委员会严格而又慎重的评审，本届大赛唯一的特等奖花落西南交通大学代表队，华中科技大学和中国矿业大学代表队获得一等奖；合肥工业大学、杭州电子科技大学、中国矿业大学代表队获得二等奖；东南大学、海军工程大学联合组队、黑龙江科技大学、华南理工大学、武汉大学代表队获得三等奖；中国矿业大学、北京交通大学、天津工业大学、河海大学、华中科技大学、安徽大学、燕山大学代表队获得优胜奖。

大赛颁奖仪式由竞赛承办单位中国矿业大学电气工程学院院长原熙博教授主持；中国电源学会理事长、西安交通大学刘进军教授，中国电源学会副理事长、台达电力电子（上海）设计中心章进法博士，中国电源学会科普工作委员会主任委员、复旦大学孙耀杰教授，中国电源学会科普工作委员会副主任委员、浙江大学张军明教授向获奖参赛队颁发了证书；中国电源学会副理事长、台达电力电子（上海）设计中心章进法博士向大赛冠名合作单位 GaN Systems, an Infineon Company 公司以及联合支持单位宁波希磁科技有限公司、湖南艾华集团股份有限公司和测试设备指定供应商艾德克斯电子有限公司、EMI 检测仪器提供服务商敏业信息科技（上海）有限公司颁发了奖牌，并且为第九届大赛承办单位中国矿业大学颁发了承办单位奖牌，并邀请大赛冠名合作单位 GaN Systems, an Infineon Company 公司副总裁庄渊棋先生致辞。

下届竞赛将移师美丽的冰城哈尔滨，哈尔滨工业大学王懿杰教授代表下届承办单位致辞，并表示力争明年大赛的规模和水平都再上一个台阶，也欢迎各高校积极组队参赛。

"GaN Systems 杯"第九届高校电力电子应用设计大赛参赛队获奖名单

特等奖
西南交通大学
指导教师：杨顺风、管乐诗
参赛队员：冯元、刘梦轩、杨志、周李奕奂、冯柯渝
一等奖
华中科技大学
指导教师：康勇、陈材
参赛队员：朱双喜、孙旭辰、李彤、韦苏航
中国矿业大学
指导教师：张永磊、王凯
参赛队员：冯江、朱睿杰、王子豪、成宇轩、杨吉
二等奖
合肥工业大学
指导教师：陈强、王金平
参赛队员：段冰、曹金柯、马文轩、陶根、杨思哲
杭州电子科技大学
指导教师：杭丽君、何远彬
参赛队员：郑翔、陈克俭、陈淼、赖宇帆、庞飞扬
中国矿业大学
指导教师：戴鹏
参赛队员：戴思奇、王冠淇、高明畅、武文韬、刘恕宇
三等奖
东南大学、海军工程大学
指导教师：雷家兴、夏益辉
参赛队员：刘枫、肖逸洋、高锦阳、房锦程、方子轩
黑龙江科技大学
指导教师：邓孝祥、刘宏洋
参赛队员：赵殿鑫、蔡文贵、吕晓宇、宋富森、李纪凯
华南理工大学
指导教师：肖文勋、谢帆
参赛队员：李梓轩、王丹阳、杨志强、杨昌昱
武汉大学
指导教师：孙建军
参赛队员：彭珉轩、栾一航、李宇宸
优胜奖
安徽大学
指导教师：胡存刚、刘碧
参赛队员：刘辉、胡嘉诚、刘鹏、季一郎、陶剑雄
北京交通大学

指导教师：李虹、张雅静
参赛队员：黎彦君、魏铭泊、张旷、孙鹏、范义程、王铭阳

河海大学
指导教师：钱强
参赛队员：杨卓霖、吴春洋、朱杰、李浩然

华中科技大学
指导教师：甘醇、曲荣海
参赛队员：丁泽寰、张浩源、苏思念、金朔宇

天津工业大学
指导教师：刘涛、李龙女
参赛队员：孙浩、张沣飍、李信诺、章默涵、林桐浠

燕山大学
指导教师：孙孝峰、赵巍
参赛队员：侯文浩、高宇衡、李子傲、张浩龙、谢腾

中国矿业大学
指导教师：李小强、伍小杰
参赛队员：薛炜杰、仇顺顺、陈鸣谦、陶子谦、孙翌宸

中国矿业大学
指导教师：公铮
参赛队员：刘重文、杨城权、李鹏程、曹宏壮、周慧泽

中国电源学会科技服务行动——"电源云讲坛"系列活动成功举办

为持续助力会员单位和行业企业创新发展，2023年中国电源学会继续举办电源云讲坛活动。2023年共计组织了9期，共邀请报告人和嘉宾70人，总计来自电源领域高校、科研院所、企业的专家和科技工作者22000余人次参加。

"电源云讲坛"是学会于2020年推出的线上交流活动，共计举办33期，已有超过3万余人次参与。

云讲坛系列活动采用现场报告、网络会议研讨+直播的形式，根据国家新基建战略部署，结合企业具体需求，每期选择一个专业主题内容，进行专题报告和交流互动。邀请各领域优秀专家和会员企业，就广大会员关心的新技术、新成果、新产品进行讲座报告，同时邀请资深专家与企业代表就相关专题进行互动研讨。2023年各期电源云讲坛信息如下：

第1期：4月8日，"双碳"背景下新能源发电与电能质量专题，由电能质量专业委员会、学术工作委员会承办，设置专题报告4场、邀请互动嘉宾3人，共1200余人参会。

第2期：4月22日，宽禁带器件在充电桩模块和车载电源中的应用专题，由直流电源专业委员会、学术工作委员会承办，设置专题报告3场、邀请互动嘉宾5人，共2100余人参会。

第3期：5月27日，数据中心供电新技术专题，由信息系统供电技术专业委员会、学术工作委员会承办，设置专题报告3场、邀请互动嘉宾3人，共800余人参会。

第4期：7月1日，双向变换储能技术专题，由照明电源专业委员会、学术工作委员会承办，设置专题报告3场、邀请互动嘉宾4人，共4100余人参会。

第5期：7月22日，高频磁元件设计与测量专题，由磁技术专业委员会、学术工作委员会承办，设置专题报告3场、邀请互动嘉宾3人，共2100余人参会。

第6期：8月12日，大科学装置中的特种电源专题，由特种电源专业委员会、学术工作委员会承办，设置专题报告3场、邀请互动嘉宾3人，共1200余人参会。

第7期：9月2日，功率半导体器件与集成专题，由元器件专业委员会、学术工作委员会承办，设置专题报告4场，共3300余人参会。

第8期：9月23日，高渗透率新能源发电关键技术专题，由新能源电能变换技术专业委员会、学术工作委员会承办，设置专题报告3场、邀请互动嘉宾4人，共2200余人参会。

第9期：12月23日，电气化交通中的电磁干扰与电磁共生专题，由电磁兼容专业委员会承办，设置专题报告4场、邀请互动嘉宾5人，共4600余人参会。

"CPSS & PELS 联合女科学家论坛"顺利召开

CPSS & PELS 联合女科学家论坛于2023年11月11日在广州越秀国际会议中心顺利举办，活动主题为"巾帼须眉奋楫行，不忘初心谱芳华"。本次论坛由中国电源学会女科学家工作委员会（下称"女工委"）和 IEEE PELS（中国区）共同举办，由江西艾特磁材有限公司和杰华特微电子股份有限公司特别支持。出席本次论坛的领导和知名专家有：中国电源学会理事长、西安交通大学刘进军教授，加拿大工程院院士、加拿大纽布伦斯威克大学张榴晨教授，中国电源学会副监事长、华南理工大学张波教授，浙江大学李武华教授，北京交通大学李虹教授和美国芯源系统有限公司（MPS）法务部高级经理王莹莹女士。论坛由杭州电子科技大学杭丽君教授、重庆大学孙鹏菊教授、中南大学董密教授和西南交通大学杨平教授共同主持。

在开幕式环节，中国电源学会理事长刘进军教授和 IEEE PELS 前主席张榴晨教授分别致辞。刘进军教授高度肯定了女工委组织的系列活动和开展的相关工作，希望女工委继续为广大女科技工作者搭建交流平台，并对以后女工委的活动形式和组织方式提出了建议。张榴晨教授鼓励大家积极参加 IEEE PELS 的各种活动，希望能在电力电子方向的国际组织里听到更多中国女科技工作者的声音。

在嘉宾报告环节，华南理工大学张波教授作了主题为"对女性从事科学研究及成长的一些思考"的演讲。他从女性从事科技工作的自身优势、如何培养学生和如何开展科学研究等方面进行了分享，并以成功女科学家的故事为例，鼓励女性要有做出好科研的信心和决心。北京交通大学李虹教授演讲的主题为"苟日新，日日新，又日新"。她从人工智能的新时代、认知更新的重要性、科学研究中的质疑与创新等几个方面进行了分享，鼓励女科技工作者持续学习，不断创新和不断超越。MPS 法务部高级经理王莹莹女士分享的主题是"向前一步，不再等待！"她以自身的经历和成长为例，分享了女性如何进行职业发展规划，如何在

工作中与他人建立沟通和合作，鼓励女性不断实现自我，突破自我。

互动交流环节，刘进军教授肯定了女科技工作者的优势，并从中国电源学会支持的角度提出了一些对女科技工作者发展更有利的建议。张榴晨教授认为女性的团队意识更强且不需要特殊的对待，鼓励大家要多参与团队活动，积极主动承担相关的工作。李武华教授提出女性有其独特的优势，如更有韧性、表达能力更强等，并分享了自己对科研的理解，认为科研没有性别，工作没有性别。

自由交流环节，参会人员踊跃发言提问，几位嘉宾也是知无不言，言无不尽，针对刚参加工作的女性如何成长；怎样参加国际学术组织；女性各个阶段的成长过程应具备怎样的能力；当自己很难再坚持的时候，是什么信念让自己坚持走下去等问题表达了自己的看法，并结合自身经历向与会人员分享了诸多宝贵经验。

会议最后，全体参会人员进行了合影留念。本次 CPSS & PELS 联合女科学家论坛圆满结束！

特别感谢江西艾特磁材有限公司和杰华特微电子股份有限公司对本次活动的大力支持！

"CPSS & PELS 联合电源青年人才论坛"顺利召开

CPSS & PELS 联合电源青年人才论坛于 2023 年 11 月 10 日在广州越秀国际会议中心顺利召开。本次论坛由中国电源学会青年工作委员会（下称"青工委"）和 IEEE PELS China 共同举办，参会代表共 230 余人。

出席本次会议的领导和嘉宾有：中国电源学会理事长、西安交通大学刘进军教授，IEEE PELS 前主席、加拿大纽布伦斯威克大学张榴晨教授，中国电源学会青年工作委员会主任委员、西南交通大学宋文胜教授，IEEE PELS China 主席、清华大学孙凯副教授等。

会议伊始，中国电源学会理事长刘进军教授、IEEE PELS 前主席张榴晨教授、IEEE PELS China 主席孙凯副教授分别致辞。刘进军教授对青工委开展的工作和组织的系列活动给予了高度评价，希望青工委能够继续为广大青年学者搭建沟通、交流与合作的平台，促进青年学者的成长成才，同时预祝本次活动圆满成功。张榴晨教授鼓励大家踊跃参加 IEEE PELS 的相关活动，并期望青工委能与 IEEE PELS 多频次合作，共同举办交流活动。孙凯副教授则介绍了 IEEE PELS China 的会员发展情况。中国电源学会青年工作委员会主任委员宋文胜教授代表主办方介绍了中国电源学会青年工作委员会的组织架构、工作宗旨、工作思路以及已开展和即将开展的工作和活动情况等。

本次论坛的专题报告环节邀请了湖南大学帅智康教授、美国弗吉尼亚理工大学 Qiang Li 教授、阳光电源股份有限公司徐君研究员、美国田纳西大学 Helen Cui 助理教授、河海大学张犁教授、哈尔滨工业大学李彬彬教授、同济大学付琳研究员等 7 位海内外优秀青年学者，分别作了《科研方向凝练的体会和思考》《美国电力电子教职的成长经历》《企业产学研工作的一点思考》《美国电力电子教职要求和经验分享》《电力特色院校电力电子育人体会与交流》《漫谈如何修炼成"六边形青椒"?》和《科研的自我认同感》的精彩报告。

本次论坛由中国电源学会青年工作委员会副主任委员、上海交通大学马柯研究员，副主任委员、西安交通大学刘增副教授，副主任委员、华中科技大学朱东海副研究员，以及武汉大学黄萌教授等牵头组织和筹备策划。同时，马柯研究员、刘增副教授和朱东海副研究员主持了会议报告。

在最后的自由交流环节，与会的各位青年学者之间进行了轻松、自由的面对面交流，分享了自己的研究成果和心得体会。

本次会议内容充实丰富，氛围轻松活跃，与会的青年才俊积极发言，充分交流。

本系列活动旨在团结全国广大电源青年工作者，通过开展电源技术相关的学术交流和产学研活动，为广大电源青年工作者提供交流学习和展示自我的平台，鼓励其"不忘初心、牢记使命"，为我国电源行业的发展做出贡献。

电源高端人才对接会顺利召开

2023 年 11 月 12 日下午，由中国电源学会主办，中国电源学会青年工作委员会承办的中国电力电子与能量转换大会暨中国电源学会第二十六届学术年会及展览会的同期活动——"电源高端人才对接会"在广州越秀国际会议中心顺利召开，参会人员共计 110 余人。

本次活动包含单位宣讲、一对一交流等环节，共有 16 家知名企业参与，提供了近 50 个电力电子专业的职位。这些岗位分布在深圳、杭州、广州、宜春、西安等多个城市，覆盖了电力电子行业的多个关键领域。河海大学张犁教授、浙江大学李楚杉研究员受邀担任此次活动主持人。

在用人单位宣讲环节，江西艾特磁材有限公司宣讲人介绍了公司情况，并对产品情况、职业发展、薪酬福利等作重点说明。该公司共发布电源设计应用总监/副总和品质总监/副总两个岗位信息。

派恩杰半导体（杭州）有限公司代表介绍了公司的发展历程，并对主要产品进行了专业介绍，随后阐述了公司未来发展方向，并发布了研发设计类、工程技术类、市场应用类、市场营销类及运营管理类五大类工作岗位信息。

深圳市皓文电子股份有限公司代表不仅介绍了公司的企业文化和业务范围，而且重点展示了公司在电子领域的创新产品和技术。随后，介绍了公司提供的岗位情况，如电源研发工程师、工艺工程师、测试工程师、产品工程师、销售工程师等，吸引了众多技术和管理类人才的关注。

深圳市恒运昌真空技术有限公司代表在宣讲中详细介绍了公司在高端制造业中的应用和市场前景，特别强调了公司对创新研发的投入和对人才的渴求，发布了一系列技术研发和市场拓展相关的职位。

深圳威迈斯新能源股份有限公司代表深入讲解了公司在新能源技术领域的突破和发展方向，特别是产品在清洁能源和电动车领域的应用。该公司发布了包括工程技术、产品研发等多个高端技术岗位，为求职者提供了与新能源发展同步的宝贵机会。

西安迅湃快速充电技术有限公司代表阐述了迅湃快速

充电在行业中的领先地位以及对电动汽车充电解决方案的持续创新。同时，也发布了一系列针对技术研发和市场营销的高级职位，吸引了众多求职者的目光。

最后，浙江富特科技股份有限公司代表介绍了富特科技在智能制造和自动化技术上的成就，展示了其在高新技术领域的深厚积累，并对公司的未来发展进行了展望。同时，也发布了研发创新、智能制造，以及市场开拓等方向的职位，为求职者提供了众多机会和选择。

这些企业的宣讲不仅展现了各自的实力和行业地位，同时也为广大求职者提供了丰富的选择和发展空间。在自由交流环节，除上述宣讲企业外，还有广州金升阳科技有限公司、广州三晶电气股份有限公司、广州视源电子科技股份有限公司、湖南工业大学电气与信息工程学院、上海瞻芯电子科技有限公司、四川英杰电气股份有限公司、万帮数字能源股份有限公司、伊顿电气、中国电子科技集团公司第四十三研究所等九所单位参与。

宣讲结束，参会求职者踊跃与用人单位进行一对一的深入交流，许多人携带了精心准备的简历，希望能够抓住机会给企业留下深刻的第一印象。用人单位也耐心地为每一位前来咨询的求职者答疑解惑，以及提供专业建议。随着活动的进行，求职者对未来充满了期待，信心满满地迎接即将到来的职业发展新篇章。

企业与人才的精准对接，预示着行业的蓬勃发展和人才培养的成功结合。未来，中国电源学会将持续关注用人单位和人才的实际需求，创新人才对接会的形式和内容，致力于打造更加高效、精准的招聘配对机制，为企业与电源行业人才搭建一个更广阔的交流和合作平台，形成典型经验和有效路径，共同推动产学研的深度融合。

5·30 全国科技工作者日 | 点燃青春火炬，传承科技之光——电源青年科技楷模学习宣传活动

2023 年 5 月 30 日是第七个"全国科技工作者日"，活动主题为"点亮精神火炬"。科技自立自强是国家强盛之基，安全之要。为大力宣传扎根基层一线的优秀科技工作者，树立把论文写在祖国大地上的价值导向，进一步在全社会弘扬中国科学家精神，中国电源学会决定在电源领域组织开展 2023 年"点燃青春火炬，传承科技之光——电源青年科技楷模系列宣传"学习宣传活动。

中国电源学会整理了电源领域四位青年科技楷模的事迹材料，在电源领域开展集中宣传学习。

郑泽东，清华大学副教授。郑泽东副教授现任清华大学博士生导师，IET Fellow，IEEE Senior Member。他致力于大容量电气化交通电驱动技术的创新研究，推动动车组和舰船装备技术的进步。

李奇，西南交通大学教授。李奇教授现任西南交通大学博士生导师，国家轨道交通电气化与自动化工程技术研究中心副主任。长期从事轨道交通新型供电技术、氢能与燃料电池发电技术、综合能源系统规划与运行等领域的研究工作。在氢能轨道交通领域开展了氢燃料电池动力系统稳定控制、性能优化等方面的研究工作，主持研发的系列化氢燃料电池电源系统、能量管理系统等氢能动力技术装备，已实现工程应用。

马柯，上海交通大学教授。马柯教授分别于 2007 年和 2010 年于浙江大学电气工程学院获得学士、硕士学位，2013 年于丹麦奥尔堡大学能源系获得博士学位，2014 年被聘任为奥尔堡大学助理教授。2016 年起入职上海交通大学电气工程系，目前担任上海交通大学电力传输与功率变换控制教育部重点实验室副主任。他促进了电力电子可靠性领域的技术发展与产业化应用。

王丰，西安交通大学教授。王丰教授担任西安交通大学博士生导师，IEEE Senior Member。他针对中压、大容量电力电子装备领域中规模化光伏系统高效发电的重大需求，围绕中、低压电力电子装置拓扑、调制与控制策略优化、模块化系统可靠性优化等技术展开研究。在规模化光伏发电系统的能效优化领域取得较多创新成果，获得较大学术影响，促进了相关产业的技术发展。

中国电源学会九届四次常务理事（扩大）会议在天津召开

中国电源学会九届四次常务理事（扩大）会议于 2023 年 3 月 11 日在天津召开。51 位常务理事、监事及分支机构代表参加，会议由刘进军理事长主持。

会议传达了中国科协十届六次全委会精神，重点就中国科协 2023 年重点工作安排、《中国科协关于深入学习宣传贯彻党的二十大精神的实施方案》等文件精神进行了重点说明。会议要求学会上下要进一步认真学习中国科协有关精神和要求，在学会工作中充分贯彻落实。

刘进军理事长向会议做学会 2022 年工作报告和 2023 年工作计划，由会议审议通过。报告全面总结了学会 2022 年工作，深入分析了学会面临的新形势和新任务，提出了 2023 年的重点工作。

会议审议通过了《中国电源学会 2022 年财务报告及 2023 年财务预算》《学会各分支机构 2022 年工作总结和 2023 年工作计划》、中国电源学会奖励工作改革方案、第九届理事会理事增补提案。

会议听取了学会成立 40 周年 6 个专项工作组工作方案和工作计划，2023 中国电力电子与能量转换大会暨中国电源学会第二十六届学术年会及展览会（CPEEC & CPSSC 2023）、PEAS 2023 国际会议筹备等相关工作情况汇报并提出了意见和建议。

会议要求学会全体理事、各分支机构积极参与学会 40 周年各项纪念活动，协助开展 CPEEC & CPSSC 2023、PEAS 2023 会议宣传、论文征集等工作。

最后，与会人员就学会各方面工作进行了讨论，并提出意见与建议。刘进军理事长对于有关意见和建议给予充分肯定，并要求学会上下要积极推动并充分落实本次常务理事会议相关决议和意见。

中国电源学会女科学家工作委员会承办 NGO CSW67 平行会议

NGO CSW67 于 2023 年 3 月 5—17 日在纽约联合国总部

举行，中国电源学会女科学家工作委员会（WiS-CPSS）和 IEEE PELS 中国区会员委员会-WiEsubcommitte 依托本次会议于 2023 年 3 月 12 日联合举办了主题为"Enhancing the Multi-Dimensional Development of STEM Women"的 NGO CSW67 线上平行会议，中国女科技工作者协会、中国科协联合国咨商女科学家与性别平等团结专委会协办。本次会议通过 ZOOM 会议系统全程在线举行（在线人数 80 余人），Bilibili 同步直播（在线人数 120 余人），共有来自亚洲、非洲、欧洲、大洋洲、美洲的 14 位特邀嘉宾出席了本次会议。会议由北京交通大学李虹教授、杭州电子科技大学杭丽君教授、华南理工大学丘东元教授、东南大学曲小慧教授、合肥工业大学马铭遥教授、浙江大学杨树教授联合主持。

会议首先由中国女科技工作者协会秘书长解欣女士和中国电源学会理事长、西安交通大学刘进军教授致辞。解欣女士从联合国 2030 年可持续发展议程的重要目标——促进女性全能发展、科技事业需要全人类共同努力等角度出发，强调了科技领域性别平等以及女性在科研中的重要性。刘进军教授介绍了国内外科研领域女性的发展现状，倡议构建包容与多样化的创新生态系统，加强研究人员的性别平衡与多样性，鼓励女性研究人员在科研中发挥更大的作用。

嘉宾演讲环节，来自澳大利亚悉尼科技大学的 Jie Lu 教授分别就如何提高科技领域女性的研究能力和领导能力进行了介绍；来自美国东北大学的 Brad Lehman 教授介绍了 IEEE 电力电子协会现有女性会员的现状，详细介绍了提高工程领域中女科技工作者的参与度与活跃度所采取的一些政策；来自加拿大的 IEEE IAS-PEDCC 主席 Tanya Kirilova Gachovska 博士用数据反映了工程领域女性在职场中的一些问题，并针对性提出了建设性意见；来自中国的阳光电源股份有限公司技术副总裁 Han Li 女士分享了女性更易待在舒适区的现状，并鼓励女性持续学习，突破自我，选择更有挑战性的工作；来自丹麦 Siemens Gamesa 的 Qian Wu 博士从自身工作经历出发，分享了女性工程师职业发展的五点建议；来自卡塔尔的 Ameni Boumaiza 博士从区块链技术的现实应用出发，分享了其对该领域的研究与见解；IEEE PES WiP 协会副主席 Khayakazi Dioka 女士站在 STEM 女性的角度，对社会的教育、创业精神、志愿服务和慈善事业等方面提出诉求；来自法国 Yole System Plus 公司的 Elena Barbarini 博士分享了自己在电子领域的教育与工作经历，提出了 STEM 女性在职场中的需求；来自以色列霍伦理工学院的 Michal Balberg 博士比较了电气工程领域与生物医学领域的女性占比，分析了导致电气工程领域中女性占比如此低的原因，并给出了改善该现状的建议。

在互动讨论环节，来自国内外的与会者分别就演讲主题及自己困惑的问题与嘉宾进行了深入的交流与互动，现场气氛热烈。其中，来自中国自然科学博物馆学会的程东红理事长就性别平等、如何激励女性从事科学研究和提升女性自信心等方面提出了自己的见解；来自浙江大学的徐德鸿教授表示中国电源学会近年来已经建立了女科学家工作委员会，女科学家的影响力和地位得到了显著提高；来自联合国妇女署（中国区）的杨睿侃女士讨论了女性科技工作者产假难题、技术发展是否对男女平等受益等问题，并表达了自己不同的观点。现场问答环节，与会者提出了许多贴合女性生活、工作、职业发展等相关的问题，参会嘉宾各抒己见，现场交流讨论热烈，气氛活跃，与会者纷纷表示受益良多。

联合国妇女地位委员会（CSW）是专门致力于促进两性平等和赋予妇女权利的主要全球政府间机构，在促进妇女权利、记录全世界妇女生活的现实、制定关于两性平等和赋予妇女权利的全球标准方面发挥了重要作用。第 67 届会议的主题为"数字化时代的创新、教育与技术变革·推动实现性别平等及赋权妇女及女童"，作为本次会议的平行会议，旨在探讨如何提升全球女性的多维度发展，以及可行的方法和相关政策，持续在产业、科技、教育、公益等方面开展女性赋能合作交流。中国电源学会女科学家工作委员会 WiS-CPSS 通过邀请电气相关领域有影响力的科技工作者分享他们的成长经历、交流不同国家之间女性科技工作者的发展现状，对促进中国电气领域女科技工作者的发展、增强自信心和提升创造力起到了积极的推动作用。

此次活动得到中国电源学会女科学家工作委员会各位执委和 IEEE PELS 中国区会员委员会-WiEsubcommitte 各位委员：北京交通大学李虹教授、杭州电子科技大学杭丽君教授、华南理工大学丘东元教授、东南大学曲小慧教授、合肥工业大学马铭遥教授、浙江大学杨树教授、北京信息科技大学张雅静副教授、西安理工大学支娜副教授、北京航空航天大学刘钰山副教授、西南交通大学杨平教授、武汉理工大学王茜副研究员、中南大学董密教授、北京航空航天大学王莉娜教授、合肥工业大学杜燕副教授、重庆大学孙鹏菊教授、湖南大学程苗苗教授、河北工业大学李珊瑚副教授和杭州电子科技大学何震老师的大力支持，特别鸣谢！

中国电源学会电磁兼容专委会"高校电磁兼容学术交流系列活动"

2023 年 3 月 30 日，由中国电源学会电磁兼容专委会发起"高校电磁兼容学术交流系列活动"，安排秘书长黄敏超博士一行访问华中科技大学电气与电子工程学院，开展学术交流，进行校企合作磋商，并商讨未来校企合作与仪器捐赠事宜。江西大有科技有限公司董事长毛先华、中船 719 所代表孙光智、刘钢研究员、深圳市共进电子股份有限公司总监刘圣文、武汉中原电子集团有限公司（710 厂）邓万顺、华中科技大学电气与电子工程学院院长助理吕以亮、裴雪军教授、蒋栋教授与周鹏博士参与交流，学术交流座谈会在电气大楼 B320 召开，会议由应用电子工程系主任裴雪军教授主持。

院长助理吕以亮对各位嘉宾的到来表示热烈欢迎，他介绍说敏业信息科技是一家具有自主创新、核心竞争力强、具有社会责任感的技术型企业，在电磁兼容领域已深耕多年，与我院在各方面都呈现良好的合作态势；谈到当前形势下，在科研合作、成果转化、人才培养等方面推进校企合作是必然趋势，并倡议未来双方能在产学研方面深化合作，为行业发展赋能提质增效。

随后，敏业信息科技总经理黄敏超博士作《电磁兼容与电力电子技术》的学术报告，从学科背景、EMC发展史、法规介绍、EMI滤波器设计等方面进行了汇报。黄博士的讲解深入浅出，将企业的丰富实践经验与院校的深厚理论基础相结合，点明了电磁兼容领域的研究现状与关键问题，涵盖了电磁兼容的解决方案、诊断技术、诊断测试仪器、仿真设计软件、有源EMI滤波技术和电磁场的可视化技术等内容，为行业的未来发展提供了新的思路。

讲座结束，参会同学踊跃提问，与会人员在热烈融洽的氛围中进行了充分交流，大家受益匪浅。

下午，来宾参观了应电楼的实验室与一楼车间，在应电楼一号会议室双方讨论后续仪器捐赠的相关事项。敏业信息科技将向学院捐赠"一站式EMI诊断测试系统"仪器一套，主要用于学院实验教学和科研使用，是对学生培养工作的莫大鼓励和支持。

第七届高校电力电子学科青年学者论坛在北京顺利召开

第七届高校电力电子学科青年学者论坛于2023年7月28—30日在北京顺利召开。本次会议由中国电源学会青年工作委员会（下称"青工委"）主办，北京交通大学电气工程学院承办，北京电力电子学会青年工作委员会、IEEE PELS北京分会协办。北京交通大学副校长荆涛教授、中国电源学会理事长、西安交通大学刘进军教授，中国电源学会张磊秘书长，中国电源学会青年工作委员会主任委员、华中科技大学林磊教授，北京交通大学电气工程学院院长吴命利教授等领导专家出席了本次论坛。论坛主要包括特邀大会报告、特邀青年学者报告、"共话电力电子未来"圆桌论坛、青年学者分会场报告和企业参观等环节。会议吸引了来自全国各地90余家单位的200余名青年学者参加。

7月29日上午的论坛开幕式由北京交通大学李虹教授主持。荆涛副校长代表本次论坛承办单位致欢迎词，刘进军理事长代表中国电源学会致开幕词，青工委主任委员林磊教授介绍了本届青工委的组织构架及在过去两年里的工作。

论坛特邀大会报告上半场由西安交通大学刘进军教授主持。中国科学院数学与系统科学研究院程代展研究员和中国科学院物理研究所曹则贤研究员分别作了题为《矩阵半张量积——基本概念、应用、与新进展》和《电子的独特角色》的精彩报告，从数学和物理学的角度为参会代表开阔了视野。特邀大会报告下半场由北京交通大学游小杰教授主持。华南理工大学张波教授和南京航空航天大学阮新波教授分别作了题为《分数阶无线电能传输机理的提出、研究进展及启示》和《零电压开关四管Buck-Boost变换器》的精彩报告，展现了电力电子领域的最新研究成果。

论坛特邀青年报告环节由浙江大学李武华教授和北京交通大学王琛琛教授共同主持。东南大学陈武教授、哈尔滨工业大学王懿杰教授、西南交通大学宋文胜教授、武汉大学黄萌教授、合肥工业大学马铭遥教授分别作了题为《柔性直流配电网关键装备及系统稳定运行》《基于轨迹优化阻抗压缩的高频无线电能传输关键技术研究》《大功率牵引变流系统状态监测与主动热控制技术》《新能源并网系统暂态稳定分析与控制》《以<电力电子技术>为例，浅谈"上好一门课"》的精彩报告。

报告结束后，主持人代表本次论坛主办方分别为特邀大会报告嘉宾和特邀青年学者报告嘉宾颁发了荣誉证书。

接下来的"共话电力电子未来"圆桌论坛由青工委主任委员、华中科技大学林磊教授和北京交通大学李虹教授共同主持。论坛上，西安交通大学刘进军教授、华南理工大学张波教授、浙江大学李武华教授、清华大学张品佳长聘副教授分别针对双碳背景下电力电子学科发展面临的瓶颈问题和未来前沿方向，以及青年人才的发展规划等话题进行了深入探讨和精彩分享。各位嘉宾回答了青年学者的现场提问，与参会青年学者进行了深入交流。

7月30日上午，论坛进入青年学者分会场报告环节。广东工业大学张桂东教授、山东大学田昊教授、中南大学许国副教授、北京交通大学邵天聪讲师、西南交通大学杨平副教授、北京理工大学李守翔教授、福建农林大学韩俊锋老师、西安交通大学王丰教授、华中科技大学朱东海副研究员、华北电力大学许建中教授、上海交通大学吕敬副教授、东北大学王睿老师、北京信息科技大学张雅静副教授、清华大学曾洋斌助理研究员、北京航空航天大学刘钰山副教授、合肥工业大学王佳宁教授、浙江大学李楚杉研究员、哈尔滨工业大学管乐诗副教授、湖南大学周全教授、北京交通大学李凯副教授、深圳大学刘艺涛副教授、南京航空航天大学刘飞老师、四川大学王顺亮副教授，以及艾德克斯电子（南京）有限公司李智工程师、南京瑞途优特信息科技有限公司姚旭东总监、中茂电子（深圳）有限公司彭国璿经理、英飞凌科技（中国）有限公司王恒工程师、先域微电子技术服务（上海）有限公司凌晓渊经理等28位青年学者做了学术报告。

30日下午，参会代表前往国网智能电网研究院有限公司进行参观交流，通过公司讲解员的讲解，全方位了解了公司成立以来的标志性大事件、重大工程与代表性科研成果、技术攻关与研发布局、实验能力建设、科学家精神塑造与企业文化建设等相关情况，同时帮助青年学者们深入了解最新的科学研究成果以及如何应用。

本次论坛各个环节流畅和谐，学术氛围浓郁，与会的电力电子学科青年学者积极互动，有效增进了了解与交流。

感谢以下单位对本次会议的支持

英飞凌科技公司
中茂电子（深圳）有限公司
艾德克斯电子有限公司
先域微电子技术服务（上海）有限公司
南京瑞途优特信息科技有限公司
德维创测试设备（北京）有限公司
广州德肯电子股份有限公司

西安爱科赛博电气股份有限公司

北京东方中科集成科技股份有限公司

2023中国电源学会电磁兼容专业委员会首届学术年会在武汉成功举办

2023年11月24—26日，由中国电源学会电磁兼容专业委员会主办、华中科技大学承办的2023中国电源学会电磁兼容专业委员会首届学术年会在武汉市顺利召开。来自国内外电磁兼容领域的知名学者、企业专家以及高校师生等200余位嘉宾参加了会议。

大会开幕式由华中科技大学裴雪军教授主持，华中科技大学电气与电子工程学院刘毅副院长、中国电源学会张磊秘书长、华南理工大学张波教授和中国电源学会电磁兼容专业委员会李虹主任委员分别致辞。

大会特邀报告由李虹教授和裴雪军教授主持。新加坡工程院院士、浙江大学信息与电子工程学院李尔平教授，IEEE Fellow、意大利米兰理工大学Pignari Sergio Amedeo教授，中国工程院苏东林院士团队徐辉博士，IEEE Fellow、美国佛罗里达大学王硕教授分别作了题为《超宽带通信系统中的电磁干扰智能抑制与屏蔽》、Challenges in the modeling of conducted emissions of power converters、《从电磁兼容到电磁安全面临的新挑战》《电力电子电磁干扰研究的过去、现在和未来》的主旨报告。

专题报告由管乐诗副教授和江彦伟副教授主持。浙江大学陈恒林副教授、华中科技大学蒋栋教授、哈尔滨工业大学（深圳）和军平副教授、深圳大学刘艺涛副教授分别作了题为《电力电子系统电磁兼容建模及量化设计方法》《电力电子与电机控制系统共模电磁干扰主动抑制》《AC/DC通讯电源模块远场电磁辐射机理和发射》《电力电子变换器EMI滤波器设计与集成研究》的专题报告。

圆桌论坛由李虹教授和和军平副教授主持，同时邀请了浙江大学李尔平教授、意大利米兰理工大学Pignari Sergio Amedeo、华南理工大学张波教授、华中科技大学康勇教授、中国电力科学研究院有限公司武汉分院教授级高级工程师张建功等5位专家分别回顾了电源电磁兼容学术研究的发展历程，共同探讨了电源电磁兼容领域发展的挑战和机遇。

工业报告环节由陈文洁教授和陈恒林副教授主持，邀请了华为技术有限公司高级工程师王德臣分享题为《电源产品演进趋势与EMC设计面临技术挑战》的报告、比亚迪汽车工业有限公司高级工程师周宇奎分享题为《新能源汽车高压系统的EMC突出问题与挑战》的报告、中车株洲电力机车研究所有限公司高级工程师袁科亮分享题为《轨道交通电磁兼容研究现状及未来发展挑战》的报告、敏业信息科技（上海）有限公司总经理黄敏超分享题为《开关电源EMI滤波器设计、仿真和验证》的报告、新加坡南洋理工大学研究员赵震宇分享题为《三相共模扼流圈的高精度宽频带阻抗测量》的报告、南京容向测试设备有限公司正高级工程师沈学其分享题为《适应汽车电动化和智能化趋势的电磁兼容检测技术》的报告、博科电测（苏州）科技有限公司总经理宋博分享题为《多场景下装备电磁加固技术的工程设计要点与试验方案》的报告、中电科思仪科技股份有限公司北京分公司EMC技术带头人高新杰分享题为《新能源汽车研发过程中遇到的一些EMI问题》的报告。报告结束后的工业论坛环节，各位企业领导、专家围绕电源电磁兼容领域的产业问题、需求和发展方向展开了讨论与分享。

中国电源学会电磁兼容专业委员会首届学术年会的顺利召开是国内电磁兼容领域一个新的里程碑，既是对过去研究成果的总结，也是对未来的思考和创新。在这个新的起点上，专委会希望能携手广大学者和企业工作者，共同推动我国电源电磁兼容事业不断发展！

第二届中国电源学会电磁兼容专业委员会学术年会拟定于2024年8月16—18日在杭州市举办，由浙江大学承办。年会主题为"新能源和先进装备电磁兼容的理论和方法"。

中国电源学会信息系统供电技术专业委员会2023年度年会圆满举行｜纪念中国电源学会成立40周年会员服务系列活动

2023年12月17日，中国电源学会信息系统供电技术专业委员会2023年度年会在河北石家庄顺利举办。本次年会以我国信息系统供电技术发展历史回顾及发展趋势技术研讨为主题，是纪念中国电源学会成立40周年会员服务系列活动。专委会主任委员谢少军，专委会顾问、中国电源学会会士张广明，专委会副主任委员何春华、陈冀生、周京华、彭广香，专委会委员及代表等共21人参加了此次年会。

12月17日上午，参会人员首先参观了先控捷联电气股份有限公司展厅。陈冀生总经理向各位参会代表详细地介绍了先控电气的企业发展历程、主要产品及其应用场景等。

随后的年会主题环节由周京华副主任委员主持。会上，先控捷联电气股份有限公司总经理陈冀生先生、浙江云湖数据有限公司总工彭广香先生、中国移动通信集团设计院有限公司高工张瑜女士、科华数据股份有限公司外联部总监张远忠先生4位参会企业代表，分别作了题为《共建数字能源赋能绿色未来》《紧水滩水冷式绿色数据中心项目简介》《数字化智能化是锂电发展的必然趋势》《科华数据公司简介及业务发展》的报告。谢少军主任委员介绍了信息系统供电技术专业委员会2023年工作报告及未来工作思路与举措，各参会代表就如何进一步开展专委会活动的工作思路及2024年工作计划进行了讨论。为推进专委会学术交流活动，陈冀生总经理在会上表示全力支持"信息系统供电技术专委会先控杯优秀论文"评选活动，获得参会代表的高度赞许和一致同意。

会议同期还开展了专委会的党建工作。专委会党的工作小组成员及党员代表们走进正定镇塔元庄，共同见证改革开放40余年来，塔元庄从贫穷落后到繁荣富强的乡村振兴之路，切身感受塔元庄取得的历史性成就、发生的历史性变革，汲取奋进力量。

最后，特别感谢先控捷联股份有限公司、科华数据股份有限公司对本次会议筹备及会务工作的大力支持。

中国电源学会第四届专家咨询工作委员会换届大会成功召开

2022年12月26日由中国电源学会专家咨询工作委员会（以下简称"工作委员会"）主办，武汉大学电气与自动化学院承办的"中国电源学会第四届专家咨询工作委员会换届大会"于线上组织召开。会议参会人员60人。

会议首先由武汉大学查晓明教授向各位参会人员致欢迎辞，并对第四届换届筹备工作进行了介绍。换届筹备工作严格遵守学会关于分支机构换届的相关规定，经个人申请、专家推荐、换届领导小组研究，从80余位申请专家中遴选出来自34家科研院校、23家企业的候选委员64名。

而后，会议进入新一届委员和主要领导选举环节。本次选举采用等额选举、无记名投票的方式进行，每位候选人均获得超过有效选票数的2/3当选，符合学会的换届相关规定和会议选举规则。

选举结果如下：

主任委员：查晓明（武汉大学）

副主任委员：卓放（西安交通大学）、李武华（浙江大学）、高峰（山东大学）、梅云辉（天津工业大学）、李琼林（河南电力科学研究院）、吴良材（深圳古瑞瓦特新能源有限公司）、邹旭东（华中科技大学）、李虹（北京交通大学）、孙凯（清华大学）、章进法（台达电子企业管理（上海）有限公司）

新一届工作委员会聘任陈材（武汉羿变电气有限公司）为秘书长，辛振（河北工业大学）、于东升（中国矿业大学）、马铭遥（合肥工业大学）、刘懿（武汉大学）为副秘书长。

在选举结束后，中国矿业大学于东升教授对工作委员会工作条例修订情况进行了介绍，由全体委员对工作条例的修订情况举手表决通过。

河北工业大学辛振教授对工作委员会党的工作小组情况进行了介绍，由全体党员委员对党的工作小组成员举手表决通过。

随后，主任委员查晓明教授从"自身能力建设""工作机制建设""企业服务工作"三个方面对2023年专家咨询工作委员会的工作计划进行了汇报。

在"自身能力建设"方面，中国电源学会专家咨询工作委员会在未来的工作中，计划每年召开一次行业发展研讨会，以工作委员会专家委员研讨为主，邀请政府、企业及高校专家做报告，每年选择不同主题开展，主要提升专家咨询工作委员会自身把握行业发展的能力。

在"工作机制建设"方面，本工作委员会将开展电源行业发展研究评估与创新、技术评估与认定、成果转化与推广等工作，服务于电源企业、高校及相关研究机构。

在"企业服务工作"方面，本工作委员会将组建电源行业企业家联盟，并尝试开展中试基地的认定与建设工作。同时，开展科技成果的孵化与创新相关工作及企业创新人才队伍的建设。

在会议最后的委员讨论阶段，南京航空航天大学阮新波教授、台达电子企业管理（上海）有限公司章进法专家、西安交通大学卓放教授、浙江大学李武华教授以及清华大学孙凯教授对会议提出了宝贵的意见与建议。

中国电源学会新能源车充电与驱动专业委员会换届大会顺利召开

2023年10月13日，中国电源学会新能源车充电与驱动专业委员会（下称"专委会"）换届大会于浙江杭州顺利召开。中国电源学会名誉理事长、第一届专委会主任委员徐德鸿教授，中国电源学会副理事长马皓教授，中国电源学会副理事长章进法博士等主要领导，以及现任委员、新一届委员候选人等共计86位代表出席了会议。

会议伊始，徐德鸿教授致欢迎词，并就专委会换届筹备工作做了汇报。他概况总结了第一届专委会的整体工作情况，展开介绍了专委会在学术交流、会员发展、技术培训、标准制定和信息化建设等方面取得的重要进展，得到全体代表的一致认可。

随后，张军明教授宣读了《关于同意中国电源学会新能源车充电与驱动专业委员会第二届换届会议的批复》，正式开始选举程序。大会严格按照学会要求的换届选举工作流程，以无记名投票的方式，民主选举产生了112名新一届委员和主要领导。其中张军明当选为新一届主任委员，杨耕、杨睿诚、沈国桥、张承慧、陈烨楠、高翔、章进法、温旭辉、蔡蔚当选为新一届副主任委员，柯忠伟被聘任为秘书长。

选举结束后，中国电源学会副理事长马皓教授代表中国电源学会致辞。他对专委会换届工作顺利完成表示祝贺，肯定了第一届专委会的工作成果，对新一届专委会工作开展方向给予专业指导，并对专委会的后续发展表达了信心与期望。

换届大会后，张军明教授主持了新一届专委会第一次工作会议。会议上，全体委员表决通过了聘任徐德鸿教授为名誉主任委员，以及专委会工作条例修订草案。当选的中共党员委员表决通过了专委会党的工作小组成员。

最后，张军明教授汇报了新一届专委会工作设想，重点就学术交流、会员发展、对外宣传等话题与委员们展开热烈讨论。在场委员一致表示，将以新一届专委会的工作设想为基点，积极开展工作，为把专委会打造成为新能源汽车领域有重大影响力的机构共同努力。

踔厉奋发，笃行不怠。第一届专委会所取得的丰硕成果，为新一届专委会奠定了坚实的基础。此次换届大会的成功举办，彰显了新能源车充电和驱动技术领域的稳步成长；未来，新一届专委会将秉承着对新能源车充电和驱动技术的执着、热爱和责任感，为推动该领域的发展与创新不断努力。

中国电源学会第四届青年工作委员会换届大会暨电源技术青年创新与发展论坛顺利召开

中国电源学会第四届青年工作委员会换届大会暨电源技术青年创新与发展论坛于2023年10月27—29日在四川成都顺利召开。本次会议由中国电源学会青年工作委员会

（下称"青工委"）主办，西南交通大学电气工程学院承办。出席本次会议的领导嘉宾有：中国电源学会副理事长、华中科技大学袁小明教授，中国电源学会副监事长、华南理工大学张波教授，西南交通大学电气工程学院院长何正友教授、党委书记王斌、副院长何晓琼教授、副院长胡海涛教授、党委副书记王轶老师，中国电源学会第一届青年工作委员会主任委员、清华大学耿华教授，湖南大学涂春鸣教授，山东大学高峰教授，中南大学孙尧教授等十多位高校知名学者，以及青工委秘书处单位南京瑞途优特信息科技有限公司总经理顾卫钢博士。参会代表共计150余人。

论坛开幕式由西南交通大学宋文胜教授主持。中国电源学会副理事长、华中科技大学袁小明教授，西南交通大学电气工程学院院长何正友教授和青工委秘书处单位南京瑞途优特信息科技有限公司总经理顾卫钢博士分别代表学会、承办单位和青工委秘书处致辞。袁小明教授感谢前三届青工委在组织青年人才交流和推进青年人才成长所付出的辛勤劳动，并表示中国电源学会一直非常重视青年人才的培养，希望通过青工委组织的高校电力电子学科青年学者论坛、电源青年人才论坛、国际电力电子创新论坛等系列特色学术活动，发现和培养一批优秀的青年工作者，为我国电源行业和国民经济的发展做出贡献。同时袁小明教授希望各位青年学者瞄准和服务国家重大战略需求，开拓进取、勇于创新，早日做出原创性成果，为国家"卡脖子"技术难题贡献属于电源行业的一份力。

本论坛邀请了华南理工大学张波教授、华中科技大学袁小明教授、清华大学耿华教授、山东大学高峰教授、中南大学孙尧教授、合肥工业大学马铭遥教授、湖南大学汪洪亮教授、山东大学张祯滨教授、武汉大学黄萌教授、清华大学赵彪副教授以及河海大学张军老师等11名专家与青年学者分别作了《潜在电路概念的提出及其对电力电子变换器分析方法的影响》《有功无功交换驱动幅值频率振荡：从阻抗法到幅频法的必然走向》《新能源并网装备暂态同步稳定分析及控制》《将人工智能技术应用于并网变流系统的一点探索》《考虑频率耦合效应的电力电子系统建模与控制》《气象驱动的光伏时序电流波形畸变特征研究与故障识别》《双碳战略下的电能变换器前沿创新研究思考》《大功率风电变流装备及其高品质控制》《新能源并网系统暂态同步过程的能量分析》《基于新型IGCT的柔性直流换流技术》《功率变流器状态监测与热管理控制技术研究》的大会报告。

会议同期召开了第四届青工委换届会议，河海大学张犁教授、湖南大学涂春鸣教授主持换届会议，中国电源学会副监事长、华南理工大学张波教授代表学会致辞，第三届青工委主任委员林磊教授作工作报告，第四届青工委换届筹备工作组组长宋文胜教授介绍换届筹备工作情况。

会议选举产生了第四届青工委委员、常务委员和主要负责人。西南交通大学宋文胜教授当选为第四届青工委主任委员，东北电力大学刘闯教授、上海交通大学马柯长聘副教授、南京航空航天大学吴红飞教授、河海大学张犁教授、湖南大学徐千鸣教授、浙江大学李楚杉研究员、哈尔滨工业大学张国强教授、西安交通大学刘增副教授、清华大学王奎副研究员、华中科技大学朱东海副研究员当选副主任委员。新当选主任委员宋文胜教授提名南京瑞途优特信息科技有限公司总经理助理孙逸龙为秘书长，四川大学王顺亮副教授、长沙理工大学姜飞副教授、西安交通大学熊连松副教授、南京航空航天大学陈鹏伟副教授、武汉理工大学何青青老师、西南交通大学陈健老师为副秘书长；清华大学耿华教授、重庆大学杜雄教授、华中科技大学林磊教授为名誉主任委员，合肥工业大学马铭遥教授、西安交通大学王来利教授、上海交通大学李睿教授、湖南大学汪洪亮教授、东南大学陈武教授、清华大学郑泽东副教授、浙江大学钟文兴研究员为名誉委员，由会议表决通过。

选举结束后，学会领导为新一届青工委主要成员颁发了证书。

换届会议后，还分别召开了新一届委员代表大会和常务委员扩大会议，对新一届青工委的主要工作进行了讨论。新一届青工委的重点工作主要有：①办好青年人才论坛；②加强和工业界的沟通和交流，开展高端人才对接会；③充分服务学会，借助中国高校电力电子与电力传动年会平台，开展有青工委特色的系列活动；④为青年人提供交流的舞台和机会，开展青年学者沙龙活动等。

本次论坛学术氛围浓郁，与会的电源青年才俊发言积极。中国电源学会第四届青年工作委员会换届大会暨电源技术青年创新与发展论坛圆满落下帷幕。

本次会议受到南京瑞途优特信息科技有限公司、致茂电子股份有限公司、艾德克斯电子（南京）有限公司等企业的大力支持，在此表示衷心感谢。

中国电源学会第七批18项团标获准立项

作为引领电源技术进步和服务电源行业的重要手段，中国电源学会团体标准制定工作又取得了新进展。2023年6月，第七批共18项团体标准正式获批立项。

标准化是推动行业规范发展的"助推器"，而团体标准的制定则有助于弥补国家标准立项慢、周期长、种类不齐全等问题。本着"行业主导、需求为先、系统规划、务实高效"的原则，中国电源学会自2016年以来围绕电源行业团体标准做了大量扎实有效的工作。针对目前电源行业急需领域和课题，学会每年定期面向行业征集标准提案，得到了学会各专委会以及电源企业、科研院所的广泛关注和积极参与。目前已陆续有52项团体标准经立项、起草、公开征集意见、审查、审批等工作程序后成功发布执行。这些标准或填补了行业空白，或领行业之先，对于引领行业健康发展意义重大。此外，还有30余项团体标准正在编制过程中。

此次立项的18项团体标准也是学会第七批立项起草的团体标准，于2022年9月启动，并于2022年11月完成了提案征集。2022年12月—2023年3月，学会经归口专委会预审、专家函审及学会标准化工作委员会会审，对提案项目进行严格把关筛选。2023年4—5月，学会团体标准工作领导小组对2023年学会团体标准审查立项意见、起草工作组名单等进行审批，根据反馈意见以及《中国电源学会团体标准管理办法》的有关规定，于2023年6月14日正式批准立项。本次立项的18项团体标准涉及电能质量、光伏风电、无线充电、虚拟电厂、特种电源、半导体等多个热点领域，预计2024年完成标准编制工作。

从2016年至今，学会已连续七年开展团体标准工作。在电源行业构建科学化、高水平的新型标准化体系的进程中，团体标准在行业中的辐射力和影响力逐步增加，不断推动产品质量提升和行业转型发展。

中国电源学会2023年团体标准立项项目清单

立项号	项目名称	发起单位
T/CPSS(L)2023-001	快速换相开关型三相不平衡治理装置技术规范	南方电网电力科技股份有限公司
T/CPSS(L)2023-002	配电网谐波溯源技术规范	广西电网有限责任公司电力科学研究院、华北电力大学
T/CPSS(L)2023-003	电能质量治理效果评价方法	广东电网有限责任公司电力科学研究院
T/CPSS(L)2023-004	绿色设计产品评价技术规范 电能质量有源治理装置	上海电器科学研究所(集团)有限公司
T/CPSS(L)2023-005	低压无功补偿用智能电容器技术规范	国网北京电力科学研究院
T/CPSS(L)2023-006	屋顶光伏接入电网电能质量预评估技术规范	广东电网有限责任公司电力科学研究院
T/CPSS(L)2023-007	风电场电能质量和功率调节能力自动测试系统技术规范	国网山西省电力公司电力科学研究院
T/CPSS(L)2023-008	负荷类虚拟电厂功率调节能力测试技术规范	国网山西省电力公司电力科学研究院
T/CPSS(L)2023-009	核聚变磁体电源失超保护系统机械式断路器设计规范	中国科学院等离子体物理研究所
T/CPSS(L)2023-010	核聚变装置磁体电源失超保护系统爆炸开关设计规范	中国科学院等离子体物理研究所
T/CPSS(L)2023-011	核聚变装置超导磁体电源失超保护系统设计技术导则	中国科学院等离子体物理研究所
T/CPSS(L)2023-012	半导体制造等离子体工艺射频电源动态阻抗测试方法	深圳市恒运昌真空技术有限公司
T/CPSS(L)2023-013	通信用开关电源的元器件降额准则	深圳市雷能混合集成电路有限公司
T/CPSS(L)2023-014	车规级功率半导体模块动态特性测试规范	上海临港电力电子研究有限公司
T/CPSS(L)2023-015	中小功率无线充电系统测试技术规范	重庆华创智能科技研究院有限公司
T/CPSS(L)2023-016	移动无线电能传输系统技术规范	重庆华创智能科技研究院有限公司
T/CPSS(L)2023-017	变电站巡检机器人无线充电系统 第1部分：通用技术要求	广西电网有限责任公司电力科学研究院
T/CPSS(L)2023-018	无人机无线充电机库 第1部分 通用技术要求	广西电网有限责任公司电力科学研究院

中国电源学会2023年度11项团体标准正式发布

2023年8月31日，中国电源学会2023年度11项团体标准正式发布。这是继2018年发布首批8项团体标准以后，中国电源学会开展行业标准化体系建设的又一重要成果。截至目前，中国电源学会已发布团体标准63项。

根据《深化标准化工作改革方案》等文件要求，依照《中国电源学会团体标准管理办法》，中国电源学会于2016年启动中国电源学会团体标准工作，之后每年定期开展新的团体标准制订项目。

2021年9月，中国电源学会启动第五批团体标准项目，并于2022年5月正式立项16项团体标准。2023年6月在天津召开了中国电源学会团体标准评审会议，对2022年立项的11项、2021年立项延期提交1项，共计12项团体标准报审稿进行了审查。

最终，共有11项团体标准首批通过审查，之后经修改、规范化、审批等环节，此次正式发布。这11项团体标准，涉及电源不同领域的技术或检测规范，达到了业界先进水平，填补了相关行业空白，有助于指导行业规范化。今后，学会将继续推进先进标准体系建设，积极发挥行业主体作用，以高标准引领行业高质量发展。

本批团体标准全文可在中国电源学会官方网站-团体标准栏目免费下载。

中国电源学会本次发布的11项团体标准

T/CPSS 1001—2023 锂电池检测用双向AC-DC电源模块技术规范

T/CPSS 1002—2023 直流散热风扇环境适应性测试技术规范

T/CPSS 1003—2023 直流散热风扇通用性能测试规范

T/CPSS 1004—2023 磁约束聚变实验装置磁体电源程序软件测试指南

T/CPSS 1005—2023 多旋翼无人机磁耦合静态无线充电系统通用技术要求

T/CPSS 1006—2023 多旋翼无人机磁耦合静态无线充电系统测试要求

T/CPSS 1007—2023 空气源热泵接入低压电网电能质量技术要求

T/CPSS 1008—2023 配电台区低电压治理技术规范

T/CPSS 1009—2023 并网逆变器超高次谐波评估方法

T/CPSS 1010—2023 电力系统超高次谐波测量方法

T/CPSS 1011—2023 电弧炉用柔性直流电源装置技术规范

5·30全国科技工作者日 | 中国电源学会科学技术奖申报宣讲会成功举办

2023年6月6日14：00—16：00，由中国电源学会组织召开的"5·30全国科技工作者日｜中国电源学会科学技术奖申报宣讲会"成功举办。本次宣讲会旨在帮助和鼓励各相关单位进行电源科技奖申报。宣讲会采取腾讯会议网络研讨的形式，共有来自电源领域高校、科研院所、企业的专家和科技工作者近80人参与。

会议由中国电源学会专项工作办公室组织并主持，专项工作办公室主任陈帆总体介绍了电源科技奖的情况和申报流程，并重点提示了本届材料申报要求有哪些调整及注意事项等。

会议安排了专家讲座和申报企业分享环节。在专家讲座环节，第八届中国电源学会杰出青年奖获奖人、清华大学郑泽东博士作了题为《中国电源学会奖励申报的体会》的讲座。讲座高屋建瓴地介绍了我国科技奖励制度的意义、体系、新动向等，深入浅出地讲解了中国电源学会科技奖励的要点，并结合自身经历分享了申报材料的撰写经验。

随后，科华数据股份有限公司（下称"科华"）张远忠总监作了企业组织及撰写科技奖项报奖材料的报告。作为多次分获历届电源科技奖的科技进步奖、技术发明奖获奖单位，科华积累了丰富的项目材料组织和撰写经验。张总监向与会企事业单位做了宝贵经验分享。

最后的提问环节，专项工作办公室和与会专家集中解答了参会人提出的问题。

作为中国电源学会"5·30全国科技工作者日"系列活动之一，本次宣讲会帮助申报单位掌握准备报奖材料的流程和方法，顺利完成电源科技奖申报。与会者们表示受益匪浅，此次会议圆满结束。

2023年高品质电源电磁兼容性高级研讨班圆满结束

由中国电源学会主办，中国电源学会电磁兼容专业委员会、中国电源学会科普工作委员会承办的"高品质电源电磁兼容性高级研讨班"于2023年5月20—22日在上海成功举办。

本次研讨班邀请到华中科技大学裴雪军教授、敏业信息科技（上海）有限公司黄敏超博士、哈尔滨工业大学（深圳）和军平副教授、英飞凌科技（中国）有限公司郝欣博士担任主讲老师，特别邀请了中国电源学会电磁兼容专业委员会主任委员、北京交通大学李虹教授在开班仪式上致辞。来自全国企事业单位、高校等70余人参加了此次高级研讨班。

本次课程主要讲解电磁兼容（EMC）的测试和相关标准、电磁干扰（EMI）产生的原理以及电磁兼容设计的主要技术和方法，使学员了解电磁兼容原理，具备分析和解决开关电源电磁干扰问题的能力，掌握电磁兼容设计方法，并且加入了宽禁带器件在EMI中的特性分析和解决方法的内容。课程专门安排应用实训环节，对于EMI滤波、噪声源、辐射、抗扰度亲手检测，理论联系实践，更好地学习电磁兼容检测方法。而且本次课程推出了增值服务：①培训期间每天专门安排专家互动时间，专家与学员零距离交流，解惑答疑；②学员可携带企业产品由授课讲师现场检测，给出调试指导意见；③讲师在课后一个月内针对培训学员提出的设计方法、产品问题免费给出指导、整改建议。

经过三天的紧张授课，研讨班圆满结束，学员对本次研讨班给予了充分的认可，认为在授课内容设置上理论与实践相结合，对于工程师的实际研发工作具有很强的针对性和指导性。本次活动也是中国电源学会"纪念中国电源学会成立40周年"及中国电源学会"全国科技工作者日"专题活动之一。

2023年高效率高功率密度电源技术与设计高级研讨班圆满举办

由中国电源学会主办，南京航空航天大学承办的"高效率高功率密度电源技术与设计高级研讨班"于2023年8月26—27日在江苏省南京市成功举办，来自全国各企事业单位、高校科研院所的百余名代表参加了本次研讨班。

本次研讨班是中国电源学会连续第九次和南京航空航天大学联合举办此专题高级研讨班，特邀南京航空航天大学自动化学院博士生导师、"长江学者"特聘教授、IEEE Fellow、中国电源学会副理事长、江苏省电源学会理事长阮新波教授，台达（上海）电力电子设计中心主任、中国电源学会副理事长章进法博士，北方工业大学张卫平教授等国内知名专家学者担任本次课程的主讲老师，同时邀请了南京理工大学姚凯教授、南京航空航天大学陈杰副教授、苏州大学季清副教授、西安交通大学王康平副教授共同授课。

本次研讨班是面向企业技术人员开展的一次综合性电力电子技术理论知识培训，内容涉及高效率电源变换器技术；三电平变换器及其软开关技术；开关变换器的建模-控制与仿真；氮化镓器件的应用与集成化；变换器中的PFC和输出电容ESR及C的非侵入式在线监测技术；开关电源传导EMI预测与抑制技术以及航空电源技术，理论讲解结合实例分析，让参会人员快速掌握高效率高功率密度电源的设计方法，拓展技术人员的知识层面，提高企业人员的研发设计能力。

参加本次研讨班的代表们绝大部分为企业高级管理人

员、高级工程师以及全国高校科研院所教授、研究员、副教授等高级技术人才。几位老师的精彩讲解以及对于一些问题有针对性的解答得到了大家的认同。课间大家更是围住了老师们，对于工作中、技术上遇到的问题和技术难点提出了询问，老师们图文并茂的解答不时引起大家的感叹。

经过两天的紧张授课，本次研讨班圆满结束，大家对本次研讨班的举办给予了充分的认可，认为在授课内容设置上理论与实践相结合，加深了学员对各类变换器设计的直观理解，对于工程师的实际研发工作具有很强的针对性和指导性。

本次研讨班也是中国电源学会"纪念中国电源学会成立40周年"及中国电源学会"全国科技工作者日"专题活动之一。

2023年新能源车充电与驱动技术高级研修班圆满结束

由中国电源学会主办，中国电源学会新能源车充电与驱动专业委员会、浙江大学、中国电源学会科普工作委员会承办的"新能源车充电与驱动技术高级研修班"于2023年4月17—19日在浙江省杭州市成功举办，来自全国各院校及企事业单位的30余名代表参加了本次研修班。

本次研修班主要围绕新能源车驱动发展趋势及关键技术、新能源汽车充电电源技术、新能源汽车电机驱动技术研究与应用、动力电池管理系统关键技术、宽禁带（氮化镓、碳化硅）器件特性及其应用测试、新能源车电磁兼容技术等专题进行全面深入的探讨和分析。

随着电动及混合动力汽车的普及，越来越多的企业及个人对于电动汽车领域的技术越来越感兴趣。本次研修班是第七年举办，邀请了浙江大学、中国电源学会理事长、IEEE Fellow徐德鸿教授，上海大学电机与控制工程研究所所长徐国卿教授，浙江大学吴新科教授，清华大学李哲副教授，敏业科技信息（上海）有限公司黄敏超博士，浙江大学杨树博士共同授课，系统讲解新能源车的设计方法和技术方向。

经过两天半紧张的授课，研修班圆满结束，大家对本次研修班给予了充分的认可，认为在授课内容设置上理论与实践相结合，对于工程师的实际研发工作具有很强的针对性和指导性。

2023年新能源汽车中磁性元件技术与应用高级研修班（第一期）圆满举办

由中国电源学会主办，中国电源学会磁技术专业委员会、中国电源学会科普工作委员会承办，深圳可立克科技股份有限公司协办的"2023年新能源汽车中磁性元件技术与应用高级研修班"（第一期）于2023年4月26—28日在广东省惠州市成功举办，来自全国各企事业单位、高校科研院所的代表130余人参加了本次研修班。

本次研修班特邀福州大学、中国电源学会常务理事及中国电源学会磁技术专业委员会名誉主任陈为教授；太原理工大学、中国电源学会磁技术专业委员会主任委员杨玉岗教授；浙江工业大学车声雷教授；浙江大学王正仕副教授；深圳可立克科技股份有限公司副总经理、总工程师、研究院院长周正国先生；日本Magroots技术事业所所长邵革良博士；田村（中国）企业有限公司课长聂应发先生；大比特咨询磁性元件与电源事业部总监刘辉先生共同授课。

本次研修班系统讲解了新能源汽车OBC中的高频磁技术基础理论及应用、磁性材料、绕组结构与材料、磁性元件和主流OBC的设计方法、品质控制、可靠性、事故经验分享和控制、未来发展方向等内容。通过学习，工程师将掌握车载OBC的磁性元件基础理论、设计方法和制成工艺，以适应新能源汽车发展对磁性元件高效率、高功率密度、高可靠性、低成本的需求。

参加本次研修班的代表们绝大部分为企业总工程师、高级工程师以及研究员等高级技术人才。各位老师的精彩讲解以及对于一些问题有针对性的解答得到了大家的认同。课间大家更是围住了老师们，对于工作中、技术上遇到的问题和技术难点提出了询问，老师们图文并茂的解答不时引起大家的感叹。

经过三天的紧张授课，本次研修班圆满结束，大家对本次研修班的举办给予了充分的认可，认为在授课内容设置上理论与实践相结合，对于工程师的实际研发工作具有很强的针对性和指导性。

2023年功率变换器磁技术分析、测试与应用高级研修班圆满结束

由中国电源学会主办，中国电源学会科普工作委员会、福州大学高频功率电磁技术实验室承办的2023年"功率变换器磁技术分析、测试与应用高级研修班"于2023年6月17—19日在福建省福州市成功举办，近百名来自全国企事业单位及高校院所的代表参加了本次高级研修班。

本次研修班是连续第11年举办，由中国电源学会常务理事、磁技术专业委员会名誉主任、福州大学电气工程与自动化学院陈为教授作为本次研修班的总策划及主讲专家。在梳理电磁基本理论的基础上，结合功率变换器产品中磁元件的具体分析、设计、测试与应用，使工程师能从电磁场机理上深入认识磁元件的各项性能及其影响因素以及设计考虑点，改变传统设计方法的局限性。课程内容对高频磁技术电磁基本概念与应用、磁性元件电磁干扰特性分析与设计技术、磁性材料电气和损耗特性及其应用、磁性材料及其应用等方面进行了系统深入的讲解。福州大学陈庆彬副教授、林苏斌副教授、汪晶慧副教授、谢文燕老师等更是对磁元件绕组、高频损耗分析与绕组设计、电磁场仿真软件使用及分析的方法以及磁元件的特性参数测量技术进行了讲解授课。

本次研修班理论讲解结合实际工程案例，加入了很多实例讲解的环节，对于正激和反激变压器、PSFB和LLC电路、变压器共模噪声特性测量与影响因素分析等问题做了具体的分析和讲解，使学员对于相关理论知识有了直观的认识，加深了对于相关内容的理解，提高了学员实际解决问题的能力。

在正式授课时间之外，为使大家能够更加充分的交流和提问，每天课程结束后，专门安排半小时自由交流时间。

授课老师与各位学员充分交流，并针对每个学员的问题给予细致的答疑解惑。

经过三天的紧张授课，本次研修班圆满结束，大家对本次研修班给予了充分的认可，认为在授课内容设置上理论与实践相结合，加深了学员对授课内容的直观理解，对于工程师的实际研发工作具有很强的针对性和指导性。本次研修班也是中国电源学会"纪念中国电源学会成立40周年"及中国电源学会"全国科技工作者日"专题活动之一。

2023年新能源汽车中磁性元件技术与应用高级研修班（第二期）圆满举办

由中国电源学会主办，中国电源学会磁技术专业委员会、中国电源学会科普工作委员会承办，杭州普晶电子科技有限公司协办的"2023年新能源汽车中磁性元件技术与应用高级研修班"（第二期）于2023年8月23—25日在浙江省杭州市成功举办，来自全国各企事业单位、高校科研院所的代表100余人参加了本次研修班。

本次研修班特邀太原理工大学、中国电源学会磁技术专业委员会主任委员杨玉岗教授，南京航空航天大学教授陈乾宏，浙江大学吴新科教授，南昌航空大学伍家驹教授，杭州电子科技大学王宁宁教授，福州大学陈庆彬教授，横店东磁软磁事业部杜阳忠先生，台达公司磁技术部杨海军先生共同授课。

本次研修班系统讲解磁芯、绕组、无线充电、电磁干扰、工艺材料优化、品质控制、可靠性及事故经验，学习了解最新磁性元件的高效率、高功率密度、高可靠性、低成本的设计要求，以适应新能源汽车发展对磁性元件高效率、高功率密度、高可靠性、低成本的需求。

参加本次研修班的代表们绝大部分为企业高级管理人员、高级工程师以及研究员等高级技术人才。各位老师精彩讲解以及对于一些问题有针对性的解答得到了大家的认同。课间大家更是围住了老师们，对于工作中、技术上遇到的问题和技术难点提出了询问，老师们图文并茂的解答不时引起大家的感叹。

经过三天的紧张授课，本次研修班圆满结束，大家对本次研修班的举办给予了充分的认可，认为在授课内容设置上理论与实践相结合，对于工程师的实际研发工作具有很强的针对性和指导性。

本次研修班也是中国电源学会"纪念中国电源学会成立40周年"及中国电源学会"全国科技工作者日"专题活动之一。

光伏、储能电源设计、应用与测试在线研修班圆满举办

当前随着光伏、储能等可再生能源的大规模应用，渗透率越来越高，新能源创新技术不断涌现，新型电力系统建设加速推进，为确保可再生能源并网发电的稳定可靠运行，新能源发电与储能的结合应用已是大势所趋。为提高电源行业工程师们了解、分析及解决光伏、储能电源等方面设计问题的能力，中国电源学会特举办本次研修班。

本次研修班由中国电源学会主办，中国电源学会科普工作委员会、中国电源学会新能源电能变换技术专业委员会承办，12月16日通过腾讯会议举办。此次在线研修班得到了中国电源学会理事单位艾德克斯电子有限公司的大力支持，独家买断本次培训课程，为广大会员和电源工程师们提供免费学习的机会。来自全国各企事业单位、高校150余名代表在线参加了研修班。

本次研修班特邀合肥工业大学杨淑英教授、上海交通大学李睿教授、阳光新能源开发股份有限公司高级技术专家韦安博士、艾德克斯电子有限公司技术部经理张彬先生等4位国内专家学者授课。课程涉及光储产业发展现状及未来趋势展望，微逆变器高速MPPT及并网测试技术，新型电力系统下新能源及储能装备并网方案介绍及探讨，高压直挂式电池储能关键技术。从我国光伏、储能产业技术人员的技术水平和创新能力角度出发，着眼设计基础，同时聚焦国内外热点问题，切实提高了工程师们实际工作中分析、解决问题的能力，提升了光伏、储能系统及其逆变电源产品的设计水平和技术性能。

在正式授课时间之外，为使学员能够更加充分的交流和提问，课程专门安排了自由交流时间，针对每个学员的问题给予细致的答疑解惑。经过紧张的半天授课，研修班圆满结束，大家对本次研修班给予了充分的认可，认为在授课内容设置上理论与实践相结合，对于工程师的实际研发工作具有很强的针对性和指导性。

本次研修班也是纪念中国电源学会成立40周年系列活动之一。

2023年第三代半导体器件、驱动控制、测试及应用技术高级研修班圆满结束

由中国电源学会主办，中国电源学会科普工作委员会、英飞凌-上海海事大学功率器件应用培训和实验中心、上海临港电力电子研究院承办，上海临港经济发展集团科技投资有限公司协办的高端专家先进技术课程——"第三代半导体器件、驱动控制、测试及应用技术高级研修班"于2023年10月14—16日在上海市临港新片区成功举办，来自全国企事业单位、高校、在校研究生近200人参加。

本次研修班是连续第11年在上海举办，同时是连续第三年在临港新片区举办。课程全面系统地介绍第三代功率半导体新技术的发展，重点讲授碳化硅和氮化镓器件的器件原理、结构、封装、驱动与保护，深入分析新型功率器件的可靠性与测试等核心技术。课程设置紧密贴近产业实际需求，从基础知识切入，着重破解工程应用的难题，为电力电子领域的工程师、研究人员、高校的青年教师和研究生提供坚实的技术基础和系统的应用指导。

研修班在中国电源学会副监事长、上海临港电力电子研究院执行院长、上海海事大学汤天浩教授的开班仪式致辞下拉开序幕。中国电源学会科普工作委员会主任委员复旦大学孙耀杰教授、英飞凌科技（中国）有限公司零碳事业部大中华区高级技术总监陈立烽分别代表主办单位、承办单位发言。

课程邀请到德国科学院院士、欧洲电力电子中心主任、

IEEE Fellow Leo Lorenz 博士担任主讲并发表名为《第三代功率半导体器件的发展趋势与技术挑战》的主旨授课，Leo Lorenz 院士针对功率器件的封装技术，细心分享了电力电子设计、接口技术与全生命周期的验证流程、测试方法和测试结论等内容。

同时邀请西安交通大学、中国电源学会理事长、IEEE Fellow、教育部长江学者特聘教授刘进军教授，西安交通大学裴云庆教授，英飞凌科技（中国）有限公司郝欣博士、郑姿清女士、张浩先生、王艺轩先生，加拿大 Gan Systems 公司 FAE 经理黄文彬先生等行业专家针对新时代电力电子技术面临的机遇与挑战、碳化硅技术的应用和可靠性、碳化硅的动态特性测量、波形解读和改进、工业应用中常用的驱动 IC 功能、碳化硅器件建模与系统仿真、三电平变流器设计及最优控制策略、氮化镓器件的设计与驱动、氮化镓器件的应用与集成化等方面进行了精彩的宣讲。课程期间，研修班嘉宾和学员一行到访上海临港电力电子研究院参观并深入交流。

经过 3 天的学习，本次研修班圆满结束，学员们纷纷表示此次研修班物超所值，真正地学习到了相应的技术，对于以前一些模糊不清的理念和技术难点也有了茅塞顿开的感觉，大家对本次研修班的举办给予了充分的认可，认为在授课内容设置上理论与实践相结合，加深了学员对新型半导体器件设计与应用的直观理解，对于工程师的实际研发工作具有很强的针对性和指导性。

本次研修班也是中国电源学会"纪念中国电源学会成立 40 周年"专题活动之一。

电源大事记

2023年全国电力供需形势分析

2023年，电力行业以习近平新时代中国特色社会主义思想为指导，认真贯彻习近平总书记关于能源电力的重要讲话和重要指示批示精神，以及"四个革命、一个合作"能源安全新战略，落实党中央、国务院决策部署，弘扬电力精神，经受住了上半年来水持续偏枯、夏季多轮高温、冬季大范围极端严寒等考验，为经济社会发展和人民美好生活提供了坚强的电力保障。电力供应安全稳定，电力消费稳中向好，电力供需总体平衡，电力绿色低碳转型持续推进。

2023年全国电力供需情况

（一）电力消费需求情况

2023年，全国全社会用电量9.22万亿kW·h，人均用电量6539kW·h；全社会用电量同比增长6.7%，增速比2022年提高3.1个百分点，国民经济回升向好拉动电力消费增速同比提高。各季度全社会用电量同比分别增长3.6%、6.4%、6.6%和10.0%，同比增速逐季上升；受2022年同期低基数以及经济回升等因素影响，四季度全社会用电量同比增速明显提高，四季度的两年平均增速为6.8%，与三季度的两年平均增速接近。

（1）第一产业用电量延续快速增长势头。2023年，第一产业用电量1278亿kW·h，同比增长11.5%；各季度同比分别增长9.7%、14.2%、10.2%和12.2%。近年来电力企业积极助力乡村振兴，大力实施农网巩固提升工程，完善乡村电力基础设施，推动农业生产、乡村产业电气化改造，拉动第一产业用电保持快速增长。分行业看，农业、渔业、畜牧业全年用电量同比分别增长7.8%、9.2%、18.3%。

（2）第二产业用电量增速逐季上升。2023年，第二产业用电量6.07万亿kW·h，同比增长6.5%；各季度同比分别增长4.2%、4.7%、7.3%和9.4%。2023年制造业用电量同比增长7.4%，分大类看，四大高载能行业全年用电量同比增长5.3%，各季度同比分别增长4.2%、0.9%、7.2%和8.7%，三、四季度的同比增速以及两年平均增速均有较为明显的回升。高技术及装备制造业全年用电量同比增长11.3%，超过制造业整体增长水平3.9个百分点，增速领先；各季度同比分别增长4.0%、11.7%、13.3%和14.8%。其中，电气机械和器材制造业用电量增速领先，各季度的同比增速及两年平均增速均超过20%。消费品制造业全年用电量同比增长7.0%，季度用电量同比增速从一季度的下降1.7%转为二季度增长7.1%，三、四季度增速分别进一步上升至8.4%、13.1%，各季度的两年平均增速也呈逐季上升态势，在一定程度上反映出2023年我国终端消费品市场呈逐步回暖态势。其他制造业行业全年用电量同比增长10.4%，各季度同比分别增长5.2%、10.7%、12.7%和12.2%；其中，石油/煤炭及其他燃料加工业用电量增速领先，该行业各季度的同比增速及两年平均增速均超过10%。

（3）第三产业用电量恢复快速增长势头。2023年，第三产业用电量1.67万亿kW·h，同比增长12.2%。各季度同比分别增长4.1%、15.9%、10.5%和19.1%；各季度的两年平均增速分别为5.3%、7.9%、9.3%和11.1%，逐季上升，反映出随着新冠疫情防控转段，服务业经济运行呈稳步恢复态势。批发和零售业、住宿和餐饮业、租赁和商务服务业、交通运输/仓储和邮政业全年用电量同比增速处于14%~18%，这四个行业在2022年部分时段受疫情冲击大，疫情后恢复态势明显。电动汽车高速发展拉动充换电服务业2023年用电量同比增长78.1%。

（4）城乡居民生活用电量低速增长。2023年，城乡居民生活用电量1.35万亿kW·h，同比增长0.9%，2022年高基数是2023年居民生活用电量低速增长的重要原因。各季度的同比增速分别为0.2%、2.6%、-0.5%、2.3%，各季度的两年平均增速分别为5.9%、5.0%、9.4%和8.7%。

（5）全国31个省份用电量均为正增长，西部地区用电量增速领先。2023年，东、中、西部和东北地区全社会用电量同比分别增长6.9%、4.3%、8.1%和5.1%。分省份看，2023年全国31个省份全社会用电量均为正增长，其中，海南、西藏、内蒙古、宁夏、广西、青海6个省份同比增速超过10%。

（二）电力生产供应情况

截至2023年底，全国全口径发电装机容量29.2亿kW，同比增长13.9%；人均发电装机容量自2014年底历史性突破1kW/人后，在2023年首次历史性突破2kW/人，达到2.1kW/人。非化石能源发电装机在2023年首次超过火电装机规模，占总装机容量比重在2023年首次超过50%，煤电装机占比首次降至40%以下。从分类型投资、发电装机增速及结构变化等情况看，电力行业绿色低碳转型趋势持续推进。

（1）电力投资快速增长，非化石能源发电投资占电源投资比重达到九成。2023年，重点调查企业电力完成投资同比增长20.2%。分类型看，电源完成投资同比增长30.1%，其中非化石能源发电投资同比增长31.5%，占电源投资的比重达到89.2%。太阳能发电、风电、核电、火电、水电投资同比分别增长38.7%、27.5%、20.8%、15.0%和13.7%。电网工程建设完成投资同比增长5.4%。电网企业进一步加强农网巩固提升及配网投资建设，110kV及以下等级电网投资占电网工程完成投资总额的比重达到55.0%。

（2）新增并网太阳能发电装机规模超过2亿kW，并网风电和太阳能发电总装机规模突破10亿kW。2023年，全国新增发电装机容量3.7亿kW，同比多投产1.7亿kW；其中，新增并网太阳能发电装机容量2.2亿kW，同比多投产1.3亿kW，占新增发电装机总容量的比重达到58.5%。截至2023年底，全国全口径发电装机容量29.2亿kW，其中，非化石能源发电装机容量15.7亿kW，占总装机容量比重在2023年首次突破50%，达到53.9%。分类型看，水电4.2亿kW，其中抽水蓄能5094万kW；核电5691万kW；并网风电4.4亿kW，其中，陆上风电4.0亿kW、海上风电3729万kW；并网太阳能发电6.1亿kW。全国并网风电和太阳能发电合计装机规模从 2022 年底的 7.6 亿 kW，连续突破 8 亿 kW、9 亿 kW、10 亿 kW 大关，2023 年底达到 10.5 亿 kW，同比增长 38.6%，占总装机容量比重为 36.0%，同比提高 6.4 个百分点。火电 13.9 亿 kW，其中，煤电 11.6 亿 kW，同比增长 3.4%，占总发电装机容量的比重为 39.9%，首次降至 40% 以下，同比降低 4.0 个百分点。

（3）水电发电量同比下降，煤电发电量占比仍接近六成，充分发挥兜底保供作用。2023 年，全国规模以上电厂发电量 8.91 万亿 kW·h，同比增长 5.2%。全国规模以上电厂中的水电发电量全年同比下降 5.6%。年初主要水库蓄水不足以及上半年降水持续偏少，导致上半年规模以上电厂水电发电量同比下降 22.9%；下半年降水形势好转以及 2022 年同期基数低，8—12 月水电发电量转为同比正增长。2023 年，全国规模以上电厂中的火电、核电发电量同比分别增长 6.1% 和 3.7%。2023 年煤电发电量占总发电量比重接近六成，煤电仍是当前我国电力供应的主力电源，有效弥补了水电出力的下降。

（4）火电、核电、风电发电设备利用小时均同比提高。2023 年，全国 6000kW 及以上电厂发电设备利用小时 3592h，同比降低 101h。分类型看，水电 3133h，同比降低 285h，其中，常规水电 3423h，同比降低 278h；抽水蓄能 1175h，同比降低 6h。火电 4466h，同比提高 76h；其中，煤电 4685h，同比提高 92h。核电 7670h，同比提高 54h。并网风电 2225h，同比提高 7h。并网太阳能发电 1286h，同比降低 54h。

（5）跨区、跨省输送电量较快增长。2023 年，全国新增 220kV 及以上输电线路长度 3.81 万 km，同比少投产 557km；新增 220kV 及以上变电设备容量（交流）2.57 亿 kVA，同比少投产 354 万 kVA；新增直流换流容量 1600 万 kW。2023 年，全国完成跨区输送电量 8497 亿 kW·h，同比增长 9.7%；其中，西北区域外送电量 3097 亿 kW·h，占跨区输送电量的 36.5%。2023 年，全国跨省输送电量 1.85 万亿 kW·h，同比增长 7.2%。

（6）市场交易电量较快增长。2023 年，全国各电力交易中心累计组织完成市场交易电量 5.67 万亿 kW·h，同比增长 7.9%，占全社会用电量比重为 61.4%，同比提高 0.6 个百分点。其中全国电力市场中长期电力直接交易电量 4.43 万亿 kW·h，同比增长 7%。

（三）全国电力供需情况

2023 年电力系统安全稳定运行，全国电力供需总体平衡，电力保供取得好成效。年初，受来水偏枯、电煤供应紧张、用电负荷增长等因素叠加影响，云南、贵州、蒙西等少数省级电网在部分时段电力供需形势较为紧张，通过源网荷储协同发力，守牢了民生用电安全底线。夏季，各相关政府部门及电力企业提前做好了充分准备，迎峰度夏期间全国电力供需形势总体平衡，各省级电网均未采取有序用电措施，创造了近年来迎峰度夏电力保供最好成效。冬季，12 月多地出现大范围强寒潮、强雨雪天气，电力行业企业全力应对雨雪冰冻，全国近十个省级电网电力供需形势偏紧，部分省级电网通过需求侧响应等措施，保障了电力系统安全稳定运行。

能源发展回顾与展望（2023）——能源篇

2023 年是全面贯彻党的二十大精神的开局之年，是三年新冠疫情防控转段后经济恢复发展的一年。面对多重超预期因素冲击，中国经济在风高浪急中展现强劲韧性，高质量发展扎实推进，全面建设社会主义现代化国家迈出坚实步伐。

一年来，全国能源系统深入贯彻落实习近平总书记重要指示批示和党的二十大精神，按照党中央、国务院部署，统筹发展和安全，推动能源高质量发展，实现能源安全保供和清洁转型双提升、双平稳，为推动经济高质量发展和满足人民美好生活需要提供了坚实保障。全年原油产量站稳 2 亿吨，天然气产量超过 2300 亿 m^3，可再生能源总装机历史性超过火电装机，煤电"三改联动"约 1.9 亿 kW，电网重大工程加速推进，储能氢能技术持续突破，新型能源体系稳步推进，能源高质量发展阔步向前。

经济社会高质量发展需要能源事业的高质量发展，建设现代化强国离不开坚强的能源保障。2024 年，能源系统将全面加强党对能源工作的领导，坚持稳中求进工作总基调，完整准确全面贯彻新发展理念，加快构建新发展格局，统筹高质量发展和高水平安全，深入推进能源革命，加快建设新型能源体系、新型电力系统，加强能源产供储销体系建设，在新的历史起点上推动能源高质量发展再上新台阶。

一、政策与大事

1. 习近平：坚持绿色发展是必由之路

6 月 7 日，习近平总书记在内蒙古考察时强调，坚持绿色发展是必由之路。推动传统能源产业转型升级，大力发展绿色能源，做大做强国家重要能源基地，是内蒙古发展的重中之重。

10 月 10 日，习近平总书记考察了中国石化九江分公司，了解石化企业转型升级绿色发展等情况。习近平强调，破解"化工围江"，是推进长江生态环境治理的重点。要再接再厉，坚持源头管控、全过程减污降碳，大力推进数智化改造、绿色化转型，打造世界领先的绿色智能炼化企业。随后召开的进一步推动长江经济带高质量发展座谈会上，习近平指出，协同推进降碳、减污、扩绿、增长，把产业绿色转型升级作为重中之重，加快培育壮大绿色低碳产业，积极发展绿色技术、绿色产品，提高经济绿色化程度，增强发展的潜力和后劲。

2. 习近平向第五届中俄能源商务论坛致贺信

10 月 19 日，国家主席习近平向第五届中俄能源商务论坛致贺信。习近平指出，经过中俄双方多年共同努力，两国能源合作已形成全方位、宽领域、深层次、高水平的合作格局，是中俄平等互利务实合作的典范，为保障两国乃至全球能源安全和可持续发展发挥了积极作用。面向未来，中方愿与俄方一道，高水平建设能源合作伙伴关系，持续增强能源产业链供应链韧性，为促进全球能源市场长期健康稳定可持续发展，推动构建全球清洁能源合作伙伴关系做出更大贡献。

3. 中央深改委推动能源领域重大改革进展

7月11日召开的中央全面深化改革委员会第二次会议审议通过了《关于推动能耗双控逐步转向碳排放双控的意见》《关于进一步深化石油天然气市场体系改革提升国家油气安全保障能力的实施意见》《关于深化电力体制改革加快构建新型电力系统的指导意见》等一系列重要文件。会议指出，从能耗双控逐步转向碳排放双控，要坚持先立后破，完善能耗双控制度，优化完善调控方式，加强碳排放双控基础能力建设，健全碳排放双控各项配套制度，为建立和实施碳排放双控制度积极创造条件。要一以贯之坚持节约优先方针，更高水平、更高质量地做好节能工作，用最小成本实现最大收益。要把稳工作节奏，统筹好发展和减排关系，实事求是、量力而行，科学调整优化政策举措。要进一步深化石油天然气市场体系改革，加强产供储销体系建设。要加大市场监管力度，强化分领域监管和跨领域协同监管，规范油气市场秩序，促进公平竞争。要深化油气储备体制改革，发挥好储备的应急和调节能力。要科学合理设计新型电力系统建设路径，在新能源安全可靠替代的基础上，有计划分步骤逐步降低传统能源比重。要健全适应新型电力系统的体制机制，推动加强电力技术创新、市场机制创新、商业模式创新。要推动有效市场同有为政府更好结合，不断完善政策体系，做好电力基本公共服务供给。

11月7日召开的中央全面深化改革委员会第三次会议指出，电力、油气、铁路等行业的网络环节具有自然垄断属性，是我国国有经济布局的重点领域。要健全监管制度体系，加强监管能力建设，重点加强对自然垄断环节落实国家重大战略和规划任务、履行国家安全责任、履行社会责任、经营范围和经营行为等方面的监管，推动处于自然垄断环节的企业聚焦主责主业，增加国有资本在网络型基础设施上投入，提升骨干网络安全可靠性。要对自然垄断环节开展垄断性业务和竞争性业务的范围进行监管，防止利用垄断优势向上下游竞争性环节延伸。

4. 中央经济工作会议：加快建设新型能源体系

12月11—12日，中央经济工作会议在北京举行。会议强调，2024年要围绕推动高质量发展，突出重点，把握关键，扎实做好经济工作。会议提出，深入推进生态文明建设和绿色低碳发展。建设美丽中国先行区，打造绿色低碳发展高地。积极稳妥推进碳达峰碳中和，加快打造绿色低碳供应链。持续深入打好蓝天、碧水、净土保卫战。完善生态产品价值实现机制。落实集体林权制度改革。加快建设新型能源体系，加强资源节约集约循环高效利用，提高能源资源安全保障能力。随着全球能源格局深刻调整，加快建设新型能源体系，已成为我国实现高质量发展的迫切要求。

5. 2024年全国能源工作会议在京召开

12月21日，2024年全国能源工作会议在北京召开。会议总结了2023年工作成绩，明确了2024年能源领域的九项重点工作任务，包括能源安全、"双碳"目标、能源科技、全国统一大市场、能源监管体系、能源国际合作、民生用能工程建设等方面。会议提出，2024年全国原煤产量继续保持在较高水平，更好发挥兜底保障作用；原油产量稳产在2亿吨，天然气继续保持较好增产势头；全国风电光伏新增装机2亿kW左右，这较2022年目标提升了25%；核电项目建成投产4台机组，新增装机500万kW左右，较2022年目标提高了73%。

相较于此前两年的全国能源工作会议，本次会议将"民生用能工程建设"单独作为一项重点任务提出，要求2024年加强民生用能工程建设，推进北方地区清洁取暖，推动农村能源清洁低碳转型，提升电动汽车充电基础设施水平，更好满足人民群众用能需求。

6. "一带一路"能源合作成果丰硕

10月17—18日，第三届"一带一路"国际合作高峰论坛在北京举行。2023年是共建"一带一路"重大倡议提出10周年，作为"一带一路"建设的先行产业和重要引擎，能源合作在这10年间成果丰硕。

政策沟通方面，我国倡导建立的"一带一路"能源合作伙伴关系成员国达到33个。先后举办两届"一带一路"能源部长会议和三届"一带一路"能源合作伙伴关系论坛。搭建起中国—东盟、中国—阿盟、中国—非盟、中国—中亚、中国—中东欧、亚太经合组织可持续能源中心等6个区域能源合作平台。能源基础设施建设方面，中国—中亚天然气管道ABC线、中缅原油和天然气管道、中俄东线天然气管道等跨境油气管道相继建成投产，中亚—俄罗斯、中东、非洲、美洲、亚太等五大油气合作区建立形成，与俄罗斯、蒙古等7个国家开展电力互联互通项目。绿色能源项目合作方面，作为全球最大的清洁能源市场和装备制造国，我国光伏组件产量占全球总产量的四分之三以上，风电关键零部件产量占全球市场70%以上，是稳定全球清洁能源产业链供应链的重要力量。资金融通方面，我国出资设立丝路基金，并与相关国家一道成立亚洲基础设施投资银行，有效拓展了共建国家投融资渠道。"一带一路"能源合作大大带动了当地相关产业及社会经济发展，累计带动就业超过1000万人，增加共建国家民生福祉。

7. 能源行业多措并举确保能源供应

2023年，能源系统加大煤、电、气等资源保障力度，全力保障能源平稳供应。从具体举措来看：一方面，实现原煤、原油、天然气产量稳步增长，加大油气勘探开发和增储上产，确保国内原油产量长期稳定在2亿吨水平，天然气自给率不低于50%，地下储气库注气按计划实施，将为采暖季天然气供应保障提供有效支撑；发挥好煤炭"压舱石"作用，强化煤电支撑性调节性作用，2023年煤炭供需紧张形势得到有效扭转。即将进行的2024年度煤炭中长期合同签约弹性预计较2023年有所增加。另一方面，深入推进绿色低碳转型。提升非化石能源替代能力，形成风、光、水、生、核、氢等多元化清洁能源供应体系，预计2023年可再生能源累计总装机达到14.5亿kW，占全国发电总装机超过50%，历史性超过火电装机；发电量达3万亿kW·h，约占全社会用电量的三分之一。风光总装机将突破10亿kW。第一批大型风电光伏基地已全部开工，第二批基地项目陆续开工，第三批基地项目清单正式印发实施，农村风电光伏、海上风电发展大力推进。

当前，全国能源供应总体平稳，煤炭生产供应平稳有序，运输得到有力保障。国家发展改革委12月份新闻发布会指出，目前全国统调电厂存煤保持在2亿吨以上、可用26天。天然气资源准备较为充足，各类储气设施入冬前应储尽储，天然气合同实现全覆盖，供应能力稳步提升。

8. 能源领域民营企业发展活力进一步激发

《中共中央 国务院关于促进民营经济发展壮大的意见》（以下简称《意见》）于7月14日发布。《意见》从持续优化民营经济发展环境、加大对民营经济政策支持力度、强化民营经济发展法治保障、着力推动民营经济实现高质量发展等方面提出31条举措。针对能源领域，《意见》明确支持民营企业参与推进碳达峰碳中和，提供减碳技术和服务，加大可再生能源发电和储能等领域投资力度，参与碳排放权、用能权交易。这为进一步激活能源领域民营经济提供了指导。实现碳中和目标，已成全球共识，在新能源汽车、氢能、光伏太阳能、智慧物联网等领域，将催生庞大产业链和规模市场，民营经济迎来广阔市场空间。

民营经济占据国内生产总值半壁江山，在稳增长、促创新、增就业、改民生等方面发挥着重要作用。政策支持下，民营资本加大能源产业尤其是新能源产业布局，积极推动技术创新，扮演着"生力军"角色。《2023胡润中国能源民营企业TOP100》榜单显示，有89家企业主营新能源业务，11家企业主营传统能源业务。以风电、光伏、新能源汽车为代表的新能源产业是重资产产业，对资金需求规模大、数量多。一旦民营企业在资金方面出现问题，产品研发、扩产、日常经营都可能会受到影响。如何拓宽融资渠道、增强资金流动是民营企业未来发展的重要课题。

9. 新型电力系统建设加快推进

2023年7月召开的中央全面深化改革委员会第二次会议审议通过《关于深化电力体制改革加快构建新型电力系统的指导意见》，强调要深化电力体制改革，加快构建清洁低碳、安全充裕、经济高效、供需协同、灵活智能的新型电力系统，更好推动能源生产和消费革命，保障国家能源安全。

6月2日，国家能源局发布《新型电力系统发展蓝皮书》（以下简称《蓝皮书》），全面阐述新型电力系统的发展理念、内涵特征，并以2030年、2045年、2060年为构建新型电力系统的重要时间节点，制定新型电力系统"三步走"发展路径。此外，《蓝皮书》还提出构建新型电力系统的总体架构和重点任务，包括电源侧、网络侧和终端侧的多层次布局。《蓝皮书》是我国官方发布的首部关于新型电力系统建设文件，清晰描画了2023—2060年新型电力系统发展蓝图，有助于实现电力领域的可持续发展，推动我国的电力革命，为我国新型电力系统的建设明确发展道路。

9月21日，国家发展改革委、国家能源局联合印发《关于加强新形势下电力系统稳定工作的指导意见》（以下简称《指导意见》），提出了在全面落实碳达峰碳中和战略部署，及"四个革命、一个合作"能源安全新战略等新形势下做好电力系统稳定工作的思路与策略。总体来看，本次《指导意见》立足于"电力系统稳定问题将长期存在"的认识，着重于新形势下电力系统的稳定工作，从物理基础、管理体系和科技创新三方面对新型电力系统的规划建设提出多方要求，是继6月《新型电力系统发展蓝皮书》后，又一对新型电力系统的整体构建和要素规划做详细指导安排的政策。

10. 能源科技创新步伐不断加快

2023年，能源领域科技创新步伐不断加快。建立"十四五"科技创新规划实施项目库和监测机制，以"挂帅出征""赛马争先"等模式搭建"十四五"第一批国家能源研发创新平台。着力补强能源科技装备短板，组织燃气轮机等领域关键核心技术产学研用联合攻关和示范，27项重大技术装备进入推广应用阶段。开展能源领域首台（套）重大技术装备示范，评定发布第三批58项重大技术装备，启动第四批申报工作。推动能源数字化智能化升级，开展能源领域5G应用优秀案例遴选。加强能源标准体系建设，发布820项能源行业标准。

11. 能源营商环境持续优化

2023年以来，能源行业营商环境不断优化，市场活力持续激发。全面提升"获得电力"服务水平，用电报装"三零""三省"服务为电力用户节省办电投资累计超过2000亿元。加强行政许可事项清单管理，编制实施规范和办事指南，推进资质许可证照电子化数字化应用，持续深化许可告知承诺制。加大行政执法力度。开展电力领域综合监管和调节性电源综合监管，发现问题1294个，严肃查处一批严重违反国家能源规划政策、阻碍电力市场建设等方面的问题。开展电力市场化交易专项整治，坚决纠正以行政手段不当干预电力市场化交易行为。

12. 电力市场建设持续深化

9月，《电力现货市场基本规则（试行）》出台，这是国家层面首份电力现货市场建设规则。10月，国家发展改革委办公厅、国家能源局综合司联合印发《关于进一步加快电力现货市场建设工作的通知》，进一步明确电力现货市场的建设要求。2023年以来，全国统一电力市场体系加快建设，多层统一市场体系已基本形成，适应新能源高比例发展的市场机制逐步完善。中长期、辅助服务市场已实现全覆盖，23个省（区、市）启动电力现货市场试运行。电力市场交易规模稳步扩大，预计全年市场化交易电量达到5.67万亿kW·h、同比增长8%，占全社会用电量的61.3%，通过辅助服务市场挖掘调峰潜力超1.17亿kW、增加清洁能源消纳1200亿kW·h。推动出台煤电容量电价政策，促进煤电向基础保障性和系统调节性电源并重转型。

13. "新三样"成为出口新增长极

2023年以来，以电动载人汽车、锂电池、太阳能电池为代表的"新三样"产品出口增势迅猛。据统计，前三季度"新三样"产品合计出口7989.9亿元，同比增长41.7%。具有创新、低碳、绿色基因的高科技产品，正在成为我国出口新的增长点。

外贸"新三样"的异军突起，是我国持续推动科技创新、促进产业结构优化升级的结果。当今时代，绿色低碳已成为全球发展的主流。以锂电池为例，2023年前三季度，我国新增投运新型储能项目装机12.3GW，同比强劲增长925%，再创历史新高。上半年，在全球市场中，出自中国企业的储能电池产量超75GW·h，是2022年同期的2倍多，出口比重超55%。

14. 自愿减排市场加速推进

8月17日,北京绿色交易所发布公告称,全国温室气体自愿减排交易系统即日起开通开户功能,接受市场参与主体对登记账户和交易账户的开户申请。10月以来,《温室气体自愿减排交易管理办法(试行)》《温室气体自愿减排项目方法学 造林碳汇(CCER-14-001-V01)》等4项方法学、《关于全国温室气体自愿减排交易市场有关工作事项安排的通告》等一系列相关政策的密集出台,更是加快了CCER重启脚步。其中生态环境部、市场监管总局于10月19日发布《温室气体自愿减排交易管理办法(试行)》,不仅对温室气体自愿减排交易进一步做出规范,把一些时间限制加以明确表述,还对以前已备案但未申请减排项目的处理做出清晰的规定,相关条款也约束得更为清楚。

二、问题与趋势

1. 能源发展亟需关注各类安全风险

全球能源发展环境发生深刻转变,四期叠加将使能源安全事件多发频发,风险更趋复杂难料。首先,近年来,全球主要能源价格高涨,地缘政治冲突加剧了全球市场的动荡,叠加经济复苏带来能源需求增长,降水、极端天气等因素导致可再生能源出力波动性加大,不稳定、不确定和难预料的因素增加,不断冲击着全球能源供应链和产业链的稳定。其次,未来随着低碳转型步伐加快,新能源供应链安全的重要性将显著提升。特别是锂、钴、镍、石墨、稀土、天然铀等关键矿物和芯片、软件、核心零部件等的安全供应问题越发突出。同时,我国一些重要的矿产资源对外依存度也很高,约三分之二的战略性矿产还需进口且进口来源地集中,依存度超过90%的有镍、铌、铬等。第三,新一轮科技革命和产业变革正在重构全球创新版图、重塑全球经济结构。以人工智能、5G、大数据等为代表的新一代信息技术、新材料技术、新能源技术与能源电力技术融合发展,相互促进、迭代升级,将深刻地影响未来能源的发展,在某种程度上将改变能源格局与业态。我国是能源消费大国,也是能源进口大国,面对错综复杂的外部形势、内部经济发展新态势以及"双碳"目标能源转型进程,需要以保障能源安全供应和经济社会发展为前提,协同推进能源安全、经济增长和气候行动多重目标。

2. 构建新型能源体系尚需多方发力

新型能源体系的特征已由过去的"清洁、低碳、安全、高效"转变为目前的"安全、低碳、清洁、高效"。这种位置的变化,说明加快规划建设新型能源体系更加突出安全和低碳。建成新型能源体系,是我国能源转型的长远目标。在碳达峰碳中和要求下,未来规划建设新型能源系统将从以下三方面发力。一方面,在今后一个时期内,化石能源在我国能源消费结构中的主体地位不会改变,可再生能源难以形成对化石能源的大规模安全替代。因此,需要围绕稳住化石能源生产和保底供应能力,继续抓好煤炭清洁高效利用,有序开展化石能源的消费替代。另一方面,新型能源体系的规划建设需要持续推进新能源发展,将以煤炭为主的传统能源消费结构转化为以风光发电为主的能源消费结构。我国地域辽阔、风光资源富集,相较于零敲碎打的分布式新能源建设,基地化、规模化建设风光大基地更利于快速提升新能源占比,将成为未来一段时期重要的新能源开发方向。此外,需加快推动化石能源和非化石能源协同互补、融合发展,围绕重大科技创新、治理现代化两大关键驱动力,与国家现代化经济体系、产业体系和智力体系深入融合,加快构建以清洁低碳、安全高效、数字智能、普惠开放为主要特征的新型能源体系,为助力经济高质量发展、推进中国式现代化提供能源支撑。

3. 能源科技创新仍存在一定差距

我国风电、太阳能发电等技术创新能力全球领先,取得了多个"世界第一"和"国际首个",建立了较为完备的可再生能源技术产业体系。不过,与世界能源科技强国以及引领能源革命的要求相比,我国能源科技创新依然存在一定差距。比如,能源技术装备长板优势不明显且尚存短板;关键零部件、核心材料等方面需要进口,原创性、引领性、颠覆性技术偏少;产学研"散而不强",推动能源科技创新的政策机制有待完善等。因此,有必要在多方面重点发力,加快推进能源领域科技创新。①加快关键核心技术装备补短锻长。聚焦"卡脖子"技术和"掉链子"环节,突破基本原理、基础软硬件、关键零部件和装备、关键基础材料、关键仪器设备等制约。持续增强电力装备、新能源等领域全产业链竞争优势,并在这些优势领域中打造先进产业群。②继续促进科技创新与能源产业深度融合,围绕产业链部署创新链。加快研究快速兴起的前瞻性、颠覆性技术以及新业态、新模式,形成一批能源长板技术新优势,掌握产业发展主动权。多元化能源产品种类和供给渠道,以分散市场风险、减少地区依赖。加强"一带一路"新能源产业合作,开辟新的新能源应用市场,通过市场多元化降低欧美市场波动的影响。③完善能源科技创新主体。激发企业创新主体活力,推动各领域优势企业强强联合,持续优化资源共享、优势互补的"政、产、学、研、用"一体化模式,促进技术和市场的有效对接,加快技术成果的转化和应用。

2023年度十大国内能源新闻(节选)

标准体系建设提速 碳达峰试点探新路

标准是实现碳达峰碳中和必不可少的基础支撑。2023年,碳达峰碳中和标准体系建设取得重要突破。

4月21日,11部门联合发布《碳达峰碳中和标准体系建设指南》,对碳达峰碳中和标准体系建设明确具体目标、搭建体系框架、确定重点内容,对解决碳排放数据"怎么算"、如何"算得准",碳排放"怎么减""怎么中和"等问题具有重要意义,为支撑重点行业和领域碳达峰碳中和工作提供协调、全面的标准支撑。

通过试点建设,探索可操作、可复制、可推广的经验做法是实现碳达峰的重要路径。11月28日,国家发展改革委办公厅发布《关于印发首批碳达峰试点名单的通知》,确定张家口市等25个城市、长治高新技术产业开发区等10个园区为首批碳达峰试点城市和园区。

首批碳达峰试点的确定,有利于调动试点城市和园区的积极性与创造性,打造降碳先行区和引领区,为全国如期实现"双碳"目标提供有力支撑。

"新三样"出口势头强　占据全球领先地位

2023年，作为我国高技术附加值的绿色转型产品，新能源汽车、锂电池、太阳能电池这外贸出口"新三样"走俏海外。前三季度，"新三样"等产品出口量同比大涨41.7%。

新能源汽车领域，7月，我国第2000万辆新能源汽车正式下线。从1000万辆迈入2000万辆大关，我国仅用1年零5个月。1—11月，我国新能源汽车出口109.1万辆，同比猛增83.5%，不断跑出加速度。

锂电池领域，前三季度，我国新增投运新型储能项目装机12.3GW，同比强劲增长925%，再创历史新高。上半年，在全球市场中，出自中国企业的储能电池产量超75GW·h，是2022年同期的2倍多，出口比重超55%，产销两旺。

光伏发展更是迅猛。1—10月，我国光伏新增装机142.56GW，同比增长144.78%，占全部新增发电装机的57%；光伏产品出口金额达429亿美元，硅片、电池片、组件出口量分别同比增长90%、72%、34%。截至10月底，我国光伏累计装机535.76GW，成为我国装机规模第二大电源。

"双碳"目标下，我国新能源产业飞速发展，制造端、应用端齐头并进，在全球市场中占据领先地位，我国靓丽"新名片"名副其实。

构建新型电力系统　电力保供底气更足

2023年，我国加速构建新型电力系统，电网迎峰度夏、迎峰度冬的底气越来越足。

应对高比例新能源带来的压力是新型电力系统建设的重要课题。为此，我国加速实施跨省跨区输电通道"联网"、省内主网架"补网"建设，尤其是我国首个"沙戈荒"风光电基地外送电特高压工程——国网宁夏—湖南±800kV特高压直流输电工程开工，为"沙戈荒"大型可再生能源基地开发利用提供解决方案。

与此同时，2023年，抽水蓄能电站建设也大幅提速。福建永泰抽蓄电站实现全容量投产，东北地区最大抽蓄电站首台机组投产，西北地区首台抽蓄电站——国网新疆阜康抽蓄电站投产，西南地区首座百万千瓦级抽蓄电站投产……此外，还有一批项目正在建设中。

特别值得一提的是，2023年，国家电网、南方电网加速推动"源网荷储"各环节协同优化，保障电力供需实时平衡，有效缓解今夏部分区域电力供需偏紧局面的同时，也为应对今冬"速冻"天气的挑战积蓄更多力量。

装机占比正式过半　可再生能源超煤电

2023年，我国可再生能源电力发展迎来历史性突破。上半年，可再生能源装机达13.22亿kW，首超煤电，约占我国发电总装机的48.8%。截至目前，可再生能源装机达14.5亿kW，占全国发电总装机比重超50%，风电光伏发电量占全社会用电量比重突破15%。

随着我国可再生能源装机规模快速增长、发电量不断增多，可再生能源电力的安全消纳问题日益凸显。2023年7月发布的《关于做好可再生能源绿色电力证书全覆盖工作促进可再生能源电力消费的通知》明确将对已建档立卡的可再生能源发电项目所生产的全部电量核发绿证，实现绿证核发全覆盖。

12月13日，国家能源局首批核发绿证约1191万个。随着我国可再生能源装机容量和发电量不断攀升，实现绿证核发全覆盖后，我国将成为全球最大的绿证供应市场。

煤电容量电价落地　助力电改纵深推进

2023年11月10日，国家发展改革委、国家能源局联合印发《关于建立煤电容量电价机制的通知》，明确自2024年1月1日起建立煤电容量电价机制，对煤电实行"两部制"电价政策。其中，电量电价通过市场化方式形成，灵敏反映电力市场供需、燃料成本变化等情况；容量电价水平根据转型进度等实际情况合理确定并逐步调整，充分体现煤电对电力系统的支撑调节价值，确保煤电行业持续健康运行。

"两部制"电价的出台，意味着我国电力安全稳定供应这块"拼图"日臻完善。"双碳"目标及能源转型背景下，降低燃煤发电企业成本，建立能够同时挖掘煤电机组下调能力和激励煤电机组顶峰能力的价格机制十分必要。"两部制"电价的出台，不仅能够巩固和保障煤电的"压舱石"地位，同时也明确其成本回收不再完全依靠发电，进而保障中长期发电容量的充裕性，助力电改纵深推进。

三代核电批量开工　四代电站全球"破零"

2023年12月6日，我国拥有完全自主知识产权的全球首座第四代核电站——山东荣成石岛湾高温气冷堆核电站商业示范工程圆满完成168h连续运行考验，正式投入商业运行。该示范工程集聚产业链上下游500余家单位，先后攻克多项世界级关键技术，设备国产化率超90%，首台（套）设备达2200多台（套），创新型设备达600多台（套），标志着我国在第四代核电技术研发和应用领域达到世界领先水平。

2023年，我国三代核电批量开工。福建宁德核电项目5、6号机组及辽宁徐大堡核电项目1、2号机组获核准。其中，福建宁德核电项目5、6号机组采用中国具有自主知识产权的三代核电技术"华龙一号"，设备国产化率超过90%。

2023年，我国"华龙一号"已形成多机组同时在建、批量化建设稳步推进格局，四代核电亦加速发展。核电国产化率持续提升，在我国能源结构中的重要性愈发凸显。

风机大型化创纪录　勇闯技术"无人区"

2023年底，我国主流风电整机厂商陆续发布最新款陆海风电整机机型——15MW陆上风电机组刷新全球陆上风机容量最高纪录，22MW海上风电机组刷新全球海上风机单机容量最高纪录。

而就在2020年，我国新增装机所用陆上风电机组平均单机容量还仅为约2.6MW，海上风电机组平均单机容量仅为4.8MW。短短三年时间，投入市场的风机单机容量便快速上涨，单机容量10MW的陆上风电机型已经投入使用，单机容量15MW以上的海上风电机组已经实现并网发电，单机容量18MW的海上风电机组已正式下线。

风机大型化被视作推动风电降本的重要手段，不断涌现的新产品正让风电变得更加好用易用，也让风电走向更深更远。随着"双碳"目标的提出，风电市场潜力正逐步显现，风电市场的持续创新突破正为我国乃至全球提供源源不断的绿色动力。

盘点2023年国家能源局光伏专项政策

在过去的2023年，光伏行业大干快上，产业规模快速增长，成为外贸出口"新三样"之一。国家能源局数据，1—11月光伏累计新增装机163.88GW，同比增长149%。

众所周知，光伏行业的蓬勃发展离不开国家政策的支持，政策对于光伏而言，有着行业风向标的作用。

三部门发布《关于支持光伏发电产业发展规范用地管理有关工作的通知》

3月28日，自然资源部办公厅、国家林业和草原局办公室、国家能源局综合司发布《关于支持光伏发电产业发展规范用地管理有关工作的通知》。

通知要求，做好光伏发电产业发展规划与国土空间规划的衔接。各地要认真做好绿色能源发展规划等专项规划与国土空间规划的衔接，优化大型光伏基地和光伏发电项目空间布局。在市、县、乡镇国土空间总体规划中将其列入重点建设项目清单，合理安排光伏项目新增用地规模、布局和开发建设时序。在符合"三区三线"管控规则的前提下，相关项目经可行性论证后可统筹纳入国土空间规划"一张图"，作为审批光伏项目新增用地用林用草的规划依据。

鼓励利用未利用地和存量建设用地发展光伏发电产业。在严格保护生态前提下，鼓励在沙漠、戈壁、荒漠等区域选址建设大型光伏基地；对于油田、气田以及难以复垦或修复的采煤沉陷区，推进其中的非耕地区域规划建设光伏基地。项目选址应当避让耕地、生态保护红线、历史文化保护线、特殊自然景观价值和文化标识区域、天然林地、国家沙化土地封禁保护区（光伏发电项目输出线路允许穿越国家沙化土地封禁保护区）等；涉及自然保护地的，还应当符合自然保护地相关法规和政策要求。新建、扩建光伏发电项目，一律不得占用永久基本农田、基本草原、Ⅰ级保护林地和东北内蒙古重点国有林区。

建立用地用林用草联审机制。各地自然资源、林草主管部门要建立项目用地用林用草审查协调联动机制，对于符合国土空间规划和用途管制要求，纳入国土空间规划"一张图"的国家大型光伏基地建设范围项目，在项目立项与论证时，要对项目用地用林用草提出意见与要求，严格执行《光伏发电站工程项目用地控制指标》和光伏电站使用林地有关规定，保障项目用地用林用草合理需求。

三部门重磅文件《关于做好可再生能源绿色电力证书全覆盖工作促进可再生能源电力消费的通知》

7月25日，国家发展改革委、财政部、国家能源局联合发布《关于做好可再生能源绿色电力证书全覆盖工作促进可再生能源电力消费的通知》。

通知要求，规范绿证核发，对全国风电（含分散式风电和海上风电）、太阳能发电（含分布式光伏发电和光热发电）、常规水电、生物质发电、地热能发电、海洋能发电等已建档立卡的可再生能源发电项目所生产的全部电量核发绿证，实现绿证核发全覆盖。

其中：对集中式风电（含海上风电）、集中式太阳能发电（含光热发电）项目的上网电量，核发可交易绿证。对分散式风电、分布式光伏发电项目的上网电量，核发可交易绿证。对生物质发电、地热能发电、海洋能发电等可再生能源发电项目的上网电量，核发可交易绿证。对存量常规水电项目，暂不核发可交易绿证，相应的绿证随电量直接无偿划转。对2023年1月1日（含）以后新投产的完全市场化常规水电项目，核发可交易绿证。

六部门出台《关于促进退役风电、光伏设备循环利用的指导意见》

8月17日，国家发展改革委等部门发布《关于促进退役风电、光伏设备循环利用的指导意见》，其中提到，完善设备回收体系。支持光伏设备制造企业通过自主回收、联合回收或委托回收等模式，建立分布式光伏回收体系。

鼓励风电、光伏设备制造企业主动提供回收服务。支持第三方专业回收企业开展退役风电、光伏设备回收业务。支持发展退役新能源设备拆除、运输、回收、拆解、利用"一站式"服务模式。鼓励生产制造企业、发电企业、运营企业、回收企业、利用企业建立长效合作机制，畅通回收利用渠道，加强上下游产业衔接协同。引导风电机组拆除后进行就地、就近、集中拆解。引导再生资源回收企业规范有序回收废钢铁、废有色金属等再生资源。

国家能源局发布《关于印发开展分布式光伏接入电网承载力及提升措施评估试点工作的通知》

6月1日，国家能源局综合司发布《关于印发开展分布式光伏接入电网承载力及提升措施评估试点工作的通知》。

通知提到，将本省份存在接网消纳困难的县（市）名单及低压配网接网预警等级通过各省发展改革委（能源局）官方网络渠道向社会发布，并报全国新能源消纳监测预警中心同步发布，合理安排分布式光伏备案规模和建设时序，引导企业、居民做好分布式光伏开发建设工作。对于具备条件的省份，鼓励进一步探索建立政企协同的可开放容量发布机制。省级能源主管部门可以组织电网企业通过合适渠道逐站、逐线、逐台区公布可开放容量。

不存在接网消纳困难的县（市），应按照现有政策规定做好本年度分布式光伏接网工作，不得以变电容量不足、接网存在问题等理由为拒绝符合条件的分布式光伏备案、接网，或设置其他前置条件。存在接网消纳困难的县（市），按照现有条件做好接网工作，并严格落实分布式光伏接网能力提升措施。

2023年全国光伏制造行业运行情况

2023年，我国光伏产业技术加快迭代升级，行业应用加快融合创新，产业规模实现进一步增长。根据光伏行业规范公告企业信息和行业协会测算，全国多晶硅、硅片、电池、组件产量再创新高，行业总产值超过1.7万亿元。

多晶硅环节，1—12月全国产量超过143万吨，同比增长66.9%。

硅片环节，1—12月全国产量超过622GW，同比增长67.5%，产品出口70.3GW，同比增长超过93.6%。

电池环节，1—12月全国晶硅电池产量超过545GW，同比增长64.9%；产品出口39.3GW，同比增长65.5%。

组件环节，1—12月全国晶硅组件产量超过499GW，同比增长69.3%；产品出口211.7GW，同比增长37.9%。

全年主要光伏产品价格出现明显下降，出口总体呈现"量增价减"态势。1—12月，多晶硅、组件产品价格降幅均超过50%。

2023年国内半导体十大新闻

麒麟芯片回归　华为重返手机市场

2023年9月，华为Mate60系列手机开售，其搭载的麒麟9000S芯片引发高度关注。麒麟9000S采用先进制程技术，设计、制造基本实现国产化，连接能力方面更是跑出"5G"速度。经历了四年多轮制裁，曾经一度消失的麒麟芯片重新回归，在挺过了极端艰难时期后，华为手机强势重返市场，展现出中国高科技企业的强大韧性以及自主研发和产业链协同创新能力。

美国对中国高科技产业持续打压围堵

2023年，美国对中国高科技企业持续实施打压围堵政策，将超百家中国半导体相关机构、企业列入实体清单，通过升级版的GPU出口禁令，进一步加强对中国在AI等领域的投资限制，试图扼杀中国购买和制造高端芯片的能力。同时，在美国主导下，荷兰、日本、韩国等也相继出台出口管制措施，在设备、材料等方面强化对中国封锁，形成联合围堵局面。

中国强化出口管制　从锗镓稀土到无人机

2023年，我国相继对锗、镓、石墨、稀土等实施出口管制措施。此外，商务部、科技部修订发布《中国禁止出口限制出口技术目录》，将激光雷达、无人机纳入出口管制相关物项。中国实施出口管制措施是重要的战略举措，在有效保护自身的技术优势和创新能力，维护国家安全和经济利益的同时，也为应对来自外部的技术封锁和打压创造了博弈空间。

ChatGPT引发百模大战　国产算力底座走向台前

2022年底ChatGPT引领的大模型风潮席卷全球。2023年，互联网大厂、科技巨头、芯片企业纷纷入局，试图在蓝海抢占身位，大模型遍地开花。截至10月，百度、阿里、腾讯、华为、360、科大讯飞、商汤等国内企业发布的大模型已接近250个。以华为昇腾AI处理器为代表，中国芯片厂商正在着力构建国产大模型的算力底座。2023年8月，华为与科大讯飞联合发布讯飞星火一体机，单卡算力上，已经可以对标英伟达A100。

半导体IPO遇冷　受理企业和募资金额均大幅下滑

随着半导体周期下行，A股上市政策趋严，2023年以来A股半导体上市热潮明显减弱。据集微网不完全统计，2022年半导体产业链IPO受理企业75家，2023年半导体产业链IPO受理企业为48家，企业数量同比下降36%，且有不少企业受理后终止IPO；2022年半导体产业链75家IPO受理企业共募资1235亿元，2023年半导体产业链48家IPO受理企业共募资470亿元，募资金额同比下滑61.94%；2022年半导体产业链新股上市企业数量达45家，2023年半导体产业链新股上市企业数量29家，同比下滑35.6%。

三大代工厂齐聚科创板　华虹成今年最大IPO

2023年，8月7日，华虹半导体正式在科创板挂牌上市，继晶合集成、芯联集成后，科创板迎来2023年内第三家上市的晶圆代工企业，212亿元的募资额也成为2023年A股最大IPO。国内三大代工厂齐聚科创板，有助于借助资本市场进一步扩大产能规模，增强研发实力，丰富工艺平台，以更好地满足市场需求，提升在晶圆代工行业的市场地位和核心竞争力，也将进一步推动本土半导体制造业发展。

大基金二期持续出手布局产业链薄弱环节

2023年，随着大基金一期投资进入回收期，大基金二期承接一期职责继续投资中国半导体产业。2023年，大基金二期围绕上游半导体设备、材料、制造等领域的投资明显加大，对产业链薄弱环节布局加强，更加注重半导体企业的技术含量以及在行业产业链细分领域的地位。

OPPO终止哲库业务　大厂造芯遇阻

2023年以来，受宏观经济环境等因素影响，部分手机、家电大厂跨界造芯进程被迫终止。5月，OPPO终止哲库业务；8月，星际魅族宣布终止自研芯片业务；11月，TCL摩星半导体被曝解散团队。芯片研发的巨大投入，全球经济的不确定性，手机等消费电子市场的低迷，成为2023年倒下的芯片公司的注脚，也为芯片创业带来壮士断腕般的悲壮色彩。

华力接盘格芯　产业链并购整合加速

随着中国半导体产业已步入新发展阶段，行业龙头逐渐从不同赛道脱颖而出，行业集中度初现规模，半导体的并购浪潮也蓄势待发。年初，TCL中环收购鑫芯半导体股权，行业龙头携手独角兽助推大硅片国产化替代；年中，思瑞浦、纳芯微等模拟芯片厂商相继公告并购交易，向平台型公司挺进。年底，华力微电子接手停摆多年的成都格芯项目，比亚迪半导体接盘成都紫光，中国半导体产业的并购整合序幕正在拉开。

美光晋华达成全球和解　欲修复与中国的关系

2023年底，美国内存大厂美光宣布与中国竞争对手福建晋华就先前备受全球瞩目的为期六年的知识产权盗窃诉讼案达成和解。2023年5月，因产品存在严重网络安全隐患，中国网络安全审查办公室发起对美光的调查，并在关键基础设施领域禁售美光产品。此后，美光试图修复与中国的关系。5月，美光任命新的中国区总经理；6月，美光宣布加大在中国的投资；11月，美光CEO桑杰·梅赫罗特拉访问中国，表达了持续扩大在中国投资的意愿。

2023年我国新增充电基础设施338.6万台

中国电动汽车充电基础设施促进联盟（以下简称"充电联盟"）统计的数据显示，2023年，我国新增充电基础设施338.6万台，同比上升30.6%，桩车增量比为1:2.8，充电基础设施基本满足新能源汽车快速发展需求。预计2024年，还将新增297.7万台随车配建充电桩，公共充电桩108.4万台以及6.5万座公共充电桩场站，充换电基础设施仍将保持快速发展的态势。

截至 2023 年 12 月,通过充电联盟内成员整车企业采样 621.2 万辆新能源汽车的私人充电桩配建情况,随车配建私人充电桩达到 587 万台。充电基础设施的多元化发展表现非常明显,公共充电桩、快充、私人充电桩、随车配建私人充电桩等各种形式百花齐放。截至 2023 年 12 月,充电联盟内共统计了共享私桩 78908 台,其中,来自星星充电的充电桩达到 75660 台,占比高达 95.9%。

随着快充的迅速崛起,越来越多的运营商开始布局三相交流桩,其中,云快充以 6816 台位居第一。未来,快充、超级快充的增速或将进一步加快。但相较快充较高的投入建设成本,快充桩要想盈利尚待时日。

截至 2023 年 12 月,我国共建成 3567 座换电站,蔚来运营数量最多,高达 2333 座。浙江、广东、江苏和北京则是换电站布局数量前四的省份,分别达到 431 座、406 座、357 座和 322 座。

数据显示,广东、浙江、江苏、上海、湖北、山东、北京、安徽、河南和四川这前十大地区建设的公共充电桩占全国充电桩比为 70.7%。而充电量主要集中在广东、江苏、河北、四川、浙江、上海、山东、福建、陕西、河南等省份,电量流向以公交车和乘用车为主,环卫物流车、出租车等其他类型车辆占比较小。2023 年 12 月,全国充电总量约 38.1 亿 kW·h,较上月增长 2.7 亿 kW·h,同比增长 78.1%。

2023 年中国锂电池行业总产值超 1.4 万亿元

2023 年,我国锂离子电池(下称"锂电池")产业延续增长态势,根据锂电池行业规范公告企业信息和行业协会测算,全国锂电池总产量超过 940GW·h,同比增长 25%,行业总产值超过 1.4 万亿元。

电池环节,1—12 月消费型、动力型、储能型锂电池产量分别为 80GW·h、675GW·h、185GW·h,锂电池装机量(含新能源汽车、新型储能)超过 435GW·h。出口贸易持续增长,1—12 月全国锂电池出口总额达到 4574 亿元,同比增长超过 33%。

一阶材料环节,1—12 月正极材料、负极材料、隔膜、电解液产量分别达到 230 万吨、165 万吨、150 亿平方米、100 万吨,增幅均在 15% 以上。

二阶材料环节,1—12 月碳酸锂、氢氧化锂产量分别约 46.3 万吨、28.5 万吨,电池级碳酸锂、电池级氢氧化锂(微粉级)均价分别为 25.8 万元/吨和 27.3 万元/吨。

全年锂电池行业产品价格出现明显下降,1—12 月电芯、电池级锂盐价格降幅分别超过 50%、70%。

2023 年太阳能发电装机突破 6 亿 kW

中国电力企业联合会发布的《2023—2024 年度全国电力供需形势分析预测报告》(以下简称《报告》)显示:截至 2023 年底,全国全口径发电装机容量 29.2 亿 kW,同比增长 13.9%。人均发电装机容量自 2014 年底突破 1kW/人后,在 2023 年首次突破 2kW/人。煤电装机占比降至 39.9%,首次降至 40% 以下。煤电装机占比首次降至 50% 以下,是在 2020 年底。

2023 年,电力行业绿色低碳转型趋势持续推进,新能源发展实现"三连跳"。先看装机,全国并网风电和太阳能发电合计装机规模从 2022 年底的 7.6 亿 kW,连续突破 8 亿 kW、9 亿 kW、10 亿 kW 大关,于 2023 年底达到 10.5 亿 kW,占总装机容量比重为 36%,同比提高 6.4 个百分点。其中,并网太阳能发电装机规模从 2022 年底的 3.9 亿 kW,提高到 2023 年底的 6.1 亿 kW。

再看投资,2023 年,重点调查企业电源完成投资同比增长 30.1%,其中非化石能源发电投资同比增长 31.5%,占电源投资的比重达 89.2%。太阳能发电、风电、核电、火电、水电投资同比分别增长 38.7%、27.5%、20.8%、15% 和 13.7%。

不过,从发电量看,2023 年煤电发电量占总发电量比重接近六成,煤电仍是当前我国电力供应的主力电源,有效弥补了当年水电出力下降。2023 年,年初主要水库蓄水不足以及上半年降水持续偏少,导致上半年规模以上电厂水电发电量同比下降 22.9%。

《报告》预计,2024 年新能源发电累计装机规模将首次超过煤电装机,占总装机容量比重上升至 40% 左右。随着大规模新能源发电装机持续接入电网,部分地区新能源消纳压力凸显。中国电力企业联合会建议,加强风电、太阳能等新能源发展规划,加快推进跨区跨省特高压通道建设,继续加强系统调峰能力建设。

2023 年中国风电行业发展研究报告

一、行业简介

1. 行业介绍

全球范围内,大力发展清洁能源,促进能源结构调整、减少温室效应,形成可持续发展的能源模式,有着重要的战略意义。基于此,许多发达国家相继做出低碳发展规划。2021 年 10 月 24 日,中共中央、国务院印发的《关于完整准确全面贯彻新发展理念做好碳达峰碳中和工作的意见》正式发布,提出构建绿色低碳循环发展经济体系、提升能源利用效率、提高非化石能源消费比重等五个方面的目标。

风能作为一种可再生、不受地缘政治和能源价格波动的能源,可以减少对传统能源的依赖,提高能源安全性。另一方面,风能具有储量大、分布广、清洁、可再生等特点,没有排放污染物,对环境污染和气候变化问题有积极作用,是满足我国能源需求的重要手段。随着我国经济的快速发展,风电技术的提高与环保意识的增强,大力发展风电行业对于实现能源安全、环境保护、经济发展和国际合作等方面都具有重要意义,是当前我国能源发展的必然选择。

2. 相关政策

当前我国的能源结构仍然以化石能源为主,而风电作为一种清洁、可再生的能源,发展风电行业不仅可以优化我国的能源结构,同时还可以提高能源的可持续性和安全性。为鼓励和支持风电行业发展,加速推进能源结构改革,实现双碳目标,我国出台一系列政策推动行业发展。

根据《中共中央 国务院关于完整准确全面贯彻新发展理念做好碳达峰碳中和工作的意见》,预计 2025 年非化石能源消费比重达到 20% 左右,2030 年非化石能源消费比重达到25%左右，风电、太阳能发电总装机容量达到12亿kW以上，2060年非化石能源消费比重达到80%以上。

3. 产业链结构

从风电行业的产业链结构上看，主要分为上游、中游和下游三个环节。具体来说，上游主要包括风力发电机组、叶片、塔架等核心部件生产，代表企业有国内的明阳智能、扬州金旋、华锐风电等，以及国外的西门子、维斯塔斯等。中游则是风电设备的组装和制造，包括风电发电机组的组装、叶片、塔架等核心部件的组装和制造，代表企业有国内的中电远达、华锐风电、金风科技等，以及国外的GE、西门子等。下游则是风电场的建设和运营，包括风电场的规划设计、建设、投资、运营、维护等，代表企业有国内的华能风电、国电集团、中电投风电等，以及国外的欧洲能源、英国电力等。

目前，我国在风力发电机组、叶片、塔架等核心部件生产领域具有一定的技术实力，风电设备制造和组装产业也得到了长足的发展，相关建设和运营水平也在不断提高。我国风电产业链逐渐完善，从风机核心零部件到风电场建设、运营和维护，已经形成了比较完备的产业链。

放眼国际市场，我国拥有广阔的陆地和海洋风能，风电资源丰富，生产成本相对较低，在部分核心零部件领域具有一定的技术实力和自主研发能力，能够满足国内市场需求。未来，随着政策持续利好与不断激发的市场需求，风电产业将立足国内，同时也将为国际市场输出新技术与新产品。

二、发展现状

1. 发展现状

风电在我国能源转型和新能源体系建设中发挥重要作用，随着风电开发技术水平逐步提高，我国风电产业规模也在逐步扩大。

数据显示，我国风电行业在近几年的发展速度非常快，特别是2020年新增装机量增长了超过一倍，创下历史新高。虽然2021年受到了一些因素的影响，但随着市场逐步回暖与能源结构改革的不可逆性，预计未来，中国风电行业仍将保持较快的发展速度，成为全球风电领域的重要参与者和引领者。

根据全球风能理事会（GWEC）发布的《全球风能报告2022》显示，截至2021年底，全球风电装机总量837GW，其中中国位居第一，装机总量达338.31GW，占全球总装机容量的40.4%。

随着我国对于清洁能源的需求不断增加，以及政策支持的不断加强，我国风电产业的发展前景十分广阔。同时，我国的风电技术和设备制造能力也在不断提高和完善，未来我国风电在国际市场上的竞争力将进一步增强。

2. 细分市场

风力发电可以简单划分为陆上风电和海上风电。陆风和海风是两种不同类型的风力发电机，其差别主要体现在以下两个方面：其一，风力发电机的安装位置不同。由于海上的风速更高、更稳定，海风风力发电机的发电效率更高，但是安装和运维成本也随之攀升。其二，两种风力发电机的结构和设计不同。海风风力发电机需要考虑海洋环境对设备的影响，需要具备耐腐蚀、抗风浪、经久耐用等特点。而陆风风力发电机则更注重经济性、可靠性和稳定性，需要更好地适应陆地环境的变化。

根据国家能源局发布的数据，截至2020年底，我国陆上风电的平均利用小时数为2254h，海上风电的平均利用小时数为1806h，相较于海上风电，陆上风电的发电效率更高。公开数据显示，陆上风电的年度新增装机容量呈现出逐年增长的趋势。以2020年为例，陆上风电新增装机容量为68.61GW，同比增长188.76%。

虽然海上风电增速相对较慢，但近年来年度新增装机容量增长较快，未来随着技术创新和政策支持，在全球低碳环保的大环境下，也将迎来更加广阔的增长空间。

总的来说，陆风和海风各有所长，应根据实际需要和资源条件来选择适合的风力发电机类型。毋庸置疑的是，随着技术的不断进步和经验的积累，陆风与海风都将迎来更加广阔的市场前景。

3. 竞争格局

未来我国风电市场的竞争态势将会更加激烈。随着我国经济的快速发展，对清洁能源的需求不断增加，风电市场也将迎来更多的竞争者，企业需要不断创新、降低成本、优化产品结构。综合分析来看，我国风电市场的竞争格局主要表现在以下几个方面：

企业竞争格局：我国风电行业中，主要的企业包括华能风电、国电风电、中电投风电、大唐风电、华电新能源等。这些企业基本上是国有企业，具有较强的资金实力和政策支持，能够在发电项目投资、技术研发、设备制造等方面占据优势地位。

地域竞争格局：我国风电资源分布不均，东部地区风能资源较为丰富，而西部地区风能资源较少。因此，东部地区的风电企业在市场占有率上具有一定的优势。

技术竞争格局：风电技术的不断进步和创新是企业竞争的重要方面。目前，我国的风电技术已经达到了世界先进水平，但与国际领先企业相比还存在差距。因此，企业需要通过技术创新和提高研发能力来增强市场竞争力。

需要注意的是，政府的政策支持和补贴政策等，也会直接影响着企业的经营和发展。政策的变化会对企业的市场地位和竞争格局产生影响。

总的来说，我国风电市场的竞争格局比较复杂，企业间的竞争主要表现在资金实力、技术实力、地域优势和政策优势等方面。未来，随着我国风电市场的进一步发展和政策的调整，市场竞争格局也会不断发生变化。

三、全景预测

未来我国风电市场要继续保持快速发展，需要政府、企业和社会各界共同努力，加强技术创新、产业链完善、电网建设等方面的工作，推动风电产业的健康发展。分析来看，我国风电市场未来的发展趋势主要有以下几个方面：

1. 大规模的风电并网

随着我国风电装机容量的不断增加，大规模的风电并网将成为未来的趋势。这需要加强电网建设和智能化控制，提高电网的稳定性和可靠性。

2. 技术创新与升级

风力发电技术的不断创新和升级是未来发展的重要方向。在风电叶片、变频器、智能控制等方面进行技术创新，可以提高风电的发电效率和稳定性，降低成本，提高市场竞争力。

3. 发展海上风电

海上风电具有风能资源丰富、环境友好等优势，在未来发展中将成为一个重要的方向。海上风电的发展需要解决技术、环境、安全等问题，需要政府和企业共同努力。

4. 新能源并网发展

随着我国新能源装机容量的不断增加，新能源并网发展将是未来的趋势。需要加强新能源与传统能源的协调，提高新能源的占比，实现能源的可持续发展。

2023年我国新能源汽车销售949.5万辆，市占率达31.7%

得益于政策扶持，以及各地车展促销的配合，2023年我国车市依然保持持续向好。全年汽车产销累计完成3016.1万辆和3009.4万辆，双双突破了3000万辆，同比分别增长11.6%和12%，创历史新高，实现两位数较高增长，连续15年稳居全球第一。

作为车市中表现最好的增长点，新能源汽车在2023年依然有着亮眼的发挥。2023年12月新能源汽车产销分别为117.2万辆和119.1万辆，同比分别增长47.5%和46.4%，市场占有率达37.7%。其中，新能源商用车产销分别占商用车产销的17.4%和17.5%；新能源乘用车产销分别占乘用车产销的40.9%和40.4%。

2023年我国新能源汽车产销分别完成958.7万辆和949.5万辆，同比分别增长35.8%和37.9%，市场占有率达到31.6%，高于上年同期5.9个百分点，连续9年位居全球第一。其中，新能源商用车产销分别占商用车产销的11.5%和11.1%；新能源乘用车产销分别占乘用车产销的34.9%和34.7%。

从销售范围来看，12月新能源汽车国内销量达108万辆，环比增长16.2%，同比增长47.5%。新能源汽车出口11.1万辆，环比增长15.2%，同比增长36.5%。

2023年，新能源汽车国内销量达829.2万辆，同比增长33.5%；新能源汽车出口120.3万辆，同比增长77.6%。

从汽车集团销量来看，2023年我国新能源汽车销量排名前十位的企业集团销量合计为824.1万辆，同比增长47.7%，占新能源汽车销售总量的86.8%，市占率高于上年同期5.8个百分点。

在新能源乘用车市场中，随着车型品种的丰富，新车型的大量上市，以及车辆价格下探等因素影响，2023年新能源A0级及以上车型同比均呈正增长，其中D级车型涨幅最大，A00级同比下降。目前新能源乘用车销量主要集中在A级，累计销量达347.1万辆，同比增长45.5%。

从售价区间来看，2023年新能源乘用车中，8万元以上价格区间车型同比呈现正增长，其中35万~40万元价格区间的车型涨幅最大，同比增速超过1倍。8万元以下同比下降。目前销量仍主要集中在15万~20万元价格区间，累计销量283.3万辆，同比增长52.7%。

新能源汽车市场持续、快速的发展也带动了动力电池市场的稳步提升。2023年12月我国动力和其他电池合计产量为77.7GW·h，环比下降11.4%，同比增长48.1%。2023年全年我国动力和其他电池合计累计产量为778.1GW·h，累计同比增长42.5%。

销量方面，2023年12月我国动力和其他电池合计销量为90.1GW·h，环比增长7.1%。其中，动力电池销量为72.1GW·h，占比80.0%，环比增长5.9%，同比增长38.2%；其他电池销量为18.0GW·h，占比20.0%，环比增长12.5%。

2023年全年我国动力和其他电池合计累计销量为729.7GW·h。其中，动力电池累计销量为616.3GW·h，占比84.5%，累计同比增长32.4%；其他电池累计销量113.4GW·h，占比15.5%。

出口方面，2023年12月我国动力和其他电池合计出口19.4GW·h，环比增长8.5%，占当月销量的21.6%。其中动力电池出口13.9GW·h，占比71.6%，环比增长7.0%，同比增长48.4%。其他电池出口5.5GW·h，占比28.4%，环比增长12.6%。

2023年全年我国动力和其他电池合计累计出口达152.6GW·h，占前12月累计销量的20.9%。其中，动力电池累计出口127.4GW·h，占比83.5%，累计同比增长87.1%。其他电池累计出口25.2GW·h，占比16.5%。

装车量方面，2023年12月我国动力电池装车量为47.9GW·h，同比增长32.6%，环比增长6.8%。其中三元电池装车量为16.6GW·h，占总装车量的34.5%，同比增长44.9%，环比增长5.3%。磷酸铁锂电池装车量为31.3GW·h，占总装车量的65.3%，同比增长26.8%，环比增长7.5%。

2023年全年我国动力电池累计装车量达387.7GW·h，累计同比增长31.6%。其中三元电池累计装车量为126.2GW·h，占总装车量的32.6%，累计同比增长14.3%。磷酸铁锂电池累计装车量为261.0GW·h，占总装车量的67.3%，累计同比增长42.1%。

企业装车配套方面，2023年我国新能源汽车市场共计52家动力电池企业实现装车配套，较去年同期减少5家，排名前3家、前5家和前10家动力电池企业动力电池装车量分别为305.5GW·h、338.6GW·h和375.3GW·h，占总装车量比分别为78.8%、87.4%和96.8%。

可以看到，2023年动力电池装车量的集中度在收缩，排名靠后的动力电池企业逐渐被市场淘汰。同时，宁德时代和比亚迪虽然仍牢牢占据前两把交椅，但市占率也有所稀释，随着新能源汽车市场不断地高速提升，一些排名靠前的动力电池企业仍有机会继续扩大市占率。

充电基础设施方面，2023年充电基础设施增量为338.6万台，同比上升30.6%。其中公共充电桩增量为92.9万台，同比上升42.7%，随车配建私人充电桩增量为245.8万台，同比上升26.6%。

截至2023年底，全国充电基础设施累计数量为859.6万台，同比增加65.0%。桩车增量比为1:2.8，充电基础设施建设能够基本满足新能源汽车的发展速度。

会员大事记

2024华为中国数字能源伙伴大会顺利召开

2024年2月27日，2024华为中国数字能源伙伴大会在深圳盛大举行。此次大会吸引了来自全国的伙伴、产业组织以及媒体等2000多人现场参会，结合线上共近万人参会，共同探讨和展望了能源产业的发展趋势，与华为携手合作，共同致力于推动能源产业的高质量发展。

全球能源低碳转型按下加速键，催生全新产业机遇

碳中和、智能化引领人类社会进入生态文明发展时代，其中包括以新能源为主体的新型能源体系，电动化加速、交能融合的新型交通体系，人工智能成为新生产力的创新智能世界等。能源、交通、信息进入产业融合发展期，创造更多商业价值，催生全新产业机遇。

华为董事、华为数字能源总裁侯金龙在主题演讲中表示："华为数字能源坚持科技创新，融合数字技术和电力电子技术，打造新型电力系统能源基础设施、新型电动出行能源基础设施、新型数字产业能源基础设施等'三新能源基础设施'。同时，华为数字能源将持续深化生态战略，建立'更信任''更盈利''更简单''更成长'的合作伙伴体系，携手各类伙伴协同发展，共促产业高质量发展。"

全面拥抱AI，加速低碳化、智能化的数字能源世界到来

当前数字化已经成为新能源的关键技术，华为最早将数字技术带入到光伏领域，开创了"智能光伏电站"时代。经过十年发展，华为引领的智能组串式逆变器已经成为市场主流，全球市场份额从十年前的17%到如今的70%以上。数字化电站比例从10%提升到80%。同时，华为数字能源聚焦清洁能源基地、城市园区能源系统、绿色低碳家庭能源、充电基础设施、新能源汽车动力、智算基础设施等领域，全面拥抱AI，华为数字能源推进更多的技术与业务场景融合，加速低碳化、智能化的数字世界到来。

打造新型电力系统能源基础设施，利用AI+构网技术助力电站自动驾驶，让新能源支撑电网稳定可靠。华为数字能源打造了智能风光储发电机，实现主动电压构建、重构电压稳定、重构频率稳定、重构功角稳定，满足电力生产、传输、消费全场景应用，开辟"AI+构网新时代"。沙特红海新城作为全球首个GW级Grid Forming光储电站，项目已实现400MW带载并网运行和1.3GW·h储能独立稳定构网，支持100%新能源绿色供电，为百万人口城市提供清洁电力。

针对千行百业工商业园区低碳发展要求，采用AI+源网荷储一体化协同方案，以智能组件控制器、智能光伏控制器、智能组串式储能、智能光伏云、全液冷充电为核心的低碳园区源网荷储一体化解决方案助力工商业园区低碳发展。信承瑞绿色低碳工厂作为江苏首个"光储一体化"民营企业，一期建设8MW·h储能电站、1.6MW光伏，实现稳定可靠用电，直接电费降低24%，每年减碳620吨，扩展充电、虚拟电厂、综合能源管理等绿色能源解决方案应用。

让新能源车用上新能源电，华为全液冷超充一体化架构，协同主机厂，共同推进全面高压化、全面超快充的发展进程，助力电动车与新型电力系统高质量协同发展。目前华为全液冷超充部署已超1万桩，覆盖全国31个省份，打造覆盖城际充电、专用场站、城市公共、驻地充电的高质量充电目标网。预计2024年底在全国340多个城市和主要公路布局10万桩以上华为全液冷超/快充，携手伙伴共同构建超充产业生态圈。

聚焦高速服务区、充电场站、园区停车场充电站3大目标场景，华为数字能源推出光储充1+4+X融合方案。通过光储充协同调度，降低变压器容量约40%，提升光伏发电自消纳比例约50%，降容增效。基于能源数字化平台，打造AI光储特性，结合光伏发电预测，负荷预测，电价曲线，实现柔性调度，即到即充，支撑更大功率充电，降低充电等待时长，提升用户的用能体验。储能削峰填谷，平移充电需求，降低充电成本约20%。提升充电桩的使用率约30%，带来更多的收益。最终光储充实现统一管理，智能协同，安全可靠，高效营维，实现后期极简的运维。

打造面向智算DC新架构，让每一瓦特承载更多算力，其中包含新型供电架构，通过供电架构中压化、绿电接入、叠储，构建源网荷储一体化供电，参与新型电力系统的构建，融入绿电园区，让绿色电力带来绿色算力；新型制冷架构，从风冷系统走向风液融合，灵活调节风液温控比例，柔性应对业务变化，持续引领"超可靠绿色智算时代"，让数字世界坚定运行。

产业共融，打造数字能源高质量生态体系

华为数字能源中国区总裁周建军表示："面对数字能源大时代，需要大合作、大共赢，开展生态合作，坚持有所为、有所不为，与产业伙伴、标准伙伴高效协同，联合伙伴打造场景化方案，更好地服务好客户。目前华为中国数字能源已有2000多家合作伙伴，持续增加生态的厚度，抓住产业大发展战略机会。"

华为数字能源将持续深化生态战略，坚持"以利益为纽带，以诚信为基础，以规则为保障"原则，不断强化"研、营、销、供、服"能力，端到端支撑伙伴更快、更好、更便捷地服务客户，建立"更信任""更盈利""更简单""更成长"的合作伙伴体系，使能伙伴从通路型伙伴向能力型伙伴转变。

大会上，杭州品联科技公司董事长陈文勇分享与华为合作历程："2013年开始与华为合作，经过十年发展，完成从通路型伙伴到能力型伙伴转变，从销售伙伴到共建光伏融合生态，公司持续实现跨越式发展。"

重庆渝隆资产经营（集团）有限公司董事长王源源表示："与华为的合作从相识、到相知、到相伴、再到共行，我们坚定选择华为共建高质量充电基础设施，共同打造'愉秒充'新能源综合服务供应商标杆品牌，全面融入超充生态圈，计划3年内在全国布局、建设、运营1000座超快充站。"

"自2019年后依托华为大平台及渠道政策支持，我们大力拓展全国业务。"上海骏森明电子科技有限公司董事长徐长城分享时表示，"2023年至今，华为数字能源对伙伴保护政策的坚持以及更多的支持和激励，让伙伴们在提升受益的同时也坚定了信心。"

活动现场发布了蒲公英计划，旨在深化生态战略，打造数字能源能力型伙伴体系。通过提升伙伴规模、选拔能力型伙伴，同时培养伙伴营销、打单、服务等能力，成立亿元俱乐部，助力伙伴实现商业成功。

能源产业发展进入快车道，科技创新驱动产业迈入数字能源新时代，华为数字能源正携手客户、伙伴，共建绿色美好未来。

科华数据核级 UPS 护航中广核防城港核电站 3 号机组首次并网发电

2023 年 1 月 10 日 20 时 29 分，我国西部地区首台"华龙一号"核电机组——中广核广西防城港核电站 3 号机组首次并网成功，标志着该机组具备发电能力，向着商业运行目标又迈出了关键一步。科华核级电源保障系统以高可靠筑基，全方位护航中广核防城港核电站 3 号机组安全运行。

"华龙一号"是我国自主知识产权的三代核电技术，也是目前世界上最先进的核电技术之一。"华龙一号"采用 177 组堆芯燃料组件、双层安全壳、能动与非能动相结合等多项设计特征，满足世界最高安全要求和最新技术标准。截至目前，中广核旗下共有 7 台"华龙一号"在建核电机组，已形成批量化建设态势。

长期以来，科华积极响应国家能源安全新战略，主动肩负起国家科技重大专项使命和责任，助力推动中国核电产业高质量发展。凭借 30 多年电力电子技术研发与制造经验、10 余年核电行业应用经验，科华参与到我国西部地区首台"华龙一号"核电机组——中广核广西防城港核电站 3 号机组建设中。

2022 年，科华结合中广核防城港二期建设需求，量身提供了核级电源保障系统，全面护航核电站核岛各子系统设备安全稳定运行。该项目使用了科华和中广核联合研发的核级 UPS，该核级 UPS 通过了中国机械工业联合会组织的专家鉴定评审会评审鉴定并顺利取得了科技成果鉴定证书，填补了国内核级 UPS 的技术空白，加强了我国核能产业自立自强能力。在防城港二期项目执行过程中，科华积极配合中广核公司项目进度需求，按时提交项目文件，及时响应售后服务需求，为中广核防城港项目建设提供有力的保障。

山特揽收 2023 年中国智能建筑品牌两大奖项

智慧连接，"筑"就未来。第二十四届 CIBIS 建筑智能化峰会、2023 年度"中国智能建筑品牌奖"颁奖典礼在广州盛大召开。山特凭卓越的品牌建设及在建筑业的实践应用，斩获"2023 年十大智能配电品牌奖""2023 年优秀建筑能源管理品牌奖"，满载盛誉与荣光。

"中国智能建筑品牌奖"已有 21 年历史，凭客观、公正、权威等特性，被誉为智能建筑行业的"奥斯卡奖"。本次评选聚焦企业在智能建筑、智慧连接、数据中心、能源管理等领域的品牌建设、技术创新，旨在推动建筑产业的快速发展与产品应用落地，助力行业未来发展。

向"绿智"而谋，建筑能源管理之策满载盛誉

"3060"双碳目标带来的变革超乎想象，公共建筑高能耗的问题也日益突出。峰会现场，山特行业应用解决方案资深工程师丁财英带来了《智能建筑的能源管理策略》的主题分享，与行业专家、企业代表共同探讨智能建筑的节能策略。

山特行业应用解决方案资深工程师丁财英分享时说："建筑业降耗节能、降本增效是不可逆转的潮流。山特作为全方位电源解决方案提供商，独有的创新节能技术 EAA（Energy Advantage Architecture），可以在不同供电环境中，更大化降低 UPS 自身能耗，达到更优节能效果。"

以厚积薄发，获行业两大权威奖项

在 2023 年度"中国智能建筑品牌奖"颁奖典礼上，山特在智能配电和能源管理上的杰出成就，被市场、行业双向高度认可。耀眼荣誉会成为山特前行的不懈动力，引领山特以初心本质、精益产品，赋能建筑业迈向智慧美好的未来。

凭创新成果，合作多场景智慧应用

深耕建筑行业的应用场景和需求痛点，山特与客户的携手合作实现了场景的全面拓宽。安全可靠、高效便捷、绿色低碳、智能运维的供配电产品及一体化数据中心，在酒店、医院、商场、商业地产广泛应用，保障建筑内各重要系统、关键设备、信息数据的安全。

山特灵聚 2.0 Aisle 一体化数据中心解决方案被客户高度认可，一周时间完成快速部署，以高效节能、易扩展部署、智能管理特性，保障某大厦楼宇自控、安防、综合布线等多系统的智慧运行。

为满足安全可靠、绿色节能、高效便捷的功能需求，山特为某医院核心机房、综合布线间、ICU、影像设备间等多个系统，提供了山特灵聚 2.0 Aisle 一体化机房，及城堡 3C3HD、C3KS 等 60 余台 UPS 产品。

这是一场精彩纷呈的智能化趋势探讨盛会，从多维度呈现出建筑业的发展动态。电能供应和管理作为智能化的基座，山特将不断强化自身的技术研发和产品创新，为建筑的智慧连接筑牢电力保障，为行业发展持久护航。

航嘉荣获国家级荣誉

7 月 14 日，2023 年深圳市"工业绿色高质量发展"节能大讲堂在深圳福田 CBD 逸扉酒店举行。

会上，颁发了第七批国家级绿色工厂、第七批国家级绿色供应链、第七批国家级绿色产品 3 类奖项，总计 24 家获奖企业。

航嘉被授予第七批绿色产品荣誉称号，值得一提的是，2022 年度荣获此项殊荣的深圳企业仅两家，航嘉便是其中之一。这是工业和信息化部针对符合"绿色发展"企业给出的权威认定，这意味着航嘉瞄准"双碳"目标，在持续推动工业绿色低碳循环转型发展道路上又迈出了坚实一步。

航嘉的绿色低碳之路源于 2010 年，2023 年是第 13 年，其低碳的外延已经包括了产品生产、研发设计、测试及包装等环节。航嘉电工本次获得绿色产品荣誉，既是所有参与者的辛勤汗水所得，也是所有航嘉人的荣誉和骄傲！

禾望电气获得全球首张构网型变流器证书

国际知名机构 DNV 为禾望在线颁发了全球首张构网型变流器证书，确认禾望的风电变流器（WPC），已通过适当的方法得以验证，符合以新能源发电为主体的未来电网对构网型变流器的技术要求。

自 2021 年起，禾望与国际知名机构 DNV 合作，参与了欧盟 Horizon 2020 支持的科研项目 Wingrid，在主流风电整机企业的支持下，于荷兰阿纳姆的 DNV 数字测试实验室顺利开展了一系列针对构网型变流器的前沿性研究和检测工作。合作项目基于机电和电磁联合仿真控制器硬件在环（CHiL）测试平台（包括实时数字仿真系统、Bladed® 系统、风机 PLC 控制器和变流控制器硬件等），将经过验证的机械模型与实时电气模型和控制器硬件结合起来，用于在各种电网和风力条件下对构网型变流器及风机系统的测试、验证。

构网型控制是未来新能源发电设备中最具发展潜力的新兴控制方式，有望满足未来以新能源发电为主体的新型电力系统对并网控制的迫切要求。这一全新的控制模式，在学术上和工程上具有很高的创新价值和技术挑战。

合作项目基于上述硬件在环（CHiL）联合测试平台，开展了很多前沿性研究工作，并取得了相关创新突破。项目攻坚团队最终全面验证了禾望风电变流器的电压/频率自主形成特性、各种电网条件下的电能质量、自主惯量响应特性、低/高电压故障穿越能力、端口阻抗特性以及在风机主控支持下的风机黑启动能力等，均达到相关技术要求及学术研究水准。在该测试平台上的研究与验证，已将前沿的构网型控制技术落实到主流的风电变流器及风电机组，为构网型控制技术及多机系统在风电领域的技术发展和批量应用打下坚实基础。

本项目的成功开展，再次证明了禾望在行业里的创新能力和技术实力。同时还在高度创新的风能行业里，树立了主流新能源设备制造商与国际认证咨询机构之间的合作典范。禾望后续将进一步加强与各方的协作创新，推动构网型控制需求特性和测试方法的完善，以尽早实现构网型控制在新能源行业的广泛应用。

作为一家综合性的电力电子及控制技术公司，禾望始终支持客户和电网运营商，为其在发展过程中面临的挑战不断提供先进而富有竞争力的解决方案。禾望的主要产品涵盖风电变流器、变桨控制系统、光伏逆变器、电池储能系统、静止无功发生器、工业变频器和电网模拟检测装置等。禾望将继续努力，不断建立在电力转换和控制技术上的领先优势，包括电能质量、电机控制、电网适应、电网支撑和构网能力等。

汇川技术展现岸电绿色硬核实力

2023 年 8 月 20 日凌晨 5 时，"地中海米歇尔卡佩里尼"轮在宁波舟山港穿山港区集装箱码头 6 号泊位从船舶岸电系统成功解列，并于当日 7 时顺利离泊。本次接电服务累计供电时长达 61h，单次供电电量达 11.62 万 kW·h，创下了国内岸电系统单船最大接电量纪录。

从 2016 年汇川第一套岸电样板点破局、到岸电系统 5 大关键技术制高点的持续突破，汇川岸电技术开启新时代，已助力全国港口实现常态化连船。同时，融合数字化技术，打造岸电专业化运维管理系统，让连船流程标准化、用电数据可视化。帮助客户建好用好岸电系统，是汇川不变的宗旨。

五大关键技术，保障常态化连船
- 完美解决不同场景中岸电连船并网问题

涌流抑制控制技术：软件及硬件涌流抑制双解决方案，创新性的"逐波限流"涌流抑制算法及岸电专用涌流抑制设备，完美解决不同场景的岸电连船并网问题。

- 保障连船全过程流畅稳定

稳定负载转移控制技术：船载辅机特性全匹配性的设计，创新"仿真发电机有差特性"技术，船舶并网、负载转移及解列平稳无波动，确保连船全过程流畅稳定。

- 保障岸电系统并网运行安全

智能逆功率控制技术：岸电专用逆功率控制算法，并网过程中产生的逆功率完全采用软件智能控制，从根源上直接解决逆功率问题，保证岸电系统并网运行安全。

- 保障船侧用电连续、稳定、高效

电源稳态控制技术：岸电专用电源平台产品及控制算法软件，实时分析船侧用电特性，调整电源输出，确保电源始终工作在稳态模式，确保船侧用电连续、稳定、高效。

- 灵活供电，提高能效

岸电智能微网配电技术：根据靠泊船舶容量的需求，给船舶提供针对性的容量供给，根源上解决岸电系统连船的连续供电和冗余问题。

提升复合使用率与效率，解决港口大容量船舶与小容量船舶靠泊用电量需求问题，提升岸电复合使用率与效率。

目前，汇川技术建设港口岸电系统（含在建）已达 240 套，同时助力 70 个港口码头实现岸电常态化连船，连船次数超过万余航次，累计用电量超过 5000 万 kW·h。经粗略试算，通过汇川技术提供的岸电系统每年可减少排放二氧化碳 271162935.2kg、二氧化硫 2571100.16kg、氮氧化合物 1845812.8kg。其中，二氧化碳的减排量相当于近 100 万人口全年呼吸释放的二氧化碳总量。

践行"绿水青山就是金山银山"，全面贯彻落实国家"双碳战略"，助力客户贯彻推进"碳达峰、碳中和"工作，汇川技术一直在路上！

台达武汉研发中心新大楼揭幕启用

2023 年 12 月 12 日，全球电源管理及散热管理厂商台达宣布，台达武汉研发中心新大楼正式启用，总面积达 15300m^2，相较之前扩增近五倍，将聚焦数据中心、5G 通信设备、电动车充电及车联网、新能源及智能微电网、工业物联及智能制造等领域的研发创新，并强化与武汉当地客户及高校的合作。开幕仪式以"共融、创新、数智、低碳"为主题，昭示台达将在智能、低碳及数字化领域投入更多研发能量，扩大全国研发规模。未来五年内，台达武汉研发中心团队规模将增长五倍，致力促进台达在华中地区研发力量的进一步发展。湖北省台办主任程良胜、武汉市台办主任刘红鸣、武汉光谷现代服务业园建设服务中心主任刘励力、华中科技大学教授康勇等领导、专家皆莅临，与台达副董事长柯子兴、台达上海暨杭州设计中心主任章进法博士共同为新楼揭幕。

台达副董事长柯子兴强调，创新是台达可持续发展的核心。台达每年将全球营收的8%用于创新研发，拥有70多个遍布全球的研发中心。在中国大陆，台达设有30多处研发中心与实验室，在智能制造、绿色建筑、低碳数据中心、汽车电子等领域，提供更洁净、高效且可靠的节能解决方案。武汉作为中部地区的核心城市，围绕国家高科技战略发展目标，打造出中国光谷产业聚落，形成了良好的科创环境。武汉教育资源丰富，人才众多，台达长期支持电力电子科教发展，其中包含资助华中科技大学43个科研项目、2位中达学者、4位台达访问学者、3位中达青年学者（奖），发放奖学金150人次。未来，台达将立基武汉，不断拓展研发版图，以电力电子技术为核心，致力开发出更高效、低碳的产品，实现"双碳"目标，助力武汉加快实施创新驱动发展战略。

华中科技大学教授康勇表示，非常感念台达创办人郑崇华先生自2000年起出资设立"台达电力电子科教发展计划"，不仅为高校师生提供科研资助，更每年举办"台达电力电子新技术研讨会"，为中国电力电子学科的人才培育、科研进步及技术交流做出诸多贡献。武汉作为中国科教的重要城市，人才资源丰富，相信华中科技大学未来会有更多机会与台达武汉研发中心合作，共同促进电力电子学科的进一步发展。

武汉光谷现代服务业园建设服务中心主任刘励力指出，台达是落户武汉软件新城的又一大骨干企业，台达武汉研发中心新大楼的启用，将助力武汉软件新城高新产业的进一步发展。台达拥有深厚的科技创新及产业发展基础，相信在政企的共同努力下，在全球经济发展、中国高质量发展的驱动下，势必将迎来产业蓬勃发展的春天。

台达早在1998年便入驻武汉，以营销与服务为主，又于2006年在武汉成立研发中心。经过十几年发展，目前，武汉分公司已拥有130位员工，其中100多位是研发人员。台达上海暨杭州设计中心主任、武汉研发中心负责人章进法博士介绍，武汉研发中心将持续聚焦数据中心、5G通信设备、电动车充电及车联网、新能源及智能微电网、工业物联及智能制造等领域的研发创新；并重点关注数据中心及网络基础设施领域的创新，提出如机房供电及整体解决方案、机架及服务器解决方案、高效率服务器电源、浸没式液冷电源等，具备更高可靠性、更低能耗、更少投资、更小空间和更短建设期的产品与方案，以数字化、智能化赋能科技与生产。同时，台达重视人才培育，自2000年起设立"台达电力电子科教发展计划"，邀请清华大学、浙江大学、华中科技大学等12所重点大学参与，促进高校电力电子与电气传动等相关学科的创新发展和人才培养。

台达常年投入前沿领域技术研发，积极落实"环保、节能、爱地球"的经营使命，呼应"双碳"目标，从核心竞争力中，运用产品、厂区与绿色建筑三个方面，实践节能减碳。同时持续拓展生产及研发规模，除在江苏吴江、安徽芜湖、湖南郴州等厂区，杭州、武汉等研发中心进行扩建外，正加快建设台达西部生产基地。本次武汉研发新大楼开幕仪式通过"立基武汉、同创双赢；创异立新、赢向未来；数字科技、智慧赋能；绿色节能、零碳新章"四个方面，体现台达期待携手武汉政府、高校及上下游产业伙伴，建设研发制造高地，共同打造开放的"新沿海"。参与开幕式的台达主管还有台达全球事业运营执行副总裁尹镟博、泰达电子董事长黄光明、台达中国人资长廖哲彦、台达公共事务部高级总监吴美慧等。

阳光电源助力建成全球首个海上构网型储能

在广西北海，北部湾中部，坐落着"中国最美海岛之一"涠洲岛，这里的民生和生产用电主要来自燃气、余热、光伏等清洁能源。由于高比例新能源的接入，以及不与大电网相连，涠洲孤网不仅要解决电压频率波动、惯量不足等问题，还需要在发生失电情况时，依靠"黑启动"快速恢复供电。

近期，由中国海油建设的全球首个海上构网型储能项目——涠洲岛5MW/10MW·h储能电站成功投运，借助阳光电源的构网型储能技术，解决了以上难题，打造出中国首个源网荷储一体、多能互补的海上油田群智慧电力系统！

构建电网：助力建设更强电网

区别于传统跟网型储能，构网型储能能够主动识别电网情况，更精细主动地平抑电网波动。阳光电源运用十年虚拟同步机技术实践经验，能够让储能系统模拟传统同步发电机的运动特性，主动构建电网电压和频率，提供惯量支撑，实现实时稳压、构建电压、ms级惯量响应等，提高电网强度。

解决失电难题：快速恢复供电

不仅是电压、频率调节和惯量支撑问题，构网技术还有助于解决极端环境导致的电网失电难题。涠洲储能电站，在国内首次实际运用储能黑启动功能，能够在电网失电情况下，重启燃气发电机，快速恢复供电。

当前，构网技术处于发展初期。但面向未来新能源高比例接入，发电侧、电网侧、用户侧多元主体深度协作，"源网荷储"协调发展的新生态，构网技术是建设高质量电网的重要助力。阳光电源推出的包括调频调压、惯量支撑、黑启动等多种构网技术在内的"干细胞电网技术"，将持续助力清洁高效的新型电力系统发展。

回顾中兴通讯2023

2023年，全球经济面临着较大的不确定性，供应链的波动、外部环境的错综复杂等因素，给企业经营带来了挑战。

与此同时，在这个瞬息万变的时代节点上，一幅数智浪潮激荡的画卷正徐徐展开，人工智能、物联网、5G-A等创新科技引擎，正推动着千行百业的快速转型，为新经济格局的重塑创造了历史性的机遇。

在这充满挑战与机遇的一年，中兴通讯秉承着"精准务实，稳健增长"的经营策略，克服重重困难，强化经营韧性的同时，用创新的 ICT 技术，驱动自身、行业、产业、社会的数字化转型升级。

下面通过一些关键词，一起来回看中兴通讯这一年留下的印记。

精准务实　稳健增长

2018 年以来，中兴通讯坚持聚焦提效、固本拓新，战略规划得到了有效的执行落地。2019 年到 2022 年，公司营收、归母净利润的年复合增长率分别达 10.7%、16.2%，整体经营实现了"有质量增长"，同时，研发投入占比从 2019 年的 13.8% 提升至 2022 年的 17.6%。

2023 年，面对复杂的外部环境，中兴通讯提出了"精准务实，稳健增长"的经营策略，通过在"核心底层突破、基础设施和能力升级、生产和交易效率提升"三个层次全方位发力，保证了公司经营的整体稳健。前三季度，公司实现归母净利润 78.4 亿元，同比增长 15.0%。同时，在研发上，公司基于产品成长性和资源投入的平衡，坚持"精准务实"，实现资源的高效投放。前三季度，研发投入 190.6 亿元，占营业收入的 21.3%。

此外，为增强自身竞争力和外部适应性，作为数字原生企业，公司坚持数字化转型，通过部署统一的数字化平台，构建 SPIRE 供应链，打造在研发、运营、办公、生产等领域全云化、智能化、轻量化的"极致云公司"，强化组织的柔性、弹性和韧性，并通过加强外部高效链接，与合作伙伴优势互补，共同应对挑战，实现组织生产效率和交易效率的提升。

立足连接拓展算力　推进双曲线战略落地

2023 年，周期轮动效应显著，大型企业经营的不确定性增强。为跨越这一周期轮动的鸿沟，中兴通讯紧紧抓住了数字经济的确定性，通过实施双曲线战略组合，推动企业的长远发展。

对于以连接为主的第一曲线，公司稳中求进，不断推进技术创新，通过 5G-A 和光网络等的持续创新引领行业发展，携手运营商和产业合作伙伴加速场景、价值驱动。公司无线、有线核心产品市场地位保持行业领先。

对于以算力为代表的第二曲线，中兴通讯正加速拓展，力求为公司贡献重要的业绩增量。目前，公司服务器及存储、数据中心、数据中心交换机等算力基础设施产品正展现出较强的发展势头，云电脑、通信储能、汽车电子等产品也在逐步展现其价值。

这一年，数智化产业趋势，如东数西算和 AIGC，正引领数字经济浪潮的爆发。公司加速从连接向算力的深化拓展，不断加强"连接+算力"两大业务方向的协同，推动技术、产品和应用创新。

面向 5G-A 新阶段，中兴通讯基于核心场景拓展和技术能力演进，持续兑现领域价值。面向消费者，以超双万兆极限网络、智能超表面、通感一体等系列 5G-A 技术赋能亚洲体育盛会；面向垂直行业，完成业界首个基于 5G-A 技术的工业现场网预商用验证，行业赋能深入核心生产域，并完成首个轻量化 5G（RedCap）超大规模商用部署，加速行业数字化进程；面向数智社会，完成首例 5G-A 通感算一体车联网架构技术验证，并实现业界首个通感一体多站组网部署，助推低空新经济发展；完成 NTN 卫星宽带及可视电话等多项业务实验室验证，推动广域互联多场景应用部署。

围绕全光网络的演进，公司进行了一系列创新技术探索与研发，400G OTN 超宽长距传输为东数西算光基底；业界首个 800G OTN 可插拔光模块，可使单板密度提升 1 倍，Gbit 功耗降低 68%。在 PON 领域，中兴通讯完成首个 50G PON & XGS-PON Combo 现网试点，同时发布新一代 FTTR 产品 RoomPON 5.0，进一步以光筑基打造智家新生态。

同时，为满足不同场景需求，打造泛在多样的智能算力，中兴通讯推出了创新性的硬件设备和软件平台。这些包括数据中心、通用计算、智能计算、高性能存储、训推一体、高速交换网络等硬件设备，以及智算资源管理平台和 AI 开发平台等软件支持。围绕智算大模型，中兴通讯从"通用"到"专用"，预训练了多个细分领域大模型，并已应用于多个具体场景。

助力数实融合　构建新质生产力

2023 年，产业数字化进入关键时期，需求侧面临业务融合难、管理成本高、创新受限等问题，供给侧则需应对高要求与低成本、碎片化与规模化、投入大与变现慢等矛盾。中兴通讯联合行业合作伙伴，打造"工业现场网+数字星云 2.0"方案，通过连接、算力和能力的持续积累，助力解决产业数字化的挑战和问题。

围绕 5G 全连接工厂的建设，公司实现了 ms 级时延、μs 级抖动、五个"9"超高可靠性，满足生产域的网络性能需求；系列化算网一体产品及服务，支撑"网+算"的融合部署；工业级网关弥补 5G 行业终端在工业协议支持及确定性的短板；免规划、免调测、免运维的三免自服务降低 5G 专网门槛，保障企业 IT 可运维。公司"数字星云 2.0"平台，通过积木式的软件模块组合，降低开发门槛，支持快速定制数智化应用部署。目前，公司已联合 1000 多家行业伙伴积极探索各行各业的价值场景，通过数智化手段推动传统生产力向新质生产力的转化，助力产业升级。

创新引领　打造全场景智慧生态

2023 年，终端市场的竞争愈加激烈，仅靠产品性能的提升已无法满足消费者对个性化、智能化的更高追求。中兴通讯坚持以创新为本，将人工智能作为推动创新和提高用户体验的重要引擎，不断深耕移动影像、游戏电竞、裸眼 3D、卫星通信、5G 普惠、全面屏、移动 WiFi、5G CPE 等全场景智慧生态，基于 MyOS 实现生态产品互联互通。

公司移动互联产品 5G MBB & FWA 全球市占率继续领跑。红魔在高端游戏手机市场份额位列第一。此外，全球首款 AI 裸眼 3D 平板电脑 nubia Pad 3D、最新影像旗舰 nubia Z60 Ultra 系列、电竞手机红魔 9 Pro 系列，以及 ZTE Blade V50 Design、nubia Neo 5G 等智能终端新品在全球陆续上市发售。

科技向善践行可持续发展

2023 年，全球对企业 ESG（环境、社会和公司治理）的关注度显著提升，反映了投资者和社会对企业经营可持续性和承担社会责任的期望。中兴通讯长期致力于将 ESG

理念融入公司治理和运营的各个环节，以推动社会、环境及利益相关者的和谐共生。

2023年，中兴通讯宣布加入"科学碳目标倡议"（SBTi），根据倡议要求，将设置短期减排目标和长期净零目标，在5~10年内达成与1.5℃温升限制路径一致的温室气体减排目标，并最迟于2050年前达到净零排放。同时，公司也积极推动产业一致行动，2023年已完成了150多家供应商双碳审核，并向全球供应商发布《关于供应商启动双碳战略规划的要求函》，倡导呼吁上下游共同绿色发展。

此外，公司积极践行科技向善理念，与电信运营商一起，用因地制宜的创新网络覆盖方案解决了偏远地区和极端环境下的通信与发展需求，为全面建设数字中国积极贡献力量。2023年，公司联合运营商在可可西里开通了第一个5G基站，开启了动物保护与生态文明建设的新篇章；中兴通讯大载荷长航时无人直升机载应急通信系统完成了"三断"极端场景下的应急通信保障，2023年防汛期间在北京门头沟为当地民众第一时间恢复通信，以科技力量守护灾区生命线。

回顾2023年，中兴通讯在挑战中前行。2024年，外部环境的复杂性和不确定性将进一步持续，公司深知未来的道路依然充满艰辛和荆棘，公司将强化战略定力，坚持创新驱动，通过不断优化产品和服务，提升自身的核心竞争力，来应对未来的不确定性。

中兴通讯真诚期望与所有合作伙伴一起，积极探索新的业务模式，共拓第二曲线，为安全穿越产业周期，寻求更多的增长动力，共同书写数字时代的新华章。

中科海奥荣获省级企业技术中心认定

安徽省工业和信息化厅公布了2023年省级企业技术中心认定结果，安徽中科海奥电气股份有限公司成功获得安徽省企业技术中心认定，标志公司技术创新能力与综合实力迈上新台阶。

安徽省企业技术中心是安徽省工业和信息化厅对符合条件的企业技术中心予以的权威认定，旨在贯彻创新驱动发展战略，发挥企业在技术创新中的主体作用，建立健全企业主导产业，技术研发创新的体制机制。

中科海奥一直以来坚持以国家大科学工程聚变电源技术为背景，与中科合肥技术创新工程院联合创建高功率电力电子应用研发中心，推进高功率电力电子、物联网和人工智能联合创新技术产业化进程，以先进的基于客户导向的集成产品开发模式进行卓越产品开发，建立协同创新机制。此次荣获省级企业技术中心认定，进一步彰显了中科海奥推动科技成果转化为商业和社会价值的实力。

动力源荣获2022—2023年度中国电动车共享换电/换电方案技术创新品牌奖

2023年8月25日，在电动自行车产业重镇无锡，由起点锂电、起点钠电、起点充换电、中国新能源企业家俱乐部联合主办的第三届中国电动自行车产业生态大会暨轻型动力电池技术高峰论坛拉开帷幕。来自行业协会、两轮车共享换电和锂电池等各细分领域的同仁齐聚一堂，聚焦电动自行车、共享换电及动力电池产业链领域最新进展和实践热点话题，共话前沿趋势及发展。

动力源作为电动两轮车充换电一体化解决方案的明星企业受邀参加，智慧能源营销副总经理邓成博、智慧能源产品副总经理曹军辉出席了此次会议。

大会盛况空前，上午9点整，高峰论坛正式开始，包括特邀嘉宾及主办方开幕致辞、2023中国电动车充换电及轻型动力电池行业"鲁班奖"颁奖典礼、电动两轮车及共享换电技术专场、圆桌对话等环节。

动力源智慧能源营销副总经理邓成博带来《电动两轮车充换电一体化解决方案》，详细介绍了动力源作为中国电源行业首家上市公司，一直专注于电力电子技术相关产品的研发、生产制造、销售及服务，业务板块聚焦于数据通信、绿色出行、新能源三大产业，是国家级高新技术企业、北京市专精特新小巨人企业，也是国家发展改革委批准的第一批综合性大型节能服务公司，是中国铁塔、中国移动、中国联通、中国电信、百度、阿里巴巴、腾讯、京东、国家电网、南方电网、铁塔能源、美团、滴滴、哈啰、隆基、中环、协鑫、晶科、高景、双良、宇泽等知名企业的主流供应商。

在绿色出行智能充换电领域，拥有完全自研自产的电动汽车和电动两轮车充换电产品架构体系和方案。

电动两轮车的产品架构包括充电电源模块、格口充电管理单元、整流电源模块、柜控电源模块等核心部件以及智能充换电柜、储物柜、充电桩等全套充换电产品。邓成博指出从2019年起，动力源智慧能源业务线开始在低速电动车充换电领域进行布局，建立起与中国铁塔等客户在低速电动车充换电领域的合作。

现场围绕"电动两轮车及共享换电产业链发展机遇和挑战"进行了圆桌讨论，智慧能源产品副总经理曹军辉与雅迪科技集团、爱玛电动车、新日股份、上海智租换电等七家电动自行车上下游产业链企业高管就这一议题进行了充分的讨论。曹军辉向参会人员介绍：电动两轮车充换电行业经过数年来的快速发展，在面向骑手和共享业务的B端市场，充换电设备供应商都面临非常激烈的竞争，但总体来看具备核心产品竞争力的厂家正逐渐脱颖而出。动力源从原来的系统集成为主，做到今天的核心部件全部自研自产，包括了各种形态电源以及主控、柜控、仓控等系列化产品，也正是为了适应这个充分竞争的行业现状。只有为主流运营商以及集成商提供可靠性、可用性还有性价比都全面优秀的产品和解决方案，才能在这个行业持续保持竞争力，而动力源无疑已经走在了最前列。相信在不远的将来，当C端换电市场逐渐发育成熟，动力源仍会是主流运营商首选的解决方案提供商以及核心部件供应商。

此外，动力源斩获"2022—2023年度中国电动车共享换电/换电方案技术创新品牌"奖。中国电动两轮车产业经过20年的发展，正处于转型升级关键时期，据悉2023年中国电动两轮车销量将超过5400万辆，两轮车电动化、轻量化、智能化、网联化等趋势将继续强化。动力源希望通过本次会议，充分发挥绿色出行-智能充换电领域的技术优势，加强同上下游企业的交流与合作，有力推动我国电动两轮车充换电产业的健康发展。

奥海科技产品获德国红点奖和当代好设计奖

2023年4月素有"设计界奥斯卡奖"美誉的德国红点设计大奖近日公布了2023年获奖名单，奥海科技凭借68W超薄充电器喜提"红点产品设计奖"，此次奥海科技独立研发的超薄充电器获此殊荣，不仅是研发设计团队深耕行业的突破性成果，也意味着奥海科技产品外观及质感获得了全球权威认可。11月该产品荣膺当代好设计大奖，目前已收录在红点设计博物馆！作为连接设计、企业与全球商业间的桥梁，当代好设计奖旨在表彰具有高度创新性、实用性和美学价值的产品，这一荣誉无疑证明了奥海科技拥有先进的产品设计理念和不断精进的创新能力。

金升阳两项专利荣获"中国专利优秀奖"

第二十四届中国专利奖评审结果公示，金升阳"接触器的节电电路"和"同步整流BOOST变换器、同步整流控制电路"两大专利项目同时登榜"中国专利优秀奖"！

中国专利奖，是由中国国家知识产权局和世界知识产权组织共同主办的，是中国专利领域的最高荣誉，旨在鼓励和表彰为技术创新及社会发展做出突出贡献的专利权人和发明人。获此荣誉，既是对金升阳知识产权实力的认可，也是对科技创新能力的肯定。

科技实力再获国家级认可

作为一家拥有强大自主研发和知识产权优势的创新型企业，金升阳十分重视对新产品和新技术的探索。2022年上市新品超50余款，更有多款突破新技术的行业爆品。

2023年1月，金升阳LS系列百搭型开关电源、LMF系列智能机壳式电源、PV系列光伏开关电源三款产品同时通过广东省名优高新技术产品认定。3月，金升阳微功率模块电源产品获"省级单项冠军（产品）"认定。秉承"以创新求发展"的方针，金升阳历经多年技术积累，荣誉加持，是市场对金升阳高品质产品和科技实力的肯定，更不断鞭策着金升阳人潜心研。

知识产权实力提升

产品创新能力提升的同时，金升阳也注重对知识产权的保护和意识的培养。截至目前，金升阳已授权专利1200多项，其中发明授权400多项，产品符合CE/CB/UL/CSA/TUV实验室认证。

4月26日是世界知识产权日，金升阳举行"知识产权在身边·打卡活动"，鼓励全民参与，更有"高价值专利培育与布局"主题讲座，倾情分享产权知识，多样活动的开展让金升阳人的产权意识逐渐提升。知识产权带有温度落地，不再是高不可攀的名词。

未来，金升阳将不断开拓创新，坚定打造"MORN-SUN"品牌旗帜，持续为各行业提供优质产品及服务。

华耀亮相中国（江苏）国际储能大会

为顺应绿色低碳发展潮流，贯彻落实国家能源转型和变革，加快推动储能产业创新发展，2023年6月14日上午，中国（江苏）国际储能大会暨智慧储能技术及应用展览会在南京开幕。大会以"助力双碳·储动未来"为主题，旨在打通储能行业生态圈壁垒，助力新型储能多元化、产业化、规模化发展。华耀公司携20余款电源产品亮相南京国际博览中心，民品事业部负责现场接待。

展会现场，华耀公司展出的工业开关电源、车载电源、DC-DC模块电源获得与会嘉宾及现场观众的高度关注。高效型导轨式EDF系列、消防EST系列、含PFC功能ESF系列等面向不同细分市场的多个系列化工业开关电源产品获得广泛认可。展会现场接待了众多优质客户，接下来，华耀公司将结合客户需求进行深入沟通，提供系统性电源解决方案，解决痛点问题，形成批量订单，争创业绩新高。

未来，华耀公司将持续加强科技研发投入，聚焦当前及未来先进能源领域的热点与趋势，引导和推动技术与产品应用领域的不断拓展，进一步深耕智慧储能产业，为开拓国内外工控市场奠定坚实基础。

湖南艾华集团助力 GaN Systems 杯

2023年5月14日，"GaN Systems杯"第九届高校电力电子应用设计大赛启动仪式暨参赛辅导说明会在江苏省徐州市中国矿业大学举行。全国高校电力电子应用设计大赛是以电力电子技术应用为对象，以创新、节能减排以及新能源利用为主题的创意性科技竞赛，本次竞赛是连续第九年举办，主题为"高效高功率密度三相宽频逆变器设计"。

艾华集团作为联合支持单位对本次大赛的召开提供了大力支持，并全程提供本次大赛所需电容器，陪伴各参赛队伍度过赛事全程，与其他优秀公司共同见证电力电子行业新生力量的强势崛起，助力打造学术创新高地，为国家和行业的高校人才提供资源，推进民族科技自立自强。

艾华集团副总工程师聂劲在参赛辅导说明会上为各参赛队伍提供了专业的技术辅导，包括GaN器件的使用方法、相关性能、行业前沿技术以及电流传感器、铝电解电容器的特性及应用，帮助参赛队伍更加顺利地完成竞赛作品设计工作。

艾华集团通过将人才、资金、技术等创新资源要素有效组合，转化为现实生产力，促进行业良性循环发展，坚持"质量第一"，履行企业主体责任，为促进社会经济发展添砖加瓦，彰显企业担当。

三安半导体荣获多项荣誉

由第三代半导体产业知名媒体与产业研究机构"行家说三代半"主办的2023行家极光奖颁奖典礼盛大召开。三安半导体荣获"第三代半导体年度中国领军企业""中国SiC器件IDM十强企业"称号，同时，三安半导体旗下碳化硅MOSFET和碳化硅衬底产品双双入选"第三代半导体年度优秀产品奖"。

本届行家极光奖设置了"年度企业""十强榜单""年度优秀产品奖"三大奖项，旨在表彰在第三代半导体领域技术创新、推广应用、产业化等方面做出突出贡献的企业和优秀产品。

三安半导体在第三代半导体领域拥有近20年的研发历史，具备坚实的技术基础、丰富的制造经验和一流的专业人才。公司的6英寸碳化硅衬底已通过数家国际大客户验证，并实现批量出货；8英寸碳化硅衬底已实现小批量试制，送样验证获得国际客户认可；公司已经量产了适用于主驱的 1200V/13mΩ/16mΩ SiC MOSFET，适用于 OBC 的 1200V/75mΩ/32mΩ SiC MOSFET，公司的全产业链垂直整合模式，决定了在车规级产品的低失效率上具有先天优势，而且在缺陷控制方面的研究，能够保证缺陷 ink 的有效性。同时，在车规产品性能设计上，为了保证车规使用的安全性，还专门对 BV、Vth 和 Tsc 等核心性能进行了优化提升。此外，公司还完成了高压 SiC 平台的布局，其中 1700V/1000mΩ SiC MOSFET 已量产，并在各主流光伏逆变器厂商进入验证阶段，产品综合性能优异。截至目前，三安半导体已累计服务国内外客户超 800 家，碳化硅芯片/器件出货量超 2 亿颗。通过采用三安半导体的碳化硅产品，客户能够开发出高性能、高效率的解决方案。

三安半导体在碳化硅功率半导体领域的市场份额稳步增长，公司正积极投资未来的发展。2023 年 6 月，三安半导体与意法半导体宣布共建 8 英寸碳化硅器件合资制造工厂，同时三安半导体将独资建立 8 英寸碳化硅衬底工厂作为配套。这一战略投资将显著提升三安半导体的碳化硅功率半导体产能，支持公司的长期增长计划，加速碳化硅技术在各终端市场的应用，为能源效率的提升开启新篇章。

三安半导体的碳化硅技术在众多应用领域发挥关键作用，包括支持汽车动力系统的电气化和电动化，以及促进可再生能源的广泛应用。碳化硅技术以其卓越的性能和高效率，正在开辟新的应用前景，并为我们的生活带来深远的影响。作为碳化硅技术的积极推广者，三安半导体对未来充满期待，并致力于推动这一领域的创新与进步。

同期举行的 SiC 技术创新大会上，三安半导体技术总监叶念慈博士带来《碳化硅垂直整合功率器件制造平台》的专题报告；在《2023 碳化硅（SiC）产业调研白皮书》成果发布现场，三安半导体作为参编单位派代表上台参加了授证仪式。

华润微荣获"2023 第一财经资本市场价值榜年度创新力企业"

2023 年 12 月 13 日，2023 年第一财经资本年会在上海举办。论坛同期揭晓 2023 第一财经资本市场价值榜（CCV）年度榜单，华润微荣获"年度创新力企业奖"。

此次入选"年度创新力企业"，标志着投资者以及资本市场对华润微的鼓励和认可，也彰显了公司在业界的知名度与影响力。华润微始终坚持科技创新是企业持续发展的关键动力，是引领发展战略性新兴产业和创新产业的第一生产力和第一竞争力。

自上市以来，华润微始终秉持着前瞻性的科研视角，洞察市场变化，提高研发效能，力求在成果转化上实现量质两优。2023 年前三季度，公司研发投入 8.69 亿元，同比增长 40.33%，在营收中占比为 11.54%。截至 2023 年三季度，华润微已获得授权并维持有效的知识产权共计 2365 项，其中发明专利 1788 项，占专利总数的 82.28%，为公司创新发展提供了有力支撑。

华润微深知人才是第一资源，聚高技能人才之力，方可筑高质量发展之基。公司采取多措并举，着力建立高效的科技人才引育留用机制，将人才放在公司发展的核心战略地位，通过提供良好的工作环境、广阔的发展空间和多元化的激励机制，公司得以与创新人才长期绑定，技术实力也得到了不断地提升和突破。

科技向上，未来已来。华润微将继续坚持创新驱动的发展战略，持续深耕市场化、专业化、产业化、国际化的道路，不断推出适应市场需求的新技术、新产品，持续提升公司的核心技术研发能力，为客户提供更优质的产品和服务，为实现中国半导体产业的高质量发展赋能。

茂硕电源助力 CPEEC & CPSSC 2023 顺利召开

2023 年 11 月 10—13 日，2023 中国电力电子与能量转换大会暨中国电源学会第二十六届学术年会及展览会（CPEEC & CPSSC 2023）在广州越秀国际会议中心隆重举行。

作为中国电源学会成立 40 周年的重要活动，此次大会不仅回顾了过去 40 年电源行业的发展历程，还展望了未来电源技术的趋势和挑战。茂硕电源与华为数字能源、中车半导体、三菱电机、纳微半导体同为 CPEEC & CPSSC 2023 大会钻石合作伙伴单位。

CPEEC & CPSSC 2023 大会聚集了美国工程院院士、中国工程院外籍院士李泽元教授，中国工程院李立涅院士、中国电源学会理事长刘进军教授、荣誉理事长徐德鸿教授、副理事长阮新波教授，国外电力电子权威专家 Thomas M. Jahns 博士等电源届学术泰斗、国内外电力电子行业的专家学者、业界精英和企业家共 2000 余位嘉宾，共同探讨电源技术的最新研究成果和应用实践。

茂硕电源科技股份有限公司（简称"茂硕电源"，股票代码：002660）总裁顾永德、副总裁潘晓平及茂硕电源子公司加码技术有限公司总经理王志勇受邀出席本次大会活动，与电源泰斗和学术前辈同台交流，共襄盛会。

在大会开幕式暨中国电源学会成立 40 周年纪念仪式上，茂硕电源获主办方表彰为对学会建设与发展做出重要贡献的单位，公司总裁顾永德先生上台领取"中国电源学会成立 40 周年卓越贡献单位"殊荣。这一荣誉也是学会对茂硕电源长期以来为行业发展做出不懈努力的肯定。

"茂硕之夜"交流晚宴会作为本次活动的重头戏，汇聚了众多业内顶尖专家和学者，以及来自全球各地的电源行业精英。在这个充满激情与智慧的夜晚，茂硕电源副总裁潘晓平先生代表公司上台领取主办方颁发的"钻石合作伙伴"授牌，随后代表公司作晚宴冠名单位致辞，与大家分享了公司的成长历程、技术研发成果以及未来发展规划。

茂硕电源副总裁潘晓平先生在致辞中表示，茂硕电源成立于 2006 年，经过六年的快速发展，于 2012 年在深交所 A 股上市，成为国内 LED 驱动电源行业第一股。自成立以来，茂硕电源始终抱朴守拙、坚守本业，聚焦发展 LED 智能驱动电源、消费电子类电源、光伏发电及储能，连续多年保持在国内外市场占有率的领先地位；与多家世界 500

强或知名企业保持长期合作，客户分布在全球60多个国家和地区。

茂硕电源自2007年加入中国电源学会，于2011年成为常务理事单位。十年前，茂硕电源曾有幸承办了中国电源学会第二届学术年会，那是一次盛大的知识盛宴，也是茂硕电源在中国电源领域的一次重要亮相。今天，茂硕电源以钻石合作伙伴角色再次助力 CPEEC & CPSSC 2023 大会，茂硕人深感鼓舞和自豪。

晚宴伊始，潘晓平副总裁与学会领导、业界泰斗和学术前辈一同登台，共同举杯为行业发展与繁荣干杯！对于茂硕电源来说，"茂硕之夜"不仅是一次晚宴，更是一次精神的盛宴。在这个特别的夜晚，茂硕电源领导团队成员与众多业界精英一起分享经验、交流心得，共同探讨电力电子与能量转换领域的未来发展。这一刻，茂硕电源深感自豪与荣耀，期待着与全球的同行们携手共创美好未来。

回顾本次 CPEEC & CPSSC 2023 大会之行，茂硕电源通过现场交流，进一步了解了全球最新的电源技术和市场趋势，包括高效节能、新能源等领域的发展动态，为公司未来的研发方向及产品构思带来了重要的启发和思路；在展览环节，茂硕电源展示了公司在电源技术领域的最新研发成果和创新产品，包括一系列的高效节能电源和新能源相关产品。这些产品吸引了专业参观者和合作伙伴的关注，展现出茂硕电源在电源行业的技术实力和产品创新能力。同时，在茂硕卫星专场会议环节，茂硕电源也向与会来宾分享了公司在电源领域的成功经验、技术成果及公司人才储备举措。

未来，茂硕电源将继续致力于电源行业的发展，不断推动技术创新和产业升级，为全球的电力事业做出更大的贡献。同时，茂硕电源将继续积极参与国内外学术交流活动，加强与各领域专家的合作与沟通，共同推动中国电源事业的发展！

美的能源技术获评"国际领先"

美的能源迎来重大突破，来自北京航空航天大学的王浚院士领衔的鉴定组听取了项目汇报、审查了项目资料，并一致认为美的空调户用光储冷热系统能源高效利用技术研究及应用技术难度大、创新性强，达到"国际领先"水平。

2023年1月26日，中国节能协会在北京联合组织召开了广东美的制冷设备有限公司主导的科技成果鉴定会议。来自北京航空航天大学的王浚院士领衔，上海交通大学丁国良教授、中国节能协会马勇副秘书长、重庆大学刘猛教授、湖南大学彭晋卿教授、哈尔滨工业大学王高林教授、中国高科技产业化研究会成果委员会李浩副主任共7位行业知名专家参与了鉴定。

近年来，海外因能源危机和环保要求带来的能源转型和节能减碳的需求越来越迫切，推动了光伏等新能源的大规模应用，户用光伏储能系统走进了千家万户。此外，随着我国人民生活水平的提高，居民用能结构越来越多样化，使得居民人均用电量逐年升高，碳排放量也随之升高，这与我国2030年实现碳达峰、2060年实现碳中和的目标相矛盾。《"十四五"现代能源体系规划》为解决这一矛盾指明了方向：构建多能互补集成与智能优化、用能需求智能调控的智慧能源系统是构建清洁低碳安全可靠能源体系的重要方式。家庭能源管理系统是具备多能互补、优化调控的最小单位智慧能源系统。但该系统目前还存在诸多技术难题，如光伏发电启动电压过高、系统抗扰能力差、居民用能需求与发电量不匹配等，影响其能源的高效利用。

美的一直致力于在顺应国家和时代需求的背景下开发真正符合用户侧需求的产品及方案，秉承着"科技尽善，生活尽美"的愿景，从用户侧需求出发，开发了家庭能源智慧管理系统，并不断精进技术。通过此次获得鉴定的三项国际领先技术，解决以上难题。

美的首创：强适应性光伏逆变超低电压运行控制技术

针对户用场景中因建筑特点及气象原因导致的低压、弱光工况下的发电难题，实现光伏发电的动态控制和直流母线的电压自适应控制，美的首创强适应性光伏逆变超低电压运行控制技术，大幅突破行业光伏发电电压下限，极大提高了光伏发电量。

美的首创：高功率宽边界条件抗扰储能直流变换技术

为保证系统在极端工况条件下依然能够可靠稳定运行，美的首创高功率宽边界条件抗扰储能直流变换技术，增强了单路大功率储能直流电路的响应可靠性和快速性，使得系统可抵抗长时通信中断扰动。

美的首创：光储冷热多重耦合动态寻优控制技术

为实现系统的负荷迁移控制、热泵自适应控制及热电协同优化控制，美的首创光储冷热多重耦合动态寻优控制技术，突破了户用光储冷热系统供需不匹配、系统冷热电多重耦合的技术难题，系统能源自给率得到大幅提升。

美的此次在家庭能源管理系统上的技术创新，不仅拓宽了光伏发电的运行电压范围，也提高了系统在整个家居环境中的通信质量，同时实现了家庭用电与光储逆系统的能源耦合优化控制，真正实现了整体系统用能效率的提高。该技术将引领家庭能源产消的结构变革和能源消费的绿色升级，为用户侧达成双碳目标提供新思路。

截至目前，美的已拥有国家级企业技术中心、国家级工业设计中心、国家博士后科研工作站等重量级创新平台，累计建成国家、省部级创新平台上百个，不断以科技突破夯实行业竞争优势。

南京国臣公司全力参与深圳建科院国家重点项目建设

2023年，南京国臣公司参与承担两个国家重点研发计划的子课题——"光储直柔通用变换器关键技术与设备研发"以及"直流配电系统高精度、智能化用电安全与保护装置研发"。

该项目由深圳市建筑科学研究院股份有限公司作为依托单位，清华大学、北京交通大学、深圳供电局有限公司、天津大学、固德威技术股份有限公司、南京国臣直流配电科技有限公司、浙江正泰电器股份有限公司、国网北京市电力公司、国网江苏省电力有限公司作为项目的合作单位，联合向国家重点研发计划"城镇可持续发展关键技术与装备"重点专项 2023 年度"光储直柔建筑直流配电系统关键技术研究与应用"项目进行申报。

南京国臣公司将持续以国家政策为导向，以解决行业关键技术难题为己任，进一步做好项目、课题的稳步研究工作，力争高质量按期完成项目研究内容和考核指标，进一步降低能源消耗和碳排放量，为"碳达峰、碳中和"贡献国臣力量。

2023 爱维达全国合作伙伴大会圆满召开

2023 年 5 月 26 日，2023 爱维达全国合作伙伴大会在厦门海沧圆满召开！来自国内外的合作伙伴共同相聚在美丽鹭岛，伴着山茶情翠、天风海涛的韵律，共议市场未来新蓝图，开启合作发展新篇章。

启新聚势，达有可维——王总致开场辞

"筚路蓝缕，栉风沐雨"，爱维达总裁王勇军先生在开场致辞中用两个成语致敬 25 年以来的两次创业历程和一路同行的爱维达人。从小规模研发、生产和销售仅十几人团队发展到如今位列中国 UPS 行业前五、拥有近 3 万 m^2 厂房和专业研发队伍的国家级高新技术企业，可谓风雨兼程。

2023 年，爱维达正式迈向第三次创业的征途，目标是到 2028 年，销售业绩每年复合增长率达 30%，发展成为国内新能源行业的领先者，并为合作伙伴构筑起一个平台，实现各方资源共享、合作共赢！

数智底座，算力基石——专家分享

数字时代，数据量正呈爆发式增长，数据中心等基础设施建设也在同步快速增长，本次大会爱维达特地邀请了业内 3 位权威专家为合作伙伴们作分享。

电子信息产业研究中心高级分析师杨天宇博士为我们带来《乘"数"而上，算力跃升——中国数据中心的发展洞察》主题演讲。现阶段中国数据中心正在超前布局，特别是"东数西算"工程的八大枢纽正引领着数据中心的增长。同时在高算力需求下，数据中心正往高性能、高密度、一体化、绿色化、模块化、边缘化、智能化等方向发展。

中国人民银行清算总中心一级专家尼米智老师分享的金融数据中心绿色化技术路径，从"气候及围护结构、供配电系统、制冷系统、智能化系统"四个方面降低数据中心 PUE，同时强调全生命周期视野规划和设计 PUE 是实现双碳战略可持续发展的重要路径。

浙江云湖数据有限公司总工程师彭广香先生在大会上与各位合作伙伴共同探讨数据中心不间断电源与储能融合发展，分享了非常多关于锂电池寿命、安全、经济性等方面的实验数据和测试数据，"干货"满满。

智能高效，绿色节能——产品战略部署

聚焦"双碳"与数字经济，爱维达副总裁黄进国表示未来在继续推出更高功率模块和整机的同时，将会把数字化、高效节能、自主可控放在首位。

同时爱维达也在积极部署新能源产品，丰富光伏储能的产品线，为中国、世界的绿色化未来添砖加瓦。

扎根行业，赋能渠道——行业版图

过去 25 年，爱维达深耕行业，版图横跨通信、石化、电力、交通、IDC 等各行各业，更是为奥运会、阅兵仪式、西气东输等大型国家项目提供产品及服务。爱维达副总裁陈文定表示未来将在巩固现有行业市场的基础上，继续深挖产品需求，重点开拓渠道市场、海外市场，与更多的合作伙伴携手共进！

凝心聚力，乘势而起——渠道发展

爱维达渠道事业部总监李勇分享了渠道市场的开拓及发展，包括对渠道的大量投入以及逐渐完备的渠道生态、架构和产品。渠道发展是爱维达第三次创业中的重点战略，"点到点的竞争"的模式已经成为过去式，"协同作战"才是求生存谋发展的大计，爱维达期待与合作伙伴们共乘大势，聚力共赢。

聚焦场景，可靠创新——数字能源产品场景

爱维达营销中心副总监熊亮介绍了分场景下的系列数字能源产品及综合解决方案，精确匹配客户的差异化需求，为通信、电力、云计算、轨道交通等行业的客户提供全链路、全场景解决方案。

直击痛点，行业领先——数据中心产品解决方案

爱维达大客户部总监兰添茂着重介绍了 Dimension "维"系列模块化数据中心解决方案，低 PUE、智能运维、分布式 DPS、产品即机房、工厂预制等优势解决多个行业痛点，具备强势竞争力。

山茶情翠，鹭岛浪漫——茶艺分享

福建的茶文化生机勃发，为了让到场的合作伙伴们"品尝"到独属于茶的浪漫和爱维达最诚挚的欢迎，渠道事业部何晓凡用专业茶艺分享为整场大会收尾，茶香四溢中会议气氛达到顶峰。

新的变革汹涌而来，机遇与挑战并存，我们需要山鸣谷应的群策群力，爱维达期待和各位合作伙伴一起拥抱新技术，同赴新赛道，共建新生态，做长久的朋友，挖掘更多价值与机遇，实现更多场景的合作共赢，一同走向绿色、数字化的美好未来。

英威腾电源荣获国家级专精特新"小巨人"企业称号

2023 年，深圳市英威腾电源有限公司成功获得了专精特新"小巨人"认定。这一殊荣，标志着英威腾电源在技术创新、产品质量、市场占有率等方面的综合实力受到国家的认可。

英威腾电源自成立以来，一直致力于为客户提供高品质、高性能、高可靠性的电源产品和解决方案。经过多年的不懈努力和创新，公司已经成为行业内的领先者之一。此次获得专精特新"小巨人"认定，更是对公司所做努力的最好肯定和褒奖。

专精特新"小巨人"认定是国家对企业综合实力的一次权威认证，也是国家对企业未来发展的一次扶持和鼓励。这次认证，将为英威腾电源带来更多的市场机遇和发展空间，同时也将为公司的未来发展注入强大的动力和信心。

深圳市英威腾电源公司，以其专精特新小巨人的精神和创新力量，不断推动着电源行业的发展。作为一家积极创新的企业，英威腾电源将继续保持对行业的关注，不断推陈出新，以更高的创新能力和更优质的产品，引领电源

行业的未来。

万帮数字能源家庭储能系统获 2023 年德国 iF 设计奖

素有"设计界奥斯卡奖"之称的 2023 年德国 iF 设计奖获奖名单日前公布，继星星充电（万帮数字能源旗下核心品牌之一）的"极光"充电桩 2021 年获奖之后，万帮数字能源家庭储能系统再次获此殊荣。

万帮数字能源家庭储能系统系列产品在设计上形成独特而统一的风格，品牌具有识别性。产品侧面采用竖向格栅设计，既增强了单个电池之间的造型联系，也使整个产品看起来浑然一体；产品 LOGO 和灯效巧妙组合，展示电池剩余电量以及逆变器工作状态，同时进一步强化了产品简约的造型特点；整个产品采用模块化设计，易于安装，运行稳定、高效、可靠，可以完美融入居家场景。

通过该产品，使用者不仅可以节省家庭电力开支，还能利用峰谷价差套利；同时，实现新能源消纳，打造"零碳"家庭。这也是"双碳"战略下分布式储能系统在用户侧的典型应用。

万帮数字能源股份有限公司董事长、总裁邵丹薇介绍，下一步，万帮数字能源将继续致力打造兼具高性能、高颜值、高品质的产品与高效率的绿色能源解决方案，推动包括家庭在内的各类生活场景实现"零碳"运行、助力全球节能减排。

iF 产品设计奖创立于 1954 年，由德国历史最悠久的工业设计机构——汉诺威工业设计论坛每年定期举办，已经被国际公认为当代工业设计领域卓有声望的大奖，与德国红点奖和美国工业设计优秀奖并称为世界三大设计奖。2023 年共有来自全球 56 个国家与地区的近 1.1 万件作品参与角逐。

爱科赛博成功登陆上海证券交易所科创板

金风飒飒，硕果累累，双节同庆，今朝上市正当时。2023 年 9 月 28 日，西安爱科赛博电气股份有限公司在上海证券交易所举行上市仪式，成功登陆科创板，爱科赛博股票代码 688719。

陕西省地方金融监督管理局党组书记、局长苏虎超，西安市金融工作局副局长杨勇，西安交通大学教授彦彦民，长江证券承销保荐有限公司副总裁陈国潮，固德威技术股份有限公司董事长黄敏，爱科赛博董事长白小青六位嘉宾为爱科赛博鸣锣开市。政府领导、合作高校、客户代表、合作伙伴、各界朋友以及爱科赛博管理团队共 300 余位嘉宾出席上市仪式，共同见证了爱科赛博的历史性时刻。

爱科赛博 27 年专注电力电子电能变换和控制领域，为用户提供精密测试电源、特种电源和电能质量控制系列产品和解决方案，应用于光伏储能、电动汽车、航空航天、轨道交通、科研试验、智能电网、特种装备等诸多领域，是相关行业领先的设备制造商和解决方案提供者。

仪式上爱科赛博董事长白小青致辞，回顾爱科赛博创立于 20 世纪 90 年代，创业之初就有一个"比肩国际一流品牌"的梦想！经过 27 载不懈努力，爱科赛博在电力电子行业多个细分应用领域做到了和国际一流品牌同台竞技，参与多项国家大型科技基础设施和特种装备重点型号工程，科创板上市让爱科赛博向梦想实现更近一步。双碳背景下作为电能变换和控制核心的电力电子技术更显关键；自主可控、自立自强使高端装备国产化更加迫切；创新升级发展成为时代的最强音，中国制造从仿она跟随到并跑领跑，实现品牌崛起，既是时代的机遇，也是爱科赛博作为科创企业的责任。此次成功登陆资本市场正逢其时、正当其势，爱科赛博将立足新的平台，继续最大效能推动企业持续稳健发展，为国家、社会、股东、员工和合作伙伴创造价值，并一如既往地坚持科技创新，在细分领域保持并强化竞争优势，实现中国品牌崛起，为产业升级、科技强国做出爱科赛博的贡献。

保荐人长江证券承销保荐有限公司副总裁陈国潮在致辞中强调了爱科赛博在电力电子行业深耕、披荆斩棘的企业精神，科创板上市是企业长期精心耕耘的成果，同时上市也是爱科赛博跨越式发展的新起点，星光不问赶路人，时光不负奋斗者，对爱科赛博的未来充满信心。

陕西省地方金融监督管理局党组书记、局长苏虎超先生代表政府致辞，表示上市公司是地方经济的领头羊、排头兵，陕西经济发展需要努力强化科技创新，转变发展方式。陕西省委省政府高度重视资本市场发展，把企业上市作为奋力谱写中国式现代化建设陕西新篇章的重要举措，将持续深入跟进助力上市企业相关工作。爱科赛博作为陕西省硬科技企业的优秀代表，企业发展方向与地方经济发展高度契合。爱科赛博成功登陆科创板是企业奋斗创新、努力不懈的结果，也是政府各级部门辛勤培育、共同努力的结果。希望爱科赛博以此次上市为新起点，发挥上市公司品牌优势，坚持创新发展，提升经营水平，释放企业长期价值，以更加优秀的业绩和社会责任感回报广大投资者、回报社会，为陕西省经济高质量发展贡献新力量。

爱聚优电起华章，科创未来筑梦想。今日，爱科赛博成功登陆科创板，将在新的起点上，开启新征程，描绘公司发展更加绚丽的新篇章。

先控电气获国家级专精特新"小巨人"企业认定

工业和信息化部公布了第五批国家专精特新"小巨人"企业培育名单。先控电气成功上榜！

新能源产储充领航者

专精特新"小巨人"企业位于产业基础核心领域、产业链关键环节，创新能力突出、掌握核心技术、细分市场占有率高、质量效益好，是优质中小企业的核心力量。此次获评国家级专精特新"小巨人"企业，是对先控电气专业能力、创新能力、经济效益等综合实力的认可，也是对先控电气在电力电子和新能源制造领域的领先地位的肯定。

（一）专

先控电气始终致力于功率转换自动控制核心技术在数据中心和新能源领域的应用，持续赋能绿色发展。为数据中心基础设施、新能源汽车充电和绿色储能三大业务领域提供完整的解决方案。

（二）精

先控电气拥有丰富的产品线和强大的技术研发实力，主导多项省市科研项目，陆续被认定为"河北省企业技术中心""河北省工业设计中心""河北省专精特新示范企业""河北省技术创新示范企业"，并连续多次获得"国家级高新技术企业"。

（三）特

顺应这个伟大的能源革命时代给予的最好机会，先控电气推出集新能源发电、锂电存储及电动汽车充电为一体的新能源产储充整体解决方案，通过广泛应用，打造出高质量、全数字化的清洁能源基地，让清洁能源走向"自动驾驶"。

（四）新

先控电气围绕新能源的开发和利用，投入大量科研人力及物力，从新能源逆变技术、锂电存储技术、电动汽车充电技术到数字化信息技术，二十载深耕，拥有专利技术100多项，参与编制国家标准、行业标准数十项。公司与燕山大学、河北科技大学等高校院所进行联合科研提高研发创新能力，促进产品的更新升级，持续满足市场的多样化需求。

未来的动力世界，需要尝试和突破，先控电气把重心放在科研领域，一如既往以"融合数字技术和电力电子技术，发展清洁能源与能源数字化，推动能源革命，共建绿色美好未来"为企业愿景及使命，以科技助力世界从工业文明向生态文明的转型。

易事特荣获中国电源学会卓越贡献表彰

2023年，CPEEC & CPSSC 2023大会开幕式暨中国电源学会成立40周年纪念仪式在广州越秀国际会议中心隆重召开。

本次活动由中国电源学会副理事长、南京航空航天大学阮新波教授主持，汇聚全球电源泰斗李泽元教授、中国工程院李立涅院士和华为、易事特等众多国内外知名专家学者、企业家、技术研究人员及业界精英，共同见证中国电源届盛会的隆重召开。易事特集团创始人何思模教授授权代表陈焰明总经理应邀参会。

中国电源学会是中国电源行业的重要学术研究机构，自成立以来一直致力于推动电源技术的创新与发展。在40周年纪念仪式上，特地颁发了卓越贡献个人和单位奖项，以表彰多年来支持学会、推动行业发展且在电源领域中做出杰出贡献的个人和企业。易事特集团获评中国电源学会成立40周年卓越贡献单位。

易事特集团在创始人何思模教授引领下，早在1990年便加入了中国电源学会，曾任理事单位、常务理事单位、副理事长单位。入会以来，集团一直积极参与学会活动，承办两次全国会员大会、学会青年工作委员会成立大会暨第一届电源技术青年创新与发展论坛等。同时，还不断加大研发创新投入，致力于国内电源科技与学术发展贡献力量，成果屡获学会肯定。其中，与中国人民解放军空军预警学院联合研发的"工业自动化设备无扰供电系统"荣获中国电源学会科技进步二等奖，与上海交通大学等合作的"基于电力电子化电池单元的规模化储能系统关键技术与应用"荣获中国电源学会技术发明奖一等奖等。

易事特集团作为UPS电源龙头企业、国家火炬计划重点高新技术企业、国家技术创新示范企业、国家知识产权示范企业，深耕电力电子行业30多年，掌握了70多项核心技术，800余项专利，形成了业界最完整的高端电源方案体系。易事特电源产品依托丰富的工业电源开发和应用经验，采用高效IGBT整流/逆变、先进的DSP全数字控制、人工智能、云网管理、在线实时预警和故障隔离等先进技术，极大提升产品综合技术性能，并经过"五高"（高寒、高盐、高温、高湿、高风沙）恶劣环境的充分验证，集高效性与可靠性于一体，为各行各业客户提供超预期产品及服务。

如今，易事特集团已成为数字能源产品及风光储充解决方案优秀上市公司，在智慧电源、数据中心和风电、光伏、锂/钠离子新型储能、充电桩等新能源板块均极具竞争力，位列全球新能源企业500强及创新百强企业。接下来，将继续以电力电子技术为核心，持续深耕产业数字化和"新能源+储能"两大领域，并携手学会及更多优秀合作伙伴，共同提升中国制造的国际竞争力、影响力，为全球经济社会发展和人类生态文明建设不懈拼搏奋进。

江苏绿阳新能源荣获"2023中国储能行业十佳工商业储能系统供应商"项目奖

2023年6月14日，CESC中国（江苏）国际储能大会暨智慧储能技术及应用展览会在南京国际博览中心开幕，大会以"助力双碳 储动未来"为主题，以打通储能行业生态圈壁垒为宗旨，致力于打造全生态产业链大会。

为更好地加快推动储能产业规模化、产业化、市场化发展，江苏爱克赛科技集团旗下子公司江苏绿阳新能源科技有限公司（以下简称"绿阳新能源"）受邀参与了此次盛会，并在当晚举办的"2023中国储能行业十佳品牌"颁奖典礼中，凭借极致安全、极致稳定、极致性能储能设计，以及多个储能项目中的卓越表现，荣获"2023中国储能行业十佳工商业储能系统供应商"项目奖。

展望未来，随着科技的创新和技术的更迭，储能行业将迎来更广阔的发展空间。从微观的家庭和商业应用，到宏观的电网和能源系统，储能技术都可能带来颠覆性的变革。绿阳新能源将矢志不渝坚定技术和产品研发创新，创造更多的技术产品和应用成果，让储能技术更好地服务于社会。

商宇科技闪耀2023中国制造强国论坛

2023年11月25—26日，以"推进新型工业化，培育新质生产力"为主题的2023（第八届）中国制造强国论坛在保定市隆重举办。商宇科技受邀出席，凭借着多年的电力电子行业应用经验和优质的服务能力以及在UPS细分领域突出成就，荣获"中国制造冠军企业"即"隐形冠军"荣誉。

大会以"打造世界级先进制造业集群"为主基调，齐聚了相关部委省市领导、全球制造行业领袖、领先科技公司代表、权威专家学者、行业协（学）会与投资机构代表等，从政策、技术、应用、市场、金融等多维度、多视角促进产业链上下贯通、协同创新与融合发展，为扎实推进新型工业化、加快建设制造强国、构筑中国式现代化的坚实物质技术基础蓄力赋能。

2023（第八届）中国制造强国论坛设置了"1+3+2+N"的系列活动，即1场主论坛，智能网联新能源汽车论坛、电力及新能源高端装备论坛、京津冀产业廊道论坛3场平行论坛，2023全国机械工业经济形势报告会、制造业形势与产业政策座谈会2场专题会议，走进保定制造之光、先进制造业集群展等N场系列活动。

在11月26日开幕的主论坛上，河北省工业和信息化厅副厅长董继华，保定市委书记党晓龙，中国工业经济联合会会长、工业和信息化部原部长李毅中，重庆市原市长、研究员黄奇帆相继作致辞和精彩演讲。

河北省工业和信息化厅副厅长董继华指出，坚持以创新的思路和举措推进新型工业化。

保定市委书记党晓龙表示，全力构建京雄保一体化发展新格局，精心打造现代化品质生活之城，经济社会发展展现出了强大的韧性和活力。

中国工业经济联合会会长、工业和信息化部原部长李毅中表示，对于新型工业化的认知要进一步深化，推进新型工业化是光荣而艰巨的历史使命，是我们应该承担的政治、经济、法律责任和社会责任。

中国国家创新与发展战略研究会学术委员会常务副主席、重庆市原市长黄奇帆强调，要着力推进生产性服务业，使其比重在"十四五"到2035年有所提高。

11月26日下午，大会举办了三场平行论坛，分别是智能网联新能源汽车论坛、电力及新能源高端装备论坛、京津冀产业廊道论坛，围绕对应产业领域热点和焦点问题进行深度研讨和分享，其中在2023中国制造年度盛典中商宇科技喜获"中国制造冠军企业"即"隐形冠军"荣誉。这是对商宇科技先进制造创新技术、综合实力的高度肯定，充分展现了商宇科技在制造领域的实践成果。

商宇（深圳）科技有限公司作为行业领先的能基产品设备制造服务商，是行业领先的能基产品设备制造提供商，集研发、设计和制造（包括UPS电源、精密空调、精密配电、微模块数据中心、蓄电池、光伏逆变器、智能充电桩、储能等产品）为一体的国家高新技术企业。

随着互联网、算力的不断激增，PUE政策的约束，快速发展与过度能耗带来的传统数据中心发展瓶颈问题，日益凸显。商宇科技深耕数据中心行业十多年，助力数据中心更新迭代和可持续发展。产品在交通、医疗、能源、金融、营运商、政府等领域积累了丰富经验，2023年工业和信息化部中国电子信息产业发展研究院（CCID）发布的《2022—2023年中国UPS市场研究年度报告》中，商宇科技位列2022年度中国UPS国内十大品牌之一、中国UPS医疗卫生行业细分市场第三，凭借出色的产品竞争力和市场表现力成为国产电源行业领先品牌。

据行业人士介绍，UPS最为重要的部件为芯片，若该部件被卡脖子、垄断，对我国整个工业发展来说无疑是一个巨大的威胁。在这样的大背景下，商宇科技能够凭借着扎实的研发能力，将核心技术掌握在自己的手中，成功实现芯片国产化替代的突围，赢得了行业的尊重和瞩目。目前商宇科技高频HP系列产品可实现100%国产化量产。道阻且长，行则将至。针对现阶段芯片的设计选型，商宇科技研发团队将紧切联系国内主流芯片厂商，积极探索公司众多产品多元化的芯片替代方案，在保证产品品质性能的前提下，确保提供更优质的产品及服务，满足行业客户对数据中心产品设备高可靠性和高智能化的高标准需求。

在中国迈向"制造强国"的征程中，相信本次论坛对"中国新型工业化"之路的实践极具参照价值，对"京津冀协同发展"战略如何走深走实具有重要意义，再次为保定制造业的高质量发展和产业转型升级提供强有力的支持。

商宇科技作为数据中心关键基础设施解决方案践行者，身担社会责任，将致力于推动中国数字经济发展，坚持创新驱动发展战略，积极服务制造业高端化、绿色化、智能化转型，推进新型工业化建设，为中国制造力量添砖加瓦。

上海电气电力电子获评上海市"专精特新"中小企业

2023年3月，上海电气电力电子有限公司获评上海市"专精特新"中小企业。

长期以来，上海电气电力电子始终围绕国家能源战略，紧盯产业发展政策。在新能源风电技术、电能质量技术、储能技术、中低压配电领域投入大量的研发资源，不断提升企业创新能力和专业化水平。

在转型升级过程中，上海电气电力电子又将目光聚焦到海上风电及储能市场，陆续开发了海上型大功率变桨系统、MW级储能电站逆变升压系统、MW级集中式储能系统、小型智能化电能质量装置等产品，为公司的发展注入了新的经济增长点。

此次获评上海市"专精特新"中小企业，标志着公司在电力行业高端装备领域所取得的科研成果得到了政府和市场的一致认可，下一步公司将以国家"专精特新"小巨人为目标，持续培育自主品牌，进一步加大新能源装备研发投入和成果推广力度，促进企业高质量发展。

英飞特电子亮相 2023金砖国家新工业革命展

2023年11月16日，2023金砖国家新工业革命展在厦门国际会展中心开幕，中石油、通用技术、中粮、沙特阿美、比亚迪、华为、淡水河谷等多家世界500强企业及行业领军企业参展，围绕"深化伙伴关系合作，推进金砖国家新型工业化"主题，立足金砖国家制造业高端化、智能化、绿色化发展，展示金砖国家新工业革命领域合作成果。英飞特电子亮相国际半导体照明联盟（ISA）展位B4-15，重点展示其在金砖国家的成功项目案例，综合体现了英飞特在照明领域的战略布局和创新能力。

作为全球领先的照明配套产品生产商，英飞特电子照明产品已广泛应用于中国、巴西、俄罗斯、印度、阿联酋等多个金砖国家。

未来，英飞特电子将紧密携手金砖合作伙伴，围绕半导体照明技术的融合创新开展更多合作项目，为金砖国家在半导体照明领域输出更多成果，以高标准促进照明产业高质量发展。

零碳"黑灯工厂"照亮企业转型升级路

航天长峰以"数字长峰"落实数字航天战略，所属航天朝阳电源开展以建成模块电源"黑灯工厂"为代表的一系列数字化转型、管理改革与能力提升工作，智能制造步伐明显加快、任务生产效率显著提高、碳排放量大幅降低，企业转型升级高质量发展再上新台阶。

"黑灯工厂"里的智造之光

走进航天朝阳电源生产车间，不见挥汗如雨的工人身影，但见一套完整、高效的数字化制造生态系统，正昼夜不停地生产着标准化模块电源。

立体库自动分拣系统有序分配物料；自动导引运输车（AVG）在各道工序中不知疲倦地穿梭，把物料精准配送到每道工序；机械臂正灵活地执行点胶、焊接、检测、入库等任务。

"从订单导入到拆批、自动化生产线生产，再到测试、生产过程数据采集，以及模块电源成品自动入库……通过大屏看板、执行看板、质量数据包等可实现全过程追溯，我们的工人告别了三班倒，工厂无人值守也能正常运行。"据工厂负责人介绍，航天朝阳电源从制造向智造转型的步伐逐渐加快。

这座规划年产 10 万台高功率密度模块电源、投资累计超 1 亿元、花费 3 年时间建成的工厂，让许多从前需"开灯"作业的岗位都具备了无人化"灭灯"生产条件。

"黑灯工厂"想要运转顺畅，必须能对生产线上很多问题做出预判，并快速解决。据技术人员介绍，工厂产线可进行电压和功率等测试，提前筛查出不合格品，测试合格的电路板将自动完成板级焊接，焊料量、焊接温度和时间可调可控，达到工人手工作业无法达到的效果。

生产过程的万无一失，成为企业降本增效的重要手段。

依托整套系统，航天朝阳电源高功率密度模块电源生产能力将按计划实现大幅提升。

持续打造转型升级"新引擎"

在数字制造产线正式运行后，航天朝阳电源同步启动了包括全自动元器件检验筛选、电磁兼容（EMC）试验、表面贴装技术（SMT）自动化电装、印制板三防自动化喷涂等能力提升建设工作，打造成一套全自动数字化生产线，工艺一致性好、数字化程度高、检测手段先进、数据实时采集、能有效保证产品质量。

其中，电磁兼容试验室的建设不仅提升了产品研发试制的验证能力，大幅缩短研制周期，还可有效提升自身适应外部复杂电磁环境条件市场任务的能力，从而提升产品竞争优势。

机械加工类设备的替换升级，使电源产品的外壳结构加工有了质的飞跃，在激光切割机的精准操作下，操作工人数有效优化减少，产品生产工艺同步大幅改进提升，原材料的使用利用率与操作安全性也得到改善。

航天朝阳电源积极运用产业链高效整合这一现代企业成本控制新思维，坚持走产业协同道路，通过整合链接中国航天科工二院产业链，实现多环节资源高效利用，持续深入开展能力建设、联动发展。

除与中国航天科工二院所属单位协同建设模块电源自动化组装生产线外，公司还先后与其他院属单位协同规划共建元器件自动化筛选可靠性联合试验室、电源产品电磁兼容试验室，并联合设立了中国航天科工二院电源产业"两中心"，企业转型升级高质量发展呈现新局面。

光储项目打造低碳绿色企业

为践行国家"双碳"战略目标，提升企业经济运行效率，后续，航天朝阳电源拟利用地面规划停车区域，开展光储一体化项目建设。该项目建成后，预计可实现总装机容量 3.267MW，预计未来 25 年总发电量约 10161.86 万 kW·h，首年发电量约 435.83 万 kW·h，年平均发电量约 406.47 万 kW·h。

项目预计每年可节约准煤 1000 多吨，减少二氧化碳排放 2000 多吨，并减少二氧化硫、氮氧化物等污染气体排放，切实向低碳绿色工厂靠拢。

未来，航天朝阳电源将厚植绿色高质量发展底色，持续打造提质降本增效、转型升级的"新引擎"。

瞻芯电子获上海市科技奖

2023 年 5 月 26 日上午，上海市政府隆重召开上海市科学技术奖励大会，上海瞻芯电子科技有限公司（以下简称"瞻芯电子"）受邀出席，荣获 2022 年度上海市技术发明奖二等奖，这是上海市科学技术领域的最高水平奖项之一。

上海市科学技术奖是根据《上海市科学技术奖励规定》，通过市科学技术奖评审委员会评审，市科学技术奖励委员会审定，经上海市人民政府批准的上海市科学技术领域的最高奖项之一，其中技术发明奖项要求核心技术领先，具备授权发明专利，并且技术产业化程度较高，在下游市场得到大规模应用。

瞻芯电子获此殊荣，是凭借独立开发且技术水平一流的"1200V 碳化硅（SiC）功率 MOSFET 成套工艺和车规级产品"，以及该产品在市场应用中的卓越表现。瞻芯电子早在 2017 年成立时起，就开始独立自主开发 6 英寸碳化硅 MOSFET 工艺平台和产品。通过多年的研发积累，逐步搭建起完整的产业链，涵盖"器件设计-工艺平台-生产制造"等环节，自主开发的碳化硅（SiC）MOSFET 器件的关键性能参数也达到了国际一流水平，并满足严苛的可靠性标准，先后通过了工规级（JEDEC）、车规级（AEC-Q101）可靠性认证，在知名新能源车企的严格测试认证获得认可，大批量供应支持了热门新能源车型量产交付，截至 2023 年 5 月累计交付用户超过 350 万颗。

瞻芯电子独立自主开发完成了工业级与车规级的 6 英寸碳化硅（SiC）MOSFET 工艺平台及产品技术，该成果不仅对瞻芯电子自身有着重要的意义，还为中国在新能源汽车、光伏与储能、充电桩、高性能电源等科技产业发展提供了坚实支撑。这项技术突破了国际厂商对碳化硅（SiC）MOSFET 这一高端核心元器件领域的垄断，增强了对科技产业的供应保障和自主供应链的安全。

基本半导体荣获国家级专精特新"小巨人"企业认定

2023年7月14日，深圳市中小企业服务局发布了由工业和信息化部审核通过的第五批专精特新"小巨人"企业公示名单。深圳基本半导体有限公司成功入选，荣获国家级专精特新"小巨人"企业认定。

"专精特新"，是指企业具有专业化、精细化、特色化、新颖化的发展特征。专精特新"小巨人"企业位于产业基础核心领域和产业链关键环节，创新能力突出、掌握核心技术、细分市场占有率高、质量效益好，是优质中小企业的核心力量，通过培育推动其健康成长，最终成为行业或区域的"巨人"。

自成立以来，基本半导体始终坚持自主创新，掌握碳化硅芯片设计、晶圆制造、封装测试、驱动应用等核心技术，拥有知识产权200余项，先后投产汽车级碳化硅功率模块专用产线和6英寸车规级碳化硅芯片产线；公司自主研发的汽车级碳化硅功率模块已收获了近20家整车厂和一级供应商电控客户的30多个车型定点，成为国内第一批碳化硅模块量产上车的头部企业；采用自研芯片的碳化硅功率器件已累计出货超过数千万颗，服务于光伏储能、电动汽车、轨道交通、工业控制、智能电网等领域的全球数百家客户。

此次获评专精特新"小巨人"企业称号，是国家主管部门和行业对基本半导体的高度认可，也是公司发展历程中的一大里程碑。基本半导体将继续秉持创新精神，专注于客户价值实现，不断提升产品核心竞争力，为推动行业发展和社会进步贡献科技力量。

科达嘉荣获"2022年度汽车电子科学技术奖—优秀创新产品奖"

2023年6月10日，由深圳市汽车电子行业协会主办的2023年中国（深圳）国际汽车电子产业峰会暨2022年度汽车电子科学技术奖颁奖典礼在深圳隆重举行。汽车电子科学技术奖设创新企业奖、创新产品奖、创新人物奖、技术发明奖和最具投资价值奖五类，旨在奖励在汽车电子科学研究、技术创新、科技成果推广应用、高新技术产业化以及重大工程建设等方面做出突出贡献的单位、个人及优秀的单个产品和项目。

通过企业自行申报、媒体推荐及专家委员会评审，科达嘉凭借综合实力获得了"2022年度汽车电子科学技术奖—创新产品奖"，充分显示了科达嘉车规级电感在汽车电子行业的竞争力。

凭借在汽车电子行业的多年深耕以及在车规级电感产品技术上的持续创新，科达嘉车规级一体成型电感VSHB-T系列荣获"2022年度汽车电子科学技术奖—优秀创新产品奖"。这是继在2023中国电子信息博览会上获得创新产品奖之后，科达嘉车规级电感再次获得行业殊荣。

1. 车规级电感工艺持续创新

近年来，随着智能网联汽车、新能源汽车的兴起，汽车电子行业快速发展，由此带动了对磁性元器件的需求增长。科达嘉通过与汽车电子研发工程师紧密合作，为汽车电子领域研发了车规级大电流电感VSRU27系列、车规级一体成型电感VSAB、VSHB、VSHB-T、VSEB以及车规级磁棒电感VRKL0740等多个系列的电感产品，助力汽车电子客户产品创新。

科达嘉自主研发生产的车规级电感已经广泛应用在车载控制器、智能座舱、高级辅助驾驶系统、中央控制单元、车灯驱动模块、BMS、T-BOX等各类汽车电子系统中，并受到汽车终端客户的高度认可。

科达嘉车规级大电流电感、一体成型电感采用创新的生产工艺和结构设计，确保产品的高可靠、低损耗以及抗干扰性能。

以车规级一体成型电感VSHB-T为例，采用冷热压两次成型工艺以及T-Core磁芯结构设计，有效降低磁芯损耗，减少短路风险。创新的T-Core磁心结构，电感线圈不易变形和倾斜，保证电感电气性能的可靠性及一致性。该系列产品工作温度范围为$-55 \sim +165$℃，达到行业最高水平。产品对冷热冲击、机械冲击和振动等有很强的抵抗能力，在高频和高温环境下仍能保持优良的电气性能，满足汽车电子长期复杂的应用环境。

2. 严苛的产品质量管理

汽车电子产品运行环境复杂，对电感的要求很高，除了要满足大电流、小体积和低损耗要求，还要经过严苛的测试认证，以满足汽车电子的稳定可靠运行。

科达嘉自主研发生产的车规级电感器严格按照APQP开发程序，同时在IATF16949认证的质量管理体系下生产制造，产品通过AEC-Q200车规级可靠性验证。科达嘉拥有CNAS认可的实验室，$2000m^2$检测中心和经验丰富的产品检测团队，并拥有质量工程师、技术分析专业人才30余人，可自主完成电气特性、机械冲击、振动实验、端子强度、冷热冲击等多项可靠性测试。

3. 强大的产品定制开发能力

在汽车电子领域，受电感值、PCB尺寸大小等因素限制，很多项目中，电感都需要定制开发。科达嘉电感产品的核心竞争力主要源自核心材料的自主研制和电感产品的定制开发，而核心材料的研制及电感的定制开发往往受限于加工设备和工艺。科达嘉拥有自己的自动化设备部门，通过自主研发的生产设备和自主开发的模/治具，为磁芯材料和电感线圈的研制、电感产品的定制开发提供设备和工艺支撑。

科达嘉技术研发团队核心成员在电感行业拥有20年以上研发经验，很多工程师具有国际一线品牌企业工作背景。经验丰富的研发工程师能快速评估客户需求，快速打样，满足汽车电子领域用户的定制化需求。

4. 广泛、深入的产业链合作

科达嘉与汽车电子产业链上下游企业形成了广泛、深入的合作关系，由此推动企业的高质量发展和车规级电感技术持续创新。

在原材料供应商的选择上，科达嘉严格甄选供应商，与国际一线厂商合作，并通过引进业界先进的检测分析仪对线材、磁芯粉末材料等进行全方位检测。在方案设计环节，科达嘉与业界主流的IC方案商形成了紧密合作，多个系列的电感产品被英飞凌、矽力杰等全球知名的IC方案商推荐到数字功放、汽车电子、电源系统等设计方案中。在终端客户合作上，科达嘉车规级电感产品广泛应用于多家品牌汽车厂商的制造项目中，获得了汽车客户的高度认可。

厚积薄发，笃行致远。科达嘉将继续发挥在功率电感研制方面的经验和技术优势，持续在汽车电子领域深耕，为汽车领域客户提供高价值的产品与服务，助力新能源汽车、智能网联汽车产业快速发展。

珠海云充荣获专精特新企业称号

珠海云充科技有限公司创立于2018年，是一家技术领先的新能源大功率电能变换器产品及解决方案供应商。以独立风道、高效率、大功率的全球独创充电模块开启直流充电桩2.0时代，产品具有"噪声低、电损低、维护少、体积小、寿命长"的优势，不仅适用于传统充换电站，并可以应用于：矿井及加油站等防爆场景；沙尘、沿海、凝露、厂矿等严酷环境；医院、小区、商场、地下停车场等静音场景；储能及光伏、智能微网、数据中心等领域。公司致力于成为国际领先的电力电子公司，以技术创新服务全球。

凭借强大的技术经营团队和国际领先的核心技术，公司持续精准对接传统能源、城投交投、交通运输、充电运营商、车企等行业领域，为高新建设、云闪充、智行科技等地区龙头运营企业的充电站项目提供产品和技术支持。

公司把技术创新视为企业发展第一生产力，通过持续不断的自主创新，逐步提升产品核心竞争力。经过多年的技术积累与沉淀，在行业内形成了较强的产品竞争力、技术创新能力，先后获国家知识产权局授权的各类专利19件、软件著作权4件，另有1件PCT国际发明专利和8件国内发明专利已进入实质审查阶段。

公司创新发展得到各级政府的认可，先后被认定为国家高新技术企业、专精特新企业、中国电源学会会员单位等称号。公司始终坚持"市场导向+科创驱动"的发展思路，践行"客户为本、匠心为质"核心价值观，潜心深耕细分行业，持续完善内部管理，建立以市场需求为导向的前沿技术研发、精益生产管理与快反式客户服务一体化数字平台，顺利通过严苛的ISO 9001、ISO 14001、ISO 45001及ISO/IEC 27001等四位一体的国际管理体系认证。

公司的快速发展，也得到敏锐机警的资本市场的高度认可，相继获得珠海高科创投、珠海高新天使创投、珠海港湾壹号创投、广东清合创投等众多投资机构的热捧投资。随着我国新能源充电桩行业市场规模的持续高速增长（复合年均增长率高达42.2%），结合"新基建"与"稳增长"等政策的支持与补贴，2026年我国充电桩市场有望达到2870.2亿元。

公司将积极响应国家绿色发展理念，坚持技术创新、服务至上，紧密围绕绿色数据中心、绿色新能源领域，以市场需求为导向，开展新产品、新技术的攻关，融合互联网技术，为客户提供行业领先的绿色化智能化能源服务。

第五篇 科研与成果

第九届中国电源学会科学技术奖获奖成果 169
特等奖
大型光伏电站用并网逆变器关键技术及其工程应用 169
多变流器电能系统稳定性及构网控制基础理论与方法 169
一等奖
新能源发电装备暂态稳定理论与控制方法 170
模块化多电平换流器直流故障应力演化机理及穿越控制方法 170
大功率牵引变流系统设计与控制关键技术及应用 171
新能源变换器集群的协同调控理论与高效复用技术 171
二等奖
电力电子系统故障检测、诊断和容错关键技术研究及应用 172
面向多元接入的多端柔性互联系统关键技术、装备研制与应用 173
高安全精细化控制的大容量电池储能系统关键技术及工程应用 173
直串式潮流控制器核心技术、装备研制及工程应用 174
大功率多堆燃料电池动力系统协调控制与服役性能保障方法 175
谐振变换系统拓扑构建理论与性能提升方法 175
LED 照明系统高效高可靠运行机理及控制方法 175
电机驱动系统鲁棒预测控制理论及方法 176
复杂工况下高品质永磁电机驱动系统控制理论与方法研究 176
优秀产品创新奖
PRE20 系列双向可编程交流电源 177
1.5kW 大功率球场灯 LED 驱动电源 177
HCA 系列高性能高压变频器 178
X 射线源（PSS 系列） 178
基于澎湃 P2 芯片与澎湃 G1 芯片的小米 13 Ultra 电池管理系统 179
WiseMDC 智慧液冷模块化数据中心 179
高效高密 DC/DC 电源（DB1500 S4854） 180
杰出贡献奖
李立涅 180
徐德鸿 181
杰出青年奖
李睿 181
优秀青年奖
陈材 182
辛振 182
李彬彬 183

电源相关科研团队简介（按照团队名称汉语拼音顺序排列） 184
1. 安徽大学工业节电与电能质量控制省级协同创新中心 184
2. 安徽大学特种电源与电能质量研究团队 184
3. 安徽工业大学优秀创新团队 186

4. 安徽工业大学电力电子与控制研究团队 …………………………………………………… 186
5. 北方工业大学新能源发电与智能电网研究团队 …………………………………………… 188
6. 北京交通大学电力电子与电力牵引研究所团队 …………………………………………… 188
7. 重庆大学电磁场效应、测量和电磁成像研究团队 ………………………………………… 189
8. 重庆大学高功率脉冲电源研究组 …………………………………………………………… 189
9. 重庆大学节能与智能技术研究团队 ………………………………………………………… 189
10. 重庆大学无线电能传输技术研究所 ………………………………………………………… 190
11. 重庆大学新能源电力系统安全分析与控制团队 …………………………………………… 190
12. 重庆大学新型电力电子器件封装集成及应用团队 ………………………………………… 190
13. 重庆大学周雒维教授团队 …………………………………………………………………… 191
14. 大连理工大学电气学院运动控制研究室 …………………………………………………… 191
15. 大连理工大学特种电源团队 ………………………………………………………………… 191
16. 大连理工大学压电俘能、换能的研究团队 ………………………………………………… 191
17. 电子科技大学功率集成技术实验室 ………………………………………………………… 192
18. 电子科技大学国家863计划强辐射实验室电子科技大学分部 …………………………… 192
19. 东南大学江苏电机与电力电子联盟 ………………………………………………………… 192
20. 东南大学先进电能变换技术与装备研究所 ………………………………………………… 193
21. 福州大学定制电力研究团队 ………………………………………………………………… 193
22. 福州大学功率变换与电磁技术研发团队 …………………………………………………… 193
23. 福州大学智能控制技术与嵌入式系统团队 ………………………………………………… 194
24. 复旦大学智慧能源控制与仿真实验室 ……………………………………………………… 194
25. 广西大学电力电子系统的分析与控制研究团队 …………………………………………… 195
26. 国网江苏省电力公司电力科学研究院电能质量监测与治理技术研究团队 …………… 195
27. 国网江苏省电力公司电力科学研究院主动配电网攻关团队 …………………………… 195
28. 哈尔滨工业大学电力电子与电力传动课题组 ……………………………………………… 195
29. 哈尔滨工业大学电能变换与控制研究所 …………………………………………………… 196
30. 哈尔滨工业大学动力储能电池管理创新团队 ……………………………………………… 196
31. 哈尔滨工业大学模块化多电平变换器及多端直流输电团队 …………………………… 197
32. 哈尔滨工业大学先进电驱动技术创新团队 ………………………………………………… 197
33. 哈尔滨工业大学（威海）可再生能源及微电网创新团队 ………………………………… 197
34. 海军工程大学舰船综合电力技术国防科技重点实验室 ………………………………… 197
35. 河北工业大学电池装备研究所 ……………………………………………………………… 198
36. 河北工业大学电器元件可靠性团队 ………………………………………………………… 198
37. 合肥工业大学张兴教授团队 ………………………………………………………………… 198
38. 湖南大学电动汽车先进驱动系统及控制团队 ……………………………………………… 198
39. 湖南大学电能变换与控制创新团队 ………………………………………………………… 199
40. 湖南科技大学特种电源与储能控制研究团队 ……………………………………………… 199
41. 华北电力大学电气与电子工程学院新能源电网研究所 ………………………………… 199
42. 华北电力大学先进输电技术团队 …………………………………………………………… 200
43. 华北电力大学直流输电研究团队 …………………………………………………………… 200
44. 华东师范大学微纳机电系统课题组 ………………………………………………………… 200
45. 华南理工大学电力电子系统分析与控制团队 ……………………………………………… 200
46. 华中科技大学半导体化电力系统研究中心 ………………………………………………… 200
47. 华中科技大学创新电机技术研究中心 ……………………………………………………… 201
48. 华中科技大学电气学院高电压工程系高电压与脉冲功率技术研究团队 ……………… 201
49. 华中科技大学高性能电力电子变换与应用研究团队 …………………………………… 201

50. 华中科技大学特种电机研究团队 ... 202
51. 华中科技大学高压大功率特种电源团队 ... 202
52. 吉林大学仪器电源研究团队 ... 202
53. 江南大学新能源技术与智能装备研究所 ... 204
54. 江苏工程职业技术学院新能源及新能源汽车创新团队 ... 204
55. 江苏师范大学电驱动机器人 ... 204
56. 兰州理工大学电力变换与控制团队 ... 204
57. 辽宁工程技术大学电力电子与电力传动磁集成技术研究团队 ... 204
58. 闽南师范大学"木兰为舟"团队 ... 205
59. 南昌大学吴建华教授团队 ... 205
60. 南昌大学信息工程学院能源互联网研究团队 ... 205
61. 南京航空航天大学高频新能源团队 ... 206
62. 南京航空航天大学航空电力系统及电能变换团队 ... 206
63. 南京航空航天大学航空电能变换与微型电网能量管理研究团队 ... 206
64. 南京航空航天大学模块电源实验组 ... 206
65. 南京航空航天大学先进控制实验室 ... 207
66. 南京航空航天大学国家国防科工局"航空电源技术"国防科技创新团队、"新能源发电与电能变换"江苏省高校优秀科技创新团队 ... 207
67. 南京理工大学先进电源与储能技术研究所 ... 207
68. 清华大学电力电子与电气化交通研究团队 ... 208
69. 清华大学电力电子与多能源系统研究中心（PEACES） ... 208
70. 清华大学汽车工程系电化学动力源课题组 ... 208
71. 清华大学先进电能变换与电气化交通系统团队 ... 209
72. 山东大学分布式新能源技术开发团队 ... 212
73. 山东大学新能源发电与高效节能系统优化控制团队 ... 212
74. 陕西科技大学新能源发电与微电网应用技术团队 ... 213
75. 上海大学电机与控制工程研究所 ... 213
76. 上海海事大学电力传动与控制团队 ... 214
77. 上海交通大学风力发电研究中心 ... 214
78. 四川大学高频高精度电力电子变换技术及其应用团队 ... 214
79. 太原理工大学电力电子技术及其磁集成技术研究团队 ... 215
80. 天津大学电气自动化与信息工程学院天津大学先进电能变换与系统控制中心 ... 215
81. 天津大学自动化学院电力电子与电力传动课题组 ... 217
82. 天津工业大学电工电能新技术研究团队 ... 217
83. 天津天雾抑爆灭火产业技术研究院有限公司抑爆灭火高精尖产业设计中心 ... 218
84. 同济大学电源系统智能管控实验室 ... 218
85. 同济大学磁浮与直线驱动控制团队 ... 218
86. 同济大学电力电子可靠性研究组 ... 218
87. 同济大学电力电子与电力传动系统研究团队 ... 218
88. 同济大学铁道与城市轨道交通研究院、磁浮技术重点实验室 ... 219
89. 同济大学电力电子与新能源发电课题组 ... 222
90. 温州大学智慧海洋数字综合能源变换技术创新团队 ... 222
91. 无锡太湖学院江苏省物联网应用技术重点建设实验室 ... 224
92. 武汉大学电气与自动化学院大功率电力电子技术研究中心 ... 225
93. 武汉理工大学电力电子技术研究所 ... 226
94. 武汉理工大学夏泽中团队 ... 226

95. 武汉理工大学自动控制实验室 ………………………………………………………………… 226
96. 西安电子科技大学电源技术应用研究所 ……………………………………………………… 226
97. 西安电子科技大学电源网络设计与电源噪声分析团队 ……………………………………… 226
98. 西安交通大学电力电子与新能源技术研究中心 ……………………………………………… 227
99. 西安理工大学光伏储能与特种电源装备研究团队 …………………………………………… 227
100. 西安理工大学交流变频调速及伺服驱动系统研究团队 …………………………………… 227
101. 西安理工大学无线电能传输团队 …………………………………………………………… 227
102. 西南交通大学电能变换与控制实验室 ……………………………………………………… 228
103. 西南交通大学高功率微波技术实验室 ……………………………………………………… 231
104. 西南交通大学电气工程学院列车控制与牵引传动研究室 ………………………………… 231
105. 西南交通大学汽车研究院 …………………………………………………………………… 232
106. 西南科技大学新能源测控研究团队 ………………………………………………………… 232
107. 厦门大学微电网研究团队 …………………………………………………………………… 232
108. 湘潭大学智能电力变换技术及应用研究团队 ……………………………………………… 233
109. 燕山大学可再生能源系统控制团队 ………………………………………………………… 233
110. 浙江大学 GTO 实验室 ……………………………………………………………………… 233
111. 浙江大学陈国柱教授团队 …………………………………………………………………… 233
112. 浙江大学电力电子技术研究所徐德鸿教授团队 …………………………………………… 233
113. 浙江大学电力电子先进控制实验室 ………………………………………………………… 234
114. 浙江大学电力电子学科吕征宇团队 ………………………………………………………… 234
115. 浙江大学何湘宁教授研究团队 ……………………………………………………………… 234
116. 浙江大学石健将老师团队 …………………………………………………………………… 234
117. 浙江大学微纳电子所韩雁教授团队 ………………………………………………………… 235
118. 浙江大学智能电网柔性控制技术与装备研发团队 ………………………………………… 235
119. 中国东方电气集团中央研究院智慧能源与先进电力变换技术创新团队 ………………… 235
120. 中国工程物理研究院流体物理研究所特种电源技术团队 ………………………………… 236
121. 中国科学院近代物理研究所电源室 ………………………………………………………… 236
122. 中国科学院等离子体物理研究所 ITER 电源系统研究团队 ……………………………… 236
123. 中国科学院电工研究所大功率电力电子与直线驱动技术研究部 ………………………… 237
124. 中国科学院电工研究所高功率密度电气驱动及电动汽车技术研究部 …………………… 238
125. 中国矿业大学电力电子与矿山监控研究所 ………………………………………………… 239
126. 中国矿业大学信电学院 505 实验室 ………………………………………………………… 239
127. 中国矿业大学无线电能传输技术团队 ……………………………………………………… 239
128. 中国矿业大学（北京）大功率电力电子应用技术研究团队 ……………………………… 239
129. 中山大学第三代半导体 GaN 功率电子材料与器件研究团队 …………………………… 240
130. 中山大学广东省绿色电力变换及智能控制工程技术研究中心 …………………………… 240

电源相关科研项目介绍（按照项目名称汉语拼音顺序排列） ……………………………………… 241
  1. 超紧凑电力电子硬件在环实时仿真器 ………………………………………………………… 241
  2. 川藏铁路列车智能操控理论与关键技术研究 ………………………………………………… 241
  3. 电力牵引与控制 ………………………………………………………………………………… 242
  4. 电气激励下高速列车牵引传动系统机电耦合共振机理与主动控制研究 …………………… 242
  5. 多频复合电流跟踪 PWM 控制磁耦合谐振无线电能传输机理及关键问题研究 …………… 242
  6. 分层介质下无线电能传输系统传能机理及关键技术研究 …………………………………… 242
  7. 非均匀退磁影响下城轨列车永磁无位置传感器牵引系统容错控制研究 …………………… 243
  8. 高速列车牵引系统健康监测、故障诊断与安全控制技术研究 ……………………………… 243
  9. 高速列车电力牵引系统关键技术 ……………………………………………………………… 243

10. 高速列车碳化硅牵引系统多物理场耦合机理及关键技术研究 ……………………………………… 243
11. 高温车用 SiC 器件及系统的基础理论与评测方法研究 …………………………………………… 244
12. 关闭矿井狭长空间分布式压缩空气规模储能的基础研究（子课题 4：关闭矿井
　　CAES 分布式空间特征提取与五维数据融合） ………………………………………………… 244
13. 寒区全气候电动汽车动力电池系统热电耦合机理与高效管理 …………………………………… 244
14. 基于薄膜电容的三角形连接级联 H 桥 STATCOM 电容容量设计研究 ………………………… 245
15. 基于宽频控制的高速磁浮列车推力波动机理及抑制 ……………………………………………… 245
16. 基于列车网络控制的高速动车组智能操控理论与关键技术研究 ………………………………… 245
17. 基于时空多尺度迭代学习的重载列车运行控制方法研究 ………………………………………… 245
18. 计及关键机理特征的动力电池非线性衰减识别和后续性能预测 ………………………………… 246
19. 跨频段超表面介入无线电能传输系统工作机制及关键问题研究 ………………………………… 246
20. 锂离子电池老化过程中热安全特性演变机制及在线表征 ………………………………………… 246
21. 强鲁棒性锂离子电池循环寿命预估研究 …………………………………………………………… 246
22. 任意多线圈架构 MC WPT 系统本征态传能机理研究 …………………………………………… 247
23. 任意多线圈架构磁耦合无线电能传输系统本征态建模及空间能力提升策略研究 ……………… 247
24. 三维动态磁耦合无线电能传输系统本征态传能机制及能效提升策略研究 ……………………… 247
25. 双频调制 PWM 操控电动汽车无线充电系统金属异物检测机制研究 ………………………… 247
26. 水上水下无人探测设备并行无线供电机理及关键技术研究 ……………………………………… 248
27. 水下大功率高效无线电能传输机理及关键技术研究 ……………………………………………… 248
28. 适用于川藏铁路列车应急自走行的电能路由器控制研究 ………………………………………… 248
29. 无线电能-智能可穿戴电子设备柔性供电技术研究 ……………………………………………… 248
30. 谐波分离与复用磁耦合谐振无线电能传输机理及关键技术研究 ………………………………… 249

第九届中国电源学会科学技术奖获奖成果

特等奖
大型光伏电站用并网逆变器关键技术及其工程应用

奖项类别：科技进步奖（技术开发类）

完成单位：合肥工业大学、阳光电源股份有限公司、合肥学院、嘉兴斯达半导体股份有限公司

主要完成人：张兴、李飞、王佳宁、李明、余畅舟、徐海珍、耿后来、赵为、王涵宇、刘志红、胡超、王付胜、潘年安、陈强、曹仁贤

项目亮点：项目突破了大型光伏电站用逆变器在并网稳定性与主动支撑、综合效率提升、高效国产化 IGBT 技术等方面的众多技术瓶颈，使阳光电源大型光伏电站用逆变器技术持续引领行业技术发展，显著推动了我国光伏逆变器的技术进步和产业发展。

项目介绍：

光伏发电系统是实现"双碳"目标最有效的手段之一，2022 年中国光伏新增装机容量 87.4GW，连续 10 年世界第一，发展潜力巨大。大型光伏电站是光伏发电的主流形式，逆变器是光伏系统的心脏，起着电能变换和稳定并网的核心作用。随着光伏发电渗透率的不断提高和光伏"平价上网"时代的到来，大型光伏电站用逆变器技术的发展面临以下挑战：

1）并网稳定性与主动支撑方面：大规模接入后渗透率不断提高，弱网问题凸显，多机谐振风险大，惯量缺失对电力系统频率稳定性的影响大。

2）综合能效方面：多电平高效拓扑被国外专利封锁，复杂光照环境下最大功率捕获效率低。

3）核心功率器件方面：高效高循环寿命功率 IGBT 功率器件依赖进口，供应链风险高、成本压力大，国产化迫在眉睫。

针对上述挑战，合肥工业大学与全球光伏逆变器龙头企业——阳光电源股份有限公司开展了长期、紧密而富有成效的产学研合作，并联合逆变器核心半导体器件知名企业嘉兴斯达半导体股份有限公司以及合肥学院，依托国家 863 计划、国家重点研发计划等项目，在逆变器并网稳定性与主动支撑、综合效率提升、高效国产化 IGBT 技术等方面做出的创新工作，使阳光电源大型光伏电站用逆变器技术持续引领行业技术发展，显著推动了我国光伏逆变器的技术进步和产业发展。项目主要技术创新如下：

1）首创了基于电网阻抗自适应的电流源/电压源双模式控制策略，在业内率先实现了 $SCR \geq 1.018$ 下的稳定并网运行；提出了基于"单点"与"全局"协同的多逆变器谐振抑制策略，有效抑制了大规模并网运行时的多机谐振；提出了广义虚拟惯性控制，提升了有功动态特性，实现频率短时支撑/恢复响应时间比 ≥ 15 倍，动态频率响应时间缩短至 60ms。

2）发明了适用于 1500V 及以上电压等级的高效五电平逆变器拓扑及其调制策略，突破高效五电平拓扑国外专利的封锁，将大型光伏电站用并网逆变器效率提升至 99.16%，成为业界新标杆；提出了基于功率闭环的粒子群多峰值 MPPT 算法，将动态 MPPT 效率提升至接近极限的 99.94%。

3）提出双缓冲层沟槽栅场终止型 IGBT 芯片技术及基于多物理场学习模型的 IGBT 模块封装技术，研制出国产化高效低感、高循环寿命的光伏逆变器用 1200V 800A IGBT 模块。

项目获授权发明专利 26 件，其中获中国专利奖 2 项，发表论文 37 篇，出版专著 3 部，以第一单位制定国家标准 2 项，并获得我国工业领域最高奖项——中国工业大奖。

特等奖
多变流器电能系统稳定性及构网控制基础理论与方法

奖项类别：科技进步奖（基础研究类）

完成单位：西安交通大学

主要完成人：刘增、刘进军、刘自鹏、安荣汇、刘方诚、武腾、刘腾、王施珂、孟鑫、刘宝瑾

项目亮点：突破了原有理论因依赖功率流向而无法应用于多变流器系统稳定性分析，原有构网控制性能依赖通信及配电网络信息、系统稳定性分析方法不够准确以及与大电网切换时母线电压畸变等局限和难点问题，形成了多变流器系统稳定性及构网控制理论基础与方法体系。

项目介绍：

多变流器电能系统目前越来越多地应用于可再生能源发电微电网、数据中心供电系统、电气化交通车载供电系统等场合，其中变流器间往往容易相互作用引发系统不稳定而出现振荡，同时系统电压和供电网络依赖各台电源变流器相互协调控制来构建，因此多变流器电能系统稳定性及构网控制是电力电子领域研究前沿。在国家自然科学基金重点项目及科技部 973 计划课题等项目的支持下，项目

组历经十余年系统研究，突破了原有理论因依赖功率流向而无法应用于多变流器系统及功率流向不匹配或含主动均流控制时无法准确分析稳定性，原有构网控制无法同时兼顾联网功率响应特性和孤岛惯量支撑能力而性能依赖通信及配电网络信息，原有构网系统稳定性分析方法不够准确，以及构网控制系统与大电网切换时母线电压畸变等局限和难点问题，形成了多变流器系统稳定性及构网控制理论基础与方法体系。主要科学发现如下：

1）提出了基于稳定可测端口扰动-响应关系并考虑变流器间主动均流控制的变流器端口特性建模及系统稳定性分析方法与判据，建立起多变流器电能系统稳定性分析理论体系；进而提出了三相交流系统的简化稳定性判据，获得了变流器控制结构、系统参数及运行工作点对稳定性的影响机理。

2）揭示了下垂控制和虚拟同步机控制两类典型构网控制基本架构的内在联系，提出了广义下垂控制结构及其参数设计方法；建立了变流器间控制参量同步调理论，提出了能同时实现频率和母线电压高精度控制及无功、不平衡和谐波功率精确分配控制的免通信去中心控制方法体系。

3）揭示了基波频率动态特性对变流器整体动态特性的影响规律，提出了考虑基波频率动态特性的构网控制变流器端口特性建模方法，建立起构网控制多变流器系统稳定性分析方法系统；提出了基于并网电流、离网电压统一控制以及输出电压-并网电流下垂控制的系统化构网控制多变流器系统与大电网无缝切换方法。

本项目发表期刊论文 35 篇，其中 2 篇入选 ESI 高被引论文；授权国家发明专利 22 项、欧美国际专利 4 项。项目成果获国内外期刊或学术会议优秀论文奖 8 次，其中学科首要国际期刊 IEEE 电力电子学报年度优秀论文奖 2 次；项目完成人刘进军教授因在电能系统建模与控制领域的贡献而获评 IEEE 会士；获邀在 IEEE 系列国际会议上做特邀大会报告 20 次，IEEE 系列国际会议技术讲座和境外国际知名大学讲学 21 次。项目成果已应用于国内多家企业产品，有效提升了产品性能及竞争力，形成了显著的经济效益。

一等奖

新能源发电装备暂态稳定理论与控制方法

奖项类别：科技进步奖（基础研究类）
完成单位：清华大学
主要完成人：耿华、何秀强、周宏林、杨耕、肖帅、马少康
项目亮点：项目建立了新能源发电装备暂态稳定理论，攻克了电网故障工况下新能源装备故障穿越能力不清、暂态稳定机理不明、暂态致稳控制缺失等科学难题，为保障新能源装备暂态稳定运行奠定了理论基础。

项目介绍：

新能源发电装备在电网故障扰动下的安全稳定运行是长期困扰业界的难题，也是制约我国新能源发展的主要瓶颈。项目面向新能源发电装备暂态稳定运行难题，历经十多年持续攻关，取得重要理论突破。主要科学发现如下：

1）提出了新能源装备故障穿越能力评估方法。建立了描述半耦合及非耦合式新能源装备暂态可控域的非线性动态优化模型，提出了新能源装备故障穿越能力的量化评估方法，发明了两类装备适应不同故障类型的故障穿越控制方法，解决了新能源装备故障穿越能力评估和控制难题，为故障穿越导则的科学制定、故障穿越控制策略的优化设计提供了理论依据。

2）建立了新能源并网装备暂态稳定分析理论。建立了描述新能源装备与电网同步行为的暂态同步稳定分析模型，提出了暂态同步稳定分析方法，揭示了暂态同步稳定机理，辨识了暂态同步稳定边界，攻克了新能源并网装备暂态同步稳定机理不明的难题，为同步相关的暂态稳定机制的认知理解、暂态致稳控制的设计提供了理论基础。

3）提出了新能源并网装备暂态致稳控制策略。创建了电网同步相位检测方法的广义设计框架，发明了快速精准的电网同步相位检测技术，建立了新能源装备"单机自律-多机协同"的控制架构，相应提出了自律、协同的暂态致稳控制策略，提升了新能源装备和场站的暂态同步稳定性能，为解决新能源场站大规模脱网的难题提供了新思路。

7 篇英文代表作 Google Scholar 引用 1274 次、WoS 核心合集他引 721 次；1 篇中文代表作中国知网他引 121 次；施引者含麻省理工学院、帝国理工学院、奥尔堡大学、美国国家标准与技术研究院、ABB 等知名机构的 30 余位院士、IEEE Fellow 等专家学者；入选 ESI 高被引论文 2 篇。获国际权威期刊 *IEEE Transactions on Energy Conversion* 最佳论文奖，出版国内首部新能源装备故障穿越技术专著《新能源并网发电系统的低电压穿越》，获首届"电力电子新技术系列图书"优秀作者，牵头制定首部由我国主导的新能源装备建模 IEC 国际标准，有力提升了我国在该领域的国际话语权。

一等奖

模块化多电平换流器直流故障应力演化机理及穿越控制方法

奖项类别：科技进步奖（基础研究类）
完成单位：华中科技大学
主要完成人：林磊、何震、路茂增、朱建行、陈宇、范声芳、张凯、林艺哲、徐克成、胡家兵
项目亮点：针对直流故障导致模块化多电平换流器（MMC）暂态应力严重超标、难以生存的难题，本项目揭示了直流故障下暂态应力的演化机理，提出了计及能量均衡的直流故障穿越方法，实现了 MMC 暂态应力的有效抑制并兼顾了故障期间换流器的连续运行，为柔性直流输电系统的直流故障保护奠定了基础。

项目介绍：

发展基于模块化多电平换流器（MMC）的柔性直流输

电技术是实现大规模可再生能源远距离外送、跨区域消纳的关键。然而，远距离、大容量陆上输电通常采用架空线传输，直流短路故障频发，MMC 将面临严重超标的电压/电流应力，极易造成器件损坏和换流站停运。项目立项之初，典型的直流故障处理方案仅能够保护换流器自身，如德国 Marquardt 教授所提出的基于全桥/钳位双子模块的闭锁策略，瑞士 ABB 公司、国网智能电网研究院等相继提出的基于混合直流断路器的隔离措施，但均难以保证换流器在故障期间的连续运行，无法实现故障穿越，导致对交流系统的支撑不足。为此，项目团队在 973 计划等国家级项目的资助下，经历六年多的持续攻关，解决了直流故障下 MMC 暂态应力演化机理不清、故障穿越分析与控制方法缺失的科学难题，实现了 MMC 暂态应力的有效抑制并兼顾了故障期间换流器的连续运行，为柔性直流输电系统的直流故障保护奠定了基础。主要科学发现如下：

1）发现了 MMC 桥臂电压对暂态应力的作用机制，提出了基于差共模变换的故障分析方法，精确解析了暂态应力的演化规律，攻克了 MMC 暂态应力演化机理不清的理论难题；建立了直流故障穿越的基本框架，为暂态应力的抑制提供了理论支撑。

2）建立了能量精确解析模型，揭示了运行场景、系统参数、内部动态等因素对 MMC 桥臂间及不同类型子模块间能量分布的影响规律，发现了 MMC 内部能量的失衡判据及其主导因素，解决了能量均衡机制不清的理论难题。

3）建立了基频环流注入和不同类型子模块协调的双自由度协同机制，提出了计及 MMC 能量均衡的故障穿越控制方法，实现了多重暂态应力的抑制、多层级能量的均衡，推动了直流故障穿越技术的工程实践。

项目组累计发表高水平代表作 8 篇（1 篇入选 ESI 高被引论文），授权发明专利 17 项（含 2 项美国发明专利）。核心专利被瑞士 ABB、日本三菱等知名跨国公司作为专利申请引用，代表性论文受到亚琛工业大学、帝国理工学院、首尔大学等世界著名高校的持续关注。研究成果获 IEEE JESTPE 最佳论文一等奖（创刊以来国内首次获奖）、中国电源学会优秀博士学位论文奖、华为公司火花奖。第一完成人入选国家"万人计划青年拔尖人才"，获湖北省杰出青年基金资助。项目组成员包括国家自然科学杰出青年基金获得者、中国电源学会优秀青年奖获得者、爱思唯尔高被引学者。柔直设备商南瑞继保公司评价"所提直流故障穿越方法可实现 MMC 暂态应力的主动抑制和内部能量的有效均衡，为我单位供货世界首条±800kV 特高压多端柔性直流工程（昆柳龙工程）提供了有力支撑"。

一等奖
大功率牵引变流系统设计与控制关键技术及应用

奖项类别：科技进步奖（技术开发类）
完成单位：西南交通大学、北京交通大学、北京纵横机电科技有限公司、中车永济电机有限公司、株洲中车时代电气股份有限公司
主要完成人：宋文胜、王琛琛、葛兴来、杨宁、周明磊、刘海涛、徐从谦、麻宸伟、曹虎、陈健
项目亮点：本项目突破了大功率牵引变流系统关键参数匹配优化设计与低开关频率下高性能控制难题，攻克了多因素制约下的牵引变流器设计、研发、性能验证与优化等关键技术。
项目介绍：

电力牵引变流系统是高速列车/电力机车的"心脏"，直接关系到列车的安全、稳定、可靠运行，其高功率密度化与高性能控制是实现列车高速度、大运量、高效能的关键。然而，大功率牵引变流系统外部运行环境与内部结构复杂、工况多变、"车-网"耦合效应显著，难以实现系统整体优化设计和高性能控制。为此，项目组攻克了多因素制约下的牵引变流系统关键参数匹配设计、优化控制、牵引变流器研发与性能验证等关键技术，取得如下创新成果：

1）提出适应全天候、全速域、全线路的电力牵引变流系统电气参数集成设计方法，实现了电容、电感等部件的小型轻量化；提出面向运行工况的列车全速域内牵引变流器损耗与温升精细化计算方法，实现了系统功率密度提升的优化设计。

2）发明低开关频率下牵引变流器网侧高精度控制与调制补偿技术，有效减小了注入牵引电网的谐波污染；提出低开关频率下牵引变流器电机侧优化控制与全速域多模式调制方法，实现了列车牵引/制动力平稳输出与快速调控。

3）提出"车-网"耦合系统谐波谐振与低频振荡的车载抑制技术，实现了高频谐振、低频振荡的机理揭示与过电压抑制。

4）构建电力牵引变流系统综合分析平台，实现了参数设计、控制算法与系统性能的高效测试与验证，研制具有自主知识产权的牵引变流装备，功率密度显著提升，实现了复兴号高速列车与 HXD2 系列电力机车批量装车运行。

项目成果授权发明专利 32 项、软件著作权 7 项，出版著作 3 部，发表 SCI/EI 论文 102 篇，其中 IEEE 期刊论文 32 篇。项目相关技术支撑了复兴号 CR400BF、CR300BF 系列高速列车与 HXD2 系列电力机车的牵引变流装备研制，且所研制的牵引变流器已批量装车运行，社会效益、经济效益显著。

一等奖
新能源变换器集群的协同调控理论与高效复用技术

奖项类别：科技进步奖（基础研究类）
完成单位：天津大学、中国科学院电工研究所
主要完成人：何晋伟、李子欣、赵聪、高范强
项目亮点：本项目以"电路结构模块化、控制架构分布化、运行模式多样化"为核心研究思路，历时十年攻关，取得了新能源变换器集群协同电网支撑和多场景高效复用技术的重要突破，创新成果集成应用于新能源工业电网、柔性直流输电、大规模工业储能等多个重要领域。

项目介绍：

大容量变换器集群是实现规模化新能源发电并网和消纳，构建新型电力系统的重要支撑技术。但其运行控制面临若干重大技术挑战：①跟网型发电集群主动电网支撑能力缺失，而构网型装备间相互作用造成宽频环流和失稳等严重问题；②低压新能源发电单元级联集成并网系统模块数量多、故障率高、模块间灵活功率分配和集群聚合主动电网支撑干涉严重；③分布式新能源变换器功能单一、利用率低、无序接入造成了电能质量恶化、潮流反向越限等问题。本项目以"电路结构模块化、控制架构分布化、运行模式多样化"为核心研究思路，取得了新能源变换器集群协同电网支撑和高效复用技术的重要突破。主要创新工作如下：

1）变换器并联集群稳定控制和协同构网技术：发明了电流源、电压源混合新能源发电装备集群深度协同构网控制技术，提出了混合集群多维度特性重塑方法，突破了混合型构网变换器集群快速调频调压和宽范围惯性模拟的难题；研发了多机变换器集群分布式惯性控制和无功优化分配的振荡高效抑制方法，破解了变换器灰箱约束下的集群小扰动稳定难题。研发了多机并联新能源构网变换器宽频环流主动辨识方法，发明了多节点宽频虚拟阻抗自适应调控的并联机群均流控制技术。

2）功率变换器级联聚合构网和强容错运行技术：提出了级联型功率单元集群的功率因数-频率反下垂控制技术，研发了串联功率模块聚合构网调控方法；提出了光储变换器混合串联型构网系统，发明了光伏变换器主动过调制运行方法和串联模块间自适应谐波消除法；研发了串联变换器集群控制系统节点信息复用的故障快速辨识方法，提出了故障模块容量最优化利用技术，实现了故障模块剩余容量全额出力。

3）构网变换器集群多功能复用和多模式灵活运行技术：提出了分布式电源集群算力聚合的配电网综合电能质量检测技术，发明了集群剩余容量优化利用的电能质量全局协同补偿方法，克服了传统变换器检测精度差、功能单一的难题；研发了"电力时钟"同步的变换器集群载波自适应同步方法，实现了多网架结构下多变换器载波精准同步交错；研发了母线暂态电压动态感知的分布式多机运行模式柔性切换方法，破解了无缝切换仅适用于单机变换器的局限性。

项目负责研制了多功率等级构网变换器及协调控制器，实现了多个重要场景中变换器构网运行的首次工程应用，包括世界最大工业独立电网印尼青山钢铁、世界最大储能工程沙特红海光储电网、世界首个三端柔直南澳青澳站换流器、鲁西直流异步互联工程世界首个1GW高压柔直换流器等。

二等奖

电力电子系统故障检测、诊断和容错关键技术研究及应用

奖项类别：科技进步奖（技术开发类）

完成单位：浙江大学、株洲中车时代电气股份有限公司、苏州汇川技术有限公司、中国船舶集团有限公司第七一九研究所

主要完成人：马皓、张欣、戴计生、孙义、耿攀、许飞、刘雪琪

项目亮点：针对电力电子系统"器件-设备-系统"多层级故障，提出了复杂工况下基于多维特征信息提取和匹配技术的故障检测方案、混杂故障下基于多源信息融合的数模混合驱动故障诊断技术、非线性耦合下基于自适应故障重构控制和拓扑复用理论的故障容错策略。

项目介绍：

项目属于电力电子技术领域。随着电力电子技术在新能源、轨道交通、国防军工等领域的广泛应用，其故障问题成为学术界和工业界的研究热点。电力电子系统的故障复杂繁多：从故障类型划分，包含开路故障、短路故障、电源耦合故障、电网故障和接地故障等；从故障源的类型划分，包含器件级故障、设备级故障、系统级故障等。上述任何单一或者多并发故障都可能引起电力电子系统的停机或者起火，甚至导致重大的安全事故，对国民经济带来巨大影响，因此不可忽略。

目前，电力电子系统故障分析面临的三个关键难题是：复杂工况下电力电子系统故障难以准确、快速地在线辨识；混杂故障下电力电子系统故障难以快速、精准定位；非线性耦合下电力电子系统故障难以低成本、高性能容错运行。

针对上述技术难题，近20年来研究团队在国内率先开展了电力电子系统故障检测、诊断和容错关键技术研究及应用，完成了国家自然科学基金项目多项，在电力电子系统故障检测、诊断和容错方面取得了创新成果，主要科技创新如下：

1）复杂工况下基于多维特征信息提取和匹配技术的故障检测方案。针对电力电子系统"器件级""设备级"和"系统级"故障难以准确、快速在线辨识的问题，提出了基于有限状态机-粗糙集理论、节点-路径图论、阻抗分段判据的在线故障检测方案。上述检测方案完成了复杂工况下"器件-设备-系统"多层级故障特征定制化提取，实现了各类故障的精准在线检测，检测周期缩短到了开关周期级别，鲁棒性强。

2）混杂故障下基于多源信息融合的数模混合驱动故障诊断技术。针对电力电子系统"器件级""设备级"和"系统级"故障，分别提出了基于平均模型和自适应阈值、数模混合驱动技术以及启发式算法搜寻技术的综合故障诊断体系。上述诊断体系实现了电力电子系统混杂故障下的"器件-设备-系统"多层级诊断策略覆盖，各层级故障诊断准确率均达100%。同时在保证故障诊断快速性和准确性的前提下，极大降低了诊断的软硬件成本。

3）非线性耦合下基于自适应故障重构控制和拓扑复用理论的故障容错策略。针对电力电子系统"器件级""设备级"和"系统级"故障难以不降额、低成本容错运行的共性问题，提出了基于故障重构算法、共享冗余单元、自

适应阻抗重塑模块的通用故障重构策略，实现了多维故障的"器件-设备-系统"全方位、不降额、低成本容错运行，容错成功率100%，提高了电力电子系统整体可靠性，保障了其连续稳定运行。

二等奖
面向多元接入的多端柔性互联系统关键技术、装备研制与应用

奖项类别：科技进步奖（技术开发类）
完成单位：上海交通大学、国网江苏省电力有限公司苏州供电分公司、中国科学院电工研究所、国电南瑞科技股份有限公司
主要完成人：张建文、董晓峰、周剑桥、蔡旭、霍群海、施刚、杨晨
项目亮点：针对新型源荷多元接入、线路走径复杂多变、设备分布点多面广的低压城市配电网高密度分布式能源接纳和高品质用户供电需求，提出了柔性互联装备的高效可靠模块化并联设计技术、柔性互联集群多端协同调控技术和广域柔性互联系统韧性提升和主动运维技术，研制了适配多端口差异化容量配置的系列化柔性互联装置产品及广域配电网格边缘代理系统，打造了城市低压配电柔性互联技术应用的整体解决方案。

项目介绍：

现有城市低压配电网采用辐射型结构，缺乏线路间灵活功率转移通道。在"双碳"目标下，新能源和多元化负荷的广泛接入，将引发配电线路潮流堵塞、电压越限等问题。因此，如何创新低压配电网构建模式，通过网络资源共享，实现分布式能源的高密度接入和用户的高品质供电，是城市配电网建设的重要工作。

柔性互联是一种新型配电网构建技术。该技术可通过电力电子装备构建馈线间互联互通、功率可控的低压配电网架，以提升新能源消纳能力和供电可靠性。然而，柔性互联技术在城市低压配电网的推广应用主要面临三大难题：①为适配不同配电场景对柔性互联装置的差异化容量和多端口灵活配置需求，需采用模块化并联组合技术构造系列产品，实现规模化生产与应用，如何实现模块并联型柔性互联装置的高效、可靠、稳定运行，是难题之一；②配电线路走径复杂且工况多变、源网荷特性多元化，如何实现弱通信条件下柔性互联集群多端协同运行，满足多状态联合调控，电能质量综合治理和多元互动能量管理需求，是难题之二；③配电系统设备分布点多面广，感知能力弱，如何充分挖掘柔性互联节点的灵活构网与快速转供潜力，实现广域柔性互联的配电系统韧性提升和主动运维，是难题之三。

针对上述三大难题，项目组开展了面向多元接入的多端柔性互联系统关键技术、装备研制与应用研究，主要技术创新如下：

1）率先形成了柔性互联装备多回路并联及其效率和可靠性提升技术，提出了模块化组合式设计方法，攻克了多回路并联稳定、环流抑制与桥臂故障重构等技术难题。并联模块电流不均衡度在3.3%以内；具备主动防凝露功能；依据功率波动自适应优化分配载荷，轻载条件下运行效率提升了2.78%；模块桥臂故障时可容错运行。

2）创新形成了多元互动的柔性互联分层分布式集群协同控制技术，突破了端口间多状态复合控制、多线路电能质量协同治理、区域网多元互动能量管理等技术瓶颈。互联线路间负荷均衡度≥90%，电压调控能力提升了27%，新能源的接纳容量增加了22%。

3）创新形成了基于广域柔性互联的配电系统韧性提升与主动运维技术，突破了设备状态协同感知、网络拓扑精准辨识等难题，形成了面向韧性提升的蜂巢状柔性互联构网方案以及主动运维体系。配电网供电可靠性从99.99%提高至99.9995%，保供电过程在10ms内快速切换。

项目所形成的产品已推广应用至浙江、江苏、上海等省市。项目打造了城市低压配电柔性互联技术应用的整体解决方案，有力推动了城市新能源高密度接入，提升了配电网安全与数智化运行水平。

二等奖
高安全精细化控制的大容量电池储能系统关键技术及工程应用

奖项类别：科技进步奖（技术开发类）
完成单位：中国华能集团清洁能源技术研究院有限公司、上海交通大学、中国华能集团香港有限公司、华能烟台新能源有限公司
主要完成人：刘明义、张斌、李睿、宋太纪、张建府、李春晓、成前
项目亮点：本项目开发了高安全精细化控制的智能分散式储能系统，彻底解决了电池簇并联环流问题，实现了储能电池精细化能量管控，结合预诊断技术、构网型储能变流器设计和电池管理-PCS控制-系统能量管理为一体的精细化控制，进一步提升了分散式储能系统的系统安全性、电网友好性和运行效率。

项目介绍：

本项目聚焦规模化电池储能系统的安全性、效率、容量可用率和电网友好性问题，在国家自然科学基金、华能集团科技项目等支持下，历经8年攻关创造性地开发了分散式电池储能架构和电池管理-储能变流器控制-系统能量管理为一体的精细化控制体系，在国内率先开展了分散式储能配套关键设备研发，形成了高功率密度、高效率、高可靠性的高安全精细化控制的大容量电池储能应用技术体系，主要创新成果如下：

1）提出了电池储能系统电池不一致性问题整体解决方案。首创分散式系统架构，实现了单电池簇独立管控，解决了簇间并联失配、环流及其带来的安全风险和损耗问题，

突破了电池簇并联"木桶效应"对可用容量的制约，系统效率提升约 3%，可用容量提升约 7%；提出了高能效比的电池-空调-环温智能协调控制散热技术和弧形静压式风道，实现了 2C 工况电芯温差低于 5℃，有效缓解了电芯间的不一致性。

2）提出了基于电芯全生命周期大数据的关键参数智能识别算法和故障智能预诊断算法，开发了新型全国产化能量管理系统（EMS）及其智能控制技术。参数识别误差低于 5%，故障预诊断准确率高于 90%；采用国产芯片进行高性能 EMS 硬件平台的设计及优化，实现了电池簇能量动态均衡控制、系统充放电功率控制和电网故障穿越控制的统一，实现了故障电池簇的快速切除、隔离及降额，全面提升了储能电站安全智能化管理水平。

3）业内率先开发了适用于分散式储能的模块化储能变流器（PCS），可兼顾跟网型和构网型储能系统应用，满足新型电力系统下的应用需求，最高效率高于 99%；自主开发了电池管理-PCS 控制-系统能量管理为一体的精细化控制体系；形成了高功率密度、高效率、高可靠性的大容量电池储能电站应用技术体系，并在百兆瓦级分散式独立储能电站成功示范应用。

本项目获授权发明专利 35 项、实用新型专利 75 项。项目技术成果先后在光伏直流侧储能、新能源配储和独立储能电站等 44 个工程项目上成功推广应用，并于 2021 年 12 月建成全球首座百兆瓦级分散式独立电池储能电站；2023 年 6 月建成全球首座 100MW/200MWh 分散式构网型独立储能电站。目前累计应用储能系统装机容量 1624.5MWh，累计合同 26.9 亿元。

分散式储能技术引领了规模化电池储能的精细化、智能化安全健康发展，正逐渐成为电池储能行业的主流技术方向，有力支撑了我国新型电力系统建设和"十四五"能源产业规划目标。预计到 2030 年，基于分散式储能架构的高安全精细化控制的大容量电池储能系统关键技术将迎来千亿市场蓝海，社会效益和经济效益潜力巨大。

二等奖

直串式潮流控制器核心技术、装备研制及工程应用

奖项类别：科技进步奖（技术开发类）
完成单位：国网浙江省电力有限公司、南京南瑞继保电气有限公司、中电普瑞科技有限公司、武汉理工大学
主要完成人：金玉琦、陈骞、项中明、管敏渊、唐爱红、徐华、吴俊健
项目亮点：为灵活、高效、经济地解决断面潮流超限问题、突破电网供电瓶颈，项目发明了小型化、低成本、高灵活度的直串式潮流控制器拓扑，突破了自冷相变高效散热技术，建立了自取能冗余供电和雷电保护方法，构建了动态自适应主动重构的协调控制保护体系，成功研制了世界首台 220kV 直串式潮流控制器，在湖州顺利投运并稳定运行，有效防止断面潮流超限，保障电网安全经济运行。项目成果推广应用于杭州直串式潮流控制器示范工程及国内外多个 FACTS 工程，经济效益显著。项目成果为城市电网潮流控制及故障抑制提供了更为灵活的手段，提升了我国在柔性交流输电领域的竞争力。

项目介绍：

潮流的优化运行和控制是实现电力稳定传输和分配的关键。目前我国已建成世界上规模最大、结构最复杂的交直流电网，潮流分布不均日益严重，尤其在城市电网中区域潮流重载限制了电网供电能力，极易出现局部故障引发输电断面过载和连锁跳闸。国内外探索了基于潮流控制设备的解决方案，但由于采用串联变压器接入，成本高、占地面积大、灵活性低，在负荷密集的城市电网大规模推广应用存在难度，亟需发展小型化、高可靠性、高灵活度的潮流控制技术。

直串式潮流控制器（DSPFC）以独立子模块的形式不经串联变压器直接串入输电线路，通过注入与线路电流正交的电压，仅以几千伏电压即可调节百兆瓦潮流，是调解当前城市经济快速发展与区域电网承载受限矛盾的有效"润滑剂"。但需要突破无串联变压器接入下换流阀电气应力耐受大、户外复杂电磁干扰和电气环境适应性设计难、高灵活性分布式控制和高灵敏度保护等技术瓶颈。本项目依托国家自然科学基金等项目，产学研联合攻关，成功研制了世界上电压等级最高、容量最大的 DSPFC，取得了如下创新成果：

1）发明了具有高冲击耐受能力的直串式潮流控制器拓扑。首创了无串联变压器耦合、大功率电压源模块级联接入的高冗余潮流控制拓扑结构，提出了快速阻尼系统与多级主/被动元件配合旁路、系统故障快速重启、失电自旁路的大功率子模块电路结构，解决了无串联变压器接入下设备无法耐受大故障电流的难题，与传统潮流控制设备比占地面积减小 79%，成本降低 23%。

2）突破了 220kV 直串式潮流控制器的户外复杂电磁环境和恶劣自然环境高适应性应用技术。提出了兆伏安级子模块相变自冷散热技术，创新了高压强电磁及户外超高频信号干扰复杂环境下的敏感元件电磁防护方法，提出了基于电压电流耦合的双重自取能方法，在 3%～120% 线路额定电流宽运行范围下实现了城市电网户外无外供电的子模块广域灵活配置。

3）提出了子模块自主运行的分层分布式控制和保护技术。发明了基于模块分级投入、降压解锁的 DSPFC 启动方法，攻克了多回线、多相、多级子模块间的动态自适应均衡控制技术，提出了十微秒级就地、百微秒级集中的超快速分级保护策略，实现了 DSPFC 暂稳态灵活控制、可靠保护和分布式运行。

项目授权发明专利 17 项，发表论文 19 篇，出版专著 1 部。项目研发的世界首套 220kV DSPFC 于 2020 年 10 月 12 日在湖州投入运行，提升湖州长兴片区供电电量 1.8 亿千

瓦时/年，并整体推广应用于杭州 DSPFC 工程，提升杭州瓶窑片区供电电量 1.73 亿千瓦时/年，同时项目核心技术推广应用于广州、深圳等多个 FACTS 工程，新增产值 5.2 亿元，节支 1.55 亿元。项目成果在夏季极端高温、负荷骤增的严苛条件下有效保障交流电网系统暂、稳态稳定性，显著提升了区域电网重要断面的供电能力，带动了高压交流电力电子装备技术产业升级，促进了我国柔性交流输电技术发展。

二等奖
大功率多堆燃料电池动力系统协调控制与服役性能保障方法

奖项类别：科技进步奖（基础研究类）
完成单位：西南交通大学
主要完成人：李奇、陈维荣、王天宏、韩莹、尹良震、邱宜彬、李诗涵
项目亮点：大功率多堆燃料电池动力系统协调控制和服役性能保障方法为氢能轨道机车的稳定、高效和可靠运行提供理论基础和技术支撑。

项目介绍：

面向轨道交通绿色发展、节能减排重大需求，以氢能为动力的氢能轨道交通，由于具有清洁、环保、高效等特点，且建设周期短、能够节约线路建设和变电设备投资成本，在城市轨道交通、重载铁路等领域应用前景广阔。氢能轨道交通的电源核心是大功率多堆燃料电池动力系统，由多个燃料电池单堆系统及储能系统按照一定拓扑组合和流体结构组成，能够满足牵引功率需求和再生制动能量回收。项目组通过持续攻关，提出了大功率多堆燃料电池动力系统协调控制与服役性能保障关键方法，研发了多堆燃料电池动力系统装备，并应用于氢燃料电池市域动车组和有轨电车。主要创新成果包括：

1）揭示基于电堆电化学阻抗特性的输出电压振荡机理，提出多堆燃料电池动力系统稳定控制方法，有效降低了输出功率波动率，解决了不同场景下系统稳定运行问题。

2）提出多堆燃料电池动力系统能效提升方法，实现了在复杂行车环境下对多堆最优效率区间准确跟踪，提升了各单堆运行特性差异化下的多堆整体运行效率。

3）提出基于电化学交流阻抗谱和数据融合模型的多堆燃料电池故障诊断和优化方法，保障了在不同环境运行及故障状态下的系统性能保持能力。

本项目代表成果他引 969 次，出版中文专著 2 部。研究成果已被中国中车推广应用。

二等奖
谐振变换系统拓扑构建理论与性能提升方法

奖项类别：科技进步奖（基础研究类）
完成单位：哈尔滨工业大学
主要完成人：王懿杰、管乐诗、高珊珊、徐殿国
项目亮点：围绕高性能谐振变换系统基础理论展开研究，解决了拓扑构建策略、效率提升方法、元件优化设计等一系列关键科学问题。

项目介绍：

本研究在航空航天、电动汽车、新能源等电能变换领域具有重要的应用价值，围绕谐振变换系统拓扑构建理论与性能提升方法开展了深入研究，解决了器件复用理论及拓扑构建策略、频率提升方法及高效运行机理等关键科学问题，所提出的新拓扑、新方法突破了传统谐振变换系统在运行效率、功率密度、运行范围等方面的局限，实现了谐振变换系统性能的全面提升并建立了完整的理论体系，对发展电力电子与电力传动学科内涵有重要意义。主要发现点概括为以下三方面：

1）揭示了谐振变换系统多功率级间有源无源元件耦合作用机理，构建了器件复用理论并系统地提出了高性能拓扑构建方法。

2）提出了谐振变换系统运行效率、系统损耗、与功率密度协同优化下的频率提升方法，阐明了高频谐振变换器高效运行机理。

3）建立了谐振变换系统宽运行范围需求下的高阶谐振网络补偿及优化方法，提出了磁性元件参数模型及绕组优化设计方法。

项目研究成果得到了 IEEE Fellow、IEEE 电力电子学会前主席、丹麦奥尔堡大学 Frede Blaabjerg 教授，IEEE Fellow、IEEE TPEL 联合主编、西班牙奥耶维多大学 J. Marcos Alonso 教授等国内外 60 余位 IEEE/IET Fellow 及知名专家广泛引用和高度评价，发表 SCI 论文 82 篇。

二等奖
LED 照明系统高效高可靠运行机理及控制方法

奖项类别：科技进步奖（基础研究类）
完成单位：东南大学、山东大学、香港理工大学
主要完成人：曲小慧、董政、吴昊、李晓璐、刘青
项目亮点：揭示了 LED 照明系统可靠性评估物理机制，建立了高效驱动拓扑衍生理论，提出了基于电力电子手段的 LED 光色控制方法。

项目介绍：

该项目属于节能减排领域。绿色环保、低碳节能的半导体发光二极管（Light-Emitting Diode，LED）照明设备对助力我国实现"双碳"目标具有重要意义。尽管宽禁带半导体技术的发展给 LED 发光效率和寿命的提升带来质的飞跃，但 LED 器件的高散热性使其运行中不可避免存在光衰、色偏、寿命下降等问题；低压电流型驱动特性使得驱动电路结构复杂，效率低；光源和驱动器的热交叉耦合，进一步降低了系统运行效率和可靠性，无法真正实现节能减排。

为解决 LED 照明系统可靠性物理评估机理不清晰、驱动架构效率低、发光质量难提升等问题，本项目经过多年的研究，取得了以下创新成果：

1）揭示了 LED 光-电-热耦合特性对 LED 寿命的影响

机理，构建了计及驱动电流与芯片内部PN结温度的LED寿命模型，形成了一套完整的LED照明系统可靠性评估方法，有效指导LED照明系统热设计。

2）提出了非整数级LED驱动架构，形成了单路输出非整数级LED驱动系列拓扑衍生规律。针对多路LED供电，提出了电流源型单电感多端口的LED驱动拓扑，形成其高效解耦拓扑衍生规律，从而为构建电流源型LED驱动系列拓扑奠定了理论基础。

3）提出了一套采用电力电子手段的自主光色控制方法，有效解决了LED照明系统长期运行中存在的色偏和光衰问题。进一步针对流明要求高的多灯并联场景，构建一系列高精度高可靠的均流网络。

基于该项目的理论成果，指导本科生参加"第十五届全国大学生节能减排社会实践与科技竞赛"，获国家级特等奖，指导多家创新型企业LED照明产品的研发，并与江苏省未来城市公共空间开发运营有限公司开展产学研合作开发智慧路灯杆，参与智慧路灯杆的行业规范制定，实现了我国智慧照明技术产品在国际上的领先地位。

二等奖
电机驱动系统鲁棒预测控制理论及方法

奖项类别：科技进步奖（基础研究类）
完成单位：北方工业大学、哈尔滨工业大学、郑州大学
主要完成人：张晓光、王要强、安群涛、梅杨、赵克、侯本帅、何一康
项目亮点：解决了多约束条件下电机驱动系统控制自由度受限、扰动抑制效果不佳及鲁棒控制方法不足等问题，实现了系统综合控制性能提升。

项目介绍：

为了适应复杂工况与多约束条件下电机驱动系统的高性能要求，本项目经过多年的持续研究，提出了具有统一控制框架的电机模型预测控制结构，解决了多约束条件下电机驱动系统控制自由度受限、模型参数对控制性能的影响机理不明、扰动抑制效果不佳等科学问题与技术瓶颈，实现了系统综合控制性能提升，主要科学发现概括如下：

1）提出交流电机模型预测电压控制结构，发现了其与现有控制结构的理论等效性，在此基础上进一步提出死区时变模型预测控制与四段式模型预测控制等系统思想，发展了交流电机模型预测控制理论体系。

2）建立了交流电机驱动系统鲁棒电流控制思想。提出扰动补偿预测控制与误差消除预测控制等不同的电流控制方法，揭示了模型参数对控制性能的影响机理，从模型与控制两方面克服了电流控制性能依赖于模型准确性的弊端。

3）构建了电机系统扩展滑模扰动观测技术。以该观测技术为基础，提出了基于变速趋近律的扰动抑制滑模速度控制方法；从趋近律角度探明了交流电机滑模控制系统抖振发生机理，提出了一系列变速滑模趋近律及相应的电机速度控制方法，为复杂工况下电机系统抗扰能力提升提供

了有效的理论支撑。

项目8篇代表作SCI他引1142次，其中多篇入选ESI高被引论文，项目共发表SCI期刊论文50余篇，出版中文专著1部；获得国际SCI期刊最佳论文奖、IEEE国际会议最佳论文奖等学术奖励6项，并得到国内外多位院士和IEEE Fellow的正面引用和评价。

二等奖
复杂工况下高品质永磁电机驱动系统控制理论与方法研究

奖项类别：科技进步奖（基础研究类）
完成单位：哈尔滨工业大学
主要完成人：张国强、丁大尉、王奇维、王高林、徐殿国
项目亮点：本项目致力于高品质永磁电机驱动系统相关理论与方法研究，着力解决复杂工况下永磁电机驱动系统控制品质提升的高精度模型参数辨识、高可靠性无传感器控制、长寿命无电解电容驱动方法等关键科学问题，研究成果形成了一套较为完整的复杂工况下高品质永磁电机驱动系统控制理论与方法体系。

项目介绍：

1. 主要研究内容

近十年来，项目组致力于高品质永磁电机驱动系统相关理论与方法研究，着力解决复杂工况下永磁电机驱动系统控制品质提升的高精度模型参数辨识、高可靠性无传感器控制、长寿命无电解电容驱动方法等关键科学问题，研究成果形成了一套较为完整的复杂工况下高品质永磁电机驱动系统控制理论与方法体系。项目主要研究内容包括：

1）高精度永磁电机驱动系统模型参数辨识机理。
2）全速域高可靠性无传感器控制方法。
3）长寿命无电解电容驱动机网侧协同优化方法。

2. 科学发现点

1）揭示了永磁电机驱动系统复杂工况下饱和、耦合状态及非线性误差表征，提出了多工况高精度系统模型参数辨识方法。

2）揭示了永磁电机驱动系统无传感器稳定可靠运行机理，系统提出了复杂工况下无传感器高可靠调控理论。

3）揭示了长寿命永磁电机无电解电容驱动稳定运行及性能调控机理，提出了机网侧运行品质提升理论。

3. 科学价值

本研究在重大装备、智能制造、新能源汽车和家用电器等领域具有重要的应用价值，考虑多应用领域需应对的复杂工况条件，围绕永磁电机驱动系统模型整定、无传感器控制以及无电解电容驱动方法开展研究，通过方法统筹及有机结合，所提方法突破了复杂工况下传统研究方法在模型精度、可靠性和寿命等方面的局限性，具有更强的适用性和更优的运行性能。本研究形成并丰富了复杂工况下高品质永磁电机驱动系统控制理论体系和技术内涵，为永

磁电机驱动系统的发展提供了理论基础与技术支撑。

4. 同行引用及评价

本项目出版 Springer 专著 2 部，发表 IEEE Transactions 会刊论文 30 篇、EI 检索论文 9 篇。SCI 他引总计 1016 次，其中 8 篇代表性论文 SCI 他引 423 次（检索库：SCI-Expanded）。研究成果得到了慕尼黑工业大学、首尔大学、瑞士 ABB Corporate Research、美国 Rockwell Automation 公司、日本 TOSHIBA Corporation 公司等著名研究机构和企业的极大关注。英国皇家工程院 Z. Q. Zhu 院士，加拿大工程院、皇家科学院 C. W. de Silva 院士，中国工程院、英国皇家工程院 C. C. Chan 院士，智利"国家应用科学奖章"获得者、工程院 J. Rodriguez 院士，中国科学院房建成院士等 10 余位院士，20 余位 IEEE Fellow，IEEE 电力电子学会前主席 F. Blaabjerg，IEEE 工业应用学会前主席 T. Sebastian，以及国际期刊主编的正面评价，肯定了项目团队的研究成果。

优秀产品创新奖
PRE20 系列双向可编程交流电源

完成单位： 西安爱科赛博电气股份有限公司

产品亮点： PRE20 系列双向可编程交流电源是一款基于全 SIC 器件高功率密度的具有双向回馈功能的源载一体产品。

产品介绍：

随着国家碳达峰和碳中和目标的提出，新能源电力如光伏发电、风电等新型清洁电力快速发展，装机并网比例逐年提高，新能源电力正在实现从补充电网到支撑电网的一个转变，因此并网电力设备的并网可靠性测试尤为重要。同时光储一体积和新能源汽车的快速发展，并离网充放电测试和汽车核心部件 OBC 的充放电测试诞生了非常大的需求。爱科赛博研发的新一代 PRE20 系列双向可编程交流电源可实现电网任意状态的模拟，如电压暂降、电网中断、高低穿、短路、谐波间谐波扰动，该产品可实现 IEC 61000 的多项电网适应性标准，以及欧美等国家的新能源发电并网标准。强大的源载一体机功能可实现光储一体积和 OBC 的充放电集成测试，节省厂商测试设备的购置成本，极大提高测试效率。

新能源汽车行业，OBC 的发展也呈现了多样化，OBC 可工作在正向充电模式，也可工作在反向逆变模式，反向逆变又分为三种工作模式，分别为 V2L（独立逆变模式）、V2V（车车充电模式）、V2G（并网工作模式），传统的测试方案其测试系统内需要电池模拟器、电网模拟器、无源负载等设备，测试系统繁杂，测试成本高，测试效率低。

针对上述两个行业产品的特性，爱科赛博以源载一体，可回馈的特性重新定义了交流测试电源产品，PRE20 系列双向可编程交流电源一台机器，多种功能。可通过一键切换实现交流源和电子负载功能的切换。该产品的出现极大简化了光储一体机和 OBC 测试系统的复杂度，提高了其测试效率和可靠性。可回馈功能的设计，可以将能量直接回馈至电网，极大减少了用户端电费的支出，符合绿色减排的理念。

可回馈型交直流源载一体功能的设计，极大地简化了光储行业和新能源汽车行业 OBC 的测试方案，节约客户端测试成本，提高其测试效率和测试数据的可靠性。

其中的关键技术指标如下：

a) 额定功率：20kVA；
b) 额定电流：35A@ 每相，105A@ 单相；
c) 体积：3U；
d) 输出电压范围：L-N/0~450Vrms，L-L/0~779Vrms @ 0.001~200.00Hz；
e) 输出电压精度：±（0.01%+0.05% F.S.）；
f) 电压失真：<0.3%@ 15~60Hz；
g) 直流分量：<20mV；
h) 负载调整率：±0.05% F.S.；
i) 源调整率：±0.01% F.S.@ 10%变化；
j) 频率精度：±0.01%；
k) 相位精度：±0.1°@ 0.001~200Hz；
l) 谐波次数：100 次@ 40~70Hz；
m) 电流精度：±（0.1%+0.1% F.S.）@ 15~200Hz；
n) 内阻可编程：R 和 L 内阻可设置；
o) Anyport 接口：可实现 PHIL 硬件在环仿真，触发输入输出多种功能；
p) 波形种类：正弦波、三角波、脉冲波、削波、半波、多脉波、30 组 DST、自定义波；
q) 编程模式：List、Wave、Step、Pulse、Advanced、谐波、间谐波；
r) 负载模式：RLC 模拟，CR、CC、CP、CF 设置，PF 设置，多种整流性负载模拟。

优秀产品创新奖
1.5kW 大功率球场灯 LED 驱动电源

完成单位： 台达电子企业管理（上海）有限公司

产品亮点： 台达 1.5kW 大功率 LED 驱动电源主要应用于球场灯，具有超低的电流纹波，调光平滑和调光范围广的特点，同时在业界同类产品中体积最小、重量最轻，多项指标达到了国际领先水平。

产品介绍：

1) 台达的 1.5kW 球场灯系列 LED 照明驱动电源输入输出分别可达 AC198~440V 和 DC250~500V 的宽范围，输出可编程电流范围为 500~1400mA，为照明灯具制造商提供了大功率户外各类工业和商业照明应用的优质解决方案，如各类高桅杆照明、体育场照明、港口、机场和停车场灯照明。

2) 该产品拥有三个独立的输出通道，单路最大功率为 500W（总计 1500W），其调光深度可达 0.1%。峰峰值纹波低至 1%以内，可有效地消除频闪，满足球场高清直播和慢动作回放的高画质效果。另外利用先进的 DALI 控制模式以及 DMX 控制模式，可方便地提供整个球场所有 LED 灯的各种群控、设定以及舞台效果，可以显著提高体育赛事的转播效果。

3）该产品效率可达96%以上，在自然空气对流条件下满足满载-40~50℃的宽范围环境工作温度范围。在45℃环境工作温度下满载的寿命高达5万h以上，并在65℃温度、85%湿度的恶劣环境下通过了严格的多台5000h加速性寿命测试（ALT），长寿命和高可靠性得到了充分验证。

4）另外此1K5系列驱动器电源采用铝压铸结构，满足IP66防水和IK08防撞击等级。具备独特的待防水接线盒的结构，内部配有可符合各类线径的端子头，非常便于灯具客户户外安装使用，不必额外使用防水接头。产品配合台达的编程控制器，使得客户可方便灵活地自行调整输出电流和过温保护点等设定。另外输出线长配置允许长达200m，非常适用于户外高杆LED灯以及体育场灯的长距离连线需求。

本产品获得了CB认证和全球多区域的安全规范认证，包括满足IEC 61347-2-13的LED电源相关ENEC欧洲安规认证，以及澳大利亚的SAA安规认证等。

优秀产品创新奖
HCA系列高性能高压变频器

完成单位：北京合康新能变频技术有限公司
产品亮点：HCA系列高性能高压变频器具有极致精简的单板控制平台架构和极高的功率密度设计，包含了高速串行光纤通信、容错调制、单元旁路、同步投切、飞车启动、低电压穿越、主从控制、低杂感直流母排、宽电压范围输入的辅助电源、可调节的IGBT退饱和检测电路、数字化云平台的远程运维、故障诊断和预测等多项关键技术。

产品介绍：

HCA系列高性能高压变频器是北京合康新能变频技术有限公司自主研发的新一代高性能高压变频器，采用单元级联多电平拓扑，通过H桥功率单元串联实现高压输出，输出电压谐波含量低，直接驱动高压交流电动机，无需增加滤波装置。电源输入通过移相变压器为单元提供隔离电源并消除了大部分谐波电流，无需单独安装输入滤波器，系统功率因数高，无需功率因数补偿装置。主控系统研制了基于DSP+FPGA双核的极致精简单板控制架构，高度集成了电源、采样、存储、通信、电机控制等多个功能，实现了高速串行光纤通信、容错调制技术、单元旁路、同步投切、飞车启动、低电压穿越、主从控制等多项关键技术，达到国内外同类产品领先水平。

HCA系列高性能高压变频器，在结构、硬件和算法各方面进行了创新性的设计，突破解决了制约产品性能的多方面问题，从而使得产品的性能和可靠性大幅提升。

1）在结构设计方面，通过精准的柜体热耗散计算和仿真，散热方案开发了新颖的并联风路设计，优化了变压器和功率单元的高压电缆连接方式，前后一体柜的整机结构更加紧凑，柜体前部分集成了控制室和功率室，柜体后部为进出线室和变压器室，产品功率密度达到业界最大。

2）控制系统架构摒弃了常用的主控箱形式，开发了极致精简单板控制架构，1块全新的主控板高度集成了原有的7块电路板的功能，结构更简单、通信速率更高、动态响应更快。

3）全新的控制算法，采用载波移相PWM调制技术，实现各功率单元均衡输出，引入新型零序分量注入策略，提升了电压利用率，降低了开关损耗，减小了共模电压，提升了对电机的友好度。

4）在功率单元设计中，开发了双回路连接（回字形）母排，使得整体回路杂感降至70nH以下，兼顾了产品的在性能上和成本上的要求。

5）设计了全新的退饱和检测电路，提高检测阈值，退饱和检测的时间可灵活设置，彻底解决了原电路误动作的问题，提升了产品的稳定性。

6）在业界首次研制了TNY287KG-TL高效离线式开关IC串联MOSFET的反激拓扑，实现DC200~1500V宽电压范围输入，采用了更简单的ON/OFF控制，瞬态响应性能更高，电压纹波更小，精度更高，启动时间更短，效率更高。

7）产品引入了数字化和智能化技术，设备可以连接到高压变频云平台，大量数据整合后发送至数字化云平台，数字化系统依托AI算法对采集回来的数据做迭代分析，预测设备的健康状态，实现了远程运维、故障诊断和预测。

优秀产品创新奖
X射线源（PSS系列）

完成单位：苏州博思得电气有限公司
产品亮点：本产品为工业及安检用X射线源，采用高效智能化散热设计和智能化散热控制技术，实现了产品体积小型化、高功率密度、持续长时间工作等目标，产品技术含量高，专业性强，应用范围广泛，打破了国外进口产品在中高端市场的垄断地位，实现核心部件自主可控。

产品介绍：

博思得自主研发的这款全数字控制X射线源，可用于工业无损检测及行李包裹安全检测，在绝缘、散热、稳定性等方面拥有良好表现，能够满足高温环境下连续工作，极大地拓宽了应用范围，降低系统长期运行成本。

本产品多项性能达到国际领先水平；通过仿真优化设计采用多倍压分级均压结构可以有效降低高压电区域的电场应力集中，实现绝缘工作耐压达200kV，且满足1.2倍压的绝缘耐压。针对高电压设备绝缘油老化导致的绝缘性能下降问题，采用变压器油闪蒸塔对变压器油进行多级过滤，将变压器油的水气、杂质和耐压标准达到350kV等级变压器使用标准。产品采用独特的散热油道设计，集成散热模组，内置油泵加外置散热器与风扇，可保证良好的散热能力。

产品采用数字化高频PWM调制以及多倍压整流交错串联技术，抗干扰能力强，集成化程度高，易于实现各种控制算法，控制性能更优；具有过电压、过电流、过温、阴阳极不平衡、打火、灯丝过电流等保护功能；同时，产品具有母线电压检测、逆变电流检测、故障记录等功能。

本产品采用全数字的控制方式，拥有良好的动态性能，可减少动态过程中的超调，具有良好的绝缘设计、散热设计以及拥有较强射线屏蔽能力，是检测设备高效、安全工作的基础。

另外，本产品取得了欧洲和美国的 CE、CB、UL 认证，可以满足海外市场客户需求，对国内整机设备厂商的出口海外提供了极大的便利。

优秀产品创新奖
基于澎湃 P2 芯片与澎湃 G1 芯片的小米 13 Ultra 电池管理系统

完成单位： 小米通讯技术有限公司
产品亮点： 小米澎湃 P2 充电芯片与澎湃 G1 电池管理芯片，双芯合力构建小米澎湃电池管理系统，助力小米 13 Ultra 实现 90W 有线秒充和 50W Pro 无线秒充，分别能够在 34min 和 49min 将 5000mAh 电池充至 100%。

产品介绍：

小米 13 Ultra 依托自研澎湃 P2 快充芯片和澎湃 G1 电池管理芯片构建小米澎湃电池管理系统，毫秒级实时监控电池安全，大幅提升续航预测精准度，同时搭配 5000mAh 单电芯高能量密度大电池，实现 90W 小米澎湃秒充与 50W 小感量无线秒充，有效增强续航时长，续航能力达到 1.34 天。澎湃 P2 与澎湃 G1 的推出，进一步巩固了小米电池管理全链路技术的优势。小米通过打造自主可控的"芯"能力和"芯"生态，加快了科研成果向现实生产力转化，促进了产业技术进步和核心竞争能力的提升。

以下分别是关于澎湃 P2 芯片和澎湃 G1 芯片的详细信息：

1. 澎湃 P2 芯片主要创新点、技术指标及用途

创新点：澎湃 P2 充电芯片是一款基于开关电容拓扑结构的高效 DC-DC 功率变换器芯片，支持 1:1、2:1 和 4:1 的电压转换模式，且所有模式均支持双向导通，共计 15 种模式切换控制。正向 1:1 模式可使亮屏充电效率更高，正向 2:1 模式可兼容更多充电器，正向 4:1 模式可支持 120W 秒充，反向 1:2/1:4 模式可支持高功率反向充电。芯片可实现 $0.9W/mm^2$ 的超高功率密度，使用的 LDMOS 也达到业界领先的超低 $1.18m\Omega \cdot mm^2$ RSP。芯片内部使用三种不同耐压等级的 Fly 电容，每颗电容均配置独立的开路/短路保护电路。同时，每种工作模式严格控制预充电压，所含功率管数量接近传统电荷泵芯片的两倍。因拓扑设计和功能复杂度的提升，每片芯片出厂时均通过 2500 多项测试，远高于传统电荷泵芯片，以保障其充电安全性。

工艺制程：基于 180nm/130nm/90mm 制程，采用下一代工艺将芯片损耗减小 20%。

最大电压：36V

工作电压：3~21V

最大电流：16A

调整率：电压 20mV，电流 50mA（充电器 PD PPS 调压）

芯片待机功耗：<10μA

效率：最高 97%

接口：I^2C

封装：CSP

主要用途：澎湃 P2 充电芯片适用于手机、平板电脑等智能移动终端应用场景以满足高效大功率快充需求。

2. 澎湃 G1 芯片主要创新点、技术指标及用途

创新点：澎湃 G1 电池管理芯片是一款高度集成的高精度单节电池电量检测计，内嵌 ARM® Cortex™-M0 内核，通过标准 I^2C 的接口进行通信。芯片拥有三种功耗模式，在工作模式下功耗仅为 45μA，可实现在电池状态检测的同时保证最大程度降低功耗。芯片硬件检测精度能力出众，可实现电压 3mV、电流 4mA 和温度 3℃ 的超高精度检测。在 48KB 的程序 Flash 和 4KB 的 SRAM 大存储空间的加持下，电池电量显示误差可低至 3%，为业界顶尖水平。芯片抗 ESD 能力出众，安全可靠性高，且满足环保认证。同时，G1 芯片拥有小米独特的自研核心算法，内嵌行业首发的 ISP、SOA 和 DTPT 三大核心功能。结合小米澎湃电池管理系统针对电池健康状态进行全时域检测和保护，分钟级预测电池充放电时长。

工艺制程：基于 110nm 的工艺制程

最大电压：6V

工作电压：2.1~5.5V

工作温度：-40~85℃

运行功耗：45μA

休眠功耗：20μA

内核主频：16MHz

内存：48KB Flash+4KB SRAM

接口：I^2C

封装：CSP

主要用途：澎湃 G1 电池管理芯片适用于手机、平板电脑等智能移动终端应用场景以实现对电池寿命周期内的实时 SOX 监控。

优秀产品创新奖
WiseMDC 智慧液冷模块化数据中心

完成单位： 科华数据股份有限公司
产品亮点： 科华 WiseMDC 智慧液冷模块化数据中心，创新性地采用冷板式液冷技术，运用模块化设计理念，高集成高标准设计，一模块一 DC，将数据中心的完整功能融合于一体，以更高效的散热系统满足高功率密度场景需求，整体实现 PUE<1.20 的性能提升，可打造更节能、更智能、更静音的绿色数据中心。

产品介绍：

科华数据在液冷技术方案方面积极做出新的突破，在液冷领域积极布局，采用协同创新的研发模式系统考虑供电和散热等问题，探索节能降耗的最佳模式，寻求成本和效益最优的解决方案。

科华 WiseMDC 智慧液冷模块化数据中心，整合液冷 IT 机柜、液冷 CDU、液冷管路、不间断电源、精密配电/智能母线、S3 智能锂电、封闭通道、精密空调、智能监控等功能独立的单元，实现数据中心的完整功能。微模块内全部组件实现工厂预制安装、调试，可按需扩容，实现现场快速部署，交付速度提升 50%。

1. 高效节能液冷系统

液冷模块化数据中心相比传统风冷，创新性地采用风液融合架构，通过核心设备液冷 CDU 进行热交换将液冷系统 60%~80% 的热量导出室外，剩余热量由风冷系统提供散热，最大程度利用自然冷源，解决高功率密度 IT 机柜的散热量大、制冷效率低的问题。

液冷 CDU 采用水-水换热的系统架构，二次侧水系统为服务器提供散热后，水系统携带热量返回液冷 CDU，通过板式换热器进行一次侧和二次侧的热量交换，将热量传递至一次侧水系统，实现二次侧冷却介质的冷却，而一次侧水系统所携带热量则通过冷却塔传递至室外环境，液冷系统比传统纯风冷系统更为高效节能，全年 PUE 指标优异。

2. 智能化电源能效管理

采用新型节能供电技术、智能监控技术实现供配电系统能效的智能管理：

1）供配电监控系统设计：供配电监控系统可实时采集模块化不间断电源主路与配电支路的主要电参数、运行状态、故障信息等，保障系统安全运行。

2）高效模块化交流供电技术：模块化 UPS 结合先进数字化控制技术、三电平逆变控制技术、高输入功率因数/低输入电流谐波抑制技术、模块化动态热插拔技术等，从而实现模块化 UPS 系统应用的高效、节能及可维护性。

3）智能能效管理：智能监控系统通过供配电监控系统获取系统的实时负载数据后，结合 UPS 的效率曲线，自动计算 UPS 最优效率点，并决定投入运行的 UPS 功率模块数量，可有效改善 UPS 在常规工况下各模块均分带载、模块不能自动寻优、效能低下的问题。

3. 智能化运维管理

运维可视化与人性化设计：支持 3D 监控集中管理、3D 机柜数量自定义、3D 旋转；配合组态软件实现界面展示可配置；支持机柜温度云图、三维仿真机柜容量视图等多维度界面展示，机房运维更加便捷，客户信息查看更加简单化、便捷化。

IT 设备上架智能推荐技术：采用该技术进行设备布置，可在保证系统温度场均衡的同时，使供配电系统、制冷系统处于最佳的运行模式，提高系统能效及使用寿命。

优秀产品创新奖

高效高密 DC/DC 电源（DB1500 S4854）

完成单位：中兴通讯股份有限公司

产品亮点：本产品提出了新型软开关 BUCK+反向全桥拓扑，在宽输入电压、宽负载电流范围内实现高效 DC/DC 转换，效率 97.7%，功率密度 524W/in^3（1in^3 = 1.63871×10^{-5}m^3），产品的效率及功率密度指标达到业界领先水平；单电源输出功率 1500W，可多模块错相并联，满足更大功率需求；同时基于优化的磁件设计、软开关功率变换，实现了较好的 EMI 特性。

产品介绍：

随着通信业务的进一步拓展，带宽需求持续提升，要求有线通信产品能够支持更大的网络容量、更快的网络速度，芯片、单板、系统的吞吐率逐年提升，单板与系统的供电功率不断攀升，要求电源能够进一步提高效率及功率密度。

为获得更高的效率，本产品采用软开关 BUCK+反向全桥方案，效率达到 97.7%，相较上一代产品提升 1.7%，在 1500W 功率输出时降低功耗 25.5W，结合优化的热设计；在电源模块体积不变的情况下输出功率提升 73%。

单位体积内，为获得更高的功率密度，本产品采用立式结构，更大功率需求，采用多电源并联的方式，充分利用产品的高度空间，功率密度可达 524W/in^3。多电源并联的方式，使得器件的热耗更分散，进一步降低产品的散热难度，支撑产品输出更大的功率。

控制方式上，采用错相均流控制，进一步降低电路中的电流应力，从而降低对应的电压应力，电源 EMC 特性得到改善，可靠性得到提升。同时提出的专利数字控制方案，为应对散热差异特性，对并联的多个电源单独控制输出功率大小，提高系统整体均匀性，使整体可输出功率更大，热特性更优，可靠性更高。

散热方式上，磁件设计利用专利技术，改善电源的整体散热性能。

杰出贡献奖

李立涅 院士

中国南方电网有限责任公司

个人亮点：在国家特高压直流输电和柔性直流输电技术研发与工程建设方面做出突出贡献，主持建设世界上第一条±800kV 特高压直流输电工程和世界上首个特高压多端柔性直流工程等。

个人简介：

李立涅，1941 年生，江苏省建湖县人，电网工程、直流输电专家。中国工程院院士，中国南方电网公司专家委员会名誉主任委员，华南理工大学电力学院名誉院长。

李立涅长期从事电网工程建设和电力系统技术、直流输电技术和交直流并联电网运行技术的研究。参加和组织建设了我国第一条 330 千伏交流输电工程、第一条 500 千伏交流输电工程、第一条±500 千伏直流输电工程，参加和组织世界上第一条±800 千伏直流输电工程的技术研究、关键项目攻关和工程建设。主持研发我国柔性直流输电技术，特高压多端柔性直流输电技术，主持建设世界上首个特高压多端柔性直流工程。提出透明电网的理念和技术理论系统，将现代传感技术、信息技术、数字技术、智能技术等融入电力系统，将实现电力系统全面可见、可知、可控。为我国和世界的电网技术发展做出贡献。

李立涅在电力系统领域的创新研究获得了国家及行业的认可。2017年作为第一完成人以"特高压±800kV直流输电工程"项目获得国家科技进步奖特等奖，获国家科技进步奖一等奖、二等奖各1项，省部级科技奖励多项。获得第十一届光华工程科技奖工程奖，何梁何利基金科学与技术奖，以及广东省科学技术突出贡献奖。因为其杰出贡献，李立涅还获得第五届（2012年）全国优秀科技工作者以及CCTV 2018年度全国十大科技创新人物称号。

杰出贡献奖

徐德鸿　教授
浙江大学

个人亮点：提出了齐边沿脉宽调制软开关变换理论，解决软开关三相功率变换的国际难题，为三相电力电子装备的效率、功率密度、可靠性等性能的提升提供了新的途径；首创超级不间断电源概念，大幅提升了供电电源系统的可靠性；研制了高性能兆瓦级不间断电源系统，实现大容量不间断电源的自主自控，为我国电源技术和产业的发展做出杰出贡献。

个人简介：

徐德鸿教授长期从事电源技术和重大工程电源装备研究开发，为我国电源技术和产业的发展做出杰出贡献，介绍如下：

1) 电力电子变换理论：三相电力电子装置广泛应用于新能源、电气化交通、工业自动化，长期以来人们希望通过引入"软开关"技术提升三相电力电子装备的性能。徐德鸿教授提出齐边沿脉宽调制（Edge-Aligned PWM）的软开关变换理论，解决了软开关三相功率变换的国际难题。基于齐边沿脉宽调制软开关理论导出了系列软开关AC/DC和DC/AC变换电路新拓扑，并推广到多种电力电子组合电路。齐边沿脉宽调制能够与连续PWM、断续PWM、SVM等已有的脉宽调制方法相兼容，适合于感性、容性、非线性等负荷，以及三相三线、三相四线及多相系统。系统地构建三相电力电子软开关电路拓扑、调控和设计方法，为大容量三相电力电子装备的能效、功率密度、可靠性等性能提升提供了新的途径，促进了电力电子技术的发展。此外，还提出了并网变流器电流加权控制方法，提升了新能源并网系统的动态性能；提出了移相加脉宽调制控制（PPS）的概念，开辟了双向DC/DC功率变换研究的新方向。出版了首本关于三相软开关电力电子技术的英文专著。

2) 大容量不间断电源系统：徐德鸿教授在不间断电源系统高效率大容量电力电子变换、可靠性设计、电能质量和负荷适应性提升等方面取得创新成果。提出基于多谐波环的输出电压谐波抑制技术，提升了不间断电源带非线性负载的能力。发明逆变器中点电压直流分量抑制技术，消除了并联不间断电源系统各逆变单元输出直流分量，提高了并联系统的稳定性。针对大型电源系统轻载时效率低下的问题，提出电源系统多模式效率优化技术，显著提升了系统能效。研制兆瓦级不间断电源系统，打破国外垄断，实现高端不间断电源的自主自控，确保我国信息系统、精密制造、核电站、国防基地等的安全可靠的供电。

3) 面向重大工程供电的高性能电源装备：在国际上首创了超级不间断电源（Super-UPS），通过电力电子变换架构集成电力、燃气两种独立的能源，并对核心电力电子变换环节设计冗余，显著提升平均无故障时间，大幅提升了复杂环境下的电源系统生存能力。此外超级不间断电源方便接入新能源，取消了后备柴油发电机，提升了电源的环保性。创立了多能源电源系统构建理论，发明了多能源电源系统的协同控制和故障保护技术，实现了故障智能识别和隔离，大幅提升了供电的可靠性、安全性和环保性。成果在我国电源企业实现了产业化，超级不间断电源的架构也被国外的数据中心采纳。

徐德鸿教授的电源技术和重大工程电源装备成果已应用于数据中心、新能源、工业自动化、国防等领域。授权中国发明专利60余项，美国发明专利5项。出版著作16本、发表论文340余篇，牵头制定团体标准1项。获IEEE Transaction on Power Electronics和IEEE国际会议最佳论文奖7项。连续4年被爱思唯尔（Elsevier）评为中国高被引学者。曾获中国电源科技进步特等奖、教育部技术发明一等奖、浙江省科技进步一等奖。2013年当选IEEE Fellow，2022年当选中国电源学会会士，2016年作为全球首位华人获IEEE电力电子学会Middlebrook成就奖。

杰出青年奖

李睿　教授
上海交通大学

个人亮点：李睿专注于电池储能功率变换技术的研究和推广，他攻克了电力电子化电池单元拓扑与安全管控技术、高压直挂储能拓扑与控制技术，大幅提升了电池储能系统的经济性和安全性。

个人简介：

李睿，毕业于浙江大学电力电子技术专业，工学博士，现为上海交通大学电气工程系教授。他专注于电池储能功率变换技术的研究和推广，先后主持国家自然科学基金4项，国家重点研发计划和863计划课题3项，发表IEEE期刊论文40余篇，授权美国和中国发明专利50项（中国优秀专利奖1项），出版中英文专著3部，是IEEE电力电子协会最佳会刊论文奖的获奖人。

李睿攻克了电力电子化电池单元拓扑与安全管控技术、高压直挂储能拓扑与控制技术、多源混合储能发电系统控制技术，大幅提升了储能系统的经济性和安全性。他发明的模块级和簇级电力电子化电池单元技术在智光储能、金盘科技、阳光电源、正泰电源等多家企业完成产业化，基于该技术的储能和光储产品已实现市场销售超过4GWh；他作为PCS技术负责人参与完成了南网10kV/2MW直挂式储能世界首例工程示范，他与广州智光储能公司、华能清能院合作开发的35kV/25MW/40MWh单机世界最大容量直挂式储能产品已于2023年在华能内蒙古上都储能站全功率并网运行；他与中车大连电力牵引研发中心合作开发的中国最大功率3千马力柴储混合动力调车机车牵引供电系统进入线路试验阶段；他的5项核心专利已对宁德时代等储能头部企业实施专利许可。李睿在电池储能领域的技术贡献获得中国电源学会技术发明一等奖、上海市技术发明一等奖等6项省部级科技奖励，获得IEEE电力与能源协会杰出青年奖。

李睿在教书育人方面执着坚守，追求卓越。他两次获得上海交通大学青年教师教学竞赛奖、指导本科生六人次获得全国大学生电子设计大赛一等奖。2023年，李睿指导研究生和本科生获得第三届华为大学生电力电子创新大赛一等奖。2019年，李睿获得上海交通大学烛光奖。

李睿积极参加中国电源学会学术服务，参与筹建了中国电源学会青年工作委员会并担任副主任委员，负责青工委的产学研合作活动组织，2019年在上海承办了青工委产学研合作论坛。从2018年开始，担任中国电源学会新能源电能变换技术专委会、新能源车充电与驱动专委会和电力电子化电力系统及装备专委会委员，2019年开始担任学会"CPSS Transactions on Power Electronics and Applications"编委，2022年开始，担任中国电源学会学术工作委员会和编辑工作委员会委员，积极参与学会学术会议、论文评审、科技服务等各项工作。

优秀青年奖

陈材　副研究员
华中科技大学

个人亮点：陈材长期从事宽禁带半导体封装集成技术研究，从宽禁带半导体封装-电路-系统三个层级开展了大量创新性研究工作，成果在航空航天、舰船、新能源汽车领域得到应用。

个人简介：

陈材，华中科技大学副研究员，担任中国电源学会专家咨询委员会委员兼秘书长、中国电源学会科普工作委员会委员、中国电源学会照明电源专业委员会委员与首届机车电传动期刊青年编委。长期从事宽禁带半导体封装集成技术研究，主持国家自然科学基金项目2项（青年基金优秀结题），参与国家重点项目3项，主持或参加船舶、航空航天、新能源汽车等龙头企业研发项目十余项。从封装-电路-系统三个层级开展了大量创新性的研究工作。以第一或通讯作者发表SCI论文21篇，研究成果受到国际宽禁带路线图组织及十余位IEEE Fellow的高度评价，封装集成方向单篇论文谷歌学术引用排名第一；为航空航天、舰船、新能源汽车领域龙头企业研发出具有世界先进水平的新型封装与集成样机，部分成果作价600万元转化，产品已小批量应用于我国多型主力舰船。

指导学生研发的基于宽禁带半导体的高功率密度电源获高校电力电子应用设计大赛奖项4次（特等奖2次，一等奖2次）、首届与第三届华为大学生电力电子竞赛最高奖一等奖；获2021年日内瓦国际发明展银奖（排名第一，《应用于未来绿色能源的高功率密度电能变换技术》）；2022年入选湖北省"楚天学者"计划。

优秀青年奖

辛振　教授
河北工业大学

个人亮点：在电力电子先进传感、电力电子系统可靠性等方向开展了原创性研究工作。

个人简介：

辛振，教授，博士生导师，现任河北工业大学双碳研究院副院长。2011年和2014年于中国石油大学（华东）分别取得学士和硕士学位，2017年于丹麦奥尔堡大学能源技术系取得博士学位，曾赴意大利帕多瓦大学联合培养，博士毕业后于香港中文大学从事博士后研究，2018年入职河北工业大学，同年破格晋升教授。担任天津市电源学会副理事长、中国电源学会专家咨询工作委员会副秘书长、IEEE PES电动汽车技术委员会动力电池系统技术分委会常务理事、中国电源学会学术工作委员会委员、中国电源学会会员发展工作委员会委员等。

辛振教授主要从事电力电子可靠性与先进传感方向的研究工作，在功率器件强电磁干扰下电磁状态宽频感知、极端工况下栅氧层失效表征与防护、非特征次谐波下主动应力平抑等方面取得了原创性研究成果，并在北京科通电子继电器总厂、中航工业105厂、特变电工、中车四方所、石家庄科林电气等企业落地应用。主持中国科协"青年人才托举工程"、国家自然科学基金青年及面上、人社部高层次留学人才回国资助、河北省杰出青年科学基金、河北省教育厅"青年拔尖人才"等纵向项目10余项。发表SCI/EI检索论文50余篇，1篇入选ESI高被引，1篇入选《中国电机工程学报》电力电子与电力传动最受关注论文TOP 20，Google学术统计被引1500余次，参与翻译译著1部，公开或授权发明专利14件，多次入选全球前2%顶尖科学家年度科学影响力排行榜。

辛振教授积极投入教学与人才培养，秉持"工艺非学不兴，学非工艺不显"治学思想，形成以创新能力和工程能力培养为内核，以德商（立德铸魂）、悟商（行而思）、智商（思而知）、心商（知而信）、志商（信而行）、逆商（笃行不息）"六商"培养为目标的"两力六商"育人理念。作为主要负责人参与学院电气工程学科建设与人才培养工作，构建了"兴趣培养→问题引导→项目依托→工程驱动"的四层递进式实践创新人才培养体系，锤炼学生的兴趣驱动力、自主创新力、项目执行力和工程实践力。指导学生获高校电气电子工程创新大赛、全国大学生电子设计竞赛、中国国际飞行器挑战赛等多项国家级奖励。本人荣获河北省教学成果一等奖，连续两年获青年教师教学基本功竞赛一等奖，主讲课程被评为河北省课程思政示范课程，获评天津市优秀科技工作者、河北省"最美青年科技工作者"、天津市青科协优秀青年科技工作者等荣誉称号。

优秀青年奖

李彬彬　教授

哈尔滨工业大学

个人亮点：致力于中高压大容量电能变换技术研究，将电力电子模块进行灵活组合与智能控制，突破传统变换器在电压和功率等级、转换效率、控制性能等方面的局限。

个人简介：

李彬彬，哈尔滨工业大学教授、博士生导师、电力电子与电力传动研究所副所长，主要研究方向为模块化电力电子技术与柔性直流输配电技术。担任中国电源学会国际交流工作委员会委员、电力电子化电力系统及装备专委会委员，中国电工技术学会青年工作委员会委员兼副秘书长、电机电力电子学组副主任委员，IEEE Transactions on Power Electronics、IEEE Open Journal of Industrial Electronics Society 等期刊副主编，《电工技术学报》《电力系统自动化》《电网技术》等期刊专辑特约主编，中国科协第 333 次青年科学家论坛执行主席。主持科研项目 30 余项，发表期刊论文 60 余篇，授权专利 20 余项，出版专著《模块化多电平换流器原理及应用》，作国际学术会议 Tutorial 报告 6 次、国内外大会/特邀报告 10 余次。入选中国科协青年人才托举工程，获中国电机工程学会直流输电专委会直流电力优秀青年人物奖、中国电工技术学会青年工作委员会突出贡献委员，以第一完成人获得中国电源学会科技进步二等奖，指导学生获得 PCIM-Asia University Scientist Award 以及直流输电与电力电子创新杯大赛一等奖。

电源相关科研团队简介
（按照团队名称汉语拼音顺序排列）

1. 安徽大学工业节电与电能质量控制省级协同创新中心

地址：安徽省合肥市九龙路 111 号安徽大学磬苑校区理工 B 座
邮编：230601
电话：0551-63861862
传真：0551-63861862
网址：http://www3.ahu.edu.cn/jdcx/
团队人数：127
团队带头人：王群京
主要成员：李国丽、郑常宝、赵吉文、胡存刚、陈权
研究方向：高节能电机及其控制，电力电子装置，电能质量检测与治理

团队简介：

工业节电与电能质量控制协同创新中心（以下简称"中心"）是安徽大学牵头，联合东南大学、安徽省电力公司、马钢（集团）控股有限公司、安徽皖南电机股份有限公司、合肥通用机械研究院等作为核心共建单位，由共同致力于提升科技创新能力和拔尖创新人才培养能力、服务和引领工业节电与电能质量控制领域技术创新、应用和推广的高等院校、科研院所、企业和国际创新机构等单位联合组建的非法人实体组织。

中心的宗旨是，面向制约区域可持续发展的节能和能源安全等重大问题，本着"优势互补，深度融合，协同创新，利益共享，对外开放，支撑发展"的原则，在安徽省能源局指导下，基于长期项目和人才合作，依托安徽大学和东南大学国家级重点学科和平台，以安徽电力、马钢、皖南电机等重点企业及其技术中心为工程化示范和产业化基地，改革协同创新模式和机制，联合共建"工业节电与电能质量控制协同创新中心"，在工业节电和用电质量及安全等重点领域，搭建高技术研发平台、技术转移平台、公共技术服务平台、科技型企业孵化平台和高层次人才培养平台，建成服务全省，辐射周边，在国内具有较大影响的公共协同创新中心，通过政产学研合作机制，整合各类资源，开展联合技术创新，推动高耗能传统产业技术升级，提高能源、钢铁等支柱产业经济和社会效益，孵化和催生节电产品战略性新兴产业，促进区域经济社会可持续发展。

通过中心实现政产学研实质性联合，发挥政府职能部门主导作用，建立高等院校与企业间的产学研合作对口支援关系，实现能力互补和研发风险的分担；融合高校和企业各自的人才优势、技术优势，集聚和培养一批高层次技术人才；面向产业，建立产学研结合的公共科技创新平台，形成一批在国内具有一流水平的产学研开发基地和产业化基地，加快学校科学技术向企业转移；承担和实施一批国家和省级重大科技项目，不断缩短企业产品技术研发周期，提升产业创新水平，加快相关产业的科技进步；攻克一批制约产业发展的工业节能和用电安全共性关键技术，形成具有国际竞争力的自主品牌、自主知识产权，形成系列化的国家、行业以及地方标准；通过中心的技术辐射、产品辐射和服务辐射功能，为行业单位和用户提供多层面、专业化的服务。

2. 安徽大学特种电源与电能质量研究团队

地址：安徽省合肥市蜀山区九龙路 111 号
电话：0551-62631981
团队邮箱：gaomin_pq@163.com
团队人数：固定研究人员 18 人
团队带头人：陶骏、朱明星
主要成员：颜娟、张茂松、朱乾龙、邓天白、尹骁骐、彭飞翔、那日沙、丁同、丁振桓、刘凯峰、高敏、焦亚东、曹义力、孙贺、沈显顺、汪日新
研究方向：团队面向大科学装置特种电源及新型电力系统等典型场景下高品质供电的重大技术需求，聚焦系统设计、诊断评估和治理保护三大核心技术，推动多学科交叉融合和多维度协同创新。围绕极端运行条件下特种电源及电能质量控制技术，重点针对大科学装置电源系统设计及运行期间低频段、宽频带、非平稳间谐波产生机制与防治技术开展技术创新与应用，设计了各类高电压、大电流特种电源，建立了复杂脉冲功率电源系统电网运行风险评估方法，提出了冲击性负荷有功与无功协同、多时间尺度协同的优化控制技术，提升了大科学装置配电系统的安全性和可靠性。围绕新型电力系统电能质量分析与控制技术，研究电能质量干扰源交互耦合机制，创新多源交互下干扰源发射特性提取、干扰源潮流路径辨识及污染责任量化方法，突破宽频带电能质量检测及有源治理关键技术，研制了宽频带电能质量检测平台、宽禁带半

导体器件高压断路器及多类有源高效治理装备，获得了国家级CMA检测资质，可面向电网公司和工业用户开展电源系统设计、电能质量测试评估及预评估、电能质量解决方案优化、治理装置运行效果验收等技术咨询或科研服务。相关技术已在多个新型电力系统及典型工业负荷场景得到应用验证，形成了诸多典型应用案例，经济和社会效益显著。

团队在研项目： 团队近3年在研或已完成的各类国际合作项目、重点研发计划、国家自然科学基金、电网公司横向委托等重点项目总计30余项，累计合同金额近4000万元。

（1）ITER电源系统的设计与集成项目

项目概况：该项目为安徽大学参与的国际热核聚变实验堆计划国际合作项目，项目金额210万元。安徽大学电能质量团队在ITER线圈电源主控系统功能分析、ITER脉冲功率电网协调控制、ITER线圈供电系统调试和硬件在环测试等方面开展了理论和技术研究。团队提出多超导线圈耦合下的电源解耦算法，并给出故障保护策略，提高系统可靠性；针对ITER负荷和电网交互谐波放大机理与间谐波现象开展研究，提出ITER电源系统与无功补偿协同控制方法；基于HIL平台对ITER线圈电源控制系统进行了硬件在环测试。研究成果为磁约束聚变工程中大功率脉冲电源的电网兼容性和稳定性控制研究提供理论和技术支持。

（2）城市轨道交通柔性牵引变流关键技术研发

项目概况：该项目为安徽大学牵头，联合中国科学院合肥物质科学研究院、安徽祥雨电气有限公司开展的省重点研发计划项目，项目总金额80万元。项目针对城市轨道交通牵引供电系统面临的直流电压不可控、再生制动能量浪费严重、牵引供电系统电能质量差等亟待解决的问题开展理论研究和技术开发。安徽大学电能质量团队作为牵头单位负责总体方案设计、能量协同优化策略、柔性牵引变流电源控制系统设计开发与测试认证等工作，突破轨道交通发展的瓶颈问题，促进绿色轨道交通的发展。

（3）基于矩匹配和哈密顿能量的孤岛不平衡微电网大信号稳定性分析方法

项目概况：该项目为安徽大学电能质量团队青年教师获批的国家自然科学青年基金项目，项目金额30万元。项目以孤岛三相不平衡微电网的大信号稳定性为研究对象，重点研究保留微电网主要非线性特性的高效模型简化方法、孤岛三相不平衡微电网能量方程的构造方法两个尚未解决的关键科学问题。兼顾简化效果和重要非线性特性保留，对系统的动态模型进行有效的简化，量化孤岛三相不平衡微电网所能承受的最大扰动，为微电网控制技术的改良提供量化的指引。

（4）数字化驱动的高电能质量与客户增值服务关键技术研究与示范

项目概况：该项目为南方电网公司重点科技项目，由深圳供电局电力科学研究院牵头，安徽大学与四川大学、清华大学、上海交通大学共同参与实施，项目总金额近2000万元。安徽大学电能质量团队负责电能质量监测数据量测误差及园区配电网高电能质量关键技术研究，同时负责园区配电网高电能质量技术示范工程及智慧平台建设，通过对先进治理技术的创新研发与示范应用，为我国配电网及重要用户的高品质供电提供具有典型示范意义的技术范式。

团队科研成果： 团队围绕大科学装置电源系统优化设计、电能质量诊断评估及治理等关键技术开展技术攻关，创新了宽频带谐波测量及分析技术，研发了系列宽频带电能质量检测平台，为北京冬奥场馆供电贡献安徽力量；创新了换流技术，研制了高效率、高功率密度混合式断路器，研发了基于碳化硅器件的模块化多电平换流器，推动宽禁带半导体器件应用，实现中压兆瓦级电驱动系统的技术升级；突破了复杂多变场景下关键治理装备的优化控制技术，研制了系列高效有源治理装备，实现了对聚变电源、分布式光伏等典型场景下低频段、宽频带、非平稳干扰的高效治理。近3年来，团队发表了中文核心和三大检索论文40余篇，获授权发明专利20余项，牵头或参与制定了国家、行业及团体标准20余项，助力电能质量行业健康有序发展。

团队所获荣誉： 团队近3年获各类省部级奖项7项，其中安徽省科技进步二等奖1项（2022年）、广西科学技术进步二等奖1项（2021年）、中国机械工业科学技术二等奖2项（2020年和2021年）、中国职工技术协会中国专利年度奖1项（2022年）、国家电网公司科技进步二等奖1项（2022年）、中国南方电网公司科技进步二等奖1项（2021年）。此外，团队所在的电能质量教育部工程研究中心2018年获亚洲电能质量产业联盟颁发的电能质量行业十年突出贡献奖。

团队简介：

依托安徽大学电气工程与自动化学院师资力量，团队成员包括陶骏、朱明星、颜娟、张茂松、朱乾龙、邓天白、尹骁骐、彭飞翔、那日沙、丁同、丁振桓、刘凯峰、高敏、焦亚东、曹义力、孙贺、沈显顺、汪日新等18人，其中教授/博导3人、副教授1人、讲师8人、工程师4人、博士后2人。在读博硕研究生近30人。

团队拥有完善的科研平台，依托电能质量教育部工程研究中心、工业节电与用电安全安徽省重点实验室、工业节电与电能质量控制安徽省协同创新中心、安大绿院电能质量产业共性技术研发中心等多个国家和省部级科研平台，在典型工业负荷、新能源发电系统、大科学装置电源领域推动学科交叉融合和技术创新突破。通过成果转化设立安徽安大清能电气科技有限公司，打造产学研一体化协同创新平台，提升工程建设能力，促进成果转化质量和技术服务水平。

近3年，围绕极端运行条件下的特种电源及电能质量控制、新型电力系统电能质量分析与控制面临的科学技术难题，广泛承担或参与了国际、国家、省部委、国家电网、南方电网等的纵横向科技项目研究，先后承担和完成了包括国际合作项目、国家自然科学基金、省重点研发计划在内的科研项目超过30项，发表中文核心和三大检索论文40余篇，授权发明专利20余项，牵头或参与制定国家、行业及团体标准20余项，获省部级科技奖项7项，研发了系列电能质量宽频带检测平台、宽禁带半导体器件高压断路器及多类有源治理装备，可为电网公司和电力用户提供多样化的科研和技术服务。

3. 安徽工业大学优秀创新团队

地址：安徽省马鞍山市马向路新城东区电气与信息工程学院
邮编：243032
电话：0555-2316595
团队邮箱：liuxiaodong@ahut.edu.cn
团队人数：8
团队带头人：刘晓东
主要成员：葛芦生、陈乐柱、郑诗程、方炜、胡雪峰、刘宿城、杨云虎
研究方向：电力电子功率变换技术
团队简介：
团队包括教授6人、副教授2人，其中7人具有博士学位，涉及电力电子、高电压技术、电力系统和控制理论工程等多个相关学科。围绕着"电力电子功率变换技术"核心研究方向，主要从事以下方面的研究：1）数字开关电源开发和应用；2）新能源发电及智能微电网技术的研究；3）特种电源及其应用。团队已获得国家自然科学基金7项、国家外专局项目1项、安徽省科技攻关项目1项、安徽省自然科学基金4项、安徽省教育厅基金项目6项、马鞍山市科技局项目1项，申请国家专利30余项，发表论文200余篇。与此同时，基于在开关电源和新能源变换等技术方面积累的较为丰富的理论和实践经验，团队成员积极地将部分先进的研究成果向应用领域转化，扩大了电力电子功率变换技术在国民经济领域的应用范围，促进了地方经济的发展。

4. 安徽工业大学电力电子与控制研究团队

地址：安徽省马鞍山市马向路1530号
邮编：243032
电话：13855580156
邮箱：liuxiaodong@ahut.edu.cn
团队人数：教师4人、研究生30人
团队带头人：刘晓东
主要成员：刘宿城、方炜、张前进
研究方向：电力电子功率变换技术，交直流微电网系统建模、分析与控制，新能源并网发电
团队在研项目：
1）直流微电网集群的大信号稳定性可扩展分析方法研究：从分布式控制到分布式建模，国家自然科学基金面上项目，项目号：52277169，54万元（直接经费），刘宿城教授主持。
2）复杂多耦合新能源同步暂态失稳机理与协同分层优化控制研究，安徽省高校自然科学研究重点项目，项目号：2022AH050326，10万元，张前进博士主持。
3）微电网智慧能源功率变换新装备关键技术研发，企业委托课题，82万元，张前进博士主持。
4）直流微电网多储能系统协调控制研究，安徽省高校自然科学研究重点项目，项目号：KJ2021A0370，6万元，方炜教授主持。

团队科研成果：
部分科研项目：
1）基于开关线性复合机理的柔性波形功率变换技术研究，国家自然科学基金，项目号：50407017，2005.1—2007.12，20万元，刘晓东教授主持。
2）超低压大电流开关功率变换器动态性能关键技术的研究，国家自然科学基金，项目号：50877001，2009.1—2011.12，32万元，刘晓东教授主持。
3）直流微电网的暂态特性分析及其控制策略研究，国家自然科学基金，项目号：51277001，2013.1—2016.12，26万元，方炜教授主持。
4）电力电子系统大信号频域近似解析方法研究，国家自然科学基金，项目号：51407003，2015.1—2017.12，26万元，刘宿城教授主持。
5）电动汽车大功率快速充电技术研究，国家外专局项目，项目号：W20123400001，2013.1—2013.12，4万元，刘晓东教授主持。
6）DC/DC功率变换器混杂切换特性分析与研究，安徽省自然科学基金，项目号：1308085ME66，2013.7—2015.7，5万元，方炜教授主持。
7）西门子PLC传动控制系统基础软件开发与应用，企业课题，项目号：RD13206002，15.6万元，刘晓东教授主持。
8）电动汽车大功率高效快速充电技术研究，安徽省教育厅重点项目，项目号：KJ2016A804，6万元，刘晓东教授主持。
9）微电网电力电子接口的工程化大信号综合方法研究，安徽省自然科学基金，项目号：1508085QE97，8万元，刘宿城教授主持。
10）直流微电网的高可靠自治协调运行及大扰动暂态稳定研究，安徽高校自然科学研究重点项目，项目号：KJ2019A0066，2019.07—2021.06，6万元，刘宿城教授主持。

部分科研论文：
1）Qianjin Zhang, Zhaorong Zhai, Siwei Sun, Xiaodong Liu, Jinhui Qian, Sucheng Liu, Wei Fang. Fuzzy optimization for improving transient synchronization stability of VSCs in series-compensated system [J]. IEEE Transactions on Industry Applications, 2024, 60 (2): 3578-3587.

2）Qianjin Zhang, Zhaorong Zhai, Jinhui Qian, Xiaodong Liu, Sucheng Liu, Mingxuan Mao. Optimization control of power balance for stability improvement in grid-connected PV system [J]. CPSS Transactions on Power Electronics and Applications, 2023, 8 (2): 181-189.

3）Qianjin Zhang, Jinhui Qian, Zhaorong Zhai, Xiaodong Liu, Sucheng Liu, Wei Fang, et al. Control stability of inverters with series-compensated transmission lines: analysis and improvement [J]. Journal of Power Electronics, 2022, 22 (10): 1746-1757.

4）Qianjin Zhang, Qi Hu, Siwei Sun, Dikui Mei, Sucheng Liu, Xiaodong Liu. Voltage and frequency instability in large PV systems connected to weak power grid [J]. Frontiers in Energy Research, 2023, 11: 1210514.

5）S Liu, X Li, M Xia, Q Qin, and X Liu. Takagi-Sugeno Multimodeling-Based Large Signal Stability Analysis of DC Microgrid Clusters [J]. IEEE Transactions on Power Electronics, 2021, 36 (11): 12670-12684.

6）S Liu, C Fang, X Huang, Q Zhang, W Fang, and X Liu. A cyber-physical system perspective on large signal stability of DC microgrid clusters [J]. CPSS Transactions on Power Electronics and Applications, 2024, 9 (1): 112-125.

7）S Liu, G Hu, M Xia, Q Zhang, W Fang, and X Liu. Detection and mitigation via alternative data for false data injection attacks in DC microgrid clusters [J]. CPSS Transactions on Power Electronics and Applications, 2024, 9 (1): 27-38.

8）S Liu, J Ma, T Zhou, Q Zhang, W Fang, and X Liu. Distributed predictive control design to achieve economically optimal power flow for DC microgrid clusters [J]. IET Smart Grid, 2023, 6 (5): 522-535.

9）S Liu, J Zheng, Z Li, and X Liu. A general piecewise droop design method for DC microgrid [J]. International Journal of Electronics, 2021, 108 (5): 758-776.

10）W Fang, X D Liu, S C Liu, Y F Liu. A Digital Parallel Current-Mode Control Algorithm for DC-DC Converters [J]. IEEE Transactions on Industrial Informatics, 2014, 10 (4): 2146-2153.

11）W Fang, X D Liu, Y F Liu. A New Digital Control Algorithm for Dual-Transistor Forward Converter [J]. IEEE Transactions on Industrial Informatics, 2013, 9 (4): 2074-2081.

12）刘晓东，董保成，吴慧辉，方炜，刘宿城．基于并联变压器切换的LLC谐振变换器宽范围效率优化控制策略[J]．电工技术学报，2020，35（14）：3018-3029．

13）刘宿城，褚勇智，刁吉祥，张前进，刘晓东．基于输入-状态稳定条件的直流微电网集群分布式大信号稳定性[J]．电工技术学报，2024（网络首发）．

14）刘宿城，李响，秦强栋，夏梦宇，刘晓东．直流微电网集群的大信号稳定性分析[J]．电工技术学报，2022，37（12）：3132-3147．

15）刘宿城，甘洋洋，刘晓东，刘雁飞．超级电容接口双向DC-DC变换器的电压快恢复控制策略[J]．电工技术学报，2018，33（23）：5496-5508．

16）刘宿城，周雏维，卢伟国，毕凯．通过小信号环路估计DC/DC开关变换器的大信号稳定区域[J]．电工技术学报，2014，29（4）：63-69．

17）刘晓东，胡勇，方炜，刘雁飞．直流微电网节点阻抗特性与系统稳定性分析[J]．电网技术，2015，39（12）：3463-3469．

18）王智，方炜，刘晓东．数字控制的单周期PFC整流器的设计与分析[J]．中国电机工程学报，2014，34（21）：3423-3431

19）刘晓东，葛玲，方炜，刘雁飞．Buck-Boost变换器线性与非线性复合控制[J]．电机与控制学报，2014，18（11）：106-111．

20）S Liu, J Zheng, Z Li, R Li, W Fang, and X Liu. Distributed Piecewise Droop Control of DC Microgrid with Improved Load Sharing and Voltage Compensation [C]. 2019 IEEE Third International Conference on DC Microgrids (ICDCM), 2019: 1-6. (Best Paper Award)

21）J Ma, R Liu, Q Qin, S Liu, and X Liu. Distributed Predictive Tertiary Control for DC Microgrid Clusters [C]. 2021 IEEE International Conference on Predictive Control of Electrical Drives and Power Electronics (PRECEDE), 2021: 804-809. (Best Student Paper Award)

22）Liu Sucheng, Zhou Luowei, Lu Weiguo. Simple analytical approach to predict large-signal stability region of a closed-loop boost DC-DC converter [J]. IET Power Electronics, 2013, 6 (3): 488-494.

23）S Liu, R Liu, J Zheng, and X Liu. Predictive function control in tertiary level for power flow management of DC microgrid clusters [J]. Electronics Letters, 2020, 56 (13): 675-676.

24）刘宿城，汤运泽，刘晓东，李晴晴．不同负载条件下光伏接口MPPT变换器的小信号建模及实验验证[J]．电子学报，2019，47（2）：454-461．

25）刘宿城，李中鹏，刘晓东，方炜．带有多级母线电压补偿的直流微网改进多斜率下垂控制策略[C]．中国电源学会第二十二届学术年会论文集，上海，2017．（年会优秀论文）

26）韩莉，刘晓东，方炜．并行电流模式控制的SR-Buck变换器的数字控制与实现[J]．电源学报，2013（2）：12-17．

授权发明专利：

1）一种双管正激功率变换器的控制电路及其控制方法，ZL 201110458878.6，发明人：刘晓东，方炜，刘雁飞。

2）三端口变换器部分工作模式下回流功率为零的优化方法，CN202110030117.4，发明人：刘晓东，刘清茂，刘宿诚，方炜。

3）基于可变电感的LLC谐振变换器，CN202111106665.7，发明人：刘晓东，李宁，张君扬，刘宿城。

4）一种用于直流微电网的自适应多斜率下垂控制系统及方法，2017103471753，发明人：刘宿城，李中鹏，刘晓东，方炜。

5）一种具有多级母线电压补偿直流微网改进型多斜率下垂控制系统及方法，2017103471749，发明人：刘宿城，李中鹏，刘晓东，方炜。

6）改进连续负荷条件下直流微网分段下垂控制的方法及系统，2018105090464，发明人：刘宿城，李中鹏，刘晓东，方炜。

7）一种双向DC/DC功率变换器控制电路及其控制方法，201710241591.5，发明人：刘晓东，甘洋洋，刘宿城，方炜。

8）一种LLC谐振变换器结构及其控制方法，201910109729.5，发明人：刘晓东，董保成，刘宿城，唐龙飞。

9）一种用于直流微电网群落的能量管理预测控制方法，201911031873.8，发明人：刘宿城，刘锐，刘晓东，方炜。

10）含混合储能直流微电网的大扰动暂态稳定协调控制方法，201911247981.9，发明人：刘宿城，李响，吴亚伟，刘晓东。

11）一种直流微电网中超级电容降容的控制系统及方法，202010296296.1，发明人：刘宿城，李响，吴亚伟，刘雁飞，刘晓东。

12）一种用于直流微电网集群的改进型动态矩阵控制三次控制方法，202110969533.0，发明人：刘宿城，秦强栋，马进，刘晓东，方炜。

13）一种直流微电网集群的大信号稳定性分析方法，202110481827.9，发明人：刘宿城，李响，刘晓东，方炜。

14）一种基于备选量的直流微电网集群虚假数据注入攻击检测方法，202110666591.6，发明人：刘宿城，夏梦宇，陈莉，刘晓东。

15）一种用于直流微电网集群的虚假数据注入攻击的检测方法，202010698628.9，发明人：刘宿城，夏梦宇，李润，刘晓东。

16）一种能显著改善母线电压偏差的直流微电网分布式自主协调控制方法，201910843391.6，发明人：刘宿城，李响，刘晓东，方炜。

17）一种直流微网分布式自主协调控制方法及控制系统，201910014952.1，发明人：刘宿城，黄堃，刘晓东，方炜。

18）一种直流微电网多储能单元的改进均衡控制方法，202011289005.2，发明人：方炜，齐楠，刘晓东，刘宿城。

19）一种适用于直流微电网储能系统的非线性下垂控制方法，202111246958.5，发明人：方炜，齐楠，付文科，刘晓东，刘宿城。

20）一种大型光伏并网系统直流侧电压稳定方法，202011263974.0，发明人：张前进，刘宿城，刘晓东，方炜。

21）一种分布式直流供电异系统协同均流控制方法，202111108221.7，发明人：刘晓东，石文龙，刘宿城，方炜。

22）基于可变电感的LLC谐振变换器，202111106665.7，发明人：刘晓东，李宁，张君扬，刘宿城。

团队所获荣誉：安徽省杰青、宝钢优秀教师奖、安徽省战略性新兴产业技术领军人才、安徽省学术和学科带头人后备人选、IEEE国际会议最佳论文奖。

团队简介：

团队目前有教授3人、讲师1人，均具有博士学位及海外留学/进修经历。团队围绕"电力电子功率变换、系统及控制技术"核心研究方向，主要从事以下方面的研究：1）数字开关电源开发和应用；2）智能微电网技术的研究；3）特种电源及其应用。团队已获得国家自然科学基金5项，国家外专局项目1项，安徽省科技攻关项目1项、安徽省自然科学基金6项（含杰青1项）、安徽省教育厅基金项目6项，授权国家发明专利20余项，发表论文120余篇。与此同时，基于在开关电源和新能源变换等技术方面积累的较为丰富的理论和实践经验，团队成员积极地将部分先进的研究成果向应用领域转化，扩大了电力电子功率变换技术在国民经济领域的应用范围，促进了地方经济的发展。

5. 北方工业大学新能源发电与智能电网研究团队

地址：北京市石景山区晋元庄路5号
邮编：100144
电话：17718347032
团队邮箱：zjh@ncut.edu.cn
团队人数：11
团队带头人：周京华
主要成员：胡长斌、陈亚爱、朴政国、张海峰、章小卫、张贵辰、徐爽、景柳铭、李津、翁志鹏
研究方向：新能源发电技术，电力电子与电气传动，智能电网与微电网
团队在研项目：1项国家重点研发计划项目、1项国家自然科学基金面上项目、15项企业委托项目
团队科研成果：科研成果获省部级科技进步奖8项

团队简介：

团队共有教师11名，其中教授3名、副教授5名、讲师3名，均具有博士学位。长期从事新能源发电技术、电力电子与电气传动、智能电网与微电网等方面的研究，均系统地完成过科研项目，具有科学的思维方式、完整的知识体系、较强的实践技能、合理的知识结构。成员之间科研方向具有互补性，长期以来一直在开展科研合作，形成了稳定的合作关系、扎实的合作基础。团队成员主持1项国家重点研发计划项目、4项国家自然科学基金、5项北京市自然科学基金、75项企业委托开发项目，出版专著3部、教材7部、译著7部，在新能源变换与控制、微电网运行与调度等领域具有较深的理论基础，并积累了丰富的工程经验。

6. 北京交通大学电力电子与电力牵引研究所团队

地址：北京市海淀区上园村3号北京交通大学电气工程楼602

邮编：100044
电话：010-51687064
传真：010-54684029
网址：http://ee.bjtu.edu.cn/xisuo/dianlidianzisuo.php
团队人数：18
团队带头人：郑琼林、游小杰
主要成员：杨中平、林飞、李虹、孙湖、郝瑞祥、贺明智、王琛琛、李艳、刘建强、郭希铮、黄先进、王剑、杨晓峰、周明磊
研究方向：轨道交通牵引供电与传动控制（高速列车、重载列车和城轨列车），特种电源（工业、军工），电力电子技术在电力系统中应用，光伏发电并网与控制，高性能低损耗电力电子系统，宽禁带器件应用，能源互联网

团队简介：

北京交通大学电力电子与电力牵引研究所（简称电力电子研究所）成立于2004年，主要从事电力电子和电力牵引领域的研究工作，是电力牵引教育部工程研究中心的依托单位。所在的电力电子学科为北京市重点学科。北京交通大学是台达电力电子科教基金资助的十所高校之一，中国高校电力电子学术年会四个发起单位之一。北京交通大学电力电子研究所团队有教授5人，副教授7人，讲师4人，博士生和硕士生130余人，近年来发表学术论文200余篇，其中SCI论文近40篇，EI论文100余篇，出版科技专著9部，已授权发明专利30余项，获软件著作权20余项，获省部级科技进步奖二等奖和三等奖各1项，培养优秀硕士/博士毕业生和荣获国家级奖学金学生20余人次。

近年来研究所围绕高速列车牵引传动与控制、重载列车牵引传动与控制、特种工业电源、特种军用电源、宽禁带器件应用、光伏发电并网与控制、柔性直流输电技术、电能质量控制技术、能源互联网等领域开展研究工作，研制出多个系列电能变换与节能装备，并成功实现了产业化。研究所自成立以来，承担并完成了许多国家科技支撑项目、国家重大研究计划、国家自然科学基金项目、863计划项目、铁道部项目、国防科技项目、台达科教基金项目、企业横向课题等许多科研项目，在这些项目中，研究所在国内率先研制成功了交流传动互馈试验台，可用于大功率牵引电机及其他电机的控制、试验、测试等；建设了国内先进的电力牵引综合实验平台，并在该平台上开发了大功率电力机车牵引传动控制系统；完成了国内最大功率的航天试验用电源，特种军用电源，大功率电解、电镀等工业电源的研制。

北京交通大学电力电子研究所与许多科研机构和公司建立了长期的密切合作关系。与世界最大的SVC制造商——荣信电力电子股份有限公司签署协议共建电力牵引教育部工程研究中心；与中国中车股份有限公司、北京卫星制造厂等单位签署了产学研战略联盟协议；与北京京仪椿树整流器有限责任公司签署了共建电力电子联合实验室的协议；此外，还与北京京仪绿能电力系统工程公司、北京敬业电工集团等十余家知名企业建立了产学研合作关系，为企业的核心技术研发提供技术支持，同时也获得了研究所发展所需要的资金支持，并为研究生的培养提供了实践基地。

7. 重庆大学电磁场效应、测量和电磁成像研究团队

地址：重庆市沙坪坝区沙正街174号重庆大学
邮编：400044
电话：023-65105242
传真：023-65105242
团队人数：9
团队带头人：何为
主要成员：熊兰、杨帆、张占龙、徐征、王平、肖冬萍、毛玉星、汪金刚、刘坤
研究方向：电磁场测量与成像

8. 重庆大学高功率脉冲电源研究组

地址：重庆市沙坪坝区沙正街174号重庆大学A区电气工程学院高压系
邮编：400044
电话：023-65111795
传真：023-65102442
网址：http://www.cee.cqu.edu.cn/pulse/
团队人数：40
团队带头人：姚陈果
主要成员：米彦、李成祥、董守龙
研究方向：全固态微秒/纳秒/皮秒脉冲的产生与测控技术，脉冲电场的生物医学应用，输配电设备绝缘在线监测与故障诊断技术

团队简介：

重庆大学高功率脉冲电源研究组成立于20世纪90年代末，依托于重庆大学输配电装备及系统安全与新技术国家重点实验室，一直从事高功率脉冲电场/磁场的产生与测控技术，及其在输配电设备绝缘在线监测和生物电磁学方面的应用研究。研究组的相关研究成果在 IEEE Transactions、《中国电机工程学报》等国内外高水平期刊上发表论文90余篇，被SCI收录40余篇；授权发明专利20余项，其中一项以1000万元实现成果转让；培养研究生30余名。研究组在生物电磁学方面的应用研究形成了较鲜明的特色，在国内外具有一定的学术影响力。

9. 重庆大学节能与智能技术研究团队

地址：重庆市沙坪坝区重庆大学汽车工程学院
邮编：400044
电话：023-65106243
传真：023-65106243
网址：https://www.researchgate.net/profile/Xiaosong_Hu2
团队邮箱：xiaosonghu@ieee.org
团队人数：6
团队带头人：胡晓松（入选"国家青年千人计划"）
主要成员：谢翌、张财智、唐小林、卢少波、杨亚联

研究方向：节能与智能技术

团队简介：

团队面向国家新能源汽车技术发展的重大战略需求，以"中国制造2025"及国家重点研发计划为支撑，结合重庆优越的汽车工业环境，依托重庆大学机械传动国家重点实验室、重庆自主品牌汽车协同创新中心及汽车工程学院，以储能系统动力学、动态系统控制与优化为主要切入点，重点研究先进动力电池/超级电容管理算法和机电复合动力传动系统优化与控制，为新能源汽车产业提供必要的理论基础与应用技术。

团队针对车辆工程学科特色，以基础理论研究为先导、工程应用研究为落脚点，坚持理论与实践并行的理念，针对新能源汽车动力电池、动力总成最优设计与控制等热点领域存在的前沿共性问题展开系统和深入研究。团队将通过与国内外同行紧密协同，围绕动力电池/超级电容管理、混合动力系统优化等方向，建立国内领先的高水平科研能力。

团队现有正高级职称者2人，副高级职称者3人，中级职称者1，在读硕士、博士共计30余人。

10. 重庆大学无线电能传输技术研究所

地址：重庆市沙坪坝区沙正街重庆大学自动化学院

邮编：400044

电话：13508368896

网址：http://www.wptchina.com.cn/

团队人数：8

团队带头人：孙跃

主要成员：苏玉刚、戴欣、王智慧、唐春森、叶兆虹、余嘉、朱婉婷

研究方向：无线电能传输系统关键技术与实现

团队简介：

重庆大学无线电能传输技术研究所（WPTCQU）前身为重庆大学电力电子与控制工程研究所，成立于2005年。专业从事无线电能传输技术及系统的理论研究、技术开发与工程实现。

研究所核心研发团队教授3人、副教授3人、中级职称2人。固定合作研究与技术开发人员5人，外聘国际高级专家3人。研究所招收和培养全日制硕士研究生、博士研究生和在职工程硕士研究生。在校全日制研究生60余人。

研究所紧密围绕无线电能传输技术，从事应用基础理论、技术开发与推广工作。先后承担国家863计划项目、国家自然科学基金项目、重庆市政府计划项目共20项。承担企业委托和合作研发重要科技开发项目50余项。累计科研和科技项目经费3000余万元。

先后获得教育部、重庆市、中国电源学会、中国仪器仪表学会科学技术奖5项。在国际国内重要刊物上发表高水平论文300余篇，其中SCI、EI核心检索150余篇。受理与授权国家发明专利近60余项。

研究所拥有无线电能传输技术国际联合研究中心（国家级）、中国—新西兰无线电能传输技术国际联合研究中心、无线电能传输技术重庆市工程研究中心、重庆市无线电能传输技术工程实验室。

研究所拥有各类无线电能传输技术试验平台、先进测试/分析仪器，具有良好的科学研究软/硬环境，为全方位培养研究生的科学研究、技术开发与工程实践等科技能力和人文素质提供良好的工作条件。

11. 重庆大学新能源电力系统安全分析与控制团队

地址：重庆市沙坪坝区沙正街174号重庆大学电气工程学院

邮编：400044

电话：13638301298

传真：023-65112740

团队人数：6

团队带头人：熊小伏

主要成员：卢继平、雍静、周念成、姚俊、欧阳金鑫、王强钢

研究方向：电力系统保护与控制，电能质量分析与治理

团队简介：

研究团队主要围绕智能电网从事相关基础理论及应用研究，立足于风力发电、光伏发电等新能源以及微电网、智能变电站等新技术的研究前沿，致力于智能电网的安全分析技术、防护技术以及智能控制技术的研究。在新能源并网故障分析与保护控制、智能变电站运行安全技术与计量、电力系统风险评估与气象灾害预警等研究领域积累了较强的技术基础。

12. 重庆大学新型电力电子器件封装集成及应用团队

地址：重庆市沙坪坝区沙正街174号重庆大学电气工程学院

邮编：400044

电话：13883801036

团队人数：10

团队带头人：冉立

主要成员：李辉、周林、曾正、陈民铀、徐盛友

研究方向：电力电子器件可靠性及状态监测，碳化硅（SiC）器件封装和定制化设计，新型电力电子系统集成及应用

团队简介：

团队由10名教师组成，其中团队负责人为国家"千人计划"人才、教育部"长江学者"冉立教授。团队成员结构合理且研究方向涉及器件、变流器及新能源电力系统的应用，团队成员几乎都有海外留学或在著名国际企业工作的经历，且团队成员之间具有长期协作和合作的基础。团队一直从事电力电子技术及其在新能源电力系统应用的研究，在电力电子器件可靠性以及新能源发电系统的状态监测与运行控制方面有着坚实的研究基础。

团队建有中英碳化硅电力电子技术联合实验室，以新型电力电子器件及其系统应用的安全可靠性为研究方向，以提高综合效益（包括系统安全和可靠性）为目标，研究

新一代电力电子装备（包括用电设备），并且追求全新的集器件和变流器系统一体化的技术，开展新型电力电子器件封装集成及应用的研究。

13. 重庆大学周雒维教授团队

地址：重庆市沙坪坝区沙正街 174 号重庆大学 A 区 6 教 6221-3

邮编：400044

电话：023-65102287

传真：023-65102287

团队人数：教师 5 人，学生 48 人

团队带头人：周雒维

主要成员：杜雄、罗全明、卢伟国、孙鹏菊

研究方向：功率变流器的可靠性研究，电力电子系统分析、建模及智能控制，电力电子电路拓扑结构及控制算法的研究，半导体照明驱动电源及系统研究，光伏直流微网系统研究，电动汽车与电网互动技术研究，电能质量测量与控制

团队简介：

团队从 20 世纪 80 年代就开始从事电力电子技术理论和应用研究，承担了国家自然科学基金、重庆市自然科学基金、教育部春晖计划、教育部博士点科研基金等项目。进行了有源电力滤波器（APF）、人工神经网络在电力谐波监测和控制中的应用、功率因数校正（PFC）技术等方面的研究，先后提出了有源电力滤波器谐波电流检测和控制的新方法、基于神经网络的自适应谐波电流检测方法、单周控制有源滤波器、直流侧 APF、双频变换器等方法和思路。其中，双频变换器的研究构想为团队首创，在国内外共发表了近 20 篇高水平论文；功率因数校正研究方面，团队首次将 APF 技术应用到直流侧，并取得了良好的效果，先后承担了国家自然科学基金 2 项、重庆市自然科学基金 1 项，获得了中国高校自然科学二等奖和重庆市电力科学技术奖，并发表国内外高水平论文近 30 篇。目前团队依然奋斗在电力电子学科研究的第一线，承担了多个研究项目，如国家自然科学基金重点项目"可再生能源发电中功率变流器的可靠性研究"等。

近十年来，课题组培养了一大批优秀的博士、硕士研究生，如杜雄（全国百篇优博获得者）、卢伟国（全国百篇优博提名）、孙鹏菊（重庆市优博）、杜茗茗（重庆市优硕）等，这些研究生后来都成长为实验室的骨干力量。

14. 大连理工大学电气学院运动控制研究室

地址：辽宁省大连市高新区凌工路 2 号大连理工大学电气工程学院

邮编：116023

电话：0411-84708490

团队人数：15

团队带头人：张晓华

主要成员：郭源博、李林、张铭、李伟、李浩洋、张宇、夏金辉

研究方向：智能机器人与运动控制，电力牵引交流传动控制，无功补偿与谐波抑制

团队简介：

大连理工大学电气工程学院运动控制研究室现有教授 1 人，讲师 1 人，博士研究生 6 人，硕士研究生 7 人。多年来从事智能机器人与运动控制、电力牵引交流传动控制、无功补偿与谐波抑制等领域研究工作。先后承担基于超长波的管道机器人示踪定位技术、海底管道内爬行器及其检测技术和 X 射线实时成像检测管道机器人的研制等多项国家 863 计划项目，以及故障条件下电能质量调节器的强欠驱动特性与容错控制研究、传感缺失条件下电力牵引变流器的动态参数辨识与控制技术、灵长类仿生机器人悬臂运动仿生与控制策略研究等多项国家自然科学基金项目。在电力电子系统建模与非线性控制、电力电子系统故障诊断与容错控制、土木工程结构振动主动控制等方面具有坚实的工作基础和较强的技术力量。

15. 大连理工大学特种电源团队

地址：辽宁省大连市高新园区凌工路 2 号大连理工大学电气工程学院

邮编：116024

电话：13889626136

传真：0411-84706489

团队人数：10

团队带头人：李国锋

主要成员：王宁会、王志强、戚栋、杨振强

研究方向：高压脉冲电源，高精度直流高压电源，交流/直流电弧炉供电系统

团队简介：

大连理工大学特种电源团队多年来从事脉冲功率技术、电磁兼容技术、无损检测与探伤技术、新型电源技术、大功率电弧冶炼装置及控制系统、电磁场理论和应用技术研究工作，研究成果成功应用于材料冶金、资源环境、海军舰船维修保障等领域，取得了良好的社会经济意义和国防意义。团队重视与国内外电气、化工、材料领域主要研究单位的合作，注重学科交叉、融合，已经形成了高等院校、科研院所、有色金属企业的产-学-研联合体，有利于基础研究成果直接转化为企业的创新技术。先后承担了和正在承担国家高技术研究发展计划（863 计划）新材料技术领域"新型平板显示技术"重大专项"PDP 用 MgO 晶体材料技术研究及产业化"；国家高技术研究发展计划（863 计划）资源环境技术领域"低品位菱镁矿高效制备电熔镁砂的节能减排技术与装备"专题项目"菱镁矿高效制备电熔镁节能减排技术与装备"；国家国际科技合作专项项目"菱镁矿绿色生产电熔镁关键技术及装备合作研究"。在低温等离子体发生器、电弧热等离子体、电弧射流等离子体、等离子体材料改性、超大功率装备检测及控制等方面，具备较强的技术力量和扎实的理论基础。

16. 大连理工大学压电俘能、换能的研究团队

地址：辽宁省大连市甘井子区凌工路 2 号大连理工大

学大黑楼 A 座 422

邮编：116023

电话：0411-8470009-3422

团队人数：12

团队带头人：董维杰

主要成员：白凤仙、孙建忠

研究方向：基于压电材料的振动能量的研究

团队简介：

主要研究领域为机电系统测量与控制、功能材料传感器与执行器。

17. 电子科技大学功率集成技术实验室

地址：四川省成都市成华区建设北路二段四号

邮编：610054

电话：028-83207120

传真：028-83207120

网址：https://icse.uestc.edu.cn/info/1194/1263.htm

团队邮箱：zwang@uestc.edu.cn

团队人数：27

团队带头人：张波

主要成员：罗萍、李泽宏、方健、罗小蓉、陈万军、乔明、邓小川、周琦、明鑫、王卓、周泽坤、张金平、贺雅娟、魏杰、陈勇、任敏、张有润、甄少伟、章文通、周锌、李轩、孙瑞泽、齐钊

研究方向：实验室致力于功率半导体科学和技术研究，研究内容涵盖分立器件（从高性能功率二极管 MCR、双极型功率晶体管、功率 MOSFET、IGBT、MCT 到 RF LDMOS，从硅基到 SiC 和 GaN、GaO）、可集成功率半导体器件（含硅基、SOI 基和 GaN 基）和功率集成电路（含高低压工艺集成、高压功率集成电路、电源管理集成电路、数字辅助功率集成及面向系统芯片的低功耗集成电路等）。

团队在研项目：实验室在研国家重点研发计划、国家自然科学基金项目、国家级其他项目、省部基础研究和产学研等项目 50 余项，企业横向合作研发 60 余项。

团队科研成果：近年来共发表 SCI 收录论文 400 余篇。在电子器件领域顶级刊物 IEEE Electron Device Letters（EDL）和 IEEE Transactions on Electron Devices（T-ED）上共发表论文 100 余篇。从 2011 年起，实验室在本领域国际最高级学术会议 IEEE ISPSD 入选论文数一直居全球研究团队前列，并在 ISPSD 2013、2017、2018、2019、2020、2022 上论文录取数居全球研究团队第一。实验室获授权中美发明专利近千件。产学研合作卓有成效，面向市场研发出百余种功率半导体器件与功率集成电路，为企业开发了多种工艺生产平台，部分产品打破国外垄断、实现批量生产，产生良好经济效益，推动了我国功率半导体行业的发展。团队已成为行业公认的研发创新高地。

团队所获荣誉：国家科技进步二等奖，2010 年；四川省科技进步一等奖，2017 年；四川省科技进步一等奖，2009 年；部级技术发明二等奖，2019 年；教育部自然科学二等奖，2015 年；四川省技术发明二等奖，2019 年；四川省技术发明二等奖，2021 年；四川电子科学技术一等奖，2015 年；北京市技术发明二等奖，2019 年；部级科技进步二等奖，2020 年；中国电子科技集团公司科技发明一等奖，2011 年；中国电子学会电子信息科学技术二等奖，2011 年。

团队简介：

电子科技大学功率集成技术实验室（PITEL）隶属于集成电路科学与工程学院，为"四川省功率半导体技术工程研究中心"，是"电子薄膜与集成器件国家重点实验室"和"电子科技大学集成电路研究中心"的重要组成部分。现有 15 名教授/研究员、8 名副教授，300 余名在读硕士/博士研究生，被国际同行誉为"全球功率半导体技术领域最大的学术研究团队"和"功率半导体领域研究最为全面的学术团队"。

18. 电子科技大学国家 863 计划强辐射实验室电子科技大学分部

地址：四川省成都市建设北路二段四号电子科技大学沙河校区逸夫楼 416

邮编：610054

电话：028-83202103

传真：028-83201709

团队邮箱：tianming@uestc.edu.cn

团队人数：7

团队带头人：李天明

主要成员：李浩、汪海洋、周翼鸿、胡标

研究方向：高功率微波、毫米波技术

团队简介：

项目研究小组所在的实验室为国家 863 计划强辐射重点实验室电子科技大学分部，在实验室建设方面得到了国家有关部门的强有力的资助。实验室拥有三套强流电子束加速器，可以从事低阻、高阻与重复脉冲等各类高功率微波源的实验研究，拥有各类适用于大功率、高功率真空电子器件的电源与磁场系统。在国家"211""985"建设及学校的支持下，实验室花费近 400 万元购置了从厘米波到亚毫米波的测试设备，建立了微波暗室。同时，实验室拥有自主开发的粒子模拟软件 CHPIC，以及引进的用于粒子模拟的 MAGIC、MAFIA 及高频场分析的 HFSS、CST 软件包。另外，电子科技大学自 20 世纪 50 年代建校时就设有电真空器件系，是国内微波管研制的"两所、两厂、一校"之一，具有完整的微波管加工工艺线。

19. 东南大学江苏电机与电力电子联盟

地址：江苏省南京市玄武区四牌楼 2 号东南大学动

力楼

邮编：210096

电话：025-83794152

传真：025-83791696

网址：http://www.jempel.org/

团队人数：143

团队带头人：程明

主要成员：花为、张建忠、樊英、王政、王伟

研究方向：电机与电力电子，电机驱动及应用，新能源发电，电动汽车，轨道交通等

团队简介：

江苏电机与电力电子联盟（Jiangsu Electrical Machines & Power Electronics League, JEMPEL）是由国内电机与控制学科领域首位 IEEE Fellow、著名电机与控制专家、东南大学特聘教授程明博士领衔，东南大学电气工程学院六名专任教师为核心，多名长江学者、千人计划等专家为支撑，50余名博士后和博士、硕士研究生为骨干的科研团队，研究领域涵盖电机与电力电子及其在新能源发电、电动汽车、轨道交通、伺服系统等领域的应用。

JEMPEL 在电机与电力电子及其新能源发电、电动汽车、轨道交通、伺服系统等领域的应用技术方面，开展了长期的研究，积累了丰富的成果。先后承担了国家 973 计划、863 计划、国家自然科学基金重点项目、国家自然科学基金重大国际合作研究项目等各类课题 90 余项；共发表论文 370 余篇，其中 SCI 收录 140 余篇；申请中国发明专利 100 余件，已获授权发明专利 60 多件。

JEMPEL 以培养电机与控制领域高水平人才为己任，以高水平科学研究促进高层次人才培养，始终践行东南大学"止于至善"的人才培养理念，先后为社会培养了近百位电机与控制领域英才，其中包括一位 IEEE Fellow，两位国家优秀青年基金获得者，两位全国优秀博士学位论文提名奖获得者，四位江苏省优秀博士学位论文获得者。

JEMPEL 以国际化作为加强人才培养和促进科学研究的重要推手，全体教师均有至少一年以上的海外留学经历，博士研究生大部具有一年以上的海外联合培养经历。迄今为止，先后与美国、加拿大、英国、法国、意大利、丹麦等国的知名高校开展项目合作或联合人才培养。此外，JEMPEL 成员活跃于国内外的各种学术交流活动，追踪国际学术前沿动态，与国内外同行分享科研成果和经验。

为了及时交流电机与电力电子领域的最新科研成果，促进产学研合作，同时为毕业研究生与企业对接提供平台，JEMPEL 建立了自己的会员体系，JEMPEL 殷切期盼与联盟有过合作关系或者有合作意向、有志于电机与电力电子技术进步的创新企业加入联盟，与 JEMPEL 共创新型电机及其控制技术的美好未来。

20. 东南大学先进电能变换技术与装备研究所

地址：江苏省南京市四牌楼2号

邮编：210096

网址：http://ee.seu.edu.cn/2017/0508/c13614a188809/page.htm

团队邮箱：chenwu@seu.edu.cn

团队人数：7

团队带头人：陈武

主要成员：郑建勇、赵剑锋、梅军、尤鋆、曲小慧、曹武

研究方向：高压大功率电力电子技术在电力系统及工业应用

团队简介：

先进电能变换技术与装备研究所依托于东南大学电气工程学院，主要从事电力电子与电能变换领域的重大基础理论与前沿关键技术研究，包括直流电网装备、交直流输配电装备、新能源并网发电、电能质量治理、分布式储能、高压大功率工业电源、无线电能传输和 LED 照明驱动等，多项研究成果已成功得到工业应用。

近年来，研究所承担参与了国家 863 计划、国家自然科学基金、江苏省自然科学基金、江苏省重点研发计划、国家电网科技支撑等科研项目 80 余项，年均科研经费 600 万元。研究所现有研究人员 50 余人，包括教授 3 人，副教授 3 人，讲师 1 人，博士后、硕博士研究生 40 余人。

21. 福州大学定制电力研究团队

地址：福建省福州市福州大学城新区学园路2号新楚楼

电话：15860838359

团队邮箱：zhangyi@fzu.edu.cn

团队人数：15

团队带头人：张逸

团队带头人简介：张逸，男，博士（后），福州大学副教授，硕士生导师，福州大学引进人才。四川大学博士、浙江大学博士后、丹麦技术大学访问学者、美国电气和电子工程师协会电力与能源协会会员（IEEE PES Member）、全国电压电流等级与频率标准化委员会通信委员、中国电源学会电能质量专业委员会委员、国网电能质量分析实验室学术委员会委员，曾在国网福建电科院工作近6年。

研究方向：主要从事智能配电网中的电能质量问题、主动配电网技术和大数据技术在智能配电网中的应用等研究

团队简介：

依托产学研协同创新模式，为能源电力、高端制造等行业用户提供决策支持技术服务、高品质供电和智能管控软硬件解决方案。

22. 福州大学功率变换与电磁技术研发团队

地址：福建省福州市闽侯县上街镇学园路2号福州大学电气工程与自动化学院

邮编：350116

电话：0591-22866583

团队人数：40余人

团队带头人：陈为

主要成员：毛行奎、董纪清、陈庆彬、林苏斌、汪晶慧、张丽萍、谢文燕

研究方向：开关电源高频电磁技术，超高频（百兆赫兹）薄膜电感，传导EMI预测诊断与抑制，无线电能传输技术，磁性元件高频损耗，磁性元件磁集成，平面磁性元件

团队简介：

福州大学功率变换与电磁技术研发团队将电磁技术与电力电子功率变换技术结合，在国家级、省部级项目的资助下，在国内率先开拓了电力电子高频磁技术的研究方向，十多年来持续开展了大量和系统的基础和应用研究以及与企业界的广泛技术合作，内容涉及与电力电子、电力系统、电器等领域相关的电磁技术的各个方面，获得国内外学术界和工业界广泛认可，建立了年富力强的研发团队和拥有先进仪器设备的实验室。现有高级职称教师5人，中级职称教师2人，实验员1人，在读博士生6人，硕士生30多人。

研究团队目前以开关电源高频电磁技术、超高频（百兆赫兹）薄膜电感、传导EMI预测诊断与抑制、无线电能传输技术、磁性元件高频损耗、磁性元件磁集成、平面磁性元件等为研究方向，涵盖了开关电源中电磁技术的各个方面，在研究广度和深度上都处于国内外领先水平。

23. 福州大学智能控制技术与嵌入式系统团队

地址：福建省福州市大学新区学园路2号福州大学电气学院

邮编：350116

传真：0591-22866581

团队人数：9

团队带头人：王武

主要成员：蔡逢煌、林琼斌、柴琴琴

研究方向：新能源的控制技术，嵌入式技术开发

团队简介：

团队专注于研究智能控制、嵌入式软硬件协同设计、信号处理技术、嵌入式计算机系统等。主要开展了先进控制理论与控制算法及其在工程中的应用研究，优化控制技术理论及其在复杂工业过程的应用技术研究，网络化系统控制技术及网络安全运行研究，人工智能在生物信息系统的应用研究，电力电子系统建模、算法分析以及数字化实现的应用研究。

团队负责人为王武博士、教授。形成了结构合理、多学科交叉的科研教学团队，其中高级职称2人，博士5人。团队成员依托福建省医疗器械与医药技术重点实验室和福州大学-厦门科华恒盛股份有限公司联合实验站，目前培养了研究生30余人。多年来完成了5项国家自然科学基金项目和数项省部级科学研究项目，在学术会议与期刊发表160多篇研究论文，获得福建省科学进步奖三等奖3项，并将学科研究成果引入教学领域和生产领域，促进产、学、研相辅相成，互相促进。团队目前承担福建省自然科学基金项目2项和企业合作项目4项。在嵌入式系统研究方面，与国际多家知名企业建立了联合实验室：福州大学-Freescale嵌入式系统设计及应用实验室、福州大学-英飞凌嵌入式技术共建实验室、福州大学-TI嵌入式技术共建实验室。

24. 复旦大学智慧能源控制与仿真实验室

地址：上海市杨浦区淞沪路2205号复旦大学江湾校区

邮编：200433

电话：18061865648

邮箱：yjsun@fudan.edu.cn

团队人数：3

团队带头人：孙耀杰

主要成员：王瑜、解凤贤

研究方向：智慧能源数字化与智能化

团队在研项目：国家重点研发项目、国家电网公司总部科技项目、上海市自然科学基金面上项目

团队科研成果：在中国第一个指出光伏电站PID问题并提供解决方案，江苏东台中节能电站；中国首次光伏行业逆变器比对，三峡远程云端检测实证；中国首次绿色能源整体电站发电效率和质量评价；中国首次风电光伏大数据监控和数字评价；中国第一个TUV认证和第一个UL软件可靠性认证；2011年亚洲效率最高的逆变器，MPPT效率双A；主编国家标准4项，IEC标准1项

团队所获荣誉：2022年上海市科技进步一等奖，2022年国网公司科技进步一等奖，2022年中国电力科学科技进步二等奖

团队简介：

智慧能源控制与仿真实验室是上海综合能源系统与人工智能工程技术研究中心的牵头单位，研究中心具备完整梯队的研究团队，固定人员队伍56人，学术带头人7人，包括院士1人，国家千人计划专家2人，国家杰青2人，启明星计划2人，上海青年千人计划专家1人。实验室负责人孙耀杰教授是复旦大学六次产业研究院副院长、国家"科技创新2030"智能电网重大项目组成员、科技部创新创业国家专家督导委员会新能源领域首席专家。实验室聚焦变革性智能技术在综合能源智慧化产业进行工程化应用，以上海为原点，带动长三角经济带在综合能源系统人工智能产业领域的发展。实验室长期从事智能电子系统设计和集成、无线感知、泛在接入及在物联网溯源、智能电网、智慧城市等领域应用。在能源领域，实验室主持开发了国家能源太阳能、风能发电系统实证技术重点实验室大数据平台的建设任务，完成了中国质量认证中心在全国布局的太阳能、风能基准实证平台的数据采集和大数据分析任务，是国家级的新能源大数据应用平台。实验室近年来主持和参与各类智能科学领域和综合能源领域的科研项目达数百项，从早期的国家973、863计划课题项目，到国家重点研发计划（典型气候条件下光伏系统实证研究和测试关键技术，2018YFB1500904；国家新区数字孪生系统与融合网络计算体系建设，2019YFB2103203）、国家自然科学基金重大项目、上海市科委重大（重点）科技攻关项目等多种类高水平科研项目和杰青、长江学者、万人计划等人才培养项目。实验室获省部级及以上科学技术奖和国家级科技奖超过20项，特别在智能化科学领域，研究团队和研究成果具

有国际领先地位，建有国家级大数据试验场，人工智能、区块链、能源互联网等多个涉及能源科学的智能化技术研究中心。在智慧能源领域的产学研转化方面，实验室联合地方政府建立了科研成果研发与产业化平台，包括复旦大学张江研究院能源互联网研究中心和复旦大学济南智慧能源研究中心等。

25. 广西大学电力电子系统的分析与控制研究团队

地址：广西壮族自治区南宁市大学路100号广西大学电气工程学院
邮编：530004
电话：13878809870
团队人数：6
团队带头人：陆益民
主要成员：陈延明、李国进、黄洪全、黄良玉、陈苏
研究方向：电力电子系统的非线性分析与控制，工业特种电源开发，电气精密测量技术

团队简介：

广西大学电气工程学院电力电子系统分析与控制研究团队共有6名教师，其中教授3人、副教授2人、讲师1人。研究团队一直致力于电力电子系统基础理论及其应用技术的研究。近年来围绕电力电子系统的拓扑结构、稳定性分析和控制方法、工业特种电源开发、电气精密测量技术等方面开展了大量的研究工作，并取得了一系列的研究成果。团队承担4项国家自然科学基金项目、1项国家科技型中小企业技术创新基金项目以及多项省部级科研项目和企业横向项目。研制了医用X射线机电源、通信电源、焊接电源、冲击接地电阻、电气设备介质损耗测量装置、无功补偿装置快速复合继电器等电力电子装置。在 *International Journal of Circuit Theory and Applications*、*International Journal of Bifurcation and Chaos*、《中国电机工程学报》《电工技术学报》《控制理论与应用》《机械工程学报》等学术刊物和IEEE等重要国际会议发表论文60多篇，获得国家专利授权多项。

26. 国网江苏省电力公司电力科学研究院电能质量监测与治理技术研究团队

地址：江苏省南京市江宁区帕威尔路1号
邮编：211103
电话：025-68686380
传真：025-68686000
团队人数：15
团队带头人：袁晓冬
主要成员：陈兵、史明明、罗珊珊、李强、柳丹、朱卫平
研究方向：电网海量电能质量数据分析与高级应用技术，面向优质电力园区的定制电力技术，新能源、储能及微电网技术研究及应用

团队简介：

国网江苏省电力公司电力科学研究院电能质量监测与治理技术研究团队建成了国内规模最大、功能最全的省级电能质量监测网，覆盖了1365个监测点，覆盖了大型污染源负荷、电气化铁路和新能源发电企业等非线性用户，具有谐波、间谐波、电压不平衡度、电压偏差、频率偏差及电压波动和闪变的实时在线监测分析功能，具备电能质量综合评估、指标异常预警等功能，为省公司运维检修部生产管理提供有力支撑。

实验室自主研发了电能质量在线监测终端和电压监测仪的一键式检测系统，可实现电能质量在线监测设备功能、精度和通信协议的完整检验，为省公司物质招标检测把好入网关。

实验室还承担了省内变电站的普测评价、新能源发电企业的技术监督和污染源用户电能质量问题治理分析工作，其中电能质量现场测试、动态无功补偿现场试验和低电压穿越检测项目已获得中国合格评定国家认可委员会（CNAS）的认证。

近年来，实验室积极开展电力电子技术在电网中的应用研究，承担了优质电力园区的设计开发、高压直流输电换流阀、统一潮流控制器MMC换流阀的研究工作。相关研究成果获得省部级科技进步奖7项、省公司科技进步奖11项，申请发明专利36项、软件著作权7项，发表学术论文58篇，制定国家、行业、国网标准22项。

27. 国网江苏省电力公司电力科学研究院主动配电网攻关团队

地址：江苏省南京市江宁区帕威尔路1号
邮编：211000
电话：025-68686850
传真：025-68686000
团队邮箱：1838658@qq.com
团队人数：14
团队带头人：袁晓冬
主要成员：陈兵、李强、朱卫平、史明明、柳丹、陈亮、孔祥平、李斌、杨雄、吕振华、贾萌萌、韩华春、吴楠
研究方向：品质电力、协调控制、友好互动、弹性控制、试验检测

团队简介：

主动配电网攻关团队主要研究方向为品质电力、协调控制、友好互动、弹性控制、试验检测。具备4个科研小组，基于国网及省公司科技项目，结合主动配电网实验室建设，旨在培养一支具有高技术水平和创新能力的联合攻关研究人才队伍。

28. 哈尔滨工业大学电力电子与电力传动课题组

地址：黑龙江省哈尔滨市南岗区一匡街哈工大科学园K824
邮编：150001
电话：0451-86413420
传真：0451-86413420
网址：http://peed.hit.edu.cn/
团队邮箱：WGL818@hit.edu.cn xiangjunzh@hit.edu.cn

团队人数：20

团队带头人：徐殿国

主要成员：高强、杨明、刘晓胜、王高林、王懿杰、于泳、张学广、张相军、贵献国、李彬彬、武键、管乐诗、姚友素、张国强、王勃、王盼宝、赵楠楠、杨华、吕辛

研究方向：信息网络家电及其智能控制技术，交流电机效率提升技术，系统可靠性分析与控制关键技术研究，变频调速系统的故障诊断与容错控制，照明电子技术，高功率密度特种电源技术，磁集成智能电机技术，级联多电平变换器拓扑与控制技术，大功率交流同步电机驱动与无传感器控制技术，交流感应电机无速度传感器矢量控制，电机多物理场综合设计与优化，永磁电机与驱动器协同设计技术，宽禁带电力电子器件应用技术，智能电网通信技术，电能质量控制技术与稳定性分析理论，智能油井与数字化油田技术，可再生能源发电变换器拓扑与控制技术，交流伺服技术

团队简介：

课题组面向国家重大需求和国际学术前沿，立足国际最新电力电子学科理论与技术成果，以国家发展战略重大需求为牵引，探索具有国际先进性与国家特色的当代电力电子与电力传动领域重大科学问题和重大工程技术问题。在学科的研究领域方面，课题组以先进电机驱动控制、电力电子化电力系统为主要研究方向，以提高现有能源的利用效率和开发利用新能源为目标，通过国家科技重大专项、国家重点研发计划、国家科技支撑计划、国家自然科学基金项目、台达电力电子科教发展计划重大项目和重点项目、黑龙江省科技计划项目等项目支撑，在新能源、装备制造、节能降耗、电动机能效提升、油田潜油电机驱动等领域，展开了广泛、深入的研究，并取得了突出的研究成果。课题组是电驱动与电推进技术教育部重点实验室、国际先进电驱动技术创新引智基地（111计划）、可持续能源变换与控制技术黑龙江省重点实验室、黑龙江省现代电力传动与电气节能工程技术研究中心的主要建设力量，为我国电力电子与电力传动学科发展贡献了力量。

29. 哈尔滨工业大学电能变换与控制研究所

地址：黑龙江省哈尔滨市南岗区西大直街92号哈工大403信箱

邮编：150006

电话：0451-86412811

传真：0451-86402211

网址：http://pe.hit.edu.cn

团队邮箱：lihy@hit.edu.cn

团队人数：17

团队带头人：李浩昱

主要成员：杨世彦、王卫、贾洪奇、邹继明、郑雪梅、杨威、刘晓芳、刘桂花、刘鸿鹏等

研究方向：电力电子系统数字控制技术，特种电源理论及应用，极端环境电力电子技术，新能源并网逆变及稳定性研究，交/直流微电网技术，电能存储系统高效变换

团队简介：

哈尔滨工业大学电能变换与控制研究所主要围绕可再生能源发电、分布式能源与微网系统以及特种电能变换等领域，在电路拓扑、控制方法、工程应用等方面开展科学研究。经过30多年在该方向上几代人的积淀，目前在人才培养、研究应用等方面均取得一定的成就，并保持平稳、持续的发展趋势。近年来积极与美、英、日等国外和国内高校开展学术交流，与相关研究机构及科研人员建立了良好的学术合作关系。此外，研究所与国内外诸如国际整流器、艾默生、台达电子、华为等相关企业，国家电网、航天科技、中航工业等所属研究院所均保持良好的科研合作关系，同时每年向其输送大量的本科、硕士、博士毕业生，实现了优势互补、可持续发展的产、学、研一体合作模式。

电能变换与控制研究所科研团队现有专职教师17人，包括教授7人、副教授7人、讲师3人，其中国家级教学名师1人、博士生导师5人。累计毕业博士、硕士研究生近300人，目前在读研究生50余人，本科生60余人。团队教师获国家级和省部级教学、科研成果奖10项，出版专著、教材10部，发表SCI/EI科研论文300余篇，拥有国家发明专利30余项。目前，在研国家自然科学基金7项、其他企业合作科研项目5项，年平均科研经费300余万元，为团队持续深入的科学研究提供充足的资金支持。

30. 哈尔滨工业大学动力储能电池管理创新团队

地址：黑龙江省哈尔滨市西大直街92号哈尔滨工业大学逸夫楼603—605

邮编：150001

电话：0451-86416031

传真：0451-86416031

网址：http://homepage.hit.edu.cn/pages/lvchao

团队邮箱：lu_chao@hit.edu.cn

团队人数：15

团队带头人：吕超

主要成员：张刚、宋彦孔、张滔、张禄禄、夏博妍、赵云伍、绳亿、马堡钊、魏刚、赵言本、吴奇、韩依彤、张爽、闫胜来

研究方向：基于电化学模型的锂离子电池电、热行为仿真，基于时频域联合分析的锂离子电池内部健康状态原位快速测量，基于电化学模型的锂离子电池高精度SoC/SoH估计，基于内部析锂抑制的电池低温健康预热，基于热耦合电化学模型的电池系统热仿真与热优化

团队简介：

团队致力于锂离子电池电化学建模、仿真、测试技术的研究。经过多年的积累，已经初步突破了电化学阻抗谱

在线快速测量、电化学时域仿真模型参数离线测试、在线跟踪等瓶颈问题,并逐步将电化学模型应用于电池管理,包括:基于阻抗谱在线快速测量的电池性能评估、基于电化学模型参数跟踪的电池全寿命SoC/SoH联合估计、基于热耦合电化学模型的锂离子电池系统热仿真与热优化。

31. 哈尔滨工业大学模块化多电平变换器及多端直流输电团队

地址:黑龙江省哈尔滨市南岗区西大直街92号哈尔滨工业大学电机楼10018
邮编:150001
电话:0451-86418442
传真:0451-86413420
网址:http://hitee.hit.edu.cn/
团队人数:12
团队带头人:徐殿国
主要成员:杨荣峰、张学广、武健、李彬彬、于燕南、刘瑜超、刘怀远、周少泽、石邵磊、张毅、王倩楠等
研究方向:模块化多电平拓扑、模拟、控制与应用,多端直流输电,电网稳定性
团队简介:
团队隶属于哈尔滨工业大学电气工程及自动化学院电力电子与电力传动专业,建立了一支以教授、博士研究生为主的高水平专业研究团队,获得政府与企业多项资助。与国内企业如哈尔滨同为电气股份有限公司开展了级联型中压无功补偿装置研究,与上海新时达开展了中压电机驱动的级联变频器研究,形成了产学研用四位一体战略联盟,解决了多项企业技术难题。

32. 哈尔滨工业大学先进电驱动技术创新团队

地址:黑龙江省哈尔滨市南岗区一匡街2号哈尔滨工业大学科学园2C栋
邮编:150080
电话:0451-86403086
传真:0451-86403086
网址:http://blog.hit.edu.cn/zhengping
团队邮箱:zhengping@hit.edu.cn
团队人数:5
团队带头人:郑萍
主要成员:刘勇、佟诚德、白金刚、隋义
研究方向:永磁电机系统,新能源汽车
团队简介:
团队依托于哈尔滨工业大学电磁与电子技术研究所。团队有教师5人,博士、硕士研究生20余人,教师中有教授2人,副教授1人,讲师2人,所有教师均具有博士学位。团队带头人郑萍教授获国家杰出青年基金、教育部长江学者特聘教授,并入选国家"万人计划"领军人才;团队青年教师佟诚德入选哈尔滨工业大学"青年拔尖人才"选聘计划,并破格晋升为副教授。

团队指导的博士、硕士研究生成绩突出,获国家、省、校级奖励及荣誉称号50多项,其中获全国优秀博士学位论文提名奖1人,教育部"博士研究生学术新人奖"1人,黑龙江省优秀硕士学位论文4人,黑龙江省优秀博士毕业生4人,黑龙江省优秀硕士毕业生7人,哈尔滨工业大学研究生"十佳英才"3人。毕业的研究生有国外博士后、国内985院校教师、企业和科研院所的部门主管及研发骨干。

33. 哈尔滨工业大学(威海)可再生能源及微电网创新团队

地址:山东省威海市文化西路2号
邮编:264209
电话:0631-5687208
传真:0631-5687208
网址:http://homepage.hit.edu.cn
团队邮箱:quyanbin@hit.edu.cn
团队人数:7
团队带头人:曲延滨
主要成员:孟凡刚、宋蕙慧、侯睿、李莉、吴世华、李军远
研究方向:风力发电、光伏发电控制技术,微电网控制技术,控制理论及应用,电力电子与电力传动
团队简介:
可再生能源及微电网创新团队由1名教授、2名副教授、4名讲师组成。
已承担了国家自然科学基金面上项目3项,国家自然科学基金国际合作交流项目1项,国家自然科学基金青年基金2项,山东省自然基金3项,山东省中青年科学家基金2项,山东省科技攻关项目2项。

34. 海军工程大学舰船综合电力技术国防科技重点实验室

地址:湖北省武汉市解放大道717号
邮编:430033
电话:027-65461920
传真:027-65461969
团队人数:固定研究人员142人、博士后13人、在读博士生95人、硕士生55人
团队带头人:马伟明
主要成员:肖飞、王东、付立军、鲁军勇、汪光森、孟进、刘德志
研究方向:实验室主要从事舰船综合电力、电磁发射和新能源接入三大技术领域的科学研究和人才培养任务,研究层次涵盖应用基础理论研究、关键技术攻关和重大装备研制
团队简介:
舰船综合电力技术国防科技重点实验室源于1986年由张盖凡教授牵头组建的多相电机课题组,1996年经海军批准成立电力电子技术研究所,2003年经国防科工委、总装备部批准建设舰船综合电力技术国防科技重点实验室,马

伟明院士任实验室主任。

30多年来，实验室始终瞄准世界科技发展前沿和国防装备发展需求，在舰船能源与动力、电磁发射武器与装备、新能源接入等领域开展了一系列应用基础理论研究、关键技术攻关和重大装备研制，取得了一批具有革命性意义的原创性成果，成为电气领域的创新研发中心，为国家科技进步、国防装备现代化建设和高层次人才培养做出了重大贡献。

35. 河北工业大学电池装备研究所

地址：天津市红桥区河北工业大学
邮编：300130
电话：15822197288
团队邮箱：gyuming@163.com
团队人数：35
团队带头人：关玉明
主要成员：肖艳军、商鹏、许波、刘伟
研究方向：机电一体化成套设备及关键技术
团队简介：

团队以关玉明教授为科研带头人，以肖艳军副教授、商鹏副教授、许波实验师、刘伟讲师为骨干的一个集产学研为一体的科研团队。团队多年来致力于机电一体化成套设备及其关键技术的研究，受多家公司委托，设计开发和改进了多个生产线及其相关设备。近两年来与团队合作过的公司包括：邢台海裕锂能公司、广州明佳包装机械有限公司、赤峰卉源建材有限公司、清河汽车研究院等；团队设计加工的设备包括：吸音板自动生产线设备、布料设备、3M无纺棉大卷自动包装线、3M滤芯自动包装线、轧机设备、锌空电池设备等。

目前重点研究新能源电池装备及相关电池制造工程化技术，投入主要精力在动力锂离子电池自动化生产线设计研发方面，在研设备包括：电池原材料干燥装置、极片干燥装置、浆料制备装置、电芯干燥装置、注液装置、加速浸润装置等，并且电芯干燥装置已经处于产品加工阶段。

36. 河北工业大学电器元件可靠性团队

地址：天津市红桥区丁字沽河北工业大学电气工程学院
邮编：300130
电话：022-60204360
传真：022-26549256
团队人数：8
团队带头人：李志刚
主要成员：李玲玲、姚芳、唐圣学、黄凯
研究方向：寿命预测，失效分析，新能源可靠性

37. 合肥工业大学张兴教授团队

地址：安徽省合肥市屯溪路193号合肥工业大学屯溪路校区逸夫楼
邮编：230009
电话：13605601932
团队邮箱：honglf@ustc.edu.cn
团队人数：111
团队带头人：张兴
主要成员：谢震、杨淑英、马铭遥、王付胜、王佳宁、刘芳、李飞、王涵宇
研究方向：新能源发电混合模式并网及稳定控制，中压模块化光储逆变器技术，超大功率风电变流器及其电压源控制技术，交直流混联及其能源路由器，新能源发电系统的故障诊断与智能运维，电动汽车电驱动技术，高频电力电子分布参数及其结构优化，光伏直接汇集与系统控制，中压阻抗适配器及其系统优化
团队简介：

自1998年以来，以张兴教授为核心的科研团队以太阳能、风力并网发电技术为主攻方向，依托电力电子与电力传动国家重点学科和教育部光伏工程研究中心，专心致力与我国逆变器龙头企业——阳光电源的产学研合作，在太阳能光伏并网、风电变流器、微网逆变器及储能控制以及电动汽车电驱动等技术研究方面取得了丰硕的科研成果，并且为包括阳光电源在内的新能源电源企业输送了一批包括博士、硕士在内的高素质人才，取得了良好的社会和经济效益。

目前团队有硕士和博士研究生共102人，研究生导师教师9人，其中，教授4人，副教授4人，讲师1人。团队具备先进的实验室条件，拥有光伏并网、风力发电变流器、微电网及储能实验室，并与阳光电源联合建立了多个产学研工程研究平台，为研究成果的产业化提供了必要的研究实验条件。

38. 湖南大学电动汽车先进驱动系统及控制团队

地址：湖南省长沙市岳麓区麓山南路湖南大学电气与信息工程学院
邮编：410082
网址：http://eeit.hnu.edu.cn/index.php/dee/dee-lecturer/835-150107221
团队人数：10
团队带头人：刘平
主要成员：姜燕、卢继武、李慧敏、樊鹏、陈叶宇、孙千志等
研究方向：电动汽车高性能变换器系统及电机驱动控制
团队简介：

团队研究方向为电动汽车高性能变换器系统及电机驱动控制。研究方向涉及电动汽车、电力电子、电机控制等。主要内容包括：电动汽车动力总成系统级匹配优化与建模仿真、电动汽车用高密度新型电力电子变换器及数字控制、电机状态估计与无传感器牵引控制、电动汽车驱动系统的主动热管理等。

团队负责人刘平博士，2005年本科、2008年硕士和

2013 年博士皆毕业于重庆大学电气工程学院国家重点实验室，2012 年为香港理工大学研究助理，2013—2014 年在加拿大 Mcmaster 大学 MacAuto 研究中心从事加拿大自然科学与工程研究基金项目"下一代卓越效率与性能的电气化车辆动力总成"的博士后研究。2014 年 11 月回国就职于湖南大学电气与信息工程学院。目前团队成员中有副教授 2 名，博士 2 名，助理教授 1 名，硕士生 3 名，兼职科研人员 2 名，以及本科生若干。

39. 湖南大学电能变换与控制创新团队

地址：湖南省长沙市岳麓区麓山南路湖南大学电气与信息工程学院
邮编：410082
电话：15116268089
传真：0731-88823700
网址：http://www.hnu.edu.cn
团队人数：150
团队带头人：罗安
研究方向：大功率特种电源系统，配电网电能质量控制，新能源发电建模与控制，企业综合电气节能，大功率电力电子器件

团队简介：
团队依托于湖南大学国家电能变换与工程技术研究中心，长期从事大功率特种电源、大功率电力电子器件、电能质量控制、新能源发电建模与控制等领域的科学研究与工程应用。20 多年来，团队突破了多项大功率电能变换与控制关键技术，研制出世界领先的宽厚板坯电磁搅拌系统、中间包电磁加热系统、国内首套高精度 50kA 大电流铜箔电解电源系统、兆瓦级海岛特种电源系统、高压混合有源滤波器等核心装备，为我国国民经济发展与国防安全做出了重要贡献。目前，团队拥有中国工程院院士 1 人、国家万人计划"中青年科技领军人才" 1 人、国家万人计划"青年拔尖人才" 1 人、国家自然科学基金优秀青年基金获得者 1 人、国家青年千人计划获得者 3 人等优秀人才。

40. 湖南科技大学特种电源与储能控制研究团队

地址：湖南省湘潭市雨湖区桃园路湖南科技大学信息与电气工程学院
邮编：411201
电话：15974131979
团队邮箱：xiaohuagen@163.com
团队人数：12
团队带头人：肖华根
主要成员：张小平、谢斌、黄媛
研究方向：特种工业电源，光储一体化逆变器，电能质量治理装置，交直流混合微电网，电源故障诊断技术

团队在研项目：高效铜箔电解电源研究，企业委托项目，2023.01—至今；高功率××××电源研究，企业委托项目，2022.01—至今；配电线路状态监测与故障诊断系统研制，企业委托项目，2021.01—至今；新能源发电综合课程设计实验平台研究，教育部产学合作协同育人项目，2022.06—至今。

团队科研成果：团队成员共发表 SCI/EI 论文 80 余篇，授权发明专利 50 余项，软件著作权 10 余件；自主研发了低电压、大电流、低纹波铜箔电解电源，两相正交逆变电源，电能质量综合治理装置，光储一体化单相光伏并网逆变器，配电线路在线监测与故障诊断系统等产品，其中，入选 2021 年度《湖南省优势技术与先进产品推介目录》1 项。

团队所获荣誉：获得国家科技进步一等奖提名 1 次、中国专利金奖 1 项、中国有色金属工业科学技术一等奖 3 项、中国机械工业科学技术一等奖 1 项、湖南省技术发明二等奖 1 项。

团队简介：
团队成立于 2015 年，共有核心成员 12 人，均拥有博士学位，其中，教授 2 名、副教授 5 名。团队以满足工业电源特殊性能指标、提高电源效率与可靠性、降低企业生产成本为目标，长期围绕金属冶炼、新能源发电和高端科研仪器设备等行业需求，开展特种电源拓扑结构、控制方法及故障诊断技术等方面的理论与技术创新工作。团队成员共承担国防科技创新特区项目、国家重点研发计划课题、中国博士后科学基金、湖南省自然科学基金及中船重工、铜陵有色、国家电网等企业委托项目 20 余项，研发的产品已应用于国家电网和铜陵有色金属集团等企业。

41. 华北电力大学电气与电子工程学院新能源电网研究所

地址：北京市昌平区北农路 2 号
邮编：102206
电话：010-61773741
传真：010-61773744
团队邮箱：xxn@ncepu.edu.cn
团队人数：10
团队带头人：肖湘宁
主要成员：赵成勇、徐永海、颜湘武、郭春林、陶顺、郭春义、杨琳、袁敞、许建中
研究方向：柔性直流输电，电力系统电能质量，多 FACTS 协调，电动汽车与电网融合

团队简介：
华北电力大学电气与电子工程学院下设 12 个研究所（取消教研室编制），新能源电网研究所于 2005 年成立，组成人员主要来自全国知名高校博士毕业生。现有教授 5 人，其中博导 4 人，副教授 3 人，讲师 2 人。目前全所科研项目主要承担科技部、国家自然科学基金和国网公司重大项目。现有在校博士生 15 人，在校硕士研究生 89 人。几年来科研任务经费位居全院前 3 名。团队成员定期成为"新能源电力系统国家重点实验室"专职研究人员，负责"高电压大容量电力变换"子实验室、"柔性直流输电"子实验室、"电力系统电能质量"子实验室和"电动汽车与新能源电网融合"子实验室建设和相应研究方向的科研任务。

42. 华北电力大学先进输电技术团队

地址：北京市昌平区北农路 2 号华北电力大学教五楼 D204
邮编：102206
电话：010-61773733
传真：010-61773844
团队人数：8
团队带头人：崔翔
主要成员：李琳、卢铁兵、张卫东、赵志斌、齐磊、焦重庆、卞星明
研究方向：先进输电技术，大功率电力电子器件，电力系统电磁兼容

团队简介：

研究团队隶属新能源电力系统国家重点实验室（华北电力大学），长期从事先进输电技术研究。主要研究领域包括电磁场理论及其应用、电磁环境与电磁兼容、特高压交直流输电技术与装备、高电压大容量电力电子装备、高电压大功率电力电子器件等。

43. 华北电力大学直流输电研究团队

地址：北京市昌平区北农路 2 号华北电力大学
邮编：102206
电话：010-61773744
网址：http://www.vsc-hvdc.com/
团队人数：4
团队带头人：赵成勇
主要成员：郭春义、许建中、张建坡
研究方向：传统直流，柔性直流，混合直流

团队简介：

全部科研项目围绕直流输电，已结题项目 30 余项，在研横向课题 15 项。

44. 华东师范大学微纳机电系统课题组

地址：上海市东川路 500 号华东师范大学信息楼
邮编：200241
电话：021-54345160
传真：021-54345119
团队人数：15
团队带头人：王连卫
主要成员：徐少辉、朱一平、熊大元
研究方向：锂离子电池，超级电容器，电化学传感器

团队简介：

团队目前主要从事微细加工用于新型高效微型储能装置，例如开展基于硅微通道板的三维锂离子电池研究，基于微通道板结构，发展出宏孔导电网络，开展纳米氧化物/纳米石墨烯/宏孔导电网络为电极的大体积比容量的超级电容器研究。

45. 华南理工大学电力电子系统分析与控制团队

地址：广东省广州市天河区五山路 381 号华南理工大学 30 号楼宏生科技楼
邮编：510641
电话：020-87112508
传真：020-87110613
网址：www.scut.edu.cn/ep
团队邮箱：epbzhang@scut.edu.cn
团队人数：60
团队带头人：张波
主要成员：丘东元、杜贵平、陈艳峰、王学梅、肖文勋、谢帆、张玉秋
研究方向：电力电子系统的非线性分析与控制，高效电能变换拓扑，无线电能传输技术，可靠性分析

团队简介：

团队经过十多年的共同努力和发展，已经成为国内外电力电子学科有较大影响力的团队，是全国电工学科唯一连续获得 2 项国家自然科学基金重点项目资助的团队（2009.1—2014.12，基金号：50937001；2015.1—2019.12，基金号：51437005），在电力电子系统的非线性分析与控制、高效电能变换拓扑、无线电能传输技术、可靠性分析等方面处于领先水平。

46. 华中科技大学半导体化电力系统研究中心

地址：湖北省武汉市珞喻路 1037 号华中科技大学电气学院
邮编：430074
电话：027-87558627
传真：027-87558627
网址：http://csps.seee.hust.edu.cn/
团队人数：50~60
团队带头人：袁小明
主要成员：胡家兵、占萌
研究方向：大规模风力发电复杂电力系统分析与控制，柔性直流输电技术等

团队简介：

华中科技大学电气与电子工程学院袁小明教授领导建立的实验室成立于 2011 年 9 月。实验室主要的研究方向是大规模风力发电复杂电力系统分析与控制，研究内容包括：风力发电接入电力系统的独特性、风电电力系统的复杂性、风力发电控制系统的稳定性以及大规模风电的可预测性。

因电力电子变流器在负荷端（储能装置）、发电端（可再生能源）及输电线路（高压直流输电）的大量应用，传统电力系统正经历大的历史变革，即需要考虑电力电子化或者说是半导体化电力系统的运行与控制。基于此，实验室从早期的可再生能源与电力系统研究中心（Center for Renewable Energy and Power System）更名为半导体化电力系统研究中心（Center for Semiconducting Power System）。

目前，实验室专任教师从早期的 2 名发展为 4 名：袁小明教授、胡家兵教授、占萌教授、张喜成工程师。研究生也从早期的 20 名发展到现今约 50 名。在袁小明教授的带领下，课题组先后主持 973 项目（大规模风力发电并网基础科学问题研究），承担国家电网项目（风机建模及大规

模风电对电力系统低频振荡影响的机理分析)、国家自然科学基金重大项目（随机-确定性耦合电力系统动态稳定控制的理论与方法）、科技支撑计划（风光储输示范工程关键技术研究）等。

21世纪是能源、信息、材料、生命科学的时代。课题组本着着眼能源、放眼世界、引领潮流的目标前进，欢迎各位有志青年加入，一起探索新变革。

47. 华中科技大学创新电机技术研究中心

地址：湖北省武汉市洪山区珞喻路1037号华中科技大学
邮编：430074
电话：027-87559483
传真：027-87544355
网址：http://caemd.seee.hust.edu.cn
团队邮箱：machine@hust.edu.cn
团队人数：86
团队带头人：曲荣海
主要成员：蒋栋、李健、李大伟、孔武斌、孙海顺、孙伟、高玉婷
研究方向：电机设计、分析、驱动及控制系统集成

团队简介：

创新电机技术研究中心（以下简称"中心"）依托华中科技大学电气与电子工程学院、强电磁工程与新技术国家重点实验室和新型电机技术国家地方共建联合工程研究中心，由国家"千人计划"专家曲荣海教授创立于2011年9月，以满足国家和地方电机企业技术需求为目标，以雄厚的科研实力和先进的研发理念为手段，围绕高端电机设计、分析、驱动及控制系统集成开展工作，从拓扑结构和理论方面开拓创新。

中心注重人才汇聚和培养，拥有一支充满活力、具有海内外科研背景的研究团队，包括国家"千人计划"特聘专家，青年"千人计划"专家，湖北省"百人计划"专家，以及博士后创新人才支持计划和青年人才托举工程项目获得者，同时拥有两位中国工程院院士和两位美国工程院院士作为顾问。此外，还有博士后3名，助理3名，博士研究生26名，硕士研究生34名。中心近年毕业研究生28人，其中硕士研究生21人，博士研究生7人，另出站博士后3人。中心培养的研究生中有2人获湖北省优秀硕士/博士学位论文奖，2人获批2017博士后创新人才支持计划，4人进入国内大学任教，4人赴美国、德国等知名高校继续深造。

中心重视先进成果转化，致力发展成为世界一流的电机及系统研究中心，推进我国电机技术进步和产品升级。研究对象包括但不限于各类新型电机及系统，如磁场调制电机、电动汽车和高铁永磁牵引电机、超导发电机、永磁风力发电机、高速同步电机、伺服电机、低速超大转矩电机、直线电机等。

48. 华中科技大学电气学院高电压工程系高电压与脉冲功率技术研究团队

地址：湖北省武汉市珞喻路1037号华中科技大学电气学院高压楼
邮编：430074
电话：027-87544242
传真：027-87559349
网址：http://www.husthv.com/
团队人数：30
团队带头人：林福昌
主要成员：戴玲、李化、李黎、张钦、刘毅、王燕、黄汉深
研究方向：脉冲功率器件及其可靠性评估，脉冲功率电源，电力系统过电压，绝缘在线监测，电力设备故障诊断，气体放电等

团队简介：

华中科技大学电气学院高电压工程系高电压与脉冲功率技术研究团队是一支具有高度团结拼搏精神、踏实肯干的研究团队。现有教师8人，其中教授1人、副教授3人、讲师1人、工程技术人员3人。现有博士研究生、硕士研究生30余人。研究团队承担国家自然科学基金项目、国家863计划、国防预研项目、教育部新世纪优秀人才支持计划，参与了多项国家大科学工程的工作，完成了大量横向开发课题。

课题组主要研究方向为脉冲功率技术、高电压与绝缘技术、高电压新技术。

在脉冲功率方向，研究内容包括脉冲功率电源集成技术，高储能密度脉冲电容器技术，高功率、大通流开关技术，高精度控制与测量技术等；在高电压与绝缘技术方面，研究内容包括：外绝缘积污特性，变压器状态评估与诊断方法，电缆绝缘状态评估与检测方法，新型直流滤波和交流高压干式电容器技术，电力系统过电压与绝缘配合等；在高电压新技术方面，积极拓展脉冲功率技术在石油勘探，高压大容量直流断路器，高集成度、高可靠性柔性直流换流阀，新型可控串联补偿快速开关方面的研究。

研究成果获教育部科学技术进步奖一等奖1项，发表SCI/EI收录论文100余篇，获得中国国家发明专利和软件著作权10余项。

49. 华中科技大学高性能电力电子变换与应用研究团队

地址：湖北省武汉市洪山区珞喻路1037号华中科技大学
邮编：430074
电话：027-87543071
团队邮箱：zyu1126@mail.hust.edu.cn
团队人数：10
团队带头人：康勇
主要成员：彭力、戴珂、张宇、裴雪军、邹旭东、林新春、陈宇、陈材、朱东海
研究方向：电力电子与电力传动

团队简介：

团队由陈坚教授于20世纪70年代创建，自70年代开始研制船用电力电子变流装置，现负责人为康勇教授，组

员 10 人。多年来，为提升独立供电系统效率、供电质量和提高系统功率密度，从 2000 年开始开展了独立供电系统电力电子化的关键技术研究与装备研制，突破了系统短路保护、电磁兼容、模块化和高性能数字控制等关键技术，研制的装备解决了国家重大需求，应用成效显著，成果获 2019 年国家科技进步二等奖。

从 2013 年开始，团队依托华中科技大学强电磁工程与新技术国家重点实验室及电力电子与能量管理教育部重点实验室，通过培养、引进人才与协同创新，建立了"先进半导体与封装集成实验室"，在校内建成约 310m² 的超净实验室，研究人员专业背景涵盖电力电子器件、封装、集成与应用，从事基于宽禁带半导体器件的封装集成技术研究，在封装集成结构、电磁热力综合分析优化方法、新型封装材料和工艺、应用及可靠性评估等方面取得突破。研究成果被国际宽禁带半导体路线图组织选为 IEEE Power Electronics Magazine 封面，所领导的实验室被中国航空、航天、船舶、铁路等行业研究机构和企业以及 BOSCH、蔚来汽车等跨国企业和创新企业选择作为合作伙伴。并于 2015 年参加"Google Little Box"全球竞赛，成功研制出性能指标超竞赛要求的全碳化硅封装集成一体化电源，是最终有实物及验证结果的 80 多个世界顶尖团队之一，亚洲唯一团队。

2018 年，康勇教授作为项目负责人主持了国家重点研发计划项目"可再生能源发电基地直流外送系统的稳定控制技术"。

2019 年，康勇教授以第一完成人荣获国家科技进步二等奖。

团队与 10 余家电源企业建立了合作关系，研制过多种电源产品，曾荣获多项国家及省部级奖励。

50. 华中科技大学特种电机研究团队
地址：湖北省武汉市洪山区珞喻路 1037 号华中科技大学
电话：18986166527
团队邮箱：cuixiupeng2521@163.com
团队人数：20
团队带头人：王双红
主要成员：孙剑波、吴荒原、崔秀朋、赵建培、王江辉、刘辉、毕少华
研究方向：高速开关磁阻电机系统，高速永磁同步电机系统
团队简介：
团队核心成员来自华中科技大学电气工程学院电机系实验室，深耕永磁同步电机、开关磁阻电机领域多年，有成熟的永磁同步/开关磁阻电机设计/驱动方案，圆满完成国家、军工等单位委托的重大项目，目前在高速永磁/开关磁阻电机领域有所突破，与军工单位联手将特种电机推向实用阶段。

51. 华中科技大学高压大功率特种电源团队
地址：湖北省武汉市洪山区珞喻路 1037 号
邮编：430074
电话：15102713960
团队邮箱：zhangli_frank@hust.edu.cn
团队人数：
团队带头人：林磊
主要成员：张力、时晓洁
研究方向：模块化多电平变换器，高压柔性直流输电技术，可再生能源功率变换技术，宽禁带半导体功率变换技术
团队在研项目：主持国家自然科学基金项目 3 项、国家 863 计划项目 4 项、国家科技创新战略研究专项 1 项、湖北省杰出青年基金 1 项以及其他项目 10 余项。
团队科研成果：入选国家级青年人才 3 人。在国内外高水平期刊发表论文 60 余篇，申请/授权发明专利 30 余项。获教育部科技进步一等奖 2 项、IEEE JESTPE 最佳论文一等奖 1 项。
团队简介：
依托华中科技大学强电磁国家重点实验室和电力电子与能量管理教育部重点实验室，华中科技大学高压大功率特种电源团队由林磊教授负责，长期专注于模块化多电平变换器、高压柔性直流输电技术、宽禁带半导体功率变换技术方面的研究。团队有国家级人才项目入选者 3 人，主持国家自然科学基金项目 3 项、国家 863 计划项目 4 项、国家科技创新战略研究专项项目 1 项、湖北省自然科学基金 2 项（含杰青项目 1 项）、横向开发项目多项，参与国家首批重点研发计划课题 2 项、863 计划项目等多项纵向和横向课题的研究工作，累计出站博士后 1 人，培养博士研究生 5 人，硕士研究生 30 人。

52. 吉林大学仪器电源研究团队
地址：吉林省长春市西民主大街 938 号
邮编：130021
电话：04318852382
邮箱：yushengbao@jlu.edu.cn
团队人数：10
团队带头人：于生宝
主要成员：周逢道、李刚、张洋、尚新磊、孙彩堂、王世隆、王远、邢雪峰、庞营、邱仕林
研究方向：电磁探测仪器电源，电力变换器故障诊断，储能系统监测技术
团队在研项目：

1) 国家自然科学基金重大仪器专项课题，海底耦合电磁探测技术，2022.01—2026.12。

2) 广东省自然资源厅专项项目，海洋可控震源系统关键技术与装备研发，2022.01—2023.12。

3) 国家重点研发项目子课题，基于双源聚焦的隧道地空电磁定深勘查技术及装备，2021.11—2024.10。

4) 吉林省科技发展计划项目，拖曳式地下水高分辨率时间域电磁探测仪器研制 2020.01—2022.12。

5) 南方海洋科学与工程广东省实验室（湛江）项目，海洋电磁式可控震源关键技术研究，2019.01—2021.12。

6）中铁二院工程集团有限责任公司横向项目，新建川藏铁路莫西隧道地空电磁勘探技术，2021.01—2021.12。

7）国家自然科学基金重大仪器专项课题，混场源多参数航空电磁勘探技术与装备开发，2023.10—2027.9。

8）国家重点研发计划项目课题，低温超导航空磁矢量梯度观测技术研究，2021.12—2025.11。

9）南方海洋科学与工程广东省实验室（湛江）项目，海洋震电联合勘探系统关键技术研究，2022.10—2023.6。

10）国家国防科工局稳定支持经费科研任务项目，基于地下人工空洞的航空电磁探测方法及实施方案研究，2020.6—2023.5。

11）国网吉林省电力科学研究院科研项目，电化学储能系统全寿命周期安全状态评估及应急事故处置技术研究，2022.6—2023.9。

12）中国电力工程顾问集团东北电力设计院有限公司科研项目，光火储氢智慧调度方案及储能典型应用关键技术研究技术，2022.11—2023.12。

13）国家重点研发计划项目课题，住区大区域隐蔽管线无损快检技术与设备研究，2022.10—2026.9。

14）博士后国际交流计划引进项目，用于电磁探测仪器发射装备的大功率发射装置及阻抗匹配装置研究，2022.12—2025.12。

15）博士后特别资助（站前），千万千瓦级风光电站的氢储网多能融合互补能源路由器系统研究，2023—2024。

团队科研成果：团队围绕仪器电源开发，研制了时频联合地空电磁探测系统，开发了车载地空电磁探测发射系统、海洋震电联合探测发射系统、海洋可控震源系统，并扩展到电源故障诊断方法、储能系统监测技术研究。

代表性论文：

1）Ying Pang, M C Wong. A Data-Driven Finite-State Machine-Based Control for Hybrid Parallel Multiconverters: Fusion Topology for High-Power Applications [J]. IEEE Transactions on Industrial Electronics, 2023, 70 (12): 11853-11864.

2）Ying Pang, M C Wong, Gang Li, Haigen Zhou, Jun Lin. Fusion Multi-Level Hybrid Multi-VSC Topology's m-to-1 Rating Design for Current Sharing with Reduced Capacity and Enhanced Efficiency [J]. IEEE Transactions on Industrial Electronics, 2023.

3）Liu Han, Hao Shangshuai, Han Tao, Li Gang, Pang Ying. Multi-fault Diagnosis Using the PSO-ET with a Smaller Number of Sensors for Electric Vehicles [J]. IEEE Transactions on Transportation Electrification, 2023.

4）Guo Qun, Li jing, Zhou Fengdao, Li Gang, Lin Jun. An open-set fault diagnosis framework for MMCs based on optimized temporal convolutional network [J]. Applied soft computing, 2023, 133 (1): 109959.

5）Guo Qun, Zhang Xinhao, Li Jing, Li Gang. Fault diagnosis of modular multilevel converter based on adaptive chirp mode decomposition and temporal convolutional network [J]. Engineering Applications of Artificial Intelligence, 2022, 107: 104544.

6）Jian Chen, Yang Zhang, Tingting Lin. High-Resolution Quasi-Three-Dimensional Transient Electromagnetic Imaging Method for Urban Underground Space Detection [J]. IEEE Transactions on Industrial Informatics, 2023, 19 (3): 3039-3046.

7）Jian Chen, Shuai Pi, Yang Zhang, Tingting Lin. Weak coupling technology with non-coplanar bucking coil in a small-loop transient electromagnetic system [J]. IEEE Transactions on Industrial Electronics, 2022, 69 (3): 3151-3160.

8）Jun Lin, Jian Chen, Yang Zhang. Rapid and High-Resolution Detection of Urban Underground Space Using Transient Electromagnetic Method [J]. IEEE Transactions on Industrial Informatics, 2022, 18 (4): 2622-2631.

9）X Zhang, X Pang, S Yu, Y Pang. A Broadband Multi-Frequency Resonance Compensator for Frequency-Domain Electromagnetic Prospecting Transmitting System [J]. IEEE Transactions on Power Electronics, 2024.

代表性专利：

1）于生宝，宋树超，许佳男．航空电磁发射机闭环快关断控制装置及方法，专利号：ZL201810120682.8。

2）于生宝，房钰，高丽辉．直升机式航空时间域SHEP-WM探测信号分段控制方法，专利号：ZL201811059550.5。

3）于生宝，高丽辉，陈楠，黄勇，韩月，陈仁辉．地空频率域电磁法可控频率源探测信号脉宽调制方法，专利号：ZL201810075764.5。

4）李刚，张昕昊，于生宝，郭群，庞笑雨，秘家一，李超臣．一种模块化多电平高压电磁发射电路，专利号：ZL202011222330.7。

5）张洋，孙德立，于振洋，林婷婷．城市地下空间快速高精度拖曳式阵列电磁探测装置及探测方法，专利号：ZL2018115167301。

6）张洋，皮帅，张博，陈健，林君．一种基于可控源补偿的瞬变电磁勘探系统及方法，专利号：ZL2019102568214。

7）张洋，严复雪，李苏杭，林君．一种高质量发射波形的拖曳式电磁探测装置及探测方法，专利号：ZL2019113673924。

团队所获荣誉：

1）2014年，地、空协同时频电磁探地系统关键技术及应用，国家科技发明二等奖。

2）2021年，艰险山区航空电磁勘察关键技术，西藏自治区科学技术一等奖。

3）2021年，艰险山区铁路隧道航空电磁勘察关键技术，中国地球物理学会科技进步二等奖。

4）2018年，地下工程重大水源性灾害隐患直接探测关键技术及应用，吉林省技术发明一等奖。

5）2023年，大功率海洋电磁发射系统，第二届全国博士后创新创业大赛银奖。

团队简介：

吉林大学仪器科学与电气工程学院地学仪器特种电源研究团队承担国家自然科学基金重大仪器专项、国家重点研发计划项目课题等国家、省部级项目多项，研究经费3000多万元。在仪器电源研究方向取得多项有创新的研究成果。曾获得国家科技发明奖2项、省部级奖励10余项，在国内外发表学术论文200多篇，授权国家发明专利40余项。

53. 江南大学新能源技术与智能装备研究所

地址：江苏省无锡市滨湖区江南大学物联网学院
邮编：214122
电话：15961809365
团队人数：22
团队带头人：颜文旭
主要成员：惠晶、方益民、吴雷、樊启高、许德智、卢闻洲、沈锦飞、肖有文等
研究方向：智能电网技术，电能质量控制，新能源技术（风，光伏，燃料电池），特种电机控制，电力电子技术
团队简介：
江南大学新能源技术与智能装备研究所在负责人颜文旭教授的带领下，负责科研项目约25项，包括多个国家自然科学基金项目、省部级资助项目等；团队培养毕业研究生约50名，目前在读硕士生20余名。

54. 江苏工程职业技术学院新能源及新能源汽车创新团队

地址：江苏省南通市崇川区青年中路87号
邮编：226007
电话：13275298528
团队邮箱：mjsdy@126.com
团队人数：20
团队带头人：马骏
主要成员：贲礼进、陆锦军、张新亮、张航、朱双春、李军、梁博、严小亮、史茜、曹莹、卢欣欣、詹大琳、浦振托、陈继永、崔美丽
研究方向：新能源装备，新能源汽车
团队简介：
整合高校、科研院所、企业的技术能力，将新能源及新能源汽车技术链中的新能源、新材料、器件、电池管理系统、智能控制系统、网络技术进行整合优化和系统化。

55. 江苏师范大学电驱动机器人

地址：江苏省徐州市铜山区上海路101号
电话：15190668262
团队邮箱：xznu_zmw@163.com
团队人数：6
团队带头人：赵明伟
主要成员：刘丽俊、李春杰、赵强、甘良志、刘海宽
研究方向：电力电子及电力驱动，电驱动机器人，电动汽车，电气传动中的控制策略与优化

56. 兰州理工大学电力变换与控制团队

地址：甘肃省兰州市兰工坪路287号
邮编：730050
电话：0931-2973506
传真：0931-2973506
团队邮箱：Wangxg8201@163.com
团队人数：6
团队带头人：王兴贵
主要成员：陈伟、杨维满、郭永吉、林洁、李晓英、郭群、王琢玲
研究方向：电力电子技术，运动控制系统，新能源发电控制技术
团队简介：
团队主要研究人员有8人，其中教授2人、副教授3人、讲师3人。团队带头人王兴贵教授具有丰富的工程实践经验，现为甘肃省"555"跨世纪学术技术带头人，甘肃省第一层次领军人才。团队近年来共完成和在研各类科研项目20多项。

团队主要研究应用于电力系统、电气传动、特种电源等领域的新型变流器拓扑结构、相关控制理论和技术。主要内容涉及高压大容量单元串联变流器、大容量单元并联变流器、并网逆变器、双向变流器、多功能变流器、无电网污染整流器及其控制技术。

近年来主要致力于：适用于微电网、新能源发电和分布式发电中的逆变器、储能双向变流器、风力发电变流器及其控制策略的研究；适用于矿井提升机和石油电驱动钻机的单元串、并联大功率变流器拓扑结构和控制技术，高能脉冲电源主电路拓扑和控制技术，通用变换器的关键技术研究。

57. 辽宁工程技术大学电力电子与电力传动磁集成技术研究团队

地址：辽宁省葫芦岛市龙湾南大街188号
邮编：125105
电话：0429-5310899
团队邮箱：447987957@qq.com
团队人数：8
团队带头人：杨玉岗
主要成员：付兴武、李洪珠、荣德生、刘春喜、郭瑞、闫孝姮、韩占岭
研究方向：电力电子技术及其磁集成技术，数据中心高性能电压调节电源，新能源发电系统和电动汽车用双向直流开关电源，开关磁阻型电磁调速系统，无人机中电磁干扰滤波器，铁路信号电源，本安防爆型交流电机软启动，逆变器输出端无源滤波器
团队简介：
辽宁工程技术大学电力电子磁集成技术研究团队成立于2003年，现有教师8人，其中教授4人，副教授3人，7人具有博士学位，团队带头人为辽宁省特聘教授，两位教授获批辽宁省百千万人才工程，在读博士和硕士研究生60

余人，主要从事电力电子变换器及其磁集成技术的研究工作，团队所在的电力电子与电力传动学科是辽宁省重点学科。团队承担国家自然科学基金、省部级项目和企业合作项目20余项，出版著作2部，发表论文200余篇，SCI和EI收录70余篇，授权和在审发明专利20余项，获得省级科技奖和教学成果奖10余项。指导博士和硕士研究生300余人，其中考取985高校博士6人，获得国家奖学金20余人，获得辽宁省优秀硕士学位论文3人，获得校级优秀硕士学位论文30余人，获得辽宁省优秀毕业生8人，获得校级优秀毕业生20余人。毕业研究生大多就业于北京、上海、广州、深圳、苏州、杭州、沈阳、大连、天津、太原等地的高等院校、科研院所、电网公司和电源类科技企业。近年来，团队成员多次与国内外著名高校进行合作交流，与国内多家电源和变压器企业进行合作，为企业提供技术支持、技术培训和技术服务，为企业输送优秀毕业生。

58. 闽南师范大学"木兰为舟"团队

地址：福建漳州市县前直街36号
邮编：363000
电话：13777863166
邮箱：2982001035@qq.com
团队人数：11
团队带头人：陈添丁
主要成员：林志伟、何鸿、陈澳、范忆梅、余鑫、王辉、林添成、陈锦旗、陈俊颖、徐娜娜
研究方向：多自然能融合驱动无人船，可自稳供电的清刷紧栓机器人，风光浪转化装置

团队在研项目：融合仿生型波浪滑翔机和风光浪储能的免动力自主无人船，无线可自稳供电的清刷攀爬机器人

团队所获荣誉：

1）第二届福建省青年科普创新实验暨作品大赛暨第八届全国青年科普创新实验暨作品大赛福建赛区一等奖。

2）融合海浪滑翔机与风光伏储能的免动力自主无人船，第七届"创客中国"福建省中小企业创新创业大赛暨第五届"创响福建"大赛漳州赛区决赛二等奖。

3）融合波浪滑翔机与风光浪储能的免动力自主无人船，第八届"创客中国"福建省中小企业创新创业大赛暨第六届"创响福建"大赛漳州赛区决赛二等奖。

4）融合波浪滑翔机与风光浪储能的免动力自主无人船，第八届"创客中国"福建省中小企业创新创业大赛暨第六届"创响福建"大赛福建省总决赛三等奖。

5）2023年首届企校协同创新大赛全国总决赛二等奖：融合仿生型波浪滑翔机和风光浪储能的免动力自主无人船。

6）2023年首届企校协同创新大赛机器人+领域专项赛一等奖：融合仿生型波浪滑翔机和风光浪储能的免动力自主无人船。

7）第十三届海峡两岸信息服务创新大赛暨福建省第十七届计算机软件设计大赛三等奖。

团队简介：

团队是一支专注于自然能储能驱动自主无人船设计和开发的团队，致力于解决海洋环境监测、海洋风电巡检、水下地形绘制、无人巡查等领域的问题。团队成员均具备电子信息、机械设计、机器人工程、人工智能和市场营销等相关专业的背景，拥有丰富的机器人开发实践和市场分析及管理能力，其中还包括多名在该专业研究领域深耕多年的国外高校老师为团队做技术顾问。

团队的核心价值观是创新、质量、可靠性和安全。团队不断探索、尝试新的自主控制方案和机器人应用场景，以确保无人船或海洋机器人系统具有卓越的性能和稳定性。团队注重产品品质和用户体验，每一台产品都要通过严格的测试和试航，以确保其符合高标准的质量和性能要求。团队更加注重安全性，不断完善船体结构和远程通信，确保无人船在各种极端气候和复杂环境下都能够保持安全和稳定。

59. 南昌大学吴建华教授团队

地址：江西省南昌市学府大道999号南昌大学信息工程院
邮编：330031
电话：0791-83968358
传真：0791-83969338
网址：http://www.ncu.edu.cn
团队人数：5
团队带头人：吴建华
主要成员：石晓瑛、肖露欣、刘国强、徐春华
研究方向：数字图像处理，图像加密，电力信号检测与识别，电力信号扰动检测与识别

60. 南昌大学信息工程学院能源互联网研究团队

地址：江西省南昌市学府大道999号南昌大学自动化系
邮编：330031
电话：13870809767
传真：0791-83969681
网址：http://ies.ncu.edu.cn/
团队人数：6
团队带头人：余运俊
主要成员：万晓凤、王淳、杨胡萍、聂晓华、夏永洪等
研究方向：光伏发电智能控制，能源路由器，低碳电力，电力电子装置及其数字控制，包括：电能质量控制设备、如APF、UPQC、SVC、dSTATCOM；新能源与分布式发电并网、组网及储能技术；PEBB（系统集成）技术应用及高可靠性、模块化技术；新型电机及控制系统

团队简介：

南昌大学能源互联网研究团队包括3名教授、3名副教授及博士研究生和硕士研究生40多名。目前团队在研科研项目约20项，包括多个重大项目、国家自然科学基金项目、国际科技合作项目等。团队已培养毕业研究生50多名。

61. 南京航空航天大学高频新能源团队

地址：江苏省南京市江宁区将军大道 29 号南京航空航天大学
邮编：211106
电话：18912946722
网址：http://www.nuaa.edu.cn/
团队邮箱：zlzhang@nuaa.edu.cn
团队人数：40
团队带头人：张之梁
研究方向：高频高功率密度宽禁带器件的电力电子变换技术
团队简介：
南京航空航天大学自动化学院模块电源组，由张之梁教授领军，主要研究高频电力电子、高频低功率芯片、电力电子在新能源变换中的应用技术，以及电动汽车电力总成。

62. 南京航空航天大学航空电力系统及电能变换团队

地址：江苏省南京市江宁区胜太西路 169 号
邮编：211106
团队人数：10
团队带头人：杨善水
主要成员：戴泽华、王丹阳、吴静波、刘力、唐彬鑫
研究方向：飞机供配电系统、电能管理等
团队简介：
团队属于南京航空航天大学自动化学院电气工程系，主要研究方向为航空供配电系统及飞机电能管理领域，导师理论水平扎实、工程经验丰富，团队成员对科研工作充满热情、勤奋好学、团队意识突出。团队与中国商飞、中航工业 115 所、609 所、105 所等合作紧密，完成了多个研究任务，在航空供配电研究方面经验丰富。

63. 南京航空航天大学航空电能变换与微型电网能量管理研究团队

地址：江苏省南京市江宁区胜太西路 169 号
邮编：211106
电话：13912988096
传真：025-84893500
团队人数：8
团队带头人：龚春英
主要成员：王慧贞、张方华、陈新、秦海鸿、陈杰、邓翔、王愈
研究方向：航空二次电源（TRU&ATRU、航空静止变流器、直流变换器），微型电网电能变换装置和能量管理，分布式发电系统建模及稳定性分析，宽禁带半导体器件的高频与高温应用，高功率密度电能变换，电力电子变换器的可靠性提升与寿命预测，电力电子变换器的电磁兼容性

团队简介：
南京航空航天大学电气工程系航空电能变换与微型电网能量管理研究团队，包括 4 名教授、2 名副教授、1 名高级工程师、1 名讲师，团队指导在读博士研究生 10 名、硕士研究生 50 名。团队包括航空电能变换技术实验室、微型电网能量管理实验室、航空起动发电技术实验室、高温电力电子变换技术实验室。在航空二次电源领域，主要研究高功率因数整流技术、高功率密度逆变技术、高功率密度直流变换技术、电力电子变换器的故障诊断和寿命预测、直流微电网的瞬态功率抑制、宽禁带半导体器件的高温和高频应用技术、航空起动发电技术等方向的研究；在微型电网能量管理领域，主要从事微型电网中新能源的电能预测与管理、微型电网的稳定性分析、大功率储能变流器、大功率并网逆变器、电动汽车充放电机、高可靠 LED 驱动器等方向的研究。

龚春英，教授/博导，承担国家 973 计划、国防型号、国家自然科学基金等项目，研究方向为航空二次电源。

王慧贞，研究员，承担国家 863 计划、国防型号等项目，研究方向为起动/发电、电机控制、电能变换。

张方华，教授/博导，承担国家 863 计划、国防型号、国家自然科学基金等项目，研究方向为航空二次电源和特种电源、微网电能变换器、LED 驱动器等。

陈新，教授，承担国家 863 计划、企业合作等项目，研究方向为微型电网系统稳定性分析和控制、能量管理。

秦海鸿，副教授，承担国家自然科学基金等项目，研究方向为新型宽禁带半导体器件的应用。

陈杰，副教授，承担国家自然科学基金等项目，研究方向为微网电能变换器和微型电网控制。

邓翔，高工，承担多项校企合作项目，研究方向为航空二次电源。

王愈，讲师/博士，研究方向为微型电网电能管理。

64. 南京航空航天大学模块电源实验组

地址：江苏省南京市江宁区将军大道 29 号南京航空航天大学
邮编：211100
电话：025-84896662
传真：025-84896662
网址：http://ruanxb.nuaa.edu.cn/
团队人数：7
团队带头人：阮新波
主要成员：陈乾宏、金科、张之梁、刘福鑫、方天治、任小永
研究方向：电力电子系统集成，包络线电源跟踪，超高频电力电子变换技术，无频闪无电解电容 LED 驱动电源，并网型逆变器，开关电源传导电磁干扰的建模与抑制

团队简介：
团队现有教师 7 名，其中教育部长江学者特聘教授 1 人，国家杰出青年基金获得者 1 人，江苏省"333 高层次人才培养工程"中青年科学技术带头人 1 人，江苏省"青蓝

工程"中青年学术带头人1人，教授4人，副教授3人。近年来，主持国家科技重大专项项目及课题、国家杰出青年基金、国家自然科学重点基金、863计划高技术课题、国家自然科学基金等科技项目10余项，并承担多项省部级科技项目。在阮新波教授的带领下，团队已建设成为研究特色鲜明、研究方向明确、研究成果突出、教学水平优良、科研条件良好、管理制度健全的优秀科研团体。

65. 南京航空航天大学先进控制实验室

地址：江苏省南京市江宁区将军大道29号
邮编：211106
电话：025-84892301
网址：http://cae.nuaa.edu.cn/showSz/470-1043
团队邮箱：melvinye@nuaa.edu.cn
团队人数：10
团队带头人：叶永强
主要成员：赵强松、任建俊、熊永康、竺明哲、曹永锋
研究方向：电力电子先进控制、逆变器抗扰控制、电机抗扰控制等
团队简介：

团队成员均为高学历的中青年科研人员，其中教授1名，副教授1名，博士生3名，硕士生5名。

66. 南京航空航天大学国家国防科工局"航空电源技术"国防科技创新团队、"新能源发电与电能变换"江苏省高校优秀科技创新团队

地址：江苏省南京市江宁区将军大道29号南京航空航天大学自动化学院（江宁区将军路校区）
邮编：211106
电话：13611590061
传真：02584892368
团队邮箱：zhoubo@nuaa.edu.cn
团队人数：26
团队带头人：周波
主要成员：龚春英、谢少军、邢岩、张卓然、王惠贞、黄文新、张方华、肖岚、刘闯、王莉、张之梁
研究方向：航空电源系统，电能变换技术，电机及其控制技术
团队简介：

团队现有人员27人，其中具有工学博士学位26人，教授（含研究员）12人，副教授14人，讲师1人。团队重点研究航空电源系统、电能变换技术、电机及其控制技术。近年来主持国家、省部级科研项目及横向科研课题数十项，获国家技术发明二等奖、日内瓦国际发明展金奖、国防技术发明一等奖各1项，省部级二等奖、三等奖多项；每年获授权发明专利20多件，每年100多篇论文被国际三大检索收录。团队成员共有16人进入国家、省部级人才计划，其中包括：国家自然科学基金优秀青年基金获得者2人，国家"万人计划"领军人才1人，教育部新世纪优秀人才支持计划1人，"511"国防科技人才计划1人，江苏省"333"工程培养对象第二层次1人、第三层次5人，江苏省"六大人才高峰"高层次人才3人，江苏省青蓝工程（学术带头人）3人；12人次获得国家、省部级荣誉称号，其中包括：全国模范教师、享受国务院政府特殊津贴专家、全国优秀科技工作者、国防科技工业百名优秀博士/硕士、江苏省优秀（先进）科技工作者、江苏省有突出贡献中青年专家、江苏省十大杰出专利发明人等。团队继2008年被评为国家国防科工局"航空电源技术"国防科技创新团队后，2011年又被评为江苏省高校优秀科技创新团队。

67. 南京理工大学先进电源与储能技术研究所

地址：江苏省南京市孝陵卫街200号南京理工大学自动化学院
邮编：210094
电话：13951658614
团队邮箱：yangfei@njust.edu.cn
团队人数：26
团队带头人：李磊
主要成员：姚凯、权浩、李文龙、王韬、嵇保健、柳伟、李强、江宁强、汪诚、孙乐、颜建虎、杨飞、姚佳、季振东、孙金磊、王谱宇、赵志宏、徐妲、蒋雪峰、顾玲、闻枫、刘晋宏、雷加智、耿伟伟、万援
研究方向：

1）特种电源研究与应用。电外科射频能量发生器电源、电火花加工脉冲电源、军用模块电源、便携设备无线充电器等。研究成果应用于精密医疗器械、先进加工制造、军用便携设备、消费电子等领域。

2）现代电力系统及其电力电子化装置研究与应用。太阳能光伏并网逆变器、模块化多电平变换器、电能质量治理装置、直流潮流控制器、电力电子变压器等。研究成果应用于新能源发电、现代电力系统、轨道交通等领域。

3）车辆电驱系统研究与应用。电机容错驱动技术、故障诊断技术、磁通切换电机、混合励磁电机设计及控制研究等。研究成果应用于新能源汽车、轨道交通等领域。

团队简介：

团队紧跟国际高水平研究方向与成果，面向国民经济发展建设需要，逐步形成自己的研究特色和优势。近年来，团队先后承担并完成多项国家自然科学基金和江苏省自然科学基金项目，获得多项省部级科技进步奖，取得了一批具有自主知识产权的科研成果，产业化成果尤其显著，取得了良好的经济与社会效益。团队主要研究领域涵盖电力电子变换器、功率因数校正和参数在线监测、高频环节多电平交流直接变换和逆变技术、电火花脉冲特种电源设计、医用高频电刀脉冲电源设计、电磁干扰预测诊断、电力系统中大功率电力电子装置设计、电力系统多区间预测、新型永磁电机本体设计与控制、容错电机设计与控制、高温超导应用与装置设计等领域。

近五年来完成和参与了20余项纵向科研项目和数十项

横向科研项目，科学研究水平不断提高。在 IEEE Transactions on Industrial Electronics、IEEE Transactions on Power Electronics、Renewable Energy、IEEE Transactions on Power System、IEEE APEC、ECCE、IECON、《中国电机工程学报》《电工技术学报》等国内外重要期刊、会议上发表高质量的学术论文 100 余篇。出版了《多电平交-交直接变换技术及其应用》学术专著。已申请中国发明专利和实用新型专利数十项。团队成员获得江苏省科技进步一等奖、国防科技进步二等奖等多项奖励。多名教师担任国家自然科学基金、江苏省自然科学基金等项目的评审专家和 IEEE Transactions on Industrial Electronics、IEEE Transactions on Power Electronics、IEEE ECCE、IEEE IECON、《中国电机工程学报》《电工技术学报》等国内外专业期刊和会议的审稿专家。

团队与国内外相关高校、学术组织建立了广泛的联系，与南瑞集团、国网电科院、国电南瑞科技、南车集团、南京地铁、熊猫电子、华为、中兴、台达、艾默生、通用电气、德国柏林工业大学、德国轨道技术研究院等知名公司保持着良好的交流与合作关系。

68. 清华大学电力电子与电气化交通研究团队

地址：北京市海淀区清华园西主楼 2-304
邮编：100084
电话：010-62772450
传真：010-62772450
团队人数：30
团队带头人：李永东
主要成员：肖曦、郑泽东、孙凯、姜新建、王善铭、陆海峰、许烈、王奎、孙宇光
研究方向：大容量电力电子变换器及其在调速节能领域的应用，交流电机的全数字化控制及其在数控机床/机器人、高铁电力牵引和舰船电力推进中的应用，新能源发电及储能

团队简介：

目标：发挥团队在现代电力电子技术方向的传统优势，力争把已掌握的核心技术及最新的科技成果在现代电气化交通系统，如高铁、电动汽车、船舰、大飞机及数控机床/机器人等高端应用中得到推广。

研究领域：电力电子与电机控制，电气化交通，特种电源系统。电力电子与电机控制是团队成员的学科方向，包括电力电子变换器、电机控制与电力传动系统、电机设计及故障诊断等，需要进一步深入研究，并作为研究团队的学科和学术支撑；电气化交通（包括轨道交通、电动汽车、船舰和大飞机等）的多电和全电化驱动，包括相应的局域电力系统，是高性能电机控制系统和电力电子技术的最高端应用，是未来能源消费领域的重要革命；特种电源系统包括军用甚低频通信电源、大飞机电源系统、特种电机驱动系统等。其中军用通信电源采用电力电子高频变换器代替传统的模拟电路，实现通信电源的高效、高动态响应和高精度控制，频率的改变比较灵活，是对潜通信的重大革命性变化。大飞机电源系统包括起动发电一体化、环控、电除冰和电作动等，是影响我国 C919、C929 供电核心技术国产化的关键。

69. 清华大学电力电子与多能源系统研究中心（PEACES）

地址：北京市海淀区清华大学自动化系中央主楼 702
邮编：100084
电话：010-62770559
传真：010-62786911
团队邮箱：genghua@tsinghua.edu.cn
团队人数：15
团队带头人：耿华
主要成员：杨耕、赵晟凯
研究方向：大功率电能质量治理技术及装置，新能源并网技术，储能技术及应用

团队简介：

清华大学电力电子与多能源系统研究中心（前身为新能源与节能控制研究中心）创建于 2006 年，挂靠清华大学自动化系（一级学科为控制科学与工程，历次全国学科评估中均名列全国第一）。为更好面向国家重大需求，瞄准学科发展前沿，同时有效继承课题组的传统，课题组于 2018 年正式更名为电力电子与多能源系统研究中心，英文全称为 Research Center of Power Electronics And inter-Connected multi-Energy System（PEACES）。中心现有教师 3 人（教授/特别研究员/助理研究员各 1 人），中心主任为耿华博士。中心早期主要开展电力驱动技术研究，后逐步拓展到电能质量和多能源系统等领域。长期以来，中心系统性地将非线性控制、智能优化方法等先进控制理论应用到电力电子和多能源系统的稳定和优化运行中，取得一系列成果，并得到国内外同行的长期广泛关注。在国内较早开展了电能质量治理技术、大规模新能源并网技术等研究，与企业长期合作，成功开发相关产品并量产应用。先后主持国家重点研发项目、国家高技术发展计划（863 计划）课题、国家自然科学基金重点、优青、面上等项目，其他省部级和企业合作课题多项。

70. 清华大学汽车工程系电化学动力源课题组

地址：北京市海淀区清华大学李兆基科技大楼
邮编：100084
电话：010-62787815
网址：http://thueps.org/
团队邮箱：leizhao@mail.tsinghua.edu.cn
团队人数：14
团队带头人：张剑波
主要成员：李哲、葛昊、孙瑛、汪尚尚、黄福森、吴正国、司德春、滕冠兴、刘中孝、方儒卿

研究方向：

1) 大型锂离子电池的热设计：锂离子电池的热参数测量，锂离子电池的产热率测量，锂离子电池的热电耦合模拟及验证，锂离子电池的热设计优化。

2) 锂离子电池的老化和耐久性研究：多应力耦合研究，老化机理研究。

3）电池管理系统：荷电状态（State of Charge，SoC）估计，健康状态（State of Health，SoH）估计，析锂机理研究，锂离子电池低温充电。

4）大电流和低箔载量下的膜电极设计：膜电极的构效关系，梯度化膜电极设计，有序化膜电极设计。

5）燃料电池零下启动研究：零下启动机理研究。

团队简介：

电化学动力源研究室采用实验、模型、模拟相结合的方法，研究车用锂离子电池和质子交换膜燃料电池的性能、老化机理、寿命预测、设计等问题，重点关注电化学能量储存与转换装置大型化后出现的分布不均匀现象。

71. 清华大学先进电能变换与电气化交通系统团队

地址：北京市海淀区清华大学西主楼
电话：010-62772450
传真：010-62785481
团队邮箱：liyd@ mail. tsinghua. edu. cn
团队人数：9
团队带头人：李永东
主要成员：肖曦、王善铭、孙凯、郑泽东、孙宇光、陆海峰、许烈、王奎

研究方向：

1）大容量电力电子及其应用：大容量多电平变换器与中/高压变频调速系统，电力电子变压器与新一代高铁电力牵引，高压大功率高频磁性元件。

2）多电飞机技术及其应用。

3）高性能电机控制系统。

4）电机振动分析与减振，故障诊断与保护。

5）新能源、微网和储能：光伏发电直流升压电力电子变换技术，微网系统交直流供电拓扑稳定性对比研究，海水抽水蓄能可变速机组控制策略研究。

团队在研项目：

1）课题项目名称：高压动态电压恢复器储能充放电管理系统，项目单位：新能动力（北京）电气科技有限公司，负责人：李永东，起止日期：20211022—20221001。

2）课题项目名称：微电网供电系统的储能优化与控制稳定性研究，项目单位：台达电子企业管理（上海）有限公司，负责人：李永东，起止日期：20190901—20220630。

3）课题项目名称：电力电子技术与新器件在通信领域的应用研究，项目单位：北京圣非凡电子系统技术开发有限公司，负责人：李永东，起止日期：20151030—20171231。

4）课题项目名称：高压大容量背靠背三电平 NPC 变频器系统设计与控制，项目单位：天水电气传动研究所有限责任公司（大型电气传动系统与装备技术国家重点实验室），负责人：李永东，起止日期：20180601—20190630。

5）课题项目名称：模拟推进系统、推进器设计、模拟燃气轮机发电机组及特性屏设计，项目单位：武汉长海高新技术有限公司，负责人：郑泽东，起止日期：20210301—20211220。

6）课题项目名称：技术研究，课题项目类别：专项-481，负责人：王奎，起止日期：20201130—20210630。

7）课题项目名称：Boost 升压电感优化设计，项目单位：青岛云路先进材料技术股份有限公司，负责人：郑泽东，起止日期：20210531—20220530。

8）课题项目名称：变压器谐波条件下损耗分析，项目单位：青岛云路先进材料技术股份有限公司，负责人：郑泽东，起止日期：20210531—20220530。

9）课题项目名称：面向交流传动的模块化多电平变换器优化运行关键技术研究，课题项目类别：（纵向）国家自然科学基金面上项目，负责人：王奎，起止日期：20180101—20211231。

10）课题项目名称：大功率风电变流器的共模电压抑制方法研究，课题项目类别：（纵向）北京市自然科学基金，负责人：王奎，起止日期：20210101—20231231。

11）课题项目名称：面向未来超级充电桩的 SiC 功率模块封装技术研究，项目单位：安世半导体科技（上海）有限公司，负责人：王奎，起止日期：20220430—20240630。

12）课题项目名称：清华大学新技术概念汽车研究院，项目单位：北京通盈时代科技有限公司，负责人：李骏，起止日期：20181122—20231122。

13）课题项目名称：高性能碳化硅驱动技术及其变流装置研究与应用，项目单位：北京智芯微电子科技有限公司，负责人：姜新建，起止日期：20211101—20230630。

14）课题项目名称：清华大学-浙江温岭电机与驱动系统联合研究中心，课题项目类别：（横向）国内-联合机构合作协议，项目单位：温岭市人民政府，负责人：王善铭，起止日期：20200526—20250430。

15）课题项目名称：基于多目标非线性预测理论的控制技术项目，项目单位：潍柴动力股份有限公司，负责人：陆海峰，起止日期：20210726—20220930。

16）课题项目名称：锂电池储能一体化 UPS 项目，项目单位：四川华泰电气股份有限公司，负责人：郑泽东，起止日期：20200525—20230525。

17）课题项目名称：清华大学（电机系）-中车株洲电力机车研究所有限公司绿色交通与能源技术联合研究中心，项目单位：中车株洲电力机车研究所有限公司，负责人：郑泽东，起止日期：20211213—20241206。

18）课题项目名称：清华大学-盐城智能控制装备联合研究院，项目单位：盐城高新区投资集团有限公司，负责人：朱纪洪，起止日期：20190710—20240710。

19）课题项目名称：基于多端口的家庭智慧能源管理系统及其关键电力电子技术研究，项目单位：广东美的制冷设备有限公司，负责人：孙凯，起止日期：20220325—20231231。

20）课题项目名称：电机定子模态性能与整机振动噪声测试技术服务合同，项目单位：武汉长海高新技术有限公司，负责人：郑泽东，起止日期：20210323—20210531。

21）课题项目名称：国产高压碳化硅功率器件在交直流配网电力电子关键装备中的应用基础研究，项目单位：国网陕西省电力公司电力科学研究院，负责人：郑泽东，起止日期：20211208—20241231。

22）课题项目名称：高压电力电子变压器多耦合下功

率传输机理及综合优化模型研究，课题项目类别：（纵向）国家自然科学基金面上项目，负责人：郑泽东，起止日期：20180101—20211231。

23）课题项目名称：大容量高性能多相永磁直驱电力推进系统关键科学问题研究，课题项目类别：（纵向）国家自然科学基金联合资助基金，负责人：郑泽东，起止日期：20220101—20251231。

24）课题项目名称：2021年新型V2G充放电模块损耗及拓扑结构研究项目，项目单位：国网电动汽车服务有限公司，负责人：郑泽东，起止日期：20210902—20211231。

25）课题项目名称：电源研究，课题项目类别：（纵向）专项-402，负责人：郑泽东，起止日期：20200101—20221231。

26）课题项目名称：（丰田联合研究基金）直接承压型深海供电直流变压器研究，项目单位：丰田投资有限公司，负责人：郑泽东，起止日期：20210311—20221231。

27）课题项目名称：轮毂电机高品质智能协同优化控制系统设计与研制，课题项目类别：（纵向）重点研发计划（国内）-课题牵头（项目校外牵头），负责人：郑泽东，起止日期：20211230—20241130。

28）课题项目名称：大功率、高效率、高可靠碳化硅双向车载充电机开发，项目单位：广东省科学技术厅，负责人：郑泽东，起止日期：20210304—20240731。

29）课题项目名称：高精度漏电流传感器研发与测试，项目单位：北京中瑞和电气有限公司，负责人：张品佳，起止日期：20200815—20230715。

30）课题项目名称：清华大学（电机系）-青岛云路先进材料技术股份有限公司先进磁性材料与高效能量变换联合研究中心，项目单位：青岛云路先进材料技术股份有限公司，负责人：姜齐荣，起止日期：20220722—20250721。

31）课题项目名称：清华大学-闻泰科技股份有限公司工业与车规半导体芯片联合研究中心，项目单位：闻泰科技股份有限公司，负责人：何虎，起止日期：20211230—20261229。

32）课题项目名称：清华大学-闻泰科技股份有限公司工业与车规半导体芯片联合研究中心，项目单位：闻泰科技股份有限公司，负责人：何虎，起止日期：20211230—20261229。

33）课题项目名称：清华大学-帝国理工学院自主科研国际合作专项，课题项目类别：（自主科研）国际合作专项-合作平台，负责人：康重庆，起止日期：20190331—20220331。

34）课题项目名称：面向复合场景应用的分布式储能系统关键技术研究，项目单位：国网（北京）节能设计研究院有限公司，负责人：许烈，起止日期：20190401—20201231。

35）课题项目名称：永磁电机的高效变换及控制技术，课题项目类别：专项-481，负责人：许烈，起止日期：20200609—20201030。

36）课题项目名称：起动发电系统半物理仿真试验验证，项目单位：中国商用飞机有限责任公司北京民用飞机技术研究中心，负责人：许烈，起止日期：20170915—20180914。

37）课题项目名称：大型民机大功率起动发电系统模拟器，项目单位：中国商用飞机有限责任公司，负责人：许烈，起止日期：20180101—20181231。

38）课题项目名称：通用电机驱动器的研制，项目单位：天津航空机电有限公司，负责人：许烈，起止日期：20220819—20240126。

39）课题项目名称：大功率多电平船舶推进系统与磁悬浮轴承开发，项目单位：清正源华（北京）科技有限公司，负责人：王奎，起止日期：20211018—20261231。

40）课题项目名称：背靠背双PWM变换器的共模电压抑制方法研究，课题项目类别：（纵向）国家自然科学基金面上项目，负责人：王奎，起止日期：20220101—20251231。

41）课题项目名称：双高电力系统稳定性控制理论和方法研究，项目单位：国网辽宁省电力有限公司电力科学研究院，负责人：刘锋，起止日期：20211222—20241231。

42）课题项目名称：电能路由器用高频变压器与验证，项目单位：特变电工西安电气科技有限公司，负责人：孙凯，起止日期：20200501—20201231。

43）课题项目名称：高性能20kW充电模块优化设计与开发，项目单位：石家庄通合电子科技股份有限公司，负责人：孙凯，起止日期：20220318—20230131。

44）课题项目名称：半导体制造装备领域核心电源关键技术研究与应用，课题项目类别：（横向）国内-地方政府科技计划/基金项目，项目单位：长沙市科学技术局，负责人：孙凯，起止日期：20211129—20240630。

45）课题项目名称：大容量可逆固体氧化物燃料电池系统中的电力电子变换理论与技术研究，课题项目类别：（纵向）国家自然科学基金面上项目，负责人：孙凯，起止日期：20190101—20221231。

46）课题项目名称：基于多端口的家庭智慧能源管理系统及其关键电力电子技术研究，项目单位：广东美的制冷设备有限公司，负责人：孙凯，起止日期：20220325—20231231。

47）课题项目名称：面向整县屋顶光伏接入的供用电系统源荷协同运行与智能运维关键技术研究与示范，项目单位：国网甘肃省电力公司平凉供电公司，负责人：肖曦，起止日期：20220511—20231231。

48）课题项目名称：（跨学科专项）面向"光储充氢"的直流微网系统关键技术研究，项目单位：丰田汽车有限公司，负责人：欧阳明高，起止日期：20200401—20220331。

49）课题项目名称：城市智能配电网中变换装备的交互运行与弹性调控基础研究，课题项目类别：（纵向）国家自然科学基金重点国际（地区）合作研究项目，负责人：张宁，起止日期：20200101—20221231。

50）课题项目名称：氢岛——海上能源互联制氢系统集成关键技术研究及示范，课题项目类别：（横向）国内-地方政府科技计划/基金项目，项目单位：中国海洋工程研究院（青岛），负责人：肖曦，起止日期：20220512—

20231231。

51）课题项目名称：双绕组电机关键控制算法研究，项目单位：西安清泰科新能源技术有限责任公司，负责人：陆海峰，起止日期：20210901—20220630。

52）课题项目名称：基于多目标非线性预测理论的控制技术项目，项目单位：潍柴动力股份有限公司，负责人：陆海峰，起止日期：20210726—20220930。

53）课题项目名称：一种在谐波平面在线辨识双三项电机参数的方法及装置，项目单位：北京清泰科新能源技术有限责任公司，负责人：陆海峰，起止日期：20190425—20290424。

54）课题项目名称：清华大学潍柴动力智能制造联合研究院，项目单位：潍柴动力股份有限公司，负责人：方红卫，起止日期：20181220—20231220。

55）课题项目名称：石油钻机直流微网混动系统关键子系统研制，项目单位：华兴智控（北京）能源有限公司，负责人：王善铭，起止日期：20220110—20221231。

56）课题项目名称：特殊电机设备模型，课题项目类别：专项-481，负责人：王善铭，起止日期：20140801—20141231。

57）课题项目名称：电机研制，课题项目类别：专项-481，负责人：王善铭，起止日期：20220415—2023041。

58）课题项目名称：先进电机，课题项目类别：专项-481，负责人：王善铭，起止日期：20150817—20160817。

59）课题项目名称：永磁电机驱控系统联合设计，项目单位：卧龙电气驱动集团股份有限公司，负责人：王善铭，起止日期：20220530—20250424。

60）课题项目名称：20kW/20MJ飞轮储能UPS电源系统，项目单位：江西清华泰豪三波电机有限公司，负责人：王善铭，起止日期：20180311—20181230。

61）课题项目名称：及仿真分析，课题项目类别：专项-481，负责人：王善铭，起止日期：20210320—20220319。

62）课题项目名称：宁海电站发电电动机内部短路分析计算及其主保护配置方案研究，项目单位：东芝水电设备（杭州）有限公司，负责人：孙宇光，起止日期：20210707—20211231。

63）课题项目名称：电机系统绝缘检测，课题项目类别：（纵向）重点研发计划（先进技术）-基础加强项目（子课题），负责人：孙宇光，起止日期：20191210—20221230。

64）课题项目名称：通用电机起动控制器冗余控制技术研究中电动泵电机伺服控制器冗余控制技术研究，项目单位：陕西航空电气有限责任公司，负责人：肖曦，起止日期：20180901—20210401。

65）课题项目名称：高速电机驱动控制方法研究，项目单位：势加透博洁净动力如皋有限公司，负责人：肖曦，起止日期：20210926—20230831。

66）课题项目名称：高速永磁同步电机无速度传感器控制，课题项目类别：国际-清华大学国际科技合作项目，项目单位：ERGA LLC，负责人：肖曦，起止日期：20210101—20220130。

67）课题项目名称：三相真空电机驱动断路器用大功率永磁电机和驱动控制系统设计及优化，项目单位：平高集团有限公司，负责人：肖曦，起止日期：20181201—20191231。

68）课题项目名称：海浪发电捕能效率提升关键技术研究，课题项目类别：（纵向）国家自然科学基金联合资助基金，负责人：肖曦，起止日期：20190101—20221231。

69）课题项目名称：梯次利用动力电池储能系统技术研究，课题项目类别：（横向）国内-企事业单位委托项目，项目单位：广西睿奕新能源股份有限公司，负责人：肖曦，起止日期：20220407—20241231。

70）课题项目名称：机载先进电力系统仿真研究，项目单位：陕西航空电气有限责任公司，负责人：肖曦，起止日期：20190312—20220401。

71）课题项目名称：基于云计算的拆解物料信息管控和资源调度系统，课题项目类别：（纵向）重点研发计划（国内）-课题牵头（项目校外牵头），负责人：肖曦，起止日期：20201101—20231001。

72）课题项目名称：面向整县屋顶光伏接入的供用电系统源荷 协同运行与智能运维关键技术研究与示范，项目单位：国网甘肃省电力公司平凉供电公司，负责人：肖曦，起止日期：20220511—20231231。

73）课题项目名称：伺服系统参数辨识及高动态响应控制技术研究，项目单位：北京精密机电控制设备研究所，负责人：肖曦，起止日期：20210926—20221231。

74）课题项目名称：梯次利用动力电池系统的电、热和安全管控技术，课题项目类别：（横向）国内-地方政府科技计划/基金项目，项目单位：华电内蒙古能源有限公司，负责人：肖曦，起止日期：20210820—20230228。

75）课题项目名称：电力电子驱动型高压开关的智能控制技术研究，项目单位：国网江西省电力有限公司吉安供电分公司，负责人：肖曦，起止日期：20211216—20231231。

76）课题项目名称：高性能机器人专用伺服系统关键技术研发与产业化，项目单位：广东美的制冷设备有限公司，负责人：肖曦，起止日期：20190101—20211231。

77）课题项目名称：面向空间柔顺操作的伺服控制系统关键技术研究，课题项目类别：（纵向）国家自然科学基金面上项目，负责人：肖曦，起止日期：20210101—20231231。

78）课题项目名称：新能源多能互补冷热电联供系统一体化设计与优化控制，课题项目类别：（纵向）国家自然科学基金重点项目，负责人：肖曦，起止日期：20180101—20221231。

79）课题项目名称：高比例分布式发电的新型配电网精确建模和分布式电压自治控制技术，项目单位：国网河北省电力有限公司电力科学研究院，负责人：孙凯，起止日期：20220808—20221231。

80）课题项目名称：高性能高可靠性直流伺服电机驱动器开发，项目单位：哈工大机器人（合肥）国际创新研究院，负责人：张品佳，起止日期：20201215—20211215。

81）课题项目名称："信息能源"教育部-中国移动科研基金建设项目，课题项目类别：（纵向）教育部其他项目（项目部），负责人：慈松，起止日期：20191201—20221201。

团队科研成果：团队承担了200余项科研合作项目，其中国家自然科学基金项目30余项，国家重点研发计划和国防预研项目20余项，以及国际合作与交流项目20余项，获得多项国内外奖励，取得了巨大的经济效益和良好的社会效益。发表论文630余篇，其中SCI收录110余篇，EI收录380余篇。授权国家发明专利50余项。组织和共同主办了IPEMC、ICEMS、MEA等国际会议；主持和参加了众多国内电力电子和电气自动化领域的学术会议，并做大会报告。2009年成功举办第三届中国高校电力电子与电力传动学术年会（SPEED），并于2017年和2018年在清华大学成功组织召开了第一届和第二届"电气化交通前沿技术论坛"，在行业内反响热烈。目前团队承担了国家重点研发计划多项课题，研究成果正在向新一代高铁、全电化船舰、多电飞机、电动汽车、大型发电机、新能源微网和工业自动化系统推广。

团队简介：
清华大学电机系先进电能变换与电气化交通系统团队是由国内外著名电机控制专家李永东教授领衔，由多名具有海内外博士学位且扎根中国本土多年的精干成员组成。从1988年以来，团队长期从事高性能、大容量、全数字化电力电子与交流电机控制、设计和故障诊断等领域的国际前沿研究，并致力于成果的产业化，为我国的节能减排、工业自动化、交通电气化事业做出了突出贡献。

72. 山东大学分布式新能源技术开发团队

地址：山东省济南市经十路17923号
邮编：250061
电话：0531-81696186
传真：0531-88399385
团队邮箱：Lshuqin2014@163.com
团队人数：16
团队带头人：刘淑琴
主要成员：边忠国、郭人杰、王黎明、钱保岐、李德广、赵方、于文涛、梁振光、张川、张宇喆、周君民、刘明芬
研究方向：垂直轴风力发电机，风光互补小功率电源

团队简介：
山东大学高度重视磁悬浮轴承技术的人才培养和创新团队建设，充分利用自身的人、财、物优势给予各方面的支持，形成了以学科带头人刘淑琴教授为核心，以科研基地和多个重大科研项目为载体，结构合理、团结协作的学术研究团队。目前团队共有成员21人，具备丰富的理论知识和动手实践经验，包括具有高级职称5人，具有博士学位8人。

73. 山东大学新能源发电与高效节能系统优化控制团队

地址：山东省济南市经十路17923号山东大学千佛山校区
邮编：250061
电话：0531-88392906
团队邮箱：chenalian2001@163.com
团队人数：30
团队带头人：张承慧
主要成员：王光臣、陈阿莲、高峰、段彬、商云龙、邢相洋、崔纳新、李珂、孙波、李岩、杜春水、张宪福、李同兴、李立伟、邢兰涛、方旌扬、刘凯龙、田昊、丁文龙、张关关、张帅、许涛、张奇、裴梦璐、李帆、李晓艳、王海洋、康永哲、李长龙
研究方向：新能源高效并网发电系统控制，新能源电网电能质量控制，储能系统智能管理与优化控制，综合能源系统优化设计与运行控制

团队在研项目：
1）新能源发电与高效节能系统优化控制理论、技术及应用，国家自然科学基金创新研究群体，1050万元。
2）大功率动力电池智能精密测试仪器研制与产业化应用，科技部重点研发计划项目，1600万元。
3）多主体综合能源系统分布式优化控制理论与方法，国家自然科学基金重点项目，297万元。
4）海洋可再生能源多能互补智能变换与高效利用基础理论与关键技术，国家自然科学基金联合基金重点项目，280万元。
5）面向快速安全高效的智能化SiC充电系统关键技术研究，国家自然科学基金汽车联合基金重点项目，227万元。
6）动力电池全天候快速安全充电理论方法与综合评价研究，国家自然科学基金联合基金重点项目，297万元。
7）正倒向随机系统最优控制理论，国家杰出青年科学基金项目，400万元。
8）动力电池建模与管控，国家优秀青年科学基金项目，400万元。
9）新一代综合能源系统协同优化控制基础理论与关键技术，山东省重大基础研究项目，348万元。
10）新能源与高效节能国家地方联合工程研究中心，国家级创新基地-济南市科技计划项目，500万元。

团队科研成果：
1）高性能光伏发电系统设计与控制技术：针对我国光伏系统长期存在的发电成本高、电能质量差、并网控制难三大难题，从功率变换拓扑、并网控制两大核心环节入手，研究了高性能光伏发电系统优化设计与控制关键技术。与企业合作研发了37个规格1.5kW~1MW集中式和分布式光伏发电系统。研究成果获2016年国家科技进步二等奖、2015年山东省科技进步一等奖、2015年教育部科技进步二等奖、第18届中国专利优秀奖。先后入选国家"庆祝改革开放40周年成就大型展览""庆祝中华人民共和国70周年大型成就展"。

2）储能电池综合测试与智能模拟关键技术：团队承担

国家重大科研仪器研制项目"动力电池综合测试与智能模拟仪器研制",研制成功国际首台(套)50kW/150kW动力电池智能管测仪器,整体技术居国际领先水平。成果成功转化,促进了国家新能源储能、电动汽车等重大能源战略的健康发展;牵头制定团体标准《锂离子电池模组测试技术规范》,在全国推广应用,引领了行业进步。获教育部技术发明一等奖、中国自动化学会自然科学奖一等奖、中国专利优秀奖、山东省专利奖一等奖、日内瓦国际发明展金奖,入选"十三五"国家自然科学基金资助项目优秀成果。

3)高性能大容量电能质量治理装备关键技术:针对我国新能源电力系统电压波动大、谐波频带宽、故障穿越难等新特征和新问题,重点突破了无功-谐波检测与控制、故障穿越与功率协调、高压大功率装备协同控制等核心技术。与企业合作研发成功系列产品,成果获2020年国家科技进步二等奖、2019年中国自动化学会科技进步特等奖、第21届中国专利优秀奖,为攻克新能源电力系统高压直挂式SVG核心技术瓶颈提供了关键理论技术和工程示范支撑。

团队所获荣誉:

1)高比例新能源电力系统电能净化关键控制技术及应用,2020年国家科技进步二等奖。

2)高性能光伏发电系统关键控制技术与产业化应用,2016年国家科技进步二等奖。

3)张承慧,2021年何梁何利基金科学与技术进步奖。

4)张承慧,2022年光华工程科技奖。

5)大功率动力电池快速充放电测试与控制关键技术及应用,2022年教育部技术发明一等奖。

6)高性能大容量电能净化装备关键控制技术及工程应用,2019年中国自动化学会CAA科技进步特等奖。

7)动力电池多尺度融合建模与智能管理方法及应用,2020年中国自动化学会CAA自然科学奖一等奖。

团队简介:

团队始终面向国家新能源与节能减排重大战略需求,依托山东大学控制理论与控制工程国家重点学科,长期开展新能源发电与高效节能系统优化控制基础理论、关键技术和工程应用的创新性研究,为国家科学技术进步及经济社会发展做出重要贡献。2012年入选教育部创新团队,2016年验收优秀并获滚动支持。2018年团队入选国家自然科学基金委创新研究群体,2021年入选全国高校黄大年式教师团队。团队建有"新能源与高效节能"国家地方联合工程研究中心、"电力电子节能技术与装备"教育部工程研究中心(验收优秀),以及"新能源系统控制"学科创新引智基地(111计划)。团队现有成员30人,其中团队带头人张承慧教授为教育部长江学者特聘教授、IEEE Fellow、2021年中国工程院院士增选有效候选人(进入第二轮)、第八届国务院学科评议组成员,曾获全国先进工作者、国家"万人计划"教学名师等荣誉称号,是我国新能源控制领域科技创新和人才培养的领头雁。团队还有国家杰出青年科学基金获得者2人(王光臣、高峰),长江学者特聘教授1人(陈阿莲),国家优秀青年科学基金获得者2人(商云龙、邢相洋),青年长江学者1人(段彬),国家海外优秀青年科学基金获得者4人(邢兰涛、方旌扬、刘凯龙、田昊)。

近年来团队获国家科技进步二等奖2项、何梁何利基金科学与技术进步奖1项、光华工程科技奖1项、国家级教学成果二等奖2项、省部级/学会特等/一等奖7项、宝钢教育基金优秀教师特等奖1项。在国际权威期刊和会议上发表论文400余篇,授权国家发明专利150余件,出版教材/著作6部。

74. 陕西科技大学新能源发电与微电网应用技术团队

地址: 陕西省西安市未央大学园区陕西科技大学
邮编: 710021
电话: 029-86168631
传真: 029-86168631
网址: http://www.sust.edu.cn
团队邮箱: chenjwskd@163.com
团队人数: 5
团队带头人: 孟彦京
主要成员: 石勇、陈景文、刘宝泉、王素娥
研究方向: 风力发电控制技术,光伏发电及储能技术,电力传动技术,微电网控制技术等

团队简介:

陕西科技大学新能源发电与微电网应用技术团队是以孟彦京教授为负责人,从事风力发电控制技术、光伏发电及储能技术、电力传动技术、微电网控制技术等方面研究与实践工作的团队,成员包括5名教师(其中教授2名,副教授2名,讲师1名)和博士、硕士研究生16名,近年来主持各类横、纵向科研课题20余项,总经费1000余万元,获得省级政府奖励3项,授权专利50余项,在核心以上级别期刊发表行业论文100余篇,其中SCI、EI收录10篇。

团队从事的核心工作是应用技术的推广工作,以与企业为主,特别是在轻工自动化(如造纸机传动系统、复卷机传动系统等)领域享有较高的声望,近几年,在新能源应用方面也取得一定成就,自2008年起开始从事风力发电控制技术的研究工作,2011年起从事光伏发电的研究工作,2012年在金太阳工程的支持下在校园屋顶建设了876kW容量的光伏电站,年发电量近70万kWh。目前主要以新能源应用技术和电力传动技术为主要研究方向开展相关的研究和应用推广工作。

75. 上海大学电机与控制工程研究所

地址: 上海市宝山区南陈路333号9号楼125A
邮编: 200444
电话: 021-56331563
团队邮箱: gqxu@shu.edu.cn
团队人数: 23
团队带头人: 徐国卿
主要成员: 汪飞、罗建、张少华、张琪、宋文祥、陈息坤、李雪、周歧斌、邵定国、代颖、吴春华、杨影、赵剑飞

研究方向：新能源汽车电机与驱动系统，电力电子变换与新能源智能电网技术，机器人与智能运动系统

团队简介：

团队共23人，其中正高级职称人员11人，副高级职称人员9人，中级职称人员3人。其中有博士学位人员20人，占比87%，有海外经历教师16人，占比70%。团队40周岁以下9人，占比40%；40~50周岁6人，占比26%；50~60周岁7人，占比30%；60周岁以上1人，占比4%。

新能源汽车电机与驱动系统研究方向，致力于节能与新能源汽车用电机、电力电子与智能驱动控制技术等方向的研发，合作研制的新能源汽车电机系统产品覆盖市场50%，是最早在上海市实现电动汽车电驱动系统产业化的团队。团队提出并发明电驱动车辆防滑控制与深度能量回收控制技术。

电力电子变换与新能源智能电网技术研究方向，致力于光伏微型逆变器、光伏电站优化运行控制术与智能运维、电网电能质量、新能源电力系统经济调度等方面的研究。电力电子变换与新能源智能电网技术研究方向，承担10余项国家和上海市重大项目课题和重大横向项目，取得多项国内首创理论成果，在IEEE等权威期刊发表SCI论文10余篇。团队发明电力电子变电站技术，实现西部地区既有电网供电半径延伸，大大节省建设投资。

机器人与智能运动系统研究方向，致力于机器人电伺服控制、智能视觉技术、机器人与电动汽车智能运动控制等方面的研究。团队建立室内图像大数据平台，物品识别率达到98%，在无人零售、无人货柜以及家庭机器人推广应用；研制仿人行为的机械臂-灵巧手机器人系统，大大推动养老助残服务产业。

76. 上海海事大学电力传动与控制团队

地址： 上海市浦东新区海港大道1550号
邮编： 201306
网址： http://www.shmtu.edu.cn/
团队人数： 12
团队带头人： 汤天浩
主要成员： Benbouzid、汪懿德、谢卫、陆凯元、王天真、韩金刚、姚刚、王润新、Nicolas、陈昊、彭越
研究方向： 船舶电力系统及其控制，新能源及其电力电子装置，港航设备自动检测、故障诊断与容错控制

团队简介：

团队以港口、船舶等航运系统及海洋开发等领域的电气工程技术应用为特色，重点研究船舶电力系统及其控制，新能源及其电力电子装置，港航设备故障诊断与容错控制。近年来发表学术论文100余篇，其中SCI/EI检索论文80余篇；获得国家级和省级项目20余项。

77. 上海交通大学风力发电研究中心

地址： 上海市闵行区东川路800号上海交通大学智能电网大楼523室
邮编： 200240
电话： 021-34207001
传真： 021-34207001
团队人数： 9
团队带头人： 蔡旭
主要成员： 朱淼、李睿、谢宝昌、高强、张建文、曹云峰、郑毅、施刚
研究方向： 风力发电系统，风力发电交直流输电，大容量储能

团队简介：

上海交通大学风力发电研究中心致力于风力发电、直流输电以及储能技术的科研和教学工作，主要从事风电机组电气控制系统、大规模风电交直流并网以及大容量电池储能接入技术研究。

团队与上海电气集团联合研发了1.25MW、2MW和3.6MW双馈风电变流器、整机控制器以及2MW风机电动变桨控制系统并实现了产业化（上海电气集团）；研究了模块智能化风电变流器关键技术并应用于3MW全功率风电变流器中；提出了电网友好型风电场的架构及指标体系，机组及风场的动态控制模型，风储联合发电策略，成果得到示范应用；形成了面向复杂电力电子控制应用的控制器平台、面向机电系统控制的监控平台和风电机组气动-机-电实时联合仿真系统。

团队研制的大容量电池储能系统的高压直挂接入装备已通过国家863计划验收，研究了面向微电网的电池储能系统关键技术，对储能系统如何提高风电接入能力进行了研究。

在风电机组及风电场的动态建模技术方面，基于Power Factory和PSCAD针对国内主要厂商的机组建立了动态镜像模型，为含有大型风电场的电网仿真奠定了基础，研究了大规模电网友好型风电场关键技术以及多风电场集群控制系统。

对海上风电直流网采用直流汇聚传输进行了系统分析和经济评估，取得了一系列理论成果，针对直流网的关键装备DC-DC变换器做了系统的理论研究及试验样机开发。

团队与国内外学术机构长期保持学术沟通，承接并完成国家级、省部级研究项目及国内外企业委托项目，取得了一系列论文及专利成果。

78. 四川大学高频高精度电力电子变换技术及其应用团队

地址： 四川省成都市一环路南一段24号四川大学电气信息学院
邮编： 610065
电话： 028-85469866
传真： 028-85400976
团队人数： 10
团队带头人： 张代润
主要成员： 赵莉华、李媛、佃松宜、刘宜成、肖勇、段述江、吴坚

研究方向：高频射频开关电源技术，高精度电力电子变换技术，电力电子仿真技术，新型电力电子控制技术

团队简介：

团队主要由教师、研究生组成，致力于高频、射频开关技术和高精度电力电子变换技术的基础理论、仿真技术、控制技术等方面的研究、开发和应用工作。

79. 太原理工大学电力电子技术及其磁集成技术研究团队

地址：山西省太原市迎泽西大街79号
邮编：030024
电话：13593198618
团队邮箱：447987957@qq.com
团队人数：60人，包括教师6人，在读研究生50余人
团队带头人：杨玉岗
主要成员：孟润泉、任春光、张佰富、王磊、魏新伟
研究方向：电力电子技术及其磁集成技术，数据中心/新能源发电系统/电动汽车用双向直流开关电源，开关磁阻电机电磁调速系统，电力电子技术在电力系统中的应用，电力电子变换器建模与控制，电能路由器，微电网运行与控制

团队在研项目：

1）山西省科学技术厅，自然科学研究面上项目，20210302123171，大数据中心新一代供电系统用高电压变比LLC谐振变换器及其低匝数平面变压器研究，2022.01—2024.12。

2）山西省科学技术厅，基础研究计划项目，202203021212288，适用于"三源"微电网的三端口变换器关键技术研究与应用，2023.01—2025.12。

3）山西省科学技术厅，自然科学基金，20210302123170，高速高频工况下碳化硅功率器件与外电路交互机理及栅极驱动策略优化研究，2022.01—2024.12。

团队科研成果：

1) Yugang Yang, Junyou Yao, Heng Li, Jinsheng Zhao. A Novel Current Sharing Method by Grouping Transformer's Secondary Windings for Multi-phase LLC Resonant Converter [J]. IEEE Transactions on Power Electronics, 2020, 35 (5): 4877-4890.

2) Yugang Yang, Tingting Guan, Shuqi Zhang, Wei Jiang, Weiyi Huang. More Symmetric Four Phase Inverse Coupled Inductor for Low Current Ripples & High-Efficiency Interleaved Bidirectional Buck/Boost Converters [J]. IEEE Transactions On Power Electronics, 2018, 33 (3): 1952-1966.

3) Ren Chunguang, Han Xiaoqing. High Performance Three-phase PWM Converter with Reduced DC Link Capacitor under Unbalanced AC Voltage Conditions [J]. IEEE Transactions on Industrial Electronics, 2017, 65 (2): 1041-1050.

4) Xinwei Wei, Hongliang Wang, An Luo, Zhixing He, Xiaonan Zhu, Renjie Sun, Xinyue Chen. Parallel Open-Circuit Fault Diagnosis Method of a Cascaded Full-Bridge NPC Inverter With Model Predictive Control [J]. IEEE Transactions on Industrial Electronics, 2021, 68 (10): 10180-10192.

5) Xinwei Wei, Hongliang Wang, An Luo, Kangliang Wang, Xiaonan Zhu, Renjie Sun, Xinyue Chen. Robust Multilayer Model Predictive Control for a Cascaded Full-Bridge NPC Class-D Amplifier with Low Complexity [J]. IEEE Transactions on Industrial Electronics, 2021, 68 (4): 3390-3401.

6) Xinwei Wei, Hongliang Wang, Luo An, Fujun Ma, Zhen Zhu, Gaoxiang Li, Renyifan Hao. Parameter Identification and Lyapunov Function Based Adaptive Switched Control for Underwater Electroacoustic Transduction System [J]. IEEE Transactions on Power Electronics, 2020, 35 (6): 6572-6585.

7) Lei Wang, Xiaoqing Han, Chunguang Ren, Yu Yang, Peng Wang. A Modified One-cycle-control based Active Power Filter for Harmonic Compensation [J]. IEEE Transactions on Industrial Electronics, 2018, 65 (1): 738-748.

团队简介：

太原理工大学电力电子技术及其磁集成技术研究团队目前有教授2人，副教授1人，讲师3人，在读博士和硕士研究生50余人。团队依托"煤电清洁智能控制"教育部重点实验室和"电力系统运行与控制"山西省重点实验室，主要从事电力电子技术技术及其磁集成技术、数据中心/新能源发电系统/电动汽车用双向直流开关电源、电力电子技术在电力系统中的应用、电力电子变换器建模与控制、电能路由器、微电网运行与控制和开关磁阻电机电磁调速系统等方向的研究工作，主持完成国家级、省部级和企业合作项目多项，发表论文100余篇，申请和获批国家专利30余项，培养研究生100余人。

80. 天津大学电气自动化与信息工程学院天津大学先进电能变换与系统控制中心

地址：天津市南开区卫津路92号第26教学楼E130
电话：13820723636
邮箱：hcui@tju.edu.cn
团队带头人：王成山
主要成员：何晋伟、王议锋、薛凌霄、崔晗、雷鸣、陈博
研究方向：先进电能变换技术，宽禁带半导体应用，磁元件设计优化集成，交直流微电网及分布式可再生能源发电，低压直流配用电技术及装备，微电网协调控制等

团队在研项目：

1）基于混合H桥结构的部分容量型多端口贯通式同相供电变流器关键技术研究，2023年1月1日—2025年12月31日，国家自然科学基金委员会，青年科学基金项目。

2）建筑/户用兆赫兹千瓦级储能双向直流变换技术及其控制方法研究，国家自然科学基金委员会，青年科学基金项目。

3）国家重点研发计划项目"光储直柔建筑直流配电系统关键技术研究与应用"课题2子任务。

4）基于宽禁带半导体应用的磁元件研究，2024年1月—2027年1月，国家自然科学基金委员会，优秀青年科学基金项目。

5）大功率高频电力电子装备关键技术研究，2022年3月—2025年2月，苏州瑞驱电动科技有限公司。

6）1.5兆瓦储能变流器研发，2023年1月—2024年12月，研制具有构网控制、主动电能质量调节的多功能高适应性储能变流器装备。

7）平面型变压器优化设计，杭州普晶电子科技有限公司。

8）平面磁件仿真设计，长沙泰科斯德科技有限公司。

9）SiC模块并联双脉冲及均流技术，天津电气科学研究院有限公司。

10）低压中低速小功率起动控制器研发，贵州航天林泉电机有限公司。

11）高压无刷永磁发电机的大功率控制器研发，贵州航天林泉电机有限公司。

12）车辆集群电能系统灵活组网优化调度及稳定性分析系统，中国北方车辆研究所横向军工项目。

团队科研成果：

1）Yifeng Wang, Fuqiang Han, Liang Yang, Chengshan Wang, Bo Chen, Rong Xu. A Novel D-CLT Multi-Resonant DC-DC Converter with Reduced Voltage Stresses for Wide Frequency Variation Applications［J］. IEEE Transactions on Power Electronics, 2019, 34（5）：4509-4523.

2）Wang Yi-Feng, Chen Bo, Hou Yuqi, Meng Zhun, Yang Yixian. Analysis and Design of a 1-MHz Bidirectional Multi-CLLC Resonant DC-DC Converter With GaN Devices ［J］. IEEE Transactions on Industrial Electronics, 2020, 67（2）：1425-1434.

3）Y Chen, et al. A Simple Online Fault Location and Tolerant Control Strategy for Power Electronic Transformers With a Single IGBT Open-Circuit Fault［J］. IEEE Transactions on Power Electronics, 2024, 39（5）：5522-5535.

4）H Xue, J He. Flexible Power Control for Extending Operating Range of PV-Battery Hybrid Cascaded H-Bridge Converters Under Unbalanced Power Conditions［J］. IEEE Transactions on Industrial Electronics, 2023, 70（8）：8118-8128.

5）Y Li, J He, Y Liu, Y Ren, Y W Li. Decoupled Mitigation Control of Series Resonance and Harmonic Load Current for HAPFs With a Modified Two-Step Virtual Impedance Shaping ［J］. IEEE Transactions on Industrial Electronics, 2023, 70（8）：8064-8074.

6）Y Chen, J He. Fault Detection and Ride Through of CHB Converter-Based Star-Connected STATCOM Through Exploring the Inherent Information of Multiloop Controllers ［J］. IEEE Transactions on Power Electronics, 2023, 38（2）：1366-1371.

7）Y Chen, J He. Fault Detection and Ride Through of CHB Converter-Based Star-Connected STATCOM Through Exploring the Inherent Information of Multiloop Controllers ［J］. IEEE Transactions on Power Electronics, 2023, 38（2）：1366-1371.

8）H Xue, J He, Y Ren, P Guo. Seamless Fault-Tolerant Control for Cascaded H-bridge Converters Based Battery Energy Storage System［J］. IEEE Transactions on Industrial Electronics, 2023, 70（4）：3803-3813.

9）Y Chen, L Du, J He. Online Diagnosis and Ride-Through Operation for Cascaded H-Bridge Converter Based STATCOM With a Single Open-Circuit IGBT［J］. IEEE Transactions on Industrial Electronics, 2022, 69（8）：7549-7559.

10）M Lei, C Zhao, Z Li, J He. Circuit Dynamics Analysis and Control of the Full-Bridge Five-Branch Modular Multilevel Converter for Comprehensive Power Quality Management of Cophase Railway Power System［J］. IEEE Transactions on Industrial Electronics, 2022, 69（4）：3278-3291.

11）B Liang, J He, Y W Li, P Guo, C Wang. Aggregated-Impedance-Based Stability Analysis for a Parallel-Converter System Considering the Coupling Effect of Voltage Feedforward Control and Reactive Power Injection［J］. IEEE Transactions on Power Electronics, 2021, 36（5）：5954-5970.

12）Han Cui, Saurav Dulal, Sadia Binte Sohid, Gong Gu, Leon M Tolbert. Unveiling the Microworld Inside Magnetic Materials via Circuit Models［J］. IEEE Power Electronics Magazine, 2023, 10（3）：14-22.

13）Niu Jia, Xingyue Tian, Lingxiao Xue, Hua Bai, Leon Tolbert, Han Cui. Integrated Common-Mode Filter for GaN Power Module with Improved High-Frequency EMI Performance ［J］. IEEE Transactions on Power Electronics, 2023, 38（6）：6897-6901.

14）Han Cui, Zhi Yao, Yuanxun Ethan Wang. Coupling Electromagnetic Waves to Spin Waves: A Physics-Based Nonlinear Circuit Model for Frequency-Selective Limiters［J］. IEEE Transactions on Microwave Theory and Techniques, 2019, 67（8）：3221-3229.

15）Han Cui, Khai D T Ngo. Transient Core-Loss Simulation for Ferrites With Nonuniform Field in SPICE［J］. IEEE Transactions on Power Electronics, 2019, 34（1）：659-667.

16）Xingyue Tian, Niu Jia, Douglas DeVoto, Paul Paret, Hua Bai, Leon M Tolbert, Han Cui. PCB-on-DBC GaN Power Module Design With High-Density Integration and Double-Sided Cooling［J］. IEEE Transactions on Power Electronics, 2024, 39（1）：507-516.

17）Lingxiao Xue, Veda Galigekere, Emre Gurpinar, Gui-jia Su, Shajjad Chowdhury, Mostak Mohammad, Omer Onar. Modular Power Electronics Approach for High Power Dynamic Wireless Charging Systems［J］. IEEE Transactions on Transportation Electrification, 2023, 10（1）：976-988.

18）Lingxiao Xue, Xingyue Tian, Han Cui. Implementation of Time Division Multiplexing With Commercial Flyback Controller for Multi-Outputs USB Power Delivery Charger [J]. IEEE Open Journal of Power Electronics, 2022, 3: 665-678.

19) Lingxiao Xue, Jason Zhang. Highly efficient secondary-resonant active clamp flyback converter [J]. IEEE Transactions on Industrial Electronics, 2017, 65 (2): 1235-1243.

20) Ming Lei, Cong Zhao, Zixin Li, Jinwei He. Circuit Dynamics Analysis and Control of the Full-Bridge Five-Branch Modular Multilevel Converter for Comprehensive Power Quality Management of Cophase Railway Power System [J]. IEEE Transactions on Industrial Electronics, 2022, 69 (4): 3278-3291.

21) Ming Lei, Yizhen Wang, Cong Zhao. Optimized Operation of the Full-bridge Five-branch Modular Multilevel Converter for Power Quality Enhancement of Cophase Railway Power System [J]. IEEE Transactions on Transportation Electrification, 2022, 8 (1): 590-604.

22) Ming Lei, Yizhen Wang. A Transformerless Railway Power Quality Compensator Based on Cascaded H-Bridge Featuring Reduced Branch Capacity Requirement [J]. IEEE Transactions on Power Delivery, 2022, 37 (6): 5443-5453.

23) Ming Lei, Yaohua Li, Zixin Li, Cong Zhao, Fei Xu, Fanqiang Gao, Ping Wang. A Single-Phase Five-Branch Direct AC-AC Modular Multilevel Converter for Railway Power Conditioning [J]. IEEE Transactions on Industrial Electronics, 2020, 67 (6): 4292-4304.

团队简介：

天津大学先进电能变换与系统控制中心（Center for Advanced Power Conversion and System Control, CAPS）依托于天津大学智能电网教育部重点实验室，团队学术带头人王成山教授，是中国工程院院士，智能电网教育部重点实验室主任，电力系统配电网技术专家。

中心核心研发团队现有教授 4 人、副教授 1 人、中级职称 2 人、专职研究与技术开发人员 7 人。中心招收和培养全日制硕士研究生、博士研究生和非全日制工程硕士研究生。中心拥有各类先进电能变换技术试验平台、先进测试/分析仪器，具有良好的科学研究软/硬环境，为全方位培养研究生的科学研究、技术开发与工程实践等科技能力与人文素质提供良好的工作条件。

中心立足国际最新电力电子学科理论与技术问题，以国家发展战略的重大需求为牵引，探索和解决具有国际先进性与国家特色的当代电力电子与电力传动领域重大科学问题和重大工程技术问题。紧密围绕高频高效高密度功率电能变换技术，聚焦第三代宽禁带半导体材料及器件、高频电力电子变换器拓扑及其数字控制理论、高频磁性元件平面化及磁集成技术、交直流微电网及分布式可再生能源发电中的现代电能变换与控制技术、低压直流配用电技术及装备等领域关键科学问题，从事应用基础理论研究、技术开发与推广工作。在国际国内重要刊物上发表高水平论文 200 余篇，其中 SCI、EI 检索论文 100 余篇。受理和授权国家发明专利 50 余项。先后承担国家重点研发计划项目、国家 863 计划项目、国家自然科学基金项目、军工项目共 5 项。承担企业委托和合作研究重要科技开发项目 20 余项。累计科研和科技项目经费 1500 余万元。团队何晋伟老师获得 2022 年内蒙古自治区科技进步一等奖，2023 年中国电源学会科技进步一等奖，2023 年天津市科技进步一等奖，连续五年入选爱思唯尔中国高被引学者。团队王议锋老师获得 2021 年天津市科学技术进步一等奖、2020 年新疆维吾尔自治区科技进步一等奖、2019 年江苏省科学技术进步二等奖等省部级科技奖励 6 项。

81. 天津大学自动化学院电力电子与电力传动课题组

地址： 天津市南开区卫津路 92 号天津大学自动化学院
邮编： 300072
电话： 13602064036
团队邮箱： pingw@ tju. edu. cn
团队人数： 13
团队带头人： 王萍
主要成员： 贝太周、张志强、王慧慧、陈博、王耕籍、毕华坤、张博文、周雷、赵晨栋、王智爽、傅传智、闫瑞涛
研究方向： 分布式新能源发电及电能质量控制，分布式光伏并网系统运行与控制，直流微电网

团队简介：

在人员结构层次上，团队现有 1 名科研学术带头人（教授职称）、6 名博士研究生以及 6 名硕士研究生，目前主要从事直流微电网、分布式新能源并网发电及电能质量方面的相关研究。在团队带头人的领导和影响下，团队成员始终以锐意进取的科研情怀、求真务实的首创理念，勤勉互助、精诚协作、继往开来，不断取得丰硕的科研成果。近年来，团队发表国内外高水平论文近 30 篇。

82. 天津工业大学电工电能新技术研究团队

地址： 天津市西青区宾水西道 399 号
邮编： 300387
电话： 13752736409
团队邮箱： xiaozhaoxia@ tiangong. edu. cn
团队人数： 62
团队带头人： 杨庆新
主要成员： 肖朝霞、李阳、张献、金亮、祝丽花、薛明、刘雪莉
研究方向： 无线电能传输，多能互补系统，电磁场云计算

团队简介：

团队共有教师 8 人，硕、博士生 60 余人。2014 年被评为"天津市创新团队"。团队多年来从事分布式发电系统与微电网、无线电能传输、电磁场数值计算等方面的研究，具有坚实的研究基础。2014 年，在天津工业大学成立中国首个无线电能传输技术专业委员会，同年，出版了国内第一本无线电能传输领域的专著。2018 年完成的"基于风光互补智能微电网的电动汽车无线充电系统关键技术及产业化"获得天津市科技进步一等奖。

83. 天津天雾抑爆灭火产业技术研究院有限公司抑爆灭火高精尖产业设计中心

地址：天津市滨海高新区华苑产业区海泰华科四路2号3号楼4层
邮编：300000
电话：15502230558
传真：022-23351902
邮箱：fmjzzh@126.com
团队人数：36
团队带头人：臧筑华
主要成员：赵彦卿、杨彬、高梦非、董建峰、赵子懿、曹振彪、王建乾、李智、吴冬夏、李毅、卓玉国、刘军、孙志利、杨耿煌、李琛、杨永安、张荃、刘书强、高森林、张文清、卢书华、蒋洋生、王姜骅、李洪伟、孙权、白津生、王忠孝、刘长征、幺志会、江菊元、吴凤桐、程晓敏、马青青、刘文普
研究方向：抑爆灭火材料及其应急救援应用技术，抑爆灭火部件、设备、装备产品转化技术，抑爆灭火方式和方法传播推广和标准化、通用化、系列化、模块化、工业化优化设计技术
团队在研项目：抑爆灭火材料及其三相流推广应用，抑爆灭火部件产业化推广应用，抑爆灭火设备产品化工艺设计，抑爆灭火装备集成应急救援产业化应用
团队科研成果：持有科技成果证书37项
团队所获荣誉：国际发明金奖1项

84. 同济大学电源系统智能管控实验室

地址：上海市嘉定区曹安公路4800号
邮编：201804
电话：65982200
团队邮箱：newscenter@tongji.edu.cn
团队人数：5
团队带头人：魏学哲
主要成员：戴海峰、朱建功、王学远、姜波等
研究方向：新能源汽车，电池管理系统，电池设计
团队简介：
电源系统智能管控实验室致力于电源系统的基础研究、应用管理及技术服务，实验室现有教授2名、副教授1名、博士后2名，博、硕士研究生50余名。

85. 同济大学磁浮与直线驱动控制团队

地址：上海市曹安公路4800号同心楼505室
邮编：201804
电话：13651743710
网址：http://www.toongji.edu.cn
团队邮箱：12154@tongji.edu.cn
团队人数：12
团队带头人：林国斌
主要成员：任敬东、廖志明、徐俊起、高定刚、潘洪亮、荣立军、吉文、韩鹏、胡杰
研究方向：磁浮车辆设计，悬浮控制，直线驱动控制，悬浮电磁铁，直线电机
团队简介：
国家磁浮交通工程技术研究中心下属车辆研究室，专业从事磁浮车辆整车设计和关键部件设计。牵头设计制造了中国第一列高速磁浮试验样车和中国第一列面向工程应用的国产化样车。

86. 同济大学电力电子可靠性研究组

地址：上海市曹安公路4800号同济大学电气工程系
邮编：201804
电话：15909393698
团队人数：9
团队带头人：向大为
主要成员：许哲雄、李巍
研究方向：电力电子状态监测与故障诊断技术，新能源发电，电机运行与控制
团队简介：
课题组以提高电力电子系统运行可靠性为目标，研究相关监测、诊断、控制以及测试新技术。

87. 同济大学电力电子与电力传动系统研究团队

地址：上海市嘉定区曹安公路4800号
邮编：201804
电话：17721085566
团队邮箱：kjs@tongji.edu.cn
团队人数：7
团队带头人：康劲松
主要成员：胡景泰、胡浩、梁海泉、赵元哲、王汉卿、付琳
研究方向：载运工具电气化与智能化
团队在研项目：

1）2023.1.1—2026.12.31，基于宽频控制的高速磁浮列车推力波动机理及抑制，国家自然科学基金，主持。

2）2023.01—2025.12，高速磁浮系统直线同步电机多自由度非线性建模与解耦控制，国家自然科学基金-青年科学基金项目，主持。

团队科研成果：
代表学术论文（10项）：

1) S Zhang, J Kang, J Yuan. Analysis and Suppression of Oscillation in V/F Controlled Induction Motor Drive Systems [J]. IEEE Transactions on Transportation Electrification, 2022, 8 (2): 1566-1574.

2) J Kang, Y Liu, L Sun, Z Zhong, M Fu. A Reduced-Order Model for Wirelessly Excited Machine Based on Linear Approximation [J]. IEEE Transactions on Power Electronics, 2021, 36 (11): 12389-12399.

3) J Kang, S Mu, F Ni. Improved EL Model of Long Stator Linear Synchronous Motor Via Analytical Magnetic Coenergy

Reconstruction Method [J]. IEEE Transactions on Magnetics, 2020, 56 (8): 1-13.

4) S Wang, J Kang, M Degano, A Galassini, C Gerada. An Accurate Wide-Speed Range Control Method of IPMSM Considering Resistive Voltage Drop and Magnetic Saturation [J]. IEEE Transactions on Industrial Electronics, 2020, 67 (4): 2630-2641.

5) S Wang, J Kang, M Degano, G Buticchi. A Resolver-to-Digital Conversion Method Based on Third-Order Rational Fraction Polynomial Approximation for PMSM Control [J]. IEEE Transactions on Industrial Electronics, 2020, 66 (8): 6383-6392.

6) 康劲松，张凤岗．基于谐波提取的非隔离型并网光伏逆变器漏电流检测研究［J］．中国电机工程学报，2020，40（7）：2113-2122.

7) 张树林，康劲松，母思远．基于等宽电压脉冲注入的永磁同步电机转子初始位置检测方法［J］．中国电机工程学报，2020，40（19）：6085-6093.

8) 康劲松，王硕．基于Newton-Raphson搜索算法的永磁同步电机变电感参数最大转矩电流比控制方法［J］．电工技术学报，2019，34（8）：1616-1625.

9) 王硕，康劲松．一种基于自适应线性神经网络算法的永磁同步电机电流谐波提取和抑制方法［J］．电工技术学报，2019，34（4）：654-663.

10) 康劲松，李旭东，王硕．计及参数误差的永磁同步电机最优虚拟矢量预测电流控制［J］．电工技术学报，2018，33（24）：5731-5740.

代表专利（5项）：

1) 康劲松，母思远，刘宇松．一种静止坐标系电机分布式参数模型建立方法，2020.04.28，中国，ZL201810898189.9。

2) 康劲松，武松林，王硕．一种基于直接特征控制的新型凸极永磁同步电机控制方法，2019.01.15，中国，CN201610233156.3。

3) 康劲松，武松林，王硕，蒋飞．一种基于直接特征控制的鼠笼式感应电机控制系统及方法，2018.12.18，中国，CN201610247481。

4) 康劲松，李旭东，母思远，刘宇松．车用永磁同步电机无位置传感器模型预测控制系统及方法，2020.06.26，中国，ZL2018108972762。

5) 康劲松，王硕，武松林，蒋飞．一种双向准Z源逆变式电机驱动系统的控制方法，2018.10.26，中国，CN201610363351.8。

团队所获荣誉：团队带头人康劲松教授曾获上海市技术发明奖二等奖（2020），上海市科技进步奖三等奖，曾获得中国电源学会首届科技进步奖-青年奖。团队成员胡景泰教授作为第一完成人获机械工业科技进步奖一等奖1项，二等奖2项，3等奖多项。获得原机械工业部的"中国机械工业青年科技专家"、上海市科委的"优秀学科带头人"、国务院的"享受国务院政府特殊津贴专家"等奖励。

团队简介：

团队带头人康劲松教授，任同济大学磁浮技术铁路行业重点实验室常务副主任，同济中车创新研究中心副主任，中国电源学会理事，中国电工技术学会电气自动化专委会委员，第五届电气化交通前沿技术论坛主席，IEEE Senior Member。长期致力于载运工具电气化与智能化研究，尤其在高速磁浮与轨道车辆、电动汽车领域。主持或作为技术负责人承担国家"十五""十一五""十二五"863计划重大专项课题、国家自然科学基金、铁道部重点项目、上海市国际合作等20多项项目。科研成果曾获上海市技术发明奖二等奖、上海市科技进步奖三等奖，曾获得中国电源学会首届科技进步奖-青年奖。在行业重要期刊、国际会议上发表学术论文共120余篇，授权发明专利20余项。

团队成员胡景泰，为同济大学教授级高工。借助同济大学轨道交通综合试验线系统、市级轨道交通工程技术中心的建设与发展，从事科研与教学工作。

团队成员梁海泉为同济大学讲师，主要研究方向为机车电气传动及其测控技术。

团队成员胡浩为同济大学讲师，主要研究方向为电力牵引及控制、载运工具电气化与智能化。

团队成员赵元哲为同济大学讲师，2022年加入同济大学国家磁浮交通工程技术研究中心，从事高速磁浮列车悬浮系统控制方向的研究。

团队成员王汉卿为同济大学讲师，博士就读于勃艮第-弗朗什-孔泰大学，2021年加入同济大学电子与信息工程学院，从事电力电子技术方向的研究。

团队承担了国家自然科学基金、国家重点研发计划、铁道部重点项目等重大课题，在载运工具电气化与智能化方面积累了丰富的理论和技术基础。

88. 同济大学铁道与城市轨道交通研究院、磁浮技术重点实验室

地址：上海市嘉定区曹安公路4800号

电话：18019064619

团队邮箱：kjs@tongji.edu.cn

团队人数：11

团队带头人：康劲松

主要成员：胡景泰、钱存元、马志勋、倪菲、孙友刚、胡浩、梁海泉、赵元哲、王汉卿、刘森轶

研究方向：轨道交通车辆、电动汽车、磁浮交通等载运工具动力系统及智能控制、故障预测与智能运维，交通与新能源融合自洽

团队在研项目：

1) 2023.01—2026.12，基于宽频控制的高速磁浮列车推力波动机理及抑制，国家自然科学基金，主持。

2) 2023.01—2025.12，高速磁浮系统直线同步电机多自由度非线性建模与解耦控制，国家自然科学基金青年科学基金项目，主持。

3) 2023.01—2026.12，面向多电磁铁竞态现象的高速磁浮车辆协同悬浮与容错控制研究，国家自然科学基金面上项目，主持。

4) 2021.12—2024.11，碳陶制动盘摩擦副与制动系统

匹配适应性研究，"十四五"国家重点研发计划"揭榜挂帅"专项，主持。

5）2021.01—2024.12，磁浮列车电磁铁两点悬浮系统耦合扰动机理研究，国家自然科学基金面上项目，参与。

6）2021.07—2024.06，非平稳随机激励下磁浮车/轨耦合系统动力学与最优控制研究，上海市科学技术委员会，主持。

7）2020.01—2023.12，高速列车牵引系统健康监测、故障诊断与安全控制技术研究，高铁联合基金，参与。

8）2020.07—2023.06，双边双层Halbach磁极直线同步电机强鲁棒模型预测控制研究，上海市自然科学基金面上项目，主持。

9）2020.01—2022.12，具时滞效应的磁浮车辆悬浮系统的记忆型稳定性控制方法研究，国家自然科学基金青年科学基金项目，主持。

10）2022.03—2023.02，上海市"科技创新行动计划"软科学研究项目（青年项目），主持。

团队科研成果：
代表学术论文（限20项）：

1）Zhang S, Kang J, Yuan J. Analysis and suppression of oscillation in V/F controlled induction motor drive systems [J]. IEEE Transactions on Transportation Electrification, 2021, 8 (2): 1566-1574.

2）Kang J, Liu Y, Sun L, et al. A reduced-order model for wirelessly excited machine based on linear approximation [J]. IEEE Transactions on Power Electronics, 2021, 36 (11): 12389-12399.

3）Kang J, Mu S, Ni F. Improved EL model of long stator linear synchronous motor via analytical magnetic coenergy reconstruction method [J]. IEEE Transactions on Magnetics, 2020, 56 (8): 1-13.

4）Wang S, Kang J, Degano M, et al. An accurate wide-speed range control method of IPMSM considering resistive voltage drop and magnetic saturation [J]. IEEE Transactions on Industrial Electronics, 2019, 67 (4): 2630-2641.

5）Wang S, Kang J, Degano M, et al. A resolver-to-digital conversion method based on third-order rational fraction polynomial approximation for PMSM control [J]. IEEE Transactions on Industrial Electronics, 2018, 66 (8): 6383-6392.

6）Wang H, Gaillard A, Li Z, et al. Multiple-Fuel Cell Module Architecture Investigation: A Key to High Efficiency in Heavy-Duty Electric Transportation [J]. IEEE Vehicular Technology Magazine, 2022, 17 (3): 94-103.

7）Jian B, Wang H. Hardware-in-the-loop real-time validation of fuel cell electric vehicle power system based on multi-stack fuel cell construction [J]. Journal of Cleaner Production, 2022, 331: 129807.

8）Wang H, Morando S, Gaillard A, et al. Sensor development and optimization for a proton exchange membrane fuel cell system in automotive applications [J]. Journal of Power Sources, 2021, 487: 229415.

9）Wang H, Gaillard A, Hissel D. A review of DC/DC converter-based electrochemical impedance spectroscopy for fuel cell electric vehicles [J]. Renewable Energy, 2019, 141: 124-138.

10）Zhao Y, Ren L, Liao Z, et al. A novel model predictive direct torque control method for improving steady-state performance of the synchronous reluctance motor [J]. Energies, 2021, 14 (8): 2256.

11）Ni F, Mu S, Kang J, et al. Robust controller design for maglev suspension systems based on improved suspension force model [J]. IEEE Transactions on Transportation Electrification, 2021, 7 (3): 1765-1779.

12）Sun Y, Xu J, Chen C, et al. Reinforcement learning-based optimal tracking control for levitation system of maglev vehicle with input time delay [J]. IEEE Transactions on Instrumentation and Measurement, 2022, 71: 1-13.

13）Sun Y, Xu J, Wu H, et al. Deep learning based semi-supervised control for vertical security of maglev vehicle with guaranteed bounded airgap [J]. IEEE Transactions on Intelligent Transportation Systems, 2021, 22 (7): 4431-4442.

14）Sun Y, Wang S, Lu Y, et al. Control of time delay in magnetic levitation systems [J]. IEEE Magnetics Letters, 2021, 13: 1-5.

15）Sun Y, Xu J, Lin G, et al. RBF neural network-based supervisor control for maglev vehicles on an elastic track with network time delay [J]. IEEE Transactions on Industrial Informatics, 2020, 18 (1): 509-519.

16）Sun Y, Qiang H, Xu J, et al. Internet of Things-based online condition monitor and improved adaptive fuzzy control for a medium-low-speed maglev train system [J]. IEEE Transactions on Industrial Informatics, 2019, 16 (4): 2629-2639.

17）Sun Y, Xu J, Qiang H, et al. Adaptive neural-fuzzy robust position control scheme for maglev train systems with experimental verification [J]. IEEE Transactions on Industrial Electronics, 2019, 66 (11): 8589-8599.

18）马志勋，刘思明，牛海川，韩耀飞，林国斌．基于EtherCAT的磁浮交通PMLSM驱动系统架构及控制研究［J］．电气工程学报，2022，17（2）：73-82.

19）康劲松，张凤岗．基于谐波提取的非隔离型并网光伏逆变器漏电流检测研究［J］．中国电机工程学报，2020，40（7）：2113-2122+2391.

20）康劲松，王硕．基于Newton-Raphson搜索算法的永磁同步电机变电感参数最大转矩电流比控制方法［J］．电工技术学报，2019，34（8）：1616-1625.

代表性专利（限10项）：

1）康劲松，母思远，刘宇松．一种静止坐标系电机分布式参数模型建立方法［P］．上海市：CN109150049B，2020-04-28.

2）康劲松．一种基于直接特征控制的新型凸极永磁同步电机控制方法［P］．浙江省：CN105871278B，2019-01-15.

3）康劲松，武松林，王硕，蒋飞．一种基于直接特征控制的鼠笼式感应电机控制系统及方法［P］．上海市：CN105915147B，2018-12-18．

4）康劲松，李旭东，母思远，刘宇松．车用永磁同步电机无位置传感器模型预测控制系统及方法［P］．上海市：CN109039204B，2020-06-26．

5）康劲松，王硕，武松林，蒋飞．一种双向准Z源逆变式电机驱动系统的控制方法［P］．上海市：CN105897099B，2018-10-26．

6）徐俊起，孙友刚，陈琛，荣立军，林国斌，倪菲，吉文，宋一锋．一种用于磁浮列车的悬浮控制系统和控制方法［P］．上海市：CN111806245B，2021-10-08．

7）韩艺婷，倪菲．一种用于智能车辆的信息感知装置［P］．上海市：CN211617614U，2020-10-02．

8）梁海泉，韦莉，胡景泰，王之琪，陈宇飞，吴婷．一种储能式城轨列车的节能与安全综合计算方法［P］．上海市：CN106650184B，2019-01-29．

9）赵元哲，孙彦，任林杰，林国斌，晁睿杰．一种电压补偿型变压器励磁涌流抑制装置［P］．上海市：CN109599837B，2020-06-02．

10）赵元哲，林国斌，潘洪亮．一种中低速磁浮列车低噪声受流系统［P］．上海市：CN108528223B，2021-09-03．

团队所获荣誉：团队带头人康劲松博士，科研成果曾获上海市技术发明奖二等奖、上海市科技进步奖三等奖，曾获得中国电源学会首届科技进步奖-青年奖、中国产学研合作促进会产学研合作创新奖。

团队成员胡景泰博士，曾获机械工业科技进步奖一等奖1项、二等奖2项、三等奖多项。获得原机械工业部的"中国机械工业青年科技专家"、上海市科委的"优秀学科带头人"、国务院的"享受国务院政府特殊津贴专家"等奖励。

团队成员马志勋博士，曾获第30届中国控制与决策会议"张嗣瀛优秀青年论文奖"。

团队成员孙友刚博士，曾获2021年度吴文俊人工智能科技进步二等奖、2020年度上海市技术发明奖二等奖、第二十一届"铁路青年五四奖章"。

团队成员刘森轶博士，2022年获得了上海市海外领军计划和IEEE交通电气化学会最佳博士论文奖。

团队简介：

团队带头人康劲松博士，同济大学教授、博导，磁浮技术铁路行业重点实验室常务副主任，同济中车创新研究中心副主任，中国电源学会理事，交通电气化专委会副主任委员，中国电工技术学会电气自动化专委会委员，第五届电气化交通前沿技术论坛主席，IEEE高级会员。2007年作为访问学者在加拿大瑞尔森的LEADER研究所学习一年，师从IEEE Fellow 吴斌教授，2013年作为访问教授在德国亚琛工业大学E.ON能源研究中心学习半年，师从IEEE Fellow De Doncker教授。曾作为美国弗吉尼亚理工大学、英国诺丁汉大学、剑桥大学、澳大利亚悉尼大学等访问教授。长期致力于载运工具电动化与智能化研究，尤其在高速磁浮与轨道车辆、电动汽车领域。曾主持或作为技术负责人承担国家"十五""十一五""十二五"863计划电动汽车重大专项子课题、"十三五"轨道交通重点专项子课题、高铁联合基金项目、国家自然科学基金项目、原铁道部重点项目、教育部项目、上海市科委项目，以及中国中车等企业合作项目。主编国家级规划教材《电力电子技术》，参编《新能源汽车电机技术与应用》《电力传动控制系统》《电机控制技术》等著作。科研成果曾获上海市技术发明奖二等奖、上海市科技进步奖三等奖、中国电源学会首届科技进步奖-青年奖、中国产学研合作促进会产学研合作创新奖。在行业重要期刊、国际会议上发表学术论文共140余篇，授权发明专利20余项。

团队成员胡景泰博士，同济大学教授级高工，同济轨道交通综合实验中心主任。曾获机械工业科技进步奖一等奖1项、二等奖2项、三等奖多项。获得原机械工业部的"中国机械工业青年科技专家"、上海市科委的"优秀学科带头人"、国务院的"享受国务院政府特殊津贴专家"等奖励。

团队成员钱存元博士，同济大学副教授，长期致力于轨道车辆电力牵引控制、检测和诊断技术领域。主持和参与国家863计划高新技术项目、国家科技支撑项目、铁道部科技项目、上海市科委科技攻关项目、上海市经信委产学研合作项目、国际合作项目以及企业科研合作项目等40多项；发表学术论文50多篇，编著教材3部，参与编写标准2部。

团队成员马志勋博士，同济大学副研究员、博导，研究方向为磁悬浮与轨道交通牵引控制、电机及电磁控制、电力电子变换器控制等。中国电源学会高级会员，交通电气化专业委员会委员，IEEE高级会员。主持包括上海市自然科学基金、揭榜挂帅以及横向课题等6项，出版专著2部，发表期刊论文20余篇。

团队成员倪菲博士，同济大学副研究员、博导，中国电源学会青年工作委员会委员，世界交通运输大会（WTC）磁浮交通技术委员会委员，德国TUV莱茵轨道交通领域专家库成员，主要研究方向为磁浮列车鲁棒控制与可靠性分析、电力-交通融合系统分析与优化。

团队成员孙友刚博士，同济大学副教授、博导，中国人工智能学会智能服务专委会委员，中国自动化学会青工委委员，世界交通大会（WTC）磁浮交通技术委员会委员。主持或参与国家自然科学基金、上海市磁浮与轨道交通协同创新中心项目等科研项目20余项。已发表学术论文50余篇。

团队成员胡浩博士，同济大学讲师、硕士研究生导师。长期致力于载运工具电动化与智能化研究，尤其在电力牵引及控制、电气传动、电力电子等领域。在行业重要期刊、国际会议上发表学术论文20余篇。

团队成员梁海泉博士，同济大学讲师、硕士研究生导师。主持"十四五"国家重点研发计划"揭榜挂帅"专项项目，中国铁道科学研究院集团有限公司，"动车组和机车牵引与控制国家重点实验室开放课题"项目。发表了多篇SCI/EI学术论文。

团队成员赵元哲博士，同济大学助理教授、硕士研究生导师。主持或参与国家自然科学基金、教育部产学研协同育人项目、国家科技部重点研发计划等 8 项，在行业重要期刊、国际会议上发表学术论文 10 余篇，授权发明专利 6 项。

团队成员王汉卿博士，同济大学助理教授、硕士研究生导师。致力于燃料电池汽车储能系统建模、燃料电池剩余寿命预测与健康管理燃料电池多模块应用研究领域。发表国际期刊和会议论文 10 余篇，主持或参与法国国家研究总署重点项目，法国国家投资银行、法国弗吉亚集团、中国国家自然科学基金等项目。

团队成员刘森轶博士，同济大学助理教授、硕士研究生导师。从事轨道交通车辆牵引系统的相关研究。在电机驱动控制、电磁设计、无线电能传输领域发表了 30 余篇 SCI 论文，授权 2 个中国专利及 1 个美国专利。2022 年获得了上海市海外领军计划和 IEEE 交通电气化学会最佳博士论文奖。

89. 同济大学电力电子与新能源发电课题组

地址：上海市嘉定区曹安公路 4800 号
邮编：201804
电话：13867150432
团队邮箱：tqian@tongji.edu.cn
团队人数：11
团队带头人：钱挺
研究方向：功率变换器的新型拓扑与超快速控制，新能源转换与控制，新器件在功率变换器中的应用，功率变换器的芯片集成，有源滤波器的控制方案等

团队简介：

团队带头人钱挺，1977 年 12 月生，博士，教授，同济大学电气工程系主任，第五批"国家青年千人计划"入选者，IEEE Transactions on Power Electronics, Associate Editor。1999 年 6 月和 2002 年 3 月分别获得浙江大学学士和硕士学位；2008 年 1 月获得美国东北大学（Northeastern University）博士学位；2007 年 10 月至 2013 年 2 月留美工作，任美国得州仪器公司（Texas Instruments）系统工程师；2013 年 6 月至今在同济大学工作，先后任副教授、教授。以第一作者发表 9 篇 SCI 国际期刊论文（其中 7 篇为 IEEE Transactions 论文）和 12 篇 EI 收录论文。

团队依托同济大学电气工程系开展电力电子与新能源方向的研究工作，目前有教授 1 人，研究生 10 人，主要研究方向包括：功率变换器的新型拓扑与超快速控制、新能源转换与控制、新器件在功率变换器中的应用、功率变换器的芯片集成、有源滤波器的控制方案等。团队一直致力于学术探索与工程应用相结合的研究，长期与美国东北大学 Brad Lehman 教授的电力电子团队保持紧密合作，并与领域内的知名公司开展合作研究。

90. 温州大学智慧海洋数字综合能源变换技术创新团队

地址：浙江省温州市高教园区温州大学南校区 1 号楼
邮编：325035
电话：0577-86593861
邮箱：20170194@wzu.edu.cn
团队人数：36
团队带头人：戴瑜兴
主要成员：朱翔鸥、曾国强、董长昆、张正江、韦文生、朱海永、阮秀凯、黄世沛、闫正兵、朱志亮、王环、谢文浩、彭子舜、刘峰、李志红等
研究方向：海洋工程电源技术与装备，电气数字化与综合能源系统等

团队在研项目：

1）国家自然科学基金，H/3C-S 式异构结制备及其电学特性研究。

2）国家自然科学基金，基于 CNT 场发射增强效应的微型氮检测传感器的机理与应用基础研究。

3）国家自然科学基金，强电流滑动摩擦副表面粗糙度特性及其对电接触性能的影响。

4）国家自然科学基金，数据中心多电平谐振开关电容变换器宽范围调压机理与多参数建模研究。

5）国家自然科学基金，调 Q 自拉曼涡旋激光：产生、调控及腔内变频。

6）国家自然科学基金，基于高阶空间模式动态串扰抑制的少模光纤链路高灵敏度故障检测研究。

7）深圳市技术攻关重点项目，超高功率密度芯片式电源模块关键技术研发。

8）浙江省自然科学基金探索项目，航天电磁继电器长期热待机退化机理与无子样可靠性预计关键技术。

9）浙江省自然科学基金探索项目，基于波形重构与分集合并接收的长距离高灵敏度少模光反射仪技术研究。

10）浙江省自然科学基金，数据中心高功率密度高效宽范围调压的谐振开关电容变换器研究。

11）浙江省自然科学基金，切换 2-D 连续-离散系统的稳定性与事件触发控制。

12）浙江省自然科学基金，基于找那个交偏振光纤表面波导模谐振的体/面参量多元传感技术。

团队科研成果：

1. 代表性论文

1) F Liu, W Zhang, P Wu, et al. Fault detection sensitivity enhancement based on high-order spatial mode trend filtering for few-mode fiber link [J]. Opt Express, 2021, 29 (4)：5226-5235.

2) J Mao, T Yan, S Huang, et al. Sampled-data output feedback leader-following consensus for a class of nonlinear multi-agent systems with input unmodeled dynamics [J]. International Journal of Robust and Nonlinear Control, 2021, 31 (9)：4203-4226.

3) J Chen, M Chen, G Zeng, et al. Weng, BDFL: A Byzantine-Fault-Tolerance Decentralized Federated Learning Method for Autonomous Vehicle [J]. IEEE Transactions on Vehicular Technology, 2021, 70 (9)：8639-8652.

4）W Xie, B Brown, K Smedley. Multilevel Step-Down Resonant Switched-Capacitor Converters With Full-Range Regulation［J］. IEEE Transactions on Industrial Electronics, 2021, 68（10）: 9481-9492.

5）Z He, F Liu, W Zhang, et al. Analysis of characteristics of few-mode fiber fusion splicing under dynamic spatial mode crosstalk［J］. Applied Optics, 2021, 60（30）: 9432-9439.

6）G Hu, Z Zhang, R Chen, et al. Elman Neural Networks Combined with Extended Kalman Filters for Data-Driven Dynamic Data Reconciliation in Nonlinear Dynamic Process Systems［J］. Industrial & Engineering Chemistry Research, 2021, 60（42）: 15219-15235.

7）W Zhu, Z Zhang, A Armaou, et al. Dynamic data reconciliation to improve the result of controller performance assessment based on GMVC［J］. ISA Transactions, 2021, 117: 288-302.

8）W Xie, K Smedley. Seven Switching Techniques for the Ladder Resonant Switched-Capacitor Converters With Full-Range Voltage Regulation［J］. IEEE Transactions on Industrial Electronics, 2022, 69（8）: 7897-7908.

9）F Chen, F Lin, H Lan, et al. Characterization of sidebands in fiber lasers based on nonlinear Fourier transformation［J］. Optics express, 2022, 31（5）: 7554-7563.

10）G Hu, L Xu, Z Zhang, et al. Correntropy based Elman neural network for dynamic data reconciliation with gross errors［J］. Journal of the Taiwan Institute of Chemical Engineers, 2022, 140: 104568.

11）Y Ye, M Chen, H Zou, et al. GID: Global information distillation for medical semantic segmentation［J］. Neurocomputing, 2022, 503: 248-258.

12）B Chen, Y Chen, G Zeng, et al. Fractional-order convolutional neural networks with population extremal optimization［J］. Neurocomputing, 2022, 477: 36-45.

13）Y Zhou, X Chu, Y Qian, et al. Investigation of noise-like pulse evolution in normal dispersion fiber lasers mode-locked by nonlinear polarization rotation［J］. Opt Express, 2022, 30（19）: 35041-35049.

14）W Zhang, F Liu, Z He, et al. Fault detection performance of a multi-mode transmission reflection analysis for a few-mode fiber link［J］. Optics Letters, 2022, 47（1）: 74-77.

15）W Huang, W Qian, H Luo, et al. Field emission enhancement from directly grown N-doped carbon nanotubes on stainless steel substrates［J］. Vacuum, 2022, 198: 110900.

16）G Che, X Hu. Optimal trajectory? tracking control for underactuated AUV with unknown disturbances via single critic network based adaptive dynamic programming［J］. Journal of Ambient Intelligence and Humanized Computing, 2023, 14: 7265-7279.

17）Z Zhang, Z Hong, Z Zhang, et al. Nonlinear Auto Regressive Elman Neural Network Combined with Unscented Kalman Filter for Data-driven Dynamic Data Reconciliation in Dynamic Systems［J］. Measurement Science and Technology, 2023, 34: 125039.

18）Z Wang, S Tian, H Gao, et al. An On-line Detection Method and Device of Series Arc Fault Based on Lightweight CNN［J］. IEEE Transactions on Industrial Informatics, 2023, 19（10）: 9991-10003.

19）G Hu, L Xu, Z Zhang. Gaussian process regression combined with dynamic data reconciliation for improving the performance of nonlinear dynamic systems［J］. Nonlinear dynamics, 2023, 111: 15145-15163.

20）Z Li, X Yang, FWang, et al. Discriminating Bulk and Surface Refractive Index Changes With Fiber-Tip Leaky Mode Resonance［J］. Journal of Lightwave Technology, 2023, 40（13）: 4341-4351.

21）H Lan, F Chen, Y Wang, et al. Polarization dynamics of vector solitons in a fiber laser［J］. Journal of Lightwave Technology, 2023, 31（13）: 21452-21463.

22）Z Wang, Z Li, C Han, et al. Mathematical model of pantograph arc based on probability distribution of arc parameters［J］. IEEE Transactions on Transportation Electrification, 2023, 9（2）: 2026-2037.

23）Z Li, F Wang, Y Wang, et al. Decoupling bulk and surface characteristics with a bare tilted fiber Bragg grating［J］. Optics express, 2023, 31（12）: 20150-20159.

24）W Zhu, Z Zhang, J Chen, et al. Using dynamic data reconciliation to improve the performance of PID feedback control systems with Gaussian/non-Gaussian distributed disturbance and measurement noise［J］. ISA Transactions, 2023, 137（17）: 544-560.

25）T Xia, Z Zhang, Z Hong, et al. Design of fractional order PID controller based on minimum variance control and application of dynamic data reconciliation for improving control performance ［J］. ISA Transactions, 2023, 133: 91-101.

2. 部分授权发明专利

1）戴瑜兴、彭子舜、胡文、章纯、朱志亮、王环. 一种基于器件混合技术的模块化逆变系统冗余管理策略, 发明专利, 专利号: ZL 202111610396. 8。

2）戴瑜兴、彭子舜、朱方、曾国强、张正江、闫正兵、王环、章纯、胡文、黄世沛. 一种逆变器共模电磁干扰噪音抑制方法及系统, 发明专利, 专利号: ZL202010523138. 5。

3）朱翔鸥、徐玉、和志文、戴瑜兴. 一种大电流电源及其恒流控制方法及系统, 发明专利, 专利号: ZL201910588330. X。

4）韦文生、余寿豪、张夏彬、莫越达、黄文喜、周迪、何明昌. 一种宽禁带半导体异质结渡越时间二极管噪声检测方法及系统, 发明专利, 专利号: ZL202011059069. 3。

5）朱翔鸥、和志文、戴瑜兴. 一种单火线取电开关供电系统自校正同步脉冲触发方法, 发明专利, 专利号: ZL202010330936. 6。

6）曾国强、董璐、陈碧鹏、王环、戴瑜兴、李理敏、吴烈. 一种用于直流降压变换器的多目标分数阶 PID 控制

7) 韦文生、莫越达、白凯伦. 一种 SiC 异构结微波二极管噪声的评价方法及系统, 发明专利, 专利号: ZL202011079917.7。

8) 戴瑜兴、彭子舜、朱方、曾国强、张正江、闫正兵、王环、胡文、章纯、黄世沛. 一种基于 Si/SiC 混合开关的优化方法及系统, 发明专利, 专利号: ZL202010522487.5。

9) 朱翔鸥、孙创、赵升、郭凤仪、李俐、张应林、张正江、闫正兵、戴瑜兴. 一种热双金属片的残余应力消除方法及挠度测量装置, 发明专利, 专利号: ZL202110149406.6。

10) 莫越达、韦文生、黄文喜、何明昌. 一种微弱电流测量装置, 发明专利, 专利号: ZL202110696949.X。

11) 朱翔鸥、王玲、周杨、张正江、闫正兵、赵升、章纯、王守冬、戴瑜兴. 基于多目标粒子群算法的强迫风冷散热器优化方法及系统, 发明专利, 专利号: ZL202110598065.0。

12) 胡文、钟瑞龙、王环、彭子舜、戴瑜兴、章纯. 计及时滞和噪声干扰的最优电力系统负荷频率控制方法, 发明专利, 专利号: ZL202110546291.4。

13) 刘峰、张文萍、吴平、何振兴. 一种基于多模式传输反射分析少模光纤故障的装置及方法, 发明专利, 专利号: ZL202110400956.0。

14) 韦文生、戴森荣、余寿豪、彭栋梁、郭文、周迪、何明昌. 一种光敏型 SiC 异构结多势垒变容二极管, 发明专利, 专利号: ZL202110203368.8。

15) 韦文生、吴晓华、莫越达、王渊、熊愉可、何明昌、周迪. 纳米硅/非晶碳化硅异质结多势垒变容二极管及制备方法, 发明专利, 专利号: ZL202110203412.5。

16) 朱翔鸥、王玲、韩鹏、赵升、戴瑜兴、郭凤仪. 一种电流作用下触点温升校核方法, 发明专利, 专利号: ZL202011580872.1。

17) 张正江、祝旺旺、戴瑜兴、赵升、闫正兵、黄世沛、王环. 一种用于逆变器控制系统基于模型的鲁棒滤波方法, 发明专利, 专利号: ZL202010699871.2。

18) 刘峰、王锋、丁高逸扬. 一种空间模式复用少模光时域反射仪及其实现方法, 发明专利, 专利号: ZL202210457825.0。

19) 朱翔鸥、和志文、戴瑜兴. 一种单火线取电开关供电系统及控制方法, 发明专利, 专利号: ZL20201331207.2。

20) 曾国强、章学树、陈碧鹏、吴烈、李理敏、王环. 基于混合仿真技术的架空配电网避雷器安装位置优化方法, 发明专利, 专利号: ZL201810865161.5。

团队所获荣誉:

1) 2020 年度国家科学技术进步奖二等奖: 海岛/岸基高过载大功率电源系统关键技术与装备及应用。

2) 第二十一届中国专利金奖: 海岛特种电源供电系统。

3) 第二届全国博士后创新创业大赛金奖: 能源路由的系统集成关键技术研究及产业化。

4) 2015 年度教育部科学技术进步奖一等奖: 海岸工程兆瓦级特种变流电源关键技术及应用。

5) 2017 年度中国机械工业科学技术奖特等奖: 海岛/岸基大功率特种电源系统关键技术与成套装备及应用。

6) 2021 年度发明创业奖创新奖一等奖: 高海拔高温差光伏发电系统关键技术及应用。

7) 2019 年度教育部科学技术进步奖二等奖: 海岛/岸基微电网系统与模块化成套设备。

8) 2022 年度浙江省自然科学奖三等奖: 中红外光参量振荡波长调谐和级联变频机制研究。

9) 第二十三届中国专利优秀奖: 一种高网光伏系统负载管理方法及系统。

10) "十三五" 机械工业优秀创新团队奖: 海岛/岸基大功率特种电源技术创新团队。

团队简介:

团队现有科研工作人员 36 人, 并获批建设 "浙江省海岸工程特种电源技术创新团队" 和 "温州市领军高水平创新团队", 是电气数字化设计技术国家地方联合工程研究中心的核心团队。团队面向海洋强国战略和浙江省海洋经济发展规划, 对大功率高可靠特种电源的重大需求, 围绕海洋工程电源技术与装备、电气数字化与综合能源系统等方面开展创新研究, 研发的海岛/岸基特种电源等新产品, 成功应用于南海诸岛、泊船基地以及 "西气东输" 等国家重大工程。团队带头人戴瑜兴教授及团队核心成员主持完成的科研成果, 荣获国家科技进步二等奖 1 项、中国专利金奖 1 项、教育部科技进步一等奖 1 项、二等奖 2 项、发明创业奖创新奖一等奖 1 项、全国博士后创新创业大赛金等科技奖 1 项等科技奖励, 并荣获 "十三五" 机械工业优秀创新团队奖。

团队带头人戴瑜兴, 博士, 二级教授, 博士生导师, 享受国务院政府特殊津贴专家, 中国电工技术学会会士、中国发明协会会士、当代发明家。历任湖南大学教授、系主任、学科带头人。创建电气数字化设计技术国家地方联合工程研究中心并担任主任。主持国家重大科技专项、国家发改委项目以及省部级科研项目近 30 项, 在海洋工程特种电源装备、电子器件基片切磨抛机床制造领域取得了一系列创造性成果, 发表高水平论文 200 余篇, 获授权发明专利 120 余项, 参与制定国家标准 6 项。近年来, 作为第一完成人, 荣获国家科技进步奖二等奖、中国专利金奖、中国机械工业科学技术奖特等奖、教育部科技进步奖一等奖、湖南省科技进步奖一等奖等科技奖项。

91. 无锡太湖学院江苏省物联网应用技术重点建设实验室

地址: 江苏省无锡市钱荣路 68 号无锡太湖学院 13 号楼 419 室

邮编: 214064

电话: 18261537678

团队邮箱: 1905447@qq.com

团队人数: 3

团队带头人: 刘剑滨

主要成员: 李莎、张喆

研究方向: 开关电源, LED 照明, 智能控制, 物联网技术应用等

团队简介：

团队核心成员3人，刘剑滨、张喆为具有20余年企业工作经验、3年高校工作经验的高级工程师，具有丰富的研发及产业化经验；李莎为具有10余年高校工作经验的副教授，具有扎实的理论基础。

团队长期从事开关电源、电力电子、物联网应用方面研究。

92. 武汉大学电气与自动化学院大功率电力电子技术研究中心

地　址：湖北省武汉市武汉大学电气与自动化学院3412
电　话：13871102226
团队邮箱：xmzha@whu.edu.cn
团队人数：50
团队带头人：查晓明
主要成员：孙建军、潘尚智、刘飞、黄萌、宫金武、田震、刘懿、张远志、高玉婷

研究方向：

基础研究：电力电子电磁过程与器件材料，包括电磁兼容、半导体材料效应、测量与传感技术。

主攻方向：新型电力系统中的电力电子技术，包括电力电子化电力系统、多端口电力电子变流器、电力电子装备的安全性和可靠性、高功率密度电力电子技术。

培育方向：新能源汽车高效电机及其驱动，包括高速高效高转矩密度电机系统设计、飞轮储能系统集成、电机驱动控制与集成。

团队在研项目： 多尺度激励下网络动态特性的形成机理与统一建模理论和方法，国家自然科学基金智能电网联合基金集成项目课题（U1866601）；电力系统安全性框架下并网电力电子变流器运行韧性分析及评估研究，国家自然科学基金重点项目（51637007）。

团队科研成果：

团队贡献：

1) 国际上首次提出了电力系统安全性框架下并网电力电子变流器运行韧性分析与评估理论方法，丰富了高比例电力电子设备电力系统安全性评价方法。主持国家自然科学基金重点项目，结题获评优秀（2022）。

2) 提出了新能源汇集接入和配电网中应用的大功率并网电力电子变流器稳定运行能力提升方法，建立了电网适应性试验平台，支撑了多项国家标准的制定和贯标。分获湖北省科技进步一等奖（2021）和中国电力科技进步一等奖（2020）。

3) 发明了多种多端口高压大功率级联多电平变换器结构，满足多源接入及多元用户应用场景的需求。获教育部技术发明二等奖（2017）。

4) 开展了电力电子化电力系统动态问题研究，主持了智能电网联合基金重大项目课题、国防973计划专题，参与科技部973计划、国家自然科学基金重大项目等多个项目研究，解决了舰船综合电力系统安全稳定性问题。获军队科技进步一等奖（2010）。

5) 开发了大功率高压变频器、高压SVG、有源电力滤波器、大功率测试电源等产品，并在湖北省内及省外企业进行了产业化推广。分获湖北省科技进步二等奖（2013）和湖北省技术发明二等奖（2005）。

团队参编专著及行业标准：

1)《电力电子并网变流器运行韧性分析与控制》，科学出版社，2022。

2)《并联型有源电能质量治理设备性能检测规程》，GB/T 35726—2017。

3)《低压有源电力滤波器技术规范》，DL/T 1796—2017。

4)《低压有源电力滤波器检测规程》，DL/T 2096—2019。

团队代表性论文：

1) X Zha, M Huang, Y Liu, Z Tian. An overview on safe operation of grid-connected converters from resilience perspective: Analysis and design [J]. International Journal of Electrical Power and Energy Systems, 2022, 143 (6): 108511.

2) X Zha, Y S Liu, M Huang. Resilient power converter: a grid-connected converter with disturbance/attack resiliency via multi-timescale current limiting scheme [J]. IEEE Journal on Emerging and Selected Topics in Circuits and Systems, 2021, 11 (1): 59-68.

3) X Zha, S Liao, M Huang, J Sun. Dynamic aggregation modeling of grid-connected inverters using Hamilton′s-action-based coherent equivalence [J]. IEEE Transactions on Industrial Electronics, 2019, 66 (8): 6437-6448.

4) 廖书寒，查晓明，黄萌，孙建军，胡伟. 适用于电力电子化电力系统的同调等值判据 [J]. 中国电机工程学报，2018, 38（9）: 2589-2598+2827.

5) J Zhao, M Huang, H Yan, C K Tse, X Zha. Nonlinear and transient stability analysis of phase-locked loops in grid-connected converters [J]. IEEE Transactions on Power Electronics, 2021, 36 (1): 1018-1029. (Highly cited paper 2022.9)

6) X Diao, F Liu, Y Song, X Zha. Topology Simplification and Parameter Design of Z/T/C-Source Circuit Breakers [J]. IEEE Journal on Emerging and Selected Topics in Circuits and Systems, 2021, 9 (6): 7066-7077.

7) Y Zhuang, F Liu, X Zhang, Y Huang, X Zha, Z Liu. Short-Circuit Fault-Tolerant Topology for Multiport Cascaded DC/DC Converter in Photovoltaic Power Generation System [J]. IEEE Transactions on Power Electronics, 2021, 36 (1): 549-561.

8) 庄一展，刘飞，黄艳辉，刁晓光，黄文慧，查晓明. 模块化串联光伏直流变换器的环形功率均衡拓扑及效率优化策略 [J]. 中国电机工程学报，2022, 42 (5): 1657-1669.

9) Y Liu, M Huang, C K Tse, HHC Iu, Z Yan, X Zha. Stability and Multiconstraint Operating Region of Grid-

Connected Modular Multilevel Converter Under Grid Phase Disturbance [J]. IEEE Transactions on Power Electronics, 2021, 36（11）：12551-12554.

10）Y Zhuang, F Liu, Y Huang, S Wang, M Zha. A Multi-port DC Solid-state Transformer for MVDC Integration Interface of Multiple Distributed Energy Sources and DC Loads in Distribution Network [J]. IEEE Transactions on Power Electronics, 2021, 37（2）：2283-2296.

团队所获荣誉：湖北省科技进步一等奖（2021），中国电力科技进步一等奖（2020），教育部技术发明二等奖（2017）

团队简介：

团队在学术带头人查晓明教授的带领下，长期从事大功率电力电子技术研究及其在电力系统中的应用工作。主要研究领域包括电力电子功率变换系统、智能电网及新能源发电中的电力电子技术应用、电能质量分析与控制、高压大功率电机的变频调速技术等。近年来，主持和参与国家自然科学基金重大、重点、面上项目、国家重点研发计划课题、973计划国防项目以及国家电网公司/南方电网公司项目等。团队成果获湖北省科技进步一等奖、中国电力科技进步一等奖、教育部技术发明二等奖等十余项。产业化成果包括：大功率电机用的高压变频器、动态无功补偿装置、有源电力滤波器，以及应用于电力系统及新能源领域测试专用的高电压大功率试验电源等。

93. 武汉理工大学电力电子技术研究所

地址：湖北省武汉市珞狮路122号
电话：027-87859049
团队邮箱：zhgr_55@whut.edu.cn
团队带头人：朱国荣
主要成员：林德焱、黄云辉、徐应年、张侨、邓翔天、熊松、康健强、罗冰洋、孟培培、王菁
研究方向：电力电子，电池储能，船舶电气
团队简介：

电力电子技术研究所是武汉理工大学自动化学院内设机构，由朱国荣、康健强、黄云辉等十多名导师以及数十名硕、博士生共同组建了多个导学团队。主要从事电力电子相关的教学科研工作，专注于电池储能的理论研究和船舶电气的应用开发。

94. 武汉理工大学夏泽中团队

地址：湖北省武汉市洪山区珞狮路205号
邮编：430070
电话：18771025810
团队人数：10
团队带头人：夏泽中
主要成员：唐智、纪晓泳、马一鸣、欧阳雷
研究方向：DC-DC变换器，双向AC-DC变换器
团队简介：

年轻有活力的团队，对电力电子有兴趣，大家都在探索中不断成长。

95. 武汉理工大学自动控制实验室

地址：湖北省武汉市洪山区珞狮路205号武汉理工大学马房山校区东院自动化学院实验楼
邮编：430070
电话：15827553507
团队人数：43
团队带头人：苏义鑫
主要成员：张丹红、谌刚、姜文、顾文磊、朱敏达、金铸浩、左立刚、夏慧雯等
研究方向：网络通信，嵌入式控制，电机运行与控制
团队简介：

团队有43人，主要包括几位导师、在读研究生和在读博士，主要研究方向包括：神经网络算法与应用、风力发电并网运行与控制、永磁同步电机运行与控制等。

96. 西安电子科技大学电源技术应用研究所

地址：陕西省西安市西安电子科技大学北校区老科技楼一楼
邮编：710071
电话：13991846490
传真：029-88203312
团队邮箱：wsp_121@163.com
团队人数：18
团队带头人：王水平
主要成员：周佳社、王禾、李凯利、周崇杰、吴世杰、黄淑梅
研究方向：电源技术应用，智能锁电子模组
团队简介：

电源技术应用研究所以西安电子科技大学周佳社教授任所长，王水平教授为学术带头人兼总工，研发团队主要来西安电子科技大学与西北工业大学航海学院。目前研发团队共有11人，其中教授2人，博士4人。

30多年来以在电源技术领域教学与科研的积淀为依托，致力于高等院校电源教学实验平台构建以及各类特种电源、新能源优化器、智能家居等新产品研制和电力、通信行业相关技术的开发和咨询服务。

97. 西安电子科技大学电源网络设计与电源噪声分析团队

地址：陕西省西安市太白南路2号西安电子科技大学电路CAD研究所376信箱
邮编：710071
电话：029-88203008
传真：029-88203007
网址：http://seeweb.710071.net/iecad/index.asp
团队人数：20
团队带头人：李玉山
主要成员：初秀琴、刘洋、路建民、李先锐、史凌峰、代国定、王君
研究方向：电源完整性分析与电源分配网络设计，EBG结构、DC-DC稳压源芯片设计

团队简介：

负责人李玉山教授/博士生导师，教育部超高速电路设计与电磁兼容重点实验室学术委员会副主任；初秀琴副教授/硕士生导师，电路CAD研究所常务副所长、教育部超高速电路设计与电磁兼容重点实验室副主任；史凌峰教授/电路与系统学科博士生导师；代国定副教授/硕士生导师；刘洋副教授/硕士生导师；李先锐副教授/硕士生导师；路建民讲师；王君博士。

98. 西安交通大学电力电子与新能源技术研究中心

地址：陕西省西安市咸宁西路28号交大电气学院
邮编：710049
电话：029-82667858
传真：029-82665223
网址：http://www.perec.xjtu.edu.cn/
团队人数：16
团队带头人：刘进军
主要成员：杨旭、卓放、裴云庆、肖国春、王跃、王来利、甘永梅、贾要勤、何英杰、张笑天、雷万钧、王丰、刘增、易皓、张岩
研究方向：电力电子技术在电能质量控制、输配电系统中的应用，电力电子技术在新能源发电及新型电能系统中的应用，开关电源与特种电源技术，电力传动及运动控制技术，电力电子集成封装技术

团队简介：

团队学术带头人刘进军教授大学就读于西安交通大学电气工程系，于1992年和1997年先后获得工学学士学位和工学博士学位，随后留校在电气工程学院任教至今。1999年12月—2002年2月，在美国弗吉尼亚理工大学电力电子系统研究中心做博士后访问研究。2002年8月晋升教授，2005—2010年兼任电气工程学院副院长，2009年4月—2015年1月兼任西安交通大学教务处处长。2014年获聘教育部长江学者特聘教授。2014年获得"全国优秀科技工作者"荣誉称号。2015年入选西安交通大学首批"领军学者"。现为IEEE电力电子学会副主席、学报副编辑，中国电工技术学会电力电子学会副理事长，中国电源学会副理事长，中国电机工程学会直流输电与电力电子专业委员会委员，教育部全国电气类专业教学指导委员会副主任委员。

团队共有教师16人，其中长江学者1人，科技部中青年科技创新领军人才1人，中组部"青年千人计划"入选者1人，教育部新世纪优秀人才计划入选者3人，教授7人。主要从事电力电子技术的应用基础研究，研究方向涵盖了电力电子技术的各个方面，部分教师还涉及计算机控制网络与微机控制技术。团队是国内电力电子技术领域研究水平居于领先地位的团队之一，也有广泛的国际交流与合作，形成了重要的国际影响。

99. 西安理工大学光伏储能与特种电源装备研究团队

地址：陕西省西安市金花南路5号110信箱
邮编：710048
电话：029-82312013
团队邮箱：sxd1030@163.com
团队人数：7
团队带头人：孙向东
主要成员：任碧莹、张琦、安少亮、陈桂涛、杨惠、张晓滨
研究方向：光伏储能技术，微电网控制技术，特种开关电源技术

团队简介：

研究团队主要由7人组成，其中教授1人、副教授3人，7人都具有博士学位，5人具有国外留学或进修经历。主要有光伏储能技术、微电网控制技术、特种开关电源技术等三个研究方向。光伏储能与微电网控制技术主要涉及光伏发电技术、蓄电池、飞轮和超级电容器等储能技术、微电网电压频率控制技术等。特种开关电源技术主要研究铝镁合金等轻金属微弧氧化电源控制技术、磁控溅射电源技术、电磁搅拌电源技术、感应加热电源技术等。

100. 西安理工大学交流变频调速及伺服驱动系统研究团队

地址：陕西省西安市金花南路5号西安理工大学电气工程学院
邮编：710048
电话：029-82312650
传真：029-82312650
团队邮箱：zhgyin@xaut.edu.cn
团队人数：7
团队带头人：孙向东
主要成员：尹忠刚、王建渊、徐艳平、赵纪龙、周长攀、张延庆
研究方向：新型交流变频调速装置，交流电机设计及控制，伺服驱动，电力电子技术及应用

团队简介：

团队依托西安理工大学电气工程陕西省重点学科、西安市电力电子器件与高效电能变换重点实验室，主要从事高性能交流电机控制及伺服驱动系统及其信息化、智能化、集成化的相关基础研究与应用研究。目前，团队主要由7人组成，其中教授2人，副教授2人，讲师3人，其中新疆"天山学者"1人，陕西省"特支计划"青年拔尖人才1人，"陕西省青年科技新星"1人；此外，在读博士研究生5人，在读硕士研究生32人。在研国家级项目4项，省部级项目9项，企业合作项目5项。主要研究方向为新型交流变频调速装置、交流电机智能化控制、高效永磁电机设计、伺服驱动、电力电子技术及应用等。

101. 西安理工大学无线电能传输团队

地址：陕西省西安市西安理工大学曲江校区综合楼
电话：18710872807
团队邮箱：yanglei0930@xaut.edu.cn

团队人数：20

团队带头人：同向前

主要成员：杨磊、申明、邓亚平、王海燕、潘忠美、文海兵、赵垚澎、尹军、党超亮、陈思磊、黄晶晶、高翔

研究方向：无线电能传输，电能传输，非线性控制

团队在研项目：

1）国家自然科学基金委员会，联合基金项目，U2106218，海下无线供电系统兼容性和能效提升关键技术，2022-01-01 至 2025-12-31，262 万元，在研。

2）国家自然科学基金委员会，青年科学基金项目，52107205，动态海洋环境电场耦合无线电能传输系统瞬态模型和能效提升方法研究，2022-01-01 至 2024-12-31，30 万元，在研。

3）国家自然科学基金委员会，地区科学基金项目，52267019，柔性可集成电能变换器瞬态模型及自适应控制方法，2023-01-01 至 2026-12-31，33 万元，在研。

4）国家自然科学基金委员会，青年科学基金项目，62103328，基于深度学习的多源信息协同化电压暂降溯源方法，2022-01-01 至 2024-12-31，30 万元，在研。

团队科研成果：在无线供电方面主持国家自然科学基金重点项目 1 项，国家自然科学基金面上项目 5 项，陕西省自然科学基金项目 6 项。曾获得陕西省科技进步二等奖、陕西高等学校科学技术奖二等奖、陕西省电源学会青年学术贡献奖等各类科技奖项 10 余项。在国际、国内的重要学术期刊和国际会议上发表论文 200 余篇，其中被 SCI/EI 收录 90 余篇，申请国家发明专利 50 余件，授权 30 余件。对无线供电基站兼容充电和能效提升的关键技术问题等方面有着多年基础研究经验。

团队简介：

团队由电气工程、控制科学与工程、船舶与海洋工程、电子科学与技术、信息与通信工程等学科的专家组成。项目团队在西安理工大学同向前教授的带领下进行了多年的无线供电技术研究并取得了丰硕的研究成果。团队核心成员博士毕业于西北工业大学航海学院、西安交通大学电气工程学院、哈尔滨工业大学电气工程及自动化学院以及东南大学电气工程学院等电气工程和船舶与海洋工程领域国内知名院所。团队成员与功率器件和电路技术领域著名专家 IEEE Fellow、加州大学欧文分校 Guann-Pyng Li 教授，电力电子领域著名专家 IEEE Fellow、加州大学欧文分校 Keyue Ma Smedley 教授，以及产业界专家西安爱科赛博电气股份有限公司白小青董事长（国家"万人计划"科技创业领军人才），亚德诺半导体技术有限公司（Analog Devices, Inc.）高级工程师吴斌博士等有着长期密切合作关系。与无线电能传输领域著名专家新西兰奥克兰大学呼爱国教授，IEEE Fellow、圣地亚哥州立大学米春亭教授，电力电子领域著名专家西安理工大学钟彦儒教授，电力系统领域著名专家 IEEE Fellow、西安交通大学别朝红教授等长期保持沟通交流。团队成员长期从事综合能源开发与控制技术、海下无线供电系统等方面的研究。

102. 西南交通大学电能变换与控制实验室

地址：四川省成都市郫都区犀安路 999 号

邮编：611756

电话：028-66366733

团队邮箱：ghzhou-swjtu@163.com

团队人数：教师 10 人、博士生 15 人、硕士生 75 人

团队带头人：许建平

主要成员：周国华、杨平、马红波、吴松荣、沙金、徐顺刚、何圣仲、陈正格、陈健

研究方向：先进电能变换与控制技术，多源多荷新能源优化利用技术，储能系统及其能量管理技术

团队在研项目：

1）国家自然科学基金"相控阵电子战供电系统宽频脉冲功率解耦与抑制方法"。

2）国家自然科学基金"基于离散移相调制的嵌入式锂电池宽频带阻抗测量方法"。

3）国家自然科学基金"光储直流系统稳定性评估与综合性能提升关键技术"。

4）国家自然科学基金"基于交叉影响抑制与效率提升的单电感多输出开关变换器控制技术"。

5）国家自然科学基金"集成谐振单元及嵌入谐振模态的 AC/DC 变换器关键技术研究"。

6）国家自然科学基金"基于双缘调制的开关功率变换器数字控制技术研究"。

7）国家自然科学基金"基于功率流向图的多端口 DC/DC 变换器拓扑衍生方法研究"。

8）国家自然科学基金"高能源效率、高可靠性 HB-LED 驱动电源关键技术研究"。

9）国家自然科学基金"脉冲序列调制开关功率变换器控制技术研究"。

10）国家自然科学基金"基于纹波控制的开关变换器控制方法研究"。

11）国家自然科学基金"具有快速动态响应开关变换器拓扑结构和控制方法研究"。

12）国家自然科学基金"变结构系统的神经网络控制方法研究"。

13）国家科技支撑计划"高速列车牵引传动系统优化控制策略仿真研究"。

14）国家高技术研究发展计划（863 计划）重点项目"高速检测列车动车组技术——供电监测及故障诊断技术研究"。

团队科研成果：

1. 主要著作

1）Teuvo Suntio. 开关变换器动态特性：建模、分析与控制［M］. 许建平，王金平，等译. 北京：机械工业出版社，2011.

2）周国华，许建平. 开关变换器数字控制技术［M］. 北京：科学出版社，2011.

3）周国华，许建平，吴松荣. 开关变换器建模、分析与控制［M］. 北京：科学出版社，2016.

4) 周国华, 何圣仲, 杨平, 张希. 开关变换器动力学建模与分析 [M]. 北京: 科学出版社, 2018.

5) 沙金, 王金平, 秦明, 许建平. 开关DC-DC变换器脉冲序列调制及控制技术 [M]. 北京: 科学出版社, 2020.

6) 杨平, 张斐, 周国华, 许建平. 三态开关变换器分析与控制 [M]. 北京: 科学出版社, 2022.

2. 主要论文

实验室团队发表论文500余篇, 部分代表性论文如下:

1) R Huang, J Xu, Q Chen, X Guo, H Cao. Reconstructed Phase Voltages Based Power Following Control for Three-Phase Buck Rectifier Under Unbalanced Phase Voltages and Wide AC Input Frequency [J]. IEEE Transactions on Power Electronics, 2023, 38 (2): 2022-2031.

2) J Chen, J Xu, W Song, Q Luo, H A Mantooth. A Suppression Method for Gate-Source Voltage Oscillation With Clamping Function for GaN Devices [J]. IEEE Transactions on Power Electronics, 2023, 38 (2): 1435-1439.

3) F Liu, J Xu, Z Chen, R Huang, X Chen, A Constant Frequency ZVS Modulation Scheme for Four-Switch Buck-Boost Converter With Wide Input and Output Voltage Ranges and Reduced Inductor Current [J]. IEEE Transactions on Industrial Electronics, 2023, 70 (5): 4931-4941.

4) R Huang, J Xu, Q Chen, X Guo, C Zhou. An Optimized Asymmetric Modulation Scheme for Three-Phase Buck Rectifier Without Input Current Distortion at the Sector Boundaries [J]. IEEE Transactions on Power Electronics, 2022, 37 (12): 14040-14044.

5) L Wang, J Xu, Q Chen, Z Chen, X Geng, K Lin. Improved PWM Strategies to Mitigate Dead-Time Distortion in Three-Phase Voltage Source Converter [J]. IEEE Transactions on Power Electronics, 2022, 37 (12): 14692-14705.

6) Z Chen, J Xu, X Liu, P Davari, H Wang, High Power Factor Bridgeless Integrated Buck-Type PFC Converter With Wide Output Voltage Range [J]. IEEE Transactions on Power Electronics, 2022, 37 (10): 12577-12590.

7) R Huang, J Xu, Q Chen, L Wang, X Geng. Independent Current Control With Differential Feedforward for Three-Phase Boost PFC Rectifier in Wide AC Input Frequency Application [J]. IEEE Journal of Emerging and Selected Topics in Power Electronics, 2022, 10 (6): 7062-7071.

8) L Wang, J Xu, Q Chen, Z Chen, R Huang. An Improved Trapezoidal Voltage Method for Dead-Time Compensation in Three-Phase Voltage Source Converter [J]. IEEE Transactions on Power Electronics, 2022, 37 (8): 8785-8789.

9) Z Chen, J Xu, P Davari, H Wang, A Mixed Conduction Mode-Controlled Bridgeless Boost PFC Converter and Its Mission Profile-Based Reliability Analysis [J]. IEEE Transactions on Power Electronics, 2022, 37 (8): 9674-9686.

10) X Geng, J Xu, L Wang, Z Chen, R Huang. Performance Analysis and Improvement of PI-Type Current Controller in Digital Average Current Mode Controlled Three-Phase Six-Switch Boost PFC Rectifier [J]. IEEE Transactions on Power Electronics, 2022, 37 (7): 7871-7882.

11) X Wang, J Xu, S Lu, S Ren, M Leng, H Ma. Single-Receiver Multioutput Inductive Power Transfer System With Independent Regulation and Unity Power Factor [J]. IEEE Transactions on Power Electronics, 2022, 37 (1): 1159-1171.

12) R Huang, D Xu, F Liu, J Sha, J Xu. Embedded Bidirectional Buck-Boost Converter in Half Bridge Class-D Audio Amplifier for Suppressing Bus Voltage Pumping [J]. IEEE Transactions on Industrial Electronics, 2022, 69 (2): 1454-1464.

13) P Yang, X Chen, R Chen, Y Peng, S Wu, J Xu. Stability Improvement of Pulse Power Supply With Dual-Inductance Active Storage Unit Using Hysteresis Current Control [J]. IEEE Journal on Emerging and Selected Topics in Circuits and Systems, 2021, 11 (1): 111-120.

14) X Wang, J Xu, M Leng, H Ma, T Dragicevic. Individually Regulated Dual-Output IPT System Based on Current-Mode Switching Cells [J]. IEEE Transactions on Industrial Electronics, 2021, 68 (12): 12930-12934.

15) Q Chen, J Xu, L Wang, R Huang, H Ma. Analysis and Improvement of the Effect of Distributed Parasitic Capacitance on High-Frequency High-Density Three-Phase Buck Rectifier [J]. IEEE Transactions on Power Electronics, 2021, 36 (6): 6415-6428.

16) Q Chen, J Xu, F Zeng, R Huang, L Wang. An Improved Three-Phase Buck Rectifier With Low Voltage Stress on Switching Devices [J]. IEEE Transactions on Power Electronics, 2021, 36 (6): 6168-6174.

17) X Wang, J Xu, M Ma, S He. Inductive Power Transfer Systems With Digital Switch-Controlled Capacitor for Maximum Efficiency Point Tracking [J]. IEEE Transactions on Industrial Electronics, 2021, 68 (10): 9467-9480.

18) Q Chen, J Xu, R Huang, W Wang, L Wang. A Digital Control Strategy With Simple Transfer Matrix for Three-Phase Buck Rectifier Under Unbalanced AC Input Conditions [J]. IEEE Transactions on Power Electronics, 2021, 36 (4): 3661-3666.

19) J Yi, H Ma, X Li, S Lu, J Xu. A Novel Hybrid PFM/IAPWM Control Strategy and Optimal Design for Single-Stage Interleaved Boost-LLC AC-DC Converter With Quasi-Constant Bus Voltage [J]. IEEE Transactions on Industrial Electronics, 2021, 68 (9): 8116-8127.

20) X Wang, J Xu, M Leng, H Ma, S He. A Hybrid Control Strategy of LCC-S Compensated WPT System for Wide Output Voltage and ZVS Range With Minimized Reactive Current [J]. IEEE Transactions on Industrial Electronics, 2021, 68 (9): 7908-7920.

21) Q Chen, J Xu, Z Tao, H Ma, C Chen. Analysis of

Sector Update Delay and Its Effect on Digital Control Three-Phase Six-Switch Buck PFC Converters With Wide AC Input Frequency [J]. IEEE Transactions on Power Electronics, 2021, 36 (1): 931-946.

22) X Wang, J Xu, M Mao, H Ma. An LCL-Based SS Compensated WPT Converter With Wide ZVS Range and Integrated Coil Structure [J]. IEEE Transactions on Industrial Electronics, 2021, 68 (6): 4882-4893.

23) D Xu, S Zhong, J Xu. Bipolar Phase Shift Modulation Single-Stage Audio Amplifier Employing a Full Bridge Active Clamp for High Efficiency Low Distortion [J]. IEEE Transactions on Industrial Electronics, 2021, 68 (2): 1118-1129.

24) X Wang, J Xu, H Ma, Y Zhang. A Reconstructed S-LCC Topology With Dual-Type Outputs for Inductive Power Transfer Systems [J]. IEEE Transactions on Power Electronics, 2020, 35 (12): 12606-12611.

25) X Wang, J Xu, H Ma, P Yang. A High Efficiency LCC-S Compensated WPT System With Dual Decoupled Receive Coils and Cascaded PWM Regulator [J]. IEEE Transactions on Circuits and Systems II: Express Briefs, 2020, 67 (12): 3142-3146.

26) H Luo, J Xu, D He, J Sha. Pulse Train Control Strategy for CCM Boost PFC Converter With Improved Dynamic Response and Unity Power Factor [J]. IEEE Transactions on Industrial Electronics, 2020, 67 (12): 10377-10387.

27) P Yang, J Cao, Z Shang, Y Cai, J Xu. Double-Line Frequency Ripple Suppression of a Quasi-Single Stage AC-DC Converter [J]. IEEE Transactions on Circuits and Systems II: Express Briefs, 2020, 67 (10): 2074-2078.

28) Y Chen, J Xu, Y Gao, L Lin, J Cao, H Ma. Analysis and Design of Phase-Shift Pulse-Frequency-Modulated Full-Bridge LCC Resonant Converter [J]. IEEE Transactions on Industrial Electronics, 2020, 67 (2): 1092-1102.

29) Y Cai, J Xu, P Yang, G Liu. Design of Double-Line-Frequency Ripple Controller for Quasi-Single-Stage AC-DC Converter With Audio Susceptibility Model [J]. IEEE Transactions on Industrial Electronics, 2019, 66 (12): 9226-9237.

30) X Zhou, J Xu, S Zhong, Y F Liu. Soft Switching Symmetric Bipolar Outputs DC-Transformer (DCX) for Eliminating Power Supply Pumping of Half-Bridge Class-D Audio Amplifier [J]. IEEE Transactions on Power Electronics, 2019, 34 (7): 6440-6455.

3. 授权发明专利

实验室团队授权发明专利100余项，部分专利如下：

1）许建平、王金平、秦明、周国华、吴松荣、牟清波，开关电源的双频率控制方法及其装置，发明专利，专利号：ZL200910058418.7。

2）许建平、张斐、周国华、吴松荣、王金平、秦明，伪连续工作模式开关电源功率因数校正方法及其装置，发明专利，专利号：ZL200910058127.8。

3）许建平、王金平、周国华、吴松荣、秦明，准连续工作模式开关电源双频率控制方法及其装置，发明专利，专利号：ZL200910058420.4。

4）许建平、秦明，一种开关电源的控制方法及其装置，发明专利，专利号：ZL200810044884.5。

5）许建平、王金平、秦明、周国华、吴松荣、牟清波，准连续工作模式开关电源的多频率控制方法及其装置，发明专利，专利号：ZL200910058419.1。

6）许建平、阎铁生、张斐、周国华、沙金，一种临界连续模式单位功率因数反击变换器控制方法及其装置，发明专利，专利号：ZL201210359424.8。

7）许建平、高建龙、华秀洁、刘雪山，一种工频纹波电流的抑制方法及其装置，发明专利，专利号：ZL201310234878.7。

8）许建平、董政、舒立三、张士宇，一种宽输入电压宽负载范围直直变换器控制方法及其装置，发明专利，专利号：ZL201310188962.X。

9）许建平、刘雪山、王楠、高建龙，一种并联整合式Buck-Flyback功率因数校正PFC变换器拓扑，发明专利，专利号：ZL201310597600.6。

10）周国华、金艳艳、吴松荣、许建平，开关变换器双缘脉冲频率调制C型控制方法及其装置，发明专利，专利号：ZL201310022501.7。

11）周国华、杨平、沙金、许建平，输出电容低ESR开关变换器双缘PFM调制电压型控制方法及其装置，发明专利，专利号：ZL201310022469.0。

12）周国华、许建平、王金平、张斐，伪连续导电模式开关变换器自适应续流控制方法及其装置，发明专利，专利号：ZL201210115359.4。

13）周国华、金艳艳、许建平、杨平、张斐，开关变换器双缘恒定导通时间调制电压型控制方法，发明专利，专利号：ZL201310005129.7。

14）周国华、金艳艳、阎铁生、许建平，开关变换器双缘脉冲频率调制V2C型控制方法，发明专利，专利号：ZL201310022460.X。

15）周国华、周述晗、王瑶、陈兴，单电感双输出开关变换器双环电压型PFM控制方法及其装置，发明专利，专利号：ZL201510089074.1。

16）周国华、周述晗、张凯暾、李振华，连续导电模式单电感双输出开关变换器变频控制方法及其装置，发明专利，专利号：ZL201510070974.1。

17）吴松荣、何圣仲、许建平、周国华、王金平，固定关断时间峰值电流型脉冲序列控制方法及其装置，发明专利，专利号：ZL201310236584.8。

18）王金平、许建平、周国华、秦明，改进的开关电源脉冲宽度调制技术及其实现装置，发明专利，专利号：ZL200910059156.6。

19）秦明、许建平，一种改进的开关电源脉冲序列控制方法及其装置，发明专利，专利号：ZL2010101448801。

20）秦明、许建平、牟清波、王金平，伪连续模式开关电源的单环脉冲调节控制方法及其装置，发明专利，专利号：ZL201010004308.5。

团队简介：

电能变换与控制实验室是依托于西南交通大学国家重点（培育）学科"电力电子与电力传动"、磁浮技术与磁浮列车教育部重点实验室的研学团队（带头人为首批国家级百千万人才工程人选建平教授），以电力电子技术与新能源行业为背景，重点开展"电力电子技术及应用""电工理论与新技术"两个特色方向的教学和科研工作；与中电29所共建四川省高效电源变换技术工程研究中心，入选新能源电能变换与控制四川省青年科技创新研究团队。

团队自建立以来，已培养博士生30余人、硕士生170余人。出版中文专著5部、译著1部，发表SCI期刊论文220余篇、EI期刊论文340余篇，授权发明专利120余项；主持国家863计划重点项目子课题、国家科技支撑计划子课题、国家自然科学基金、全国优博论文作者专项基金、教育部霍英东高校青年教师基金等国家/省部级科研项目40余项，主持其他纵向、横向项目/课题60余项；获教育部自然科学奖二等奖、中国电源学会科技进步奖一等奖、全国优秀博士学位论文、四川省青年科技奖等奖励/荣誉。

实验室长期致力于与国内外教育机构和企业单位的学术交流、合作，并保持与毕业博士生和毕业硕士生的深度联系。多名研究生赴弗吉尼亚理工大学、得克萨斯大学奥斯汀分校、俄亥俄州立大学、恩克莱德大学、利兹大学、里尔中央理工学院、奥尔堡大学、香港理工大学、香港城市大学等著名高校进行深造、访问、进修；多名研究生在东方电气集团、华为、易事特、中电29所、Intel、O2 Micro、Emerson等著名企业参观、实习、就业；实验室邀请著名专家来访交流，接收多名来自国内外高校的访问、交流学者。

103. 西南交通大学高功率微波技术实验室

地　址：四川省成都市二环路北一段111号
邮　编：610031
电　话：028-87601752
传　真：028-87603134
团队人数：20
团队带头人：刘庆想
主要成员：李相强、张健穹、王庆峰、张政权、王邦继等
研究方向：电能变换与控制，高功率微波天线，脉冲功率技术，高功率微波器件，电机驱动与控制

团队简介：

高功率微波技术实验室成立于2003年，实验室瞄准国家重大战略需求，主要从事高功率微波技术及其相关领域的研究工作。实验室以"尽职尽责、团结和谐，挖掘每个人的潜能，创造更大价值，服务于社会"为理念，本着"想别人所不想的，做别人所不能做的"的信念，近五年来，承担了20余项国家863计划项目以及10余项横向项目，年科研经费突破1000万元，形成了一支团结和谐、勤于钻研、勇于创新的年轻科研团队。在研究过程中，实验室重视开展创新性的研究，目前已在电能变换与控制技术、电机控制技术、高功率微波辐射技术等方面取得了多项研究成果，并在新能源汽车、工业控制系统与机器人、微波天线与波导元器件、脉冲功率系统及微波源、高储能密度薄膜电容器技术等方向积累了深厚的技术储备。

104. 西南交通大学电气工程学院列车控制与牵引传动研究室

地　址：四川省成都市郫都区西南交通大学犀浦校区
邮　编：611756
团队人数：15
团队带头人：冯晓云、丁荣军
主要成员：宋文胜、葛兴来、王青元、王涛、杨顺风、苟斌、黄景春、王嵩、孙鹏飞、刘东、熊成林、麻宸伟、王惠民
研究方向：大功率半导体器件设计与可靠性评估，列车智能驾驶与节能技术，新型变流技术，列车智能运维技术，列车高效牵引驱动技术

团队在研项目：

1）国家自然科学基金-高铁联合重点项目，高速列车牵引系统健康监测、故障诊断与安全控制技术研究，U1934204。

2）国家自然科学基金-区域联合重点项目，川藏铁路列车智能操控理论与关键技术研究，U21A20169。

3）国家自然科学基金-铁路基础研究联合重点项目，高速列车碳化硅牵引系统多物理场耦合机理及关键技术研究，U2368206。

4）国家自然科学基金-铁路基础研究联合重点项目，基于列车网络控制的高速动车组智能操控理论与关键技术研究，U236820070。

5）国家自然科学基金-优秀青年基金项目，高速列车电力牵引系统关键技术，52022084。

6）四川省青年科技创新研究团队项目，电力牵引与控制，22CXTD0055。

7）国家自然科学基金面上项目，电气激励下高速列车牵引传动系统机电耦合共振机理与主动控制研究，52177060。

8）国家自然科学基金面上项目，适用于川藏铁路列车应急自走行的电能路由器控制研究，52177196。

9）国家自然科学基金青年项目，基于时空多尺度迭代学习的重载列车运行控制方法研究，62003283。

10）国家自然科学基金青年项目，非均匀退磁影响下城轨列车永磁无位置传感器牵引系统容错控制研究，52307068。

团队科研成果：

1）自主研发高速列车辅助驾驶装置，并在时速400千米高速列车进行装车试验。

2）自主国内首套研发重载列车辅助驾驶装备，装车国能朔黄铁路2万吨重载组合列车。

3）提出多因素制约下的牵引变流系统关键参数匹配设计、优化控制等关键技术，相关技术支撑了复兴号系列高

速列车和和谐号城际列车的牵引变流装备研制。

4）提出了牵引系统性能优化控制方法、稳定性增强控制方法与可靠性提升控制方法，相关技术已成功应用于复兴号和和谐号高速列车与城际动车组。

5）构建了集黏着表征模型、黏着机理分析、黏着优化控制为一体的列车黏着高效利用理论体系，相关技术已成功应用于 HXD2、CRH5G、CR200J 等不同类型列车上。

6）出版教材及专著 2 部，发表高水平学术期刊论文 80 余篇，授权的发明专利 70 余项。

7）指导研究生 90 余人，指导学生科创竞赛获奖 29 项，其中特等奖/一等奖 9 项。

团队所获荣誉：

1）中国铁道学会科技进步一等奖，2022 年。

2）国家级教学成果二等奖，2022 年。

3）中国电源学会科技进步一等奖，2023 年。

团队简介：

列车控制与牵引传动研究室由国家级教学名师、西南交通大学冯晓云教授在 2000 年创立，且依托本团队建有国家铁路局先进能源牵引与综合节能铁路行业重点实验室（首批），依托国家重点培育学科"电力电子与电力传动"与"双一流"学科建设项目，以轨道交通行业为背景，集基础理论研究、前沿技术研究与开发于一体，主要从事电力电子与电力传动、轨道交通电气化与自动化、列车电力牵引传动关键技术、列车运行与优化操纵控制技术等研发工作。主要研究方向为大功率半导体器件设计与可靠性评估、列车智能驾驶与节能、新型变流器设计及优化控制、列车智能运维、列车高效牵引驱动等技术。团队现有教师 15 名，其中教授 6 名，副教授 6 名；中国工程院院士 1 名（双聘），国家级教学名师 1 名，国家优秀青年科学基金获得者 1 名，四川省学术带头人 1 人，四川省天府青城/峨眉人才计划入选者 3 名。团队以学生成长和发展为中心，服务国家重大需求，立德树人、科研探真、工程求实、研学求知、教学相长。全力打造中国顶尖、世界一流的列车控制与牵引传动教育与科研创新团队，为我国轨道交通电气化与自动化及其相关领域培养一流人才。

105. 西南交通大学汽车研究院

地址： 四川省成都市金牛区二环路北一段 111 号

邮编： 610031

电话： 18628264826

团队人数： 30

团队带头人： 胡广地

主要成员： 刘伟群、祝乔、郭峰、刘丛志等

研究方向： 新能源汽车与汽车工程相关方向

团队简介：

机构性质：西南交通大学校内独立二级单位；中国振动工程学会机械动力分会理事单位；中国内燃机学会大功率柴油机分会会员单位；中国汽车工程学会振动噪声分会会员单位；四川省新能源汽车产业推进办成员单位。

发展定位：整合校内优势资源，树立西南交大汽车领域强势学科形象，实现"大交通"战略。

技术重点：以发展新能源汽车、汽车电子、汽车节能减排为主。

建设资金：将汽车学科列为西南交大重点学科，初期投入 2000 万元建设资金，及 300 万元/年汽车学科发展资金。

主要职能：校内协同创新、检验检测与认证、技术成果孵化与转化、人才培养。

106. 西南科技大学新能源测控研究团队

地址： 四川省绵阳市涪城区青龙大道中段 59 号

邮编： 621010

电话： 15884655563

传真： 0816-6089326

网址： https：//www.scholarmate.com/P/DTlab

团队邮箱： 497420789@qq.com

团队人数： 60

团队带头人： 王顺利

主要成员： 于春梅、李小霞、邹传云、范永存、曹文、李珂、熊莉英、靳玉红、刘春梅、陈蕾、乔静、张丽、张小京、张良、王瑶、周长松

研究方向： 紧密围绕学科建设，开展信号检测与估计、控制策略、人工智能和智能计算研究，针对特种机器人、大规模储能、新能源汽车和无人机等可靠供能典型工况需求，进行全寿命周期锂电池状态测控理论探索与产业化应用

团队简介：

团队承担国家自然科学基金、省科技厅重点研发等项目 40 余项，发表重要核心论文 100 余篇，申请知识产权 30 余项，出版著作 4 部，获省科技进步奖、青年学者等奖励 20 余项。

团队编写的《新能源技术与电源管理》总印数 3800 册并重印 2 次且获得高度评价，主持开设新能源特色专业课程 1 门，指导学生开展科技创新项目 20 余项，相关研究获省科技进步三等奖、市科技进步二等奖、青年学者和创新人才团队领衔专家等荣誉称号或奖励，得到"知名高校·企业创新人才团队支持计划"的持续支持，获得用人单位和同行专家的一致好评。

基于相关研究，与罗伯特高登大学、奥尔堡大学、清华大学、北京理工大学、中国科学技术大学、重庆大学、九院五所联合开展研究，与绵阳市质检所、维博电子、华泰电气、多氟多新能源和长虹电源等单位合作，研发了多台/代动力锂电池组自动化测控设备。相关研究成果已在多家单位使用，提高了其可靠性并逐步扩展其应用领域，社会和经济效益显著。

107. 厦门大学微电网研究团队

地址： 福建省厦门市翔安区新店镇厦门大学能源学院和木楼 A111

邮编： 361102

电话： 15960221861

团队人数：6

团队带头人：孟超

主要成员：孙纯鹏、杨赟、纪承承、魏闻、陈颖

研究方向：直流微电网及其控制策略，能源互联网与园区能源规划，不间断电源设备，电能质量治理与装备

团队简介：

团队主要致力于直流微电网系统建模、控制策略分析及其工程产业化。在此基础上，团队积极延伸研究领域，正在配合国内某大型能源集团共同向国家能源局申请某大型科技园区能源互联网示范项目，并作为主要参与人及子课题负责人参与其中。电力电子变换器是能源互联网和微电网的核心设备，在该研究领域，团队先后开展了高性能大功率不间断电源、有源电力滤波器、静止无功补偿器、双向AC/DC变换器等技术和设备的研究，并取得了一些成果，部分研究成果已经实现产业化。

108. 湘潭大学智能电力变换技术及应用研究团队

地址：湖南省湘潭市湘潭大学信息工程学院

邮编：411105

电话：58292224

团队人数：4

团队带头人：邓文浪

主要成员：谭平安、李利娟、陈才学

研究方向：电力电子技术及其应用

团队简介：

团队主要从事电力电子技术及其应用方面的研究，近十年来在新型电力电子拓扑及其控制、电网安全、功率半导体器件建模及可靠性、无线电能传输、风力发电控制技术等方面开展科学研究，承担了多项国家自然科学基金、湖南省自然科学基金等项目。

109. 燕山大学可再生能源系统控制团队

地址：河北省秦皇岛市海港区河北大街西段438号燕山大学电气工程学院

邮编：061001

团队人数：教师6人，学生若干

团队带头人：张纯江

主要成员：李珍国、阚志忠、王晓寰、郭忠南、董杰

研究方向：逆变器并网控制，微电网运行控制，风力发电

团队简介：

团队成立于2005年，由张纯江教授为带头人，由李珍国副教授、阚志忠副教授、王晓寰副教授、郭忠南讲师、董杰讲师为主要成员，开展可再生能源系统控制相关研究。已经完成国家级基金项目4项，河北省级基金项目2项，在研的国家级基金项目1项，省级项目3项，建立风力双馈、直驱发电平台2个，光伏发电平台1个，逆变器并网平台1个，开关磁阻电机运行平台1个。发表论文70余篇，申请专利4项，培养博士生5名，研究生近百余名。

110. 浙江大学GTO实验室

地址：浙江省杭州市西湖区浙江大学玉泉校区应电楼103

邮编：310012

电话：0571-87951950

团队人数：21

团队带头人：吕征宇、姚文熙

主要成员：靳晓光、胡进、黄龙、刘威、虞汉阳、陈发毅、王斌斌、黄羽西、谢良等

研究方向：电力电子系统集成，电力电子功率变换及其控制技术，变模态柔性变流器，电机控制

团队简介：

团队属于浙江大学电气工程学院电力电子技术研究所，主要由1名教授、1名副教授，及博士研究生和硕士研究生组成。主要研究方向为电力电子系统集成、电力电子功率变换及其控制技术、变模态柔性变流器、电机控制等。

111. 浙江大学陈国柱教授团队

地址：浙江省杭州市西湖区浙大路38号浙江大学玉泉校区电气工程学院

邮编：310027

电话：13958133125

团队人数：25

团队带头人：陈国柱

主要成员：博士生、硕士生

研究方向：电力电子装置及其数字控制，包括：电能质量控制及节能电气装备，如APF、UPQC、SVC、dSTATCOM及dFACTS；新能源与分布式发电并网、组网及储能技术；PEBB（系统集成）技术应用及高可靠性、模块化技术；特种电力电子变换电源

团队简介：

浙江大学电力电子与电力传动学科（国家重点）研究团队带头人陈国柱教授、博士生导师、留美博士后，兼任中国能源学会副理事长、江苏省风力机高技术设计重点实验室学术委员会委员、浙江省电源学会理事、江苏省电力电器产业技术创新战略联盟技术委员会委员，是"教育部新世纪优秀人才"（2006）、浙江省重点"新能源电力电子技术创新团队核心成员"（2010）、"南太湖科技精英计划人才"（2012）、浙江省"千人计划"人才（2013）。负责科研项目约25项，包括多个重大项目、国家自然科学基金项目、国际资助项目等；培养毕业研究生约40名，目前在读硕士生10名、博士生13名、留学生2名、合作博士后1名。

112. 浙江大学电力电子技术研究所徐德鸿教授团队

地址：浙江省杭州市西湖区浙大路38号浙江大学玉泉校区应电楼105室

邮编：310027
电话：0571-87953103
传真：0571-87951797
团队人数：27
团队带头人：徐德鸿
主要成员：陈敏、胡长生、林平、谌平平、杜成瑞、董德智、张文平、何宁、李海津、陈烨楠、严成、施科研、朱晔、贾晓宇、朱楠、马杰、王昊、王晔、胡锐、王小军、刘超、朱应峰、叶正煜、刘亚光、邱富君、吴俊雄
研究方向：高效率不间断电源，新能源和电动汽车用电力电子变换器，高可靠性多能源储能系统，功率半导体器件封装及应用
团队简介：
团队的带头人徐德鸿教授是 IEEE Fellow，中国电源学会理事长，浙江大学电力电子技术研究所所长，长期从事电力电子领域科学研究和产品开发。团队在新能源发电用电力电子装置、大功率不间断电源、高效率高可靠性功率变换器设计等研究方向均有丰富的研究和实践经验。欢迎广大高校和企业与团队合作研究，共同学习。

113. 浙江大学电力电子先进控制实验室
地址：浙江省杭州市西湖区浙大路38号浙江大学玉泉校区电气工程学院应电楼109室
邮编：310027
团队人数：21
团队带头人：马皓
研究方向：电力电子技术及其应用，电力电子先进控制技术，电力电子系统故障诊断理论和方法，新型高效功率变换拓扑与控制技术，电力电子系统网络控制技术，逆变器无线并联技术，电能非接触传输技术，电动汽车中电力电子技术等
团队简介：
团队属于浙江大学电力电子与电力传动学科（国家重点学科）研究团队、浙江省重点科技创新团队。带头人马皓教授，现任浙江大学伊利诺伊大学厄巴纳香槟校区联合学院副院长；浙江省科协委员；中国电源学会常务理事、学术工作委员会主任、直流电源专业委员会副主任、无线电能传输技术及装置专业委员会副主任；浙江省电源学会副理事长、秘书长。团队完成科研项目50余项，包括国家自然科学基金项目、国家高技术研究发展计划（863计划）项目、国际合作项目、企业合作项目等。培养毕业研究生79名，目前在读硕士生9名、博士生9名。

114. 浙江大学电力电子学科吕征宇团队
地址：浙江省杭州市浙大路38号浙大电气学院
邮编：310027
网址：http://ee.zju.edu.cn/
团队邮箱：eeluzy@cee.zju.edu.cn
团队人数：15
团队带头人：吕征宇
主要成员：姚文熙、张德华
研究方向：电力电子学科
团队简介：
团队由浙江大学电气工程学院电力电子学科教师组成，具有教授博导、副教授、博士生、硕士生等，与国家科研院所、国内外多家企业有长期合作关系，具有研究、设计及后续工程研究开发能力，完成过多项国家与企业委托开发及咨询项目。近年来致力于新能源微网、车载充电、蓄电池充放电管理、新型电机驱动、工业特种电源等开发，具有整合前端探索性研究、应用型原型样机研究，以及工程样机开发的能力，愿意为推动产学研合作做出贡献。

115. 浙江大学何湘宁教授研究团队
地址：浙江省杭州市浙大路38号浙江大学电气工程学院
邮编：310027
团队人数：39
团队带头人：何湘宁
主要成员：石健将、邓焰、吴建德、李武华、胡斯登
研究方向：电力电子技术及其工业应用，包括大功率变换器与智能控制系统，特种电源及其网络化系统，电力电子器件、电路和系统的建模、仿真和测试等
团队简介：
SEEEDS（Sustainable & Efficient Electric Energy Delivery Systems）团队依托于浙江大学电力电子技术国家专业实验室。团队目前拥有教授3名、副教授3名。主要研究方向为电力电子技术及其工业应用，包括大功率变换器与智能控制系统，特种电源及其网络化系统，电力电子器件、电路和系统的建模、仿真和测试等。与美国通用电气、日本富士电机、台达、中国电科院、上海电气等公司及研究机构保持密切的交流合作。

116. 浙江大学石健将老师团队
地址：浙江省杭州市浙江大学玉泉校区工业电子楼102室
邮编：310027
电话：18268874591
团队邮箱：1916512011@qq.com
团队人数：9
团队带头人：石健将
主要成员：何昕东、侯庆会、李竟成、汪洋等
研究方向：高频电力电子变流技术，高可靠性中大功率高频组合直流变换器，高可靠性高功率密度航空静止变流器，单相/三相中大功率高频逆变器（包括输出50Hz工频和400Hz中频两类），三相高功率因数高频PWM整流器，固态电力变压器（SST），光伏发电，智能电网等

团队简介：
团队有9名成员，1名博士。

117. 浙江大学微纳电子所韩雁教授团队
地址：浙江省杭州市西湖区浙大路38号浙江大学玉泉校区信电学院微电子楼
邮编：310027
电话：0571-87953116
传真：0571-87953116
网址：www.isee.zju.edu.cn/IC
团队人数：15
团队带头人：韩雁
主要成员：张世峰、韩晓霞
研究方向：集成电路与功率器件设计

团队简介：
团队共有教授1名，副教授1名，讲师1名，专职科研岗教师1名，博士生5名，硕士生6名。

118. 浙江大学智能电网柔性控制技术与装备研发团队
地址：浙江省杭州市西湖区浙大路38号
邮编：310027
电话：0571-87951541
团队人数：50
团队带头人：江道灼
主要成员：甘德强、赵荣祥、梁一桥、文福拴、李海翔、丘文千、江全元、郭创新、周浩
研究方向：交直流电力系统运行与控制，柔性输配电控制技术与装备

团队简介：
团队由浙江大学牵头，合作单位为浙江省电力公司（含其下属企业）、浙江省电力设计院。团队规模约50人，拥有副高及以上技术职称人数约占57%；核心成员10人，其中中科院院士1人，教育部"新世纪优秀人才支持计划"入选者3人，浙江大学求是特聘教授1人。

团队依托浙江大学电气工程国家一级重点学科（涵盖电力系统及其自动化、电力电子技术、电机与电器3个国家二级重点学科）、电力电子应用技术国家工程研究中心和电力电子技术国家专业实验室，汇集了浙江省乃至全国一流的业界专家，且团队成员有着长期紧密的合作历史和合作基础。团队注重产学研结合，并将紧密围绕分布式发电与并网技术、特高压交直流输电技术、智能电网技术等国内外电力行业最新发展趋势，针对浙江省重大需求开展创新性研究，为浙江省电力工业的现代化改造与发展提供基础理论和核心技术支撑。

119. 中国东方电气集团中央研究院智慧能源与先进电力变换技术创新团队
地址：四川省成都市高新西区西芯大道18号
邮编：611731
电话：18602832917
传真：028-87898139
网址：http://www.dongfang.com
团队邮箱：tangjian@dongfang.com
团队人数：15
团队带头人：唐健
主要成员：田军、周宏林、杨嘉伟、刘静波、刘征宇、代同振、舒军、肖文静、何文辉、王多平、吴小田、边晓光、武利斌、王正杰
研究方向：智能电网与微电网，新能源发电与并网，大功率变流器与系统，新器件与应用

带头人简介：
唐健，男，博士，高级工程师。唐健博士2010年毕业于华中科技大学，获电气工程专业博士学位；2007—2008年，留学英国STAFFORD，从事智能电网高压直流输电及无功功率控制方面的研究工作；2010年至今，就职于东方电气集团中央研究院，从事电力电子及电能变换领域相关研究工作。现为东方电气集团中央研究院电力电子技术研究室副主任。近五年来，唐健博士共主持承担省级重点科研项目两项：主持承担四川省科技支撑计划项目"光伏发电逆变系统及光伏电池组件关键技术研究"，项目经费200万元；主持承担四川省重大技术装备创新研制项目"3MW直驱风电全功率变流器及集成化电控系统研制"，项目经费120万元。

团队简介：
唐健博士带领的"智慧能源与先进电力变换技术"创新团队直属中国东方电气集团中央研究院，始创于2010年，团队创建之初紧密围绕企业级创新团队的特点，明确了自主研发掌握重大关键技术、核心技术为产品创新和产业升级服务的目标。近年来，在国家、地方政府以及集团公司的高度关怀与重视下，在国家产业结构升级的大背景下，智慧能源与先进电力变换技术团队高速稳定发展，团队成员全部毕业于国内外知名高校，现已形成以4名博士、15名硕士为核心成员的富有活力与创造力的年轻化创新团队，核心人员队伍涵盖电力电子、电机与驱动、电力系统、自动控制、计算机、测量技术等专业。团队研究方向紧密围绕国家、行业发展需要，做到关键技术提前布局、提前预研，目前已形成"互联网+"智慧能源互联网、电厂远程监测与诊断、智能微电网、大型发电设备与分布式能源发电控制、高效大功率电力电子变流等稳定的研究方向，开展实施电力电子、微电网、光伏发电、风力发电、光热发电、大容量储能、电动汽车功率组件及车载电源、电厂远程监测诊断、大型同步发电机励磁控制等多项课题，发表论文数十篇，形成一批专利、软件和核心技术，完成一项MW级风光储微电网示范工程，团队还承担了风电、光伏领域两项省级重点项目。团队采用协同管理模式，做到人员梯队分层和核心人员复用，保证团队高效运转与密切协作。

东方电气集团中央研究院现已为智慧能源与先进电力变换技术团队基础实验设施建设投资逾千万元，已建成实验场地近400m^2，建成4RACK等级RTDS数字实时仿真平

台、基于 RTLAB 的同步/异步电机拖动实验平台、远程信息显示发布平台、具有电网模拟功能的发电能量转换与控制实验平台、大功率电力电子组件动态测试平台、高压大容量电力电子装置去离子循环水冷系统测试实验平台等先进实验平台；在建实验场地近 600m^2，容量与电压等级达 5MW/35kV，内循环实验能力达 20Mvar，达到国际先进水平。

120. 中国工程物理研究院流体物理研究所特种电源技术团队

地址：四川省绵阳市绵山路 64 号
邮编：621000
电话：0816-2491069
传真：0816-2485139
团队邮箱：Lihongtao-ifp@caep.cn
团队人数：7
团队带头人：李洪涛
主要成员：马勋、王传伟、马成刚、栾崇彪、肖金水、易晗
研究方向：特种电源技术及其应用

带头人简介：

李洪涛，博士研究生导师，担任中国博士后基金评审委员会专家，中国电源学会特种电源专委会秘书长，中国兵工学会复杂电磁环境专委会委员，全国高电压试验技术委员会测试技术与设备专家组委员等学术职务。从事特种电源技术研究 20 余年，主持或主要参加国家大科学工程专项等科研项目 20 余项，发表 SCI/EI 论文 50 余篇，在大功率开关技术、脉冲形成方法、真空放电物理等领域有较高的学术造诣，带领团队研制成功 4MV/500kA 激光触发多级多通道气体开关、500kV 全固态 Marx 发生器、基于光导开关的全固态重复频率功率源、天蝎-I 闪光 X 光机、6MV 低抖动 Marx 发生器等，总体技术和研究能力处于国内外领先水平，相关研究成果引起美国桑迪亚国家实验室等国际同行广泛关注，并为我国首台自主研制、达到国际先进水平的多路并联超高脉冲功率输出装置聚龙一号（8~10MA 电流）研制成功等做出重要贡献，获得军队科技进步一等奖等学术奖励 10 余项。

团队简介：

流体物理研究所电子技术应用团队主要从事特种电源技术及其应用研究，在固态脉冲功率技术及器件物理、真空放电物理、高压大电流产生技术、精密时序控制和高速采集技术等方面具有数十年的积累，研制出系列中低能闪光 X 光机、高性能固态脉冲功率源、高压脉冲触发系统和高压电源，团队研究成果不仅为我国流体动力学实验研究做出了重要贡献，也在国内科研单位、高等院校中得到较多应用。

121. 中国科学院近代物理研究所电源室

地址：甘肃省兰州市南昌路 509 号
邮编：730000
电话：0931-4969539
传真：0931-4969560
网址：http://www.impcas.ac.cn
团队邮箱：Gaodq@impcas.ac.cn
团队人数：50
团队带头人：高大庆
主要成员：周忠祖、闫怀海、吴凤军、黄玉珍、张华剑、上官靖斌、赵江、燕宏斌、封安辉、芦伟
研究方向：离子加速器用直流电源技术，脉冲电源技术，脉冲功率及高压电源技术，数字控制技术，电气技术，电磁兼容等

团队简介：

电源室由电源组、电气组、电气安全与电子兼容组、数字组和脉冲功功率高压组组成。主要负责：

1）加速器系统交流供配电系统的运行维护、调试改进，及全所各实验室供配电系统设计施工、监督和验收。

2）研制和生产了各种功率等级的加速器用直流稳流电源 300 多台，满足了 HIRFL 磁场系统的需要，填补了当时国内空白。从 1998 年起，承担了兰州重离子加速器冷却储存环（HIRFL-CSR）电源系统的研制任务，开展了各种脉冲电源的研究工作，相继研制成功了晶闸管脉冲电源、IGBT 脉冲开关电源，以及 KICKER 电源、BUMP 电源、三角波扫描电源等各种用途的特种电源，填补国内多项电源技术空白。

3）正在进行的重离子肿瘤治疗专用装置的电源研制。

122. 中国科学院等离子体物理研究所 ITER 电源系统研究团队

地址：安徽省合肥市蜀山湖路 350 号等离子体物理研究所
邮编：230031
电话：0551-65593257
网址：http://psdb.ipp.ac.cn
团队邮箱：fupeng@ipp.ac.cn
团队人数：38
团队带头人：傅鹏
主要成员：高格、许留伟、黄懿赟、宋执权
研究方向：大功率电源系统设计和单元研发

团队简介：

团队现有人员 38 人，其中正高级职称 6 人，副高级职称 5 人，具有博士学位者 12 人，专业、职称、学历结构合理，具有较为雄厚的科研实力。

团队近年来承担国家 973 计划、ITER 磁约束聚变专项、科技部国际合作项目十余项，对现代聚变电源系统进行了深入的研究。项目组成员针对电源、负载、系统的特点，创新性地在系统和单元两个层面，集成了多项技术，提出了无功超前计算、新型四象限运行模式、一体化设计、完成了系统和单元的研发。项目组对 ITER 磁体电源系统所

进行的分析、设计和提出的解决方案，得到了国际独立专家组认可，并通过了试验验证，被 ITER 组织作为设计基准采纳。

团队不仅与国内相关机构和科研院所保持良好的交流合作，同时还与国际相关组织和团队保持良好的沟通与交流，如法国 ITER 组织、韩国 KSTAR 超导核聚变装置研究团队、美国 DIII-D 装置研究团队、美国通用原子能公司等。

123. 中国科学院电工研究所大功率电力电子与直线驱动技术研究部

地址：北京市海淀区中关村北二条 6 号
邮编：100190
电话：010-82547068
网址：http://www.iee.ac.cn
团队邮箱：gqx@mail.iee.ac.cn
团队人数：60
团队带头人：李耀华
主要成员：严陆光、王平、葛琼璇、史黎明、杜玉梅、李子欣、韦榕、张树田、王晓新、王珂、刘洪池、朱海滨、吕晓美、程宁子、刘育红、胜晓松、李伟、董贯洁、陈敏洁、张瑞华、徐飞、张志华、李雷军、高范强、赵鲁、马逊、楚遵方、殷正刚、张波等

研究方向：

1）轨道交通牵引变流与控制系统：高速磁悬浮交通牵引变流与控制技术，直线电机轨道交通牵引变流与牵引控制技术，高速列车牵引变流与牵引控制技术。

2）新能源与智能电网用电力电子装置：高压柔性直流输电技术，电力电子变压器技术，有源滤波技术和动态无功补偿技术。

3）高压大功率变流基础理论研究：高压大功率变流系统的拓扑和应用研究，高压大功率变流系统测量与评估基本理论与技术。

团队简介：

中国科学院电工研究所大功率电力电子与直线驱动技术研究部主要面向国家能源、电力和交通的战略需求，重点解决电力电子与电能变换领域的重大应用基础理论和战略高技术问题，是中国科学院电力电子与电气驱动重点实验室的重要组成部分。主要从事大功率电力电子与电能变换、高功率密度电力驱动、大功率直线驱动等方向的核心关键技术和重要基础理论研究工作。现有固定人员 30 人，其中中国科学院院士 1 名、正高级职称研究人员 6 名。

总体目标：面向国家能源、电力和交通的战略需求，重点解决电力电子与电气驱动领域的重大应用基础理论和战略高技术问题，为我国电力电子与电气驱动及相关领域的发展，发挥重要的支撑和骨干引领作用。

研究部在"十五""十一五""十二五"期间先后承担了多项国家项目，取得了一系列研究成果，培养了一大批年轻有为的中青年技术骨干，形成了一支由多名学术带头人引领、一批技术骨干为支撑以及众多基础扎实、研究和技术经验丰富的高素质研究人员为基础的研究团队。

近年来研究部主要承担的科研项目包括：

承担南方电网世界电压等级最高、容量最大科研示范工程项目"云南电网与南方电网主网鲁西背靠背直流异步联网工程"——±350kV/1044MW 换流站及阀控系统的研制任务。项目实施过程中，所研制 MMCon-G4 换流器控制保护系统完成了数千项 FPT、DPT 测试试验。所研制的云南鲁西柔直工程广西侧换流器于 2016 年 8 月 29 日成功投运，测试和运行结果表明，系统运行稳定可靠，性能满足设计。云南异步联网柔直工程的顺利建成投运创造该技术领域新的世界纪录：单台柔性直流换流器容量最大——1044MW，直流电压最高——±350kV，换流器电路最复杂——高压环境下 5616 只 IGBT 同时实时协调工作。

完成全球首个 ±160kV 多端柔直柔性直流输电示范工程中青澳换流站换流器及阀控系统的攻关研制工作。攻克了多端柔性直流输电控制保护这一世界难题，成为世界第一个完全掌握多端柔性直流输电成套设备设计、试验、调试和运行全系列核心技术的企业，建成了世界上第一个多端柔性直流输电工程，在中国乃至世界电力发展史上具有划时代的重要意义。

在高效轨道交通牵引驱动系统研发与应用领域：

承担了"十二五"国家科技支撑计划重大项目子课题"高速磁浮半实物仿真多分区牵引控制设备研制"任务，完成了高速磁悬浮列车牵引控制系统、高速磁浮多分区牵引控制系统、1.5km 试验线双分区升级和 28km 半实物仿真系统牵引控制系统设备研制、7.5MVA IGCT 高压大功率牵引变流器、新型 15MVA 四象限变流器系统、满足三步法供电的 15MVA 变流器研制；建立并完善了大功率同步直线电机控制理论，解决了大功率交直交变流器的理论、控制、模块化设计、制造、集成及工程试验等重大难题。首次在国内研制成功具有自主知识产权的基于 VME 的高速磁悬浮列车牵引控制系统，在上海高速磁悬浮试验线实现了磁悬浮列车的双分区、双端供电、双车无人驾驶智能牵引控制，填补了国内空白。

研制成功了国内单机容量最大的 7.5MVA IGCT 交直交牵引变流器，研究成果获 2009 年度中国电工技术学会科技进步一等奖、2009 年度北京市科技进步一等奖、2010 年度国家科技进步二等奖。

在高速铁路牵引控制及牵引变流器方面：

承担了基于场路耦合的高速列车牵引电机控制特性研究、高速铁路 TCU 控制系统研制；深入研究了高速铁路电机牵引特性、多场耦合机理、牵引控制关键技术、系统工程化优化设计方法，突破了高铁牵引控制技术难题，研制成功了具有自主知识产权的三型车牵引控制系统，完成了 TCU 系统的电磁兼容测试和功能测试，填补了国内空白。

在城市轨道交通牵引控制及牵引变流器方面：

承担了大功率非粘着直线电机轨道车辆牵引系统研制与应用、A 型地铁车辆大功率牵引变流器研发与应用、高性能有轨电车牵引传动系统研发与应用、机场线直线电机牵引变流系统国产化工程应用等项目。突破了大功率直线异步电机高性能控制技术难题，研制了 190kW 直线异步电

机，1.3MVA大功率直线电机牵引变流器及牵引控制系统，已应用在北京机场线直线车辆上完成了10万km考核验证，性能与庞巴迪进口产品性能相当，具备了全面替代进口系统进行应用的技术能力。研究成果获2013年度北京市科技发明一等奖和2013年度中国电工技术学会科技一等奖。

研制了系列化兆瓦级城轨车辆牵引变流器及全数字化高性能牵引控制器，通过了各项型式试验并获得国家相关认证。已批量应用于大连低地板有轨电车线路上，已安全载客运营超过7万km。

承担并完成中车唐山机车车辆公司的无弓受流系统研制任务，研制成功国内第一套轨道交通车辆用百千瓦无接触受流系统装置系统样机，安装在一辆实际车辆的转向架，测试表明，实际输出功率160kW、效率83%，满足轨道交通非接触式供电运行要求。同时研制成功满足磁浮列车非接触车辆供电的"多模块化"高频无线电能传输工程样机，包括敷设于轨道沿线的高频线缆绕组、高耦合车载接收板、并联式高频逆变模块，满足实际磁浮列车供电需求。可在磁浮交通、城市轨道交通供电领域推广应用。

承担了国家高技术研究发展计划（863计划）"新型超大功率场控电力电子器件的研制及其应用"项目中子课题"新型高压场控型可关断晶闸管器件的研制与应用"科研任务。研究新型高压场控型可关断晶闸管器件芯片的设计、工艺、制造与测试技术，研制出满足高电压、大电流需求的芯片样片；研究新型高压场控型可关断晶闸管器件的智能化驱动、封装及测试技术，研制出满足高电压、大电流需求且具有智能化低驱动功率特性的器件样片；研究新型高压可关断晶闸管器件的测试技术，研制一套具有自动检测和监控功能的新型高压可关断晶闸管器件测试平台；基于该课题研制的新型高压场控型可关断晶闸管器件，研制了一台5MVA三电平大功率变流器样机，推动了基于大功率新型高压场控型可关断晶闸管器件相关技术的跨越式发展和相关产品的产业化。

124. 中国科学院电工研究所高功率密度电气驱动及电动汽车技术研究部

地　址：北京市海淀区中关村北二条6号
邮　编：100190
电　话：010-182547014
邮　箱：zenglili@mail.iee.ac.cn
团队人数：50
团队带头人：温旭辉
主要成员：范涛、王又珑、宁圃奇、张剑、李琦、张栋、张瑾、郑丹、孙微、国敬、李文善、陈晨
研究方向：高功率密度发电，高功率密度电力电子集成，高性能电机设计与控制技术，功率模块封装和测试技术

团队在研项目：
1) 国家重点研发计划项目"基于新材料新器件的智能化车用电驱系统设计与健康管理前瞻技术研究"。
2) 中国科学院先导A项目"黑土地保护与利用科技创新工程（黑土粮仓）"课题3"基于清洁能源的超大马力动力总成技术"。
3) 中国科学院青年交叉团队项目"高性能碳化硅车用电机驱动青年交叉团队"。
4) 中国科学院青年项目课题。

团队科研成果：
1) 中国电工技术学会技术进步一等奖"车用高效高密度永磁驱动电机系统及核心器件关键技术与产业化"。
2) 中国电工技术学会技术发明一等奖"面向高功率密度应用的高温可靠、大容量SiC器件关键技术"。
3) 中国电源学会科技发明一等奖"车用高密度功率模块封装关键技术、材料与应用"。

团队简介：

高功率密度电气驱动及电动汽车技术研究部成立于1997年，是中国科学院"电力电子与电气驱动重点实验室"的重要组成部分，主要研究方向为电力电子与电力传动，定位于高功率密度发电/驱动系统技术及其在电动汽车等电气化交通工具中的应用，涉及高功率密度发电、高功率密度电力电子集成、特种电机和功率模块封装技术。团队成员主要由中青年职工和研究生构成，其中博士学位以上人员超过团队人员总数的30%。

自成立以来，研究部已承担并完成了包括国家重点研发计划项目在内的数十项国家、省部级科研任务，成为我国电动汽车电机驱动技术创新的重要基地，关键技术应用于2008年奥运会、2010年世博会及新能源汽车推广，技术成果在上海电驱动等企业成功转化，产生了良好的社会和经济效益。研究部近年来获得中国电工技术学会科学技术奖一等奖和中国电源学会技术发明奖一等奖等奖励。培养的研究生多人获得国家奖学金、朱李月华奖学金、中国科学院院长优秀奖、优秀毕业生、优秀学生干部、三好学生荣誉称号，活跃在我国新能源汽车、电力系统和大学教育等领域，成为中坚力量；部分学生还得到了国家留学基金委的全额资助，或参加了国家建设高水平大学公派研究生项目，获得出国深造的机会。

研究部与新能源车行业同步成长，在电动汽车电驱动技术发展方面起到了引领作用。"十三五"以来，研究部带领国内一流大学、龙头企业等合作团队，获得2项国家重点研发计划基础前沿类项目支持，针对SiC器件等新材料、新器件在新能源汽车中的应用开展多学科联合攻关。

研究部建立了高频场控功率器件及装置产品质量检验中心，是目前国内首个可进行大功率半导体产品检测并获得CNAS认证的检测机构；成立了电驱动系统大功率电力电子器件封装技术北京市工程实验室，在2016年验收时获得"优秀"评价。经过十年努力研制出的飞轮发电机及控制器产品参加了国庆70周年庆典活动。2019年研发出当时国内功率密度最高的峰值80kW全SiC电机驱动控制器样机（37kW/L），在2019年世界新能源汽车大会上被评为全球新能源汽车十大前沿技术之一。2021年研发出国内当时功率密度最高的峰值120kW全SiC电机驱动控制器样机（48.5kW/L）。

125. 中国矿业大学电力电子与矿山监控研究所

地址：江苏省徐州市大学路 1 号中国矿业大学
邮编：221116
电话：0516-83590819
团队人数：10
团队带头人：伍小杰
主要成员：原熙博、戴鹏、周娟、夏晨阳、张同庄、宗伟林、于月森、耿乙文、王颖杰
研究方向：电机与控制，有源电力滤波器，无线电能传输，本安防爆电器，光伏并网发电，无功补偿与谐波治理，矿井无线通信等
团队简介：
中国矿业大学电力电子与矿山监控研究所团队主要从事电力电子、电力传动与电控、矿井电气自动化及通讯方面的研究。目前团队成员 10 人，其中教授 4 人，副教授 5 人，讲师 1 人，团队目前有 10 名博士，90 多名硕士，科研实力强劲。

126. 中国矿业大学信电学院 505 实验室

地址：江苏省徐州市泉山区中国矿业大学文昌校区 505 室
邮编：221000
团队人数：22
团队带头人：周娟
主要成员：魏琛、郑婉玉、甄远伟、刘刚、王超、宋振浩、董浩等
研究方向：电能质量控制
团队简介：
团队主要针对基于三相三线制及三相四线制有源电力滤波器的谐波检测方法、调制方法及电流控制策略算法进行理论研究，提出改进方法，进行 MATLAB 仿真验证，并搭建实验平台编写 DSP 程序进行实验验证。

127. 中国矿业大学无线电能传输技术团队

地址：江苏省徐州市大学路 1 号
电话：18260722082
团队邮箱：bluesky198210@163.com
团队人数：60
团队带头人：夏晨阳
团队带头人简介：夏晨阳，教授，博士生导师，江苏省"六大人才高峰"高层次人才，中国矿业大学电气工程学院副院长，江苏省煤矿电气与自动化工程实验室副主任，中国电源学会无线电能传输专委会委员。目前主持国家自然科学基金项目 2 项、江苏省自然科学基金项目 2 项、教育部博士学科点专项基金项目、中国博士后基金、徐州市重点研发计划项目、中国矿业大学重点项目等省部级及横向科技项目近 20 项，参研国家重点研发计划等各类科技项目 2 项，出版专著 1 部，发表 SCI/EI 期刊论文 40 余篇，获授权发明专利近 30 项。主要研究领域：电力电子技术，无线电能传输技术。在煤矿、海洋、军用、电动汽车等领域开展了相关无线电能传输技术应用研究，掌握了多项重要核心技术，建立了具有自主知识产权的技术体系。
研究方向：无线电能传输技术方面的相关研究与产业化推广工作
团队在研项目：多频复合电流跟踪 PWM 控制磁耦合谐振无线电能传输机理及关键问题研究；双频调制 PWM 操控电动汽车无线充电系统金属异物检测机制研究；分层介质下无线电能传输系统传能机理及关键技术研究；三维动态磁耦合无线电能传输系统本征态传能机制及能效提升策略研究；关闭矿井狭长空间分布式压缩空气规模储能的基础研究（子课题 4：关闭矿井 CAES 分布式空间特征提取与五维数据融合）；任意多线圈架构磁耦合无线电能传输系统本征态建模及空间能力提升策略研究；跨频段超表面介入无线电能传输系统工作机制及关键问题研究。
团队科研成果：团队负责人夏晨阳及其团队主持了与无线电能传输技术相关的国家自然科学基金项目 4 项，包括"无线电能传输系统谐波提取与利用机理及关键技术研究""自配置非对称无线蜂窝网供电机制及关键技术研究""三维动态磁耦合无线电能传输系统本征态传能机制及能效提升策略研究""分层介质下无线电能传输系统传能机理及关键技术研究"，江苏省自然科学基金项目 3 项，包括"双频调制 PWM 操控电动汽车无线充电系统金属异物检测机理及关键技术研究""自由高效无线平面供电网关键技术研究""任意多线圈架构磁耦合无线电能传输系统本征态建模及空间能力提升策略研究"，中国博士后科学基金 1 项"水上水下无人探测设备并行无线供电机理及关键技术研究"，教育部高等学校博士学科点专项科研基金项目 1 项"高瓦斯粉尘及复杂电磁矿井非接触安全供电机理研究"，以及江苏省"六大人才高峰"项目 1 项"双面共芯电动汽车集群无线充电机制及关键技术研究"。项目负责人及其团队先后在 *IEEE Transactions on Power Electronics*、*IEEE Transactions on Control Systems Technology*、*IET Power Electronics*、《中国电机工程学报》《电力系统自动化》《电工技术学报》等国内外高水平期刊上发表了与无线电能传输技术相关的高水平论文 50 余篇，获得厅局级奖励 3 项，授权国家发明专利 23 项，公开发明专利 14 项，出版专著 1 项。
团队所获荣誉：获得厅局级奖励 3 项
团队简介：
团队负责人夏晨阳及其团队自 2006 年起一直专注于从事无线电能传输技术方面的相关研究与产业化推广工作，建设有江苏省煤矿电气与自动化工程实验室，开展了复杂环境下及极端条件下的无线电能传输技术研究工作，并开展了以机理研究及基本原理实现为主的基础性研究和技术攻关，在系统新型工作模式构建、电磁路机构设计、建模与控制、稳定性研究等方面形成了具有创新性的理论与技术体系；同时在煤矿、海洋、军用设备、电动汽车等领域开展了相关技术开发工作，掌握了无线电能传输技术的基础理论与技术实现的核心技术，建立了具有自主知识产权的技术体系。

128. 中国矿业大学（北京）大功率电力电子应用技术研究团队

地址：北京市海淀区学院路丁 11 号中国矿业大学（北京）逸夫实验楼 701
邮编：100083
电话：010-62331257

传真：010-62331370
网址：http://jdxy.cumtb.owvlab.net/virexp/
团队邮箱：wangc@cumtb.ed.cn
团队人数：10
团队带头人：王聪
主要成员：程红、卢其威、邹甲
研究方向：大功率电力电子应用技术、大功率电力电子传动控制技术、电力电子技术在煤矿中的应用

团队简介：

团队所在实验室依托中国矿业大学（北京）"电力电子与电力传动"国家级重点学科及北京市电气工程实验教学示范中心的科研优势，先后得到国家"211工程"、国家普通高校修购专项以及基于校企联合实验室的国际知名公司大学计划等多项建设项目的投入和资助，已具有完善的从事电力电子相关领域科学研究的实验条件和设备。同时自主研制了光伏并网发电系统实验平台、100kW三电平静止无功发生器实验系统用于后续研究。另外，团队多年从事电力电子与电力传动技术和理论的教学与研究，取得了一系列高水平的学术成果，使得团队具备从事电力电子相关研究的能力与经验。

129. 中山大学第三代半导体 GaN 功率电子材料与器件研究团队

地址：广东省广州市海珠区新港西路135号中山大学
电话：13318727167
邮箱：liuy69@mail.sysu.edu.cn
团队带头人：刘扬
主要成员：张佰君、江灏、洪瑞江、王自鑫、郭建平、粟涛、黄智恒、朱琳、付青、李柳暗、何亮、陈建国、马万里、李军政、徐亮、张晓庆、袁凤江、张顺、张国光、陈逸晞、庞隆基、赵智星、郭小雷、詹海峰、蒋全斌、黎子兰、王乐知、陈龙、李琪
研究方向：宽禁带半导体 GaN 基功率电子材料与器件

团队简介：

团队组建于2007年，是国内首批开展第三代半导体 GaN 功率电子材料与器件研发的团队之一，团队见证并参与了国内 GaN 功率电子材料与器件从学术研究到产业化推广的全过程。曾在 Si 衬底 GaN 功率电子材料外延生长与器件方面有重要的突破与进展，在 Si 衬底氮化物半导体电导、晶格应力以及异质结构界面缺陷调控方面取得若干学术成果。分别于2012年和2013年在国内率先实现2英寸 Si 衬底上20A 氮化镓 HEMT 功率晶体管和高耐压4英寸硅衬底GaN 晶圆的 MOCVD 外延生长，2014年所建平台被认证为"广东省第三代半导体 GaN 电力电子材料与器件工程技术研发中心"。2016年团队联合国内相关龙头企业实现以上相关技术的产业化转移，相继实现了6英寸、8英寸 Si 衬底高耐压高电导 GaN 功率电子材料晶圆的自主制造及650V耐压等级的 GaN 功率电子器件的产业化制造。团队成员先后承担国家863计划项目、国家自然科学基金重点项目、国家重点研发计划课题项目、广东省第三代半导体重大专项项目、广东省自然科学基金团队项目、广东省重点研发计划项目等30余项，在相关领域拥有国家授权发明专利30余件，发表学术论文100余篇。

通过与产业的紧密互动结合，经过十多年的积累，团队已经形成了从器件设计、材料外延、芯片制造、封装及可靠性和系统应用的 GaN 功率电子技术全链条、校企研发平台。针对当前业内影响器件应用推广的可靠性瓶颈问题，拟结合应用端的性能反馈，以期重点在材料外延与器件设计方面解决器件可靠性问题，助力器件应用领域从当前的消费类向工业与汽车电子等领域拓展，同时团队针对未来高电压的应用场景，将继续开展纵向结构 GaN 功率电子器件的关键技术研究。

130. 中山大学广东省绿色电力变换及智能控制工程技术研究中心

地址：广东省广州市海珠区新港西路135号
电话：18928990068
团队邮箱：fuqing@mail.sysu.edu.cn
团队带头人：付青
主要成员：夏俐、余向阳、王本斐、丁喜冬、官权学、冯国栋、魏亮亮、郑寿森、王东海、戴正
研究方向：新能源储能应用技术，光伏发电技术，轻型高效电力变换技术，电动车充电变换及管理技术，5G信息融合与边缘计算技术，精密仪器及控制技术

团队在研项目：国家自然科学基金面上项目1项，国家自然科学基金青年基金1项，广东省重大研发项目1项，广东省科技计划项目1项，地局级科技项目2项，企业委托科技开发项目5项

团队科研成果：工程中心承担国家自然科学基金项目、省部级产学研重大专项、省级科技计划项目等各种科研项目40多项，获得授权专利100多项，其中发明专利40多项，获广东省科技进步二等奖1项、广东省高新技术企业协会科技一等奖1项、地市级科技进步三等奖1项。

团队简介：

工程中心面向产业和行业需求，解决企业技术难题，引导企业和行业转型升级，重点突破太阳能光伏利用技术、轻型高效电力变换技术、高性能电力逆变技术、5G信息融合及边缘计算的电力安全技术、智能微电网控制技术以及虚拟现实核心引擎关键技术等多项产业核心关键技术，提出了光伏应用系统多目标优化集成、大数据聚类分析和智能算法的光伏发电功率预测、高效率绿色电力变换、信息融合与异构数据共享互融的高度智能化电力安全、高效稳定的微电网能量管理与绿色高效储能系统智能充电等创新理论与方法，多项技术应用于工业企业，促进相关产品销售30多亿元，促进新能源和智能电网的发展，为"双碳"目标的实现贡献力量。

电源相关科研项目介绍
（按照项目名称汉语拼音顺序排列）

1. 超紧凑电力电子硬件在环实时仿真器
主要完成人：沈磊
完成单位：杭州福创科技有限公司、杭州电子科技大学
联系邮箱：41869@hdu.edu.cn
具体计划、基金名称和编号：自筹资金
项目起始时间：2017年1月1日
项目完成时间：2021年12月31日
项目简介：

PocketBench是专门为电气工程实践教学开发的小步长电力电子硬件在环实时仿真器，具有体积重量小、性价比高、配套教学资源丰富的特点。PocketBench仿真器可以实时模拟功率变换器，当控制器向它注入PWM激励时，就像连接到了真实的功率变换器一样，可以获得实时的电压和电流反馈信号。该平台将危险的功率变换器虚拟化，解决了传统实物实验设备的安全性问题；同时它还保留了真实的控制电路，保证了学生可以获得真实的上手体验。它体积重量很小，甚至可以装在衣服口袋里，可能是全球体积重量最小，单位功耗仿真能力最强的实时仿真器。使用计算机USB接口供电，学生利用笔记本电脑就可以快速部署实验平台。它在保证学生实践体验的前提下赋予师生在任何时间地点安全自由开展实践学习的新能力，是电气工程及相关专业的下一代实践教学仪器。PocketBench的技术指标如下：

尺寸：106mm×114mm×26mm
重量：251g
供电：USB直接驱动，功耗<1W
步长：不大于1.25μs
数字输入：6通道，支持3.3V、5V输入电平，用于PWM信号捕捉
数字输出：6通道，数字信号输出（0~3.3V，用于正交编码器信号输出）
模拟输出：5通道，模拟信号输出（0~3.3V，用于电压电流等模拟信号输出）
控制器接口：DB25
端口保护：ESD保护，符合IEC 61000-4
建模方法：支持13种预设模型，包括Boost变换器、Buck-Boost变换器、Buck变换器、单相PWM并网逆变器、单相PWM整流器、三相PWM并网逆变器、三相PWM整流器、三相永磁同步电机驱动系统、有刷直流电机驱动系统、单相晶闸管整流器、三相晶闸管整流器、正激变换器、反激变换器

PC软件：PocketBench Software，用于配置模型，施加负载和数据显示

虚拟示波器：通道数量：8通道，采样率：400ksps，触发模式：连续触发、上升沿触发、下降沿触发，时基范围：200μs/div~100ms/div，支持频谱分析功能

目前PocketBench已经在浙江大学、华中科技大学、北京交通大学、西南交通大学、海军工程大学、中北大学、福州大学、兰州理工大学、福建工程学院、塔里木大学及英国帝国理工学院等国内外100余所院校和科研院所推广使用，受到了教学一线教师和学生好评。该成果是在由教育部高等学校电气类专业教学指导委员会和中国电工技术学会主办的首届全国高校电气类专业青年教师实践教学设计创新大赛中获得了全国第一名，在全国仿真创新大赛中获得了工科组第二名。为了进一步推广该成果，还和工信部合作举办了PocketBench半实物实时仿真专项赛，首届比赛吸引了全国近20所高校参赛。

2. 川藏铁路列车智能操控理论与关键技术研究
主要完成人：冯晓云
完成单位：西南交通大学电气工程学院
联系邮箱：fengxy@swjtu.edu.cn
项目来源：国家计划
具体计划、基金名称和编号：国家自然科学基金（U21A20169）
项目起始时间：2022年1月1日
项目完成时间：2025年12月31日
项目简介：

川藏铁路是国家重大战略部署和伟大工程。针对极端艰险运行环境和复杂线路条件给列车安全高效运营带来的严峻挑战，本项目围绕列车运行过程精细建模、控制策略精巧设计、优化问题快速求解等难题，重点开展川藏铁路列车智能操控理论与关键技术研究。具体包括：复杂运行环境下列车动力学建模与多目标在线优化；局部严苛运行环境下列车牵引动力系统分布式协同控制；供电中断情况下时空双重约束的列车应急自走行优化。充分考虑列车内部固有的多场耦合、非线性和大时滞特性，外部复杂环境干扰和强不确定性，以及时间、空间、供电等方面的刚柔多重约束，系统解决极端环境扰动与列车复杂动态相互作用机理及表征方法、临界工作点状态高精度实时估计与最优黏着状态可达性、多模态强约束作用下列车运行多目标非线性优化问题在线快速求解等科学问题。项目研究旨在

为川藏铁路列车安全高效运营和智能操控提供理论支撑和技术支持。

3. 电力牵引与控制
主要完成人：宋文胜
完成单位：西南交通大学电气工程学院
联系邮箱：songwsh@swjtu.edu.cn
项目来源：省、市、自治区计划
具体计划、基金名称和编号：四川省科技计划项目（22CXTD0055）
项目起始时间：2022年1月1日
项目完成时间：2024年12月31日
项目简介：
电力牵引系统是高速列车的"心脏"与动力源泉，在我国高速列车"引进-消化-吸收-再创新"历程中，电力牵引系统一直是制约高速列车核心技术装备国产化与自主化的瓶颈，必须通过原始创新才能实现从技术跟随到引领。以列车高速、安全、平稳、节能运行为目标，攻克电力牵引系统设计及关键控制技术，研制具有高功率密度、高效率、高可靠性的电力牵引系统装备，是实现我国高速列车核心技术从跟随到引领的关键之一，对实现电力牵引系统整体优化、缩短设计与开发周期、降低装备制造与运营成本、提高系统可靠性、推动我国高速列车电力牵引系统设计研发与装备制造的自主创新和技术引领具有重要意义，是实现中国制造世界最先进高速列车的重要支撑和基本保障。

4. 电气激励下高速列车牵引传动系统机电耦合共振机理与主动控制研究
主要完成人：葛兴来
完成单位：西南交通大学电气工程学院
联系邮箱：xlge@swjtu.cn
项目来源：基金资助
具体计划、基金名称和编号：国家自然科学基金（52177060）
项目起始时间：2022年1月1日
项目完成时间：2025年12月31日
项目简介：
我国高速列车正向时速400千米级迈进，安全与平稳是列车运行永恒的主题。更高运行时速下高速列车运行环境更加恶劣，长期服役导致牵引传动系统多关键部件参数劣化，易加剧牵引电机转矩脉动，进而诱发牵引传动系统机电耦合共振。项目拟从牵引传动系统全生命周期模型入手，基于线性时变周期建模理论，建立高速列车牵引传动机电耦合系统在机械、电气不同时间尺度下的谐波域模型；在多时间尺度谐波域模型的基础上，分析系统电气与机械各部件间谐波耦合关系及谐波传播规律，揭示电气激励到机电耦合共振演化机理；在对谐波域模型稳定性分析的基础上，兼顾抑制性能与稳定裕度，提出结合状态反馈与主动控制的机电耦合共振抑制策略，并采用硬件在环实时仿真平台及等比例小功率实物平台验证。项目从全生命周期角度揭示多时间尺度、电气激励下更高速列车牵引驱动系统机电耦合共振机理并提出抑制策略，对保障高速列车安全稳定运行和优化设计具有重要意义。

5. 多频复合电流跟踪PWM控制磁耦合谐振无线电能传输机理及关键问题研究
主要完成人：夏晨阳
完成单位：中国矿业大学
联系邮箱：bluesky198210@163.com
项目来源：基金资助
具体计划、基金名称和编号：国家自然科学基金面上基金（52277020）
项目起始时间：2023年1月1日
项目完成时间：2026年12月31日
项目简介：
无线电能传输技术为实现电气设备安全、灵活、洁净供电提供了有效解决方案。为克服现有基于高频逆变器"180°控制"方式磁耦合谐振无线电能传输（MCR-WPT）模式在多频多负载应用中存在的不足，研究满足不同应用场景的新型多频多负载兼容性无线电能传输模式迫在眉睫。本项目提出一种多频复合电流跟踪PWM控制MCR-WPT思想，以多频复合电流跟踪PWM控制为主线，重点研究多频复合电流跟踪PWM控制MCR-WPT机理；突破多频多负载独立高效供电、多参数辨识、电能与信号同步传输等关键技术；解决多频电能复合、解耦、控制与高效传输等一系列关键难题。项目预期将形成一套多频复合电流跟踪PWM控制MCR-WPT理论体系，提出一种兼容多频多负载无线电能传输、多参数辨识和电能与信号同步传输的新方法。项目成果对丰富和完善无线电能传输理论体系具有重要理论意义，对于拓展MCR-WPT技术在多频多负载领域的应用具有重要指导价值。

6. 分层介质下无线电能传输系统传能机理及关键技术研究
主要完成人：刘旭
完成单位：中国矿业大学
联系邮箱：xu.liu@cumt.edu.cn
项目来源：基金资助
具体计划、基金名称和编号：国家自然科学基金青年基金（52107012）
项目起始时间：2022年1月1日
项目完成时间：2024年12月31日
项目简介：
针对复杂非理想环境下智能化装备无线供电系统线圈间传能介质多样性的问题，本项目拟开展分层介质下无线电能传输系统传能机理及关键技术研究，以解决为运行在与能量源不同介质内的智能化装备高效、稳定无线供电的共性关键问题。项目针对磁耦合谐振式无线电能传输技术利用线圈间耦合电磁场实现能量隔空传输的基本原理，通过分层介质内电磁波传输与损耗特性的研究，揭示分层介质下无线电能传输与损耗机理，建立系统电磁一体化理论分析模型，明确系统功效性和稳定性关键影响因素，制定系统功效性定量评价指标及稳定性判断依据。在此基础上，提出跨介质高效稳定耦合的磁路耦合机构设计与控制方案，得到分层介质下线圈间跨介质耦合互感自动识别方法，制定内外多扰动参数影响下不依赖系统数学模型的线性自抗扰控制策略，以有效提升系统的功效性及稳定性。

7. 非均匀退磁影响下城轨列车永磁无位置传感器牵引系统容错控制研究

主要完成人：王惠民
完成单位：西南交通大学电气工程学院
联系邮箱：wanghuimin@my.swjtu.edu.cn
项目来源：基金资助
具体计划、基金名称和编号：国家自然科学基金（52307068）
项目起始时间：2024年1月1日
项目完成时间：2026年12月31日
项目简介：

永磁无位置传感器牵引传动系统的可靠运行是城市轨道交通绿色低碳、安全高效发展的重要保证。针对非均匀退磁导致城轨列车运行风险显著增加的问题，本项目围绕繁杂退磁故障形式下系统模型建立、无位置传感器控制下退磁影响规律分析、多约束条件下高性能容错控制设计等难点，开展适用于永磁无位置传感器牵引传动系统的非均匀退磁容错控制研究。通过建立有效描述非均匀退磁的永磁无位置传感器牵引传动系统模型，分析无位置传感器控制下非均匀退磁的故障传播机理与影响规律，厘清不同退磁程度与系统控制性能退化的映射关系。进一步，考虑故障调节时间有限、位置信息不完备等约束条件，研究位置估计与多电机参数在线辨识方案，并设计基于模型预测的容错控制器，实现非均匀退磁影响下位置准确估计和转矩性能维持，保障永磁无位置传感器牵引传动系统的安全可靠运行。拟通过本课题的研究，为城市轨道交通运维优化策略的制定提供理论支撑和技术沉淀。

8. 高速列车牵引系统健康监测、故障诊断与安全控制技术研究

主要完成人：冯晓云
完成单位：西南交通大学电气工程学院
联系邮箱：fengxy@home.swjtu.edu.cn
项目来源：基金资助
具体计划、基金名称和编号：国家自然科学基金（U1934204）
项目起始时间：2020年1月1日
项目完成时间：2023年12月31日
项目简介：

电力牵引系统是高速列车的"心脏"，由牵引变压器、变流器、电机和控制单元等组成，为列车高速运行提供强劲动力。牵引系统一旦发生故障，轻则列车降速运行，重则导致列车大面积晚点甚至线路瘫痪，严重影响铁路运输秩序和造成重大经济损失。电力牵引系统具有内部结构复杂、非线性、大时滞、强耦合、多时间尺度等特征，且其还要遭受极端气候、牵引网压谐振波动、复杂线路条件等恶劣外部运行环境考验，从而导致其健康状态监测与故障诊断难度极其困难。为此，本项目拟通过牵引系统部件劣化机理分析、基于数据驱动与经验模型融合的健康状态表征建模、故障特征提取、故障溯源与诊断、主动安全与故障容错控制、试验测试与验证等，形成基于"机理分析与建模-健康状态监控与诊断-主动安全与容错控制"的高速列车牵引系统健康监测、故障诊断与安全控制理论与技术体系，构建高速列车牵引系统健康监测综合分析平台，旨在为我国高速铁路智能运维提供理论支撑和技术应用。

9. 高速列车电力牵引系统关键技术

主要完成人：宋文胜
完成单位：西南交通大学电气工程学院
联系邮箱：songwsh@swjtu.edu.cn
项目来源：基金资助
具体计划、基金名称和编号：国家自然科学基金（52022084）
项目起始时间：2021年1月1日
项目完成时间：2023年12月31日
项目简介：

申请人致力于以先进控制和优化方法提升高速列车电力牵引系统性能，在大功率牵引变流器控制与调制领域实现理论和技术创新，成果在和谐号、复兴号动车组推广应用，取得了显著的经济和社会效益。主要贡献为：提出低开关频率下网侧变流器功率预测控制与单相调制统一模型，提升了控制精度和动态响应能力；提出车-网-线耦合网侧谐波抑制与调制切换方法，解决了高次谐波谐振迁电压和调制切换引起转矩冲击问题；提出双向直直变换器统一相移控制与优化方法，解决了车载电力电子变压器效率提升、电压脉动抑制和功率均衡等多目标优化问题；开发电力牵引系统设计与仿真验证软件，大幅缩短了产品开发周期。

10. 高速列车碳化硅牵引系统多物理场耦合机理及关键技术研究

主要完成人：宋文胜
完成单位：西南交通大学电气工程学院
联系邮箱：songwsh@swjtu.edu.cn
项目来源：基金资助
具体计划、基金名称和编号：国家自然科学基金（U2368206）
项目起始时间：2024年1月1日
项目完成时间：2027年12月31日
项目简介：

碳化硅变流技术是高速列车"心脏"牵引系统实现高功率密度化、轻量化与高性能控制等目标的重要途径，但碳化硅牵引系统存在结构复杂、集成度高、开关频率高、

电-磁-热多物理场耦合等显著特征，使其面临多场耦合作用机理与器件特性揭示难、高频化下寄生参数效应显著导致电气与散热性能提升设计难、复杂运行工况下参数强时变导致控制性能优化与健康监测难等问题。本项目拟研究三电平碳化硅牵引系统多物理场耦合机理与关键技术，旨在揭示电-磁-热耦合下碳化硅器件的开关轨迹与特性、实现面向高集成度和高可靠性的碳化硅牵引系统电气与散热性能优化设计、突破碳化硅牵引系统健康管理与关键控制技术，重点解决大功率碳化硅牵引系统多物理场耦合作用机理、复杂应用场景下器件驱动与保护的智能调控机制、面向全速域多工况的牵引系统多目标优化控制等关键科学问题。为新一代高速列车的轻量化、强动力、绿色低碳提供牵引变流解决方案，更好地服务于"交通强国"战略。

11. 高温车用 SiC 器件及系统的基础理论与评测方法研究

主要完成人：温旭辉、白云、宁圃奇、滕鹤松、范涛、王志福

完成单位：中国科学院电工研究所、中国科学院微电子研究所、中国电子科技集团公司第五十五研究所、北京理工大学

联系邮箱：zenglili@mail.iee.ac.cn

项目来源：国家计划

具体计划、基金名称和编号：国家重点研发计划新能源汽车专项（2016YFB0100600）

项目起始时间：2016 年 7 月 1 日

项目完成时间：2021 年 6 月 30 日

项目简介：

该项目针对新能源汽车重大需求、充分发挥 SiC 器件高温/高效的优势，提升了车用电机驱动控制器的功率密度、效率和环境适应性，明晰了高温/高电场强下 SiC 芯片载流子输运机理，阐明了高温/高场强下 SiC 模块封装系统多应力耦合机制，进一步揭示了高温车用 SiC 电机驱动控制器电磁干扰产生及传播机理，通过这三个科学问题的解决发展高温电力电子学。项目突破 SiC 芯片电流输运增强技术、SiC 平面型双面冷却封装技术和 SiC 电机驱动控制器高功率密度集成等关键技术，将设计理论、核心工艺、集成技术及模型仿真等方面研究工作有机结合，从科学研究到技术创新形成综合解决方案。构建了高温 SiC 器件及系统的科研和应用平台，将车用 SiC 电机驱动控制器功率密度提升到项目初期的 4 倍、损耗降低了 50%、最高环境温度提升到 105℃，实现我国高温车用 SiC 电机驱动控制器的突破。完成了高温 SiC 电力电子模块和系统行业评测规范编制，取得一批自主知识产权和前沿性成果，造就了一支具有国际水平的创新团队，为 SiC 技术在新能源汽车领域的广泛应用打下基础。项目发表高水平论文数量 101 篇，申请发明专利 30 项。

该项目对我国新能源汽车产业的发展起到了推动和引领作用，主要贡献有：

（1）推动自主车用 SiC 器件实现从 0 到 1 的突破。

探明了 SiC 芯片高温下沟道载流子迁移率受库仑散射及界面粗糙散射限制的规律，采用均衡协同电场分布调控方法优化高温 SiC 芯片的正反向特性，突破了 SiC 功率模块大数量芯片的自动布局优化技术，采用大面积银焊膏烧结、钼缓冲层等减缓失效方法，成功研制出电场调控电流增强的高温 1200V/50～150A SiC SBD 和 MOSFET，以及低寄生电感和高效散热的 1200V/600A SiC 平面模块。推动了自主 SiC 技术在衬底材料、外延材料、SiC 晶圆、SiC 器件到 SiC 模块等方面的技术突破。该项研究支撑项目团队获得中国电源学会科技发明一等奖。

（2）实现车用 SiC 电机驱动控制器功率密度和效率跻身国际先进水平。

项目团队提出了"以系统集成指导元器件封装"的控制器电磁热多物理场集成设计技术，将控制器"自元件而系统"的组装式设计转变为"自系统而元件"的分解式设计，打破了无源器件、电子系统组件、散热器、控制器结构支撑组件之间的界限，实现了各组件的结构复用和功能融合。项目研制的 85kW SiC 控制器功率密度达到 37.1kW/L，120kW SiC 控制器功率密度达到 47.8kW/L，高于美国特斯拉 Model 3 所搭载 SiC 电机驱动器的功率密度，达到国际先进水平。该项研究支撑项目团队获得中国电工技术学会技术进步一等奖。

（3）制定 SiC 器件和车用 SiC 电机控制器相关标准，指导车用 SiC 功率模块、电机控制器的开发与测试。

项目团队牵头制定了第三代半导体产业技术创新战略联盟团体标准《电动汽车用碳化硅（SiC）场效应晶体管（MOSFET）模块评测规范》《功率半导体器件稳态湿热高压偏置试验》《电动汽车用碳化硅（SiC）电机控制器》，推动了自主 SiC 技术全产业链的建立，为自主 SiC 技术达到国际先进水平、保障国内 SiC 产业链安全打下了坚实的基础。

12. 关闭矿井狭长空间分布式压缩空气规模储能的基础研究（子课题 4：关闭矿井 CAES 分布式空间特征提取与五维数据融合）

主要完成人：廖志娟、夏晨阳

完成单位：中国矿业大学

联系邮箱：zjliao@cumt.edu.cn

项目来源：国家计划

具体计划、基金名称和编号：国家重点研发计划"政府间国际科技创新合作"重点专项项目（2022YFE0129100）

项目起始时间：2023 年 1 月 1 日

项目完成时间：2025 年 12 月 31 日

项目简介：

针对关闭矿井压缩空气规模储能分布式空间生命周期能效演化规律认识不全面的问题，通过融合人-机-环境多源监测信息，构建数据级-特征级-决策级多级信息融合模型；挖掘多源异构数据与分布式空间生命周期能效之间的关联特征，提出生命周期-空间-能效五维指标体系；揭示分布式空间全生命周期能效演化规律，形成关闭矿井压缩空气规模储能分布空间能效特征与五维数据融合分析理论。

13. 寒区全气候电动汽车动力电池系统热电耦合机理与高效管理

主要完成人：戴海峰

完成单位：同济大学
项目来源：基金资助
项目起始时间：2021年1月1日
项目完成时间：2024年12月31日
项目简介：

锂离子电池在吉林省等寒区低温下工作时的性能衰退成为制约电动汽车推广的瓶颈之一，低温极速自加热是解决该问题的有效方案，其核心问题是合理控制自加热电流。本项目针对低温极速自加热控制中面临的控制策略制定缺乏依据、控制约束边界不明确及控制反馈量获取困难等挑战，研究①电池热-电动态特性耦合机理及其建模，以设计自加热控制策略；②电池性能衰减及锂沉积多维演化机理，以明确自加热控制的约束边界；③低温下电池多域状态协同估计，以获取自加热控制的反馈量。并在①电池生热-温升-电特性之间的时变耦合机理及规律，②电池性能衰减的主导机制及其多维演变规律，③交流自加热过程中的电池锂沉积生成条件，④车载非稳态工况下电池交流阻抗演变动力学机理及分数阶阻抗模型结构等关键科学问题上取得突破。研究将建立高效电池热-电协同管理，实现电池低温快速加热及高性能、长寿命、可靠工作，突破电动汽车全气候运行的限制。

14. 基于薄膜电容的三角形连接级联 H 桥 STATCOM 电容容量设计研究

主要完成人：王恒宜
完成单位：上海大学
联系邮箱：hengyiwang@shu.edu.cn
项目来源：其他单位委托
具体计划、基金名称和编号：中达电通股份有限公司
项目起始时间：2022年9月30日
项目完成时间：2024年4月30日
项目简介：

本项目研究基于薄膜电容的三角形连接级联 H 桥 STATCOM 电容容量设计策略，提出了适合时域分析的周期信号模型；提出了保障电能质量和装置长期安全运行的电容容量设计关键约束；提出了满足关键约束条件的电容容量优化模型，并利用合适的计算方法求解了最优电容容量。本项目探讨的是薄膜电容应用研究中较少涉及的电容容量设计问题，该研究形成了电容容量设计的系统理论，弥补了相关领域的研究空白，对提高电力电子装置的寿命和可靠性具有积极作用。

15. 基于宽频控制的高速磁浮列车推力波动机理及抑制

主要完成人：康劲松、赵元哲、王汉卿
完成单位：同济大学
联系邮箱：kjs@tongji.edu.cn
项目来源：基金资助
具体计划、基金名称和编号：国家自然科学基金（52277196）
项目起始时间：2023年1月1日
项目完成时间：2026年12月31日
项目简介：

径向和法向电磁力波动是高速磁浮列车极速服役性径向和法向电磁力波动是高速磁浮列车极速服役性能和舒适性提升的重要制约因素。长定子直线同步电机的气隙磁场空间谐波、定子电流时间谐波和悬浮/牵引耦合等是导致推力波动的因素。本研究聚焦高速磁浮牵引系统"宽频"控制理论方法，克服传统集中参数模型难以表征非线性、谐波、时变特征的局限性，预期成果如下：①探究基于磁共能重构的直线电机分布参数建模，基于二维傅里叶向量和多项式系数矩阵建立直线电机解析模型，获得计及空间分布特性的电磁力、磁链表达；②针对直线同步电机磁场空间谐波和悬浮/牵引控制耦合引起的推力波动，提出改进谐波电流计算方法与基于线性变换的谐波电流控制方法；③考虑直线电机的磁饱和、温升等因素引起的参数摄动，通过滑模方法观测系统扰动，研究基于无差拍预测控制的高速磁浮牵引控制算法。基于同济大学高速磁浮试验线，开展推力波动抑制方法原理验证，为我国高速磁浮交通的创新发展提供理论基础和关键技术支撑。

16. 基于列车网络控制的高速动车组智能操控理论与关键技术研究

主要完成人：王青元
完成单位：西南交通大学电气工程学院
联系邮箱：wangqy@swjtu.edu.cn
项目来源：基金资助
具体计划、基金名称和编号：国家自然科学基金（U236820070）
项目起始时间：2024年1月1日
项目完成时间：2027年12月31日
项目简介：

本项目围绕我国高铁未来更高速度与智能化两大重要发展方向，以新一代时速 400 千米高速动车组为对象，针对复杂多变环境下持续可靠运行难、高速度等级下精准跟踪控制难和大规模路网下跨线跨区域适应难，开展大带宽低延时列车通信网络支撑下的高速动车组智能操控理论和关键技术研究，重点包括：多源信息融合下列车运行态势感知与参数辨识；时间敏感网络支撑下列车精细操纵与精准控制；特殊场景下动车组效能提升与导向安全控制。本项目将充分考虑分布式控制框架下动车组内部固有的多场耦合、非线性和动力分布特性，外部复杂环境干扰和强不确定性，以及时间、空间、线路条件等方面的刚柔多重约束，系统解决高速列车运行态势快速表征及异常演变规律刻画、列车运行多约束非线性优化问题的凸性分析与求解收敛性评估、更高速度等级动车组未建模动态的等效表示等科学难题。项目旨在为时速 400 千米及以上高速动车组安全高效运营和智能操控提供理论支撑和技术支持。

17. 基于时空多尺度迭代学习的重载列车运行控制方法研究

主要完成人：孙鹏飞

完成单位：西南交通大学电气工程学院
联系邮箱：pengfeisun@ swjtu. edu. cn
项目来源：国家计划
具体计划、基金名称和编号：国家自然科学基金（62003283）
项目起始时间：2021年1月1日
项目完成时间：2023年12月31日
项目简介：

随着国民经济对铁路货运的运行速度、载重质量和运输成本等综合性能要求不断提高，重载列车运行的安全、平稳、准点、节能控制变得至关重要。为了加速推进我国万吨重载列车规模化、常态化运行，本项目围绕列车黏着安全、运行精确控制、编组内牵引/制动力最优分配等问题，开展基于迭代学习的重载列车运行控制策略研究。具体包括：基于多阶段时空迭代学习的重载列车主动防滑跟踪控制；机车与车辆牵引/制动群迭代学习；机车多轴分布式协调控制。通过充分利用列车运行线路重复性、模型结构不变性、各级牵引/制动工况相似性等特点，克服重载列车运行控制系统精确建模难和固有的非线性、非仿射性、时变不确定性，旨在实现列车运行速度和位置的精确跟踪、可用黏着的最大化利用以及分布式牵引/制动系统的协调控制。本项目研究对提高我国重载列车安全运行与智能驾驶水平具有重要意义。

18. 计及关键机理特征的动力电池非线性衰减识别和后续性能预测

主要完成人：朱建功
完成单位：同济大学
项目来源：基金资助
项目起始时间：2022年1月1日
项目完成时间：2024年12月31日
项目简介：

新能源汽车是国家重要战略新兴产业，动力电池是新能源汽车的核心部件。动力电池在使用过程中存在性能衰减，衰减中的非线性问题具有突发性和离散性，未准确识别会致使电池组的安全失效风险加剧。电池性能衰减还具有工况依赖性，退役电池后续性能的不确定性制约其在储能领域的创新应用。本课题立足新能源汽车可持续发展，面向动力电池全生命周期管理中长寿命和高安全的需求，聚焦动力电池的"非线性衰减"问题，开发电池非线性衰减识别和退役电池后续性能预测方法。研究内容包括：①采用"多尺度研究方法"，探究动力电池非线性衰减的诱因及关键机理特征的演化规律；②阐明非线性衰减阶段电池内部微观状态与外部宏观性能的构效关系，进行非线性衰减的准确识别；③基于关键机理特征的演化规律，面向光储充需求的退役电池后续性能预测。

19. 跨频段超表面介入无线电能传输系统工作机制及关键问题研究

主要完成人：荣灿灿
完成单位：中国矿业大学
联系邮箱：ccrong@ cumt. edu. cn
项目来源：基金资助
具体计划、基金名称和编号：国家自然科学基金青年项目（52207019）
项目起始时间：2023年1月1日
项目完成时间：2025年12月31日
项目简介：

项目以跨频段超表面介入磁耦合无线电能传输系统为研究对象，瞄准系统在提升空间无线电能传输的迫切需求，与超表面深度交叉，并将系统三大研究对象"频率""功率""效率"进一步融合，从跨频段超表面设计与实现、工作机理研究、动力学行为分析、电磁调控分析四个阶段依次展开。

20. 锂离子电池老化过程中热安全特性演变机制及在线表征

主要完成人：魏学哲
完成单位：同济大学
项目来源：基金资助
项目起始时间：2022年1月1日
项目完成时间：2025年12月31日
项目简介：

电动汽车锂离子电池安全工作窗口随老化过程改变这一问题造成了严重的安全隐患，充电成为触发老化电池热失控的典型工况，严重制约了电动汽车的推广。其关键在于电动汽车复杂的使用工况导致电池衰减路径复杂，电池老化状态对热安全特性的影响机制未能探明，且电池安全性在线表征方法匮乏，导致充电策略不能跟随安全窗口变化及时调整。面对以上挑战，本项目基于电动汽车工况，提炼出多种路径进行老化测试，并同步开展拆解表征分析和热失控分析，探究电池热安全性随老化演变的机理和规律，并以电池衰减内部表征量作为中间桥梁，构建起电池热安全表征与无损老化表征的关系模型，实现电池安全性的在线表征。基于以上表征，结合电池电热模型，面向快速充电这一典型应用场景，优化老化电池在快速充电过程中的安全电流边界。

21. 强鲁棒性锂离子电池循环寿命预估研究

主要完成人：王顺利
完成单位：西南科技大学　信息工程学院　新能源测控研究团队
项目来源：国家计划
项目起始时间：2022年1月1日
项目完成时间：2025年12月31日
项目简介：

项目所属科学技术领域为系统建模理论与仿真（F0303），针对锂离子电池系统的强鲁棒性循环寿命预估目标，拟开展基于深度学习理论的多时间尺度多变量耦合成组复合等效建模、循环寿命预估及其优化策略研究。①提出复合等效电路建模新思路，构建精细化数学描述模型，揭示多变量耦合影响下电池老化过程的外在表现和内在机理；②优化卷积计算和数据分布方式，构建兼具速度和精度的深度学习网络，对典型动态时刻进行静态展开，获得时间和空间双重维度信息的完整特性，结合迭代寻优探索形成强适应性预估算法；③考虑环境温度、电流倍率和动态工况特性等诸多因素，研究单体间差异等关键参数影响机制，构建目标函数并实现最优化求解，获得多状态参量协同估计策略，实现多时间尺度、多变量耦合的特征信息融合与修正。本项目将深度剖析电池系统特性表征理论，揭示建模机理及其优化机制，建立适合复杂工况的强鲁棒性循环寿命预估方法体系，为锂离子电池的产业化应用和推广奠定理论基础。

22. 任意多线圈架构 MC WPT 系统本征态传能机理研究

主要完成人：廖志娟
完成单位：中国矿业大学
联系邮箱：zjliao@cumt.edu.cn
项目来源：基金资助
具体计划、基金名称和编号：中央高校基本科研业务费青年科技基金（2020QN63）
项目起始时间：2020 年 1 月 1 日
项目完成时间：2021 年 12 月 31 日
项目简介：

项目研究了多线圈架构系统本征态的能效和能流特性，提出了多线圈架构系统的能流路径规划策略。

23. 任意多线圈架构磁耦合无线电能传输系统本征态建模及空间能力提升策略研究

主要完成人：廖志娟
完成单位：中国矿业大学
联系邮箱：zjliao@cumt.edu.cn
项目来源：基金资助
具体计划、基金名称和编号：江苏省自然科学基金（BK2020065）
项目起始时间：2020 年 7 月 1 日
项目完成时间：2023 年 6 月 30 日
项目简介：

针对 MC-WPT（磁耦合无线电能传输）系统共振机理认识不全面以及共振点及其相关特性缺乏准确的数理描述等问题，从系统建模、共振机理分析、模态参数配置、共振模态设计四个方面依次展开研究，形成一个以模态参数为轨迹的 MC-WPT 系统共振分析与设计的理论技术体系。主要创新点包括：①提出了一套完整的适用于任意线圈架构 MC-WPT 系统的建模分析方法，可快速、准确得到任意线圈架构、参数条件下系统中各回路电流的解析表达式；②揭示了 MC-WPT 系统共振机理及频率分裂的物理原理，建立了一套系统性的参数准则保证 MC-WPT 系统工作在共振状态；③提出了基于频谱指标的 MC-WPT 系统模态参数配置方法，实现任意给定频谱指标下的系统模态参数配置；④提出了一套基于模态参数配置的 MC-WPT 共振模态设计方法，可使得任意线圈架构 MC-WPT 系统共振在任意给定的频段。

24. 三维动态磁耦合无线电能传输系统本征态传能机制及能效提升策略研究

主要完成人：廖志娟
完成单位：中国矿业大学
联系邮箱：zjliao@cumt.edu.cn
项目来源：基金资助
具体计划、基金名称和编号：国家自然科学基金青年项目（52007188）
项目起始时间：2021 年 1 月 1 日
项目完成时间：2023 年 12 月 31 日
项目简介：

针对无人机器人等三维动态无线充电系统空间传能性能差、系统鲁棒性差等问题，以系统本征参数轨迹为线索，从动力学行为分析入手，建立了不同本征态的诱导机制，揭示了不同工作模态的物理原理差异，提出了基于本征参数操控的性能提升策略。项目成果对于丰富和完善传能机理描述，提升一定距离内系统的空间传能性能具有重要的理论意义，对于探索磁耦合无线电能传输技术在无人机、智能机器人等领域应用具有重要的实际指导价值。主要创新点包括：①提出了基于本征参数轨迹的 MC-WPT 系统动力学分析方法，构建了系统能效、磁场激励频率和系统各电参数之间的数理描述；②建立了不同本征态的诱导机制，揭示了不同工作模态的原理差异，为实际系统工作模态的选择提供了理论依据；③操控系统的本征矢量，提出了类理想变压器 WPT 系统，能够按需设置电流幅值比，且与距离无关，从而能有效提升系统的位置鲁棒性

25. 双频调制 PWM 操控电动汽车无线充电系统金属异物检测机制研究

主要完成人：夏晨阳
完成单位：中国矿业大学
联系邮箱：bluesky198210@163.com
项目来源：基金资助
具体计划、基金名称和编号：江苏省自然科学基金面上基金（BK20211246）
项目起始时间：2021 年 7 月 1 日
项目完成时间：2024 年 6 月 30 日
项目简介：

为满足电动汽车无线充电安全需求，针对现有电动汽车无线充电系统金属异物检测方法存在的瓶颈问题，提出一种双频调制 PWM 操控电动汽车无线充电系统金属异物检测思路。基于双频调制 PWM 操控，构建双频调制 PWM 操控电动汽车无线充电系统金属异物检测模型，重点研究双频调制 PWM 操控无线充电系统金属异物检测机理，并围绕相关技术展开研究，以达到在满足电动汽车无线充电的同时，实现金属异物检测盲区消除、检测精度与检测系统抗扰度提升的目的。项目预期将提出一种双频调制 PWM 操控

电动汽车无线充电系统金属异物高精度、无盲区与高抗扰度检测的新方法，以进一步丰富无线电能传输理论体系，推动电动汽车无线充电技术的发展。

26. 水上水下无人探测设备并行无线供电机理及关键技术研究

主要完成人：刘旭
完成单位：中国矿业大学
联系邮箱：xu.liu@cumt.edu.cn
项目来源：基金资助
具体计划、基金名称和编号：中国博士后科学基金（2019M652003）
项目起始时间：2019年6月1日
项目完成时间：2021年6月30日
项目简介：

针对水上及水下无人探测设备传统拖线供电方式与回收充电方式存在的设备可持续工作能力与工作范围有限、湿插拔充电接头易漏电等问题，本项目拟开展水上水下无人探测设备并行无线供电机理及关键技术的研究，以实现利用振荡浮子式波浪能收集装置同时为水上和水下两种介质内的无人探测设备智能、高效、稳定无线供电的需求。项目首先将研究电磁波跨介质传播时的空间分布特性与耗散机理，提出跨介质无线电能传输技术的理论分析方法，建立整体系统的电路分析模型；其次研究线圈结构设计对电磁波跨介质传输特性的影响，提出高效、高抗扰的跨介质双面传能与单面取能磁路耦合机构的设计方法；最后分析水流扰动及双负载不均衡取电工况下的系统功效变化特性，提出适用于多参数扰动工况下的系统综合控制策略，并研究瞬态大功率冲击下不同介质内的系统硬件保护方法、电磁屏蔽策略及抗电磁干扰技术。

27. 水下大功率高效无线电能传输机理及关键技术研究

主要完成人：刘旭
完成单位：中国矿业大学
联系邮箱：xu.liu@cumt.edu.cn
项目来源：基金资助
具体计划、基金名称和编号：中央高校基本科研业务经费（2019NQA08）
项目起始时间：2019年1月1日
项目完成时间：2021年6月30日
项目简介：

针对水下电气设备传统拖线供电方式存在的供电活动范围受限、蓄电池湿插拔充电插头易漏电等问题，本项目拟进行水下无线电能传输系统基础研究。研究电磁波水下传播与耗散机理，完善水下无线电能传输技术理论分析方法；基于虚拟建模技术，设计适用于水下无线电能传输系统的新型磁路耦合机构、高频变换器、补偿拓扑结构及水密结构；分析水流扰动下系统功率及效率变化特性，研究系统效率的最优控制策略；基于双向无线携能通信技术，研究水下无线电能传输系统与用电设备电池管理系统间的双向控制技术；建立水下无线电能传输系统磁场分布模型，研究水下电气设备间的电磁交叉耦合串扰问题，提出电磁干扰抑制屏蔽策略及瞬态大功率冲击下的无线电能传输系统硬件保护技术，以突破水下无线电能传输技术的大功率、高效率、远距离、高可控性和高安全性等关键技术。

28. 适用于川藏铁路列车应急自走行的电能路由器控制研究

主要完成人：杨顺风
完成单位：西南交通大学电气工程学院
联系邮箱：syang@swjtu.edu.cn
项目来源：基金资助
具体计划、基金名称和编号：国家自然科学基金（52177196）
项目起始时间：2022年1月1日
项目完成时间：2025年12月31日
项目简介：

川藏铁路具有复杂线路条件和极端运行环境，列车若动力丢失将导致坡道停车等重大安全隐患，危及乘客生命安全并难以施救。因此，列车失电情况下具备应急自走行至就近车站的能力至关重要。本项目结合川藏铁路艰险线路、极端环境下的特殊需求，针对系统功率与能量密度提升难、复杂运行环境下能源系统稳定可靠安全输出难、容量限制下协同优化控制难等挑战，重点开展适用于列车应急自走行的高效能多端口电能路由器及其控制策略研究。具体研究内容包括：混合能源多目标优化配置与多端口高效能高功率密度电能路由器拓扑构造及低谐波低损耗调制策略；冲击性、长时大功率负荷下的电能路由器多端口多级协调控制与储能单元主动均衡控制及高效热管理；面向混合能源系统最佳控制性能、最高效能量循环利用的多时间尺度多目标协同优化控制与分布式自律实现。项目研究成果为研制满足川藏铁路全线列车应急自走行需求的高效可靠能源变流系统提供理论支撑和技术支持。

29. 无线电能-智能可穿戴电子设备柔性供电技术研究

主要完成人：杨磊、同向前、刘兴华、文海兵、朱大锐、黄晶晶
完成单位：西安理工大学、西安交通大学、西北工业大学
联系邮箱：yanglei0930@xaut.edu.cn
项目来源：国家计划
具体计划、基金名称和编号：

1）中国博士后科学基金，项目编号：2018M643700，项目名称：新能源系统隔离性高增益开关电容变换器研究

2）国家自然科学基金，项目编号：51677151，项目名称：复杂弱电网中并网变流器系统稳定性的分析测评与增强控制

项目起始时间：2016年9月

项目完成时间：2022年12月

项目简介：

本项目研究方向隶属于电气工程、控制科学与工程、材料科学与工程和生物医学工程的交叉领域。本项目立足于智能可穿戴电子设备所存在的供电难瓶颈问题，提出相关控制方法，建立与之对应的数学模型，进行计算方法的理论创新和技术创新。深入地研究了智能可穿戴电子设备的材料制作和电路集成技术、基于柔性材料光伏和光电化学能量供应技术以及基于超薄柔性导电材料的柔性供电技术及其控制策略。系统地解决了智能可穿戴电子设备的能源供应的瓶颈问题。本项目成果主要包括：①柔性电子器件的材料制作和集成技术；②基于柔性材料光伏和光电化学能量供应技术；③智能可穿戴电子设备柔性供电技术及其控制策略。

本项目属于电气工程、生物医学工程和材料科学与工程等交叉学科的前沿研究领域。本项目团队实现了跨学科、跨高校和优势互补的合作模式，研究水平处于国际前列。本项目研究成果可以实现智能可穿戴电子设备、可植入医疗电子设备、生物传感器等便捷、高效的电能供给，具有非常高的科学研究和实际应用价值，产业化前景光明，市场价值可观。

智能可穿戴电子设备的电能补给方式主要是储能锂电池、太阳能电池或者机械自发电供电。但是太阳能电池或者机械自发电供电方式的相关研究和应用还处于初级阶段。一般情况下，电池的寿命是有限的，而更换电池程序复杂且很大程度上会带来电池损伤。特别是对于可植入医疗电子设备更换电池，增加了二次手术感染的可能性以及患者的经济负担，这为可植入医疗电子设备带来很大挑战。另外，为了减小对人体的损害，通常对可植入医疗电子设备的体积和功率密度有很高的要求。

柔性供电技术开辟了可植入电子设备电池充电的新方向。柔性供电技术应用于可植入医疗电子设备、医疗传感器如胶囊内镜等医疗电子设备领域，可有效解决患者利用手术更换电池蓄能的问题。结合无线电能传输技术，柔性供电方式已经在可植入电子设备上得到了广泛的应用。

基于柔性导电材料的供电方式由于自身能效高、稳定性高、形状可塑性高等特点，可以完全满足智能可穿戴电子设备的多场景能量供应要求。因此，柔性供电技术将形成智能可穿戴电子设备新科学研究范式或学科增长点并带动智能可穿戴电子设备的快速发展。

30. 谐波分离与复用磁耦合谐振无线电能传输机理及关键技术研究

主要完成人： 夏晨阳
完成单位： 中国矿业大学
联系邮箱： bluesky198210@163.com
项目来源： 基金资助
具体计划、基金名称和编号： 国家自然科学基金面上基金（51777210）
项目起始时间： 2018年1月1日
项目完成时间： 2021年12月31日

项目简介：

无线电能传输技术为实现电气设备安全、灵活、洁净供电提供了有效解决方案。解决传统的基于基波通路实现磁耦合谐振无线电能传输、电能信号传递及负载识别过程中存在的能量高效传输及系统稳定性等关键问题，是加速推进无线电能传输技术发展的重要途径。本项目借鉴电力系统谐波利用相关理论，提出一种谐波分离与复用磁耦合谐振无线电能传输思想。构建基谐波双通路磁耦合谐振无线电能传输系统模型，并针对其运行机制及基谐波双通路电能传输、信号传递和负载识别等相关关键技术实现机理展开研究。重点解决基谐波有效分离、双通路能量分配与控制、四线圈磁路机构物理和数学建模及鲁棒稳定特性等关键难点问题，探索并开辟一条研究磁耦合谐振无线电能传输系统的新思路。通过本项目的研究，有望提高我国无线电能传输基础理论水平。研究结论有望丰富无线电能传输技术基础理论体系，并为无线电能传输技术的推广以及产业化发展和应用做出一定贡献。

第六篇　电　源　标　准

中国电源学会团体标准 2023 年度工作综述 ··· 251
 一、团体标准建设工作概要 ··· 251
 二、2022 年立项团体标准审查及审批工作概要 ································ 251
 三、2023 年立项团体标准起草工作概要 ····································· 258
 四、启动 2024 年立项团体标准工作简况 ···································· 259

中国电源学会 2023 年发布团体标准节选 ·· 260
 一、锂电池检测用双向 AC-DC 电源模块技术规范（T/CPSS 1001—2023） ··········· 260
 二、直流散热风扇环境适应性测试技术规范（T/CPSS 1002—2023） ················ 261
 三、直流散热风扇通用性能测试规范（T/CPSS 1003—2023） ····················· 262
 四、磁约束聚变实验装置磁体电源程序软件测试指南（T/CPSS 1004—2023） ········· 263
 五、多旋翼无人机磁耦合静态无线充电系统通用技术要求（T/CPSS 1005—2023） ····· 264
 六、多旋翼无人机磁耦合静态无线充电系统测试要求（T/CPSS 1006—2023） ········· 266
 七、空气源热泵接入低压电网电能质量技术要求（T/CPSS 1007—2023） ············ 267
 八、配电台区低电压治理技术规范（T/CPSS 1008—2023） ······················ 268
 九、并网逆变器超高次谐波评估方法（T/CPSS 1009—2023） ···················· 269
 十、电力系统超高次谐波测量方法（T/CPSS 1010—2023） ······················ 270
 十一、电弧炉用柔性直流电源装置技术规范（T/CPSS 1011—2023） ··············· 272

中国电源学会团体标准 2023 年度工作综述

培育发展团体标准，是发挥市场在标准化资源配置中的决定性作用、加快构建国家新型标准体系的重要举措。2015 年，国务院颁布了《深化标准化工作改革方案》；2016 年 3 月，质检总局和国家标准委印发了《关于培育和发展团体标准的指导意见》，鼓励具备相应能力的社团组织和产业联盟制定满足市场和创新需要的标准，以增加标准的有效供给。

长期以来，由于没有专门的标准委员会针对电源产品进行标准的统筹制定，电源行业标准存在多头制定、缺乏体系规划、更新不及时等问题，难以满足行业发展的需要。

在此背景下，中国电源学会于 2016 年正式启动团体标准制定工作，并初步取得了成效。本着"行业主导、需求为先、系统规划、务实高效"的原则，学会在 2023 年度依据《中国电源学会团体标准管理办法》，针对目前电源行业亟需领域和课题，继续开展团体标准工作。

一、团体标准建设工作概要

标准化是推动行业规范发展的"助推器"，而团体标准的制定则有助于弥补国家标准编制程序较多、周期较长、种类不够齐全、标准更迭相对滞后等缺陷。本着"行业主导、需求为先、系统规划、务实高效"的原则，中国电源学会自 2016 年以来围绕电源行业团体标准做了大量扎实有效的工作。针对目前电源行业亟需领域和课题，学会每年定期面向行业征集标准提案，得到了学会各专委会以及电源企业、科研院所的广泛关注和积极参与。

2018~2023 年间共 63 项团体标准成功进行了立项、起草、公开征集意见、审查、审批等工作程序并顺利发布执行，各项标准或填补了行业空白，或领行业之先，对于引领行业健康发展意义重大。

2023 年，学会同时开展了三批团体标准的相关工作：

1) 完成对 2022 年立项团体标准的审查、审批及发布工作，共发布 11 项团体标准。

2) 完成对 2023 年立项团体标准的立项审查、审批工作，共计立项 18 个新标准项目，并组织开展起草工作。

3) 启动 2024 年立项团体标准的提案征集工作，并开展相关意见征求。

二、2022 年立项团体标准审查及审批工作概要

2022 年立项团体标准 11 项和 2021 年立项延期审查标准 1 项同批进入 2023 年标准审查及审批工作，该 12 项团体标准经格式审查、集中审查会后共有 11 项团体标准顺利获批，于 2023 年 8 月 31 日成功发布并于次日正式实施。

1. 格式审查

2023 年 3 月，中国电源学会对起草组提交的 12 项团体标准报审稿（初稿）及相关编制说明、征求意见汇总表等相关文件组织进行格式审查并进行相应规范性修改。

2. 线下审查会

2023 年 6 月 2~4 日，中国电源学会团体标准工作办公室会同学会标准化工作委员会，在技术归口专委会的协同支持下，在天津召开了 2023 年团体标准审查会议。会议共邀请专家 15 位，按专业方向分组审查标准报审稿 12 项，起草组代表共计 20 余人次参加了本次会议答辩。

评审专家听取了标准起草单位关于标准报审稿的编制情况汇报和说明，从合法性、合理性、可行性、精确性、协调性和先进性等方面对提交的报审稿进行审查、讨论。

最终，共有 11 项团体标准报审稿顺利通过审查。专家组认为，相关标准整体结构合理，内容系统全面，具有较强的现实需求和实用价值，符合当前行业发展要求，有利于推动行业有序发展。同时专家组也就标准的内容侧重、范围、规范用语和准确性等方面提出了修改意见和建议。

3. 审批工作组织

审查会后，通过审查的 11 个团体标准项目根据审查会委员意见及现场会议纪要文件对标准文本进行修改处理，并陆续修改完成，通过专家审查组函审确认。基于国家标准 GB/T 1.1 和审查会专家所提格式修改相关意见，学会团体标准工作办公室已同步对该 11 项标准进行了多轮编辑校对，最终形成标准报批稿，提交学会团体标准领导小组审批。2023 年 8 月 31 日，中国电源学会第七批共 11 项团体标准正式获批发布，并于当年的 9 月 1 日起正式实施。

4. 2023 年发布 11 项团体标准项目及编号

［T/CPSS 1001—2023］锂电池检测用双向 AC-DC 电源模块技术规范

［T/CPSS 1002—2023］直流散热风扇环境适应性测试技术规范

［T/CPSS 1003—2023］直流散热风扇通用性能测试规范

［T/CPSS 1004—2023］磁约束聚变实验装置磁体电源程序软件测试指南

［T/CPSS 1005—2023］多旋翼无人机磁耦合静态无线充电系统通用技术要求

［T/CPSS 1006—2023］多旋翼无人机磁耦合静态无线充电系统测试要求

［T/CPSS 1007—2023］空气源热泵接入低压电网电能质量技术要求

［T/CPSS 1008—2023］配电台区低电压治理技术规范

［T/CPSS 1009—2023］并网逆变器超高次谐波评估方法

［T/CPSS 1010—2023］电力系统超高次谐波测量方法

［T/CPSS 1011—2023］电弧炉用柔性直流电源装置技术规范

5. 2023年发布11项团体标准基本信息

（1）T/CPSS 1001—2023《锂电池检测用双向AC-DC电源模块技术规范》

英文名称：Technical specification of bidirectional AC-DC power module for lithium-based battery test

起草单位：广东省洛仑兹技术股份有限公司、湖南大学、浙江杭可科技股份有限公司、深圳市新威尔电子有限公司、东莞光亚智能科技有限公司、福建星云电子股份有限公司、深圳市毅梁源技术有限公司、深圳市瓦特源检测研究有限公司

项目负责人：阮景义（单位：广东省洛仑兹技术股份有限公司）

执笔人：阮景义、张勇

起草组成员：阮景义、甘旭、张勇、汪洪亮、岳秀梅、朱晓楠、蔡清源、杨宗瑚、刘春华、杨国、舒均庆、戴彬传、黄柱、罗勇进、莫春法、涂建华

标准范围：

本标准规定了锂电池检测用双向AC-DC电源模块的术语与定义、技术要求、试验方法、检验规则、标志、运输和贮存等内容。

本标准适用于直流电压大于等于14V、小于等于750V的锂电池检测用双向AC-DC电源模块。

标准先进性：

在锂电池产业中，锂电池检测是锂电池研发、制造和组装中必不可少的环节，锂电池检测设备应用于锂电池性能检测和评价，是锂电池后段生产和运维中的核心设备，是锂电池性能实现和安全可靠使用的有力保障。在锂电池检测过程中设备出现故障直接影响锂电池的品质，严重时甚至会导致整批次产品报废。本标准中的双向AC-DC电源模块技术规范的先进性体现在以下几个方面：

1）顺应产业高质量发展：随着"碳达峰"和"碳中和"目标的提出，锂电池产业扩产，锂电池检测设备长期成长空间巨大。同时，检测设备在新能源汽车动力电池系统的检测、退役电池的梯次利用及回收等应用场景中将扮演更加重要的角色，国家锂电优势产业高质量发展对技术进步要求迫切。

2）填补国内外标准空白：本标准填补了锂电池检测设备中双向AC-DC电源模块技术规范标准的空白，规范了锂电池检测系统内部双向AC-DC电源模块设计开发、生产、验收和运维要求，可以作为国家标准和设备行业要求的有效补充，规范和促进了锂电池行业规模化发展。

3）助力节能减排：本标准中双向AC-DC电源模块是一种新型节能、能量回馈型设备，能将锂电池放电时释放的电能重新回馈电网，供电网侧设备再次利用，极大降低能耗，达到节能减排的目的。

4）高可靠性高稳定性：本标准中双向AC-DC电源模块作为锂电池检测设备对电池充放电并与电网连接的执行单元，是锂电池化成分容工艺的供电中心，是检测系统的动力心脏，其采用先进的电力电子技术和数字化控制技术，具有工作和并网的高稳定性和高可靠性。

5）促进行业规范化发展：目前，锂电池检测设备行业中双向AC-DC电源模块定制化程度高、规格参数各不相同，给锂电池检测设备系统设计、运维带来巨大困难，不利于锂电池检测设备行业规范化、集约化健康发展。在锂电池市场规模快速成长的背景下，设备和人力成本上升越来越突出，本标准通过使产品标准化，可实现系统简化设计、提升设备交付周期、降低设备运维成本、缩短设备维护时长。

（2）T/CPSS 1002—2023《直流散热风扇环境适应性测试技术规范》

英文名称：Technical specification for environmental adaptability of DC cooling fans

起草单位：深圳市航嘉驰源电气股份有限公司、深圳市瓦特源检测研究有限公司、深圳创维-RGB电子有限公司、中国质量认证中心深圳分中心、深圳市绿联科技股份有限公司、中移（杭州）信息技术有限公司、深圳市兴阳铭科技有限公司

项目负责人：赵如（单位：深圳市航嘉驰源电气股份有限公司）

执笔人：赵如、喻楠辰、程明明

起草组成员：赵如、罗勇进、白茹冰、喻楠辰、程明明、岳明、景洪恩、王雅斌、吴丹、沈援海、严东升、朱培素

标准范围：

本标准规定了直流散热风扇环境适应性测试的技术要求和试验方法。

本标准适用于直流散热风扇环境适应性测试。

标准先进性：

直流散热风扇是保障电子设备正常运行的重要组成部分。直流散热风扇环境适应性，是指产品在使用过程中的综合环境因素作用下能实现所有预定的性能和功能且不被破坏的能力，是产品对环境适应能力的具体体现，也是产品的重要质量特性。

目前，直流散热风扇行业生产厂家众多，参差不齐，多数企业采用自己的企业标准，业界还没有统一的公认的标准，存在测试方法不统一的问题，造成市场混乱，容易引起散热安全问题，且不利于相关各方对产品性能的评判和技术交流。为了推动开关电源散热行业技术进步，提高电源的可靠性，减少由于风扇故障引发的系统故障，并为直流散热风扇行业国内生产企业提供统一的环境适应性测试依据，有必要制定直流散热风扇环境适应性技术规范。

本标准依据GB/T 1.1—2020《标准化工作导则 第1部分：标准化文件的结构和起草规则》的规范编制，综合起草组和专家意见、根据业内共识制定了以下内容：

1）环境适应性要求与试验方法：温度冲击、低温、高温高湿、高温工作寿命、温度循环、高温启停、低温启停、低温测试、恒定盐雾等。

2）机械可靠性要求与试验方法：机械振动、机械冲击、包装跌落、包装振动、防水、防尘等。

根据以上各个测试项目的测试目的，本标准分别规定测试使用的设备、方法手段以及一般测试条件，并制定测试中、测试后风扇结构、外观、功能、电流、转速、噪声、

振动量、绝缘强度、绝缘耐压、润滑油量等一般要求，使用标准化测试手段监测影响风扇可靠性的常见主要问题点，提升直流散热风扇的可靠性，推动业界形成统一要求与标准。

（3）T/CPSS 1003—2023《直流散热风扇通用性能测试规范》

英文名称：General performance test specification for DC cooling fans

起草单位：深圳市航嘉驰源电气股份有限公司、深圳市瓦特源检测研究有限公司、深圳创维-RGB电子有限公司、中国质量认证中心深圳分中心、深圳市绿联科技股份有限公司、中移（杭州）信息技术有限公司、深圳市兴阳铭科技有限公司

项目负责人：赵如（单位：深圳市航嘉驰源电气股份有限公司）

执笔人：赵如、喻楠辰、程明明

起草组成员：赵如、罗勇进、白茹冰、喻楠辰、程明明、岳明、景洪恩、王雅斌、吴丹、沈援海、严东升、朱培素

标准范围：

本标准规定了直流散热风扇通用性能测试的技术要求和试验方法。

本标准适用于直流散热风扇通用性能的测试。

标准先进性：

直流散热风扇是系统散热设计的关键部件，其性能测试数据的准确性对设计目标的达成有直接影响。只有标准化的技术规范才能指导正确的测试，得出准确的测试数据，为设计人员在研发调试过程中提供支撑，从而缩短开发周期，降低研发成本，也有助于设计出更经济、可靠、适用的产品。

目前，直流散热风扇行业生产厂家众多，多数企业采用自己的标准，业界还没有统一的公认的标准，存在测试方法和评判标准不统一的问题，不利于相关各方对产品性能的评判和技术交流。

为了推动直流散热风扇的技术进步，确保产品性能一致性，并为直流散热风扇行业的国内生产企业提供统一的测试依据，有必要制订直流散热风扇性能通用技术规范。

本标准依据GB/T 1.1—2020《标准化工作导则 第1部分：标准化文件的结构和起草规则》的规范编制，综合起草组和专家意见、根据业内共识制定了风扇主要性能的技术要求与试验方法，包含：输入电压、输入电流、启动电流、堵转电流、占空比启停、调速、风扇转速、输入信号频率、低电平、启动时间、稳定时间、RD信号、噪声、反接保护等。对各个性能参数均制定了测试使用的设备、方法手段以及一般测试条件，并分别制定了各个参数需要符合的一般要求。本标准将直流散热风扇的主要性能技术参数通过标准化手段进行测试、评判，推动业界形成统一要求与标准。

（4）T/CPSS 1004—2023《磁约束聚变实验装置磁体电源程序软件测试指南》

英文名称：Guide for software testing of coil power supply in magnetic confinement fusion device

起草单位：中国科学院合肥物质科学研究院、北京赛若科技有限公司、核工业西南物理研究院、中南大学、华中科技大学、合肥聚能电物理高技术开发有限公司、北京航空航天大学、湖南大学、扬州大学、合肥工业大学、安徽大学、飞马智科信息技术股份有限公司、长沙市昌远电气科技有限公司

项目负责人：何诗英（单位：中国科学院合肥物质科学研究院）

执笔人：陈晓娇、黄连生、王轶昆、张秀青

起草组成员：何诗英、陈晓娇、黄连生、张秀青、王泽京、王轶辰、李维斌、李波、吴一、宋冬然、杨建、董密、李传、余照飞、王轶昆、汪泓、汪洪亮、李生权、张兴、陶骏、何诗兴、凌晨、黄莉莉、张圆圆

标准范围：

本标准说明了磁约束聚变电源程序软件测试相关的概念和定义，定义了每个测试过程应该或可能使用的软件测试技术，以及应出具的软件测试文档。

本标准适用于磁约束聚变电源系统的控制、测量、保护、监控及数据管理软件的开发程的质量保证，以及软件程序交付前的验收和评价。

标准先进性：

本标准的目的在于对磁约束聚变电源程序的软件测试活动确定其过程与要求，以达到提高软件质量的目的。

核聚变研究是将较轻原子核合成较重原子核过程中释放的巨大能量转变成可控的清洁能源，是极具希望解决人类终极能源危机的最有效手段。作为磁约束聚变装置的关键系统，磁约束聚变电源是实现磁约束聚变装置等离子体产生、运行、控制及加热的必不可少的工程基础，其运行的可靠性和稳定性对磁约束聚变装置的运行具有无可替代的作用。近年来，随着国内外聚变装置的发展，磁约束聚变电源系统的装机容量也由最初的几十兆瓦发展至如今的数千兆瓦，电源系统的性能及可靠性决定了磁约束聚变装置的性能及安全。目前国内外均未对如何测试磁约束聚变电源程序做出相关的标准和规定，磁约束聚变电源系统的功能、性能、可靠性等重要的软件属性难以在研制过程和验收交付过程中得到有效的验证和确认，极大地影响了磁约束聚变电源运行时的稳定性和可靠性，从而制约了磁约束聚变电源技术的发展和应用以及未来聚变商用堆的建设。

本标准制定磁约束聚变电源程序的软件测试指南，规定磁约束聚变电源程序软件的测试过程，规范测试过程中应该提供的测试文档，保证涉及控制、测量、保护、监控及数据管理等软件的开发过程中的质量，并提高交付前的验收通过率和评价水平，以验证及确认电源系统的功能、性能、可靠性等重要的软件质量属性，保障其运行过程中的稳定性及可靠性。作为最有效的保障和提高软件程序质量的措施，本标准最终的研究成果：磁约束聚变电源程序软件测试指南，必然能够为提高磁约束聚变电源程序的质量提供有力的保障。

（5）T/CPSS 1005—2023《多旋翼无人机磁耦合静态无线充电系统通用技术要求》

英文名称：Magnetic coupling static wireless charging system for multi-rotor UAV general technical requirements

起草单位：广西电网有责任公司电力科学研究院、重庆大学、重庆华创智能科技研究院有限公司、国网电力科学研究院有限公司、千寻位置网络有限公司、江苏方天电力技术有限公司、重庆前卫科技集团有限公司、浙江华飞智能科技有限公司、深圳瓦特源检测研究有限公司、清华四川能源互联网研究院、南方电网科学研究院有限责任公司、云南电网有限责任公司电力科学研究院、广西电网有限责任公司、台达电子企业管理（上海）有限公司、中国矿业大学

项目负责人：陈绍南（单位：广西电网有责任公司电力科学研究院）

执笔人：肖静、吴晓锐

起草组成员：陈绍南、肖静、周柯、吴晓锐、王智慧、卓浩泽、唐春森、左志平、李小飞、蒋成、白浩、桑林、王可、叶辉、王成亮、赵鱼名、范正伟、罗勇进、彭庆军、王山、奉斌、廖永恺、夏晨阳、廖志娟

标准范围：

本标准规定了多旋翼无人机磁耦合静态无线充电系统的相关术语和定义、概述、总体要求、互操作性要求、环境测试、安全和防护要求、材料要求和标识说明等通用技术要求。

本标准适用于基于磁耦合技术的多旋翼无人机磁耦合静态无线充电系统，其输出功率500W以下。

标准先进性：

现有针对多旋翼无人机的供电方式主要是由导线进行直接接触式的供电，电气设备通过插座和插头等有线的电连接器接触进行供电，容易产生接触不良、电火花、甚至触电的风险，影响电能供给安全，同时缩短电气设备的正常使用寿命。而有线供电多旋翼无人机存在的问题可以通过无线供电的方式很好地解决。目前，无线供电技术与行业发展迅速，但相应的标准化研究和标准制定工作却严重脱节。目前传统的有线供电多旋翼无人机已经具有一套比较完善的标准体系来指导、规范产品的设计、生产、安装、维修、回收等全生命周期。与传统的有线供电多旋翼无人机相比，无线供电多旋翼无人机产品在性能指标、安全指标、设计生产要求、安装维修要求等方面都有很多差别，现有多旋翼无人机标准无法涵盖。因此需要统筹考虑、系统研究多旋翼无人机无线充电系统的标准化，建立一套新的标准体系和系列标准，推动多旋翼无人机无线充电系统的发展。

本标准的制定将有以下重大意义：

通过学会相关专业委员会组建起草工作组，涵盖了多旋翼无人机厂商、检测机构、科研院所等，是真正意义上的跨行业标准化工作组。由企业作为标准研制的中坚力量，形成联合开发团队，针对共性和关键问题进行详细讨论分析。通过这种新的模式，可以有效地克服标准不完善的问题，容易形成大家共同遵守的、统一的技术规范和标准体系，推动高新技术产业化的进程。本标准规范了多旋翼无人机无线充电系统的定义、系统架构、基本性能要求、环境测试、安全防护要求及材料要求等，统一了多旋翼无人机无线充电系统通用设计要求。

由于各个生产厂家技术研发能力、生产能力等参差不齐，各个品牌推出的无线充电多旋翼无人机不能互相兼容，给用户的使用带来不便，也给产品的快速发展带来不利影响，因此通过多旋翼无人机静态磁耦合无线充电系统通用技术要求的制定和实施，使各个厂家推出的产品能够符合标准，互相兼容，从而推动行业快速发展。

（6）T/CPSS 1006—2023《多旋翼无人机磁耦合静态无线充电系统测试要求》

英文名称：Magnetic coupling static wireless charging system for multi-rotor UAV testing requirements

起草单位：广西电网有责任公司电力科学研究院、重庆大学、重庆华创智能科技研究院有限公司、国网电力科学研究院有限公司、千寻位置网络有限公司、江苏方天电力技术有限公司、重庆前卫科技集团有限公司、浙江华飞智能科技有限公司、深圳瓦特源检测研究有限公司、清华四川能源互联网研究院、南方电网科学研究院有限责任公司、云南电网有限责任公司电力科学研究院、广西电网有限责任公司、台达电子企业管理（上海）有限公司、中国矿业大学

项目负责人：吴晓锐（单位：广西电网有责任公司电力科学研究院）

执笔人：陈绍南、龚文兰

起草组成员：吴晓锐、陈绍南、周柯、龚文兰、王智慧、韩帅、唐春森、左志平、李小飞、蒋成、白浩、桑林、王可、叶辉、王成亮、赵鱼名、范正伟、罗勇进、彭庆军、王山、奉斌、廖永恺、夏晨阳、荣灿灿

标准范围：

本标准规定了多旋翼无人机磁耦合静态无线充电系统的相关术语和定义、概述、总体要求、互操作性要求、环境测试、安全和防护要求、材料要求和标识说明等通用技术要求。

本标准适用于基于磁耦合技术的多旋翼无人机磁耦合静态无线充电系统，其输出功率500W以下。

标准先进性：

无人机作为一种新型航行设备，如今已经被广泛应用在电力巡检、军事巡逻、航空拍摄、物流配送等多个领域当中。其灵活性与轻便性使其应用领域不断扩大，但同时续航能力的限制也逐渐凸显了出来，这极大地限制了其使用范围与场景。在无人机当中，多旋翼无人机的使用最为广泛，但其充电方式为接触式充电或者换电式，难以满足无人系统无人化与智能化的要求。同时，传统接触式充电也面临着环境适应能力差与插头磨损等众多问题。为了解决这一痛点，无线电能传输（Wireless Power Transfer, WPT）为我们提供了一个可行方案，在无人机航线中配置一个或多个静态无线充电平台，解决无人机续航不足的问题，同时实现了无人化与智能化。但是，相应的标准化研究和标准制定工作却严重脱节。传统的有线充电无人机已经具有一套比较完善的标准体系来指导、规范产品的设计、生产、安装、使用、维护等。与传统的有线充电无人机相

比，无线充电产品在测试要求等方面都有很多差别，现有标准无法涵盖。因此需要统筹考虑、系统研究多旋翼无人机磁耦合静态无线充电系统测试要求的标准化，建立一套新的标准体系和系列标准，推动无线充电无人机的发展。

本标准的制定具有以下重大意义：

通过学会相关专业委员会组建起草工作组，涵盖了无人机厂商、检测机构、科研院所等，是真正意义上的跨行业标准化工作组。由企业作为标准研制的中坚力量，形成联合开发团队，针对共性和关键问题进行详细讨论分析。通过这种新的模式，可以有效地克服标准不完善的问题，容易形成大家共同遵守的、统一的技术规范和标准体系。本标准规定了多旋翼无人机磁耦合静态无线充电系统的测试要求，包括一般要求、测试方法和测试记录等。

由于各个生产厂家技术研发能力、生产能力等参差不齐，各个品牌推出的无线充电无人机遵循的标准各不统一，给用户的使用带来不便，也给产品的快速发展带来不利影响，因此通过多旋翼无人机磁耦合静态无线充电系统测试要求的制定和实施，使各个厂家推出的产品能够符合标准，推动行业快速发展。

（7）T/CPSS 1007—2023《空气源热泵接入低压电网电能质量技术要求》

英文名称：Technical requirements for power quality of air source heat pump connected to low voltage power grid

起草单位：国网河北省电力有限公司电力科学研究院、国网福建省电力有限公司电力科学研究院、国网石家庄供电公司、国网山西省电力公司电力科学研究院、亚洲电能质量产业联盟、苏州爱科赛博电源技术有限责任公司、中国电力科学研究院有限公司、国网重庆市电力公司电力科学研究院、南方电网科学研究院有限责任公司、广东电网有限责任公司电力科学研究院、西安西驰电气股份有限公司、国网陕西省电力有限公司电力科学研究院、广西电网有限责任公司电力科学研究院、国网上海市电力公司电力科学研究院、四川大学

项目负责人：周文（单位：国网河北省电力有限公司电力科学研究院）

执笔人：周文

起草组成员：周文、吴丹岳、刘烨、黄炜、程子玮、赵军、王启华、付昂、郭建良、白浩、马明、徐革平、冯雅琳、孙乐平、冯倩、郑子萱

标准范围：

本标准规定了空气源热泵接入低压电网电能质量相关的基本要求、预测评估、监测评估、治理措施等方面的技术要求。

本标准适用于以交流 380V（220V）电压等级接入的空气源热泵，其他户用的泵机和变频电器可参照执行。

标准先进性：

随着我国能源转型和新型电力系统的发展，空气源热泵利用空气作为热泵的低位热源，安装简单、使用方便、节能环保，非常适合我国未集中供暖地区的供暖需求以及制冷需求的地方。空气源热泵按照控制模式分为定频和变频两种，定频式空气源热泵在启动瞬间启动电流一般为额定电流的 4~7 倍，变频式空气源热泵会产生 3 次、5 次、7 次等谐波电流，大量的空气源热泵接入电网时，会给电网带来电压闪变、谐波、三相电压不平衡等问题，影响各类电气设备正常工作，甚至可能会引起电网或者供电线路的谐波振荡，严重威胁电网的稳定运行。例如 2020 年 11 月，某县宋庄村 16 户"煤改电"用户相继出现家用电器烧毁事件，主要原因为变频式空气源热泵运行导致 220V 母线谐波电压异常，严重影响居民安全用电和冬季取暖。制定"空气源热泵接入低压电网电能质量技术要求"相关标准，可准确评估空气源热泵接入对电网的各类负面影响，制定其接入电网的基本要求、预测评估、监测评估、治理措施等要求，以保证电网和设备的安全、可靠、稳定运行。

（8）T/CPSS 1008—2023《配电台区低电压治理技术规范》

英文名称：Technical specification for low voltage governance in distribution stations

起草单位：国网重庆市电力公司电力科学研究院、四川大学、华南理工大学、国网福建省电力有限公司电力科学研究院、南方电网科学研究院有限责任公司、云南电网有限责任公司电力科学研究院、西安交通大学、上海电气集团股份有限公司、上海电器设备检测所有限公司、北京英博电气股份有限公司、河南瑞通电气科技有限公司、青岛鼎信通讯股份有限公司、亚洲电能质量产业联盟、国网辽宁省电力有限公司电力科学研究院、西安爱科赛博电气股份有限公司、普世通（北京）电气有限公司、中航太克（厦门）电力技术股份有限公司、广东电网有限责任公司电力科学研究院、西安西驰电气股份有限公司、中国电力科学研究院有限公司、南方电网电力科技股份有限公司、费莱（浙江）科技有限公司、国网河北省电力有限公司电力科学研究院、国网湖南省电力有限公司经济技术研究院、辽宁东科电力有限公司、广西电网有限责任公司电力科学研究院、福州大学、柏拉图（上海）电力有限公司、国网山西省电力公司电力科学研究院、南京南瑞继保电气有限公司、国网陕西省电力有限公司电力科学研究院、西安科涛电气有限公司、厦门科华数能科技有限公司、厦门大学、国网浙江省电力有限公司电力科学研究院、中国石油大学（华东）、电子科技大学

项目负责人：马兴（单位：国网重庆市电力公司电力科学研究院）

执笔人：马兴、汪颖

起草组成员：马兴、汪颖、钟庆、陈咏涛、黄道姗、白浩、覃日升、易皓、陈国栋、史贵风、邢勇、武松辉、于瑞、黄炜、李胜辉、王森、渠学景、魏闻、杜婉琳、徐革平、郭子君、黄明欣、李稳良、闫鹏、刘文军、张冠锋、姚知洋、张逸、王惟青、常潇、刘楚晖、李小腾、赵哈、林镇煌、孟超、陈峰、仇志华、韩杨

标准范围：

本标准主要规范了低电压治理技术的基本原则、控制要求、成因及治理技术、治理决策流程、数据收集、成因辨识和低电压综合治理决策。

本标准适用于交流配电台区 380V（220V）线路以及台

区所接入的上一级主变及线路的低电压治理。

标准先进性：

近年来的工业快速崛起，大量的先进设备投入运行，但是随着低电压问题的产生，电网的电压合格率降低，对于电压敏感的设备所生产的产品质量降低，运行状态会发生偏移，极大地阻碍当地的工业建设发展。因此，低电压问题的治理成为维持电网经济稳定运行以及地区工业水平高质量发展的重要举措之一。然而，目前在关于低电压治理领域的研究现状和标准规范上，现有技术对不同成因的低电压问题都有对应治理措施，但各种治理措施应用的范围与效果有限。此外，配电网低电压成因十分复杂，如何系统地对引起低电压的原因进行有效辨识，并以技术经济性最优的方式进行治理，目前在行业内缺乏一套通用和规范的指导。

本标准规范了配电台区（380V/220V线路以及台区所接入的上一级主变及线路）低电压治理技术的基本原则、控制要求、成因及治理技术、治理决策流程、数据收集、成因辨识和低电压综合治理决策方法，可助力电力公司经济、高效、快捷与准确地解决台区低电压问题。不仅可以提高电网的经济运行水平，还可以减少因为低电压问题对输电设备的损害，保证电力系统的稳定运转。

对于电网用户，良好的电压质量可以使用户用电设备在理想电压工况下运行，有利于延长用电设备的使用寿命。对于供电公司，一方面，可以提高电网的经济运行水平，减少因为低电压问题对输电设备的损害，保证电力系统的稳定运转。另一方面，可以直接提升供电公司的经济效益，提升服务水平，并对供电公司在自身结构优化，企业品牌形象都有积极的推动作用，还能降低资源损耗，提高能源利用率，管理也更加高效。由此可见，本标准的制定，对于低电压的治理具有实际意义。

（9）T/CPSS 1009—2023《并网逆变器超高次谐波评估方法》

英文名称：Evaluation method of supraharmonics of grid connected inverter

起草单位：山东大学、南方电网科学研究院有限责任公司、西安交通大学、广西电网有限责任公司电力科学研究院、云南电网有限责任公司电力科学研究院、上能电气股份有限公司、北京电力自动化设备有限公司、国网福建省电力有限公司电力科学研究院、厦门大学、上海电器设备检测所有限公司、南京南瑞继保电气有限公司、重庆荣凯川仪仪表有限公司、国网浙江省电力有限公司电力科学研究院、广东电网有限责任公司电力科学研究院、亚洲电能质量产业联盟、中国电力科学研究院有限公司武汉分院、南方电网电力科技股份有限公司、上海电气集团股份有限公司、山东华天电气有限公司、国网吉林省电力有限公司电力科学研究院、杭州煦达新能源科技有限公司、国网河北省电力有限公司电力科学研究院、西安西驰电气股份有限公司、国网山西省电力公司电力科学研究院、深圳市中电电力技术股份有限公司、国网上海市电力公司电力科学研究院、国网湖南省电力有限公司经济技术研究院、国网辽宁省电力有限公司电力科学研究院、辽宁东科电力有限公司、国网陕西省电力有限公司电力科学研究院、北京市腾河能源科技有限公司

项目负责人：许涛（单位：山东大学）

执笔人：许涛

起草组成员：许涛、高峰、王建、李剑锋、雷金勇、何英杰、姜訸、黎忠琼、陈杰、方晓玲、杨洋、张昊、刘作林、金庆忍、卫卓、唐酿、王江涛、王语洁、袁野、徐革平、李稳良、李平、刘文军、王玲、孟良、赵艳、曾春保、程绪可、邓俊、张晶、陈骞、高乐、张鹏、孟超

标准范围：

本标准规定了接入低压电网的单相或三相并网逆变器的超高次谐波的测量方法、预测评估方法和测试评估方法。

本标准适用于1000V（1140V）以下接入的并网逆变器2~150kHz的超高次谐波的评估。

标准先进性：

我国已提出了"碳达峰、碳中和"的宏伟目标，大力开发清洁能源、提高用能效率和绿色化水平是实现这一目标的重要手段。并网逆变器是可再生能源发电单元、储能单元等与电网连接的"咽喉"，其性能至关重要。

并网逆变器有别于传统电力装置的独特之处在于其使用脉冲宽度调制（Pulse Width Modulation，PWM）方法控制功率开关器件实现并网功能，与此同时，功率开关器件的高频动作也产生大量超高次谐波。由于并网逆变器容量小，在实际应用中多以大规模、高密度集群方式并联运行，其输出的超高次谐波除了注入电网外，还会在并网逆变器间环流，导致并网逆变器输出超高次谐波含量升高。

研究表明，并网逆变器输出超高次谐波含量受PWM载波相位、逆变器数量、电网阻抗等多种因素影响，时变特征明显。而现有标准难以有效估计其最恶劣工况，致使逆变器输出的超高频谐波超标，威胁逆变器运行安全。

因此，本标准规定了并网逆变器超高次谐波评估方法，其先进性主要体现在：

1）规定了超高次谐波测量方法，包括超高次谐波测量信号处理方法、信号采样及预处理要求、2~9kHz频段的超高次谐波计算方法、9~150kHz频段的超高次谐波计算方法。

2）规定了评估方法的具体步骤、包括评估系统的搭建、测量点及被测量选取、测量过程、预测评估过程、测试评估过程。

3）推导了预测评估方法中的逆变器数量选取原则。

该标准规定了接入低压电网的单相或三相并网逆变器的超高次谐波（2~150kHz）电流计算方法、预测评估方法和测试评估方法。能够指导逆变器并网超高次谐波发生量的评估，分析超高次谐波造成的各种影响，保证逆变器并网系统的安全稳定运行。

（10）T/CPSS 1010—2023《电力系统超高次谐波测量方法》

英文名称：Requirements for supraharmonics measurement in power system

起草单位：国网河南省电力公司电力科学研究院、安徽大学绿色产业创新研究院、深圳市中电电力技术股份有

限公司、华北电力大学、四川大学、云南电网有限责任公司电力科学研究院、南京南瑞继保电气有限公司、国网陕西省电力有限公司电力科学研究院、西安交通大学、南京灿能电力自动化股份有限公司、南方电网科学研究院有限责任公司、广西电网有限责任公司电力科学研究院、国网辽宁省电力有限公司电力科学研究院、国网福建省电力有限公司电力科学研究院、国网重庆市电力公司电力科学研究院、中国电力科学研究院有限公司、西安西驰电气股份有限公司、亚洲电能质量产业联盟、国网湖南省电力有限公司经济技术研究院、广东电网有限责任公司电力科学研究院、辽宁东科电力有限公司、国网浙江省电力有限公司电力科学研究院、国网上海市电力公司电力科学研究院、国网河北省电力有限公司电力科学研究院、国网山西省电力公司电力科学研究院、国网（嘉兴）综合能源服务有限公司、电子科技大学

项目负责人：郑晨（单位：国网河南省电力公司电力科学研究院）

执笔人：郑晨、焦亚东、唐钰政

起草组成员：郑晨、焦亚东、唐钰政、刘丰、徐永海、陈韵竹、徐志、程立、刘坤雄、何英杰、姚东方、袁智勇、郭敏、董鹤楠、林焱、董光德、胡蓓、徐革平、王语洁、刘浩田、王玲、谢赐戬、陈骞、潘玲、苏灿、张敏、孙伟、韩杨

标准范围：

本标准规定了交流电力系统 2～150kHz 超高次谐波的测量、分析与数据统计方法。

本标准适用于电力电子变流设备接入的频率 50Hz 交流电力系统。

标准先进性：

随着电力电子技术的飞速发展，大量电力电子变流设备广泛应用于电力系统的各个环节，导致电力系统谐波呈现宽频带、高频化新特征。频带为 2～150kHz 的超高次谐波普遍存在于现代配电网中，造成配、用电过程的附加损耗和电磁发射水平升高，并导致电气元件发热异常甚至烧毁，出现谐振过电压、干扰电力载波通信、自动装置误动等问题，对电力用户和电力企业造成了极大损失，威胁着配用电设备的安全稳定运行。

目前，缺乏全面、规范的电力系统超高次谐波测量要求，现有标准中的电力系统谐波测量方法仅对传统 50 次以内谐波测量方法进行了详细规定，传统低次谐波测量方法对于超高次谐波测量存在数据量庞大的问题，不适用于超高次谐波的测量，无法准确掌握电力系统中超高次谐波的含量水平和分布情况，严重影响了电力系统超高次谐波分析、评估、防治等工作的开展。

因此，亟需规范电力系统超高次谐波的测量要求，为电力系统中超高次谐波准确测量提供统一的标准规范。本标准旨在规范电力系统超高次谐波测量中的信号采样及预处理要求、数据分析方法和测量结果计算方法等问题，为电力系统超高次谐波分析、评估、限值制定及防治工作奠定技术基础，对于推动电力系统电能质量测量技术进步，建立健全电力系统谐波管理制度，提升电网电能质量水平具有重要意义。

（11）T/CPSS 1011—2023《电弧炉用柔性直流电源装置技术规范》

英文名称：Technical specification of flexible DC power supply for electric arc furnace

起草单位：中冶赛迪工程技术股份有限公司、中冶赛迪技术研究中心有限公司、中冶赛迪电气技术有限公司、西安电炉研究所有限公司、攀钢集团江油长城特殊钢股份有限公司、株洲中车时代半导体有限公司、西安大程冶金装备有限公司

项目负责人：张豫川（单位：中冶赛迪工程技术股份有限公司）

执笔人：张豫川、孙倩倩

起草组成员：张豫川、孙倩倩、龙海洋、杨宁川、沈旭、黄其明、干永革、郝亚川、石秋强、胥钢、刘敏安、万超群、闫晓春

标准范围：

本标准规定了电弧炉用柔性直流电源装置（以下简称柔性直流电源装置）的术语和定义、使用条件、系统构成及设计原则、技术要求、试验要求及方法、检验规则、运维及检修要求、标志、包装、运输和贮存。

本标准适用于功率等级兆瓦级及以上，能满足冶金行业直流电弧炉冶炼工况要求的高可靠、高稳定、高能源转化效率供电的高功率柔性直流电源装置。

本标准中所述柔性直流电源装置，采用以绝缘栅双极型晶体管（Insulate Gate Bipolar Transistor，IGBT）为代表的全控型功率半导体器件。

本标准不适用于冶金行业以晶闸管等非全控器件为元器件的大功率直流电源装置。

标准先进性：

随着工业化、城镇化水平的不断提高，经济发展的不断提速，社会积蓄的废旧资源量和固体废弃物不断增长，我国已步入大规模废旧资源（如废钢、工业固废）回收和废弃物处理利用的时期，发展高效、节能电弧炉装备进行废旧资源回收利用和危废品的无害化处理是我国能源结构转型，实施节能减排的重要战略。传统交流电弧炉利用大功率交流电源进行冶炼，电弧炉冶炼工况导致交流电源装置存在电压电流波动大、噪声高，对电网冲击大，无功补偿要求高，能耗高、寿命低等问题；为克服上述问题，西马克联合 ABB 在 20 世纪 80 年代利用晶闸管开发出利用直流电源供电的直流电弧炉以适应电网对电弧炉的用电要求，但晶闸管整流存在换相失败、对电网仍有较大冲击，且需配置较大直流电抗器，产生的高次谐波会影响电网电能质量，干扰其他用电设备等问题；为满足国家节能减排、绿色发展战略对电弧炉冶炼行业用电要求的不断提高，基于 IGBT 器件整流的新一代超高功率柔性直流电源装置对电网冲击小，功率因数可达 0.95 以上，无需无功补偿，吨钢电耗降低 20% 以上，利用超高功率柔性直流电源供电的电弧炉供电技术将成为未来电弧炉装备技术发展的趋势。当前的国内外标准及相关行业标准中，尚没有电弧炉用超高功率柔性直流电源装置相对应的标准。和本标准同族的标准

系列中，国家标准 GB/T 21560.6—2008 系列及其修改采用的国际电工委员会 IEC 61204-6：2000 系列为中小功率低压直流电源的试验测试和电气性能评估给出了技术规范和应用导则；行业标准 JB/T 11074—2011 为电除尘用恒流高压直流电源的设计制造、出厂测试及施工验收制定了规范。已有的国际、国家和行业标准均未涉及直流电源在电弧炉炼钢领域特有的应用工况，本标准侧重于 IGBT 柔性直流电源在电弧炉领域的应用，有针对性地对其电气性能指标要求、设计原则、试验测试及运维检修标准进行编制。

三、2023 年立项团体标准起草工作概要

2022 年末，中国电源学会面向行业征集标准提案，共接到申报 25 项。经公开征求意见、归口专委会预审及学会团体标准专家审查，共有 18 项提案于 2023 年 6 月获批立项并正式组建起草组，这 18 项提案内容涉及开关电源、配套产业、特种电源、电能质量等多个领域，并于 2023 年 12 月完成初稿（征求意见稿）起草及提交，启动征求意见工作。

（一）审查立项

2022 年末至 2023 年 3 月初，学会先后两次组织数十位专家进行预审及审查，并由学会标准化工作委员会进行终评，对提案项目进行了数轮严格筛选。2023 年 4 月，学会团体标准工作领导小组对本批学会团体标准审查立项意见进行审批。根据反馈意见以及《中国电源学会团体标准管理办法》的有关规定，共有 18 项提案准予立项，涉及开关电源、配套产业、特种电源、电能质量等多个领域。

按学会相关文件规定，由相关专业委员会、标准工作委员会会同发起单位组建标准起草工作组。按照符合利益相关方代表均衡的原则，充分兼顾代表性、广泛性、专业性、先进性，共有 260 个单位参加标准编制，申报编制人员 338 人次。

立项号	项目名称	主要起草单位
T/CPSS（L）2023-001	快速换相开关型三相不平衡治理装置技术规范	南方电网电力科技股份有限公司
T/CPSS（L）2023-002	配电网谐波溯源技术规范	广西电网有限责任公司电力科学研究院、华北电力大学
T/CPSS（L）2023-003	电能质量治理效果评价方法	广东电网有限责任公司电力科学研究院
T/CPSS（L）2023-004	绿色设计产品评价技术规范电能质量有源治理装置	上海电器科学研究所(集团)有限公司
T/CPSS（L）2023-005	低压无功补偿用智能电容器技术规范	国网北京电力科学研究院
T/CPSS（L）2023-006	屋顶光伏接入电网电能质量预评估技术规范	广东电网有限责任公司电力科学研究院
T/CPSS（L）2023-007	风电场电能质量和功率调节能力自动测试系统技术规范	国网山西省电力公司电力科学研究院
T/CPSS（L）2023-008	负荷类虚拟电厂功率调节能力测试技术规范	国网山西省电力公司电力科学研究院
T/CPSS（L）2023-009	核聚变磁体电源失超保护系统机械式断路器设计规范	中国科学院等离子体物理研究所
T/CPSS（L）2023-010	核聚变装置磁体电源失超保护系统爆炸开关设计规范	中国科学院等离子体物理研究所
T/CPSS（L）2023-011	核聚变装置超导磁体电源失超保护系统设计技术导则	中国科学院等离子体物理研究所
T/CPSS（L）2023-012	半导体制造等离子体工艺射频电源动态阻抗测试方法	深圳市恒运昌真空技术有限公司
T/CPSS（L）2023-013	通信用开关电源的元器件降额准则	深圳市雷能混合集成电路有限公司
T/CPSS（L）2023-014	车规级功率半导体模块动态特性测试规范	上海临港电力电子研究有限公司
T/CPSS（L）2023-015	中小功率无线充电系统测试技术规范	重庆华创智能科技研究院有限公司
T/CPSS（L）2023-016	移动无线电能传输系统技术规范	重庆华创智能科技研究院有限公司
T/CPSS（L）2023-017	变电站巡检机器人无线充电系统 第 1 部分:通用技术要求	广西电网有限责任公司电力科学研究院
T/CPSS（L）2023-018	无人机无线充电机库 第 1 部分:通用技术要求	广西电网有限责任公司电力科学研究院

注：以上立项名称在编制起草过程中根据实际情况部分有修改。

另有2022年立项延迟提交3项及前期修后再审1项标准与2023年度18项标准同批进入工作流程：

T/CPSS（L）2022-005《直流散热风扇运行寿命测试方法》（主要起草单位：深圳市航嘉驰源电气股份有限公司）

T/CPSS（L）2022-007《大功率高绝缘等级射频隔离变压器技术规范》（主要起草单位：中国科学院合肥物质科学研究院等离子体物理研究所）

T/CPSS（L）2022-009《电动汽车双向无线电能传输系统技术规范》（主要起草单位：重庆大学）

T/CPSS（L）2022-010《电动汽车有线无线一体化双模充电桩技术规范》（主要起草单位：重庆大学）

（二）起草过程

2023年立项18项标准在中国电源学会团体标准领导小组、标准化工作委员会及相关技术归口专委会指导及组织下组建起草组，在术语定义、技术指标、实验方法、产品性能、存储运输等方面进行大量考察、实验与研讨等工作，在编写过程中会同大专院校、研究机构及相关一线企业进行多次沟通及编制会议，使团体标准制定工作顺利进行。

2023年12月初，经过各主要起草单位数月的广泛调研、充分讨论和认真起草，共有14项（含2023年立项12项及2022年延期提交2项）团体标准完成征求意见稿，进入征求意见阶段。学会本着科学、严谨、公开、透明的原则，通过学会官网、官微、相关行业媒体及专业委员会等渠道，以定向及公开征求方式向生产单位、企业客户、业内专家等广泛征求意见，力争做到标准先进、可行。此次征求意见参与单位范围广泛、意见的数量与质量较高，共有来自200余家单位的专家及资深从业技术人员提出540条意见，涵盖标准结构、术语定义、写作规范、参数设定、测量设备、试验方法、考核指标等多个部分。起草单位将于2024年1~3月对这些意见进行逐一处理，根据处理结果对标准征求意见稿进行修改，形成标准报审稿。

下一步工作安排中，学会团体标准工作办公室计划于2024年上半年完成对该14项标准及2023年度修后再审1项标准的评审、审批工作的组织与执行。

四、启动2024年立项团体标准工作简况

2023年9月，中国电源学会启动新一批团体标准制定，并于2023年11月20日完成了提案征集。本批提案征集共收到33项提案，经团体标准办公室形式审查、各归口专委会预审查、专家评审组函审查后，学会标准化工作委员会将召开评审会，学会团体标准工作领导小组根据评审会结论意见对2023年学会团体标准审查立项进行审批，通过评审和审批的提案项目预计将于2024年4~5月完成组建起草组并正式立项，并按计划2024年底完成标准草案编制工作。

中国电源学会2023年发布团体标准节选

(范围及部分功能、技术要求)

一、锂电池检测用双向AC-DC电源模块技术规范（T/CPSS 1001—2023）

1 范围

本文件规定了锂电池检测用双向AC-DC电源模块的术语与定义、技术要求、试验方法、检验规则、标志、运输和贮存等内容。

本文件适用于直流电压大于等于14V、小于等于750V的锂电池检测用双向AC-DC电源模块。

6 技术要求

6.1 环境条件

正常的工作环境应无腐蚀性、爆炸性和破坏绝缘的气体及导电尘埃，并远离热源。

6.1.1 温度范围

工作环境温度：−10~45℃。

贮存温度范围：−40~70℃。

6.1.2 湿度范围

工作相对湿度范围：≤90%（无凝露）。

贮运相对湿度范围：≤95%（无凝露）。

6.1.3 海拔高度

海拔高度≤1000m；当海拔超过1000m时，可根据表1的导则降额使用。

表1 高海拔使用条件降额导则

海拔高度 m	降额系数
1000	1.00
1500	0.95
2000	0.91
2500	0.86
3000	0.82
3500	0.78
4000	0.74
4500	0.70
5000	0.67

6.2 电气条件

若无其他规定，符合本文件的电源在下列电气条件下，应能以正常方式运行：

a) 谐波电压不超过GB/T 14549中规定的限值；

b) 三相电压不平衡度不超过GB/T 15543中规定的限值；

c) 频率偏差应不超过GB/T 15945中规定的限值；

d) 交流电压偏差应在−10%~+20%范围内。

6.3 功能要求

锂电池检测用双向AC-DC电源模块应具有但不限于以下功能：

a) 整流充电功能；

b) 逆变放电功能；

c) 整流充电和逆变放电切换功能；

d) 逆变放电能量回馈电网功能。

6.4 交流性能

6.4.1 额定电压

单相：220Vac（相电压）

三相：380Vac（线电压）

6.4.2 电压波动范围

交流电压的波动范围为其额定电压的90%~120%，电源能满载工作。

单相范围：198V~264V（相电压）

三相范围：342V~456V（线电压）

注：交流电压超过上述范围时，电源可降额工作或关机保护。

6.4.3 额定频率

额定频率为50Hz。

6.4.4 频率波动范围

频率波动范围为50Hz±2Hz，电源能满载工作。

6.4.5 功率因数

电源在整流工作和逆变工作额定工况下，交流功率因数（PF）应满足表2要求。

表2 交流功率因数

工作功率	功率因数
100%额定功率	≥0.99
50%额定功率	≥0.98

6.4.6 电流总谐波失真度

电源在整流工作和逆变工作额定工况下，交流电流总谐波失真度（THD）应满足表3要求。

表3 交流电流总谐波失真度

工作功率	电流总谐波失真度
100%额定功率	≤5%
50%额定功率	≤8%

6.4.7 交流冲击电流

整流工作时，由于启动引起的交流冲击电流不应大于额定交流电压条件下最大稳态交流电流峰值的150%。

注：由EMI电路所产生的us级冲击电流不考虑。

6.4.8 交流相序适应性能

产品应对交流相序不敏感，任何相序组合条件下均能正常工作。

注：适用于三相交流制式的电源模块。

6.5 直流性能

6.5.1 直流电压额定值

产品直流电压的标称值，包含整流工作时的直流电压和逆变工作时的直流电压，允许误差为±1%，直流电压额定值满足表4要求。

表4 直流电压额定值

整流 （AC→DC）	逆变 （DC→AC）
整流直流电压标称值	逆变直流电压标称值

6.5.2 直流电流额定值

产品直流电流的标称值，包含整流工作时的直流电流和逆变工作时的直流电流，实测值不小于标称值，直流电流额定值满足表5要求。

表5 直流电流额定值

整流 （AC→DC）	逆变 （DC→AC）
整流直流电流标称值	逆变直流电流标称值

6.5.3 直流功率额定值

产品直流功率的标称值，包含整流工作时的直流功率和逆变工作时的直流功率，实测值不小于标称值，直流功率额定值满足表6要求。

表6 直流功率额定值

整流 （AC→DC）	逆变 （DC→AC）
整流直流功率标称值	逆变直流功率标称值

6.5.4 直流电压建立时间

整流工作时，产品直流电压从10%额定电压值爬升到90%额定电压值所用的时间，直流电压建立时间要求不大于3s。

6.5.5 开关机过冲率

整流工作时，开关机引起的直流电压过冲率应不超过±5%。

6.5.6 直流负载调整率

整流工作时，不同直流负载情况下的直流电压与直流电压整定值的差值应不超过直流电压整定值的±1%。

6.5.7 直流电压纹波

整流工作时，直流电压纹波满足表7要求。

表7 直流电压纹波

直流电压	直流电压纹波
≤16V	≤400mV
>16V	≤额定电压的1%

6.5.8 直流容性负载

整流工作时，直流端带电容负载时，应能正常启动和工作，直流电压波形不应出现跌落或重启现象，容性负载电容值满足表8要求。

表8 容性负载电容值要求

直流电压	容性负载电容值
≤16V	≥10000μF
>16V	≥1000μF

6.5.9 负载动态

整流工作时，由于负载的阶跃变化引起的直流电压变化的超调量应不超过输出电压整定值的±5%。

6.5.10 温度系数

整流工作时，相对于20℃环境温度情况下，温度每变化1℃时的直流电压变化与直流电压整定值的差值应不超过直流电压整定值的±0.02%。

二、直流散热风扇环境适应性测试技术规范
（T/CPSS 1002—2023）

1 范围

本文件规定了直流散热风扇环境适应性测试的技术要求和试验方法。

本文件适用于直流散热风扇环境适应性测试。

4 技术要求

4.1 总则

风扇的性能、结构和外观等须满足以下要求，其中性能包括a）、b）、c）、d）、e）；结构包括f）、g）、h）、i）、j）、k）；外观包括l）、m）、n）：

a) 试验前后电流偏差在±15%之内；

b) 试验前后转速偏差在±10%之内；

c) 试验前后噪声偏差在3dBA之内；

d) 试验前后风扇的P-Q曲线、振动量与测前无明显变化；

e) 试验前后风扇的绝缘强度和绝缘耐压满足安规要求；

f) 扇叶和扇框不允许出现结构上的破坏、损伤以及明显的变形；

g) 轴承不允许出现漏油，润滑油含量不允许出现明显减少；

h) 在以下位置上：焊点、连接器的接触点、印制电路板走线、线圈、轴承，不允许出现腐蚀；

i) 风扇的连接器不能出现接触不良的现象；

j) 风扇的引线的绝缘层不允许出现剥落现象；

k) 包装件不允许出现任何破损，小于原包装尺寸5%以内的变形可接受；

l) 非金属构件变色的色差 ΔE≤3；

m) 在 10 倍放大镜下观察非金属构件外观，不允许出现开裂、脱胶现象；

n) 表面涂层和镀层不允许出现剥落、裂痕起皱、分离。

4.2 温度冲击

温度冲击试验需满足 4.1 条款中 a)、b)、c)、f)、i)、j)、l)、m)、n) 的要求。

4.3 低温存储及工作

低温存储及工作试验需满足 4.1 条款中 a)、b)、c)、f)、i)、j)、l)、m)、n) 的要求。

4.4 高温高湿

高温高湿试验需满足 4.1 条款中 a)、b)、c)、f)、i)、j)、l)、m)、n) 的要求。

4.5 高温工作寿命

高温工作寿命试验需满足 4.1 条款中 a)、b)、c)、f)、g)、i)、j)、l)、m)、n) 的要求。

4.6 温度循环

温度循环试验需满足 4.1 条款中 a)、b)、c)、f)、i)、j)、l)、m)、n) 的要求。

4.7 高温启停

高温启停试验需满足 4.1 条款中 a)、b)、c)、f)、i)、j) 的要求。

4.8 低温启停

低温启停试验需满足 4.1 条款中 a)、b)、c)、f)、i)、j) 的要求。

4.9 交变盐雾

交变盐雾试验需满足 4.1 条款中 a)、b)、c)、d)、e)、f)、h)、n) 的要求。

4.10 恒定盐雾

恒定盐雾试验需满足 4.1 条款中 a)、b)、c)、d)、e)、f)、h)、n) 的要求。

4.11 堵转

堵转试验需满足 4.1 条款中 a)、b)、c)、e)、f)、i)、j)、l)、m)、n) 的要求。

4.12 机械振动

机械振动试验需满足 4.1 条款中 a)、b)、c)、f)、m)、n) 的要求。

4.13 机械冲击

机械冲击试验需满足 4.1 条款中 a)、b)、c)、f)、m)、n) 的要求。

4.14 包装跌落

包装跌落试验需满足 4.1 条款中 a)、b)、c)、f)、k)、m)、n) 的要求。

4.15 包装振动

包装振动试验需满足 4.1 条款中 a)、b)、c)、f)、k)、m)、n) 的要求。

4.16 防水

防水试验需满足 4.1 条款中 a)、b)、c)、e)、h) 的要求。

4.17 防尘

防尘试验需满足 4.1 条款中 a)、b)、c)、e)、i) 的要求。

三、直流散热风扇通用性能测试规范（T/CPSS 1003—2023）

1 范围

本文件规定了直流散热风扇通用性能测试的技术要求和试验方法。

本文件适用于直流散热风扇通用性能的测试。

4 技术要求

4.1 输入电压

输入电压测试的要求如下：

a) 风扇在工作电压范围内应能正常工作；

b) 风扇输入电压低于工作电压范围的下限电压时，不能损坏；

c) 风扇启动电压应小于工作电压范围的下限电压；

d) 风扇过电压保护电压应大于工作电压范围的上限电压。

4.2 输入电流

输入电流测试的要求如下：

a) 在额定电压下，输入电流波形的低高比≥70%，输入电流波形的窄宽比≥90%；

b) 在工作电压范围内，最大输入电流的有效值应满足规格要求。

4.3 启动时间

在额定电压下，风扇从停止状态启动至全速稳定状态所需要的时间，应满足规格要求。

4.4 启动电流

在工作电压范围内，启动电流的最大峰值应满足规格要求。

4.5 堵转电流

堵转电流测试的要求如下：

a) 风扇扇叶堵转后，风扇不会烧毁，且处于自动重启状态，重启间隔时间为 5~15s；

b) 在工作电压范围内，风扇堵转时的最大电流值应满足规格要求。

4.6 占空比启停

占空比启停测试的要求如下：

a) 风扇正常启动的最小占空比不得大于规格要求；

b) 风扇停转占空比不得大于规格要求。

4.7 调速

调速测试的要求如下：

a) 在工作电压范围的下限电压和 PWM 信号的各个占空比为 0%、10%、20%、30%、40%、50%、60%、70%、80%、90%、100%的条件下，其理论转速应满足规格要求；

b) 在额定电压和 PWM 信号的各个占空比为 0%、10%、20%、30%、40%、50%、60%、70%、80%、90%、100%的条件下，其理论转速应满足规格要求；

c) 在工作电压范围的上限电压和 PWM 信号的各个占空比为 0%、10%、20%、30%、40%、50%、60%、

70%、80%、90%、100%的条件下，其理论转速应满足规格要求；

d）在占空比切换过程中，不允许出现转速过冲现象。

4.8 风扇转速

风扇转速测试的要求如下：

a）在额定电压和PWM信号的各个占空比为0%、10%、20%、30%、40%、50%、60%、70%、80%、90%、100%的条件下，其理论转速与转速规格值的偏差应在±10%以内；

b）在额定电压和PWM信号的各个占空比为0%、10%、20%、30%、40%、50%、60%、70%、80%、90%、100%的条件下，其实际转速与转速规格值的偏差应在±10%以内；

c）在占空比的切换过程中，不允许出现转速过冲现象。

4.9 PWM高电平和频率

当PWM信号的高电平和频率在其规格范围内时，风扇应能正常运行且理论转速应满足规格要求。

4.10 PWM低电平

当PWM信号的低电平在其规格范围内时，风扇应能正常运行且理论转速应满足规格要求。

4.11 稳定时间

在工作电压范围内，风扇从一种转速稳定状态至目标转速稳定状态所需要的时间，包括升速和降速，应满足规格要求。

4.12 RD信号

在工作电压范围内，风扇停转或运转时应能反馈代表停转或运转的信号，信号的高电平值和低电平值应满足规格要求。

4.13 反接保护

当风扇的正负极与电源的输出端正负极反接时，在1min内，风扇应无着火和冒烟现象，恢复正确的接线方式后风扇应能正常运转。

4.14 噪声

在额定电压下，风扇稳定工作时，噪声应满足规格要求。

四、磁约束聚变实验装置磁体电源程序软件测试指南（T/CPSS 1004—2023）

1 范围

本文件说明了磁约束聚变电源程序软件测试相关的概念和定义，定义了每个测试过程应该或可能使用的软件测试技术，以及应出具的软件测试文档。

本文件适用于磁约束聚变电源系统的控制、测量、保护、监控及数据管理软件的开发过程的质量保证，以及软件程序交付前的验收和评价。

4 符合性要求

4.1 预期用途

本文件提供了适用于整个软件生存周期中各类测试活动的要求。特定的项目或组织可能不需要使用本标准定义的所有活动，因此实施本文件时通常涉及选择一组适用于组织或项目的活动。组织可以通过以下两种方式声明符合本文件。

组织应声明其是否完全或剪裁符合本文件。

4.2 完全性符合性

通过证明满足本文件中定义的全部过程的所有要求（即：应声明）来实现完全符合。

4.3 剪裁符合性

当本文件用于建立一组不满足完全符合性的过程基础时，记录剪裁符合性的过程子集。通过证明已经满足所记录的过程子集的所有要求（即：应声明）来实现剪裁符合。当进行剪裁时，对于不遵循本指南第5章、第6章、第7章、第8章和第9章规定的过程，应提供理由（直接或通过引用）。所有剪裁决策都应记录其理由，包括对任何适用风险的考虑。剪裁决策应得到利益相关方的同意。

5 软件测试基本要求

5.1 软件测试目标

针对磁约束聚变实验装置磁体电源程序的软件测试，用于验证软件是否满足磁约束聚变实验装置磁体电源系统（含程序）的系统/子系统规格说明、系统/子系统设计说明、软件需求规格说明、软件设计说明等规定的软件功能、性能、可靠性及其他特性要求。此外，测试活动还用于在被测系统的生存周期中提供有关软件的质量信息以及与软件相关的任何有助于降低管理风险的信息。

5.2 软件测试级别

磁约束聚变实验装置磁体电源程序的软件测试是磁约束聚变实验装置磁体电源系统（含程序）软件验证和确认过程的主要活动。在完整的软件生存周期中应进行不同级别的软件测试，以满足验证和确认的目标。

磁约束聚变实验装置磁体电源程序的软件测试级别通常包括：

a）单元测试；

b）集成测试；

c）系统测试；

d）回归测试。

5.3 软件测试类型

磁约束聚变实验装置磁体电源系统的软件测试目标之一是能够在生存周期中提供有关软件的质量信息。磁约束聚变实验装置磁体电源程序的质量特征类型将决定所需的测试类型。测试者通过特征或特征集所组成的质量特性来确定达到测试目标所需使用的测试类型，通常包括：

a）功能测试；

b）性能测试；

c）可靠性测试；

d）安全性测试（含信息安全性测试）；

e）其他非功能性测试。

5.4 软件测试过程

磁约束聚变实验装置磁体电源程序的软件测试活动包含两级过程，即测试项目过程和动态测试过程。本指南中对每个过程都使用 GB/T 30999—2014 中提供的通用过程模板进行定义，覆盖每个过程的目的、结果、活动、任务和信息项。

测试项目过程的定义涵盖整个测试项目或任何测试级

别（例如系统测试）或测试类型（例如性能测试）的测试过程（例如项目测试过程、系统测试过程、性能测试过程）。测试项目过程包含：

a）测试策划过程；
b）测试监测与控制过程；
c）测试完成过程。

动态测试过程定义了执行动态测试的通用过程。动态测试可以在测试的特定级别执行（例如单元测试、集成测试和系统测试），或者用于测试项目中特定类型的测试（例如功能测试、性能测试、安全性测试和可靠性测试）。动态测试过程包含：

a）测试设计和实现过程；
b）测试环境构建和维护过程；
c）测试执行过程；
d）测试事件报告过程。

5.5 软件测试技术

测试技术包括静态测试技术与动态测试技术。常用测试技术的介绍详见附录 A。

静态测试通过识别文档测试项中的明显缺陷（"问题"）或源代码中的异常来实现测试目标。静态测试技术包括审查技术和静态分析技术等。

动态测试通过执行测试项并引起失效来实现测试目标。动态测试技术分为基于规范的测试技术和基于结构的测试技术两大类，其中基于规范的测试技术包括等价类方法、边界值方法及组合测试等，基于结构的测试技术包括语句覆盖、分支覆盖以及 MCDC 覆盖等。

5.6 软件错误的分类分级与处理

5.6.1 软件错误的分类

软件测试过程中发现的错误可分为：

a）需求错误。用户需求、系统需求或软件需求错误；
b）设计错误。系统设计或软件设计错误；
c）文档错误。文档描述错误；
d）编码错误。代码实现错误；
e）数据错误。数据规格及内容错误；
f）其他错误。上述问题之外的错误。

5.6.2 软件错误的分级

软件错误分为重大、严重和一般三个等级：

a）重大错误。软件错误导致程序无法继续运行、丧失主要功能或造成重大损失的，视为重大问题：
1）导致电源系统死机、崩溃或异常退出；
2）主要功能未实现或实现错误；
3）重要数据丢失，且很难恢复。

b）严重错误。软件错误对主要功能性能有较大影响或造成严重损失，视为严重问题：
1）没有完整实现软件需求，对主要功能性能等有较大影响；
2）没有正确实现软件需求，对主要功能性能等有较大影响；
3）重要数据丢失，但能以某种方式恢复；
4）软件文档对主要功能、性能描述缺失或错误。

c）一般错误。软件错误对软件功能性能有较小影响或造成一般损失，视为一般问题：
1）没有完整实现软件需求，对软件主要功能性能影响较小，或对一般功能性能造成影响；
2）没有正确实现软件需求，对软件主要功能性能影响较小，或对一般功能性能造成影响；
3）软件文档存在准确性、一致性、错别字等影响较小的问题。

5.6.3 软件错误的处理

软件测试过程中应如实记录测试过程、原始数据、结果及发现的错误现象，填写软件错误报告单：

a）测试人员应与开发人员共同确认发现的软件错误；
b）开发人员应对错误进行定位，开展原因分析，提出修改措施，说明修改对软件的影响，如不修改，应说明理由及其影响，在回归测试前提交给测试人员；
c）存在需求变更时，应由软件开发人员及系统设计人员共同确认；
d）对测试中有争议的问题，应组织软件开发人员、软件测试人员和系统设计人员共同确认。

5.7 软件测试文档

磁约束聚变实验装置磁体电源程序的软件测试过程中应完成的文档主要包括：

a）软件测试计划/大纲；
b）软件测试规格说明（含测试设计、测试用例、测试规程、测试数据需求和测试环境需求）；
c）软件测试报告（含实测结果、测试结果、测试执行日志、事件报告）；
d）其他管理文档与记录，如：测试评审、质量保证、项目跟踪以及配置管理等记录和报告。

软件测试文档可以按照 GB/T 38634.3 的要求进行编制。

五、多旋翼无人机磁耦合静态无线充电系统通用技术要求（T/CPSS 1005—2023）

1 范围

本文件规定了多旋翼无人机磁耦合静态无线充电系统的相关术语和定义、概述、总体要求、互操作性要求、环境测试、安全和防护要求、材料要求和标识说明等通用技术要求。

本文件适用于基于磁耦合技术的多旋翼无人机磁耦合静态无线充电系统（以下简称：系统），其输出功率500W以下。

4 概述

4.1 系统构成

图1给出了多旋翼无人机磁耦合静态无线充电系统原理示意图。

无人机无线充电系统装置主要包括以下设备类型：

a）无人机无线充电原边设备：
1）电能发射线圈：通过与副边线圈耦合传递能量；
2）电能发射线圈谐振补偿电路：用于补偿电能发射线圈，使得发射线圈工作在谐振状态；
3）AC-DC 电能变换环节：用于将电网侧交流电整流

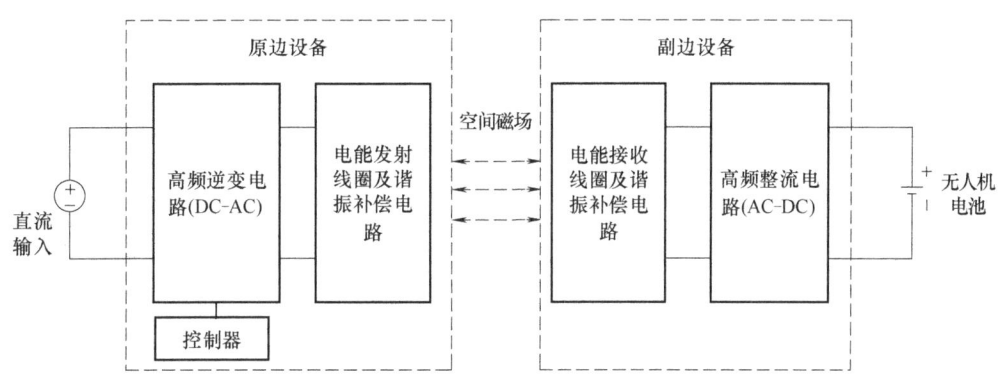

a) 交流输入无人机无线充电系统

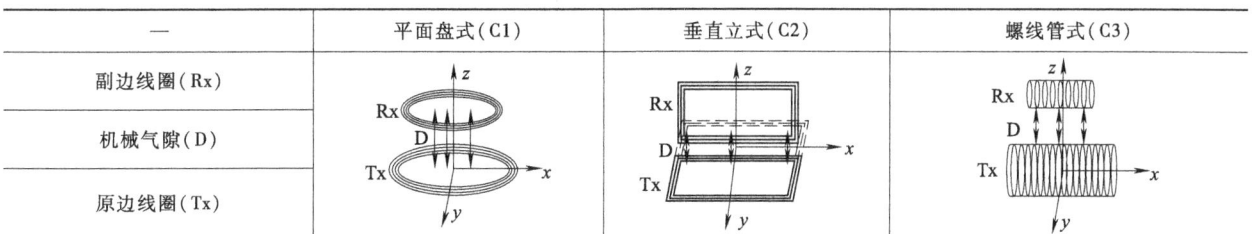

b) 直流输入无人机无线充电系统

图 1　多旋翼无人机磁耦合静态无线充电系统结构示意图

成直流电；若电网侧输入为直流电，则可直接作为逆变器输入；

4）高频逆变器：用于将直流电逆变成无线传能所需的高频交流电；

5）控制电路：用于控制高频逆变器的移相角从而调节系统充电功率以适应不同功率无人机无线充电系统。

b）无人机无线充电副边设备：

1）电能接收线圈：安装具体位置及尺寸应根据不同机型设计。接收线圈与机体接触侧应设置有屏蔽层，避免线圈周围的磁场对无人机体内的辐射；

2）电能接收线圈谐振补偿电路：用于补偿电能接收线圈，使接收线圈工作在谐振状态；

3）电能变换环节：包括 AC-DC 电能变换器，用于将接收到的高频交流电整流成直流电。

c）辅助系统：

1）身份识别系统：无人机无线充电系统在正式工作之前，原边通过能量调制的方式将身份信息传输到副边，副边通过身份识别系统解析原边的身份信息；

2）通信系统：在完成身份识别后，副边设备端与原边设备端建立通信连接（握手连接），通信方式包括 WiFi、ZigBee、蓝牙等，再在完成参数信息交互之后，开启充电；

3）原边设备端电路控制保护系统：具备输入过电压、输入欠电压、过电流以及过温保护；

4）副边设备端电路控制保护系统：具备输出过电压、输出欠电压、过电流以及过温保护。

4.2　系统构成

无人机无线充电系统构成的分类方法有三种，分别为线圈类型、谐振拓扑补偿及输出功率等级，具体分类情况如下。

a）按线圈类型：无人机无线充电系统按线圈类型分类如表 1 所示，包括 C1、C2 和 C3 三种类型，其中原边线圈包括：平面盘式、双极性方型以及螺旋管式；副边线圈包括：平面盘式、垂直立式方型以及螺线管式。

表 1　无人机无线充电系统线圈类型

—	平面盘式（C1）	垂直立式（C2）	螺线管式（C3）
副边线圈（Rx）			
机械气隙（D）			
原边线圈（Tx）			

b）按谐振拓扑补偿：磁耦合无线充电系统谐振电路如表2所示，包括：原副边串串补偿、原副边并并补偿、原副边串并补偿、原副边并串补偿以及原副边均复合补偿。

c）按输出功率等级：如表3所示，依据不同输入功率等级，无人机分类如下：其中小功率等级（MF-WPT1）无人机（额定输出功率<150W，中功率等级（MF-WPT2）无人机150~500W，更大功率等级无人机不在此考虑。

表2 无人机无线充电系统谐振拓扑补偿

原边电路					
机械气隙					
副边电路					
谐振补偿类型	原边串联-副边串联谐振	原边并联-副边并联谐振	原边并联-副边串联谐振	原边串联-副边并联谐振	原边副边均为复合补偿谐振

注：原边、副边补偿方式不限于以上谐振补偿拓扑。

表3 不同机型在额定工况下的额定输出功率要求

无人机类型	额定输出功率（W）
小功率等级无人机	MF-WPT1, $P \leq 150$
中功率等级无人机	MF-WPT2, $150 < P \leq 500$

六、多旋翼无人机磁耦合静态无线充电系统测试要求（T/CPSS 1006—2023）

1 范围

本文件规定了多旋翼无人机磁耦合静态无线充电系统的测试要求，包括一般要求、测试方法和测试记录等。

本文件适用于多旋翼无人机磁耦合静态无线充电系统，其额定充电功率小于500W、工作频率在80kHz~200kHz。

4 一般要求

4.1 系统效率

不同机型无人机在额定功率及线圈正对位置条件下，无线充电系统效率应符合表1的规定。

表1 不同机型无人机在额定工况下的无线充电效率

无人机无线充电系统类型	系统效率（额定功率运行）%
MF-WPT1（$P_{out} \leq 150W$）	≥85%
MF-WPT2（$150W < P_{out} \leq 500W$）	≥88%

4.2 系统频率

无人机无线充电系统频率应满足表2所示要求。

表2 系统频率

内容	无人机无线充电系统频率	
功率等级	MF-WPT1	MF-WPT2
标称频率	f_0	
系统频率范围	80kHz~200kHz	

注：设备生产厂商可结合系统电路设计在规定系统频率选择合适的系统标称频率f_0。

4.3 传输距离

为满足功率传输要求，不同机型无线充电系统的传输距离（充电平台侧电能发射线圈与无人机侧电能接收线圈间的距离）应符合表3规定。

表3 不同机型在满足功率传输要求下的传输距离

无人机无线充电系统类型	传输距离 mm
MF-WPT1	10~30
MF-WPT2	20~40

4.4 偏移范围

磁耦合无线充电系统原边设备和副边设备的偏移容忍度如表4所示，偏移方向如图1所示。

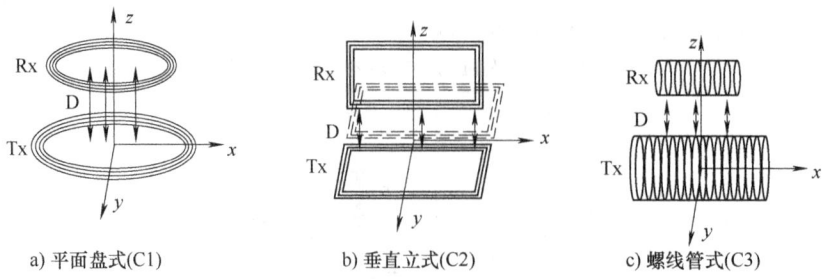

a) 平面盘式(C1)　　b) 垂直立式(C2)　　c) 螺线管式(C3)

图1 线圈偏移方向示意图

表 4 偏移容忍度

分类	MF-WPT1	MF-WPT2
C1/X 方向	10%	15%
C1/Y 方向	10%	15%
C2/X 方向	10%	15%
C2/Y 方向	—	—
C3/X 方向	10%	15%
C3/Y 方向	—	—

注：偏移范围表示线圈偏移量占线圈本身在该方向上的长度的百分比。

4.5 系统功能

4.5.1 充电方式

磁耦合无线充电系统应具备自动充电功能。

4.5.2 待机唤醒

磁耦合无线充电系统在待机状态时应可被原边设备唤醒。

4.5.3 互操作性参数检测

根据初始化阶段交互的信息，检测原边设备和副边设备之间的互操作性参数，应至少包括：

a）输入功率等级；
b）系统频率；
c）线圈类型；
d）谐振补偿拓扑；
e）对位检测结果；
f）机械气隙。

4.5.4 对准检测

磁耦合无线充电系统应具备对准检测功能，能够反馈副边设备是否在设备厂商规定的偏移范围内。若检测到超出偏移范围，则磁耦合无线充电系统发出警告，并停止充电或不启动充电。

4.5.5 异物检测

磁耦合无线充电系统原边设备宜具备异物检测功能，能够识别副边设备上方影响无线电能传输的异物，常规异物见表 6。若检测到异物，则磁耦合无线充电系统发出警告，并停止充电或不启动充电。

4.5.6 人机交互功能

磁耦合无线充电系统应向上位机输出下列信息或状态：

a）系统运行状态指示：待机、充电、异常，当处于异常状态时，宜显示异常状态原因；
b）互操作性参数检测结果，若互操作性参数检测未通过，宜显示未通过原因。

磁耦合无线充电系统宜显示下列信息：

c）蓄电池当前的荷电状态 SOC、充电电压、充电电流等；
d）已充电时间，已充电量，剩余充电时间；
e）系统效率。

4.5.7 异常保护

磁耦合无线充电系统原边设备、副边设备都应具备异常保护功能，具体要求如下：

a）原边设备应具备输入过电压、输入欠电压、过电流以及过温保护。
b）副边设备应具备输入过电压、输入欠电压、过电流以及过温保护。
c）磁耦合无线充电系统在充电过程中，当检测到原边设备与无人机通信中断时，磁耦合无线充电系统应停止充电。

4.6 通信要求

磁耦合无线充电系统应具备原边设备和副边设备之间的无线通信能力，通过信令实现无线电能传输过程的控制以及相关必要信息的交互，确保磁耦合无线充电系统的安全、可靠运行。

4.7 功率因数要求

在额定输入、额定输出条件下，磁耦合无线充电系统输入功率因数值应不低于 0.98。

4.8 输入谐波电流要求

当接入交流电源时，仅适用于下列类别中的无线充电设备：

额定电压 220V，频率 50Hz，连线方式：单相三线制。

每相输入电流小于或等于 16A 且连接到公共低压交流配电系统的供电设备应符合 GB/T 17625.1 中相关规定，所有供电设备为 A 类设备。

注：上述 A 类设备的定义不同于 GB 4824—2013 中 8.1.2 详细说明的环境分类。

七、空气源热泵接入低压电网电能质量技术要求（T/CPSS 1007—2023）

1 范围

本文件规定了空气源热泵接入低压电网电能质量相关的基本要求、预测评估、监测评估、治理措施等方面的技术要求。

本文件适用于以交流 380V（220V）电压等级接入的空气源热泵，其他户用的泵机和变频电器可参照执行。

4 基本要求

4.1 定频式空气源热泵应重点关注启动过程的电压波动和电压暂降问题，变频式空气源热泵应重点关注启动后的谐波问题。

4.2 空气源热泵本体电能质量各项指标的发射限值根据其额定电流确定，对额定电流不大于 16A 的应满足 GB/T 17625.1、GB/T 17625.2 的要求，对额定电流大于 16A 的应满足 GB/T 17625.7、GB/T 17625.8 的要求。

4.3 对于村级（社区）及以上规模空气源热泵统一接入电网的项目，应在项目可研设计阶段开展电能质量预测评估，确定接入电网公共连接点的相关电能质量指标是否满足要求，评估结果合格作为其被准许并网的必要条件。项目投运后应在规定时间内开展电能质量监测评估，确定相关电能质量指标是否满足要求。预测评估、监测评估应委托有资质的单位进行。

4.4 空气源热泵用户进行改造或增容时，视同新项目建设，参照 4.3 执行。

4.5 装设空气源热泵的各类用户与电网公共连接点处

的谐波、电压偏差、电压波动、闪变、三相电压不平衡度等各项电能质量指标均应分别满足 GB/T 14549、GB/T 12325、GB/T 12326、GB/T 15543 的要求。若不满足时，应按"谁污染，谁治理"的原则采取相应的治理措施。

5 预测评估

5.1 评估要求

5.1.1 定频式空气源热泵应评估电压波动、三相电压不平衡度、电压偏差等指标。项目责任单位应提供定频式空气源热泵的额定功率、额定电流、启动方式、启动频次、启动电流最大值等参数以及各空气源热泵接入相别。

5.1.2 变频式空气源热泵应评估谐波、三相电压不平衡度、电压偏差等指标。项目责任单位应提供变频式空气源热泵额定工况下的 2~50 次谐波电流发生量等参数以及各空气源热泵接入相别，其中额定工况包括制热和制冷两种工况。

5.1.3 应根据空气源热泵用户相关资料和电网参数，通过分析计算或建模仿真得出各项电能质量数据，并考虑背景电能质量的影响，与相对应的评估指标限值比较，判断是否满足要求。

5.1.4 对于同一台区下存在 2 台及以上空气源热泵时，额定功率（容量）按全部台数之和计算。

5.1.5 评估报告应对相关指标是否超标给出评判，若出现指标超标，应对项目责任单位提供治理措施的治理效果进行分析评判。

5.2 评估方法

5.2.1 电压波动

电压波动评估应按照 DL/T 1724 中的大容量电机起动电压波动计算方法进行。

5.2.2 三相电压不平衡度

三相电压不平衡度评估应按照 DL/T 1375 所规定的第二级评估方法进行。

5.2.3 电压偏差

电压偏差评估应按照 DL/T 1208 所规定的第二级评估方法进行。

5.2.4 谐波

谐波评估应通过专业软件建模仿真得出用户注入公共连接点的谐波电流及其在公共连接点产生的谐波电压，其中 2~50 次谐波电流发生量取制冷和制热模式的额定工况下 2~50 次谐波电流发生量中较大值。380V 母线短路容量计算方法见附录 B。

6 监测评估

6.1 应建立健全各类空气源热泵用户相关信息档案，包括并网点、接入的公共连接点以及装设的空气源热泵型号、额定功率、额定电流、启动电流最大值（定频式）、谐波频谱（变频式）等信息参数。

6.2 村级（社区）及以上规模空气源热泵统一接入电网，应在台区变压器侧安装电能质量在线监测终端，终端的测量误差满足 GB/T 19862 的要求，并将监测数据传送至所属电网电能质量监测平台。

6.3 应依据电能质量在线监测数据，定期分析空气源热泵运行对电网电能质量的影响情况。分析间隔周期宜不大于 6 个月。

6.4 若监测评估发现相关公共连接点电能质量指标出现超标时，应分析指标超标原因，制定改进措施。

八、配电台区低电压治理技术规范（T/CPSS 1008—2023）

1 范围

本文件主要规范了低电压治理技术的基本原则、控制要求、成因及治理技术、治理决策流程、数据收集、成因辨识和低电压综合治理决策。

本文件适用于交流配电台区 380V（220V）线路以及台区所接入的上一级主变及线路的低电压治理。

4 基本原则与技术要求

4.1 基本原则

配电台区低电压治理应当遵循如下原则：

a）应坚持多措并举、统筹治理，遵循"先运维（管控），后治理（工程）"的原则选择治理方案；

b）应加强与电网发展规划和地区发展规划衔接，兼顾电网规划落实进度、城区或村镇搬迁情况及低电压的影响程度，优化项目立项；

c）应加强治理工程标准化管理，提高技术措施的规范性和经济性；

d）应开展多方案比选，保证治理方案技术经济性最优。

4.2 技术要求

配电台区低电压治理技术要求为：

a）配电台区中各电压等级的电压偏差应满足 GB/T 12325 的要求。

b）配电台区内单相用户的供电电压一般不应低于 198V。对于供电容量小于 2kVA 或供电距离超过 700m 的 220V 单相用户，允许电压短时（不超过 10min）低于 198V，但应大于 180V，同时应保证月度电压越下限率低于 10%。

c）应同步兼顾三相不平衡、功率因数等技术指标。

d）对供电电压偏差有特殊要求的用户，应由供、用电双方协议确定控制限值。

5 低电压成因及治理方法

配电台区低电压成因及其治理方法可分别从台区上级主变层、台区上级线路层与配电台区层三个层级进行归纳，三个层级所包含的范围如下：

——台区上级主变层：台区所接入的上级变电站主变以及低压侧母线；

——台区上级线路层：台区所接入的上级变电站出线端至台区配变端之间的线路；

——配电台区层：台区配电变压器以及其供电区域。

各层级的低电压成因及对应治理方法如下：

a）台区上级主变层；

1）上级主变调压方式为"无载调压"；

治理方法：改变上级主变调压方式为"有载调压"。

2）上级主变功率因数偏低；

治理方法：按照主变压器的10%~30%配置无功补偿装置，或经过计算后确定；对于已安装无功补偿装置，但无功补偿容量达不到要求的情况，也应按上述原则补装。

3）上级变电站未正确配置使用AVC系统。

治理方法：加装AVC系统并正确投入使用，并逐步接入具备"四遥"功能的变电站。对近期无法实现AVC控制的变电站，宜根据实际情况考虑加装变电站内的电压无功控制装置。

b）台区上级线路层低电压成因及对应治理技术；

1）上级线路功率因数偏低；

治理方法：应结合实际情况考虑加装并联无功补偿装置、串联补偿装置等方式。

2）上级线路重过载；

治理方法：应结合电网发展规划和用电负荷增长需求，加快电源点建设，新增变电站出线。

3）上级线路距离过长；

治理方法：加装线路调压器、并联无功补偿装置、新增电源点、缩小供电半径等方式。

4）上级线路截面偏小。

治理方法：针对局部或单条线路末端低电压，应根据实际情况采用增大导线截面。

c）配电台区层；

1）配变运行挡位设置不合理；

治理方法：应调整配变挡位至合理挡位。

2）配变功率因数偏低；

治理方法：宜加装配变低压无功补偿装置，无功补偿装置容量按照配变容量的15%~30%进行配置，或经计算确定。对已安装无功补偿装置，但无功补偿容量达不到要求的情况，也应按上述原则补装。具备条件的可根据实际情况优化共补、分布配置比例，及单组可投电容器的容量。

3）配变重过载；

治理方法：应提高配变容量；针对远离变电站的配变电压波动过大导致的季节性低电压问题，可考虑采用有载调压配变；针对农村地区存在的季节性配变短时严重过载的问题，可考虑采用高过载配变，以及布置移动式储能装置等方式。

4）配变负载三相不平衡；

治理方法：加装三相不平衡自动调节装置，或调整负载分布。

5）低压线路供电距离偏长；

治理方法：针对供电面积大、负载密度低的区域性低电压，应按照"小容量、密布点、短半径"原则，新增配变布点，缩短低压供电半径；对于短期内无新增配变计划的低电压问题，若首末端电压降小于20%，可考虑采用低压调压器等装置，也可采用分布式储能、柔性直流远供、台区拆分等其他治理方案。

6）低压线路截面偏小。

治理方法：增大低压线路导线截面积。

九、并网逆变器超高次谐波评估方法（T/CPSS 1009—2023）

1　范围

本文件规定了接入低压电网的单相或三相并网逆变器的超高次谐波的测量方法、预测评估方法和测试评估方法。

本文件适用于1000V（1140V）以下接入的并网逆变器2kHz至150kHz的超高次谐波的评估。

4　超高次谐波测量方法

4.1　通则

参照GB/T 17626.7—2017和IEC 61000-4-30中的超高次谐波计算方法，本文件按照超高次谐波的频率将其划分为2kHz~9kHz和9kHz~150kHz两个谐波频带。其中，2kHz~9kHz谐波的计算参考标准GB/T 17626.7—2017中的聚合计算方法，以200Hz为间隔聚合频谱；9kHz~150kHz谐波的计算参考标准IEC 61000-4-30中的聚合计算方法，以2kHz为间隔聚合频谱。

4.2　超高次谐波测量信号处理方法

超高次谐波测量信号处理方法如图1所示，宜包括以下部分：

——信号采样及预处理部分主要包括信号调理、滤波和采样环节；

——数据分析部分主要包括离散傅里叶变换（DFT）、超高次谐波分组环节；

——结果处理部分主要包括测量结果输出。

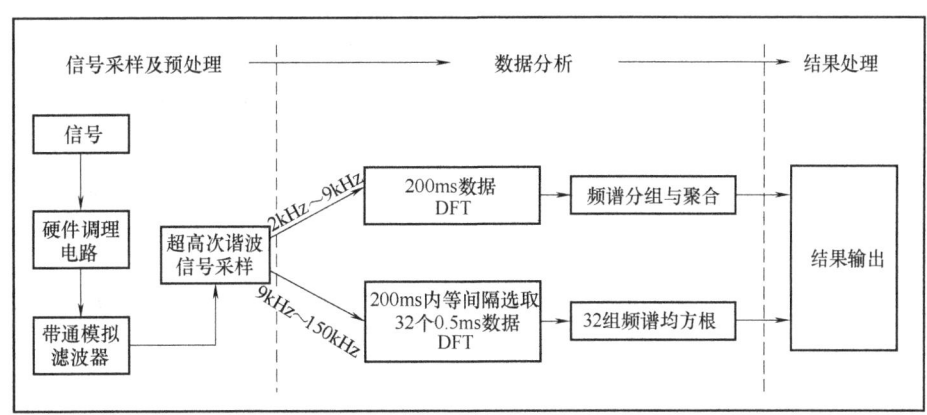

图1　超高次谐波测量信号处理方法

4.3 信号采样及预处理要求

4.3.1 电流互感器

宜参照 GB/T 20840.103—2020 的 6.1 选择适用超高次测量的电流互感器，推荐采用电磁式电流互感器或光学电流互感器。

4.3.2 滤波器要求

测量超高次谐波时，应设置 2 个独立的模拟滤波器，以分离 2kHz~9kHz 和 9kHz~150kHz 频段信号。具体要求如下：

——2kHz~9kHz 滤波器为带通滤波器，由级联的高通、低通滤波器组成，高通滤波器的截止频率应不高于 1.5kHz 且对基波分量的衰减量应不低于-55dB，低通滤波器的截止频率应不低于 12kHz；

——9kHz~150kHz 滤波器为带通滤波器，由级联的高通、低通滤波器组成，高通滤波器的截止频率应不高于 6.5kHz 且对基波分量的衰减量应不低于-55dB，低通滤波器的截止频率应不低于 200kHz。

4.3.3 数据采样要求

测量超高次谐波时，采样方式和采样频率要求如下：

——超高次谐波可采用等时间间隔采样方式；

——为防止衰减量未达到-50dB 的信号混叠进入超高次谐波测量范围，最低采样频率按式（1）确定。

$$f_{\text{sample}} = f_{\text{h\_max}} + f_{r2} \quad (1)$$

式中 f_{sample}——采样频率，单位为千赫兹（kHz）；

$f_{\text{h\_max}}$——超高次谐波测量上限频率，单位为千赫兹（kHz）；

f_{r2}——低通滤波器-50dB 阻带频率（kHz）。

4.3.4 2kHz~9kHz 频段的超高次谐波计算方法

2kHz~9kHz 频段的超高次谐波计算方法：

——对 200ms 矩形窗无间隔采样的数据进行 DFT 运算，得到频谱分辨率为 5Hz 频谱值 $Y_{c,f}$；

——将初步测量结果按照 200Hz 带宽进行分组处理，起点位于该组谐波范围内的第一个 5Hz 频谱位置，第一组的中心频率为 2.1kHz，如图 2 所示，其余各组中心频率 b 的取值计算见式（2）；

$$b = (2.1 + 0.2 \times k) \text{ kHz}, \quad k = 0, 1, 2, \cdots, 34 \quad (2)$$

式中 b——中心频率；

k——组数。

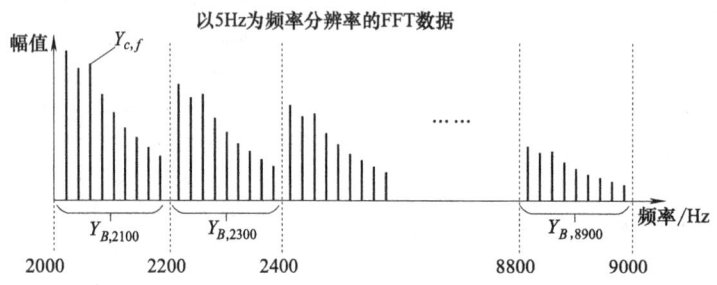

图 2 2kHz~9kHz 频段的谐波分组

——每组范围内的 40 个频谱按照谐波组算法进行聚合，得到该组谐波的整体发射数值 $Y_{B,b}$，其计算见式（3）。

$$Y_{B,b} = \sqrt{\sum_{f=b-95}^{b+100} Y_{c,f}^2} \quad (3)$$

式中 $Y_{B,b}$——谐波的整体发射数值；

$Y_{c,f}$——初步分析结果中频率为 f 的频谱幅值。

4.3.5 9kHz~150kHz 频段的超高次谐波计算方法

9kHz~150kHz 频段的超高次谐波计算方法：

——在每 200ms 数据中等间隔选择 32 个 0.5ms 数据段，如图 3 所示；

——对 32 个样本数据分别进行 512 点 FFT 运算，得到频谱分辨率为 2kHz 的频谱结果；

——选取第 5 至 75 共 71 个连续谱线代表 9kHz~150kHz 的谐波分析结果；

——根据 32 次结果，统计并计算出每条谱线的均方根值，计算方法见式（4）。

$$Y_{B,b} = \sqrt{\frac{(Y_{B,b}^{(1)})^2 + (Y_{B,b}^{(2)})^2 + \cdots + (Y_{B,b}^{(32)})^2}{32}}$$

$$b = (k \times 2000) \text{ Hz}, \quad k = 5, 6, 7, \cdots, 75 \quad (4)$$

式中 $Y_{B,b}^{(1)} \cdots Y_{B,b}^{(32)}$——根据 32 组样本数据计算的谱线。

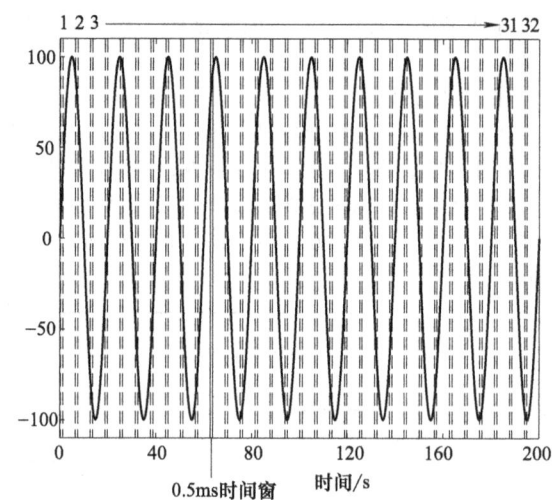

图 3 9kHz~150kHz 数据提取示意图

十、电力系统超高次谐波测量方法（T/CPSS 1010—2023）

1 范围

本文件规定了交流电力系统 2kHz~150kHz 超高次谐波的测量、分析与数据统计方法。

本文件适用于电力电子变流设备接入的频率50Hz交流电力系统。

6 超高次谐波数据分析

6.1 时间窗

采样的电压电流信号宜采用DFT分析，时间窗函数宜采用矩形窗，其中2kHz～9kHz时间窗宽度宜采用200ms，9kHz～150kHz时间窗宽度宜采用0.5ms。

6.2 2kHz～9kHz超高次谐波数据分析

2kHz～9kHz频段的超高次谐波数据分析方法如下：

a) 对200ms采样数据进行DFT运算，得到频谱分辨率为5Hz的初步分析结果，见图3；

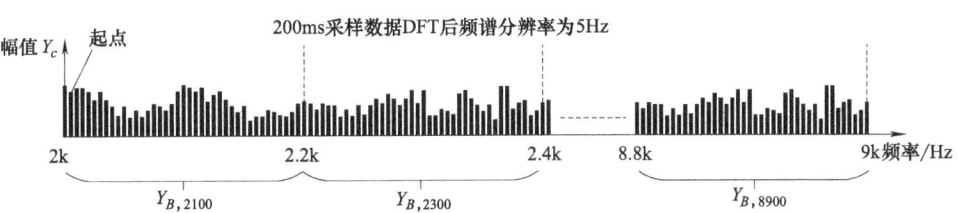

图3 2kHz～9kHz频段的超高次谐波分组

b) 将步骤a) 中的分析结果按照200Hz带宽进行分组处理，起点位于该组谐波范围内的第一个5Hz频谱位置，第一组的中心频率为2.1kHz，其余各组中心频率b的取值计算见式（2）；

$$b = (2.1 + 0.2 \times k)\text{kHz}, k = 0, 1, 2 \cdots 34 \quad (2)$$

c) 每组内的40个频谱按照谐波组算法进行聚合，其计算见式（3），得到该组超高次谐波的整体数值$Y_{B,b}$。

$$Y_{B,b} = \sqrt{\sum_{f=b-95\text{Hz}}^{b+100\text{Hz}} Y_{c,f}^2} \quad (3)$$

式中 b——超高次谐波中心频率，如式（2）所示；
$Y_{c,f}$——步骤a) 中初步分析结果中频率f处对应的频谱幅值，下标f为间隔为5Hz的频率点。

6.3 9kHz～150kHz超高次谐波数据分析

9kHz～150kHz频段的超高次谐波数据分析方法如下：

a) 每200ms数据等间隔选择32组0.5ms数据，见图4；

b) 对0.5ms数据进行DFT运算，得到频率间隔为2kHz的频谱，如图5所示，处于9kHz～150kHz频段内的频率共有71个，分别为10kHz、12kHz、14kHz…150kHz；

c) 对32组0.5ms数据分别进行步骤b)，共得到32组频谱，每个频率点对应有32个幅值，记频率点b处的第i个频谱幅值为$Y_{b,i}$，其中b = 10kHz, 12kHz, 14kHz…150kHz，i = 1, 2, 3…32；

d) 对每个频率点处的32个幅值进行均方根值计算，得到频率点b处的测量结果如式（4）所示。

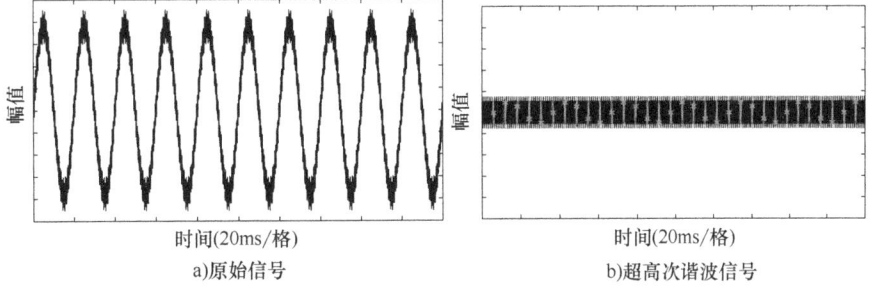

a) 原始信号　　　　　　b) 超高次谐波信号

图4 9kHz～150kHz频段内数据取样方法示意图

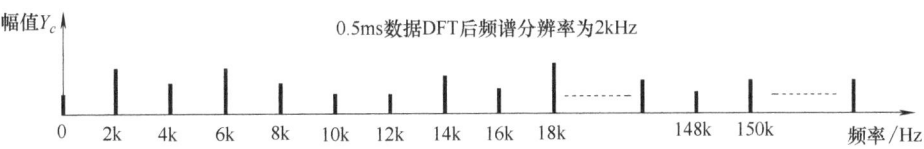

图5 时间窗为0.5ms的数据段DFT运算频谱

$$Y_b = \sqrt{\frac{1}{32}\sum_{i=1}^{32} Y_{b,i}^2} \quad (4)$$

式中 $Y_{b,i}$——频率点b处的第i个频谱幅值。

6.4 时间累积要求

6.4.1 3s累积

3s累积应以15个200ms时段进行累积，对超高次谐波各频点200ms处理结果的最大值、最小值、平均值、95%概率大值进行累积运算。

6.4.2 10min累积

10min累积应以3000个200ms时段进行累积，对超高次谐波各频点200ms处理结果的最大值、最小值、平均值、95%概率大值进行累积运算。

十一、电弧炉用柔性直流电源装置技术规范
(T/CPSS 1011—2023)

1 范围

本文件规定了电弧炉用柔性直流电源装置(以下简称柔性直流电源装置)的术语和定义、使用条件、系统构成及设计原则、技术要求、试验要求及方法、检验规则、运维及检修要求、标志、包装、运输和贮存。

本文件适用于功率等级兆瓦级及以上,能满足冶金行业直流电弧炉冶炼工况要求的高可靠、高稳定、高能源转化效率供电的高功率柔性直流电源装置。

本文件中所述柔性直流电源装置,采用以绝缘栅双极型晶体管(Insulate Gate Bipolar Transistor,IGBT)为代表的全控型功率半导体器件。

本文件不适用于冶金行业以晶闸管等非全控器件为元器件的大功率直流电源装置。

6 技术要求

6.1 总体要求

柔性直流电源装置的设计应符合标准化、模块化、简易化的原则,器件、配件、线缆、导体、绝缘件及其他结构件的设计应采用标准化的型材和结构设计。设计过程中,根据通用性原则,应尽可能合并、减少组件的型号和结构件的种类,简化生产维护管理和相应工艺流程,提高整个电源装置的可靠性、安全性、耐用性、可维护性和使用寿命。

半导体变流器的共性要求,其检验要求和试验方法应符合 GB/T 3859.1—2013 第 4、5、6、7 章节的规定。

6.2 电气性能

柔性直流电源装置的电气性能设计指标应满足表 1 要求。

表 1 柔性直流电源装置的电气性能

序号	项目	技术要求	备注
电源装置输入指标			
1	输入电压	$U_N(1\pm10\%)$ V	U_N 为线电压
2	输入频率	(50 ± 0.5) Hz	—
3	功率因数 $\cos\varphi$	$\cos\varphi \geqslant 0.95$	—
4	电压谐波总畸变率	$THD_u \leqslant 5\%$	交流侧并网电压总谐波畸变率满足 GB/T 14549
5	电流谐波总畸变率	$THD_i \leqslant 5\%$	交流侧并网电流总谐波畸变率满足 GB/T 14549
电源装置输出指标			
6	输出电压稳压精度	±1%	—
7	输出电流稳流精度	±1%	—
8	输出功率控制精度	±2%	—
9	正常运行方式效率	电源装置效率≥97%	—
10	过载能力	1.2 倍额定负载 P_N 过载 30min	—
11	并联直流变换单元电流不均衡度	≤3%	—
12	抗冲击能力	输出功率变化率≥100%×P_N/s 时,装置可稳定工作	P_N 为电源装置额定功率
13	功率模块温升	≤70℃	—
14	噪声	≤80dB	—

6.3 冷却系统

功率达到兆瓦级以上的柔性直流电源装置宜采用水冷系统为主、风冷系统为辅对功率模块、电缆及短网进行散热,冷却系统设计时应充分考虑电源装置的散热需求,宜留有 10% 的散热裕量以应对柔性直流电源装置短时过负荷运行的散热需求。

水冷系统管道外壁应考虑凝露、积水对材料的腐蚀、老化影响,避免管道外壁在规定使用寿命和压力范围内出现渗水或爆管等情况,冷却系统阀门等关键控制装置,宜定期检查,有条件时可配备防尘、防水罩。

水冷系统设计时应预留泄水孔,用于检修维护时泄放管道积水,还应设置排气孔,便于加入冷却液时管道内部气体的排除,泄水孔和排气孔在水冷系统正常运行期间应具备良好的密封性。

风冷散热系统进风口应考虑设置防尘过滤装置，过滤装置积尘情况应易于观测、拆卸和维护。水冷散热系统所有部件设计和选型应和冷却液体相适应，阀门、管道、接头、弯头、法兰等部件，在规定的使用寿命和压力范围内，均应保持良好的密封性。

6.4 通信功能

直流电源装置应具有以太网、CAN/RS 232、CAN/RS 485 三类标准通信接口，根据订货商要求宜支持 Modbus TCP、Profibus DP 等通信协议，并提供与通信接口配套使用的通信线缆和各种告警信号输出端子。

通信系统应配合现场检测仪器仪表进行设计，及时精确地将现场采集到的电压、电流、温度、压力、流量、液位及故障情况及时反馈至中控室远程监控系统，并传输至存储器进行保存，响应时间应≤500ms。

6.5 远程监控

中控室远程监控内容应包括：变压器工作状态、变压器额定功率、电源装置直流母线电压、电源装置输出电压电流、并联直流变换单元电流实时值、功率模块温升、电源装置通信系统、控制系统、数据采集和传输系统、冷却系统运行状态等。

电源装置及附属系统某一部件出现故障时，中控室远程监控系统应及时显示故障部位及故障情况。电源装置出现严重过流、过温、高压侧短路、通信系统断开及冷却系统停机等严重故障时，应立即启动保护停机检查。

6.6 绝缘耐压性能

6.6.1 绝缘电阻

在 4.1 规定的正常试验大气条件下，柔性直流电源装置各独立电路与外露的可导电部分之间（变压器二次侧至电源装置输入侧之间的进线管母、电源装置输出侧至电弧炉电极之间的出线管母），以及与各独立电路之间，用直流兆欧表测量其绝缘电阻，对于工作电压≤1000V 时，绝缘电阻不应小于 1MΩ；对于工作电压>1000V 时，电压每提升 1V，绝缘电阻的阻值应在 1MΩ 的基础上提高 1000Ω。输入回路对外壳大于 100MΩ，输出回路对外壳大于 100MΩ。

6.6.2 介电强度

在 4.1 规定的正常试验大气条件下，电源应能承受频率为 50Hz，历时 1min 的工频耐压试验而无击穿闪络及元件损坏现象；可采用工频交流试验电压，也可以采用直流试验电压，其值应为规定的工频交流试验电压值的 1.414 倍；试验过程中，任一被试电路施加电压时，其余电路等电位互联接地。

6.7 电磁兼容

柔性直流电源装置功率达兆瓦级及以上需诸多组直流变换单元并联，设计时应充分考虑装置运行时直流变换单元间电流不均衡的问题，通过优化结构设计，以避免或削弱母排瞬态磁场变化对暂态均流特性的影响。此外，还应考虑先进的均流优化控制方法调节电源装置运行时的均流。

检测仪器仪表、控制线缆、信号线缆、数据存储设备、控制系统在设计时应充分考虑良好的电磁屏蔽，避免电磁干扰影响电源装置的正常运行。

电源装置进线的母排宜采用空间对称布置，减小三相之间的阻抗差异和线路有功、无功损耗，避免进线三相电流存在较大差异。

电弧炉用柔性直流电源装置其他方面的电磁兼容应满足 GB/T 21560.3 和 GB/T 17626.29—2006 中的要求。

6.8 外壳防护等级

除订货商有特殊要求外，本标准中柔性直流电源装置的外壳防护等级应满足 GB/T 4208 的规定，室内使用不低于 IP20。若需室外运行时，根据现场使用条件，由供需双方协商确定。

6.9 环境适应性要求

柔性直流电源装置在规定的贮存和工作温度、湿度要求范围内电源装置应可以正常工作；运输、贮存过程中的轻微振动（纵向振幅≤2cm，横向位移≤5cm），电源装置不应有机械损坏，紧固件不应松动。

6.10 保护与告警功能

6.10.1 短路保护

电弧炉起弧时直流电源输出端近似短路状态，且冶炼过程中炉内工况不断变化易引起电源输出端短路。电源装置进行短路保护设计时应充分考虑电弧炉的冶炼工况，正常冶炼过程中电源输出端出现的短路，直流电源装置不应发出故障告警和声光报警；非正常冶炼工况引起的电源输出端短路，直流电源装置应启动自保护停机、发出故障告警信号并触发声光报警。

6.10.2 过流保护

柔性直流电源装置正常工作时，输出电流宜具备短时（30min）过流能力（1.2倍额定电流），超过此限值时，电源装置应启动自保护停机、发出故障告警信号并触发声光报警。

6.10.3 过载保护

柔性直流电源装置正常工作时，输出功率宜具备短时（30min）过载能力（1.2倍额定功率），超过此限值时，电源装置应启动自保护停机、发出故障告警信号并触发声光报警。

6.10.4 功率模块过温保护

柔性直流电源装置正常工作时，功率模块温升检测反馈值高于预设值时，电源装置应启动自保护停机、发出故障告警信号并触发声光报警。

6.10.5 冷却系统故障保护

柔性直流电源装置正常工作时，冷却系统出现故障时，电源装置应启动自保护停机、发出故障告警信号并触发声光报警。

6.10.6 通讯故障保护

柔性直流电源装置正常工作时，通信系统出现故障时，电源装置应启动自保护停机、发出故障告警信号并触发声光报警。

第七篇　主要电源企业简介
（同类企业按单位名称汉语拼音字母顺序排列）

副理事长单位 ··· 286
　广东志成冠军集团有限公司（高层专访：李民英　总工程师） ··· 286
　华为技术有限公司 ·· 287
　科华数据股份有限公司 ·· 287
　山特电子（深圳）有限公司（高层专访：余宝锋　山特市场营销总监） ·· 287
　深圳市航嘉驰源电气股份有限公司 ··· 288
　深圳市禾望电气股份有限公司（高层专访：周党生　业务副总裁） ··· 289
　深圳市汇川技术股份有限公司（高层专访：张键明董秘办经理、周小磊 EBO 管理部总监） ·· 290
　台达电子企业管理（上海）有限公司（高层专访：周志宏　台达首席可持续发展官暨发言人） ··· 291
　阳光电源股份有限公司（高层专访：顾亦磊　阳光电源股份有限公司副董事长兼光储
　　集团总裁） ··· 292
　伊顿电源（上海）有限公司（高层专访：李海平　总经理） ·· 294
　中兴通讯股份有限公司（高层专访：刘明明　中兴通讯副总裁、通信能源产品总经理） ·· 294

常务理事单位 ··· 296
　安徽中科海奥电气股份有限公司 ·· 296
　安泰科技股份有限公司非晶制品分公司（高层专访：刘天成　安泰科技股份有限公司非晶制品
　　分公司总经理） ··· 296
　北京动力源科技股份有限公司（高层专访：李尧　总裁助理） ·· 297
　成都航域卓越电子技术有限公司（高层专访：陈中梅　副总经理） ··· 298
　东莞市奥海科技股份有限公司（高层专访：刘昊　董事长） ·· 299
　东莞市石龙富华电子有限公司（高层专访：李涛　营销中心总经理） ·· 301
　弗迪动力有限公司电源工厂 ··· 302
　广州金升阳科技有限公司（高层专访：奉启珠　国内模块营销中心总监） ··· 302
　广州三晶电气股份有限公司 ··· 303
　航天柏克（广东）科技有限公司 ·· 303
　合肥华耀电子工业有限公司 ··· 304
　鸿宝电源有限公司（高层专访：王丽慧　总经理） ··· 304
　湖南艾华集团股份有限公司（高层专访：艾亮　总裁） ··· 305
　湖南三安半导体有限责任公司 ·· 306
　华东微电子技术研究所 ·· 306
　华润微电子有限公司 ··· 307
　金风科技股份有限公司 ·· 307
　科威尔技术股份有限公司 ··· 307
　茂硕电源科技股份有限公司（高层专访：顾永德　公司创始人） ··· 308
　美的集团 ··· 309
　南京博兰得电子科技有限公司（高层专访：徐明　CEO） ·· 309
　南京国臣直流配电科技有限公司 ·· 310
　宁波赛耐比光电科技有限公司（高层专访：张莉　董事长） ·· 311
　厦门市爱维达电子有限公司（高层专访：王勇军　总裁） ··· 312

上海杰瑞兆新信息科技有限公司（高层专访：杨静　总经理） ………………………………………………… 313
深圳古瑞瓦特新能源有限公司 …………………………………………………………………………………… 314
深圳华德电子有限公司 ……………………………………………………………………………………………… 314
深圳科士达科技股份有限公司 …………………………………………………………………………………… 314
深圳市必易微电子股份有限公司（高层专访：谢朋村　董事长） ……………………………………… 315
深圳市皓文电子股份有限公司 …………………………………………………………………………………… 316
深圳市科信通信技术股份有限公司（高层专访：周军　电源产品线总监） ……………………… 316
深圳市盛弘电气股份有限公司（高层专访：吕晓强　总经办主任） ………………………………… 317
深圳市英威腾电源有限公司（高层专访：牟长洲　总经理） ………………………………………… 318
深圳市永联科技股份有限公司（高层专访：朱建国　董事长） ……………………………………… 319
深圳威迈斯新能源股份有限公司 ………………………………………………………………………………… 320
深圳英飞源技术有限公司（高层专访：吴晓明　高级副总裁） ……………………………………… 320
石家庄通合电子科技股份有限公司 ……………………………………………………………………………… 321
特变电工新疆新能源股份有限公司 ……………………………………………………………………………… 321
万帮数字能源股份有限公司（高层专访：赵颖　品牌总监） ………………………………………… 322
温州大学 …… 323
西安爱科赛博电气股份有限公司（高层专访：白小青　董事长兼总经理） ………………………… 323
西南应用磁学研究所（中国电子科技集团公司第九研究所） ………………………………………… 324
先控捷联电气股份有限公司 ……………………………………………………………………………………… 325
芯朋微电子股份有限公司 ………………………………………………………………………………………… 325
易事特集团股份有限公司（高层专访：何思模　创始人、董事局主席） ………………………… 325
浙江东睦科达磁电有限公司（高层专访：赵万军　总经理） ………………………………………… 326
中国电子科技集团公司第十四研究所 …………………………………………………………………………… 327
株洲中车时代半导体有限公司 …………………………………………………………………………………… 327

理事单位 …… 327
阿里巴巴（中国）有限公司 ……………………………………………………………………………………… 327
艾德克斯电子有限公司 …………………………………………………………………………………………… 328
爱士惟科技（上海）有限公司 …………………………………………………………………………………… 328
北京大华无线电仪器有限责任公司 ……………………………………………………………………………… 328
北京合康新能科技股份有限公司 ………………………………………………………………………………… 329
北京力源兴达科技有限公司 ……………………………………………………………………………………… 330
北京纵横机电科技有限公司 ……………………………………………………………………………………… 330
成都金创立科技有限责任公司 …………………………………………………………………………………… 331
成都森未科技有限公司 …………………………………………………………………………………………… 331
东莞立讯技术有限公司 …………………………………………………………………………………………… 331
东莞铭普光磁股份有限公司 ……………………………………………………………………………………… 331
东莞新能源科技有限公司 ………………………………………………………………………………………… 332
佛山市顺德区冠宇达电源有限公司 ……………………………………………………………………………… 332
公牛集团股份有限公司 …………………………………………………………………………………………… 332
固德威技术股份有限公司 ………………………………………………………………………………………… 332
固纬电子（苏州）有限公司 ……………………………………………………………………………………… 333
冠佳技术股份有限公司 …………………………………………………………………………………………… 333
广东电网有限责任公司电力科学研究院 ……………………………………………………………………… 333
广东力科新能源有限公司 ………………………………………………………………………………………… 333
广东省洛仑兹技术股份有限公司 ………………………………………………………………………………… 334
广西电网有限责任公司电力科学研究院 ……………………………………………………………………… 334

广州回天新材料有限公司	334
广州致远仪器有限公司	334
国网北京市电力公司电力科学研究院	335
国网河南省电力公司电力科学研究院	335
国网湖北省电力有限公司电力科学研究院	335
国网重庆市电力公司电力科学研究院	336
杭州铂科电子有限公司	336
杭州博睿电子科技有限公司	336
杭州飞仕得科技股份有限公司	337
杭州中恒电气股份有限公司	337
航天科工惯性技术有限公司	337
河北久维电子科技有限公司	337
核工业理化工程研究院	338
横河测量技术（上海）有限公司	338
湖南炬神电子有限公司	338
湖南科瑞变流电气股份有限公司	339
惠州志顺电子实业有限公司	339
江苏爱克赛实业有限公司	340
江苏宏微科技股份有限公司	340
江西艾特磁材有限公司	341
江西大有科技有限公司	341
江西耀润磁电科技有限公司	341
六和电子（江西）有限公司	341
龙腾半导体股份有限公司	342
洛阳隆盛科技有限责任公司	342
麦田能源股份有限公司	342
明纬（广州）电子有限公司	343
纳微达斯半导体（上海）有限公司	343
南方电网电力科技股份有限公司	344
宁波乐铂科技有限公司	344
宁波生久科技有限公司	344
宁波希磁电子科技有限公司	345
宁夏银利电气股份有限公司	345
派恩杰半导体（杭州）有限公司	346
青岛鼎信通讯股份有限公司	346
青岛海信日立空调系统有限公司	346
衢州三源汇能电子有限公司	346
赛尔康技术（深圳）有限公司	347
厦门赛尔特电子有限公司	347
厦门讯亨电子科技有限公司	348
商宇（深圳）科技有限公司	348
上海超群检测科技股份有限公司	348
上海电气电力电子有限公司	349
上海电器科学研究所（集团）有限公司	349
上海科梁信息科技股份有限公司	350
上海临港电力电子研究有限公司	350

企业名称	页码
上海强松航空科技有限公司	351
上海维安半导体有限公司	351
上海沃孚半导体有限公司	351
深圳供电局有限公司	351
深圳可立克科技股份有限公司	352
深圳欧陆通电子股份有限公司	352
深圳青铜剑技术有限公司	352
深圳市倍思科技有限公司	353
深圳市铂科新材料股份有限公司	353
深圳市鼎泰佳创科技有限公司	353
深圳市海思瑞科电气技术有限公司	354
深圳市瀚强科技股份有限公司	354
深圳市宏丰光城电子有限公司	354
深圳市汇业达通讯技术有限公司	355
深圳市京泉华科技股份有限公司	355
深圳市雷能混合集成电路有限公司	355
深圳市首航新能源股份有限公司	356
深圳市斯康达电子有限公司	356
深圳市瓦特源检测研究有限公司	356
深圳市英可瑞科技股份有限公司	356
深圳市英威腾光伏科技有限公司	357
深圳市智胜新电子技术有限公司	357
深圳市中电熊猫展盛科技有限公司	357
苏州博思得电气有限公司	358
苏州纳芯微电子股份有限公司	358
田村（中国）企业管理有限公司	358
无锡新洁能股份有限公司	359
武汉恩硕科技有限公司	359
西安伟京电子制造有限公司	359
小米通讯技术有限公司	359
英飞凌科技（中国）有限公司	360
英飞特电子（杭州）股份有限公司	360
长城电源技术有限公司	360
浙江艾罗网络能源技术股份有限公司	361
浙江嘉科电子有限公司	361
浙江榆阳电子股份有限公司	361
臻驱科技（上海）有限公司	362
中电科瑞志电源技术（西安）有限公司	362
中国船舶集团有限公司系统工程研究院	362
中国电力科学研究院有限公司武汉分院	362
中山市宝利金电子有限公司	363
中冶赛迪电气技术有限公司	363
重庆华创智能科技研究院有限公司	363
重庆荣凯川仪仪表有限公司	364
珠海格力电器股份有限公司	364
珠海英搏尔电气股份有限公司	364

珠海智融科技股份有限公司 ………………………………………………………………… 365
会员单位 ……………………………………………………………………………………… 365
广东省 ………………………………………………………………………………………… 365
　　安德力士（深圳）科技有限公司 …………………………………………………………… 365
　　东莞宏强电子有限公司 ……………………………………………………………………… 365
　　东莞立德电子有限公司 ……………………………………………………………………… 365
　　东莞市大忠电子有限公司 …………………………………………………………………… 366
　　东莞市金河田实业有限公司 ………………………………………………………………… 366
　　东莞市乔顿电子有限公司 …………………………………………………………………… 366
　　东莞市长工微电子有限公司 ………………………………………………………………… 366
　　佛山市禅城区华南电源创新科技园投资管理有限公司 …………………………………… 367
　　佛山市汉毅电子技术有限公司 ……………………………………………………………… 367
　　佛山市南海区平洲广日电子机械有限公司 ………………………………………………… 367
　　佛山市南海赛威科技技术有限公司 ………………………………………………………… 368
　　佛山市顺德区瑞淞电子实业有限公司 ……………………………………………………… 368
　　佛山市顺德区伊戈尔电力科技有限公司 …………………………………………………… 368
　　佛山市欣源电子股份有限公司 ……………………………………………………………… 368
　　佛山市新辰电子有限公司 …………………………………………………………………… 369
　　广东安充重工科技有限公司 ………………………………………………………………… 369
　　广东宝星新能科技有限公司 ………………………………………………………………… 370
　　广东创电科技有限公司 ……………………………………………………………………… 370
　　广东大比特资讯广告发展有限公司 ………………………………………………………… 370
　　广东德珑磁电科技股份有限公司 …………………………………………………………… 371
　　广东恒翼能科技股份有限公司 ……………………………………………………………… 371
　　广东鸿威国际会展集团有限公司 …………………………………………………………… 371
　　广东南方宏明电子科技股份有限公司 ……………………………………………………… 371
　　广东顺德三扬科技股份有限公司 …………………………………………………………… 372
　　广东新成科技实业有限公司 ………………………………………………………………… 372
　　广州德肯电子股份有限公司 ………………………………………………………………… 373
　　广州东芝白云菱机电力电子有限公司 ……………………………………………………… 373
　　广州高雅信息科技有限公司 ………………………………………………………………… 373
　　广州华工科技开发有限公司 ………………………………………………………………… 373
　　广州健特电子有限公司 ……………………………………………………………………… 374
　　广州金磁海纳新材料科技有限公司 ………………………………………………………… 374
　　广州科谷动力电气有限公司 ………………………………………………………………… 374
　　广州欧颂电子科技有限公司 ………………………………………………………………… 374
　　广州擎天实业有限公司 ……………………………………………………………………… 374
　　广州市爱浦电子科技有限公司 ……………………………………………………………… 375
　　广州市昌菱电气有限公司 …………………………………………………………………… 375
　　广州市能智威电子有限公司 ………………………………………………………………… 375
　　广州旺马电子科技有限公司 ………………………………………………………………… 376
　　海丰县中联电子厂有限公司 ………………………………………………………………… 376
　　辉碧电子（东莞）有限公司广州分公司 …………………………………………………… 376
　　惠州三华工业有限公司 ……………………………………………………………………… 376
　　理士国际技术有限公司 ……………………………………………………………………… 377

企业名称	页码
茂睿芯（深圳）科技有限公司	377
全天自动化能源科技（东莞）有限公司	377
山克新能源科技（深圳）有限公司	378
深圳阿洛西设备有限公司	378
深圳基本半导体有限公司	378
深圳聚新汽车电子技术有限责任公司	379
深圳库马克科技有限公司	379
深圳力能时代技术有限公司	379
深圳力钛科技有限公司	379
深圳麦格米特电气股份有限公司	380
深圳麦科信科技有限公司	380
深圳尚阳通科技股份有限公司	380
深圳市柏瑞凯电子科技股份有限公司	381
深圳市北汉科技有限公司	381
深圳市槟城电子股份有限公司	381
深圳市创容新能源有限公司	382
深圳市村田电源技术有限公司	382
深圳市飞尼奥科技有限公司	382
深圳市冠新科技有限公司	382
深圳市航智精密电子有限公司	382
深圳市核达中远通电源技术股份有限公司	383
深圳市虹茂半导体有限公司	383
深圳市虹美功率半导体有限公司	384
深圳市华科智源科技有限公司	384
深圳市捷益达电子有限公司	384
深圳市金威源科技股份有限公司	385
深圳市巨鼎电子有限公司	385
深圳市康奈特电子有限公司	385
深圳市科达嘉电子有限公司	385
深圳市力生美半导体股份有限公司	386
深圳市联宇科技有限公司	386
深圳市鹏源电子有限公司	386
深圳市普乐华科技有限公司	387
深圳市瑞必达科技有限公司	387
深圳市瑞汉科技有限公司	387
深圳市瑞晶实业有限公司	387
深圳市瑞隆源电子有限公司	388
深圳市三和电力科技有限公司	388
深圳市英威腾网能技术有限公司	388
深圳市运通天下科技有限公司	389
深圳市振华微电子有限公司	389
深圳市知用电子有限公司	389
深圳市卓越至高电子有限公司	389
深圳欣锐科技股份有限公司	390
深圳易能时代科技有限公司	390
深圳中测通科技有限公司	390

深圳中瀚蓝盾技术有限公司 …… 390
天宝集团控股有限公司 …… 391
维谛技术有限公司 …… 391
维沃移动通信有限公司 …… 391
协丰万佳科技（深圳）有限公司 …… 392
亚源科技股份有限公司 …… 392
英富美（深圳）科技有限公司 …… 392
英诺赛科（深圳）半导体有限公司 …… 392
中山市科博电器有限公司 …… 393
珠海镓未来科技有限公司 …… 393
珠海金波科创电子有限公司 …… 393
珠海锦泰电子科技有限公司 …… 393
珠海山特电子有限公司 …… 394
珠海泰为电子有限公司 …… 394
珠海云充科技有限公司 …… 394
专顺电机（惠州）有限公司 …… 394

上海市 …… 395

昂宝电子（上海）有限公司 …… 395
忱芯科技（上海）有限公司 …… 395
大交新能源技术（上海）有限责任公司 …… 395
登钛电子技术（上海）有限公司 …… 396
航裕电源系统（上海）有限公司 …… 396
华特力科（北京）商贸有限公司 …… 396
捷蒽迪电子科技（上海）有限公司 …… 396
柯贝尔电能质量技术（上海）有限公司 …… 396
美尔森电气保护系统（上海）有限公司 …… 397
敏业信息科技（上海）有限公司 …… 397
上海埃德电子股份有限公司 …… 397
上海爱硕科贸有限公司 …… 397
上海萃锦半导体有限公司 …… 398
上海大周信息科技有限公司 …… 398
上海汉象智能科技有限公司 …… 398
上海华湘计算机通讯工程有限公司 …… 398
上海华翌电气有限公司 …… 399
上海吉电电子技术有限公司 …… 399
上海杰鸥科工贸有限公司 …… 399
上海科泰电源股份有限公司 …… 400
上海南芯半导体科技股份有限公司 …… 400
上海全力电器有限公司 …… 400
上海申睿电气有限公司 …… 401
上海数明半导体有限公司 …… 401
上海唯力科技有限公司 …… 401
上海稳利达科技股份有限公司 …… 401
上海新进芯微电子有限公司 …… 402
上海伊意亿新能源科技有限公司 …… 402
上海英联电子系统有限公司 …… 402

上海鹰峰电子科技股份有限公司 …… 402
上海远宽能源科技有限公司 …… 402
上海瞻芯电子科技有限公司 …… 403
上海灼日新材料科技有限公司 …… 403
思瑞浦微电子科技（苏州）股份有限公司 …… 403
思源清能电气电子有限公司 …… 403
致瞻科技（上海）有限公司 …… 404

江苏省 …… 404
艾普斯电源（苏州）有限公司 …… 404
常熟凯玺电子电气有限公司 …… 404
常州博瑞电力自动化设备有限公司 …… 404
常州浩仪科技有限公司 …… 405
常州市创联电源科技股份有限公司 …… 405
常州市红光电能科技股份有限公司 …… 405
东电化兰达（中国）电子有限公司 …… 405
江南大学 …… 406
江苏坚力电子科技股份有限公司 …… 406
江苏兴顺电子有限公司 …… 406
江苏易矽科技有限公司 …… 406
江苏毅昌科技有限公司 …… 407
昆山渝科电子科技有限公司 …… 407
雷诺士（常州）电子有限公司 …… 407
南京海迪自动化科技有限公司 …… 407
南京泓帆动力技术有限公司 …… 408
南京酷科电子科技有限公司 …… 408
南京兰泰机电集成有限公司 …… 408
南京瑞途优特信息科技有限公司 …… 408
南京研旭电气科技有限公司 …… 409
南瑞联研半导体有限责任公司 …… 409
潜润电子科技（苏州）有限公司 …… 409
苏州锴威特半导体股份有限公司 …… 410
苏州美恩斯电子科技有限公司 …… 410
苏州水芯电子科技有限公司 …… 410
苏州万瑞达电气有限公司 …… 410
苏州西伊加梯电源技术有限公司 …… 411
太仓电威光电有限公司 …… 411
无锡希恩电气有限公司 …… 411
扬州星瀚科技有限公司 …… 412
越峰电子（昆山）有限公司 …… 412
张家港市电源设备厂 …… 412
张家港市加亿德机械制造有限公司 …… 412
致茂电子（苏州）有限公司 …… 413

浙江省 …… 413
杭州奥能电源设备有限公司 …… 413
杭州精日科技有限公司 …… 413

条目	页码
杭州易泰达科技有限公司	414
杭州远方仪器有限公司	414
杭州之江开关股份有限公司	414
弘乐集团有限公司	415
宁波博威合金材料股份有限公司	415
宁波久源电子有限公司	415
宁波磊邦新材料科技有限公司	415
宁波烯铝新能源有限公司	415
铁城信息科技有限公司	416
祥博传热科技股份有限公司	416
浙江大华技术股份有限公司	417
浙江大维高新技术股份有限公司	417
浙江恩鸿电子有限公司	417
浙江富特科技股份有限公司	418
浙江海利普电子科技有限公司	418
浙江宏胜光电科技有限公司	418
浙江华昱欣科技有限公司	419
浙江暨阳电子科技有限公司	419
浙江晶能微电子有限公司	419
浙江巨磁智能技术有限公司	420
浙江君亿环保科技有限公司	420
浙江芯科半导体有限公司	420
浙江长春电器有限公司	420
中川智能科技有限公司	421

北京市 …… 421

条目	页码
北京柏艾斯科技有限公司	421
北京创四方电子集团股份有限公司	421
北京航天星瑞电子科技有限公司	422
北京恒电电源设备有限公司	422
北京汇众电源技术有限责任公司	422
北京机械设备研究所	423
北京京仪椿树整流器有限责任公司	423
北京森社电子有限公司	423
北京韶光科技有限公司	423
北京市天润中电高压电子有限公司	424
北京新雷能科技股份有限公司	424
北京鑫思源融科技有限公司	424
北京雅世恒源科技发展有限公司	425
北京银星通达科技开发有限责任公司	425
北京英博电气股份有限公司	425
北京元十电子科技有限公司	426
北京长城电子装备有限责任公司	426
北京智源新能电气科技有限公司	426
北京中天汇科电子技术有限责任公司	426
深圳市合派电子技术有限公司	427
士兰达（北京）电子科技有限公司	427

威尔克通信实验室 427
　　新驱科技（北京）有限公司 427
山东省 428
　　百思科新能源技术（青岛）有限公司 428
　　冠县联恒电子技术有限公司 428
　　海湾电子（山东）有限公司 428
　　海英特电源技术有限公司 428
　　华夏天信智能物联股份有限公司 429
　　济南晶恒电子有限责任公司 429
　　临沂昱通新能源科技有限公司 429
　　青岛航天半导体研究所有限公司 430
　　青岛聚能创芯微电子有限公司 430
　　青岛威控电气有限公司 430
　　青岛云路特变智能科技有限公司 431
　　青岛云路新能源科技有限公司 431
　　山东艾诺智能仪器有限公司 432
　　山东东泰方思电子有限公司 432
　　山东华天科技集团股份有限公司 432
　　山东镭之源激光科技股份有限公司 432
　　烟台瑞本电气设备有限公司 433
　　元山（济南）电子科技有限公司 433
安徽省 433
　　安徽博微智能电气有限公司 433
　　安徽大学绿色产业创新研究院 434
　　安徽乐图电子科技股份有限公司 434
　　安徽中鑫半导体有限公司 434
　　合肥联信电源有限公司 434
　　黄山申格电子科技股份有限公司 435
　　科大智能（合肥）科技有限公司 435
　　宁国市裕华电器有限公司 435
　　天长市中德电子有限公司 436
　　芜湖国睿兆伏电子有限公司 436
　　中国科学院等离子体物理研究所 436
四川省 437
　　成都氮矽科技有限公司 437
　　成都光电传感技术研究所有限公司 437
　　成都谱景允升科技有限公司 437
　　成都蓉矽半导体有限公司 437
　　成都思创电气工程有限公司 438
　　四川格斯拉科技有限公司 438
　　四川英杰电气股份有限公司 438
　　四川中光天欣电子有限责任公司 439
福建省 439
　　福州福光电子有限公司 439
　　厦门恒昌综能自动化有限公司 439

厦门拓宝科技有限公司	439
厦门奕昕科技有限公司	439
中航太克（厦门）电力技术股份有限公司	440

湖北省 ... 440
武汉市华兴特种变压器制造有限公司	440
武汉武新电气科技股份有限公司	440
武汉新瑞科电子科技有限公司	441
武汉羿变电气有限公司	441
武汉永力科技股份有限公司	441

湖南省 ... 442
盖贝斯数据技术有限公司	442
湖南东方万象科技有限公司	442
湖南恩智测控技术有限公司	442
湖南华鑫电子科技有限公司	442
湖南汇鑫电力成套设备有限公司	443

天津市 ... 443
安晟通（天津）高压电源科技有限公司	443
东文高压电源（天津）股份有限公司	443
天津铭锐创科技股份有限公司	443
天津市鲲鹏电子有限公司	443
天津天雾抑爆灭火产业技术研究院有限公司	444

河北省 ... 444
盾石磁能科技有限责任公司	444
河北汇能欣源电子技术有限公司	444
河北申科磁性材料有限公司	445
河北远大电子有限公司	445

河南省 ... 445
河南求同电气科技有限公司	445
特富特电磁科技（洛阳）有限公司	446
郑州丰研电子科技有限公司	446
中国空空导弹研究院	446

陕西省 ... 446
陕西柯蓝电子有限公司	446
西安科湃电气有限公司	447
西安思源清科智能科技有限公司	447
西安迅湃快速充电技术有限公司	447

其他 ... 448
广西科技大学	448
广西普德新星电源科技有限公司	448
航天长峰朝阳电源有限公司	448
润新微电子（大连）有限公司	449
中国科学院近代物理研究所	449
力高仪器有限公司	449
云南省工投软件技术开发有限责任公司	449

会员企业按主要产品索引 ... 451

新能源电源（光伏逆变器、风力变流器等）（103） …………………………………… 451
通用开关电源（100） …………………………………………………………………… 452
模块电源（93） …………………………………………………………………………… 453
通信电源（67） …………………………………………………………………………… 454
UPS（66） ………………………………………………………………………………… 454
特种电源（62） …………………………………………………………………………… 455
功率器件（50） …………………………………………………………………………… 455
半导体集成电路（42） …………………………………………………………………… 456
其他（42） ………………………………………………………………………………… 456
电源测试设备（40） ……………………………………………………………………… 457
稳压电源（器）（40） …………………………………………………………………… 457
变频电源（器）（35） …………………………………………………………………… 458
照明电源、LED 驱动电源（33） ………………………………………………………… 458
PC、服务器电源（27） …………………………………………………………………… 458
EPS（25） ………………………………………………………………………………… 459
电焊机、充电机、电镀电源（25） ……………………………………………………… 459
电子变压器（23） ………………………………………………………………………… 459
电抗器（22） ……………………………………………………………………………… 459
滤波器（21） ……………………………………………………………………………… 460
磁性元件/材料（20） …………………………………………………………………… 460
蓄电池（20） ……………………………………………………………………………… 460
电容器（18） ……………………………………………………………………………… 460
直流屏、电力操作电源（18） …………………………………………………………… 460
电感器（17） ……………………………………………………………………………… 461
电源配套设备（自动化设备、SMT 设备、绕线机等）（14） ………………………… 461
电阻器（6） ……………………………………………………………………………… 461
风扇、风机等散热设备（4） …………………………………………………………… 461
机壳、机柜（4） ………………………………………………………………………… 461
胶（2） …………………………………………………………………………………… 461

副理事长单位

广东志成冠军集团有限公司

地址：广东省东莞市塘厦镇田心工业区
邮编：523718
电话：18002825226
传真：0769-87927259
邮箱：liux@zhicheng-champion.com
网址：www.zhicheng-champion.com

简介：广东志成冠军集团有限公司位于东莞市塘厦镇，是一家集科、工、贸、投资于一体的民营高科技企业，始创于1992年8月，注册资金为1亿元人民币，占地28万m^2，自有资产逾6.5亿元。

公司设有4个研发机构，3个生产厂区，有员工1000余名。技术上以国内多所著名高校为依托，致力于电子信息、先进制造、新能源与高效节能等高新技术领域的自主创新，研发、生产、销售不间断电源（UPS）、逆变电源（INV）、应急电源（EPS）、储能电站装置、太阳能光伏并网发电系统、新型阀控密封式免维护铅酸蓄电池、磷酸铁锂电池等，产品广泛应用于上层建筑和经济基础的各个领域，覆盖国内和70多个国家与地区市场，是广东省50家装备制造业骨干企业和战略性新兴产业骨干企业之一。

公司通过自主创新，构建和完善了以企业为主体、市场为导向、产学研相结合的技术创新体系，并成功地组建了"广东省企业技术中心""广东省大功率不间断电源工程研究开发中心""博士后科研工作站"，2018年又以"院士工作站"为载体，引进了以罗安院士为带头人员的国际一流的电能绿色变换与控制创新团队。该团队从事与海岛高可靠供电系统关键技术相关的研究工作，已发表高水平SCI收录论文60余篇，获授权国家发明专利100多项，荣获国家技术发明二等奖1项，国家科技进步二等奖2项，中国专利金奖和优秀奖各1项，省部级科技进步一等奖6项，中国发明创业特等奖2项。

公司产品先后填补了国家10项产品空白，其中有9项产品被列入国家火炬计划和国家重点新产品。公司已获得116项专利和35项软件著作权，其中发明专利"大容量不间断电源"荣获中国专利金奖，并被国家标准化管理委员会批准为"全国电力电子系统和设备标准化技术委员会不间断电源分技术委员会"秘书处承担单位。

公司先后被认定为"国家高新技术企业""国家火炬计划重点高新技术企业""国家级创新型试点企业"、首批29家"广东省创新型企业"、50家"广东省装备制造业骨干企业""广东省百强民营企业"及4A级"标准化良好行为企业"等，并在国内同行业中首批通过了ISO 9001质量管理体系认证和ISO 14001环境管理体系认证。连续20年被广东省市场监督管理局评定为"守合同重信用"企业。

主要产品介绍：

MW级储能系统

该系列储能产品，采用磷酸铁锂储能专用电池，能量密度高，循环寿命长，系统内部集成储能电池、BMS、PCS、温控、消防和照明等子系统。采用集装箱，可户外安装。系统采用模块化设计，部署便捷，便于移动及维护。

高层专访：

被采访人：李民英 总工程师

▶ 请您介绍企业2023年总体发展情况。取得了哪些显著成果？

公司在2023年度取得了总体平稳的发展。在常规产品方面，不间断电源（UPS）、逆变电源（INV）、应急电源（EPS）、铅酸蓄电池和磷酸铁锂电池的销售稳步增长；而新开拓的海洋工程特种电源业务取得了显著进展，相关产品销售额超过5000万元，创下近年来的最佳表现。此外，公司进军储能行业也取得了突破，所研发的400kW/450kWh专用工商储能系统在海外市场取得成功，成功打开了市场。

2023年，公司对生产设备进行了重大升级，投资近千万元，升级了电源生产线，提升了生产线的自动化水平和产能，实现了电源模块的快速自动化生产，进一步提高了生产效率，增强了公司的竞争力。

凭借多年的产业和技术积累，公司在2023年被评定为国家级专精特新"小巨人"企业以及广东省省级制造业单项冠军。

▶ 请您介绍企业2024年的发展规划及未来展望。

公司在2024年的发展规划可以用"稳基固链，面向未来"这八个字来概括。

首先是"稳基固链"，其包含三个方面：第一，公司将继续加大在技术研发和科技创新方面的投入,以确保大功率UPS、EPS、蓄电池等核心产品的稳定发展,提升行业竞争力,实现为ICT产业提供高可靠、高性能、绿色环保的电源系统。第二,公司将推动所有产品实现全面国产化升级,以提高产品性价比和供应链稳定性。第三,公司将整合和提升测试能力,计划在2024年投入建设具有CNAS资质的实验室,以显著提升产品测试能力,促进科研效率和能力的进一步提升。

其次是"面向未来",公司将持续增加投入,推动储能系统、海工特种电源等产品的研发和推广,以确保在海工和新能源领域持续发展。在2024年,公司将重点推动新能源产品进军国际市场,以扩大国际市场份额,实现市场的国际化和多元化。

▶ 请问您认为市场环境会有怎样的变化趋势?企业如何适应或挑战这种变化?

从行业内部来看,当前国内电源企业越来越多,国内市场同质化竞争也越来越激烈,使得行业的利润空间不断缩小。

从外部环境看,美国发起的贸易战是长期而复杂的,这导致电源行业很多由海外供应的重要芯片和器件货源紧张或采购期长、成本上升。而国际政治环境也进入相对动荡的时期,局部战争频发,贸易摩擦不断。这些因素导致外贸交易的不稳定性不断增强,国外对我国产品的需求出现下滑。

这样复杂的内外部市场环境,对企业经营提出了重大挑战,目前来看,企业需要从三个方面着手应对:一方面,要掌握核心技术,并推动差异化竞争,保证企业有自己的独门秘籍和细分专业领域,以避免卷入同质化恶性竞争之中;第二方面,要进一步加强国产化的转型,提高产品技术及供应链的可控性,减少对国外技术和部件的依赖;第三方面,要进行国际化的产业布局,包括大力开拓和平地区、友好地区的新兴外贸市场,以及按照相关法规开展本地化生产,以规避贸易摩擦风险,保证国际市场的持续发展。

华为技术有限公司

地址:广东省深圳市福田区香蜜湖街道香安社区安托山六路33号安托山总部大厦A座研发39层01号
电话:0755-89247231
传真:0755-89247231
网址:https://e.huawei.com/cn/
简介:华为技术有限公司(以下简称华为)是全球领先的信息与通信解决方案供应商。华为于1987年成立于中国深圳,发展到2011年已经有将近12万员工。华为围绕客户的需求持续创新,与合作伙伴开放合作,在电信网络、终端和云计算等领域构筑了端到端的解决方案优势。华为致力于为电信运营商、企业和消费者等提供有竞争力的综合解决方案和服务,持续提升客户体验,为客户创造最大价值。目前,华为的产品和解决方案已经应用于140多个国家和地区,服务全球1/3的人口。

华为以丰富人们的沟通和生活为愿景,运用信息与通信领域专业经验,消除数字鸿沟,让人人享有宽带。为应对全球气候变化挑战,华为通过领先的绿色解决方案,帮助客户及其他行业降低能源消耗和二氧化碳排放,创造最佳的社会、经济和环境效益。

科华数据股份有限公司

地址:福建省厦门市湖里区马垄路457号
邮编:361006
电话:0592-5160516
传真:0592-5162166
邮箱:fengbo@kehua.com
网址:www.kehua.com.cn
简介:科华数据股份有限公司(以下简称科华数据)前身创立于1988年,2010年在深圳A股上市(股票代码002335),是国家认定企业技术中心、国家火炬计划重点项目承担单位、国家高新技术企业、国家技术创新示范企业和全国首批"两化融合管理体系"贯标企业,服务全球100多个国家和地区的用户。

科华数据立足电力电子核心技术,融合人工智能、物联网前沿技术应用,致力于将"数字化和场景化的智慧电能综合管理系统"融入不同场景,提供稳定动力,支撑各行业转型升级,在数据中心、高端电源以及新能源三大领域,为政府、金融、工业、通信、交通、互联网等客户提供安全、可靠的智慧电能综合管理解决方案及服务。

科华数据本着"自主创新,自有品牌"的发展理念,组建了以自主培养的4名国务院特殊津贴专家领衔的1000多人的研发团队,先后承担国家级与省部级火炬计划、国家重点新产品计划、863计划等项目30余项,参与了140多项国家和行业标准的制定,获得国家专利、软件著作权等知识产权1000多项。

权威调研机构赛迪顾问报告显示,科华数据连续多年保持中国UPS国产品牌市场占有率领先;权威ICT研究资讯机构计世资讯(CCW)报告显示,科华数据在2019年中国微模块数据中心市场、UPS市场份额排名中,其在整体市场占有率方面领先,以品牌力量引领智慧电能行业发展,驱动数字互联世界。

山特电子(深圳)有限公司

地址:广东省深圳市宝安72区宝石路8号
电话:0755-27572666
传真:0755-27572730 27572480
邮箱:4008303938@santak.com
网址:www.santak.com.cn

简介：山特电子（深圳）有限公司（以下简称山特）成立于 1984 年，根植于中国 UPS 市场 40 年，是专业从事不间断电源（UPS）、模块化数据中心以及数据机房供配电等电能质量设备开发、生产及经营的国际性厂商。从后备式 500 VA 到在线式 4.8 MVA 大功率并机系列，山特产品能满足不同行业用户的需求。目前，公司在北京、上海、广州、沈阳、成都、武汉、西安七地均设有分支机构，在广东深圳设有研发和生产基地。

山特凭借雄厚的技术研发实力、可靠的产品品质、完备、快捷、高效的售后服务体系，得到了国内众多行业用户的肯定，产品已广泛应用于政府、金融、电信、能源、交通、医疗、制造以及房地产等行业，数以千万的用户正在依靠山特 UPS 为其设备提供安全、可靠的电源环境。

永不妥协的品质是山特成为市场引领者的基础：

山特不断钻研产品功能的开发，突破技术限制，制定高于行业水平的生产规范，在质量上严格把关。作为较早进入中国市场的 UPS 厂商，山特已通过 ISO 9001 质量管理体系认证和 ISO 14001 环境管理体系认证，产品通过泰尔认证、节能认证、CE、UL 等多项行业认证。

不断创新的技术是山特的核心竞争力：

山特拥有三大研发中心，超过 40 年的电力电子自主研发经验，专业的研发团队和强大的研发软硬件基础，已获得近 300 项授权研发专利。

实验室获得国家权威 CNAS ISO 17025 和美国 UL 认证，研发中心配备大规模 EMC 电磁兼容实验室、IoT 数字化实验室、微模块实验室、锂电测试实验室等专业实验室，坚持产品技术创新和数字化升级。

规范高效的服务是山特追求的目标：

山特在深圳设有客户服务中心，8 大备件中心，遍布全国有 50 多个服务网点，有 180 多名专业技术服务工程师正时刻准备响应客户的需求。

主要产品介绍：

城堡系列 3C3 HD 20~600kVA UPS

山特城堡 3C3 HD 20~600kVA UPS 是山特城堡 3C3 经典产品系列的创新升级产品，山特城堡系列 UPS 秉承为用户关键负载提供安全、可靠、稳定、环保的电力保障为宗旨，不断对产品进行优化和更新。新一代 3C3 HD 采用目前先进的电力电子及数字信号控制保护技术，具有更高效率、更小体积、更高性能、更便捷操作等特点，能在各个行业领域为用户提供高品质电源保障。

高层专访：

被采访人：余宝锋　山特市场营销总监

▶ 请您介绍企业 2023 年总体发展情况。企业取得了哪些显著成果？

2023 年是行业需求转型的一年，一方面是地产等部分行业需求继续下降，另外一方面是新能源、智能制造等需求的快速增长。依托于较好的产品储备和技术优势，2023 年山特抓住了增长的机遇，取得了较好的发展。比如在新能源行业，我们的不间断电源销售在 2022 年较高基数的前提下还取得了超过 50% 的增长，也得到了行业的认可，比如获得了能源研究机构颁发的年度优秀储能关键设备供应商及优秀建筑能源管理品牌等称号和奖项。我们也完成了多条产品线的产品升级，例如机房空调、机房微模块、3C3 系列不间断电源（UPS）等，这些升级结合了新的技术和应用，能更好地满足用户的需求。

▶ 请您介绍企业 2024 年的发展规划及未来展望。

2024 年将迎来山特成立 40 周年的日子。在产品上我们还是继续秉持深耕客户需求变化，利用在研发及制造上的优势满足更多细分市场的需求。在品牌上进一步深化"UPS，用山特"的品牌理念，同时会建立更丰富的品牌矩阵让更多用户能使用可靠的电源产品。运营上会将山特数字化的一些成果及经验赋能渠道，提升合作伙伴的效益。尽管未来市场可能还存在较多的不确定性，但通过这些确定性的举措，我们相信会得到市场的认可。

▶ 请问您认为市场环境会有怎样的变化趋势？企业如何适应或挑战这种变化？

整体来看能源市场的需求是持续增长的，但也伴随着行业内卷的现象。其实每个企业都是市场的组成部分，都是市场的参与者而不是旁观者；市场环境影响着企业的行为，企业的行为反过来构成了市场的环境。在这个过程中，企业的角度需要更主动，不能再从单一的产品思考客户的需求，而应该从系统上为客户提供方案。比如从产品上下游的设备综合考虑给客户带来更节能的应用，而不是单纯的低价格产品。再比如从选择、购买、安装、服务全流程给客户带去价值，而不是只强调购买这一个环节。我们相信企业可以通过自身的主动变革，给市场带来积极的影响和变化。

深圳市航嘉驰源电气股份有限公司

Huntkey 航嘉

地址： 广东省深圳市龙岗区坂田坂澜大道航嘉工业园
邮编： 518129
传真： 0755-89606333
网址： www.huntkey.com/cn
简介： 深圳市航嘉驰源电气股份有限公司（以下简称航嘉）成立于 1995 年，总部位于深圳，是国际电源制造商协会（PSMA）会员、中国电源学会（CPSS）副理事长单位、中国电动汽车充电技术与产业联盟会员单位。公司自主设计、研发、制造开关电源、计算机机箱、显示器、适配器等 IT

周边产品以及手机等移动电子产品充电器、旅行充等消费周边产品，智能插座、智能小家电、智能 LED 照明等智能家居产品，充电桩、新能源汽车车载电源（充电机、DC-DC 等）。

航嘉凭借自有技术和制造实力，长年服务于联想、华为、海尔、中兴、惠普、戴尔、BestBuy、OPPO、VIVO、大疆、海康、大华等企业，获得了客户的一致认可和充分信任，是电源行业极具实力的供应商。

企业目前有员工合计 3000 余人，其中研发人员 400 余人。2006 年荣获深圳市龙岗区"双爱双评活动先进单位"，2010 年荣获"国家级高新技术企业"，2018 年荣获"广东省绿色智能电源工程技术研究中心"称号，目前航嘉深圳园区正在建设 5G 网络能源研发、中试和智能制造基地。

深圳市禾望电气股份有限公司

地址：广东省深圳市南山区西丽街道官龙第二工业区
电话：400-8828-705
传真：0755-86114545
网址：www.hopewind.com
简介：深圳市禾望电气股份有限公司（股票代码 603063，以下简称禾望电气）于 2017 年在上海 A 股主板上市，是一家专注于新能源和电气传动产品研发、生产、销售和服务的国家高新技术企业。主营产品有风力发电产品、光伏发电产品、储能产品、制氢电源产品、电能质量产品、电气传动产品等。拥有完整的大功率电力电子装置及监控系统的自主开发及研发实力与测试平台。通过技术和服务上的创新，不断为客户创造价值，现已成为国内新能源领域最具竞争力的电气企业之一。

在新能源领域，禾望电气产品系列覆盖国内 750kW ~ 30MW 风电变流器、5kW ~ 3.125MW 光伏逆变器及 1.0 ~ 6.25MW 箱逆变一体机等主流机型。

在储能领域，提供 50kW ~ 3.45MW 储能变流器、5 ~ 12kW 户用光储逆变器、1 ~ 6.9MW PCS 升压一体机以及 EMS、离网控制器等设备，广泛应用于发电侧、电网侧、用户侧、微网等。

在氢能领域，提供 500kW ~ 20MW IGBT 制氢电源以及新能源制氢智慧管理系统等设备，可应用于并网型、离网型可再生能源制氢。

在电能质量领域，提供 30kvar ~ 140Mvar 的 SVG 产品，已广泛应用于区域电网、风电、光伏、石化、煤炭、钢铁、油田和轨道交通等多个领域和行业。

在电气传动领域，提供 0.75kW ~ 22.4MW 低压变频、8 ~ 136MVA 中压变频传动解决方案，可广泛应用于冶金、石油石化、矿山机械、港口起重、分布式能源发电、大型试验测试平台、海洋装备、纺织、化工、水泥、市政及其他各种工业应用场合。

主要产品介绍：

风电变流器、光伏逆变器、储能系统、静止无功发生器、变频器、制氢电源、电网模拟装置

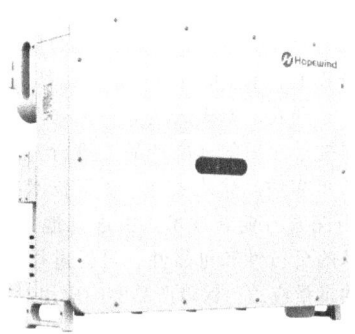

350kW 光伏逆变器

全球单机功率较大的组串式逆变器，45℃ 环温下不降额，40℃ 以下可超额实现 385kW；8 路 MPPT 设计，可接入 32 路组串；整机具备 IP66 防护等级，内置交直流防雷保护；支持高/低电压穿越；SCR 最低为 1.03。

高层专访：

被采访人：周党生　业务副总裁

▶ 请您介绍企业 2023 年总体发展情况。取得了哪些显著成果？

在风力发电领域，公司创新引领，始终站在技术发展的最前沿，为客户带来更优的产品与解决方案。今年成果颇多，如获得全球首张构网型变流器证书、漂浮式构网型海上风电场黑启动功能验证、电网模拟装置助力我国首个国家级海上风电研究与试验检测基地建设等。

在光伏发电领域，国内海外双管齐下，发布全球单机功率 350kW 的逆变器并实现了单体项目并网应用，同时在海外市场，相关产品取得了各种认证证书，并且在多个国家实现销售，公司是 2023 中国光伏逆变器上市企业 15 强（第 6 位）。

在储能领域，公司研发出了多款适销产品，获得了"2023 年度十大储能 PCS 企业""2023 中国储能系统企业 20 强"等荣誉。

在制氢领域，今年公司进入制氢行业布局，中标多个光伏制氢项目，为绿电制氢贡献力量。

在电气传动领域，内外兼"强"，传动变频器为冶金轧钢、石油石化、矿山机械、铁路基建、大功率试验测试平台等多个领域实现突破。其中"深地塔科 1 井"12000 米石油钻井项目是万米钻机国产化的重要里程碑，也是国内万米钻机首套国产化水冷变频器应用的首个先例，入选了"2023 年度国内十大科技新闻"。

▶ 请您介绍企业 2024 年的发展规划及未来展望。

禾望电气将进一步夯实创新机制，加大创新投入，不断丰富公司的技术平台和产品平台，围绕新能源发电和工业自动化等产业的纵深发展提供更丰富、更具竞争力的技术、产品和系统。

▶ 请问您认为市场环境会有怎样的变化趋势？企业如何适应或挑战这种变化？

目前我国的 IGBT 半导体功率器件正在逐步实现国产

化，随着国家的系列政策出台，以及中国 IGBT 企业技术研发相继取得成功的双轮驱动下，器件国产化替代将是行业未来发展的主旋律。

禾望电气积极参与电源设备国产化进程，2000 年便与国内知名整机商合作，打造出全国产化的风电变流器，国产化率达 99% 以上。禾望电气每一款产品都历经技术预研、产品预研、产品开发、型式试验等一系列开发过程，非标定制产品都在批量应用的标准产品上进行开发创新，以保证产品平台的可靠性。除此之外，在新技术的应用上，禾望电气也大胆探索行业新技术、引进其他行业先进技术，充分验证技术的可行性和可靠性，再经过样机的小批量验证，到产品的批量应用，保障产品实际应用时的可靠性。

▶ 与其他电源企业相比，禾望电气自身的核心竞争力或者创新点在哪里？

与行业的其他企业相比，禾望电气的创新特点主要在于前瞻性和复用性。前瞻性是指公司能够较好地预判和引领行业的发展趋势，提前攻克和研发适应未来系统，具备先进性的前沿技术和产品，比如禾望电气的中压变频器系列、模块化并联型变流器系列、高压级联产品平台等，很好地满足了产业未来发展的需要。复用性是指公司长期重点投入共性技术的研究、开发，形成了一系列先进、标准、通用的控制架构和公共构件模块，从源头上提升了创新的效率和质量，比如先进的并网控制技术已贯通于风电变流器、光伏逆变器和静止无功发生器（SVG）等领域，先进的电机控制技术已贯通于风电变流器和传动变频器等领域。

深圳市汇川技术股份有限公司

INOVANCE
汇川技术

地址：广东省深圳市龙华新区观澜街道高新技术产业园汇川技术总部大厦
邮编：518110
电话：0755-29799595
传真：0755-29619897
网址：www.inovance.com
简介：深圳市汇川技术股份有限公司（以下简称汇川技术）创立于 2003 年，聚焦工业领域的自动化、数字化、智能化，专注"信息层、控制层、驱动层、执行层、传感层"核心技术，专注于工业自动化控制产品的研发、生产和销售，定位服务于高端设备制造商，以拥有自主知识产权的工业自动化控制技术为基础，以快速为客户提供个性化的解决方案为主要经营模式，持续致力于以领先技术推进工业文明，快速为客户提供更智能、更精准、更前沿的综合产品及解决方案，是国内工业自动化控制领域的佼佼者和上市企业，入选"2022 胡润中国 500 强民营企业"，排名第 42 位。汇川技术拥有苏州、杭州、南京、上海、宁波、长春、香港等 30 余家分（子）公司，2022 年，汇川技术实现营业总收入 230.08 亿元，较上年同期增长 28.23%；实现营业利润 43.20 亿元，较上年同期增长 20.89%。研发投入 22.29 亿元，拥有员工 2 万余人，其中专门从事核心平台技术研究、应用技术研究和产品开发的研发人员达 4793 人。

主要产品介绍：

MD880 系列电池模拟器

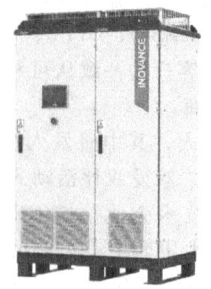

MD880 系列电池模拟器产品为中高端产品，一种具备电池模拟功能的高精度双向直流电源系统，不仅可分别精确控制输出直流电压和电流，还可以根据内置模型或客户自定义模型，来模拟电池组内阻和输出电压随 SoC、温度的变化而改变的情形，从而使客户无须配备真实电池组，便可以进行电控、电机、动力总成的各类实验。产品主要在测试台架和下线台架使用及用于 OEM 市场。

高层专访：

被采访人：张键明董秘办经理、周小磊 EBO 管理部总监

▶ 请您介绍企业 2023 年总体发展情况。取得了哪些显著成果？

2024 年 1 月 30 日，汇川技术披露业绩预报：2023 年，汇川技术营业收入预计 289.90~310.61 亿元，同比增长 26%~35%；归母净利润预计 45.79~49.67 亿元，同比增长 6%~15%。扣除非经常性损益后的归属于上市公司股东的净利润 39.31~42.36 亿元，同比增长 16%~25%。

公司凭借国产龙头品牌优势、多产品综合解决方案优势及深挖下游行业结构性增长机会，使得通用自动化业务收入同比实现较快增长；得益于新能源汽车渗透率持续上升，下游客户定点车型放量等因素，新能源汽车业务收入同比实现快速增长；受到房地产行业影响，智慧电梯业务收入同比略有增长。

▶ 请您介绍企业 2024 年的发展规划及未来展望。

目前公司面临的风险和应对措施有以下几个。

（1）经济波动带来的经营风险

公司作为智能制造领域的核心部件供应商，下游行业众多，分布广泛。这些行业与宏观经济、固定资产投资、出口等因素密切相关。此外，国际环境复杂多变等因素，都会导致宏观经济下滑、市场竞争加剧，从而影响公司相关产品的市场需求与业绩。

公司将持续提升产品与解决方案竞争力，坚持技术营销、行业营销和品牌营销，落实上顶下沉营销策略，扩大市场空间，提升市场份额，以应对经济下滑带来的经营风险。

（2）部分器件供货紧张及大宗材料价格上涨带来的采购风险与成本上涨的风险

近年来，由于智能汽车、智能家电等行业快速发展，导致芯片等关键物料的供需出现失衡，价格上涨。公司部

分物料回货难度加大，采购成本上升。另外，自2020年末以来，铜、稀土、硅钢、铝等大宗材料价格持续上涨，导致公司部分产品成本上涨。

公司将密切关注芯片等关键物料及大宗材料的供需情况，加强与战略供应商的合作，加大关键器件的储备与回货，寻求国产器件替代，并采用期货套期保值等措施降低采购与成本上涨的风险。

（3）新能源汽车市场竞争加剧，导致公司新能源汽车业务盈利水平下降的风险

虽然新能源汽车行业发展前景广阔，但因行业处于发展初期，产业格局尚未定型，市场竞争十分激烈，产品毛利率普遍偏低，企业盈利水平低下。若新能源汽车市场竞争进一步加剧，则会影响公司新能源汽车业务的经营质量与盈利水平。

公司将持续加大研发投入，提高精益管理能力，降本控费，以降低竞争加剧带来的盈利水平下降的风险。

（4）核心技术和人才不足导致公司竞争优势下降的风险

虽然公司在一些领域拥有核心技术，并在部分细分行业形成领先优势；但总体上看，公司在工业软件、控制层等核心技术上，仍然落后于国际主流品牌。随着公司技术创新的深入，技术创新在深度和广度上都将会更加困难。如果公司现有的盈利不能保证公司未来在技术研发方面的持续投入，不能吸引和培养更加优秀的技术人才，将会削弱公司的竞争力，从而影响进口替代经营策略的实施。

公司将持续加大研发投入，突破核心技术，并通过差异化的激励策略引进核心技术人才，以缩小公司在工业软件、控制层等核心技术方面与国际主流品牌厂商之间的差距。

（5）公司规模扩大带来的管理风险

近年来随着公司资产规模、人员规模、业务范围的不断扩大，公司面临的管理压力也越来越大。从新业务的经营模式到运营效率，都给公司管理提出了更高的要求。虽然近几年公司不断优化治理结构，实施管理变革，并且持续引进优秀管理人才，但随着经营规模扩大，仍然存在较大的管理风险。

公司会根据业务发展需要，持续推进管理变革，不断优化流程和组织架构，并积极引进高端管理人才，以满足公司高速发展过程中的管理需求。

▶您认为当前电源行业（或您所在细分行业领域）发展的有利因素和不利因素是什么？企业准备如何应对？

当前电源行业发展的有利因素是外资品牌垄断，不利因素是光伏等行业下滑严重、行业技术人才短缺等。汇川将通过持续加强能力建设，逐步构建平台能力的手段应对风险。

台达电子企业管理（上海）有限公司

地址：上海市浦东新区曹路镇民雨路182号
邮编：201209
电话：021-68723988
传真：021-68723996
邮箱：news.cn@deltaww.com
网址：www.delta-china.com.cn

简介：台达集团（以下简称台达）由郑崇华先生创立于1971年，为全球提供电源管理与散热解决方案。面对日益严重的气候变化，台达长期关注环境议题，秉持"环保 节能 爱地球"的经营使命，持续开发创新节能产品及解决方案，不断戮力提升产品的能源转换效率，以减轻全球暖化对人类生存的冲击。近年来，台达已逐步从关键零组件制造商迈入整体节能解决方案提供者，深耕"电源及元器件""交通""自动化"与"基础设施"四大事业范畴。

台达总部位于台北，致力于创新研发，每年投入集团营业额超过8%作为研发费用，网点遍布全球，包括中国、日本、新加坡、泰国、美国及欧洲等地。秉持对环境保护的承诺，台达不断提高电源产品能源转换效率，以期能为人类守护一个可持续发展的环境。

自2011年起，台达连续13年入选道琼斯可持续发展指数（Dow Jones Sustainability Indices）的"世界指数"；并三度荣获CDP全球环境信息研究中心年度评比"气候变化"与"水安全管理"双"A"评级，连续6年荣获供应链参与领导者；连续9年获得社科院《企业社会责任蓝皮书》外企10强；于2024年荣膺中国工业碳达峰"领跑者"企业等殊荣。

面对全球暖化与气候变化的危机，台达将持续投入产品研发与技术创新，提供高效且可靠的节能整合方案与服务，为人类生存与可持续发展尽自己的力量。

主要产品介绍：

服务器电源

台达提供从入门级服务器所需的300W电源，到高达数千瓦、针对特大型复合处理系统的电源，积极开发符合SSI法规的服务器用电源产品。对于中端和高端应用的高可靠度需求，台达提供了一系列的冗余电源产品。AC-DC领域，台达也开发拥有自身先进DC-DC变流器的分布式电源，满足多样化配置。

高层专访：

被采访人：周志宏　台达首席可持续发展官暨发言人

▶请您介绍企业2023年总体发展情况。取得了哪些显著成果？

台达2023年整体发展平稳，全球营收与2022年基本持平。台达也正在大幅深化在大陆的投资和规模，截至目

前，台达在中国大陆有四大生产基地，47 个运营网点，近 4 万名员工，为客户提供电源管理及散热解决方案。

近年来，顺应当前经济发展趋势，台达持续加强产业布局，增购杭州、武汉办公楼，扩展新的电力电子技术和产品领域实验室并招贤纳士吸引人才，强化台达研发能力；投资 5000 万美元扩建郴州厂区，增产新能源汽车磁性组件；并于 2023 年 12 月在重庆开工建设台达首座西部生产基地，将其打造成包括电源、风扇、通信及汽车电子等相关领域产品的智能化生产基地，这也将成为台达在中国大陆的第五个生产基地。

台达由电起家，并从元器件供货商成功转型为系统整合方案的提供者，50 多年来已成为全球知名的工业品牌。近几年，台达更逐步扩展至商业应用领域，以电力电子核心技术发展电动车车载电力控制、动力系统以及充电设备；同时，以物联网科技发展智能健康建筑及能源基础设施的解决方案，助力打造以人为本、可持续发展的智慧城市。面对不断增加的数字服务对信息通信设备和数据中心产生强烈需求，台达作为知名的通信电源供货商，将伴随 5G 的趋势，提供绿色机房及节能解决方案。台达期盼以半个世纪积累的能源效率专精技术，与各领域合作伙伴携手迎向下一个 50 年。

▶ 请您介绍企业 2024 年的发展规划及未来展望。

随着业务规模持续增长，台达将调整事业范畴为：电源及元器件（Power Electronics）、交通（Mobility）、自动化（Automation）及基础设施（Infrastructure）四大类别。台达将持续投入创新研发，继续深耕电气化交通、新能源、5G 与数据中心、智能制造等国家重点发展领域；为智能建筑、智能家居及智慧城市等领域，推出更多创新应用，以期提供人们所需的服务，打造健康幸福的生活环境。在国家碳达峰碳中和的目标下，相信台达在可再生能源解决方案、能源互联网等领域将大有可为。

▶ 请问您认为市场环境会有怎样的变化趋势？企业如何适应或挑战这种变化？

近年来，全球自然灾害和极端天气频发，与气候变暖关联密切，而碳排放加剧了自然环境的恶化，为了积极应对不断恶化的自然环境，中国提出了"双碳"目标。企业作为落实和实现"双碳"目标的关键主体，正面临着减碳转型带来的新机遇和新挑战。

台达始终以"环保 节能 爱地球"为经营使命，这也是企业可持续发展的战略核心。台达长期致力于发展节能产品、绿色智能制造、能源基础设施、智能楼宇及视讯等解决方案，将企业运营与 ESG（环境、社会、治理）紧密结合，以具体行动应对气候变化带来的严峻挑战，经营策略与减碳路径一致。在"双碳"目标指引下，台达未来将继续以"节能"为核心，着力发展各项绿色低碳的解决方案，为工厂、楼宇、能源基础设施的低碳转型助力。

台达将驰而不息，把握双循环机遇，拓建厂区，增购新设备，以满足未来产能需求，为带动当地就业、加快制造业转型升级、推进经济高质量发展贡献力量。此外，台达于 2024 年 1 月 18 日宣布，与燃料电池发电及水电解制氢技术的英国头部上市公司 Ceres Power Holdings PLC 的子公司 Ceres Power Limited 签订约 4300 万英镑的氢能源电池堆技术移转及授权合约，开启长期合作，结合台达全球出色的电力电子、控制、散热等关键技术，台达将开发完整的固体氧化物燃料电池系统（Solid Oxide Fuel Cell，SOFC）及固体氧化物水电解制氢系统（Solid Oxide Electrolysis Cell，SOEC），预计于 2026 年底开始生产，针对全球的微电网发电、化工、制氨、能源、交通载具、钢铁等相关产业提供高效率燃料电池及水电解制氢解决方案。

台达积极接轨国际可持续发展倡议，早在 2017 年台达即制定了科学减碳目标（SBT），至 2021 年碳密集度较 2014 年下降了 71%，提前 4 年达成原制定的 2025 年碳密集度下降 56.6% 的目标。台达在 2021 年承诺 2030 年全球所有网点达成 100% 使用可再生电力及碳中和。同时呼应全球控制升温 1.5℃ 的减排路径，台达制定 2050 年全球网点达成净零排放（Net Zero）的长期策略与目标，成为亚洲高科技硬设备产业首家、全球第 125 家通过 SBTi 净零科学减碳目标审查的企业。通过自主节能、自建及投资可再生能源发电站、购买绿色电力及凭证等发展策略，至 2023 年底台达在中国大陆运营网点整体可再生电力使用比例已达 90%，绿色发展成果显著。台达的减碳成绩受各界肯定，荣膺中国工业碳达峰"领跑者"企业称号。

台达不但在内部落实节能减碳，更逐步强化供应商 ESG 管理，助力产业可持续发展，已连续 6 年获评 CDP（全球环境信息研究中心）供应链参与领导者。台达在供应商行为准则中增加制定气候变化专章，并提供供应商温室气体盘查教育训练，带领不同规模的厂商展开碳盘查，要求通过 ISO 14064-1 温室气体盘查标准。针对长期合作的供应商，实施供应链可持续合作计划，进行节能产品需求访谈，协助供应商进行节能诊断及改善工程规划，推动供应链践行绿色发展。为有效降低供应商因干旱发生断链的风险，台达也挑出近 600 家重要供应商为干旱风险评估对象，将评估结果纳入决策依据。

此外，台达作为中国电子工业标准化技术协会社会责任工作委员会单位，近年来参与发起电子信息行业绿色低碳创新倡议、工业和信息化企业可持续发展倡议，积极支持包括产业链供应链安全稳定、碳达峰碳中和、环境社会治理（ESG）、企业合规经营、体制改革、绿色供应链等重点领域的专题论坛，期待与各利益相关方携手共创产业低碳未来。

阳光电源股份有限公司

SUNGROW

地址：安徽省合肥市高新技术产业开发区习友路 1699 号
邮编：230088
电话：0551-65327878
传真：0551-65327877
邮箱：sales@sungrowpower.com
网址：www.sungrowpower.com
简介：阳光电源股份有限公司（股票代码：300274，以下简称阳光电源）是一家专注于太阳能、风能、储能、氢能、电动汽车等新能源电源设备的研发、生产、销售和服务的国家重点高新技术企业，主要产品有光伏逆变器、风电变流器、储能系统、水面光伏系统、新能源汽车驱动系统、充电设备、可再生能源制氢系统、智慧能源运维服务等，并致力于提供全球一流的清洁能源全生命周期解决方案。

自1997年成立以来，公司始终专注于新能源发电领域，坚持以市场需求为导向、以技术创新作为企业发展的动力源，培育了一支研发经验丰富、自主创新能力较强的专业研发队伍；先后承担了20余项国家重大科技计划项目，主持起草了多项国家标准，是行业内为数极少的掌握多项自主核心技术的企业之一。

公司核心产品光伏逆变器先后通过TÜV、CSA、SGS等多家国际权威认证机构的认证与测试，已批量销往全球170个国家和地区。截至2023年6月，公司在全球市场已累计实现逆变设备装机超405GW。

公司先后荣获"中国工业大奖""国家级制造业单项冠军示范企业""福布斯中国创新力企业50强""国家知识产权示范企业""全球新能源企业500强""亚洲最佳企业雇主"等荣誉，拥有国家级博士后科研工作站、国家高新技术产业化示范基地、国家企业技术中心、国家级工业设计中心、国家级绿色工厂，综合实力位居全球新能源发电行业第一方阵。

未来，阳光电源将秉承"让人人享用清洁电力"的使命，立足新能源装备业务，加快清洁能源系统集成及投资建设业务发展，创新拓展清洁电力转换技术领域新业务，不断贴近客户需求，积极参与全球竞争，努力将公司打造成为值得信赖的全球一流企业。

主要产品介绍：

PowerTitan2.0 液冷储能系统

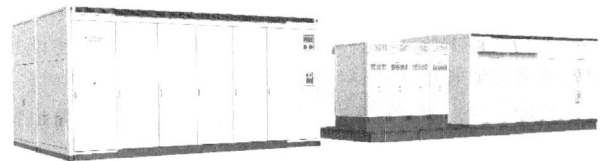

PowerTitan2.0是行业首个10MWh交直流一体全液冷储能系统。阳光电源全栈自研，秉持"三电融合 智储一体"理念，采用PCS嵌入式革新设计，实现交直流一体化，提高转换效率；采用314Ah电芯、大Pack设计，实现20尺柜容量高达5MWh，推动系统"瘦身增肌"。此外，还搭载第二代智能液冷温控系统、AI技术、干细胞电网技术等，重新定义大型储能。

高层专访：

被采访人：顾亦磊 阳光电源股份有限公司副董事长兼光储集团总裁

▶ 请您介绍企业2023年总体发展情况，取得了哪些显著成果？

2023年，阳光电源的光伏逆变器、风电变流器、储能系统、新能源电站集成等业务均已跻身国际第一梯队，其中光伏逆变器市场占有率连续多年全球领先。2023年公司营业收入超710亿元，同比增长近80%，利税135亿元，同比增长近160%，进出口额超40亿美元，同比增长近80%。

▶ 请您介绍企业2024年的发展规划及未来展望。

阳光电源连续27年持续深耕清洁电力转换领域，在技术、产品、品牌和营销方面构建了全方位核心竞争力。技术方面，累计申请专利7700余件，获"全球人才吸引力雇主"、福布斯"最佳ESG实践雇主"，阳光商研院荣膺最佳人力资源管理"极帜奖"。产品方面，我们持续引领行业技术，最新研发的直流2000V高压逆变器并网，是全球首套并网的2000V光伏系统，发布行业首份《干细胞电网技术白皮书》，推出全球首个10MWh全液冷储能系统。品牌方面，我们持续塑造值得信赖、负责任的全球品牌形象，致力于提供全球一流的清洁能源全生命周期解决方案。营销方面，全球营销中心正式揭幕，阳光电源全球营、销、服能力走向新的阶段，产品已批量销往全球170多个国家和地区。

▶ 请问您认为市场环境会有怎样的变化趋势？企业如何适应或挑战这种变化？

阳光电源将牢牢把握全球绿色能源市场发展机遇，深耕全球市场，聚焦清洁能源领域，加大先进储能、新能源汽车电控及充电桩设备、水面光伏系统、可再生能源制氢等新兴产业关键技术的科研攻关力度，持续创新研发投入，深度发挥光风储电氢协同创新优势，持续提升企业的科技创新能力，为行业技术进步贡献阳光力量。

▶ 您认为当前电源行业（或您所在细分行业领域）发展的有利因素和不利因素是什么？企业准备如何应对？

有利因素：

1）成本大幅下降，单看市场需求增长是有些乏力，但是由于成本快速下降和迭代，成本降低使得更多新项目可以释放，成本下降刺激市场扩大。

2）随着"双碳"目标的推进，各国加大可再生能源替代的任务，储能低成本放量与光伏相互促进。

3）产业扩张加速推进，主要龙头企业持续扩产，多地将光储产业列为未来发展的重点，加大了招商引资力度，扩产在政策拉动下不断推进。

不利因素：

1）储能建而不用的问题，储能技术雷同、产品同质化严重，质量和品质参差不齐，储能行业面临很大的安全风险。

2）光伏行业警惕产能过度布局问题。储能方面的供给能力高速提升问题同样要引起高度重视。

应对方式：

在储能大发展环境下，阳光电源秉持"三电融合 智储一体"的理念，推出高安全、高可靠、高性能储能价值三角，立足市场和行业发展需求，不断加强技术研发创新，持续向市场输出更安全、高效、可靠的储能系统产品，助力储能行业高质量发展。

阳光电源提出4点：

首先要重视创新。企业需要继续加大科技创新力度，推动技术进步和产业升级，进一步提升光伏与储能产品的竞争力。

其次要推动绿色发展。企业应加大对绿色制造、绿色产品设计、资源回收利用、电池梯次利用等方面的投入，推动行业绿色发展，推动行业内企业提升 ESG 治理水平。

再者要探索数字化、智能化。在光伏与储能产业中，企业可探索智能化制造和运维等方面的发展，提高生产效率和产品质量，实现光伏和储能系统的实时监控和远程管理，提高系统的安全性和稳定性。

最后要重视国际化发展。全球化不断深入，光伏与储能企业需要加强国际合作，通过海外投资、技术输出等方式，拓展海外市场。

伊顿电源（上海）有限公司

E·T·N
Powering Business Worldwide

地址： 上海市长宁区临虹路 280 弄 3 号
电话： 021-52000099
传真： 021-52000300
网址： www.eaton.com.cn
简介： 伊顿电源（上海）有限公司隶属于伊顿公司电气集团电能质量业务部，是伊顿电能质量业务部在中国建立的全资子公司。公司成立于 2002 年，注册资金 10000 万人民币。主要业务为区域内的电气设备及配件和备件、电源产品、DC 整流器、锂电池及储能产品及其他相关电源产品、零部件为主的仓储、分拨业务；以及区域内的商业性加工、相关技术服务和咨询；国际贸易、转口贸易、进出口及其他相关配套业务，提供电气工程领域解决方案的设计与咨询；机房整体解决方案设计；不间断电源设计、基于用户侧的储能产品的开发及销售等活动。

主要产品介绍：
Eaton 93PR UPS

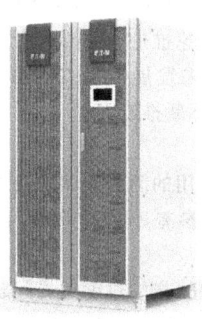

Eaton 93PR UPS 是伊顿设计的面向全球客户的具备支持锂电系统的高性能、高效、高可靠的大功率 UPS 产品。该产品设计创新地采用了多种新型电子的器件和伊顿专利技术，使得系统的双变换效率达到 97.3% 以上。且系统设计标配支持锂电储能系统，设备具备智能电力调配功能，可配合锂电池系统实现电力系统的削峰填谷，使用户应用绿色能源的同时提高用电效率。

高层专访：
被采访人： 李海平　总经理

▶ 请您介绍企业 2023 年总体发展情况。取得了哪些显著成果？

由于众所周知的宏观经济因素的影响，2023 年整体电源市场也受到一定程度影响，特别是数据中心行业，我国数据中心产业正在由快速成长期向成熟期过渡，第三方 IDC 企业的总资产增速逐渐回落，作为第三方 IDC 是公司的重点行业，受此影响，公司在前三季度增速放缓，但在第四季度公司持续发力，在第三方 IDC 项目上持续获得多个千万级的大单，从而实现全年的增长目标。从产品上看，我们在 93PR UPS 实现了业绩的突破；我们的电力模块——伊顿 Power-Cube，以可靠、高效的不间断电源为核心，全伊顿自有品牌供配电一站式集成，在多个重点客户的重要项目中部署，获得客户认可；伊顿储能系统，包括伊顿 93PCS 储能变流器、93Li 智能锂电池系统、xStorage 集装箱储能系统等储能解决方案也顺利上市，通过软件定义可以为客户构建"源网荷储"一体化平台，让绿色电力深度参与智能电网调节。

▶ 请您介绍企业 2024 年的发展规划及未来展望。

应对全球能源安全、环境污染和气候变化的挑战，电网正在进入以"分布式能源+互联网"为特征的低碳时代，未来电网结构将会像计算机网络产业的发展路线一样，向能源互联网方向发展。积极发展能源互联网，是应对下一次能源革命的主要策略之一。为此，伊顿提出"能源路由器"——面向未来能源互联网的供电结构，我们期望携手数据中心的千千万万的客户，共建能源路由器生态系统，共同推进绿色数据中心产业的发展。

▶ 您认为当前电源行业（或您所在细分行业领域）发展的有利因素和不利因素是什么？企业准备如何应对？

数据中心行业市场是当前电源行业的一个重要市场，从某种意义上讲数据中心的发展是电源行业发展的一个重要的风向标，也是我们伊顿业务的重点市场。近年来，随着人工智能技术的突破，AI 智算中心推动数据中心建设的又一轮强势增长生成式 AI 将如何影响数据中心市场增长。人工智能一代应用将在未来 5~10 年内大幅增长，并增加我们的市场机会，预计从现在到 2027 年，人工智能数据中心部署将以 90%~100% 的复合年增长率增长，到 2027 年将占我们大型数据中心部署的 25%~30%。人工智能密集型数据中心的设计可能与前几代有所不同，AI 智算中心建设对于电力系统要求在电力系统高能量密度和系统一体化、提高电力系统的效率和对绿色能源的有效利用提出了新的需求，电力系统的工厂预制生产调试、快速交付、高密省地、安全高效等供配电特性都将会是企业在新供电方案设计时所重点考虑的内容。

中兴通讯股份有限公司

ZTE中兴

地址： 广东省深圳市南山区西丽留仙大道中兴通讯工业园
邮编： 518055
电话： 0755-26770000

传真：0755-26770000
网址：www.zte.com.cn

简介：中兴通讯股份有限公司（以下简称中兴通讯）已成为通信能源全球市场最为成功的中国企业和具有全球服务能力的综合网络能源解决方案提供商。中兴通讯数字能源产品经营部有两大主营业务：通信能源及数据中心能源。

作为5G供电方案引领者、行业智能供电创新者，中兴通讯规模部署5G电源和极简站点方案，截至目前，已服务于全球160多个国家和地区的386家电信运营商，累计发货超过200万套通信电源产品，为全球72万个5G基站提供供电保障；推出sPV太阳能供电解决方案，实现通信站点全场景平滑叠光，推动运营商网络向低碳化、智能化发展。发布"零碳"能源网解决方案V3.0，聚焦极简站点、绿色机房、绿色园区、能源云管理等方面，从单一的关注网络能耗转向进一步关注绿电应用、网络能效和智能运维，助力ICT行业能源基础设施的数智变革。公司近年来持续深耕通信储能方向，支持储备一体化和多种储能形式低碳用能，是通信储能领域领先供应商，锂电年发货量增速保持在50%以上。截至2023年底，中兴通讯锂电池在全球市场发货58万套，是通信储能领域TOP供应商。探索端到端系统方案，从设备销售向设备+工程+服务经营拓展，目前已经在南非、埃塞俄比亚等市场落地，逐渐向网络能源运营方向演进。携手德国O2，深度推进碳中和的合作。

数据中心方面，中兴通讯全面深入东数西算、智算中心、通智融合综合方案研究，从绿色高效、快速易构、智慧管理、安全可靠4个方面建设高可用数据中心。推出30kW HVDC、全域冷板式液冷、大功率间接蒸发空调等创新产品，PUE可低至1.1。深耕国内市场，突破东数西算宁夏、甘肃、内蒙古等多个节点；打造滨江智算中心样板点。海外聚焦重点国家，积极打造粮仓市场：独家承建印尼中电信数据中心项目，同时突破本土DCI数据中心运营商，实现了规模化经营；突破埃塞俄比亚、阿尔及利亚、利比亚等国家市场。

截至2023年底，中兴通讯数据中心产品在全球已拥有超过400个项目案例，部署超过28万个机架，机房面积超过250万m^2，获得国内外行业奖项超过60个。

主要产品介绍：

−48V直流电源系列

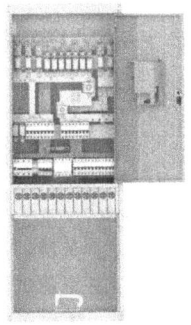

中兴通讯提供全系列的−48V电源系统，容量从600W~240kW，结构形式包括组合式、嵌入式、壁挂式、分立式等，满足各种容量及各种场景对直流电源的需求。

中兴通讯提供的直流电源系统具备高可靠性、高效率、高功率密度的特点。产品经过严格的实验室检验和长期的市场应用，近30年持续不间断的产品研发投入和市场应用，确保了产品的可靠性。

高层专访：

被采访人：刘明明　中兴通讯副总裁、通信能源产品总经理

▶请您介绍企业2023年总体发展情况。取得了哪些显著成果？

中兴通讯数字能源产品重点聚焦通信能源和数据中心能源行业。2023年中兴通讯准确把握行业发展脉搏，在运营商5G网络供电、算力基座的数据中心建造，以及助力运营商实现碳中和的能源解决方案上，进行了充分的研发和实践。2023年通信电源保持国内在各大运营商和铁塔的领先地位，新增电源市场格局稳步提升；极简站点供电改造实现多个省份的规模运作，老旧电源改造项目也在多个省份落地；智能锂电国内市场持续发力与深耕，实现集采外运营商市场拓展，市场份额不断提升；锂电海外客户包括多个大运营商及塔商。国际市场高效5G电源持续增长：渠道销售实现突破，在多个国家实现批量部署。

▶请您介绍企业2024年的发展规划及未来展望。

中兴通讯能源产品的独特优势主要有：

1）高研发的持续投入保持行业的技术领先；在智能光伏-绿色发电、智能变换-高效转电、智能锂电-高效储电、智能配电-精准供电、智能温控-极低耗电等关键技术，以及极简站点、绿色机房、预制全模块数据中心、能源云管理等综合方案和产品领域保持不断的技术创新和积累，成就企业核心竞争力；

2）全球化市场与服务，持续努力下建立的品牌优势：已为全球160多个国家和地区的386家运营商提供优质的能源产品及服务。

▶请问您认为市场环境会有怎样的变化趋势？企业如何适应或挑战这种变化？

作为筑路数字经济的中坚力量和全社会绿色发展的主力干将，信息通信行业如何绿色低碳发展，为全社会降碳赋能？

中兴通讯的回应是，打造极简站点、绿色机房，实现能源云化管理，以"零碳"能源网引领网络能源基础设施数智变革，铺就数字经济林荫路。

电力是信息通信业的主要能源消耗，占行业能源消耗总量的90%以上。传统网络能源技术和建设模式已经无法满足运营商低碳网络和可持续发展的需求。中兴通讯推出"零碳"能源网解决方案V3.0，这一创新方案通过系列化的产品和技术，实现了绿色发电、高效转电、智能储电、精准用电以及智能运维等环节的创新，从而为通信站点供电全链端到端的节能减排和提效降费做出贡献，助力运营商网络的绿色低碳演进。

▶您认为当前电源行业（或您所在细分行业领域）发展的有利因素和不利因素是什么？企业准备如何应对？

伴随5G的规模商用、ChatGPT掀起AIGC热潮，能源消耗和碳排放已成为ICT行业发展不得不正面应对的严峻

挑战。在此背景下，中兴通讯提出"零碳"能源网解决方案，深耕全场景光伏、高效变换、智能锂电、精准用电、极致温控等关键技术，聚焦极简站点、绿色机房、能源云管理解决方案，从单一的关注网络能耗转向进一步关注绿电应用、网络能效和智能运维，大力推进ICT行业能源基础设施的四化发展，即智能光伏多样化、智能锂电全网化、5G供电极简化、全网运维智能化。

智能光伏多样化，将光伏与储能、能源云管理和AI相结合，为站点、机房提供绿电引入，实现全场景平滑叠光。智能光伏多样化解决方案尤其适用于能源匮乏和市电接入落后的地区，能够在稳定供电的同时优化供电成本、提升运维效率，加速全网最大化应用绿色能源。

为确保业务的稳定可靠，5G网络储能是网络供电系统中至关重要的一环。当前，通信行业大部分锂电池厂家提供的是普通锂电，主要由简单的BMS（电池管理系统）和电芯封装组成，智能化水平有限，不能满足5G网络快速部署、平滑扩容、精细化管理等方面的需求。而智能锂电全网化，也就是实现普通锂电的智能化升级，推进全网储能向智能锂电转变，能够充分挖掘储能全生命周期的价值，满足5G网络全场景应用的新需求，提升5G网络供电综合智能化水平。

5G供电正朝着极简化演进，更加绿色、更加智能，这意味着什么？能耗实际上一方面来自基站自身用电，另一方面就是制冷。比如，在50℃的情况下也要保证稳定可靠供电。把制冷做成极简站点之后，可以实现完全的自散热，不需要额外的制冷，所以能耗可以进一步降低。为了节省能量，采用极简站点模式建站，大的机房变成一个个小柜子，柜子进一步简化为杆上的一个设备，再到全Pad化的演进，站点能效可提升97%，能够帮助客户进一步节省网

络建设的CAPEX和OPEX。

通过统一能源云管理平台iEnergy，以全网可视、告警管理、能效管理、运营管理、维护管理、安全管理等业务为导向，实现从设备、站点到机房的一体化管理，实现全网运维智能化。iEnergy利用数字化、AI、云技术及机器人等技术，可实现全网的智能化运维，远程巡检、预防性维护、减少故障和人工上站，有利于提升运维效率。

通信能源领域整体的发展趋势，还是围绕高效、高密、绿色、智能演进。通信电源重点是在高效、高密的技术发展路线，中兴通讯规划了全系列的高密电源，采用新材料、新架构大幅提升了电源系统的功率密度。随着5G网络的大规模部署，在实现"双碳"目标的大背景下，站点能源提升绿色能源占比是必然的趋势。

中兴通讯推出sPV叠光方案，能够做到智能化多能源协同，可实现单块太阳能组件最大功率点跟踪，各组件独立发电，有效降低单个组件阴影遮挡/损坏带来整体发电量损失的风险。站点储能需要满足大容量、分批投资、安全应用等关键需求，规划更大容量的智能钠离子电池方案，具有大容量、更低成本、更安全的特性。而能源管理的技术发展趋势主要是数字化和智能化，中兴通讯构建的可管、可控、可运营的端到端能源运营管理系统，能够在运营、运维、能效等多个方面带来提升。

"零碳"能源网的愿景不仅仅以低碳、零碳作为目标，同时，更加注重运营商经营过程的经济效益，以绿色节能、综合提效为主要手段，助力运营商实现快速、低CAPEX建设网络和低OPEX运行、维护、管理网络。融合5G、物联网、云计算、AI等多项新技术的"零碳"能源网，正在引领传统网络能源基础设施的数智变革。

常务理事单位

安徽中科海奥电气股份有限公司

地址：安徽省合肥市蜀山区高新区习友路2666号创新院4楼
邮编：230000
电话：0551-65379402
传真：0551-65379402-801
邮箱：sales@hiau-et.com
网址：www.cashiau.com
简介：安徽中科海奥电气股份有限公司（以下简称中科海奥）是中科院技术创新工程院成员单位、国家高新技术企业，总部位于合肥国家高新技术开发区。

立足合肥综合性国家科学中心，中科海奥始终秉承"创新、合作、贡献"的核心价值观，以中科院国家大科学工程"人造太阳"为依托，以核聚变堆高压、强流、快控电源系统技术为基础，专注于高功率、物联网和人工智能领域研究开发及科技成果转化。中科海奥科创中心建立协同创新机制，打通技术链、应用链和智造链。"科技奉献蔚蓝天"，公司致力于高新科技，服务低碳经济，以人工智能带领能源互联网。

安泰科技股份有限公司非晶制品分公司

地址：北京市海淀区永丰基地永澄北路10号B区
邮编：100094
电话：010-58712641
传真：010-58712642
邮箱：nano@atmcn.com
网址：www.atmcn.com/fjjssyb
简介：非晶制品分公司隶属于安泰科技股份有限公司，主要产品为纳米晶带材、铁心制品及磁性器件，从原材料到器件一站化生产，产品类别、品种多，可满足客户多元化需求。分公司产品被广泛应用于电动汽车、高频驱动、电力电气、工业电源、新能源、消费电子、轨道交通等领域，

为客户提供先进的节能材料及解决方案。分公司现有员工300余人，产品开发科研人员、自动化装备人员占比大，为公司长远发展打下了坚实基础。

分公司历经40多年发展由科研开发到实现大规模稳定化高质量批量化生产：1975非晶合金材料的基础研究及工艺试验设备开发；1986百吨级中试线；1998年成立非晶制品分公司；1999年在河北涿州基地建成千吨级非晶带材线；2003年在北京永丰基地建成年产500吨高精度纳米晶薄带生产线；2010年在河北涿州基地建成年产4万吨非晶带材生产线；2012年在北京永丰基地开始年产3000吨高精度纳米晶带材生产厂建设。

分公司从事非晶/纳米晶金属材料及制品的产业化和研究开发。分公司依托于国家非晶微晶合金工程技术研究中心（国家科委1995年12月批准建立的国家级非晶中心），是国内非晶、纳米晶软磁材料研发先驱。国家非晶微晶合金工程技术研究中心拥有专业全面、结构合理的研发团队，立足于自主研发，突破非晶纳米晶材料制备核心技术，共取得50余项科技成果，荣获国家科技进步二等奖2项，授权专利51项，注册商标有Antainano®、Antaico®、Antaimo®、NANOWPT®、MAGIELD®。

分公司2006年获得ISO 9001：2015、ISO 14001：2015、GB/T 28001—2011质量体系认证，2013年滤波器产品通过TÜV认证，2015年通过ISO/TS 16949：2009，2018年IATF 16949：2016汽车产品体系认证，2019年共模电感通过IATF 16949：2016汽车产品体系认证。分公司体系完善，不断进步，为稳定高质量产品做足了准备。

分公司在电动汽车、消费电子方面也有突出贡献。纳米晶共模电感铁心及器件由于高阻抗、抗振性好的优点，被作为EMC元件应用到电动汽车上，为国内外知名电动汽车品牌供应非晶纳米晶零部件产品；用纳米晶宽带制备的无线充电用导磁片由于厚度薄、磁导率高的优点有效地应用在手机无线充电模块，大批量供应到小米、华为、三星等多个品牌和型号中。

主要产品介绍：

纳米晶超薄带材，汽车共模电感产品

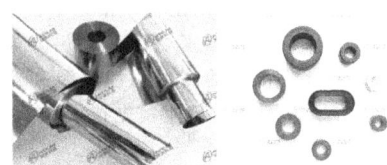

安泰科技非晶制品分公司针对电动汽车市场提前布局研制纳米晶超薄带和高端纳米晶共模电感产品，高阻抗优势更加明显；严格按照汽车IATF 16949汽车产品体系认证全流程执行，全自动化生产线完全保证了产品的一致性和高可靠性，目前已经给全球90%以上的电动汽车生产企业及其一级供应商供应纳米晶共模电感产品，并形成了战略合作开发。

高层专访：

被采访人：刘天成　安泰科技股份有限公司非晶制品分公司总经理

▶请您介绍企业2023年总体发展情况。取得了哪些显著成果？

2023年，分公司以创新驱动引领市场，扎实推进精细化管理，在新产品迭代、研发平台完善、新客户开发、自动化提升、生产质量管控、与客户战略合作等方面都取得了很好的成绩，公司实现了放量生产向高质量发展；纳米晶材料开发及终端市场不断做强，中间制备过程不断做精，自动化水平大幅提升，与客户的战略合作不断加深，终端客户的国内外龙头企业在公司的客户群中占比越来越多，总体按照公司既定战略规划路线向好发展。

公司的核心竞争力是高端纳米晶材料的高精度制备技术，是国内外产量较大的纳米晶材料生产企业，也是国内较早开发非晶纳米晶材料和产业化的企业，具有国家非晶微晶合金工程技术研究中心，具有深厚的非晶和纳米晶材料开发基础和完整的研发队伍，材料制造和热处理装备完全自主开发设计，目前公司围绕高端纳米晶材料制备技术不断提升公司核心竞争力，发展高端器件产品，为客户量身定制材料、铁心和器件，与大客户形成战略合作，解决了很多终端电源企业的材料瓶颈问题，逐渐从单一材料供应商向提供综合解决方案的战略供应商方向发展。

▶请您介绍企业2024年的发展规划及未来展望。

2024年将继续服务好我们的重点客户，狠抓质量管控和产品生产自动化水平提升，紧紧围绕新能源汽车和5G市场，尤其是当前提出的"新基建"的几个大方向，我们力争可以在新基建的浪潮中，做好材料供应和解决方案，服务好客户，持续提升产品质量，目前越来越多的企业重视国内材料生产供应商，解决了材料就是解决了终端客户的"卡脖子"问题，期望能更多地参与新基建，更好地服务终端客户。

▶请问您认为市场环境会有怎样的变化趋势？企业如何适应或挑战这种变化？

电源行业逐步向高频化发展，结合SiC/GaN半导体器件的发展，未来的市场发展趋势显而易见，高频化和小型化的发展方向，以及高端高效电源是未来发展的重点。节能环保是全球认知的可持续发展要求，因此，对于电源行业的发展需求，必定是技术上解决低损耗和高效率的难题。新型电源得益于半导体开关管的迅猛发展，实现高频化和大功率的设计。因此，对于配套电源行业的非晶纳米晶材料，必然要以此为目标，具备高频、大功率、低损耗电源所需求的特性指标，这恰恰是非晶纳米晶材料的制备工艺得天独厚的优势所在。因此，安泰科技开发的超薄（12～14μm）非晶纳米晶材料，得到了电源行业的充分认可，为企业发展带来更多的发展机遇，充分验证了安泰科技在非晶纳米晶行业的前沿技术研发的先进性和创新性，为后续开发更好的非晶纳米晶材料奠定了基础。

北京动力源科技股份有限公司

地址：北京市丰台区科技园区星火路8号

电话：010-83682266

传真：010-83682266
网址：www.dpc.com.cn

简介：北京动力源科技股份有限公司（以下简称动力源）成立于1995年，总部坐落在北京中关村科技园丰台园区。作为中国电源行业首家上市企业，于2004年在上海证券交易所主板上市。多年来一直致力于电力电子及信息技术相关产品在绿色能源、智慧能源领域的研发和应用。为保证产品的成本最优、性能稳定、质量可靠，落实"全面优秀"的基本战略，动力源投入大量的人力、物力、财力、智能化设备和先进技术构建研发、测试、生产及供应链等平台能力，形成了动力源的核心竞争优势。

动力源在数据通信、智慧能源、新能源汽车等领域拥有良好的口碑和市场。旗下拥有北京迪赛奇正科技有限公司、香港动力源国际有限公司、安徽动力源科技有限公司等十家全资子公司。凭借自身产品实力，成为中国铁塔、中国移动、中国联通、中国电信、阿里巴巴、百度、腾讯等国际知名企业的设备主流供应商。所研发的产品广泛应用于国家重点建设项目，包括国家体育场、国家奥林匹克体育中心、上海世博园、港珠澳大桥、大兴国际机场等项目。

动力源成立至今，取得了数百个专利、产品认证及行业标准，得到了客户的一致好评并多次受到科技部、工信部、国家发展改革委、北京市政府、中科院及相关行业协会的嘉奖，先后获得"国家高新技术企业"称号、"'十二五'节能服务产业突出贡献企业"称号、标准创制突出贡献奖、国家重点新产品奖、博士后科学工作站、守信企业、北京民营企业科技创新百强、丰台区文明单位等奖项与荣誉。

动力源始终以"专注能源动力，创绿色环保世界，做能源利用专家"为使命，致力于功率电子学技术的研究与产品的开发和经营，在通信、分布式能源、电动汽车等产业做电能转换与能源利用专家，成为该行业电能效率、质量和安全水平进步的推动者和领导者；以"成为员工和合作伙伴的事业动力"为愿景，为致力于绿色能源和智慧能源事业的有识之士打造事业平台和创业平台，为人类社会在能源利用领域创造绿色之源、智慧之源。

主要产品介绍：

通信电源、充换电电源、车载电源、光储相关电源、定制及模块电源

数据通信产品广泛应用在通信机房、轨道通信、数据中心等行业，通信用开关电源在电信运营商市场占有率排名前三；智慧能源领域，产品涵盖光伏逆变器、功率优化器、备用电源、双向变流器、新型风冷及液冷充电模块、大功率充电桩（堆、站）、高效工业电源等，同时为客户提供不同应用场景的智能化运维解决方案；新能源汽车领域，在电驱动系统、车载电源、氢燃料电池DC-DC变换器等方面已形成核心技术优势。

高层专访：

被采访人：李尧　总裁助理

▶ 请您介绍企业2023年总体发展情况。取得了哪些显著成果？

公司持续发挥"创新驱动"的研发优势，不断充实产品序列，在推进技术更新的同时扩展销售渠道。在数据通信方面，发挥协同效应，结合光伏产品推广基站叠光系统的开发和应用，为运营商使用绿色能源贡献力量；在绿色出行领域，公司响应超充站的市场需求，加快液冷充电桩的项目建设，氢燃料车载设备订单增量可观；在新能源领域，完成逆变器产品生产线的全面建设工作，17~30kW逆变器已具备批量生产能力。面对严峻的国际经济形势和激烈的行业竞争现状，公司加强内部管理，持续优化运营效率，梳理研发资源，推进销售渠道铺设，积极参与海内外产品展会，提升产品关注度，在进一步降低成本的前提下，拓展市场广度。面对外部环境的严峻形势，利用公司自有优势，不断提升自身抗风险能力，保证业绩的稳定性。

成都航域卓越电子技术有限公司

地址：四川省成都市双流区牧鱼二路588号
邮编：610000
电话：028-65790376
传真：028-65790372
邮箱：hyzy@protionic.cn

简介：成都航域卓越电子技术有限公司（以下简称航域卓越）是一家专注于军用大功率高压直流变换电源和厚膜电源模块的研发、生产、销售的国家高新技术企业，是我国军工类电源行业高端应用市场和全套解决方案的主要供应商之一。

航域卓越现有深圳研发中心、成都研发中心和成都生产基地，拥有军工相关全套资质，获得多项国家专利，是中国电源学会常务理事单位、四川电源学会会员单位以及中国电子商会军民融合委员会副理事单位。

航域卓越的主要产品包括标准电源、定制电源和厚膜电源模块，现已广泛应用于国内航空、航天、兵器及军用船舶领域，产品长期装列部队，以"高效率、高功率密度、高可靠性"的产品特点获得业内一致认可。

航域卓越始终秉承"服务航空，开拓领域，卓识远见，不断创新"的经营理念，在国家"民参军"政策鼓励下，不断开发适应军工行业特点的高可靠性电源和器件产品，逐步成为拥有核心研发团队、行业领先技术和先进管理经验的军工电源行业一流企业。

高层专访：

被采访人：陈中梅　副总经理

▶ 请您介绍企业2023年总体发展情况。取得了哪些显著成果？

得益于国家"民参军"相关政策的实施，2023年公司在军工电源市场迎来了较好的发展机遇，得以在军工领域参与多个重要战略电源项目，并取得了较好的成绩。同时，公司军工电源业务平稳增长，其中标准电源和厚膜电源模块在军工电子产品的小功率电源模块应用市场占有率显著提高。

公司的核心竞争力主要体现在成熟可靠的军工电源核

心技术以及开放的前沿技术储备。公司的研发核心团队来源于原四川托普集团通信电源技术团队，是20世纪90年代西南地区唯一一家取得通信入网电源许可的技术团队，后依托军工各大高校的业内专家资源，形成了一支具备二十余年军工电源研发经验，有创新意识并勇于迎接挑战的技术队伍。现在成都和深圳都设有研发中心，其中深圳研发团队主要进行以电源前沿发展技术为核心的前瞻性研究，从而保证公司电源技术的更新换代和持续发展。

▶ 请您介绍企业2024年的发展规划及未来展望。

2024年随着国家军工行业发展战略的不断深化，公司将继续加大研发和技术投入，持续提升产品性能以抢占航天、航空军工电源高端应用市场。同时，不断提升公司技术能力、产品能力和服务能力，使公司成为军工电源行业的一流企业。

东莞市奥海科技股份有限公司

AOHAI 奥海科技

地址：广东省东莞市塘厦镇蛟乙塘银园街2号（办公地址）/蛟乙塘振龙东路6号（上市公司注册地址）
邮编：523723
电话：0769-89290871
传真：0769-89290868
网址：www.aohaichina.com
简介：东莞市奥海科技股份有限公司（股票代码：002993）创立于2004年，是一家致力于能源高效应用的集团化运营企业。公司基于电力电子技术的全球智能制造平台，为万物智联提供绿色能源解决方案，重点聚焦消费电子、新能源汽车、数字能源三大领域。现拥有深圳、东莞、武汉、上海、江西五大研发中心，东莞、武汉、江西等六大智造基地及数十家国内外分支机构，集团员工超7000人。在"让能源更高效，让世界更美好"的指引下，公司将持续引领和探索绿色能效科技，让人与地球共享美好。

公司产品主要包括充电器（有线和无线）、电源适配器、动力工具电源、储能、电机控制器（MCU）、电池管理系统（BMS）、整车控制器（VCU）、域控制器［动力域控（PDCU）、整车域控（VDC）& 区域域控（ZCU）］、充电桩（直流和交流）、充电模块、随车充、数据电源、光伏/储能逆变器等。消费电子类充电器、电源适配器和移动电源产品主要应用于国际互联网品牌和数码消费品牌企业，新能源汽车电控等零部件相关产品主要应用于东风等汽车集团（含合资品牌）和新势力品牌主机厂。公司凭借能源高效应用技术研发、智造及信息管理、生态品牌合作、供应协同四大优势，不断稳固行业的领先地位，2023年手机充电器全球市占率突破17%。

公司作为国家级高新技术企业，不断夯实技术立企战略，已与浙江大学和福州大学等科研院校建立产学研合作；东莞和武汉两个实验室分别获得电源和新能源汽车电控和电驱动领域的CNAS认证；截至2023年底，已获得专利638项（其中发明专利71项），以及29项软件著作权、4项作品著作权、1项集成电路布图设计。"充电器自动测试及镭雕生产线"荣获第二十三届中国专利奖优秀奖。公司参与制定标准21项（其中国家标准7项，行业标准4项）。公司的68W超薄充电器获得德国红点奖和当代好设计奖。

公司获得政府、行业和合作伙伴的高度认可，先后被评为国家级专精特新"小巨人"企业、国家知识产权示范企业、省制造业单项冠军、省工程技术研究中心、省博士工作站、省工业设计中心、广东省制造业企业500强、行业top10优秀企业，并获得客户优秀/战略供应商奖等。

主要产品介绍：

高功率密度，薄型大功率手机充电器（120W/68W）

120W：机身厚度仅为Thickness: *12mm*　　68W：机身厚度仅为thickness: *10.5mm*

国际大奖：

reddot winner 2023

当代好设计

国内大奖：

省长杯 工业设计大赛

东莞杯 DiD Award

东莞杯 DiD Award

东莞杯获得两个

平面变压器+GaN 的极致应用；120W 机型机身厚度仅为 12mm，68W 机型机身厚度仅为 10.5mm。

高层专访：

被采访人：刘昊　董事长

▶ 请您介绍企业 2023 年总体发展情况。取得了哪些显著成果？

2023 年公司预计继续保持两位数的增长。

公司是基于电力电子技术的全球能源应用研发智造平台，现已具备四大核心竞争优势：

（1）能源高效应用技术研发优势

通过技术延展和并购，由消费电子电源类技术向系统集成等能源高效应用技术方向发展，顺应高效转换、高功率密度、集成与轻量化、安全可靠等客户核心需求和行业发展趋势，打造硬件（电路设计、磁性元器件设计与选型、PCBA 和组装制造工艺等）、软件（驱动、控制、数据通信、AUTOSAR BSW/ASW、HIL 仿真测试等）、结构（外观、密封、应力、散热、防跌落等设计）和第三代半导体功率器件（GaN HEMT 和 SiC MOSFET）等共性技术平台，形成软硬件集成开发优势，在仿真技术（磁、热、机械结构、应力疲软、EMC、振动扫描、CFD 模拟等）、高频磁和驱动技术（最高达数百 kHz 数量级）、EMI 的分析与设计、PFC（高性价比功率因数校正方案）、电路拓扑、集成式平面变压器、大功率直流电机驱动与控制（200kW 及以上）、高度集成动力域控制、域网络通信（CAN FD、车载以太网等）、汽车功能安全认证等方面已形成领先技术和系列产品，并申报和获授权多项专利。

（2）智造及信息管理优势

公司已布局东莞奥海、武汉智新、江西奥海、印度希海、印尼奥海和越南全球六大智能制造基地。公司设有多基地柔性制造协同能力定制产线，同时具备大规模制造快速响应和多品种小批量柔性化出货能力。充电器产线的自动化和信息化程度全球领先。新能源汽车电控类产品实现电路模块全自动制造检测，所属的自动化部门已能批量化设计和制造所需的多种非标设备和治具。

公司已通过 ISO 质量管理体系、IATF 16949 车规级、ISO 26262-2018 ASILC 功能安全等认证，奥海科技实验室先后获得了 Intertek 及 TÜV 和 UL 目击测试实验资质授权、CVC 威凯能力认证、CHEARI 中国家电研究院能力认证，东莞和武汉两个实验区均已获得 CNAS 认证，武汉实验区获得汽车大客户认可实验室资质，公司荣获多家客户优质供应商奖。

基于现有制造相关信息化系统功能，实施大数据预警等质量监控和预警。通过集团统一信息化平台，实现财务、人力资源、IT 等平台部门共享服务能力，打通端到端全流程信息化管控，持续改善同消费者互联互通效率，通过大数据精准了解消费者需求，为个性化定制产品提供信息基础和可实现性。面向国际化业务布局和新业务发展，不断更新和完善信息平台，提升信息管理水平，上线了 SAP、SRM、EHR、SF、大易招聘等系统，费控系统与 WMS 正在实施。各系统深度集成，业财一体化雏形初显。

（3）生态品牌合作优势

公司以客户为中心，通过大客户战略和标品战略，充储电等能源应用产品已全面布局物联网生态品牌，并与客户建立了稳定的合作关系，建立了高度的相互认同感。公司现有的物联网生态品牌客户，部分已逐渐从智能手机发展到笔记本计算机、物联网智能终端及新能源汽车；部分国内新能源汽车品牌客户已跨界智能手机；部分新能源汽车企业也同时提供光储充等绿色能源解决方案。公司在 IOT 和新能源汽车等业务板块能为物联网生态品牌客户提供一站式能源高效应用解决方案，通过自主品牌渠道拓展，开展 F2C 业务探索。

（4）供应协同优势

公司的能源高效应用产品已涵盖消费电子、新能源汽车及光伏/储能等领域，这些电力电子产品具备共性构成，包括外壳结构件、PCB、功率半导体器件、磁性元器件和电阻电容等，可通过集团统一采购实现各业务板块供应协同。在垂直整合方面，在充电器适配器业务中自建了供应链全资子公司供应部分核心零部件，包括胶壳、电解电容和集成式平面变压器；在新能源汽车电控业务中具有稳定的车载芯片供应商和紧密合作的 IGBT 本土厂商；在核心原材料和元器件中增加直接供应占比，减少代理采购；实施芯片类电子元器件等国产化替代，替代率已在逐步提升；获得供应链综合竞争优势。

▶ 请您介绍企业 2024 年的发展规划及未来展望。

2024 年依旧是充满挑战与危机的一年。我们将作战方针总结为八个字"协作奋斗，合力共赢"。我们将通过五大机制聚力，以垂直业务整合为中心，提高组织效率，集中精力攻主战场。

1）进一步夯实技术立企战略。2024 年，我们要将探索出来的路径，从新材料研究到前沿技术专利布局等一条条落实，强化技术牵引对业务的助力，提升竞争力。

2）存量业务挖潜、提效，增量业务重点突破。

3）以客户为中心，全方位满足客户需求。

4）强化沟通机制，实现横向聚力。

5）表扬奋斗者，给有思想的人位置。我们将通过综合 BP 机制，深入一线去发现优秀价值创造者，并将价值创造同考核、评级、奖金紧密挂钩，逐步落实价值为纲。

公司过去的成功，是带动的成功，未来我们要实现引领的成功，做文化和战略上的牵引。我们将坚持"一三三"战略，践行"活力 正直"的核心价值观，做到战略正确、能力积累、不断变革，保证企业未来长期可持续生存和发展。

▶ 请问您认为市场环境会有怎样的变化趋势？企业如何适应或挑战这种变化？

从全球经济发展的趋势来看，经济复苏依然乏力，消费回暖速度慢，贸易环境持续得不到好转，行业内卷加剧。但是随着智能物联网的发展，AI 等技术在手机和 PC 端的应用加深，以及具有下一代生产力工具特征的 XR 产品的出现，消费电子行业逐渐"复苏"。在 AI 技术等新的刺激之下，消费者的终端更换需求有望被带动。2024 年全球新能源汽车和光伏储能市场预计将实现两位数增长。

公司将坚实推进"技术立企"发展战略，聚焦电力电子技术，实现从方向到路径的探索，启动产品 BU 作战模式，打造具有国际化业务能力的聚力平台，不断满足客户各种技术和产品新需求。坚持"一三三"战略拓展新业务领域，聚焦消费电子、新能源汽车、数字能源三大领域，开发更多能源应用市场。

东莞市石龙富华电子有限公司

地址：广东省东莞市石龙镇新城区黄洲祥龙路富华电子工业园
邮编：523326
电话：0769-86022222
传真：0769-86023333
邮箱：fuhua@fuhua-cn.com
网址：www.fuhua-cn.com
简介：东莞市石龙富华电子有限公司（以下简称 UE Electronic）创立于 1989 年。UE Electronic 研发、生产、销售全球医疗、通信电源产品及健康智能插座，是国家级高新技术企业、广东省省级企事业技术中心、东莞市民营企业 50 强，每年为全球客户提供 1 亿台各类电源产品。UE Electronic 自有厂区建筑面积超过 12 万 m^2，是现代化的智能型花园式工业园区。

UE Electronic 拥有 ISO 9001 质量管理体系认证、ISO 14001 环境管理体系认证、ISO 13485 医疗器械质量管理体系认证、OHSAS 18001 职业健康安全管理体系认证、IATF 16949 汽车质量管理体系认证等国际权威体系认证。并获得教育部技术发明奖二等奖、广东省科学技术奖励二等奖、东莞市政府质量奖、东莞市科技进步一等奖等诸多奖项。

UE Electronic 电源产品功率涵盖 5~500W，可实现模块化、标准化、智能化、定制化设计；具有防短路、防过电流、防过电压、防过载、防漏电五重保护，能满足±15kV 抗雷击检测要求；符合医疗 2MOPP 标准、家用医疗标准及 UL 国际医疗认证第 3.1 版；UE 健康智能插座，每个电源都经过电磁干扰测试合格，超低辐射；符合六级能效标准，并通过 cULus、CSA、TUV-GS、CE、BEAB、RCM、PSE-JET、KC-MARK、EAC、NOM、PSB、CCC、IRAM、CB、EMC、FCC 及可靠度评定等各种认证，得到了业界同行与客户的高度认可。

主要产品介绍：

健康智能插座

交流输入电压范围为 180~264V；
标准 3+2 组合 AC 插孔 3 个；
标准 Type-C 输出口 2 个；USB-A 输出口 2 个；
涵盖输出短路保护、过电流保护、过电压保护、过温保护；
Type-C1 输出口支持 PD3.0、PPS、QC3.0、QC2.0 等快充协议；
USB-A 输出口支持 QC3.0、QC2.0 等快充协议；
安全保障，设置总控开关，可一键控制通断；
多种设备同时使用时，可智能化功率分配。

高层专访：
被采访人：李涛　营销中心总经理
▶ 请您介绍企业 2023 年总体发展情况。取得了哪些显著成果？
UE Electronic 积极推进管理提升、品牌引领和价值创造行动，持续推进科技创新激励机制，科技创新成效进一步显现，关键核心技术攻关取得重大进展。
▶ 请您介绍企业 2024 年的发展规划及未来展望。
1）坚持以电源技术的升级与迭代为发展方向，大力拓展新能源电源产业，从传统人力密集型产业转型为技术密集、高自动化程度的智能制造企业。
2）成为世界最具竞争力的电源供应商。
竞争力具体体现在：产品竞争力、服务竞争力、创新合作竞争力这三个方面。
首先在产品竞争力上，UE Electronic 以高质量、快速交付、齐全的安规认证为全球客户提供可靠的电源产品服务。
在服务竞争力上，公司致力于打造以客户为中心，以管理 IT 化、人才专业化为支点，结合现代化企业管理模式，为客户提供从产品咨询到产品售后的全流程、全天候服务。
在创新合作竞争力上，UE Electronic 以开放、专业、快捷的态度，以电源产品为基础，为客户提供整机产品研发配套、注册、代工生产等服务。
▶ 请问您认为市场环境会有怎样的变化趋势？企业如何适应或挑战这种变化？
UE Electronic 切实加大科技创新力度，通过管理提升、价值创造和品牌引领，深入推进 UE Electronic 电源产品结构优化和结构调整，更加突出高质量发展的首要任务，扎实推进 UE Electronic 提质增效稳增长。
UE Electronic 推动专业化整合，打造医疗、通讯、POE 电源等业务结构更加聚焦、更加清晰、核心能力更加突出。UE Electronic 持续推进低效无效非优势业务退出，做好产能过剩整合，促进产品结构调整升级。
UE Electronic 瞄准高水平、导向性，积极推动电源技术提高，支持产品升级，促进发展合力。
目前我国面临的外贸环境的压力比较大，从 2022 年 10 月份以来出口开始负增长。虽然近期下跌速度有所趋缓，但整个 2024 年外贸形势仍面临相对严峻的挑战。随着海外市场回暖，下半年会有所好转，全年面临前低后高的发展趋势。

锚定海外市场回暖趋势，UE Electronic 乘势而上组织开展参加出口海外展销会，打开海外市场，加快打造海外现代产业链，构建以链带面、织链成网的企业发展新格局，推动传统人力密集型产业升级改造。

弗迪动力有限公司电源工厂

地址：广东省深圳市坪山新区坑梓街道深汕路 1301 号
电话：0755-89888888
传真：0755-89888888
网址：www.byd.com.cn
简介：电源工厂隶属于比亚迪集团动力事业部，成立于 2007 年 1 月，其研发基地坐落在坑梓工业园，生产基地坐落在深汕鹅埠工业园、长沙雨花工业园、抚州临川工业园、西安集贤工业园。厂房面积约 62 万 m^2。拥有员工 6000 余名，其中研发团队占比 10%以上，资深研发技术骨干的平均经验在 20 年以上。公司通过了中国质量认证中心、IATF 16949：2016 汽车质量管理体系认证，具备 VDA2、VDA6.3 资质审核实施经验。

电源工厂坚持以"开放、合作、创新、共享"的八字方针，广泛开展内外部合作，打造核心竞争力的信念。秉承公司"技术为王、创新为本"的发展理念，为公司新能源汽车发展打下夯实的基础。

广州金升阳科技有限公司

地址：广东省广州市黄埔区科学城科学大道科汇发展中心
　　　科汇一街 5 号
电话：020-38601850
传真：020-38601272
网址：www.mornsun.cn
简介：广州金升阳科技有限公司（以下简称金升阳）于 1998 年成立，目前拥有 3500 多名员工和超过 8 万 m^2 的办公及研发生产基地，已授权专利 1300 多项，其中发明专利 440 多项。

金升阳作为国家高新技术企业，已连续 8 年荣登广东省制造业 500 强榜且排名稳步提升，2022 年荣获国家级专精特新"小巨人"称号，是国内集研发、生产、销售于一体的服务全球的电源解决方案提供商，也是拥有强大自主研发和知识产权优势的创新型企业。金升阳自主创立"MORNSUN"品牌，商标已在全球 50 多个国家与地区注册并已有 70 多个全球渠道。公司致力于为工业、医疗、能源、电力、轨道交通、智能交通、智慧城市等领域提供一站式电源解决方案，帮助客户提高生产效率和能源效率，同时降低对环境的不良影响，为客户提供"无忧电源"。

1. 研产销一体化

1）参与制定了 4 个行业标准：NB/T 42039—2014《宽压输入稳压输出隔离型直流-直流模块电源》、NB/T 10285—2019《定压输入非稳压输出隔离型直流-直流模块电源》、GDDY 2020001《PV 光伏开关电源》、GDDY 2020002《AC-DC 百搭型 DIY 开关电源》。

2）拥有 8 万 m^2 生产基地，48 条 SMT 产线，制造能力≥150KK/年。

3）经销网络覆盖全球，并在亚洲、北美、欧洲拥有较高的市场占有率。

2. 一站式产品采购

1）产品线丰富，大部分获得 CE、UL、CB、CSA 等认证，旨在提供更合适的产品。

板载类电源解决方案：AC-DC 电源模块、DC-DC 电源模块、工业通信模块、隔离变送器等。

壳架类电源解决方案：机壳开关电源、导轨电源、超高功率密度电源等。

方案式产品：IC、变压器、EMC 辅助器、IGBT 驱动器、电流传感器、磁电控制器等。

2）10000 多电源设计及行业应用案例。

3. 全方位技术支持

1）从产品选型到设计布局再到验证调试等各环节，将客户需求快速反馈到内部各环节，提供售前售后全方面服务。

2）拥有 8 个办事处（营销）和 5 处基地（研发+营销）：西安、成都、武汉、长沙、深圳；实现快速响应商务和技术服务。

金升阳以领先的技术实力为起点，以持续的创新为发展动力，矢志于磁电隔离技术和产品的研究与应用。未来，金升阳将一如既往地践行"值得信赖"的宗旨，力争将民族工业品牌推向更广阔的国际舞台，服务世界。

主要产品介绍：

15~5000W 机壳开关电源

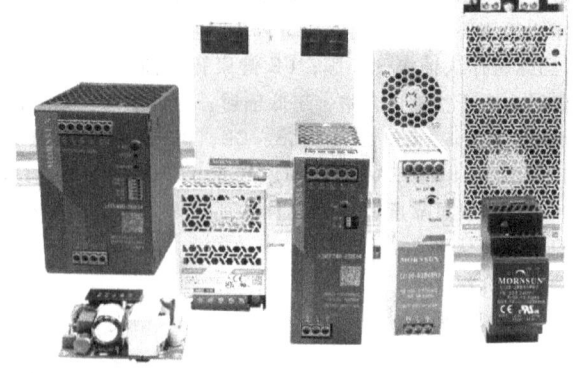

金升阳机壳开关电源性能优异，功率段扩展至 5000W，满足不同场景的多种需求。该系列电源具有全球通用输入电压范围、交直流两用、高性价比、低功耗、高效率、高可靠性、安全隔离等优点。可广泛应用于工控、LED、路灯控制、电力、安防、通信、智能家居等领域。符合 IEC 62368、EN 62368、UL 62368、EN 60335、GB 4943 认证标准。

高层专访：
被采访人：**奉启珠 国内模块营销中心总监**

▶ 请您介绍企业 2023 年总体发展情况。取得了哪些显著成果？

2023 年，在"凝心聚力，打赢攻坚战"的"三令号召"下，金升阳加速应变部署，进一步提升抗风险能力，在 2023 年取得了一系列亮眼的成绩。

作为创新型技术企业，金升阳已连续 8 年获得广东省制造业 500 强且排名稳步提升。两项专利荣获"中国专利优秀奖"，金升阳博士后科研工作站获批设立，荣登"广东省创新 TOP100"榜……

"创新"是企业发展的源动力，秉承"事事创新，时时创新"的精神，金升阳通过持之以恒的创新实现技术突破，保持产品核心竞争优势。

1) 坚持自主研发创新：金升阳秉持技术创新、自主研发的理念，培养出 800 多名研发人员深层梯队，让创新理念践行到每一个行动中。2023 年，机壳开关电源、高端导轨电源等仍持续发力，稳固国产电源全球竞争力。

2) 深耕行业完善方案：金升阳通过多年对行业需求的挖掘和市场的反馈，不断升级和完善电源解决方案，如研发设计可用于 1500V 光伏系统、储能系统等的行业专用 PV 电源；满足医疗行业 2×MOPP 标准的医疗设备专用电源；封装从全砖到 1/16 砖类 DC-DC 电源广泛适用于通信设备；满足 EN 50155 铁标认证的 6~400W 轨交行业专用电源适用于车载、轨旁及车站设备等。

3) 本地服务快速响应：在 8 大城市设有本地化服务团队，便于更快更好地响应客户需求。

▶ 请您介绍企业 2024 年的发展规划及未来展望。

2024 年，金升阳在开关电源方面将以客户需求为导向继续推进产线的完善，为客户提供更优质的国产电源。

在通信领域，金升阳深入布局 3~1300W 通信行业专用国产电源，此系列电源采用金升阳自主研发的 IC，从内部器件实现产品国产化，有效避免因外部环境影响导致的断货情况，且金升阳自主研发芯片与同类型其他芯片在性能相当的前提下，价格更低，性价比更高。可应用于 POE 交换机、基站网络设备和专网通信系统等通信行业场景。

针对医疗领域，金升阳将其细分为诊断类、治疗类及辅助类三大应用环境。由于行业特殊性，医疗行业电源需满足医疗认证、高隔离电压和低漏电流，在多设备集中供电时会发生 EMI 互相干扰以及漏电流的叠加，且多数设备需要不间断供电。针对不同环境实际应用需求，金升阳开发上市了不同特性的产品：15~3000W LM 系列大功率 AC-DC 电源、30~750W LO/LOF 系列高功率密度电源、3~90W LD-R2 系列超小体积电源，重点满足 2×MOPP、隔离电压高达 AC4000~6000V、极低漏电流，其可靠性高，可应用于制氧机、内窥镜、注射泵等医疗设备。

2024 年金升阳将在整体上谋势，在关键处落子，全面攻坚，做好"排兵布阵"，重视市场的需求和用户的意见反馈，坚持为客户带来更优质的电源解决方案。

▶ 金升阳的创新理念是什么呢？

金升阳的创新理念是坚持以社会价值先行的共赢，在技术创新的同时进行品牌价值可视化创新，实现客户和企业的双赢。从多个角度和渠道呈现创造的价值，如分享我们的技术创新成果，服务增强，外观设计创新，品牌价值传播。

比如，金升阳在 2023 年全面上市元器件 100% 国产化系列产品。基于大环境的问题，电源和芯片的自主把控力显得更为重要，电源企业应抓住国产化替代战略机遇对海外品牌进行替代，这就要求企业提升自主创新能力，做属于自己的精品，既可以有效避免因外部环境影响导致的断货情况，也可以有效降低采购成本，提升产品的性价比。

金升阳始终相信，坚持技术创新与自主研发，不断提升综合实力与核心竞争力，为各行各业客户提供更优质的电源解决方案，定能让我们的民族工业品牌在世界舞台大放异彩。

广州三晶电气股份有限公司

SAJ

地址：广东省广州市黄埔区荔枝山路 9 号三晶创新园
邮编：510663
电话：13825201880
邮箱：nianhua.hu@ saj-electric.com
网址：www.saj-electric.cn

简介：广州三晶电气股份有限公司（以下简称三晶电气）是成立于 2005 年的专业智慧储能品牌，专注为用户提供更安全、更高效、更高收益的集发电、储电、用电、能源运营服务为一体的全场景智慧储能解决方案。通过我们领先的电池管理技术、领先的能源转换技术、领先的储能设备集成技术、领先的智慧储能管理技术和领先的智慧储能运营技术，实现让储能更增值。

三晶电气积极开展全球化业务布局，采用本土化运营策略，产品销往意大利、德国、西班牙、英国、荷兰、比利时、澳大利亚、巴西等 80 余个国家和地区。公司产品及品牌受到各专业机构的广泛认可，取得了 300 多项国内外认证证书及奖项，其中包括德国莱茵"质胜中国"奖、德国红点奖、iF 设计奖、西班牙卓越户用光伏储能系统奖、中国工商业与户用光伏行业品牌企业、中国分布式光伏创新品牌等。

未来，三晶电气将继续服务于认可专业品牌、认可智慧管理的合作伙伴及终端用户，并致力于成为智慧储能全球领导品牌。

航天柏克（广东）科技有限公司

BAYKEE 航天柏克

地址：广东省佛山市禅城区张槎一路 115 号 4 座
邮编：528000
电话：0757-82207158
传真：0757-82207159

网址：www.baykee.net

简介：航天柏克（广东）科技有限公司是中国航天科工集团旗下从事尖端电源技术研发的骨干企业，是我国电源技术应用于"高、精、尖"领域的探路者，持续为航天防务、长征五号到七号运载火箭、歼20战斗机、大飞机及无人机、海上防务、数十条高铁等诸多国家重大项目提供高可靠性的电力保障。

公司积极贯彻集团公司"科技强军 航天报国"的发展使命，依托航天的技术优势、军民产业复合型高学历人才优势，重点聚焦电源技术军民两用领域，专业从事研发、生产、销售于一体的军工级、工业级电源、定制化电源等，已形成网络能源、新能源、应急供电系统、行业专用电源、电能质量管理五大业务板块。目前公司围绕智慧城市＆大数据、智慧能源、轨道交通、军民融合等战略性新兴产业，成立9个行业事业部，形成了IDC数据中心、通信电源系统、军工电源系统、海绵城市系统、光储充一体化智慧能源系统、轨道交通智能供电系统等全方位解决方案，致力于打造成为国际知名电气企业。

公司组建了省级企业技术中心和省级工程中心，航天二院6名院士及一大批国家级突出贡献专家的参与是公司开展尖端技术研发的有力保障。目前，公司拥有专利技术113项，参与了9项行业标准的制定，获得了广东省知识产权示范企业、广东省守合同重信用企业、广东省专利奖、广东省省级企业技术中心、禅城区质量奖企业（首批）、博士后创新实践基地、广东省高效节能型应急电源工程技术研发中心等荣誉与资质，所生产的不间断电源、应急电源产品获得广东省名牌产品、广东省高新技术产品证书。

公司通过了ISO 9001质量管理体系认证、CE认证、节能认证、泰尔认证、消防电子产品强制性认证、国军标质量管理体系认证等，具备军品电源及同源产品二级资质，承担了南京青奥会、广州亚运会80%的场馆、粤港澳大桥、广州电视塔、阳江核电站、广州白云机场、海南文昌卫星发射基地及粤赣高速、武广高铁在内的十多条高铁项目、中国大飞机项目等国家重点工程，是国家轨道交通应急电源基础设施供应的主力军。并与万达、中石化、阿里巴巴、上海宝之云数据中心、万国数据中心等中国500强企业建立了战略合作伙伴关系。

公司在全国建设了85个营销网点，业务覆盖到了华北、华南、华东、西南、西北五大片区。售后服务网络全面覆盖到全国主要省市，能以行业最快捷的本地化服务，为客户提供个性化、全方位的售前、售中服务和最可靠的售后保障，解决客户的后顾之忧。

合肥华耀电子工业有限公司

地址：安徽省合肥市蜀山区淠河路88号
邮编：230031
电话：0551-62731110
传真：0551-68124419-0
邮箱：sales@ecu.com.cn
网址：www.ecu.com.cn

简介：合肥华耀电子工业有限公司（以下简称合肥华耀），成立于1992年，专注于电源类产品的研发、生产和销售。凭借多年的电源关键技术积累和勇于创新进取的高效团队，公司与多个世界500强公司结成优质合作伙伴关系，在业内具有较高的品牌知名度和美誉度，所生产的电源类产品销往美国、欧洲等世界各地。

合肥华耀一直坚持成为领先的电能转换和电能管理设备提供商。30余年电源研发制造经验，让公司可快速在标准产品平台基础上为您提供全方位电源解决方案。

合肥华耀电子工业有限公司是：国内第一家提供机载预警雷达批产电源的公司、国内第一家提供大型运输机襟缝翼控制电源的公司、国内第一家提供高空系留气球供配电系统的公司、国内第一家提供百兆瓦级光热电站电源的公司、国内第一家提供受控核聚变辅助加热系统兆瓦级电源的公司、国内第一家提供小型高频医用高压发生器的公司。

鸿宝电源有限公司

地址：浙江省温州市乐清市柳市镇象阳工业区
邮编：325604
电话：0577-62762615
传真：0577-62777738
网址：www.hossoni.com

简介：鸿宝集团·鸿宝电源有限公司（以下简称鸿宝公司）是一家专注于电源领域产品研发、制造、销售、信息及服务一体化的大型高新技术企业。30多年来，公司拥有上海、浙江两大生产基地、300余家专业协作工厂、500余家国内销售代表，产品销往海外市场150多个国家与地区。公司专业生产各种稳压电源、EPS（应急电源）、UPS（不间断电源）、变频器、软起动器、变压器、充电器、绿色能源-太阳能/风能并离网逆变器、光伏控制器、铅酸/胶体蓄电池、断路器及LED灯具等60多个系列、3000多个品种的电源产品，是国内电源行业"龙头"企业。

鸿宝公司作为中国电源学会常务理事单位，在同行业中率先通过ISO 9001质量管理体系认证、ISO 14001环境管理体系认证、OHSAS 18001职业健康安全管理体系认证。所生产的产品先后获得CE、CB、SEMKO、SASO等国际产品质量认证，以及CCC、CQC、信息产业部TLC等国内产品质量认证。"HOSSONI鸿宝"牌商标被认定为"浙江著名商标"，"HOSSONI"商标在马德里国际商标体系中100多个国家成功注册。

"HOSSONI鸿宝"牌电源产品连续被省、市评为"质量连续稳定产品""质量信得过产品""浙江名牌产品""浙江出口名牌"；其中微电脑智能型充电器列入国家级"火炬计划"项目，荣获市科学技术进步奖；UPS（不间断电源）曾荣获"产品质量国家免检"荣誉；太阳能/风能并离网逆变器列入浙江省重大项目。所有产品均由太平洋财产保险股份有限公司承保。

鸿宝公司连续被省、市人民政府评定为明星企业、出口创汇先进企业、重合同守信用企业、银行 AAA 信用、百强纳税大户和质量管理先进企业。"HOSSONI 鸿宝"品牌成为品质保证和优质服务体系的象征，在国内外赢得了广泛的信誉和褒奖。

鸿宝公司一直对电源技术富有前瞻性理解，孜孜不倦追求完善的工艺和优质的产品质量，不断推陈出新；一直致力于满足用户不断变化的需求，致力于服务用户、社会、员工，创造共赢价值，维护国内、国际市场良好的电源企业形象；公司秉承"立鸿鹄之志，创电源瑰宝""我们要做最好的电源"的经营理念，逐步成为一个管理科学、技术先进、规模宏大、高效益的现代化名牌企业，"HOSSONI 鸿宝"品牌在世界电源的舞台上熠熠生辉。鸿宝电源与您携手共进，期待与您的合作！

主要产品介绍：
HB 系列光伏逆变器

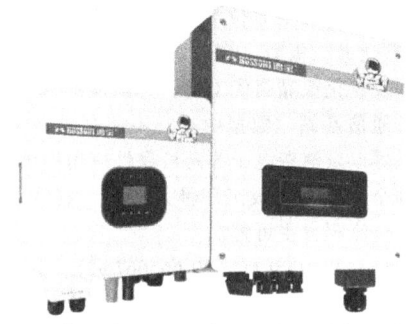

HB 系列光伏逆变器通过先进的拓扑结构及创新的逆变控制技术，实现高达 99% 的转换效率，提高了发电量及用户投资收益。同时 HB 系列光伏逆变器拥有全方位的保护措施，组串智能监控及故障排除功能，灵活多样的通信方式，IP65 高防水防尘等级和多路 MPPT 等特点，保证逆变器长期高效可靠安全地运行工作。

高层专访：
被采访人：王丽慧　总经理

▶ 请您介绍企业 2023 年总体发展情况。取得了哪些显著成果？

2023 年是我国疫情后经济重回正常运行轨道的一年。这一年，企业发展依然面临很多困难，在这样的环境下我们紧跟时代及环境趋势，进行线上、线下同步衔接。站在信息化时代的前缘，做好网络销售及线下销售，积极参加展会，拓宽市场。这一年，面对复杂局面和困难，我们在推动高质量发展上没有松懈，锚定高质量发展的方向不动摇，推动高质量发展不松劲，总体取得了非常明显的成效。

▶ 请您介绍企业 2024 年的发展规划及未来展望。

2024 年公司将加大新产品的开发力度，重点搞好新产品及本公司优势产品的开发，加大外埠市场的开发，完善市场网络，发挥公司新产品研发优势，使公司的新产品、优势产品及早导入全国市场，提高企业的市场竞争能力。

▶ 您认为当前电源行业（或您所在细分行业领域）发展的有利因素和不利因素是什么？企业准备如何应对？

电源行业的需求量一直是比较大的，但是同时现在电源研发企业也很多，这就势必导致竞争激烈和利润下滑。因此，电源行业当然不能和现在火热的互联网行业相比，但仍然算是个常青行业，比上不足比下有余。同时，在大功率方面，现在电力电子技术和电力系统结合得越来越紧密，将来电力电子在电力系统中的应用（如无功补偿、有源滤波、新能源并网发电等）会是一个新的行业发展点。公司将研发标准产品向市场及客户推广，积极拓展电子行业客户，展示公司研发设计能力、生产规模和质量管理能力。

湖南艾华集团股份有限公司

AiSHi THINK AHEAD.

地址： 湖南省益阳市赫山区紫竹路与桃花仑东路交叉口龙岭工业园内
电话： 18973726818
邮箱： aihua@aishi.com
网址： www.aishi.com
简介： 湖南艾华集团股份有限公司（以下简称艾华集团）成立于 1985 年，是一家以设计、开发、制造及销售铝电解电容器为核心，集电极箔与设备制造于一体的科技型企业集团。2015 年成功上市，2022 年度年产值超 34 亿元人民币。公司在湖南、四川、新疆以及江苏设有 9 家制造工厂；在中国、美国、韩国、日本等地设有 25 个营销网点；拥有员工近 5000 人，服务于全球 2000 多家客户。公司产品被广泛应用于工业控制、光伏、车载、智能机器人、5G 通信、数据处理中心、电源、照明等多维度应用市场。

艾华集团 38 年以来专注于电容器的制造生产，公司总部占地 15 万 m^2，产品涉及引线式和贴片式铝电容、固态电容、叠层电容等，产能达每年 180 亿只。作为拥有完整产业链的智能制造型企业，艾华集团积极重视引进高新技术人才，在材料、应用、设备多个层面剖析客户需求，并进行专业创新，一致奉行科技是核心驱动力，立志要让艾华电容的参数，成为世界电容的标准。

科技发力，技术为先。

艾华集团深谙现代企业的竞争即科技力量的较量，不断强化科研创新和自主品牌建设，引入全球顶级学术人才，汇聚了全球电容器行业精英，建立起了国家级企业技术中心、湖南省特种电容器工程技术研究中心、博士后科研流动站协作研发中心等创新平台，打造科学家思维的技术团队。深度融合产学研，深究产品技术，挑战技术极限；同时，公司推进现场工匠制思维，用心做好产品，展现优质品控。艾华集团深耕工业控制、汽车电子、消费电源、消费电子、照明电子五大市场，打造铝电解电容器设计开发、高分子固态铝电解电容器研发、电极箔腐蚀及化成技术、电解液研发、专用设备制造、SAP-ERP 全栈管理系统构筑六大核心技术体系。公司建有国内电容器行业唯一的"国家认定企业技术中心"，2014 年公司由工信部认定为"国家技术创新示范企业"，2016 年由工信部认定为"全国工业品牌培育示范企业",2019年由国家知识产权局认定为"国家知识产权示范企业",2020年荣获了"第六届湖南省省长质量奖"。先后承担了国家创新基金、国家火炬计划、国家工信部强基工程、湖南省地州市引导项目（简称一把手工程）、湖南省火炬计划等多个项目，并已取得了多项科研成果。目前，艾华集团已拥有有效知识产权363项，其中发明专利72项。艾华集团自主研发的铝电解电容器在耐高温、耐高纹波、长寿命、高频低阻、阻燃、缩体等技术上均达到国际领先水平。

主要产品介绍：

LP系列基板自立型铝电解电容器

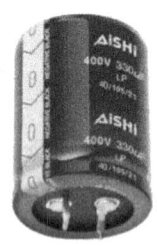

参数如下：

电压：400~450V；

容量：82~820μF；

温度：-40~105℃。

高层专访：

被采访人：艾亮　总裁

▶ 请您介绍企业2023年总体发展情况。取得了哪些显著成果？

2023年，公司在5G、汽车、新能源等板块不断渗透，特别是在品类布局上有所延伸。目前，艾华四期的薄膜电容工厂已成形，公司形成了铝电、薄膜、叠层电容等更全的产品供给体系，确保更精准地应答市场需求，在公司规模、整体营收上均有所爬升。

▶ 请您介绍企业2024年的发展规划及未来展望。

2024年，集团会继续加大研发投入，对标市场推进精准可行的产品解决方案，并根据市场趋势做好产品预研。同时，积极推进供应链的升级，布局渠道，以应对高端市场的竞争，提升全球竞争力、交付能力和抗风险能力。

随着行业集中化程度加深，2024年我们会聚焦高端市场的深挖，用领先行业的电容技术推进国产化替代，为中国品牌代言。

▶ 请问您认为市场环境会有怎样的变化趋势？企业如何适应或挑战这种变化？

随着终端市场的不断发展，在技术研发、成本把控、管理水平等方面对供应链提出了更高要求。2024年，公司将继续降本提效，推进技术主导制和全项目制，确保优化工作高效精准。从产品技术、交付能力和抗风险能力上为市场提供强支撑。

湖南三安半导体有限责任公司

地址： 湖南省长沙市岳麓区长兴路399号

邮编： 410221

电话： 0731-81889206

邮箱： sales@sanan-ic.com

网址： www.sanan-semiconductor.com

简介： 湖南三安半导体有限责任公司（以下简称三安半导体）是上市公司三安光电（600703.SH）的全资子公司，成立于2020年7月，位于长沙高新开发区，致力于打造规模量产的碳化硅垂直整合产业链，覆盖碳化硅长晶、衬底、外延、芯片、封测服务。公司已通过ISO 9001、IATF 16949、QC 080000、ISO 14001、ISO 45001、ISO 27001、ISO 22301、ANSI/ESD S 20.20、SA8000等体系认证，并导入VDA6.3过程审核方法，碳化硅二极管产品已获得AEC-Q101车规级认证。

三安半导体致力于加速碳化硅应用普及，提高系统效率，推动可持续发展，促进低碳社会生活。作为碳化硅垂直整合制造平台，可提供从晶体生长、衬底制备、外延生长、芯片制程到封装测试的全产业链制造服务，实现产品迭代、质量、交付的全方位管控。产品与服务包括碳化硅MOSFET、碳化硅二极管、碳化硅衬底/外延材料、碳化硅模块代工以及氮化镓晶圆代工等，为新能源汽车、充电桩、光伏储能、通信基站、数据中心、不间断电源、工业自动化、家用电器以及消费电子等高可靠性应用提供助力。

碳化硅全链整合超级工厂涉及长晶、衬底、外延、芯片、封测，全流程自主可控。

公司占地面积1000亩（约666667m²），总投资160亿元，一期6英寸碳化硅晶圆产能达20万片/年，二期达产后项目合计满产6英寸碳化硅晶圆36万片/年、8英寸碳化硅晶圆48万片/年，累计服务国内外客户超800家，碳化硅芯片/器件出货量超2亿颗。

华东微电子技术研究所

地址： 安徽省合肥市蜀山区高新技术开发区合欢路19号

邮编： 230088

电话： 0551-65743712

传真： 0551-63637579

邮箱： info43@163.com

网址： www.cetc43.com.cn

简介： 华东微电子技术研究所（中国电子科技集团公司第四十三研究所，以下简称43所）于1968年建于陕西，1982年整体搬迁至安徽合肥，现有员工1500多人，是我国最早专业从事混合集成电路（HIC）技术研究的国家一类研究所，是我国高可靠混合集成电路专业领域的领军者。

43所数十年如一日，致力于混合集成电路技术及相关产品的研制与生产，为电子信息系统提供小型化解决方案，服务于国防和民用工程。主持制定了GJB2438A《混合集成电路通用规范》等30余项国家及行业标准，拥有国际水平的设计和工艺平台，具备从材料、基板、微组装、封装、试验、验证等完备的研发和生产体系，拥有厚膜混合集成电路、薄膜混合集成电路、多芯片组件（LTCC）、SMT模块电路、金属封装外壳等7条国军标认证研制生产线，拥有国家实验室、国防实验室和军用实验室三项资质认证的混合集成电路及电子元器件检测实验室、微系统安徽省重点实验室、博士后科研工作站等科研平台。

主要产品有 DC-DC、AC-DC、DC-AC、EMI 滤波器、电机驱动器、SDC/RDC、DRC/DSC、I/F 变换、F/V 变换、电压基准源、精密恒流源、信号处理电路、隔离放大器、微波/毫米波组件以及 MCM、SiP、微系统等专用集成电路，主导产品已形成系列化、标准化，广泛应用于航天、航空、船舶、电子、兵器、通信等高可靠电子设备及工业领域。

50多年来，43所为"长征"系列火箭、"神舟"系列飞船、"天宫"飞行器等百余项重点工程做出了突出贡献，部分技术和产品已达到或接近国际先进水平，荣获国家级科技进步奖和发明奖 300 多项，省、部级科技成果奖 100 多项。同时，43 所积极投身国民经济建设，在新材料、新能源、LED 绿色照明、光电通信、新能源汽车等领域开拓进取，获得国内外市场认可，产品出口欧美亚等 20 多个国家和地区。

华润微电子有限公司

地址：江苏省无锡市滨湖区梁溪路 14 号
邮编：214000
电话：0510-81805800
传真：0510-85872470
网址：www.crmicro.com
简介：华润微电子有限公司是华润集团旗下负责微电子业务投资、发展和经营管理的高科技企业，经过多年的发展及一系列整合，公司已成为中国本土具有重要影响力的综合性半导体企业，多年被工信部评为中国电子信息百强企业。

公司是中国领先的拥有芯片设计、晶圆制造、封装测试等全产业链一体化运营能力的半导体企业，公司主营业务可分为产品与方案、制造与服务两大业务板块，公司产品自主设计、制造过程可控，在分立器件及集成电路领域均已具备较强的产品技术与制造工艺能力，形成了先进的特色工艺和系列化的产品线。

公司产品聚焦于功率半导体、智能传感器领域，为客户提供系列化的半导体产品与服务。未来公司将围绕自身的核心优势、提升核心技术及结合内外部资源，不断推动企业发展，进一步向综合一体化的产品公司转型，成为世界领先的功率半导体和智能传感器产品与方案供应商。

金风科技股份有限公司

地址：新疆维吾尔自治区乌鲁木齐经济技术开发区上海路 107 号
邮编：830026
电话：0991-3767402
邮箱：xinjingjinfengkeji@goldwind.com.cn
网址：www.goldwind.com.cn
简介：金风科技股份有限公司是我国最早进入风力发电设备制造领域的企业之一，有超过 20 年的风电整机设计和开发经验，是国内领军和全球领先的风电整体解决方案提供商；拥有自主知识产权的全系列永磁直驱机组，代表着全球风力发电领域最具前景的技术路线；国内风电市场占有率连续 9 年排名第一，在全球连续 5 年排名前三；申请国内发明专利 2700 多项，海外 300 项；累计主持和参与标准制定 235 项，其中国内标准 220 项，国际标准 15 项；所主持项目"风电机组关键控制技术自主创新及产业化"荣获 2016 年国家科技进步二等奖。自 2015 年开始风电场智能控制技术开发，为项目开展提供了良好的支撑条件。公司建有国家风力发电工程技术研究中心和大型直驱永磁海上风电机组检测技术国家地方联合工程实验室；承担 973 计划、863 计划、支撑计划和国家重点研发计划等 50 余项；获国家科技进步二等奖 2 项，国家技术发明二等奖 1 项，省部级科技进步一等奖 7 项及其他省部级 8 项。

科威尔技术股份有限公司

地址：安徽省合肥市蜀山区高新技术开发区大龙山路 8 号
电话：0551-65837951
传真：0551-65837951-6006
网址：www.kewell.com.cn
简介：科威尔技术股份有限公司（KEWELL TECHNOLOGY CO.，LTD.）是一家以测试电源为基础产品，为多行业提供测试系统及智能制造设备的综合性测试装备公司。

公司目前主要产品线有测试电源、氢能测试及智能制造装备、功率半导体测试及智能制造装备等。产品主要应用于新能源发电、电动汽车、氢能、功率半导体等工业领域。由于测试电源产品运用的广泛性特点，公司产品还应用于轨道交通、汽车电子、智能制造、机电设备、航空航天、实验室认证等众多行业领域。

经过多年技术积累、升级和迭代与市场深耕积累了大量的行业应用经验，公司实现了前沿理论技术与实际工业场景的融合，有针对性地为下游行业领域客户提供所需的测试装备。公司多款产品实现了进口替代，产品远销欧洲、日韩及多个东南亚国家，是为数不多跻身国际测试设备供应商体系的中国本土品牌，并已成长为一家国内领先、业界知名的综合性测试装备公司。

"勇担当、敢创新、精益求精"是公司的核心价值观，公司致力成为全球领先的综合性测试装备供应商，为客户提供专业的产品和服务，让测试精准便捷。

茂硕电源科技股份有限公司

MOSO® 茂硕电源

股票代码：002660

地址：广东省深圳市南山区西丽松白路1061号
邮编：518108
电话：400-889-0018
传真：0755-27657908
网址：www.mosopower.com

简介：茂硕电源科技股份有限公司（以下简称茂硕电源，股票代码：002660）成立于2006年，是国家级高新技术企业、全球先进的电源解决方案供应商和国内电源行业的标志性企业，也是深圳知名品牌、广东省著名商标、中国驰名商标企业，持有国内外注册商标230余项、知识产权300余项。公司于2012年在深圳证券交易所中小板块成功挂牌上市，成为国内LED驱动电源行业第一股。

多年的经营与积累，茂硕品牌知名度、美誉度、忠诚度得到大幅提升。茂硕品牌自2010年起连续五届被认定为"深圳知名品牌"，自2014年起连续两届被认定为"广东省著名商标"；自有品牌商标"茂硕"及"MOSO"同时于2017年获得中国驰名商标认定。公司先后入选2017中国品牌500强、粤港澳大湾区品牌100强及自2019年起连续三年荣登深圳行业领袖百强企业榜单；获得2021年"领航「9+2」粤港澳大湾区最具投资价值大奖"及2022年"国际信誉品牌"等荣誉称号。

自成立以来，茂硕电源始终坚守实业，聚焦发展消费电子类电源、LED智能驱动电源主业，连续多年保持在国内外市场占有率领先地位，尤其在电视电信、安防及大功率路灯照明等行业领域形成了领先的竞争优势；与多家世界500强或知名企业保持长期合作，客户分布在全球60多个国家和地区。

当前，公司消费电子类电源业务，涵盖配套于全球知名品牌的机顶盒、网通、安防、显示器、医疗美容、电机驱动、3D打印机、激光打印机、电动工具、小家电充电器、工业控制、5G通信等应用领域，拥有海康威视、Haier、印度TaTa Sky等全球知名品牌的优质大客户。

LED智能驱动业务，专注于道路照明驱动、大功率照明驱动、植物照明驱动、工业照明驱动、景观照明驱动、大空间公共照明等应用领域。应用案例包括北京大兴机场、深圳机场、浦东机场、深圳地铁、洛杉矶码头、休斯敦机场等项目，拥有欧司朗、飞利浦、施耐德、华普永明、洲明科技、雷士照明等众多国内外全球知名品牌合作伙伴。

未来，在国家"双碳"背景下的一带一路、双循环、湾区+等发展机遇面前，茂硕电源将不忘初心，牢记成为全球电源第一品牌的使命，以国内产经政策为引导，围绕主业构建公司发展新格局，时刻用行动贯彻落实"创新技术，产品为王"的发展战略，持续巩固产业优势、提升运营效率，将发展目光瞄准全球市场，以实际行动践行节能减排理念，引领公司及产业高质量发展！

主要产品介绍：

体育场馆照明LED智能驱动S6系列

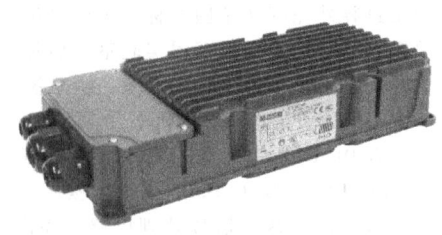

S6系列针对专业级体育照明LED球场灯设计，产品设计以国家标准GB/T 38539—2020《LED体育照明应用技术要求》为基准，能够满足各种高强度照明的需求。在智能控制方面，该系列产品通过DALI-2或DMX/RDM控制可设置多种应用场景与工作模式，可增强用户应用体验。同时，产品超低纹波实现UHDTV高清转播无频闪，结构设计采用了电气腔与专用接线盒双腔设计，满足高防雷及防水设计，兼容国内及欧美体育大国的电力系统要求。

高层专访

被采访人：顾永德　公司创始人

▶ 请您介绍企业2023年总体发展情况。取得了哪些显著成果？

2023年，是全面贯彻落实党的二十大精神的开局之年，也是实施"十四五"规划承上启下的关键之年。在这一年里，茂硕电源取得了显著的进步和成绩。公司坚持"创新技术，产品为王"的经营战略，不仅在内生式发展上取得了显著成效，更在外延式拓展上迈出了坚实的步伐，在产品标准化、质量管理、采购优化等方面，均取得了突破性的进展。与此同时，公司在保持原有主业优势前提下，以新能源业务为突破点，与济南产发集团一起投资设立润硕科技有限公司，进一步发力储能业务。这一战略举措，不仅进一步巩固了茂硕电源在新能源领域的竞争优势，也为公司未来的发展注入了新的动力。

▶ 请您介绍企业2024年的发展规划及未来展望。

2024年，是中华人民共和国成立75周年，是实现"十四五"规划目标任务的关键一年，也是茂硕电源抢抓机遇、加快高质量发展的又一个关键之年。茂硕电源将继续坚持"规模增长兼顾效益"的工作总基调，立足高质量发展，落实集团公司的战略部署，加快发展新质生产力，确保高质量完成2024年各项指标任务，进一步做强做大电源主业。

同时，茂硕电源品牌出海战略在2023年取得了显著成效，公司向世界进一步展示了自身卓越的产品和创新的实力，获得了越来越多的国际客户的关注，品牌的国际影响力得到显著提升。2024年将是茂硕品牌出海战略得到进一步拓展与巩固的重要时期。未来这一年里，茂硕电源将继续加强产品创新和研发，不断推出符合市场需求的新产品，以满足全球客户不断变化的需求；将持续加大海外市场的开拓力度，积极寻找更多与国际客户合作的机会，以进一步巩固和提升品牌在全球市场的地位。

▶ 请问您认为市场环境会有怎样的变化趋势？企业如何适应或挑战这种变化？

2024年，企业发展面临的环境仍是战略机遇和风险挑战并存,有利条件强于不利因素。就茂硕电源聚焦的消费电子类电源、LED 驱动电源市场而言,仍然存在超大规模市场的需求优势。一方面,在第三代半导体技术、高度集成 IC（芯片）、PD3.1 协议等热潮推动下,消费电子产品的深度与广度持续扩展,产品也不断升级与创新,未来的电源会更轻型化,接口更标准化,更智能并且更绿色环保。这势必会对电源厂商的综合实力提出新的要求,也给茂硕电源等品牌厂商带来新的机遇。另一方面,据 Mordor Intelligence 数据预计,2024 年全球 LED 照明市场规模为 1115.7 亿美元,2024~2029 年年复合增长率为 11.35%。LED 技术不断突破,使得 LED 灯具的发光效率更高、寿命更长、能耗更低,满足了现代社会对节能环保的需求,未来 LED 产业仍将进一步扩张发展;而全球为实现"双碳"目标,节能改造项目需求增多,未来智慧城市改造升级和制造业工业升级而带来的相关照明应用市场,将会迎来新的成长机遇。

茂硕电源将积极发挥自身产业积累及技术优势,不断推出符合市场需求的新产品,以满足全球客户不断变化的需求,力求以先进的产品技术、优质的产品质量、智能化快速批量制造和迅捷、准确响应市场及客户需求的能力,赢得国内外客户的信任,持续扩大公司市场份额。

美的集团

Midea

地址：广东省佛山市顺德区北滘镇美的大道 6 号美的总部大楼
邮编：528311
电话：18022227010
邮箱：liuyang3@midea.com
网址：www.midea.com
简介："科技尽善,生活尽美"——美的集团秉承用科技创造美好生活的经营理念。经过 56 年发展,已成为一家集智能家居、工业技术、楼宇科技、机器人与自动化、创新型业务五大板块为一体的全球化科技集团。过去 5 年投入研发资金超 500 亿,在全球拥有 31 个研发中心和 40 个主要生产基地,产品及服务惠及全球 200 多个国家和地区约 5 亿用户。形成美的、小天鹅、东芝、华凌、COLMO、Clivet、Eureka、库卡、GMCC、威灵、菱王电梯、万东医疗在内的多品牌组合。

2022 年,美的集团营业总收入 3457 亿元,同比增长 0.7%,净利润 296 亿元,同比增长 3.4%。近 6 年累积纳税达 1059 亿元,经营业绩持续向好。现拥有海内外员工总数约 19 万人,其中海外员工约 3 万人。2023 年,美的集团位列《财富》世界 500 强第 278 位,Brand Finance 全球最有价值科技品牌 100 强第 36 位。

2022 年,美的重新定位五大业务板块,以科技领先为核心,实现 ToC 和 ToB 业务并重发展,推动国内和全球突破双重质变。在双循环、国产替代、产业升级的大背景下,坚持"科技领先、用户直达、数智驱动、全球突破"的全新战略主轴,持续加大在数字化、IoT 化、全球突破和科技领先方面的投入,布局和投资新的前沿技术,致力于成为全世界智能家居的领先者,智能制造的赋能者。

南京博兰得电子科技有限公司

POWERLAND

地址：江苏省南京市秦淮区紫丹路设计产业园 9 号楼
邮编：210000
电话：025-85582306
传真：025-85582306
邮箱：sales@powerlandtech.com
网址：www.powerlandtech.com/cn
简介：南京博兰得电子科技有限公司（以下简称博兰得）是一家于 2009 年在南京注册的内资企业,总面积约 5500m^2。注册资金 5647.3573 万元人民币。自公司成立以来,在全球知名电力电子专家徐明博士的领导下,博兰得已凝聚了包括众多海归博士在内的国内外尖端研发力量。公司现有员工 200 余人,其中研发人员 85 人,42 人为硕士以上学历,博士 6 人,博士后 1 人。

作为全球领先的电力电子及新能源产品供应商,博兰得专注为新能源、工业、特种、医疗、汽车及消费类电子领域提供开创性的产品及系统解决方案。凭借强大的科研能力和创新能力及多年来的制造加工经验技术能力,博兰得突破诸多技术瓶颈,以高可靠性、高效率、高功率密度、高智能化的新一代技术与产品为电力电子行业发展持续提供动力。

智能制造方面,博兰得于 2013 年开始建立自有供应链,成立江西工厂,于 2018 年建立高端电源制造工厂——常州奇普。博兰得一直致力于让产品具备超高的性能,稳定可靠的品质;质量体系方面,博兰得的各项认证齐全,给产品提供了有力保障;产品方向方面,现拥有交通电源、照明电源、特种电源、IT 储能、光伏储能等六大事业部,坚持用原创技术引领行业潮流,为社会创造新价值,提供极致电源产品解决方案。

聚焦市场,博兰得以委托研发为基石,以客户需求为导向,利用尖端的研发能力解决客户需求,以技术能力填补市场空白,先后与上海联影、中船重工、中国科学院等优质客户合作,攻克技术瓶颈,达成客户需求;两轮锂电充电器板块,与小牛、九号、雅迪、zero、GenZ 达成合作,市占率在行业内位居第一;大功率 LED 驱动板块,首创智能调光,达 97% 转换效率,同时,博兰得在 300W 以上 LED 驱动行业拥有主导地位;光储板块,博兰得光伏微型逆变器,具有业界领先的功率密度、效率和可靠性,结构紧凑,仅重 2kg,产品峰值效率可达 97%,设计寿命达 25 年。博兰得独有专利的电池优化器及其储能系统架构,可有效提升储能系统的利用效能,大大简化系统配置难度,提高系统的可靠性和安全性;在直流充电桩板块,博兰得独有专利一级供电方案,区别于传统两级供电模式,可实现同功率等级下充电桩模块体积缩小 30%、成本降低 30%,全范围效率领先,加权平均效率领先 1%~1.5%;适配器板块，2011年，博兰得首创世界第一款超小型65W便携式计算机适配器，自此之后博兰得一直作为行业先行者与领导者，不断优化创新电路架构，突破自我，引领行业设计方向与潮流。2018年10月，业内公认的最精湛设计的65W"口红"电源面市，并赢得"红点"设计大奖。2019年，推出新一代氮化镓"口红"适配器，将便携式适配器的性能提升至新的阶段。海洋电源板块，博兰得拥有业内独家、中国唯一商用海底通信供电系统，通过工信部国际领先科技成果鉴定，2019年开始与国内知名的通信解决方案提供商A公司合作开发海底供电系统，目前已稳定商用，是中国唯一商用的海底通信供电系统，也是全球最紧凑的海缆通信供电系统。

主要产品介绍：

Diamond系列 48V/60V/72V 1000~2400W 锂离子电池充电器

博兰得Diamond系列48V/60V/72V 1000~2400W锂离子电池充电器采用超高效率设计，以及带有风扇的金属外壳。低功耗和防水的卓越性能，使充电器具有高可靠性和超长的使用寿命。该充电器可应用于电动汽车、电动摩托车、电动船及电子机械等。

高层专访：
被采访人：徐明 CEO

▶ 请您介绍企业2023年总体发展情况。取得了哪些显著成果？

在过去的一年里，我们取得了一系列显著成果，其中包括：

我们成功发布了20kW单级电路充电桩，这一成果为电动车充电领域带来了革命性的变革，使得充电速度大幅提升，用户体验得到了极大的改善。

我们在技术创新方面取得了重要突破，研发出高效1000W微型逆变器，为未来的可再生能源应用打下了坚实基础。

公司在2023年开始进入全新的光储充市场领域，这标志着我们对未来能源存储和利用方向的战略布局。我们将继续加大研发投入，为市场带来更多高性能、高效率的产品，助力推动全球清洁能源的发展。

▶ 请您介绍企业2024年的发展规划及未来展望。

技术创新与产品发展：我们将继续加大对技术创新的投入，不断提升产品性能和品质。在2024年，我们计划推出更多高效、智能的充电设备和能源转换产品，以满足市场对清洁能源的不断增长的需求。

市场拓展与国际化发展：我们将继续积极拓展国内外市场，加强与合作伙伴的合作，拓展产品应用领域。同时，我们也将加强对国际市场的布局和拓展，提升品牌影响力和竞争力。

可持续发展与社会责任：作为一家责任企业，我们将继续致力于可持续发展，并积极履行社会责任。我们将加强环保意识，推动绿色生产和可再生能源的利用，为建设美丽家园贡献我们的力量。

▶ 您认为当前电源行业（或您所在细分行业领域）发展的有利因素和不利因素是什么？企业准备如何应对？

当前电源行业发展的有利因素包括以下几个。

清洁能源的推动：全球对于清洁能源的需求不断增加，这为电源行业提供了增长机会，尤其是可再生能源领域。

技术创新：新技术的不断涌现，如智能电网、能源存储等，为电源行业带来了更多的发展可能性和解决方案。

政策支持：许多国家都出台了鼓励可再生能源发展的政策和法规，为电源行业创造了更好的政策环境和市场机会。

智能化需求：随着智能家居、智能城市等领域的快速发展，对于智能电源产品的需求也在增加，如智能电表、智能电池等。

不利因素包括以下几个。

原材料价格波动：电源行业对于金属、稀土等原材料的依赖较大，价格波动对企业的成本和利润造成不利影响。

市场竞争加剧：电源行业竞争激烈，新进入者不断涌现，行业内部竞争加剧可能导致价格下降和利润压力增大。

技术更新换代：技术的快速发展意味着产品的更新换代周期缩短，企业需要不断投入研发以保持竞争力，这会增加企业的成本和风险。

企业可以通过以下方式应对这些挑战。

加强研发和创新：不断投入研发，推动技术创新，开发出更加高效、节能、环保的产品，提高竞争力。

多元化发展：在产品和市场上实行多元化发展战略，降低单一市场风险，寻求新的增长点。

加强成本管理：优化供应链管理，控制原材料成本，提高生产效率，降低生产成本，保持竞争力。

积极响应政策：了解并积极响应各国政策法规的变化，抓住政策红利，加大在可再生能源等领域的投入和布局。

加强市场营销：加强品牌建设，提升产品品质和服务水平，树立企业形象，拓展市场份额。

南京国臣直流配电科技有限公司

地址：江苏省南京市江宁区福英路1001号联东U谷9号楼-10号楼

邮编：211100

电话：025-52162458
传真：025-84488904
邮箱：wuyanze@gc-bank.com
网址：www.gc-bank.com

简介：南京国臣直流配电科技有限公司成立于2005年，致力于用低压直流配电技术，为用户改善电能质量、提高供电可靠性、消纳新能源、提升用电能效、降低配用电成本，并提供完整的解决方案和系列产品。公司自主研发的±1500V以下的系列电力电子变换器、暂降保护系统、低电压穿越装置、低压直流测控装置、直流一体化配电单元、微机型低压直流继电保护、直流配电抽屉柜、主动式保护装置、电能质量监测装置、电池监视管理系统、直流配电监控系统等产品，均取得了国家级检验机构的第三方权威检测，广泛用于电力、石油、化工、电子制造、冶金、数据中心、楼宇建筑等多个领域，并已踏出国门，走向国际市场。

为保持技术和产品持续领先，公司积极参与了IEC、CIRED、CIGRE、APQI、CPSS、CEC、SAC/TC1等组织的系列活动和标准制定工作，与南京航空航天大学航空电源实验室成立了电源技术中心，在中国石油大学成立了研究生联合培养基地，在太原理工大学成立了直流配电研究院，并参与了清华大学建筑节能研究中心、深圳建筑科学研究院、中国电力科学研究院等业内知名科研院所的直流配电及微电网实验室共同建设。参加了国家重点研发计划"净零能耗建筑关键技术研究与示范"首个楼宇低压直流配电系统的设计与建设、国家重点研发计划"基于电力电子变压器的交直流混合可再生能源技术研究"中低压直流保护和户用能源路由器的设计与建设、安徽六安市金寨县分布式电源与多元化负荷高效接纳综合示范工程等项目，赢得了各界的广泛好评。公司已取得国家专利授权50多项，发表国内外学术论文50多篇，参编专著5部，参与制定国家标准、行业标准及团体标准20多项，获省部级以上科技成果奖5项。

在"碳达峰碳中和"的大背景下，作为主要的技术路线之一，直流配电受到了能源、建筑、交通、电网、工业制造、家用电器等各大行业前所未有的高度关注。直流配电的发展，也将面临空前机遇。公司将继续专注于低压直流领域的研究与实践，坚持自主技术创新，为全球的能源变革奉献国臣智慧和解决方案。

主要产品介绍：
光储直柔系列产品

光储直柔系列产品将光伏、储能、直流微网和柔性控制4项技术有机融合起来，满足多种能源需求，提供高效、稳定的能源供应，降低对传统电力的依赖。本系列共有6个子系列：光伏、储能、并网等变换器系列；直来电盒系列；配电宝系列；直流保护系列；监控系列以及直流家电系列。本系列产品充分利用光伏储能等分布式能源，实现了刚性负载柔性化，强化电力系统"荷随源动"的负荷响应调控，产品有效降低能源消耗和排放，促进可持续发展。

宁波赛耐比光电科技有限公司

地址：浙江省宁波市高新区剑兰路1228号
电话：0574-27902582
传真：0574-27902582
网址：https：//zh.snappy.cn/

简介：宁波赛耐比光电科技有限公司是一家专业研发、生产、销售LED驱动电源的国家高新技术企业，始创于2003年，注册资本2976万元。公司秉承"以人为本，诚信立业"的宗旨，致力成为全球橱柜卫浴电源的专家。公司产品种类齐全，以高品质、高可靠性、长寿命等优点深受客户好评，目前产品已销往欧盟、澳大利亚、英国等30余个国家和地区。

公司注重高端LED电源产品的开发研究，拥有一支创新型的技术团队，目前拥有产品的核心技术与专利80项。未来，公司将以"智造"为理念，以"舒适的生活，健康的照明环境"为使命，致力于开发高效、高可靠、智能化LED驱动电源。

主要产品介绍：
LED驱动电源

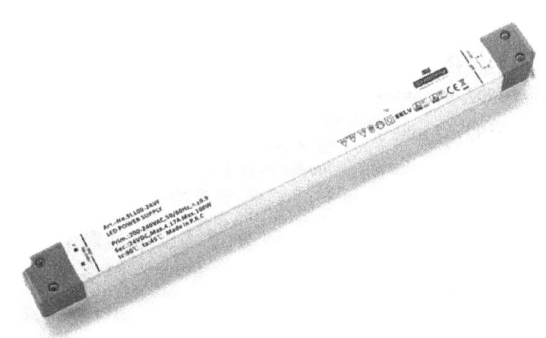

企业主导产品为LED驱动电源。研发和生产超薄、条形、大功率、室内外系列智能化产品，应用领域为室内橱柜灯领域、室外体育场馆、公园景观、大型商照、基础设施照明等，连续获得Halemeier GmbH（德国海蒂诗集团下属公司）年度供应商，在欧洲、澳大利亚等30余个国家和地区建立了销售渠道。

高层专访：
被采访人：张莉　董事长

▶ 请您介绍企业2023年总体发展情况。取得了哪些显著成果？

宁波赛耐比光电科技有限公司自2010年开始进入LED驱动电源特定细分市场，已长达14年。近三年企业主导产品全国细分市场占有率均超过10%，稳居全国前三。公司主要着力于智能控制领域内LED驱动电源的研发，产品大部分出口，主要出口方向是欧洲和美洲。因长期深耕细分市场和持续研发投入，多年来公司毛利率始终处于35%~40%之间，净利率达20%，远高于同业数倍。

▶ 请您介绍企业2024年的发展规划及未来展望。

2024 年，智能照明市场有线技术领域预计将占有超过 60%的市场份额。另一方面，蓝牙、ZigBee 和 Wi-Fi 等无线技术的进步以及智慧城市应用中物联网智能传感器的采用日益增加等，预计将加快无线通信技术市场在预测期内的增长。公司决定抓住时机，研发重点逐步向智能调光转移，为用户的工作、生活、学习提供个性化的智能环境，进而实现公司业务的战略升级和长久发展，助力智慧城市的发展建设。

▶ 您认为当前电源行业（或您所在细分行业领域）发展的有利因素和不利因素是什么？企业准备如何应对？

随着世界新基建概念的强化和细化，照明行业的数字化、环保性特征将愈加明显，市场对 LED 驱动电源的要求不断提高，主要集中在超小型、超大功率户外防水防雷击、智能控制、可调光、长寿命 LED 驱动电源等方面，从而实现 LED 照明行业的产业升级。

因此，公司将顺应市场发展趋势，对 LED 驱动电源领域的技术分解，着重于解决技术创新环境，朝着产品更轻、更薄、更高性能和更智能的目标去前进、去突破。

厦门市爱维达电子有限公司

地址： 福建省厦门市海沧区新阳路 10 号
邮编： 361028
电话： 0592-8105999
传真： 0592-5746808
邮箱： zhangjt@evadaups.com
网址： www.evada-channel.com

简介： 厦门市爱维达电子有限公司（以下简称爱维达）创立于 1998 年，集研发、生产、销售、服务为一体，20 余年专注电能变换及智慧能源领域，融合可持续清洁能源与能源数字化领域，提供 UPS 电源、微模块数据中心、5G 基站电源、光伏逆变器、户用储能、工商业储能等解决方案。

以爱立信、维系一贯、达成共赢。经过 20 多年的产业深耕和技术沉淀，爱维达参与多个国家标准和行业标准的起草，拥有自主核心技术并取得多项发明专利，是国家高新技术企业、国家级专精特新"小巨人"企业，位列中国 UPS 市场品牌 TOP10、国内品牌 TOP5、微模块数据中心市场品牌 TOP10、是中国驰名商标"EVA-DA"持有者。

秉持"让电能更可靠、更高效"的使命，爱维达曾服务 2008 年北京奥运会、2010 年广州亚运会、2017 年厦门金砖会议、2019 年国庆阅兵、2022 年北京冬奥会等大型国家活动保电工作；多次入选中石化、中国移动、中国电信、中国联通、国家电网、南方电网、国税总局、广电、交通银行等系统用户选型或集采的品牌；是中石油一级供应商和甲级供应商。爱维达服务全球近百个国家和地区，推动政府、工业、通信等行业数字化、能源低碳化的转型发展，共建绿色美好未来。

主要产品介绍：

DPS 系列分布式电源

爱维达 DPS 系列产品为分布式电源系统，它是针对新一代绿色数据中心所设计研发的不间断电源产品。它将传统 UPS 成熟稳定的控制技术与新型锂电池储能技术相结合，具有体积小、质量轻、高智能、易部署的特点，普遍适用于分布式数据中心、承重受限数据中心、分阶段部署数据中心、快速部署数据中心和一体化机柜等供电应用场景。

高层专访：

被采访人：王勇军　总裁

▶ 请您介绍企业 2023 年总体发展情况。取得了哪些显著成果？

2023 我们跨过了疫情的寒冬，面对复杂形势，爱维达各位同仁踔厉奋发、勇毅前行，集团经营效益稳中向好，各项业务健康发展，行业排名稳居前列。

2023 年，我们抓抢机遇，锐意进取。云上天府、成都大运、东数西算、智慧校园、税务金融等国家级项目中都有我们的身影，立足行业市场，扩张渠道销路，进军新能源赛道，这一年爱维达整体发展呈现质效提升、结构优化、动力增强的良好格局，迈入了高质量发展新阶段，朝爱维达梦的实现前进了一大步。

2023 年，我们从"新"出发，向上生长。新展厅 5 月落成，明亮宽敞、科技感十足，往来的客户朋友都赞不绝口；深圳新研发中心投入使用，超 2000m^2 的空间和各类高精尖仪器设备，为研发之路再添助力；与金蝶联合打造的 PLM 管理平台，深度优化研发管理链路，实现共创共赢；光伏储能+油田的独特思路，让采油井里也吹出绿色新风。

2023 年，我们广交好友，凝心聚力。全国合作伙伴大会群英荟萃，"启新聚势，达可有为"；海内外行业展会、论坛接连不断，展位观众络绎不绝；渠道活动遍地开花，多级脉络深入天南海北；客户为本，服务至上，新老朋友的到来，不断扩大了爱维达朋友圈。

▶ 请您介绍企业 2024 年的发展规划及未来展望。

2024 年我们将坚持强化研发创新，持续加大业务领域拓宽和渠道地域拓展的工作力度，全面深化推进新能源战略，驱动主营业务多极增长，与更多合作伙伴携手共进，擘画更加壮美的蓝图。

▶ 请问您认为市场环境会有怎样的变化趋势？企业如何适应或挑战这种变化？

电源行业正面临技术创新、环保要求提升、市场需求多样化和竞争加剧等趋势，同时，随着智能化、AI 化趋势，电源产品将更加注重与智能电网、物联网、人工智能等技术的融合。我们应紧跟这些变化，推动产品和服务升级，以适应不断变化的市场环境，并为电力系统的安全、高效、绿色运行做出贡献。

上海杰瑞兆新信息科技有限公司

地址： 上海市浦东新区临港新片区环湖西二路 888 号 C 楼
电话： 021-50800662
网址： www.jarizx.com
简介： 上海杰瑞兆新信息科技有限公司是特大型国有企业中国船舶集团有限公司下属的控股公司，是国家高新技术企业，致力于成为模块电源及其应用解决方案的全球领跑者，总部位于上海临港，在南京和连云港分别设有研发中心和生产基地。

公司深耕高性能电源领域，是国内高端电源核心供应商，拥有丰富的电源核心芯片、拓扑结构、供电架构、封装工艺和电磁兼容设计、开发及应用经验，累计开发 30 多个系列数千种型号产品，涵盖电源芯片、模块电源和系统电源，能够提供从输入到负载的一体化供电解决方案，产品广泛应用于航空航天、船舶、雷达、通信、电力、无人机等领域。

公司拥有一支以博士为核心的顶尖研发团队，突破先进电能转换领域多项关键核心技术，在国内率先推出基于模块级半导体封装工艺的新一代微晶片电源，功率密度高达 $2735W/in^3$（$1in^3 = 1.63871 \times 10^{-5} m^3$），实现与国外产品原位替代，填补国内空白。

公司坚持以服务国家战略为己任，对标世界一流，先后通过 GJB 9001C 质量管理体系、GB/T 19001 质量管理体系、GB/T 24001 环境管理体系和 GB/T 45001 职业健康安全管理体系认证，将凭借先进的设计开发、生产制造以及试验检测能力，持续为客户提供一流的电源产品和服务。

主要产品介绍：

微晶片电源

基于革命性模块级半导体封装工艺的最新一代 DC-DC 模块电源，包括隔离稳压、隔离固定变比以及非隔离稳压三大类，可灵活组合成分布式供电网络。采用 MHz 级软开关拓扑、专利控制策略及专用芯片，实现安全隔离、低热阻和双面高效散热，将模块电源的集成化、轻量化和小型化推向新高度，适合对功率、效率、体积、质量、厚度等要求极端严苛的高可靠电子系统。与国外公司同类产品 Pin-To-Pin 兼容，填补国内空白

高层专访：
被采访人： 杨静　总经理

▶ 请您介绍企业 2023 年总体发展情况。取得了哪些显著成果？

公司以服务国家战略为己任，聚焦高端电源研发和产业化，致力于成为模块电源及其应用解决方案的全球领跑者。公司 2023 年持续深耕军品电源领域，整体发展势头良好，全年营业收入突破 3 亿元，较去年增长 14.1%。

2023 年公司加大研发投入，突破了超高功率密度电源变换技术、高导热塑封工艺等多项关键核心技术，搭建了国产高功率密度微晶片电源技术平台、全国产大功率 AC-DC 电源技术平台等多个先进技术平台，微晶片电源功率密度达到 $2735W/in^3$，15kW 大功率 AC-DC 电源采用全 SiC 功率器件，峰值效率达 97.4%，技术指标全面提升，性能优势明显，为进一步开拓市场建立了技术基础。2023 年公司申请发明专利 9 项，获得授权发明专利 2 项。

2023 年公司依托核心产品性能优势，制定专项营销策略，持续扩大在雷达、弹载、机载等领域的市场份额，并且首次进入系留无人机、星载、单兵等领域，开辟了新的市场细分方向。

▶ 请您介绍企业 2024 年的发展规划及未来展望。

2024 年公司将继续加大研发投入，打造国内顶尖的关键技术研究平台、先进产品设计开发平台、深度产学研合作平台以及高层次专业技术人才引进平台，开展先进电能转换关键技术攻关，打造核心优势产品，为公司发展提供强大技术驱动。依托国产化模块电源、大功率 AC-DC 一次电源以及逆变电源技术平台，加快产品研发、谱系拓展和批产供货，抢占国产化替代机遇。

市场营销方面，聚焦大客户经营，强化客户分级管理和精准营销，依托微晶片电源等核心优势产品，深耕雷达、机载、弹载等重点领域，不断提高市场占有率。同时大力开拓无人机、数据中心等新领域市场，不断提升杰瑞电源品牌影响力。

▶ 请问您认为市场环境会有怎样的变化趋势？企业如何适应或挑战这种变化？

1）模块电源增长空间大：随着信息技术，特别是高算力、人工智能的不断发展，高效率、小型化的高端模块电源需求将会持续增加，并带来新的发展机遇。

2）市场竞争不断加剧：国内高端模块电源市场竞争日益激烈，随着国产化趋势加强，掌握先进技术和国产化产品的企业竞争优势将更加明显。

3）性能要求更加严苛：随着设备性能不断提升，随之而来的对模块电源的效率、功率密度、体积等性能要求也更严苛。高端模块电源企业需要提供更高性能、高可靠的产品和解决方案，满足客户需求。

为了适应或挑战这些变化，企业可以采取以下措施：

1）加大技术创新：投入更多资源进行研发，提高技术水平和创新能力，推出更加极致高性能的模块电源产品以满足市场需求。

2）优化供应链：优化供应链管理，通过与合作伙伴进

行紧密合作，建立高效的供应链体系，降低成本并提高产品高质量交付能力。

3）加强品牌建设：在激烈的市场竞争中，依靠过硬的产品质量和良好的服务，加强品牌宣传，提升产品形象和服务质量，塑造良好的品牌声誉。

深圳古瑞瓦特新能源有限公司

GROWATT 古瑞瓦特

地址：广东省深圳市宝安区西乡街道中德欧产业园区A栋8楼
电话：0755-29515888
网址：www.growatt.com
简介：深圳古瑞瓦特新能源有限公司（以下简称古瑞瓦特）创立于2011年，是一家专注于可持续能源发电、储电、用电以及能源数字化领域的企业。公司设计、研发、制造光伏逆变器、储能系统、智慧能源管理系统，为全球家庭及工商业用户提供优质的全场景分布式能源解决方案。

自成立以来，古瑞瓦特始终坚持科技创新及研发投入，先后在深圳、西安和惠州成立研发中心，建立了超1100人的专业研发团队。凭借强大的研发创新能力，持续为不同国家和地区的用户提供领先的分布式能源解决方案。

公司坚持全球化战略，在德国、英国、荷兰、美国、巴西、澳大利亚、印度等22个国家和地区共设立42个营销服务网点，在西班牙、法国、巴西、阿联酋、新加坡及南非成立了子公司，为全球客户提供本土化的服务。十余年来，古瑞瓦特的产品及服务获得了客户及市场的高度认可，业务已覆盖全球180多个国家和地区，自主研发的OSS智能运维云平台已连接全球约210万个家庭及工商业终端用户。据S&PGlobal及Woodmackenzie报告显示，2022年古瑞瓦特已跃升成为全球第四大光伏逆变器提供商，户用光伏逆变器出货量排名列全球第一，储能逆变器出货量排名位列全球第四。

古瑞瓦特将肩负责任与使命，坚持研发高投入和技术创新，致力于为人类打造全球最大的可持续智慧能源生态，让每个人都能够受益于可持续能源。

主要产品介绍：

1. 0.75~253kW全系列智能组串式逆变器

全系列智能组串式逆变器，配套自主开发的智能监控及运维云平台，提供全场景全智能光伏并网解决方案，适用于全球各地的户用、工商业、大型地面/山丘/水面电站等场景。

2. 2.5~100kW/256~400kWh

"光伏+储能"一体化解决方案，全系统运维。适用于户用、工商业等多种应用场景。支持虚拟电站（VPP）智能调度和物联网设备接入，为客户提供24小时不间断清洁能源，最大化提高光伏自发自用率和投资收益率。

深圳华德电子有限公司

WATT

地址：广东省深圳市南山区南海大道蛇口兴华工业大厦五栋A座六楼
邮编：518067
电话：0755-26693168
传真：0755-26693918
邮箱：wangg@watt.com.cn
网址：www.watt.com.cn
简介：深圳华德电子有限公司建立于1987年，是随经济特区共同发展成长的专业电源技术公司。

公司注重高端电源产品及技术的开发研究，已成规模的电源产品涵盖了数据通信、医疗设备、工业设备、测量仪器、汽车及工程机械动力控制系统、高端计算机及服务器、民用航空飞行器等领域。

在不断发展和完善产品研发及销售平台的基础上，公司积极地引进国内外先进技术和专利技术，采取自主设计、定制、合作开发等灵活的方式，为全球的客户提供最佳的解决方案、高可靠的产品及优质的服务。

公司不断强化企业的现代化管理水准和体系建设，重视人才，重视质量。以自动化的生产能力和先进的生产工艺使产品品质得到有效的保证。

深圳科士达科技股份有限公司

KSTAR 科士达
股票代码：002518

地址：广东省深圳市高新区科技中二路软件园1栋4层
邮编：518057
电话：0755-86168476
传真：0755-86168482
网址：www.kstar.com.cn
简介：深圳科士达科技股份有限公司（股票代码：002518）成立于1993年，2010年在深圳证券交易所上市。公司被评为国家企业技术中心，是国家技术创新示范企业、国家重点软件企业、国家级绿色工厂，公司技术中心建有中国合格评定国家认可委员会（CNAS）实验室德国TÜV莱茵实验室，是引领行业的智慧能源领域全能方案供应商。公司31年来专注于UPS、温控与微模块、电池、光伏、储能、电动汽车充电桩产品的研发制造，不间断电源产品全球销量第三，产品销往全球180多个国家和地区。截至目前，公司拥有632项各类发明、实用新型专利及软件著作权，参与130多项国家和行业标准的制定。

公司作为最早进入数据中心产品领域的国内企业之一，经过多年深耕发展，亦已成为业内数据中心基础设施产品品类最齐全的公司之一。公司自主研发生产的数据中心产品已趋向多元化、集成化发展，主要包括不间断电源（UPS）、热管理、精密空调、微模块、通信电源、精密配电、蓄电池、铅酸电池、网络服务器机柜、动力环境监控等设备和系统，广泛应用于政府、金融、通信、COLO、互联网、轨道交通、工业制造、电力、医疗、教育等行业和领域，着力保障数据中心信息安全、维护其稳定可靠持续运行。

多年来公司一直深耕通信、金融、IDC等标杆行业并提供优质的产品与服务，深受行业的认可。2023 年度，公司相关核心产品在中国银行、中国工商银行、中国农业银行、中国农业发展银行、民生银行、华夏银行、交通银行等金融客户成功选型入围。公司成功交付实施杭州第 19 届亚运会应急保障项目、武当山云谷大数据项目、北大多模态百度项目、三亚城市超级大脑项目、中国银行总行机房工艺系统工程等数据中心项目。此外还参与包括西安市地铁 8 号线、10 号线一期、15 号线一期工程专用通信、公安通信系统集成采购项目，佛山蓝湾云计算产业项目，重庆市域快线璧山至铜梁线通信系统等项目。

数据中心业务作为公司核心主营业务，发展至今已获得海内外市场的高度认可。公司品牌 UPS 产品全球市场销量占有率排名前五（数据来源：Omdia）；中国 UPS 销量市场占有率连续 22 年本土品牌第一（数据来源：赛迪顾问）；UPS 配套铅酸蓄电池中国大陆市场连续 10 年占有率本土品牌第一（数据来源：ICTresearch 2022—2023 年度中国 UPS 配套铅酸电池产品市场报告）；单排微模块产品销售额第一（数据来源：赛迪顾问 2022—2023 年度中国 UPS 产品市场年度研究报告）。

主要产品介绍：

YMK3300 系列模块化 UPS

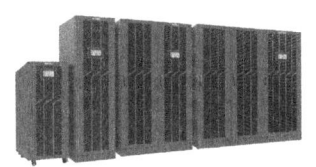
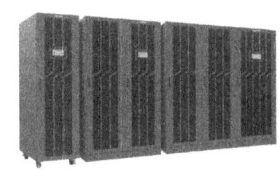

产品特点： 安全可靠；关键器件温升裕量大；专利散热设计；SiC 宽禁带器件；模块化设计，硬件冗余设计；系统软件控制三总线冗余设计；绿色高效；在线模式效率可达 97.1%；HECO 模式效率高达 99.0%；智能休眠，保障最佳效率区间；灵活应用；储备一体；可完美适配电力模块；占地面积更小；智能运维；显示屏示波功能；故障录波功能；自动/手动除尘功能；易损件全生命周期管理。

深圳市必易微电子股份有限公司

地址： 广东省深圳市南山区西丽街道万科云城三期 C 区八栋 A 座 3303 房
电话： 0755-82042689
传真： 0755-82042689
网址： www.kiwiinst.com
简介： 深圳市必易微电子股份有限公司（股票代码：688045）是一家高性能模拟及数模混合集成电路供应商，主营产品包括 AC-DC、DC-DC、驱动 IC、线性稳压、电池管理、充电管理、放大器、数/模转换器、传感器等，为消费电子、工业控制、网络通信、数据中心、汽车电子等领域客户提供一站式芯片解决方案和系统集成。

公司尊重人才、重用人才，不忘科技改善生活的初衷，以客户为中心，坚持"独特创新、易于使用"的公司理念，创新芯领域，引领芯发展，力争成为全球卓越的芯片设计企业。

主要产品介绍：

KIWI KP2813ASGA + KP1601ASGA 隔离智能调光 LED 驱动控制器

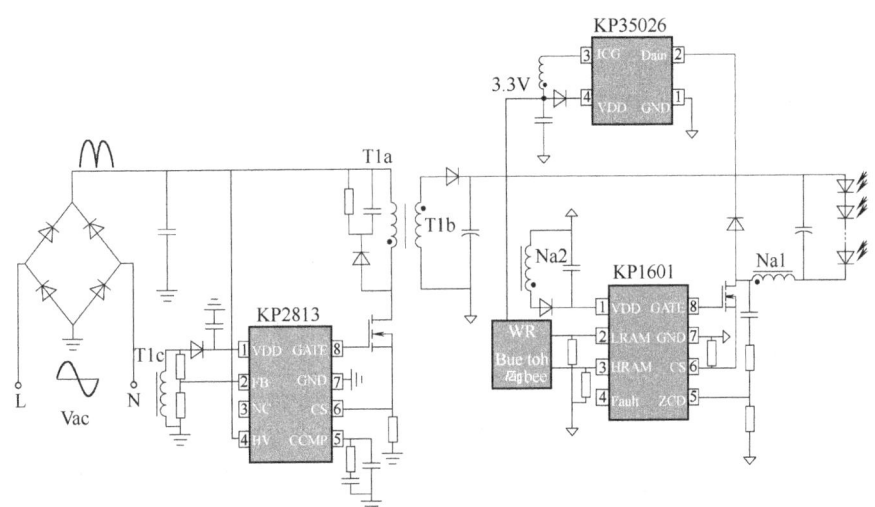

KIWI KP2813ASGA + KP1601ASGA 隔离智能调光 LED 驱动控制器可以实现全输入电压范围（AC90~305V）内，PF>0.95，THD<10%，无须光耦即可以实现精准的原边控制输出电压，并且具有启动速度快（<200ms）、待机功耗低（<200mW）等特点，而且具有非常低的 LED 输出电流纹波（<1%），该方案具有两个 PWM 接口，具有模拟和斩波调光功能，在混合调光下可以实现万分之一的调光深度。

高层专访：
被采访人：谢朋村　董事长

▶ 请您介绍企业 2023 年总体发展情况。取得了哪些显著成果？

2023 年公司加快消化库存，持续开发新产品，产品已涵盖 AC-DC、DC-DC、驱动 IC、线性稳压、电池管理、充电管理、放大器、数/模转换器、传感器等，为消费电子、工业控制、网络通信、数据中心、汽车电子等领域客户提供一站式芯片解决方案和系统集成，确保了公司在动荡的市场环境中稳步发展，业绩稳步提升。

▶ 请问您认为市场环境会有怎样的变化趋势？企业如何适应或挑战这种变化？

当前公司面临的挑战也是国产半导体共有的痛点，即人才缺乏，由于最近几年的人才缺口，目前人才市场面临招人难同时成本高企的问题。公司的应对策略是持续校招，以内部传帮带的方式培养人才，给予年轻人足够的培训和项目历练，结合企业文化的熏陶培养他们成为未来的研发主力。

▶ 您认为当前电源行业（或您所在细分行业领域）发展的有利因素和不利因素是什么？企业准备如何应对？

目前行业发展的有利因素是市场国产半导体有更多的机会，不利因素是中美脱钩，外部大环境造成客户订单不稳定，且国产内卷态势越发激烈。企业应对策略是相应国家号召，专注中国制造业升级，研发大力投入高端制造业、新能源，增加增量市场、长周期行业在企业收入中的比重，从而获得企业高质量发展。

深圳市皓文电子股份有限公司

地址： 广东省深圳市南山区学苑大道 1001 号智园 A5 栋 5 楼
邮编： 518000
电话： 0755-26805439
传真： 0755-26696592
网址： www.hawun.com

简介： 深圳市皓文电子股份有限公司（以下简称皓文电子）是专业从事电源产品设计、生产和销售的企业。公司成立于 2001 年，总部位于深圳市南山智园，在深圳和成都、武汉、石家庄等地均设有研发中心，工厂位于深圳市光明新区。皓文电子具备军工及相关保密资质，并被认定为国家级高新技术企业、国家级专精特新"小巨人"企业，拥有专利 70 多项，软件著作权 40 多项，产品广泛应用于航空航天、工业控制、轨道交通及通信等高可靠领域。

皓文电子一直致力于设计和生产具有高可靠性、高效率的电源产品，技术实力达到世界领先水平，单模块产品功率范围从 1W~10kW，输出电压从零到千伏级，直流输入范围涵盖 9~1000V，交流涵盖单相、三相各类输入电压。皓文电子从成立之初即坚持高比例研发投入，所销售产品均为自主知识产权产品。公司自 2015 年开始加大穿透国产化产品设计，近年所设计产品均实现 100% 穿透国产化，持续推出全国产化产品系列，产品广泛应用于航空航天、船舶、车载、地面、水下等平台的探测、计算、通信、控制等设备。

皓文电子坚持自身不断创新，努力成为提供高端可靠开关电源产品和服务的领先供应商。

深圳市科信通信技术股份有限公司

地址： 广东省深圳市龙岗区新能源一路科信科技大厦
邮编： 518116
电话： 0755-29893456
传真： 0755-29891702
网址： www.szkexin.com.cn

简介： 深圳市科信通信技术股份有限公司专注于 ICT 领域，聚焦 5G、IoT（物联网）、IDC（数据中心）技术突破，积极开展基础设施、行业应用的研究及投资布局，在巩固主业内生增长的同时，适时推进产业链延伸、资源互补等具有协同效应的外延式增长。

公司一直把技术研发作为战略重心之一，形成光通信网络解决方案、通信网络能源解决方案、数据中心解决方案、物联网解决方案四大产品体系。公司坚持自主研发，掌握核心技术，持续技术创新，构建自主知识产权体系，建立和规范行业标准。截至目前，公司及子公司共拥有专利 228 项，计算机软件著作权 36 项。同时，公司作为中国通信标准化协会会员，主导或参与了 50 项行业标准的起草和修订，为推动行业标准制定做出了积极贡献。

公司拥有完善的销售渠道和服务网络，覆盖国内、海外运营商、ICT 设备商等客户群体。公司在国内设立的省级销售联络处覆盖全国 32 个省市的三大运营商及中国铁塔，已建成较为完备的多层次直接营销和技术服务体系，具备电信运营商的分级营销和快速响应能力。在立足于国内市场的同时，积极开拓海外市场，目前已与全球知名 ICT 设备商开展业务合作，并在印度、越南等东南亚地区也有业务布局，全球一体化营销网络加速成长。

主要产品介绍：

定制化电源和一体化电源

一体化电源为基站设备提供供电和备电，它采用高效率电能变换拓扑，实现转换效率达97%；采用自然散热技术，实现高可靠性、免维护；采用无线监控技术，实现全网通通信功能，通过手机 APP 或云端后台进行运行数据的检测和管理；采用多级下电功能，实现远程智能负载下电，进行节能管理。

高层专访：

被采访人：周军　电源产品线总监

▶ 请您介绍企业2023年总体发展情况。取得了哪些显著成果？

2023年国内和国际对5G的投资都相对放缓，公司在2023年的业务也保持平稳。公司经过几年的产品与市场的转型，目前已具备了电源系统、配电系统、备电系统等网络能源核心软硬件的自主研发；国内和国际双市场驱动，保持业务平稳发展。

公司在2023年加强了与全球通信设备商和运营商的合作，与主要客户合作开发了无足迹维护无线网络能源系统，并实现VPP（虚拟电站）、削峰填谷等新功能，极大地增加了客户户外基站的产品竞争力，并降低了系统的维护成本。公司利用在通信行业上电源和电池业务上的技术积累，学习优秀行业案例，布局新能源储能业务，加大研发投入，带来新的业务增长点，扩展了公司的经营范围和业绩。

▶ 请您介绍企业2024年的发展规划及未来展望。

2024年公司会继续加大研发投入，除目前的AC-DC整流模块、DC-DC转换模块外，计划扩展到双向DC-DC、双向AC-DC模块领域，升级公司的传统锂电产品到智慧锂电，增加产品的竞争力和应用领域。我们不仅要服务好目前通信行业和储能行业的现有客户，还会寻找机会，积极拓展新的行业客户。我们继续保持产品和服务双头并进的策略，与合作伙伴一起为"智能制造""万物互联""节能减排"的新的绿色能源、数字技术网络做贡献。

▶ 您认为当前电源行业（或您所在细分行业领域）发展的有利因素和不利因素是什么？企业准备如何应对？

通信电源行业经过几十年的发展，技术和产品需求已相对成熟，产品的竞争朝低价化的方向发展，这对产品的可靠性会带来一些挑战，公司会加强质量管控，保证产品满足10年的使用寿命。另外国内半导体经过几年的大力发展，已经形成遍地开花的趋势，这对我们电源的零件选择及供应链的稳定都有着极大的帮助。公司会依托过硬的技术能力、完善的服务网络来满足国内及国际的市场需求，助力社会的可持续发展，完成公司"让连接更自由"的使命。

深圳市盛弘电气股份有限公司

SINEXCEL 盛弘股份

地址： 广东省深圳市南山区西丽街道松白路1002号百旺信高科技工业园2区6栋

电话： 0755-86511588

传真： 0755-86513100

网址： www.sinexcel.com

简介： 深圳市盛弘电气股份有限公司（以下简称盛弘股份）成立于2007年，注册资本3.09亿元人民币，2017年8月上市创业板，股票代码为300693。盛弘股份集团总部位于深圳，已建立惠州制造基地、苏州综合基地、西安研发中心，同时在美国、澳大利亚、新加坡等地投资设立了多家子公司。

盛弘股份是全球领先的能源互联网核心电力设备及解决方案提供商。专注于电力电子技术在工业配套电源与新能源领域中的应用，为高端制造业、数据中心、能源及轨道交通等领域提供高效、安全的电能保障；为新能源领域中的储能微网系统、充换电运营、消费及动力电池制造企业提供核心设备及全面的解决方案。主要产品有电能质量产品、工业电源产品、储能微网产品、电动汽车充换电产品、电池化成与检测等产品，产品和服务覆盖全球60多个的国家与地区。

盛弘股份是国家高新技术企业、国家专精特新"小巨人"、南山区总部企业，参与国家创新基金与深圳市科技研究开发计划，被认定为广东省工业设计中心、深圳市企业技术中心等，并获得了广东省科技进步奖。盛弘股份现有员工2000余人，研发技术人员占比20%以上。公司拥有各类专利技术210多项，其中包括45项发明专利、60多项实用新型专利。同时，盛弘股份获取了包括中国电科院、信息产业部、中国质量认证中心、鉴衡、IEEE国际电工委员会、ETL、TUV、CE、SAA、UL多家权威认证机构的认证。

主要产品介绍：

电动汽车充换电设备、储能变流器、电池检测与化成设备、电能质量设备

充换电服务：公司被评为 2022 年度中国充换电行业十大核心模块品牌、2022 年度中国充换电行业十大影响力品牌，拥有 13 年生产研发制造经验。

储能微网服务：储能变流器全球出货量中国企业 Top5。有 4GW 全球装机容量，业务覆盖 60 多个国家和地区。

电能质量：低压有源滤波器市场占有率全球 Top1，有 16 年生产研发制造经验，电压电流质量产品全覆盖，业务覆盖 50 多个国家地区。

高层专访：

被采访人：吕晓强　总经办主任

▶ 请您介绍企业 2023 年总体发展情况。取得了哪些显著成果？

根据企业 2023 年度业绩快报披露，盛弘股份 2023 年营业总收入 26.53 亿，同比增长 76.49%；利润总额 4.57 亿，同比增长 85.55%。

2023 年盛弘股份紧紧围绕年度战略规划及年初既定目标积极推进相关工作，各事业部收入均较上年有所增长，其中储能事业部及充电桩事业部收入较去年同期大幅增长，带动公司 2023 年度整体收入及利润大幅增长。

深圳市英威腾电源有限公司

地址：广东省深圳市光明新区科杰三路 125 号英威腾光明科技大厦

邮编：518106

电话：400-700-9997 转 2

传真：0755-26782664

网址：www.invt-power.com.cn

简介：深圳市英威腾电源有限公司是深圳市英威腾电气股份有限公司（股票代码：002334）的子公司，是国家重点高新技术企业、专精特新"小巨人"企业、广东省制造业单项冠军企业、广东省模块化 UPS 工程技术中心、深圳市工程研究中心、深圳市企业技术中心、深圳市知名品牌，专注于模块化 UPS 研发生产与应用，向全球客户提供高可靠、高品质的产品解决方案与全方位的优质服务。

公司拥有产品的核心技术与 1300 多项知识产权专利，产品以高可靠性、高性价比，赢得广大客户的一致赞誉，广泛应用于政府、金融、通信、教育、交通、气象、广播电视、工商税务、医疗卫生、能源电力等各个领域及全球 80 个国家和地区。为客户提供全方位、专业的解决方案是公司的经营宗旨，持续创新是公司追求的目标。不断推出的具有竞争力的解决方案和优质服务满足了各行各业用户对于供电系统高可靠性和绿色智能化的需求。公司将致力于通过技术创新和全球化运营，成长为受人尊敬的产品和服务提供商。

主要产品介绍：

RM 系列 5～3000kVA 模块化 UPS 和 HT 系列 1～600kVA 高频塔式 UPS

英威腾 RM 系列 5～3000kVA 模块化 UPS 和 HT 系列 1～600kVA 高频塔式 UPS 是集当今电力电子尖端技术于一身的高端电源产品，采用在线式双变换和部件模块化全冗余设计，同时基于新一代全新双 DSP 全数字化技术，匹配产品自身先进的自适应非主从分散控制逻辑，使得该系列产品各项性能指标均达到行业先进水平，是各行各业高可靠高质量不间断供电的理想选择。

高层专访：

被采访人：牟长洲　总经理

▶ 请您介绍企业 2023 年总体发展情况。取得了哪些显著成果？

2023 年公司发展势头良好，市场规模继续扩大，整体成绩处于行业前端，技术上也取得了显著进步。

首先，从市场规模来看，行业在 2023 年保持了稳定的增长趋势。随着信息技术产业的快速发展，静态和动态在线不间断电源市场需求持续增长，特别是计算机、网络设备、移动设备、通信设备等等各类信息技术设备应用的扩大，进一步拓宽了市场规模和空间。

其次，在技术方面也有显著的突破，持续优化和布局新产品，不断加强技术开发。新一代小功率 UPS 系统采用全新无桥 PFC 的三桥臂拓扑，整流和逆变共用工频桥，全数字充电控制设计，使得系统更加简单、稳定、可靠和节能。此外，推出高功率密度 2U-60kW 功率模块产品，该系统方案使用双向 DC-DC 拓扑，支持"加速包级"的充电功率、电网和电池联合供电、物联网和智能监控；应用错峰供电技术，实现储备融合的供电储能 UPS 解决方案。为解决数据中心储能系统在未来对以新能源为主体的新型电力系统的支撑，充分发挥储能削峰填谷、需求侧响应、新能源消纳等功能，采用电池无中线控制技术，可灵活匹配铅酸和锂电电池解决方案，为数据中心提供绿色低碳的不断电环境。

此外，行业的发展也受益于新能源技术的进步。随着客户对数据中心安全需求的提升，新能源技术更加关注备份能源存储容量和可持续性。可再生能源如风能、太阳能、燃料电池等的应用，提高了数据中心的安全性和可持续性，从而有利于提升客户的体验。

总的来说，公司在2023年呈现出良好的发展态势，市场规模持续扩大，技术不断进步，新能源技术也为其提供了新的发展机遇。未来，随着信息技术和新能源技术的进一步发展，有望继续保持稳定增长的趋势。

▶ 请您介绍企业2024年的发展规划及未来展望。

1. 国内市场持续拓展

在未来一年中，我们将加大市场拓展力度，特别是在新兴市场和潜在客户方面。我们将通过定向市场调研，了解客户需求，制定更加精准的市场营销策略。此外，我们将加强与合作伙伴的关系，通过资源共享和互利共赢的方式，共同开拓更大的市场。

2. 扩大国际市场拓展

随着全球经济一体化的深入发展，国际市场拓展成为UPS企业发展的重要方向。我们将加强对海外市场的调研和分析，了解不同国家和地区的文化、法规和市场需求，制定针对性的市场拓展策略。同时，我们将积极寻求与当地企业的合作和共赢，共同开拓国际市场。通过扩大国际市场拓展，我们将进一步提升UPS企业的全球竞争力。

3. 提升技术创新能力

UPS企业要保持竞争优势，必须不断提升技术创新能力。我们将加大对研发的投入，探索新的物流技术和模式。同时，我们将加强与高校、研究机构的合作，共同推动物流技术的创新和应用。通过技术升级和创新，我们将为客户提供更加高效、安全、智能的物流服务。

4. 增强供应链管理能力

供应链管理能力是UPS企业核心竞争力的重要组成部分。我们将进一步完善供应链管理体系，实现供应链各环节的协同和优化。通过建立供应链风险评估和应对机制，提高供应链的稳定性和可靠性。同时，我们将推广供应链金融和数字化技术，帮助客户解决融资难和供应链管理难题，提升客户体验和满意度。

5. 可持续化发展

作为一家有社会责任感的企业，在可持续发展方面，我们将持续关注环境保护，积极推行绿色生产，减少对环境的负面影响。此外，我们还将加强与政府、行业协会等的沟通与合作，共同推动行业发展和进步。

▶ 您认为当前电源行业（或您所在细分行业领域）发展的有利因素和不利因素是什么？企业准备如何应对？

行业的发展有利因素主要包括以下几点。

1）技术进步：随着科技的不断进步，尤其是信息技术的快速发展，为UPS行业提供了强大的技术支撑。这使得UPS的稳定性和可靠性得到大幅提升，能够更好地满足各种复杂环境下的用电需求。

2）分布式电源的兴起：分布式电源的兴起为UPS行业提供了广阔的市场空间。分布式电源具有绿色、节能、高效的特点，而UPS作为其重要组成部分，将在其中发挥不可或缺的作用。

3）需求的增加：随着全球经济的发展，人们生活水平的提高，对用电的需求也在不断增加。尤其是一些发展中国家和地区，由于经济的快速发展，对电力资源的需求更加迫切，这为UPS行业的发展提供了有利条件。

然而，行业的发展也面临着一些不利因素。

1）竞争激烈：目前，行业的竞争非常激烈，市场上存在大量的品牌和型号，价格战等竞争手段使得产品的利润空间被压缩。

2）技术门槛高：UPS作为高端电源产品，其技术门槛相对较高，需要企业具备强大的研发实力和技术储备。

3）法规和标准不完善：在一些国家和地区，UPS行业的法规和标准还不够完善，这使得市场存在一些乱象和风险。

针对以上有利因素和不利因素，UPS企业可以采取以下应对措施。

1）加强技术研发：企业应该加大技术研发的投入，提升自身的技术实力，以应对技术门槛高的挑战。同时，通过技术的不断提升，也可以更好地满足市场需求，提升竞争力。

2）开发新产品：针对分布式电源的兴起和市场需求的增加，企业可以开发出更多适合不同场景和需求的UPS产品，以提高市场份额。

3）提升品牌影响力：企业可以通过加强宣传、参加展会、提供优质服务等手段，提升品牌的影响力和知名度，从而更好地开拓市场。

4）完善法规和标准：企业可以积极参与到UPS行业法规和标准的制定中来，推动行业的规范化发展。同时，企业也可以通过加强自身的质量管理等手段，确保产品符合相关法规和标准的要求。

深圳市永联科技股份有限公司

Winline 深圳市永联科技股份有限公司
Technology Shenzhen Winline Technology Co.,LTD.

地址：广东省深圳市南山区松白路百旺信高科技工业园二区第七栋

电话：15652906818

传真：0755-29016399

网址：www.szwinline.com

简介：深圳市永联科技股份有限公司（以下简称永联科技）成立于2007年8月，是一家集新能源高端装备研发制造和能源互联网方案提供与建设运营为一体的国家级高新技术企业，是工信部认定的国家重点支持的国家级专精特新"小巨人"企业。

公司创业团队以"中国智造"为己任，以智慧能源为主攻方向，集结了一批国际顶尖研发人才，打造了一流的研发平台，在新能源领域研制了一系列创新产品，填补了多项国际国内空白，获得了"国家重点新产品"等荣誉。同时也承担了多项国家标准的编制重任，并参与了中日充电技术统一标准的起草编制。

永联科技以"永远创新，联合发展"为企业核心理念，将培育持续不断的创新动力作为公司的重要战略。通过持续高强度的研发投入和技术积累，公司形成了强大的自主创新能力，拥有电源领域多项核心技术，申请发明专利近200项，已授权发明专利120项，申请PCT国际专利15项。

公司产品和服务包含新能源汽车充换电、储能及智能微网、高压直流电源（HVDC）、智联综合能源管理系统等。公司通过了质量管理体系认证、环境管理体系认证和职业健康安全管理体系认证以及知识产权管理体系认证，产品取得了CB、欧盟CE、德国莱茵TÜV、美国UL、CGC和国网电科院等权威机构的认证并在市场上得到广泛应用和高度认可。在国际市场上，充电模块电源、充电桩、储能等产品销往欧洲、韩国、东南亚和美洲等国家及地区。

当前，公司业务横跨"新基建"新能源汽车充电桩和大数据中心两大核心领域，属于国家战略性新兴产业。两次上榜权威第三方机构评选的"新基建"独角兽企业，为新能源汽车充电设备研发制造领域唯一上榜企业。永联人将努力为智慧能源的发展注入新的能量，为全球实现"碳达峰"和"碳中和"目标不懈努力。

主要产品介绍：

充电模块电源

永联科技研发生产的系列直流充电模块电源针对充电桩行业痛点而开发，其具有超高满载工作温度和超宽恒功率范围两大业内领先的突出优势；同时高可靠性、高效率、高功率因数、高功率密度、宽输出电压范围、低噪声、低待机功耗以及良好的EMC性能也是系列模块的主要特点。

高层专访：

被采访人：朱建国 董事长

▶ 请您介绍企业2023年总体发展情况。取得了哪些显著成果？

永联科技2023年经营发展良好，年销售收入增长近30%，充电模块电源和充电桩产品销往全球近40个国家和地区。2023年公司新增授权发明专利48项，完成了40kW液冷模块电源等多个新产品的研发。

▶ 请您介绍企业2024年的发展规划及未来展望。

2024年公司预期增长目标为35%，计划完成科技部重大科技攻关项目40kW双向DC-DC模块电源以及V2G和大功率全液冷超级快充桩等多项产品的研发任务。

深圳威迈斯新能源股份有限公司

地址： 广东省深圳市南山区科技园北区高新北六道银河风云大厦3楼
电话： 0755-86020080
传真： 0755-86137676
网址： www.vmaxpower.com.cn
简介： 深圳威迈斯新能源股份有限公司（以下简称威迈斯）成立于2005年，总部位于中国深圳，致力于电力电子与电力传动产品的研发、生产和销售。威迈斯与众多汽车制造商合作，为客户提供优良的汽车动力域产品和高效的解决方案，产品包括但不限于OBC、DC-DC、逆变器、齿轮箱、电动汽车通信控制器（EVCC）、电动汽车无线充电系统（WEVC）等。公司以自主知识产权的电力电子技术为基础，以快速响应客户的定制需求为主要经营模式，实现企业价值与客户价值共同成长。

公司以客户需求和客户利益为中心，满足全球客户差异化的需求以及快速的创新追求，获得了行业内客户的普遍认可。公司获批国家高新技术企业（GR201744202135），在深圳和上海建立了国内优良的研发中心，拥有高端的电力电子变换技术、电源结构工艺技术，以及高质量的产品设计能力和高水平的技术研究能力；有着业界优良的研发团队，完善的企业流程体系，高效的管理结构，先进的软硬件系统，具备行业优良的研发设计技术和测试能力。公司专注于快速响应定制化的需求，为客户提供灵活的电源解决方案，是国内外众多知名企业的电源解决方案的主流供应商。

威迈斯的愿景是致力于成为世界优良的电动汽车动力域整体解决方案供应商。

深圳英飞源技术有限公司

INFY POWER
英飞源技术

地址： 广东省深圳市宝安区石岩街道塘头1号路领亚智慧谷春生楼一楼
邮编： 518108
电话： 0755-86574800
网址： www.infypower.cn
简介： 深圳英飞源技术有限公司（以下简称英飞源）是全球领先的电能变换产品及系统解决方案供应商。公司以电力电子及智能控制技术为核心，聚焦于新能源汽车充换电、储能、智慧能源服务及智能电源装备等领域。公司总部位于深圳，并拥有深圳制造基地、江苏制造基地、南京研发智造中心、成都研发中心、慕尼黑海外综合基地等分支机构。

公司产品涵盖高性能充电模块、智慧能源路由器、电动汽车充换电及储能系统产品，并为充换电、储能、能源互联网等各类应用提供专业解决方案，解决市场多样化的需求。

英飞源以"匠心、品质、分享、进取"的文化构筑企业价值观；通过孜孜不倦的创新积累和技术突破铸就行业标杆。英飞源始终坚守匠人的本真，秉持"锐意创新、能源无界"的使命，以不断地技术创新，持续为客户创造最大价值，成就低碳未来。

主要产品介绍：

全系列液冷电能变换模块

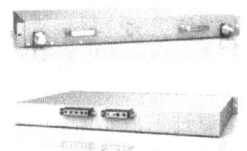

LRG1K0135
40kW AC-DC整流模块

LCG1K0135
40kW DC-DC直流变换模块

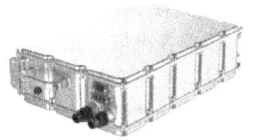

LBG1K0120
35kW AC-DC双向变换模块

高可靠
- 全封闭设计，防尘、防盐雾
- 水电同侧，防漏设计便于维护
- 使用寿命>10年

0噪声
- 无风扇，模块完全无噪声
- 系统散热方式多样化

高效率
- 液冷散热效率高
- 电能转换效率较常规模块高1%~2%

高兼容性
- AC-DC整流模块、DC-DC直流变换模块、AC-DC双向模块同尺寸兼容，便于储充系统设计
- 兼容更大功率液冷模块

刀片式液冷模块　　水电同端液冷模块　　高防护液冷模块

英飞源经过数年的技术积累和创新，当前已经形成了全系列液冷电能变换模块产品矩阵，包含液冷40kW AC-DC模块、液冷40kW DC-DC模块、液冷35kW AC-DC双向模块，可以为客户提供各种全液冷的储能、充电产品及方案。

高层专访：

被采访人：吴晓明　高级副总裁

▶请您介绍企业2023年总体发展情况。取得了哪些显著成果？

英飞源2023全年完成了25亿元销售额。一年里公司生产的液冷模块、液冷超充、光储充解决方案已在全国多个超充站得到应用，三年时间全球累计建设高速服务区超充站1000座，为加快"各地超充城市"建设发挥了积极作用。南京英飞源全球自动化程度最高的大功率模块生产线于2023年12月投产，将实现年产电能变换模块20万台。

石家庄通合电子科技股份有限公司

石家庄通合电子科技股份有限公司
Shijiazhuang Tonhe Electronics Technologies Co.,Ltd.

地址：河北省石家庄市裕华区漓江道350号
电话：0311-66685604
传真：0311-86080409
网址：www.sjzthdz.com

简介：石家庄通合电子科技股份有限公司是一家致力于电力电子行业技术创新、产品创新、管理创新，集高频开关电源及相关电子产品研发、生产、销售、运营和服务于一体，为客户提供系统能源解决方案的高新技术企业。

公司成立于1998年，并于2012年整体变更为股份有限公司，2015年12月31日成功在深交所创业板挂牌上市，股票代码为300491。

公司坐落在石家庄国家高新技术产业开发区，拥有自主产权的研发生产基地。公司首创的"谐振电压控制型功率变换器"技术使谐振式开关电源的全程软开关技术进入了产业化阶段，引领了行业技术潮流。

公司具有成熟的营销体系和客户服务体系，销售网络遍及全国20多个省市自治区，拥有超过600家客户，与国内多家主要电力设备和新能源汽车整车制造商保持长期合作。公司领先的技术优势、可靠的质量保证和卓越的服务品质得到了客户的一致好评。

特变电工新疆新能源股份有限公司

TBEA 特变电工

地址：陕西省西安市长安区上林苑4路70号
电话：15739578607
邮箱：153433706@qq.com
网址：www.sunoasis.com

简介：特变电工新疆新能源股份有限公司（母公司新特能源股份有限公司在香港联交所上市，股票简称为新特能源，证券代码为HK1799）创立于2000年，长期专注于光伏、风电、电力电子、能源互联网等领域的智能设备研发、电站建设、运营等，提供逆变器、储能、柔直换流阀等电力电子装备，以"奉献绿色能源，创造美好生活"为使命，助力实现国家"双碳"目标。在全球设有10余个常驻办事机构，业务遍及印度、巴基斯坦、巴西、西班牙、菲律宾等20余个国家和地区，为客户提供清洁能源项目开发、投（融）资、设计、建设、调试、运维整体解决方案。

光伏发电领域，自主研制8~9000kW全系列并网逆变器，产品具有高容配比、高效率、高可靠性的特点，应用于户用、工商业、地面电站、沙漠、戈壁、荒漠场景以及渔光、农光、海光等多类型各场景各类光伏电站1000多座，业务遍及全球4大洲20多个国家。产品通过了CQC、CGC新能标、TUV、VDE、CE、G59、BDEW、SAA、UL、国网零电压穿越等多项国内外权威认证及测试，获得了中国光伏领跑者首批认证及中国效率A+认证。全球稳定运行业绩已超过46GW。

在储能领域，公司针对新型电力系统架构下的业态变化，推出了智能组串式液冷储能系统解决方案，应用场景包括新能源发电侧储能、电网侧储能、工商业园区储能。从客户盈利角度出发，着重关注全生命周期成本和收益，组串式液冷储能系统核心价值体现在极致安全、精细高效和灵活友好。以前瞻性的组串式PCS一体机和液冷电池户外柜的产品形式，可实现多应用场景的兼容配置和可靠运行。

在电能质量领域，3.3~35kV/1~100Mvar全系列高压TSVG产品，凭借可靠的品质，提高SVG在恶劣环境下并机系统在线运行率大于99%，目前TSVG产品累计全球运行业绩超过17Gvar。

公司拥有建设大型荒漠、山地、渔光、农光、低风速、工商业屋顶、住户屋顶等各类风、光电站的丰富经验，先后承建大型山地光伏电站、渔光互补光伏电站、风光互补荒漠并网示范电站项目、商业化光伏储能电站项目等多个刷新行业新高度的新能源项目。截至目前，公司累计承建各类风电、光伏离并网电站5000余座，建设容量超过25GW。

万帮数字能源股份有限公司

星星充电

地址：江苏省常州市武进区龙惠路39号
邮编：213000
电话：4008280768
网址：www.wbstar.com
简介：万帮数字能源股份有限公司专注于新能源领域，掌握物联网、大功率定制、智能终端、V2G、云计算、大数据与人工智能等核心技术，产品线涵盖交直流设备、充电枪头、电源模块、智能电柜、换电设备等，掌握着智慧能源管理平台、自动充换电、大功率液冷等软硬件的核心研发能力，可为全球客户提供设备、平台、用户和数据运营，以及光储充放与虚拟电厂运营等综合服务。

目前旗下共有"星星充电"与"星星能源"两大核心品牌。在全球碳减排的大背景下，前者聚焦"交通减排"，后者锚定"能源减排"，业务覆盖城市充电网络建设、能源数字化智能化管理与应用、绿色能源综合规划等多领域。通过为场站、家庭、社区、工商业、政府园区、公共配套等多种场景提供高效的整体解决方案，最终实现"低碳"甚至"零碳"运行。

多年来，星星充电始终保持在车企、地产、运营商、政府等多个领域的领先优势，服务全球50多家知名车企，还在2019年，与大众汽车、一汽集团、江淮汽车共同成立开迈斯，创下了大众汽车百年历史上首次和民营企业合资的先河。此外，星星充电还是保利、华润、万科、新城等70多家国内百强地产与壳牌、中石化、ENGIE等50多家全球知名能源公司的生态战略合作伙伴。

此外，在标准制定方面，星星充电作为充电领域的国标制定单位，参与了国内多个充电标准的起草，并作为中方代表参与IEC国际标准的起草，也是国家标准大功率充电牵头单位之一。

基于星星充电的良好发展态势，2020年，公司在全行业首创了"移动能源网"的概念：借助于移动的交通工具、移动的能源载体、移动的补能设施和移动的通信终端构建的时空泛在能源互联网络。并将其作为新的发展战略，"星星能源"品牌由此诞生。

不同于星星充电的是，星星能源深耕绿色能源新赛道，依托完整成熟的"光储充放"一体化项目投运能力，以及能源生产、存储、管理、消纳、交易的能源全链路实力，联通上下游电力用户，实现了充电网-智能微网，再到移动能源网的三网协同，并基于E-BOX智慧储能系列产品，聚合海量可调负荷资源，通过绿能交易，最终为工业、商业、社区、楼宇、公共配套等多场景提供创新模式下成本更低、效率更高的综合智慧能源服务。

未来，公司将继续通过星星充电与星星能源的完美组合，与全行业一起，开放互联、价值共创，共同建设数字能源新世界，推动国家新能源汽车产业发展壮大，助力能源绿色安全转型，加速实现"双碳"目标。

主要产品介绍：

480kW直流充电系统项目

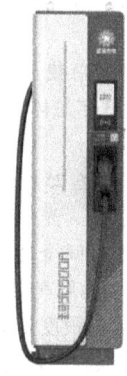

480kW产品项目于2022年年初立项开发，在360kW产品基础上开发480kW超充产品，历经半年完成新产品的开发及认证，现适配多种标准终端，最高输出电流可达700A。

高层专访：

被采访人：赵颖　品牌总监

▶ 请您介绍企业2023年总体发展情况。取得了哪些显著成果？

2023年，星星充电家用充电桩产品又来了一位新成员——"辰星"7kW交流充电桩；承担的"基于移动能源网的智能充电装备研发及产业化"项目，荣获"第七届中国工业大奖"表彰奖；家庭储能系统获得了2023iF设计大奖；参与制定的ChaoJi充电技术路线获得国家批准；携手中信银行推出了"全国首张汽车充电联名信用卡"；工业设计中心入选第六批国家级工业设计中心，同时，全国首个免费开放的碳盘查平台——星星能碳SaaS平台正式上线。通过该平台，可提供免费碳排查、打通碳标准、共享碳数据、在线碳认证、自主碳交易、共建碳生态等全价值链数字化解决方案，真正实现碳权数字化，普惠全社会。此外，星星充电已覆盖全国300多个城市和地区，服务新能源车主超 1500 万，日充电量突破 2500 万度。

▶ 请您介绍企业 2024 年的发展规划及未来展望。

未来，公司将继续坚持移动能源网生产、存储、传输、管理、交易、消费 6 个链路产品全矩阵、全球标准、全栈自研，形成以充电网为主的星星充电品牌和以能源微电网为主的星星能源品牌，并全面开放充电网、微电网与虚拟电厂运营网，助力数字基础设施与能源基础设施建设。

▶ 请问您认为市场环境会有怎样的变化趋势？企业如何适应或挑战这种变化？

市场竞争加剧，加速优胜劣汰。

对此，星星充电将继续秉持创新驱动、开放合作的发展理念，以驱动"新质生产力"为核心，继续深化"软件+服务+硬件"的综合能力。在技术创新方面，星星充电将继续加大研发投入，聚焦充电速度、充电安全等核心领域，不断推出具有领先技术水平和市场竞争力的新产品。同时，进一步探索新能源汽车与可再生能源、智能电网等领域的融合创新，推动新能源汽车与能源互联网的深度融合发展。在模式创新方面，星星充电将不断创新充电基础设施建设与运营模式，推动充电基础设施与城市规划、公共交通、商业地产等领域的深度融合，打造更加便捷、高效、智能的充电服务网络。同时，深入推进充电基础设施的数字化、平台化、共享化。

温州大学

地址：浙江省温州市瓯海区茶山高教园区
邮编：325035
电话：0577-86598000
传真：0577-86593861
邮箱：wzdx@wzu.edu.cn
网址：www.wzu.edu.cn

简介：温州大学是浙南闽北赣东区域唯一的综合性大学、浙江省重点建设高校、博士学位授予单位，现有茶山和学院路两个校区，学校占地面积 1973.43 亩（约 131.56 万 m^2）、校舍面积 105.6 万 m^2。学校现有教职工 2296 人，其中专任教师 1449 人（博士 992 人，占 68.46%），拥有全职院士、国家"万人计划"人选、国家引才计划入选者、长江学者等国家级人才 37 人，各类省级以上高层次人才 184 人，获批国家引才引智示范基地。学校拥有一级学科博士学位授权点 1 个、一级学科硕士学位授权点 18 个、硕士专业学位授权点 20 个；建有浙江省博士后工作站，与国内外 25 所知名高校和科研机构联合培养博士、博士后；现有国家级科研平台 3 个、省部级科研平台 42 个，拥有浙江省重点创新团队 4 个、浙江省高校高水平创新团队 4 个。学校荣获高等教育国家级教学成果一等奖、二等奖。科研成果获国家级、省部级奖项 185 项，其中，作为第一完成单位获国家技术发明二等奖、教育部高等学校科学研究优秀成果奖（人文社科）一等奖，学校教师作为第一完成人获国家科学技术进步二等奖 2 项，参与获得国家自然科学二等奖。

温州大学电气工程学科是浙江省"十二五"重点学科、温州大学重中之重 A 类学科和"十三五"浙江省一流学科 B 类，拥有电气工程一级学科硕士学位授权点。该学科拥有电气数字化设计技术国家地方联合工程研究中心、浙江省低压电器工程技术研究中心、浙江省低压电器技术创新服务平台、浙江省温州激光与光电产业技术创新服务平台——光电能源服务中心、机械工业用户侧光伏微网工程中心等国家级、省部级科技创新平台。学科建有浙江省智能电网低压电器技术重点科技创新团队、电气数字化设计技术浙江省工程实验室-海岸工程特种电源技术创新团队、智能电气技术及应用创新团队共 3 支省级创新团队。

温州大学电气数字化设计技术国家地方联合工程研究中心针对"国家战略性新兴产业"和"浙江省海洋经济"等重点领域，围绕海洋工程电源技术与装备、电气数字化与综合能源系统、光电功能器件与数字化检测等方面开展创新研究。中心主任戴瑜兴教授及团队核心成员主持完成的科研成果，获国家科技进步二等奖 1 项，教育部科技进步奖一等奖 1 项、二等奖 2 项，中国机械工业科学技术奖特等奖 1 项，浙江省科技进步奖二等奖 2 项；获中国专利金奖 1 项、优秀奖 5 项；获中国产学研合作创新奖 1 项，发明创业特等奖 1 项、一等奖 2 项；并荣获"十三五"机械工业优秀创新团队奖。

西安爱科赛博电气股份有限公司

地址：陕西省西安市雁塔区高新区新型工业园信息大道 12 号
邮编：710119
电话：029-88887953
传真：029-85692080
邮箱：sales@cnaction.com
网址：www.cnaction.com

简介：西安爱科赛博电气股份有限公司创立于 1996 年，拥有西安、苏州两大研发生产基地，厂房面积 4 万 m^2，员工 800 余人，旗下有苏州爱科赛博电源技术有限责任公司（全资）、北京蓝军电器设备有限公司（控股）、深圳分公司、上海研发实验室。

公司专注于电力电子电能变换和控制领域，为用户提供精密测试电源、特种电源和电能质量控制系列产品和解决方案，应用于光伏储能、电动汽车、航空航天、轨道交通、科研试验、智能电网、特种装备等诸多领域，是相关行业领先的设备制造商和解决方案提供者。

公司成立至今，持续专注于电力电子功率变换和控制领域的研发创新，掌握了电力电子功率变换和控制相关的自主知识产权核心技术，取得各类专利上百项，其中发明专利 40 多项，参与国家和行业标准制定 16 项，参与多项国家重大科技基础设施建设，科技成果获得包括国家科技进步二等奖在内的多项奖项，相关领域技术水平国内领先。

公司采用全流程全要素的 IPD 集成产品开发管理，与西安交通大学共建先进电力电子装备研究中心，较好地完成了从新技术到市场需求产品的转化，使公司和产品竞争力不断提升。公司将一如既往，继续加速技术创新和应用拓展，持续为客户提供创新产品和解决方案，提升中国技术和产品的竞争力，创建一流中国品牌。

公司已于 2023 年 9 月 28 日在上海证券交易所科创板上市，股票代码为 688719。

主要产品介绍：

爱科-PRE20 系列回馈型可编程交流源载一体机

PRE20 系列回馈型可编程交流源载一体机同时具备交流电源和交流负载两种功能，其矩阵式并联功能可并联扩容至 200kW，同时满足了小体积（3U/20kW）与大容量的需求。产品具备四象限工作能力，作为电源可满足一般电网适应性法规测试需求，作为 RLC 负载可满足新能源行业防孤岛保护性能测试需求、离网负载需求。产品无须搭配任何选配件即可实现一机两用，可回收 100% 的电流至电网，具有高达 91% 的回馈效率。

高层专访：

被采访人：白小青　董事长兼总经理

▶ 请您介绍企业 2023 年总体发展情况。取得了哪些显著成果？

2023 年，公司持续深化落实"聚焦、转型"战略，抢抓发展机遇，夯实发展基础，业绩持续增长，迈上发展新台阶。

2023 年，公司发展成果显著。公司于 2023 年 9 月 28 日正式登录上海证券交易所科创板，启动新征程。在行业及市场方面，获得头部客户认可，作为供应商荣获客户方颁发的各类交付及服务奖项；行业影响力持续提升，作为电源学会核心成员，荣获中国电源学会成立四十周年卓越贡献单位奖。在产品及研发方面，对标国际一线品牌，持续加大研发投入，推出多款具备竞争优势的新品，支撑业绩增长；参加"十四五"国家重点研发计划项目，持续技术创新。在能力建设方面，体系能力建设提速，启动管理体系变革项目、云星空数字化平台，获得保密二级证书，西安新总部园区开工，进一步夯实了发展基础。

▶ 请您介绍企业 2024 年的发展规划及未来展望。

2024 年公司将立足新起点，抢抓发展新机遇，继续保持发展增速。公司将进一步提升存量业务竞争优势，保持稳定增长；加大新领域拓展及新产品研发力度，实现增量发展；持续布局新市场、新领域、新产品，加大关键核心技术攻关和技术/产品平台建设，加强集成供应链建设，使支撑产品具备更强的竞争力；全面启动海外业务布局，落实"走出去"战略；多措并举实现业务均衡发展并具备发展韧性。同时，通过管理体系变革项目落地及持续优化、数字化信息化系统应用、人才梯队建设、西安新总部园区研发创新及先进制造基地建设等举措，全面加大公司体系化能力构建力度，进一步提升竞争能力，支撑后续可持续发展。

展望未来，公司将立足新能源和高端装备长期赛道，聚焦精密测试、高端工业、特种装备、智能配网重点领域，抢抓绿色低碳及产业转型升级带来的良好发展机遇，顺应发展趋势，聚焦科技产业，服务国家战略；持续坚持客户导向，持续坚持高强度研发投入，持续坚持体系能力建设，在重点业务领域达成领先、塑造领军品牌，实现企业可持续良性发展。

▶ 您认为当前电源行业（或您所在细分行业领域）发展的有利因素和不利因素是什么？企业准备如何应对？

发展有利因素：1）"双碳"背景下新能源产业成为中国经济未来的增长引擎，电源是新能源电能变换的关键技术和核心装备，具有极好的发展机遇。2）"双循环"基本国策下高端装备国产替代、自主可控是必然选择，高端电源装备也不例外。3）中国制造经过数十年发展已经从跟随向并跑、领跑"转型升级"，中国品牌崛起大势所趋，具备创新能力和综合实力的电源企业打造领军品牌时不我待。

发展不利因素：1）经济低迷，未来 2~3 年，国际及国内整体经济依然低迷，一定程度制约或影响新能源、智能电网、高端装备领域的快速增长。2）国内内卷，企业面临技术创新、产品性能、价格持续内卷的挑战。3）脱钩断链，国际政治经济形势及贸易冲突，将一定程度制约供应链平台及海外业务布局，带来经营不确定性风险。

应对措施：坚守第一性，顺应发展趋势，聚焦重点领域，坚持客户导向、持续研发创新、夯实平台基础，做好专业领域和企业经营最基础的事。坚持长期主义，专注长期赛道，持续资源投入，坚持战略耐性和韧性，不盲目追求短期利益，穿越行业下行周期，实现行稳致远发展。

西南应用磁学研究所（中国电子科技集团公司第九研究所）

CETC 中国电子科技集团公司第九研究所

地址：四川省绵阳市滨河北路西段 268 号电科九所
邮编：621000
电话：0816-2868139
邮箱：554871954@qq.com
简介：中国电子科技集团公司第九研究所（以下简称九所）始建于 1967 国家大三线建设时期，主体由北京内迁四川绵阳组建而成，主要从事磁性功能材料与特种元器件的研制、开发、生产、服务以及应用磁学基础研究，是我国唯一的综合性应用磁学科研机构。

经过 50 多年的建设与发展，九所在磁性材料、磁应用技术及产品的研发、生产、测试与验证、质量控制、产品品种系列等方面处于国内领先水平；获得了国家发明奖、国家科技进步奖、国防科技奖、国家银质奖章及用户和行业颁发荣誉等 1000 多项奖励。

九所是应用磁学学科和技术带头人，是国家信息产业磁性产品质量监督检测中心、磁性材料及器件专业情报网秘书处单位、中国电子材料行业协会磁性材料分会理事长单位、中国电子学会应用磁学分会挂靠单位、国家标准化管理委员会 IEC/TC51 国内技术归口单位。

九所秉承"靠科技创新、树北斗品牌、以诚信服务、让用户满意"的质量方针，打造了微波材料及器件、永磁合金材料与器件系列、铁氧体软磁材料及组件系列、EMI材料与器件系列、磁敏感组件与传感器系列、磁性专用仪器与设备系列等"北斗牌"高新科技及其产品，产品已广泛应用和服务于国民经济中。

先控捷联电气股份有限公司

地址：河北省石家庄市高新区湘江道 319 号第 14、15 幢
邮编：050035
电话：400-612-9189
传真：0311-85903718
邮箱：scu@scupower.com
网址：www.scupower.cn
简介：先控捷联电气股份有限公司（股票代码：833426，以下简称先控电气）是具备核心竞争力的电力电子、新能源领域的设备制造商。公司始终致力于电力电子产品的研发、生产和推广。先控电气主要为数据中心基础设施、新能源汽车充电和绿色储能这三大业务领域提供完整的解决方案，为全球客户提供可持续性的能源与动力管理系统，以科技推动世界从工业文明向生态文明的转型。

目前数据中心产品主要包括各类 UPS（不间断电源）、模块化数据中心、一体化电力模块、高低压成套设备等；新能源汽车充电产品包括直流充电桩、交流充电桩、欧标充电桩、智能充电模块、有序充电控制柜、立体车库充电机等；绿色储能产品包括多功能储能变流器、光储一体机、锂电池系统、一体化光储系统（GRES）、储能集装箱等多种产品系列。

先控电气专注科研，不断突破核心技术中的"不可能"，成功申报百余项技术专利，填补了行业多个领域的空白，参与起草多项国家及行业标准，荣获科技部技术发明奖、科技进步奖等荣誉。公司是双高双软企业、河北省"专精特新"示范企业、河北省工业设计中心、河北省企业技术中心、河北省技术创新示范企业、燕山大学研究生教育实践基地、中国电源学会常务理事单位、中国通信标准化协会会员、中国电动汽车充电技术与产业联盟理事单位、守合同重信用企业，并荣获十强企业、十大领军人物、河北省著名商标、河北省知名品牌、河北省中小企业名牌产品、石家庄高新区质量奖、充电设施行业杰出贡献企业、绿色与创新企业、数据中心优秀服务商等荣誉称号，获得"改革开放 40 年·工业铸魂"优秀企业'金鹰奖'、科学技术创新奖、AAA 级企业信用等级、优秀解决方案奖、用户信赖产品奖等奖项。

先控电气产品多次入围各级政府单位，涉及国家重点项目、数据中心、电力、军事工业、轨道交通、金融、通信、能源、电动汽车充电行业等多个领域，产品覆盖全球 50 多个国家和地区，凭借前瞻性、差异性、定制化的优势，赢得了全球客户的信赖。

芯朋微电子股份有限公司

地址：江苏省无锡市新吴区长江路 16 号芯朋大厦
邮编：214028
电话：18963650423
传真：0510-85217728
网址：www.chipown.com.cn
简介：芯朋微电子股份有限公司（Chipown）是一家专注于功率半导体研发的高科技企业，成立于 2005 年，总部位于江苏无锡，并在苏州、上海、深圳、中山、珠海、厦门、青岛设有研发中心和客户支持机构。公司主要产品线包括模拟/数字架构的 AC-DC、DC-DC、Driver IC 及 Power Discretes 等，广泛应用于家电、充电 & 适配器、智能电网、通信、服务器、光储充、工业电机、工控设备、汽车等领域。目前，公司为众多行业的 TOP 企业提供从高压电源芯片到低压电源芯片、从模拟电源芯片到数字电源芯片、从功率控制芯片到功率分立器件的 "PowerSemi Total Solution"，年出货超 10 亿颗芯片，建立了被数千家客户信赖的品牌优势。公司是上交所科创板的第一家高压电源芯片设计企业，股票简称为芯朋微，股票代码为 688508。

主要产品介绍：
PN8149W

PN8149W 内部集成了准谐振工作的电流模式控制器和功率 MOSFET，专用于高性能、外围元器件精简的交直流转换开关电源。

PN8149W 通过 QR-PWM、QR-PFM、Burst-mode 的 3 种模式混合调制技术和特殊器件低功耗结构技术实现了超低的待机功耗及全电压范围下的最佳效率。频率调制技术和 SoftDriver 技术充分保证良好的 EMI 表现。

易事特集团股份有限公司

EAST 易事特
始于1989年 | 股票代码:300376

地址：广东省东莞市松山湖工业北路 6 号
电话：0769-22897777
传真：0769-22897777

网址：www.eastups.com

简介：易事特集团股份有限公司（股票代码：300376）始创于1989年，2014年成功在深交所上市，曾是世界500强企业控股子公司，现为广东省民企与国企混改典范，位列全球新能源企业500强及创新百强企业，是UPS电源龙头企业、国家火炬计划重点高新技术企业、国家技术创新示范企业、国家知识产权示范企业、国家级绿色工厂，曾荣获"全国五一劳动奖状"，在全球拥有268个营销及服务中心，覆盖100多个国家和地区。

集团总部坐落于松山湖国家级高新区，另在广州、深圳、西安、南京等地设有研发中心，技术研发人员近千人。科研团队由国际著名轨道交通电气专家钱清泉院士、新能源专家张榴晨院士、军事通信技术领域泰斗孙玉院士领衔，拥有行业首个国家认定企业技术中心、院士专家工作站、博士后科研工作站等六大高端科研平台，先后承接国家及省市级重大专项20余项，起草参与20余项国家及行业标准的制定，累计授权专利800余项，取得软件著作权150余项，拥有自主核心技术70多项，构建起先进的研发及知识产权创新体系。

集团持续深耕产业数字化和"新能源+储能"两大领域，主营智慧电源（UPS/EPS、电力电源、通信电源、高压直流电源、特种电源、电池系统、电源网关及云管理平台等）、数据中心（模块化数据中心、集装箱移动数据中心、行业定制数据中心、智能配电、动环监控系统、精密空调等）和新能源（储能系统、PCS、EMS、BMS、钠/锂电池电芯及PACK、光伏逆变器、风力变流器、充电桩、换电柜、空气能热泵、电源网关及云管理平台等）三大战略板块业务，是数字能源产品及风光储充解决方案优秀上市公司。

集团产品及解决方案成功应用于北京冬奥会、青藏铁路、美国首条无人驾驶地铁、北京S1线、大兴国际机场等重大工程项目供电系统，国网和南网主配网建设及蓄电池核容、华能文昌燃气电厂电源系统建设，G20峰会、第27届联合国气候变化大会、港珠澳大桥、意大利国家电力公司Enel、国内外一线品牌新能源汽车充电桩网络建设等，服务于国家能源、国电投、大唐、三峡、华电、中核、国家电网、南方电网、中石化、中石油、中海油、广东能源、昌吉国投、浙江交投、桂林交投、湖北交投等"五大六小""两网""三桶油"和地方能源企业，以及腾讯、百度、阿里、万国数据、IBM、中国移动、中国电信、中国联通、中国铁塔、工商银行、建设银行、农业银行、中国银行等重点客户。

主要产品介绍：

UPS/EPS、电力电源、通信电源、高压直流电源、特种电源、电池系统、电源网关及云管理平台等

集团研制出第4代6~20kVA高效UPS系统，以及高功率密度、模块化、高能效的第4代中功率10~120kVA UPS电源系统，第5代高功率密度的10~30kVA塔式/机架式UPS电源系统等。

高层专访：

被采访人：何思模　创始人、董事局主席

▶请您介绍企业2023年总体发展情况。取得了哪些显著成果？

2023年，全球能源危机和全球通胀持续等因素对国内外经济发展带来巨大挑战。易事特集团始终坚持以客户需求为引领、以技术创新为驱动，保持战略定力，聚焦主业，努力保证充裕现金流，提升集团抗风险能力，加强市场策略的灵活性和适应性，持续推进集团稳健发展。同时，还积极抢抓"双碳"政策和产业数字化重大机遇，一边持续发展存量市场，一边积极拓展增量市场，特别是电力、交通、金融、互联网等大行业，实现了营收规模继续增长。

浙江东睦科达磁电有限公司

地址：浙江省湖州市德清县阜溪街道环城北路882号
邮编：313200
电话：0572-8088064
传真：0572-8085880
网址：www.kda.com.cn

简介：浙江东睦科达磁电有限公司（以下简称KDM）成立于2000年，隶属于上市公司——东睦新材料集团股份有限公司（股票代码：600114），为该集团的全资子公司。KDM是全球屈指可数覆盖从铁粉芯到高性能铁镍磁粉芯等全系列金属磁粉芯的行业领先厂商，公司拥有先进的软磁金属磁粉芯自动化生产线和磁材料研发中心，已通过ISO 9001：2015、ISO 14001：2015和IATF 16949：2016管理体系认证。KDM产品广泛应用于高效率开关电源、UPS、光伏逆变器、新能源汽车车载电源、充电桩、高端家用电器、电能质量、5G通信等领域，产品远销亚洲、欧洲和美洲等海内外地区。

主要产品介绍：

低损耗高性能HP系列磁粉芯

KPH-HP和KSF-HP是KDM推出的新一代软磁合金磁粉芯。KPH-HP相比于气雾化铁硅铝（KS-HF），可以大大降低产品的磁芯损耗，提高产品效率；同时具有更高的直流偏置能力，能有效减小产品体积。KSF-HP的直流偏置能力与铁硅（KSF）相当，同时可大幅度降低磁芯损耗，能

有效降低电感温升，提升功率密度。两种材质都具有良好的温度特性，主要应用场合包括光伏逆变器、UPS、车载电源、服务器电源等。

高层专访：

被采访人： 赵万军　总经理

▶请您介绍企业2023年总体发展情况。取得了哪些显著成果？

2023年企业在国内外市场的竞争力不断增强，产品服务和销售收入稳步增长。同时，企业在成本控制、提高生产效率等方面采取了一系列措施，使得整体盈利能力得到了保证。

▶请您介绍企业2024年的发展规划及未来展望。

2024年公司紧密围绕新能源光伏储能、新能源汽车、充电桩等行业的发展，不断开发适合于不同场景下的不同种类的金属磁粉芯材料。2024年及未来几年整体的新能源市场还是会有一定的成长，公司会不断深耕这几块市场。

中国电子科技集团公司第十四研究所

地址： 江苏省南京市雨花台区国睿路8号
邮编： 210039
电话： 025-51827249
邮箱： sunyong6@cetc.com.cn
网址： http://14.cetc.com.cn
简介： 中国电子科技集团公司第十四研究所成立于1949年，是中国雷达工业的发源地，是国家探测感知领域的引领者，也是全球领先的探测感知系统与装备创新基地。作为国家国防电子信息行业的骨干研究所，十四所时刻牢记党和国家赋予的神圣使命，形成了以"责任、创新、卓越、共享"为核心价值观的企业文化，以"引领电子科技、构建国家经络、铸就安全基石、创造智慧时代"的企业使命，十四所电源团队秉承不断创新、永无止境的科研精神，为十四所所有雷达提供先进的电源系统解决方案，为装备提供高品质电能源保障。

株洲中车时代半导体有限公司

地址： 湖南省株洲市石峰区田心高科园半导体三线办公大楼三楼309室
邮编： 412001
电话： 13107334974
邮箱： huangda3@csrzic.com
简介： 株洲中车时代半导体有限公司（以下简称中车时代半导体）从1964年开始功率半导体技术研发与产业化，已发展成为同时掌握IGBT、SiC、大功率晶闸管、IGCT器件及其组件技术以及我国集器件开发、生产与应用于一体的IDM模式企业。公司是功率半导体与集成技术全国重点实验室、国家能源大功率电力电子器件研发中心的依托单位，功率半导体技术创新与产业联盟理事长单位（产业上下游会员单位100余家），承担了国家及省部级重大项目30余项，先后获国家、省级科技奖多项。中车时代半导体经过50多年的发展，产品技术水平、产业规模、市场影响力处于国内领先地位，接轨国际先进水平。国内轨道交通及智能电网领域市占率超40%，新能源汽车领域市占率超15%，新能源风电领域市占率达35%。2022年营业收入超20亿元（上市公司子公司，具体数据以年报披露为准）。

中车时代半导体长期坚持自主创新，构建了丁荣军院士领衔的功率半导体研发团队（500余人，2015年入选国家创新团队），搭建了集聚中国株洲、英国林肯优势资源的全球功率半导体研发平台，掌握了完全自主可控的功率半导体成套关键技术（核心发明授权发明专利460余项，国家技术发明奖1项，国家专利银奖1项，湖南省专利特等奖1项，湖南省科学技术一等奖1项，行业协会特等奖等多项），推出了具有完全自主知识产权的系列产品。目前，中车时代半导体自主IGBT已批量应用到轨道交通（"复兴号"高铁）、智能电网、新能源汽车、新能源发电等领域，为战略新兴产业提供自主IGBT解决方案，破解了"卡脖子"问题。中车时代半导体自主SiC已在城市轨道交通、电动汽车、光伏发电等领域工程应用。公司从业人员超2000人，其中研发人员占比25%。博士研究生占研发人员比例为12%，硕士研究生占比53%，本科生占比35%；35周岁以下人员占比87%。

中车时代半导体目前已建成两条8英寸IGBT芯片专业生产线及其配套封装测试产线，具备36万片晶圆及200万只模块年产能，并已启动新一期芯片产能提升项目建设，预计2025年投产，届时芯片年产能将达100万片。已建成6英寸SiC芯片专业生产线，年产能2.5万片。在当前能源领域"缺芯"的大市场环境下，极大程度缓解下"源网荷储"全能源产业链对进口IGBT、SiC等功率器件的依赖程度，保障了国家供应链的安全可控。

理事单位

阿里巴巴（中国）有限公司

地址： 浙江省杭州市西湖区西斗门路3号天堂软件园A幢10楼G座
邮编： 310000
电话： 13923700073
邮箱： lianheng.lh@alibaba-inc.com
网址： www.alibabagroup.com/cn/global/home
简介： 阿里巴巴集团的使命是让天下没有难做的生意。

公司旨在赋能企业，帮助其变革营销、销售和经营的方式，提升其效率，为商家、品牌及其他企业提供技术基础设施以及营销平台，帮助其借助新技术的力量与用户和客户进行互动，并更高效地进行经营。

公司的业务包括核心商业、云计算、数字媒体及娱乐以及创新业务。除此之外，公司的非并表关联方蚂蚁金服为平台上

艾德克斯电子有限公司

地址：江苏省南京市雨花台区姚南路 150 号
邮编：211100
电话：17602547506
传真：025-52415098
邮箱：market@itech.sh
网址：www.itechate.com

简介：艾德克斯电子有限公司（以下简称 ITECH）是专业从事精密测试测量仪器的设备制造商，始终以"客户需求"为导向，致力于以"功率电子"产品为核心的相关产业测试解决方案的研究，为行业客户提供各类具有竞争力的测试方案。

ITECH 在"功率电子"测试方面拥有全面的解决方案，可覆盖多领域的测试应用需求。ITECH 拥有超过百项专利，并持续以每年开发不低于 3 个系列产品来确保满足新行业的应用。公司单机产品多达 900 个型号，单机产品有可编程单路及多路电源、可编程单路及多路电子负载、高性能交流电源、功率表和电池内阻测试仪等，自动测试系统产品包括电源自动测试系统、电池测试系统、新能源汽车相关测试系统、太阳能电池测试系统、汽车电子相关测试系统以及老化测试系统等，从硬件到软件全部由 ITECH 自主研发，结合配套设计优势，让用户能够享受到稳定、兼容性俱佳的测试系统。由 ITECH 的测试解决方案在电源测试、电池测试、汽车电子及新能源汽车动力电池、充电桩、充电机测试、太阳能电池测试、LED 产业以及半导体产业相关测试等领域具有广泛应用。

作为测试行业"专精特新"代表企业，ITECH 坚持"专业化、精细化、特色化、新颖化"发展，在新能源汽车、太阳能光伏、风电等相关行业深耕细作，以行业领军的市场地位和技术实力获得由国家工业和信息化部组织的"制造业单项冠军"和"小巨人企业"等荣誉。

主要产品介绍：

光伏储能测试解决方案

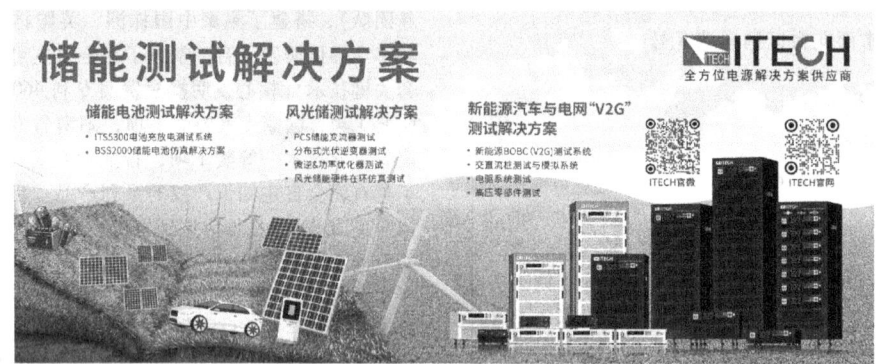

ITECH 针对光伏领域提供专业的产品和解决方案，为用户系统性实现太阳能电池组件/光伏阵列、微逆、储能电池、储能变流器、离网/并网光伏逆变器、户用储能装置、户外应急储能电源、储能便携式移动电站等待测物的性能验证，涵盖光伏模拟器、电网模拟器、电池模拟器、储能电池测试系统以及回馈式交流电子负载等。

爱士惟科技（上海）有限公司

地址：江苏省苏州市虎丘区向阳路 198 号 9 栋
邮编：215011
电话：0512-69370998
传真：0512-69370630
邮箱：sales.china@aiswei-tech.com
网址：www.aiswei-tech.com

简介：爱士惟科技（上海）有限公司（以下简称爱士惟）是原全球知名太阳能逆变器领先企业 SMA 集团的中国全资子公司，经由股权重组于 2019 年 4 月从 SMA 集团脱离而独立运营，是致力于高质量、高可靠性的光伏并网逆变器、储能逆变器的研发和制造的高科技企业。

爱士惟管理总部和研发总部位于苏州，在上海、扬中两个城市分别设有商务采购中心和生产制造中心，在澳大利亚、荷兰、波兰、土耳其等国家和地区设有销售与服务职能子公司或合作伙伴。爱士惟拥有一流的专业技术团队、国际认可的实验室及符合德国质量标准和管控体系的规模化先进制造基地，逆变器年产能超过 3GW。除自身业务之外，爱士惟还在逆变器研发、生产、供应链、客户服务等方面为 SMA 集团提供服务，有着深度合作关系。

爱士惟拥有 1~60kW 光伏并网逆变器、储能逆变器系列产品，产品已行销全球数十个国家和地区。基于为 SMA 集团所生产的优质逆变器产品所积累的成功经验，爱士惟分别面向中国和海外市场推出爱士惟及 Solplanet 品牌的高质量、高可靠逆变器产品，并以更加贴近市场的完善售后服务体系，为客户带去持续稳定的贡献和更多的增值服务。

北京大华无线电仪器有限责任公司

地址：北京市海淀区学院路 5 号
邮编：100083
电话：010-62937169

传真：010-62937189
邮箱：marketing@dhelec.com.cn
网址：www.dhelec.com.cn

简介：北京大华无线电仪器有限责任公司（原国营第七六八厂）（以下简称大华公司）始建于1958年，是我国最早建成的微波测量仪器大型骨干企业，现隶属于北京电子控股有限责任公司。

60多年来，大华公司专注于仪器仪表行业，踔厉奋发，勇毅前行，打造形成北京电控仪器仪表产业平台，聚焦精密仪器和智慧仪表两大主营业务，在部分关键产品上实现业内领先，在仪器仪表高端制造领域做出重要贡献。

精密仪器业务作为大华公司多年来传承的主要产业，参与了多项国家重大项目，产品覆盖大功率交直流稳压电源、电子负载、自动化测试系统及行业解决方案，多款产品被应用于海防导弹测试、战略导弹测试、舵机测试、模拟卫星热真空系统测试、雷达自动测试系统、电磁频谱监测、火箭及卫星发射、军用装备研发/维修等领域。

智慧仪表业务主要覆盖压力、流量、物位等工业自动化仪表领域，产品已被广泛应用于钢铁、化工、造纸、污水、水处理、热力、电力、食品、有色等行业以及"南水北调""西气东输"和"西部开发计划"等重点工程；在海底测量与勘探设备、海洋环境监测设备、海洋平台仪表与自动化系统、油气管道监测与控制设备中都有应用；基本涵盖了海洋石油勘探、开发和生产过程中的各种测试和监测需求。

主要产品介绍：

模块电源产品

大华公司的模块电源系列产品，由公司自主研发，已在半导体装备、通信等领域广泛应用。产品具有以下优势特点：
- 输出电压纹波小；
- 电磁兼容性好；
- 启动冲击电流小；
- 具有超高效率；
- 漏电流小；
- 可定制多通道独立输出；
- 通过 CE \ SEMI 认证。

北京合康新能科技股份有限公司

HICONICS
合康新能

地址：北京市北京经济技术开发区博兴二路3号
邮编：101102
电话：010-59180000
邮箱：HK_service@midea.com
网址：www.hiconics.com

简介：北京合康新能科技股份有限公司（以下简称合康新能）创建于2003年，于2010年1月20日在深交所挂牌上市，证券简称"合康新能"，证券代码为300048，位于北京中关村高科技园区，是专业从事工业传动领域及新能源技术相关产品研发、生产和销售的高新技术企业，以高低压变频器驱动技术为核心，专注发展高效节能、先进环保、资源循环再利用等关键技术，采用EPC项目管理、EMC合同能源管理、PPP公私合营等方式，致力于成为工业传动解决方案专家和绿色能源引领者。

2020年4月，美的集团控股合康新能，拉开企业战略重组新序幕，合康新能正式并入美的集团工业技术事业群。依托集团资源，合康新能在供应链、制造升级、品质管控等方面进行全面革新，为客户提供全方位高品质的产品和服务。

目前，合康新能下设8家全资及控股子公司、一个重点实验室和一个技术中心；现有员工千余人，其中核心科研及开发人员约占20%，拥有遍布全国的办事处和完善的售后服务网络，产品销往全球20多个国家和地区；业务领域涵盖了工业自动化、能源管理、节能环保、储能等领域，产品广泛应用于冶金、电力、矿山、水泥、石油、市政、机床、橡塑、物流、建机暖通等行业。

在工业自动化领域，合康新能是我国最早一批挂牌上市的变频器企业之一，经过20多年的发展，公司凭借雄厚的技术实力、先进的生产工艺，树立了国内优秀的变频节能和控制专家的形象，巩固了自身在行业内的引领地位。其主要产品包括高中低压变频器、施工升降机驱动器及控制系统等核心部件及电气解决方案。在高压变频器方面，由合康新能研发团队自主研发的高压变频矢量控制、大功率单元水冷、四象限能量回馈、高压永磁同步直驱变频等技术，均处于业内领先地位。在中低压变频器方面，合康新能拥有施工升降机驱动器、高性能矢量变频器、伺服器和永磁同步电机控制等核心平台技术。

在节能环保领域，合康新能紧跟国家发展步伐，专注发展高效节能、先进环保、资源循环再利用等关键技术，采用EPC项目管理、EMC合同能源管理、PPP公私合营等方式致力于工业节能环保、资源综合利用，推广以储能、光伏、生物质能等节能环保一揽子系统性解决方案，致力于成为节能环保领域新标杆。

合康新能凭借多年的技术积累，在新的技术领域不断探索发展，在未来的产品布局中将立足于通用变频器市场，不断拓展行业专机领域。截至2021年4月，公司及旗下全资子公司已获得软件著作权十余项，及相关专利证书百余项。合康新能依托美的集团的数字化、智能化战略，逐步强化自身的数字化管理能力，践行美的集团累积多年的全价值链精细化管理理念，逐步从制造型企业走向智慧服务提供商。

合康新能高压变频器生产基地位于北京，具备年产2000套高压变频器的生产能力。为了持续提升产能，促进企业可持续发展，2015年1月，在长沙市高新区建立合康新能长沙研发生产基地。

合康新能致力于通过技术创新、模式创新、协作创新，帮助客户提升能效水平，主动承担社会责任，争做良好企业公民，推动中国的绿色可持续发展。未来，合康新能愿携手广大客户和合作伙伴，积极探索能源新世界，努力让每个人都可以随时随地享受新技术带来的便利，让人们的生活更加丰富多彩，拥有更加美好的未来。

同时，合康新能也将依托美的工业技术的全球研发布局及自身在能源管理领域的丰富实践经验，在助力客户提升绿电占比、实现绿色转型和高效降碳上，为全球的绿色可持续发展贡献中国智慧与中国方案。

北京力源兴达科技有限公司

地址：北京市海淀区西三旗街道建材城中路 12 号院 27 号楼
邮编：100086
电话：17319220872
传真：010-82923776
邮箱：544915421@qq.com
网址：www.liyuanxingda.com.cn

简介：北京力源兴达科技有限公司是深交所中小板块上市公司上海康达化工新材料股份有限公司（股票代码：002669）的核心企业，成立于 2001 年 3 月 30 日，注册资本 2500 万元，占地面积 9000m²，是一家集研发、生产、销售高性能精密电源系统的高新技术制造企业。公司注册地址为北京市昌平区科技园，总部位于北京市海淀区西三旗建材城中路 12 号院 27 号楼，生产制造中心位于昌平区极东未来产业园。

公司现有员工 250 余人，其中研发人员 90 余人，主要毕业于电力电子、电气自动化、测控技术与仪器、电子科学技术信息等专业，具有专业技术教育背景和丰富的电源领域的开发经验。公司拥有两条自动化生产线，月产能 3 万台；已研发、生产 2000 余种电源产品型号，广泛应用于武器装备、铁路自控、通信设备、测试设备等领域；已为 200 余家军工科研生产系统单位提供产品；用户分布于华北、华中、华东、华南、西南、西北等地区，主要客户群为军工系统单位和国家电网系统单位。

主要产品介绍：
定制电源

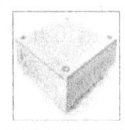

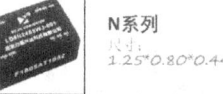
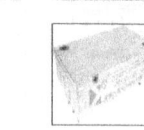
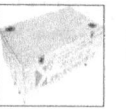

公司专业从事通用模块电源、定制电源、大功率电源以及电源周边系统的研发和生产。

北京纵横机电科技有限公司

地址：北京市海淀区永丰产业基地永泽北路纵横机电二期
邮编：100094
电话：010-56972606
传真：010-56972116
邮箱：liudonghui@zemt.cn
网址：www.zemt.cn

简介：北京纵横机电科技有限公司是由中国铁道科学研究院集团有限公司机车车辆研究所出资设立的独立法人单位，1988 年在北京市海淀区新技术开发区注册成立，2010 年至今被评为北京市高新技术企业，分别通过了 ISO 9001：2008 质量管理体系认证、IRIS 第 2 版国际铁路行业标准认证、ISO 14001：2015 环境管理体系认证、BS OHSAS 18001：2007 职业健康安全管理体系认证、BSEN 15085-2 焊接企业质量管理认证。

公司现有职工 1167 人，其中本科以上学历 726 人，有博士学位的 72 人，有硕士学位的 397 人，并且拥有多名部级和院级的学术专家及专业带头人。公司申请专利 618 项，其中发明专利 369 项，实用新型专利 246 项，外观设计 3 项；获得专利授权 352 项，其中发明专利 143 项，实用新型专利 207 项，外观设计 2 项；获得软件著作权登记 149 项。

公司凭借扎实的技术支持、过硬的产品质量、良好的售后服务，受到国内外同行的认可，所提供的牵引、网络、制动、安全监控产品，已为全国 24 个城市、75 个城轨项目、18 个铁路局集团公司提供了优质服务，与中国中车集团公司下属的城市轨道交通车辆制造企业建立了紧密的合作关系。

成都金创立科技有限责任公司

地址：四川省成都市新都区斑竹园镇斑大路 752 号
邮编：610506
电话：13688396792
传真：028-83948431
邮箱：1084483793@qq.com
网址：www.cdjcl.com

简介：成都金创立科技有限责任公司是一家以等离子技术产业化推广为目标的高科技公司。公司依托大型科研院校和控股企业，科研开发能力强，技术积累深厚。通过几年的努力，全面掌握了等离子体发生器技术及大功率脉冲电源技术。在环保领域实施"电弧等离子体技术应用开发"为专项的高科技项目、高压静电除尘专用电源及控制技术；在材料表面改性领域实施真空镀膜电源技术、等离子表面处理专用电源技术，形成了一定的研发能力和生产能力。

公司现有环保、物理、材料、机械、真空、电气、电子等学科各类技术人员多人，是专业从事低温等离子体技术应用、材料表面改性处理技术设备、大功率开关电源和专用脉冲电源研究生产型高科技企业。

公司成功开发生产了大功率开关电源和专用脉冲电源、高压电源、工业生产用微弧氧化设备、等离子抛光技术和成套表面处理设备。可根据用户对材料表面处理的需求，提供整套解决方案或研制非标设备。

公司遵从平等互利、友好合作、坚持服务至上、信誉第一的宗旨，竭诚为科技界、实业界提供技术产品和各种形式的技术服务和合作。

成都森未科技有限公司

地址：四川省成都市高新西区天映路 11 号 2 栋
邮编：610000
电话：18108122764
传真：028-87931630
邮箱：chenj@fusemi.cn
网址：www.fusemi.cn

简介：成都森未科技有限公司是一家由清华大学和中国科学院博士团队创立的高科技企业。公司技术能力覆盖从功率半导体芯片设计、加工、测试到应用的全过程。目前公司成功开发出了不同电压等级和应用场景的芯片超过 100 款，IGBT 产品覆盖 600~1700V 的电压等级，单颗芯片电流可达 200A，已成功应用于特种电源、变频器光伏、储能、充电桩、新能源汽车等领域。公司在 2023 年被认定为国家专精特新"小巨人"企业、高新技术企业和成都市企业技术中心等。

主要产品介绍：
高频电源用 IGBT 模块和单管系列产品

产品核心 IGBT 芯片采用 Trench+FS 技术，具有高开关频率和低损耗等优点，温升和损耗优于进口 I 品牌同类产品；产品电压等级为 650V 和 1200V，电流等级覆盖 40~300A，半桥模块封装形式为 34mm 和 62mm，产品已广泛应用于焊机、商业电磁炉、感应加热和高频电源领域。

东莞立讯技术有限公司

地址：江苏省昆山市锦溪镇百胜路 399 号
邮编：215300
电话：0512-82698999
邮箱：Brian.wang@luxshare-ict.com
网址：www.luxshare-ict.com

简介：东莞立讯技术有限公司是中国领先的通信设施、企业级互连产品和各种电源解决方案提供商立讯精密下属子公司，是 5G 通信设备和企业级互连解决方案的全球设计商和制造商。公司主要生产经营基站天线、滤波器、RRU 等通信设备，连接器、连接线、光模块、AOC 等互连产品，以及消费电源、通信电源、工业电源等电源产品。立讯技术的业务范围覆盖全球通信及企业级客户群，在美洲、欧洲、日本均有我们的销售服务团队和研发中心，可以提供全球范围内的互连解决方案以及电源解决方案的快速响应和现场支撑；同时完整的信息化平台可以让我们的员工更便捷地服务我们的客户。我们的产品已经覆盖无线通信基站、数据中心、服务器、交换机、路由器等应用领域，提供完整的从无线连接到电连接、光连接、热管理、电源管理等完整互连解决方案。

立讯电源有苏州、江西、东莞、西安四大研发中心，立讯电源制造分为苏州、江西、东莞、恩施等五大生产基地；其中，苏州生产基地以国内及欧洲中功率电源的生产为主；江西生产基地主要以 EMS 及其他零售电源为主；越南生产基地主要服务于欧美客户，通过减少关税、降低成本来维持制造成本优势；东莞生产基地以生产大功率电源、UPS、逆变器等电源为主；恩施生产基地生产电动汽车电源的电源。

东莞铭普光磁股份有限公司

mentech铭普

地址：广东省东莞市石排镇东园大道石排段 157 号 1 号楼

邮编：523330
电话：0769-86921000
传真：0769-86921000
邮箱：kelly-liu@ mnc-tek.com.cn
网址：www.mnc-tek.com

简介：东莞铭普光磁股份有限公司成立于2008年（股票代码：002902），在5G及网络数据通信、工业互联网、智慧家庭等核心领域，持续为客户提供卓越的产品和技术解决方案。目前公司的主要产品有磁性元器件、半导体、光通信部件、新能源供电系统、消费电源、无线通信解决方案、自动化设备及模具、塑胶五金产品等。产品广泛应用于数据中心、光纤接入网、5G承载网、终端通信设备等，并延伸应用于汽车电子、智能机器人、智能家居、新能源、物联网及工业互联网等领域。

公司与中国移动、中国电信、中国联通、中国铁塔及华为、中兴、爱立信、诺基亚等众多知名通信企业建立了长期的合作关系。始终坚持以客户为中心的经营理念，为客户提供全方位的优质服务。公司已在国内及美国、德国、韩国、日本、新加坡等地区及国家建立了营销网络。

东莞新能源科技有限公司

新能源科技
Amperex Technology Limited

地址：广东省东莞市松山湖工业西路一号
邮编：523808
电话：0769-88989023
邮箱：marketing@ atlbattery.com
网址：www.atlbattery.com

简介：东莞新能源科技有限公司（Amperex Technology Limited）是行业内知名的锂离子电池生产者和创新者，是以提供高质量可充式锂离子电池的电芯、封装和系统整合方案为己任，致力奉献先进的技术、产能和优质服务的高新科技企业。公司为非上市公司，总部位于香港，下辖子公司位于广东省东莞市和福建省宁德市。

公司的服务对象包括多个知名的智能手机、笔记本计算机和平板计算机原厂制造商、各类无人机、智能机器人和电动工具制造厂家，以及各种智能家居、虚拟、增强现实和可穿戴电子产品的先锋领导者。公司愿与国内外生产商紧密合作，运用先进科技令各类消费类电子产品的使用更安全、更便捷、更持久、更富创造力，为开创人类生活的美好未来而不懈努力。

佛山市顺德区冠宇达电源有限公司

地址：广东省佛山市顺德区伦教熹涌解放东路南1号
邮编：528308
电话：0757-27736306
传真：0757-27725706
邮箱：gve01@ gve-cn.com
网址：www.gve-cn.com

简介：佛山市顺德区冠宇达电源有限公司创立于1999年，是一家提供中大功率电源、充电器、适配器及其行业解决方案的国家高新技术企业。

公司拥有1500多名员工及两大生产基地，年产能可达3600多万台，始终坚持以技术驱动的经营理念，现有佛山、深圳、西安、台湾四处技术研发基地，产品成熟可靠，多国安规认证齐全，已成为海尔、美的、英国联合利华、美国A.O.史密斯等企业的配件供应商，全球市场遍布20多个国家。

公司致力于为全球客户提供安全、环保、有竞争力的产品，全力为客户创造更大的价值。

公牛集团股份有限公司

地址：广东省深圳市南山区软件园二期11栋南区12楼
邮编：515100
电话：15812687485
邮箱：262608@ gongniu.cn
网址：www.gongniu.cn

简介：公牛集团股份有限公司自1995年创立以来，从"插座"这一细分领域开始，开发出了大批受消费者喜爱的新产品。凭借产品研发、营销、供应链及品牌方面的综合领先优势，公司在多年的发展过程中逐步拓展、形成智能生态、新能源、国际化三大板块。其中新能源业务自2021年正式开展，经过3年的发展，公牛新能源已实现充电桩的全系列产品开发，现有交流随车充、交流充电桩、直流充电桩、海外产品4大系列共计百余个SKU，年销售额平均增长率高达300%以上。其中交流系列从3.5~21kW单机、智联全覆盖，实现100%自研自制；直流系列已覆盖从20~240kW单体桩普通快充至分体桩（群充）360~720kW快充的全系产品布局。同时，公司掌握了充电桩核心技术——功率模块，自研自制AC-DC功率模块也在2024年底投入应用。

产品投入市场以来，在线上和线下渠道均取得快速发展。目前，公牛随车充线上市场占有率达36%，排名第一；交流充电桩市场占有率约为30%，第三方品牌市场占有率第一，赢得客户高度认可。

未来，公牛新能源秉承"专业专注、只做第一、走远路"的经营理念，肩负着"为绿色出行提供安全高校的动力支持"使命，朝着"成为新能源充电基础设计领导者"的愿景目标继续前进。

固德威技术股份有限公司

地址：江苏省苏州市高新区紫金路 90 号
邮编：215011
电话：0512-69582201
邮箱：lanjing.huang@goodwe.com
网址：www.goodwe.com
简介：固德威技术股份有限公司（科创板股票代码：688390）成立于 2010 年，总部位于苏州高新区，是一家以新能源电力电源设备的转换、储能变换、能源管理为基础，以降低用电成本、提高用电效率为核心，以能源多能互补、能源价值创造为目的，集自主研发、生产、销售及服务为一体的高新技术企业，主营业务产品包括光伏并网逆变器、光伏储能逆变器、智能数据采集器以及 SEMS 智慧能源管理系统。

固纬电子（苏州）有限公司

地址：江苏省苏州市姑苏区珠江路 521 号
邮编：215011
电话：0512-66617177
传真：0512-66617177-603
邮箱：marketing@instek.com.cn
网址：www.gwinstek.com.cn
简介：固纬电子（苏州）有限公司（以下简称固纬电子）成立于 1975 年，深耕大陆市场 20 余年，是中国台湾首批电子测试测量仪器领域的上市公司。中国营运总部与制造基地坐落于江苏省苏州市，是全球主要的专业电子测试仪器生产厂之一。固纬电子延续 40 多年信誉与用心经营，据点遍布中国、美国、日本、韩国、马来西亚、印度及荷兰等地，行销服务全球五大洲近 100 个国家和地区。产品阵容一应俱全，包括示波器、频谱分析仪、电子负载、直流电源、交流电源、安规测试仪、数据采集系统、万用表、智能实验室系统、电力电子开发设计与实训系统（PTS）、电池测试系统、自动测试系统（ATE）以及可靠性环境试验设备、录像监控系统等共 400 多种产品，被广泛应用于电工电子产业的研发设计、生产制造、高校教育实验实训、科研、军工和其他电子相关领域。固纬电子深耕产业市场，与众多知名企业长期、深入合作，研发设计的产品更符合行业测试需求。根据与产业长期的深入合作，固纬电子持续不断精进，提供了大量符合各个产业的测试方案，如电源测试方案、新能源测试方案、电动汽车测试方案、电源测试方案、手持式设备测试方案等。

冠佳技术股份有限公司

地址：广东省东莞市塘厦镇莆心湖浦龙工业区莆田路 7 号
邮编：518133
电话：0769-87921555
传真：0769-87921555
邮箱：wa.li@guanjia.com.cn
网址：www.guanjia.com.cn
简介：冠佳技术股份有限公司从事高端装备制造行业，创立于 2006 年，位于东莞市，注册资本 23500 万元，是一家以先进制造技术为核心，拥有自主知识产权和核心技术的国家高新技术企业、东莞市上市后备企业、国家专精特新"小巨人"企业，拥有省、市级工程技术研发中心和实验室，现在有在职员工 600 多人，50% 以上拥有大学及以上学历。

广东电网有限责任公司电力科学研究院

地址：广东省广州市越秀区东风东路水均岗 8 号
邮编：510080
电话：020-85124581
邮箱：maming@dky.gd.csg.cn
网址：www.gd.csg.cn/gddky
简介：广东电网有限责任公司电力科学研究院成立于 1958 年底，是广东电网有限责任公司综合性科研试验的执行机构，为广东电网有限责任公司和直属供电局提供科技研发、技术服务、技术监督、技术信息、人才培养、器材检验等业务。

广东力科新能源有限公司

地址：广东省东莞市寮步镇横坑社区横东三路 11 号
邮编：523000
电话：0769-83527566
传真：0769-83520288
邮箱：mark@szpowtech.com.cn
网址：www.szpowtech.com
简介：广东力科新能源有限公司（以下简称力科）成立于 2015 年，总部坐落于——深圳福田 CBD 中心，生产基地位于广东东莞，是一家从事锂离子电池研发、制造、销售及服务的国家高新技术企业。力科始终以客户服务为中心，秉承质量优先、技术创新的发展理念，为 3C 消费类电子产品、智能家居、移动支付、医疗器械、工业安防、小动力及小储能等领域提供绿色安全、高效快捷的新能源产品及服务，致力于成为国内外一流的电池管理解决方案提供商。

力科凝聚了一支拥有 15 年以上锂电池领域工作经验的高端技术人才和管理团队，打造了由博士、硕士和行业资深专家组成的研发梯队，创建了拥有世界一流科研设备的实验室（配有有机仪器、无机仪器、气象色谱-质谱连用仪、扫描电镜、X 射线衍射仪等众多先进仪器）。得益于团队精湛的技术和努力钻研的精神，公司获得了多项发明专利和数十项国家认证证书。力科已全面实现 ISO 9001 质量管理体系、ISO 14001 环境管理体系以及 OHSAS 18001 职业健康安全管理体系认证，为了进一步提升公司产品的国际竞争力,近年来,公司加大投入引进了多条现代化、全自动生产线,大大地提高了生产效率,不断为国内外客户提供更优异的品质和个性化的服务。

力科注重与国际化接轨,所生产锂离子电池均通过 UL1642、UL2054、CB、CE、PSE、KC、BIS、BSMI、GB 31241—2014 等多项国际安全认证和 RoHS、REACH 等环保体系要求,并销往国内 40 多个大中城市及北美、欧洲、东南亚、韩国、日本等国家和地区。

主要产品介绍:

数码消费类电子产品电源电池、家庭清洁类电子产品电源电池、短交通出行车用电源电池

基于电池领域的研发及客户优势,公司开始横向拓展音响、智能家居、医疗、安防、工业平板、小动力、小储能等业务,为其提供绿色安全、高效快捷的新能源产品及解决方案。

广东省洛仑兹技术股份有限公司

地址: 广东省深圳市南山区西丽街道阳光社区松白路 1008 号艺晶公司 15 栋 501A 区
邮编: 518055
电话: 0755-23206724
邮箱: quality@lrt-tech.com
网址: www.lrt-tech.com
简介: 广东省洛仑兹技术股份有限公司成立于 2017 年,经过初期的快速发展,已成长为拥有完全自主知识产权、专业从事绿色、数字化能源互联网的研发、生产、营销的国家高新技术企业。公司产品涵盖了绿色节能解决方案、数字储能解决方案、5G 通信能源解决方案、智能制造激光电源解决方案等,持续为全球客户提供稳定、高效的端到端新能源解决方案。在工业双向电源领域,公司产品市占率第一,已成为行业头部标杆型供应商。

公司总部位于深圳西丽,在武汉、长沙设有研发基地及分公司,现有珠海生产制造基地 20000 多 m^2,严格按照现代企业管理制度组织生产和经营管理,在 ISO 9001:2008 质量管理体系标准的规范下,从器件选型、采购、产品生产制造、工艺控制、QC 到产品服务等均已形成严格、严谨、规范的管理程序。

洛仑兹的核心管理团队由全球 500 强企业原高管领衔,团队拥有先进的企业管理理念,技术能力达到国际领先水平。公司研发人员超过百人,由行业从业十年以上经验的团队组成,具有丰富的产业应用经验。公司始终以科技创新为中心,已拥有多项研发专利及软件著作权,并以每年 10 多项的速度快速增长。

广西电网有限责任公司电力科学研究院

地址: 广西壮族自治区南宁市兴宁区民主路 6-2 号
邮编: 530023
电话: 0771-5697293
邮箱: guo_m.sy@gx.csg.cn
网址: www.gx.csg.cn
简介: 广西电网有限责任公司电力科学研究院位于广西南宁,始创于 1961 年,2009 年 9 月由广西电力试验研究院有限公司改制而成,是广西电网有限责任公司的分公司。主要职责是履行广西壮族自治区经贸委关于电力行业技术监督的授权,承担对电网公司和发电企业技术监督,负责电网公司技术服务、技术信息、科研开发、技术培训、实验室的营运及电力行业标准量值传递和实验室检测校准等工作,对广西电网乃至南方电网的安全、稳定、经济运行负有重要的技术责任。

广州回天新材料有限公司

地址: 广东省广州市花都区沿江大道 16 号
邮编: 510800
电话: 020-36867996
传真: 020-36867991
邮箱: marketing-gz@huitian.net.cn
网址: www.huitian.net.cn
简介: 广州回天新材料有限公司是由湖北回天新材料(集团)股份公司投资组建的高新科技企业。湖北回天新材料(集团)股份有限公司是国内胶粘剂的龙头企业,回天品牌是民族胶粘剂第一品牌,"回天"是国内胶粘剂行业首家上市公司(股票代码:300041)。

广州回天新材料有限公司坐落于广州市花都区汽车产业开发区,占地 100 亩(1 亩 = 666.67m^2),建筑面积超过 7 万 m^2。公司完善并建立了法人治理结构等现代企业管理制度,有完整的科研、生产、质检和销售管理架构,建立健全了先进的质量和环境管理体系,并且已通过 ISO 9001:2015、ISO 14001:2015、IATF 16949:2016、QC 080000 等认证及美国 UL、SGS 认证。公司专业科研所出身,拥有较雄厚的科研力量,有中级以上职称的技术人员占总人数的 60% 左右,硕士及博士研究生占员工总数 30% 以上。

广州回天新材料有限公司在硅橡胶、UV 光固化胶、丙烯酸酯胶、环氧胶等方面的基础研究处于国内领先地位。公司产品广泛应用于显示照明、新能源汽车、电源、逆变器、电器、医疗、移动终端、通信、汽车电子、储能等行业,与比亚迪、美的、格兰仕、汇川、明纬、茂硕、英飞特、小鹏、海尔、亿纬锂能、中兴、HW 等国内外知名企业形成了长期的合作伙伴关系,是国内显示照明、电器、电源、汽车电子、消费电子等领域用胶粘剂和密封剂的最大供应商之一。

广州致远仪器有限公司

地址：广东省广州市天河区天河软件园思成路43号
邮编：510000
电话：020-28015699-8004
传真：020-28267891
邮箱：zhaoshasha@zlg.cn
网址：www.zlg.cn
简介：广州致远仪器有限公司是一家专业从事电力电子新能源测量测试仪器设备开发及销售的公司，主要产品包括示波器、功率分析仪、示波记录仪、变频电源、协议分析仪等仪器设备，产品广泛应用在光伏发电、储能、电动汽车、充电桩、工业电源、计量校准等电力电子及信息电子领域，产品先后获得中国电子学会、中国仪器仪表学会等一级学会颁发的科学技术奖，得到了行业内外的一致好评。公司牵头和参与制定了《数字功率分析仪通用规范》《电动机系统节能量测量和验证方法》等新能源测试相关的国家标准和行业标准，并多次获得国家知识产权局颁发的中国专利优秀奖等荣誉。为更好地服务国家碳达峰碳中和的战略愿景，广州致远电子股份有限公司在其仪器事业部基础上组建了广州致远仪器有限公司，为更好地服务国内能源电子行业的测量测试仪器设备需求，构建绿色、高效、安全的新能源体系贡献自己的力量。雄关漫道真如铁，而今迈步从头越，让我们携手一起赋能高效测试，共创美好生活。

国网北京市电力公司电力科学研究院

地址：北京市丰台区南三环中路30号
邮编：100075
电话：010-63677345
邮箱：wangboz@bj.sgcc.com.cn
网址：www.bj.sgcc.com.cn
简介：北京电力科学研究院为业务支撑与实施单位，位于北京市丰台区南三环中路30号，主要工作包括负责系统调度控制、电网设备监控、调度计划、运行方式、继电保护、调度自动化、网源协调、水电及新能源、信息通信、环境保护、输变电设备状态在线监测与分析、物资质量监督等专业技术支持；负责信息通信技术支持、信息通信系统和设备测试、信息通信专业技术监督和信息安全技术督查；承担电网物资质量检测业务；负责开展科技创新工作，负责公司科技情报工作；协助开展运营分析、编制分析报告，提供常态化的运营监测及分析模型、工具、方法等研究与技术支持，协助开展"大数据"挖掘等业务；负责电网设备专业管理、状态检修、全过程技术监督及性能质量抽检；负责所辖±660kV及以下直流和500~1000kV交流变电设备状态监测评估；负责计量器具检定配送等省级集中业务执行；承担电源技术服务业务。

国网河南省电力公司电力科学研究院

地址：河南省郑州市二七区嵩山南路85号
邮编：450052
电话：0371-67905438
邮箱：zhengchen725@163.com
简介：国网河南省电力公司电力科学研究院（以下简称电科院）成立于1958年，是国网河南省电力公司直属单位，承担着河南电力系统的技术监督、技术服务、技术开发、技术信息"四个中心"职能，对公司大运行、大检修、科技信息等核心业务和精益化管理提供全面支持。现具有电网工程类特级调试资质，国家电网公司智能变电站现场调试A级资格和二次系统集成测试资格等22项国家级、省部级专业资质。在特高压联网背景下区域电网网源协调、输电线路舞动防治、动力电池梯次利用等技术领域处于行业前沿。

近年来，电科院注重科技信息服务生产管理，持续完善实验室建设、科技项目研发、攻关团队培育和技术标准创制的"四位一体"科技创新体系，建成7个省部级实验室（包括1个国网公司、河南省"双重点"实验室），7个省公司级实验室；拥有国网公司科技攻关团队2个、河南省创新型科技团队1个，代管博士后工作站1个。

电科院以"坚持精益卓越，推动本质提升"为发展理念，始终坚持"尽职责、提效率、扩影响、树引领"的工作方针，把科技创新作为立足之本，把本质提升作为着力点，把人员队伍素质提升作为关键所在，把体制机制效能提升作为成事之基。着力提升设备技术监督、电网安全运行、信息大数据、科技创新等核心业务支撑能力，为公司和电网发展提供坚强保障。电科院获得2016年度国家电网公司省级电科院区域标杆，华中第一，国网第三（不含计量中心和客服中心）；先后荣获"全国五一劳动奖状""国家电网公司劳模创新工作室示范点""国家电网公司科技工作先进集体""河南省文明单位""全国模范职工之家""全国职工书屋示范点"等荣誉称号。

国网湖北省电力有限公司电力科学研究院

地址：湖北省武汉市徐东大街227号
邮编：430077
电话：15629060628
邮箱：hupaninwh@whu.edu.cn
网址：www.hb.sgcc.com.cn
简介：国网湖北省电力有限公司电力科学研究院始建于1952年，是全国最早成立的电力试验研究院（所）之一，肩负着保障电网安全稳定运行、推动电网创新发展的重要职责，是国网湖北省电力有限公司重要的技术支撑力量、科技创新高地和人才储备中心。建院 70 多年来，参与了共和国电力工业史上第一个 500kV 交流、±500kV 直流、±800kV 直流、1000kV 交流、±1100kV 直流等里程碑工程建设，先后远赴巴基斯坦、伊朗、印度、印尼、越南、巴西、叙利亚、马来西亚等 8 个国家开展 38 台大型发电机组调试，在高压设备现场试验、换流站技术监督与服务、交直流混联大电网分析、发电机组调试等专业领域长期处于全国领先地位。近年来，国网湖北省电力有限公司电力科学研究院以习近平新时代中国特色社会主义思想为指导，认真贯彻国家电网公司、省公司工作部署，坚持党建引领，突出战略落地，笃定创新创造，确立了建设"创新型、创造型"一流电科院的发展目标及实施路径，创新水平显著提升，综合实力持续增强。牵头承担国家重点研发计划等多项高质量科研项目，荣获国家电网公司科技进步一等奖、湖北省科技进步一等奖等，获批国家电网公司首批技术标准创新基地、国际标准创新基地、技术标准验证实验室、湖北省重点实验室。

国网重庆市电力公司电力科学研究院

地址： 重庆市渝北区黄山大道中段 80 号
邮编： 401123
电话： 18875286489
邮箱： maxing1987@126.com
简介： 国网重庆市电力公司电力科学研究院原名重庆电力试验研究所，于 1998 年 3 月组建，2004 年 11 月更名为重庆电力科学试验研究院，2011 年 5 月更名为重庆市电力公司电力科学研究院，2013 年 7 月更为现名，先后荣获国网公司文明单位、市公司先进单位、全国电力建设行业统计工作先进单位等荣誉称号。

研究院现有员工 384 人，其中全职员工 264 人，社会化用工 120 人；有博士学历 20 人、硕士学历 152 人，有高级职称的 111 人；拥有国网公司级专业领军人才 5 人、优秀专家人才 11 人，中央企业技术能手 1 人，全国电力行业技术能手 2 人，省公司级优秀专家人才 7 人；人才当量密度达 1.2989，高技能人才比例为 100%。研究院设置 7 个职能部门和 4 个业务实施机构，业务实施机构辖 27 个专业室。国网重庆市电力公司依托研究院成立智能电网研究中心、安全风险预控中心、电网设备材料质量检测中心、信息安全督查队。经国家人力资源和社会保障部批准成立"博士后科研工作站"，经市科协批准成立院士专家工作站，与重庆大学联合成立"研究生联合培养工作站"。拥有国网公司重点实验室 1 个、国网公司实验室 1 个、重庆市重点实验室 2 个，累计获省部级（含国家电网公司）及以上科学技术奖 83 项，获专利 398 项。

杭州铂科电子有限公司

地址： 浙江省杭州市滨江区浦沿街道东冠路 611 号 4 幢 3 层 301-11 室
邮编： 310000
电话： 18771112394
传真： 0571-87379097
邮箱： shan.li@hzboco.com
网址： www.bocohz.com
简介： 杭州铂科电子有限公司成立于 2021 年，是一家国家级高新技术企业。公司的核心技术团队均来自国内及欧美头部电力电子企业，项目经验涉及国内外行业头部信息电子设备电源、新能源发电系统、储能与充电系统厂商；通过不断的研发创新，在本领域积累了多项专利和先进技术，凭借优秀的人才团队和价值创造，入选杭州市滨江区 5050 人才企业、杭州市滨江区瞪羚企业。

杭州铂科电子有限公司是专业从事高可靠性电源转换器和系统解决方案设计和制造的国内领先创新企业，集研发设计、生产制造和销售服务为一体，为电算中心与数据网络系统提供高效节能、稳定可靠的电力保障，为新能源发电、电动交通和电池储能提供光储充综合高效的变流器设备与系统。公司主要研发人员多毕业于浙江大学、哈尔滨工业大学、南京航空航天大学、北京交通大学等国内重点院校，具有行业龙头企业从业经历，积累了多年的设计开发经验。研发团队中拥有硕士及以上学历的占比超过 60%，研发投入占到总销售额的 10% 以上。

公司始终以能源使用的安全、高效和环保为己任，以品质为指引，坚持高效率、高功率密度、高性价比的产品发展方向，在信息技术、新能源与储能领域树立了良好口碑，深得客户青睐。

杭州博睿电子科技有限公司

地址： 浙江省杭州市萧山区所前镇所前中路 1085 号 1 幢
邮编： 311254
电话： 0571-82616510
传真： 0571-82610970
邮箱： jmli@hzbrdz.com.cn
网址： www.hzbrdz.com.cn
简介： 杭州博睿电子科技有限公司前身为博才电源，始创于 2005 年，多次承接国家科研院所重点产学研攻关项目的研制。公司研发团队主要由多位具有高级专业技术职称的资深科技精英领衔，已通过国家级高新技术企业资质认定和国际 ISO 双体系认证，现为中国电源工业协会常务理事单位、中国电源学会理事单位、中国电源产业技术创新联盟会员单位、中国电动汽车产业技术创新联盟会员单位、中国电子节能技术协会电能质量专业委员会会员单位。公司所有产品均通过国际、国内安全和标准认证，是一家集 LED 大功率驱动电源、高压中大功率激光电源、电力、通信、工业、医疗电源、模块电源、适配器、智能控制等产品研发、制造、销售为一体的节能环保产业型国家级高新技术企业。

杭州飞仕得科技股份有限公司

地址：浙江省杭州市上城区同协路 1279 号西子智慧产业园 5 号楼 4-5 楼
邮编：310000
电话：0571-88171615
邮箱：marketing@firstack.com
网址：www.firstack.com
简介：杭州飞仕得科技股份有限公司主营业务为功率系统核心部件及功率半导体检测设备的研发、生产和销售，并提供相关技术服务。公司围绕 IGBT、SiC MOSFET 等功率半导体的应用，产品已批量应用于风力发电、光伏发电、矿用变频、新能源汽车、储能、输配电、轨道交通等多个高可靠性领域。公司为国家级专精特新"小巨人"企业，拥有博士后科研工作站以及经浙江省科技厅认定的省级企业研究院，公司坚持创新驱动发展的战略，自主研制的多项产品被评为"浙江省科学技术成果""浙江省级工业新产品"，整体技术实力在业内受到广泛认可。

杭州中恒电气股份有限公司

地址：浙江省杭州市滨江区东信大道 69 号
邮编：310053
电话：0571-56532188
传真：0571-86699755
邮箱：zhangning@hzzh.com
网址：www.hzzh.com
简介：杭州中恒电气股份有限公司（以下简称中恒电气，股票代码：002364）创立于 1996 年，2010 年 3 月在深圳证券交易所上市，是一家专注于零碳智能社会建设的数字能源公司。

公司总部位于中国杭州高新技术产业开发区，设浙江省重点新能源用电力电子技术科技创新团队、浙江省能源互联网重点研究院、博士后流动工作站和现代化生产制造基地，并在杭州、北京、上海、深圳等地设立了研发中心。

公司坚持把"掌握数字能源的前沿技术和研发具有国际竞争力的产品"作为发展的战略支撑，在"电力电子技术""电力数字化技术""能源云平台技术"等关键技术饱和投入，聚焦绿色 ICT 基础设施、低碳交通、新型电力系统及综合能源服务等四大领域，构筑数字世界与能源世界的孪生系统，提供能源减碳的全链路产品和解决方案。

公司引领 ICT 基础设施领域能源全直流化、电气设备预制化，打造国际领先的数据中心用 HVDC 供配电、预制化 Panama&T-train 电力模组、5G 全栈式站点高效能源等产品及解决方案。牵头制定《信息通信用 240V/336V 直流供电系统技术要求和试验方法》国家标准及直流生态建设，推动 ICT 领域率先实现"直进交退"的新型绿色、低碳的供电架构。

公司深挖低碳交通的智慧用能和能源综合利用率，积极布局从"车-桩"到"能源互联"的关键技术，构建"智能充/换电设备+云平台+能源利用管理"的创新融合，助力终端用户的充/换电体验和能源互联网建设。

公司助力构建新型电力系统和提供智慧综合能源服务，围绕用户侧负荷需求和电网侧数字化升级，以智慧能源 PaaS/SaaS、智能储能、微网、电力数字化技术等智慧综合能源解决方案，实现"源-网-荷-储"一体化碳中和。

经过 20 多年的行业深耕，公司与中国移动、中国铁塔、中国电信、阿里巴巴、腾讯、百度、拼多多、国家电网、南方电网、小鹏汽车、哈啰出行等各领域头部客户建立起了深度的战略合作关系。

聚势拓新，扬帆未来。全球"碳中和"目标政策加速升级，为企业发展呈现了新的蓝海。公司将坚持"做受众尊敬的价值创造者"的愿景和"至诚至精，追求卓越"的核心价值观，与客户及合作伙伴和谐共赢，为业至精，以工匠精神铸就专业价值。践行"让能源更智慧"的企业使命，全力推动数字能源的技术创新发展，携手合作伙伴构建蓬勃发展的更高效、更智能、更安全的数字能源生态系统，共建零碳智能社会，共享绿色美好未来！

航天科工惯性技术有限公司

ASIT 航天惯性

地址：北京市丰台区海鹰路 1 号院 2 号楼 3 层
邮编：100071
电话：010-68374098
邮箱：licheng4101@126.com
网址：www.cnasit.com
简介：航天科工惯性技术有限公司是由中国航天科工集团发起成立的高新技术企业。公司依托中国航天科工集团第三研究院雄厚的研发实力和技术基础，主要从事油气测控装备、安全监测系统、惯性传感器、特种电源电路、专用测试设备的研制、生产和服务，产品广泛应用于航空、航天、兵器、船舶、石油、地质、水利、交通等行业。

河北久维电子科技有限公司

地址：河北省石家庄市鹿泉区寺家庄镇红旗大街与南绕城高速交叉口西行 50 米
邮编：050031
电话：0311-68078672

邮箱：hbjwdz@126.com
网址：www.hbjwdzkj.com
简介：河北久维电子科技有限公司系河北省高新技术企业，注册资金5000万元人民币。公司坐落于河北省石家庄市高新技术开发区，是专业提供交、直流电源系统、供用电系统解决方案的高新技术企业。

河北久维电子科技有限公司在成立之初就注重公司的技术研发实力。目前研发人员设置了软件、电力电子、系统设计、结构设计、产品人性关怀设计等专业，拥有一批具有扎实理论功底、行业经验丰富、研发技能高超的高素质人才。

公司遵循"成就客户，团队合作，至诚守信，简单快捷"的企业价值，本着"以人为本，做精品产品，与客户共同成长"的经营理念，严格执行 ISO 9001：2008 质量管理体系认证标准，让每个用户都尽享快捷、简单的产品体验。公司产品涉及的行业有电网、水电、火电、风电、通信、太阳能、石油化工、交通运输、矿山机械、钢铁水泥、建筑楼宇等。

河北久维电子科技有限公司致力于民族高科技工业的发展，以"让电力点燃无限未来"为愿景，以人为本建立职业化的人才队伍，不断追求技术核心竞争力最大化，在中国电力装备行业做到最优、最强、最大，成为具有竞争力的国际化经营企业。

核工业理化工程研究院

地址：天津市河东区津塘路168号
邮编：300180
电话：022-84801274
传真：022-84801274
邮箱：hlhy_dy@163.com
网址：www.cnnc.com.cn
简介：核工业理化工程研究院系我国大型央企中国核工业集团公司所属的一所自然科学和工业应用研究院，始建于1964年，坐落于天津市河东区，目前承担着多项重点科研和生产任务，受到国家高度重视。50余年来，为我国核工业建设和发展做出了重大贡献。研究院现有在职职工1100余人，其中专业技术人员700余人，包括研究员和研究员级高级工程师80余人，副研究员和高级工程师300余人，助理研究员和工程师300多人；并有中科院院士1人，中国工程院院士2人，国家级有突出贡献的中、青年专家3人，省部级有突出贡献的中、青年专家10人，天津市授衔专家4人。

50多年来，在国家重点攻关科研项目共获科研成果奖300余项，其中国家级奖励27项，省部级科技进步奖270余项，取得国家专利共计400余项。

研究院长期从事核技术开发研究，已发展成为多学科的综合性研究院，专业涉及基础理论、超净过滤、机械设计与制造、自动化控制、新材料、化工、理化分析、光电技术、科技信息、环境评价、质量保证等，建立了多个装备先进具有现代化水平的实验室，配备了一批高精度仪器、仪表和设备。

研究院在电源技术领域拥有多项核心技术，其中在大功率中频变频器、冗余并联中频变频器、中频感应加热电源、永磁体充磁电源和永磁同步电动机伺服控制器等技术方向都具有较强的科研和生产能力。

横河测量技术（上海）有限公司

YOKOGAWA

地址：上海市长宁区天山西路799号
邮编：200335
电话：021-22508809
传真：021-22508809
邮箱：tmi@cs.cn.yokogawa.com
网址：https：//tmi.yokogawa.com/cn/
简介：横河测量技术（上海）有限公司（以下简称横河）开发测试解决方案已有百年的历史。一个世纪以来，横河不断探索新方法为企业研发提供先进的测试工具，帮助企业从其测量策略中获得最精确的结果。横河拥有丰富的产品线并能提供范围广泛的校准及其他服务。在悠久的历史进程中，横河不仅是精准功率测量的开创者，更是数字功率分析仪市场的领导者。

横河测量仪器以高精度和高稳定性著称，能够维持高水平的测试精度，稳定运行时间远超此类设备正常的保质期。横河坚信成功创新的核心是精确高效的测量，横河以此为己任，专注于自身的研发，汇集最新技术于测试工具，帮助研究人员和工程师应对大大小小的挑战。

横河以产品和质量享誉全球——不断增强新特性以响应客户的特别需求——不断提高技术服务和技术支持的水平，帮助客户设计测量方案，应对最具挑战性的测量环境。

湖南炬神电子有限公司

地址：湖南省郴州市苏仙区高新技术产业开发区台湾工业园第16、17幢
邮编：423000
电话：0735-2668668
传真：0735-2668000
邮箱：rd03@giantsun.com
网址：www.giantsun.com
简介：湖南炬神电子有限公司 GSP（GiantSun Power）于2001年在重庆成立，先后在深圳、湖南等地设有公司，是国内知名电子制造服务商。公司立足于做"电能量的高效

传递者、智能生态的缔造者,成为高可靠、智能化、高效节能电子产品设计、研发、制造及解决方案的供应商";长期致力于绿色电源、便携储能、智能家居电子产品的研发、设计、生产和销售;主要产品涵盖 GaN 高功率密度电源、移动电源、便携式储能电源、智能型手机笔记本充电器、无线手机充电器、智能排插、共享充电宝、TWS 蓝牙耳机、智能扫地机器人、割草机器人、智能 Ac Plug 及其他产品等共计 1000 余种,在诸如 GaN 高功率密度电源、共享充电宝、扫地机器人等细分领域中处于行业领先地位。主要产品市场占有率位居国内同行业前茅,且远销国内外。

公司秉承追求卓越的发展理念,坚持科技创新引领,实现了企业高质量发展。公司已获国家授权专利 340 余项,其中发明专利 50 余项;先后获国家级高新技术企业、湖南省第三代半导体 GaN 绿色电源工程技术研究中心、湖南省企业技术中心、湖南省工业设计中心、湖南省专家工作站、湖南省"小巨人"企业等资质认定及荣誉。公司现有厂房面积 11 万 m²,自动化生产线 30 余条,已通过 ISO 9001、ISO 14001、ISO 45001、GB/T 29490 等体系认证;已获得 CCC、CQC、QC、QI、UL、GS、CE、UKCA、RCM、FCC、PSE、ETL、S-mark、TISI、cTUVus、BSMI、KC、MFI 等产品认证,支持出货全球 60 多个国家和地区;拥有一批经验丰富的专业电源、智能家居研发和管理人才,可充分保证研发设计,制造出的产品满足客户需求,为客户提供更优质的产品。

公司是高科技、高效率、高品质的代名词,是持续技术领先及蓬勃发展的永续经营者,是您值得信赖的优质团队!

湖南科瑞变流电气股份有限公司

地址: 湖南省株洲(国家)高新技术开发区黑龙江路 629 号
邮编: 412007
电话: 0731-28891155
传真: 0731-28895831
邮箱: dsq@ kori. cn
网址: www. kori. cn
简介: 湖南科瑞变流电气股份有限公司创建于 1998 年,专注于大功率整流系统的研发、设计、制造与服务,是集科研、生产、国际贸易于一体的从事高端装备制造与服务的科技型企业;现已发展为中国整流行业规模领先、技术力量雄厚的企业,是工信部认定的国家级专精特新"小巨人"企业,国家级"绿色工厂",湖南省科技厅认定的"湖南省大功率整流系统工程技术研究中心",也是少数几家具备超大功率整流器制造能力的企业之一。

公司通过了欧盟 CE、俄罗斯 GOST、武器装备及 ISO 国际质量、环境、职业健康安全等管理体系认证。公司拥有 4.2 万 m² 高标准厂房和完善的加工、试验设备,固定资产 1.2 亿,员工 300 余人,集中了众多长期从事大功率半导体变流器、电力及电气自动化工程的优秀科技人才,并有一支由教授、高级工程师带队组成的研发、设计团队。公司是国家高新技术企业和国家软件企业,拥有完全自主知识产权的核心技术,获各项专利 112 项,软件著作权 39 项;荣获省市科技进步奖 3 项,省级科技成果 1 奖项,并承担了国家火炬计划项目和国家重点新产品的研制开发。

公司产品广泛应用于有色、钢铁、制氢、化工、造纸、石墨化、电力、交通、能源、科研等行业。目前,2400 多套 KORI 品牌大功率整流系统不间断运行在全球 40 多个国家和国内 31 个省市自治区,各项技术指标均居于国际先进水平。公司以出众的品质和优良的服务深得用户的信赖和赞誉,成为向全球用户提供一流大功率变流设备的主要制造商。

惠州志顺电子实业有限公司

地址: 广东省惠州市惠城区航天科技工业园
邮编: 516006
电话: 0752-2609015,13413196181
传真: 0752-2609015
邮箱: zhaoqian@ casil-jeckson. com
网址: www. casil-jeckson. com
简介: 惠州志顺电子实业有限公司成立于 1975 年,拥有 40 多年电子产品设计与生产的丰富经验,在开关电源、双向并机充电逆变器、便携式储能、家庭储能、动力电池组、微型投影、家居安防、无线遥控以及轮椅、代步车控制器等多个领域提供产品设计与生产服务,生产及研发技术一直保持行业领先地位,是国内颇具规模的电源与控制器生产制造企业之一。

面对世界科技发展一日千里,本着"深化改革、科技创新、以进促稳、提质增效"的经营理念,致力于将公司打造成为"绿色、低碳、智慧、高效"的国际一流电源与控制器设计制造企业,为全球客户提供专业产品设计与制造服务,公司自 1995 年开始先后通过了 ISO 9001、ISO 14001、IATF 16949 质量及环境管理体系认证,并引入了先进的 T100 智能物流、PLM 项目管理及 MES 品质追溯等信息化管理系统,拥有成熟的全生产链管理体系和厚重的质量管控理念,产品符合 UL、ETL、FCC、CSA、BSI、TÜV、PSE、SAA、CE、GS、CQC、CCC 等国内外权威安规认证与检测,并且远销美国、英国、法国、德国、日本、韩国、加拿大、澳大利亚等多个主要国家与地区,获得全球各地知名客户的青睐与信赖。

于母公司航天科技国际集团有限公司全资拥有附属公司志源集团旗下,惠州志顺电子实业有限公司与其他同系的姊妹公司能完全互相配合,相辅相成。志源集团设有众多业务单位,其成员公司均各自拥有不同专业及相关的生产设施,如模具建构、注塑模块、金属压铸、电镀、包装、SLA 电池及 LCD 模块。这些先进的设备和生产模块都令公司能在电子业内承担起先驱的角色。

迄今，公司于中国惠州中国航天科技工业园建了三座厂房，总建筑面积达3万m²，其中配置了12条贴片生产线（含多条高速贴片生产线）、自动插件线、全自动化变压器生产线及24条装配与自动化生产线。公司全体员工约800名，拥有超过110人的研发团队。

公司同时在境外建有"越南海防"生产基地，目前设置有高速贴片生产线、插件生产线、组装生产线及包装生产线等全过程配套生产制造设备与工序，并已于2019年向客户提供量产交付服务。

江苏爱克赛实业有限公司

地址：江苏省扬州市开发区宜城路1号
邮编：225131
电话：0514-87525888，87525668，87525858
传真：0514-87525888
邮箱：jqeksi@163.com
网址：www.eksi.cn

简介：江苏爱克赛实业有限公司（以下简称爱克赛）创立于2000年，是国家高新技术企业，是智慧城市、云计算、智能微电网工程、大数据系统解决方案供应商和绿色能源供应商。公司专业致力于锂电池储能PACK集成、户用储能方案解决、国内外大型储能应用场景方案解决，提供一站式服务，应对削峰填谷、光储一体化、风光柴储等不同场景应用。公司拥有UPS（不间断电源）、EPS（应急电源）、微模块一体化机房、智能微电网、嵌入式软件等高科技电气类产品的研发、制造的雄厚基础，始终以"技术+品质+服务"为核心基石，为全球用户提供高效、智能、集成化的优质产品及全方位的服务。

爱克赛具有完善的管理体系，先后通过ISO 9001质量管理体系认证、ISO 14001环境管理体系认证、ISO 45001职业健康安全管理体系认证、ISO 27001信息安全管理体系认证；通过中国节能产品认证、泰尔认证、公安部消防认证（3C）、欧洲CE认证、UN38.3检测、MSDS检测、货物运输条件鉴定等，并入围国家电网、机关政府采购中心、金融行业等。公司已拥有发明专利、实用新型专利及软件著作权近百项，构筑起爱克赛在业界较强的技术优势、人才优势、品牌优势和其他综合资源优势。

爱克赛坚定秉承"责任、诚信、创新、进取"的企业核心价值观和发展理念，持续强化科技创新和自主品牌的建设力度，在国内设有30多个分公司（办事处）和200多家一级销售和服务网点，用户遍及全国各地及各行各业。凭着核心的技术优势，过硬的质量水平，优质的服务体系，赢得各国用户的广泛赞誉。

主要产品介绍：
· UPS、锂电储能系统

爱克赛锂电储能系统由高品质磷酸铁锂电芯及先进的电池管理系统组成，模块化设计、兼容性强，支持多样化通信接口及软件协议库，可实现与市场各主流逆变器匹配通信，不仅可以作为独立电源使用，也可作为基本单元，用于集装箱、工商业储能设计。系统安全可靠，设计使用寿命达10年以上，标准循环使用寿命超过5000次。

江苏宏微科技股份有限公司

地址：江苏省常州市新北区新竹路5号
邮编：213022
电话：0519-85166088
传真：0519-85162297
邮箱：hygu@macmicst.com
网址：www.macmicst.com

简介：江苏宏微科技股份有限公司（以下简称宏微）成立于2006年，主要从事功率半导体器件IGBT、VDMOS、FRED等芯片和分立器件、标准模块及用户定制模块的设计、研发、制造及销售。公司于2021年9月1号成功在上海证券交易所科创板上市，股票代码为688711。公司宗旨是自主创新，设计、研发、生产国际一流的IGBT、VDMOS、FRED分立器件及其模块，打造民族品牌，成为提供功率半导体器件解决方案的专家。

宏微现为国家高新技术企业、国家高技术产业化示范基地、新型电力半导体器件领军企业，并被认定为江苏省著名商标；设有江苏省新型高频电力半导体器件工程技术研究中心、江苏省认定企业技术中心、江苏省博士后创新实践基地；拥有授权专利111项，其中发明专利37项；获认定高新技术产品8个。作为国家IGBT和FRED标准的起草组长单位之一，公司已完成2项国标的制定。

公司自产IGBT、FRED芯片技术已达国际先进、国内领先水平，打破国外垄断，填补了国内的空白，现已形成批量生产规模。宏微已开发IGBT、VDMOS、FRED、晶闸管、整流芯片模块共计300余个型号，年产量大于400万只，IGBT已有30余种封装种类，电流范围从10~1000A，电压范围从 600~6500V；产品荣获中国电源学会科学技术奖一等奖、江苏省、市级科学技术进步奖、中国半导体创新产品和技术奖，广泛应用于工业控制、电动汽车控制器、充电桩、家用电器、光伏和风电新能源等领域，产品绝大部分替代国外进口，个别产品在国内的市场份额已经占到了 50% 以上。

江西艾特磁材有限公司

地址：江西省宜春市袁州区宜发路中段
邮编：336000
电话：0795-3669789
传真：0795-3669789
邮箱：liw@etnm.cn
网址：www.etnm.cn

简介：江西艾特磁材有限公司是国家高新技术企业，专业从事铁硅铝、铁硅、铁镍、非晶、纳米晶合金软磁磁粉芯及其他复合软磁材料的研发、生产、销售，产品主要应用于车载 OBC、充电桩、储能、光伏、5G 通信、服务器等领域。

共取得发明专利 16 项，其中国内发明专利授权 15 项，国外发明专利授权 1 项；实用新型专利 25 项。

公司通过了质量（ISO 9001）、环境（ISO 14001）、职业安全健康（OHSAS 18001）3 个管理体系认证；2021 年通过了 IATF 16949 认证。

江西大有科技有限公司

地址：江西省宜春市袁州区环城南路 565 号
邮编：336000
电话：0795-3241256
传真：0795-3241608
邮箱：hr@dayou-tech.com
网址：www.dayou-tech.com

简介：江西大有科技有限公司成立于 2001 年，主要从事非晶纳米晶合金软磁产品的研发、生产和销售，为国家高新技术企业、国家专精特新"小巨人"企业，是国内非晶纳米晶合金软磁材料及其元器件主要生产基地，国家非晶节能材料产业技术创新战略联盟理事单位。

公司拥有省级工程技术研究中心，与中国科学院物理所、松山湖材料实验室、北京科技大学等国内多家知名院校、科研机构均有合作，先后通过 ISO 9001 质量管理体系、IATF 16949 汽车行业质量管理体系等认证。

公司产品包含新型磁材及元器件产品 3 大系列。

1）带材类：铁基非晶、钴基非晶、铁镍基非晶、铁基纳米晶等带材；

2）磁心类：共模滤波、差模滤波电感磁心、精密电流互感器磁心及变压器、电抗器磁心等；

3）磁性器件类：共模滤波、差模滤波电感器、精密电流互感器、电抗器、磁传感器等。

公司产品广泛应用于服务器电源、新能源汽车电子、光储充、5G 基站、轨道交通、军工、航空航天、智能制造等领域。

江西耀润磁电科技有限公司

地址：江西省九江市武宁县万福经济开发区
邮编：332000
电话：13924900791
邮箱：cty@yaorundz.com
网址：www.yaorundz.com

简介：江西耀润磁电科技有限公司（以下简称耀润）一直专注于锰锌铁氧体功率磁心的研发和生产，历经多年的发展，生产规模逐年壮大。耀润依靠技术、质量为先导，聘请专家指导公司研发，并开发出针对照明与高频变压器专业应用特性的磁材，保证了产品的一致性和高稳定性。公司生产出的高频功率变压器所需的大载荷低功耗特性磁材、高频储能器的高叠加低损耗磁材，都得到了专家与客户的一致肯定，经过多年的技术吸收和再激发创新，技术力量有了厚实的积累。耀润依靠品质管理，对生产中的每个环节进行控制，保证了产品质量的可靠性。耀润依靠对客户的诚信服务，让客户满意为宗旨的信念，不断改进、不断完善，使公司在客户的口碑中得到推广。

六和电子（江西）有限公司

地址：江西省宜春市袁州区春风路 26 号
邮编：336000
电话：0795-3668860
传真：0795-3668383
邮箱：sales1@nistronics.cn
网址：www.nistronics.cn

简介：六和电子（江西）有限公司坐落于江西宜春，成立于 2004 年，是一家专业从事薄膜电容器研发、生产、销售的国家高新技术企业、国家专精特新"小巨人"企业。2024 年，公司 8 万 m² 新园区正式投产，开启了新的征程。

公司创立以来一直坚持自主研发、技术创新，先后通过了 IATF 16949、ISO 9001、ISO 14001、ISO 45001 等管理体系认证及 VDE、UL、TÜV、KC、CQC、CB 等系列产品认证，实验室获得国家 CNAS 认可。

公司产品系列全，使用范围广，产品在耐高温高湿方面的研究和工艺远高于行业水平。产品研发团队具备定制研发、自主仿真分析能力，拥有超高的自主改造及研发能力。公司核心材料的供应链体系齐全，拥有自主镀膜、注塑、环氧树脂料配制以及模具加工中心等产线。公司拥有先进的自动化设备及生产线，全自动化智能运输系统和智能仓储系统，为产品品质和生产效率提供了极大的保证。

基于公司海量数据的 ERP 管理系统，为公司决策、科研、生产、品质、工艺等提供了强有力的数据支撑和快速响应支持；结合高效完善的 APQP、MES、WMS 系统，让公司质量管理体系在行业内遥遥领先。六和电子国家 CNAS 实验室具备 AEC-Q200+能力，配有国际领先和齐全的先进检测设备，为产品的研发、检测及分析提供了强有力的支撑。

产品广泛适用于新能源汽车电驱动系统、OBC、充电桩、光伏、风电、储能、工控、家电、人工智能、音响、医疗、高端仪表、轨道交通等领域；产品足迹已遍布国内走向全球。

主要产品介绍：

薄膜电容

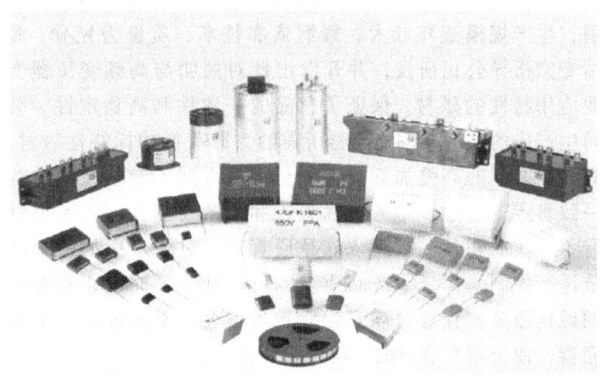

1）产品系列全；安规系列认证齐全，可满足车规级、双 85 需求；

2）耐高温性能好：耐 125℃ 安规 X2 电容通过认证；耐高温表装品可直接过回流焊；

3）产品性能优异，耐冷热冲击性好、抗振动性能好；具有高安全性、耐高温高湿性、高稳定性（满足 PCT/双 85/强制阻燃要求），使用寿命长。

龙腾半导体股份有限公司

地址：陕西省西安市经济技术开发区凤城十二路 1 号西安关中综合保税区 A 区

邮编：710000

电话：029-86658666

传真：029-86658666-4000

邮箱：sales@lonten.cc

网址：www.lonten.cc

简介：龙腾半导体股份有限公司是一家致力于新型功率半导体器件研发、生产、销售和服务的高新技术企业。公司自成立以来，便以推动高端功率器件国产化进程为己任，将技术创新视为企业发展第一动力，申请 200 余项核心技术专利，参与制定了超结 MOSFET 国家行业标准（标准号 SJ/T 9014.8.2—2018），运营校企联合新型研发平台（交大-龙腾先进功率半导体技术研究院）。

公司建有一流的功率器件测试应用中心，专注提供高效、可靠、安全的功率器件产品及系统解决方案。

深耕行业十余载，公司已形成高压超结功率 MOSFET、绝缘栅双极型晶体管（IGBT）、屏蔽栅沟槽型（SGT）功率 MOSFET、低压沟型功率 MOSFET、高压平面功率 MOSFET、SiC JBS/SiC MOSFET 6 大产品体系，广泛应用于汽车类（充电桩、车载电源）、工业类（计算机及服务器电源、通信电源）、消费类（TV 板卡电源、充电器、适配器、LED 驱动电源）等领域。

洛阳隆盛科技有限责任公司

地址：河南省洛阳市西工区凯旋西路 25 号

邮编：471009

电话：400-0379-613

传真：0379-63917137

邮箱：rosen.rosen@163.com

简介：洛阳隆盛科技有限责任公司成立于 1996 年 4 月，位于驰名中外的十三朝古都——洛阳，是中国航空工业集团公司洛阳电光设备研究所下属的一家全资子公司。公司成立 20 多年来，专注于设计和制造高效率、高可靠性的电源产品，已经形成了定制电源、模块电源、标准电源、系统电源和 DC-DC 转换器五大电源专业方向，成为国内军品电源领域颇具影响的综合性电源企业。公司现有员工 330 余人，配套完善的研发、生产、调测以及环境试验中心，总面积约 8000m²，年生产能力达近万台（套）。公司作为河南省的高新技术企业，具备全套的军工产品生产与服务资质。目前已拥有应用于航天、航空、兵器、船舶、雷达、机车、通信等多个领域 10 余种各具优势和特色的系列产品，并持续为 510 多家用户以及多项国家重点工程提供数万台（套）电源产品，受到军方和民用客户的一致好评。"怀凌云之志，铸稳定之源"，隆盛人秉承"用军工技术打造优质电源，以可靠质量赢得用户信赖"的理念，依托成熟的航空技术和多年的电源研发经验，不断努力开拓和超越自我，竭诚为每一位客户提供优质的产品和真诚的服务。

麦田能源股份有限公司

地址：浙江省温州市龙湾区空港新区金海三道 939 号

邮编：325000

电话：0577-86109391

邮箱：info@fox-ess.com
网址：www.fox-ess.com
简介：麦田能源股份有限公司（以下简称麦田能源）成立于 2019 年，专注于光伏并网逆变器、储能逆变器及储能电池系统的研发、生产及销售，提供先进的分布式能源、储能产品及智慧能源管理方案，旨在帮助用户高效地进行新能源发电、储电和用电的全流程管理，从而达到提高能源利用率，降低用电能耗等目的。

麦田能源已建成温州产研基地与上海、无锡、武汉 3 处研发中心，拥有独立的研发部门，保持高研发投入，2022 年研发投入超亿元。公司研发部门现有专职研发人员近 300 人，且 60%以上毕业于双一流院校，研发实力雄厚。研发团队具有多年逆变器和电力电子行业的产品研发经验，专业涵盖电力电子、自动控制、计算机、工业设计等，核心成员在新能源行业有着十年以上的技术沉淀，为新产品的开发与后续升级提供了强有力的保证。

公司除了自身的科研与生产力量外，也与国内重点院校和研究所保持着紧密联系，不断加强在技术、人才方面的合作深度，引进更高层次专业人才、拓宽发展产学研平台，同浙江大学、上海理工大学、上海工程技术大学等院校"联姻"，合作共建"1+3+N"产学研体系，共同攻克光储充关键技术。

截至目前，麦田能源已拥有自主知识产权 58 项，并形成六大系列 20 多款产品的规模，产品已取得多个国家太阳能产品认证，其中发明专利已授权 8 项，实用新型专利已授权 22 项，外观专利已授权 23 项，并拥有软件著作权 5 项。

麦田能源温州产研基地具有国内外先进技术水平的生产装备、自动化生产线和信息化管理系统，已建成智能化、数字化生产线 26 条，生产装备技术水平处于行业前茅，并于 2022 年 8 月被认定为"浙江省级智能工厂"。截至目前，麦田能源已形成年产并网逆变器、储能逆变器 100 万套，储能电池 100 万套的生产能力，企业综合实力已迈入行业前十。

在产品市场销售方面，麦田能源现已与世界各地的上百家分销商、电力公司、能源协会紧密合作，在主要区域设立了 7 家海外全资子公司与办事处，产品出口至全球 60 多个国家和地区并深受欢迎。2022 年总营收突破 30 亿元，同比增长超 400%，2023 年总营收有望超 60 亿元。

凭借公司产品的先进技术水平和市场销售能力，麦田能源先后被山东省太阳能行业协会、中国分布式光伏创新发展论坛组委会等多家协会、机构评为"零碳先锋""清洁能源标杆企业奖""影响力光伏逆变器品牌"等社会荣誉，并获得"光伏逆变器十佳优胜品牌奖""卓越创新贡献奖""新锐逆变器品牌奖"等奖项。

明纬（广州）电子有限公司

地址：广东省广州市花都区金谷南路 11 号
邮编：510890
电话：020-37737100
邮箱：info@meanwell.com.cn
网址：www.meanwell.com.cn
简介：明纬（广州）电子有限公司（以下简称明纬）成立于 1993 年，隶属于台湾明纬企业股份有限公司，负责明纬（MEAN WELL）开关电源产品的研发、制造生产及国内外客户销售服务与技术支持，且为集团制造与采购中心。

明纬为全球标准电源供应器的领航者，秉持技术扎根的企业精神，每年新增 10%的新产品，至今可提供 0.5W～256kW 完整的电源解决方案，包括 AC-DC 电源供应器、LED 驱动电源、AC-DC 电池充电器、DC-DC 转换器以及 DC-AC 逆变器等；提供不同档次产品以满足各产业的应用需求，包含 LED 广告牌/照明、工业自动化/工控、信息/通信/商用、医疗、交通运输以及绿色能源产业等。

明纬秉持"您信赖的电源伙伴"的理念，坚持提供最优质的电源产品与服务。经过多年的努力与耕耘，明纬已建构起全球经销网络，能快速提供全球在地化服务。

明纬（MEAN WELL）的品牌含义是"怀有善意的"，也是企业的核心价值所在。我们深信，可靠的企业（reliable company）、值得信赖的员工（reliable people）及可信赖的产品（reliable product）是企业的根基。公司以"与时俱进的创新与改善，提供最佳性价比的标准电源产品与服务"为使命，以"全球标准电源的百年标杆企业，建构永续经营 ESG 企业"为愿景，并为此持之以恒。

主要产品介绍：

内置机壳型电源、LED 驱动电源、导轨式电源

明纬是市面上产品种类较齐全的电源品牌，内置机壳型电源与 LED 驱动电源两大家族，是营运成长的基本盘，让明纬站稳全球标准电源的领航地位。针对医疗、绿色能源、安防、交通、信息通信等产业应用推出众多产品线，包括导轨式电源、充电器、DC-AC 逆变器、基板型电源、适配器、DC-DC 模块、模组电源、系统电源等产品。

纳微达斯半导体（上海）有限公司

地址：上海市浦东新区碧波路 912 弄 16-17 号 101、201、301、401 室
邮编：200120
电话：15820401428

邮箱：grace.li@navitassemi.com
网址：www.navitassemi.com
简介：纳微达斯半导体（上海）有限公司（以下简称纳微半导体）（纳斯达克股票代码：NVTS）成立于 2014 年，是唯一一家全面专注下一代功率半导体事业的公司。GaN-Fast™ 氮化镓功率芯片将氮化镓功率器件与驱动、控制、感应及保护集成在一起，为市场提供充电更快、功率密度更高和节能效果更好的产品。性能互补的 GeneSiC™ 碳化硅功率器件是经过优化的高功率、高电压、高可靠性碳化硅解决方案。重点市场包括移动设备、消费电子、数据中心、电动汽车、太阳能、风力、智能电网和工业市场。纳微半导体拥有超过 185 项已经获颁或正在申请中的专利，已发货超过 7000 万颗半导体，于业内率先推出 20 年质保承诺，也是全球首家获得 CarbonNeutral® 认证的半导体公司。

南方电网电力科技股份有限公司

中国南方电网
南方电网电力科技股份有限公司

地址：广东省广州市越秀区西华路揽帽新街 1-3 号华业大厦附楼 501-503 室
邮编：510170
电话：020-85124296
邮箱：7845258059@qq.com
网址：http://tech.csg.cn
简介：南方电网电力科技股份有限公司（以下简称南网科技公司）是南方电网下属的三级国有企业，前身是广东电科院能源技术有限责任公司。

南网科技公司力争成为全国领先、世界一流的电力能源领域技术服务和智能设备综合解决方案提供商。公司现有职工 311 人，平均年龄 36 岁，其中博士研究生 53 名、硕士研究生 254 人，有高级及以上职称的 154 人。公司人均素质当量为 1.80，在南方电网公司系统内位于前列。公司是国家认定的高新技术企业，拥有电源、电网工程特级调试资质，通过质量、职业健康安全、环境管理体系认证和实验室 CNAS 认可。

宁波乐铂科技有限公司

乐邦电源
ROBUST

地址：浙江省宁波市鄞州区投资创业中心启明路 655-90 号
邮编：315040
电话：0574-88113638
邮箱：sales@robust-power.com
网址：www.robust-power.com
简介：宁波乐铂科技有限公司前身为宁波欣达集团电源事业部（乐邦电源），由一支通信电源资深外企团队创立于 2004 年。初期服务于华为、华为 3Com、UTStarcom、普天等通信领域客户的定制系统电源研发。其后拓展了车载电子专用电源研发及应用，并获得了多项国家发明专利，主要应用于工业控制、船载海图、船载卫星电视、安防、车载 WiFi 等高可靠性领域。十年磨一剑，公司已成为车载电源领域的领军企业，获得多家行业龙头客户的独家供应商资格和海康金牌供应商等荣誉，并服务于北京奥运会、国庆 60 周年阅兵、上海世博会、广州亚运会、交通运输部长途客车无线 WiFi 专项、广电总局船载卫星电视专项、国家海事局船载海图专项、一二线城市公交监控系统及公安取证系统等众多项目和中电集团、中航集团、中船重工、海康、大华等优质客户。

同时作为美国高端电源领导品牌 SynQor 在中国区的增值服务商和技术服务中心，借助 SynQor 优异的产品性能和可靠的标准化电源模块，结合乐邦电源强大专业的研发整合能力和对国内市场应用环境的精准把握，双方共同携手开拓国内轨道交通、航天军工等中高端电源市场，致力于通过专业、专注、专心的服务，向我们客户提供一站式电源解决方案和世界级水准的优秀电源产品。目前拥有数十个产品开发平台，主要应用于传感驱动控制、网络信号控制、PIS 控制、牵引制动控制、机车信号控制、真空集便器、车辆照明、轴温检测、无线 WiFi 等领域，并服务于北车四方、南车时代、大连电牵、铁科院等重量级客户。

未来我们会继续深耕轨道交通、汽车电子、航天军工、通信系统电源、便携移动应急电源等领域，并专注于对设计和工艺等每个细节的持续优化，为客户提供高可靠性的电源产品。

宁波生久科技有限公司

地址：浙江省宁波市余姚市大隐镇生久环路 1 号
邮编：315000
电话：0574-62913088
传真：0574-62914008
邮箱：mk@shengjiu.com
网址：www.shengjiu.com
简介：宁波生久科技有限公司（以下简称生久公司）主营产品包括散热系列的各类散热器、DC 风扇及附件产品，锁控进入系列的机械锁具、铰链、拉手、限位、密封条、搭扣、五金附件以及相关电子锁等产品。

客户涉及包括通信、电力电气、电源、轨道交通、高端制造及自动化设备、物流快递及物联网、工程机械及特种设备、能源设备、安防/安检/自助设备、汽车制造及改装产业 10 大产业领域，以及制冷背板空调、光通信设备、IDC 机房/数据中心/铁塔、服务器（交换机）、变频器设备、逆变器设备等 30 大细分行业。代表客户包括华为、诺基亚、中兴、爱立信、三星、迈普、星网锐捷、南瑞、南自、许继、四方、西特变、施耐德、ABB、西门子、正泰、上海电气、卡特彼勒、小松、神钢、三一、中联、长客、唐车、四方、铺镇、株机、松下、阿尔斯通等。

生久公司本着"建百年生久创世界品牌"的经营愿景，致力于服务客户，持续为客户创造价值。公司拥有超过 200 人的销售服务团队，800 多人的生产供应团队，200 多人的技术研发团队；持续投入达 4000 万元的国内领先的实验室，10 万 m² 的生产基地，上千台（套）的生产设备；18 条年产量近 3000 万件的五金制品产线；8 条年产量近 1000 万件的风扇制品产线。

宁波希磁电子科技有限公司

地址：浙江省宁波市镇海区蛟川街道金溪路 1 号
邮编：315200
电话：0574-88129400
传真：0574-86663022
邮箱：peng.bai@lertech.com
网址：www.sinomags.com
简介：宁波希磁电子科技有限公司成立于 2013 年，致力于磁性传感器的研发和生产，旗下有宁波希磁、安徽希磁、无锡乐尔、德国 Sensitec 等子公司。

公司研发团队由以磁学及电力电子学领域多名专家为核心的 250 多位技术人员组成，涵盖了从 xMR 晶圆到传感器模块的全产业链的设计开发和规模生产。

公司产品包括电流传感器、角度传感器、位移传感器、磁性编码器、齿轮传感器等多系列产品。

凭借对磁传感核心技术的掌握以及不断地创新，希磁科技正在为新能源发电、新能源汽车、智能电网、智能家居、智能制造等行业提供更具竞争力的解决方案。

目前公司现有员工上千人，其中技术人员 250 人；晶圆产能 5 亿颗/年；2022 年电流传感器产能突破 1 亿颗，累计出货量约 2.5 亿颗；产品应用领域为航空航天、机器人、手机、医疗、新能源、新能源汽车、充电桩、UPS、驱动等。

电流传感器有 STK-616 系列、STK-CTS 系列、STK-HD 系列、STK-PL 系列、STB-CAS 系列、STB-LA 系列、SFG 系列。角度/位移传感器有 EBM7913、EBx7811、EBx7914、EBM7921、EAP7931、AA 系列、AL 系列、TF 系列、GF 系列、CFS1000。编码器产品有 FFA 系列、BBE-C 芯片系列 &SML 磁栅系列、BBT 系列、ELS 系列、EAS 系列等。
主要产品介绍：

电流传感器&磁性编码器
Current Sensor

主要电流传感器参数如下：
①电流范围：5A~10kA；②频率响应：约 50ns；③噪声：<10mVpp @ 200kHz；④精度：0.1%~2%
磁性编码器参数如下：
①基于 xMR 技术；②精度可达 1 角秒（μm）；③分辨率为 25 位；④可应用于半导体制造、机床、航空航天和机器人等领域。

宁夏银利电气股份有限公司

地址：宁夏回族自治区银川市西夏区银川经济技术开发区光明路 45 号
邮编：750021
电话：0951-5045200
传真：0951-5019240
邮箱：jj@yinli.com.cn
网址：www.yinli.com.cn
简介：宁夏银利电气股份有限公司成立于 1992 年，位于宁夏回族自治区银川（国家级）经济技术开发区光明路 45 号，注册资本 5000 万元，占地面积超过 2 万 m²，是一家从事电力电子磁性器件的研发、生产、销售的高新技术企业，是国内同行业中产品覆盖电力电子电磁元件全部应用领域的企业。

宁夏银利电气股份有限公司在国内电力电子行业居于领先地位，产品广泛应用于航空航天、轨道交通、新能源、电能质量、智能电网及新能源汽车等领域。在公司发展的历程中，为中国 CRH3、CRH5、CRH380A 等多型号高铁动车组及数个国产型号的导弹、舰载直升机平台等配套特种变压器，并成功为我国"神州"系列一至六号载人航天飞船、"天宫一号"空间实验站配套变压器、电感器。公司拥有前景广阔的客户群，与全球大规模、全品种、技术领先的轨道交通装备供应商中国中车，风光储能并网装置市场占有率国内领先的企业特变电工、阳光电源、深圳禾望，以及中国电力装备行业龙头企业许继电气、南瑞继保等多家单位建立了长期稳定的合作关系。

宁夏银利电气股份有限公司于 2008 年在深圳全资注册子公司深圳银利电器制造有限公司，以服务珠三角一带优质客户为目标。2018 年公司成功研制新能源汽车配套汽车级功率电感及变压器，并以深圳银利电器制造有限公司为中心全力进军新能源汽车电磁元件领域，通过几年的实践和努力目前公司在新能源汽车行业处于领先地位。2020 年宁夏银利电气股份有限公司全资注册苏州银利电气制造有限公司，目前运行顺利正常，且更好地为长三角一带的客户提供了更便捷的服务。

公司作为国内少数具有独立正向设计能力的企业之一，产品设计与制造水平赢得了西门子、阿尔斯通、夏弗纳等国际客户和同行的认可。在轨道交通（高铁、地铁、城轨、大铁路等）和新能源汽车领域，产品研制已达到甚至超越国外和国内引进技术水平，获得了行业和客户的认可与好评。

派恩杰半导体（杭州）有限公司

地址：浙江省杭州市萧山区宁围街道悦盛国际中心 603 室
邮编：311215
电话：0571-88263297
传真：0571-88263297
邮箱：info@ pnjsemi.com
网址：www.pnjsemi.com
简介：派恩杰半导体（杭州）有限公司（以下简称派恩杰半导体）成立于 2018 年 9 月，是中国第三代功率半导体器件的领先品牌，主营车规级碳化硅功率 MOSFET、碳化硅 SBD 和氮化镓功率器件。派恩杰半导体拥有国内较全碳化硅功率器件产品目录，碳化硅功率 MOSFET 与碳化硅 SBD 产品覆盖各个电压等级与载流能力，并且通过 AEC-Q101 测试认证，可以满足客户的各种应用场景，为客户提供稳定可靠的车规级碳化硅功率器件产品。

派恩杰半导体拥有深厚的技术底蕴和全面的产业链优势，创始人黄兴博士于 2009 年起深耕于碳化硅和氮化镓功率器件的设计和研发，师承 IGBT 发明人 B. Jayant Baliga 教授及晶闸管发明人 Alex Huang 教授。派恩杰半导体的碳化硅功率器件性能优异，质量可靠，各项性能均能达到国际水准。截至目前，派恩杰半导体已导入碳化硅功率 MOSFET 器件客户 60 余家，量产交付产品 80 余款。量产产品已在电动汽车、IT 设备电源、光伏逆变器、储能系统、工业应用等领域广泛使用，为 Tier 1 厂商持续稳定供货，且产品质量与供应能力得到客户的一致好评。

青岛鼎信通讯股份有限公司

地址：山东省青岛市城阳区华贯路 858 号
邮编：266109
电话：0532-55523196
传真：0532-55523168
邮箱：zonggongban@ topscomm.com
网址：www.topscomm.com
简介：青岛鼎信通讯股份有限公司于 2008 年成立，2016 年 10 月在上海证交所挂牌上市（股票代码：603421），拥有完全自主知识产权的国产工业级系列芯片，通过和自主结构设计，实现全产业链自动化制造，产品广泛应用于泛在电力物联网、综合能效管理、电力信息通信、电弧故障保护、智慧消防等领域。

青岛海信日立空调系统有限公司

地址：山东省青岛市经济技术开发区前湾港路 218 号海信工业园南门
邮编：266510
电话：0532-80879905
邮箱：hhrdc@ hisensehitchi.com
网址：www.hisensehitachi.com ·
简介：青岛海信日立空调系统有限公司（以下简称海信日立）成立于 2003 年 1 月 8 日，投资总额为 1.5 亿美元，是中国海信集团与日本日立空调投资组建，集商用和家用中央空调技术开发、产品制造、市场销售和用户服务为一体的大型合资企业。

海信日立确立了以日立 FLEX MULTI 变频多联式空调系统产品为主导的产品体系，其中所独有的压缩机专利技术、变频技术、风扇调速技术、智能除霜技术、静音设计等皆为行业领先技术。1983 年日立制造出世界上第一台空调用涡旋压缩机，而日立专利的涡旋压缩机正是海信日立中央空调的核"芯"。海信日立推出的最新一代多联机产品 SET-FREE A 系列在节能高效、设计与用户体验、环境保护、智能控制等方面均取得了突破性的进展。配以先进的智能控制系统，使其精细化、人性化程度更高，是未来智能型建筑的首选。

海信日立本着高起点的方针，致力于做"做中国中央空调高端市场的领导者"，积极推行专业技术、专业制造、专业营销、专业设计、专业服务、专业管理的经营体系，引领中国多联机空调技术不断进步，为人类创造一个更加美好的生活空间和生态环境。

衢州三源汇能电子有限公司

地址：浙江省衢州市东港八路 20 号
邮编：324000
电话：0570-3666097
邮箱：68061765@ qq.com
网址：www.syhn.com.cn
简介：衢州三源汇能电子有限公司成立于 2004 年，是一家专业从事电源产品研究、开发、生产和销售的科技型制造企业，是国家高新技术企业、省专精特新中小企业。公司致力于成为稳压电源设计领导者，拥有一支技术精湛的研发团队，拥有发明专利 3 项、软件著作权专利 29 项、实用新型及外观专利 28 项，其中"电源技术中心"被评为浙江省企业研发中心。

企业拥有多项交流自动稳（调）压器核心技术专利，在自动调压设备的控制技术上取得了关键性突破，获得多项行业领先技术成果。在极低电压环境下的调压稳压技术、切换元件工作时的电弧控制技术、负荷变化与稳压设备最大输出功率的智能匹配技术等项目上，填补了多项行业技术空白。其中 TM（SM）45~95 系列稳压器获得市优秀工业设计创新产品荣誉。

公司产品远销全球 60 多个国家和地区，在中亚、中东、非洲等多个地区占有一定的市场份额，在国际稳（调）压器市场上赢得了荣誉；国内市场上，多次成为国家电网公司低电压治理工程的技术、设备供应商，也为多家国内知名输配电制造企业提供电压调压技术方案及调（稳）压产品，通过技术成果转化，为多家上市公司贴牌生产行业特色产品及提供整体调压解决方案。

赛尔康技术（深圳）有限公司

Salcomp
POWERING THE MOBILE WORLD

地址：广东省深圳市宝安区沙井镇新桥芙蓉工业区赛尔康大道赛尔康技术（深圳）有限公司
邮编：518125
电话：0755-27255111
传真：0755-27255255
邮箱：leon.liu@salcomp.com
网址：www.salcomp.com
简介：赛尔康技术（深圳）有限公司（以下简称赛尔康）2019 年成为广东领益智造股份有限公司（股票代码：002600）的子公司。赛尔康 1975 年在芬兰成立，在全球各地设有销售中心，在芬兰、中国深圳和中国台北设有研发中心，在中国广东深圳以及广西贵港、巴西和印度设有生产基地。赛尔康致力于开发和提供最具创新和绿色环保的手机电源适配器产品及其他电源方案。赛尔康在全球手机电源适配器行业处于世界领先地位，公司年度总业绩达到 6.8 亿美元，主要客户涵盖了排名世界前列的手机制造商。赛尔康自主研发的电源产品适用于各类手机（包括智能手机）、无绳电话、蓝牙耳机、平板计算机、数码相框、路由器、机顶盒、POS 机、笔记本计算机等。赛尔康技术（深圳）有限公司位于深圳市宝安区沙井芙蓉工业区，是国家评定的高新技术企业，同时赛尔康技术（深圳）有限公司的研发中心是深圳市评定的"企业技术中心"。赛尔康（深圳）现有 6000 多名员工，主要从事销售、研发和制造工作。

厦门赛尔特电子有限公司

SET safe | SET fuse

地址：福建省厦门市翔安区翔安西路 8001 号
邮编：361101
电话：0592-5715838
传真：0592-5715839
邮箱：sales@setfuse.com
网址：www.setfuse.com
简介：厦门赛尔特电子有限公司设计、制造、销售电路控制及安全保护元器件，并提供电路安全解决方案，产品的主要应用市场有新能源、储能、通信、防雷器、电源、照明、家电、移动设备、医疗等用电设备市场，客户中包含多家世界 500 强的企业。

公司 2000 年成立于中国厦门市，产品已销往 40 多个国家和地区，产品取得 CCC、CQC、UL、cUL、cULus、VDE、TÜV、PSE、KC、CE 等认证（每个产品有不同，以实际获得的证书为准），满足 RoHS、REACH 要求。公司通过了质量（IATF 16949、ISO 9001，德国 TÜV）、环境（ISO 14001）、职业健康安全（ISO 45001）、能源管理（ISO 50001）、知识产权（GB/T 29490）管理体系认证，参与多项电路保护元器件的国家、国际标准的制定和修订。

主要产品介绍：

热保护型压敏电阻（TFMOV）、电涌保护器（SPD）、低压熔断器（LV Fuses）

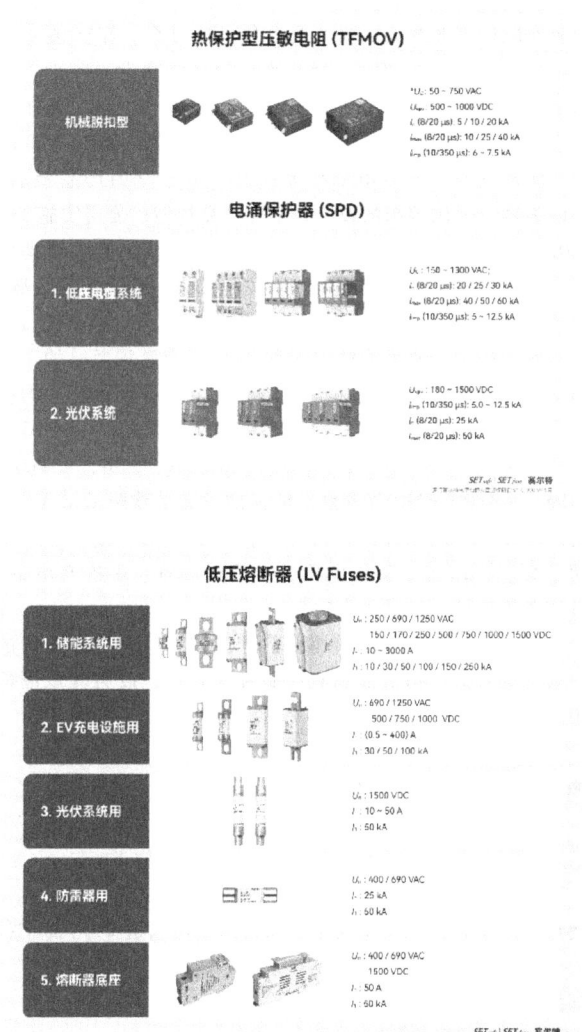

热保护型压敏电阻是机械脱扣型（TFMOV），是一种带热保护的压敏电阻。

导轨安装类 SPD 具有安全失效保护、失效指示和遥信监测等功能，具有良好的环境适应性，可满足重要场所下

厦门讯亨电子科技有限公司

地址：福建省厦门市翔安区厦门火炬高新区翔海二路 9-3 号加速器三期 3 号楼
邮编：361101
电话：0592-3575666
传真：0592-3576966
邮箱：info@xun-heng.com
网址：www.xun-heng.com

简介：厦门讯亨电子科技有限公司成立于 2016 年，企业面积 1 万 m²，是一家专业从事 AC-DC 开关电源、智能模块等高性能电源产品的设计、开发生产的高新技术企业。公司现有在职员工 828 人，平均月产能 400 万台，年产值 4 亿元，连续 3 年保持 30% 年增长率，产品销往世界各地，与诸多知名国内外客户建立了长期战略关系。

公司在开关电源、充电器、电源适配器、隔离 LED 驱动、防水电源、智能电源板等拥有十分丰富的产品经验，竭诚为客户提供理想的设计方案和产品选型；公司实施 ISO 9001 质量管理体系，以安全可靠、高效持续的方式管理生产，主要管理干部拥有电源业界 20 年以上经营管理经验，秉持人性化管理，以先进完善的管理理念合力管控公司；技术实力雄厚，研发团队中拥有 25 年以上资深经验的工程师，充分保证了公司产品的设计质量。公司产品设计均符合 CCC、UL、CE、CB、GS、KC、PSE、SAA、UKCA、ETL、FCC、BIS、BSMI、RoSH、REACH、PSB、C-TicK、RCM、SIRIM、EMC 等安规认证标准，满足欧盟 CoC V6 和美国 DoE（六级能效）标准要求，广泛适用于按摩器、电动工具、打印机、家用电器、通信类设备、手机充电器、机顶盒等领域，赢得客户的高度认可。

公司以"生产客户最需要的产品，满足客户最迫切的要求"为理念，提供最满意的服务给客户，成为客户最信赖的朋友。

商宇（深圳）科技有限公司

地址：广东省深圳市宝安区松岗街道松岗大道 26 号商宇科技园
邮编：518105
电话：0755-23282881
传真：0755-23282881
邮箱：2885824082@qq.com
网址：www.cpsypower.com/lxwm

简介：商宇（深圳）科技有限公司于 2011 年注册成立，总部及生产基地设在深圳市宝安区商宇科技园。公司是全球技术领先的电源设备制造商，也是集研发、设计、制造、服务于一体的解决方案先行者。公司是国家级高新技术企业、深圳市专精特新中小企业，也是深圳市科创委孵化企业对象之一，主要产品包括微模块数据中心、UPS（含蓄电池）、精密空调、机房配电、动力环境监控、直流充电桩等数据中心物理基础设施类产品。"商宇"产品广泛应用于政府、医疗、金融、通信、教育、广电、交通、能源、军队等领域，尤其为多个国家重点工程提供了安全、可靠、高效的电力保障。公司自成立以来，逐年递增地投入大量资金用于技术专研、产品开发，不断研发出一批具有自主知识产权的新产品，部分产品的技术水平国际领先，其产品的先进性、可靠性得到广大用户的一致好评。

上海超群检测科技股份有限公司

地址：上海市松江区洋河浜路 188 号
邮编：201615
电话：021-37633088
传真：021-37633097
邮箱：information@sandt.cn
网址：www.sandt.com.cn

简介：上海超群检测科技股份有限公司传承于上海探伤机厂（1956 年成立）、上海医疗器械九厂（1972 年成立）以及美国当立（Dunlee）（1946 年成立），是一家扎根于上海，专注于工业、医疗及特殊应用领域 X 射线技术的高科技企业。

公司成立于 2001 年，主要从事 X 射线相关产品的研发、生产及销售，致力于为全球工业检测、医疗成像领域企业提供稳定、高效的 X 射线源整体解决方案。经过 20 多年的积累，在工业及医疗 X 射线领域处于全球领先地位，是国家高新技术企业、上海市科技小巨人和上海市专精特新企业，拥有松江区企业技术中心。公司在安全检查领域的 X 射线管全球市场占有率近 40%，全球市场占有率第一。全球前五大 X 射线安检系统厂家都由公司独家或供应绝大多数光管和高压 X 射线源，产品远销欧美、日本、巴西等国家和地区，服务于全球主要机场、高铁站、奥运会、世界杯和物流等各类需要公共安全检查的场合。在医用 X 射线领域，公司为全球六大能独立多品种批量设计制造大热容量医用 CT 球管的厂商之一。

公司主导产品属于国家高端 X 射线装备与仪器的关键核心部件，主要产品进入工信部等 7 部委联合发文的《智能检测装备产业发展行动计划（2023-2025 年）》、科技部"十三五"和"十四五"国家重点研发计划。公司牵头承担的"十三五"国家重点研发计划项目获评"优秀"，产品入选科技部重仪专项"十三五"重点创新成果和标志性成果。

主要产品介绍：

工业用 X 射线管、X 射线源、实时成像系统、CT 球管

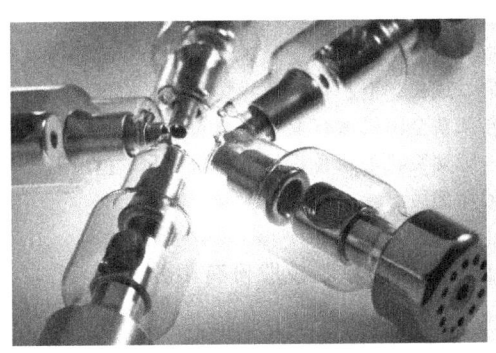 

X射线管长期占据全球安检用管销量第一的位置，是全球各大安检厂商重要配套光源。X射线管和X射线源从2006年开始，持续给每一届奥运会和世界杯等国内外重大体育赛事提供支持。实时成像系统广泛应用于航空航天、安全检查、汽车、铸件、医疗卫生、压力容器管道耐火材料等行业。CT球管作为进口替换，已占据一定市场。

上海电气电力电子有限公司

地址：上海市宝山区富桥路66号
邮编：201906
电话：021-33713200
传真：021-33713262
邮箱：taolin@shanghai-electric.com
网址：www.shanghai-electric.com
简介：上海电气电力电子有限公司是上海电气输配电集团控股企业，成立于2007年4月，注册资金7509.68万元。公司依托上海电气输配电集团的雄厚实力及自有的市场、技术、管理人员的优势，致力于风电、储能及新能源相关的电气控制设备、高低压电力电子、自动控制、配电设备和相关产品的设计、生产、销售，并提供相关技术咨询和技术服务。

上海电气电力电子有限公司拥有强大的研发能力，采取引进先进技术和自主开发相结合的方式，完全符合我国当前在新能源、风电、电力电子等领域国家科技发展支撑计划的要求，具有广阔的发展前景。

上海电气电力电子有限公司将会依托上海电气输配电集团这一平台，秉着"合作共赢"的企业宗旨，致力于成为客户长期的、可信赖的合作伙伴。在为客户创造未来的同时，也在为开发绿色能源、保护环境、探索可持续发展等方面做出积极的努力和贡献。

主要产品介绍：

储能系列产品

50~5000kW全功率段储能系列产品

上海电气电力电子有限公司提供50~5000kW全功率段储能系列产品，集中式、模块化两种技术路线并行，覆盖发电侧、用户侧、电网侧、微电网等多种使用场景，具有高转换率、强适应性、高可靠性等特点，适配双馈、直驱、陆地、海上、高原、低温等全部工作环境，目前已在多个储能项目中实际应用。

上海电器科学研究所（集团）有限公司

地址：上海市普陀区武宁路505号
邮编：200063
电话：13917082318
邮箱：shigf@seari.com.cn
网址：www.seari.com.cn
简介：上海电器科学研究所（集团）有限公司（以下简称电科集团），原名机械工业部上海电器科学研究所，创建于1935年，是我国电工行业多专业、综合性行业归口研究所，原国家机械工业部直属的事业单位。1999年7月按照国务院要求，转制为科技型企业，划归上海市。2004年底，经上海市人民政府批准，实行整体改制，率先实现了投资主体多元化的研究所改制。改制后，随着现代企业法人治理结构逐步完善，电科集团进一步加快了在科技创新、科技服务和科技成果产业化的发展步伐,加大研发装备、检测服务装备和产业园区的投入,现已形成拥有一个科技园及三个产业和创新服务基地的集科技创新服务、国家产品检测、系统集成解决方案提供和高新技术产品生产为一体的企业集团。

电科集团现有员工1700余人,专业技术人员占76%以上(其中高、中级技术职称31%以上),拥有包括国家新世纪百千万人才、国家百千万知识产权人才、国家一级建造师、国家质量体系主任审核员和实验室评审员、享有国务院政府特殊津贴专家、上海市领军人才和上海市优秀学科带头人在内的数百位优秀人才。

60多年来,电科集团已取得3000多项科技成果。特别是近10年,除承担多项国家863项目、科技部及上海市重点重大科技项目外,更取得了国家及省部级二等奖以上的科技和产业成果90多项,国家授权专利数百项(其中1/3为发明专利),软件著作权100多项。一大批科技产业成果已成为我国相关企业各个时期的主导产品,为促进行业的技术创新和科技进步做出了贡献。

电科集团先后被认定为国家认定企业技术中心、全国出口商品技术服务中心、全国企事业知识产权单位、上海市知识产权示范企业、上海市专利示范企业。2008年7月,电科集团荣获由国家科技部、国资委和中华全国总工会联合命名的首批国家级"创新型企业"。2012年获得由国家工信部和财政部联合颁发的"国家技术创新示范企业称号"。

立足上海,服务全国,电科集团先后争取了一批国家级研发和产业服务平台落户上海。2009年筹建了国家中小型电机工程研究技术中心,2010年建设了国家智能电网用户端产品(系统)质量监督检验中心,2011年筹建了国家能源智能电网用户端电气设备研发(实验)中心等。2012年获批国家能源低压电器及电机设备(系统)评定中心。通过这一系列新建、整合以及能力提升,围绕电机系统节能、智能电器、智能交通、智能电网用户端共性与关键技术等诸多行业领域,建成了集研发、检测、标准为一体的,具有国际先进水平的创新服务平台,形成了新的创新服务能力,促进新兴产业发展。

作为我国电器、电机、智能交通等行业综合技术整体解决方案的提供商、科技研发与产业发展相结合的智能电工产业集团,电科集团始终坚持"技术先导、产业先导、服务先导"的经营理念,注重加强与国内外同行开放性的技术交流与合作,通过在智能电器/系统技术及产业、电机/系统节能技术及产业、智能交通/系统技术及产业、智能电网用户端产品及系统和网络、船用电机电器/系统技术及产业、电工合金及材料、智能电器电机检测及服务、传媒会展等领域的不懈努力,以科技创新缔造领先品质,以持续努力塑造企业品牌,以优质服务创造顾客价值。

60多年来,电科集团精心打造了领行业发展、创客户价值、助员工成长、报社会厚爱的,成为国内一流、国际知名的智能电工行业的科技型企业集团;领先一步、追求卓越的企业核心价值观;学习、创新、团队、合作的企业精神等核心理念以及与之相匹配的发展观、经营观、管理观。一系列企业核心价值理念的持续塑造和建设,丰富和提升了"上电科"的品牌内涵和价值,企业和员工共同发展、成长,企业和社会共同发展、前进,电科集团连续多年荣获全国机械行业文明单位、上海市文明单位,全国五一劳动奖状等荣誉称号,不断谱写、演绎着上海电科集团的新的历史。

上海科梁信息科技股份有限公司

地址: 上海市徐汇区宜山路829号海博综合楼2号楼
邮编: 200233
电话: 021-54234718
传真: 021-54234721
邮箱: marketing@keliangtek.com
网址: www.keliangtek.com
简介: 上海科梁信息科技股份有限公司(以下简称科梁)创建于2007年,是一家"以模型驱动开发,以创新创造价值"的高新技术企业,致力于为能源电力、高端装备、轨道交通、新能源汽车、信息技术等众多行业的装备设计、研发、制造、测试和运维提供仿真测试类工业软硬件产品、嵌入式测试系统和全方位的配套服务。公司总部位于上海市,在北京、西安、长沙设有分支机构。

自成立以来,科梁依托专业的数字化仿真测试技术,持续围绕能源、控制、信息三大回路系统的技术发展需求进行全面深耕,不断在电力电子和电力系统专业领域构建自身的关键核心技术优势。经过多年的探索和实践,凭借强大的建模仿真能力、软件开发能力、系统集成能力和项目实施能力等全生命周期服务能力,科梁积累了丰富的工程模型、算法应用、行业解决方案和交钥匙工程项目经验,形成了完善的仿真测试软硬件产品研发、生产、销售和服务体系,市场份额日益扩大并逐步发展成为国内仿真测试技术领域的领军者。

科梁注重创新发展,通过产品和技术创新保持行业领先地位。截至2022年底,科梁已申请专利138项,已获得授权专利67项,其中发明专利49项,实用新型专利16项,外观设计专利2项;同时,还拥有57项软件著作权。在企业资质方面,公司已荣获国家级专精特新"小巨人"企业、上海市高新技术企业、上海市双软企业、上海市专精特新中小企业、上海市科技小巨人企业、上海市专利试点企业、上海市徐汇区企业技术中心等资质认证。

上海临港电力电子研究有限公司

地址: 上海市浦东新区海洋四路99号2号楼2层
邮编: 201315
电话: 13818055083

传真：13817765201
邮箱：chenbo.zhou@leadrive.com
网址：www.leadrive.com
简介：上海临港电力电子研究有限公司于2019年4月成立于上海临港，是上海临港新片区授牌的首批6家科创型平台之一，由美国工程院院士、原GE全球副总裁陈向力院士领衔，由GE中央研究院整建制团队构成核心研发班底。截至目前，公司新引进全职员工近70多名，其中硕博比例达65%以上。公司首期任务聚焦于国产功率半导体模块相关产业链，定位于促进重大基础研究成果产业化。公司致力于打造国际化协同创新孵化基地，推动国产功率半导体技术与产品的导入，助力临港和全国新能源汽车、新能源装备、海洋海工等产业的快速发展。

上海强松航空科技有限公司

地址：上海市松江区捷辰路68号
邮编：201617
电话：13061686418
邮箱：xinhua.qin@qiangsong-sh.com
网址：www.qiangsong-sh.com.cn
简介：上海强松航空科技有限公司是一家集研发设计、生产制造、销售、售后服务于一体的高新技术企业，获得了ISO 9001、IATF 16949、GJB 9001B等资质认证。公司电子事业部专注于电源转换器领域，产品涵盖军品电源模块、铁路电源模块、新能源车载DC-DC模块、车载逆变器、车载无线充电器等。公司致力于为客户创造价值，在品质、价格、服务等多个方面紧密配合客户，为客户提供最优质的产品。

公司的市场、研发、制造及管理核心团队由来自国内外知名电源企业、科研院所及著名院校的精英组成。公司与上海交大、南航等高校进行合作，组建联合实验室，在新技术研发、制造工艺、质量管控、管理能力等方面均处于行业领先水平。公司产品不仅包含标准的模块电源，而且可根据客户要求进行定制。产品可媲美国外电源企业，并广泛应用于航空、船舶、兵器等领域。

上海维安半导体有限公司

地址：上海市浦东新区祝桥镇施湾七路1001号
邮编：201207
电话：021-68960650
传真：021-68969990
邮箱：zhuwj@way-on.com
网址：www.way-on.com
简介：上海维安半导体有限公司成立于2008年，致力于电路保护、功率半导体及模拟IC产品的技术研发。公司主要产品包括ESD & EOS、TVS、TSS、MOSFET、保护IC及电源管理IC，公司拥有一支强大的研发团队，拥有专利200余项，其中低压EOS防护产品系列技术行业领先，出货量居行业第一。公司率先掌握硅基ESD&EMI集成技术，高压超结MOSFET应用于全球首款5G智能手机充电器。公司的核心价值观为"以客户为中心，以技术为本，坚持艰苦奋斗的精神"，从客户应用出发，为客户提供专业的产品解决方案，技术的领先优势获得了众多国际化客户的认可，主要客户包括三星、LG、华为、中兴、小米、亚马逊、富士康等；产品应用领域涵盖5G通信、物联网、安防、消费类电子、汽车电子等。

上海沃孚半导体有限公司

地址：上海市普陀区真北路958号天地科技广场1号楼17层
邮编：200333
邮箱：tie.lin@wolfspeed.com
网址：www.wolfspeed.com
简介：上海沃孚半导体有限公司Wolfspeed（美国纽约证券交易所上市代码：WOLF）引领碳化硅（SiC）技术在全球市场的应用。公司为高效能源节约和可持续发展提供业界领先的解决方案。公司产品家族包括了SiC材料、功率器件，涉及电动汽车、快速充电、可再生能源和储能等多种应用。公司通过勤勉工作、合作以及对于创新的热情，开启更多可能。

深圳供电局有限公司

地址：广东省深圳市福田区中心一路39号
邮编：518001
网址：www.sz.csg.cn
简介：1979年，南方电网深圳供电局伴随着深圳改革开放的步伐正式成立。2012年，在南方电网公司的统一部署下，正式注册为深圳供电局有限公司，成为南方电网公司直接管理的全资子公司。2015年底成立董事会，进一步完善现代企业治理。深圳供电局有限公司承担着深圳市及深汕特别合作区的供电任务，供电面积2421km^2，供电客户323万户；共有110kV及以上变电站260座，110kV及以上输电线路5042km。深圳电网是我国供电负荷密度最大、供电可靠性领先的特大型城市电网之一。2019年最高负荷1910万kW，供电量938.5亿kW·h，售电量925.7亿kW·h，客户年平均停电时间0.54h/户，供电可靠率行业对标连续9年全国前十。供电服务连续9年位居深圳市40项政府公共服务满意度第一位。

深圳可立克科技股份有限公司

地址：广东省深圳市宝安区福海街道新田社区正中工业厂房7栋二层
邮编：518103
电话：0755-29918302
传真：0755-29918117
邮箱：licheng@clicktec.net
网址：www.clickele.com

简介：深圳可立克科技股份有限公司（以下简称可立克）成立于2004年，是一家专注于磁性元件及电源产品研发设计、生产、销售和服务的上市企业（股票代码：002782），经过20年的发展，已成长为欧美地区乃至国际市场有影响力的磁性元件和电源厂商之一。公司生产基地分布在深圳、惠州、信丰、安远、英德、广德等地，拥有数百条磁性元件生产线和数十条电源产品生产线，具备年产磁性元件15亿只和电源1亿只以上的生产能力，产品畅销海内外，客户主要为世界500强、国内外上市公司或细分行业龙头企业，公司于2010年荣获"广东省著名商标"。

可立克紧跟行业趋势，设计和制造的产品广泛应用于信息与通信（城市智能化、网络通信设备）、工控、消费类电子（家庭智能化）以及新能源/清洁能源、高端电子仪器设备、汽车电子等高科技领域。可立克已通过ISO 9001、ISO 14001、QC 080000和IATF 16949体系认证。可立克崇尚技术创新，在技术和工艺上，紧跟国际行业技术前沿，兼收并蓄，不断引进吸收先进技术和设计理念，拥有一整套现代化的验证和检测实验室（如EMI、EMC、AECQ200等），年实现研发项目3000多个，研发中心已成为省工程技术研究中心和工业设计中心，每年都获得多项专利。

今天的可立克，无论从公司规模、研发技术实力、市场营销能力、企业管理水平还是品牌知名度来说，都位于同行企业的前列。

主要产品介绍：

300W PD+DC-DC双路双向快速充电器+870W大功率高性能工业电源

300W PD+DC-DC双路双向快速充电器

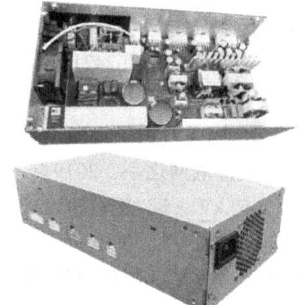

870W大功率高性能工业电源

300W PD+DC-DC双路双向快速充电器实现无外部开关干预的待机功能，同时损耗在20μA以下，支持HUB功能。

870W大功率高性能工业电源具有高效率、高可靠性、多组独立输出时序控制及滥用保护等特点；采用OV/UV/OC/SC/OT多重保护设计，满足PG和AC Fail Timing时序功能要求。

深圳欧陆通电子股份有限公司

地址：广东省深圳市宝安区西乡街道固戍二路星辉工业厂区厂房一、二、三（星辉科技园A、B、C栋）
邮编：518000
电话：0755-33857166
传真：0755-81453432
邮箱：yuetian@honor-cn.com
网址：www.honor-cn.com

简介：深圳欧陆通电子股份有限公司（以下简称欧陆通，证券代码：300870）成立于1996年5月29日。公司总部位于深圳宝安，已在深圳、赣州、东莞等地设立生产基地，并在全球多个地区设立分公司和子公司，是国内领先的开关电源制造商。

欧陆通主要从事开关电源产品的研发、生产与销售。公司产品系列广泛，主要产品包括电源适配器、服务器电源、通信电源和动力电池充电器等。产品可广泛应用于办公电子、网络通信、安防监控、数据中心、动力电池设备、音响、金融POS终端等众多领域。

欧陆通是国家高新技术企业，并设有深圳市企业技术中心、博士后创新实践基地和广东省高能效智能电源及电源管理工程技术研究中心，并已建立了较为完备的实验室，可进行传导实验、辐射实验、可靠性实验、环境试验、雷击实验、电性测试、结构验证等多项检测。

欧陆通旗下品牌"欧陆通（Honoto）"和"ASPOWER"，凭借着优良的产品品质、快速响应的服务能力等，树立了良好的市场形象，获得了众多海内外知名客户的认可，并建立了合作关系。公司多次获得各级奖项和殊荣，其中包括广东省制造业企业500强、深圳市专利奖、深圳市知名品牌、广东名牌产品、深圳500强企业、第三届深圳质量百强企业等荣誉称号。

深圳青铜剑技术有限公司

地址：广东省深圳市南山区高新园区高新南七道数字技术园国家工程实验室大楼B座11层
邮编：518000
电话：0755-86574839
邮箱：info@qtjtec.com

网址：www.qtjtec.com

简介：深圳青铜剑技术有限公司（以下简称青铜剑技术）是中国 IGBT 驱动行业的领导者，专注于功率器件驱动器、驱动 IC、测试设备的研发、生产、销售和服务，致力于为客户提供集成化、智能化、自主可控的电力电子解决方案。公司打造了一支实力雄厚的研发团队，获批成立了广东省大功率电力电子核心器件与高端装备工程技术研究中心，完成了多项国家、省、市科技计划项目，累计获得专利授权百余项，荣获中国专利优秀奖、深圳市专利奖等奖项。

青铜剑技术成功率先研发出大功率 IGBT 驱动 ASIC 芯片，推出 IGBT 标准驱动核、即插即用型驱动器、成套驱动方案、驱动电源、隔离驱动 IC、驱动芯片组、功率器件动态参数测试系统等。产品获得 UL 认证，已广泛应用于新能源、电动汽车、智能电网、轨道交通、工业控制等多个领域。青铜剑技术通过 ISO 9001、IATF 16949 等认证，是中国中车、中国船舶、国家电网、阳光电源、特变电工等 300 多家知名企业的核心零部件供应商，并与英飞凌、富士电机等国际知名企业建立了战略合作关系。

深圳市倍思科技有限公司

地址：广东省深圳市龙岗区坂田街道雪岗路 2008 号倍思智能园 B 栋 2 层

邮编：518129

电话：0755-82433603

邮箱：ppds@baseus.com

网址：www.baseus.com

简介：Baseus（倍思）是深圳市倍思科技有限公司旗下集研发、设计、生产、销售为一体的新生活数码品牌，品牌名 Baseus 由 Base on user（基于用户）的理念演化而来，代表着品牌以满足用户需求为核心，创造实用而美的产品，为用户尽责，为用户增添获得感。

Baseus（倍思）诞生于 2011 年，是新生活数码品牌。倍思秉持"Base on user"的初心，持续创造实用而美的产品，为用户尽责、为人们增添获得感，为用户提供更高效、便捷的产品体验。

创立至今，已超过 3 亿人次选择 Baseus（倍思），品牌触达超过 60 亿人次，每年超过 9000 万件 Baseus 倍思产品正每天陪伴全球 100 多个国家和地区的用户，帮助他们的新生活方式更高效、更便捷。

2011 年，Baseus（倍思）品牌注册成立。

2015 年，开始采用"设计主导，供应链自控"模式。

2016 年，成为线上电商渠道 TOP 品牌，并开设线下实体店铺。

2017 年，线上平台排名稳步提升，线下实体店开设新增 30 个国家。

2018 年，国内业绩同比增长 200%，参与国际大型电子展不断拓展海外市场。

2019 年，线上平台排名稳定前十，线下实体店增至 120 家，在海外 70 多个国家获得市场。

2020 年，确立主营围绕"充电类"的产品定位及品牌定位，及"充电快，用倍思"的品牌语。

2021 年，成立广东省大功率智能快速充电技术 Baseus（倍思）工程技术研究中心。

2022 年，全新品牌升级，确立"新生活数码品牌"定位。

2023 年，品牌持续升级，确立"追求极致实用而美的新生活数码品牌"定位。

2023 年，确立"倍思数码 年轻就要实用而美"的品牌口号。

2023 年，签约"王一博"为倍思品牌全球代言人。

Baseus（倍思）产品涵盖充电品类、音频品类和创新品类等科技全品类，坚持基于用户的需求为导向，以科技创新实力构建强大的产品竞争优势，以实用而美的产品满足影音娱乐、智能办公、智能出行等多个使用场景。

笃行不息，踔厉奋发，Baseus（倍思）正在为不断满足用户各种智能场景需求而努力前行。

深圳市铂科新材料股份有限公司

地址：广东省深圳市南山区沙河西路 3157 号南山智谷产业园 B 座 13F

邮编：518026

电话：0755-26654881

传真：0755-29574277

邮箱：services@pocomagnetic.com

网址：www.pocomagnetic.com

简介：深圳市铂科新材料股份有限公司成立于 2009 年，于 2019 年在深交所创业板上市（股票代码：300811），是一家聚焦于软磁粉末、金属磁粉芯、及电感应用解决方案开发的国家高新技术企业。通过自主创新，公司完全掌握了铁硅、铁硅铝等从粉末研发、制造、绝缘、到成型的整个金属磁粉芯全制程体系及核心技术。基于对金属软磁材料的深度研究，通过与光伏逆变器、新能源汽车及充电桩、变频空调、不间断电源、信息通信等电力电子行业知名企业的深度应用合作，已完美架构从金属磁粉芯生产、销售到磁元件设计的一站式金属磁粉芯服务平台，为电力电子客户解决电感元件成本、效率、空间等多方面的技术问题。公司终端用户包括华为、ABB、古瑞瓦特、伊顿、固德威、锦浪、阳光电源、中兴、比亚迪以及格力等众多国内外优秀企业。

深圳市鼎泰佳创科技有限公司

地址：广东省深圳市宝安区石岩街道水田社区长城计算机厂区三期3号厂房一层、二层
邮编：518000
电话：18682044651
邮箱：lic@szdtjc.com
网址：www.szdtjc.com

简介：深圳市鼎泰佳创科技有限公司专业提供电源老化测试一体化解决方案、全自动老化测试解决方案、电池充放电一体化解决方案等，是集研发、生产、销售、服务为一体的国家级高新科技企业。

公司成立于2010年1月，历经多年发展，现拥有一批经验丰富的专业技术人才和高级产品开发人员，有现代化标准厂房面积6000多m²。拥有高素质团队100余人，其中主要以工程技术、产品服务、产品研发人员为主，建有标准工程研发中心及实验室。

公司在创建"节能环保先锋"的企业使命驱动下，一直致力于节能型老化设备及产品的研发与创新，现已取得多项国家认可的实用新型和发明专利，已形成门类齐全的节能老化设备系列，是目前国内节能老化设备的领跑者。公司可按照客户需求，量身设计、定做非标自动化、老化柜、安装调试各类型的节能老化设备，并提供完善的售后服务。

公司经过这几年的发展，一直秉承以一流的品质、完美的服务，为客户提供高性价比的产品，严格执行"技术领先、质量可靠、服务满意、客户至上"的经营方针，以此赢得顾客的信赖和双赢的市场发展空间，并得到市场上的认可和享有较高的声誉。公司的节能老化设备已成功销售给中兴、长城、光宝、航嘉、伟创力、华为和菲律宾康舒等国内外大公司，并得到认可和通过稽核，鼎泰佳创已成为电源类节能老化、测试设备的首选品牌。

深圳市海思瑞科电气技术有限公司

地址：广东省深圳市宝安区创业二路创锦壹号B座313
邮编：518000
电话：0755-23890707
传真：0755-23883586
邮箱：sales@hisrec.com
网址：www.hisrec.com

简介：深圳市海思瑞科电气技术有限公司（HISREC）（以下简称海思瑞科）是集研发、生产、销售、服务为一体的员工持股的国家级高新技术企业。海思瑞科专注于电能质量治理方向，自主研发生产的电能质量治理产品可以帮助客户解决用电过程中存在的各种电能质量问题困扰，避免因为用电电压、电流、功率因数等电能质量不达标而造成的生产损失和供电中断等问题。

10多年来，海思瑞科集全公司力量对电能质量治理这个公司唯一的业务领域不断探索和耕耘，公司的专业性和产品品质逐渐赢得了众多客户的信赖，在电能质量治理领域已经成为行业内的主要公司，是公认的电能质量治理专家！

海思瑞科拥有自主知识产权的有源电力滤波器（APF）、静止无功发生器（SVG）、动态电压恢复装置（DVR）、传统和智能电容补偿装置等一系列电能质量监测治理产品，产品广泛应用于光伏、锂电池、汽车、市政、数据中心、建筑、化工、电子、冶金等多个领域。

海思瑞科尤其深刻理解和熟悉光伏电池制造和锂电池制造这两个领域，充分了解这两个行业的生产工艺设备特性，并能及时做出针对性的专业电能质量治理方案。多年来海思瑞科在光伏电池制造和锂电池制造这两个领域客户中已经持续取得了大量的产品现场应用，在一些行业头部企业中占据大部分市场份额。

海思瑞科坚持以客户为中心、成就奋斗者价值、持续回报社会为企业使命，并为成长为一个受人尊敬、值得信赖、具有卓越企业文化的世界级企业而长期努力奋斗！

深圳市瀚强科技股份有限公司

地址：广东省深圳市龙华新区宝能科技园7栋B座7楼
邮编：518110
电话：13928485135
邮箱：liuyg@rspower.cc
网址：www.rspower.cn

简介：深圳市瀚强科技股份有限公司是工业制造企业，深耕电源行业20余年，搭建了具有自主知识产权的技术方案平台，与多所高等院校开展产学研合作，坚持正向开发，拥有百余项知识产权，其中发明专利超50项。公司旨在突破光伏/真空镀膜/半导体设备核心部件的卡脖子技术，聚焦于高效率、高可靠性、快速响应的多型号射频电源产品的研发、生产和销售。

公司充分利用自身积累，不断聚集资源，紧紧把握行业技术发展潮流和国产替代大趋势，取得细分市场的领导地位，现已成长为泛半导体设备厂商的主要配套电源供应商。

公司是国家专精特新"小巨人"企业，连续十二年被认定为国家高新技术企业，获得"广东省射频电源工程技术研发中心"认定。

公司获得了ISO体系三项认证，通过了国家知识产权管理体系贯标认证。

公司将秉承"以客户为中心"的宗旨，立足"技术创新为本、管理创新为本"两个基本点，力争"产品第一、服务第一、管理第一"，致力于在新能源与电力电子领域"突破极限、引领未来"。

深圳市宏丰光城电子有限公司

地址：广东省深圳市光明新区马田街道合水口第三工业区长廊金永丰综合楼（电商大厦）五层第 B522 号
邮编：518106
电话：0769-38807808
传真：0769-38807808
邮箱：athfgc@.com
简介：深圳市宏丰光城电子有限公司（以下简称宏丰光城）成立于 2004 年，总部位于深圳市，设有东莞分公司及四川分公司，员工 1400 余人。宏丰光城是领先的专业磁性器件制造商，研发和生产磁性器件产品，包括功率磁性器件（功率电感、驱动变压器、隔离变压器、共模电感、电流互感器等）。宏丰光城产品应用行业覆盖通信、汽车、数据存储、工业、新能源、消费电子等领域。宏丰光城一如既往坚持实业报国，以先进技术为核心，以卓越品质为保证，以行业应用为导向，持续为中国磁性器件的发展贡献力量！持续帮助合作伙伴提高竞争力！

深圳市汇业达通讯技术有限公司

地址：广东省深圳市光明区圳美大道海鑫光工业区 C 栋
邮编：518038
电话：0755-89800910
传真：0755-27521353
邮箱：chenluping@huiyeda.com
网址：www.huiyeda.com
简介：深圳市汇业达通讯技术有限公司（以下简称汇业达）成立于 1996 年，是专注于交直流电源系统、电力电源模块及电源监控系统的研发、生产和销售的国家级高新技术企业。

汇业达自成立以来，历经多年的沉淀与积累，建立了一套完整的管理及服务体系，培养出了一支高素质专业化的团队。公司一直坚持走自主研发、技术创新的道路，所有产品均拥有自主知识产权，并获得多项国家发明专利和软件著作权。

公司主要产品有站台门电源、交直流电源、智能一体化交直流电源、模块化 UPS、蓄电池维护设备及特殊定制电源等。产品在轨道交通、光伏发电、风电场、火电厂、水电站、变电站、冶金化工、新能源、数据中心等领域得到广泛应用。

汇业达人以"诚实守信、开拓创新、客户第一、合作共赢"为核心的价值观，以技术为核心，视质量为生命，为客户提供具有竞争力的核心部件及整体解决方案，持续为客户创造最大价值。

深圳市京泉华科技股份有限公司

地址：广东省深圳市龙华新区观澜街道桂月路 325 号京泉华工业园
邮编：518110
电话：0755-27040011
传真：0755-27040555
邮箱：everrise@everrise.net
网址：www.jqh.cc/cn/index.aspx
简介：深圳市京泉华科技股份有限公司（以下简称京泉华）成立于 1996 年 6 月，注册资本 18000 万元。公司主要从事磁性元器件、电源及特种变压器等产品的研制开发，是一家集研发、生产、销售、服务于一体的国家高新技术企业，并于 2017 年 6 月在深交所中小板上市。

京泉华以磁性元器件生产为基础，以电源及特种变压器同步开发为特色，形成了可靠性高、质量稳定、技术先进、应用领域广泛、规格品种齐全的产品线。公司已发展成为国内磁性元器件和电源行业具有领先竞争优势和品牌影响力的专业供应商。公司先后被获得了"深圳市企业技术中心""广东省著名商标""深圳市知名品牌""博士后创新实践基地""两化融合贯标企业""省级知识产权示范企业"等荣誉；是连续多年的中国电子元件百强企业、龙华区工业百强企业、龙华区纳税百强企业。

公司现有员工 3200 余人，技术研发中心人数为 405 人。公司已获授权专利 192 项，其中发明专利 32 项。深厚的技术研发积累不仅帮助公司提高了新产品的研发数量，成功开拓了新产品市场，而且极大地提高了产品的技术水平，使公司产品更具竞争力。

深圳市雷能混合集成电路有限公司

SUPLET®

地址：广东省深圳市光明区玉塘街道田寮社区高新园区拓日新能源工业园 A 厂房 601、701、901，B 厂房 401
邮编：518132
电话：0755-86001502
邮箱：postmaster@suplethic.com
网址：www.suplet.com
简介：深圳市雷能混合集成电路有限公司成立于 2003 年，是创业板上市公司北京新雷能科技股份有限公司（股票代码：300593）的全资子公司。公司专注于高频开关变换器技术，产品主要包括板装模块电源、定制电源组件、通信整流器及一次电源系统、服务器电源和其他各类高品质工业电源。目前公司整体技术处于国内领先、国际一流水平，产品在通信设备、数据中心、工业控制、铁路信号、电力系统、新能源、汽车、仪器仪表、机器人等领域获得广泛应用。2021 年，公司被认定为"广东省高效高功率密度 5G 电源系统工程技术研究中心"，工程中心编号为 2021B126；2022 年，公司获评 2022 年深圳市专精特新中小企业，证书编号为 SZ20212737；2023 年，公司被继续认定为国家高新技术企业，证书编号为 GR202344202120；截至 2024 年 2 月公司获得有效知识产权 94 项，其中发明专利 30 项。

公司实行高水准的国际质量管理体系，对研发、工艺、生产、检验等全过程进行严格控制，产品稳定可靠。目前公司通过了 ISO 9001、TL 9000、ISO 14001、ISO 45001 等管理体系的认证。公司与客户关系稳定，具备扎实的合作基础，能够快速响应客户需求，提供优质服务。

深圳市首航新能源股份有限公司

SOFAR
首航新能源

地址：广东省深圳市宝安区新安街道兴东社区 67 区高新奇科技楼 11 层
邮编：518101
电话：0755-26526757
邮箱：info@ sofarsolar.com
网址：www.sofarsolar.com
简介：深圳市首航新能源股份有限公司是一家全球领先的光伏和储能解决方案提供商，致力于成为数字能源解决方案的领航者，为全球户用、工商业、大型地面电站提供创新的技术与系统解决方案。公司核心产品涵盖 1~255kW 光伏逆变器、3~20kW 储能逆变器、储能电池、数据中心能源系统。

深圳市斯康达电子有限公司

地址：广东省深圳市宝安区福永街道吉安泰工业园
邮编：518000
电话：0755-26016812
传真：0755-26016813
邮箱：li.junping@ skonda.com.cn
网址：www.skonda.com.cn
简介：深圳市斯康达电子有限公司（以下简称斯康达）成立于 2002 年，是国内精密测量仪器与测试系统核心技术自主化的国家级高新技术企业，也是集电力电子、新能源、充电桩、电池、自动化测试与老化方案研发、生产、销售、服务于一体的综合仪器设备供应商。

斯康达 20 多年来专注于仪器测试领域，"SKONDA"品牌原创产品及解决方案已成熟应用于 3C、新能源汽车、医疗电子、5G 电源、充电桩、信息通信、LED 照明、电子元器件、军工、实验院所等领域。

近年来斯康达品牌、业务、技术屡获市场关注与认可，公司致力于整合更灵活、更可靠的专业设备测试方案，全方位支持客户需求，为客户创造价值。

以技术开拓为驱动，以客户需求为导向，斯康达始终致力于提供全球工业测试领域高可靠、高精准、可持续的测试设备及整合解决方案。现阶段，斯康达在广东、江苏、山东等地区均设立有分支机构，销售业务及技术支持可快速抵达全国广大客户群。未来，斯康达将持续打造泛领域、多应用、深耕作的定制化开发设计、测试方案集成的服务体系，推动中国电力电子、新能源与工业自动化产业向高效率、低能耗、轻便化转型升级。

深圳市瓦特源检测研究有限公司

地址：广东省深圳市龙华区观澜街道牛湖社区君新路 101 号国升工业园厂房 10101
邮编：518110
电话：0755-85297065
邮箱：test@ wtypower.com
网址：www.wtypower.com
简介：深圳市瓦特源检测研究有限公司位于深圳，是高新技术企业，产品服务涉及信息技术类电源、家用和类似用途类电源、灯具类电源、通信类电源、安防类电源、汽车电子类电源、医疗器械类电源、航模飞机类电源、特殊定制类电源等多个领域。

公司创立于 2015 年，是专注开关电源细分领域国内首家第三方检测实验室，属于技术密集型企业。公司专业提供开关电源产品设计方案选型阶段、器件选型阶段、EVT 开发阶段、DVT 开发阶段、验收定型阶段、小批试产阶段、量产阶段的第三方实验室、检测与评价服务。公司现有 1380m² 的专业实验室，总价值 3000 万元的各类专业检测仪器设备，全方位提供开关电源产品 150 多个检测项目；拥有一批在开关电源产品设计验证领域工作 10 多年的经验丰富的工程师。公司拥有一支高水平的专业研发队伍和与国际接轨的研发体系，并与国内外高等院校、研发机构拥有多项合作，共同拓展电力电子应用领域，为保持产品技术研发的领先优势，不断加大研发投入力度，建立了先进的研发和实验平台。

公司目前已拥有安全/性能实验室、电磁兼容实验室、声学实验室、可靠性实验室、零件实验室、光学实验室，热分析实验室等。

深圳市英可瑞科技股份有限公司

地址：广东省深圳市南山区 TCL 国际 E 城 E1 栋 11 楼
邮编：518052
电话：0755-26586000
传真：0755-26545384
邮箱：increase@ szincrease.com
网址：www.increase-cn.com
简介：深圳市英可瑞科技股份有限公司成立于 2002 年，为国家高新技术企业，2017 年 11 月 1 日在创业板顺利上市（股票代码：300713）。公司专注于电力电子产品的研发、生产和销售，定位服务于中高端直流电源系统制造商，以拥有自主知识产权为基础,在经营过程中坚持走自主研发、技术创新的道路,为客户提供设备配套及其服务,实现企业价值与客户价值共同成长。

公司成立10多年来,一直在努力建设高素质研发团队,积极担当电源行业技术创新的探索者和实践者,先后获得多项国家发明专利技术和软件著作权。同时公司坚持制造符合国标和欧美标准的高品质产品,锻造专业化的营销服务精英。目前,公司产品广泛应用于汽车、电力、铁路、冶金、通信等领域,业绩案例遍布国内及世界各地。

为了致力于新能源电动汽车的市场开拓,公司自2011年开始汽车直流充电模块的开发,目前有3.5kW、7.5kW、10kW、15kW、20kW系列共计50余款型号的产品;充电桩标准系统从21~450kW多个功率等级的覆盖。目前,参与典型的项目有北京APEC会议中心充电站、首都国际机场充电站、上海交投公交充电站、南京公交充电站、苏州大型充电站等项目,在新能源汽车充电桩领域享有很高的美誉度。

深圳市英威腾光伏科技有限公司

invt 英威腾

地址: 广东省深圳市光明区马田街道松白路英威腾光明科技大厦B座2楼
邮编: 518107
电话: 13751044927
邮箱: wenqiuxing@invt.com.cn
网址: www.invt-solar.com.cn
简介: 深圳市英威腾光伏科技有限公司成立于2002年,是国家火炬计划重点高新技术企业,专注于工业自动化和能源电力两大领域,依托于电力电子、自动控制与信息技术,业务范围覆盖工业自动化、网络能源、新能源汽车及轨道交通。公司于2010年在深交所A股上市(证券代码:002334),目前拥有15家控股子公司、4个大型生产工厂、11大研发中心,拥有各类专利超过1400项;拥有员工超过5000人,在全球设有40多家分支机构,以及600多个渠道合作伙伴,营销服务网络遍布全球100多个国家和地区。

深圳市英威腾光伏科技有限公司成立于2015年,是英威腾旗下全资子公司。主营产品有并网逆变器、储能逆变器、离网逆变器、终端通信配件、智能运维服务等,核心产品先后通过CQC、TÜV、ITS等多家国内外权威机构的认证与测试,在全球市场得到批量应用,经过了时间和市场的双重考验。此外,依托母公司英威腾21年的专业技术与经营底蕴,公司在研发、生产、销售方面独具优势。全球低碳时代已来,公司将持续创新光伏技术,为客户提供智能光伏产品和解决方案。

深圳市智胜新电子技术有限公司

地址: 广东省深圳市南山区西丽街道西丽社区打石一路深圳国际创新谷2栋A座904
电话: 0755-83526100
传真: 0755-83526199
邮箱: sales@zeasset.com, yukz@zeasset.com.
网址: www.zeasset.com
简介: 深圳市智胜新电子技术有限公司成立于2004年,是从事大型铝电解电容器和超级电容器研发、生产与销售的高新技术企业。公司先后被认定为国家高新技术企业和国家级专精特新"小巨人"企业。公司设有研发中心,研发工程师占企业总人数的25%,均具有15年以上研发工作经验。公司拥有包括发明专利、实用新型专利及软件著作权共40多项;多次承接深圳市铝电解电容器关键技术的研发项目。公司引进欧美、日本等国家和地区的先进生产设备,配备齐全与精密的检测和试验设备;企业已通过了ISO 9001质量管理体系、ISO 14001环境管理体系、IATF 16949汽车质量管理体系、ISO 45001职业健康安全管理体系,以及RoHS环保认证和UL安全标准的权威认证;同时在管理环节、制造环节、服务环节等诸多方面实现了标准化、信息化、数据化,确保产品品质的保障。公司在以中国大陆为主要销售市场外,先后与欧美、亚洲等诸多厂商保持着长期与良好的合作关系,获得了客商的一致好评。

深圳市中电熊猫展盛科技有限公司

地址: 广东省深圳市坪山新区锦绣中路19号美讯数码科技园A栋7楼、B栋7-8楼
邮编: 518118
电话: 0755-86238876
传真: 0755-86238829
邮箱: eng@jensin.cn
网址: www.jensin.cn
简介: 深圳市中电熊猫展盛科技有限公司成立于1996年,隶属于世界500强中国电子集团,是一家集研发、生产、销售于一体的国家级高新技术企业。公司成立至今,专注于高端电源、大功率电源的生产、制造,产品多服务于新能源、监控、金融、电力、医疗、通信等行业。20多年来,公司坚持为客户提供高品质的电源制造服务,客户多为国内外世界500强企业或行业领先企业。公司取得了ISO 9001、TÜV、PSE、CCC等质量体系认证和安全认证,并获得DENSO、OKI、NEC、HITACHI、TOSHIBA、川崎重工、国网、南网等知名企业集团供应商资质认定。

工厂建有5000m²高标准、自动化厂房,直接作业人员达到150名,拥有松下高速贴片线4条、30m流水线5条,月产能可达到10万台,同时拥有锡膏厚度测试仪、AOI自动光学检测系统、全自动电源测试系统、GPIB测试仪等多种检测设备。

基于对客户需求的精准把握,公司坚持长期的研发投

人，组建经验丰富、运作高效的研发团队，在深圳和南京均设立有研发中心，申请多项发明专利，成为产品研发和技术革新的有利保障。公司开发的大功率智能快充模块等产品获得国内先进产品鉴定，高可靠的ATM取款机电源、工业机器人电源模块等广泛应用于各领域。

主要产品介绍：

工业机器人电源

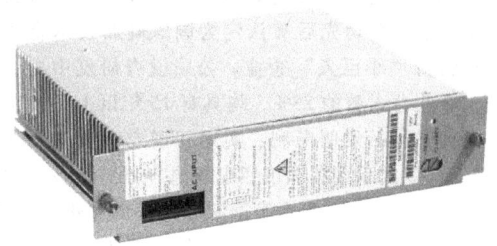

该产品适应全球电网环境，高效率、智能化、模块化设计，匹配瞬间峰值电流驱动，有工业机器人六轴控制的特性，完美匹配各种动态作业需求。产品获得欧美多国认证，为新能源汽车制造提供稳定、可靠、绿色、智慧的持续能源。

苏州博思得电气有限公司

地址： 江苏省苏州市高新区富春江路188号5号楼
邮编： 215100
电话： 18020273536
邮箱： teng_dou@powersite-group.com
网址： www.powersite.cn
简介： 苏州博思得电气有限公司（以下简称博思得）是一家专注于研发和生产X光影像设备核心部件的现代化高科技企业。公司主要提供高压发生器（HVG）、组合式X射线源、电源分配单元（PDU）等核心部件整体解决方案，产品主要应用于高端X光影像设备，例如CT、CBCT、DR、乳腺仪、C型臂X光机、安检及工业检测设备等。

博思得自创立以来，注重产品自主研发和技术创新，实现了X光影像设备核心部件技术突破，经过不断地探索，最终成就出了一系列高性能、高质量的产品，实现了进口替代。目前高压发生器DR类产品国内市场已连续两年销量前茅。

博思得先后被认定为国家级高新技术企业、江苏省专精特新中小企业、江苏省工程技术研究中心、苏州市独角兽培育企业等，还积极与多家知名高校展开产学研合作。

博思得始终秉承着"专注、专业、用心服务"的理念，目标成为世界一流的X光影像核心部件供应商。多年来，博思得不断创新、追求卓越，以高性能、高质量的产品为基础，与多家知名企业达成了长期战略合作，目前已成长为国内高压发生器领域头部企业。

苏州纳芯微电子股份有限公司

地址： 江苏省苏州市苏州工业园区金鸡湖大道88号人工智能产业园C1-5F
邮编： 215123
电话： 0512-62601802
邮箱： sales@novosns.com
网址： www.novosns.com
简介： 苏州纳芯微电子股份有限公司（股票代码688052）是高性能高可靠性模拟及混合信号芯片设计公司。自2013年成立以来，公司聚焦传感器、信号链、电源管理三大方向，提供丰富的半导体产品及解决方案，并被广泛应用于汽车、工业、信息通信及消费电子领域。

公司以"'感知''驱动'未来，共建绿色、智能、互联互通的'芯'世界"为使命，致力于为数字世界和现实世界的连接提供芯片级解决方案。

田村（中国）企业管理有限公司

地址： 上海市黄浦区淮海中路527号新国际购物中心A座13楼
邮编： 200001
电话： 021-63879388
传真： 021-63879268
邮箱： zhong.xue@tamura-ss.co.jp
网址： www.tamuracorp.com/global/index.html
简介： 田村（中国）企业管理有限公司成立于2003年（原田村电子（上海）有限公司），是日本田村集团海外最重要的产品研发和市场营销基地，现有员工近百名，其中研发中心员工占人数的一半以上。

田村（中国）企业管理有限公司研发中心成立于2006年，主要从事高频开关电源、电感变压器等电子元器件的研发及市场开拓。主要客户遍及全球国际性知名企业，如三菱电机、Sony、丰田、欧姆龙、施耐德、牧田、FANUC、珠海格力等。根据田村集团的战略定位，上海研发中心与日本技术总部具有同等技术研发资质，是日系公司在中国展开高水平技术研发的少数公司之一；特别是通过不断的技术创新，上海研发中心正逐步成为国际新能源电源磁元件技术领域研发的开创者和领导者。

公司具有完善的职业培训制度，坚持严谨、规范、高效的技术研发作风，通过严格的OJT开发实战训练，给本地员工提供与国际著名企业的世界一流研发队伍进行定期交流的技术平台。

田村集团的母公司——日本田村制作所是一家拥有90年历史，早于20世纪70年代在东京证券交易所上市的机电制造业国际性公司，田村集团在中国主要从事电子材料、电子元件、电路板焊接设备等业务，目前在台湾、香港、深圳、惠州、东莞、上海、苏州、常熟、合肥、北京等地方分别设立了大型生产基地、营业部、办事处及上海和台北两个研发机构。

无锡新洁能股份有限公司

地址：江苏省无锡市新吴区电腾路6号
邮编：214029
电话：0510-85629718
邮箱：sales@ncepower.com
网址：www.ncepower.com
简介：无锡新洁能股份有限公司（以下简称新洁能）成立于2013年1月，注册资本为29820万元，拥有电基集成、金兰功率半导体、国硅集成电路三家子公司以及深圳分公司、宁波分公司，目前公司员工总共360余人，其中研发人员100余人。

新洁能为江苏省高新技术企业，2016年以来连续6年名列"中国半导体功率器件十强企业"，建立了江苏省功率器件工程技术研究中心、江苏省企业研究生工作站、东南大学-无锡新洁能功率器件技术联合研发中心等。新洁能参与的"智能功率驱动芯片设计及制备的关键技术与应用"项目获得了2019年度江苏省科学技术一等奖，并获得2020年度国家技术发明二等奖。在2021年第十六届"中国芯"集成电路产业促进大会中，新洁能产品"85V 320A 大功率超薄贴片式功率MOSFET器件"获得"芯火新锐产品"称号。2021年、2022年连续两年荣列"福布斯中国最具创新力企业榜TOP50"。2023年获得国家级专精特新"小巨人"企业称号。截至目前，公司拥有189项专利，其中发明专利74项。

武汉恩硕科技有限公司

地址：湖北省武汉市武昌和平大道三角路水岸国际大厦26层
邮编：430061
电话：4008275833
邮箱：wj@aonesoft.com.cn
网址：www.aonesoft.net
简介：武汉恩硕科技有限公司（以下简称恩硕科技）致力于中国企业创新体系建设，帮助中国企业实现创新梦想，助力中国企业智能制造。恩硕科技成立于2003年，总部位于武汉，目前在深圳、南京、西安、香港等地设立有分支机构。恩硕科技与Ansys、Siemens、Coventor、Eplan和MSC等公司建立了长期的战略合作伙伴关系，获得Ansys亚太区最佳合作伙伴、中国CAE最佳供应商、Ansys最佳工程师、CAE最佳工程实践等荣誉，为近300家客户提供仿真方案及服务。

恩硕科技为用户提供全方位仿真设计验证解决方案，提供仿真培训服务、咨询服务、定制化服务。

恩硕科技仿真技术服务内容：

1. 培训服务
- 专题培训：根据用户需要，提供针对性的专题培训，推进用户的软件使用和工程问题解决。
- 公开课培训：每年定期提供入门培训、进阶培训及结构、流体与热分析、电磁场、耦合场等培训。

2. 咨询服务
- 项目咨询：针对用户的工程问题，利用仿真软件出仿真计算分析报告，帮助用户解决实际的工程问题。
- 项目导航：在项目咨询的基础上，对用户进行培训，帮助用户在解决实际工程问题的同时提高CAE工具的使用水平。
- 项目联合攻关：为用户提供完整的项目技术方案，并与用户技术人员一起完成项目。

3. 定制化服务
- 仿真流程梳理和仿真流程模板定制。
- 专业化仿真工具集成和仿真工具模板定制。
- 软件界面用户化定制。
- 高性能集群仿真平台部署。
- 仿真数据管理平台。

西安伟京电子制造有限公司

地址：陕西省西安市高新技术开发区锦业二路87号
邮编：710077
电话：029-65660060
传真：029-65660061
邮箱：sales@weiking.com
网址：www.weiking.com
简介：西安伟京电子制造有限公司于2004年成立，是一家集电源模块和厚膜混合集成电路类产品研发、生产、销售和服务于一体的高新技术企业，现已形成了通用DC-DC电源模块、高电压输出DC-DC电源模块、低纹波输出DC-DC电源模块、线性稳压器、开关稳压器、电源滤波器、预稳压模块、保持模块、线性放大器、开关放大器及无刷电动机驱动器等产品系列，能够为客户提供小功率军用直流变换的全套解决方案和直流无刷电机驱动解决方案。产品广泛应用于航天、航空、兵器、船舶等军工领域。

小米通讯技术有限公司

地址：北京市海淀区安宁庄路小米科技园

邮编：100085
电话：010-60606666
传真：010-60606666
邮箱：xiaomi-pr@xiaomi.com
网址：www.mi.com

简介：小米通讯技术有限公司（以下简称小米）于2010年4月在北京成立，是一家以智能手机、智能硬件和IoT平台为核心的消费电子及智能制造公司。成立14年来，小米深耕精耕国内市场，不断开拓国际市场，以"手机×AIoT"为核心实现双引擎发展，以"互联网+制造"为方向植根制造业，以"投资+孵化"全面构建智能产业生态，坚持做"感动人心，价格厚道"的好产品，始终将人民群众对美好科技生活的向往作为奋斗目标。2022年11月，小米连续第4年位列《财富》世界500强榜单，排名第266位，较2021年上升72位。2021年，小米全球智能手机出货量达到1.9亿台，全球排名第三，市占率为14.1%。在国内市场，在全国布局线下零售店数量超过10200家；在国际市场，在全球14个国家和地区的智能手机出货量排名第一。

英飞凌科技（中国）有限公司

地址：上海市浦东新区川和路55弄4号楼2~4层
邮编：201210
电话：021-61019001
传真：021-61019001
邮箱：info@infineon.com
网址：www.infineon.com/cms/cn

简介：半导体对于应对当今时代的能源挑战和塑造数字化转型至关重要。正因如此，英飞凌科技（中国）有限公司致力于积极推动低碳化和数字化进程。作为全球功率系统和物联网领域的半导体领导者，公司助力打造引发行业变革的解决方案，以实现绿色高效的能源、环保安全的出行以及智能安全的物联网。公司让生活更加便利、安全和环保。携手我们的客户和合作伙伴，共同创造更加美好的未来。

公司设计、研发、生产并销售应用范围广泛的半导体和基于半导体的解决方案，聚焦汽车、工业和消费电子等行业的关键市场，其产品多种多样，从标准元器件，到面向数字、模拟和混合信号应用的特殊元器件，再到专为客户打造的特定解决方案，一直到相应的软件，应有尽有。

英飞特电子（杭州）股份有限公司

地址：浙江省杭州市滨江区江虹路459号英飞特科技园
邮编：315000
电话：0571-56565800
传真：0571-86601139
邮箱：sales@inventronics-co.com
网址：https://cn.inventronics-co.com

简介：英飞特电子（杭州）股份有限公司成立于2007年，是全球领先的照明配套产品生产商，提供广泛的照明产品组合，涵盖LED驱动电源、传感器、控制系统以及LED模组等。公司提供前沿、可靠、实用的解决方案且符合全球主要市场的安全要求和性能标准。公司在中国杭州总部、德国加兴、意大利特雷维索、印度德里和中国深圳等多地设有研发中心，专注于开发高、中、低功率驱动电源、控制系统和配件产品；制造中心位于中国桐庐LED驱动电源产业化园区，同时在墨西哥、意大利和印度三地设有工厂。

公司致力于为客户提供优质的产品、卓越的技术支持及服务，努力通过提升和延长固态照明系统的投资回报为客户创造价值。

公司专注于LED驱动器电源和照明组件领域，潜心钻研最前沿的先进技术，为创造新一代LED照明解决方案奠定基础。技术方面，公司拥有众多专业研发人员、数百项国内外专利以及适用于多种应用场景的多样化产品组合。公司可为客户提供定制化的解决方案，配备多个安规实验室以保证新品快速上市。同时在品质方面，坚守严苛的产品开发要求以及设计验证流程。生产方面，公司协同多处制造中心具备可观的月产能，通过全方位的产品测试和持续的可靠性评估确保最高质量标准的贯彻执行。

主要产品介绍：

EUM-Ex

EUM-Ex为NFC可编程DALI-2驱动器产品，具备IP66与IP67防护等级，其输入电压范围为AC90~305V，且具有超高的功率因数。此系列产品专为智能照明和健康监控应用而设计，提供内置AC功率计量以及调光关断功能。同时，支持基于DALI-2通信协议的双向数字通信功能。

长城电源技术有限公司

地址：山西省太原市尖草坪区中北高新区钢园北路
邮编：030008
电话：0351-7552779
传真：0351-7552779
邮箱：yaokw@gwpst.com
网址：www.gwpst.com

简介：长城电源技术有限公司的前身是中国长城科技集团股份有限公司电源事业部，成立于1989年，是国内率先从事电源研发的单位，多年以来在服务器电源、台式机电源领域国内市场占有率第一。公司主要产品包括服务器电源、台式机电源、通信电源、工控电源、砖块电源、医疗电源、定制电源以及机箱外设等。公司在山西、深圳、桂林、南京、北京、台北、上海、杭州设有生产或研发机构，有员工3000多人，研发人员700多人，是国内最大的电源研发和生产制造企业之一。

浙江艾罗网络能源技术股份有限公司

地址：浙江省杭州市桐庐县桐庐经济开发区石珠路288号
邮编：310006
电话：0571-56265188
传真：0571-56265188
邮箱：dfal@ solaxpower.com
网址：www.solaxpower.com.cn

简介：浙江艾罗网络能源技术股份有限公司（股票代码：688717）成立于2012年，是国际知名的光伏储能系统及产品提供商，向全球客户提供光伏储能逆变器、储能电池以及并网逆变器等产品。2024年1月3日，公司成功登陆上海证券交易所科创板。

公司持续专注于储能领域技术研发，并于2013年推出SK系列储能逆变器及相关产品，该系列产品是国内最早的储能逆变器产品之一。公司主导的"网源友好型智能光储系统关键技术及产业化项目"获得了2020年浙江省科学技术进步一等奖，"一种并网逆变器的继电器吸合控制方法及控制装置"荣获2023年首届浙江省知识产权奖发明专利一等奖。

公司是国家工信部认定的光伏制造行业规范企业，建有浙江省艾罗光储智慧能源研究院、浙江省博士后工作站，获批"浙江省科技领军企业"、"浙江省未来工厂"等荣誉。截至2023年底，公司已拥有138项专利，包括发明专利38项（含3项境外发明专利）。公司产品累计取得了超过500项国内外认证，销售区域覆盖德国、美国、日本等80多个国家和地区。

主要产品介绍：

ESS-TRENE、X3-FORTH、X3-GRAND

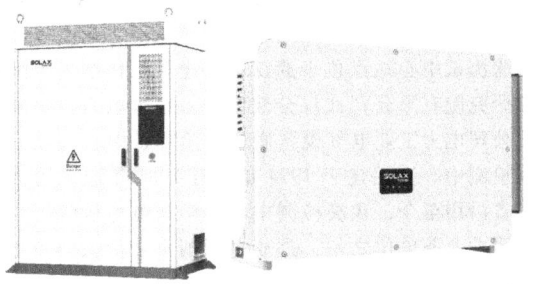

ESS-TRENE：一体化工商业储能机柜 100kW/215kWh 和 100kW/233kWh

X3-FORTH：工商业并网逆变器 80~150kW

X3-GRAND：工商业并网逆变器 300/320kW

浙江嘉科电子有限公司

 浙江嘉科电子有限公司

地址：浙江省嘉兴市秀洲区桃园路587号中电科智慧园1号厂房
邮编：314000
电话：0573-82651133
传真：0573-82651197
邮箱：lixf@ jec.com.cn
网址：www.jec.com.cn

简介：浙江嘉科电子有限公司是中国电子科技集团公司第三十六研究所于1998年9月投资成立的全资子公司，是国家级高新技术企业，注册资金1亿元，坐落于嘉兴市秀洲国家高新区中电科（嘉兴）智慧产业园，总建筑面积近15000m^2。公司现有员工总数500人，研发人员162人，拥有各领域集团高级专家、集团专家。公司以军工电子与安全电子两大业务协同发展，努力打造具有自主创新能力的高科技现代企业。公司主要业务包括电源、微波、北斗、功率放大器等产品的设计、生产与服务；以及工业污水智能处理、智慧城市等领域的信息系统集成服务。

军工电子业务由原先的满足所内配套为主，现已逐步走向外部军、民市场，近两年正加速推进军工技术向民用领域转化，在5G、物联网、新能源汽车、北斗应用等领域拓展市场。

经过20多年的发展，公司已拥有一个省级高新技术企业研发中心、一支高素质设计研发团队、一流的研发、生产和检测设备，已取得多项国家发明和实用新型专利。通过了ISO 9001：2015质量管理体系、GJB 9001C-2017质量管理体系、ISO 14001：2015环境管理体系和OHSAS 18001：2007职业健康安全管理体系认证。目前已获得装备承制单位注册证书、武器装备科研生产单位三级保密资格证书、武器装备科研生产许可证、国家涉密计算机系统集成乙级资质证书、安全防范系统工程设计施工壹级资格证书、建筑智能化系统设计专项乙级证书、电子智能化专业承包二级证书等。

浙江榆阳电子股份有限公司

地址：浙江省嘉兴市桐乡市桐乡经济开发区同德路656号
邮编：314500
电话：0573-89817002
传真：0573-89817000
邮箱：sales@ link-power.cn
网址：www.link-power.cn

简介：浙江榆阳电子股份有限公司始创于1997年，2010年在桐乡建立工厂，2013 年 5 月由杭州整体搬迁至桐乡并投入生产。

公司依靠科技创新和技术进步，具备了较强的自主开发能力，产品核心技术已经获得多项发明及实用新型专利和软件著作权。公司将着力生产具有数字化和智能化特点的智能驱动电源，其广泛应用于商业、工业照明，致力于物联感知、人工智能、大数据技术服务领域以及智慧办公、智能家居及医疗护理等领域，产品成功应用于 G20 峰会、金砖国家峰会、乌镇互联网大会等全球顶级大会主会场。

公司先后被认定为国家高新技术企业、国家专精特新"小巨人"企业、国家两化融合贯标企业、浙江省专精特新中小企业、浙江省隐形冠军培育企业和浙江 AA 守合同重信用企业，同时企业技术中心也先后被认定为浙江省企业技术中心、浙江省工业设计中心、浙江省企业研究院和浙江省高新研究开发中心。

臻驱科技（上海）有限公司

地址：上海市浦东新区秀浦路 2555 号 A8 栋 11 楼
邮编：201315
电话：0252-50779929
邮箱：sales@ leadrive.com
网址：www.leadrive.com
简介：臻驱科技（上海）有限公司是一家致力于提供国产功率半导体模块及新能源汽车驱动解决方案的高科技公司，成立于 2017 年 5 月，总部位于上海浦东，并分别在上海临港、广西柳州、浙江平湖及德国亚琛等多地布局了多家子公司。公司凭借行业领先的设计、制造和供应链整合能力正向开发的新能源汽车高性能电机控制器及自研功率模块，已获得国内外一线乘用车主机厂和 Tier-1 供应商 30 多款车型的定点量产。

中电科瑞志电源技术（西安）有限公司

地址：陕西省西安市雁塔区白沙路 1 号
邮编：710068
电话：029-88788606
传真：029-88788103
邮箱：cetcrzdy@163.com
简介：中电科瑞志电源技术（西安）有限公司是中国电子科技集团有限公司的三级单位，隶属于中电科西北集团有限公司。公司于 1994 年成立，现有职工 84 人，现已通过 GB/T 19001 质量管理体系认证、GJB 9001C 认证、三级保密资格认证及高新技术企业认定。公司集研发、生产、销售、服务于一体，长期坚持"精心开发、诚信服务、以质取胜、追求卓越"的质量方针，为用户提供优质电源产品和系统解决方案。公司电源产品分为组合电源、模块电源、电源系统 3 类，其中组合电源产品目前形成了通用组合开关电源、通用组合线性电源、特种专用电源、设备电源系统等四大系列 1000 多种高可靠、智能化、抗恶劣环境的电源产品，已广泛应用于航空、航天、船舶、兵器等行业。

中国船舶集团有限公司系统工程研究院

地址：北京市海淀区丰贤东路 1 号
邮编：100094
电话：010-59516445
传真：010-59516400
邮箱：huiqingdu@126.com
网址：http://seri.cssc.net.cn/
简介：中国船舶工业系统工程研究院成立于 1970 年，隶属于中国船舶工业集团公司，是我国率先将系统工程理论和方法应用于海军装备技术发展、最早以"系统工程"命名的军工科研单位，凝聚多专业、多领域科研能力和多地布局的子公司产业化力量，立足海军、聚焦海洋，形成了从研发、设计、试验到产品生产及售后的全产业链架构，覆盖体系研究和顶层规划、系统综合集成、系统核心设备研制 3 个层次，是海军装备建设和国家海洋装备事业的中坚力量。截至目前，研究院共获得科技进步奖 451 余项，授权专利近千项，拥有双聘院士 1 名，在职员工 1000 余名，其中研究员 160 余名，高级工程师 200 余名，拥有硕士及以上学历的员工占 71%。

中国电力科学研究院有限公司武汉分院

地址：湖北省武汉市洪山区珞瑜路 143 号
邮编：430074
电话：027-59258065
传真：027-59258848
邮箱：68582170@qq.com
网址：www.epri.sgcc.com.cn
简介：中国电力科学研究院有限公司是国家电网公司直属单位，工作场地分布在北京、南京、武汉等地。中国电力科学研究院有限公司根据属地经营工作的需要，于 2012 年 4 月在武汉注册成立了中国电力科学研究院有限公司武汉分院。中国电力科学研究院有限公司电力工业电气设备质量检验测试中心地点位于武汉，其经营工作纳入中国电力科学研究院有限公司武汉分院管理。中国电力科学研究院有限公司电力工业电气设备质量检验测试中心（以下简称武汉检测中心）始建于 1974 年，自 1986 年起采用该名称并一直沿用至今，武汉检测中心是中国电力科学研究院有限公司的业务单位之一，是通过了国家计量认证和实验室国家认可，国家市场监督管理总局和中国国家认证认可监督管理委员会授权的、具有社会第三方公正地位的检测机构。武汉检测中心分别处于鲁巷和特高压交流试验基地2个工作试验场所，试验场地达85000m²左右。

中山市宝利金电子有限公司

地址：广东省中山市翠亨新区南朗街道第六工业区锦峰路
邮编：528400
电话：18120855756
邮箱：651509073@qq.com
网址：www.zsblj.cn

简介：中山市宝利金电子有限公司（以下简称宝利金）成立于2007年2月，是一家聚焦开关电源研发和制造的国家级高新技术企业。公司参与起草9个国家标准及2个行业标准，被认定为国家高新技术企业、工信部专精特新"小巨人"企业、广东省工程技术研究中心、广东省创新型企业、广东省科技型企业、中山市工程技术研究中心、中山市企业技术中心、中山市质量标杆企业等。

宝利金体系完善，获得ISO 9001和ISO 14000体系认证。公司采用ERP、MES和PLM系统等信息化运作，其产品获得中国CCC、中国CQC、美国UL和ETL、欧洲CE和GS、英国CE和UKCA、日本PSE、韩国KC、新加坡PSB、马来西亚ST/COC、澳大利亚RCM、加拿大CUL、俄罗斯EAC、墨西哥NOM、巴西S-mark、阿根廷S-mark、中东G-mark等认证！

宝利金产品以优秀的品质畅销全世界，获得国内外知名品牌客户的信任！公司正处于蓬勃发展的阶段！

中冶赛迪电气技术有限公司

地址：重庆市北部新区赛迪路1号
邮编：200913
电话：023-63548406
传真：023-63547777
邮箱：dqqd.bpsq@cisdi.com.cn
网址：www.cisdi.com.cn

简介：中冶赛迪电气技术有限公司从事投资业务（不得从事金融及财政信用业务）及相关资产经营、资产管理，投资咨询服务，从事建设项目工程咨询、工程管理服务和规划管理，高科技产品开发、研制及相关技术咨询服务，金属制品、冶金成套设备及零配件、通用机械设备、工业电热成套设备、电气及自动化成套设备的设计、制造、销售，计算机自动化系统集成，计算机软硬件产品的研究、开发、生产、销售，销售化工产品（不含危险化学品）、金属材料、仪器仪表，货物及技术进出口（法律、法规禁止的不得从事经营，法律、法规限制的，取得相关许可或审批后，方可从事经营）

重庆华创智能科技研究院有限公司

地址：重庆市璧山区璧泉街道东林大道92号9楼
邮编：402760
电话：023-81678005
邮箱：sales@cqhcit.com.cn
网址：www.cqhcit.com.cn

简介：重庆华创智能科技研究院有限公司成立于2019年12月，由高新技术研究院公司引入重庆大学孙跃教授团队联合创建，是集无线电能传输技术开发、产品研制及产业化运营的一家国家高新技术企业、重庆市新型研发机构、重庆英才创新创业示范团队、璧山区拟上市储备重点培养企业，同时作为国内首个无线电能传输产业化企业，在各个行业作为牵头人积极推动无线电能传输技术在行业中的发展和应用。公司现拥有重庆市博士后工作站，拥有相关授权专利近100项，其自主知识产权的无线电源技术，可以为用户提供标准化的无线电源模块、OEM/ODM设计服务等。

公司重点面向AGV工业移动机器人、无人机无线充电机库、电动汽车无线充电、石油钻井旋转无线滑环四大产业方向进行无线电能传输深度研发，与南方电网、国家电网、无人机巡检、工业智能化等领域头部企业建立了合作关系，连续3年稳健经营并持续盈利，意向订单达到上亿元，现正筹备建设2000m²的AGV无线充电自动化生产厂房，预计产能达1.5亿元。

公司致力于无线电能传输的技术开发、产品研制及产业化运营，为客户提供成熟可靠的低、中、高功率无线充/供电标准化产品及整体解决方案。公司核心团队来自重庆大学无线电能传输技术研究所，该团队自2002年开始从事无线电能传输技术研究，是国内最早组建并专业从事无线电能传输技术及系统的理论研究、技术开发及工程实现的专业团队，获得了国家"863"项目、重庆市产业类重点研发计划等60余项项目支持，并与国际上最早从事该项技术研究的新西兰奥克兰大学建立了深入的合作关系，技术实力达到国内领先、国际先进的水平，率先发起并成立了中国电源学会无线电能传输技术及装置专业专委会等多个组织，获得了重庆市技术发明一等奖等多项省部级及以上奖励。目前拥有无线电能传输核心技术及相关专利100余项，技术应用涵盖静态、动态无线电能传输，功率等级覆盖100W~100kW，传输效率最高达94%。

相比于传统接触式充电方式，无线电能传输具有充/供电灵活、安全、便捷及环境适应性强等优点，是解决复杂环境及特殊环境下电能可靠供应的最佳方案，技术应用领域涉及电气交通、石油钻井、工业设备、消费电子等众多领域，预期市场规模达到万亿级别。

"心寄中华，创新无线"，公司将依托雄厚的技术积淀和优势平台，积聚和培养人才，致力于创新发展具有中国自主知识产权的无线电源技术，成为国际领先的全功率范围标准化模块产品生产厂商，树立具有民族特色的无线充电品牌，让无线充电提升无限美好生活！公司目前制定了上市计划，正在与战略投资方洽谈合作。

重庆荣凯川仪仪表有限公司

地址：重庆市北碚区澄江镇桐林村1号
邮编：400701
电话：023-86020089
传真：023-68221017
邮箱：rongkaizqq@163.com
网址：www.rongkai.com.cn

简介：重庆荣凯川仪仪表有限公司（以下简称荣凯川仪）是中国四联重庆川仪旗下的电源科技公司，是一家专业从事电力电子领域产品的生产、销售、研发的高新技术企业。公司现已通过 ISO 9001 质量管理体系认证，建立了一套完整的质量监控体系，产品通过国家高新技术产品鉴定，并获得欧盟 CE 认证、TLC 认证、英国 NQA 质量认证、中国计量中心 EMC 认证等。

荣凯川仪从事电源产品的研发、设计及生产制造已有50多年的历史，公司从20世纪70年代初开发出国内第一台晶闸管逆变器到90年代引进美国先进电源技术，通过不断消化、吸收、改进，于国内率先推出工业型 UPS（不间断电源）及其系统；进入21世纪后公司产品经全面智能化升级改造，现已成为国内最具规模的智能化交直流不间断电源系统领军企业。

荣凯川仪拥有一支有多年从事国内外工业电源研究的技术精英，拥有一批先进的高精尖加工检测设备及先进的自动化流水线和成套产品生产线。目前，公司具备为年产600万吨钢铁项目、1200MW 机组、60万吨合成氨、80万吨乙烯及年产300万吨水泥生产线等大型工程提供 UPS 产品的配套能力。先后向北京地铁、重庆地铁、成都地铁、广州地铁、深圳地铁等国内重点工程提供 UPS 装置数万套。在占有国内市场的同时，公司积极拓展海外市场，为印尼、巴西、越南、缅甸等国家重点建设项目提供 UPS 配套产品，奠定了公司在国内外工业制造行业及轨道交通领域电源产品应用市场的主导地位。

面向未来，荣凯川仪将秉承"诚信、品质、人本、创新"的经营理念，以产业报国，造福员工的经营宗旨，以永不间断的创新精神，向"国内最大的绿色、节能、环保电源整体方案提供商"迈进！

珠海格力电器股份有限公司

地址：广东省珠海市香洲区前山金鸡西路789号
邮编：519070
电话：0756-8974023
传真：0756-8668281
邮箱：hz@cn.gree.com
网址：www.gree.com

简介：珠海格力电器股份有限公司是一家多元化、科技型的全球工业集团，产业覆盖空调、家电、通信设备等消费品和智能装备、模具、工业制品等工业品，产品远销160多个国家和地区。

公司有近9万名员工，其中1.5万名研发人员和3万多名技术工人，在国内外建有15个生产基地及6个再生资源基地，覆盖从上游生产到下游回收全产业链，实现了绿色、循环、可持续发展。

公司现有15个研究院、126个研究所、1045个实验室、1个院士工作站（电机与控制），拥有国家重点实验室、国家工程技术研究中心、国家级工业设计中心、国家认定企业技术中心、机器人工程技术研发中心各1个，同时成为国家通报咨询中心研究评议基地。

经过长期沉淀积累，目前累计申请国内专利79900项，其中发明专利40714项，国际专利2441项，在2020年国家知识产权局排行榜中，格力电器排名全国第六，家电行业第一。公司现拥有30项国际领先的技术，获得国家科技进步奖2项、国家技术发明奖2项、中国专利奖金奖4项。公司始终致力于自主创造核心领先技术，不断满足全球消费者对美好生活的向往。据中标院统计发布，自2011年以来，格力顾客满意度、忠诚度连续9年保持行业第一，并于2018年荣获第三届中国质量奖。2019年，公司全年实现营业总收入 2005.08 亿元，实现归母净利润 246.97 亿元，公司税收贡献 157.90 亿元，连续13年位居家电行业纳税第一。

珠海英搏尔电气股份有限公司

地址：广东省珠海市香洲区高新区唐家湾镇科技六路6号1栋
邮编：519085
电话：0756-3396961
邮箱：lairixin@enpower.com
网址：www.enpower.com

简介：珠海英搏尔电气股份有限公司（以下简称英搏尔）成立于2005年，是一家专注新能源汽车动力及电源系统研发、生产的高新技术企业。公司于2017年在深交所创业板上市，股票代码为300681。公司主营产品有新能源汽车动力总成、电源总成以及驱动电机、电机控制器、车载充电机等新能源汽车动力系统核心零部件。

英搏尔深耕新能源汽车行业近20年，通过在人才、技术、产品以及管理等方面的持续投入，构建起以驱动系统和电源系统两大产品平台的核心研发队伍。公司创新的"集成芯"技术，使产品具有高效能、轻量化、小体积、低成本等显著优势，客户占国内80%以上整车厂，并达成与国内外众多大型零部件集团的长期合作关系。

主要产品介绍：
车载电源总成

此产品实现了 OBC（车载充电器）与 DC-DC 电路板级集成，可根据需求选择是否集成配电系统，具有体积小、质量轻、功率密度高等特点。

OBC：3.3kW/6.6kW/11kW 版本单/双向可选配，支持最大充、放电功率；OBC 逆变模式支持 V2V、V2L、V2G 功能。

DC-DC：单板覆盖 1.5~3.0kW 额定功率范围。

珠海智融科技股份有限公司

地址：广东省珠海市香洲区唐家湾镇大学路 101 号 4 栋 1401-1405 室
邮编：519080
电话：0756-3616029
传真：0756-3616170
邮箱：Support@ismartware.com
网址：www.ismartware.com
简介：珠海智融科技股份有限公司（以下简称智融科技）成立于 2014 年底，总部位于广东珠海，在全国设有深圳、上海、成都等多个分、子公司。智融科技是一家专注于电源管理芯片领域的数模混合芯片设计企业，主营业务为电源管理芯片的研发、设计和销售。智融科技多年来深耕数模混合芯片，产品广泛应用于移动电源、车载充电器、氮化镓充电器、户外储能电源和智能排插等设备，在有线快充、无线快充、低功耗高效率电源管理 IC 等技术领域拥有独家专利，在消费电子及 3C 配件市场占有率名列前茅，合作伙伴包括华为、OPPO、联想、公牛、Anker、ASUS、倍思、绿联、电小二等海内外一线品牌。智融科技秉持着智慧、创新、融合的理念，致力于为客户提供品质一流、体验优越的智能芯片产品及解决方案，立志发展成为顶尖的民族芯片企业。

会 员 单 位

广 东 省

安德力士（深圳）科技有限公司

地址：广东省深圳市光明新区公明街道塘尾第三工业区 8
　　　号 10 栋七楼
邮编：518107
电话：0755-27956972
邮箱：zhqs88@163.com
网址：www.andless.com.cn
简介：安德力士（深圳）科技有限公司是集研发、生产、销售、服务于一体的机房一体化专业制造商，是全球最具实力的一体化机房设备生产商之一。公司致力于 UPS（不间断电源）、精密空调、配电系统、机房网络系统、绿色云数据中心解决方案和环境监控开发的企业，主营 UPS（不间断电源）、逆变电源、太阳能逆变器、变频器、EPS（应急电源）、稳压电源、蓄电池、精密空调、配电柜、网络机柜、机房环境监控监测产品、防雷产品、计算机网络设备、计算机外围设备的研发与销售；软件开发、系统集成；机房整体工程施工；国内贸易，货物及技术进出口。凭借着领先的技术、成熟的产品和专业的服务，为用户提供网络区域环境监控、设备管理、数据分析等一体化解决方案的高科技企业。

东莞宏强电子有限公司

地址：广东省东莞市南城街道宏远路 22 号
邮编：523087
电话：0769-22414096
传真：0769-22414097
邮箱：sj_zhang@decon.com.cn
网址：www.decon.com.cn
简介：成立于 1995 年的广东宏远集团合资的高新技术企业东莞宏强电子有限公司主要从事铝电容器的研发、生产和销售服务。公司拥有自主知识产权的技术工艺体系和多批发明、实用型专利，培养和造就了大批专业技术人才。公司先后通过了 IECQ、ISO 9001、ISO 14001 体系认证，产品符合 RoHS、REACH 相关规定。未来，公司将进一步加强关联企业的铝电极箔产业垂直整合，使公司成为全球优质铝电容器的优秀供应商。

东莞立德电子有限公司

地址：广东省东莞市塘厦镇莲湖第一工业区

邮编：523710
电话：13360650136
邮箱：Annie.Su@l-e-i.com
网址：www.lei.com.tw

简介：东莞立德电子有限公司位于东莞塘厦镇第一工业区，注册资本为8050万港元，员工总人数近4000人。总公司于2002年12月在台北交易所正式公开上市，全球事业处分布在10个不同的地点遍及6个国家和地区。东莞立德电子有限公司主要生产和销售变压器、三相变压器、电抗器、整流器、充电器、电源供应器、半导体、元器件专用材料（多层电路板）、新型电子元器件（电力电子器件，如电子安定器、不间断电源）、锂离子电池、数字放声设备（激光唱机）、宽带接入网通信系统设备（网卡）、交换设备（交换机）、高端路由器（路由器）、数字音/视频编译码设备、电子专用设备（电源供应器、电磁锁）等各类电子元器件系列产品。

东莞市大忠电子有限公司

地址：广东省东莞市东城区温塘茶上工业大道16号
邮编：523121
电话：0769-22630563
邮箱：cgl@dgwxez.com
网址：www.dgwxez.com

简介：东莞市大忠电子有限公司成立于1992年，主要产品有高频变压器、低频变压器、灌封变压器、环形变压器、大功率变压器、电感系列、充电器、适配器、电抗器、非晶器件等电子组件产品，产品广泛应用于AI智能设备、光伏、风电、UPS、EPS、IT、工业电源、充电器、家用电器等领域。

东莞市金河田实业有限公司

地址：广东省东莞市厚街镇科技工业城
邮编：523960
电话：0769-85585691
传真：0769-85587456
邮箱：maga@goldenfield.com.cn
网址：www.goldenfield.com.cn/ch/main.html

简介：东莞市金河田实业有限公司成立于1993年，是一家集研发、生产、销售、服务于一体的民营高新技术企业，主要产品有计算机机箱、开关电源、多媒体有源音箱、键盘、鼠标等，是国内主要的计算机周边设备专业制造商之一。

公司是国家高新技术企业，是中国优秀民营科技企业、广东省民营科技企业、广东省知识产权优势企业、广东省创新型试点企业和东莞市工业龙头企业等。公司自主品牌"金河田"商标是中国驰名商标和广东省著名商标；金河田主导产品计算机机箱、开关电源、多媒体有源音箱均为广东省名牌产品。

公司产品销售和服务网点已覆盖全国各大中城市，并进入了韩国、印度、俄罗斯、阿联酋、德国、巴西、澳大利亚等40多个国家和地区。

东莞市乔顿电子有限公司

VCRR

地址：广东省东莞市常平镇木伦工业一路39-2栋4楼
邮编：523570
电话：13549347808
邮箱：sales@jdvcrr.com
网址：www.jdvcrr.com

简介：东莞市乔顿电子有限公司是国家高新技术企业，位于中国东莞市，专注于被动器件的研究以及开发，拥有完整的研发、生产、销售及供应链体系，是行业主流供应商之一。

制造实力：公司拥有前段、后段工艺，2个大型生产基地，员工人数超400人。

研发实力：公司拥有3个研发中心，分别位于东莞、深圳以及美国纽约，已获得多项专利证书及多套产品证书。

营销实力：公司拥有2个分支机构，5个营销网点，300多个合作伙伴，营销和服务遍布全球100多个国家地区。

东莞市长工微电子有限公司

地址：广东省东莞市松山湖万汇云谷园区至诚路A8栋
邮编：523000
电话：0769-22232665
邮箱：sales@innovisionsemi.com
网址：www.innovisionsemi.com

简介：东莞市长工微电子有限公司（以下简称为长工微）是一家专注于高性能电源芯片研发和销售服务的国家高新技术企业，成立于2016年5月，总部坐落于东莞市松山湖，在国内外设有多个研发中心和技术支持办公室。

长工微作为国内低压大电流电源芯片的领军企业，致力于为客户提供高性能、高品质，高可靠性的电源方案，重点发展工业类、消费类以及汽车类产品，先后推出6~1000A电源解决方案，覆盖Switching Regulator、Multi-phase Controller、Power Stage、Power Module、E-fuse等领域，为多样化的终端环境，如计算机、服务器、通信基站、消费电子、汽车电子等领域提供高效稳定的电流供给的同时，具备更高功率密度、更高转换效率及更低能耗，突破国外长期技术垄断的现状，可轻松满足市场需求。

长工微拥有一支集数模电路、应用验证、产品测试、技术支持,具有行业丰富经验的高级工程师、博士、硕士等在内的专业技术开发团队,秉承着"积极、进步、专业"的理念,以国际视野不断创新。

佛山市禅城区华南电源创新科技园投资管理有限公司

地址:广东省佛山市禅城区张槎一路 127 号 1 座 3 层
邮编:528000
电话:0757-82580666;82208102
传真:0757-82503337
邮箱:495620638@qq.com
网址:www.hndy.gd.cn
简介:1. 精细、集约化的电源产业综合体

华南电源创新科技园大力发展开关电源、逆变器、UPS、EPS 等电源电子产业,打造现代电源及节能技术科技园区的标杆,推动电源产业精细化、集约化、国际化,建设集产品研发、生产、检测、展示、交易、人才培训、孵化中心等于一体的电源产业创新基地,成为汇集金融、科技、项目、商务会展等多位一体的电源产业综合体。

2. 优质信誉的电源专业园区

华南电源创新科技园是中国首个电源创业主题园区、全国现代电源(不间断电源)产业知名品牌创建示范区、国家现代电源高新技术产业化基地培育单位、中国电源学会会员单位、中国电源学会现代电源产业基地、佛山中德工业服务区生产基地、禅城区低碳试点园区。

3. 五大平台提供一体化专业服务

园区已引入科技服务平台、金融服务平台、人才服务平台、招商服务平台、园区合作平台五大平台,为入园企业提供技术升级、人才培养、金融支持、政策引导扶持、合作交流等一体化专业服务。

4. 都市里配套设施齐全的厂房

华南电源创新科技园大力打造、扶持、发展电源电子类产业,以都市型厂房为核心,以总部大楼和商业办公楼为服务载体,配备了会议办公、展厅、会展中心、培训中心、商会协会办公区、银行、自助服务中心、回廊书吧、中西餐厅、酒店、车位、人才公寓、员工饭堂、图书馆、超市、运动及休闲等配套设施。

5. 活性商务、产业空间

华南电源创新科技园是区域内规模最大的主题园区,总占地面积约 330 亩(约 22 万 m^2),建成后总建筑面积达 42.6 万 m^2,分核心区及外延区两部分进行打造。

总部大楼定位为电源企业总部办公、园区服务平台及产业商务配套的功能,目前部分主力商业及区域内的电商龙头开始陆续进驻,包括四星级标准精品酒店、五星级豪华多功能影院、港台餐饮白领餐厅、商协会平台、互联网+电商企业及创客、创新孵化器等,签约面积超过 2.3 万 m^2。

2#商业办公楼,建筑面积约 3.3 万 m^2,分为南塔(7 层)和北塔(9 层),首二层为商业旺铺,三层以上为商务办公,200~3000m^2 活性商务空间自由组合。

园区都市型厂房,户型为方正的 1300m^2 和 2000m^2 空间,拥有独立产权,可租、可售、可按揭,五大服务平台促进产业发展,百强龙头企业率先抢驻。

6. 上市企业与骨干企业的选择

华南电源创新科技园的企业总数已经达到 202 家,累计入园的电源、电子类及其上下游产业的企业达 90 多家,占园区总企业数的 46.5%,其中 2015 年新增入园企业达 45 家,包括厦门科华、湖南科力远两家上市企业,佛山电源行业协会中的骨干企业(如柏克、新光宏锐、众盈、欧立、飞星、朗博等)。

佛山市汉毅电子技术有限公司

汉毅
Han Yi

地址:广东省佛山市禅城区岭南大道北 131 号碧桂园城市花园南区 3 座 28 楼
邮编:528000
电话:0757-63223916
传真:0757-83835018
邮箱:hanny@hanny.com.cn
网址:www.hanny.com.cn
简介:佛山市汉毅电子技术有限公司创建于 1997 年,现有 5 处生产基地,分别位于佛山市禅城区、佛山市顺德区陈村镇、佛山市顺德区伦教镇、东莞市长安镇、江西省南昌市,现有员工 1000 余人。

公司主导产品为开关电源,开关电源年产量 2000 万件。

公司拥有高速插件机 8 台、一个电磁干扰测量室,拥有波峰焊机、红外线温度测试仪、RoHS 光谱扫描仪、耐压测试仪、电参数测量仪、高频示波器、漏电流测试仪、晶体管多功能筛选仪、数字电桥等一大批电子电气测量设备。

公司产品全部为自主研发,自有知识产权,拥有发明专利、实用新型专利 30 余项。

公司产品主要用于电子制冷饮水机、净水机、电冰箱、超声波雾化器、数字音响等领域。

公司主要客户有美的、沁园、安吉尔等,产品同时出口到德国、荷兰、美国、日本等发达国家。

公司自 1999 年以来,一直是美的优秀供应商,同时多次获得沁园优秀供应商、质量优胜奖、安吉尔优秀供应商、质量优胜奖等荣誉。

佛山市南海区平洲广日电子机械有限公司

广日电子机械

地址:广东省佛山市南海区桂城南平西路民间金融街 B1 栋

3 楼
邮编：528251
电话：0757-87691200
传真：0757-86791244
邮箱：windingchina@126.com
网址：www.windingchina.com

简介：佛山市南海区平洲广日电子机械有限公司是我国最大的环形绕线机械制造商之一，专业生产环形变压器绕线机，环形电感线圈绕线机及稳压器、调压器专用绕线机，矩形绕线机/包带机，环形小孔包带机，电力变压器绕线机，EI 型变压器绕线机，环形包绝缘胶带机以及环形线圈匝数/匝比测量仪等产品。

公司已通过德国 TÜV 9001（2000）国际质量体系认证，良好的品质和完善的售后服务赢得了众多客户的青睐和支持，产品远销东南亚及欧美等国家和地区。

佛山市南海赛威科技技术有限公司

SF SiFirst®

地址：广东省佛山市南海区桂城深海路 17 号瀚天科技城 A 区 7 号楼 6 楼 604 单元
邮编：528200
电话：0757-81220912
传真：0757-81220912
邮箱：support@sifirsttech.com
网址：www.sifirsttech.com

简介：佛山市南海赛威科技技术有限公司（以下简称赛威科技）成立于 2009 年 6 月，总部位于佛山市南海区，是一家以电源管理芯片为主的模拟和数模混合半导体供应商。公司在深圳、上海设有研发中心及分支机构，电源芯片产品广泛应用于工业控制、网络通信、照明、家用电器、消费类电子等众多领域。

赛威科技核心管理及技术团队来自欧美一流半导体公司，凭借领先的技术研发能力及对客户需求的精准掌握，致力于在消费电子、工业、汽车电子等行业为客户提供高集成度、高性能、高可靠性的芯片产品和整体解决方案。

赛威科技高度重视知识产权的开发和保护，已拥有多项集成电路和系统应用的专利技术，先后被评为广东省专精特新企业、广东省高新技术企业、广东省人才引进团队、广东省守合同重信用企业、佛山市专精特新企业、佛山市高性能集成电路设计（赛威）工程技术研究中心等。

赛威科技秉承"以人为本、以客为尊、持续创新、价值共赢"的宗旨，致力于成为全球领先的模拟与数模混合芯片企业。

佛山市顺德区瑞淞电子实业有限公司

地址：广东省佛山市顺德区北滘镇坤洲工业区
邮编：528312
电话：0757-26666876
传真：0757-26606087
邮箱：sales@recl.cn
网址：www.recl.cn

简介：佛山市顺德区瑞淞电子实业有限公司（以下简称瑞淞电子）成立于 2005 年，是专业从事于整流桥器件设计、开发、封装测试和销售的国家高新技术企业。自成立以来，公司销售业绩持续保持高速增长，2018 年公司达到年产各类整流器件 1.2 亿只的规模。

公司产品广泛应用于家用电器、LED 照明、通信电源、开关电源、消费电子、机器设备等领域。产品不仅在国内热销，还远销韩国、德国、西班牙、越南、美国、印度、意大利、俄罗斯等多个国家和地区。

公司经过不断努力，建立了严格的质量、环保、安全管理体系，成功通过 ISO 9001：2015 质量管理体系认证，全部产品均获得美国 UL 安全认证，并符合欧盟最新 RoHS 和 REACH 环保要求。公司产品共获得了 12 项国家授权的专利，其中发明专利 3 项。

未来，公司将涉足 SMD 器件、MOS 器件、芯片制造等全产业链，在快恢复器件、MOS 器件、TO-220、TO-3P、模块、功率器件、SMD 器件方面扩大投资和生产线规模，根据市场需求开发生产更多产品来满足客户。瑞淞电子立志成为一流的半导体制造企业和客户首选的整流桥供应商。

佛山市顺德区伊戈尔电力科技有限公司

EAGLERISE 伊戈尔电气股份有限公司

地址：广东省佛山市南海区简平路桂城科技园 A3 号
邮编：528200
电话：0757-86256765-888
传真：0757-86256886
邮箱：sales@eaglerise.com
网址：www.eaglerise.com

简介：佛山市顺德区伊戈尔电力科技有限公司始创于 20 世纪 90 年代，总部位于中国佛山，现有 2 个生产基地、2 个研发中心，拥有标准厂房 12 万 m^2，员工约 2100 余人，致力于向全球市场提供最优质的电力、电源及电源组件产品和解决方案，主要产品系列有 LED 驱动器、开关电源、电源变压器、电感器、特种变压器、电抗器、配电变压器共七大类 400 余个品种，广泛应用于照明、电力、新能源、工控等行业。公司坚持以市场为导向，以客户为中心，在日本、美国、德国分别设有驻外机构，在全球范围内围绕着有价值的客户群，建立并发展着互惠互利的良好合作关系。

佛山市欣源电子股份有限公司

地址：广东省佛山市南海区西樵科技工业园富达路

邮编：528211
电话：0757-86816518
传真：0757-86816598
邮箱：fslaowl@qq.com
网址：www.nh-xinyuan.com.cn

简介：佛山市欣源电子股份有限公司（股票代码：839229）位于广东省佛山市南海区西樵科技工业园富达路，是一家集研发、生产、销售及售后服务于一体的高新技术企业。公司拥有广东省电容器工程技术研究开发中心、广东省院士专家企业工作站，能为客户专门设计各种电容器。公司电容器年生产量达到40亿只左右，具有较强的生产能力和及时供货能力。公司已通过ISO 9001、TS 16949等国际质量管理体系认证及ISO 14000认证、OHSAS 18001认证，并获得德国VDE、TÜV及美国UL等安全认证。

公司主营产品：
1) 全系列薄膜电容器、电容电池模组。
2) 柔性锂离子电池，安全、柔性、可快充，适用于各类可穿戴设备、物联网卡等。
3) 锂电池负极材料，产品涵盖人造石墨、天然石墨和钛酸锂材料，倍率性能好，安全性能突出，适用于各类高能量密度电池。

佛山市新辰电子有限公司

地址：广东省佛山市南海区桂城北约瀚天科技城A1座2号门左边3楼
邮编：528000
电话：0757-86368352
传真：0757-86368353
邮箱：381590039@qq.com
网址：www.maxiups.com

简介：佛山市新辰电子有限公司是联合投资经营的专业电源公司，公司总部及UPS生产基地坐落在风景秀美的古城——佛山市，是国内专业研究、开发、生产免维护蓄电池直流屏、通信电源屏、交直流稳压电源、逆变电源、变频电源、UPS（不间断电源）、铅酸免维护蓄电池的高科技企业。公司拥有全国性的营销网络，产品通过公司的"销售网"25个分公司（办事处）或代理商，用户遍及全国各地及各行各业，凭借专业的产品推广经验、完善的电源解决方案，超值的产品服务保障，赢得了国内各行业广大用户的最终信赖。

佛山市新辰电子有限公司的产品是由美国万时国际有限公司提供技术支持，公司一贯致力于高品质产品的推广。凭着成熟的技术、优良的品质、完善的售后服务及高瞻远瞩的营销策略，经过数年的不懈努力，"MAXI万时"品牌在激烈的市场竞争中脱颖而出，产品质量深得各界用户的认可。

佛山市新辰电子有限公司对大陆电网电力不足、波动大、传输干扰强、频率稳定性能差等现状，研究、生产出完全符合国情、品质优良的电源产品，通过严格标准检测的"MAXI万时"电源符合国家质量监督检验检疫局的产品质量标准，同时公司通过了ISO 9001：2015质量管理体系认证，严格规范的操作和管理保证了公司不断为客户提供了良好的服务和尽快融入了世界先进模式。持续稳定增长的销售业绩使得公司不断成长，"MAXI万时"商标成为业内著名商标。凭着一流的技术，过硬的质量，在国内拥有较高品牌知名度和广泛而固定的市场，公司凭着完善的服务网络，使得公司的用户享受着终生优质服务。

佛山市新辰电子有限公司以服务用户为最终理念，从售前电话咨询、现场电力环境勘察、电源产品方案设计，到售后安装调试、产品使用维护、用户技术培训等，均由经验丰富的人员负责。公司在满足用户要求的同时不断挖掘用户新的需求，使用户真正得到高可靠性、可用性的网络整体电源保护方案。通过对国内市场的全面了解、对电源产品的深入研究、对用户满意的整体服务，业务范围广泛涉及金融、银行、证券、交通、民航、海关、税务、教育、邮电、电信、石油、化工等国内重要领域，并赢得电源保护服务专家的赞誉，产品远销东南亚、中东、南非和欧美等地区。

以"质量第一，用户至上"作为经营理念的佛山市新辰电子有限公司真诚希望得到各界朋友的信任和支持，我们本着"团结、奋进、优质、创新"的精神，努力进取，以一片至诚服务于客户，以高质量的产品奉献给社会，回报那些曾给予我们关怀的新老朋友。公司全体同仁热诚希望各届仁人志士光顾，共创属于我们大家庭的未来。

广东安充重工科技有限公司

地址：广东省东莞市凤岗镇龙平西路6号B408
邮编：523740
电话：18802648566
邮箱：wangqiulin@altrack.com.cn
网址：www.altrack.com.cn

简介：广东安充重工科技有限公司是一家专门从事电源产品研发、生产、销售和服务的公司。公司成立于2019年，位于在有着"世界工厂"之称的东莞市凤岗镇，拥有一支高素质的研发团队，致力于研发高品质、高性能、高可靠性的电源产品。公司拥有多项专利技术，是通过了ISO 9001体系认证的智能制造企业。

主要产品包括充电器、模块电源、开关电源等。其中，充电器和模块电源是公司的主打产品，具有高效、稳定、安全等优点，广泛应用于高空作业平台、工程机械车、物流机器人、高尔夫球车、船舶、洗地机、电动竞技、兵器、汽车电子等领域。

公司注重客户需求，提供个性化的定制服务，为客户提供全面的电源解决方案。公司秉承"诚信、创新、务实、高效"的理念，以客户满意为最终目标，赢得了广大客户的信任和支持。

未来，公司将继续坚持"诚信、创新、务实、高效"的经营理念，不断提升产品质量、技术和服务水平，努力成为行业全球领先的电源供应商，为客户提供高品质、低成本、安全可靠的产品和解决方案，不断创新、追求卓越、值得信赖。

广东宝星新能科技有限公司

Prostar 宝星

地址：广东省佛山市南海区罗村联和工业西二区石碣朗大道 1 号（宝星科技园）
邮编：528251
电话：0757-81285481
传真：0757-81285480
邮箱：ups@prostar-cn.com
网址：www.Prostar-cn.com
简介：广东宝星新能科技有限公司（以下简称 Prostar 宝星公司）始创于 1998 年，是国家高新技术企业、广东省民营科技企业和中央国家机关政府协议供应商。Prostar 宝星公司致力于 UPS（不间断电源）、EPS（消防应急电源）、IDC 数据中心、太阳能组件、太阳能逆变器、太阳能离网/并网发电系统、储能系统、蓄电池和物联网、机房动环设备智能监控等产品的研发、制造和销售。经过 20 多年的发展，公司已成为国内知名的网络能源、数据中心、新能源、储能、应急领域及机房智能云监控整体解决方案制造商和供应商。

Prostar 宝星公司为响应不断提升的电力能源安全需求，对客户提供更加全面和直接的支持，相继在北京、上海、广州、深圳、重庆、天津、南京等 30 多个省、市、自治区成立办事处、分公司和客户服务中心，在全国范围内建立了一套完善的销售、服务体系，以保障及时迅速地响应客户的各种需求和服务。凭借雄厚的创新研发能力、智能制造实力、可靠的产品品质和高效的售后服务，得到了国内各行业用户的一致肯定和好评，产品广泛应用在政府、金融、电信、电力、财税、石化、安防、军队、教育、交通、制造等行业，例如中国银行、中国移动、中国电信、中国人保、首都国际机场、清华大学、广州海关、中国石油集团等。尤其是北京奥运会的竞赛场馆项目，Prostar 宝星公司 UPS 服务于北京老山自行车场馆、五棵松篮球场馆、奥林匹克公园网球中心等奥运场馆项目，以优质、可靠的电力安全保护系统为北京奥运会保驾护航。Prostar 宝星公司以"给世界永续光明与动力"为己任，坚持落实"不断学习，敢于创新"的企业精神，以专业诚恳的态度，勇攀事业新高峰。

广东创电科技有限公司

地址：广东省佛山市南海区桂城街道深海路 17 号瀚天科技城 A7 号楼 2 号门 3 楼
邮编：528000
电话：0757-86766288
传真：0757-86766800
邮箱：liaoh-cd@gzzg.com.cn
网址：www.ups-chadi.com
简介：广东创电科技有限公司成立于 1997 年，是广州智光电气股份有限公司控股的旗下企业，公司厂房 8000 余 m^2，员工 120 人（技术人员 50 人），是国家高新技术企业、广东省专精特新企业和广东省产教融合型企业。公司主要产品是工业级 UPS、储能变流器、模块化 UPS、轨道交通供电系统、变频电源、特种电源、电池监控系统和智能配电设备等，拥有完全自主知识产权，单台 UPS 功率达 800kVA，可多台并机，产品广泛应用于轨道交通、数据中心、新能源、医院、公安、公路、银行、广电、电力、通信、化工、冶炼和国防等领域。

公司全面通过了 ISO 9001 体系认证，产品通过了泰尔、节能、CE 认证等，其中工业级 UPS、轨道交通电源为省名优产品，承担了如北京地铁、佛山地铁、京港地铁等多项电源工程项目。公司以广东省大功率智能控制电源工程技术研究中心（评估优秀）以及校企共建的广东省研究生联培基地、省高校智能电气装备协同创新中心等平台为依托，与华南理工大学等院校合作，组建了一支实力雄厚的研发队伍，积累了丰富的技术和工程项目经验。近年公司承担了国家级科技项目 1 项、省级 8 项（重点 1 项）、市级 7 项（重点 2 项），授权专利和软件著作权 50 余项，获得了广东省 2018 年度科技进步奖一等奖、北京市 2021 年度科技进步二等奖等奖励。

广东大比特资讯广告发展有限公司

Big-Bit 大比特资讯 Big-Bit Information

地址：广东省广州天河区东英科技园 9 栋 3 层
邮编：510630
电话：020-37880700
传真：020-37880701
邮箱：isc@big-bit.com
网址：www.big-bit.com；www.globalsca.com
简介：历经 12 的创业发展，广东大比特资讯广告发展有限公司已成长为中国电子制造业优秀的资讯提供商。

公司业务范围涉及行业门户网站、平面媒体宣传、市场调查、行业专题研讨会策划、展览展示、人力资源服务等一系列围绕中国电子制造业提升竞争力的服务举措。

大比特资讯旗下拥有以下成熟媒体：
- 大比特商务网　　www.big-bit.com
- 磁性元件与电源网　mag.big-bit.com
- 半导体器件应用网　ic.big-bit.com
- 电源供应器网　　power.big-bit.com
- 传感器应用网　　sensor.big-bit.com
- 微电机世界网　　emotor.big-bit.com

- 连接器世界网　conn.big-bit.com
- 中国电子制造人才网　www.emjob.com
- 《磁性元件与电源》杂志（月刊）

广东德珑磁电科技股份有限公司

地址：广东省广州市番禺区石基镇金山村华创动漫产业园B25栋
邮编：511400
电话：18320687624
邮箱：706528033@qq.com
网址：www.deloopgroup.com.cn
简介：广东德珑磁电科技股份有限公司（以下简称德珑）创立于2004年，总部位于广州番禺，目前在广州、深圳、中山、云浮、合肥、凤阳、杭州等地拥有多家全资子公司。

德珑致力于半导体传感器、集成电路芯片（MCU）、磁性元器件、绝缘材料、磁性材料的研发和生产制造。产品符合国家发展规划的新一代信息技术产业方向，广泛应用于智能家电、光伏、电动汽车、物联网（IT/5G）、智能电网、医疗健康、智能装备、节能照明等多个领域。与各大高校、院所建立了密切的产学研合作，已成功申请了数十项发明专利和实用新型专利。

德珑是国家认定的高新技术企业、专精特新"小巨人"企业、国家科技型中小企业、民营科技企业、科技创新小巨人企业、广东省工程技术中心和广州市企业研发机构，承担了广东省多个科技科研攻关项目。

德珑已发展成为一家集研发、生产、销售、服务于一体的综合性企业，拥有一批由高级工程师、电子学博士、材料学博士组成的资深研发团队，不断引进国内外先进技术并加强自主研发创新能力。在全国具有多个生产基地，上千名员工，采用国内外先进的自动化制造设备和高效标准的生产线，严格执行ISO 9001：2015、IATF 16949：2016、CQC、UL、IEC等认证标准，满足欧盟RoHS、REACH指令等要求。

广东恒翼能科技股份有限公司

地址：广东省东莞市松山湖园区工业西路15号2栋403室
邮编：523830
电话：0769-26627730
邮箱：18218394577@163.com
网址：www.hynn.com
简介：广东恒翼能科技股份有限公司成立于2018年12月12日，注册资金13795.5702万元，位于东莞市松山湖园区工业西路15号2栋403室，主要经营范围为检测设备的制造，货物或技术进出口（国家禁止或涉及行政审批的货物和技术进出口除外），检测设备的研发、销售，计算机软硬件开发及销售，批发业、零售业。（依法须经批准的项目，经相关部门批准后方可开展经营活动）。

广东鸿威国际会展集团有限公司

地址：广东省广州市海珠区保利世贸C座7楼
邮编：510330
电话：13070211486
传真：020-36657099
邮箱：13070211486@163.com
网址：www.bspexpo.com
简介：广东鸿威国际会展集团有限公司是一家会展全产业链数字化创新科技集团，具有21年组展经验，以广州为核心，业务遍及全国，现已拓展至南非、巴西、迪拜、印度、俄罗斯、土耳其、英国、美国等国际区域。集团公司累计展览面积超1200万m²，展览总数1000多场，服务展商10万余家，接待专业观众超2000万人次，举办会议总数1500余场次，线下实力获客，并以4.1亿大数据精准获客平台全面赋能云上。

2017年起，集团公司紧抓产业数字化赋予时代的新机遇，积极布局传统会展产业向数字化转型，深入落实"互联网+大数据"，在行业内率先提出"扎根互联网，拥抱数字化"的新战略。先后成立了广东鸿威创意科技有限公司、广东小豆智能科技有限公司、广州智会云科技发展有限公司，以三大数字化创新硬核，积极投身于新一轮数字技术革命和产业变革，推动数字技术的创新应用，推进互联网、大数据、人工智能和实体经济的深度融合，不断开拓创新，合作共建新生态，提升数字竞争力，培育经济增长新动能。

广东南方宏明电子科技股份有限公司

地址：广东省东莞市望牛墩镇牛顿工业园
邮编：523216
电话：0769-22407479
传真：0769-22407481
邮箱：officeclerk@gdshm.com
网址：www.gdshm.com
简介：公司始建于1988年，原名为东莞宏明南方电子陶瓷有限公司，2001年经国家批准设立广东南方宏明电子科技股份有限公司。公司位于东莞市望牛墩镇牛顿工业园，是国家高新技术企业、国家专精特新"小巨人"企业、广东省制造业单项冠军（产品）企业、广东省专精特新企业、广东省创新型中小企业、广东省知识产权优势企业、广东省守合同重信用企业、东莞市装备制造业重点企业、东莞市环境管理示范企业、东莞市清洁生产企业，是中国颇具规模和竞争实力的安规元器件生产企业之一。公司注册商标 SHM® 荣获广东省著名商标称号。

公司专业生产各种高品质瓷介电容器、压敏电阻器和热敏电阻器，其中包括全系列圆片瓷介电容器、片式单层瓷介电容器、独石电容器、氧化锌压敏电阻器以及 NTC 热敏电阻器。现有先进的成套生产设备和测试分析仪器 1000 余台（套），年综合生产能力超过 30 亿只。公司的产品应用广泛，主要用于家用电器、航空航天、船舶、军用电子、轨道交通、电力与新能源设备、通信设备、工业设备、汽车电子等各类电子电器设备中。产品远销美洲、欧洲和亚洲土耳其、印度、日本、韩国诸国。在国内市场中，我们的产品被大部分知名大型电子设备生产企业采用，产品品质和服务在行业中享有极高的声誉。

公司已通过 ISO 9001 质量管理体系认证、ISO 14001 环境管理体系认证、GJB 9001C 中国军工产品质量体系认证、GJB 546B 贯彻国军标生产线认证、GB/T 29490—2013 知识产权管理体系认证等。产品符合美国 EIA 标准和国际电工委员会（IEC）标准。安规瓷介电容器已取得美国 UL、德国 VDE 和 TUV、欧洲 ENEC、加拿大 CSA、中国 CQC、瑞士 SEV、瑞典 SEMKO、挪威 NEMKO、丹麦 DEMKO、芬兰 FIMKO 和韩国 KTC 安全质量认证；氧化锌压敏电阻器已取得中国 CQC、美国 UL 和德国 VDE 安全质量认证；NTC 热敏电阻器已取得中国 CQC、美国 UL、加拿大 CUL 认证。

公司的质量方针是"全员参与、品质先行、真诚服务、顾客满意"。

公司的环境方针是"遵守法规、齐心协力、节能、降耗、减污、增效，持续改进，造福社会"。

公司的知识产权方针是"自主创新，有效运用，加大保护，科学管理"。

公司的经营方针是"以市场客户为中心、开拓进取、务实创新、精益管理、控制成本、可持续发展"。

公司的人才环境方针是"以奋斗者为本、尽心尽力、价值一致、和谐幸福"。

广东顺德三扬科技股份有限公司

地址：广东省佛山市顺德区勒流街道富安工业区 30-3 号
邮编：528322
电话：0757-25563570
传真：0757-25566961
邮箱：sales@ kingsunny.com
网址：www.gdsamyang.cn
简介：广东顺德三扬科技股份有限公司（以下简称三扬公司）成立于 2004 年，是佛山市标杆高新技术企业、佛山市工业互联网示范标杆项目企业、2021 年佛山市数字化智能化示范车间企业。三扬公司 2013 年完成股份制改革，2015 年登陆新三板，分别在 2015 年和 2018 年成立全资子公司三扬机器人公司和三扬网络科技公司。如今四大业务板块（电源整流设备、拉链机机械设备、制造运营管理系统 MOM 和工业机器人）已在业内形成口碑。

三扬公司历来重视产品信息化、自动化和智能化的研发，在微电子技术与精密机械制造领域具有多年行业经验，公司拥有核心技术与研发团队，设立有省工程中心——广东省精密金属拉链机装备工程技术研究中心，现有国家发明专利 25 项、实用新型专利 47 项、外观专利 9 项、软件著作权 17 项。三扬公司不断优化产品设计、提升产品运行效率，以期更好地体现产品智能化、数控化与自动化的设计理念。三扬公司产品大多具有检测、记忆、运算、比较判断、反馈控制及显示等一系列功能，产品技术水平处于业内领先地位。三扬公司所处行业符合国家及地方的产业政策导向，采用高新技术改造提升优势传统产业，促进产业结构优化升级的要求。

公司未来发展的重点仍然是自动化、信息化与智能化相结合的机电一体化产品的研发、生产和销售。一方面，公司计划进一步完善现有主要产品的技术工艺，提高生产服务水平，加强市场营销力度，进一步提高公司品牌知名度和市场份额，使产品达到业界领先水平；另一方面，在我国产业结构调整升级的大背景下，自动化与数字化结合将应用到更多的工业制造领域，公司将拓展产品范围，利用智能制造技术储备为更多的制造业领域提供自动化、信息化与智能化相结合的智能制造产品，推动相关产业实现数字化和自动化的技术升级，同时为制造企业完善企业内的信息化管理系统的建设，联通生产设备与生产管理系统实时管控企业的内部运作过程。

广东新成科技实业有限公司

地址：广东省汕头市泰山路珠业北街 2 号
邮编：515000
电话：0754-8813426
传真：0754-8813429
邮箱：sc@ xincheng-ic.com
网址：www.xincheng-ic.com
简介：广东新成科技实业有限公司成立于 2002 年 7 月，是中国专业制造陶瓷电容器、负温度系数热敏电阻、薄膜电容器和压敏电阻器的大型民营科技企业，是 2016 年国家认定通过的高新技术企业，市级元器件工程技术研究中心，并拥有自主的注册商标证，2 项发明专利，4 项实用新型专利，3 项软件著作权及广东省认定高新技术产品 4 项，是中国船舶重工集团公司第七一二研究所、江苏大学联合共建产学研和研究生实习基地长期合作单位。公司主营产品（服务）所属技术领域为电子信息、新型电子元器件、敏感元器件与传感器。公司经过十多年的积累与沉淀，拥有一支高效的管理团队，集研发、生产、营销于一体，自动生产设备已实现规模化生产，产品通过 ISO 9001 质量管理体系认证，并获颁英国 UKAS 认证证书，全系列产品符合并通过 SGS 环保要求和中国 CQC、美国 UL/CUL、德国 VDE 及 ENEC 等安规标准。公司产品被广泛应用于工业电子设备、通信、电力、交通、医疗设备、汽车电子、家用电器、测试仪器、电源设备等领域，质量处于国内领先水平。

广州德肯电子股份有限公司

PINTECH 品致®

地址：广东省广州市黄埔区西成中街 10 号 A 栋 1001 房
邮编：510735
电话：13825053608
传真：020-82510899
邮箱：sales@pintech.com.cn
网址：www.pintech.com.cn
简介：广州德肯电子股份有限公司（Pintech 品致）成立于 2006 年，是一家专注于电子测量测试仪器仪表研发、制造及销售的高新技术企业。Pintech 品致是仪器仪表著名品牌，示波器探头技术标准倡导者，"两点浮动"电压测试创始人，与华为、比亚迪、西门子等企业以及国内各大知名高校建立了供应合作关系。经过品致人多年来辛勤地付出，公司技术日益成熟，获得了 30 多项国际发明专利和技术专利；产品也在不断推陈出新，至今已推出有源差分探头、示波器探头、高压衰减棒、高频电流探头、电流探头、高压电表、高压放大器、功率放大器、静电放电发生器、信号发生器、示波器、频谱分析仪、万用表、高压电源、交流电源、直流电源和电力设备仪器等产品。

广州东芝白云菱机电力电子有限公司

GTMBU

地址：广东省广州市白云区江高镇神山管理区大岭南路 18 号
邮编：510460
电话：020-26261623
邮箱：gtmbu@gtmbu.com.cn
网址：www.gtmbu.com.cn
简介：广州东芝白云菱机电力电子有限公司成立于 2004 年 2 月，注册资本 3510 万元，是由东芝三菱电机产业系统株式会社与广州白云电器设备股份有限公司、东芝三菱电机工业系统（中国）有限公司共同出资组建的高科技公司，主要以开发、设计、制造、销售变频器系统、不间断电源系统等电力电子类产品为主，并提供产品的设计、咨询、工程安装及售后服务。

公司已连续 16 年获评为高新技术企业，并被认定为广东省电力电源及变频调速装置工程技术研究中心、广州市高低压电源工程技术研究开发中心，先后承担了广东省教育部"变电站交直流一体化电源"产学研结合项目、广州市"起重机用变频器"产业关键共性技术研究项目等多项政府科研项目。公司是规模以上企业，并且近几年发展迅速。公司获评为广东省专精特新企业、广东省创新型企业、广州市诚信企业、广州市劳动关系和谐企业、广州市清洁生产企业、纳税信用 AAA 级纳税人等，公司在各方面操作规范并持续改进和完善。

广州高雅信息科技有限公司

高能立方 HIECUBE

地址：广东省广州市天河区龙洞第三工业区 A8 栋 210
邮编：510520
电话：020-29019513
传真：020-29019513
邮箱：hiecube@foxmail.com
网址：www.hiecube.com
简介：广州高雅信息科技有限公司已发展成为一家集研发、生产、销售、服务于一体的综合性企业，拥有一批由高级工程师、电子学博士、材料学博士组成的资深研发团队，不断引进国内外先进技术以及加强自主研发创新能力。公司以研发总部带动专业分厂的架构形式进行发展，现已具有多个生产基地，1000 多名员工，采用国内外先进的自动化制造设备和高效标准的生产线，严格执行 ISO 9001：2015、CQC、UL 等认证，满足欧盟 RoHS 指令等要求。

广州华工科技开发有限公司

地址：广东省广州市天河区五山街华南理工大学内 28 号楼西侧
邮编：510641
电话：020-85511281
传真：020-85511287
邮箱：yjxue@163.com
网址：www.32163.com
简介：广州华工科技开发有限公司（原名为华南理工大学科技开发公司）是直属于华南理工大学的全资公司，在我国率先引进国外先进电力电子器件，先后获得日本富士电机功率半导体中国代理、日本三社电机半导体的中国代理。公司多年来致力于富士功率半导体在中国的推广与应用，是富士电机公司合作时间最长、最具实力的代理商。经过 30 多年的经营，业务遍及 UPS、变频器、逆变焊机、开关电源、风电、光伏、电动汽车等领域，与国内多家知名企业建立了长期稳定的合作关系，在我国电力电子半导体市场有着广泛的影响力。广州华工科技开发有限公司实力雄厚，重守信誉，每种元件皆为原厂订购，库存充足，质量保证，交货最快，价格最优。公司以用户需求为导向，以产品、技术和服务为依托，为顾客提供完善的技术支持和选型方案。经过多年不懈的努力，同时在富士电机、日本三社电机及广大客户的大力支持下，公司经营业务蓬勃发展，在长期的发展过程中，始终坚持"诚信经营，服务至上"的经营理念，不断完善发展，竭诚为广大用户提供最优质的服务。

广州健特电子有限公司

JETEKPS健特

地址：广东省广州市黄埔区蓝玉四街九号广州科技园2栋3楼
邮编：510700
电话：18210301780
传真：020-32029926
邮箱：jetekps2022@126.com
网址：www.jetekps.com

简介：广州健特电子有限公司成立于2008年，注册资本1500万元，拥有400多名员工和超过5000m²的办公及研发基地，是国内集研发、生产、销售于一体，大规模的模块电源制造商。总部位于广州，工厂位于重庆（重庆炬特电子有限公司）。

公司致力于为工业通信、新能源、电力、轨道交通、智能控制、智慧城市、物联网、消防等领域提供一站式电源解决方案，帮助客户提高生产效率和能源效率，同时降低对环境的不良影响，是一家为客户提供"无忧电源"的多元化高新科技企业。

自成立以来，公司一直秉承着锐意创新、开拓进取的精神，践行"以人为本、以质取胜、以客户需求为导向"的宗旨，以"诚信、绿色、创新、共赢"的经营理念及优质的服务，走品牌发展战略。

广州金磁海纳新材料科技有限公司

地址：广东省广州市黄埔区隧达街18号
邮编：510530
电话：13392675300
邮箱：annie@joinchina.com.cn
网址：www.joinchina.com.cn

简介：广州金磁海纳新材料科技有限公司是国家认定的高新技术企业，由从事非晶、纳米晶材料研究的教授、博士及硕士研究生组建而成，荣获多项国家发明奖、国家创新创业奖，致力成为国际领先的磁性材料及制品方案提供商。

公司以先进的非晶纳米晶材料及制品为主，主要服务新能源行业、电子电力电源行业、军工等战略性新兴行业。为满足高端客户要求，于2020年在广州中新知识城购买15000m²厂房，用于研发、实验平台组建及生产自动化产线布局，主要满足华南地区客户订单需求。并于2021年底，由江苏南通政府引进在南通成立金磁海纳科技园，占地面积50亩（约3.3万m²），计划投入两条喷带线及全自动化生产车间。

广州科谷动力电气有限公司

地址：广东省广州市天河区东圃大马路1号东圃购物中心B座商务区304室
邮编：510660
电话：020-31602680
邮箱：info@kg-power.net

简介：广州科谷动力电气有限公司是一家主要从事新能源产品、通信电源产品、无线通信产品、机房动力环境系统、储能系统、数据中心监控系统、化成系统的开发、生产、运维和销售的企业。公司坐落于广东省的政治、经济、文化和交通枢纽中心广州市天河区，拥有近1000m²的办公区域，研发基地近500m²。其拥有业界领先的产品策划、技术支撑平台和专业的通信能源实验室。

广州欧颂电子科技有限公司

OSEN欧芯

地址：广东省广州市越秀区大南路2号合润国际广场26楼
邮编：510000
电话：020-83309090
传真：020-81885936
邮箱：2880360350@qq.com
网址：www.osen.net.cn

简介：广州欧颂电子科技有限公司是一家集研发、生产、销售、技术服务于一体的中小型高科技民营企业，拥有欧芯品牌。公司成立于1999年，成立以来，一直在科研、创新等领域投入巨资，不断开发出新的产品，并建立起了一支技术力量雄厚的科研团队和精英销售管理团队，在各个方面都取得了一定的突破。公司的宗旨是帮助客户走向成功，让客户体验价值，目标是把中国的半导体产业推向世界，为中国制造走向中国创造贡献自己的力量。

公司目前主要生产功放音响配对管、开关晶体管、整流肖特基二极管及场效应管，年生产能力已突破一亿支，产品的质量严格控制在国际标准的99.9%以上，正朝着零不良率目标努力。公司已先后获得ISO 9001、RoHS和欧盟CE体系等的认证，现在已与多家大型功放音响、开关电源、电子镇流器、电焊机、逆变器、照明以及雾化加湿器等企业建立起合作伙伴关系，受到了广泛赞誉，也逐渐成为众多知名厂家的首选品牌。公司始终坚持以质量求发展、以科技求创新为发展目标，努力打造出功放音响管、开关晶体管、整流肖特基二极管以及场效应管中的精品。

广州擎天实业有限公司

地址：广东省广州市花都区狮岭镇裕丰路16号
邮编：510860
电话：020-86985747

邮箱：laiqc@cei1958.com
网址：https://kinte-ind.com

简介：广州擎天实业有限公司是科创板上市公司，中国电器科学研究院股份有限公司的全资子公司（股票代码为688128），中国电器科学研究院股份有限公司隶属于中国机械工业集团有限公司，属于中央企业下属控股企业。

广州擎天实业有限公司成立于1996年，位于广州市花都区狮岭镇裕丰路16号，是国家高新技术企业、广东省专精特新中小企业、广东省创新型中小企业、广东省战略性新兴产业骨干企业、广东省装备制造业50骨干企业，建有广东省省级企业技术中心、机械工业大型励磁装置和电源装置工程技术研究中心。

公司主要产品包括锂二次电池化成分容检测装置、智能数字化励磁系统及装置、大功率工业电源装置、数字化电子铝箔化成电源及装置等。公司的产品和技术在各行业中均处于国内领先、国际先进水平，引领行业技术进步。

广州市爱浦电子科技有限公司

AIPULNION®

地址：广东省广州市黄埔区埔南路63号4号楼
邮编：510000
电话：020-84206763
邮箱：sale@aipu-elec.com
网址：www.aipulnion.com

简介：广州市爱浦电子科技有限公司（以下简称爱浦电子）创立于2004年，专业从事模块电源研发、生产、销售和提供电源解决方案的国家高新技术企业。公司通过了ISO 9001：2015质量管理体系认证、IATF 16949认证及测量管理体系认证、绿色企业认证、四星品牌企业认证。

爱浦电子拥有8000m^2现代化电子生产车间、1000m^2产品老化车间、1000m^2研发中心，先进的自动化生产线、自动检测设备、自动贴片机、自动测试生产线、无铅回流焊、组装生产线、全自动老化车、专业验证实验室、异常监控设备、EMI实验室等现代化生产设备。

作为18年品牌企业，爱浦电子拥有丰富的产品设计经验，已经申请了多项关键技术国家专利。

爱浦电子产品系列分为1~700W的DC-DC模块电源，2~200W的AC-DC模块电源及通信隔离收发模块。

公司的电源产品广泛应用于军工、铁路、电力、船舶、医疗、通信、工控、智能家居、物联网、充电桩、安防等领域，服务网点遍布全国30个城市，能够为客户提供个性化、全方位、最直接的服务。

未来，公司将不断努力，提供更优质、环保、高性价比的产品与服务。

广州市昌菱电气有限公司

地址：广东省广州市天河区中山大道西215号215房
邮编：510665
电话：020-38915779
传真：020-38915769
邮箱：zhangyumin@cl-ele.com
网址：www.cl-ele.com

简介：广州市昌菱电气有限公司是一家以不间断电源（UPS）、智能节能供电系统为核心的电源综合解决方案供应商，是中国电源学会会员单位、国家高新技术企业。

公司初期以UPS产品业务起步，在中国代理销售日本三菱、东芝三菱TMEIC、共立和My Way等品牌的系列产品，并提供相关技术服务。随后不断扩大业务范围，同时创立自主品牌，并提供UPS、各种蓄电池、柴油发电机组、大容量快速转换开关SSTS/ATS/HTS、削峰填谷储能系统等电源相关设备，并以这些产品为基础提供智能、节能配电系统解决方案。经过几年的发展，公司成为内地知名的电源综合解决方案供应商。

公司非常注重可持续性发展，在提供销售和技术服务的同时，坚持自主技术开发，在电源系统、LED照明、节能减排等领域取得多项国家专利。

为提高管理水平，公司于2008年引入ISO质量管理体系，使公司管理水平迈上一个新台阶，为提高企业核心竞争力和进入国际竞争创造了有利的条件。

广州市能智威电子有限公司

地址：广东省广州市白云区白云湖街夏花一路177号B栋2楼
邮编：510450
电话：020-86544750，13928715727
邮箱：13928715727@163.com
网址：www.nzway.cn

简介：广州市能智威电子有限公司（NZWAY）成立于2012年，是一家专注于恒压开关电源研发、设计、生产、销售与服务的制造商。产品广泛地应用于舞台灯光、美容仪器、物联网、人工智能、工业自动化、安防监控、机械设备、通信、医疗等产业。

公司于2017年通过高新技术企业认证，2018年通过知识产权管理体系认证。在产品研发设计方面，公司有10年开关电源研发经验的团队，台湾明纬电源同等技术设计理念；产品通过CCC/CE/RoHS等全球认证，累计已取得数十项发明、实用新型专利；为200多家客户提供整机的EMC解决方案。在品质保障方面，公司在用料源头把关，核心元器件采用进口大品牌，如ST（意法半导体）/TI（得州仪器）/infineon（英飞凌）；产品经过3道功能检测，产品AC 100V/240V老化测试，30次满载通断电测试。在交货保障方面，公司拥有5000多m^2现代化生产厂房，8条自动化生产线，月产能超过20多万台。拥有管家婆ERP/任我行CRM等完善的生产与管理系统，从下单到出货，全程系统化。在服务方面，免费为客户提供样品服务，1000W级以内电源3天送样，同时为客户提供特殊化定制服务。

公司很荣幸为惠州西顿照明、深圳腾盛、广州升龙、湖南明和等知名企业提供产品与技术服务。以人为本的经营理念，积极进取的创新技术团队，精益化的生产管理等让公司具有核心竞争力。我们期待与您携手共进，互利互赢，共同为人类和社会的进步与发展做出贡献。

广州旺马电子科技有限公司

WM·wangma®
旺马电源

地址：广东省广州市番禺区南村镇市新路147号
邮编：511400
电话：020-34821510
邮箱：305905012@qq.com
网址：www.wanma888.com
简介：广州旺马电子科技有限公司是一家拥有多项国家专利，集研发、生产、销售开关电源产品的实业型电源生产企业，产品主要应用于工控自动化、动漫游乐、自助终端设备、安防、医疗、通信设备等行业。公司自2009年成立以来，秉承"以自主研发为核心、以品质为根本、以产品使用安全为首重、以市场需求为主导、以工程人员施工方便为导向"的"五以"原则，开发生产出多款贴近行业、贴近市场的产品，深得国内外众多用户好评；产品质量层层把控，创建并树立了良好的品牌形象，赢得了行业内的良好口碑。

广州旺马电子科技有限公司拥有一支高素质、充满活力、富有创新精神的研发团队。迄今为止，产品已过CCC、CE、FCC等认证，工厂已获得ISO 9001质量管理体系认证。公司生产基地面积约5000m²，月生产各类电源可达20万台以上。为了保证及时交货，公司一直保持90%的标准品库存；如果您不能从公司网站或产品目录上找到合适的机型，公司强大的研发队伍也能按照您的要求为您开发定制、研发生产出您所需要的电源产品。可靠的品质、合理的价格与快速的交货服务是您选择的理由。

广州旺马电子科技有限公司深受广大客户的信任与肯定。

海丰县中联电子厂有限公司

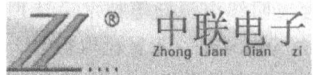

地址：广东省海丰县金园工业区A6座
邮编：516411
电话：0660-6400997
传真：0660-6405708
邮箱：eee@zldyc.com
网址：www.zldyc.com
简介：海丰县中联电子厂有限公司成立于1991年，位于海丰县城金园工业区，拥有自己的工业园区，占地面积为14600m²，自建厂房建筑面积为4000多m²，拥有现代化生产流水线4条，具有完善的生产、研发和检测设备。公司目前有员工100多人，其中科研、工程技术人员30多名。

公司为国内电源行业知名高新技术企业及国内最早进入开关电源领域的专业研发生产厂家之一，专业从事各类开关电源、充电机等电源设备的研发、生产、销售，可为客户量身定制各种开关直流稳压电源和充电机等系列产品（电压在1000V内，电流在6000A内）。公司推出的系列开关电源和系列充电机已在UPS/EPS、电力自动化、广播电视、仪器仪表、通信系统和工业控制、电镀氧化、元器件老化、部队等领域广泛应用，用户遍及全国各地。

公司的产品品种多、种类全，产品详情请登录公司的网站查看。

辉碧电子（东莞）有限公司广州分公司

INVENTUS
POWER

地址：广东省广州市番禺区南村镇兴业路921号长华大厦西3楼
邮编：511400
电话：020-39298880
邮箱：laurel.chen@inventuspower.com；roby.luo@inventuspower.com
网址：inventuspower.com
简介：辉碧电子（Inventus Power）成立于1960年，总部位于美国伊利诺伊州伍德里奇，是全球先进电池系统的领导者，专注于设计和制造高质量、可靠和创新的电池系统，广泛应用在便携式、动力式、固定式的产品上。辉碧电子总员工数超过3000人，业务遍布四大洲，拥有5家制造工厂，3个研发中心及多层的销售服务渠道，产品覆盖工业、消费品、医疗、军工等行业。60多年来，辉碧电子致力于通过提升研发能力与工程能力来应对日新月异的世界里快速增长的电池能源需求。公司也将持续加大对员工及流程的投入力度，同时继续优化产品、提高综合实力，以创造一个更安全、智能和可持续发展的电池能源世界。

辉碧电子（东莞）有限公司广州分公司（亚洲技术中心）是Inventus Power（辉碧电子）集团级的研发中心，成立于2007年，位于广州市番禺区，目前拥有近200名工程师。广州技术中心实力雄厚，一直致力于大、中、小型电池包、充电器以及电源的研发，可独立完成产品设计、样品制作、安规申请等一系列新产品导入工作，并对全球5个工厂提供生产技术支持。

惠州三华工业有限公司

三华

地址：广东省惠州仲恺高新区14号小区

邮编：516006
电话：0752-2771196，2771317
传真：0752-2771199
邮箱：sales@cnsanhua.com；ywb@cnsanhua.com
网址：www.cnsanhua.com

简介：惠州三华工业有限公司主要产品为逆变电源、太阳能/风能并网逆变电源、LCD、LED彩电和计算机显示用电源及适配器、打印机/复印机用电源及新兴医疗器械等高科技含量的产品。公司产品市场前景广阔，销量一直保持全国前三名。公司通过了 ISO 9001：2000、ISO 14001、CQC、UL、VDE 等认证，是广东省首批国家级高新技术企业、惠州市软件和系统集成行业协会首批会员企业之一，是TCL、索尼、三星、松下、创维、长城、日本JVC、美国P&G等国内外知名企业的合作伙伴，海外销售客户遍及欧洲、北美、日本、巴西、印度及东南亚等地。多年来，一直凭借着稳定可靠的产品质量、极具竞争优势的产品价格、全面及时的售后服务，被三星、松下、长城、TCL等国际知名公司评为"优秀供应商""十佳供应商"等。

理士国际技术有限公司

地址：广东省深圳市宝安区福海街道和平社区展景路83号会展湾中港广场6栋A座14楼
邮编：518000
电话：0755-86036063
传真：0755-86036063
邮箱：ds@leoch.com
网址：www.leoch.com

简介：理士国际技术有限公司（以下简称理士国际）创建于1999年，是专门从事蓄电池的研制、开发、制造和销售的国际化高科技企业，是香港主板上市企业（股票代码：00842.HK）。经过多年发展，理士国际已成长为全球知名的蓄电池制造商及出口商，现有员工10000余人，企业在美国、欧洲、亚太等地成立有海外销售公司及仓库，在国内设有近70个销售公司和办事处，产品销往全球110多个国家和地区。

理士国际多年专注于蓄电池领域，为运营商客户、企业客户和消费者提供有竞争力的解决方案、产品和服务，研发制造的备用型、起动型、动力型全系列蓄电池同类产品在全球竞争中具有竞争力和影响力，广泛应用于通信、电力、广电、铁路、新能源、数据中心、UPS、应急灯、安防、报警、园艺工具、汽车、摩托车、高尔夫球车、叉车、电动车、童车等十几个相关产业，年生产能力总和超过2000万 kVA·h。理士国际在国内（广东、江苏、安徽）和国外（马来西亚、斯里兰卡、印度）共建有11个区域性生产基地，占地面积132多万 m²，拥有105条电池生产线及相应的检测设备，建立了专业的质量管理中心，成功通过 ISO 9001、IATF 16949、ISO 14001、OHSAS 18001 等一系列认证。

茂睿芯（深圳）科技有限公司

地址：广东省深圳市南山区招商街道南海大道万海大厦B座6楼
邮编：518000
电话：0755-21650039
邮箱：juan.li@meraki-ic.com
网址：www.meraki-ic.com

简介：茂睿芯（深圳）科技有限公司（以下简称茂睿芯）创立于2017年，致力于高性能模拟和混合信号集成电路设计、研发、销售与技术服务，总部设在深圳市蛇口前海自贸区，在华北、华东和西北分别设立了研发中心和办事处。公司核心成员都曾有在欧美及国内一流半导体公司长期工作的阅历和经验，在通信、工业以及消费类电源领域业绩卓著，具有良好的市场开拓能力。公司依托其在模拟和混合信号半导体领域的技术积累和运营经验，不断创新并推出技术领先的芯片产品系列。

茂睿芯将长期致力于模拟和混合信号集成电路芯片级和系统级解决方案开发，产品主要定位于光伏储能、充电桩、汽车电子、高端算力电源、工业电源和自动化以及PD快充等应用。公司持续大力投入对先进产品的研发，每年营业收入的20%以上用于R&D，并与国内著名企业、科研院校展开多个技术项目合作。公司同时与国内外晶圆代工企业展开战略合作，在先进工艺制程上积累了大量知识产权，具备快速研发及量产模拟和混合信号集成电路的能力。

茂睿芯致力于成为国际一流的模拟和混合信号集成电路品牌，在多个领域填补国内空白。并将持续为客户提供技术领先、最有竞争力的芯片方案，为客户价值最大化而奋斗！

全天自动化能源科技（东莞）有限公司

地址：广东省东莞市南城街道科创路联科产业园7栋201
邮编：523960
电话：0769-86989800
传真：0769-86986368
邮箱：mk@apmtech.cn
网址：www.apmtechate.com

简介：全天自动化能源科技（东莞）有限公司成立于1989年，于2012年成立自有品牌，是一家集自主研发、生产、销售、服务于一体的高新技术企业，以测试源/载为核心产品，提供全方位综合解决方案及服务。公司产品广泛应用于航天航空、新能源、功率电子、智能制造、科研教育等相关领域。

凭借着多年深厚的技术底蕴与生产经验，全面推进精密仪器国产化，以自主品牌"APM"行销全球。同时与国内外科研团队保持长期的战略合作关系，探索测量领域先进技术和应用前沿，不断推进产品迭代与创新，从而在根本上保证产品和服务处于行业领先地位。

公司始终坚持以"专业、创新、品牌、服务"为企业经营理念，为客户提供更高的附加价值与服务，专注深耕测试领域，并致力于成为世界级功率电子测试解决方案供应商，服务全球客户。

山克新能源科技（深圳）有限公司

地址： 广东省深圳市光明新区玉塘街道长圳社区沙头巷工业区18栋3层
电话： 0755-23408902
传真： 0755-23408902
网址： www.skepower.cn
简介： 山克新能源科技（深圳）有限公司（以下简称山克）成立于2015年，总部位于深圳市光明区，在东莞企石、东坑设有分公司。山克是国家高新技术企业，深圳市专精特新企业。公司聚焦网络能源和新能源领域，致力于为数据中心机房等基础设施提供高性能的电源产品及制冷、配电等一体化解决方案，为家庭储能、户外储能提供光伏+储能的一体化产品解决方案。主要产品有UPS（不间断电源）、光伏逆变器、微模块机房、PACK电池、精密空调、户外电源等。

山克从创立之初就坚持走品牌化发展之路，自建"SKE""山克"品牌，一方面大力拓展线上电商，打造品牌实力，在京东自营、天猫长期位列UPS类目销售TOP1；另一方面，倾注心力开拓国际市场，提供研发及产品定制服务，产品远销全球30多个国家和地区，迅速成为国货出海新势力。同时，山克在全国5个大区设立了服务中心，构建了覆盖全国主要市县的服务网络，确保及时高效的服务品质。

2023年新年伊始，山克官宣签约3位体育冠军成为品牌形象代言人，正式开启品牌升级战略。山克将在研发、产品、服务端持续发力，致力于打造"冠军品质、优选山克""选UPS电源选山克"的品牌印象。凭借技术优势以及优质的服务平台，山克已经成功在钢铁、机械、冶金、石化、港口、石油和天然气、电力、银行、广电、医疗等诸多领域树立了良好的口碑，正在成长为UPS行业的新锐明星品牌。

深圳阿洛西设备有限公司

地址： 广东省深圳市南山区西丽文光村文康苑2栋201房
邮编： 518000
电话： 0755-81176890
邮箱： 249908333@qq.com
网址： www.arosichina.com
简介： 深圳阿洛西设备有限公司总部位于深圳，是一家以从事研发空调机组及各类电源管理解决方案的厂商，业务范畴涉及机房整体解决方案、空调制冷系统的开发和制造及电源产品、太阳能光伏发电系统与可再生能源相关产品的研发、生产、销售服务。

公司秉承产品领域专注化的理念，为特定目标市场提供完美的服务，同时，借助全球化资源整合策略，以及针对特定市场需求设计个性化产品，为客户构筑端到端的解决方案。在多项产品领域以先进的技术和卓越的品质赢得了用户的广泛赞誉。其产品广泛应用于金融、证券、电力、通信、军队、教育、医疗、企事业单位等各类机房控制的领域。

公司在不断提升科技创新能力的同时，坚持以客户为先，了解最终用户的需求与渴望出发，坚持以持续技术创新为客户不断创造价值。为用户提供更好的产品、更好的服务。全国客服热线：400-015-2600。

深圳基本半导体有限公司

地址： 广东省深圳市南山区高新园区高新南七道国家工程实验室大楼B座11层
邮编： 518000
电话： 0755-22670439
传真： 0755-22670439
邮箱： info@basicsemi.com
网址： www.basicsemi.com
简介： 深圳基本半导体有限公司（以下简称基本半导体）是中国第三代半导体创新企业，专业从事碳化硅功率器件的研发与产业化。公司总部位于深圳，在北京、上海、无锡、香港以及日本名古屋设有研发中心和制造基地。公司拥有一支国际化的研发团队，核心成员包括20余位来自清华大学、中国科学院、英国剑桥大学、德国亚琛工业大学等知名高校及研究机构的博士。

基本半导体研发覆盖碳化硅功率半导体的芯片设计、晶圆制造、封装测试、驱动应用等产业链环节，拥有知识产权200余项，核心产品包括碳化硅二极管和MOSFET芯片、汽车级碳化硅功率模块、功率器件驱动芯片等，性能达到国际先进水平，服务于光伏储能、电动汽车、轨道交通、工业控制、智能电网等领域的全球数百家客户。

基本半导体是国家级专精特新"小巨人"企业，承担了国家工信部、科技部及广东省、深圳市的数十项研发及产业化项目，与深圳清华大学研究院共建第三代半导体材料与器件研发中心，是国家5G中高频器件创新中心股东单位之一，获批成为中国科协产学研融合技术创新服务体系第三代半导体协同创新中心、广东省第三代半导体碳化硅功率器件工程技术研究中心，荣获中国专利优秀奖、"中国芯"优秀技术创新产品奖等荣誉。

深圳聚新汽车电子技术有限责任公司

地址：广东省深圳市南山区粤海街道科技园社区高新中一道 2 号长园新材料港 6 栋 301
邮编：518100
电话：13723790781
邮箱：343180597@qq.com
网址：www.dafeng.com.cn/a/about/company
简介：深圳聚新汽车电子技术有限责任公司成立于 2022 年，位于广东省深圳市，是一家以从事专用设备制造业为主的企业。公司专业研发、销售新能源汽车电源系统，主要产品有单、双向车载充电机（OBC），车载高、低压双向 DC-DC 电源转换器等，产品技术处于国际领先水平。公司矢志成为一家技术领先的汽车零部件供应商，主要客户有上汽集团、吉利汽车、江淮汽车、长安汽车等国内主要汽车制造商。

深圳库马克科技有限公司

地址：广东省深圳市光明新区光电东路 68 号库马克大厦 3F
邮编：518107
电话：15813810370
传真：0755-81785108
邮箱：business@cumark.com.cn
网址：www.cumark.com.cn
简介：深圳库马克科技有限公司（以下简称库马克）创立于 2001 年 3 月 19 日，长期专注于电力电子传动与自动化产品研发、生产和销售，是国家级高新技术企业和广东省特种变频工程技术研究开发中心，依靠优异的技术和多年积累的行业应用经验，为用户提供高效可靠的智能驱动产品和自动化完整解决方案。

公司的高、中、低压系列智能变频器及其自动化集成产品，具有广泛的应用前景，是通过信息化弱电信号控制强电，从而驱动电动机实现各类机械调速和运动控制的信息化电力电子设备，可被广泛应用于数控机床和机器人、海洋工程装备及船舶、轨道交通装备、节能与新能源汽车、农业机械装备、物流与仓储、电力、煤炭、石化、化工、环保、制药、有色金属、钢铁等领域，可以帮助生产企业提高装备自动化水平、节能增效、降低生产成本，帮助装备制造业产品绿色智能化升级换代，提高市场竞争力。

在国际化进程中，库马克将以"智能驱动创造美好生活"为企业使命，以"务实高效、开拓创新"的企业精神，克服一切困难，实现企业愿景。未来的库马克，是服务的库马克、高科技的库马克、世界的库马克！

深圳力能时代技术有限公司

地址：广东省深圳市南山区西丽街道阳光社区阳光四路莱玮斯工业厂房 401
邮编：518055
电话：0755-26919503
邮箱：1562766592@qq.com
网址：www.megmeet.com
简介：深圳力能时代技术有限公司是深圳麦格米特电气股份有限公司子公司，以高压、光学和智能数字控制为核心技术，是从事 X 射线发生器和高压电源设备解决方案的研发、生产、销售与服务的高科技公司。

公司总部位于中国深圳，分别在深圳和杭州建立了研发中心。

公司核心研发团队均来自业内知名企业，拥有丰富的研发经验和雄厚的持续研发能力，为产品的优化、迭代和创新持续赋能。

公司致力于成为工业、安防、医疗领域的一流核心部件解决方案供应商。

依托麦格米特强大的供应链体系，公司在麦米湖南株洲数字化工厂建立了生产基地。从来料检验到包装入库，均严格遵循上市公司标准化、流程化、数字化的生产制造流程。让产品拥有更高的一致性，更好的稳定性和更快的生产效率。

自成立以来，公司坚持"以客户为中心，以奋斗者为本"的经营理念，持续打磨产品，不断创新和开拓，源源不断地为多个领域输送了优质产品。

深圳力钛科技有限公司

地址：广东省深圳市南山区科技园北区朗山二路清溢光电大楼 521 室
邮编：518053
电话：13590268640
传真：0755-86149022
邮箱：raozhen@letak.com.cn
网址：www.letak.com.cn
简介：深圳力钛科技有限公司（以下简称力钛科技）成立于 2014 年，是一家集研发、生产和销售于一体的高新技术企业。力钛科技通过与美国 Teledyne LeCroy 等多个厂家紧密合作，共同开发了针对全球市场应用的产品，专注于功率半导体开发和应用，并推出了静态参数测试系统、功率半导体动态参数自动化系统、半导体可靠性试验系统等半导体测试仪器。

Teledyne LeCroy 几十年来保持着惊人的创新能力，持续为工程师们创造最能解决问题的示波器。当今数字示波器中的一些耳熟能详的"术语"都是力钛科技最先发明或引入到示波器领域的，是全球首个发布并推出 12 位示波器和高 CMRR 光隔离探头的厂商。

力钛科技秉承"诚信、创新、合作、分享"的经营理念，9 年来强创新、优品质，一如既往地为客户提供优质的产品、完善的服务及全方位的技术支持。同时公司注重产业链上下游资源的合作、科研院所专家教授的横向交流，研发技术与服务水平不断成长。选择力钛科技做您忠诚的合作伙伴，让力钛科技系列产品成为您测试系统值得信赖的选择。

深圳麦格米特电气股份有限公司

MEGMEET

地址： 广东省深圳市南山区粤海街道学府路 63 号荣超高新区联合总部大厦 34 层和深圳市南山区科技园北区朗山路紫光信息港 5 层
邮编： 518057
电话： 0755-86600500，86600666
传真： 0755-86600999
邮箱： megmeet@megmeet.com
网址： www.megmeet.com

简介： 深圳麦格米特电气股份有限公司（深交所挂牌上市，股票代码：002851）成立于 2003 年，注册资本金 5.01 亿元，是一家以电力电子及工业控制技术为核心的首批国家级高新技术企业。公司以成为全球一流的电气控制与节能领域的方案提供者为愿景，立志做到麦格米特无处不在。公司业务涵盖工业自动化、轨道交通、新能源汽车、清洁能源、智能家电等多个领域，产品广泛应用于医疗、通信、IT、电力、交通、光伏、油田采油、警用装备、工业焊机、工业微波、变频空调、变频微波、平板显示、户外彩屏、智能卫浴等数十大行业，产品销售覆盖欧美、印度、巴西、韩国、日本等 40 多个国家，赢得了 800 多家客户的信赖。

公司自成立以来，务实创新，凭借人才与技术优势，取得了快速发展。其中，每年均以较高强度投入产品研发，研发费用逐年提高，目前已拥有 6000 余名员工，专业研发工程师 2000 余名。同时，公司铸平台促发展，建立了业界一流的产品研发、测试及制造的软硬件平台，现已获得 1406 项专利授权（数据截至 2023 年 12 月 31 日），是中国电源学会会员单位，被认定为国家知识产权优势企业、广东省电源工程技术中心、广东省知识产权示范企业、深圳市技术研究开发中心、深圳市微波能控制技术工程技术研究中心、深圳市知识产权优势企业、深圳市窄间隙焊接技术工程实验室、南山区纳税百强等，并获得广东省科学技术发明奖一等奖，在科技创新方面也多次摘得深圳市科学技术奖等多个奖项。

深圳麦科信科技有限公司

Micsig

地址： 广东省深圳市宝安区西乡街道南昌社区航城大道华丰国际机器人产业园 A 栋一层
邮编： 518126
电话： 19925191940
传真： 0755-88600880
邮箱： wukengquan1@micsig.com
网址： www.micsig.com

简介： 深圳麦科信科技有限公司是一家行业技术领先的信号测试测量设备研发制造商和方案提供商。

公司致力于信号测试测量领域前沿技术的探索和开发，尤其在示波器及周边产品领域一直走在创新的前沿。成立至今，公司已拥有多项技术专利和软件著作权。

公司每一次的发明与创新都引领行业趋势性改变，同行的跟随是市场对我们能力及创造力的最大认可。

公司缔造了业界第一台全触控平板示波器，其流畅的性能和极致的使用体验轰动了整个业界。

公司开创性地推出业界第一台搭载安卓系统的示波器，让多功能测试测量仪器更加智能。

公司的 SigtestUI™ 测试仪器专业系统是业内唯一专为测试仪器打造的测试平台，让专业的仪器使用变得简单与智能，更稳定，更流畅。

公司的 SigOFIT™ 专有技术衍生出的光隔离探头，填补了国内空白，为信号测试测量领域带来质的跨越，也让第三代功率半导体的应用测试不再困难。

公司是全球用户一致评价为"一切来自原创"的"中国制造"。

公司坚持用"麦科信创造"服务全球用户。

公司倾听来自市场和用户的批评，以促使公司快速成长。

深圳尚阳通科技股份有限公司

地址： 广东省深圳市南山区科技园高新南一道创维大厦 A 座 1206 室
邮编： 518063
电话： 0755-22953335
传真： 0755-22916878
邮箱： yuewei.jiang@sanrise-tech.com
网址： www.sanrise-tech.com

简介： 深圳尚阳通科技股份有限公司（以下简称尚阳通）成立于 2014 年，是国家级高新技术企业、知识产权贯标企业、深圳专精特新企业。

尚阳通是中国半导体集成电路行业专注于工业级和车规级先进功率器件芯片的设计公司，全面掌握 IGBT、超级结 MOSFET、SGT MOSFET、SiC 的设计、工艺和封装等核心技术。尚阳通的自主了专利技术大大提升了国内中高端功率半导体的设计水平，提高了国内功率半导体产品的整体性能，目前已解决部分高端功率器件芯片依赖进口产品的"卡脖子"现象，正在为国家重大战略目标做出积极贡献。

尚阳通致力于高端工业电源的市场培育，通过完全自主的设计、高端制造、严格的测试与车规级的可靠性考评，尚阳通产品兼具高性能、高一致性、高可靠性的优势，被广泛应用到新能源汽车、汽车充电桩、光伏发电、智能电网、储能和便携储能、数据中心、5G通信基站、轨道交通等重要应用领域的头部企业。尚阳通在新能源多个细分赛道已处于国内领先。

基于多年的技术专研、产品积累、市场考验和优秀的产业链整合能力，以及完善的客户服务链体系，尚阳通已成为国内领先的高性能功率器件芯片设计企业。尚阳通坚持以新能源经济为导向，面向国家与社会重大需求，面向新能源主战场，以技术创新驱动企业发展，不断扩大核心技术优势，有力推动高端功率器件芯片的国产替代。

深圳市柏瑞凯电子科技股份有限公司

地址：广东省深圳市龙华新区宝能科技园7栋A座4楼
邮编：518109
电话：0755-33086600
传真：0755-33692186
邮箱：polycap@polycap.cn
网址：www.polycap.cn
简介：深圳柏瑞凯电子科技股份有限公司是一家专注于导电高分子型固态铝电容器和固液混合型铝电容器研制、生产和销售的国家级高新技术企业，由深圳市领军人才和江西省双千计划人才汪斌华博士于2011年在深圳创立。公司技术来源于创始人的博士后研究课题，拥有完全自主的知识产权。公司拥有完备而先进的制造技术和生产线，产品系列齐全，经过13年的发展和积累，已为众多行业客户提供了优质的产品和服务。

固态铝电容器作为一种新型电子元件，其原材料、设计技术参数、制造工艺、设备自动化水平等技术一直在快速发展中。公司持续在各项技术上进行探索和研究，持续推出性能优异的新产品。截至当前，公司已经推出插件型、V-CHIP型、固液混合型等各类型全系列固态铝电容器，产品技术指标全面达到国际先进水平，其中150℃/2500h产品达到国际领先水平。未来公司将继续秉承"技术+品质=生存+发展"的经营理念，持续加大研发投入，持续提升产品技术指标和品质指标，主动匹配各新兴行业对固态电容新技术和新型号的需求。在江西赣州自建85亩工业园，于2023年7月份完成二期厂房建成投产，建筑面积5.9万m²，工厂总产能可达2.5亿只/月，公司将持续提升产品竞争力，为市场提供高可靠性的产品。

深圳市北汉科技有限公司

地址：广东省深圳市南山区科技中二路软件园一期4栋503
邮编：518052
电话：0755-27852001
传真：0755-27852005
邮箱：yangqingdi@bukhan-cn.com
网址：www.bukhan-cn.com
简介：深圳市北汉科技有限公司（以下简称北汉科技）是国家级高新技术企业，于2014年由国内有关单位发起设立，目前已经成为中国电子测试测量领域的综合服务商。北汉科技总部设在深圳，在北京、成都、天津、西安和苏州等地设有分支机构，拥有一支专业团队。公司通过与业务伙伴的紧密合作，凭借覆盖全国几个地区的营销服务网络，致力于为客户提供专业、方便、快捷的本地化服务。公司的客户涉及工业电子制造、通信及信息技术、教育科研、航空航天、微电子、新能源、节能环保等行业和领域。通过与致远电子、罗德与施瓦茨、北京大华、德国EA、AD-LINK和上海凌世等知名厂商的合作，为客户提供产品增值销售、应用系统集成、计量校准、第三方检测、维修维护和科技资产外包管理等综合服务。

此外，北汉科技还不断创新，利用自身的优势，借鉴国际先进经验快速提供各类电子测量仪器，以满足客户，特别是中小型高新技术企业；积极为社会经济发展、创新环境建设以及企业自主创新提供了良好的支撑平台。公司秉承"科技无限、服务创新"的宗旨，北汉科技将继续通过不懈的努力，给客户提供"更丰富的产品选择、更经济的解决方案、更全面的专业服务"。

深圳市槟城电子股份有限公司

地址：广东省深圳市宝安区石岩街道松白路海谷科技大厦T4栋4楼
邮编：518108
电话：15002055037
邮箱：rd20@bencent.com.cn
网址：www.bencent.com.cn
简介：深圳市槟城电子股份有限公司成立于1999年，是一家专注于防雷、防浪涌、防静电等防护电路设计以及防护元器件研发、生产和销售的高新技术企业，产品涵盖陶瓷气体放电管（GDT）、瞬态抑制二极管（TVS）、半导体放电管（TSS）、静电保护二极管（ESD）、稳压管（Zener）、浪涌保护器（SPD）、压敏电阻（MOV）、复合器件（Composite Component）等，是全球过电压防护领域产品线较为齐全的厂商之一。公司产品广泛应用于通信、安防、消费电子、工业、家电、医疗、汽车电子、新能源等行业，目前已与华为、诺基亚、三星、海康、联想、富士康、捷普、松下、格力、美的、迈瑞、英飞特、比亚迪、古瑞瓦特等国内外知名企业建立了稳定的业务合作关系。

深圳市创容新能源有限公司

地址：广东省深圳市松岗街道燕川北部工业园研发中心楼7层
邮编：518107
电话：0755-29948998
传真：0755-29948906
邮箱：sales@csdcap.com
网址：www.csdcap.com

简介：深圳市创容新能源有限公司专业生产、销售全系列金属化薄膜电容、各种工业大电容、X2 安规电容及 CBB 电容等。公司自 2001 年创立以来，凭借全套先进的进口设备和精湛的生产工艺以及全面推行国际质量管理体系，使产品以优异的品质在电力电子、新能源汽车、风能发电、太阳能发电等行业，以上乘的服务和极具竞争力的价格赢得了广大客户良好的声誉和口碑。

深圳市村田电源技术有限公司

地址：广东省深圳市龙岗区平湖街道海源国际金融中心 T1703 室
邮编：518111
电话：18672392966
邮箱：liang.ma@murata.com
网址：www.murata-ps.com

简介：深圳市村田电源技术有限公司为世界知名电源产品生产商 Murata Power Solutions Inc 在中国的独资企业。公司成立于 2003 年 4 月，是集产品设计开发、销售、技术支持、服务等于一身的公司。Murata Power Solutions Inc 隶属于国际级电子产品制造商 Murata 集团，总部位于美国波士顿地区，在加拿大、墨西哥、英国、法国、德国、日本、新加坡和中国等地都设有工厂、研发中心或营业处。公司的产品主要包括 DC-DC 转换器、AC-DC 电源、数字面板仪表、数据采集及转换器件、计算机数据采集板等工业级和军用级高端产品，Murata Power Solutions Inc 专注于电源领域，具有丰富的产品线，其中 DC-DC 产品全球排名领先，整个电源产品也名列前茅。

深圳市飞尼奥科技有限公司

Fineio

地址：广东省深圳市南山区滨海大道软件基地 5 栋 E 座 901 号
邮编：518052
电话：0755-82838425
传真：0755-82838444
邮箱：hr-fineio@fineio.com
网址：www.fineio.com

简介：深圳市飞尼奥科技有限公司是一家集创新、高新技术、代理贸易为一体的企业。公司成立之初为德国 INF INEON 代理商、INF INEON 中国区第三方设计公司及战略合作伙伴。公司拥有国内顶尖的自主研发设计方案，包括家电、工业加热、直流电机等，客户覆盖全国 20 多个省市。公司有优秀工程团队及销售团队，能为客户提供全方位的更加贴心的配套服务。

深圳市冠新科技有限公司

GX-POWER

地址：广东省深圳市宝安区新安街道留仙三路长丰工业园 F4 栋 A 座 4 层
邮编：518101
电话：0755-27870095
传真：0755-27870059
邮箱：sales@gx-power.com
网址：www.gx-power.com

简介：深圳市冠新科技有限公司（以下简称冠新科技）成立于 2012 年，是一家专业从事物理电源和化学电源产品的研发、生产和销售的国家高新技术企业。冠新科技先后通过了 GJB 9001 质量管理体系认证，并被认定为国家高新技术企业，取得专利及软件著作权 20 多项，产品广泛应用于军用机载、弹载、舰载、车载、地面系统设备及航天航空、船舶重工等国防项目。

公司通过多年持续的研发投入和技术积累，拥有一支专业的软硬件研发团队和先进的技术开发平台，技术实力达到行业领先水平，并掌握了军工电源多项核心技术。冠新科技先后推出了一系列的军事工业、北斗导航、特种设备等产品，其中公司国内首创的 VPX 系列电源，打破了热处理的技术壁垒，其性能和稳定性均居业界领先地位。

冠新科技坚持"冠军品质、科技创新"作为经营理念，以优良的产品质量和服务质量作为公司生存的基石，以技术创新和管理创新作为公司发展的源动力，努力成为业界一流、受人尊敬的电源供应商，为中国的国防事业发展贡献一份绵薄之力。

深圳市航智精密电子有限公司

地址：广东省深圳市宝安区宝源路华源科技创新园 B 座 330-342
邮编：518100
电话：0755-82593440
传真：0755-82593440
邮箱：service@hangzhicn.cn

网址：www.hangzhicn.cn

简介：深圳市航智精密电子有限公司是一家致力于高精度电流传感器、电压传感器及高精度电测仪表的研发、生产、销售及方案定制的技术先导型企业。公司着力打造直流领域精密电流传感器及精密电测仪表的知名品牌，打破国外企业市场垄断的现状，力争发展成为国际领先的直流系统领域精密电子的领军企业。公司开发的高精度直流传感器，是一种基于磁通门技术的电流测量与控制器件，可以将穿过传感器的直流大电流精密地变换成便于测量的小电流。它是一种比霍尔电流传感器的极限测量精度高两个数量级的电流测量器件。公司计量测量级产品主要应用在仪器仪表、航空航天、地铁及高铁轨道交通、核磁共振设备、高校科研院所；工控级产品主要应用在新能源汽车、BMS 模块、充电桩、储能系统、光伏逆变器、大数据中心、工业空调、变频器、直流电源等领域。

深圳市核达中远通电源技术股份有限公司

地址：广东省深圳市龙岗区宝龙街道宝龙社区宝龙二路 36 号
邮编：518116
电话：0755-32886829
传真：0755-33229850
邮箱：yeshunli@ vapel. com
网址：www. vapel. com

简介：深圳市核达中远通电源技术股份有限公司隶属广东核电集团，是国家核准认定的高新技术企业。公司 20 多年专业致力于 VAPEL 品牌高频开关电源的研发、生产和销售。公司已通过 ISO 9001 质量管理体系认证、ISO 14001 环境管理体系认证和 TS 16949 汽车行业质量管理体系认证，是北汽福田、海马、宇通、长春一汽、长安汽车、华为、中兴、诺基亚、爱立信、惠普等国内外知名企业的优秀供应商。

公司总部设在深圳，拥有 80000 多 m² 的开发和生产基地，现有员工 1900 多人，其中 400 多名的研发队伍，具有强大的新产品开发和快速响应能力。公司每年研发投入占上年销售收入的 10% 左右。公司巨资建设各种国际标准实验室，配置国际先进的实验设备，采用国际先进的测试手段，进行各种元器件应力分析、高低温及其循环试验、振动试验、冲击试验、交变湿热试验、安规测试、EMC 测试、MTBF 分析试验、FMEA 分析试验、加速老化试验、HALT 实验等，保证了 VAPEL 电源产品的高可靠性。公司电源产品通过了 UL、TÜV、CE、CSA、CCC、TLC 等国内外的产品安规认证，其中 TÜV 认证达到 ACT 水平，UL 认证达到 CTDP 水平。现有 8000 余种 AC-DC、DC-DC、DC-AC 标准产品、非标准产品、客户定制产品的种类和系列，功率覆盖 2~15000W 等级，广泛应用于新能源、通信、电力、工业控制、仪器仪表、医疗、铁路、军工等高科技领域。公司自主研发设计的电动汽车交直流智能充电桩满足低速车、乘用车、物流车、大巴车、装备车等所有车型和各种充电方式；模组化全系列宽电压车载充电机、车载转换电源满足所有电动汽车车载充电机应用和所有车型的电源转换。公司是国内最全面的电动车电源厂家之一，是国内最全面的电动车电源、充电桩研发、生产、销售厂家之一，其产品在国内外地区均已被大批量应用。

深圳市虹茂半导体有限公司

H&M 虹茂功率半导体
Semicon www.hmsemicon.com

地址：广东省深圳市福田区福田街道福南社区福虹路世贸广场 A 座 3308
邮编：518033
电话：0755-83679709
邮箱：manager@ hmsemicon. com
网址：www. hmsemicon. com

简介：深圳市虹茂半导体有限公司是国内电源管理 IC/信号链 IC 领先的设计与销售企业，专业从事各种电源管理 IC/信号链 IC 的设计、生产和销售。

自公司成立以来，飞速发展，产品已涵盖了电源管理 IC（锂电充电 IC/锂电保护 IC/LDO IC/低电压检测（复位）IC/DC-DC 升压＆降压 IC/电压基准源 IC/恒流恒流控制 IC/三端稳压 IC/通用 PWM 控制 IC 等）、LED 驱动 IC、运放 IC、比较器 IC、逻辑电路 IC、模拟开关 IC、接口 IC 等诸多种类上百个型号。

公司紧密结合自身器件与工艺设计方面领先的优势，与国内一流的晶圆代工厂、封装代工厂保持密切配合与合作，严格控制产品质量，保证产品的优品质和稳定供货。

公司目前专注于电源管理 IC/信号链 IC 的设计、生产、测试、品质管控、销售与服务。

公司产品的定位：性能与可靠性向进口品牌和国内大品牌看齐，应用定位中高端，性价比高，注重品牌、品质和信誉。

公司主要团队是由一批国内专业、经验丰富的电源管理 IC/信号链 IC 工程师组成。

公司目标成为国内最具价值的电源管理 IC/信号链 IC 的供应商之一。

公司是深圳半导体协会成员、中国电源学会会员单位。

公司立足于自主创新，拥有和致力于"虹茂半导体"自主品牌产品的推广。

公司本着诚信的宗旨，致力于提供给客户高性价比的产品、高效及时的交货、专业技术支持等全方位的服务。

公司目前 IC 产品可广泛应用于手机、平板计算机、储能、户外电源、BMS（电池管理系统）、电动车、平衡车、充电桩、OBC（车载充电机）、移动电源、电子烟、迷你音响（插卡音箱）、蓝牙耳机、电子手表、智能穿戴、无线充电、USB PD、扫地机、筋膜枪、按摩仪、无人机、航模、点读机/点读笔、GPS、行驶记录仪、液晶电视、液晶显示器、机顶盒、汽车音响、手机电池、锂电保护板、充电器、家电控制板、电动车控制板、各种电源（UPS/通信电源等）、适配器、LED 照明（LED 荧光灯/球泡灯/台灯/LED 手电筒/头灯/矿灯等）、节能灯照明、LED 显示屏、无线鼠标/键盘、无线防盗报警器、无线收发模块、游戏机及手柄、POS 机、打印机、传真机、电动玩具、遥控玩具、安防电子、网络通信、可视门铃、电表/水表、对讲机、电动工具、电磁炉、电焊机、逆变器、变频器等各类电子产品上。

公司坚持诚信、专业、热诚的服务精神，以最负责的态度，追求客户最高满意度，并视客户为成长路上永远的伙伴，与客户共同成长。

深圳市虹美功率半导体有限公司

地址：广东省深圳市福田区福虹路世贸广场 A 座 1102
邮编：518033
电话：0755-83679705
邮箱：manager@hmpowersemi.com
网址：www.hmpowersemi.com
简介：深圳市虹美功率半导体有限公司是国内功率半导体器件领先的设计与销售企业，专业从事各种功率半导体器件的设计、生产和销售。

自公司成立以来，飞速发展，产品已涵盖了 MOS 管（低压沟槽 MOS/中压大电流沟槽 MOS/超结沟槽 MOS/高压超结 MOS/高压平面 MOS）、IGBT 单管、SiC 二极管、GaN FET 等诸多种类上百个型号。

公司紧密结合自身器件与工艺设计方面领先的优势，与国内一流的晶圆代工厂、封装代工厂保持密切配合与合作，严格控制产品质量，保证产品的优质品质和稳定供货。

公司目前专注于功率半导体器件的设计、生产、测试、品质管控、销售与服务。

公司产品的定位：性能与可靠性向进口品牌和国内大品牌看齐，应用定位中高端，性价比高，注重品牌、品质和信誉。

公司主要团队是由一批国内专业、经验丰富的功率半导体器件工程师组成。

公司目标成为国内最具价值的功率半导体器件的供应商之一。

公司是深圳半导体协会成员、中国电源学会会员单位。

公司立足于自主创新，拥有和致力于"虹美功率半导体"自主品牌产品的推广。

公司本着诚信的宗旨，致力于提供给客户高性价比的产品、高效及时的交货、专业技术支持等全方位的服务。

公司目前功率半导体产品可广泛应用于手机、平板计算机、储能、户外电源、BMS（电池管理系统）、电动车、平衡车、充电桩、OBC（车载充电机）、移动电源、电子烟、迷你音响（插卡音箱）、蓝牙耳机、电子手表、智能穿戴、无线充电、USB PD、扫地机、筋膜枪、按摩仪、无人机、航模、GPS、行驶记录仪、点读机/点读笔、液晶电视、液晶显示器、机顶盒、汽车音响、手机电池、锂电保护板、充电器、家电控制板、电动车控制板、各种电源（UPS/通信电源等）、适配器、LED 照明（LED 荧光灯/球泡灯/台灯/LED 手电筒/头灯/矿灯等）、节能灯照明、LED 显示屏、无线鼠标/键盘、无线防盗报警器、无线收发模块、游戏机及手柄、POS 机、打印机、传真机、电动玩具、遥控玩具、安防电子、网络通信、可视门铃、电表/水表、对讲机、电动工具、电磁炉、电焊机、逆变器、变频器等各类电子产品上。

公司坚持诚信、专业、热诚的服务精神，以最负责的态度，追求客户最高满意度，并视客户为成长路上永远的伙伴，与客户共同成长。

深圳市华科智源科技有限公司

地址：广东省深圳市宝安区航城街道鹤洲社区洲石路 739 号恒丰工业城 C4 栋 816
邮编：518100
电话：0755-23226816
邮箱：286889727@163.com
网址：www.igbts.com.cn
简介：深圳市华科智源科技有限公司是一家专业从事功率半导体测试系统自主研发制造与综合测试分析服务的高新技术企业，坐落于改革开放之都——中国深圳，核心业务为半导体功率器件的智能检测准备及研制生产，公司产品主要有功率半导体静态参数测试仪、动态参数测试系统、浪涌电流测试仪、雪崩能量测试仪以及功率循环等可靠性测试设备，产品以高度集成化、智能化、高速、超宽测试范围等优势，广泛应用于 IDM 厂商、器件设计、制造、封装厂商及高校研究所等，客户涉及轨道交通、地铁、电驱动、新能源汽车、风力发电、变频器、家电等领域；华夏神州，科技兴国，智能创新，源远流长；公司核心团队由华中科技大学、复旦大学、长春理工大学等国内高校及行业应用专家等技术人才组建，致力于中国功率半导体事业，积极响应国家提出的"中国制造 2025"，投身于半导体测试设备国产化。

深圳市捷益达电子有限公司

地址：广东省深圳市南山区蛇口招商大厦 401
邮编：518067
电话：0755-26696338
传真：0755-26811099
邮箱：jeidar@163.com
网址：www.jeidar.cn
简介：1993 年成立的深圳市捷益达电子有限公司是集研发、

生产、销售、服务于一体的数据中心解决方案提供商与电力电源专业制造商,是获得认定的国家高新技术企业、深圳市高新技术企业、深圳市专精特新企业、企业信用评价AAA级企业、中国工业电源协会理事单位、深圳市中小企业促进会理事单位。

深圳市金威源科技股份有限公司

地址:广东省深圳市坪山新区大工业区聚龙山片区金威源工业厂区 A 栋第 1-3 层,B2 栋第 1-5 层
邮编:518118
电话:0755-84636021
传真:0755-83432651
邮箱:info@ goldpower. com. cn
网址:www. gold power. com
简介:深圳市金威源科技股份有限公司(以下简称金威源)成立于 2001 年,总部位于深圳,是集自主创新研发、生产、销售、安装、加工于一体的国家高新技术企业,拥有自建创新产业园区 8 万 m²,同时也是科技创新孵化器园区。

金威源一直以来非常重视技术创新,技术团队都是由博士、硕士组建的,拥有百余项核心自主知识产权。公司被广东省科学技术厅认定为广东省新能源汽车充电系统工程技术研究中心,3000 多 m² 的独立研发办公场地,设有投入超千万的大型现代化共享实验室,包含 966 标准半电波暗室、电磁屏蔽室、环境标准测试等。

金威源专注于电力电子及其控制技术的研究与应用,坚持创新驱动,在设计中构建质量优势、成本优势。公司在通信、电力、电动汽车、轨道交通、金融自助设备、商业显示(LED)、新能源等众多领域构筑了端到端整体解决方案优势,为中兴、华为、中国电信、中国移动、中国联通、印度信实公司等国内外知名企业提供有竞争力的电源技术解决方案、产品和服务。

金威源旗下有 20 多个知名品牌,如 Goldpower、云电、Supersonic、狗刨网、超音速、电王快充、电王充电等。

深圳市巨鼎电子有限公司

地址:广东省深圳市宝安区西乡街道富华社区凤凰岗燕达工业区厂房 2 层
邮编:518100
电话:0755-26974799
传真:0755-26974522
邮箱:sales@ judingpower. com
网址:www. judingpower. com
简介:深圳市巨鼎电子有限公司是一家专业的高频开关电源制造商,成立于 1998 年,一直专注于开关电源的研发、生产、销售与服务,致力于为客户提供高品质、高可靠的电源产品和完美的电源解决方案。

公司的产品包括 AC-DC 一次电源、DC-DC 二次电源、适配器电源、DC-AC 逆变电源、PFC(功率因数校正电源)及 UPS(不间断电源)等六大系列,1000 多种标准与非标电源产品,单机电源功率范围涵盖 0.5~5000W。

公司产品目前在国内电子检测设备和银行监控等应用领域处于领先地位,其中集中供电电源成为唯一一家入围多家银行监控工程的产品。

"高质求生存,低价赢客户,优服促发展"是公司的经营宗旨。制造高品质、高可靠的电源产品仅仅是我们迈出的第一步,为每一个客户提供最完美的电源解决方案才是我们的最终目标"创新源于专业制造,放心自在'巨鼎电源'"!

每一个产品,我们,巨鼎人,都将为您精诚打造!

深圳市康奈特电子有限公司

地址:广东省深圳市龙华新区观湖街道松元厦社区大布头路 321 号
邮编:518110
电话:0755-28167322,25129187
传真:0755-28168210
邮箱:engineering06@ szcnnt. com
网址:www. szcnnt. com
简介:深圳市康奈特电子有限公司(CNNT)具有 20 多年电连接器产品、电子接口产品的定制开发与生产经验,同时致力于新能源电连接口与电子接口的研发与生产,凭借丰富的连接器 OEM/ODM 制造及研发经验、先进的管理模式、完善的工艺设施及精密的模具加工技术,加之雄厚的经济实力,创立了专属连接器品牌 CNNT(康奈特),产品包括七大系列,上千种规格,公司全系列产品可满足各行业的电连接需求,为客户提供电连接一站式解决方案,致力成为电连接领域的标杆企业。

公司通过了 ISO 9001/TS 16949 质量管理体系认证和 ISO 14001 环境管理体系认证,产品符合 RoHS、REACH 欧盟环保标准,且通过了 UL、CUL、CE、VDE、CQC 等安规认证。

深圳市科达嘉电子有限公司

地址:广东省深圳市龙岗区坂田街道天安云谷产业园 11 栋 34 楼
邮编:518100
电话:0755-89585372
传真:0755-89585280
邮箱:info@ codaca. com
网址:www. codaca. com

简介：深圳市科达嘉电子有限公司（以下简称科达嘉）是专业研发、生产与销售功率电感、共模电感等磁性元件的国家高新技术企业、深圳市专精特新企业。

公司成立于2001年，总部位于深圳市坂雪岗科技城天安云谷产业园，办公面积2100m²，生产基地位于广东河源，现有厂房面积30000m²，员工总数900多人。

科达嘉主要产品包括大电流电感、一体成型电感、高频大电流电感、数字功放电感、SMD功率电感、插件电感、磁棒电感、共模电感、黏结钕铁硼等，广泛应用于工业控制、汽车电子、医疗电子、新能源、通信设备、数字功放、电源系统等领域。

科达嘉引进大量自动化设备，与全球领先的材料供应商深入合作，及时掌握了核心材料的发展动态；建立了专业研究磁性材料和产品失效分析的检测分析室，符合AEC-Q200认证试验条件的可靠性实验室等，为科达嘉在磁性粉末研发、原材料分析、产品可靠性验证等方面的研究与应用提供了强有力的技术保障。

科达嘉通过不断发展和完善企业管理，现已获得了UKAS（英国）、ISO 9001、ISO 14001、ISO 45001和TÜV（德国）IATF 16949等管理体系认证，旗下检测中心已获CNAS认可证书。

深圳市力生美半导体股份有限公司

地址：广东省深圳市南山区留仙大道南山智园（崇文）1号楼21层
邮编：518000
电话：0755-25577257
传真：0755-25577257
邮箱：yinwen@liisemi.com
网址：www.liisemi.com
简介：深圳市力生美半导体股份有限公司是一家功率管理半导体集成电路研发、设计、销售与技术服务公司，始终致力于为电子、电器、网通及工业设备提供各种电源与功率管理IC，包括隔离与非隔离、BUCK、反激、谐振、同步整流、BLDC、电机驱动、加热与电磁及微波控制等IC及一揽子解决方案，秉承"让功率永继可控、让低碳成为可能"的企业使命，以技术创新实现功率高效转换、以产品进步推动地球绿色发展，多年来持续服务全球众多行业标杆企业客户，深受客户好评，已使力生美半导体成为电源与功率管理领域的行业知名品牌。

深圳市联宇科技有限公司

地址：广东省深圳市宝安区石岩街道塘头一路创维创新谷5D# 204
邮编：518108
电话：13828880435
邮箱：liumao@lianyukeji.com
网址：www.lianyukeji.com
简介：深圳市联宇科技有限公司（以下简称联宇科技）成立于2014年8月，位于深圳市宝安区创维创新谷，是国内一家专注于高频化模块电源的设计、研发、生产、销售和服务的高新技术型企业，致力于为客户提供高可靠性的电源产品和整体解决方案。联宇科技拥有一批在国内外各知名企业工作10年以上经验的高级研发技术人才，具备强大的新产品开发和快速响应的能力。联宇科技针对国内外军工、工业、轨道交通等应用领域，运用先进成熟的专业技术设计了全砖、半砖、四分之一砖、八分之一砖、十六分之一砖、三十二分之一砖、2×1in（1in = 25.4mm）、1×1in、1×0.5in、超薄型40mm×26mm×7.6mm（长宽高）、32mm×19.3mm×7mm（长宽高）等系列模块电源；电源的低压输入范围包含了DC 9~36V、DC 16~40V、DC 15~55V等；高压输入范围包含了DC 34~160V、DC 155~425V、DC 180~425V、DC 380~650V、AC 85~264V等；输出电压范围为DC 1.5~400V，输出功率范围为2~2000W，具有高可靠性、高功率密度、高效率、低纹波噪声等优势，大部分产品内部所有元器件已经实现100%国产化穿透；同时可根据客户的需求，在成熟产品和电路基础上提供多元化的定制产品和电源系统解决方案。

深圳市鹏源电子有限公司

地址：广东省深圳市福田区新闻路侨福大厦4F
邮编：518034
电话：0755-82947272
传真：0755-82947262
邮箱：sales@szapl.com
网址：www.szapl.com
简介：深圳市鹏源电子有限公司是一家专业为新型能源产品提供核心电子零件的代理商，既提供包括各类IGBT、MOSFET、快速二极管、整流桥、晶闸管、碳化硅二极管、场效应晶体管和控制IC等关键的半导体器件，也提供薄膜电容器、铝电解电容器、电流传感器和高压直流继电器等产品，能为功率变换的各个环节提供关键的元器件。

公司不仅拥有专业的销售工程师团队，能为客户提供正确、高效和经济的元器件方案，同时还拥有业界领先的宽禁带半导体应用实验室，能为客户提供高效率的技术支持。公司先后完成针对电动汽车、光伏逆变器等相关应用的几十个项目的研发，形成了几十项专利技术和软件著作权。公司也与相关的高校展开深入的合作，是华南理工大学的研究生培养基地。公司代理的产品包括Littelfuse、wolfspeed、Tamura、YM、TE、Potens、HJC、AgileSwitch、纳芯微等。

深圳市普乐华科技有限公司

地址：广东省深圳市光明区通州工业园 e 栋
邮编：518000
电话：18925280265
邮箱：915848134@qq.com
网址：http://www.pourleroi.com/zh-CN/
简介：深圳市普乐华科技有限公司成立于 2010 年 7 月，致力于开发和生产非晶和纳米晶磁芯、铁硅铝粉芯以及高频变压器、低频变压器、滤波器和电感等各种磁性产品。多年来随着新能源、电动汽车、智能电网行业的快速发展，公司根据市场需求设计了一系列环保产品。产品广泛应用于光伏逆变器、电动汽车、充电桩、轨道交通、智能电网、通信设备、仪器仪表、家用电器、特种电源等相关领域。

深圳市瑞必达科技有限公司

地址：广东省深圳市宝安区福海街道桥头社区富桥第二工业区北 A3 幢
邮编：518103
电话：0755-33850600
传真：0755-29912756
邮箱：guoguiyuan@rbdpower.com
网址：www.rbdtech.com
简介：深圳市瑞必达科技有限公司（以下简称瑞必达）是瑞达国际集团旗下的全资子公司，成立于 2004 年，是一家集研发、制造、销售和服务于一体的国家级高新技术企业，产品远销 40 多个国家和地区。公司在电力电子领域耕耘十多年，主营智能家居解决方案、智慧办公、按摩椅控制系统、升降桌控制系统、医疗电源、充电器、军工、储能系统、电池管理系统（BMS），具体产品有按摩椅电源、升降桌电源、医疗电源、充电器，细分行业内名列国内前三。

瑞必达始终坚持"专注、高效、创新、共赢"的经营理念，秉持追求极致的工匠精神，为客户提供卓越的产品和解决方案。公司通过了 ISO 9001、ISO 14001 体系认证，相关产品通过了 TÜV、CB、CE、UL、FCC、PSE、GS、CCC、EMC 等各项国际安全规范认证。

经过十年多的发展，瑞必达先后被认定为广东省质量检验协会理事单位、中国电源学会会员单位、深圳知名品牌、医疗电源十年新兴品牌。目前，公司已与国内外多家最具实力的客户建立了长期稳定的战略合作关系。

深圳市瑞汉科技有限公司

地址：广东省深圳市南山区桃源街道南山云谷创新产业园综合服务楼 311~321
邮编：518055
电话：0755-26929032
邮箱：liujun@ruihanpower.com
网址：www.ruihanpower.com
简介：深圳市瑞汉科技有限公司是一家专业从事开关电源设计、生产、销售的科技公司，主要优势在通信电源、服务器电源、工业电源、高功率充电机等行业方向，尤其擅长为客户提供专属定制电源，拥有经验丰富的研发团队和完善的生产体系，已为国内多家大型企业研发了多款中高功率电源，发货超过百万台，其专业性强，可靠性高，得到了客户充分的认可。

深圳市瑞晶实业有限公司

 深圳市瑞晶实业有限公司

地址：广东省深圳市龙岗区吓坑一路 168 号恒利工业园 C1 栋
邮编：518055
电话：0755-88860609
传真：0755-26515068
邮箱：xianhua.zou@rjsz.net
网址：www.rjsz.net
简介：深圳市瑞晶实业有限公司成立于 1997 年 6 月，是世界 500 强企业中国电子科技集团（CETC）的全资控股子公司，是国家级高新技术企业。

公司专注通信电源、工业电源、电源适配器、充电器等产品的研发生产销售 25 年。近年来，公司加大在智能快充、智能家居、穿戴设备及新能源领域的研发投入，已经形成新的技术、新的市场增长点。现公司拥有 10000m^2 生产平台、1000 名员工和一批专业技术骨干，生产装配线 20 条及 4 台 SMT 自动贴片机，各种专业电子测试仪器，信赖性测试设备，及可同时 BURN—IN 7200pcs 的老化室。日平均产能 35kpcs，峰值产能可达到 50kpcs。2005 年的年产值已超过亿元大关。1999 年开始为国外内主流通信设备及相关厂商提供各类规格的开关电源、工业电源、LED 驱动电源。从 1997 年到 2022 年，公司服务的主要客户有中兴通讯、创维数字、安克创新、索尼、公牛、NBT、伟易达、欧瑞博、松下、阿里巴巴、亚马逊、泽宝、福乐云等。

2009 年，深圳市瑞晶实业有限公司成为深圳市 LED 产业标准联盟核心会员单位（该联盟由深圳市计量院与标准局牵头创建），积极参加深圳市 LED 产业标准的制定工作，并已成为深圳市有关 LED 产业的电源产品核心生产厂家。公司专注于电源集成电路应用产品的研发、生产和销售，产品覆盖从 5~3000W 全规制的 AC-DC、DC-DC、DC-AC 等开关电源及模块电源。公司拥有稳定电源集成电路应用技术产品研发核心团队，积极把握最新市场趋势，自主开发多款符合现代市场需求的特色产品，给客户提供更多的产品建议及选择。公司至今已拥有 30 多项专利，2015 年起已成为国家级高新技术企业。

深圳市瑞隆源电子有限公司

RUILON

地址：广东省深圳市龙华区观澜街道桂花社区观光路1231号美泰工业园4栋厂房301室
邮编：518000
电话：0755-82908296；18688824021
传真：0755-82908002
邮箱：michelle@ruilon.com
网址：www.ruilon.com.cn

简介：深圳市瑞隆源电子有限公司于2009年3月成立，深耕过电压被动保护元器件行业14年，是国家高新企业、广东省专精特新企业，2021年细分领域放电管市场占有率居全国第二。公司成立之初，就致力于电路保护领域的研究与应用，以国产化代替为目标的总体战略规划。产品涵盖陶瓷气体放电管（GDT）、压敏电阻（MOV）、瞬态抑制二极管（TVS）、静电保护器件（ESD）、复合保护器件（SPD）等。

公司坚持自主研发创新，截至2022年12月，共申请知识产权145项，授权96项。公司以提供专业应用电路解决方案为基础，建有广东省通信防雷及元器件工程技术研究中心，能够完成全套浪涌测试等多项可靠性测试项，并通过了TÜV目击实验室认证。同时，公司建立了完善的产品质量溯源体系，2015年通过GB/T 19001—2016质量管理体系认证、IATF 16949：2016质量管理体系认证。主要产品均通过了中国质量认证中心CQC认证、安全CE认证、电工产品合格测试CB认证、相关安全UL认证、元器件产品安全TÜV认证、中国合格评定国家认可CNAS认证，全线产品通过RoHS、REACH、卤素认证，确保产品质量过硬，保证客户设备安全。产品广泛应用于工业电子设备、通信、电力、交通、医疗设备、汽车电子、家用电器、绿色能源、节能环保及军工等领域，并凭借独特的工艺方法和领先于行业的技术水平使产品具备高精度、高可靠性、高稳定性等突出优势，远销欧洲、北美等国际市场。公司坚持走自主品牌、自主创新的发展道路，打造RUILON品牌。未来，公司还将继续加强产品的技术革新和市场投入，持续优化产品结构，延展市场影响力，力争成为民族品牌。

深圳市三和电力科技有限公司

地址：广东省深圳市南山区西丽官龙第二工业区6号厂房1-3楼
邮编：518055
电话：0755-26518038
传真：0755-26749991
邮箱：samwha2002@vip.163.com
网址：www.samwha-cn.com

简介：深圳市三和电力科技有限公司（以下简称三和电力）成立于2002年。是国家高新技术企业、专精特新"小巨人"企业，拥有AAA资信等级，是国际电工委员会（IEC）、电气与电子工程师协会（IEEE）等正式成员，参与制定了40余项国家及行业标准，软件开发体系通过了美国SEI的CMMI评估。

公司专注于电能质量产品，近年来聚焦光伏新能源、电动汽车补能、储能系统、制氢等分布式新能源系统应用，研发技术处于行业领先水平，产品广泛应用于各行业领域，为客户提供从产品研发、生产制造到销售服务的一站式系统解决方案。

深耕行业20余载，公司秉持"厚德笃行"的价值观，积累了大量的行业客户，包括中国石油化工集团等大型央企、上海城投水务（集团）等基础设施类企业、比亚迪、英飞凌、汇川技术等高端制造业企业等，是行业领先的能源互联网电力设备及全能方案供应商。

公司将基于多年电能质量技术和经验的积累，结合新型电力电子和先进智能化软硬件技术，在为传统型电力系统持续提供升级解决方案的同时，也将紧密参与新型电力系统的构建与优化，与深圳清华大学研究院合办新型电力系统研发中心，为产业升级和行业进步乃至国家持续发展贡献力量。

深圳市英威腾网能技术有限公司

英威腾

地址：广东省深圳市光明新区马田街道薯田埔社区英威腾光明科技大厦1栋601室
邮编：518106
电话：0755-23535030
传真：0755-23535030
邮箱：yanglibing@invt.com.cn
网址：www.invt-networkpower.com.cn

简介：深圳市英威腾网能技术有限公司是深圳市英威腾电气股份有限公司（股票代码：002334）的子公司，专注于数据中心关键基础设施一体化解决方案的研发生产与应用，为信息化建设赋能，为数据的传输、计算、存储，提供安全可靠、技术先进、智能灵活、绿色节能、经济适用的数据中心关键基础设施"底座"。

公司以微模块、智能温控、智能监控研发生产为主线，融合配电、UPS、电池等，向您提供四大"智"系列数据中心一体化解决方案。依据GB 50174—2017、TIA-942相关标准，全面采用标准化、模块化设计，实现快速部署、灵活扩展、智能运维、绿色高效等优势。

公司的团队在数据中心行业有15年以上的从业经验，对数据中心行业理解深入透彻，研发经验丰富，技术能力雄厚，技术理念先进；具备MES生产、ERP计划、OA办公、PDM数据管理、CRM客户关系、TMS物流管理等先进的信息化、智能化供应链管理手段和服务能力。

公司将以"竭尽全力提供物超所值的产品和服务，让客户更有竞争力"为使命。

深圳市运通天下科技有限公司

地址：广东省深圳市南山区留仙大道红花岭工业园朋年大学城 A 栋 314-320 室
邮编：518000
电话：0755-86643966
邮箱：andypeng@ibigblue.com
网址：www.bigblue-tech.com
简介：深圳市运通天下科技有限公司创立于 2015 年，是一家专注于储能、消费类电子产品的研发、生产与出口的高新技术企业，产品品类含便携式储能电源、太阳能移动电源、太阳能板、充电器、数据线等。

作为一家科技公司，积极响应国家节能环保号召，研发的清洁能源方案持续为环保事业做出企业应有的贡献；积极参与各协会标准的讨论和起草，将前沿技术从源端融入产品设计，推出的 Cellpowa 系列便携式储能和 Solarpowa 系列太阳能板，深受广大海外消费者喜爱。

公司已取得 30 多项专利发明，其中储能相关专利占比达 30%。公司 2012 年获得苹果 MFi 许可证和 BSCI 认证；2015 年创立 BigBlue 品牌；专注于研发、制造和销售便携式电源和太阳能板产品。自有品牌成立 8 年来，客户遍布全球 100 多个国家。2018 年被认定为国家高科技企业，2019 年引进 ISO 9001 质量管理体系，2021 年成为深圳市电池行业协会会员，2022 年成为广东太阳能协会理事单位和广东省电子数码行业协会会员。

公司一直致力于打造出色用户体验的优质产品，为顾客提供不同使用场景下安全高效快速的清洁能源解决方案。消除用电焦虑，是公司持之以恒的动力和使命。

深圳市振华微电子有限公司

地址：广东省深圳市南山区高新技术工业村 W1-B 栋 2 楼
邮编：518057
电话：0755-26525998-882
传真：0755-26520788
邮箱：webmaster@zhm.com.cn
网址：www.zhm.com.cn
简介：深圳市振华微电子有限公司于 1994 年成立，隶属于中国振华（集团）科技股份有限公司，地址位于深圳市高新技术工业村。公司注册资本 8120 万元，总资产为 19.88 亿元，共有员工 806 人。公司主要产品为厚膜混合集成电路、高压直流电源系统，有独立的研发中心及可靠性实验室。公司于 1994 年被认定为深圳市首批高新技术企业，先后获得信息部军工电子质量先进单位、信产部军工电子质量年活动先进单位及总装备部、国防科工委、信息产业部"十五"军用电子元器件科研生产先进单位，2010 年被认定为国家级高新技术企业，2022 年被认定为国家级专精特新"小巨人"企业。公司拟申报专利 50 项，已授权 36 项，其中实用性专利 32 项，发明专利 2 项。

深圳市知用电子有限公司

地址：广东省深圳市龙岗区黄阁北路天安数码新城四号大厦 A1702
邮编：518100
电话：15986618000
传真：0755-86628001
邮箱：percy.zhang@cybertek.cn
网址：www.cybertek.cn
简介：深圳市知用电子有限公司（CYBERTEK）是一家专注于专业测试仪器领域的高科技公司。公司开发的高性能高频电流/电压探头和传感器、高精度电流互感器、全数字化电磁兼容接收机及专业测量附件等产品系列，广泛应用于电子产品研发生产的各领域，性能全面达到世界先进水平。目前已掌握高频电流探头核心科技，打破了国外公司的长期技术垄断格局。公司创始人及其开发团队在精密传感器、数字信号处理、射频技术等方面经过长期的技术积累，拥有相关的知识产权和专利、以及核心专业技术能力。公司的研发生产体系在 ISO 9000 质量管理体系的管理下，产品通过了各种认证（如 CE）和各国权威计量单位的计量。通过提供各类高性能的测量和测试解决方案，为客户快速研发生产高可靠、高性能、低成本的产品提供强有力的保障，从而使客户实现产品与服务的增值。

深圳市卓越至高电子有限公司

地址：广东省深圳市坪山区坑梓街道宝梓南路 2 号麦博工业园
邮编：518126
电话：0755-89395358；13828861046
传真：0755-22640117
邮箱：andrew.zhao@excellenttop.com.cn
网址：www.etopower.com
简介：深圳市卓越至高电子有限公司是一家优秀的国家高新企业、电源解决方案供应商，拥有十余年的电源研发、制造经验，致力于以"卓越质量，高效服务"为宗旨，竭诚为您提供最优质的产品和服务。公司电源产品系列包括通用标准工业开关电源产品、LED 驱动电源产品、安规适配器充电器、标准模块电源产品、标准仪器电源产品、特种定制电源产品等，产品广泛用于通信、IT 和 AV 类电子、电力电子、自动化控制、铁路、军工、医疗等行业。公司重视技术、重视人才，不断强化内部管理，狠抓产品质量。公司的产品 100% 经过高温老化，符合 CCC、CE、GS、KCC、SAA、UL 等多个国家权威机构的安全认证标准。在保证内销的同时公司产品也大量销往欧美、日本、印度、中东等地区。

为了保证及时交货，公司一直保持标准品库存，为客户解决燃眉之急。如果您不能从我们的产品目录上找到合适的电源解决方案，或者您无法在市场上找到合适规格的产品，请联系我们，我们强大的研发队伍和多年不同行业的研发经验一定能按您的需求为您开发定制出让您满意的产品。

奉行"诚信、严谨、创新、高效"的理念，坚持以顾客满意为中心、以环境友好为己任、以安全健康为基点、以品牌形象为先导的价值观，一如既往地为国内外顾客提供优质的技术服务和电源产品。

深圳欣锐科技股份有限公司

地址：广东省深圳市南山区留仙大道3370号南山智园崇文园区3号楼35层
邮编：518000
电话：0755-86159680
邮箱：evcs@shinry.com
网址：www.shinry.com
简介：深圳欣锐科技股份有限公司（以下简称欣锐科技，股票代码：300745）于2005年1月在中国创新之都——深圳成立，是以新能源汽车业务、氢燃料电池车业务、高端装备业务为三大核心业务板块协同发展的国家高新技术企业，是国家科技部863项目和国家发展改革委战略性新兴产业项目的主承接单位。公司通过汽车级ISO/SAE 21434、IATF 16949、ISO 26262 ASIL D、ASPICE level 3等专业化体系认证标准，为客户提供高效率、高功率密度、智能化、高可靠性的电力电子能量变换系统解决方案，产品服务全球。

公司自2006年初进入新能源汽车产业，专注新能源汽车高压"电控"解决方案（其主要技术集中在车载DC-DC变换器和车载充电机，统称为车载电源），拥有车载电源原创性核心技术的全部自主知识产权，配套了国内外众多主流车型，是车载电源细分领域的龙头企业。2018年是氢能与燃料电池产业发展的重要年份，欣锐科技开始服务国内主要氢能与燃料电池车配套项目，开启了全新的业务板块。欣锐科技在车载电源和大功率充电以及氢能与燃料电池领域积累了丰富的研发及产业经验，拥有业界领先的研发创新能力及工程制造能力，产品技术水平居行业前列。欣锐科技通过持续构建综合能力的快速升级，与合作伙伴一同促进国内新能源产业蓬勃发展。

未来，公司仍将秉承锐意进取、特设服务的理念，通过频繁的国际交流开拓全球化专业视野。以卓越的产品创新理念，为行业客户提供专业价值服务，致力于成为全球技术领先的大功率电力电子能量变换系统解决方案供应商。

深圳易能时代科技有限公司

地址：广东省深圳市南山区招商街道水湾社区蛇口望海路1166号招商局广场13层
邮编：518052
电话：400-8396-555
邮箱：info@ejiayou.com
网址：www.ensds.com
简介：深圳易能时代科技有限公司成立于2014年，是深圳高新技术企业，多年来始终专注于能源与新能源产业生态建设，以数字化运营赋能智慧出行场景，以创新科技助推数字能源新基建的快速发展。

多年新能源硬件探索，着力打造集软硬件研发、生产、制造、销售于一体的全链路布局，以前瞻的科研成果，加快新能源产业的数字化升级，为合作伙伴提供端到端一站式智能产品解决方案。

8年能源信息化积累，已链接数万个能源站点，服务4800万车主，并与众多头部互联网平台、银行等多方达成深度合作，全面打造出行能源消费新场景。

公司始终坚持以新能源产业生态链建设作为企业发展的战略方向，积极探索全球化业务布局，未来，将持续依托创新科研能力与数字化运营优势，助力新能源行业高质量发展，决心面向全球，鼎力中国智造。

深圳中测通科技有限公司

地址：广东省深圳市宝安区宝安大道4336号洪盛科技园五栋3楼
邮编：518000
电话：18033440012
传真：0755-23702323
邮箱：2881501600@qq.com
网址：www.renzhengjiance.com
简介：深圳中测通科技有限公司专注于电源、驱动、开关电源、电源适配器、电池等电子产品的检测认证。

深圳中瀚蓝盾技术有限公司

地址：广东省深圳市南山区西丽街道松白路南岗第一工业区3栋2楼
邮编：518000
电话：0755-83021690
传真：0755-83021987
邮箱：sales@hz-tech.com.cn

网址：www.hz-tech.com.cn

简介：深圳中瀚蓝盾技术有限公司专注于电源行业，以模块电源为核心，产品覆盖超算、航空航天、军工、船舶、激光技术工业控制等应用领域，主要客户包括中国电子科技集团公司、中国航天科工集团有限公司、中国兵器工业集团有限公司、中国船舶重工集团公司等。

公司自主研发设计的系列电源，具有高可靠性、高功率密度、质量轻、效率高，并具有多种保护功能等特点，能满足各种环境要求。公司拥有先进的研发中心和生产试验检验中心，集聚了设计经验丰富的世界级电源行业专家和专业技术高超的工程技术人员，配备了包括全自动电源测试系统在内的精良先进的测试仪器，以及全套的电源加工生产和各种环境筛选试验设备。公司成立4年之际，中标当年全军最大的军工电源订单：8万只1kW DC-DC电源模块，并顺利完成交付，无模块不良现象发生，产品质量及性能得到客户一致认可。

公司通过了 GB/T 19001—2016 及 GJB 9001C—2017 质量管理体系认证，拥有完善的质量管理体系，产品设计开发完全按照军品标准进行，确保了每台电源的可靠性、可追溯性及质量的稳定性。用军工技术打造优质电源，以可靠质量赢得用户信赖。

天宝集团控股有限公司

地址：广东省惠州市惠城区水口街道办东江工业区

邮编：516000

电话：0752-2312605

传真：0752-2313888

邮箱：mkt@tenpao.com

网址：www.tenpao.com

简介：天宝集团控股有限公司（以下简称天宝）始创于1979年，2015年在香港主板上市（股票代码：1979），专注电源技术研发44年，设计和制造安全可靠的电源与智能充电器产品，为不同的客户及不同的终端领域，提供具有市场竞争力的一站式智能电源解决方案，多年来和众多国际顶尖品牌建立了长期稳固的合作关系，成为信赖的主要供应商。

天宝致力于研发电源技术及产品，广泛应用于多个不同的行业领域，包括消费品开关电源的电信设备、媒体及娱乐设备、家庭电器、照明设备等；工业用途的智能充电器及控制器（主要适用于电动工具）；新能源电动汽车行业的智能充电设备。

天宝拥有完善的体系，集技术研发、制造生产、销售服务及成熟的供应链于一体，在我国、匈牙利、越南设立生产基地，配套先进的生产技术和自动化设备。销售网络分布全球，并在韩国、日本、美国等地区设有办事处。

维谛技术有限公司

地址：广东省深圳市南山区学苑大道1001号南山智园B2栋1-4楼、6-10楼

邮编：518055

电话：18026919276

邮箱：Li.Jian@Vertiv.com

网址：www.vertiv.com

简介：维谛技术有限公司（Vertiv，NYSE：VRT）致力于保障客户关键应用的持续运行、发挥最优性能、业务需求扩展，并为此提供硬件、软件、分析和延展服务技术的整体解决方案，帮助现代数据中心、边缘数据中心、通信网络、商业和工业设施客户在面临艰巨挑战时，提供全面覆盖云到网络边缘的电力、制冷和IT基础设施解决方案和技术服务组合。

维谛技术有限公司总部位于深圳，根植中国，服务中国，依靠全球视野为客户提供高品质服务。公司在深圳、西安设立了本地研发中心，在广东江门、四川绵阳设立了本地制造工厂，并在全国设有30余个客户服务中心和办事处，同时发展了超过700家核心渠道合作伙伴，充分保障了客户能够随时随地获得公司创新的技术、优质的产品方案及高效的服务响应。

Architects of Continuity™　恒久在线，共筑未来™。

维沃移动通信有限公司

地址：广东省东莞长安镇乌沙步步高大道283号

邮编：523860

电话：0769-38816888

邮箱：lidahuan@vivo.com

网址：www.vivo.com.cn

简介：维沃移动通信有限公司（以下简称vivo）成立于2010年6月7日，在东莞、深圳、南京分别设立了研发中心。公司致力于有绳电话、无绳电话、数字无绳电话、音乐手机、智能手机等各类通信产品的研究、开发、生产和销售。

vivo是步步高旗下年轻而有活力、科技、亲和力的智能手机品牌。vivo专为时尚、年轻群体打造拥有卓越外观、专业级音质享受、极致影像、愉悦体验的智能产品和服务，并将敢于追求极致、创造惊喜作为vivo的持续追求。

公司始终恪守本分、诚信企业核心价值观，致力于为消费者提供具有高度行业差异化和极致用户体验的移动通信产品与服务，建立高度风格化的强大品牌，成为更健康更长久的世界一流企业！

欢迎进入公司官方网站 http：//www.vivo.com.cn/，详细了解公司及产品信息。

协丰万佳科技（深圳）有限公司

地址：广东省深圳市龙岗区平湖街道良安田社区良白路179号
邮编：518111
电话：0755-84687810
传真：0755-84688817
邮箱：yangjiao@hipfunggroup.com
网址：www.hipfunggroup.com

简介：协丰万佳科技（深圳）有限公司是香港协丰公司在内地投资兴建的企业，加工生产基地主要向客户提供各种电子产品加工生产服务，完全有能力满足各种OEM客户的需求和各种复杂产品的加工要求。

公司于2002年5月积极地引进无铅焊接技术，现今完全有能力生产无铅产品。目前公司的生产设备可以满足欧洲市场。

此外，公司还加强了环境管理体系，参与了一些客户的"绿色伙伴"计划，并根据RoHS指示减少、逐渐停止或随后禁止采购和使用破坏环境的物质。

公司在亚洲和美国都设有采购办事处，在香港地区设立了一个办事处以满足一些特别客户的需求，具有稳定的人力资源、国际最新和专门的生产设备、良好的质量控制，准时交货，与相关方保持互利的合作与信任，使公司与来自美国、欧洲及亚洲等大型电子公司客户保持着良好的商业合作关系。

亚源科技股份有限公司

地址：广东省深圳市龙岗区园山街道保安社区马六路10号
邮编：518115
电话：0755-28607677
传真：0755-28600134
邮箱：inquiry@apd.com.tw
网址：www.apd.com.cn

简介：全球电子产业发展趋势快速变迁，质量要求提高、研发生产时程缩短，已是大势所趋。亚源集团深耕电力电子技术20余年，凭借高质量与弹性化的生产设计能力，已成为电力电子及新能源等应用领域的技术领导者。在全球电信基础建设高速发展的浪潮中，亚源集团的电源产品已在各国网通设备中具有可观的市场占有率。在全球医疗设备市场中，亚源集团更已成为一线大厂的重要伙伴。在迅速发展的各项电子外围设备市场中，亚源集团供应的优质产品，更早已成为不可或缺的高能效可靠组件。

坚实的关键技术能力。凭借着精益求精的工程师精神以及对于技术与质量的执着，亚源集团长年投注高比例的研发资源，累积专业技术能力。如今，在自动化设计、产品安全耐受度，以及EMC等关键技术，亚源集团皆已成为业界的领先者。

永无止境的质量追求。客户的信赖来自于公司永无止境的质量追求。面对电源产品严格的安规要求，亚源集团对于质量的执着未曾松懈。多年来，各大产品线的稳定可靠，已赢得客户一致信赖。

亚源集团持续创新的脚步从不停歇，近年已进入太阳光电变流器领域。未来，将持续深耕网通、医疗电源领域，开发更多样化的客制电源产品，为企业发展带来崭新动能。

英富美（深圳）科技有限公司

地址：广东省深圳市福田区深南中路307号（南光捷佳大厦）720室
邮编：518033
电话：0755-36905610
传真：+886 02 28084990
邮箱：info@infomatic.com.sg
网址：www.infomatic.com.sg

简介：自2008年从台湾翹慧事业股份有限公司的软件事业部门分立出来，新加坡英富美有限公司（INFOMATIC PTE. LTD.）提供给客户关于电力电子仿真的多种解决方案。

由于中国地区市场成长快速，于2018年在深圳成立英富美（深圳）科技有限公司，提供更贴切与即时的产品服务。

公司目前代理瑞士Plexim与Imperix的电力电子系统仿真与快速原型设计相关软硬体产品，提供给客户从离线仿真到在线实时仿真，从设计验证到搭建实物平台的完整解决方案。

英诺赛科（深圳）半导体有限公司

地址：广东省深圳市龙华区民治街道民塘路汇德大厦写字楼37层
邮编：518000
电话：13043412612
邮箱：jiaxinhuang@innoscience.com
网址：www.innoscience.com

简介：英诺赛科（深圳）半导体有限公司成立于2015年12月，是一家致力于第三代半导体硅基氮化镓研发与制造的高新技术企业，拥有较大的8in（1in=25.4mm）硅基氮化镓晶圆生产能力，产能达到每月15000片，产品设计及性能均达到国际先进水平。公司采用IDM全产业链模式，集芯片设计、外延生长、芯片制造、测试与失效分析、销售与应用支持于一体，产品涵盖从低压到高压（15~900V）的氮化镓晶圆与功率器件，当前已广泛应用于消费电子、数据中心、汽车电子及新能源等前沿领域，累计出货量突破5亿颗。

中山市科博电器有限公司

地址：广东省中山市阜沙镇聚福街1号
邮编：528434
电话：0760-28132828
传真：0760-28161013
邮箱：sales@kebopower.com
网址：www.kebopower.com
简介：中山市科博电器有限公司坚持"以人为本，科技创新"的经营理念，重视员工学习和培训，使得公司随员工的成长而发展，员工也随公司的发展而成长。公司坐落于中山市阜沙镇，投资2亿元人民币建设成的新工业园区拥有12.6万 m^2 的新厂房，新工业园区是集合了现代化办公楼、高科技生产区以及高质量生活区的大型一体化工业区，其中生活区除了有现代化公寓和员工餐厅之外，还将配套小型超市、篮球场、活动室等，公司力求为每一位员工打造一个最温馨的家。公司写字楼办公设备齐全，全部施行MRP模块系统化微机管理；生产设备主要有进口转塔冲床、折弯机、剪板机、压力机、注塑机、电脑锣、数控火花机及先进的自动流水线设备，检测设备主要有示波器、多路温度测试仪、综合测试仪、红外线测试仪等多种精密检测仪器。

公司38年不懈努力发展，赢得了国内外众多电源领域知名企业的认同。公司始终严格按照ISO 9001质量管理体系作为企业经营管理的主要准则，并每年由全球公认质量和诚信基准的SGS通标标准技术服务有限公司进行监督审核。产品质量严格按照不同国家与地区的标准与要求进行认证。公司曾获AAA中国质量信用企业、连续28年守合同重信用企业、中国电源行业诚信企业、广东省著名商标、高新技术企业等荣誉称号。2022年公司销售量逾110万台，销售额达8200多万元人民币，增速超过17%。目前公司的旗下"KEBO"（科博）产品远销欧美、中东、西非、南美、东南亚等90多个国家和地区，并为国内外多家公司提供一系列的技术解决方案与相应的技术支持，并建立了良好的合作关系。

珠海镓未来科技有限公司

地址：广东省珠海市横琴粤澳深度合作区ICC横琴国际商务中心1座23楼
邮编：519031
电话：0756-8886753
邮箱：sales@ganext.com
网址：www.ganext.com
简介：珠海镓未来科技有限公司成立于2020年10月，致力于高性能级联结构氮化镓产品的研发和生产。依托高起点、强队伍，实现GaN技术的国产化，推动GaN器件技术的世界领先，实现能源的绿色、高效利用。公司产品广泛应用于快充适配器、照明电源、户外电源、服务器和通信电源等行业领域。

珠海金波科创电子有限公司

地址：广东省珠海市金湾区红旗镇小林路163号
邮编：519090
电话：13302869991
邮箱：1107198652@qq.com
网址：www.zhjb.com
简介：珠海金波科创电子有限公司成立于1993年，是一家专业从事开关电源研发、生产、销售的高新技术企业。公司目前拥有三大系列产品：全灌封防水型LED电源、防雨型LED电源以及室内型LED电源。公司针对不同行业、不同应用进行针对性的研发，将领先业界的产品理念和丰富的产品开发经验相结合，为客户提供最适合的产品。

珠海锦泰电子科技有限公司

地址：广东省珠海市前山翠珠五街8号3层A厂房
邮编：519000
电话：15989798648
邮箱：suntechzh@163.com
网址：http://zhjintai.1688.com/
简介：珠海锦泰电子科技有限公司成立于2005年，位于广东珠海经济特区，是集开发、生产、销售、服务于一体的专业中大功率半导体分立器件及大功率混合集成电路的国家级高新技术企业，2022年被评为珠海市专精特新企业，2023年被评为广东省专精特新中小企业。公司技术力量雄厚，高等学历技术人才占员工总数比例50%以上，产品设计及生产严格执行ISO 9001质量管理体系和RoHS标准，提供从芯片设计开发到生产制造到芯片封装再到成品测试检验的综合性服务。公司拥有国内外先进的制造设备和测试仪器，力求向客户提供稳定可靠的产品。

公司主导产品有TO-3P、TO-247、TO-220、TO-220F、TO-126等系列直插封装功放音响配对管、开关三极管、快恢复二极管、肖特基二极管、中高低压MOS、IGBT、晶闸管及大功率混合集成电路等。公司产品型号齐全，产品性能参数及品质已达到国外同类产品质量水平，或将逐步实现国产化替代，更得到了国内外所有采用客户的好评。

公司产品广泛应用于消费电子、电源、光伏逆变、工业控制等领域。

珠海山特电子有限公司

地址：广东省珠海市香洲区唐家湾镇哈工大路 1 号-1-C102
邮编：519085
电话：0756-3388866
传真：0756-3388866
邮箱：ata@ ataups.com
网址：www. ataups.com
简介：珠海山特电子有限公司是目前国内具有较完整产品系列的不间断电源（UPS）和免维护蓄电池生产制造企业之一。ATA 是珠海山特电子有限公司的自主品牌。

公司的产品主要有不间断电源（UPS）、逆变器、稳压电源以及免维护蓄电池。其中不间断电源有后备式、高频在线式、工频在线式、在线互动式等几大系列 100 余种规格；免维护蓄电池有世界各种型号汽车电池，以及广泛用于通信、电力、消防等各个行业用的 2~24V 电池。以上产品能够满足世界不同用户的要求，并可根据客户要求设计生产，接受 OEM 订单。

公司采用先进的设备进行生产，通过 ISO 9001 质量管理体系认证，并大力引进世界著名企业的管理理念，以确保满足用户对高品质产品的要求。

ATA 品牌的系列产品广泛应用于金融证券、医疗、通信、教育、交通等各个领域，并大量出口至东南亚、中东、南非和欧美等地区。

珠海泰为电子有限公司

地址：广东省珠海市高新区唐家湾镇港湾 1 号港 8 栋 6 楼
邮编：519000
电话：18138686437
邮箱：marketing@ tai-action.com
网址：www. tai-action.com
简介：珠海泰为电子有限公司（以下简称泰为电子）成立于 2019 年 9 月，是一家致力于工业级、车规级核心处理器芯片研发的高新技术企业。公司拥有一支由海外博士领衔的高水平研发团队，全方位涵盖芯片设计、应用开发、算法研究、生产测试等领域，核心成员均有超过 10 年的研发经验。自成立以来，公司先后研发并已量产通用智能化 DSP 芯片、高性能电能转换 DSP 芯片、高性能电机控制器芯片等产品，产品采用独创的 AMSC-Engine、HRPC-Engine、ISNN-Engine 三大引擎，极大提高了单芯片算力及智能化处理能力。截至目前，公司产品已拥有国内外专利 60 余项及荣誉 10 余项。

泰为电子立志引领国产半导体行业创新，面向工业控制、新能源电能转换、电能质量监测与治理、高端电源、伺服等领域不断创新，持续研发全面替代国外产品的工业级核心处理器芯片，全力为客户打造更优质的产品和服务，为高能效社会、高安全性用电环境贡献我们的力量。泰为电子致力于在未来五年内成长为国内集成电路行业领先的研发企业，填补国内市场的巨大空白，实现 DSP 芯片进一步本土化，从而提升国产自主研发芯片在国际舞台上的地位。

珠海云充科技有限公司

CLOUD CHARGING
—— 云充 ——

地址：广东省珠海市香洲区格创芯谷 A3 栋 6 楼云充科技
邮编：519000
电话：4000972015
传真：4000972015
邮箱：mengling. qu@ yccharging.com
网址：www. yccharging.com
简介：珠海云充科技有限公司创立于 2018 年，是一家技术领先的新能源大功率电能变换器产品及解决方案供应商。公司以独立风道、高效率、大功率的全球独创充电模块开启直流充电桩 2.0 时代，产品具有"噪声低、电损低、维护少、体积小、寿命长"的优势，不仅适用于传统充换电站，并可以应用于矿井及加油站等防爆场景；沙尘、沿海、凝露、厂矿等严酷环境；医院、小区、商场、地下停车场等静音场景；储能及光伏、智能微网、数据中心等领域。公司致力于成为国际领先的电力电子公司，以技术创新服务全球。

专顺电机（惠州）有限公司

CSEpower

地址：广东省惠州市博罗县石湾镇铁场村委会科技大道北侧（2 号工业厂房第 1 层）
邮编：516127
电话：0752-6928301
传真：0752-6928311
邮箱：csc@ csepower.com
网址：www. csepower.com
简介：专顺电机于 1978 年在中国台湾成立，是一家致力于变压器设计和制造的专业厂商，并在变压器行业取得了骄人的成绩。2002 年成立了专顺电机（惠州）有限公司，工厂位于惠州市石湾镇，占地面积 60000 多 m^2，现有员工 1500 多人。为了更好地满足客户需求，还在菲律宾、印度设立了生产服务据点。公司的主要产品包括电源变压器、UPS 变压器、环形变压器、自耦变压器、三相变压器、高频变压器、线圈、非晶电抗器等。经过多年的努力公司已成为许多全球知名品牌客户的一级供货商。公司始终以质量和创新的理念来经营管理,通过了 UL 认证(Class B.F.H.N.R)。及 TÜV ISO 9001 认证并全面执行 RoHS 标准。公司既有欧洲研发团队,也有经验丰富的管理人员和高效熟练的员工。公司现代化设备使我们成为变压器行业的先驱,并为客户提供物美价廉的产品。

完善的质量保证体系,严格的原材料和生产质量检测以及优质的售后服务,树立了客户对公司产品的信心,在国际及国内市场享有较好的信誉,期待与您的真诚合作!

上 海 市

昂宝电子(上海)有限公司

地址: 上海市张江高科技园区华佗路 168 号商业中心 3 号楼
邮编: 201203
电话: 021-50271718
传真: 021-50271680
邮箱: andrew_lin@on-bright.com
网址: www.on-bright.com
简介: 昂宝电子(上海)有限公司(以下简称昂宝电子)坐落在中国国家级信息技术产业基地——上海浦东张江高科技园区,是一家从事高性能模拟及数模混合集成电路设计的企业。公司专注于设计、开发、测试和销售基于先进的亚微米 CMOS、BIPOLAR、BICMOS、BCD 等工艺技术的模拟及数字模拟混合集成电路产品,以通信、消费类电子、计算机及计算机接口设备为市场目标,致力成为世界一流的模拟及混合集成电路设计公司。

昂宝电子拥有一批来自国内外顶尖半导体设计公司的资深专家组成的核心技术团队,既有在模拟及混合集成电路领域多款产品的开发经验,也带来了鲜活的创新思维。核心技术团队的数位成员来自美国的著名半导体公司,拥有超过 40 项美国专利。通过将这支资深的技术专家队伍与本地优秀的设计人才相结合,昂宝电子可为客户提供高品质、具有成本竞争力的半导体精品芯片、解决方案以及优良的服务。在竞争日益激烈的市场,昂宝电子可坚持以创新、务实、高效、共赢为经营理念,为您提供最适合的半导体解决方案,是您最佳的策略合作伙伴。

主要产品涵盖: 电源管理 IC,高速、高精度数/模转换器、模/数转换器,无线射频 IC,混合信号的系统级芯片(SoC)。

忧芯科技(上海)有限公司

地址: 上海张江高科技园区盛夏路 565 弄集贤中心 A 幢 101 室
邮编: 201210
电话: 18118136062
邮箱: ctc@unisic.tech
网址: www.unisic-tech.com
简介: 忧芯科技(上海)有限公司(以下简称忧芯科技)是高精密电子测量仪器及 SiC 半导体测试解决方案创新领导者。公司的自动化测试设备可覆盖功率半导体全部测试环节,为功率半导体 IDM 企业、新能源车厂及 Tier1 和功率器件封装企业提供精准、可靠、高性价比的测试解决方案。

忧芯科技作为一家科技驱动型企业,核心研发团队来自 GE 中央研究院,曾自主研发多项业内首台套 SiC 核心功率部件产品,实现多项关键技术突破。同时,公司在以 SiC 为代表的第三代功率半导体测试领域拥有领先的正向研发能力,自主研发的测试设备性能全球领先。

目前,忧芯科技的 SiC 功率半导体测试设备主要产品包括动态测试系统、静态测试系统、动态可靠性测试系统、车规级连续功率无功老化测试系统、DHTOL 功率半导体器件带载老化测试系统等,全面覆盖功率半导体的晶圆级测试(Chip Probing)、芯片级测试(Known Good Die)、单管/模块级测试(Final Test)和系统级测试(System-level Test),可满足实验室与生产线的多种场景需求。

此外,忧芯科技已经成功开发多种高精密电子测量仪器产品,包括精密源表、示波器、探头、高压发生器和射频电源等,并在国内和国际市场赢得了极佳的口碑。

大交新能源技术(上海)有限责任公司

地址: 上海市闵行区鹤庆路 398 号 41 幢 4 层 04013 室
邮编: 200240
电话: 13641842767
邮箱: wushunli850304@163.com
网址: www.dajotech.com
简介: 大交新能源技术(上海)有限责任公司由长期从事电能质量治理及电力电子产品开发研究的专业人员组建,是专业从事电力系统电能质量治理及电力电子控制系统相关产品的研发、生产、销售及服务的科技型公司。公司主要产品有(增强型)静止无功发生器、有源电力滤波器、智能型电容投切开关,广泛应用于电力、交通、石化、医疗、煤炭、冶金、建筑等行业,专业为客户提供谐波及三相不平衡治理、无功补偿系统等电能质量问题集成解决方案。

公司产品已通过国家电力工业无功补偿成套质量检验测试中心检验,具有多项软件著作权及发明专利,公司具有完全自主知识产权及所覆盖产品线的全套核心技术,自主研发创新,为客户创造价值。

公司依托上海交通大学、西安交通大学,并保持长期的合作关系,不断提升公司研发团队的技术力量和设计开发能力，致力于为智能电网优化、配网自动化及电能质量改善治理提供高新技术产品和技术服务。

登钛电子技术（上海）有限公司

地址：上海市浦东新区民生路 1199 弄 2 号楼长荣大厦 6 楼
邮编：200135
电话：13601619496
传真：021-50876659
邮箱：sam. zuo@ densitypower. com
网址：www. densitypower. com
简介：登钛电子技术（上海）有限公司（Density Power）致力于全球领先的"高效，安全，可靠"的电源转换器及 EMC 滤波器的研究、生产、销售和服务，并为客户提供电力电子变换器、高可靠性应用电源的整体解决方案。公司拥有雄厚的技术背景、研发实力和经验丰富的管理团队。公司已通过 ISO 9001 和 IATF 16949 认证，并被认定为国家高新技术企业。

"以技术驱动为核心，以客户满意为宗旨"，公司拥有业界一流的技术和管理团队、完善的管理流程体系及先进的研发、测试、生产设备和系统平台。其中包括多项专利技术和软件著作权、自主知识产权，业界先进的自动化电源测试系统、全自动电源热性能测试系统、可靠性测试和验证平台、高效节能型能量回馈老化测试系统等。

公司的产品主要包括 DC-DC 模块电源、AC-DC 电源、EMC 滤波器产品等，并为客户提供专业的定制化服务和整体解决方案。产品广泛应用于轨道交通、电力、汽车电子、工业控制、医疗设备、半导体测试设备以及仪器仪表等高可靠性的应用领域。

航裕电源系统（上海）有限公司

地址：上海市松江区民益路 1698 号 11 栋 B 区
邮编：201611
电话：021-67285228
邮箱：joyce. yang@ hypower. cn
网址：www. hypower. cn
简介：航裕电源系统（上海）有限公司创始于 2011 年，是国家级高新技术企业，位于长三角 G60 科创走廊策源地松江，十多年来致力于为客户提供精准、智能、便捷的测试电源解决方案。

航裕电源系列产品涵盖半导体、汽车电子、低压电器、医疗、航空、航天、机载、舰载、兵器、船舶、雷达、通信、轨道交通、电力电子、传感器、电容电感、智能电网等测试及其他科研领域，完美实现进口替代，以军工品质、服务优良，赢得了用户的一致好评。

华特力科（北京）商贸有限公司

地址：上海市长宁区江苏路 369 号兆丰世贸大厦 23 楼 G 座
邮编：200050
电话：021-52400981
邮箱：flora. zhou@ teledyne. com
网址：www. teledynelecroy. com
简介：华特力科（北京）商贸有限公司是高端示波器、协议分析仪和其他测试仪器的领先制造商，可快速全面地验证电子系统的性能和合规性，并进行复杂的调试分析。

自 1964 年成立以来，公司一直专注于将强大的工具整合到创新产品中，以缩短"洞察时间"。更短的洞察时间使用户能够快速查找和修复复杂电子系统中的缺陷，从而显著缩短产品的上市时间。

捷蒽迪电子科技（上海）有限公司

地址：上海市浦东新区中国（上海）自由贸易试验区金皖路 389 号 203 室
邮编：200000
电话：021-61622105
邮箱：sales@ jndtech. net
网址：www. jndtech. net
简介：捷蒽迪电子科技（上海）有限公司于 2020 年在上海成立，由央企中国信科集团（烽火通信）和国内安全领域的龙头企业江苏云涌电子科技股份有限公司（股票代码：688060）共同投资组建，公司总部在上海浦东，在武汉和深圳成立有分公司，在泰州建立了生产基地，被评为上海市高新技术企业、专精特新企业和科技型中小企业等。

公司专注于数字电源领域，集产品研发、生产、销售和个性化服务于一体，致力于打造兼具电源管理、物理布局、信号网络、数据网络的综合性全数字电源解决方案，覆盖 5G 通信、数据中心、汽车电子、新能源、轨道交通、智能制造等应用场景，为企业提供更加可靠、高效的电源支持，推动电源数字化和国产化，助力数字经济绿色发展。

柯贝尔电能质量技术（上海）有限公司

地址：上海市浦东新区周浦镇沈梅路 99 弄 1 号楼 802 室
邮编：201318
电话：021-51692628
邮箱：info@ kbr-china. com

网址：www.kbr-china.com

简介：优异的质量和完善的服务是柯贝尔电能质量技术（上海）有限公司（以下简称 KBR）多年来一贯遵循的指导原则。自 1976 年在德国纽伦堡成立以来，KBR 秉承以满足用户需求为宗旨致力于研发、生产和技术服务等工作。通过保持与客户的密切合作，使 KBR 拥有丰富的经验，从而可为用户提供优化的、高品质的和灵活的产品解决方案。

KBR 主要生产谐波环境下的安全补偿套件、薄膜电容器和能源管理采集终端等，其主要应用于电能质量、智能电网、新能源、能量存储和能源管理等领域。KBR 致力于提高用电效率、节能减排、环境保护，以高新技术支持绿色能源。

美尔森电气保护系统（上海）有限公司

地址：上海市松江区书山路 55 弄 6、7、8 号
邮编：201611
电话：021-67602388
传真：021-67760722
邮箱：liuxiong.mao@mersen.com
网址：www.ep-cn.mersen.com

简介：美尔森电气保护系统（上海）有限公司作为世界领先的电气保护专家，为市场提供高品质的、安全可靠且不断创新的产品和符合客户需求的解决方案，从而帮助客户提高他们的电力效率，满足不同客户的需求。公司拥有世界上最全面的中低压熔断器产品及熔断器底座、浪涌保护器、散热冷却产品、大电流隔离开关、低压接触器以及叠层汇流排等，广泛应用于电力控制、输配电、大功率低压配电和电力电子等领域。

敏业信息科技（上海）有限公司

地址：上海市浦东新区锦绣东路 1999 号 523 室
邮编：201206
电话：021-68788771
传真：021-68788771
邮箱：myemc@myemc.net.cn
网址：www.myemc.net.cn

简介：公司成立于 2014 年，以黄敏超博士为引领的国际化 EMC 专家团队，在上海、武汉和深圳创办了 EMC 诊断测试中心，为国内外企业提供 EMC 诊断测试、正向设计服务以及整体解决方案。公司的产品和技术服务领域覆盖医疗、通信、电动汽车、家电、电力、新能源发电、照明和军工等，为国内外近百家知名企业提供产品和电磁兼容技术服务及正向设计服务，同时获得了相关领域的多项专利。

公司推出一站式 EMI 诊断测试系统和插入损耗测试仪浪涌抑制芯片、浪涌抑制滤波模块和电子开关，为电子产品产业链上下游企业提供了最合适和量身定制的诊断设备，配合 EMI 滤波器仿真数据库和闭环验证系统软件，帮助快速诊断 EMC 问题的原因以及相关物料选型，大幅度地节省 EMC 问题的解决时间。

公司主营业务：
1）电磁兼容系统集成方案；
2）电磁兼容专用仪器设备的开发与销售；
3）浪涌抑制芯片和滤波模块；
4）电子开关；
5）电磁兼容正向设计及解决方案服务；
6）电磁兼容技术专业培训。

上海埃德电子股份有限公司

AERODEV®

地址：上海市闵行区春申路 1985 弄 59 号
邮编：200237
电话：021-54399936
传真：021-54399957
邮箱：kongll@aerodev.com
网址：www.aerodev.com

简介：上海埃德电子股份有限公司成立于 1993 年，前身为中国航空无线电电子研究所电磁兼容研究室。公司自成立以来，始终秉承与时俱进、自主创新的发展方针，继承和发扬了研究所务实求精、科技报国的精神，以科技创新和新产品研发作为公司持续发展的强劲源动力，建立和完善了严格的质量控制体系和公司管理制度。公司自 1997 年起连续被认定为高新技术企业，2023 年审核通过成为专精特新"小巨人"企业。

经过 30 年的发展，公司拥有电磁兼容产品、通信网络产品、国产化电源三大产品系列，以及专业的电磁兼容检测实验室，可以提供自主可控的全系列电源 EMI 滤波器产品、国产化以太网交换机系列产品、高功率密度高效率的国产化电源模块系列产品，以及国军标电磁兼容测试、电磁兼容测试整改服务业务。

上海埃德电子股份有限公司通过了 GB/T 19001—2008（ISO 9001：2008）质量管理体系认证、GB/T 24001—2004（ISO 14001：2004）环境管理体系认证、GJB 9001B：2009 军工产品质量体系认证。我们将不断努力，在继承、学习和创新中与合作伙伴共同发展。

上海爱硕科贸有限公司

地址：上海市延安西路 1590 号增泽世贸大厦 6 楼 A 座

邮编：200052
电话：021-63536900
邮箱：wangzhen@isk.cn
网址：www.isk.cn
简介：上海爱硕科贸有限公司是日本岩崎通信机株式会社的技术服务中心，主要负责在中国市场对 IWATSU 品牌的 BH 测试仪以及半导体曲线图示仪的销售、计量和维护保养。

上海萃锦半导体有限公司

地址：上海市长宁区广顺路 33 号 8 幢
邮编：200050
电话：15295004991
邮箱：xuejiao.jiang@bestirpower.com
网址：www.bestirpower.com
简介：上海萃锦半导体有限公司专注于功率半导体超薄芯片的特殊工艺、碳化硅和硅基功率器件，以用"芯"为合作伙伴创造价值为使命，以用"芯"推动世界的可持续发展为愿景，旨在成为自主研发和创新设计、特色工艺与智能制造的优秀的功率半导体上市企业。公司始终秉持创新驱动、求真务实的工程师文化，坚持"以市场为导向，用可靠的产品和周到的服务为客户创造价值"的经营策略，坚持追求卓越品质的理念，推动高端功率芯片的国产替代。公司的目标产品涉及新能源应用和储能、汽车、工业控制等领域。

公司的核心团队来自国内外功率半导体知名公司，建制完整，拥有行业经验超 15 年，富有行业前瞻洞见力，研发、管理、制造经验丰富，熟悉硅基 IGBT、SiC 功率器件等晶圆制程、功率器件封装整套设计、制造、测试及应用的技术，具有从"0"到"1"的产品研发、整线建立、市场应用的能力。同时公司研发力量雄厚，拥有硅基 IGBT 和 SiC 功率芯片的设计仿真技术、关键制造工艺技术，并充分利用国内外流片资源，可以做到芯片自产自用，保证了芯片供应，并且已获得多项专利。

公司在上海东虹桥设有芯片设计研发中心、芯片设计测试平台、销售和应用支持中心，并计划在宁波杭州湾建设功率半导体器件封装和 BGBM 超薄工艺生产基地。

上海大周信息科技有限公司

地址：上海市闵行区漕宝路 1788 号 108A
邮编：201101
电话：021-64959258
邮箱：sales@greatzhou.com
网址：www.greatzhou.com
简介：上海大周信息科技有限公司致力于成为顶尖的直流微电网关键产品提供商以及 1500V 以下工业直流微电网系统集成服务商。

公司成立于 2010 年，总部位于上海漕河泾高科技开发区，长期关注电力电子、新能源发电与微电网领域的相关技术发展，尤其看好直流电技术路线。

公司主要服务于能源互联网范畴下的新能源发电、储能及储能设备测试、工业节能、科研实验等领域，用户包括电网公司、发电集团、电力装备企业、工矿企业、售电公司及领域内的科研机构和高校等。

公司自成立以来，充分发挥长期与前沿科技紧密接触的优势，站在科技与工业的交汇处，敏锐观察未来趋势，并结合工业需求，充分利用上海信息便利和科研人才众多的优势，为用户提供完备的相关产品及系统服务。

上海汉象智能科技有限公司

地址：上海市松江区涞寅路 1898 号 8 幢 606 室
邮编：201615
电话：021-67606607
邮箱：zhipeng.wang@hanxiang-tech.com
网址：www.hanxiang-tech.com
简介：上海汉象智能科技有限公司致力于新能源电力系统、电力电子系统、电动汽车、储能系统、船舶电力系统和航空电力系统等领域的仿真测试及技术咨询。公司主营业务为系统建模开发、测试和实时仿真产品的销售，旨在为企业、研究机构和高校提供一站式的解决方案和技术服务。

上海华湘计算机通讯工程有限公司

地址：上海市徐汇区田州路 99 号 13 号楼 301 室
邮编：200233
电话：021-54451395
邮箱：huaxiang@shhuaxiang.sina.net
网址：www.shx-sh.com
简介：上海华湘计算机通讯工程有限公司是一家专业设计、研发、制造衰减器等微波射频器件 & 微波测试子系统的上海国资参股的高新技术企业，1993 年成立于上海，是我国较早一批从事微波器件的高科技企业。公司从成立之初就确立以"产业报国"为核心的企业宗旨，瞄准国际先进技术和产品，自主研发和生产，从设计、材料、工艺和制作全部国产化，现已成功替代了相关产品，填补了国内空白。在光伏、半导体、电源的测量保障过程中，公司的大功率衰减器、负载、耦合器、通过式功率计都是对标美国鸟牌产品，可以为半导体设备制造商、光伏设备制造商、电源设备制造商在射频电源校准、老化的时候使用。

公司坚持自主创新和研发，先后获得上海市科技小巨人培育企业认定、上海市品牌产品等认定及上海市科技进步三等奖、上海五一劳动奖状等，是徐汇区企业技术中心。

公司经过30年的经营和自主创新，主要客户群体遍布国内各大通信设备制造商和部分国外通讯公司，以及航空、航天、各大科研院所等，并成为他们的定点研发生产基地，在行业内树立了"俊科"这一高端品牌，在业内具有了较高的知名度和市场占有率。

上海华翌电气有限公司

地址：上海市静安区恒丰路218号2004室
邮编：200070
电话：021-56688889
传真：021-56688889
邮箱：hy@huayi-power.com
网址：www.huayi-power.com
简介：上海华翌电气有限公司成立于1999年，是一家专业生产直流电源、EPS、消防照明及设备专用EPS、UPS（不间断电源）的企业。公司共有员工100多人，其中工程技术人员30多人。公司总部位于上海理工大学国家科技园主要从事研发、设计、销售、售后服务及部分生产；二分部位于军工路2390号，主要从事产品的制造加工；三分部位于青浦区天一路451号，主要从事结构制造。制造采用日本进口的数控冲床、数控折弯机、数控剪板机、数显铜排加工机、低压开关实验台、耐压实验仪、恒温箱、模拟负载箱、CL312三项电能表现场校验仪、CHXLW微电阻测试仪、LBO-522日本LEADER示波器、HSI801电涌绝缘测试仪、QT2型半导体管特性图示仪、HF2811C型LCR数字电桥等先进加工、检测设备。

企业具有先进的生产、检测手段和国内一流的制造技术，一直以"质量为本，科技立业"为宗旨，把产品的质量视为企业的生命。公司按ISO 9001标准建立了质量管理体系，2002年获得了该质量体系认证证书，2003年7月获得中国国家强制性产品3C认证证书，公司获得了公安部消防产品合格评定中心颁发的消防应急灯具专用应急电源国家强制性产品认证证书及消防设备应急电源国家强制性产品认证证书，开发的GZTW智能型系列直流电源柜1998年在香港获得世界华人发明博览会银质奖。公司于2003年成为中石化总公司战略合作伙伴。公司生产的直流电源、EPS（应急电源）、消防照明及设备专用EPS（应急电源）、UPS（不间断电源）、智能照明控制柜、交流稳压电源、电机分批自启动柜及低压开关柜MAS（MNS）在燕山石化、安庆石化、新疆塔河石化、扬子石化、中石化仪征化纤、天津石化、泰州东联石化、镇海石化、四川维尼纶厂、青岛炼化、青岛石化、济南石化、海南炼化、茂名石化、中原油田、中海油、泉州石化、南京南化、海宁供电局、上海南桥500kV变电站、上海宝钢、宝钢湛江基地、武钢武汉基地、武钢广西防城港基地、首钢水城钢厂基地、上海国际博览中心等国家重点工程中获得一致的好评，被中国石化总公司、中海油公司、中化集团公司及冶金、电力等国家重点企业选为资源市场成员厂。

上海吉电电子技术有限公司

地址：上海市闵行区万泰路110号
邮编：201107
电话：021-52964208
传真：021-54484207
邮箱：samson_au@jd-ele.com
网址：www.jd-ele.com
简介：上海吉电电子技术有限公司是一家专业电子元器件和高度信息化集成配套的代理商和供应商，下属集科研、开发、制造于一体的嵌入式网络设备及各类专业开关电源的工厂。

上海杰鸥科工贸有限公司

地址：上海市莘庄雅致路215号置业大厦1001-1002室
邮编：201199
电话：021-54131016
传真：021-54131020
邮箱：anthony_yang@sh-gcs.com
网址：www.sh-gcs.com
简介：上海杰鸥科工贸有限公司创立于2004年，是一家以机电一体化与工业电气自动化为主营，集贸易、技术、工程成套于一体的公司。与此同时，公司具有独立进出口权，代理、经营欧洲、美国、日本等多国厂家的传感器、工具仪表、气动液压、工业电器、传动机械和自动化产品等全套解决方案。公司独家优势品牌主要为：稳压电源系列——Schulz-Electronic、Delta Electronika、Regatron、Technix，定量加注系统——D+P、Dopag，气动、液压单元——Domino Module、Somatec等。公司是机电一体化及工厂备品、备件（MRO）综合配套、一站式服务专家。

公司是专业电源的领先供应商，产品包括AC-AC、AC-DC、DC-DC、高压电源、电子负载、激光驱动器、脉冲发生器等。与全球所有主要的生产厂家合作，品牌覆盖Schulz-Electronic、Delta Electronika、Technix、Lumina、POLYAMP、Regatron、Camtec、TDK-Lambda、PicoLAS、H&H等。可根据您的个性需求特性定制、找到问题的解决方案，同时提供相应的售后技术支持及故障诊断、维修。

上海科泰电源股份有限公司

地址：上海市青浦区天辰路 1633 号
邮编：201712
电话：021-59758000
传真：021-69758500
邮箱：sales@ cooltechsh.com
网址：www.cooltechsh.com

简介：上海科泰电源股份有限公司于 2002 年在青浦工业园成立，于 2008 年完成股份制改造，并于 2010 年在深圳证券交易所上市（股票代码：300153）。公司位于上海青浦区的总部园区占地面积 88 亩（约 6 万 m^2），生产车间具备大、中、小功率组装流水线及 6 个设备测试台位，并配备设备先进的钣金车间。经过多年发展，公司已逐步形成以电力设备业务为核心，以节能环保和新能源业务为两翼的集团化、多元化发展态势。

电力设备板块是公司的核心业务。公司可根据客户需要提供发电机组、输配电、专用车等产品及方案设计、工程安装、维护保养等配套服务，并形成一揽子解决方案。发电机组产品包括标准型机组、静音型机组、移动发电车、拖车型机组、集装箱型机组、方舱型机组等，可作为备用电源、移动电源、替代电源，广泛应用于通信、数据中心、高端制造、电力、石油石化、交通运输、工程、港口、船舶等行业和领域；输配电产品包括中低压开关柜、密集型母线柜、接地电阻柜、非标箱等；专用车产品以移动电源车为基础，开发电力作业车等特种车产品。标准化、智能化、环保性、高品质是公司电力设备产品的主要特点。

公司积极关注节能环保和新能源领域。公司开发的混合能源产品、燃气机组、分布式电站等新型电力产品，可使用更加清洁的能源，并提高系统能源利用率。公司配备动力系统和储能产品的生产测试设备，可开展小动力和储能的电池包成套业务。同时，公司通过投资布局高压级联储能领域，进一步加强储能技术储备。

近年来，公司被评为上海市高新技术企业、上海市科技企业、上海市实施卓越绩效管理先进企业、AAA 资信等级企业、中国电器工业最具影响力企业、内燃机电站行业优势企业、上海市民营制造业企业 100 强、上海市专精特新中小企业，并获得上海市五一劳动奖状等诸多荣誉，得到了社会各界的广泛认可。

展望未来，公司将坚持"一主两翼、投资助推"的发展思路，不断巩固并提升备用电源领域业务和市场地位，强化主业的顶梁柱作用；持续关注新的技术方向和市场机会，布局并发展新能源和储能领域业务，形成两翼齐飞的格局；充分发挥上市公司平台作用，为未来发展蓄能；从而打造一流品质、一流服务、绿色发展、环境友好、以人为本、安全第一、科学规范、智慧运营的中国制造企业。

上海南芯半导体科技股份有限公司

地址：上海市浦东新区中国（上海）自由贸易试验区盛夏路 565 弄 54 号（4 幢）1601
邮编：201210
电话：021-58309616
邮箱：sc-sales-service@southchip.com
网址：cn.southchip.com

简介：上海南芯半导体科技股份有限公司（以下简称南芯，股票代码：688484）是国内领先的模拟和嵌入式芯片设计企业之一，专注于电源及电池管理领域，拥有汽车电子、Charge pump、DC-DC、AC-DC、有线充电、无线充电、快充协议、锂电保护等多条产品线。

南芯能够提供从 AC 到电池的端到端有线、无线完整快充解决方案，产品覆盖 10~300W 功率等级范围。电荷泵和升降压开关充电系列快充产品打破国外垄断；DC-DC、有线/无线充电及嵌入式协议类产品在消费、泛工业等市场被广泛采用；多类产品已通过 AEC-Q100 车规质量认证，能够提供完整的车载无线/有线充电方案，于多款车型中实现前装量产。

南芯拥有强大的研发及系统团队、独立的品质管控团队以及贴近客户的销售和支持团队，为高质量的产品开发设计保驾护航。南芯产品已在荣耀、OPPO、vivo、小米、联想、三星、Anker、紫米等产品中频频亮相，于多款汽车品牌前装产品顺利量产，证明了产品在性能、品质和成本等方面的诸多优势。南芯，致力于为客户提供高性能、高品质与高经济效益的系统解决方案。

南芯，为效率而生。

上海全力电器有限公司

地址：上海市普陀区金沙江路 891 号
邮编：200062
电话：021-62535836
传真：021-62558838
邮箱：426356837@qq.com
网址：www.querli.com

简介：上海全力电器有限公司生产基地坐落于上海市嘉定区南翔蓝天开发区，占地面积 2 万 m^2，建筑面积 1.2 万 m^2，是中国电源学会会员单位，是一家专业从事各种交直流电源研究、开发、生产、销售的综合性企业。

公司创办以来，一贯坚持"以质量求生存，以科技求发展"的发展纲领，不断引进和吸收国内外新技术、新工艺、新器件，产品品质不断提高，功能不断完善，性能更加可靠。全力人本着"追求永无止境"的理念，不断创新、努力开拓，先后取得中国电工产品安全认证（长城认证）、

ISO 9001 质量管理体系认证，并由中国人民保险公司承担质量责任保险。经过十几年拼搏、奋斗，现已发展成为具有多项国内领先技术，以高科技为基础的初具规模的电源生产基地。目前公司生产的产品主要有精密净化交流稳压器、直流稳压电源、逆变电源、各种充电机、调压器、变压器等十大系列 300 多种规格，年产各种产品达 10 万台（套），产品畅销全国近 100 个城市，部分产品远销国际市场，深受国内外用户的好评。

上海申睿电气有限公司

地址：上海市宝山区长逸路 15 号 A 幢 17 楼
邮编：200441
电话：18516606048
传真：021-65682881
邮箱：xiangwei.zeng@sre-power.com
网址：www.sre-power.com

简介：上海申睿电气有限公司是一家由归国留学人员创办的技术研发型企业，成立于 2014 年。公司是国家高新技术企业、上海市专精特新企业。公司聚焦数字技术和电力电子技术，专注于开关电源、运动控制、新能源和工业 4.0 相关的研发、生产和销售。公司拥有马来西亚全资工厂及东莞、深圳、苏州工厂等生产基地；拥有中国华东（上海）和华南（东莞）研发中心；在国内和马来西亚拥有销售分支机构和售后服务网点。

上海数明半导体有限公司

SiLLUMIN
数 明 半 导 体

地址：上海市松江区中心路 1158 号 21 栋 A 座 3 楼
邮编：210000
电话：021-67895296
邮箱：joyce.dong@sillumin.com
网址：www.sillumin.com

简介：上海数明半导体有限公司（以下简称数明半导体）成立于 2013 年，聚焦于高性能模拟芯片设计以及系统的整体解决方案，产品包括驱动芯片、隔离器、电源管理以及智能光伏方案等，广泛应用在工业、汽车以及能源等领域。公司总部位于上海临港松江科技城，在深圳南山、浦东张江等地建立了分支机构。数明半导体的核心研发和管理团队由一批来自业界顶级半导体设计公司的资深专家组成，公司拥有独立自主知识产权和丰富的 IP 积累，已获得 24 项专利授权并于 2020 年被评为高新技术企业。数明半导体始终坚持以"专业、专注、创新、高效"为经营理念，致力于成为国内领先的驱动及电源管理芯片供应商。

上海唯力科技有限公司

地址：上海市虹口区天宝路 578 号飘鹰世纪大厦 806、807 室
邮编：200086
电话：021-65038036
传真：021-65038673
邮箱：micropower@vip.sina.com
网址：www.shmicropower.cn

简介：上海唯力科技有限公司是 1998 年成立的高科技企业，主要经营电源模块、电源适配器、EMC/EMI 滤波器、抗浪涌抑制器、MCU，并提供相关产品的技术支持、应用开发及售后服务等。

公司分别在北京、上海、合肥、深圳设立多个办事处。通过十多年的磨砺与发展，公司在开关电源 AC-DC、DC-DC、EMI/EMC 滤波器领域形成了较为完整的产品系列和成熟的解决方案，已经成为国内外多家著名企业集团、科研院所的合作伙伴和指定产品供应商。

公司着眼于长远的发展战略，以"诚实、竞争、开拓、创新"的经营理念，"人无我有，人有我优"的服务承诺，不断提高技术服务水平。

上海稳利达科技股份有限公司

地址：上海市嘉定区高石公路 2439 号
邮编：201800
电话：400-060-5788，800-820-3007
传真：021-60831633
邮箱：sales@wenlida.com
网址：www.wenlida.com

简介：上海稳利达科技股份有限公司是一家专注于电能质量领域设备研发、制造、销售和技术服务的股份制企业。公司位于上海市嘉定区，旗下拥有上海嘉定技术研发基地、上海交通大学 FACTS 技术科研成果转化基地、浙江嘉善生产基地，走科技创新推动低碳经济发展的创新型企业道路。

公司致力于稳压电源、谐波治理装置、高低压无功补偿、成套电气及电力节能设备的研发和生产，为客户提供专业化、定制化的电能质量综合解决方案和能效卓越的电气设备。多年来公司的产品和服务广泛应用于工业 4.0 智能制造、轨道交通、电力、通信、医疗、冶金、化工、民航、石油、市政、汽车制造、高速公路、新能源等行业。秉承"稳行致远，利信达业"的企业经营理念，通过不断的科技创新和完善服务，为客户持续创造价值。

上海新进芯微电子有限公司

地址：上海市闵行区紫竹科技园区紫星路 1600 号
邮编：200241
电话：021-24162266
邮箱：wenhui_dong@cn.diodes.com
网址：www.diodes.com
简介：上海新进芯微电子有限公司隶属于美国 Diodes 公司，现有全职员工 1000 余人，其中从事设计和工程的技术团队为 300 余人。公司拥有 6in（1in=25.4mm）以及 8in 晶圆制造净化厂房，可以为系统客户提供采用先进的模拟 IC 设计和研发、以及利用高阶的生产工艺（如 Bipolar、CMOS、BiCDMOS、TVS 和 SKY 等）制造的多元化高效能半导体产品。公司广泛的产品组合锁定在高增长高价值的市场应用领域，包括消费性电子、计算机、通信、工业及车用电子。

上海伊意亿新能源科技有限公司

地址：上海市闵行区漕河泾开发区新骏环路 138 号 5 幢 401 室
邮编：201114
电话：021-52213028
传真：021-52213028
邮箱：info@3e-powersystem.com
网址：www.techmation.com.cn
简介：上海伊意亿新能源科技有限公司成立于 2016 年，与意大利 EEI S.P.A 公司同是弘讯科技的子公司，负责 EEI S.P.A 公司在亚洲市场的产品推广销售以及售后服务。

EEI 创立于 1978 年，在电力电子、自动化系统、制造技术以及能源领域有着丰富经验。在过去的 40 余年中，EEI 持续稳健发展壮大，公司产品涵盖工业、能源、物理以及医疗应用等领域，目前现有员工近 100 人，有超过 3000 个 EEI 的系统在世界各地运行着。EEI 拥有自己的研究设施，于 1996 年成为意大利科学研究部核批的研究实验室。

EEI 设计和提供应用于各类能源生产系统的静态转换器，为可再生能源领域提供创新解决方案，旨在为客户提供最好性能、最先进的产品，主要应用领域包括太阳能发电、风能发电、储能、水力发电以及智能电网。

上海英联电子系统有限公司

地址：上海市浦东新区置业路 111 弄 2 号楼 4 层
邮编：201200
电话：18917685058
邮箱：contact@union-pwr.com
网址：www.union-pwr.com
简介：上海英联电子系统有限公司成立于 2005 年，位于中国（上海）自由贸易试验区张江科学城，主要从事高可靠性、高性能的电源模块和微系统产品的开发、生产和销售；以前沿的技术视野、"可靠、创新、易用和杰出（R.i.S.E.）"的产品开发原则，为电信通信和数据处理等基础设备、信息处理终端、工业和高端装备领域的客户提供市场领先的功率变换产品；秉持"提升客户价值、与客户一起成功"的理念，从而达成"创造社会财富、助力世界高效运作"的使命。

上海鹰峰电子科技股份有限公司

EAGTOP
all for you, all for inverter

地址：上海市松江区石湖荡工业园唐明路 258 号
邮编：201617
电话：021-57842298
传真：021-57847517
邮箱：zhaozhanglong@eagtop.com
网址：www.eagtop.com
简介：上海鹰峰电子科技股份有限公司是一家专注于电力电子无源器件的研发、生产、销售与服务的高新技术企业，为用户提供车载 DC-Link 电容器、嵌件注塑汇流排、车载 Boost 电感等，产品已经成熟应用于主流车型，得到客户的信赖与支持。

面对未来，公司持续加大技术创新投入，加强与国际一流车企及相关配套厂商的合作力度，提高公司产品与方案在新能源汽车市场的占有率。为客户提供更加信赖的产品和解决方案支持，为绿色低碳出行做出我们的贡献。

上海远宽能源科技有限公司

ModelingTech
远宽能源

地址：上海市杨浦区隆昌路 619 号城市概念 6 号楼 2 层
邮编：200090
电话：021-65011357
传真：021-65011629
邮箱：info@modeling-tech.com
网址：www.modeling-tech.com
简介：上海远宽能源科技有限公司（以下简称远宽能源）成立于 2011 年，专注于电力、新能源、电气化交通等行业中的实时仿真和控制器快速原型应用。公司自成立起就持续进行电力电子仿真技术的自主研发；于 2013 年发布了基于 CPU 的 StarSim 实时仿真器，于 2016 年发布了基于 FPGA 的 StarSim 实时仿真器，于 2020 年发布了基于自研硬件的实时仿真产品，能够支持任意电力电子拓扑在 1μs 量级步长实时仿真，已经达到国际领先的小步长仿真技术水平。

远宽能源拥有一支精干敬业的员工团队，始终致力向客户提供专业的售前和售后技术服务。公司目前服务了国内上百家单位，包括正泰电源、禾望电气、固德威等新能源相关企业，中国电科院、各省网公司电科院等电力科研院所，以及清华、上交、华北电力等国内知名高校；产品成功帮助客户解决了逆变器入网测试、设备故障检测、多逆变器协调控制等实际科研与工程问题，深受行业客户好评！

远宽能源的目标是成为电力仿真领域的全球领先企业，向客户提供先进的产品和优秀的技术服务，和客户一起携手走向绿色和节能的未来世界！

上海瞻芯电子科技有限公司

地址：上海市浦东新区南汇新城镇海洋四路 99 弄 3 号楼 8 楼
邮编：201306
电话：021-60870175
传真：021-60870172
邮箱：huasheng.gong@inventchip.com.cn
网址：www.inventchip.com.cn
简介：上海瞻芯电子科技有限公司（以下简称瞻芯电子）是一家聚焦于碳化硅（SiC）半导体领域的高科技芯片公司，2017 年成立于上海临港。公司致力于开发碳化硅（SiC）功率器件和模块、驱动和控制芯片，并围绕碳化硅（SiC）应用，为客户提供一站式解决方案。

瞻芯电子是中国第一家自主开发并掌握 6in 碳化硅（SiC）MOSFET 产品以及工艺平台的公司，拥有一座车规级碳化硅（SiC）晶圆厂，并获得 IATF 16949 认证，进入中国领先 SiC 功率半导体公司行列。

瞻芯电子将持续创新，放眼世界，致力于打造中国领先、国际一流的碳化硅（SiC）功率半导体和芯片解决方案提供商。

上海灼日新材料科技有限公司

地址：上海市松江区港业路 558 号 4、5 幢
邮编：201617
电话：021-51872995
传真：021-51872995
邮箱：4381505@qq.com
网址：www.jorle.net
简介：上海灼日新材料科技有限公司是一家从事胶黏剂研发、生产、销售服务的高科技型企业。公司主营有机硅、环氧树脂、聚氨酯等系列产品，并设有完善的产品研发中心和检测中心。公司先后通过了 ISO 9001 质量管理体系、ISO 14001 环境管理体系以及 IATF 16949 质量体系认证；灼日产品已通过 RoHS 环保认证、UL 产品认证等，广泛应用于电子、电气、电力、新能源（风能、光伏以及电池）、汽车、高铁等众多领域。

上海灼日新材料科技有限公司始终以客户需求为导向，致力为客户提供完善的产品黏接、密封解决方案。公司与国内知名院校、科研机构建立了长期稳定的合作关系，为公司的产品开发和技术创新提供了可靠保障。

"科技，点燃灼日的魅力"，灼日——勇于追求、不断超越的企业，我们将始终不渝的以诚信为纽带，建构信任的桥梁，与您携手，同步世界。

思瑞浦微电子科技（苏州）股份有限公司

地址：上海市浦东新区张东路 1761 号 2 号楼 4F
邮编：201203
电话：021-51090810
邮箱：business@3peak.com
网址：www.3peak.com
简介：思瑞浦微电子科技（苏州）股份有限公司（3PEAK INCORPORATED，股票代码：688536）成立于 2012 年，始终坚持研发高性能、高质量和高可靠性的集成电路产品，包括信号链模拟芯片、电源管理模拟芯片和数模混合模拟前端，并逐渐融合嵌入式处理器，为客户提供全方面的解决方案。其应用范围涵盖信息通信、工业控制、监控安全、医疗健康、仪器仪表、新能源和汽车等众多领域。

思源清能电气电子有限公司

Sieyuan

地址：上海市闵行区华宁路 3399 号 5 号楼
邮编：201108
电话：021-61610996
传真：021-61610996
邮箱：mmz.19623@sieyuan.com
网址：www.sieyuan.com/index.aspx?cat_code=qingneng
简介：思源清能电气电子有限公司（以下简称思源清能）是思源电气股份有限公司的全资子公司，专注于大功率电力电子技术在电力系统"发、输、配、用、储"各领域的应用。公司不仅掌握多种柔性交流输配电装置的自主知识产权，而且能够提供输配电系统的稳定性分析、电能质量分析等相关的咨询服务。思源清能是 SVG/STATCOM 产品的技术领头羊，积极参与起草了多项链式静止无功补偿器的国家及行业标准，截至 2023 年底全球投运数量 8000 余套，产品已成熟应用于新能源、电网、轨交、冶金等多个行业，并出口俄罗斯、智利、墨西哥等美洲、东南亚、非洲市场。思源清能是国内最早开始研制静止同步调相机 SSC 及构网型 SVG 装置的企业之一，该产品利用构网技术，在双星形结构换流阀组（MMC）的直流侧加入集中布置的超级电容，利用有功支撑和无功补偿一体化控制，可实现暂态电压无延时支撑、短路电流可控等功能，在增强电压调节性能的同时，有效提高供电系统的频率稳定性。思源清能也是国内早期进入储能行业的企业之一，产品包括锂电池储能系统、储能变流器、电池管理系统、电池包（Pack）及EMS等，并拥有先进的储能试验设备、EMC试验室，电池包（Pack）、储能变流器、储能系统的生产流水线，实现了全过程质量监控。公司从2008年于上海漕溪路变电站储能示范工程开始，在储能领域持续耕耘，产品不断迭代。公司秉承向全球客户提供一流的电气设备和服务的企业愿景，帮助客户安全、可靠、高效地使用和维护电力。

致瞻科技（上海）有限公司

地址：上海市闵行区新骏环路588号23幢302室
电话：021-68161639
邮箱：bo. qu@ zinsight-tech.com
网址：www.zinsight-tech.com
简介：致瞻科技（上海）有限公司（以下简称致瞻科技）是一家聚焦于碳化硅器件及先进电驱系统的高科技公司。依托超过10年的碳化硅功率半导体设计及驱动系统研发经验，致瞻科技推出了SiCTeXTM系列碳化硅先进电驱系统及ZiPACKTM高性能碳化硅功率模块，广泛应用于新能源汽车、充储、氢燃料电池汽车等场景，立志成为领先的碳化硅半导体器件及先进电驱系统供应商。

致瞻科技秉持"开放、创新、成长、务实、执行"的核心价值观，强调人才是公司的重要资产和核心竞争力。公司通过多种方式培养人才和历练人才，以客户需求为牵引，创建开放、包容的创新环境，使员工、企业、客户共同成长。

江　苏　省

艾普斯电源（苏州）有限公司

地址：江苏省苏州市虎丘区新区科技工业园火炬路39号
邮编：215000
电话：0512-68098868-862
传真：0512-68245670
邮箱：peggy. lin@ acpower. net
网址：www.preenpower.com.cn
简介：艾普斯电源（苏州）有限公司（Preen）为交流电源和直流电源的开拓者，专注于可编程交/直流电源、测试电源、测试系统、航空军用电源及保护电源，以电力电子的核心技术拓展市场，产品广泛地补充再生能源，电机/电子，实验室，航空国防等行业。

公司成立于1989年，总公司位于台北市内湖科技园区，生产基地在汐止、天津、苏州，另有营销服务网点分布在美国分公司共20处，便于贴近及服务客户。30多年来研发、生产、销售、售后服务经营自有品牌"艾普斯电源"，近年以"Preen"（电力与可再生能源）新的品牌踏入再生能源及高端测试产业。

公司已在亚洲打下良好的品牌及通路，拥有完整的交流及直流电源产品线，是全球少数拥有大功率可编程式电源能力的厂家，未来期望能打造成为电源仪器界的世界品牌，投入再生能源及智慧电网电源测试产业。

常熟凯玺电子电气有限公司

地址：江苏省苏州市常熟市常熟高新技术产业开发区金麟路16号3B
邮编：215500
电话：0512-52956256
传真：0512-52956356
邮箱：kxeeg@ kxeeg. com
网址：www.kxeeg.com
简介：常熟凯玺电子电气有限公司（以下简称凯玺）成立于2014年9月，是国家高新技术企业和江苏省民营科技企业。作为国内射频等离子体全产业链拥有企业，在承担国家变革性技术研制的同时，产品以军工品质在中航科技八院、三乐电子信息产业集团有限公司、第五十四研究所等大型企业、国家重点实验室、著名大学得到应用。拥有超高集成度的"凯玺"牌微波源已随"起源太空NEO-1"卫星遨游太空。

凯玺作为集研发、生产、销售、服务于一体的高新技术自动化设备制造商，在等离子清洗、刻蚀、镀膜等相关应用领域有着丰富的经验，是同时完整拥有大型微波源/射频功率源/中频源/直流源/脉冲源及其零部件（变压器、电感、电容等）研究、生产与技术支持能力、冷等离子体制备与测试能力、大型射频信号发射/接收测试能力的技术型企业。

公司专注于为客户提供先进设备与专业技术服务，优秀而齐全的等离子体状态测试、射频测试、真空测试、热测试仪器与专有系统可为客户提供优质24小时售后服务、现场诊断与处理能力。

公司具备从元件到系统各层级的射频等离子体产品设计制造能力。秉持无尘、高洁净、高可靠、高稳定、高一致性理念，打造最佳性价比的等离子清洗机，成为摄像头企业产线自动化升级的首选。

常州博瑞电力自动化设备有限公司

地址：江苏省常州武进区潞城街道五一路368号
邮编：213025

电话：0519-81986815
邮箱：yaodj_br@nrec.com
网址：www.nrec.com/bori
简介：常州博瑞电力自动化设备有限公司成立于2005年，主要从事电网、电厂和各类工矿企业的智能电力装备研发和产业化，是国内该领域较大的工艺研究和产业化基地。

公司是国家高新技术企业、国家知识产权优势企业、江苏省创新型领军企业，建有江苏省柔性输变电装备工程技术研究中心、江苏省直流配电网工程研究中心、江苏省认定企业技术中心；已承担国家强基工程、国家火炬计划等省级及以上重大科技项目9项；曾获江苏省科学技术奖等科技奖项50余项；获有效授权发明专利超170项；制定国际IEC标准1项，主导和参与国家、行业等标准制修订近30项。

公司坚持"以解决问题为导向"的创新理念，持续推进自主创新和重大装备国产化，在特高压直流输电、柔性交直流输电、新能源发电等领域取得了一批支撑和引领行业发展的研发成果，产品技术保持业内领先。公司的核心技术产品和解决方案广泛应用于国网、南网特高压骨干网架、西电东送、北京奥运等重点工程，切实保障我国电力系统安全、稳定运行，并成功进入全球50多个国家和地区，代表中国特高压技术首次走出国门，交付±800kV巴西美丽山特高压直流输电工程，成为电力能源装备领域"中国制造"和"中国创造"的名片。

常州浩仪科技有限公司

地址：江苏省常州市新北区高新科技园创新科技楼南区A座3层
邮编：213000
电话：18136911520
邮箱：haoyi001@uni-trend.com.cn
网址：www.hao-tech.cn
简介：常州浩仪科技有限公司是一家专注于高端工业测量仪器研发与制造的公司，坐落于中国测量仪器之乡常州，目前产品涵盖半导体、组件参数测试、安规测试、电力电子测试等领域。

常州市创联电源科技股份有限公司

地址：江苏省常州市钟楼区童子河西路8号创联电源
邮编：213000
电话：4001112099
传真：0519-85215252
邮箱：1229275766@qq.com
网址：www.cl-power.com
简介：常州市创联电源科技股份有限公司始创于2000年3月，是一家集开关电源的研发、制造、销售和服务于一体的国家级专精特新"小巨人"企业和高新技术企业。

公司致力于成为中国标准开关电源解决方案首选提供商，为全球客户提供全方位电源解决方案，主营产品包括LED显示屏电源、工业控制电源和照明亮化电源，主要应用于LED显示屏、工业自动化、电力、通信、交通运输、照明亮化、新能源等产业。

常州市红光电能科技股份有限公司

HGPOWER® 红光

地址：江苏省常州市武进区礼嘉镇桂阳路1号
邮编：213176
电话：0519-86733545；86732495
传真：0519-86731270
邮箱：sales@hgpower.com
网址：www.hgpower.com
简介：常州市红光电能科技股份有限公司成立于1998年，一直致力于交换式电源产品的开发及生产。目前公司已成为国内知名的开关电源生产基地，拥有先进的生产工艺和完善的品质保证体系，主要产品全部通过CCC、UL、CE、GS、FCC认证，并通过ISO 9001：2008、ISO 14000：2004、GJB 9001B：2015、TS 16949：2015等认证。

目前公司产品广泛应用于家电、通信网络、LED驱动、电动汽车充电、模块电源等领域，公司现有固定资产15000万元，厂房及宿舍面积达50000m²，生产开关电源达2万台/天。

公司拥有一支作风严谨、高素质的研发队伍，可以灵活高效地为客户提供全面的电源解决方案。

创一流品质，持续不断推出高效、节能、绿色电源产品，打造中国电源品牌是我们的宗旨。

东电化兰达（中国）电子有限公司

⧫TDK

地址：江苏省无锡市珠江路95号
电话：0510-85281029
网址：www.lambda.tdk.com.cn
简介：关于TDK公司。TDK总部位于日本东京，是一家为智能社会提供电子解决方案的全球领先的电子公司。TDK公司建立在精通材料科学的基础上，始终不移地处于科技发展的最前沿并以"科技，吸引未来"，迎接社会的变革。公司成立于1935年，主营铁氧体（是一种用于电子和磁性产品的关键材料）TDK公司全面和创新驱动的产品组合包括无源元件（如陶瓷电容器、铝电解电容器、薄膜电容器、磁性产品、高频元件、压电和保护器件）以及传感器和传感器系统（如温度和压力、磁性和MEMS传感器）。此外，TDK公司还提供电源和能源装置、磁头等产品。产品品牌包括TDK、爱普科斯（EPCOS）、InvenSense、Micronas、Tronics以及TDK-Lambda。TDK公司重点开展如汽车、工业和消费电子以及信息和通信技术市场领域。公司在亚洲、欧洲、北美洲和南美洲拥有设计、制造和销售办事处网络。在 2022 财年，TDK 公司的销售总额为 156 亿美元，全球雇员约为 11.7 万人。

关于 TDK-Lambda 公司。TDK-Lambda 公司是一家向全球提供值得信赖、创新的高可靠工业电源解决方案的行业领导公司。

TDK Lambda 公司在中国、日本、欧洲、美国和东南亚均拥有研发、制造、销售、售后服务和应用技术支持等完整的体制，可随时随地快速地响应客户的各种需求。

江南大学

地址：江苏省无锡市滨湖区蠡湖大道 1800 号
邮编：214122
电话：18661091539
邮箱：ewlu@jiangnan.edu.cn
网址：www.jiangnan.edu.cn
简介：江南大学是教育部直属、国家"211 工程"重点建设高校和一流学科建设高校。学校具有悠久的办学历史、厚重的文化积淀，源起 1902 年创建的三江师范学堂，历经多年发展，1958 年南京工学院食品工业系整建制东迁无锡，建立无锡轻工业学院；1995 年更名为无锡轻工大学；2001 年无锡轻工大学、江南学院、无锡教育学院合并组建江南大学；2003 年东华大学无锡校区并入江南大学。

江苏坚力电子科技股份有限公司

地址：江苏省常州市钟楼区香樟路 52 号
邮编：213023
电话：0519-86926668
传真：0519-86965903
邮箱：xujiankang@cnfilter.com
网址：www.jsczjianli.com
简介：江苏坚力电子科技股份有限公司是中国规模与研发实力并举的 EMI/EMC 电源滤波器制造商。自 20 世纪 60 年代生产滤波器以来，积累了 60 多年的专业制造经验，是中国电源滤波器和谐波治理领域的领导者，能为您提供和解决各种 EMI/EMC 问题的方案和产品，并为电能的安全、高效、可靠的利用积极贡献力量。在国内同行业中率先通过了 ISO 9001 质量管理体系认证、ISO 14001 环境管理体系认证、OHSAS 18001 职业健康与安全管理体系认证、TS 16949 汽车质量管理体系认证。先进的测试设备和严格的品质管理形成了我们的独特优势，历年来坚力产品主要品种已先后通过 UL、CSA 和 VDE 等国际安规认证。公司产品应用于各种仪器仪表、医疗设备、电力电源、通信电源、驱动及控制设备等，多次为国家重点工程——电子方舱、运载火箭、考察船等配套。公司产品畅销海内外，拥有国内外各领域的优秀客户。能在 4~6 周内为您提供 0.5~2000A 各种规格的单相、三相交流电源滤波器、直流电源滤波器、电抗器、谐波滤波器等。专业的研发团队可为客户设计和制造各种特规滤波器，以帮助您的设备有效地抑制沿电源线传输的电磁干扰，满足电磁兼容（EMC）规范的要求。

江苏兴顺电子有限公司

地址：江苏省泰州市兴化市昭阳工业园二区宏泰路 18 号
邮编：225700
电话：13338883596
传真：0523-83234146
邮箱：shenqi@jsxingshun.com
网址：www.semitec.co.jp
简介：江苏兴顺电子有限公司系日本 SEMITEC 独资企业，地处江苏省兴化市昭阳工业园二区，主要产品有热敏电阻及压敏电阻、温度传感器，广泛应用于现代通信、工业交通、家用电器、汽车电子及办公自动化等领域。近几年来公司充分发挥日本 SEMITEC 电子集团敏感元件所具有的国际领先水平的优势，拥有具有国内领先水平和国际先进水平的全自动化生产线及各类检测试验设备，产品通过美国 UL、加拿大 CSA、德国 VDE 和中国 CQC 认证。公司为国内集研发、生产和销售于一体的 NTC 热敏电阻和压敏电阻的制造商，并已成为索尼、松下、佳能、LG、三星、台达、冠捷、海信、格力、长虹、长城、TCL、康佳等国内外知名企业主要供应商。公司近期发展目标是建成 SEMITEC 电子集团的重要生产基地。

江苏易矽科技有限公司

地址：江苏省无锡市滨湖区建筑西路 777 号 A2 栋 14 层
邮编：214000
电话：0510-85758976
邮箱：easy@techez.cn
网址：www.techez.cn
简介：江苏易矽科技有限公司是一家致力于全国产化 IGBT 及宽禁带半导体芯片设计研发、生产、销售及应用系统解决方案的高科技研发型企业，由多家国内知名半导体上市公司联合出资，于 2021 年在江苏无锡国家集成电路设计园注册成立。

团队以硕、博士研究生为主，均在半导体、电力电子（功率半导体）领域拥有 5 年以上产品开发与运营管理工作经验。研发人员占比超过 50%，岗位配置包括芯片设计、工艺、封装及应用等各技术/产业环节，互补性强，完全覆盖芯片设计、新产品研发、应用技术研究等核心职能。

公司秉持"天下难事必作于易、天下大事必作于细"

的理念，坚持自主知识产权技术，从设计仿真、系统优化进行了一系列技术储备，实现产品正向按需开发，加强器件性能设计在目标应用领域的针对性，能够快速完成器件特性与应用方案设计与匹配性验证，并通过整合股东优势资源、实现"材料-设计-制造-封装-应用"全产业链条贯通。

公司面向电动汽车、新能源、工业变频、智能家电等应用领域开发国产化芯片研制与系统应用解决方案，产品包括 600~1700V IGBT，1700V 等级以下碳化硅 MOS，可封装成单管、半桥及全桥功率模块，满足系统应用需要。

江苏毅昌科技有限公司

地址：江苏省昆山市前进东路 168 号
邮编：215300
电话：0512-50155701
邮箱：lituanwei@echom.com
网址：www.echom.com
简介：江苏毅昌科技有限公司成立于 2009 年，注册资金 2.2 亿元，属上市公司毅昌科技全资子公司，地址位于苏州市昆山市前进东路 168 号毅昌科技产业园。公司专业从事储能相关零部件、电池包热管理部件、汽车内外饰零部件、便携储能电源以及显示类产品的设计、开发及生产配套服务，生产制品通过 FCC、UL、CE、PSE、RoSH、CCC 认证，产品设计和生产符合国际化标准。

公司通过了 ISO 9001 质量管理体系、ISO 14001 环境管理体系、IATF 16949 质量管理体系及知识产权管理体系（GB/T 29490—2013）认证，品质管控及知识产权体系达到国际化标准，为客户提供质量稳定的产品和配套服务。

昆山渝科电子科技有限公司

KAIVIEW

地址：江苏省昆山市千灯镇汶浦路 36 号 12 栋 2 楼 209、210 室
邮编：215341
电话：0512-81861622
邮箱：kaiview_power@yeah.net
网址：www.kaiview.cn
简介：昆山渝科电子科技有限公司位于中国苏州著名的历史文化古镇昆山市千灯镇，依靠沪宁和苏沪高速公路，交通便捷。公司成立于 2009 年，专业从事生产研发逆变电源、非标电源模块并参与光伏发电应用等新能源领域，是中国安全防范产品行业协会会员单位。2022 年公司通过质量管理体系认证（ISO 9001）。电源系列产品通过相关国家机构检验并获得认证，满足出口条件。公司电源产品应用于通信电力、光伏发电、航空航天、军工、车载船舶、监控医疗、自动化控制等领域，在国内发展建立了区域销售网络，能快捷方便地为客户提供安装、售后服务。公司自成立以来不断改进优化产品性能，提高产品质量，完善售后服务体系，得到了广大新老客户的普遍认可。

雷诺士（常州）电子有限公司

地址：江苏省常州市新北区华山中路 38 号
邮编：213001
电话：0519-85190886
传真：0519-85190886
邮箱：xinhua@rerosups.com
网址：www.rerosups.com
简介：雷诺士（常州）电子有限公司是国内知名电源设备制造商，是集设计、生产、销售、服务于一体的高科技股份制企业。公司总部及科研生产基地坐落于国家级常州高新技术开发区，毗邻上海、南京，是国内电源设备制造重点企业之一，目前拥有两大生产基地、4 个生产厂区，工厂占地面积 3.5 万 m^2。

公司长期从事电源产品的制造与销售，在产品的电源设计、制造工艺、出厂检验、开通调试等方面具有丰富的经验。公司主要产品有 UPS（不间断电源）、EPS（应急电源）、精密空调、精密配电柜、稳压电源、电池以及机房一体化集成配套设备，为国内多家知名品牌 UPS 厂商提供 OEM 服务，相关产品已经出口到包括欧美在内的 80 多个国家和地区。公司产品具有个性化、智能化、环保化、品质高等性能特点。同时公司具备强大的技术研发实力，能根据用户需求，量身定制非标电源产品，以满足特殊供电环境的需求。

公司已通过 ISO 9001 质量管理体系认证、ISO 14001 环境管理体系认证以及 ISO 18001 职业健康与安全管理体系认证。相关产品已经连续入围中央政府采购网、国税总局采购平台，企业是江苏省高新技术企业、绿色与创新企业、江苏省 UPS 研发机构、中国通企业协会会员、中国电源学会会员单位，并获得"最具用户满意度品牌"等荣誉称号。公司产品广泛应用于医疗卫生、政府机关、税务金融、电力、教育、铁路、冶金、科研、消防、交通、国防、航空航天、广电等重要领域，在各个行业发挥着电力保护神的重要作用。

南京海迪自动化科技有限公司

海迪科技 HAIDI AUTOMATION

地址：江苏省南京市雨花台区凤展路 30 号 3 幢 1508 室
邮编：210012
电话：025-86726859
传真：025-86726859
邮箱：nanjinghaidi@163.com
网址：www.njhaidi.com.cn
简介：南京海迪自动化科技有限公司成立于 2018 年，是一

家专注于电力综合自动化、电力二次安全防护及电力通信系统的研发、设计、生产、销售的高科技企业。公司技术和研发实力雄厚，被政府认定为高新技术企业。

公司自成立以来，始终坚持以人才为本、诚信立业的经营原则，严格按照电力行业有关部门的要求，完善硬件设备，狠抓队伍建设，强化服务意识，努力建设一支装备良好、技术熟练、服务周到的服务队伍。公司通过了ISO 9001、ISO 14001等体系认证，并在企业内建立了一流的中心实验室，目前拥有10余项发明专利、9项软件著作权，被江苏省科技厅认定为科技型中小企业、江苏省软件协会认定为软件企业。

公司人才结构合理，拥有一支以设计和项目管理为核心的高素质员工队伍，并且大量投入研发，开展了电力监控系统网络安全设备、智能变电站一体化监控系统、电力能量管理设备等项目的研发，紧密跟踪电力行业发展特点，不断优化产品，令用户得到最优质的服务和最好的投资回报。

公司已与国家电网、国电南瑞、国电南自、苏美达、青岛特锐德等国有企业、上市公司达成了长期合作，也愿意成为您最可信赖的长期合作伙伴。

南京泓帆动力技术有限公司

地址：江苏省南京市江宁区诚信大道885号
邮编：210000
电话：025-52168511
传真：025-52168511
邮箱：info@sailingdeep.com
网址：www.sailingdeep.com
简介：南京泓帆动力技术有限公司致力于深度掌握控制系统MBD和机电设计MBD技术，为学院、科研机构和制造企业提供全面的高效工具链和完整工作流的技术服务，目前主要从事智能电网领域电力电子设备和运动控制领域高性能控制平台和开发平台的研制。

南京酷科电子科技有限公司

地址：江苏省南京市栖霞区南京经济技术开发区恒泰路8号汇智科技园A1栋16层
邮编：210033
电话：13813898295
邮箱：chenwei@cuktech.com
简介：南京酷科电子科技有限公司是由陈玮博士于2016年5月创立，创立之初就获得小米、紫米、顺为等公司的投资，并于2020年3月获得南芯、领益天使轮投资。公司目前的主要产品有智能快速充电器产品系列、创新产品系列、定制电源产品系列等多个系列产品。公司产品借助小米平台、紫米平台、京东平台、美团平台、淘宝平台等进行销售，并提供优质的售后服务。公司秉承技术创新为基石，用户体验为核心，性价比为指引，打造"创新工厂"并引领行业发展为愿景。

南京兰泰机电集成有限公司

地址：江苏省南京市雨花台区大周路32号软件谷科创城D2北幢11层
邮编：210012
电话：025-86208290
邮箱：header8001@126.com
网址：www.dpg10.com
简介：南京兰泰机电集成有限公司是一家整合全球资源，着力工业技术与产品的应用和创新的系统集成供应商。

公司由德国ED-K公司授权，代理销售该公司DPG10系列综合电抗测试仪，为线圈类、磁材料类产品的大电流、高可靠、更快捷的测试、测量提供了精准、高效的产品与服务，在光伏、新能源、轨道交通、磁性材料、储能、工业自动化等诸多行业中获得了较大应用与发展。

该DPG10综合电抗测试仪自2002研发、销售以来，产品不断进步，得到行业中若干著名企业的综合应用，已经成为电力电子行业中测量电感及相关性能特性的第一选择。该DPG10系列综合电抗测试仪创新地运用了大电流脉冲测量法，给被测电感施加一个与其实际工作条件相同的矩形恒定直流电压，这样的结果是会在被测组件中产生一个上升的直流电流，而上升电流的di/dt值取决于电感系数。如果达到预先设定的最大电流，测量脉冲就会被断开。只需一个单次测量，通过对测量电流等特性的计算，一个完整的电感曲线便被表现出来。目前可提供单机最大电流从100～4000A的单相直流电抗测量条件；同时通过三相扩展测试仪，可以轻松地实现直接测量有效电流为58～2350A的三相交流正弦电感的电感值。

南京瑞途优特信息科技有限公司

地址：江苏省南京市江宁区铺岗街381号德茂大厦5楼511室
邮编：210000
电话：025-52458092
邮箱：hellodsp@vip.163.com
网址：www.rtunit.com
简介：南京瑞途优特信息科技有限公司致力于机电系统与电力电子系统控制相关的技术开发和产品设计，同时开发和销售研发所需的开发平台和实验仪器，主营半实物仿真系统和电力电子功率产品。公司立足于自主创新，拥有一支高素质、高水平、技术全面、结构合理的团队，能够积极响应用户的应用需求，提供定制化开发与专业的工程服务。公司依托东南大学电气工程学院的背景，同时与国内多所知名院校保持密切合作关系，努力将最先进的技术转化到实际产品中来，推动中国新能源和节能技术的快速发展。

南京研旭电气科技有限公司

地址：江苏省南京市浦口区新科一路 6 号
邮编：210032
电话：025-58747116
传真：025-58747106
邮箱：njyanxu@vip.qq.com
网址：www.njyxdq.com

简介：南京研旭电气科技有限公司（以下简称研旭）是一家集研发、生产、销售于一体的科技型企业，以嵌入式开发和电力电子定制为基础，通过多年的技术积累和用户反馈，研旭在微电网新能源、电力电子和电机控制领域的教学和科研方面拥有了大量的技术积累和开放式开源服务的经验。主要产品有嵌入式开发工具、电力电子功率硬件模组、快速原型开发控制系统、开放式风光储创新实验平台、开放式微电网创新实验平台、工业变流器等。

公司经多年历练，现横跨高教、电源两个领域，形成独特的交叉优势。在功率硬件教研系统中，研旭有着成熟的功率硬件工业成品的经验，在功率硬件成品企业中，研旭有着对功率硬件高效研发过程的理解与工具链的支持，推出的产品在多个科研院所、实际项目工程中得到应用，广受好评。

南瑞联研半导体有限责任公司

地址：江苏省南京市江宁区诚信大道 19 号
邮编：211100
电话：18115131780
邮箱：lhw6085@163.com
网址：www.sgepri.sgcc.com.cn

简介：南瑞联研半导体有限责任公司（以下简称南瑞联研）成立于 2019 年，由国家电网公司直属科研产业单位南瑞集团与全球能源互联网研究院共同出资设立。注册资本 8 亿元，总部位于江苏南京，是专业从事电力电子元器件研发、生产、销售、服务的高新技术公司。公司致力于电网化解"卡脖子"难题，为建设我国"新型电力系统"电力电子产业链自主可控、供应安全提供核"芯"力量。

南瑞联研是国务院国资委国企"科改示范"单位、工信部"工业强基"工程一条龙应用计划示范企业、南京市八大产业链——集成电路龙头企业培育库入选单位、国家电网公司战略性新兴产业培育重点单位、国家电网公司功率半导体产业发展的统一平台。

业务范围及研发投入。南瑞联研依托上市公司国电南瑞募集 16.4 亿资金，布局功率半导体产业发展。专注电网领域核心器件自主可控，提供 IGBT 芯片研制、模块设计、封装测试、应用分析等全业务流程产品和服务。

已建成生产线产线投资近 2 亿元，总面积 6200m²，千级无尘区洁净区占比超过 50%，具备年产 20 万只焊接型 IGBT 模块、5 万只压接型 IGBT 模块的能力。

在建设投资 2.5 亿元，建设有国内首条年产 5 万只压接型 IGBT 生产线，可满足我国柔性直流输电及新型电力系统建设需求。

采用先进的超声焊接工艺，产品具有过电流能力强、高强度、高可靠性等特性；采用先进纳米银烧结工艺，相对于传统焊料服役温度，有导电性能，导热性能好等多方面优势。

南瑞联研坚持高起点布局国产功率半导体发展，在芯片设计及模块研发、产品研制和标准制定方面，已承担国家 02 重大专项、国家重点研发计划项目等科技项目 40 多项，现申请专利 50 项，发明专利 8 项，实用新型专利 25 项，参与团体标准建设 3 项，发表专业论文 10 余篇，企业创新能力达到业内一流水平。

核心优势：

高成长潜力。成立第一年营收突破 5000 万元，成立第二年营收突破 1 亿元。具备良好国企资信背景和产业化发展条件，2022 年营收突破 3.5 亿元。

高比例研发投入。南瑞联研持续发力研发创新，加速核心产品科技成果转化。2020 年研发投入 2464.58 万元，营收占比 46%；2021 年研发投入 6851.25 元，营收占比 58%。

高端产品突破"卡脖子"难题。南瑞联研自主研发的 3300V/1500A IGBT 的芯片采用国内先进的 8 寸生产工艺，通过 IGBT 芯片正面元胞结构优化、终端关键工艺和背面缓冲工艺开发，将最大工作结温优化到 150℃，性能指标达到国际先进水平。2021 年 10 月，经中国电科院电工研究所、全球能源互联网联研院等行业权威机构测试，南瑞联研 3300V/1500A IGBT 器件通过入网全部 60 项器件级测试考核，高温漏电流和总体损耗与国外产品相比具有明显优势，常规性能、极限性能、产品可靠性等指标全面对标国外厂商同级别产品，并彻底解决电网应用中的"二类短路"的关键难题，有效提升电网运行安全水平。

潜润电子科技（苏州）有限公司

地址：江苏省苏州市吴江经济技术开发区庞金路 1801 号庞金工业坊 E01 中单元
邮编：215000
电话：13761232430
邮箱：mikejiao@cheeryenergy.com
网址：www.cheeryenergy.com

简介：潜润电子科技（苏州）有限公司成立于2021年9月，以提供高效率高功率密度的定制化的 AC-DC 开关电源为主要方向。企业核心团队研发人员均毕业自浙江大学与哈工大电力电子专业，并有十余年的产品研发经验。企业在苏州吴江设有生产基地，具备电源产品完整的产销研的能力。

苏州锴威特半导体股份有限公司

Convert

地址：江苏省苏州市张家港市杨舍镇沙洲湖科创园 B2 幢
邮编：215600
电话：0512-58979952
传真：0512-58979952
邮箱：shenzh@convertsemi.com
网址：www.convertsemi.com
简介：苏州锴威特半导体股份有限公司（以下简称锴威特）坐落于张家港市经济技术开发区，设有无锡、西安研发中心和深圳分公司，是国家高新技术企业、国家专精特新"小巨人"企业、苏州市瞪羚企业、张家港领军人才示范企业。

锴威特专注于智能功率器件与功率集成芯片的研发、生产和销售，同国内重点院校合作建有省级工程技术研究中心，围绕高可靠和第三代功率半导体展开研究。公司拥有100多项专利，产品广泛应用于智能家电、工业控制、智能电网和新能源汽车等领域。

锴威特目前已形成 30～1700V 全电压范围、高可靠性硅基功率器件（VDMOS、FRMOS、SJMOS、SGTMOS、TrenchMOS、PhotoMOS）、650～3300V 碳化硅基功率器件（SiC SBD、SiC MOSFET）、IPM 功率模组、大功率电源管理 IC 和驱动 IC 等产品系列。

苏州美恩斯电子科技有限公司

地址：江苏省苏州市吴中区金枫南路198号芯聚鼎慧智谷产业园3幢
邮编：215000
电话：0512-66351237　18018191789
传真：0512-66351237
邮箱：f1789@188.com
网址：www.szdcpower.com
简介：苏州美恩斯电子科技有限公司（以下简称美恩斯）成立于2015年，是集研发、生产、销售、服务为一体的国家高新技术企业。公司通过了 CE 认证和 GB/T 19001—2016/ISO 9001：2015 质量管理体系认证。

美恩斯专注于行业电源领域，坚持以市场为导向，以技术创新作为企业发展的核心；发展思路一贯坚持"科技是第一生产力"的理论导向，始终坚持科技的创新，技术的进步，高素质人才的培养；秉持着"质量求生存、创新求发展、品牌战略为先导"的方针。

美恩斯主要产品有直流电源、可编程直流电源、宽范围可编程直流电源、双向直流电源、大功率直流电源、直流电子负载、交流电源、直流电源测试系统以及全系列电源产品。

苏州水芯电子科技有限公司

地址：江苏省苏州市虎丘区城际路21号汇融广场
邮编：215000
电话：19113287320
邮箱：merchip@merchipmicro.com
网址：www.merchipmicro.com
简介：苏州水芯电子科技有限公司（以下简称水芯电子）成立于2020年，是国内可重构数字电源的芯片代表公司。公司在全球前瞻性地提出了可重构数字电源芯片概念并成功量产，推动3000亿模拟电源芯片数字化的历史进程，解决通信、服务器、工业、汽车、新能源和高端消费类卡脖子的数字电源芯片技术问题。

相较行业内传统模拟电源芯片产品，水芯电子的"可重构数字电源芯片"极大提升芯片应用开发效率，以极少型号的产品覆盖海量市场，减少流片次数和成本，缩短市场响应时间和产品开发周期，大幅降低芯片开发成本，提高电源技术迭代速度。

公司凭借在数字电源芯片和电源 SoC 领域深厚的技术积累和颠覆性技术创新能力，自研了 DSP 大功率电源/电机芯片、VRM、快充芯片等产品系列，为中国高端电源和大功率电源芯片领域注入了新鲜血液。

水芯电子核心团队来自全球著名芯片公司，拥有10多年集成电路研发及管理经验。公司总部位于苏州，在成都、深圳设立有分部。公司将始终坚持以实现模拟电源芯片全面数字化、平台化和智能化为己任，致力解决国家高端电源芯片卡脖子问题，目标成为中国的"红色高通"，最终实现有电的地方就有水芯电子的美好愿景。

苏州万瑞达电气有限公司

地址：江苏省苏州市苏州工业园区东旺路8号
邮编：215000
电话：0512-65980655
传真：0512-65980656
邮箱：szwrddq@163.com
网址：www.variedchina.com
简介：苏州万瑞达电气有限公司成立于2006年，总部位于江苏省苏州市工业园区，是一家专门从事直流电源、负载及相关测试系统的国家高新技术企业。

核心产品有直流电源、可编程电源、电子负载、双向直流电源、测试系统等，广泛应用于电力电子、电机电控、电动汽车、氢燃料电池、光伏、5G 应用、手机数码、军工、科研院校等行业。截至目前，公司已获实用新型专利十多项及各级机构认证上百项。

深耕电源领域十多年，产品线结构完善，从几十瓦到上兆瓦产品完备。公司不仅拥有高水准的产品研发能力和核心技术，也积累了丰富的生产管理经验，拥有专业的研发技术团队及产品售后服务团队，可及时、高效地为客户提供全方位技术支持与服务。

苏州西伊加梯电源技术有限公司

地址：江苏省苏州市苏州工业园区杏林街 78 号新兴产业工业坊 11 号厂房 1 楼 B 单元
邮编：215121
电话：0512-65072152
传真：0512-65072153
邮箱：jason.wang@cet-power.com
网址：www.cet-power.cn
简介：西伊加梯（CE+T）是一家跨国企业集团，总部位于比利时，在中国、美国、印度、卢森堡、澳大利亚等多个国家均设立了分公司或办事处，为全球多个国家的用户提供安全可靠的用电保障。

自 1934 年以来，CE+T 在电力解决方案方面积累了丰富的经验和专业知识，成为能源转型的宝贵贡献者。

CE+T 的电源解决方案范围包括逆变器（直流到交流）、UPS（用电池固定交流负载）和多向转换器（逆变器、整流器和 UPS 一体机）及相应的监测和控制解决方案。

CE+T 提供多种直流电压（24V、48V、60V、110V、220V、380V、1000V）和交流电压（120V、230V、277V）规格的解决方案，以满足各种能源需求和应用。

CE+T 荣获了 2016 年由谷歌和 IEEE 组织的小盒子挑战赛（该竞赛旨在生产世界上功率密度最高的逆变器）冠军。

自 2018 年起，CE+T 每年均获得德勤颁发的最佳公司奖，以认可我们在战略、能力、承诺和财务方面的业务管理方式。

相信我们，CE+T 不仅能为您提供高效适合的电源解决方案，也会是您成功投资的忠实合作伙伴。

太仓电威光电有限公司

地址：江苏省苏州市太仓市新毛管理区新港西路 66 号
邮编：215414
电话：0512-827755558
传真：0512-827755558
邮箱：epe@powerepe.com
网址：wwww.powerepe.com
简介：太仓电威光电有限公司是一家专业研发与生产舞台灯光电源、车用 HID 电源、LED 驱动电源的江苏省高新技术企业。公司通过自身的研发能力及先进的生产技术、先进的生产设备和齐全的试验、检验、测试设施，加之严格的产品监控措施，并在 2004 年通过了 ISO/TS 16949 认证和 ISO 14001 认证。

公司以优质的产品、良好的信誉和完善的服务赢得了国内外客商的普遍赞誉。公司占地 37 亩（约 24667m^2），注册资本 3600 万元，拥有 10000m^2 的现代化厂房，拥有一个现代化的研发中心、一个现代化的实验室，为了确保产品的高可靠性，自建了实验室，对产品进行各项环境测试、老化测试、高低温测试、电磁兼容测试，从而确保公司产品的安全、可靠。

公司坚持"不断以高性能，高可靠的产品服务于市场"的经营理念，国内外市场不断得到扩大，产品遍布美国、南美、俄罗斯、澳大利亚等。

无锡希恩电气有限公司

地址：江苏省无锡市锡山区东港镇科技园区勤工路 8 号
邮编：214199
电话：18908235950 13806187118
传真：0510-88765273
邮箱：marker1974@163.com
网址：www.wxshn.com.cn
简介：无锡希恩电气有限公司始创于 1985 年，是中电元协电子变压器分会理事单位、中国电源学会特种电源专委会委员单位，是 ISO 9001、ISO 14001、ISO 45001 认证企业、装备承制单位资格企业、中电元协 AA 信用企业、无锡市 AAA 重合同守信用企业，无锡市专精特新"小巨人"企业，公司拥有江苏省著名商标"希恩"。

公司主要研制各类铁心、快脉冲磁环、电磁铁、磁场线圈、高频高压变压器、特种变压器、电感器、电抗器、大功率脉冲变压器、特种电源设备等，产品主要应用于高铁车辆、电力电子、医疗器械、能源科技、国家重大基础设施、防务装备等领域。

公司具有自主设计研发能力，拥有各种授权专利达 100 多项，部分产品被评为省高品与国家重点新产品，国网特高压直流阳极保护电抗器特种铁心、大功率高压脉冲变压器、大型速调管磁场聚焦装置、快脉冲磁环技术处于行业领先地位。

未来，公司将继续坚持"科技、绿色、健康"的发展战略，致力于科技创新和管理创新，构建融高科技、优品质、新管理于一体的高质量发展企业，专注于电子电气电源领域中的健康、和谐、绿色发展，将"希恩"打造成国内外有影响力、创造力的卓越品牌。

扬州星瀚科技有限公司

地址：江苏省扬州市邗江区凯勒路 29 号中兴大厦 A 区一层
邮编：225000
电话：13773504860
邮箱：920817445@qq.com
网址：www.yangzhouxh.com
简介：扬州星瀚科技有限公司坐落在风景秀丽的历史文化名城——扬州。公司专注于大功率直流电源、大功率高压电源、高精度开关电源、精密线性直流电源、交流可调电源、变频电源、智能电源、电容器纹波耐久性试验/老练电源等产品的生产、研发、销售。公司自成立以来，依托高校科研力量，集聚了一批长期从事直流电源产品开发、接受过国际专业培训和实践的技术精英，积极吸收国内外先进技术和理念，不断推出新产品，满足全球电子制造业、新能源领域、污水处理、医疗设备、特种电镀、高端研究等相关行业对电源设备的市场需求，并获得用户一致好评！

公司拥有雄厚的开发与设计能力，可在最短的时间内为客户设计并制造出具有特殊功能和较高技术含量的专用电源，尤其擅长电容器纹波耐久性试验电源、测试电源以及各种老化电源，电源精度高、稳定性好、纹波小，其性能指标已接近或达到行业内先进水平，并在此基础上增加了微机控制、人机对话等智能型功能，在国内同行业中处于领先地位。

公司自成立以来坚持以客户为中心的经营理念，以优质的产品、精湛的工艺、弹性灵活的行销理念、诚信待人，服务至上，不断提高产品的档次以满足各类用户的需求，承诺用户 2 小时内响应，24 小时内到达客户现场，终身上门服务。

技术进步和高素质的人才是公司始终坚持的发展之路，公司每年将不少于收入的 10% 投入研发，并和国内多家大专院校、科研单位建立了长期合作关系，以确保产品领先，公司将不断引进更多的技术人员来赢得更高的技术和创新的产品，从而进一步巩固产品的核心竞争力，为社会做出更多的贡献！

越峰电子（昆山）有限公司

地址：江苏省昆山市黄浦江北路 533 号
邮编：215337
电话：0512-57932888
传真：0512-50369559
邮箱：acme@usig.com
网址：www.acme-ferrite.com.tw
简介：越峰电子材料股份有限公司成立于 1991 年 9 月 5 日，是台湾聚合化学（USI）转投资企业，总公司设在台湾省台北市，在我国和马来西亚策略性布局了 4 个生产基地。1994 年在台湾桃园成立台湾桃园厂，2000 年在江苏昆山成立越峰电子（昆山）有限公司，2005 年在广东增城成立越峰电子（广州）有限公司，2009 年在马来西亚怡宝成立越峰马来西亚厂。越峰电子材料股份有限公司于 2005 年 2 月 17 日在台湾证券柜台买卖中心正式上柜，股票代码为 8121。

公司主要业务为锰锌及镍锌软磁铁氧体、金属磁粉芯的研发、制造及销售。公司已经通过 ISO 9001、ISO 14001 和 IATF 16949 认证。公司为台湾最大锰锌、镍锌铁氧体专业制造商，传承欧洲先进技术，专业生产软磁铁氧体磁铁心，为中国前五大软磁铁氧体磁铁心制造商。铁氧体磁铁心是电感类被动电子元器件的主要材料，广泛应用于 3C、网络通信、工业自动化、云端伺服、汽车电子、电动汽车及新能源工业等相关行业，是电子业的上游供货商。

公司致力于电子原材料的研发，秉持市场与技术的开发策略，不断自我提升能力，不论在技术研发、市场营销、经营管理上均居行业领先地位，在汽车电子、网络通信及云端伺服行业获得了国际品牌大厂的认可，在我们设定的市场区域内成为行业领导者。

张家港市电源设备厂
地址：江苏省张家港市长安中路 599 号
邮编：215600
电话：0512-58683869
传真：0512-58674019
邮箱：zjgpower@hotmail.com
简介：江苏省张家港市电源设备厂位于风景秀丽、美丽富饶的长江三角洲畔的新兴城市——张家港市，这里紧靠苏锡常沪等发达地区，交通便捷。

该厂始创于 1983 年，主要生产通信电源、高频开关稳压电源、直流稳压恒流电源、逆变电源、变频电源、交流稳压电源、UPS（不间断电源）和中频电源等各种电源，是集开发、生产、销售、工程设计施工等多种业务于一体的专业工厂。该厂的产品以体积小、质量轻、效率高、智能化程度高、维护操作方便等诸多优点赢得了用户的一致好评。

该厂通过了 ISO 9001 质量管理体系认证，形成了完备的质量管理体系（原材料采购、物料管理、产品制造与质量控制、生产技术工艺与设备管理、产品储运等）。该厂将紧随国际电力电子技术的发展步伐，不断研发更高性能的电源系列产品，以高标准、高品质、高性价比来满足广大用户的要求，同时我们也为客户量身定做电源产品来满足用户的特殊需求。

张家港市加亿德机械制造有限公司

地址：江苏省张家港市塘桥镇妙桥中恒制造产业园 5 幢 102 室
邮编：215611
电话：13601562090
邮箱：SDLHDZ@126.com
网址：www.jiayide.com.cn
简介：张家港市加亿德机械制造有限公司成立于 2011 年，

前身是张家港市圣德利精密模具厂,是一家专业生产制造精密五金、塑胶模具与中高档五金件的企业。公司位于张家港市塘桥镇北环路,距上海市120km,离苏州、无锡80km,地理位置优越,交通便利,具有良好的人文环境和可持续发展条件。

公司占地面积2000m²,现有员工30多名,其中工程技术人员4名,主要骨干为大中专模具学校毕业,且从事模具设计制造10多年,其中公司主要负责人是西安交通大学模具专业毕业,多年从事模具制造设计工作,并有ISO 9000内审员资格证。公司现有制作模具常用设备与五金加工设备30余台,并且有表面精细化加工设备研磨机、拉丝机等,目前已形成中高档电器盒与精密钣金件研发生产能力,部分产品出口至欧美、日本等国家和地区。

多年来,公司以客户的"质量和成本"为中心,实行全面的全员参与的质量管理,真正让客户得到实惠,并凭借自身的技术能力,不断创新。

公司相信,随着推进贯彻执行ISO 9001:2008质量管理体系,公司将以一种崭新的姿态参与到市场中去,使客户得到更为满意的产品和服务。

致茂电子(苏州)有限公司

地址: 江苏省苏州市高新区珠江路855号,第七号厂房
邮编: 215129
电话: 0512-68245425-73109
邮箱: Lynn@chroma.com.cn
网址: www.chroma.com.cn
简介: 致茂电子(苏州)有限公司(以下简称致茂)成立于1984年,以自有品牌"Chroma"行销全球,为精密电子量测仪器、自动化测试系统、制造信息系统与全方位Turn-key测试及自动化解决方案供应商,主要应用包括新能源汽车、绿能电池、半导体/IC、激光二极管、LED、太阳能、平面显示器、视频与色彩、光学元件、电力电子、被动元件、电气安规、热电温控、自动光学检测,以及智能制造系统等测试解决方案。每年投入大量研发资源确保其领先的关键技术及高度整合能力于光学、机械、电子、温控及软件,以维持公司的竞争优势及成长,达到永续经营的目标。

致茂营运据点遍布全球,以创新的技术提供给顾客更高的附加价值与服务以满足客户的需求,并致力成为世界级的企业。

在致茂,我们深信真相是量测的核心,信赖是与客户关系的基石。

透过与客户的深度协作,运用先进的解决方案,协助客户开发创新科技产品,确保产品的性能、品质与成功,赢得信赖。

让科技产业更蓬勃,享受科技带来的便利,造福社会,并开创更美好的世界。

浙 江 省

杭州奥能电源设备有限公司

地址: 浙江省杭州拱墅区候圣街99号顺丰创新中心4幢15楼
邮编: 310000
电话: 0571-88966622-8019
传真: 0571-88966989
邮箱: chenxl@on-eps.com
网址: www.on-eps.com
简介: 杭州奥能电源设备有限公司是一家集开发、生产、销售、服务于一体的国家高新技术企业和软件企业,专业生产逆变电源、UPS、高频开关电源、电力用智能一体化电源、高压直流电源系统、新能源电动汽车充换电系统等系列产品及一体化解决方案的主流供应商。

"质量第一,客户至上"是公司的经营理念,公司奉献给用户的不仅是品质优良的产品,同时也是优质、可靠、及时的服务。随着企业的不断发展,公司已全面贯彻实行ISO 9001质量管理体系并顺利通过认证。

客户的满意是我们永远的追求!

创一流企业是我们最终的目标!

企业使命:致力于为社会节能做出贡献,并在此过程中,为全体员工追求物质与精神两方面幸福搭建平台。

企业愿景:成为行业内极具实力和倍受尊敬的企业。

核心价值观:创造价值、创造快乐、守正出奇、敬业爱岗、分享共赢。

发展理念:做大、做专、做快、做强。

员工管理理念:以人的发展为本。

杭州精日科技有限公司

地址: 浙江省杭州市滨江区长河路351号拓森科技园4号楼2层
邮编: 310051
电话: 0571-85198193
传真: 0571-85198393-807
邮箱: sales@cn-power.cn
网址: www.cn-power.cn
简介: 杭州精日科技有限公司是一家集研发、生产、销售、服务于一体的国家级高新技术企业,主要产品研发方向为高功率密度高端测试电源、机场空管系统专用供电模块电源与直流UPS、5G基站高压远距离传输局端与远端供电电源、5G微基站通信电源模块。

"精日"寓意"精益求精、日新月异"。公司成立之初就确立了高技术、高品质、高精度、高可靠、多功能的产品策略,不惜花重资从国外引进行业内先进技术,并利用杭州亚探能源本身多年来从事航空航天军工电源产品研发的技术经验与优势,经过多年的研发与可靠性试验认证,推出了多个系列的高品质电源,希望通过我们的努力给国内电源行业带来超高性价比的高端产品,为振兴民族工业做出贡献!

杭州易泰达科技有限公司

地址:浙江省杭州市上城区钱江路58号太和广场3幢15楼
邮编:310008
电话:0571-85464125
传真:0571-85464128
邮箱:sales@easi-tech.com
网址:www.easi-tech.com
简介:杭州易泰达科技有限公司(以下简称杭州易泰达)是国内领先的电源、电机及驱动器产品的设计仿真工具解决方案提供商,专注于自主可控高端CAE工业软件和数字孪生体系关键技术突破及核心产品研发,具备强大的CAE软件核心算法和代码开发能力、多物理场耦合(如电磁场、电路、温升、结构应力、振动噪声、控制算法等)分析能力,长期为国防军工、航空航天、轨道交通、汽车、船舶、工业自动化、白色家电、石油化工、新能源等行业提供产品与咨询服务,能够提供机电产品从概念设计、详细设计、数字化仿真验证、代码生成到快速原型开发、信号在环、功率在环仿真完整流程的软件和硬件产品,实现机电产品的高效设计和全生命周期管理。

杭州易泰达以基于模型的系统工程与数字孪生技术为基础,融合离线仿真和半实物仿真工具,为客户提供电力电子及电源高效设计的高性能仿真平台SIMetrix/SIMPLIS,智能电网仿真分析软件Cerberus,包含电力电子、开关电源、变频驱动、电机及负载机构的电路、机械、磁场、温升等多物理场耦合机电系统专业仿真平台Portunus,动态系统建模及综合仿真分析平台SimInTech,自主可控电机快速优化设计与分析平台EasiMotor,以及国内首家"CAE+互联网+云计算"仿真工具革命性解决方案EasiMotor Online,全球首款基于生成式AI技术的电机多场耦合仿真分析工具"数智电机工程师",模拟电机及其负载动态特性的产品功率级电机模拟器,基于自主可控软件为核心的多场多工具融合数字孪生系统复杂系统设计分析平台。公司致力于切实解决用户难题并不断改进用户体验,通过专业的技术知识和服务流程,为客户提供经济、高效、可靠的解决方案和专业的咨询服务,以帮助客户实现技术创新、提高效益和增强竞争力。

杭州远方仪器有限公司

地址:浙江省杭州市滨江区滨康路669号
邮编:310053
电话:0571-86698333
传真:0571-86696433
邮箱:sales@emfine.cn
网址:www.everfine.cn
简介:杭州远方仪器有限公司是远方信息(股票代码:300306)的全资子公司,是国家重点高新技术企业,专业从事交流电源、直流电源、数字功率计、功率分析仪及综合测试系统等产品的研究、开发、生产、销售和技术服务,为客户提供新能源汽车、充电桩、光伏发电、电机、变频器、开关电源、家用电器、电动工具、医疗器械、国网电力等行业的电测解决方案。公司建有企业院士工作站、博士后工作站、省企业技术中心、省研发中心等科研平台,拥有美国NVLAP和中国CNAS认可实验室,并多次承担国家高技术研究发展计划(863计划)课题和省市级重大科技攻关项目,拥有专利260余项,其中包括中、美、德发明专利80余项。公司积极参与标准化活动,主导或参与了40余项国际、国内标准或技术规范的制定和修订。

经过多年的技术发展与积累,公司电子测量仪器已远销全球70多个国家和地区,客户包括中国计量院(NIM)、ITS、TUV、SGS、UL、DEKRA、BV、CTI等国际高水平检测实验室、国家光伏产品检测中心、数百家省市质检院、清华大学、浙江大学等高校及众多国内外著名企业(如吉利、金龙、比亚迪、正泰、德力西、华为、阳光、博世、松下、英飞特、茂硕等)。

杭州之江开关股份有限公司

地址:浙江省杭州市萧山区萧清大道4518号
邮编:311234
电话:0571-82867931
邮箱:fx@hak.com.cn
网址:www.hzk.com.cn
简介:杭州之江开关股份有限公司是杭申集团下属的重点骨干企业,是集高低压成套开关设备和高低压电器元件、智能电子仪表、电工材料等研发、生产、销售、服务于一体的现代化企业。

公司前身始创于1966年,经过50多年的发展。总资产5.5亿元,总注册资本1.25亿元,现有员工500人,公司位于杭州,拥有"杭申电气"品牌,产品被广泛应用于电力、钢铁、石化、铁道、煤炭、城建、教育等领域以及三峡工程、山西大同电厂、北京地铁、杭州萧山国际机场等一大批国家重点工程,同时,还远销东南亚。

弘乐集团有限公司

HONLE

地址：浙江省乐清市柳市镇象阳产业功能区
邮编：325604
电话：0577-61762777
传真：0577-61755177
邮箱：linfor@honle.com
网址：www.honle.com

简介：弘乐集团有限公司是国内知名的电源供应商，是中国电源学会会员单位。公司自创立以来，一贯坚持"科技是第一生产力"的理论导向，以品牌战略为先导，凭着对电源技术前瞻性理解，以完善的工艺和对品质的孜孜追求，为各行各业的精密设备提供安全稳定的电力供给保障，在国内外市场上树立了美好形象。

公司以"弘扬和谐，乐享世界"的企业精神为核心，先后推出稳压电源、精密净化电源、直流电源、逆变电源、调压器等系列多种电源产品，实行供、销一体化。公司在电源的品种、质量、规模和管理模式等方面已得到了完善，使公司产品质量达到先进技术水平，畅销全国，部分出口国外，深受广大客户的好评。

公司产品由中国人民保险公司承保。公司始终以"质量求生存，创新求发展"的方针，通过了ISO 9001质量管理体系认证。

宁波博威合金材料股份有限公司

boway 博威合金
为客户持续创造价值

地址：浙江省宁波市鄞州区鄞州大道1777号
邮编：315000
电话：400-9262-798
传真：0574-83004000
邮箱：service@bowayalloy.com
网址：www.bowayalloy.com

简介：宁波博威合金材料股份有限公司创建于1993年，注册资本627219708元，拥有博威云龙、博威滨海、博威尔特（越南）三大工业园区，占地面积36.44万 m^2，员工3000余人，其中博士、硕士以上的专业研发人员有49人。公司于2011年1月在上交所主板上市（股票代码：601137），历经多年发展，现已成为中国首批创新型企业、国家技术创新示范企业、中国重点高新技术企业、国际有色金属加工协会（IWCC）董事单位和技术委员会委员，拥有博士后科研工作站、国家认可实验室、国家认定企业技术中心和国家地方联合工程研究中心。根据公司战略，博威合金构建起"新材料""新能源""资本合作"三轮驱动的产业格局，近年来完成新材料创新项目50多项，目前已申报65项发明专利，其中已授权国家发明专利37项，美国发明专利1项。公司主导或参与了我国有色合金棒、线21项国家标准、5项行业标准的编制，推动我国有色合金材料产业快速发展。

宁波久源电子有限公司

地址：浙江省宁波市海曙区集士港望春工业园区布政东路368号
邮编：315100
电话：13857880546
传真：0574-88050079
邮箱：pengpeng-000@163.com
网址：www.nbjiuyuan.cn

简介：宁波久源电子有限公司（原宁波市鄞州求精电子电气厂）是直流稳定电源专业生产企业。企业以科技开发为准则，以双赢营销为理念，生产经营教育、科研、工业使用的直流稳压电源和船舶通信导航系统的专业电源；承接国内外用户所需的设计与生产。企业注重科研领先，技术创新，质量上乘，并以其良好的售后服务、务求用户满意作为企业行为规范。企业坚持精益求精的敬业精神，以可靠的品质、精湛的工艺、优质的功能，以及最佳性能价格比赢得了客商的信赖与厚爱。

宁波磊邦新材料科技有限公司

地址：浙江省宁波市北仑区戚家山街道联合工业区笠山路1号
邮编：315800
电话：15867363726
邮箱：liulei@lbhg3.wecom.work
网址：www.leibang.com

简介：宁波磊邦新材料科技有限公司成立于2017年，有多年的有机硅产品的生产和销售的经历。公司以"匠心做好一款好产品，用心服务好每一个客户"为宗旨，目前公司的核心产品有电源灌封胶、电子元器件固定胶、线路板涂覆胶等。产品通过UL、Reach、RoHS、美国FDA和德国LFGB认证，并广泛应用于电源、储能设备、太阳能光伏、LED照明、轨道交通、汽车电子等行业。目前公司服务于这几个行业的多家龙头公司。

宁波烯铝新能源有限公司

地址：浙江省宁波市镇海区骆驼街道通和东路6号
邮编：315202
电话：17758238257
邮箱：sanluoxiaoyang@163.com

网址：www.nbxilv.com

简介：宁波烯铝新能源有限公司是中铝集团与中国科学院宁波材料所强强联合打造，由国家石墨烯创新中心与中铝创新开发投资有限公司投资注册成立，是中铝集团旗下专注于金属燃料电池、电源产品研发生产的高新技术企业，荣获2022年度"科创中国"新锐企业、国家高新技术企业等荣誉，是铝空金属燃料电源行业标准制定者。

公司以石墨烯材料为催化阴极，金属铝为能量载体在氧气的催化作用下化学能转化为电能，颠覆了能源的存储和转移方式，将储水、储油、储氢及电池储能改变为存储铝板，具有高安全、零电力损耗、绿色环保、静默低红外等特点，解决能源储备受制于锂矿、石油进口依赖等国家重大难题。核心技术来源于中国科学院宁波材料所及国家石墨烯创新中心，技术团队以硕士、博士为主。企业拥有授权发明及实用新型专利30余项，公司积极践行国家双碳战略、"十四五"储能发展方案和能源革命计划，致力于金属空气电源系统在智能微电网、通信基站和应急救灾等领域的规模应用。公司核心技术处于国际领先地位，企业愿景为提供铝燃料应急保障整体解决方案，打造铝燃料应急装备国际知名品牌，努力促进铝燃料成为国家战略储备能源。

铁城信息科技有限公司

地址：浙江省杭州市拱墅区祥园路108号智慧信息产业园3期A座5楼
邮编：310011
电话：0571-88368685
传真：0571-88368685
邮箱：export@tccharger.com
网址：www.tccharger.com

简介：铁城信息科技有限公司成立于2003年，是一家专业从事新能源汽车车载充电机及DC-DC转换器等零部件的研发、生产和销售的国家高新技术企业。公司深耕新能源小三电行业20年，也是中国首批新能源汽车车载充电机的制造商之一。公司设有新能源汽车核心零部件研发中心，先后被认定为杭州市企业技术中心、杭州市企业高新技术研发中心（工业类）、浙江省高新技术企业研究开发中心、省企业研究院，在车载充电机、DC-DC转换器等研究方面，具有较强的研发创新能力及科技成果转化能力。

公司作为2021年、2022年杭州市"鲲鹏计划"制造业企业，现已被认定为浙江省专精特新中小企业，先后被杭州市拱墅区科技工业功能区管理委员评选为自主创新科技进步企业、服务外包先进企业、最具成长潜力企业、纳税重点企业（500~999万元）、区专利试点企业；2022年度被拱墅区人民政府推选为能源产业赛道领跑企业，也曾多次被评为拱墅区特色潜力企业、拱墅区重点骨干企业、拱墅区小巨人企业等，在行业内拥有较高的知名度。

祥博传热科技股份有限公司

地址：浙江省杭州市萧山区经济技术开发区启迪路198号信息港小镇D座7楼
邮编：311200
电话：0571-82308051
传真：0571-82308081
邮箱：xenbo@xenbo.com
网址：www.xenbo.com

简介：祥博传热科技股份有限公司（以下简称祥博）是一家专业对电力电子热管理系统产品进行研发、制造、销售及技术服务为一体的国家高新技术企业，公司已于2017年3月6日正式在新三板挂牌上市，股票代码为871063。

公司成立的研发中心——杭州祥博电力电子传热高新技术研究开发中心是杭州市级高新技术研发中心，重点研发用于特高压直流输电、柔性直流输电、轨道交通、新能源汽车、光伏、风电等装置的散热技术和产品。研发队伍及技术支持由一支来自散热器行业专家及相关领域从业多年的专家、博士、硕士专业人才组成。公司凭着专业的技术团队和创新的技术理念先后承担了国家火炬计划项目、科技部创新基金项目、浙江省重大科技专项、萧山区重点科技项目等各级科技项目的研发任务，科研成果丰硕，掌握了行业内最前沿的工艺和生产技术。近年来，公司已取得40余项专利技术，并研发了数十项省级新产品和新技术。凭着强大的技术研发和创新能力公司已成为行业的引领者，是《电力半导体器件用散热器标准》和《静止无功补偿装置水冷却设备》标准的起草单位，并参与制定了《柔性直流输电设备监造技术导则》等行业标准。祥博传热产品和技术广泛应用于直流输电、新能源汽车、风力发电、轨道交通、电能质量治理等领域。多年来祥博传热以技术研发为基础，以客户需求为导向，以满足市场为目标，实现了个性化技术服务。凭着扎实的技术实力，祥博传热进入了国内输变电行业、机车行业所需的高端市场，同时也满足了欧美及中东市场对高端产品的需求。祥博传热已与中国电科院、许继集团、西安西电、荣信集团、南瑞继保、中国中车、ABB、BOMBARDIER等国内外知名企业建立了稳定的业务合作关系。

祥博传热在安徽省绩溪县建有占地面积33300m²的专业生产基地，装备了国际领先的真空钎焊和搅拌摩擦焊等生产线，并配备了先进的检测设备，能满足各类中高档散热设备的生产加工，是中国电力半导体器件用散热器行业最具竞争力的企业，是国内首家搅拌摩擦焊通过EN 15085焊接体系认证的单位。

祥博传热专注于散热技术的创新发展，立志成为该行业的引领者与资源的整合者，引领世界大功率半导体散热器的科技进步，"创精湛传热技术，树百年祥博品牌"是祥博人的追求和目标。

浙江大华技术股份有限公司

地址：浙江省杭州市滨江区滨安路 1199 号
邮编：310053
电话：18100187630
传真：18100187630
邮箱：zhang_kun5@dahuatech.com
网址：www.dahuatech.com

简介：浙江大华技术股份有限公司是全球领先的以视频为核心的智慧物联解决方案提供商和运营服务商，现拥有 16000 多名员工，研发人员占比超 50%，产品覆盖全球 180 个国家和地区。公司以技术创新为基础，提供端到端的视频监控解决方案、系统及服务，为城市运营、企业管理、个人消费者生活创造价值。基于视频业务，公司持续探索新兴业务，延展了机器视觉、视频会议系统、专业无人机、智慧消防、汽车技术、智慧存储及机器人等新兴视频物联业务，致力于让社会更安全，让生活更智能。

浙江大维高新技术股份有限公司

地址：浙江省金华市金东区曹宅镇西工业园区
邮编：321031
电话：18357961215
传真：0579-82158853
邮箱：dowaygroup@163.com
网址：www.zjdoway.com

简介：浙江大维高新技术股份有限公司（原名金华大维电子科技有限公司）成立于 2003 年 7 月 24 日，是一家以高压电力电子智能控制技术为核心，依托能量智能优化软件和大功率高压电力电子技术，研发、设计、生产和销售智能高压供电控制装置，不断拓展高端应用领域并实现产业化的高新技术企业。注册资金 5500 万元，位于金义经济走廊的中心位置——金华市金东区曹宅镇西工业园区，目前为国家高新技术企业、省电子信息行业百家重点企业、省"隐形冠军"企业、省成长性科技型百强企业。

公司的两家全资子公司为杭州大维软件有限公司和金华大维环保工程有限公司；股份公司下辖 6 个事业部和财务部、制造部、人力行政部、企业研究院等职能机构，现有员工 197 人（其中本科以上学历占 60%以上），占地 63 亩，其中智慧化工厂建设用地 40 亩（约 26667m^2），于 2020 年建设完成投产使用，响应了国家中国制造 2025 要求，成为金华市乃至浙江省智慧化工厂示范性建筑。

公司目前为浙江省专利示范企业、浙江省"守合同重信用"企业、浙江省创新型示范中小企业、浙江省"隐形冠军"企业、金华市高成长标杆企业、金华市"三名"试点企业、金华市学习型企业、金华市数字经济标杆企业、金华市创新型企业、中国环保产业协会电除尘委员会常委单位、机械工业标准化委员会大气净化设备分技术委员会委员单位，建有浙江省企业研究院、浙江省博士后工作站、浙江省企业技术中心、高新技术企业研发中心，持有住建部机电工程总承包和环保工程专业承包三级资质、住建部大气污染和水污染治理设计乙级资质、省环境污染工程总承包和环境污染防治工程专项承包甲级资质，中国环保产业协会行业企业信用等级 AAA 级。

公司经过多年的研发投入，目前形成了以大功率高压电力电子技术、能量智能优化软件技术为核心的软硬件技术平台，结合高稳定性工业通信及互联技术和整机制造工艺，研发、设计、生产高频高压供电控制装置、脉冲高压供电控制装置和等离子高压供电控制装置等三大类产品。公司产品目前主要应用于工业领域的粉尘超低排放、等离子多种污染物协同脱除和高盐易结垢废水脉冲浓缩零排放等方面。在面临综合、复杂的应用场景时，将产品与相应的工艺装置相配合，为客户提供综合性的环保整体解决方案，目前终端客户主要集中在国内各省份及东南亚地区的燃煤发电厂、垃圾发电厂、生物质电站、危废处理中心和燃气分布式能源等企业。

公司企业研究院共有科技人员 70 余人，研发流程体系和实验设施完备，研发投入比重高，年平均 R&D 经费投入约占销售收入的 8.5%以上，已承担包括国家创新基金、浙江省重大科技专项等在内的各类科技计划 30 余项，研发完成的产品荣获浙江省名牌产品、浙江省装备制造业重点领域首台（套）产品等各类省、市级奖项 15 余项，累计获得授权各类专利 123 项，其中授权发明专利 16 项，获得国内商标注册 10 项，参与制定行业标准 4 项、国家标准 1 项，主导制定"浙江制造"标准 1 项。公司历来重视技术创新工作，依托浙江大学、华电电力科学研究院等资源丰富的高校院所，建有省级企业研究院、省级博士后工作站、省级高新技术企业研发中心、省级企业技术中心、市级院士工作站等科研机构，同时，产学研共同研制的产品也给公司带来了良好的经济效益。

未来，公司将以高频高压供电控制装置、脉冲高压供电控制装置和等离子高压供电控制装置等三大类产品为基础，立足于粉尘超低排放、等离子多种污染物协同脱除和高盐废水脉冲浓缩零排放等应用领域，巩固产品在工业节能减排、超低排放、零排放治理领域优势地位的基础上，持续加强现有技术和负载侧高压谐振供电技术、高压脉冲磁压缩能量回收技术、智能人机交互控制技术等方面的研发和创新，通过资本化运作、人才资源整合，积极寻求并开发高性能电控产品在更多领域包括国防军事、海洋探测、医疗等领域的应用，将公司打造成为具有自主知识产权、国际化、具有强大竞争力的高端智能供电控制装置的民族品牌企业。

浙江恩鸿电子有限公司

TW-EHC

地址：浙江省桐乡市梧桐街道康定路8号
邮编：314500
电话：18157383537
邮箱：dora@hzehc.com
网址：www.hzehc.com

简介：浙江恩鸿电子有限公司前身为杭州恩鸿科技有限公司，成立于2006年，是专业从事非晶纳米晶磁心、电力仪表用互感器及电感研发设计、生产、销售的高新技术企业。

公司坐落位于浙江省嘉兴市桐乡市，拥有5600m²的生产制造基地，配备一流的自动化设备，严格的工艺管控流程及装配、检测设备的流水线，年生产销售量近4000万只。

公司管理体系完善，已通过ISO 9001：2008、TS 16949：2009、ISO 140001：2004、OHSAS 18001：2007体系认证，产品已经通过RoHS和REACH等认证。

公司是国内少数几家拥有自主核心技术的生产企业之一，从生产设备、工艺流程到产品应用，每一环节都包含严格的品质管控和自主设计。

公司可以为您提供产品解决方案，包含新产品应用开发、材料检测、标样制作及元器件设计。

公司客户包括德国大众汽车、施耐德、西门子、ABB、夏弗纳、康舒、松下电器、国家动车系统等国内外知名企业。

公司的主要产品：
1) 磁心类：互感器磁心、电感磁心、变压器磁心、C形磁心、环形开气隙磁心、矩形磁心等。
2) 互感器：高精度互感器、抗直流互感器、高线性互感器、漏保互感器等。
3) 电感类：共模电感、差模电感、滤波电感等。

浙江富特科技股份有限公司

地址：浙江省杭州市西湖区吉园路36号春树云筑
邮编：310012
电话：0571-85220370
邮箱：ad@hzevt.com
网址：www.zjevt.com

简介：浙江富特科技股份有限公司是一家主要从事新能源汽车高压电源系统研发、生产和销售业务的国家级高新技术企业、浙江省科技小巨人企业，主要产品包括车载充电机（OBCOBC）、车载DC-DC DC-DC变换器、车载电源集成产品等车载高压电源系统，以及液冷超充桩电源模块、智能直流充电桩电源模块等非车载高压电源系统。公司在该领域拥有较高的市场占有率和品牌知名度。目前已建成了变换器、车载电源集成产品等车载高压电源系统，以及液冷超充桩电源模块、智能直流充电桩电源模块等非车载高压电源系统。公司在该领域拥有较高的市场占有率和品牌知名度。目前已建成了CNAS认证的车规级实验室以及车规级产品开发体系，安吉第一基地已建成投产。同时为加快海外市场开拓，法国全资子公司EV-Tech SASEV-Tech SAS也已成立，并设立了日本联络处，为服务好国际客户打下了坚实基础。

公司客户结构优异，涵盖国内传统汽车厂商、国内造车新势力厂商以及海外汽车厂商等，是我国少数配套国际一流整车企业和高端品牌新能源汽车的车载高压电源企业。现有客户包括雷诺、StellantisStellantis、ICSICS、广汽、长城、蔚来、易捷特、小鹏、比亚迪、长安、零跑等多家国内外知名主机厂。

公司致力于成为全球一流的新能源汽车核心零部件供应商，未来将围绕数字能源领域，把握能源互联网发展机遇，实现"数字能源驱动美好生活"的企业使命！

浙江海利普电子科技有限公司

地址：浙江省海盐县武原镇新桥北路339号
邮编：314300
电话：0573-86169999
传真：0573-86158001
邮箱：holipmarketing@holip.com
网址：www.holip.com

简介：浙江海利普电子科技有限公司（以下简称海利普）成立于2001年，于2005年纳入丹佛斯（Danfoss）旗下，成为其全资子公司。丹佛斯是丹麦大型的跨国工业制造公司，创立于1933年。丹佛斯以推广应用先进的制造技术，并关注节能环保而闻名，是制冷和空调控制，供热和水控制，以及传动控制等领域处于世界重要地位的产品制造商和服务供应商。

历经十余载翻天覆地的变化，海利普已发展成一家集研发、生产、销售于一体的高新技术企业，同时也是国内较早拥有省级变频研发中心的企业。海利普是目前国内重要的变频器生产厂家之一，其核心产品HLP系列变频器，广泛应用于空压机、包装、印刷、纺织、印染、石油、化工、建筑、建材、橡胶、塑料、造纸、食品、饮料、环保、水处理、机床等行业，先后被列入国家重点新产品（2002.7~2005.7）、国家火炬计划项目（2002.7~2005.7），并被授予"浙江省名牌产品"等荣誉。

为了持续推进丹佛斯"中国第二故乡市场"的首要战略，海利普作为丹佛斯中国的核心成员，因地制宜地开展了一系列重要行动计划；同时也进一步巩固了海利普在国产变频器的重要地位。如今，海利普已经成为丹佛斯亚太地区的制造以及物流中心，海利普所在的生产基地——海盐工业园区已成为丹佛斯全球重要的工业园区，年生产变频器可达180万台。

浙江宏胜光电科技有限公司

地址：浙江省乐清市柳市镇柳黄路 2285 号 5 楼
邮编：325604
电话：0577-61676211
传真：0577-61676212
邮箱：9029226@qq.com
网址：http://hosgd.1688.com

简介：浙江宏胜光电科技有限公司创立于 2010 年 3 月，是一家集开发、设计、生产、销售、服务于一体的高科技专业化电源制造企业。

公司重视人才的培养与引进及以人为本的理念，拥有一批高素质专业人才。公司员工 200 余人，其中高级技术人员十多人，专业管理人员 20 余人，质检人员 10 余人；年产电源达 200 多万台，厂房面积 5000 余 m^2。公司注册资金 1020 万元，是国内最具规模的开关电源专业制造企业。

公司以产品质量为方针，注重产品的研发、技术的更新。同时公司引进全自动插件机、自动化生产流水线，采用精确完善的检测设备，筛选优质的进口电子元器件。产品经过 100% 烧机老化、耐压检测，合格率高达 99% 以上，通过先进的管理和流程，铸就高品质的电源产品。

公司主要产品有防水电源，防雨电源，AC-DC 单组、多组开关电源，超薄型、小体积、导轨型、大功率开关电源，DC-DC 开关电源，充电开关电源，适配器开关电源，逆变器开关电源等上千种电源规格产品。另外，公司可快速开发各种非标电源及特殊定做规格电源产品，来满足客户对不同产品的需要。产品广泛应用于 LED 亮化工程、LED 显示屏、监控设备、医疗设备、工控自动化、电力通信等领域。

企业宗旨：服务员工、服务顾客、服务社会。
企业方针：技术创新，质量创新，服务创新。
企业口号：全力打造中国电源第一品牌。

公司竭诚欢迎各界朋友前来考察、洽谈、合作，共图发展！

浙江华昱欣科技有限公司

地址：浙江省杭州市西湖区转塘街道久耀商业中心 3 号楼 9-10 层
邮编：310008
电话：18957132243
传真：18957132243
邮箱：shan_haifeng@hyxipower.com
网址：www.hyxipower.com

简介：浙江华昱欣科技有限公司总部位于浙江杭州，是一家以智慧光储系统为核心，集研发、制造、销售于一体的高科技企业，核心产品包括光伏逆变器（微型逆变器、组串逆变器、储能逆变器），便携式、户用及工商业储能系统，智慧能源管理系统等，致力于为客户提供户用、工商业等多领域的智慧能源整体解决方案。

公司注重研发投入和创新，核心技术团队拥有 10 多年的行业经验，在电力电子拓扑、核心算法、BMS、EMS、AI 等领域深入布局，将 AI 技术赋能绿色能源，构建极致安全、稳定可靠、高效便捷的产品及系统。合作实验室拥有国家 CNAS 认可资质、IEC 的 CTF2 资质。公司产品先后通过 TÜV、CSA、BV、SGS 等多家国内外权威机构的认证与测试。

浙江暨阳电子科技有限公司

地址：浙江省诸暨市暨阳街道大侣路 60 号
邮编：311800
电话：0575-87327588
传真：0575-87995599
邮箱：wangyang@zjjiyangdz.com
网址：www.zjjiyangdz.com

简介：浙江暨阳电子科技有限公司是一家集研发设计、生产制造、销售服务于一体的专业磁环电感元件生产企业，由浙江菲达集团公司（股票代码：600526）与诸暨斯通电子有限公司实行股份制合作成立而来，现注册资金为 3500 万元。公司磁环电感产品专注为电源系统、电源适配器、LED 照明、消费电子、新能源汽车、光伏电源等领域提供最适合的电感配套解决方案。公司拥有 20 年的自动化设备研发经验，目前拥有发明专利 3 项、其他专利 15 项。其自主研发的磁环全自动绕线机、自动上锡机、全自动检测机，均填补了国内磁环全自动化生产制造的空白，是真正实现了磁环电感全自动化生产的制造企业。公司现有员工 135 人，其中研发技术人员 15 人，工厂厂房总面积为 1 万 m^2。目前拥有全自动绕线机 200 台，可日绕线 100 万只，日产电感 70 万只，具备大批量稳定供货的能力。公司已通过 ISO 9001 质量管理体系认证。

浙江晶能微电子有限公司

地址：浙江省杭州市余杭区临港路 10 号 6 层
邮编：310000
电话：0571-88580126
邮箱：sicheng.zhu@geely.com
网址：www.geener.com.cn

简介：浙江晶能微电子有限公司（以下简称晶能）专注于新能源领域的芯片设计与模块创新，发挥"芯片设计+产品制造+车规认证"能力，为新能源汽车、电动摩托车、光伏、储能、新能源船舶等客户提供性能优越的功率产品和服务，致力于成长为双碳领域内的功率半导体领军企业。

晶能与吉利汽车全球三电研发团队紧密配合，针对功率产品需求进行无缝化开发，拥有从 Si 基到 SiC 基的车规级功率芯片、单管、模块的完整开发能力，技术先进、产品导入灵活，成本也有竞争力。

晶能部署在余杭/温岭的车规级现代化功率器件封装基地，已集合全球各个封装细分领域的最先进设备和国内外大厂的工艺人才。结合汽车制造领域的管理经验，为车用三电系统、光伏、储能等客户提供高品质的盒封和塑封等多品类产品。

公司建立起一流测试能力和独特可靠性模型。从车用功率产品性能测试、环境可靠性测试、失效分析测试、产品运用测试4个方面，构建全覆盖的车用功率产品的认证体系，以持续提升可靠性为追求，不断强化独特优势。

晶能向全球最优秀的汽车伙伴对标，质量管理体系覆盖从供应商管理、产品开发、制成质量管控到售后质量的全员、全链条、全生命周期管控。保证车规级安全类产品的高质量要求。

浙江巨磁智能技术有限公司

地址： 浙江省嘉兴市经济技术开发区昌盛南路36号嘉兴智慧产业创新园4号楼101室
邮编： 314000
电话： 0573-82660267
传真： 0573-82660100
邮箱： yu.cc@magtron.com.cn，cao.hd@magtron.com.cn
网址： www.magtron.com.cn
简介： 浙江巨磁智能技术有限公司是一家致力于磁电传感与控制芯片技术研发的高科技公司，服务于新能源、智能电网、电动汽车等重大产业领域，从传感控制芯片开发，到传感控制模块的开发、生产，再到应用方案的开发，实现生态链内的多维度整合式创新。公司实现对传感控制芯片技术壁垒的突破，填补了国内直流漏电传感控制芯片的空缺，相对于国外芯片方案，自主完成SoC芯片设计，拥有整套专利及自主知识产权。并已实现大批量的产品生产与交付应用到各大领域。

浙江君亿环保科技有限公司

地址： 浙江省杭州市上城区鸿泰路133号天空之翼商务中心3-1707
邮编： 310009
电话： 18658108713
邮箱： junyi005@junyihb.cn
网址： www.junyihb.cn
简介： 浙江君亿环保科技有限公司成立于2015年，是国家电网浙江综合能源服务有限公司的供应商之一，是集电能质量评估与检测、能源评估、清洁生产等高端技术服务于一体的系统服务商。目前，公司拥有CMA电能质量检测及光伏相关检测资质，清洁生产审核丙级资质；通过了ISO 9001、ISO 14001和OHSAS 18001等体系认证。公司被中国企业信用公共服务平台评为"企业信用评价AAA级信用企业"。公司是浙江省绿色产业发展促进会会员单位。公司注重研发，目前已经有13项软件著作权，公司不断投入研发费用，为企业注入"碳中和"技术的源动力。公司目前是国家高新技术企业、浙江省科技型企业、创新型中小企业，愿景是建设成为一个具有全国战略性质的公司，为企业谋福利，为社会谋发展。

浙江君亿环保科技有限公司面向未来，将继续秉持"创造价值、追求卓越"的核心理念，努力恪守企业公民的社会责任，致力于创新发展、和谐发展、绿色发展，矢志打造长青基业，持续为利益相关方及社会大众创造福祉。

我们的服务宗旨是：诚实、公正、守信、价格合理、平等互利。

公司凭借多年的经济实力，恪守诚信为本的原则，得了众多客户的信赖，并在业界获得好的口碑，建立了稳固的合作关系，随着业务的不断发展和壮大，合作伙伴的范围也在不断扩大。

我们热情盼望与您的合作，为社会的可持续发展献上一份力量。

浙江芯科半导体有限公司

地址： 浙江省杭州市富阳区春江街道江南路68号第23幢706室
邮编： 311400
电话： 0571-56900303
邮箱： 2437388277@qq.com
网址： www.xinke-semi.com
简介： 浙江芯科半导体有限公司成立于2021年9月，坐落于美丽的富春江畔，致力于提供优质的半导体功率器件产品和服务，是一家专业从事SiC外延片、功率芯片及器件类产品研发、设计、销售的公司，拥有在申请及完成转换专利117项，预计截至2023年累计申请专利将超过200项。

公司团队在国内成功研制了第一批工业化SiC基MOSFET功率器件，研发出了第一个10kV p沟槽SiC IGBT器件。在国际上，率先将1200 V SiC肖特基二极管应用到电动汽车充电桩中。公司目前已经拥有SiC外延核心技术和SiC功率芯片及器件设计成熟技术方案，并在晶圆制造、封装、测试方面有长期稳定的合作代工生产线。

目前公司基础核心产品包含1200V/5～50A、1700V/5～50A、3300V/0.6～50A等系列的碳化硅肖特基二极管、MOSFET产品。以碳化硅肖特基二极管、整流二极管、MOSFET为代表，其中650V/2～100A、1200V/2～50A比肩国际同行业的先进水平。

浙江长春电器有限公司

地址：浙江省嘉兴市桐乡市高桥经济园区2幢
邮编：314515
电话：0573-87533046
传真：0573-87536088
邮箱：info@ccele.com
网址：www.ccele.com
简介：公司致力于电磁器件、磁性材料、绝缘材料的研发与生产，产品属于节能新器件、节能新材料，符合国家发展规划的战略性新兴产业方向，广泛应用于智能家电、新能源、电动汽车、智能电网、节能照明、IT/通信设备等多个领域。

中川智能科技有限公司

地址：浙江省温州市乐清市经济开发区纬六路219号
邮编：325600
电话：13958705235
传真：0577-62779186
邮箱：465316429@qq.com
网址：www.jonchan.com
简介：中川智能科技有限公司（以下简称中川）是专业从事电源、电子产品的研发、制造、销售、服务的大型国家级高新技术企业，也是国内电源制造的龙头企业之一。2018年产值为2.87亿元，行销世界48个国家和地区，中川已成为极具竞争力的国际化品牌。中川公司专注于生产智能无触点稳压器、SVC稳压器、SBW大功率稳压器、UPS（不间断电源）、变压器以及一批拥有自主知识产权的智能电力监控、电能质量管理解决方案及智能化新产品，拥有浙江和上海两个大型生产基地、一个以博士后为主导的技术研发中心，以及一个厂级综合类电源产品长期培训中心。中川产品规格齐全，全系列产品采用行业的最新技术、工艺设计，同时不断创新和赶超行业前沿技术。中川产品性能稳定，节能环保，可靠性高。中川质量体系立足于高起点，与国际标准接轨，全系列产品均由中国人民财产保险公司承保。中川公司在国内共设有4个营销管理中心、37个分公司或办事处，在国外设有3个办事处，蓬勃发展的中川期待与您的合作，创造互惠共赢的美好未来。

北 京 市

北京柏艾斯科技有限公司

地址：北京市顺义区林河工业开发区林河大街21号1幢4层4003室
邮编：101300
电话：010-89494921
传真：010-89494925
邮箱：ayu@passiontek.com.cn
网址：www.passiontek.com.cn
简介：北京柏艾斯科技有限公司（以下简称柏艾斯）是一家电参数隔离测量方案提供商，成立于2004年，经过多年的高速发展，公司拥有完善的生产体系、研发体系、质量保证体系及高素质的销售及客服队伍。公司员工均经过严格的专业技术培训，拥有强力的技术开发、生产和销售的实力。

公司早在2005年已顺利通过了ISO 9000质量管理体系认证并严格执行，部分产品通过了CE、RoHS等国内外权威认证。公司掌握多种电测量技术，拥有数十项专利技术，如电磁隔离技术、霍尔零磁通技术、磁通门技术、柔性罗氏线圈技术等。

PAS系列产品型号齐全，包含数字通信电流传感器、霍尔电流传感器、霍尔电压传感器、电流变送器、电压变送器、功率变送器、漏电流变送器、开关量变送器，以及智能电量变送器等产品。

柏艾斯科技具有10年以上的磁通门电流电压传感器技术积累，其中数字通信（含CAN BUS及MODBUS）输出的电流传感器以及超高精度的电流电压传感器HPIT系列和FV系列，在高精度测量领域有着得天独厚的优势，在医疗、新能源、储能、直流输电等领域有越来越多的应用。

柏艾斯可为用户提供完整的、高可靠性的、高安全性的电流、电压传感器及变送器。电流传感器可测量范围从0.005~20kA，精度从1%~0.001%可选。电压传感器可测量范围从10mV~10kV，精度从1%~0.1%可选。

柏艾斯也可提供OEM、ODM服务，并获得了用户的一致好评，使企业在日趋激烈的市场竞争中更具优势。

北京创四方电子集团股份有限公司

地址：北京市朝阳区酒仙桥北路甲10号院201号楼C门3层
邮编：100015
电话：010-57589000
传真：010-57589168
邮箱：trans-far@trans-far.cn
网址：www.trans-far.cn
简介：北京创四方电子集团股份有限公司（股票名称：创四方，股票代码：838834）是一家专业致力于各类精密电磁器件、精密电量传感器以及新能源电抗器、特种变压器和AC-DC, DC-DC模块电源的高新技术企业。公司总部位于北京市朝阳区中关村电子城IT产业园，集开发、生产和销售及配套于一体，拥有"BingZi兵字"和"TransFar创四方"两大自有品牌，产品覆盖全国并远销海外。公司自从 1992 年诞生中国第一款全封闭式变压器以来，产品品种和业务规模得到快速的发展。拥有占地面积 80 余亩（约 5.3 万 m²）、建筑面积 3.4 万 m² 的福建生产基地。

经过多年的发展，公司汇聚了一批高素质的专业技术人才，在各类产品上都能实现有针对性的专业性设计和高品质制造。所有产品都具有结构布局合理、隔离耐压高、散热好、环境适应能力强等显著优点，可广泛应用于工业控制系统、电力电子装置、充电桩、电动汽车、环保、医疗、新能源、交通等不同行业复杂的使用环境中。

公司的设计将以市场需求为导向，不断创新，关注客户并努力为客户创造价值，与业界同人携手并进，共同为电子元器件市场和电力电子行业的繁荣与发展做出应有的贡献。

北京航天星瑞电子科技有限公司

地址：北京市大兴区北京经济技术开发区万源街 18 号 425 室
邮编：100176
电话：010-67878915
传真：010-67888906
邮箱：sale@xrpower.com
网址：www.xrpower.com
简介：北京航天星瑞电子科技有限公司是一家高新技术企业，位于北京经济技术开发区，成立于 2006 年 3 月，注册资金 1000 万元。公司致力于航空航天及各种军用领域测控电源设备以及民用测控电源的设计、开发、生产、服务，是中国电源学会会员单位。

公司成立之初就确立了高技术、高质量、高可靠的产品策略，并始终以"宽一寸、深百里"的经营理念在所处的电源行业中精耕细作，立志成为国内电源行业的著名企业。同时公司以"以人为本、诚信于心"的管理理念对待员工和客户，努力体现企业的社会价值，成为一个广受尊重的企业。

公司主要产品包括军用程控交直流电源、军用大功率直流电源、军用供配电系统、军品定制电源。此外，还可根据用户需求设计专用电源，提供军用测控系统供配电解决方案。

公司拥有军品研制生产资质。

我们渴望与客户一起为国家国防事业的发展做出贡献！

北京恒电电源设备有限公司

地址：北京市海淀区温泉路 26 号
邮编：100086
电话：010-62451119
传真：010-62451121
邮箱：wuchao@hendan.com.cn
网址：www.hendan.com.cn
简介：北京恒电电源设备有限公司（以下简称恒电电源）是北京恒电创新科技有限公司的全资子公司，是我国最早研发、生产 UPS 的高新技术企业之一，也是我国最早研发、生产新能源电源的企业之一。公司成立于 1993 年，注册资金 2000 万元，在北京海淀区拥有自己的生产基地。

恒电电源自主研制、开发、制造恒电牌（HENDAN）系列电源产品并获得德国莱茵公司 ISO 9001、TÜV、CE 等国际认证。2003 年被国家发展改革委列入"可再生能源项目"合格供应商名单。产品各项技术指标均通过中国质量检测中心的检测。多种产品取得中国国家"金太阳"认证。从 20 世纪 90 年代第一台 HENDAN 牌电源问世到今天，公司在电源领域拥有 20 多年的研发、生产经验，在新能源领域也已经拥有 15 年以上的经验。凭借丰富的行业积累，恒电电源多年来不断为客户提供完整、满意的解决方案，以及细致入微的全面的咨询及定制化服务。

恒电电源产品在金融、证券、邮电、通信、国防、医疗、铁路、交通、税务、教育、电力、水力等国内外重点行业领域里都有应用。并且，恒电电源的新能源产品被广泛应用于金太阳工程、三江源自然保护区生态移民工程、光明工程及供电到乡工程等新能源和地域性扶贫项目中。

弘扬民族工业，打造恒电品牌，恒电电源要以高品质的产品、系统化的管理、周到全面的服务成为中国及世界电源品牌的佼佼者。

北京汇众电源技术有限责任公司

地址：北京市海淀区上地七街一号 3 号楼 208 室
邮编：100085
电话：13381097896
传真：010-62974057
邮箱：Huizhong_gyj@163.com
网址：www.huizhong.com.cn
简介：北京汇众电源技术有限责任公司始建于 1986 年，位于海淀区上地七街一号，自有土地 10000m²，3 栋科研及生产大楼，建筑面积 23500m²。30 年来一直致力于电源产品的设计、开发、生产和服务，获得了丰富的工艺理念、可靠的技术储备和全系统质量管理经验，建立了一支稳定可靠的职工队伍。2008 年，荣获国家科技进步奖一等奖。

产品包括模块电源、车载电源、逆变电源、军用微电路电源和高精度定制电源，主要应用于航天、航空、船舶、兵器、铁路通信、电力等领域。

具有的资质认证：
1）武器装备质量管理体系认证证书；
2）军工保密资格证书；
3）武器装备科研生产许可证；
4）武器装备承制资格单位证书；

5) TS 16949 汽车行业管理体系认证。

北京机械设备研究所

地址：北京市海淀区永定路 50 号（142 信箱 208 分箱）
邮编：100854
电话：010-88527004
传真：010-68386215
邮箱：m15027842488@163.com

简介：航天科研系统是我国最大的科研系统之一。北京机械设备研究所［即中国航天科工集团（即原中国航天工业总公司）第二研究院二〇六所］是航天科研系统中的一个重要的、多学科及专业的综合性科研单位，有两弹一星功勋奖章获得者黄纬禄、6 名中国工程院院士、2000 多名高级科研人员和 4000 多名中级科研人员，其中既有我国电子界、宇航界的老前辈，又有实践经验十分丰富的中、青年科技专家。

航天二院不仅承担多种类型飞行器系统的总体、控制、制导、探测、跟踪、动力及地面系统的设计与生产，还承担空间高科技产品的研制；不仅承担国内的重大科研项目，还承担着外贸出口任务。研究院采用现代科学的系统工程管理方法，把众多的研究所与生产厂有机地组成一体。近年来，共荣获国家与部委各种发明奖以及重大科技成果奖数千项。

航天二院拥有现代化的科学研究设备，尤其是电子和光学仪器设备大都是全国第一流的；拥有世界先进水平的计算机系统与控制系统仿真实验室；有 863 高科技技术等多个国家重点实验室，可为从事科研工作提供先进的研究与测试手段。

北京京仪椿树整流器有限责任公司

地址：北京市丰台区右安门东滨河路 2 号
邮编：100014
电话：010-88680221
传真：010-88680221
邮箱：zhuju110@sina.com
网址：www.chunshu.com

简介：北京京仪椿树整流器有限责任公司始创于 1960 年，总部位于北京市丰台区，隶属于北京控股集团有限公司，注册资金 7284 万元，是中国较早生产电力电子器件和电力电子变流装置的高科技企业。

公司目前拥有市级企业技术中心、博士后科研工作站，以及北京市优秀创新工作室，与清华大学、北京交通大学等产学研合作。早在 2000 年和 2008 年分别通过质量管理体系认证和武器装备质量管理体系认证；2019 年通过 ISO 9001：2015 和 GJB 9001C-2017 质量管理体系换版认证，是中国电器工业协会电力电子分会的副理事长单位。

公司产品秉承 "优质环保、高效节能" 的发展方向，主营产品有节能型电解电镀电源、科研院所试验电源、兆瓦级电弧加热电源、污水处理电源、特种气体制备电源、次氯酸钠发生器电源、中频感应加热电源、多晶硅还原炉电源、氢化炉电源、单晶炉电源、铸锭炉电源等系列产品。凭借雄厚的技术实力、领先的生产工艺及高效的管理团队，一直坚持不懈地努力为客户提供集设计、研发、制造、服务于一体的最佳解决方案。

公司为航天科技集团提供了较大型的单套电源系统。公司拥有自主知识产权 30 余项，连续两年获得北京市科学技术奖。

北京森社电子有限公司

地址：北京市密云区滨河路 178 号院 1 号楼 5 层 509（13）
邮编：100599
电话：010-85361517-617
传真：010-51667721
邮箱：2850326119@qq.com
网址：www.bjsse.com.cn

简介：北京森社电子有限公司是专业设计、生产、销售（霍尔）电流、电压传感器/变送器（即宇波模块）的高新技术企业，公司前身是北京七〇一厂传感器事业部。

20 世纪 80 年代初，公司在国内率先开展了霍尔技术的研究。1989 年，通过引进国外先进的闭环霍尔传感器技术，研制生产了（霍尔）电流、电压传感器/变送器，目前已生产了上千个品种，可测量直流、交流及脉冲电流或电压，电流量程从 10mA～100kA，电压量程从 10mV～10kV，产品覆盖了工业及军工应用的各个领域。

1999 年，宇波模块的设计、生产及服务通过 ISO 9001 质量管理体系认证。

2004 年，北京七〇一厂国企改制，正式注册成立北京森社电子有限公司。

2012 年，全面贯彻执行国军标 GJB 9001B—2009 标准，取得武器装备质量体系认证证书。

2018 年，参与起草国家行业标准《核聚变装置用电流传感器检测规范》，并于 2018 年 6 月 6 日发布实施。

北京韶光科技有限公司

地址：北京市海淀区知春路 108 号豪景大厦 B 座 2002 室
邮编：100086
电话：北京总部电话为 010-62105512
　　　深圳办为 0755-83980566　上海办为 021-54641492
　　　南京办为 025-84409203
传真：010-62102958
邮箱：xuyp@shaoguang.com.cn；xhd@shaoguang.com.cn
网址：www.shaoguang.com.cn

简介：北京韶光科技有限公司成立于1998年，是国内最早从事代理仙童功率器件产品的公司，主要致力于半导体器件的推广，如MOFET、IGBT单管和模块及超快恢复二极管和模块。公司还代理美格纳、东芝、瑞萨及南京晟芯半导体IGBT、MOS、FRD单管和模块产品（适应半导体国产化的趋势），晟芯半导体产品由原美国知名半导体厂商工程师设计，单管产品由原仙童代工厂等代工生产，晟芯的质量管控贯穿在产品实现的整个过程中，尤其是增加了晟芯自己的二次测试步骤，确保交付到客户手中的产品有100%的质量保证。公司的产品主要应用于充电桩、开关电源（AC-DC、DC-DC）、逆变电源、UPS/EPS、通信电源、车载电源、电焊机、特种电源、电动机控制器、高频感应加热、纺织机械、仪器仪表等。公司在北京、深圳、南京、上海、佛山、成都设有办事处，各办事处都设有技术支持部门，技术实力雄厚，可以为客户提供技术解决方案，解决客户的技术难题。公司在北京、上海、南京、深圳均设有库房，备有大量的现货库存，价格极具竞争性，并且可为客户配套服务。

以质量和诚信占有市场是公司始终坚持的宗旨。以创新和共赢求发展。光阴如织，时间似箭，世界在变，商海也在剧变，唯一不变的是，我们对事业永恒的追求。挑战与机遇同在，我们时刻充满自信。

北京市天润中电高压电子有限公司

地址：北京市房山区沙岗街6号院一区5号楼
邮编：102400
电话：4001116789
传真：010-67586655
邮箱：sale@ hv-semicon.com
网址：www.hvs-semicon.cn

简介：北京市天润中电高压电子有限公司是专业从事半导体高压器件研发、生产、销售和服务的国家高新技术企业，主要产品为高压半导体芯片、高压二极管、高压硅堆、高压组件、倍压模块、电力整流模块等。产品广泛应用于军工、航天航空、医疗、电力、环保、安防等领域。公司拥有先进的生产设施和试验检测设备、完善的质量管理体系，从原材料采购、生产、检验到产品销售均处于受控状态，使产品品质得到了有效保障。公司拥有一支在高压半导体器件领域积累了丰富经验、实力雄厚的技术团队，他们立足于公司自有的知识产权，致力于高精尖、高可靠产品的研发；还拥有一支由技术工程师及销售人员组成的销售团队，在提供高性价比产品的同时，为用户提供必要的技术支持和满意的售后服务。同时，公司还与国内诸多高等院校、科研院所保持密切的技术合作，使公司在技术创新、产品研发等方面保持着极强的实力，先后参与了航天航空、电力、水利、科学装置等多个重大国家项目。公司已通过ISO 9001质量管理体系认证，并连续十多年获得"中国电子信息用户满意企业""中国电子信息用户满意产品""中国电子信息用户满意服务"等荣誉。

北京新雷能科技股份有限公司

新雷能®

地址：北京市昌平区科技园区双营中路139号
邮编：102200
电话：010-81913666-3792
传真：010-89723611
邮箱：support@ xinleineng.com
网址：www.xinleineng.com

简介：北京新雷能科技股份有限公司（以下简称新雷能）成立于1997年，是专业研发制造功率微模组、模块电源、大功率电源及供配电电源系统的国家高新技术企业，是深圳证券交易所创业板上市企业（股票代码300593）。

新雷能一直致力于高端电源产品的研发、生产和销售，产品主要应用于通信网络、航空航天、车载船舶、铁路电力、安防工控等行业。针对不同的应用环境可为客户提供从芯片级电源到系统级电源不同类型的产品，主要产品包括以下品类：

1）集成电路类：功率微模组、电源管理芯片、驱动芯片等；
2）模块电源类：微电路模块电源、厚膜混合集成电路模块电源、浪涌抑制器及滤波器等；
3）电源组件及其他类电源：CPCI/VPX电源、激光器电源、电源逆变器、大功率风冷/液冷电源等；
4）供配电电源系统类：岛礁/浮台风光油储能源供电系统等。

新雷能长期坚持"科技领先"的发展战略，累计获得各项知识产权271项，其中发明专利54项，实用新型专利122项，外观设计专利33项，软件注册权56项，集成电路布图设计6项，被北京市经信委评为北京市企业技术中心，被北京市发展改革委审定为航空航天级电源及整机系统关键技术北京市工程实验室。

北京鑫思源融科技有限公司

地址：北京市平谷区兴谷经济开发区6区305-464号
邮编：101200
电话：18618433880
邮箱：365584286@ qq.com
网址：www.bjxinsi.com

简介：北京鑫思源融科技有限公司致力于电力系统重点用户用电安全服务，客户遍及电力系统、数据中心、电信运营商、医院、石油石化、机场、大型工矿企业，自主研发的电力仪表应用于上千用户。公司员工50人，其中注册电气工程师5人，具有高级职称人员10人，具有中级职称人员20余人，本科及以上学历占公司总人数90%以上。

北京雅世恒源科技发展有限公司

地址：北京市经济技术开发区科创十二街8号院2号楼C座703室
邮编：100176
电话：010-88136168，88131819
邮箱：gh. zheng@ ndtek. com
网址：www. ndtek. com

简介：北京雅世恒源科技发展有限公司成立于2003年，致力于为广大客户提供高性能的红外热像仪、红外热成像系统、半导体微电子领域的显微红外成像测温系统、半导体缺陷检测系统、无损检测等仪器设备的销售及售后服务，以及红外成像检测服务。

公司是全球知名的红外热像仪制造商——德国英福泰克红外传感与测量技术公司（InfraTec GmbH Infrarotsensorik und Messtechnik）的中国总代理，负责InfraTec红外热像仪、红外成像系统和应用解决方案的技术咨询、产品演示、销售、客户培训、技术支持等业务。

产品包括：
- ImageIR系列中波、长波制冷式红外热像仪
- VarioCAM HD系列红外热像仪
- 半导体应用领域的高解析度显微红外成像测温系统
- 半导体应用领域的ACTIVE-LIT半导体缺陷检测系统
- 反射热成像测温系统
- Active Thermography System主动激励式红外无损检测系统
- PV-LIT太阳能电池片及组件缺陷检测系统
- Thermo Check Weld自动化焊接质量检测系统
- Press Check热冲压过程红外热成像测温监控系统
- INDUSCAN钢铁制程监控系统
- FIRESCAN火灾早期预防和探测系统
- IRBIS Rotate高速旋转目标测试台（适用于制动盘、轮胎等旋转目标的测试）
- IROD安全监控红外探测系统
- 机载热成像系统
- 红外成像顾问检测服务

北京银星通达科技开发有限责任公司

地址：北京市西城区北三环中路甲29号华尊大厦A座401室
邮编：100029
电话：010-82021883
传真：010-62034689
邮箱：silverst_1@ 163. com
网址：www. silverst. com

简介：北京银星通达科技开发有限责任公司前身创建于1994年5月，是高新技术企业、北京中关村高新技术企业。公司自成立以来，始终致力于国际知名品牌电源产品在国内市场的推介工作，是国内外各知名品牌UPS、LED屏、蓄电池、机柜，以及相关电子产品的销售、服务代理商，是专业从事各行业数据中心机房建设、UPS供配电、制冷、监控等系统整体解决方案的提供商。公司与中环物研检测中心合作，具有国家质量监督部门批准的对机房环境、基础设施检测资质；可为数据中心提供设计规划、竣工验收、等级评定、测试鉴定等服务项目。多年来，公司同仁不断开拓进取，凭借良好的敬业精神、过硬的专业技术及竭诚服务于用户的意识，得到了广大用户和业界的认可。公司自2004年起至今通过了ISO 9001质量管理体系认证，并历年被北京市工商行政管理局评为"守信企业"，被北京市企业评价协会评为"北京市信用企业"，并获得"中国电源行业诚信企业"证书。公司是中央国家机关政府采购中心指定供货商、北京市政府采购中心协议供货商、中共中央直属机关电子商城中标供应商、中共中央直属机关协议供货商。

北京英博电气股份有限公司

地址：北京市海淀区紫竹院路69号1层裙房118号
邮编：100083
电话：010-63805588
传真：010-82600608
邮箱：jia. yanfei@ In-power. net
网址：www. in-power. net

简介：北京英博电气股份有限公司（以下简称英博电气）成立于2004年3月，是中外合资的高新技术企业，总部设立在北京市中关村高新技术产业园，目前在全国设有2个研发中心、2个全资及控股子公司和25个办事处，构建了覆盖全国的营销和服务网络。英博电气历经多年发展，已成为集新能源和电力电子技术研发、设备制造、工程服务于一体的高科技企业。

英博电气视创新为企业发展之本，以客户需求为导向，提供让客户满意的产品及服务为宗旨，面对新的发展机遇，英博电气已构建电能质量、轨道交通及储能系统3大业务板块，聚焦轨道交通、数据通信、半导体、市政基建、汽车制造、钢铁冶金、轻工业、石油化工等多个核心行业，为客户提供新能源和电力电子技术的整体解决方案。

英博电气作为国家电能质量标准委员会成员、中国节能协会节能服务产业委员会成员、中国电源学会会员单位，为推动行业技术与标准的发展做出了巨大贡献，被列为首批工信部推荐工业节能服务公司，并被评为国家重点火炬

计划高新技术企业、国家重点高新技术企业、电能质量十佳企业、北京市创新型企业等。同时，公司先后通过 ISO 9001、ISO 14001、OHSAS 18001 体系认证和中国质量认证中心的 CCC 认证。

北京元十电子科技有限公司

地址：北京市顺义区北小营镇北府环附路 11 号
邮编：101300
电话：010-69497802
传真：010-69497995
邮箱：bjys668@ 139.com
网址：www.fac.com
简介：北京元十电子科技有限公司是一家专注于电子元件技术开发和应用推广的企业，主要产品包括混合型超级电容、电容模组、工业电解电容器，产品应用领域广，包括工业电源、新能源、自动化控制等领域，并可以按照客户要求设计开发关联产品。

北京长城电子装备有限责任公司

地址：北京市海淀区学院南路 30 号
邮编：100082
电话：010-62250747
传真：010-62250747
邮箱：bgwr@ China.com
网址：www.bgwr.com.cn
简介：北京长城电子装备有限责任公司是中国船舶集团有限公司的成员单位之一，2017 年底被置入中国船舶集团有限公司电子信息板块上市平台公司中国海防，现为国家高新技术企业和中关村高新技术企业、北京市企业技术中心。公司注册资本 47025.83 万元，占地面积 1.6 万 m²，建筑面积 2.4 万 m²，正式员工 400 余人。

公司主要从事以船舶电子配套为主的相关研制生产业务，在特种电源、水下通信、电控系统、汽车电子产品等领域具有完整的科研生产能力。在仪器仪表、通信设备、机电设备、海洋工程设备等方面，公司拥有完善的整机组装部门及相应的流水生产线，拥有 SMT、波峰焊、组装生产线以及相关数控机械加工设备，同时具备机电电子产品环境测试与可靠性试验检测测试能力（经 CNAS 认可、DILAC 认可、国防实验室认可及国家计量认证），能够独立承接环境与可靠性以及应力筛选等多项试验。

公司通过了 GJB 9001C、GB/T 19001、GB/T 14000、GB/T 28001 和 TF 16949 等认证。公司成立 50 余年以来，坚持"不正不选、不精不做、不优不休"的质量方针，使公司的产品及服务持续地满足用户的需要。

北京智源新能电气科技有限公司

地址：北京市大兴区金苑路 26 号 A613 室
邮编：100000
电话：13439289923
传真：010-62947495
邮箱：zoujia911@ 126.com
网址：www.zyxndq.com
简介：北京智源新能电气科技有限公司是一家致力于电力电子电能变换和控制领域的国家级高新技术企业，主要提供提升配网电能质量的设备相关技术和解决方案，目前产品有有源电力滤波器、低压静止无功发生器、配网三相不平衡、有源前端、微电网系统等，在低压配网直流输电、机车能量回馈等方面有深厚的技术储备。

公司以技术研发作为企业生存发展之本，研发实力是公司核心竞争力。目前掌握电力电子功率变换和控制领域相关的自主知识产权和核心技术，共取得和获受理专利 4 项（其中发明专利 2 项），软件著作权 10 项。由清华教授、专家、博士、硕士组成的核心研发团队共 18 人。公司坚持产学研相结合，与清华大学、中国矿业大学、兰州理工大学、北方工业大学等高等院校积极开展合作，积累了比较丰富的产学研管理经验，取得了众多技术成果。

北京中天汇科电子技术有限责任公司

地址：北京市昌平区沙河镇七里渠育荣教育园区（北门）
邮编：102206
电话：010-80707609
传真：010-80707609-8009
邮箱：sun-zthk@ sohu.com
网址：www.zthk.com.cn
简介：北京中天汇科电子技术有限责任公司是一家专业的电力电子制造企业，具有 20 多年生产开关电源的历史。产品累计生产达数万余台，广泛应用于通信设备、广播发射、电力自动化、EPS（应急电源）等多个行业。

公司注册于北京中关村昌平科技园区，是中国电源学会的团体会员，并取得了高新技术企业认证。公司下设开发部、生产部、销售部、质管部等职能部门，并拥有一批高新技术人才，其中具有大专学历以上的人员（含高级职称）占员工总数的 60%。

公司自创业以来以诚为本，坚持以科技为先导，与中国矿业大学紧密合作，采取校企协作，以知名教授及高级工程师为技术后盾，不断地研制出各种新型的电力、电子产品。

公司已通过 ISO 9001：2000 质量管理体系认证，产品安全及电气性能完全符合 YD/T731-2000《高频开关整流器》标准，并通过了北京市产品质量监督检验所及国家电力科学院等权威部门的检测。

深圳市合派电子技术有限公司

地址：北京市昌平区定泗路国际信息产业基地高新四街6号院1号楼509室
邮编：102206
电话：010-56290816
传真：010-80706922
邮箱：yj@hepaipower.com
网址：www.hepaipower.com
简介：深圳市合派电子技术有限公司成立于2012年。公司长期专注于成长型电源应用市场，是一家能提供全方位轨道交通电源、军工电源解决方案及相关产品的应用创新型公司。

公司在北京、深圳、香港、武汉、天津等城市拥有分支机构，可快速响应本区域客户需求，先后获得军标质量体系认证、国家高新技术企业认定，并取得了多项技术专利和软件著作权。

公司专注于国家基础产业的快速成长领域，长期与全国高精尖科研院所、各大高校及知名企业密切合作，建立了全方位的技术研发团队、完备的产品体系，拥有庞大的高端客户群体以及高效的信息化运营系统。并与VICOR、博大、幸康、皓文等全球众多顶级电源品牌结为长期战略合作伙伴，在提供全方位技术支持的同时，可依据客户的电气要求、复杂环境、电磁兼容、特殊行业标准等，提供专属定制型产品的深度研发服务，充分满足客户的特殊应用要求。

随着公司规模不断发展壮大，面对电源在轨道交通领域、军工领域的国产化需求，投入大量人力、物力、财力，致力于自主知识产权的产品研发工作，相关国产化产品跻身同行业领先水平。

士兰达（北京）电子科技有限公司

地址：北京市昌平区沙河镇青年创业大厦B座210室
邮编：102200
电话：010-59456500
邮箱：silanda@sldpower.cn
网址：www.sldpower.cn
简介：士兰达（北京）电子科技有限公司位于北京市昌平区，专业从事工业开关电源的设计研发、生产及销售，与国内众多大中型企业建立了长期的合作伙伴关系，并为部分国内及国际品牌电源厂商提供贴牌OEM服务。

公司目前拥有超过3000种标准机型、半定制型、定制型电源产品，其中包括开关电源、模块电源、消防电源、LED电源、导轨电源以及行业专用电源等，产品大量应用于工控、铁路、通信、电力、医疗、消防、安防、仪器仪表及光伏新能源等领域。公司现有专业研发工程师30余人，拥有现代化工厂车间、全自动及半自动化的生产设备、先进测试老化系统、信息化的库房管理系统、严格的质量管理体系，保证年返修率低于0.5%，并提供不低于3年的质量保证期。

威尔克通信实验室

地址：北京市海淀区学院路40号研7楼B座300-507号
邮编：100191
电话：010-62301146
传真：010-62301146
邮箱：jczx@chinawllc.com
网址：www.chinawllc.com
简介：威尔克通信实验室前身为1990年成立的邮电部数据通信产品质量监督检验中心，隶属于数据通信科学技术研究所（1972年成立），并作为国家数据通信工程技术研究中心的依托单位，是我国第一家从事数据通信的标准编制、产品进网检测、技术研究、支撑政府的国家机构。2003年经信息产业部批准在信息产业部数据通信产品质量监督检验中心基础上组建了威尔克通信实验室/北京通和实益电信科学技术研究所有限公司，成为独立法人单位、国家高新技术企业和中关村高新技术企业。

实验室开展的电源类产品泰尔认证/委托测试业务涵盖通信系统用户外机柜、通信用高频开关整流器、通信用高频开关电源系统、通信用不间断电源、通信用配电设备、传输设备用电源分配列柜、通信用直流/直流变换设备、通信用逆变设备、通信用交流稳压器、通信用240V/336V直流供电系统等。

同时，实验室为满足客户需求，能够承担数据中心场地验收检测、数据中心/机房第三方委托检测与评估、中国质量认证中心（CQC）数据中心场地基础设施ABC等级认证、数据中心节能认证、绿色等级认证，以及电子学会绿色数据中心等级认证、国家绿色数据中心评估等相关服务。

新驱科技（北京）有限公司

地址：北京市海淀区丰豪东路9号中关村集成电路设计园2E-408
邮编：100094
电话：010-85820665
邮箱：infor@innodrivetech.com
网址：www.innodrivetech.com
简介：新驱科技（北京）有限公司（以下简称新驱科技）

是国内领先的仿真、设计及测试方案供应商,旨在为用户提供最先进的设计方法、设计流程以及相应的设计工具,以帮助用户提升产品质量,降低成本,其总部位于北京,在深圳、武汉设有分支机构。

新驱科技专注于电力电子应用领域,坚持基于模型的设计理念,携手美国 POWERSIM 公司、美国 Synopsys 公司、瑞士 Typhoon、日本 Myway 公司为用户提供涵盖理论设计、离线仿真、快速原型、硬件在环、产品测试、质量优化的全流程开发方案,与此同时,依靠专业的技术团队与多年的电力电子开发经验积累,新驱科技能为用户提供专业的技术咨询、团队培训与仿真外协服务。

新驱科技始终承诺为用户带来最新的设计方法,最优的技术服务,愿以最大的努力,与用户一同成功。

主要产品有美国 POWERSIM 公司的 PSIM 仿真软件、美国 Synopsys 公司的 Saber 仿真软件、西班牙 Power Smart Control 公司的 SmartCtrl 电源设计软件、瑞士 Typhoon 公司的 Typhoon HIL 仿真器、日本 Myway 公司的 Export4 快速原型控制器以及 DSP 硬件开发板、应用控制器。

山 东 省

百思科新能源技术(青岛)有限公司

BESCORE

地址: 山东省青岛市崂山区株洲路 187-1 号崂山智慧产业园 5 号楼 101 室
邮编: 266101
电话: 0532-88036703
邮箱: liucenyu@ techen.cn
网址: www.bescore-ess.com
简介: 百思科新能源技术(青岛)有限公司是清洁能源领域领先的电池储能产品和解决方案提供商,致力于满足住宅、商业、工业和户外等不同场景的储能需求,以及社区和学校等场景综合能源的应用管理。公司具备自主研发能力,涵盖 BMS、EMS、PCS 等技术领域,能够实现"应急备电""自发自用,余电上网""削峰填谷",以及助力"零碳工厂"等功能。得益于来自世界各地的经验丰富的工程师专家团队,公司在电池储能领域拥有卓越的技术实力和丰富的经验。

公司目标是通过提供智慧解决方案,实现绿色智慧的生产生活方式。坚持"智慧、创新、可靠、包容"的品牌理念,采用高安全标准和先进的技术,以可持续和可扩展的方式开发清洁能源的未来,让更多人分享智慧能源的成果。百思科,点亮绿色未来。

冠县联恒电子技术有限公司

地址: 山东聊城冠县开发区新兴产业园 C9 栋 5 楼
邮编: 252500
电话: 19963513198
邮箱: bjsenli@ 163.com
网址: https://gxhldz.1688.com
简介: 冠县联恒电子技术有限公司成立于 2018 年 3 月,致力于高频变压器、低频变压器、高频电感器、工频电抗器等的研发、生产、加工、销售。厂房面积 6000 余 m^2,已通过 ISO 9001: 2015 质量管理体系认证,EE/EI 型全系列高频变压器已通过 CE 认证,EI 型工频变压器 1~200W 产品通过 CE 认证。公司于 2021 年 12 月被认定为高新技术企业,2022 年 12 月被认定为创新型科技中小企业,2022 年 3 月被认定为科技型中小企业。

2023 年 5 月被认定为山东省专精特新企业。

海湾电子(山东)有限公司

地址: 山东省济南市高新技术开发区孙村片区科远路 1659 号
邮编: 250104
电话: 0531-83130301
传真: 0531-83130303
邮箱: mk_king@ gulfsemi.com
网址: www.gulfsemi.com
简介: 海湾电子(山东)有限公司是以专业玻璃钝化及玻球封装技术,提供电子照明、LED 照明、LED 电源供应器、工业类电源、仪器仪表等业界广泛使用的整流器件,20 多年来直接服务于各领域的国际知名公司(如 Samsung、PHILIPS、GE、Emerson、Delta、Panasonic、Sharp 等)及国内各电源行业的龙头企业。

长期以来,公司依托二极管最先进的玻璃钝化工艺技术,已完整开发了 PHILIPS 原 BYV、BYM、BYT 等系列产品,满足业界对高性能、高可靠性产品的需求。公司又相继引进了外延、玻璃钝化技术,已替代原 SANKEN、ON SEMI、TOSHIBA、IR 等知名公司的系列产品,满足业界对高频率、低 VF、高效整流的需求。公司还大量开发了肖特基、高性能桥堆等系列产品,满足各个领域的整流方案。

海英特电源技术有限公司

地址: 山东省临沂市高新技术产业开发区双月湖路 310 号
邮编: 276017
电话: 15153993599
邮箱: fengfeifan@ hient.cn

网址：www.hient.cn

简介：海英特电源技术有限公司是春光科技集团公司的全资子公司，是春光科技集团公司纵跨锰锌粉料、铁氧体磁心、电子元器件、电源类产品"致力成为世界一流磁电专业制造商"的全产业链发展模式的重要组成部分。

海英特电源技术有限公司是从事电源供应器和电源系统开发、设计、制造及销售的科技型企业，产品包括适配器、充电器、工控电源、工业电源、LED 电源、新能源用电源模块和定制电源等，能满足不同行业用户的需求。

海英特电源技术有限公司凭借安全、可靠、优质、稳定的电源产品以及全方位高效、优质、快捷的服务，秉承"以客户为中心、深耕产品、合作共赢"的经营理念与客户同成长，共进步！

华夏天信智能物联股份有限公司

地址：山东省青岛市黄岛区海西路 2299 号
邮编：266400
电话：0532-89056115
传真：0532-89056113
邮箱：chinatx@iiotos.com
网址：www.chinatxiiot.com

简介：华夏天信智能物联股份有限公司自 2008 年开始，先后在青岛、北京、大连、西安设立公司，专注于煤矿井下装备、石油天然气、工程机械、轨道交通等领域的变频驱动与智能化控制系统解决方案。

公司主要产品包括永磁同步变频调速一体机（矿用防爆型及通用型）、高低压变频器（矿用防爆型及工业通用型）、页岩气/页岩油/煤层气压裂电驱动系统（油气领域）、高速直驱系统（飞轮储能、鼓风机、压缩机等领域）、重型矿卡电驱动系统、重型轨道车电驱动系统、防爆组合变频启动器、智能电控系统等，并提供智慧能源操作系统平台、相关智能应用 APP 软件类产品，以及设备故障预测与健康管理系统。公司围绕各工程设备及相关领域的智慧化建设需求，逐步建立并完善了包括感知执行层、网络传输层、操作系统平台层、智能应用 APP 层的能源工业物联网四层架构体系。

公司是国家重点高新技术企业，拥有 100 余项发明和实用新型专利、软件著作权。公司坚持以客户需求为导向、以技术创新为引擎的核心发展战略，致力于从单一的智能硬件设备供应商，发展为基于工业物联网技术的智慧能源整体解决方案提供商。

济南晶恒电子有限责任公司

地址：山东省济南市长清区经十西路 13856 号
邮编：250013
电话：0531-86593220
传真：0531-86947096
邮箱：zhangxy@jinghenggroup.com
网址：www.jingheng.cn

简介：济南晶恒电子有限责任公司（以下简称晶恒集团）是一家综合性多元化的集团企业，是中国首批自行研发生产半导体元器件的单位。晶恒集团拥有半导体器件生产最完整的产业链，包括前端芯片研发、引线框架生产、器件成品封装、可靠性验证等全部环节。

晶恒集团拥有自主知识产权的芯片设计能力和年产半导体晶圆 100 万片、半导体分立器件 180 亿只、引线框架 50 亿只的能力。产品门类包含全系列肖特基管、全系列快恢复/超快恢复管、全系列 TVS 管、全系列稳压管、全系列触发管和各式桥类整流器、MOS 管、晶体管、LED 发光管、集成模块等。

晶恒集团严格贯行 ISO 9001 和 IATF 16949 质量管理体系要求，同时凭借运行多年的国家级检验中心，以及国内最全、类型最多的高精度检测设备，在质量管控和产品检定上达到国际先进水平。

公司现有员工 1400 余人，其中研究员 5 人，工程师及专业技术人员 500 余人。

公司产品广泛应用于汽车、工具、通信、电源、家电、电表、安防、照明、太阳能等多个领域，远销世界各地，与多家国际知名公司、上市企业保持密切合作。

我们的目标，是将晶恒集团打造成全球最专业的半导体器件研发制造基地，成就中国半导体百年企业的理想。

临沂昱通新能源科技有限公司

地址：山东省临沂市罗庄区新华路中段
邮编：276000
电话：0539-7109391
传真：0539-7109391
邮箱：wushichao@ytxny.cn
网址：www.ytxny.cn

简介：临沂昱通新能源科技有限公司是专业从事电子变压器、电源滤波器、电感器、开关电源产品及 Mn-Zn、Ni-Zn 软磁铁氧体产品生产的高新技术企业。公司的产品广泛用于家电、通信、汽车、计算机、太阳能及绿色照明等行业。

公司拥有 7.6 万 m^2 的现代化、高标准的工业园区，拥有先进的生产设备、强大的研发团队和完善的品质管理体系。先后通过了 ISO 9001、ISO 14001 和 TS 16949 等认证。公司一贯坚持以质量求生存、以信誉求发展的宗旨。经过不懈努力公司以高质量、高效率赢得了国内外客户的一致好评。

在全球电子元器件行业对品质要求越来越高、交货速度要求越来越快的今天，公司将会再接再厉，本着合作共赢的经营理念，以优质的产品、良好的信誉，竭诚为广大客户提供更优更高的产品和服务。

青岛航天半导体研究所有限公司

地址：山东省青岛市高新区新悦路 87 号
邮编：266114
电话：0532-85718548
传真：0532-85718548
网址：www.qdsri.com
简介：青岛航天半导体研究所有限公司原为创建于 1965 年的青岛半导体研究所，2011 年年底，青岛市国资委与中国航天科工集团对其进行了重组，性质为全资国有。

公司现有职工 310 人，占地面积 96022m²，拥有 21975m² 的工业厂房（含净化厂房 4000m²）和 11105m² 的后勤保障楼。公司是我国高可靠电子元器件研究与生产定点单位，为国家重点工程承担配套研制生产任务已有 50 多年的历史，产品主要用于航空、航天、兵器、船舶、电子、石油和工业控制等领域。

公司通过了 GJB 9001A—2001 质量管理体系认证，被认定为高新技术企业、青岛市企业技术中心等。厚膜混合集成电路生产线年生产能力为 5 万只，微电路模块（SMT）生产线年生产能力为 5 万只，电力电子器件生产线年生产能力为 50 万只。

1）信号变换类混合集成电路产品：（V/F、I/F、F/V、V/I、C/V）转换器、滤波器、加速度计伺服电路、陀螺解调电路、单片集成电路、运算放大器等。

2）电源功率类产品：中小功率 DC-DC、DC-AC、高低压电源模块及 Interpoint、Victor 兼容产品、二、三相陀螺电源、功率模块、尖峰浪涌抑制器等。

3）电力电子类产品：中小功率整流器件、晶闸管、MOSFET 功率器件、晶体管、IGBT 模块、固态继电器等。

4）压力、振动、温度传感器等。

青岛聚能创芯微电子有限公司

地址：山东省青岛市崂山区松岭路 169 号青岛国际创新园 D2 座 902 室
邮编：266101
电话：0532-66715896
邮箱：info@cohenius.com
网址：www.cohenius.com
简介：青岛聚能创芯微电子有限公司坐落于青岛国际创新园区，主要从事第三代半导体硅基氮化镓（GaN）的研发、生产和销售，专注于为业界提供高性能、低成本的 GaN 功率器件产品和技术解决方案。

公司掌握业界领先的 GaN 功率器件与应用方案技术，致力于整合业界优势资源，打造 GaN 器件开发与应用生态系统，为 PD 快充、智能家电、新能源汽车、光伏、5G 通信等提供国产化核心元器件支持。

公司建立了业界领先的技术和管理团队，在产品研发与量产过程中，始终坚持高品质与高可靠性的要求，在得到合作伙伴广泛认可的同时，逐步成为第三代半导体领域的国际知名企业。

公司旗下聚能晶源（青岛）半导体材料有限公司主要从事第三代半导体氮化镓（GaN）外延材料的研发、设计、制造和销售，致力于为客户提供大尺寸、高性能 GaN 外延解决方案与材料产品。

公司掌握业界领先的 8in（1in = 25.4mm）GaN-on-Si、6in GaN-on-SiC 外延技术，为客户提供符合业界标准的高性能 GaN 外延晶圆产品，产品线包括 AlGaN/GaN-on-Si、P-cap AlGaN/GaN-on-Si、GaN-on-HR Si、GaN-on-SiC，覆盖 GaN 功率与微波器件应用。

目前聚能晶源的客户包括海内外知名半导体器件制造商、设备制造商、高校研究所等，相关产品和服务得到了下游客户的一致认同和广泛好评。

青岛威控电气有限公司

地址：山东省青岛市即墨区大信镇天山三路 42 号
邮编：266200
电话：15306390711
传真：0532-82530096-3005
邮箱：hongzhang.lyu@veccon.com.cn
网址：www.veccon.com.cn
简介：青岛威控电气有限公司始创于 2006 年，是一家专门从事煤矿用防爆变频器、智能微电网系统、储能 PCS 和特种变频器研发、制造，为矿山、可再生能源发电、储能等行业提供系统解决方案和产品的专业化公司。公司是国家高新技术企业、山东省守合同重信用企业、青岛市大功率变频器工程研究中心、青岛市矿用防爆变频器技术研发中心、青岛市企业技术中心、青岛市智能微网专家工作站、青岛市专精特新示范企业、即墨市工业设计中心，并荣获青年文明号、"德勤-青岛明日之星"等称号，通过了 ISO 9001 质量管理体系认证，2015 年 4 月 23 日，公司在青岛蓝海股权交易中心正式挂牌，成功登陆价值优选版。

公司拥有一支高学历、高素质的专业化员工队伍，博士、硕士及本科学历员工人数占公司总人数的 50% 以上。公司建有高度协同的、包括 PLM、ERP、MES 等的数字化管理系统，被认定为青岛市信息化和工业化深度融合示范企业，并通过两化融合管理体系评定。公司拥有完备的软、硬件研发能力，是国内煤矿隔爆变频器组件核心供应商。公司自主研发的煤矿用两象限、四象限防爆变频器，性能先进，质量可靠，销量稳定，市场占有率达到 40% 以上，产品性能已达到国内领先水平。公司自主研发的 AC3300V

系列矿用三电平变频器，是国内首套研发并投入现场使用的煤矿生产核心设备，经科技局、经信委专家联合鉴定，性能已达到国际先进水平，比肩西门子、ABB 等跨国企业。

公司响应国家政策号召，配合国家推进节能减排，实现能源可持续发展的宏远目标，积极向风力发电储能、风、光、电融合的智能微电网等领域进行拓展，致力于"清洁能源""智能电网"方面产品的研究，并取得了较好的社会效应和环境效应，协同研发了国内第一台风储互补演示验证系统。公司研发的针对铅酸、锂电、全钒液流电池、锌溴电池、飞轮等化学、物理储能系统的 PCS、DC-DC 变换器等，已在英利集团 863 课题"园区智能微电网关键技术研究与集成示范"、国家电网辽宁电力科学研究院风光储微电网系统、中科院大连化学物理研究所的全钒液流电池系统等项目中投入并验收通过。公司研发的智能微电网系统，已获得国家科技部中小企业创新基金扶持。公司承担国家重点研发计划"智能电网技术与装备——重点专项 2017—10MW 级液流电池储能技术（项目编号 2017YFB0903500）"，多模式运行三电平 PCS 设备的研制工作和国家电网首个岸电项目——连云港港 35kV 庙岭变岸电储能系统项目及南方电网适用于多区域互联电力系统共直流母线多元互补智能微网系统项目。

在企业发展壮大的同时，公司始终坚持"严谨、专注、协作、创新"的核心价值观，践行"以人为本、管理规范、专业敬业、预防为主、开拓创新、永续经营"的质量理念，从客户的价值实现出发，遵循价值管理的规律，打造与客户一体的价值管理链条，是公司对"践行良知、恒以致远"宗旨的具体实现。公司始终坚持企业效益与社会效益并重，携手同行，共同推动企业和行业的健康发展。

青岛云路特变智能科技有限公司

地址：山东省青岛市即墨区蓝村镇鑫源西路 36 号
邮编：266232
电话：18763002972
邮箱：yunlu@ yunlu. com. cn
网址：www. qdyunlu. com
简介：青岛云路特变智能科技有限公司成立于 2019 年，其前身是成立于 1996 年的青岛云路电气有限公司，目前拥有在职员工近 600 人，是中国绿色能源关键电磁元器件行业的龙头企业之一，"零碳"技术践行者，现已发展成为集研发、生产、销售与服务于一体的系统解决方案供应商。公司主营业务涵盖风力发电、光伏发电、储能、智慧医疗、工控、UPS、轨道交通等领域，主要生产变压器、电抗器、电感、变频器、逆变器等。公司始终专注于电磁元器件核心技术的研发，坚持依靠技术创新推动企业快速发展，培育了一支研发经验丰富、自主创新能力突出的专业团队。与西安交大合建谐波源实验中心，成为国内首家具有谐波模拟发生及测试能力的电磁元器件公司。公司 2019 年落户蓝村街道，工业产值由 1.8 亿元快速增长至 2022 年的 4.2 亿元，年均增长率超过 30%，年纳税额达到 2000 万元。

青岛云路新能源科技有限公司

地址：山东省青岛市即墨区蓝村镇火车站西
邮编：266232
电话：0532-82599910
传真：0532-82593000
邮箱：kaifa-ht@ yunlu. com. cn
网址：www. yunlu. com. cn
简介：青岛云路新能源科技有限公司成立于 2007 年，其前身为成立于 1996 年的青岛云路电气有限公司，目前专业从事电磁元器件的研发、制造、销售和服务，是国家火炬计划重点高新技术企业。

1. 公司组织结构

公司拥有青岛、珠海两大生产基地，建筑总面积 15 万 m^2，员工总数 2000 余名。

2. 公司产业板块结构

公司主要包括家电磁性元器件、工业新能源磁性器件、汽车磁性器件三大产业板块。主要产品有微波炉变压器、变频空调电抗器、PFC 电感、EMI 滤波器、光伏变流器专用滤波水冷电抗器、光伏逆变器配套变压器、超高压水冷饱和电抗器、一体成型贴片电感、模块电源等 1000 余种电磁器件产品，2018 年总销售额达 20 亿元。其中，微波炉变压器的生产能力和市场占有率位居世界前三，变频空调电抗器连续 12 年国内领先，市场占有率长期保持在 60% 以上。

3. 公司研发能力

公司建有山东省企业技术中心 1 个，设有总面积 1800m^2 的家电、工业及新能源电磁元器件研发中心、汽车级磁性元器件实验中心，新建磁性微电子元器件研发实验室 1 个，配套大型仪器设备 100 余台（套）。公司拥有一支以国家千人计划、万人计划专家为核心的专业研发队伍，博士、硕士、本科学历的研发人员达到 100 余名，研发团队具有丰富的研发经验和领先的自主创新能力。公司承担了多项省市级重点项目，拥有有效授权专利 100 余项，曾获中国专利山东明星企业称号。

4. 公司产品应用客户及认证

公司主要客户为国内外一线家电、新能源品牌企业，产品出口到亚洲、欧洲、北美洲等数十个国家和地区。

公司先后通过了 ISO 9001、ISO 14001、IECQ-QC 080000、UL、CCEE、TÜV、CQC、IAFT 16949 等多项认证。

公司在致力于为客户提供精湛一流产品和服务的同时，也让全球两亿以上的用户在使用产品中享受"节能、环保、安全、高效"的快乐。

公司秉承"为人、为学，建设智慧云路"的企业理念，创新务实，以客户、投资方、合作方及社会共赢为宗旨，打造国内最大、世界领先的电磁元器件产、学、研基地，做国内外同行先进技术的领跑者。

山东艾诺智能仪器有限公司

地址：山东省济南市高新技术开发区出口加工区港兴三路1069号
邮编：250104
电话：0531-88876586
传真：0531-88876586
邮箱：officesd@ainuo.com
网址：www.ainuo.com.cn

简介：山东艾诺智能仪器有限公司创立于1993年的齐鲁大地，在济南、青岛两地拥有自建工业园区。30年来致力于各类电气测量仪器、测试电源和特种电源的研发生产。公司多年来注重科研技术创新，被认定为国家级高新技术企业、山东省级企业技术中心、山东省瞪羚企业、山东省专精特新中小企业、山东省"一企一技术"研发中心、济南市特种可编程电源工程实验室等。公司拥有200余项自主知识产权，发明专利19项，并参与起草制定多项电气安全规范国家标准。

1. 产品业务

公司产品系列丰富，核心产品有安规综合测试仪、电机综合测试系统、电源供应器测试系统、功率分析仪、可编程交直流电源、电子负载等，广泛应用于新能源、电动汽车、家用电器、电机线圈、电源供应器等电气电子制造企业，以及航空航天、舰船铁路、电力等专业领域和质检计量、科研院所。

2. 艾诺愿景

公司始终坚持以客户为中心，以正直、包容、精进、卓越为核心价值观；将为客户提供精准、高效、一流的电力电子测试解决方案作为自身使命；持续改进业务，以品质与创新增进顾客价值、创造卓越业绩；立志走创新之路，建百年艾诺，成为全球领先的电力电子测试解决方案专业提供商。

山东东泰方思电子有限公司

地址：山东省淄博高新区民祥路以南青龙山路西侧第二个公司
邮编：255100
电话：13969398332
邮箱：dtt@dtkj.com
网址：www.dtt-ferrite.com

简介：山东东泰方思电子有限公司目标定位：为客户量身定制具有更大功率、更高功率密度的各类特种软磁铁氧体磁心，满足客户更大功率磁性元器件设计和更加复杂、精密的磁心设计需求。

公司拥有完整的软磁铁氧体材料开发、新品雕刻、磁粉和磁心生产系统；可以开发、生产MnZn系和NiZn系铁氧体材料，在软磁铁氧体的粉体技术、大尺寸高冲程的压制成型技术、挤出成型技术、雕刻成型技术、特大的烧结技术，以及磁心精加工技术等方面都拥有丰富经验和专利技术。

公司可以为全世界客户开发和设计定制化产品，最大限度地满足客户的专有设计要求。

山东华天科技集团股份有限公司

地址：山东省济南市高新区颖秀路2600号
邮编：250101
电话：0531-88879010
传真：0531-88878999
邮箱：huatianwth@126.com
网址：www.huatian.com.cn

简介：山东华天科技集团股份有限公司创立于1991年，作为一家高新技术企业，始终深耕电力电子领域，现已形成了以"安全电能、绿色电能、智慧电能"为导向，以"研究开发+设备制造+工程服务"三位一体为核心的业务模式，致力于为客户提供全生命周期的系统解决方案。

公司产品包括电能质量综合治理产品、能量回馈装置、试验电源、EPS、智慧消防电子产品、UPS、机房整体解决方案七大类。极具前瞻性的创新产品和应用解决方案，受到众多500强企业的青睐和信任，被广泛应用于轨道交通、市政基建、文教体育、医疗卫生、现代人居、汽车制造、钢铁冶金、石油化工等众多领域。

公司专注科技创新，以客户为中心，不断推出行业领先技术。公司拥有省级企业技术中心、省级工程中心、省级工程实验室。公司研发团队荣获"济南市优秀创新团队"称号，凭借雄厚的技术研发实力，先后荣获十余项国家级、省部级科技奖励，承担40余项国家级、省级科研项目；拥有百余项知识产权，科研实力一直处于行业前列。公司通过了质量、环境、职业健康与安全管理体系认证，主导产品获得CCC、CQC、CE、TLC认证，多项产品获得国家重点新产品、山东名牌等荣誉。公司也被认定为省瞪羚企业、省创新型企业、省制造业高端品牌培育企业等。

山东镭之源激光科技股份有限公司

地址：山东省济南市高新技术开发区2711号蓝孚4楼
邮编：250000
电话：0531-88190005
传真：0531-88190005

邮箱：2881582438@qq.com
网址：www.cnlaserpwr.com
简介：山东镭之源激光科技股份有限公司成立于2001年，2015年9月30日挂牌上市（股票代码：833611），是一家专业从事电力电子类产品开发、设计、生产和销售，并为客户提供技术咨询、安装、维修等售前、售后服务的高新技术企业。公司总资产超1亿元，员工200余人，产品远销海外30多个国家和地区，全球服务网络超200个，年生产各类电力电子产品及其他系统配套产品15万余台（套），并先后被认定为国家级高新技术企业、省级"专精特新"企业、省级"瞪羚"企业，通过了AAA资信、ISO 9001质量管理体系认证、欧盟国家CE认证等。公司拥有8项发明专利、20多项实用新型专利和20多项软件著作权。

公司主要产品为工业激光类产品、医美激光类产品和车用电子类产品。包括CO_2激光电源、光纤及半导体激光电源、医美电控系统与配件解决方案、激光打标类产品及解决方案、车用电子类产品。公司产品以安全性、稳定性著称，定制化、智能化是产品的重要特征，公司秉承"以客为主，甘当配角，竭诚服务，精益求精"的核心价值观，致力于为客户创造价值。

烟台瑞本电气设备有限公司

地址：山东省烟台市芝罘区峰山路2号316号
邮编：264000
电话：0535-6720289
邮箱：lujingli@ribbonelec.com
网址：www.ribbonelec.com
简介：烟台瑞本电气设备有限公司成立于2006年8月，致力于大功率高频开关变流技术及计算机控制技术的研究、开发和生产。公司通过了ISO 9001质量管理体系认证，并取得了电力承装（修、试）电力设施许可证五级施工资质。

公司拥有一个具有现代企业经营意识的高素质管理核心，汇集了一批在高频开关电源、计算机控制、电力电子技术领域才华横溢的技术精英。公司的研发、生产、销售规模不断扩大，为具有现代发展意识的人才充分提供了自我价值体现的发展空间。公司拥有丰富的专利技术，已授权实用新型专利20项。

公司现有产品包括直流远供电源、高低压柜、变压器、智能一体化电源系统、电力操作电源小系统、蓄电池配套产品，以及与上述系统配套使用的电力高频开关电源模块、微机高频开关电源监控器、交流窜入直流报警装置、蓄电池检测仪等20余种产品。自2016年开始，公司业务已拓展至高速公路电力施工，并取得了很好的业绩，获得了客户的一致好评。公司从售前、售中、售后建立了完善的管理体制，施工经营丰富，能为客户创造规范、精细、人性化的安装服务；售后体系健全，建立了定期回访制度，能为客户营造放心、舒心、贴心化的使用感受。

"发展高科技，创造新能力"公司将充分利用自身的技术优势、团队优势，坚持"求实创新，质量第一；用户至上，服务社会"的服务宗旨，不断创新，持续改进，以可靠的质量、优良的性能、互惠的价格、殷实的服务，与社会各界广大用户共同发展和进步！

元山（济南）电子科技有限公司

地址：山东省济南槐荫区美里湖美里路中段1929号
邮编：250118
电话：18853132616
邮箱：huangzhicheng@ysjn.cn
网址：www.ysjn.cn
简介：元山（济南）电子科技有限公司位于济南市槐荫区美里湖工业园区，是一家专注于从事碳化硅功率模组研发与产业化的企业。

公司掌握国际领先的碳化硅核心技术，覆盖碳化硅功率模组力、热、电、磁协同设计、生产制造、测试及应用，先后推出750V/1200V/1700V电压等级，30~900A全功率范围的全碳化硅功率模组系列产品，应用于新能源汽车、光伏发电、风力发电、储能、工业及国防领域，性能达到国内领先、国际先进水平。

安 徽 省

安徽博微智能电气有限公司

地址：安徽省合肥市蜀山区香樟大道168号柏堰科技实业园
邮编：230088
电话：0551-62724787
传真：0551-65311615
网址：www.ecrieepower.com
简介：安徽博微智能电气有限公司（以下简称博微智能）是中电博微电子科技有限公司控股子公司（以下简称博微智能），公司成立于2016年7月，是一家专业从事于车载OBC、车载DC-DC、智能配电单元、不间断电源、先进电力电子装置、智能车载物联网中断、物联网设备和其他智能电气产品的研发、生产、销售与服务的科技型企业，位于合肥国家级高新技术产业开发区。

安徽博微智能电气有限公司拥有一支数百名固定科研人员组成的研发团队，拥有软件著作权和发明专利、实用型专利、外观专利共120项，两项省级新产品，荣获第五届安徽省工业设计大赛优秀奖、合肥市第五届职工技术创新成果二等奖。博微智能2017年被评为新疆安防优秀企业、高新区优秀企业"江淮硅谷"创新团队，并荣获2017数据中心产品创新奖等荣誉称号；2018年获得高新区优秀企业"创新创业奖-创新主体奖"，被认定为新疆安防行业杰出贡献企业、高新区高成长（瞪羚）企业；2019年被认定为合肥市企业技术中心、合肥市工业设计中心、安全生产标准化三级企业、高新区高成长（瞪羚）企业，并通过国家两化融合管理体系评定；2020年被认定为安徽省企业技术中心、合肥市"专精特新"中小企业、合肥市和谐劳动关系示范企业；2021年顺利通过国家高新技术企业复评，被认定为安徽省工业设计中心；2022年先后被认定为安徽省创新型中小企业、安徽省"专精特新"中小企业、合肥重点产业企业、高新区高成长瞪羚企业，并获得高新区品牌荣誉示范奖。

博微智能已经与全球知名企业建立了战略合作伙伴关系。为更好地服务全球战略客户，海外办事处及仓储中心遍布欧美、日本、中亚、东南亚等地区。目前产品广泛应用于新能源汽车、医疗装备、数据机房等领域。

安徽大学绿色产业创新研究院

地址：安徽省合肥市高新区创业服务中心B座3楼
邮编：230088
电话：0551-65862316
邮箱：2164368671@qq.com
网址：lscy.ahu.edu.cn
简介：安徽大学绿色产业创新研究院（以下简称安大绿研院）是一所聚焦绿色能源、绿色材料、绿色制造、高端智能、文化创意等领域的创新型研究院，也是一个致力于打造立足合肥、面向安徽、辐射全国的绿色产业技术创新与转化平台、高层次人才培养与引进平台、国际交流合作平台。

安大绿研院以合肥综合科学中心和安徽大学双一流学科建设为契机，借力省院共建，外联中科院系统国家队、内选优质项目和平台，发挥综合学科优势，集成重点研发平台。此外，安大绿研院将联合高端研发机构（如中科院重庆研究院、长春应化所、自动化所以及行业龙头企业（如马钢、铜陵有色、江淮汽车）等共同承接大院大所转化，创立一批绿色环保领域高技术研发型公司。

安徽乐图电子科技股份有限公司

地址：安徽省六安市金寨县金梧桐创业产业园B-8座3、4层
邮编：237300
电话：0564-7526168
传真：0564-7516841
邮箱：sales@ledtu.com
网址：www.ledtu.com
简介：乐图科技成立于2011年，下辖杭州乐图电子科技有限公司和安徽乐图电子科技股份有限公司，是专注于高品质、高性能、高可靠性中小功率LED驱动器及高频开关电源产品、解决方案及服务，集研发、生产与销售于一体的国家高新技术企业。

"好电源，选乐图"，公司的电源产品获得CE、CB、TÜV、ENEC、CCC、SAA、RCM、UL、FCC等相关认证，广泛应用于LED照明及各类电源需求领域，产品畅销海内外。

公司与浙江大学、杭州电子科技大学等知名院校开展技术创新及人才培养合作，拥有经验丰富的技术和管理团队。公司高度重视产品质量及管控体系建设，先后通过ISO 9001、ISO 14001、ISO 45001等体系认证。公司高度重视研发投入及知识产权保护，积极申请并获授权了大量的国内外发明专利、实用新型专利及软件著作权登记证书等。公司先后被评为浙江省科技型中小企业、杭州市余杭区专利示范单位、国家高新技术企业、安徽省民营科技企业、安徽省股权托管交易挂牌企业、安徽省金寨县青年就业见习基地企业、安徽省金寨县返乡创业示范企业等。

安徽中鑫半导体有限公司

地址：安徽省宣城市郎溪县经济开发区分流东路
邮编：242100
电话：0563-7372081
邮箱：m18861495296@163.com
网址：www.cz-zg.com.cn
简介：安徽中鑫半导体有限公司是常州市中光电器有限公司于2011年5月在安徽省郎溪经济开发区投资的半导体生产企业。公司是以全系列二极管、桥堆、MOS及晶闸管为主产品的生产企业，形成了集科工贸一体的股份合作制企业。公司具备强劲的技术开发能力、先进的制造设备、完善的检测手段及全面的售后服务，通过了ISO 9001：2000质量管理体系认证、SGS环保检测认证及CTI认证，从而可为客户提供优质的产品和高效的服务。公司拥有自主品牌"ZG"商标，产品广泛应用于军工及民用领域，为国内多家家电、节能灯具、开关电源、充电器、控制器、电动工具等生产厂家提供配套服务，并远销欧美及东南亚地区，在客户中取得了良好的信誉。

2021年6月在泰州姜堰高新区成立江苏中鑫世纪半导体有限公司，厂房面积6000m^2，于2021年年底达产，公司投入大量的先进设备，月产量可达2亿只产品，年产值可达到1亿元人民币。

合肥联信电源有限公司

地址：安徽省合肥市高新区玉兰大道61号联信大楼
邮编：230088
电话：0551-65323322
传真：0551-65313339
邮箱：hflx88@163.com
网址：www.lianxin.net

简介：合肥联信电源有限公司（以下简称联信）位于合肥国家高新技术开发区，成立于1997年9月，注册资金2333.33万元，连续5年通过中国消防协会AAA信用企业认定。联信以打造应急电源第一品牌为目标，坚持走自主研发与科技创新之路，产品有消防应急电源、不间断电源、备用储能电源、交直流电源、医用隔离电源等，广泛应用于轨道交通、学校教育、医疗卫生、综合管廊、文化场馆、商业综合、数据机房、高速公路、煤化石化和机场车站等各种项目的重要负载提高应急供电。

联信参与中标和配套上海、深圳、杭州、武汉、南京、合肥、贵阳、南宁、常州、南通、芜湖和金华等轨道项目，以及首都体育馆等20个场馆，国家非典实验室等100多个医院，北京交通大学等50多所院校，南京禄口等12个机场，安粮城市广场等50多个综合体，绩黄高速等50多条公路隧道，以及石化煤化等40多个乙二醇、甲醇项目运行。

合肥市应急电源工程研究中心设置在本公司，联信向用户提供优质的500VA~800kVA全系列350个品种储能应急电源产品。自主创新电源主机模块化抽屉式工艺设计，延长主机寿命受到用户欢迎；与中国科技大学建立紧密的战略合作关系，主编4项工信部产品行业标准。成熟、先进、适用、安全、可靠的应急电源产品，行销全国各地！

黄山申格电子科技股份有限公司

地址：安徽省黄山市屯溪区九龙工业园凤山路1号
邮编：245000
电话：0559-2162766
传真：0559-2162766
邮箱：shenge@shengecap.com
网址：www.shengecap.com

简介：黄山申格电子科技股份有限公司（以下简称申格电容）是一家生产高品质的薄膜电容器的高新技术企业，有着近30年的电容器制造技术，为台资再投资企业；在台湾企业持有的严谨管理下搭配着世界工厂的高生产力，申格电容一直秉持着做顾客信赖的伙伴为企业使命。

伴随着海内外众多顾客的支持，以及获得世界主要产品和安全认证，申格电容的应用版图几乎遍布世界每个角落，从大海中的风能发电站和钻油井平台，到深海里的核动力潜艇，从高楼林立的都市丛林及大街小巷的电动汽车到广袤无边的戈壁沙漠上的太阳能电厂，从每个家庭不可或缺的家电到各类工控电源，申格电容都在默默地帮助我们拥有更好的生活品质。秉承着做顾客信赖的伙伴的使命！

申格电容于2011年在美丽干净的安徽黄山投资新建了全新的工厂，在远离都市尘霾等污染物的同时继续满足了顾客对高性价比电容的追求，同时我们在中国台湾和马来西亚分别找到了长期的合作伙伴，建立了当地客户的服务据点，大大提升了对客户的服务品质。

效率、品质和创新是申格的核心价值，用最高的效率生产品质最稳定的电容，同时保持持续不断的创新于各个领域，我们期待未来在更多市场上和您携手并进，持续做您信赖的伙伴！

科大智能（合肥）科技有限公司

地址：安徽省合肥市高新区望江西路5111号
邮编：230088
电话：0551-62782697
邮箱：zhangd@csg.com.cn
网址：csg-enlink.com.cn

简介：科大智能（合肥）科技有限公司成立于2013年，是国内充电行业的主流企业之一，是实力雄厚的新能源汽车充电解决方案供应商，是中国充电设施行业杰出贡献企业。

公司长期专注于充电桩、换电站、储能、电源等系列产品的研发及应用，致力于为各领域客户提供最优质的产品和最便捷的服务，已成为国内多家主流车企的合格供应商，为其提供充电桩、换电站及电源业务。

宁国市裕华电器有限公司

地址：安徽省宣城市宁国市振宁路31号
邮编：242300
电话：0563-4183768
传真：0563-4012888
邮箱：czy@ngyh.com
网址：www.ngyh.com

简介：宁国市裕华电器有限公司是一家专注于薄膜电容器和电源滤波器产品的研发、生产、销售及服务的国家级高新技术企业，拥有国内外先进水平的电容器和滤波器生产制造和高精度的试验检测设备。公司已荣获安徽省名牌产品、安徽省著名商标、省认定企业技术中心等荣誉，并先后通过ISO 9001、IATF 16949、武器装备质量管理体系、TS 22163、ISO 14001等认证，薄膜电容器和电源滤波器先后取得CQC、VDE、TÜV、UL、CUL、ENEC、AEC-Q200、ISI等国际权威认证。公司以贴近市场的技术研发、一流的品质和服务、快速灵活的响应速度获得了众多客户的高度认可和好评，在家用电器、电源、工业控制、汽车电子、绿色能源、轨道交通及电力系统等领域取得了骄人的市场业绩，今后公司将在技术创新上进一步提升，牢牢占据市场前沿技术制高点，不断加大高端智能制造设备的投入，以期在未来的电容器和滤波器领域处于行业领先位置。

天长市中德电子有限公司

地址： 安徽省天长市经济开发区经七路中德电子
邮编： 239300
电话： 0550-7304948
传真： 0550-7306809
邮箱： zdec@zdec.cn
网址： www.zdec.cn

简介： 天长市中德电子有限公司坐落于风景秀丽的安徽省天长市经济开发区，公司创建于1989年，中德电子注册资本1.2886亿元，聚虹电器注册资本2.38亿元万元。共占地260余亩，设立A、B、C 3个厂区，拥有标准厂房28万m²，拥有专业技术团队。公司先后投入2000多万元建立产品研发检测中心，引进了一批国内外先进的研发生产检测设备。公司现为国家高新技术企业、安徽省省级技术中心企业、安徽省著名商标企业、省级专精特新版挂牌企业、天长市"二十强"企业，其综合实力居省内同行业首位，是一家集研发、生产、销售、技术服务于一体的高新科技民营企业。

中德电子有限公司牢牢把握稳中求进、科学持续发展的总基调，着力推进企业转型升级和产品结构调整，加大科研投入，创新人才引进和培养，持续开发新材料新产品，采用新工艺和新技术，年产铁氧体磁粉及磁心20000余吨，金属磁粉芯3000余吨，线材线缆10000余吨。产品广泛应用于各种电子变压器、电焊机、各类电源、网络通信、电动汽车、充电桩、无线充电、航空航天、工业互联网、5G、光伏、太阳能、逆变器、风能、储能系统等领域。

芜湖国睿兆伏电子有限公司

地址： 安徽省芜湖市鸠江区芜湖经济技术开发区瑞福路8号
邮编： 241007
电话： 0553-5719089
传真： 0553-5719089
邮箱： admin@glory-mv.com
网址： https://glaruntech.com

简介： 芜湖国睿兆伏电子有限公司以"技术做精，人才做专，产品做强，服务做优"为目标，专业致力于特种电源应用技术的研究、设计和制造，业务涵盖高压电源和军品电源多类产品研发，在脉冲功率电源行业内拥有多项核心技术，包括固态高压大电流开关技术、高精度全桥软开关技术、超高压脉冲变压器技术、固态MAX开关技术。

公司具备国内领先的军品低压电源生产体系、丰富的工程经验及优秀的供应链体系，产品广泛应用在安检反恐、医疗设备、无损探伤、工业CT、工业与农业辐照、国防电子等相关领域，在国内高频脉冲电源领域处于技术领先地位。

公司积极参与国家重大科技攻关项目的配套研制任务，不断突破核心技术，并以此为牵引，持续提升科技创新能力，打造具有一流行业地位的高端电源产业化基地。

中国科学院等离子体物理研究所

地址： 安徽省合肥市蜀山区蜀山湖路350号（合肥市1126信箱）
邮编： 230031
电话： 0551-65591322
传真： 0551-65591310
邮箱： chunhuang@ipp.ac.cn
网址： www.ipp.cas.cn

简介： 中国科学院等离子体物理研究所电源及控制研究室主要从事脉冲电源的研究、开发、运行和维护工作，并为托卡马克核聚变装置的运行提供电源。

近年来，该研究室致力于高功率脉冲电源技术、超导储能技术、二次换流技术、大功率直流发电机励磁控制等方面的研究，并取得了较为成熟的研究成果和实践经验。研究室主要承担了EAST、HT-7、HT-6B、HT-6M等托卡马克装置的磁体电源及辅助加热电源的设计、运行和维护等课题。

目前，该研究室拥有一套自主设计的直流断路器型式试验设备，该试验系统主要由4台脉冲发电机组成，该电机单台额定输出电流50kA，额定电压500V。多年来，研究室已依据国家标准、欧洲标准和IEC标准，多次为众多国内外断路器厂家进行型式试验。

该研究室的大功率电气设备检测中心于2017年5月获得中国合格评定国家认可委员会（CNAS）认可。检测范围为高温超导电流引线电流试验、直流隔离开关短时耐受电流试验和温升试验、直流电抗器暂态故障电流试验和温升试验、半导体开关过电流能力试验和额定电流试验、半导体变流器辅助装置和控制设备性能检查、半导体变流器轻载试验和功能试验、半导体变流器额定电流试验、半导体变流器过电流能力试验、直流母线动热稳定试验和温升试验、封闭母线动热稳定试验和温升试验、L类直流断路器额定短路分断及关合能力试验、直流开关柜短时电流耐受试验。

截至目前，该研究室曾先后获得国家及省部级科技奖17次，105项国家技术专利。此外，该研究室还招收相关专业的硕士和博士研究生，至今已培养出200多名位硕士、博士毕业生，他们大都在国内外高新技术领域的科研院校和企业表现出色。该研究室现有在读硕博士研究生41名。

同时，该研究室还与众多企业、国际科研院所和组织保持着紧密的交流和合作，如，ABB变流器公司、中日核心大学项目、美中磁约束装置研讨组、德国马普学会、通用原子能公司核聚变工作组等。

四 川 省

成都氮矽科技有限公司

地址：四川省四川自由贸易试验区成都高新区天府五街168号5楼501室
邮编：610041
电话：028-86036261
邮箱：cse@ danxitech.com
网址：www.danxitech.com

简介：成都氮矽科技有限公司（以下简称氮矽科技）成立于2019年，位于成都市高新区。氮矽科技拥有来自成都矽能科技和核心技术合作伙伴电子科技大学功率集成技术实验室的全力支持，旨在实现中国第三代半导体氮化镓（GaN）在电力电子领域的高速发展。

氮矽科技拥有一个完全由海归人员组成的研发团队，将以最佳的研发效率，完成最具国际竞争力的产品。氮矽科技将通过国内首款独立研发与制作的 GaN Power IC 实现氮化镓在电力电子领域的革命。与此同时，氮矽科技还将聚焦手机快充、车载充电（OBC）、5G基站电源模块三大氮化镓应用市场的高端技术发展，不断开发完善可靠的应用解决方案。

氮矽科技致力于打造属于中国的氮化镓国际一流品牌，为国家第三代半导体产业腾飞做出贡献。

成都光电传感技术研究所有限公司

地址：四川省成都市高新区高朋东路5号
邮编：610041
电话：028-85228570
传真：028-85228570
邮箱：hhj871@ sina.com.cn
网址：www.cdgdcgjs.com

简介：成都光电传感技术研究所有限公司由中科院的高级技术科研人员组成，成立于1992年，2015年由集体所有制企业改制为股份制有限公司，注册资本3000万元，地处成都市高新区科技工业园。公司历年来以高科技电力电子产品为主题，以军工、国防为服务目标，关注国际电力电子发展的新技术、新材料，着眼我国军工、航空、航天领域的应用与提高，先后为空军、海军、陆军、航天武器装备配套各型电力电子产品，遍布祖国大江南北，似哨兵坚守神州大地。多种型号产品随武器装备出口海外。

成都谱景允升科技有限公司

地址：四川省成都市百草路366号
邮编：610045
电话：028-87626217
邮箱：Pjys@ qq.com

简介：成都谱景允升科技有限公司成立于2020年，位于成都市高新西区，注册资金300万元。公司集研发、设计、生产和服务于一体，致力于电源产品和训练设备，在国内同行业中处于领先地位。

公司拥有一支勇于奉献、敬业爱岗、结构搭配合理的专业技术队伍，专业技术人员占公司人数的50%，拥有研究生和本科学历的人数超过总人数的70%。公司目前拥有研发生产面积 $600m^2$，生产车间 $1000m^2$。公司现有美国制造的 FLUKE 数字万用表、FLUKE 钳形表、存储示波器、RK2672CM 耐压测试仪、AS5406 漏电开关测试仪、WK25-4 绝缘电阻测试仪及国内生产的失真仪、相位测试仪、相序表以及公司自行研制的 PJ 系列主控板综合试验设备、200V/50kVA、28V/2000A 负载柜、WGDW-225L 高低温试验箱等设备，满足产品设计、生产、检验、试验的需要。公司按照 GJB 9001C—2017 标准建有质量管理体系。

公司产品主要配套于电子信息装备，服务于陆军、海军、空军、火箭军、战略支援部队。公司以"专注、进取、靠谱、快乐"为核心理念，以"质量第一、持续改进、科学管理、客户满意"为质量方针，竭诚为广大用户服务，公司的飞跃离不开您的支持。

成都蓉矽半导体有限公司

地址：四川省成都市双流区电子科大科技园 B12-4 单元1楼
邮编：610041
电话：028-87521324
邮箱：nana@ novusem.com
网址：www.novusem.com

简介：成都蓉矽半导体有限公司（以下简称蓉矽）成立于2019年，是致力于第三代宽禁带半导体碳化硅（SiC）功率器件设计与开发的高新技术企业。

蓉矽拥有一支掌握碳化硅核心技术的国际化团队，整合中国台湾与欧洲先进碳化硅制造工艺平台，结合大陆封测和应用解决方案，建立了材料、外延、晶圆制造与封装测试均符合 IATF 16949 质量管理标准的完整供应链，独立自主开发具有世界一流水平的车规级碳化硅器件。

蓉矽碳化硅产品分为高性价比的"NovuSiC®"和高可靠性的"DuraSiC®"系列。产品涵盖碳化硅 EJBS™(Enhanced Junction Barrier Schottky)二极管与碳化硅 MOSFET；硅基产品有 175℃高结温的理想二极管 MCR®(MOS-Controlled Rectifier)及 FRMOS(Fast Recovery MOSFET)。广泛应用于工控电源、工业电机、光伏逆变、储能、充电桩及新能源汽车等领域。

成都思创电气工程有限公司

地址：四川省成都市高新西区西芯大道 3 号国腾科技园 5 号楼 301 室
邮编：610000
电话：028-87820058
邮箱：shijie_yang@163.com
网址：www.strongee.com
简介：成都思创电气工程有限公司，是从事工业自动化行业的专业工程公司。自 1997 年组建以来，公司一直致力于电气传动与自动化领域，特别是数字技术和计算机控制技术的开发与应用。通过向客户提供适用的自动化产品和优质的技术服务，促进工业生产水平的提高是我们的工作目标。颇具能力的工程配套体系和享有盛誉的技术服务水准是我们实现目标的有力保障。公司已于 2003 年通过 ISO 9001：2000 质量管理体系认证。

公司坚持持续发展和不断研发的策略，实用的产品意味着技术的先进性、高可靠性和低成本的科学组合。围绕这个思想，公司引进国外先进的技术和观念，研发具有自主知识产权的自动化产品，倡导全新的系统驱动技术。公司现有多年从事电气驱动及自动化工作并具有丰富工作经验的专业工程技术人员 30 余名，凭借自身的技术优势和一流的服务管理体系，公司在短短十几年的时间里一跃成为西南地区较大的电气传动和自动化工程公司之一，所配套的产品遍及全国各地的大部分行业，并随主机出口全球其他地区，在广大用户中拥有较高的知名度。公司的产品应用覆盖了大部分的工业领域，每年有超过 5000 台（套）系统及产品应用于各类场合，驱动类产品年产值超过 8000 万元。因此完善的服务被我们视为生命，公司的每一个员工都辛勤地工作在售前、售中、售后每一个环节，让您安枕无忧！

四川格斯拉科技有限公司

地址：四川省绵阳市涪城区泗王庙巷 28 号 B 栋 3F302
邮编：621000
电话：13981135336
传真：0816-2493680
邮箱：308600376@qq.com
网址：www.gslhv.com
简介：四川格斯拉科技有限公司位于绵阳市涪城区，专注于高功率脉冲领域的高压直流电源、高压脉冲电源、复合储能系统、重频脉冲电源、脉冲延时机类、智能充电系统、数字智能自动化控制系统的研发、安装调试及技术服务。作为军民融合企业，公司已在脉冲功率领域专注服务各大科研单位、高校院所、工业民用将近 20 余年，且新购置独栋厂房 2500m²，规模指数级增长。

作为国家国防事业的后备军，领域内全面替代进口，形成了 CCPS-150、CCPS-100、CCPS-50、CCPS-20 等一系列标准化直流高压电源产品，高压大电流快脉冲 15kV、50kV、100kV、200kV 脉冲功率装置，在大功率输出、抗高压和大电流冲击、抗强电磁干扰方面具有独树一帜的优势。作为国家级高新技术企业，既与国防科研院所、多家一流大学等长期战略合作，校企合作搭建联合实验室，研制出如高压大电流快脉冲装置、微型高压大电流炸药起爆器样机等多项高技术含量产品，产品广泛应用到各种工业，性价比极高。

目前，公司已获取相关专利 19 项，软件著作权 12 项，并通过了 ISO 9001 质量管理体系、国军标质量管理体系认证，为国防科研、工业民用提供高质量、高可靠、低成本的高压快脉冲电源。

四川英杰电气股份有限公司

地址：四川省德阳市金沙江西路 686 号
邮编：618000
电话：0838-6930000
传真：0838-2900985
邮箱：xzb@injet.cn
网址：www.injet.cn
简介：四川英杰电气股份有限公司成立于 1996 年，是一家专业的工业电源、充电桩、电化学储能系统研发及制造企业，于 2020 年 2 月在深交所创业板上市，股票代码为 300820。

公司创立以来，长期致力于电力电子技术的应用研究，坚持以技术创新作为企业发展的源动力。公司建有省级企业技术中心、市级工程技术研究中心、市级院士专家工作站等科研平台，是国家高新技术企业、国家知识产权优势企业、国家专精特新"小巨人"企业、四川省首批百家优秀民营企业。

公司产品广泛应用于新能源、新材料、航空航天、大科学装置等多个领域，服务于半导体、核电、光伏、钢铁、锂电、储能、电动车充电等 40 余个行业，多个产品实现了进口替代，达到了国内领先水平。

四川中光天欣电子有限责任公司

地址：四川省成都市高新西区天宇路 19 号 2 栋 2 层 1 号
邮编：610045
电话：028-87843532
邮箱：55498309@qq.com
网址：http://www.tekzense.com/

简介：四川中光天欣电子有限责任公司成立于 2023 年，是四川中光防雷科技股份有限公司全资子公司，位于四川省成都市，是一家以从事计算机、通信和其他电子设备制造业为主的企业。企业注册资本 3000 万元人民币。公司成立的目的是为了承接母公司磁性元器件业务，母公司中光防雷近 3 年在磁性元器件方面的业绩均在 8000 万元左右。

福 建 省

福州福光电子有限公司

福光，让您的测试更简单

地址：福建省福州市马尾区马江路 18 号 M9511 工业园 4# 楼五层东侧（自贸试验区内）
邮编：350000
电话：0591-83305858
传真：0591-83375868
邮箱：companyg@fuguang.com
网址：www.fuguang.com

简介：福州福光电子有限公司成立于 1993 年，逐步由单一的商贸企业，发展成为专注于仪器仪表的研发、制造、生产、销售，并提供全套测试维护解决方案的高科技企业。产品涉及电源维护、线路线缆、通信网络等工业测试设备领域，销售服务网络覆盖全国各省市，客户遍及新能源、电力、通信、城市轨道、高速铁路、石化、广电、部队及各企业专网等。目前公司注册资金 3600 万元，年仪表销售额达 2.5 亿元。福光品牌更远销美国、俄罗斯、意大利、西班牙、加拿大、泰国、马来西亚等 40 多个国家和地区。

厦门恒昌综能自动化有限公司

地址：福建省厦门市集美区汽车工业城（三期）灌口南路 598 号
邮编：361023
电话：0592-6368300
传真：0592-6368308
邮箱：liping-feng@hcxec.com
网址：www.hcxec.com

简介：厦门恒昌综能自动化有限公司是在原厦门兴厦控恒昌自动化有限公司基础上重新组建而成，是一家致力于为实现"碳达峰、碳中和"目标而提供综合能源集成服务的公司，尤其在直流系统集成、绿色能源微网解决方案、电力系统配网自动化、综合能源系统集成等方面研发、生产、销售和服务的高新技术企业。公司汇聚了各类专业人才，吸收消化国内外先进技术，将专注于在智能电网、储能建设、节能减排等绿色能源建设方面提供更先进、更环保、更可靠完善的全套智能及数字化解决方案。

自公司成立以来，一直致力于持续自主研发创新，先后开发了拥有自主知识产权，并获得多项国家专利的各类产品，如户外柱上智能断路器、户外智能分界负荷开关、智能交直流一体化电源系统、直流锂电解决方案、新型插框式直流电源屏、小微分布式电源装置、基于总线布置方案的电动机保护装置等。目前广泛应用在各类发电厂、冶金、石化和矿山、国家电网、南方电网、云数据中心、半导体行业、轨道交通、通信行业、城镇建设等各类领域。公司严格按照 ISO 9001 质量管理体系、ISO 14000 环境管理体系及 ISO 45001 职业健康和安全管理体系要求运作，良好的企业信誉、产品质量和售后服务深得用户信赖，赢得了许多中外客商的好评。

厦门恒昌综能自动化有限公司将秉承"科技创新，顾客满意"的理念，以新技术、高质量的产品和服务为客户创造价值。

厦门拓宝科技有限公司

TBB POWER

地址：福建省厦门市海沧区东孚街道诗山北路 15 号
邮编：361027
电话：15880918332
邮箱：bin.zheng@tbbpower.com
网址：www.tbbpower.com

简介：厦门拓宝科技有限公司于 2007 年在海沧区成立，注册资本 4942.5068 万元，是一家新能源赛道的国家级专精特新"小巨人"企业和国家高新技术，专业从事独立供电系统生产和电源整体解决方案，同时也被评为厦门市创新型企业、厦门市科技小巨人领军企业、福建科技小巨人领军企业、厦门市"专精特新"企业等。

厦门奕昕科技有限公司

Escience
奕 昕 科 技

地址：福建省厦门市海沧区坪埕北路21号417室
邮编：361000
电话：13860436710
邮箱：403665147@qq.com
网址：www.escientism.cn

简介：厦门奕昕科技有限公司成立于2006年，长期专注于电力电能质量领域，专业从事电能质量检测和评估，并引进国际先进技术，与国家电网、电力科学研究院、高等院校等长期保持紧密合作关系，连续多年获评国家高新技术企业。

厦门奕昕科技有限公司已获得中国合格评定国家认可委员会（CNAS）实验室认可证书，出具的检测/校准报告具有国际公信力，在国际实验室认可组织（ILAC）和亚洲与太平洋实验室认可组织（APLAC）成员内获得互认。同时公司还具有福建省技术监督局授予的检验检测机构（CMA）认定资质，可向社会出具具有法律效力的第三方报告。

中航太克（厦门）电力技术股份有限公司

地址：福建省厦门市海沧区新乐路26号
邮编：361022
电话：0592-2999668
邮箱：sxf@avic-tech.com.cn
网址：www.avic-tech.com.cn

简介：中航太克（厦门）电力技术股份有限公司（以下简称中航太克）前身成立于2002年，总部位于福建厦门，工业园占地面积近1.5万m^2，规划总建筑面积近4.8万m^2，专注于锂电池储能系统、高端工业电源、数字网络能源等新型电力能源系统的研发与制造，是国家高新技术企业和国家级专精特新"小巨人"企业，是一家具备行业应用优势、技术创新活力的研发型企业，业务范围覆盖全国各省市及海外市场。

经过20年在电力能源领域的细分行业积淀，中航太克逐步发展成为新型数字电力能源系统解决方案制造商，深耕储能、电力、核电、半导体、轨道交通、石油石化、数据中心、医疗、电能质量等细分领域，是国内仅有的两家获得民用核安全设备（1E级电源设备）设计和制造许可证的UPS制造商之一。公司始终坚持以技术创新为公司发展的核心引擎，拥有100多项自主知识产权，先后参与多项国家标准与行业标准的起草和修订，并联合中广核工程公司及厦门大学等重点校企单位共同研发系列高端电源，持续聚焦攻关核心关键技术。公司始终践行"一切为了可靠"的核心价值观，致力于为全球电力能源系统提供更安全、可靠的整体解决方案及全方位优质服务。

湖 北 省

武汉市华兴特种变压器制造有限公司

地址：湖北省武汉市阳逻经济开发区华中国际产业园D-F5
邮编：430000
电话：027-82342543
邮箱：715560491@qq.com
网址：www.byq.cc

简介：武汉市华兴特种变压器制造有限公司是一家从事各类特种变压器和电抗器的研发和生产，具有自主独立知识产权的高新技术企业。公司主要生产船用变压器，自成立以来，通过自主创新，先后开发研制出一大批高技术含量产品，如海洋平台和舰船电力推进24脉波移相整流变压器、空水冷中频高压变压器等。经过30多年的积累与发展，受到国内外客户的一致好评，取得了CCS中国船级社的型式认可，先后通过了挪威DNV、德国GL、法国BV、英国LR、美国ABS等机构的产品检验认可并取得证书。公司主导产品在行业细分领域位列全省第一。

武汉武新电气科技股份有限公司

地址：湖北省武汉市黄陂区武湖工业园汉施公路立山路
邮编：430345
电话：13721073025
传真：027-82341251
邮箱：fsaagd@163.com
网址：www.woostar.cn

简介：武汉武新电气科技股份有限公司（以下简称武新电气）是专注电力电子变换与控制装备研发及应用的国家高新技术企业，成立于1995年，位于武汉"长江新城"核心区，占地4万余m^2。公司于2015年登陆新三板，股票代码为832349。

公司致力于为商业伙伴提供电能质量控制装备（SVG静止无功发生器、APF有源滤波、LBD有源不平衡补偿、MEC电能质量综合优化模块等）、微电网控制装备与系统（光伏发电与电动汽车充电系统）、智能配网成套电气设备及智慧能源管理云平台解决方案，用户遍及各地，在行业内享有较高盛誉。

武新电气拥有100余人的研发技术团队，先进的高、低压电力电子全载试验平台，立足自主创新，获得数十项专利及软件著作权，并与清华大学、华中科大有着紧密的合作关系，是中国电源学会会员单位。武新电气坚持产品领先战略，先后获国家火炬计划项目、中央预算内电能质量产业化投资项目，获批省工程研究中心等5个省级研发平台、省著名商标等；产品通过了3C认证、CGC认证、CQC认证、零电压穿越及电网适应性等多项国内外产品认证及检验，并参与行业标准的制定，力求持续领先。

武新电气坚持亲近客户的经营理念，提供基于赋能模式的快速响应和远程服务，持续为商业伙伴带来超值回报，以崭新形象与商业伙伴共谋发展。

武汉新瑞科电子科技有限公司

地址：湖北省武汉市东湖新技术开发区财富一路8号
邮编：4300205
电话：027-87166123
传真：027-87166933
邮箱：70766874@qq.com
网址：www.newrock.com.cn
简介：武汉新瑞科电子科技有限公司成立于2000年，坐落于国家级高新区武汉市东湖新技术开发区，占地13亩（约8667m²），现有员工100余人，是中国电源学会会员单位、武汉电源学会秘书处挂靠单位，除武汉总部外，在温州、深圳等地设立有办事处，业务遍及全国各地。

公司专业致力于电力电子、功率半导体器件的销售。目前，代理建准（SUNON）风扇和莱姆（LEM）传感器，经营英飞凌、富士、宏微、西门康（SEMIKRON）等品牌的IGBT模块、整流桥、快恢复二极管等功率器件等。所销售的产品广泛应用于开关电源、变频器、电能质量、伺服安防、风电光伏等新能源行业。

"以质量求生存，以创新求发展"，公司始终以此为理念，选择与国内外知名厂商合作，坚持为客户提供有品质保障的原装货品。目前公司已经建立起完善的销售网络，以武汉为中心，同时在浙江、广东、香港等地设有分支机构。选择与公司合作的数千家客户覆盖各个行业，典型客户有海康威视、中船重工、中车集团、西安爱科等行业内龙头企业。

因为专注，所以专业；因为专业，所以信赖；因为信赖，所以长久！武汉新瑞科，潜心打造成为中国最具影响力的电力电子器件服务平台！

武汉羿变电气有限公司

地址：湖北省武汉东湖新技术开发区高新大道999号武汉新能源研究院大楼 G2-102
邮编：430074
电话：15623566819
邮箱：nanlin@ e-bian.com
网址：www.e-bian.com
简介：武汉羿变电气有限公司成立于2020年10月，位于武汉东湖新技术开发区高新大道999号武汉新能源研究院大楼，是华中科技大学宽禁带半导体器件封装集成科技成果转化形成的企业，主要业务为全碳化硅功率模块与高效高功率密度电力电子变换器的研发、生产与销售。

公司产品及服务主要包括碳化硅功率模块、电力电子积木和集成化功率变换器。公司拥有一支高学历高水平的专业化研发团队，以及完整的宽禁带功率模块封测与电源研发、生产、测试场地与设备，可为船舶、航空航天、医疗和新能源领域用户提供优质产品和定制化技术服务。

公司以"产品创新、管理规范、持续改进、用户满意"为质量方针，以"创新驱动、严谨求实、成就客户、追求共赢"为价值观，致力推进电能的高效、便捷应用。

武汉永力科技股份有限公司

地址：湖北省武汉市东湖新技术开发区流芳园南路19号永力产业园
邮编：430223
电话：027-87927990 87927991 87927992
传真：027-87927966
邮箱：yl@ ylpower.com
网址：www.ylpower.com
简介：武汉永力科技股份有限公司（原名武汉永力电源技术有限公司）成立于2000年，是一家专业致力于研发制造模块电源、中大功率电源、大功率电源系统的高新技术企业，于2014年7月在新三板挂牌上市（股票代码：830840）。

公司拥有41项专利技术，以及有源无桥功率因数校正、三相有源功率因数校正等多项核心技术。产品具有高频率、小型化、低损耗、高效率、高可靠性、绿色环保等显著特点，在电磁兼容性、抗干扰能力和环境适应性方面，多项指标优于国内同类产品，被重点应用于军队武器装备系统及重大国防科研项目。特别是激光通信设备、雷达发射机供电设备、船舶压载水环保处理设备等产品，成为多家科研院所及企业的军用装备、民用设备配套合格供方。

公司拥有二级保密资格、装备承制单位资格、武器装备科研生产许可等军工资质，建有武汉市企业技术中心，被评为湖北省国防科技工业质量管理先进单位、湖北省专精特新"小巨人"企业。

公司秉承"质量、诚信、创新、奋斗"的企业理念，以"科技创新、持续发展、开拓进取、服务国防"为使命，将科技与应用工程完美结合，为客户提供最有竞争力的能源系统解决方案，立志成为国内一流的专业电源产品及解决方案提供商。

湖 南 省

盖贝斯数据技术有限公司

地址：湖南省长沙市浏阳市高新技术产业开发区永和南路新能源标准厂房 12#栋-01
邮编：410300
电话：18898751692
邮箱：gbs1116@163.com
网址：www.kerberos.com.cn
简介：盖贝斯数据技术有限公司（以下简称盖贝斯）是一家专注于新基建、5G、大数据、人工智能、工业互联网等领域的基础设施服务的高新技术企业。公司成立于 2021 年，生产基地在浏阳高新技术产业开发区，现在厂地面积 13000m²，员工总数 125 人，其中高级技术工程师 14 人。主要产品包括 UPS（不间断电源）、一体化机柜、精密空调、数据中心产品等，在电力能源、军队、交通、政府、教育、医疗、广电、企业等百行百业均有大规模应用。

盖贝斯通过不断发展和完善企业管理，现拥有多项自主知识产权专利，已获得 ISO 9001：2015 质量管理体系认证，ISO 14001：2015 环境管理体系认证，ISO 45001：2018 职业健康和安全管理体系认证等。

盖贝斯布局全球，为客户提供更高价值的产品和服务。致力于成为数据中心及工业网能基础设施全网能解决方案国际一流供应商。

湖南东方万象科技有限公司

地址：湖南省长沙市芙蓉区万家丽北路 569 号银港水晶城 E4 栋 304 房
邮编：410016
电话：0731-88156696
传真：0731-88156695
邮箱：470798290@qq.com
简介：湖南东方万象科技有限公司成立于 2006 年 7 月，注册资金 508 万元，是计算机机房辅助设备（不间断电源系统、开关电源、低压配电系统、环境监控系统、设备监控系统、机房精密空调）的专业服务商和设备供应商，以向客户提供最好、最专业的服务为宗旨，面向通信、银行、保险、证券、外企、军队系统以及科研院所等重要部门的交换机房、计算机机房和仪器设备机房提供全线产品和其相关的售前售后技术服务。

湖南恩智测控技术有限公司

地址：湖南省长沙市望城经开区马桥河路 308 号联东 U 谷 B23、B24 栋
邮编：410000
电话：19118831027
传真：19118831027
邮箱：ouyangjiao@ngitech.cn
网址：www.ngitech.cn
简介：湖南恩智测控技术有限公司（以下简称 NGI）为一家专业的电子电路与测控技术方案提供商，始终秉持"以客户为中心，以奋斗者为本"的企业宗旨，致力于新能源、消费类电子、半导体、汽车电子、科研/教育等相关领域测控解决方案的研究与探索。多年来，NGI 持续高强度投入研发，并推出多个具有竞争力的应用解决方案。NGI 拥有广泛的测控和电子技术类产品线，如半导体测试源表、直流电源&电子负载、电池模拟器、NXI 测控平台、锂电池/超级电容测试产品等。

NGI 汇聚众多业内优秀的专业研发人才，多年来始终发扬"团结协作，勇攀高峰"的团队精神，不断推出高端测控技术和产品，已获得上百项自主知识产权和发明专利，并在多个领域保持技术领先地位。NGI 与多所高校和科研机构保持紧密合作关系，并与多家行业龙头企业保持紧密联系。目前 NGI 已建立多家区域服务中心，形成全国战略布局。NGI 将持续创新，为客户提供精准可靠的产品和专业高效的服务，并不断探索新行业测控解决方案，为成为全球领先的电子电路与测控技术方案提供商的美好愿景而奋斗。

湖南华鑫电子科技有限公司

地址：湖南省湘潭市雨湖区二环线
邮编：411100
电话：0731-52338338
传真：0731-52328738
邮箱：2355842968@qq.com
网址：www.hnhxdz.com
简介：湖南华鑫电子科技有限公司位于风景秀丽的湘江河畔、伟人毛泽东的故乡湘潭市，是一家集电源产品研发、生产、销售于一体的科技实体公司，拥有一支专业、资深的研发团队和管理队伍。公司旗下产品有开关电源、电源适配器两大类别，产品广泛应用于工业自动化、LED 照明、显示、城市亮化及通信、医疗、矿山等领域。

公司拥有高标准的现代化生产设备设施，先后通过 ISO 9001：2008 质量管理体系认证、国家 CCC 认证、欧盟国际 CE、韩国 KC 质量认证，并于 2008 年正式被吸纳为中国电源学会会员单位。

公司自成立之初就确立"诚信开拓市场、品质巩固市场、服务决胜市场"的经营方针，和诚信、敬业、创新、卓越的企业精神。不断进取，以高度严谨的敬业态度，致力于成为全球最大的电源供应商。

湖南汇鑫电力成套设备有限公司
地址：湖南省长沙市天心区劳动西路289号嘉盛国际广场2503室
邮编：410000
电话：18073115287
邮箱：huixinele@163.com

网址：www.hnhxe.com
简介：公司致力于向客户提供先进的特种电源产品，为客户提供个性化的产品解决方案，目前的主要产品为中频电源、射频电源、直流电源等，主要服务于光伏太阳能、半导体、真空镀膜、等离子清洗等行业。

天 津 市

安晟通（天津）高压电源科技有限公司

地址：天津市东丽区华明大道20号5楼
邮编：300000
电话：022-58714976
传真：022-58714976
邮箱：tianjinanshengtong@163.com
网址：www.anshengtong.cn
简介：安晟通（天津）高压电源科技有限公司坐落于天津市北方创业园，长期致力于高压电源研发、设计、生产工作，产品涉及稳压电源、恒流电源、脉冲电源、专用特种电源等各类军、民两用电源及相关产品，在现有的产品中有多项产品居国内外领先水平，应用领域覆盖军工、航空、航天、兵器、机载、雷达、船舶、通信、科研及仪器仪表、工业控制等众多领域。主要产品有充放电类高压电源、静电纺织设备高压电源、静电喷涂电源、X射线电源、低压系统供电模块、臭氧高压电源、X光管高压电源、高压点火电源、电子枪高压电源、等离子高压电源、高精密度模块电源。公司长期与国内多个高校建立横向竖向联合，拥有一支活力四射、积极向上并富有创新精神的专业技术团队，为公司的技术研发提供了保证。

公司注册资金300万元，奉行"以顾客为关注焦点，并根据客户要求量体裁衣"，研制各种高低压电源。"科技领先，优质服务，遵信守约"是公司的企业理念。公司遵循以人为本、以客户为中心、以市场为导向、以创新为手段的经营思想，依托于科技，以先进、科学、严谨、务实的管理为基础，以规范化、标准化、合理化、高效率为原则，努力建造现代企业制度，力求早日跻身世界先进科技企业的行列。

东文高压电源（天津）股份有限公司

地址：天津市津南区启迪协信科技园23号
邮编：300350
电话：022-24311533
传真：022-24311533
邮箱：sales@tjindw.com
网址：www.tjindw.com
简介：东文高压电源（天津）股份有限公司是国家级高新技术企业，坐落于天津市津南区启迪协信科技园23号，占地4000多m^2，注册资金1000万元，在职员工百余人。公司创办于1998年，以高压电源为核心产业，研发生产近千余种军、民两用高压电源。公司产品主要应用于惯性导航、雷达通信、电子对抗、等离子推进及变轨、电磁脉冲、声呐、核探测、激光测距、超声探伤、高端医疗分析和高端精密分析仪器，应用领域覆盖航空、航天、船舶、兵器、仪器仪表、通信、工业控制等领域。

公司已取得军工科研生产的全部四个资质。迄今为止共申请专利140余项，其中发明专利40项，实用新型专利100余项，并且有多项产品在国家科技部及天津市立项，获得资金支持。

天津铭锐创科技股份有限公司

地址：天津市津南区经济开发区宝源路18号
邮编：300350
电话：022-60930511
邮箱：sales@hvsps.com
网址：www.hvsps.com
简介：天津铭锐创科技股份有限公司成立于2011年，是集研发、生产、销售于一体的国家级高新技术企业和天津市高新技术企业。公司主要产品为大功率直流开关电源、大功率晶闸管电源、加速器高压电源、电子束熔炼电源、E型电子枪及电源、高压逆变器测试电源、高压电容器充电电源、电子束焊机电源、X射线管老练电源、静电除尘电源、大功率高压脉冲电源。产品广泛应用于电子束金属熔炼、电子束焊接、电子管供电、E型电子枪供电、真空镀膜、新材料、新能源、污水处理、电子组件、特种电镀、高端研究等相关领域，是中国大功率高压直流电源市场的主要供应商之一。

天津市鲲鹏电子有限公司

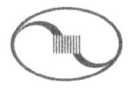

地址：天津市静海县静海经济开发区金海道18号
邮编：301600
电话：022-68687673

传真：022-68680568
邮箱：kunpeng_vip@126.com
网址：www.tj-kp.cn

简介：天津市鲲鹏电子有限公司创建于1984年，厂区面积2.3万余m^2，建筑面积1.8万余m^2，毗邻京沪高速，环境优美，交通便利。

公司现有资深设计人员14人，其中高级人才6名；具有国内外同行业先进生产设备100余台（套），其中计算机自动绕线机28台，R型绕线机6台，大型自动箔式绕线设备5套，真空浸漆流水线2条，全自动真空环氧浇注设备、干燥设备2套及与生产配套机械冲压设备18台（套），各种检测仪器55台（套）。

公司主要产品有人工智能配套变压器、电池测试电源配套变压器、数字自动化配套变压器、EPS、UPS、变频电源、专用单相和三相变压器、电抗器。其中SB三相隔离变压器最大可做到25000kVA；单相、三相电源变压器、R型变压器；环形变压器；单相、三相C型变压器；各种高频开关变压器和电感器，以及按客户要求加工定制各种特殊变压器。

公司生产的电力系统配电变压器已获得国家认证，生产的SB10、S11、S13、S15等系列油浸变压器、干式变压器、非晶合金变压器和配套电抗器，其功率为30～25000kVA，在2012年国家质检总局的质量抽查中，产品质量全部达标，获得好评。

公司年产各类变压器、电源模块、稳压电源55万台（套）以上，铁路智能综合信号电源系统1200台（套），产品行销全国，广泛应用于科研、电子、能源、交通、医疗、安防、家用电器、节能产品、光伏/风能发电等领域。

企业通过了ISO 9001：2015质量管理体系认证和ISO 14001：2015环境管理体系认证，产品通过了CQC认证和CE认证，被评为国家大型企业优秀供应商。

2011年公司获得科技型企业称号，2013年、2016年、2019年、2022年被评为国家高新技术企业，并承接国家科技研发项目，已获得专利32项，其中发明专利3项，多次为国家重点工程和出口项目配套，在国内同行业中居领先地位。

鲲鹏人愿与您携手共进，创造美好未来！

天津天雾抑爆灭火产业技术研究院有限公司

地址：天津滨海高新区华苑产业区兰苑路五号B座904室
邮编：300384
电话：13002278245
邮箱：jnjpzj@126.com
网址：www.ybmh.com

简介：天津天雾抑爆灭火产业技术研究院有限公司坐落于国家级高新技术产业园区——滨海高新区，公司致力于抑爆灭火材料、方式、方法科技创新、部件和装备产品化、产业化发展的创新链源头，产品链、产业链、政产学研用金促进发展。

公司与4所大学和科研院所联合成立技术创新中心，布阵京津冀、陕甘宁、海南、上海、山东、安徽、两广、两湖。

公司自2022年至今，领衔科技成果48项，合作科技成果108项，国际发展专利两项，国际发明奖两项。

河 北 省

盾石磁能科技有限责任公司

地址：河北省石家庄市桥西区西三环西岭集团大院
邮编：050000
电话：13383156950
邮箱：qiuzhiqiang@dscnkj.com
网址：www.dscnkj.com

简介：盾石磁能科技有限责任公司成立于2014年。公司收购源于欧洲最大铀浓缩公司URENCO的飞轮技术公司KT-Si，将世界领先的碳纤维复合材料高速飞轮技术引入国内，具有完全自主知识产权，并实现国产化。公司是国家高新技术企业，在国内建有完备的产品研发、生产制造及测试平台以及成熟的技术团队，是商业化生产大功率、快充放、碳纤维复合材料高速飞轮的企业。

2017年，GTR飞轮储能系统获得国家铁路产品质量监督检测中心、中国电力科学院电力工业电力设备及仪表质量检验测试中心权威检测认证。2018年，GTR飞轮列入河北省重大技术装备首台套目录。2018年，产品通过ISO 9001质量管理体系认证。2019年，公司通过GB/T 29490—2013知识产权管理体系认证。2019年，公司"GTR飞轮储能装置在城市轨道交通应用"项目通过工信部评价，认为技术处于国际先进水平。

盾石磁能科技有限责任公司在飞轮技术平台的基础上研发的GTR飞轮储能系统、ORC超低温余热发电系统、磁悬浮离心式鼓风机三大高端系列产品将广泛应用于先进轨道交通、电力装备、新材料、节能环保、高端装备等行业。

河北汇能欣源电子技术有限公司

地址：河北省石家庄市鹿泉经济开发区御园路99号光谷科技园B1座
邮编：050299

电话：0311-67361830
传真：0311-67368590
邮箱：hnxy04@163.com
网址：www.xypower.net

简介：河北汇能欣源电子技术有限公司成立于2004年8月，位于环境优美的鹿泉经济开发区光谷科技园B1座，是一家专注于从事特种高频开关电源、电源系统研发、生产、销售和技术服务的综合性国家高新技术企业。

公司注重科技创新，多年来先后承担了863计划、省市科技攻关计划和省信息发展计划等，并获得各种荣誉称号及政府资金支持，先后被认定为国家高新技术企业、国家专精特新"小巨人"企业、国家科技型中小企业、河北省专精特新企业、河北省软件企业、河北省军民融合型企业等。

公司结合多项核心成熟知识产权并引进国内外先进技术，开发生产了多个系列、千余种型号的电源产品，其具有功率密度高、可靠性高、转换效率高、稳压范围宽、抗振性强等特点。产品广泛配套使用于雷达、航空管制、电子对抗、加速器等领域，用户遍及电子、航空航天、船舶、整机工厂等企业和科研机构，市场以河北为中心辐射全国20多个省市、自治区，销量稳居行业前茅。

公司秉承"专业、敬业、务实、创新"的发展理念，以技术创新、产品研制、人才培育等市场竞争优势和丰厚的技术力量，不断地为国防发展、社会稳定和企业建设提供更加强有力的技术支持和人才保障。

河北申科磁性材料有限公司

地址：河北省辛集市市府大街府东工业区9号
邮编：052360
电话：13810318669
传真：0311-85395888
邮箱：shichangbu@snkgroup.cn
网址：www.shenk.com.cn
简介：河北申科磁性材料有限公司成立于2018年5月，注册资本1000万元，员工近200人，是一家专业从事金属软磁铁心（铁基非晶、铁基纳米晶、铁镍合金及其他特种软磁合金）研发、制造、销售的科技企业。

河北远大电子有限公司

地址：河北省沧州市沧县薛官屯工业园区
邮编：061037
电话：0317-4881666
传真：0317-4889185
邮箱：ydgs8@163.com
网址：www.czyuanda.com
简介：河北远大电子有限公司始建于1996年，位于河北省沧州市薛官屯工业园区，是生产各种非标准电源、电子变压器、电源变压器、煤矿防爆变压器、变频变压器、电抗器、交流电源、交流稳压电源的专业公司。公司厂区面积23300m^2，厂房建筑面积16800m^2，有7个车间、1个研发中心。

公司拥有变压器、电源专业人才，有员工130人，其中研发人员18人，技术人员20人，销售人员8人，拥有先进的设备和雄厚的技术力量，以及遍及山东、山西、河南、河北、北京、上海、陕西、东北三省等十几个省市的销售网络，煤矿防爆变压器已占到全国市场65%的份额。

公司荣获纳税功臣称号及河北省科技型中小企业称号，并于2002年通过了ISO 9001：2000质量管理体系认证，2009年通过了CE产品质量认证。公司生产的电源变压器、牵引变压器、控制变压器、高压限流变压器、变频变压器、煤矿防爆变压器、电抗器等产品，随机销往美国、日本、中东等地，并获得了广泛认可和赞誉。创造100%高可靠、高品质产品是远大公司的质量方针。

公司广交各界朋友，竭诚为客户服务，为客户加工定制特殊产品。公司正在进行的技术开发的新产品主要有三大项：①SH15系列非晶合金铁心电力变压器；②SHM系列全密封电力变压器；③干式电力变压器。其空载损耗比普通变压器降低约70%，节能效果十分显著。干式电力变压器也获得了广泛的应用，既环保又安全。该项目2014年1月份正式投产。

我们与客户共同努力，创造一个实现双赢的美好合作环境！

河 南 省

河南求同电气科技有限公司

地址：河南省许昌市八一路88号许昌大学科技园4楼
邮编：461000
电话：15038979214
邮箱：hunhmoo@buaa.edu.cn
网址：www.qtdq.com.cn
简介：河南求同电气科技有限公司是一家技术驱动的创新型公司，奉行天下为公的理念，以"用先进科学技术改善人类生存环境"为己任，努力为客户提供质量可靠、性能卓越的产品和诚恳专业的服务。

公司特别重视产学研的深度融合，一方面将重大工程领域中的先进装备和技术定向开发使之适合高校教学与科研，另一方面联合高校共同进行技术攻关解决工程难题。

公司已与西安交通大学在模块化多电平、大功率输配电、电力电子变压器和柔性合环装置等领域进行产学研合作。

公司在柔性直流输电、新能源发电、电力电子及电力拖动等领域有较强的研发能力和技术储备。已成功在工业领域应用的产品有工业变流器、无功补偿SVG、高精度伺服驱动器、大功率电机控制器、电机及齿轮箱振动监测系统等。科研与教学领域的产品有积木式电力电子技术开发平台、开放式电能变换与控制技术开发平台、模块化多电平柔性直流输电动模实验系统和微电网开放式科研平台等。

河南求同电气科技有限公司具备完善的技术开发、生产经营和售后服务体系，通过了ISO 9000质量管理体系认证，相关产品具有国际互认的型式试验报告。

特富特电磁科技（洛阳）有限公司

地址：河南省洛阳市老城区唐宫东路10号古都科创园内
邮编：471000
电话：18137970339
邮箱：zhao.jie@traftor.com
网址：www.traftor.com
简介：特富特电磁科技（洛阳）有限公司是一家专业从事大功率电磁元器件产品研发、制造、销售和服务的国家级高新技术企业。公司成立于2017年6月，注册资金5000万元，位于洛阳市老城区唐宫东路256号古都科创园内，占地面积近1万m²。

郑州丰研电子科技有限公司

地址：河南省郑州市高新区西四环路228号企业公园29号楼6单元412号
邮编：450001
电话：17760780220
邮箱：1975755507@qq.com
简介：郑州丰研电子科技有限公司是一家集研发、生产、销售、售后服务和提供解决方案与一体的高新技术企业。公司主要设计制造模块化开关电源，具有体积小、效率高、纹波小、温度范围广、可靠性高等特点，产品广泛应用于航空航天、军事、程控通信、冶金矿山及科研院校等领域，尤其在可靠性要求高的军工领域发挥着重要作用。

公司倡导以人为本、科技创新的企业文化，不断满足市场需求。

公司凝聚了一批拥有多年开发经验的研发工程师和专业技术人员，以及优秀的企业管理和产品支持人员。在满足客户常规产品的需求的同时，公司也为客户提供定制产品的研发生产，在确保产品可靠性的条件下，向客户提供性价比更高的产品和服务。

公司所有产品严格按照国军标要求和行业规范进行设计开发、生产检验，所涉及的环境试验包括高低温贮存、高低温工作、温度循环、温度冲击、湿热、机械冲击、随机振动、EMI/EMC等。

中国空空导弹研究院

地址：河南省洛阳市西工区解放路166号
邮编：471099
电话：0379-63383147
传真：0379-63937441
邮箱：zhangguoqiang8386@163.com
简介：中国空空导弹研究院隶属于中国航空工业集团，坐落于古都洛阳，是国家专业从事空空导弹、发射装置、地面检测设备和机载光电设备及其派生型产品研制开发及批量生产的研究发展基地，是国家重点科研院所之一，研究领域覆盖导弹总体设计与制导、自动控制、无线电、红外、激光、微波、计算机、通信、精密机械、火箭发动机、信号处理、机械设计与制造等。

其下属的伺服系统事业部致力于先进伺服系统、电源系统的研制开发，可为用户提供伺服系统、电源系统及相关测试系统的技术开发和产品研制服务，现有设计人员近百名，硕士及以上学历70余人，博士5人，具有高级职称40余人，专业覆盖机械结构、电力电子、软件工程、联合仿真与试验评估等技术领域，拥有各类设计开发工具及试验测试设备500余台（套），在伺服系统、电源系统以及相关测试设备等方面具有雄厚的技术实力和广泛的合作意愿。经过50余年的发展，事业部在伺服系统、电源系统设计制造和测试评估领域积累了丰富的经验，并收获了丰硕的成果。先后承担了20余项国家重大科研装备项目伺服系统和电源系统的研制工作，获得国家科学技术进步二等奖、国防科技技术进步一等奖多项及集团科技成果奖20余项，拥有专利20余项，主编了国军标及航标多个标准。

陕 西 省

陕西柯蓝电子有限公司

地址：陕西省西安市高新区草堂科技产业基地秦岭大道西2号企业加速器11号楼
邮编：710000
电话：029-65659378
传真：029-65659354

邮箱：criane@criane.com
网址：www.criane.com
简介：陕西柯蓝电子有限公司成立于2003年12月，是一家专业从事通信测试维护系列设备的设计、开发、生产、销售、维修和技术服务的公司。公司现位于西安高新区草堂科技产业基地秦岭大道西2号企业加速器11号楼3C，注册资金为1000万元。

公司产品主要包括通信用蓄电池测试维护类仪表、光纤通信测试维护类仪器仪表、后备电源油机测试维护设备、集中化智能化的监测系统等，并具有完全自主产权。公司是一家拥有核心技术、前沿技术、管理正规、质量可靠、信誉良好的国内规模较大、品种较齐全的通信设备智能检测、信号传输、光缆测量设备行业的领先企业。公司对售出产品一律实行半年内包换新机，五年内免费维修，终身技术服务等服务政策。公司电子产品已经在全国各电信运营商、电力系统、通信专网、石油煤炭、金融系统、交通系统、公安系统及大型工矿企业、全军各军区、各兵种等行业领域广泛应用。

相信通过我们的创新和努力，将更好地为用户提供更优质的产品、先进的技术和全面的服务！

西安科湃电气有限公司

地址：陕西省西安市长安区纬二十六路中交科技城西区
邮编：710000
电话：029-81118285
传真：029-81118285
邮箱：info@coepower.com
网址：www.coepower.com
简介：西安科湃电气有限公司专注于先进电能变换技术在电能质量治理领域的应用，以电力电子技术为载体为用户提供更为优质、高效的电力供应。公司坐落于西安国家级高新技术产业开发区，拥有行业领先的自主研发团队和质量监管体系，并与西安交通大学及多家知名科研院所保持长期合作关系。公司坚持以客户需求为导向、以科技创新为驱动，通过多年技术积淀，已拥有包括有源电力滤波器、静止无功发生器、有源电压控制器、通用电能质量控制器、DC-BANK直接不间断电源、动态电压恢复器（DVR）等一系列产品和系统解决方案。公司以技术创新作为核心竞争力，多维度提升自身服务水平，现已通过ISO 9001质量管理体系认证，各个产品均取得型式实验报告，是中国电源学会会员单位，并参与《低压混合式动态无功补偿装置》《低压有源电压偏差补偿装置》等团标的撰写起草。公司与西安交通大学研究生院、电气工程学院建立了专业学位研究生协同培养育人基地，获得双软认证，取得陕西省技术贸易许可证、陕西省科技型中小企业认证，取得多项专利证书及多项自主知识产权。

公司以未来能源的高效利用为理念，秉承以更优质的技术服务客户，不断科技创新与拓展，愿与您一起共筑人类更美好的能源世界。

西安思源清科智能科技有限公司

地址：陕西省西安市沣东新城征和四路2168号自贸产业园
邮编：710086
电话：13001122939
邮箱：Tsinghua-Sieyuan@hotmail.com
网址：www.tsinghua-sieyuan.com
简介：西安思源清科智能科技有限公司是一家高新技术企业，也是政府授权的AAA级重点信誉单位。

公司主要研发销售电能质量产品，包括终端电气综合治理装置、中线安防综合治理装置、全效能增强型电能质量综合治理装置、APF有源电力滤波器、SVG静止无功发生器、谐波保护器等。

公司自研技术电力系统功率振荡阻尼系统与过电压操作防空以及380V系统过电压操作防空和稳定运行，已经在某大型生产冶金领域及著名三甲综合医院稳定运行，大大降低了其他同类产品在系统过电压状况下频繁进入保护的现象。

公司宗旨：立德立言，无问西东。
产品宗旨：做以安全著称的谐波治理补偿装置。
饮水思源，厚德载物，TsinghuaSieyuan思源清科，期待与您合作。
联系方式：
北京：13001122939
上海：17317538271
西安：19991191701

西安迅湃快速充电技术有限公司

地址：陕西省西安市高新区丈八五路2号现代企业中心东区3号楼I区2楼
邮编：710065
电话：18302996752
邮箱：man.zhang@stropower.com
网址：www.stropower.com
简介：西安迅湃快速充电技术有限公司坐落于古城西安高新技术开发区，是一家从事动力电池测试系统和动力电池模拟电源的研发、生产及销售的高新技术企业。

公司产品广泛应用于电动汽车的动力电池测试、电机及控制器测试、充电机测试，以及超级电容测试领域。通过多年的技术积累和科技创新，公司已成为国内领先的动力电池测试系统及动力电池模拟电源产品提供商。公司不

其 他

广西科技大学

地址：广西壮族自治区柳州市城中区东环大道268号
邮编：545006
电话：0772-2685979
传真：0772-2687698
邮箱：zhxh76@126.com
网址：www.gxust.edu.cn

简介：广西科技大学是广西壮族自治区人民政府直属管理的普通高等学校。学校坐落于国家历史文化名城和西南地区工业重镇、交通枢纽、商贸物流中心——柳州市。学校现有东环、柳石、柳东3个校区，占地面积近4000亩（约267万 m^2）；设有16个二级学院，1个学部，2个直属附属医院，全日制在校学生3万多人。学校以工为主，专业涵盖工、管、理、医、经、文、法、艺术、教育等九大学科门类；现有3个博士学位授予权立项建设学科，2个广西一流学科（培育），9个广西高校重点学科，9个硕士学位授权一级学科，9个硕士专业学位授权类别，涵盖40多个专业方向。学校是中国电源学会会员单位，主要依托电气电子与计算机科学学院（简称电计学院），电计学院有控制科学与工程、计算机科学与技术2个一级学科硕士授权点和机械-机器人工程、电子信息2个专硕授权点，其中控制科学与工程学科为学校博士点建设支撑学科。学院现有教职工136人，其中高级职称教师57人，博士40人。学院开设电气工程及其自动化、自动化、测控技术与仪器、计算机科学与技术、电子信息工程、通信工程、机器人工程等10个本科专业，现全日制在校学生3700余人，其中研究生340余人。建有教育部工程研究中心，广西区重点实验室，省部级科研社会服务平台，2个广西高校重点实验室，3个柳州市重点实验室、3个柳州市工程技术研究中心。

广西普德新星电源科技有限公司

地址：广西壮族自治区梧州高新区工业大道88号普德新星工业园
邮编：543000
电话：400-007-1991
邮箱：liuli@kondawei.com
网址：www.powerld.com.cn

简介：广西普德新星电源科技有限公司是深圳市普德新星电源技术有限公司成立的全资控股子公司，专业从事开关电源开发设计、生产、销售与服务，是中国电源学会（CPSS）会员单位，德国TÜV-ISO 9001质量管理体系认证企业。1991年在中国硅谷中心中关村成立北京新星普德电源技术有限责任公司，首创公司品牌——新星开关电源。1998年南下在深圳南山高新技术开发区成立公司，创立深圳知名品牌"普德新星"。历经30年，公司现拥有深圳研发中心、梧州生产中心以及多个海内外销售办事处。由最初的十几人规模发展到现有员工1200多人，生产面积5万 m^2，可月产各类电源100万台。公司产品涵盖了整机型AC-DC电源、基板型AC-DC电源、多路隔离输出电源、DC-DC电源、AC-DC模块、DC-DC模块、适配器电源等七大系列2000余种，目前公司开发、生产的开关电源已经遍及全国各地，产品远销欧美与东南亚国家。公司与烽火通信、华三通信、洲明科技、ZTE、TCL、捷顺等著名品牌公司合作。公司自成立以来，秉承"顾客至上，真诚合作，勤奋创新，追求卓越"的经营理念和"顾客至上、群策群力、持续改善、争创一流"的质量方针；提倡"尊重知识、尊重人才，实事求是"的科学原则；坚持"以人为本，唯才是举"的人才理念。公司落实决策民主化、管理权威化的原则，制度因人而设，决不因人而废，做到管理有效，是公司的管理政策。创造利润回馈顾客和员工，为振兴民族产业贡献自己的力量，是公司的使命。当今世界工业的高速发展，为新星电源提供了广阔的平台。公司将以此为契机在电源领域勇于开拓，不断创新，立志成为世界级开关电源供应商！

航天长峰朝阳电源有限公司

地址：辽宁省朝阳市双塔区龙泉大街北段333A号
邮编：122000
电话：0421-2732209
传真：0421-2828501
邮箱：htcydy@4nic.com.cn
网址：www.4nic.com.cn

简介：航天长峰朝阳电源有限公司是北京航天长峰股份有限公司（股票代码：600855）的全资子公司，注册资本18607.15万元，公司位于辽宁省朝阳市双塔区龙泉大街北段333A号，厂区占地面积16万 m^2，建筑面积约5.4万 m^2。

航天长峰朝阳电源有限公司前身是朝阳市电源有限公司，成立于1986年，是国内电源行业的专业科研生产企业，具有30多年的电源设计和研制生产经验。公司为高新技术企业，拥有两个省级研发中心，即省科技厅批准组建的辽宁省企业工程技术研究中心及省经信委批准组建的企业技术中心，拥有多项自主知识产权支撑电源产品技术体系，以"4NIC朝阳电源"及"CASIC中国航天科工集团"为品牌，生产30多个系列上万余品种军民两用稳压电源，产品广泛应用于航空、航天、兵器、船舶、机载、弹载、雷达、机车、通信、工控及科研等领域，尤其在高可靠性的军工领域发挥着不可替代的作用，为国家的国防建设和经济建设做出了卓越贡献。

公司在国内主要城市设有30个办事处，实施"朝阳电源就在您身边"服务理念，奉行"以顾客为关注焦点，量体裁衣做电源"的经营战略，满足个性化需求。

润新微电子（大连）有限公司

地址：辽宁省大连市高新技术产业园区信达街57号工业产业设计园7号楼
邮编：116023
电话：0411-39056676
邮箱：xg@xinguanchn.com
网址：www.xinguanchn.com
简介：润新微电子（大连）有限公司前身为大连芯冠科技有限公司，成立于2016年3月，注册资本11456万元，是一家由海外归国团队创立的国家级高新技术企业，采用整合设计与制造（IDM）的商业模式，从事以氮化镓为代表的第三代半导体外延材料和电子器件的研发和产业化。

公司现拥有一条国际先进的6英寸半导体器件生产线，涵盖MOCVD外延炉及外延表征设备、半导体芯片生产线、晶圆在片检测系统、可靠性测试和应用开发系统。2018年已实现6英寸650V硅基氮化镓外延片的量产，2019年发布并量产了国内第一款650V硅基氮化镓功率器件，产品功率范围涵盖30W~10kW，广泛应用于消费类电子（快充、大功率适配器等）、工业电子与汽车电子等电源管理领域。

中国科学院近代物理研究所

地址：甘肃省兰州市南昌路509号
邮编：730000
电话：0931-4969563
传真：0931-4969560
网址：www.impcas.ac.cn
简介：中国科学院近代物理研究所是中科院所属的依托大科学装置，开展重离子科学与技术研究与设计的基地型大型研究所。

各种类型的大中型加速器是开展基础研究的基础，电源系统是重离子加速器的重要组成部分。电源室负责重离子加速器电源系统的设计、运行、维护工作。电源室围绕加速器特种电源，开展功率变换器拓扑、电源控制策略、电源工艺等研究，先后承担了"七五""九五"等大科学工程中电源系统的研制任务，研制成功了高精度直流稳流电源、大功率脉冲电源等多项特种电源技术，填补了当时国内空白。2013年起，电源室又承担了国家"十二五"大科学工程新一代强流重离子加速装置（HIAF）电源系统研制任务，目前还承担了SESRI、HIMM、PREF等多个加速器项目的电源系统设计与研制任务。

另外，电源室先后承担了973、国际合作项目、青年基金、国家科技部重点研发计划等项目，获得了国家科技进步奖二等奖、中科院科技成就奖、中科院一等奖及甘肃省科技进步奖特等奖、一等奖、二等奖多次。在国内外核心期刊发表文章50余篇，取得发明专利授权20余项。

60多年来，电源室专注于加速器电源技术，在大功率高稳定度直流稳流电源技术、大功率脉冲电源技术、数字控制技术等方面形成了自己鲜明的特色。

力高仪器有限公司

地址：香港新界沙田火炭山尾街31-35号华乐工业中心二期E座5楼2室
电话：00852-27640603
邮箱：hong@miko.com.cn
网址：www.miko-kings.com
简介：力高仪器有限公司（简称力高），创建于1980年，是一家以香港及内地为基地的先进电子仪器代理公司。在过去的岁月中，公司全力从事电子测试仪器销售行业。

产品应用范围广泛覆盖电信、电源、数据通信、无线通信技术、音响及教育等各类市场。

云南省工投软件技术开发有限责任公司

地址：云南省昆明市盘龙区鼓楼路102-108号
邮编：650051
电话：0871-65158701
传真：0871-65175095
邮箱：871820116@qq.com
简介：云南省工投软件技术开发有限责任公司成立于1984年，成立时名称为中国软件技术公司云南省开发中心，为全额拨款事业单位，2000年转制为全民所有制企业，2021年10月更名为云南省工投软件技术开发有限责任公司，2022年10月，云南南天信息产业股份有限公司收购公司100%股权。

公司紧紧围绕"打造一流能源装备科研生产基地，成为军民用智慧电源方案、产品与技术供应商"的战略目标，不断进行创新，面向全军电源、信息采集、生物检测、嵌入电子装备等市场需求，聚焦高端特种电源、生物侦检、数据通信、模拟训练装备的自主创新和产业化。公司已掌握了数字化 DC-DC 电源模块、智能化供配电管理核心技术；同时也掌握了基于物联网技术的车载信息处理系统技术、模块化车载电源技术、特种电源散热技术、数传车载适配器技术、通风口快速密闭锁紧装置、便携式手摇发电、生物气溶胶采样等 10 项关键技术，获得各类奖励 13 项、自主知识产权 86 项，其中 2 项发明专利，10 项实用新型专利，29 项外观设计专利，45 项软件著作权，1 项团体标准。具备齐全的军工资质，同时是国家高新技术企业、国家科技型中小企业、云南省专精特新"小巨人"企业、云南省创新团队、云南省科技型中小企业、云南省企业技术中心等。

会员企业按主要产品索引

新能源电源（光伏逆变器、风力变流器等）（103）
1. 艾德克斯电子有限公司
2. 爱士惟科技（上海）有限公司
3. 安徽中鑫半导体有限公司
4. 安泰科技股份有限公司非晶制品分公司
5. 百思科新能源技术（青岛）有限公司
6. 北京柏艾斯科技有限公司
7. 北京合康新能科技股份有限公司
8. 北京恒电电源设备有限公司
9. 北京市天润中电高压电子有限公司
10. 北京英博电气股份有限公司
11. 北京元十电子科技有限公司
12. 北京智源新能电气科技有限公司
13. 北京纵横机电科技有限公司
14. 常州博瑞电力自动化设备有限公司
15. 东莞立德电子有限公司
16. 东莞立讯技术有限公司
17. 东莞铭普光磁股份有限公司
18. 东莞市奥海科技股份有限公司
19. 东莞市乔顿电子有限公司
20. 东莞市石龙富华电子有限公司
21. 佛山市顺德区冠宇达电源有限公司
22. 佛山市顺德区伊戈尔电力科技有限公司
23. 公牛集团股份有限公司
24. 广东宝星新能科技有限公司
25. 广东创电科技有限公司
26. 广东德珑磁电科技股份有限公司
27. 广东鸿威国际会展集团有限公司
28. 广东南方宏明电子科技股份有限公司
29. 广东志成冠军集团有限公司
30. 广西普德新星电源科技有限公司
31. 广州华工科技开发有限公司
32. 广州回天新材料有限公司
33. 广州科谷动力电气有限公司
34. 广州三晶电气股份有限公司
35. 杭州飞仕得科技股份有限公司
36. 航天柏克（广东）科技有限公司
37. 河南求同电气科技有限公司
38. 华特力科（北京）商贸有限公司
39. 华为技术有限公司
40. 黄山申格电子科技股份有限公司
41. 辉碧电子（东莞）有限公司广州分公司
42. 江苏爱克赛实业有限公司
43. 科华数据股份有限公司
44. 科威尔技术股份有限公司
45. 昆山渝科电子科技有限公司
46. 麦田能源有限公司
47. 美的集团
48. 明纬（广州）电子有限公司
49. 南京国臣直流配电科技有限公司
50. 宁夏银利电气股份有限公司
51. 潜润电子科技（苏州）有限公司
52. 青岛鼎信通讯股份有限公司
53. 赛尔康技术（深圳）有限公司
54. 厦门市爱维达电子有限公司
55. 上海大周信息科技有限公司
56. 上海电气电力电子有限公司
57. 上海汉象智能科技有限公司
58. 上海申睿电气有限公司
59. 上海伊意亿新能源科技有限公司
60. 深圳古瑞瓦特新能源有限公司
61. 深圳科士达科技股份有限公司
62. 深圳库马克科技有限公司
63. 深圳麦格米特电气股份有限公司
64. 深圳市北汉科技有限公司
65. 深圳市禾望电气股份有限公司
66. 深圳市汇川技术股份有限公司
67. 深圳市汇业达通讯技术有限公司
68. 深圳市捷益达电子有限公司
69. 深圳市巨鼎电子有限公司
70. 深圳市康奈特电子有限公司
71. 深圳市瑞必达科技有限公司
72. 深圳市盛弘电气股份有限公司
73. 深圳市英威腾光伏科技有限公司
74. 深圳市振华微电子有限公司
75. 深圳市智胜新电子技术有限公司
76. 深圳威迈斯新能源股份有限公司
77. 深圳英飞源技术有限公司
78. 石家庄通合电子科技股份有限公司
79. 苏州西伊加梯电源技术有限公司
80. 台达电子企业管理（上海）有限公司
81. 天宝集团控股有限公司
82. 田村（中国）企业管理有限公司
83. 铁城信息科技有限公司
84. 万帮数字能源股份有限公司
85. 维谛技术有限公司
86. 武汉新瑞科电子科技有限公司
87. 先控捷联电气股份有限公司
88. 芯朋微电子股份有限公司
89. 阳光电源股份有限公司
90. 伊顿电源（上海）有限公司
91. 易事特集团股份有限公司
92. 英飞凌科技（中国）有限公司
93. 英飞特电子（杭州）股份有限公司
94. 越峰电子（昆山）有限公司
95. 浙江艾罗网络能源技术股份有限公司

96. 浙江富特科技股份有限公司
97. 浙江宏胜光电科技有限公司
98. 浙江华昱欣科技有限公司
99. 中航太克（厦门）电力技术股份有限公司
100. 中兴通讯股份有限公司
101. 珠海格力电器股份有限公司
102. 珠海泰为电子有限公司
103. 珠海英搏尔电气股份有限公司

通用开关电源（100）

1. 安晟通（天津）高压电源科技有限公司
2. 安徽中鑫半导体有限公司
3. 北京动力源科技股份有限公司
4. 北京航天星瑞电子科技有限公司
5. 北京汇众电源技术有限责任公司
6. 北京京仪椿树整流器有限责任公司
7. 北京新雷能科技股份有限公司
8. 北京智源新能电气科技有限公司
9. 北京中天汇科电子技术有限责任公司
10. 常州市创联电源科技股份有限公司
11. 常州市红光电能科技有限公司
12. 成都光电传感技术研究所有限公司
13. 成都思创电气工程有限公司
14. 登钛电子技术（上海）有限公司
15. 东电化兰达（中国）电子有限公司
16. 东莞立讯技术有限公司
17. 东莞市奥海科技股份有限公司
18. 东莞市大忠电子有限公司
19. 东莞市石龙富华电子有限公司
20. 东莞市长工微电子有限公司
21. 佛山市汉毅电子技术有限公司
22. 佛山市南海赛威科技技术有限公司
23. 佛山市顺德区冠宇达电源有限公司
24. 公牛集团股份有限公司
25. 广东鸿威国际会展集团有限公司
26. 广东南方宏明电子科技股份有限公司
27. 广东省洛仑兹技术股份有限公司
28. 广东顺德三扬科技股份有限公司
29. 广西普德新星电源有限公司
30. 广州高雅信息科技有限公司
31. 广州金升阳科技有限公司
32. 广州市昌菱电气有限公司
33. 广州市能智威电子有限公司
34. 广州旺马电子科技有限公司
35. 海湾电子（山东）有限公司
36. 杭州博睿电子科技有限公司
37. 杭州精日科技有限公司
38. 航裕电源系统（上海）有限公司
39. 合肥华耀电子工业有限公司
40. 河北汇能欣源电子技术有限公司
41. 湖南华鑫电子科技有限公司
42. 湖南炬神电子有限公司
43. 湖南科瑞变流电气股份有限公司
44. 华东微电子技术研究所
45. 辉碧电子（东莞）有限公司广州分公司
46. 惠州三华工业有限公司
47. 惠州志顺电子实业有限公司
48. 昆山渝科电子科技有限公司
49. 茂硕电源科技股份有限公司
50. 明纬（广州）电子有限公司
51. 青岛海信日立空调系统有限公司
52. 全天自动化能源科技（东莞）有限公司
53. 赛尔康技术（深圳）有限公司
54. 厦门讯亨电子科技有限公司
55. 上海埃德电子股份有限公司
56. 上海吉电电子技术有限公司
57. 上海申睿电气有限公司
58. 上海唯力科技有限公司
59. 上海维安半导体有限公司
60. 深圳华德电子有限公司
61. 深圳可立克科技股份有限公司
62. 深圳欧陆通电子股份有限公司
63. 深圳市柏瑞凯电子科技股份有限公司
64. 深圳市倍思科技有限公司
65. 深圳市航嘉驰源电气股份有限公司
66. 深圳市皓文电子股份有限公司
67. 深圳市金威源科技股份有限公司
68. 深圳市京泉华科技股份有限公司
69. 深圳市巨鼎电子有限公司
70. 深圳市力生美半导体股份有限公司
71. 深圳市联宇科技有限公司
72. 深圳市瑞必达科技有限公司
73. 深圳市瑞晶实业有限公司
74. 深圳市瓦特源检测研究有限公司
75. 深圳市知用电子有限公司
76. 深圳市中电熊猫展盛科技有限公司
77. 深圳市卓越至高电子有限公司
78. 深圳威迈斯新能源股份有限公司
79. 四川格斯拉科技有限公司
80. 苏州美恩斯电子科技有限公司
81. 苏州万瑞达电气有限公司
82. 台达电子企业管理（上海）有限公司
83. 天宝集团控股有限公司
84. 天津铭锐创科技股份有限公司
85. 铁城信息科技有限公司
86. 威尔克通信实验室
87. 武汉永力科技股份有限公司
88. 小米通讯技术有限公司
89. 协丰万佳科技（深圳）有限公司
90. 亚源科技股份有限公司
91. 伊顿电源（上海）有限公司
92. 英富美（深圳）科技有限公司
93. 越峰电子（昆山）有限公司

94. 云南省工投软件技术开发有限责任公司
95. 张家港市电源设备厂
96. 浙江华昱欣科技有限公司
97. 浙江嘉科电子有限公司
98. 浙江榆阳电子股份有限公司
99. 中山市科博电器有限公司
100. 珠海云充科技有限公司

模块电源（93）

1. 安晟通（天津）高压电源科技有限公司
2. 安徽博微智能电气有限公司
3. 北京创四方电子集团股份有限公司
4. 北京航天星瑞电子科技有限公司
5. 北京汇众电源技术有限责任公司
6. 北京韶光科技有限公司
7. 北京新雷能科技股份有限公司
8. 北京银星通达科技开发有限责任公司
9. 北京长城电子装备有限责任公司
10. 常州市红光电能科技股份有限公司
11. 成都光电传感技术研究所有限公司
12. 成都航域卓越电子技术有限公司
13. 登钛电子技术（上海）有限公司
14. 东电化兰达（中国）电子有限公司
15. 东莞立讯技术有限公司
16. 东莞铭普光磁股份有限公司
17. 东莞市长工微电子有限公司
18. 东文高压电源（天津）股份有限公司
19. 公牛集团股份有限公司
20. 广东省洛仑兹技术股份有限公司
21. 广西普德新星电源科技有限公司
22. 广州高雅信息科技有限公司
23. 广州健特电子有限公司
24. 广州金升阳科技有限公司
25. 广州致远仪器有限公司
26. 杭州奥能电源设备有限公司
27. 杭州博睿电子科技有限公司
28. 航天长峰朝阳电源有限公司
29. 合肥华耀电子工业有限公司
30. 河北汇能欣源电子技术有限公司
31. 河南求同电气有限公司
32. 华东微电子技术研究所
33. 华为技术有限公司
34. 华夏天信智能物联股份有限公司
35. 辉碧电子（东莞）有限公司广州分公司
36. 惠州三华工业有限公司
37. 捷葸迪电子科技（上海）有限公司
38. 雷诺士（常州）电子有限公司
39. 洛阳隆盛科技有限责任公司
40. 敏业信息科技（上海）有限公司
41. 明纬（广州）电子有限公司
42. 潜润电子科技（苏州）有限公司
43. 青岛航天半导体研究所有限公司
44. 厦门市爱维达电子有限公司
45. 厦门讯亨电子科技有限公司
46. 山东镭之源激光科技股份有限公司
47. 上海埃德电子股份有限公司
48. 上海大周信息科技有限公司
49. 上海杰瑞兆新信息科技有限公司
50. 上海南芯半导体科技股份有限公司
51. 上海唯力科技有限公司
52. 上海维安半导体有限公司
53. 上海英联电子系统有限公司
54. 深圳市瀚强科技股份有限公司
55. 深圳市皓文电子股份有限公司
56. 深圳市捷益达电子有限公司
57. 深圳市金威源科技股份有限公司
58. 深圳市雷能混合集成电路有限公司
59. 深圳市联宇科技有限公司
60. 深圳市斯康达电子有限公司
61. 深圳市英威腾电源有限公司
62. 深圳市永联科技股份有限公司
63. 深圳市振华微电子有限公司
64. 深圳市卓越至高电子有限公司
65. 深圳易能时代科技有限公司
66. 深圳英飞源技术有限公司
67. 深圳中瀚蓝盾技术有限公司
68. 石家庄通合电子科技股份有限公司
69. 四川格斯拉科技有限公司
70. 四川英杰电气股份有限公司
71. 苏州水芯电子科技有限公司
72. 苏州万瑞达电气有限公司
73. 苏州西伊加梯电源技术有限公司
74. 太仓电威光电有限公司
75. 天宝集团控股有限公司
76. 天津市鲲鹏电子有限公司
77. 万帮数字能源股份有限公司
78. 武汉羿变电气有限公司
79. 武汉永力科技股份有限公司
80. 西安爱科赛博电气股份有限公司
81. 西安伟京电子制造有限公司
82. 协丰万佳科技（深圳）有限公司
83. 芯朋微电子股份有限公司
84. 亚源科技股份有限公司
85. 伊顿电源（上海）有限公司
86. 张家港市电源设备厂
87. 长城电源技术有限公司
88. 浙江宏胜光电科技有限公司
89. 浙江华昱欣科技有限公司
90. 浙江嘉科电子有限公司
91. 中国空空导弹研究院
92. 中航太克（厦门）电力技术股份有限公司
93. 中兴通讯股份有限公司

通信电源（67）
1. 北京动力源科技股份有限公司
2. 北京中天汇科电子技术有限责任公司
3. 成都光电传感技术研究所有限公司
4. 东电化兰达（中国）电子有限公司
5. 东莞铭普光磁股份有限公司
6. 东莞市乔顿电子有限公司
7. 东莞市石龙富华电子有限公司
8. 广东南方宏明电子科技股份有限公司
9. 广东省洛仑兹技术股份有限公司
10. 广东顺德三扬科技股份有限公司
11. 广西普德新星电源科技有限公司
12. 杭州博睿电子科技有限公司
13. 杭州中恒电气股份有限公司
14. 合肥联信电源有限公司
15. 华特力科（北京）商贸有限公司
16. 华为技术有限公司
17. 惠州三华工业有限公司
18. 捷蒽迪电子科技（上海）有限公司
19. 科华数据股份有限公司
20. 昆山渝科电子科技有限公司
21. 雷诺士（常州）电子有限公司
22. 理士国际技术有限公司
23. 茂硕电源科技股份有限公司
24. 南京海迪自动化科技有限公司
25. 南京酷科电子科技有限公司
26. 厦门恒昌综能自动化有限公司
27. 厦门市爱维达电子有限公司
28. 厦门讯亨电子科技有限公司
29. 山东镭之源激光科技股份有限公司
30. 上海科泰电源股份有限公司
31. 上海南芯半导体科技股份有限公司
32. 上海维安半导体有限公司
33. 上海稳利达科技股份有限公司
34. 上海英联电子系统有限公司
35. 深圳华德电子有限公司
36. 深圳可立克科技股份有限公司
37. 深圳麦格米特电气股份有限公司
38. 深圳欧陆通电子股份有限公司
39. 深圳市柏瑞凯电子科技股份有限公司
40. 深圳市北汉科技有限公司
41. 深圳市航嘉驰源电气股份有限公司
42. 深圳市皓文电子股份有限公司
43. 深圳市金威源科技股份有限公司
44. 深圳市雷能混合集成电路有限公司
45. 深圳市力生美半导体股份有限公司
46. 深圳市瑞晶实业有限公司
47. 深圳市瓦特源检测研究有限公司
48. 深圳市英可瑞科技股份有限公司
49. 深圳市英威腾电源有限公司
50. 深圳市永联科技股份有限公司
51. 深圳市中电熊猫展盛科技有限公司
52. 深圳市卓越至高电子有限公司
53. 深圳威迈斯新能源股份有限公司
54. 苏州水芯电子科技有限公司
55. 台达电子企业管理（上海）有限公司
56. 万帮数字能源股份有限公司
57. 威尔克通信实验室
58. 维谛技术有限公司
59. 武汉永力科技股份有限公司
60. 亚源科技股份有限公司
61. 易事特集团股份有限公司
62. 长城电源技术有限公司
63. 浙江宏胜光电科技有限公司
64. 浙江嘉科电子有限公司
65. 浙江榆阳电子股份有限公司
66. 中兴通讯股份有限公司
67. 珠海泰为电子有限公司

UPS（66）
1. 艾普斯电源（苏州）有限公司
2. 安徽博微智能电气有限公司
3. 北京动力源科技股份有限公司
4. 北京恒电电源设备有限公司
5. 北京韶光科技有限公司
6. 北京银星通达科技开发有限责任公司
7. 北京元十电子科技有限公司
8. 登钛电子技术（上海）有限公司
9. 东莞市乔顿电子有限公司
10. 盾石磁能科技有限责任公司
11. 广东宝星新能科技有限公司
12. 广东创电科技有限公司
13. 广东志成冠军集团有限公司
14. 广州东芝白云菱机电力电子有限公司
15. 广州华工科技开发有限公司
16. 广州科谷动力电气有限公司
17. 广州市昌菱电气有限公司
18. 杭州奥能电源设备有限公司
19. 航天柏克（广东）科技有限公司
20. 航天长峰朝阳电源有限公司
21. 合肥联信电源有限公司
22. 弘乐集团有限公司
23. 鸿宝电源有限公司
24. 湖南东方万象科技有限公司
25. 湖南炬神电子有限公司
26. 华为技术有限公司
27. 辉碧电子（东莞）有限公司广州分公司
28. 惠州志顺电子实业有限公司
29. 江苏爱克赛实业有限公司
30. 科华数据股份有限公司
31. 雷诺士（常州）电子有限公司
32. 理士国际技术有限公司
33. 南京海迪自动化科技有限公司

34. 厦门恒昌综能自动化有限公司
35. 厦门市爱维达电子有限公司
36. 山东华天科技集团股份有限公司
37. 山特电子（深圳）有限公司
38. 商宇（深圳）科技有限公司
39. 上海华翌电气有限公司
40. 上海吉电电子技术有限公司
41. 上海科泰电源股份有限公司
42. 深圳科士达科技股份有限公司
43. 深圳市汇业达通讯技术有限公司
44. 深圳市捷益达电子有限公司
45. 深圳市京泉华科技股份有限公司
46. 深圳市瓦特源检测研究有限公司
47. 深圳市英威腾电源有限公司
48. 深圳市英威腾光伏科技有限公司
49. 深圳市智胜新电子技术有限公司
50. 苏州西伊加梯电源技术有限公司
51. 太仓电威光电有限公司
52. 威尔克通信实验室
53. 维谛技术有限公司
54. 武汉新瑞科电子科技有限公司
55. 先控捷联电气股份有限公司
56. 伊顿电源（上海）有限公司
57. 易事特集团股份有限公司
58. 英富美（深圳）科技有限公司
59. 云南省工投软件技术开发有限责任公司
60. 浙江华昱欣科技有限公司
61. 中川智能科技有限公司
62. 中航太克（厦门）电力技术股份有限公司
63. 中山市科博电器有限公司
64. 中兴通讯股份有限公司
65. 重庆荣凯川仪仪表有限公司
66. 珠海山特电子有限公司

特种电源（62）

1. 爱士惟科技（上海）有限公司
2. 安晟通（天津）高压电源科技有限公司
3. 安徽博微智能电气有限公司
4. 安泰科技股份有限公司非晶制品分公司
5. 北京创四方电子集团股份有限公司
6. 北京航天星瑞电子有限公司
7. 北京恒电电源设备有限公司
8. 北京汇众电源技术有限责任公司
9. 北京京仪椿树整流器有限责任公司
10. 北京市天润中电高压电子有限公司
11. 北京新雷能科技股份有限公司
12. 北京长城电子装备有限责任公司
13. 北京纵横机电科技有限公司
14. 常州市创联电源科技股份有限公司
15. 忱芯科技（上海）有限公司
16. 成都光电传感技术研究所有限公司
17. 成都航域卓越电子技术有限公司
18. 成都金创立科技有限责任公司
19. 东电化兰达（中国）电子有限公司
20. 东文高压电源（天津）股份有限公司
21. 广东创电科技有限公司
22. 广东顺德三扬科技股份有限公司
23. 广东志成冠军集团有限公司
24. 杭州铂科电子有限公司
25. 杭州精日科技有限公司
26. 航天柏克（广东）科技有限公司
27. 航天长峰朝阳电源有限公司
28. 合肥华耀电子工业有限公司
29. 河北汇能欣源电子技术有限公司
30. 核工业理化工程研究院
31. 湖南科瑞变流电气股份有限公司
32. 华夏天信智能物联股份有限公司
33. 科威尔技术股份有限公司
34. 昆山渝科电子科技有限公司
35. 龙腾半导体股份有限公司
36. 宁夏银利电气股份有限公司
37. 潜润电子科技（苏州）有限公司
38. 山东华天科技集团股份有限公司
39. 山东镭之源激光科技股份有限公司
40. 上海埃德电子股份有限公司
41. 上海超群检测科技股份有限公司
42. 上海稳利达科技股份有限公司
43. 深圳华德电子有限公司
44. 深圳市瀚强科技股份有限公司
45. 深圳市皓文电子股份有限公司
46. 深圳市汇业达通讯技术有限公司
47. 深圳市联宇科技有限公司
48. 深圳市瑞必达科技有限公司
49. 深圳市振华微电子有限公司
50. 深圳市卓越至高电子有限公司
51. 深圳中瀚蓝盾技术有限公司
52. 四川格斯拉有限公司
53. 四川英杰电气股份有限公司
54. 苏州博思得电气有限公司
55. 太仓电威光电有限公司
56. 天津铭锐创科技股份有限公司
57. 武汉永力科技股份有限公司
58. 西安爱科赛博电气股份有限公司
59. 西安伟京电子制造有限公司
60. 云南省工投软件技术开发有限责任公司
61. 浙江大维高新技术股份有限公司
62. 浙江嘉科电子有限公司

功率器件（50）

1. 北京韶光科技有限公司
2. 忱芯科技（上海）有限公司
3. 成都航域卓越电子技术有限公司
4. 成都蓉矽半导体有限公司
5. 东莞市长工微电子有限公司

6. 佛山市南海区平洲广日电子机械有限公司
7. 广东鸿威国际会展集团有限公司
8. 广东新成科技实业有限公司
9. 广州华工科技开发有限公司
10. 广州回天新材料有限公司
11. 广州欧颂电子科技有限公司
12. 杭州飞仕得科技股份有限公司
13. 湖南三安半导体有限责任公司
14. 华润微电子有限公司
15. 华特力科（北京）商贸有限公司
16. 济南晶恒电子有限责任公司
17. 江苏宏微科技股份有限公司
18. 柯贝尔电能质量技术（上海）有限公司
19. 龙腾半导体股份有限公司
20. 茂睿芯（深圳）科技有限公司
21. 青岛航天半导体研究所有限公司
22. 青岛聚能创芯微电子有限公司
23. 润新微电子（大连）有限公司
24. 上海华湘计算机通讯工程有限公司
25. 上海临港电力电子研究有限公司
26. 上海沃孚半导体有限公司
27. 上海瞻芯电子科技有限公司
28. 深圳基本半导体有限公司
29. 深圳青铜剑技术有限公司
30. 深圳尚阳通科技股份有限公司
31. 深圳市北汉科技有限公司
32. 深圳市必易微电子股份有限公司
33. 深圳市槟城电子股份有限公司
34. 深圳市飞尼奥科技有限公司
35. 深圳市虹茂半导体有限公司
36. 深圳市虹美功率半导体有限公司
37. 深圳市康奈特电子有限公司
38. 深圳市力生美半导体股份有限公司
39. 深圳市鹏源电子有限公司
40. 四川中光天欣电子有限责任公司
41. 苏州锴威特半导体股份有限公司
42. 苏州纳芯微电子股份有限公司
43. 无锡新洁能股份有限公司
44. 武汉新瑞科电子科技有限公司
45. 武汉羿变电气有限公司
46. 芯朋微电子股份有限公司
47. 英飞凌科技（中国）有限公司
48. 英诺赛科（深圳）半导体有限公司
49. 珠海格力电器股份有限公司
50. 珠海智融科技股份有限公司

半导体集成电路（42）
1. 艾德克斯电子有限公司
2. 昂宝电子（上海）有限公司
3. 北京市天润中电高压电子有限公司
4. 北京新雷能科技股份有限公司
5. 成都航域卓越电子技术有限公司
6. 成都蓉矽半导体有限公司
7. 佛山市南海赛威科技技术有限公司
8. 广东德珑磁电科技股份有限公司
9. 杭州飞仕得科技股份有限公司
10. 航裕电源系统（上海）有限公司
11. 湖南三安半导体有限责任公司
12. 华润微电子有限公司
13. 江苏宏微科技股份有限公司
14. 捷蒽迪电子科技（上海）有限公司
15. 茂睿芯（深圳）科技有限公司
16. 敏业信息科技（上海）有限公司
17. 宁波希磁电子科技有限公司
18. 青岛航天半导体研究所有限公司
19. 上海临港电力电子研究有限公司
20. 上海南芯半导体科技股份有限公司
21. 上海唯力科技有限公司
22. 上海新进芯微电子有限公司
23. 上海瞻芯电子科技有限公司
24. 深圳青铜剑技术有限公司
25. 深圳市必易微电子股份有限公司
26. 深圳市槟城电子股份有限公司
27. 深圳市虹茂半导体有限公司
28. 深圳市虹美功率半导体有限公司
29. 深圳市力生美半导体股份有限公司
30. 深圳市鹏源电子有限公司
31. 思瑞浦微电子科技（苏州）股份有限公司
32. 苏州锴威特半导体股份有限公司
33. 苏州纳芯微电子股份有限公司
34. 苏州水芯电子有限公司
35. 无锡新洁能股份有限公司
36. 武汉羿变电气有限公司
37. 芯朋微电子股份有限公司
38. 英飞凌科技（中国）有限公司
39. 浙江巨磁智能技术有限公司
40. 珠海格力电器股份有限公司
41. 珠海泰为电子有限公司
42. 珠海智融科技股份有限公司

其他（42）
1. 百思科新能源技术（青岛）有限公司
2. 北京机械设备研究所
3. 北京纵横机电科技有限公司
4. 忱芯科技（上海）有限公司
5. 成都金创立科技有限责任公司
6. 盾石磁能科技有限责任公司
7. 弗迪动力有限公司电源工厂
8. 佛山市禅城区华南电源创新科技园投资管理有限公司
9. 广东大比特资讯广告发展有限公司
10. 广州德肯电子股份有限公司
11. 杭州铂科电子有限公司
12. 杭州易泰达科技有限公司

13. 湖南东方万象科技有限公司
14. 湖南科瑞变流电气股份有限公司
15. 华润微电子有限公司
16. 美尔森电气保护系统（上海）有限公司
17. 南京国臣直流配电科技有限公司
18. 宁波博威合金材料股份有限公司
19. 上海超群检测科技股份有限公司
20. 上海汉象智能科技有限公司
21. 上海华湘计算机通讯工程有限公司
22. 上海科泰电源股份有限公司
23. 上海申睿电气有限公司
24. 上海远宽能源科技有限公司
25. 上海灼日新材料科技有限公司
26. 深圳库马克科技有限公司
27. 深圳市航智精密电子有限公司
28. 深圳市汇川技术股份有限公司
29. 深圳欣锐科技股份有限公司
30. 深圳中测通科技有限公司
31. 温州大学
32. 武汉武新电气科技股份有限公司
33. 祥博传热科技股份有限公司
34. 英飞凌科技（中国）有限公司
35. 浙江大华技术股份有限公司
36. 浙江巨磁智能技术有限公司
37. 浙江君亿环保科技有限公司
38. 浙江榆阳电子股份有限公司
39. 浙江长春电器有限公司
40. 中国科学院等离子体物理研究所
41. 中国科学院近代物理研究所
42. 中国空空导弹研究院

电源测试设备（40）
1. 艾德克斯电子有限公司
2. 艾普斯电源（苏州）有限公司
3. 北京柏艾斯科技有限公司
4. 北京大华无线电仪器有限责任公司
5. 北京森社电子有限公司
6. 忱芯科技（上海）有限公司
7. 福州福光电子有限公司
8. 固纬电子（苏州）有限公司
9. 冠佳技术股份有限公司
10. 广州德肯电子股份有限公司
11. 广州致远仪器有限公司
12. 杭州飞仕得科技有限公司
13. 杭州精日科技有限公司
14. 杭州远方仪器有限公司
15. 航裕电源系统（上海）有限公司
16. 横河测量技术（上海）有限公司
17. 华特力科（北京）商贸有限公司
18. 江西艾特磁材有限公司
19. 科威尔技术股份有限公司
20. 敏业信息科技（上海）有限公司

21. 全天自动化能源科技（东莞）有限公司
22. 陕西柯蓝电子有限公司
23. 上海华湘计算机通讯工程有限公司
24. 上海杰鸥科工贸有限公司
25. 上海科梁信息科技股份有限公司
26. 上海远宽能源科技有限公司
27. 深圳麦科信科技有限公司
28. 深圳青铜剑技术有限公司
29. 深圳市北汉科技有限公司
30. 深圳市航智精密电子有限公司
31. 深圳市禾望电气股份有限公司
32. 深圳市斯康达电子有限公司
33. 深圳市知用电子有限公司
34. 四川格斯拉科技有限公司
35. 苏州美恩斯电子科技有限公司
36. 苏州万瑞达电气有限公司
37. 西安爱科赛博电气股份有限公司
38. 西安科湃电气有限公司
39. 致茂电子（苏州）有限公司
40. 中国空空导弹研究院

稳压电源（器）（40）
1. 艾普斯电源（苏州）有限公司
2. 安晟通（天津）高压电源科技有限公司
3. 北京大华无线电仪器有限责任公司
4. 成都思创电气工程有限公司
5. 东文高压电源（天津）股份有限公司
6. 盾石磁能科技有限责任公司
7. 佛山市汉毅电子技术有限公司
8. 佛山市顺德区冠宇达电源有限公司
9. 固纬电子（苏州）有限公司
10. 广州德肯电子股份有限公司
11. 广州高雅信息科技有限公司
12. 广州金升阳科技有限公司
13. 海丰县中联电子厂有限公司
14. 航天长峰朝阳电源有限公司
15. 河北汇能欣源电子技术有限公司
16. 弘乐集团有限公司
17. 鸿宝电源有限公司
18. 惠州三华工业有限公司
19. 江苏爱克赛实业有限公司
20. 江苏宏微科技股份有限公司
21. 青岛鼎信通讯股份有限公司
22. 山东镭之源激光科技股份有限公司
23. 上海华翌电气有限公司
24. 上海吉电电子技术有限公司
25. 上海杰鸥科工贸有限公司
26. 上海全力电器有限公司
27. 上海稳利达科技股份有限公司
28. 深圳欧陆通电子股份有限公司
29. 深圳市巨鼎电子有限公司
30. 深圳市联宇科技有限公司

31. 深圳市瑞必达科技有限公司
32. 苏州万瑞达电气有限公司
33. 天津铭锐创科技股份有限公司
34. 天津市鲲鹏电子有限公司
35. 西安科湃电气有限公司
36. 张家港市电源设备厂
37. 中川智能科技有限公司
38. 中航太克（厦门）电力技术股份有限公司
39. 中山市科博电器有限公司
40. 珠海山特电子有限公司

变频电源（器）（35）
1. 艾普斯电源（苏州）有限公司
2. 北京航天星瑞电子科技有限公司
3. 北京合康新能科技股份有限公司
4. 北京京仪椿树整流器有限责任公司
5. 北京智源新能电气科技有限公司
6. 常州博瑞电力自动化设备有限公司
7. 成都思创电气工程有限公司
8. 固纬电子（苏州）有限公司
9. 广东创电科技有限公司
10. 广州华工科技开发有限公司
11. 海湾电子（山东）有限公司
12. 杭州精日科技有限公司
13. 河南求同电气科技有限公司
14. 核工业理化工程研究院
15. 华夏天信智能物联股份有限公司
16. 科威尔技术股份有限公司
17. 美的集团
18. 青岛鼎信通讯股份有限公司
19. 青岛海信日立空调系统有限公司
20. 青岛威控电气有限公司
21. 深圳市倍思科技有限公司
22. 深圳市瀚强科技股份有限公司
23. 深圳市禾望电气股份有限公司
24. 深圳市汇川技术股份有限公司
25. 深圳市康奈特电子有限公司
26. 深圳市知用电子有限公司
27. 四川英杰电气股份有限公司
28. 台达电子企业管理（上海）有限公司
29. 天津市鲲鹏电子有限公司
30. 铁城信息科技有限公司
31. 维谛技术有限公司
32. 西安爱科赛博电气股份有限公司
33. 张家港市电源设备厂
34. 浙江海利普电子科技有限公司
35. 中冶赛迪电气技术有限公司

照明电源、LED驱动电源（33）
1. 安徽中鑫半导体有限公司
2. 常州市创联电源科技股份有限公司
3. 常州市红光电能科技股份有限公司
4. 东莞立德电子有限公司
5. 佛山市汉毅电子技术有限公司
6. 佛山市南海赛威科技技术有限公司
7. 佛山市顺德区冠宇达电源有限公司
8. 佛山市顺德区伊戈尔电力科技有限公司
9. 公牛集团股份有限公司
10. 广东南方宏明电子科技股份有限公司
11. 广州回天新材料有限公司
12. 广州市能智威电子有限公司
13. 广州旺马电子科技有限公司
14. 海湾电子（山东）有限公司
15. 杭州博睿电子科技有限公司
16. 合肥华耀电子工业有限公司
17. 湖南华鑫电子科技有限公司
18. 茂硕电源科技股份有限公司
19. 明纬（广州）电子有限公司
20. 宁波赛耐比光电科技有限公司
21. 赛尔康技术（深圳）有限公司
22. 厦门讯亨电子科技有限公司
23. 上海吉电电子技术有限公司
24. 深圳市倍思科技有限公司
25. 深圳市必易微电子股份有限公司
26. 深圳市航嘉驰源电气股份有限公司
27. 深圳市金威源科技股份有限公司
28. 深圳市中电熊猫展盛科技有限公司
29. 太仓电威光电有限公司
30. 天宝集团控股有限公司
31. 英飞特电子（杭州）股份有限公司
32. 长城电源技术有限公司
33. 浙江榆阳电子股份有限公司

PC、服务器电源（27）
1. 东莞立讯技术有限公司
2. 东莞市奥海科技股份有限公司
3. 东莞市金河田实业有限公司
4. 东莞市石龙富华电子有限公司
5. 东莞市长工微电子有限公司
6. 广东鸿威国际会展集团有限公司
7. 广东省洛仑兹技术股份有限公司
8. 海湾电子（山东）有限公司
9. 杭州铂科电子有限公司
10. 捷蒽迪电子科技（上海）有限公司
11. 茂硕电源科技股份有限公司
12. 南京酷科电子科技有限公司
13. 上海维安半导体有限公司
14. 上海英联电子系统有限公司
15. 深圳欧陆通电子股份有限公司
16. 深圳市柏瑞凯电子科技股份有限公司
17. 深圳市倍思科技有限公司
18. 深圳市瀚强科技股份有限公司
19. 深圳市航嘉驰源电气股份有限公司
20. 深圳市雷能混合集成电路有限公司
21. 深圳市中电熊猫展盛科技有限公司

22. 苏州水芯电子科技有限公司
23. 协丰万佳科技（深圳）有限公司
24. 亚源科技股份有限公司
25. 长城电源技术有限公司
26. 浙江宏胜光电科技有限公司
27. 珠海泰为电子有限公司

EPS（25）
1. 爱士惟科技（上海）有限公司
2. 百思科新能源技术（青岛）有限公司
3. 北京动力源科技股份有限公司
4. 北京银星通达科技开发有限责任公司
5. 常州市红光电能科技股份有限公司
6. 广东宝星新能科技有限公司
7. 广州科谷动力电气有限公司
8. 航天柏克（广东）科技有限公司
9. 合肥联信电源有限公司
10. 鸿宝电源有限公司
11. 湖南炬神电子有限公司
12. 黄山申格电子科技股份有限公司
13. 江苏爱克赛实业有限公司
14. 科华数据股份有限公司
15. 雷诺士（常州）电子有限公司
16. 潜润电子科技（苏州）有限公司
17. 赛尔康技术（深圳）有限公司
18. 山东华天科技集团股份有限公司
19. 商宇（深圳）科技有限公司
20. 上海华翌电气有限公司
21. 深圳华德电子有限公司
22. 深圳科士达科技股份有限公司
23. 易事特集团股份有限公司
24. 中川智能科技有限公司
25. 重庆荣凯川仪仪表有限公司

电焊机、充电机、电镀电源（25）
1. 安徽中鑫半导体有限公司
2. 北京京仪椿树整流器有限责任公司
3. 北京韶光科技有限公司
4. 福州福光电子有限公司
5. 广东顺德三扬科技股份有限公司
6. 海丰县中联电子厂有限公司
7. 杭州奥能电源设备有限公司
8. 惠州志顺电子实业有限公司
9. 宁波赛耐比光电科技有限公司
10. 厦门恒昌综能自动化有限公司
11. 上海杰鸥科工贸有限公司
12. 上海全力电器有限公司
13. 上海申睿电气有限公司
14. 深圳麦格米特电气股份有限公司
15. 深圳市巨鼎电子有限公司
16. 深圳市盛弘电气股份有限公司
17. 深圳威迈斯新能源股份有限公司
18. 深圳英飞源技术有限公司
19. 石家庄通合电子科技股份有限公司
20. 四川英杰电气股份有限公司
21. 铁城信息科技有限公司
22. 云南省工投软件技术开发有限责任公司
23. 中山市科博电器有限公司
24. 珠海英博尔电气股份有限公司
25. 珠海云充科技有限公司

电子变压器（23）
1. 北京创四方电子集团股份有限公司
2. 常州博瑞电力自动化设备有限公司
3. 东莞立德电子有限公司
4. 东莞市奥海科技股份有限公司
5. 东莞市大忠电子有限公司
6. 佛山市南海区平洲广日电子机械有限公司
7. 佛山市顺德区伊戈尔电力科技有限公司
8. 广东德珑磁电科技股份有限公司
9. 广州东芝白云菱机电力电子有限公司
10. 河北远大电子有限公司
11. 河南求同电气科技有限公司
12. 江苏宏微科技股份有限公司
13. 临沂昱通新能源科技有限公司
14. 青岛鼎信通讯股份有限公司
15. 上海汉象智能科技有限公司
16. 上海全力电器有限公司
17. 深圳可立克科技股份有限公司
18. 深圳市宏丰光城电子有限公司
19. 深圳市京泉华科技股份有限公司
20. 天津市鲲鹏电子有限公司
21. 无锡希恩电气有限公司
22. 协丰万佳科技（深圳）有限公司
23. 专顺电机（惠州）有限公司

电抗器（22）
1. 安徽博微智能电气有限公司
2. 北京创四方电子集团股份有限公司
3. 北京英博电气有限公司
4. 东莞立德电子有限公司
5. 东莞市大忠电子有限公司
6. 佛山市南海区平洲广日电子机械有限公司
7. 广东德珑磁电科技股份有限公司
8. 河北申科磁性材料有限公司
9. 江苏坚力电子科技股份有限公司
10. 柯贝尔电能质量技术（上海）有限公司
11. 宁夏银利电气股份有限公司
12. 青岛云路新能源科技有限公司
13. 上海鹰峰电子科技股份有限公司
14. 深圳市铂科新材料股份有限公司
15. 深圳市京泉华科技股份有限公司
16. 深圳市三和电力科技有限公司
17. 思源清能电气电子有限公司
18. 四川中光天欣电子有限责任公司
19. 田村（中国）企业管理有限公司

20. 无锡希恩电气有限公司
21. 浙江东睦科达磁电有限公司
22. 专顺电机（惠州）有限公司

滤波器（21）
1. 北京英博电气股份有限公司
2. 北京智源新能电气科技有限公司
3. 登钛电子技术（上海）有限公司
4. 佛山市南海区平洲广日电子机械有限公司
5. 广州金升阳科技有限公司
6. 黄山申格电子科技股份有限公司
7. 江苏坚力电子科技股份有限公司
8. 江西艾特磁材有限公司
9. 江西大有科技有限公司
10. 柯贝尔电能质量技术（上海）有限公司
11. 临沂昱通新能源科技有限公司
12. 宁国市裕华电器有限公司
13. 山东华天科技集团股份有限公司
14. 上海埃德电子股份有限公司
15. 上海鹰峰电子科技股份有限公司
16. 深圳市宏丰光城电子有限公司
17. 深圳市三和电力科技有限公司
18. 深圳市振华微电子有限公司
19. 思源清能电气电子有限公司
20. 西安科湃电气有限公司
21. 浙江东睦科达磁电有限公司

磁性元件/材料（20）
1. 安泰科技股份有限公司非晶制品分公司
2. 北京市天润中电高压电子有限公司
3. 东莞铭普光磁股份有限公司
4. 河北申科磁性材料有限公司
5. 江西艾特磁材有限公司
6. 江西大有科技有限公司
7. 临沂昱通新能源科技有限公司
8. 敏业信息科技（上海）有限公司
9. 宁波希磁电子科技有限公司
10. 青岛云路新能源科技有限公司
11. 深圳麦格米特电气股份有限公司
12. 深圳市铂科新材料股份有限公司
13. 深圳市宏丰光城电子有限公司
14. 深圳市鹏源电子有限公司
15. 四川中光天欣电子有限责任公司
16. 天长市中德电子有限公司
17. 田村（中国）企业管理有限公司
18. 无锡希恩电气有限公司
19. 越峰电子（昆山）有限公司
20. 浙江东睦科达磁电有限公司

蓄电池（20）
1. 百思科新能源技术（青岛）有限公司
2. 北京柏艾斯科技有限公司
3. 北京银星通达科技开发有限责任公司
4. 广东宝星新能科技有限公司

5. 广东力科新能源有限公司
6. 广东志成冠军集团有限公司
7. 广州科谷动力电气有限公司
8. 广州市昌菱电气有限公司
9. 鸿宝电源有限公司
10. 理士国际技术有限公司
11. 麦田能源股份有限公司
12. 山特电子（深圳）有限公司
13. 商宇（深圳）科技有限公司
14. 深圳古瑞瓦特新能源有限公司
15. 深圳科士达科技股份有限公司
16. 深圳市捷益达电子有限公司
17. 深圳市英威腾电源有限公司
18. 先控捷联电气股份有限公司
19. 中川智能科技有限公司
20. 珠海山特电子有限公司

电容器（18）
1. 北京英博电气股份有限公司
2. 北京元十电子科技有限公司
3. 东莞宏强电子有限公司
4. 广东新成科技实业有限公司
5. 湖南艾华集团股份有限公司
6. 黄山申格电子科技股份有限公司
7. 柯贝尔电能质量技术（上海）有限公司
8. 六和电子（江西）有限公司
9. 宁国市裕华电器有限公司
10. 上海稳利达科技股份有限公司
11. 上海鹰峰电子科技股份有限公司
12. 深圳市柏瑞凯电子科技股份有限公司
13. 深圳市创容新能源有限公司
14. 深圳市鹏源电子有限公司
15. 深圳市三和电力科技有限公司
16. 深圳市智胜新电子技术有限公司
17. 思源清能电气电子有限公司
18. 珠海格力电器股份有限公司

直流屏、电力操作电源（18）
1. 爱士惟科技（上海）有限公司
2. 北京柏艾斯科技有限公司
3. 北京恒电电源设备有限公司
4. 杭州奥能电源设备有限公司
5. 杭州中恒电气股份有限公司
6. 合肥联信电源有限公司
7. 美尔森电气保护系统（上海）有限公司
8. 南京海迪自动化科技有限公司
9. 厦门恒昌综能自动化有限公司
10. 商宇（深圳）科技有限公司
11. 上海电气电力电子有限公司
12. 上海华翌电气有限公司
13. 深圳市汇业达通讯技术有限公司
14. 深圳市雷能混合集成电路有限公司
15. 深圳市三和电力科技有限公司

16. 深圳市英可瑞科技股份有限公司
17. 石家庄通合电子科技股份有限公司
18. 重庆荣凯川仪仪表有限公司

电感器（17）
1. 安泰科技股份有限公司非晶制品分公司
2. 东莞市大忠电子有限公司
3. 佛山市顺德区伊戈尔电力科技有限公司
4. 河北申科磁性材料有限公司
5. 江西大有科技有限公司
6. 临沂昱通新能源科技有限公司
7. 宁夏银利电气股份有限公司
8. 青岛云路新能源科技有限公司
9. 深圳可立克科技股份有限公司
10. 深圳市铂科新材料股份有限公司
11. 深圳市宏丰光城电子有限公司
12. 深圳市科达嘉电子有限公司
13. 四川中光天欣电子有限责任公司
14. 田村（中国）企业管理有限公司
15. 无锡希恩电气有限公司
16. 浙江东睦科达磁电有限公司
17. 专顺电机（惠州）有限公司

电源配套设备（自动化设备、SMT设备、绕线机等）（14）
1. 北京森社电子有限公司
2. 常州博瑞电力自动化设备有限公司
3. 冠佳技术股份有限公司
4. 广州德肯电子股份有限公司
5. 广州市昌菱电气有限公司
6. 航裕电源系统（上海）有限公司
7. 上海超群检测科技股份有限公司
8. 上海杰鸥科工贸有限公司
9. 上海科泰电源股份有限公司
10. 深圳库马克科技有限公司
11. 深圳市康奈特电子有限公司
12. 深圳市斯康达电子有限公司
13. 深圳市知用电子有限公司
14. 思源清能电气电子有限公司

电阻器（6）
1. 东莞市乔顿电子有限公司
2. 广东新成科技实业有限公司
3. 江苏兴顺电子有限公司
4. 厦门赛尔特电子有限公司
5. 上海华湘计算机通讯工程有限公司
6. 上海鹰峰电子科技股份有限公司

风扇、风机等散热设备（4）
1. 美的集团
2. 宁波生久科技有限公司
3. 深圳库马克科技有限公司
4. 武汉新瑞科电子科技有限公司

机壳、机柜（4）
1. 北京长城电子装备有限责任公司
2. 弘乐集团有限公司
3. 青岛云路新能源科技有限公司
4. 先控捷联电气股份有限公司

胶（2）
1. 广州回天新材料有限公司
2. 上海灼日新材料科技有限公司

第八篇　电源重点工程项目应用案例及相关产品

2023 年电源重点工程项目应用案例 ······ 464
 1. 科华硬核实力赋能中广核"华龙一号"首堆首次并网发电 ······ 464
 2. 中标我国首个超大容量变速抽水蓄能项目 ······ 464
 3. 英特模三期试验中心 ······ 465
 4. 迎接 5G 浪潮　台达为法国龙头电信商部署预制型数据中心 ······ 466
 5. 涠洲岛 5MW/10MW·h 储能电站 ······ 467
 6. 大功率手机无线充电用导磁片产品 ······ 468
 7. 小米智能工厂（二期） ······ 469
 8. 周口店"零碳村镇"项目 ······ 469
 9. 湖南芙蓉云数据中心 ······ 470
 10. 壳牌深圳机场光储充一体站 ······ 471
 11. 交通银行股份有限公司全行机房中小功率 UPS 及铅酸电池项目 ······ 472
 12. 深圳超充之城项目 ······ 473
 13. 与"光"同行，先控保障东磁项目顺利进行 ······ 474
 14. 先控 PCS 储能系统电源车，助力绿色亚运 ······ 474
 15. 助力充电系统发展，先控入围中石化电动汽车充电设备招标 ······ 475
 16. 先控助力正定国际机场获得三星级"双碳机场" ······ 475
 17. 杭州第 19 届亚洲运动会火炬传递（宁波站）电力保障项目 ······ 476
 18. 南海海缆有限公司项目 ······ 476
 19. 天津滨海国际机场航站楼项目 ······ 477
 20. 爱克赛科技集团筑牢保电"防护墙"，全力护航成都大运会 ······ 477
 21. 成都大运会电源保障项目 ······ 478
 22. 杭州第 19 届亚运会体育场馆、市政道路以及地标建筑项目 ······ 479
 23. 阳煤集团七元煤业有限责任公司应急电源设计方案 ······ 479
 24. 某试验基地通信试验网络管控项目 ······ 480
 25. 中汽研新能源汽车检验中心（天津）有限公司大功率欧美日标充电设施测试系统采购项目 ······ 481

2023 年电源产品主要应用市场目录 ······ 483
 1. 金融/数据中心 ······ 483
 2. 电信/基站 ······ 484
 3. 工业/自动化 ······ 485
 4. 制造、加工及表面处理 ······ 489
 5. 照明 ······ 489
 6. 轨道交通 ······ 489
 7. 充电桩/站 ······ 490
 8. 车载驱动 ······ 492
 9. 新能源 ······ 493
 10. 计算机/消费电子 ······ 499
 11. 安防/特种行业 ······ 501
 12. 环保/节能 ······ 501
 13. 通用产品 ······ 501

14. 电源配套产品 503

2023 年代表性电源产品介绍 507

1. 科华慧云 7.0 模块化数据中心（科华数据股份有限公司） 507
2. 山特城堡系列 UPS（1~10kVA）（山特电子（深圳）有限公司） 508
3. 多功能电网模拟装置（深圳市禾望电气股份有限公司） 509
4. MD880 系列电池模拟器（深圳市汇川技术股份有限公司） 510
5. 高功率密度 48V/12V 双向 DC-DC 转换器（台达电子企业管理（上海）有限公司） 511
6. PowerTitan2.0 液冷储能系统（阳光电源股份有限公司） 512
7. 伊顿 93PR UPS（伊顿电源（上海）有限公司） 513
8. 模块化电源 ZXEPS EBD48600 N1（中兴通讯股份有限公司） 514
9. 纳米晶带材（安泰科技股份有限公司非晶制品分公司） 515
10. 液冷充电模块（北京动力源科技股份有限公司） 516
11. 15W 超薄磁吸无线充电模组（东莞市奥海科技股份有限公司） 517
12. 60W PD 快充（东莞市石龙富华电子有限公司） 518
13. 15~5000W 机壳开关电源（广州金升阳科技有限公司） 519
14. 户用智慧储能一体机（广州三晶电气股份有限公司） 520
15. HB 系列光伏逆变器（鸿宝电源有限公司） 521
16. LP 系列基板自立型铝电解电容器（湖南艾华集团股份有限公司） 522
17. D2000 系列可编程双向直流电源（科威尔技术股份有限公司） 523
18. S6 系列体育场馆照明智能驱动（茂硕电源科技股份有限公司） 524
19. 博兰得 65W 氮化镓快充充电器（南京博兰得电子科技有限公司） 525
20. LED 驱动电源（宁波赛耐比光电科技有限公司） 526
21. DPS 系列分布式电源（厦门市爱维达电子有限公司） 527
22. 模块电源（上海杰瑞兆新信息科技有限公司） 528
23. 800kW 柔性共享超充堆（深圳市盛弘电气股份有限公司） 529
24. RM 系列 10~3000kVA 模块化 UPS（深圳市英威腾电源有限公司） 530
25. 全系列液冷电能变换模块（深圳英飞源技术有限公司） 531
26. 480kW 直流充电系统（万帮数字能源股份有限公司） 532
27. 爱科-PRE20 系列回馈型可编程交流源载一体机（西安爱科赛博电气股份有限公司） 533
28. 爱科-PRD 系列双向可编程直流电源（西安爱科赛博电气股份有限公司） 534
29. SinPOWER-第四代高功率密度电能质量治理模块（西安爱科赛博电气股份有限公司） 535
30. SinPOWER-动态电压治理设备（DVR）（西安爱科赛博电气股份有限公司） 536
31. 储能一体化电源系统——工商业储能（先控捷联电气有限公司） 537
32. PN8149W（芯朋微电子股份有限公司） 538
33. EA660 系列智能模块化 UPS（易事特集团股份有限公司） 539
34. KPH-HP 第三代气雾化铁硅铝磁粉芯（浙江东睦科达磁电有限公司） 540
35. STB-LA（宁波希磁电子科技有限公司） 541
36. 金属磁粉芯大电流电感（深圳市科达嘉电子有限公司） 542
37. 61800 能源回收式电网模拟电源（致茂电子（苏州）有限公司） 543
38. 62000D 能源回收式可程控双向直流电源供应器（致茂电子（苏州）有限公司） 544

2023 年电源重点工程项目应用案例

1. 科华硬核实力赋能中广核"华龙一号"首堆首次并网发电

参与单位：

科华数据股份有限公司

地址：福建省厦门市湖里区马垄路 457 号

电话：0592-5160516

网址：www.kehua.com.cn

邮箱：fengbo@kehua.com

主要产品：

核电厂 1E 级 K3 类 UPS 设备

项目概况：

2023 年 1 月 10 日 20 时 29 分，我国西部地区首台"华龙一号"核电机组——中广核广西防城港核电站 3 号机组首次并网成功，标志着该机组具备发电能力，向着商业运行目标又迈出了关键一步。科华数据股份有限公司（简称科华）核级电源保障系统以高可靠筑基，全方位护航中广核防城港核电站 3 号机组安全运行。长期以来，科华积极响应国家能源安全新战略，主动肩负起国家科技重大专项使命和责任，助力推动中国核电产业高质量发展。凭借 30 多年电力电子技术研发与制造经验、10 余年核电行业应用经验，科华参与到我国西部地区首台"华龙一号"核电机组——中广核广西防城港核电站 3 号机组建设中。

产品应用概况/解决方案：

核电厂 1E 级 K3 类 UPS 设备（核岛直流及不间断电源）包括充电器、逆变器（含旁路稳压器）。主要核心技术如下：

1）充电器设备采用 12 脉冲整流技术，输入电流谐波小，可靠性高；

2）逆变器设备采用自主设计的全桥逆变技术，输出电压精度高，动态效果好，解决了 Forsmark 效应问题；

3）整套设备采用高强度钢焊接而成，满足机械振动及抗震 I 类要求；

4）设备采用高可靠多路冗余辅助电源技术。

公司不间断电源（UPS）采用无主从自适应并联技术、全数字化控制技术、有源功率因数校正和电流谐波移植技术、大功率 IGBT 控制技术、智能人机信息交互及监控技术、多模式智能化电池管理技术等 UPS 关键技术，引领了国内电源技术新潮流。其中，公司自主研发的无主从自适应并联技术填补了国内空白。

针对核电厂 1E 级 K3 类设备的要求，设计时在可靠性设计、可生产性、可维护性等方面推出一系列创新点，创新点已经过第三方查新或已申请国家专利。

产品优势及应用成果：

科华数据和中广核联合研发的核级 UPS 打破了国外厂家的长期垄断，填补了国内核级 UPS 空白，中国机械工业联合会颁发了科学技术成果鉴定证书，证书明确其性能水平达到国际先进、国内领先。

核级 UPS 设备充电器设备采用 12 脉冲整流技术，逆变器设备采用自主设计的全桥逆变技术，整套设备采用高强度钢焊接而成，满足机械振动及抗震 I 类要求，采用高可靠多路冗余辅助电源技术。

核级 UPS 设备作为核电厂的重要电源设备，是亟待实现自主化设计与制造的设备。实现核级 UPS 设备自主研发和国产化，将打破我国核电厂 UPS 设备全部依赖进口的被动局面，对于提高我国核电项目的配套能力，打造完善的核电产业链，促进核电事业长远发展具有重要的意义。

2. 中标我国首个超大容量变速抽水蓄能项目

参与单位：

深圳市禾望电气股份有限公司

地址：深圳市南山区西丽官龙第二工业区

电话：0755-86596701

网址：www.hopewind.com

邮箱：hopewind@hopewind.com

主要产品：

风电变流器、风电变桨系统、风电整机控制系统、光伏逆变控制系统、新能源并网技术相关控制产品、储能装备、电控与工控传动智能设备、无功补偿装置、制氢电源、大功率变频技术与大功率变频调速装置产品及其软件产品。

项目概况：

变速抽水蓄能机组国产化加速是抽蓄行业的趋势，2023 年南网储能南宁、肇庆、惠州抽蓄电站机组系统采购项目中，禾望电气中标惠州中洞抽水蓄能电站变速机组交流励磁系统采购项目。此项目为国内首个启用国产化变速抽蓄机组的项目，同时也展现出禾望电气在国产化替代中的潜力。

产品应用概况/解决方案：

变频器作为电机控制系统与工业节能的关键部分，是推动工业行业高质量发展的主力军。作为专注于工业传动行业的变频器生产厂家，禾望电气拥有系列齐全的变频器产品和多元化的技术路线，为各工业场景提供差异化的行业解决方案。

在抽水蓄能领域，禾望电气可为定速抽蓄机组和可变速抽蓄机组提供功率覆盖 8~136MVA 全系列可靠的变频驱动解决方案。其中，变速抽蓄机组可以改变转子转速，灵活调节功率，使风电光伏等波动性新能源更加稳定地接入电网。

产品优势及应用成果：

抽水蓄能电站励磁系统一般由励磁变压器、起励变压器、数字式调节器柜、交流电源及交流过电压保护柜、功率柜、电制动装置、灭磁及直流电缆接线柜、起励、灭磁电阻及直流过电压保护柜构成。从主要构成来看，变压器、电源等产品与公司过往传动业务具备高技术共通性。

工作原理：机组正常运行时，发电机端所发出的交流电通过干式励磁变压器降压，经晶闸管整流后送至励磁绕组。当机组抽水起动和电气制动停机时，励磁电源取自高压厂用电，并通过干式起励变压器降压，经上述晶闸管整流后供给电动机起动和电气制动停机时励磁。通过励磁绕组中通入的直流电，利用电流的磁效应建立磁场、控制抽水蓄能电站发电及断电。

禾望电气 HD8000 系列工程型中压变频器在可变速抽蓄的优势：超低频（0Hz）运行能力，低电压和高电压穿越能力，成熟可靠的中压交流励磁产品。

禾望电气 HD8000 系列工程型中压变频器在定速抽蓄的优势：输出配置简单，控制逻辑简单；是全控型器件，规避起动时 SCR 无法关断的难题；起动时间短，起动平滑。

3. 英特模三期试验中心

参与单位：

深圳市汇川技术股份有限公司

地址：广东省深圳市龙华新区观澜街道高新技术产业园汇川技术总部大厦

电话：0755-29799595

传真：0755-29619897

网址：www.inovance.com

主要产品：

MD880 系列电池模拟器

项目概况：

英特模重点投资试验中心，承接汽车行业三方检测服务，试验中心建设试验台数量超过 100 台，汇川依靠技术优势、产品的稳定性以及快速的服务响应，得到了客户的认可，取得了 90% 以上电池模拟器份额。

产品应用概况/解决方案：

电动汽车及其零部件都需要经过多轮且长时间的测试才能保证其安全性和可靠性，在测试过程中通常使用电池模拟器代替车辆的动力电池，以便提供可持续性、可复制性或者极端的测试条件。

MD880-DCP 系列电池模拟器是基于汇川 MD880 变频器平台开发的具备动力电池模拟功能的双向直流电源，采用

标准化、模块化设计，全国标准化备件库；宽电压范围（24~1200V）、高精度（0.1%FS）、高动态响应；可编程式电源输出；具有恒压、恒流、恒功率三种工作模式，可通过不同的参数配置实现多种场合的不同需求应用；完善的安全和保护，具备基本保护、安全停止、紧急停止等保护功能；支持并机扩展；可模拟多种电池特性，包括电池输出特性、电池充放电特性等。

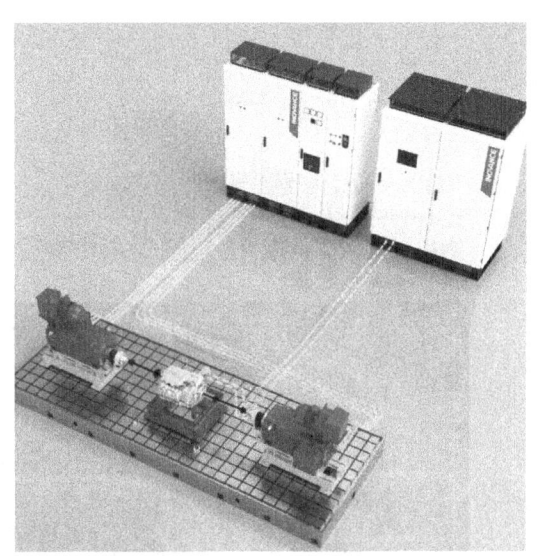

产品优势及应用成果：

产品优势：

高功率密度，同功率体积比竞争对手小 40%，减少占地面积，节省场地投资成本；采用 HMI 操作，界面简洁直观，本地操作无需调试；维护便捷，节省维护时间，所有易损件都可以从正面拆装和检修，模块采用 H8A 结构，拆卸或更换方便快捷；高动态性，≤3ms（10%~90% 突加载），≤6ms（-90%~+90% 切换）；支持多种通信协议、CAN、Profibu-DP、Profinet、Modbus-RTU、Modbus-TCP、EtherCAT。

应用成果：

电池模拟器可作为直流电源使用，提供恒压、恒流、恒功率输出模式。恒压源情况下，支持电源虚拟内阻设定，对外输出特性表现为带有固定内阻的恒压源输出。基于 MD880 平台开发的具备动力电池模拟器功能的双向直流电源，主要硬件组成为隔离升压变压器，AC-DC 转换 AFE 整流器，DC-DC 可调压精确控制直流变换器；电池模拟器也可让用户选择模拟电池的类型、串联节数、并联节数及 SoC 指标，根据固有电池模型或自定义电池模型，全面模拟电

池的输出特性；内阻电池模型可以模拟出不同 SoC 和 T 工作条件下的开路电压和内阻变化，根据当前负载电流情况，输出相应的电池端电压。

可提供重复性仿真电池测试，大幅度减少测试时间；HMI 液晶界面，操作简单直观；系统内部集成完善，用户只需接通输入、输出电缆即可运行设备；机柜自带底座，方便电缆地面布线，不需要地沟；支持吊装和叉车搬运，可靠墙安装；所有易损件都可以从正面拆装和检修；调试借用 MD880 平台 InoDriveStudio 后台软件；功率模块借用 H8A 结构；底部带有斜插式可拆卸主散热风机。

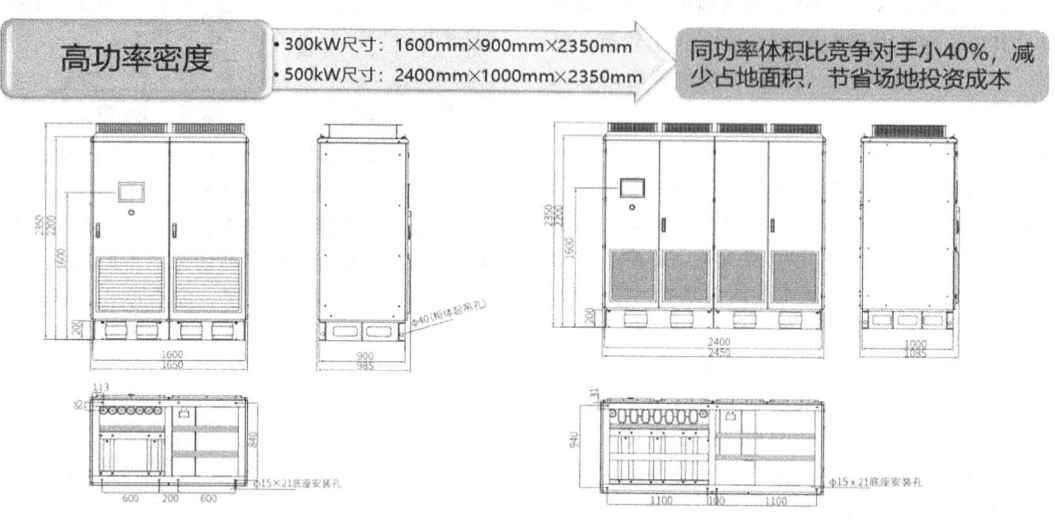

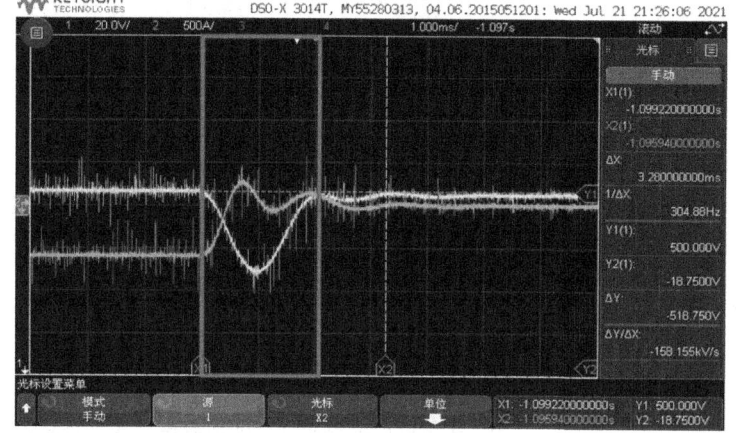

以300kW电池模拟器额定工况为例

突加载：10%~90%

电压响应时间：2ms
电压恢复至设定值的90%的时间

4. 迎接 5G 浪潮 台达为法国龙头电信商部署预制型数据中心

参与单位：

台达电子企业管理（上海）有限公司

地址：上海市浦东新区曹路镇民雨路 182 号

电话：021-68723988

传真：021-68723996

网址：www.delta-china.com.cn

邮箱：news.cn@deltaww.com

主要产品：

台达预制型数据中心解决方案

项目概况：

随着 5G 技术逐渐发展成熟，带动了边缘运算需求，而人工智能（AI）的热潮，让企业对数据、数据传输、运算资源的需求大增，为了跟上新兴技术的演进，数据中心面临着必要的转型压力，如何快速建造数据中心、提升运算效能成为重要课题之一。台达与法国首屈一指的移动电话、网络服务及宽带电视公司合作，台达在客户位于法国的据点布建预制型数据中心，将数据中心设备预安装于货柜模块内，并于工厂内完成测试后再将货柜运至现场进行组装，快速完成建置，不仅缩短了工程周期，也大幅度降低了建设成本和运营成本，为客户在 5G 和物联网（IoT）的产业竞争中获得极大的竞争优势。

产品应用概况/解决方案：

过往传统的数据中心存在着高耗能、灵活性差、施工周期长等问题，而台达的数据中心采用"模块化"设计，打造一个智能灵活的架构，可缩短安装周期，并且随着企

业的成长,可以弹性扩充数据中心,满足日益增加的数据需求。

此据点为面积达 1378m² 的空地,工程人员对预制型数据中心进行现场安装,每一个模块及内部结构都遵循标准化的安装程序,在货柜抵达后仅花约一周时间便完成施工与设备安装。

在施工现场,台达工程人员将预制型数据中心放置于五个并排货柜以及后方的一个货柜内,仅花两天完成货柜定位。

产品优势及应用成果:

在这次工程中,台达部署了六个货柜以及多项系统设备,包含冷却系统、智能气流管理与 Eltek 双向电源转换解决方案(Rectiverter),这将实现最佳的温度控制并减少能源消耗,将运营成本降低 30%。在电力分配及管理方面,该数据中心采用先进的整合式电力模块与智能电网,增强其可靠度及可扩展性,以确保业务能持续进行。整体施工成本比传统方法降低 20%,在施工周期方面,提前一年完成工程,其高效率的表现深受客户肯定。

除了客制化的预制型数据中心解决方案外,台达还提供 Delta Xubus Node 标准方案,提供从 18~90kW 五种不同 IT 负载配置的整合数据中心,通过全面整合、即插即用的特色为企业提供快速部署、高可靠性与高度灵活的竞争优势,支持 5G 基础建设的需求。

预制型数据中心正在全球逐步应用,未来也势必会快速发展与变化。伴随经济快速发展和应用需求的变化,台达数据中心将持续创新技术,为企业伙伴带来高效节能的解决方案。

5. 涠洲岛 5MW/10MW·h 储能电站

参与单位:

阳光电源股份有限公司

地址:安徽省合肥市高新区习友路 1699 号

电话:0551-65327878

传真:0551-65327877

网址:www.sungrowpower.com

邮箱:sales@sungrowpower.com

主要产品:

PowerTitan2.0 液冷储能系统,1+X 模块化逆变器

项目概况:

由中国海洋石油集团有限公司建设的海上构网型储能项目,阳光电源助力涠洲岛打造出首个源网荷储一体、多能互补的海上油田群智慧电力系统。

产品应用概况/解决方案:

阳光电源储能系统为阳光电源运用十年虚拟同步机技术实践经验所打造的,能够让储能系统模拟传统同步发电机的运动特性,主动构建电网电压和频率,提供惯量支撑,实现实时稳压、构建电压、毫秒级惯量响应等,提高电网强度。在国内首次实际运用储能黑启动功能,能够在电网失电情况下,重启燃气发电机,快速恢复供电。解决涠洲岛孤网电压频率波动、惯量不足等问题,在发生失电情况时,能依靠储能黑启动功能快速恢复供电。阳光电源构网技术为未来新能源高比例接入,发电侧、电网侧、用户侧多元主体深度协作,源网荷储协调发展的新生态提供建设高质量电网的重要助力。

产品优势及应用成果:

由中国海洋石油集团有限公司建设的海上构网型储能项目——涠洲岛 5MW/10MW·h 储能电站成功投运,该电

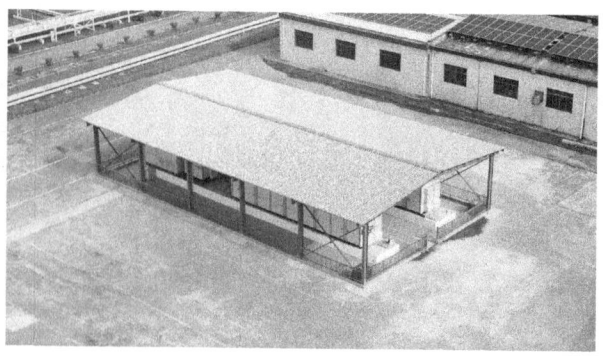

站总储电量为 10^4 kW·h，借助阳光电源的构网型储能技术，解决了燃气、余热、光伏等清洁能源高比例新能源的接入，以及不与大电网相连导致的电压频率波动、惯量不足等问题，能够在电网发生失电情况时，依靠黑启动快速恢复供电，打造首个源网荷储一体、多能互补的海上油田群智慧电力系统。本项目的海上油田群储能电站与中国海洋石油集团有限公司湛江分公司涠西南油田群电网内的燃气电站、余热电站、光伏电站共同构建了源网荷储一体、多能互补的海上油田群智慧电力系统。

6. 大功率手机无线充电用导磁片产品

参与单位：

安泰科技股份有限公司非晶制品分公司

地址：北京市海淀区永丰基地永澄北路 10 号 B 区

电话：010-58712641

传真：010-58712642

网址：www.antai-emarketing.cn/category/amorphous-alloys-nanocrystalline-materials

邮箱：nano@atmcn.com

主要产品：

非晶/纳米晶带材、非晶/纳米晶铁心、非晶/纳米晶器件

项目概况：

近年来，具备无线充电功能的手机产品市场占有率逐步提高，随着车载、休闲等无线充电配套硬件普及，后续将有较大的发展空间。国内关于手机充电功率的政策表明，为满足消费者使用需求，手机充电功率将逐步提高。作为手机电池补能的方式之一，无线充电的充电功率同样需要提高。通过提高无线充电用导磁片的抗饱和电流能力，配合其他部件，共同实现提高无线充电功率的目标。

产品应用概况/解决方案：

大功率手机无线充电用导磁片产品应用于对快速充电具有需求的手机产品中，已经批量应用于华为、小米等多家手机产品，可提高无线充电功率 15%~20%。该产品可根据手机厂家不同的功率和体积要求等具体设计方案进行针对性调整，通过选用不同宽度、不同厚度、具有不同饱和磁感应强度的纳米晶带材，同步调整热处理制度、破碎方法等过程工艺，可以充分满足客户端的设计需求。结合以上产品开发方案，安泰科技非晶制品分公司与全球主流手机厂家充分合作，发挥安泰科技非晶制品分公司在纳米晶产品开发、制备、应用的引领性作用，为消费者提供具有更好应用体验的手机产品。

产品优势及应用成果：

大功率手机无线充电用导磁片产品需要根据手机电流设计端的需求提供具有不同空间结构、不同抗饱和电流能力的导磁片，进而要求导磁片生产端具备不同带材宽度、不同带材厚度、不同饱和磁感应强度材料的获取能力。安泰科技非晶制品分公司作为国际纳米晶软磁材料头部企业，具有生产不同宽度（2~142mm）、不同厚度（10~26μm）、不同饱和磁感应强度（1.15~1.65T）材料的能力，可充分支撑大功率手机无线充电用导磁片产品的开发与应用。该类产品目前已经批量应用于市场主流具备无线充电功能的手机产品。

7. 小米智能工厂（二期）

参与单位：

鸿宝电源有限公司
地址：浙江省乐清市柳市镇象阳工业区
电话：0577-62162615
网址：www.hossoni.com
邮箱：774058299@qq.com

主要产品：

工频在线式 UPS HBS-200KS

项目概况：

小米智能工厂（二期）位于北京市昌平区小米未来产业园区，厂区总建筑面积达 81000m^2，智能手机年产量达千万台。目前小米智能工厂已完成首条生产线的安装调试，计划 2024 年底前所有产线投产，全部达产后年产能预计可达 1000 万台智能手机，年产值可达 500~600 亿元。该项目需采购一批工频在线式 UPS，鸿宝公司通过层层筛选取得了此项目的合作。

产品应用概况/解决方案：

HBS 系列工频在线式 UPS 采用多个 DSP、MCU、CPLD 全数分部控制技术，系统运算速度快、控制精度高；输出功率因数可达到 0.8，适用于带有感性、容性等多种混合型负荷；输出零转换时间；数字化均流技术，极小的环流，极高的并联可靠性；超强输出过载及短路保护能力；智能的电池管理系统，具有均浮充自动转换充电技术，定期自检功能，延长电池使用寿命。根据现场的具体需要，UPS 通过辅助连接实现对电池系统的管理，与个人计算机通信，向外部装置提供告警信号，实现远程紧急停机等功能。

产品优势及应用成果：

本产品采用先进的技术性能、友善的人机界面（采用 7in[⊖] 触摸彩屏；中/英文可选 LCD 显示界面设计；丰富的 UPS 运行数据资料、历史事件记录以及故障状态记录显示，便于故障时进行故障分析及追溯；多样的通信监控方案，配备 RS232/RS485 串行通信、干接点通信接口，配合智能监控软件进行实时监控）等特点。

环境适应性强，可选配防尘组件设计，提高 IP 等级，适用于恶劣工业环境多级保护；市电输入电压范围达（AC 380V/400V/415V）±25%，更适应恶劣电网环境；优越的发电机兼容能力；逆变输出通过隔离变压器为负载供电，具有抗负载冲击能力强的特点；周全的保护功能（开机自诊断功能，具有交流输入过电压、欠电压、断相、相序错误

[⊖] 1in = 2.54cm。

保护）；母线过电压保护；输出过载/短路保护；逆变器、整流器过温，电池欠电压预警；过充电保护等全方位的告警及保护功能，保证了系统运行的稳定性和可靠性。多级熔断器、断路器结合保护，避免异常短路情况出现事故扩大化；面板带有 EPO 紧急关机按钮，用于紧急情况下（如火灾/水灾等）关闭 UPS，EPO 按钮带有透明保护盖，可以避免误操作；高可靠性，各功能单元电路分部控制独立工作，采用冗余的辅助电源设计，有效提高系统运行的可靠性；允许三相负载 100% 不平衡，负载适应性强，内置手动维护旁路设计，维修时仍然可以对负载进行不间断供电，提高可靠性及可维护性，具备并联冗余 N+X 设计功能，可直接并机（选配）；可实现串联热备份功能提供系统稳定性）等优势。

8. 周口店"零碳村镇"项目

参与单位：

南京国臣直流配电科技有限公司
地址：江苏省南京市江宁区福英路 1001 号联东 U 谷 9 号楼-10 号楼
电话：025-52162458
传真：025-84488904
网址：www.gc-bank.com
邮箱：wuyanze@gc-bank.com

主要产品：

光伏 DC-DC 变换器、并网双向变换器 FCS

项目概况：

项目不涉及生态保护红线、永久基本农田保护红线，利用周口店镇周边各村废弃矿山治理的土地和裸岩石砾地，开展地面分布式光伏及"光伏+"产业融合项目；利用政府部门、医院和学校等公共建筑的屋顶资源，开展屋顶分布式光伏项目；利用黄山店村的资源聚集优势，开展光储直柔项目。项目充分利用光储直柔技术，将光伏、负荷、电网通过直流配电网连接起来；白天光伏发电优先给储能、充电桩等直流设备供电，多余的电通过 FCS 给厂区交流负荷供电自用，再有余电即平价上网，获取发电收益。

项目光伏总装机容量约 32MW，其中矿区地面分布式光伏面积约 468000m^2，装机约 23.14MW；分布式光伏屋顶面积约 71798.5m^2，装机约 7MW；黄山店村的光储直柔项目，可铺设光伏面积为 16000m^2，装机约 1.92MW。

产品应用概况/解决方案：

光伏 DC-DC 变换器可调节太阳能电池的工作点，使其工作在最大功率点处，实现光伏板吸收太阳能的最大化，再将太阳能电池输出的直流电转换成稳定的不同电压的直流电并汇入直流母线。并网双向变换器 FCS 应用于直流电网与交流电网的衔接，将光伏板产生的直流电转换为交流电，供应给电网使用。同时，它也能将电网的交流电转换为直流电，为光伏系统的储能装置充电。可以通过控制策略进行双向流动、单向流动、并网、离网等控制，是直流配电网余电上网及电网取电的重要装置。

产品优势及应用成果：

光伏系列 DC-DC 变换器是数字化直流电源，具备

MPPT 功能。针对太阳能电池板发电特性，模块内部自动调节跟踪前端光伏电池板最大功率，实时实现光伏板最大功率输出电能，跟踪精度不低于 94%，可以设置输出电压、电流。其输出具备稳压限流功能，可以直接连接蓄电池组或直流母线，此外，还具备 GPS 校时功能和 RS485 通信，接受上位机控制和离网独立运行功能。

并网双向变换器 FCS 具有双向自动控制功能，能量双向流动功能、空间矢量控制功能，以及有功、无功的解耦控制功能；其功率因数大范围可调，具备动态无功补偿功能，可以支撑并网、离网运行双运行模式，系统动态响应快，能够满足负载的动态响应需求。同时，具有完善的保护功能，能够有效保证设备安全运行。此外，还具备应对不平衡负载的能力，其并网逆变功率根据母线电压自动设定，支持通信开、关机和整流、逆变状态切换及状态数据显示。

9. 湖南芙蓉云数据中心

参与单位：
厦门市爱维达电子有限公司
地址：厦门市海沧区新阳路 10 号
电话：0592-8105999
传真：0592-5746808
网址：www.evada-channel.com
邮箱：zhangjt@ evadaups.com

主要产品：
直流型 DPS

项目概况：
湖南芙蓉云数据中心项目，位于益阳高新区东部产业园，是 2015 年引进的项目，总投资额约 50 亿元，计划建设总容量为 2 万个高密度机柜的云计算数据中心，是目前国内中西部地区等级高、计算功率密度大的数据中心，主要为国内外大客户和专业客户提供超级定向运算服务。

公司为湖南芙蓉云数据中心 IT 机柜提供 DPS 分布式电源解决方案，每套 DPS 容量为 12kW，配置 3 组 50Ah/240V 磷酸铁锂电池，DPS 功率模块设计方案为 4+2 冗余，每个模块为 3kW，均可在线热插拔，DPS 锂电池备电时间可支持满载运行 3h。

爱维达 DPS 分布式电源为项目提供"削峰填谷"服务，且支持分布式扩容。在用电高峰时段优化电力使用模式，帮助云计算中心从投资中获得额外收益，同时客户能够按需扩容，在后续的改建升级中更加方便。芙蓉云高密度云计算中心配置的爱维达高压直流 DPS 分布式电源，可设置 3 个时间段"削峰填谷"储能方案，一年 1 个机柜预计可为数据中心节省 12264 元电费。

产品应用概况/解决方案：
2019 年工业和信息化部、国家机关事务管理局、国家能源局三部门推出《关于加强绿色数据中心建设的指导意见》，意见指出要求加快绿色数据中心先进技术产品推广应用，高效供配电系统包括分布式供能、市电直供、高压直流供电、不间断供电系统 ECO 模式、模块化 UPS、储能电池管理、能效环境集成监控等。分布式电源 DPS 基本符合上述先进技术产品要求。

爱维达 DPS 系列（分布式电源系统）产品是专门针对标准 19in 机柜而量身打造的。具有体积小、质量轻、高智能、易部署的特点，可直接安装在机柜内部，配合前端固定挂耳和拉手，可以轻松实现 DPS 在机柜中的快速部署安装和拆卸更换。产品适用于分布式机房、承重受限机房、分阶段部署机房、快速部署机房和一体化机柜等供电应用场景。

其主要分为两款产品，一款为直流型：采用功率模块冗余设计，为 IT 设备提供 240V 高压直流电源，容量为 3~12kW；一款为交流型：将传统 UPS 成熟稳定的控制技术与新型锂电池储能技术相结合，为 IT 设备提供 220V 交流电源，容量为 6~10kW。

产品主要性能特点：
1）可兼容 T2/T3/T4 级别，极大保障供电持续不间断；
2）具备双路输入，双路输出；
3）支持关键部件热插拔，稳定可靠；
4）无需独立配电室和电池室，机架式设计，可按需快速部署；
5）高效率供电模块，全系列产品效率高达 96% 以上；
6）具备丰富的通信接口，灵活满足数据中心监控需求并可配合云计算进行调度。

产品优势及应用成果：
产品优势：
1）直流型 DPS 可设置三个时间段"削峰填谷"储能方案，可利用峰谷电价差大幅度降低数据中心运营费用。
2）采用直流 240V 供电输出，240V 可在线热插拔的高压直流模块，工作效率接近 97%，高于传统的 UPS。
3）DPS 功率模块采用"N+X"的冗余模式，大幅度提升了系统的可靠性和可用性。
4）配套锂电池，具有更长的循环寿命，可快速充电，且锂电池模块可热拔插，后期更换电池方便。

5) 机架式设计, 分布式安装, 可根据机柜数量分期部署、按需扩容。

应用成果:

爱维达 DPS (分布式电源系统) 系列产品具备节能低碳、智能便捷、简单灵活、稳定可靠等特点, 已在多个行业领域的数据机房中规模运用, 凭借其"按需部署, 器件冗余"的性能优势, 以及"削峰填谷"的创新技术, 保障了客户机房的安全运行, 也降低了机房的运营成本。

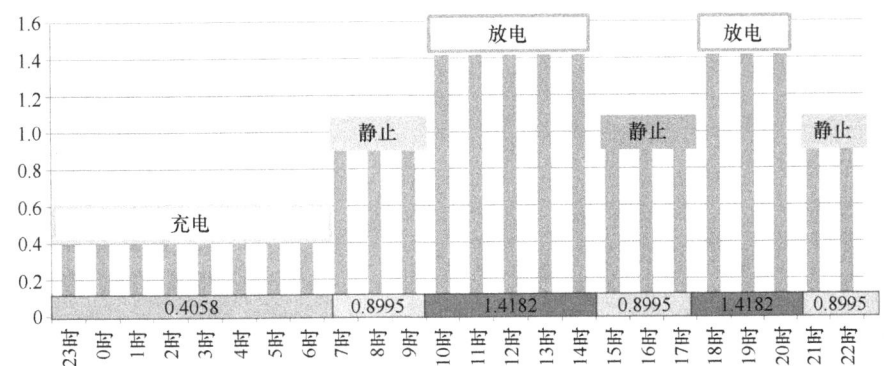

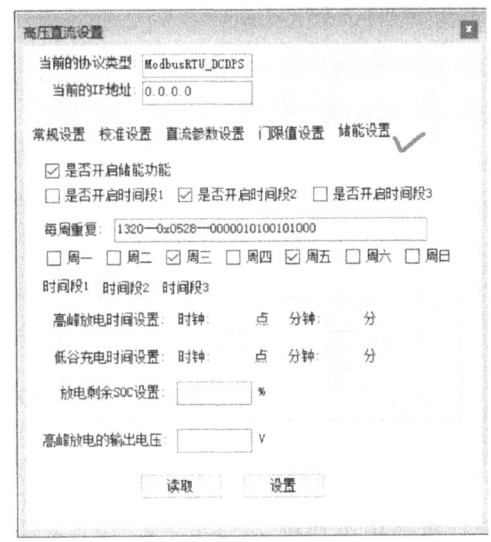

10. 壳牌深圳机场光储充一体站

参与单位:

深圳市盛弘电气股份有限公司

地址: 深圳市南山区西丽街道松白路 1002 号百旺信高科技工业园 2 区 6 栋

电话: 0755-86511588

传真: 0755-86513100

网址: www.sinexcel.com

邮箱: sales@sinexcel.com

主要产品:

电动汽车充换电产品

项目概况:

盛弘与壳牌合作推进的"壳牌电动汽车充电站"(光储充+超充) 在深圳正式启用, 助力加快建设世界一流超充之城, 打造全球数字能源先锋城市。由壳牌和比亚迪共同成立的合资企业——深圳壳牌比亚迪电动汽车投资有限公司负责该站的运营。

产品应用概况/解决方案:

该充电站距深圳机场航站楼 2.5km, 此地网约车聚集度高, 因此有大量且多样化的充电需求。对此, 该场站应用了盛弘的柔性共享超充堆解决方案, 共采用 258 个快充终端, 可实现 24h 绿电稳定供应, 每日能够为超 3300 辆电动汽车提供极致充电服务。此外该场站屋顶铺设的太阳能光伏板年发电量达 30kW·h, 全部用于为客户的车辆充电。该超充堆解决方案适用于社会运营、公交、专用车、光储充一体等全场景, 能够覆盖 90% 真实的应用恶劣环境场景, 更好地支撑新能源产业高质量发展, 推动经济社会发展绿色转型, 助力实现碳达峰碳中和目标。

产品优势及应用成果:

驿站内配置的盛弘柔性共享超充堆设备, 具备 6 大性能优势:

1) 充电更快速: 可实现充电 1s, 续航不止 1km 的极致超快体验。

2) 充电多样性: 超充平台电压支持 200~1000V, 不挑车型, 可长期演进。

3) 充电更安全: 拥有智慧安全卫士, 主动防护, 为车充电保驾护航。

4) 充电更可靠: 智慧模块通过 1500h 各类安全稳定性试验, 助力稳定可靠的高速充电网络建设。

5）充电更高效：充电系统效率高达96.3%，优于行业其他品牌1.3%，带来高效低耗的使用体验。

6）充电更低耗：搭载智慧模块智能切换工作、休眠多状态，轻松实现模块待机零功耗，整机待机低功耗。

11. 交通银行股份有限公司全行机房中小功率UPS及铅酸电池项目

参与单位：

深圳市英威腾电源有限公司

地址：深圳市光明区马田街道薯田埔社区英威腾光明科技大厦1栋501

电话：400-700-9997 转 2

网址：www.invt-power.com.cn

邮箱：chinasales@invt.com.cn

主要产品：

HT系列高频塔式UPS（1~400kVA）

项目概况：

交通银行为满足全集团对机房中小功率UPS及铅酸电池的使用需求，实施"机房中小功率UPS及铅酸电池"项目入围选型，采用框架招标的方式，产品容量覆盖1~400kVA UPS并配套相应的铅酸蓄电池及配件。

公司HT系列高频塔式UPS凭借优越的性能、卓越的生产工艺、严格的质量检查制度和完善的售后服务体系，在一众品牌中脱颖而出，获得交通银行股份有限公司的信任，为交通银行股份有限公司全国网点提供UPS及配套设备，为各交通银行网点提供高可靠性的电源保障。

产品应用概况/解决方案：

交通银行始建于1908年，是中国历史最悠久的银行之一，也是近代中国的发钞行之一，交通银行集团业务范围涵盖商业银行、离岸金融、基金、信托、金融租赁、保险、境外证券、债转股和资产管理等。截至2019年6月末，交通银行共拥有境内分行机构242家，其中省分行30家，直属分行7家，省行205家，在全国242个地级和地级以上城市、162个县或县级市共设有3176个营业网点；旗下非银子公司主要包括全资子公司交银金融租赁有限责任公司、中国交银保险有限公司、交银金融资产投资有限公司、交银理财有限责任公司，控股子公司交银施罗德基金管理有限公司、交银国际信托有限公司、交银康联人寿保险有限公司、交银国际控股有限公司。

公司HT系列高频塔式UPS采用在线式双变换结构设计、数字化控制技术，高速智能DSP控制，实现完美的系统性能和保护功能，在一众品牌中脱颖而出，获得交通银行股份有限公司的信任，为交通银行股份有限公司全国网点提供UPS及配套设备，为各交通银行网点提供高可靠性的电源保障。

产品优势及应用成果：

深圳市英威腾电源有限公司（简称英威腾）的HT系列高频塔式UPS为三进三出纯在线双变换式产品，是集当今电力电子尖端技术于一身的高端电源产品。创新的设计使得此系列产品拥有无与伦比的可靠性与稳定的性能。极高的输入功率因数和极低的输入电流畸变率保证了产品的

网址：www.infypower.cn
邮箱：sales01@infypower.cn

主要产品：

公司产品涵盖高性能充电模块、智慧能源路由器、电动汽车充换电及储能系统产品，并为充换电、储能、能源互联网等各类应用提供专业解决方案，解决市场多样化的需求。

项目概况：

深圳"超充之城"项目将电动汽车超充、光伏、储能融为一体，实现了"多站合一"，搭载 EMS（能源管理系统），可以根据实时天气、电价、新能源汽车电池状态等信息，实现站内光伏、储能、汽车充电放电统一管理和智能调度，形成局域微电网和虚拟电厂。

截至 2024 年 1 月 5 日，深圳全市已建成超充站 161 座，公司参与建设共计 54 座。

绿色与环保性，极高的整机效率保证了产品的节能性。友好的人机界面，配置 7in 或 10.4in 大屏幕液晶触摸屏与控制面板，方便用户操作与维护。经过相当一段时间的试运行后，用户对于英威腾产品的稳定性、可用性、高效可靠及人性化的设计等给予了高度评价与认可。

产品应用概况/解决方案：

本方案系统集单向 AC-DC 整流模块、储能 PCS 模块、双向 AC-DC 变换模块、MPPT DC-DC 变换模块于一体，通过直流母线接入光伏及储能系统，实现电网、储能、光伏的多能源接入，降低大功率超充对电网的配电需求。此外，本方案增配 V2G 充电应用，利用峰谷电价差及 V2G 直流充放电终端，让每辆新能源汽车成为"能源中间商"。车辆在夜间电费低谷期充满电，在日间电费高峰期通过项目配备的 V2G 直流充放电终端反向放电，通过赚取电价差降低车辆使用成本。

12. 深圳超充之城项目

参与单位：

深圳英飞源技术有限公司

地址：深圳市宝安区石岩街道塘头 1 号路领亚智慧谷春生楼一楼

电话：0755-8657 4800

产品优势及应用成果：

作为最早提供新能源电能变换的厂家之一，英飞源核心研发团队一直从事着电能变换技术的研发，产品及解决方案涵盖储能和电动汽车充电领域。目前，深圳英飞源技术有限公司（简称英飞源）已拥有业界最齐全的电能变换模块产品系列，模块产品性能优异，高效可靠，AC 260～530V 超宽范围输入电压适应不同制式电网，高压段恒功率输出不间断。9年来，与国内外众多新能源企业达成战略合作，在世界各地运行超200万台高压大电流电源模块，经受住了各种环境及场景的考验。

13. 与"光"同行，先控保障东磁项目顺利进行

参与单位：

先控捷联电气股份有限公司

地址：河北省石家庄市高新区湘江道319号第14, 15幢

电话：400-6129189

传真：0311-85903718

网址：www.scupower.cn

邮箱：scu@scupower.com

主要产品：

CMS系列1000kV·A高频模块化UPS主机

项目概况：

四川东磁新能源科技公司（简称四川东磁）年产20GW高效晶硅太阳能TOPCon电池项目，是宜宾市首家5G全连接工厂以"数实融合"赋能光伏产业的项目。由横店集团东磁股份有限公司投资建设，项目总投资100亿元，分三期建设，一期为年产6GW高效新型晶硅太阳能TOPCon电池生产线，目前一期项目已经开始全线量产，预计到年底产值可达10亿元。

产品应用概况/解决方案：

该项目锚定"智能制造高质量发展先行者"的目标，未来，四川东磁将建成宜宾市首家5G全连接智能制造未来工厂，打造自动化、信息化、数字化智能生产仓储一体化车间。

基于项目应用需求，先控电气提供了12套CMS系列1000kVA高频模块化UPS主机，保证了项目的高效性与平稳性，保障全产线的稳定生产和不间断供电。

东磁项目是先控电气在半导体领域又一个重要项目，该项目是目前半导体行业使用单机功率超过1000kVA，同时数量超过10套的案例，其使用场景在整个UPS行业尚属新例。

目前先控电气已经持续为粤芯半导体、中芯国际、北京京东方、无锡尚德、横店东磁等半导体行业提供了超过50套超大功率的UPS设备，彰显出先控电气在20年发展中锲而不舍的工匠精神。先控电气将持续把更稳定的产品，更人性化的服务传播给更多的用户。不为繁华易匠心，不舍初心得始终。

产品优势及应用成果：

（1）高效节能

IECO在线补偿节能模式运行，整机效率大于99%，减少对电网的干扰；

带载能力大幅度增强；

模块轮值休眠功能，自动调节工作模块数。

（2）安全可靠

多重并联冗余措施，克服单点故障，实现故障隔离；

采用顺位主从同步控制、集中旁路技术、多级分散式控制技术。

（3）智能便捷

支持储能应用，削峰填谷、跌落补偿、有功及无功功率调节；

DSP全数字控制技术，智能化监控系统，在线、远程、实时监测；

体积小、质量轻，靠墙安装节省空间。

14. 先控PCS储能系统电源车，助力绿色亚运

参与单位：

先控捷联电气股份有限公司

地址：河北省石家庄市高新区湘江道319号第14, 15幢

电话：4006129189

传真：0311-85903718

网址：www.scupower.cn

邮箱：scu@scupower.com

主要产品：

PCS储能系统

项目概况：

2023年9月23日，第19届亚洲运动会在浙江杭州拉开帷幕，为保障本次亚运会顺利进行，先控电气灵活稳定的PCS储能系统电源汽车为杭州亚运会即时供电保驾护航。这是先控电气继北京奥运会、APEC会议、冬奥会等国际综合会议之后又一次大型活动供电支持。

产品应用概况/解决方案：

该PCS储能系统电源汽车系统以绿色能源技术为基础，单台车辆储能容量设计为250kW/663.552kW·h的磷酸铁锂电池储能系统，集成容量更高，更具成本优势。系统搭载电池储能、落地式直流充电桩和双向变流器等配置。同时结合在线式UPS的设计思路，实现市电与储能电源的无缝切换，满足应急供电和重要负荷的不间断供电，既可保障供电，又具备削峰填谷、动态增容等功能，及时响应电力系统多样化需求，以更高灵活度、更高能量密度、更低成本，解决更多的"储能"或"补电"需求。

产品优势及应用成果：

据悉，该系统作为本次赛事官方指定用车，可为赛事物资运输、自卸车辆、人员车辆、抢险灭火车等及时充电，也可作为突发应急供电，能够无缝完成动力切换，确保现场正常运行。

系统设计方案严格贯彻"安全大于一切"的重要方针，具有快速响应、机动灵活、移动能力强、安全性能高等特点，可为众多大型活动提供安全可靠的供电支持。先控电气 PCS 储能系统电源车即时供电，安全供电，可应用于重要负荷供电，如国际赛事、重大会议、大型活动等场合；还可以作为移动电站提供临时用电，如灾后救援和建设、电力检修、电动汽车应急充电救援、军事野外训练等。秉持低碳节能理念，助力绿色亚运成功举办，在未来，先控电气也会一直坚持可持续发展理念，共建美好的人类命运共同体！

15. 助力充电系统发展，先控入围中石化电动汽车充电设备招标

参与单位：

先控捷联电气股份有限公司

地址：河北省石家庄市高新区湘江道 319 号第 14, 15 幢

传真：0311-85903718

网址：www.scupower.cn

邮箱：scu@scupower.com

主要产品：

双枪一体式充电桩

项目概况：

中国石化作为世界 500 强企业，秉承"质量永远领先一步"的质量方针，不仅对自身发展严苛要求，对于合作伙伴的甄选也是十分慎重。日前，先控捷联电气股份有限公司（简称先控电气）以实力入围中国石化浙江石油分公司"2022 年电动汽车充电设备框架招标"。在此之前先控电气也陆续为中国石化提供过多种电源产品。此次充电桩项目的入围既是双方合作的深度延续，也是对先控电气产品的肯定。

产品应用概况/解决方案：

早在 2021 年，中国石化就发现电动汽车充电慢、充电难的问题，制定了 5000 座充换电站计划，并且将在浙江施行全省部署充电桩的试点计划。自先控电气中标以来，日夜赶工，第一批充电桩终于在日前投放使用。

然而，现有的充电系统还远远达不到用户对充电的要求，所以既要提高充电速度，还要将充电桩普及化。新能源发展势在必行，先控电气也会紧跟发展大趋势，继续研究高精新产品，助力充电系统再发展。

产品优势及应用成果：

作为试点计划，各种型号的充电设备都要准备齐全。先控电气研发生产的双枪一体式充电桩容量覆盖 120~360kW，可支持双枪同时为一台车充电；分体式直流充电系统可同时输出多路，根据车辆 BMS 要求，智能分配功率，提高充电效率。两种充电设备都具有分离的冷热风道，有效避免了充电系统运行过程中温度过高而导致的宕机或设备损坏。

本次试点工作投放充电设备的主要是杭州、宁波、嘉兴、湖州、舟山、金华等城市，除了固有的设备型号，先控电气还根据各地不同的需求，定制了符合当地要求的设备。

16. 先控助力正定国际机场获得三星级"双碳机场"

参与单位：

先控捷联电气股份有限公司

地址：河北省石家庄市高新区湘江道 319 号第 14, 15 幢

电话：4006129189

传真：0311-85903718

网址：www.scupower.cn

邮箱：scu@scupower.com

主要产品：

分体式直流充电系统

项目概况：

日前，石家庄正定国际机场荣获 2022 年度三星级"双碳机场"。先控电气与正定国际机场合作多年，为机场提供过多种电气设备。在"双碳"大背景下，新能源汽车和充电系统成为热点项目，先控电气成为充电行业的领航者。

先控电气专注于能源的改革，坚持贯彻可持续发展理念，在此次"双碳机场"评选中，先控电气依靠高精尖的充电系统解决方案，为正定国际机场赢得了中国民用机场

协会2022年度"双碳机场"评价三星级机场,为此次评价中等级最高的机场。

产品应用概况/解决方案:

为加快新能源的推广与利用,提升能源管理能力,先控电气在正定国际机场"车辆油改电攻坚战"中提供了24个分体式直流充电系统,容量覆盖120~240kW,对应114个充电终端,为机场实现充电设施全覆盖打下坚实基础。除了充电系统,机场对于供电系统的要求也非常高,必须具备高可靠性、高安全性。先控电气集装箱电源系统高度集成UPS及配电柜等设备,模块化设计更好地满足现场项目需求。系统支持先控电气独有的IECO在线补偿节能运行模式,整机运行效率可达99%。锂电搭配UPS使用,保障园区安全用电、绿色用电、高效用电的需求。

产品优势及应用成果:

先控电气集装箱电源系统将UPS及配电柜等设备合理布局在40ft⊖的集装箱内,采用模块化UPS组成1+1并机供电系统,是传统UPS系统的升级革新,提高了整机的运行效率,IECO在线补偿节能运行模式效率≥99%,还能实现无缝切换、跌落补偿、削峰填谷等功能;结合锂电池系统,充分发挥充放电能力强、节能环保、使用寿命长等优势,锂电和UPS的黄金组合使得整个电源系统更加高效环保,为"双碳"目标保驾护航。

17. 杭州第19届亚洲运动会火炬传递(宁波站)电力保障项目

参与单位:

易事特集团股份有限公司
地址:广东东莞松山湖国家高新区工业北路6号
电话:0769-22897777
网址:www.eastups.com
邮箱:CEO@eastups.com

主要产品:

UPS/EPS、电力电源、通信电源、高压直流电源、特种电源、电池系统、电源网关及云管理平台等

项目概况:

2023年9月12日上午,杭州第19届亚洲运动会火炬传递宁波站活动隆重举行。

易事特集团依托UPS优异性能和团队专业服务,为此次活动提供全程电力保障,圆满完成任务。

⊖ 1ft=30.48cm。

产品应用概况/解决方案:

易事特集团针对活动实际需求,设计了独立于火炬传递活动设备运营供配电系统以外的"孤岛式"UPS微电网方案。

该方案采用中小型静音发电机组+市电+UPS+动环监控设备方案,形成活动设备"微网"主供、"多路电源+多备用"的供电运行方式,装机容量达250kVA。其采用模块化250kVA UPS系统主供,通过分布式模块化冗余设计,最大限度减少对火炬传递活动电力供给的影响,同时提高整体安全性,确保极端情况下仍能稳定运行,实现99.9999%的高可靠度用电保障。

为了全力以赴做好保电工作,易事特团队不但提前进行了系统装机调试和彩排预演工作,还制定了完善的事故抢修预案和后勤保障措施等。活动当天,在安排专业团队现场值守的同时,做到相关人员随时在线、相关备用物料全部到位,严格把控每个环节,确保万无一失,受到客户高度好评。

产品优势及应用成果:

值得一提的是,易事特电源产品依托丰富的工业电源开发和应用经验,采用高效IGBT整流/逆变、先进的DSP全数字控制、人工智能、云网管理、在线实时预警和故障隔离等先进技术,极大提升了产品的综合技术性能,并经过"五高"(高寒、高盐、高温、高湿、高风沙)恶劣环境的充分验证,集高效性与可靠性于一体。现已成为政府、电网、金融、通信等单位的首选对象,广泛应用于公安、司法、财政、气象、水利、交通、教育等领域。

18. 南海海缆有限公司项目

参与单位:

易事特集团股份有限公司
地址:广东东莞松山湖国家高新区工业北路6号
电话:0769-22897777
网址:www.eastups.com
邮箱:CEO@eastups.com

主要产品:

UPS/EPS、电力电源、通信电源、高压直流电源、特种电源、电池系统、电源网关及云管理平台等

项目概况:

易事特高端UPS成功服务广东首家海底电缆企业——南海海缆有限公司,并将持续提供稳定、可靠的电源保障,赋能其扎根汕尾、立足广东、辐射东南亚、面向全球,打造亚洲第一、世界前三的海工光电线缆研发制造基地。

产品应用概况/解决方案:

南海海缆作为广东首家海底电缆生产制造企业,以汕尾为核心,延伸服务粤港澳大湾区,辐射东南亚,主要从事海底电缆、动态缆、脐带缆、高压、超高压智能交联电缆及其附件的研发制造,填补了广东省高端海缆制造的空白。

在"双碳"目标引领下,南海海缆秉承绿色可持续发展的理念,坚持科技创新,积极推动技术进步和产业升级。

此次新增三条生产线均为电机类负载，且因项目临海，故对UPS抗冲击能力和主机防盐雾、防腐蚀能力等都提出了严格要求。

针对此次项目，易事特集团第一时间组建专门团队展开深入调研，量身定制提供了EA890系列80~500kV·A大功率UPS，以超预期的产品及服务得到客户高度认可。

产品优势及应用成果：

易事特集团作为UPS龙头企业，深耕电力电子行业30余年，现已形成了完整的高端电源方案体系，领军行业发展。

易事特EA890系列大功率UPS是针对我国电网环境和高端用电场合，应用全新的数字技术研制出的新一代纯在线式智能UPS。系统采用在线式双变换拓扑架构设计，完全消除电网的干扰；整流器采用基于IGBT器件的三电平PWM整流技术，实现高输入功率因数、低输入电流谐波；逆变器采用基于IGBT器件的脉宽调制技术，并配备了输出隔离变压器，确保稳频稳压、低波形失真度、强带载能力和强抗冲击能力。

19. 天津滨海国际机场航站楼项目

参与单位：

易事特集团股份有限公司

地址：广东东莞松山湖国家高新区工业北路6号

电话：0769-22897777

网址：www.eastups.com

邮箱：info@eastups.com

主要产品：

UPS/EPS、电力电源、通信电源、高压直流电源、特种电源、电池系统、电源网关及云管理平台等

项目概况：

机场具有复杂的能源系统，需要大量的电力供应。同时，机场管理和空中管制等都对用电可靠性提出了严苛的要求，以确保万无一失。

易事特集团成功服务天津滨海国际机场航站楼EPS、UPS设备整体更换项目。客户特地发来感谢信，对易事特集团的专业技术和敬业精神给予了高度评价。

产品应用概况/解决方案：

在此次设备整体更换项目中，不但要确保航班准时进出港，还要确保项目整体进度。要在设备拆换的同时保供保电，就需要对每个时间节点严格把控。时间紧、任务重，易事特集团天津办事处工程师克服重重挑战，最终顺利完成项目建设。

据了解，该项目对机场内航站楼及各配电间的EPS、UPS、直流屏及各设备所有的蓄电池进行了优化改造。值得一提的是，为了实现对所有EPS、UPS及单节蓄电池的电压、内阻、温度等数据的实时监控，还搭建了一套动力环境监控系统，对各设备进行连接调试，极大提高了安全运行裕度。

产品优势及应用成果：

易事特集团作为UPS龙头企业、国家火炬计划重点高新技术企业、国家技术创新示范企业、国家知识产权示范企业，深耕电力电子行业30余年，掌握了70多项核心技术，800余项专利，形成了完整的高端电源方案体系，领军行业发展。

易事特电源产品依托丰富的工业电源开发和应用经验，采用高效IGBT整流/逆变、先进的DSP全数字控制、人工智能、云网管理、在线实时预警和故障隔离等先进技术，极大提升了产品的综合技术性能，并经过"五高"（高寒、高盐、高温、高湿、高风沙）恶劣环境的充分验证，集高效性与可靠性于一体，为客户提供超预期产品及服务。如今，易事特电源已成为政府、电网、金融、通信等单位的首选对象，广泛应用于公安、司法、财政、气象、水利、交通、教育等领域，广受业界内外关注及赞誉。

20. 爱克赛科技集团筑牢保电"防护墙"，全力护航成都大运会

参与单位：

江苏爱克赛实业有限公司

地址：江苏省扬州市经济技术开发区宜城路1号

电话：0514-87525888，87525668，87525858

传真：0514-87525888

网址：www.eksi.cn

邮箱：jqeksi@163.com

主要产品：

UPS及蓄电池

项目概况：

国际大体联世界大学生运动会是展现国际大学生体育和文化的一场盛典，第31届世界大学生夏季运动会7月28日在成都开幕。至此，爱克赛科技集团配合国网四川省电力公司6000余名保电人员历时12天，圆满完成了成都大运会开闭幕式、269场赛事及城市运行保障任务。实现了成都大运会保电全过程、全时段、全点位、零差错，兑现了"精精益求精，万万无一失"的庄严承诺。

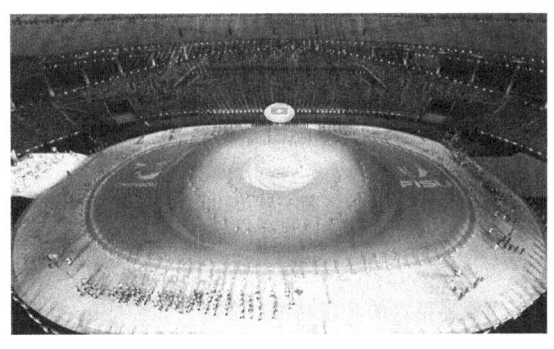

产品应用概况/解决方案：

电源保障在各种大型活动中默默无闻地承担着重要任

务，爱克赛科技集团是国家高新技术企业、江苏省专精特新企业，专业致力于数据中心、高端电源、新能源等领域产品的研发、生产、销售，包含储能变流器、UPS、微模块一体化机房、逆变电源、EPS、机场直线加电电源、野外智能充电机、通信电源、电力电源、锂电储能系统、光伏EPC投资及运维管理。多年来承担了一系列大型会议、赛事设施等全方位的用电保障，如G20杭州峰会、昆山汤尤杯羽毛球世锦赛、福州青运会、南京青奥会、第七届世界军运会、春晚长春分会场、大连夏季达沃斯论坛、广东省第十五届运动会、天津第十三届全运会等。

作为成都大运会用电保障单位，爱克赛此次提供了EKSS860H、EKSS880H、EKSS8100H、EKSS8120H、EKM300/60等30多台工频机及模块机机型，分布在各类型比赛场馆，全天候为成都大运会期间用电保障保驾护航。

产品优势及应用成果：

采用TI最新DSP芯片设计，全数字化控制性能更加稳定可靠；

采用英飞凌、富士最新一代IGBT，抗冲击能力更强；

主控板4层板设计，采用SMD贴片工艺，抗干扰能力更强；

采用业界稳定的具备相序自适应的相控整流技术，提高机器可靠性；

采用三相全桥逆变技术，噪声更小；

支持4台并联功能，直接并机，扩容简单方便，并机通信线采用双线环形冗余结构；

选用7in工业级彩色触摸屏，无钢化膜，触感更好、更灵敏；

标配双路输入端子，标配RS485接口；

电池3个月自动放电一次，活化电池性能；

输出电压380V/400V/415V，电池节数28~32节，旁路频率范围面板可调。

21. 成都大运会电源保障项目

参与单位：

商宇（深圳）科技有限公司

地址： 深圳市宝安区松岗街道楼岗大道26号商宇科技园综合楼1层

电话： 13924597448

网址： www.cpsypower.com

邮箱： 2853716264@qq.com

主要产品：

UPS不间断电源、蓄电池

项目概况：

世界瞩目的综合性国际体育赛事——成都第31届世界大学生夏季运动会在成都完美落下帷幕。本届夏季运动会为期12天，来自150多个国家和地区的2万多名学生运动员和工作人员参与，100多个国家和地区进行赛事转播。商宇科技作为数据中心综合解决方案提供商，为保障大运会顺利进行，商宇科技闻令而动抽调核心力量参与赛事线路保障，为盛会电源不间断保驾护航。

产品应用概况/解决方案：

体育场馆是一个复杂系统，其运行维护对保障赛事顺利开展至关重要。成都大运会赛事任务事项多、涉及面广，小到运动员的更衣室，大到升旗系统、照明系统、转播系统、成绩处理系统、仲裁录像系统、扩声机房、强弱电机房、国网指挥中心、机房信息处理中心、交通指挥中心等，每项工作的开展都离不开数据中心基础设施不间断电源。

本次大运会商宇科技为其提供高频1-200K设备，模块机400K，产品具有输出过载、短路保护、电池防护、开机自诊断、N+1并联冗余等多种保护功能，商宇科技为赛事各个场馆的重要用电负载设备提供高质量电源，以其高可靠性、高功率容量、高功率密度、维护方便的突出品质守护大运会。

产品优势及应用成果：

产品主要运用在双流五项赛事中心游泳馆、击剑馆、马术馆，成都锦江射击射箭馆，简阳东来印象文体馆柔道馆、简阳东来印象文体馆游泳馆、电子科技大学（沙河校区）等场所的电源供给保障，全面发挥了商宇科技电源保障方案的稳定性、安全性及可靠性等优势。

把小事做成精品、把服务做成品牌、把任务做成使命。商宇科技始终贯彻全心全意为客户服务的核心价值理念，为使保障工作万无一失，数十名技术团队人员每天五点多起床，进行全面严格的巡检工作：UPS应急演练，巡检UPS的状态，记录UPS的输入输出电流频率，输入、输出电压频率，输出负载情况，电缆温度，电池温度等，确保每个环节、每个节点万无一失，实现电源设备运行平稳，做到零故障，零闪断。

22. 杭州第19届亚运会体育场馆、市政道路以及地标建筑项目

参与单位：

英飞特电子（杭州）股份有限公司

地址：浙江省杭州市滨江区江虹路4590号

电话：0571-56565800

网址：https://cn.inventronics-co.com/

邮箱：sales@inventronics-co.com

主要产品：

LED驱动电源、传感器、控制系统以及LED模组等

项目概况：

此次亚运会的成功举办，中间凝聚了各个行业顶尖企业的共同助力，英飞特电子的照明产品有幸参与其中，为杭州及其周边地区的体育场馆、市政道路、地标建筑的照明保驾护航，助力城市亚运氛围，彰显杭城独特魅力。

产品应用概况/解决方案：

英飞特LED驱动电源成功应用在淳安场地自行车馆、奥体中心游泳馆等场馆，以及配套的周边交通线路，如时代高架路。

产品优势及应用成果：

（1）淳安场地自行车馆

淳安场地自行车馆总用地面积3.2万m^2，其中建筑面积2.4万m^2，馆内座席数3040个。场馆以"朝阳鱼跃，千岛明珠"为设计理念，通过局部膜结构和玻璃幕墙，结合计算机控制建筑泛光照明，可实现动态变化、多彩斑斓的建筑效果。

场地自行车赛道呈一定坡度的弧形，选手在比赛时可以骑出高达80km/h的速度，这不仅要求灯光均匀地照射在弧形赛道上的每一处，还要避免场内眩光，最大程度模拟自然光，以减少灯光对运动员的干扰；除此之外，室内场馆的照明条件也要满足电视高清转播要求。

该项目中使用了英飞特可编程LED驱动电源——EUD系列，为灯具提供稳定支持，其具备的高稳定性及高效率能更好地提升灯具的使用寿命和光效，有效减少电能浪费。

淳安场地自行车馆屋顶还镶嵌有三角形的窗户，不仅可以让自然光照进馆内，必要时还能打开，便于馆内通风。在有自然光照明时，EUD系列电源可与控制系统相配合调整灯光强度，确保最优照度的同时节省能耗。

（2）奥体中心游泳馆

杭州奥体中心游泳馆场馆采用双馆合一的设计理念，独特的流线造型，结合双层全覆盖银白色金属屋面和两翼张开的平台形式，为两馆连接体非线性造型。总建筑面积为53959m^2，可容纳观众约6000人，它包含游泳池和跳水池，拥有多种比赛池和训练池，是一个集游泳、跳水比赛和训练为一体的专业运动场馆。

该项目中使用了英飞特恒压防水LED驱动电源——EBV系列，该系列产品采用紧凑型金属外壳设计，为灯具提供稳定支持；IP67防护等级，具备强大的防水、防尘能力；采用全灌胶工艺，可以在-40~75℃环境下稳定运行，无惧高温高湿，具有突出的性能优势，有效提升灯具使用寿命及可靠性。

（3）时代高架路

时代高架路是杭州市境内连接滨江区与萧山区的城市快速路，为杭州"上塘-中河-时代"高架快速路体系的南段组成部分，也是杭州"两环八横五纵八连"快速路网的重要组成部分。

时代大道南延（绕城至中环段）工程，作为杭州亚运会重点配套工程，整条线路以高架+地面道路形式，串联了杭州主城区、滨江区、湘湖新城以及萧山南部片区，不仅进一步提升通行速度，同时还为义桥、戴村、河上、楼塔等萧山南片地区的经济、文化和旅游发展提供重要支撑。

作为连接主城区与其他区域的重要通道，时代高架路全天无障碍通行至关重要。英飞特电子可编程LED驱动电源——EUM-Dx，可为路灯提供稳定支持，增强道路亮化水平，保障夜间行车安全。

23. 阳煤集团七元煤业有限责任公司应急电源设计方案

参与单位：

青岛威控电气有限公司

地址：青岛市即墨区大信镇天山三路42号

电话：15306390711

传真：0532-82530096-3005

网址：www.veccon.com.cn
邮箱：hongzhang.lyu@veccon.com.cn

主要产品：

矿用隔爆兼本质安全型交流变频器
储能应急电源系统
大功率高频离子氮化炉用脉冲电源

项目概况：

为了贯彻落实《国家能源局综合司国家矿山安全监察局综合司关于进一步加强煤矿供用电安全工作的通知》（国能综通安全〔2021〕110号）及《晋中市安全生产委员会关于印发〈晋中市煤矿供用电安全改造提升行动方案〉的通知》（市安发〔2023〕14号）文件精神。坚持以习近平新时代中国特色社会主义思想为指导，坚持人民至上、生命至上，坚持统筹发展与安全，坚持从源头上消除事故隐患、从根本上解决问题，全面推进煤矿供用电安全专项治理和源头治理，坚决防范和遏制煤矿无计划大面积停电事故发生，为煤矿安全生产保驾护航。七元煤业为现代化矿井，当出现整个矿井双回路停电事故时，井下工作人员虽然可以从梯子间撤离，但是会严重威胁矿工的生命安全。本着"以人为本，安全第一"的方针，应为矿井增设应急电源。

产品应用概况/解决方案：

本项目要求电源站为直流侧1500V电压等级，交流侧660V和480V电压等级，通过0.66kV/10kV变压器及0.48kV/10kV变压器与交流母线连接，应急电站系统必须与电网之间通过升压变进行电气隔离。

1）电源站采用中压1500V集中式三电平拓扑结构方案，输出谐波含量满足国家标准要求。

2）离网模式下，电源站1~4工作模式全部为电压源，采用VF模式，不允许使用电流源PQ模式并机，且具备同期能力；离网条件下，系统需具备不低于2400A，10kV的短时最大电流输出能力。具备支撑所有一级保安负荷长时间稳态工作电流的能力，即不低于611A，10kV。

3）并网模式下，电源站1~4均为电流源，采用PQ工作模式。

4）有功功率控制功能。电源站可自行或根据储能式应急电源系统监控系统指令控制其有功功率输出。为实现有功功率调节功能，电池储能系统应能接收并实时跟踪执行储能式应急电源系统监控系统发送的有功功率控制信号，根据并网侧电压频率、储能式应急电源系统监控系统控制指令等信号自动调节有功输出，确保其最大输出功率及功率变化率不超过给定值，以便在电网故障和特殊运行方式下保障电力系统稳定性。

5）电压/无功调节功能。电源站可根据交流侧电压水平、储能式应急电源系统监控系统控制指令等信号实时跟踪调节无功输出，其调节方式、功率因数等参数可由储能式应急电源系统监控系统远程设定。电源站应能快速切换运行状态，在90%额定功率并网充电状态和90%额定功率并网放电状态之间进行状态切换所需的时间不应大于200ms。

6）离网运行模式（应急电源模式）。电源站能在电网掉电的情况下，接收EMS系统的远程指令，转入离网运行模式（或称应急电源模式）；双向储能变流器应该具有黑启动辅助系统，确保电网掉电后，自身可以利用黑启动系统成功启动运行，并能够持续运行。电源站能够在预励磁辅助系统的支持下，承受煤矿应急保安负荷的投切起动等带来的冲击电流，不发生停机保护等任何故障，并有相应LC滤波措施确保输出电源在带载煤矿大功率冲击负荷时，电压、电流畸变谐波等在规定范围内。

7）电源站系统各设备应具有防止交流侧和直流侧入侵雷电波和操作过电压的功能，充分保护设备安全。

8）电源站整体系统一次、二次设备，软硬件协调配合措施，包括各敏感电子设备、各子系统及整个系统电磁兼容措施。

9）电源站系统应满足在电子噪声、射频干扰、强电磁场等恶劣的电磁环境中安全可靠地连续运行，且不降低系统的性能。设备应满足抗电磁场干扰及静电影响的要求，在雷击过电压及操作过电压发生及一次设备出现短路故障时，设备不应误动作。

10）电源站系统的设计应充分考虑电磁兼容技术，包括光电隔离、合理的接地和必需的电磁屏蔽等措施。

产品优势及应用成果：

1）本方案应急电源系统中，电源站采用中压1500V集中式三电平拓扑结构方案，通过660V/10kV及480V/10kV隔离升压变压器并入七元矿10kV电网，输出谐波含量满足国家标准要求。

2）隔离变压器1~4容量不低于2500kVA，采用三相绝缘干式变压器；隔离变压器5容量不低于1000kVA，采用三相绝缘干式变压器。

3）本方案应急电源系统在离网条件下，电源站1~4工作模式全部为电压源，采用VF模式，不允许使用电流源PQ模式并机，且具备同期能力。

4）本方案应急电源系统在并网模式下，电源站1~4均为电流源，采用PQ工作模式。

5）本方案应急电源系统在离网条件下，最大输出电流不低于2400A，10kV，并具备支撑所有一级保安负荷长时间稳态工作所需电流（611A，10kV）的能力。

6）本方案应急电源系统的能量站由磷酸铁锂电池系统和钠离子电池系统构成，储备电量不低于22672kW·h（按照工作2h计算）。

24. 某试验基地通信试验网络管控项目

参与单位：

陕西柯蓝电子有限公司
地址：陕西省西安市高新区草堂科技产业基地秦岭大道西2号企业加速器11号楼
电话：029-65659378
传真：029-65659354
网址：www.criane.com
邮箱：criane@criane.com

主要产品：

CR-IOMS机房综合运维管理平台

项目概况：

综合运维管理系统通过资源网络化管理呈现、运行状态实时感知、统计分析和故障预警，实现通信试验网集中化、智能化管控。

产品应用概况/解决方案：

安装部署公司综合运维管理系统，通过资源网络化管理呈现、运行状态实时感知、统计分析和故障预警，实现通信试验网集中化、智能化管控；并通过标准化的南北向接口分别接入了某所开发的上层综合运管平台和下层华为UPS监测子系统，有效解决场区通信实验网资源分布和运行状态不清，故障定位、查处困难等问题，提升了复杂任务条件下试验保障能力。

案例一：

LJ某试验基地通信试验网络管控项目

产品形态

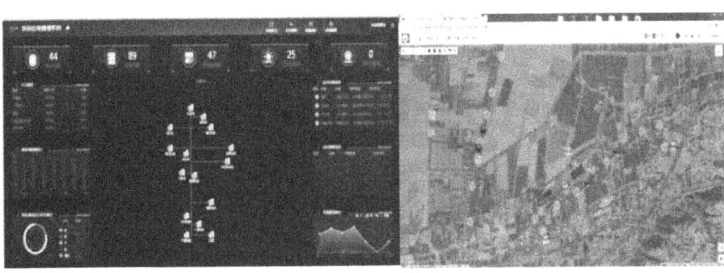
智能运维管理平台　　　　光缆在线监测系统-GIS地图

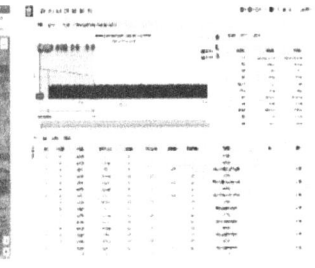
光缆质量在线测试

项目通过综合运用光缆离线、在线和轮询监测技术，实现了场区所有光缆线路故障的自动发现、测试和图上定位，有效解决了场区光缆敷设时间久远、拓扑结构复杂、基础资料缺失，加之部分段落只有试验任务时才启用，导致故障发现不及时、定位查处困难，严重影响任务保障质量的问题。

产品优势及应用成果：

1）改变传统维护模式，将手动维护升级为自动维护；
2）降低维护难度，平台专家库自动推送维护建议方案；
3）节约维护成本，提升为远程化、网络化维护模式，实现无人值守；
4）提高安全性；
5）历史数据可追溯，方便对运维数据进行分析考评；
6）全新预警机制，区别于事后告警，将安全隐患排除在发生之前；
7）全模块安装可形成监测、控制、预警、管理四位一体的智慧保障系统解决方案；
8）平台管理要素包含机线设备的环境安防、电源、配线业务、线路、资源的智能化综合运维管理。

25. 中汽研新能源汽车检验中心（天津）有限公司大功率欧美日标充电设施测试系统采购项目

参与单位：

致茂电子（苏州）有限公司
地址：江苏省苏州市高新区珠江路855号，第七号厂房
电话：0512-68245425
网址：www.chroma.com.cn
邮箱：lynn@chroma.com.cn

主要产品：

主要应用包括新能源汽车、绿能电池、半导体/IC、激光二极管、LED、太阳能、平面显示器、视频与色彩、光学组件、电力电子、被动组件、电气安规、热电温控、自动光学检测以及智能制造系统等测试解决方案。

项目概况：

中国新能源电动汽车保有量已是全球第一，并带动着全球新能源行业的蓬勃发展，鉴于近年车企、充电桩企以及其配套供应商在出口市场的需求，规划符合欧美日测试标准的系统，助力企业向海外发展。

产品应用概况/解决方案：

全标准充电测试系统主要用于测试国标、欧标、美标和日标等全球标准的充电性能试验，试验对象包含车辆和充电桩。该测试系统需由功率设备、测量仪表、通信盒、切换控制盒等硬件和软件系统整合而成，测试功率可达AC输入600kW、DC输出600kW，其中欧美标支持达250A、日标支持达200A、国标支持达1000A。

大功率直流充电桩测试支持双枪同时测试，直流电动汽车测试欧美日标支持单充电口测试。国标则是考虑到规范的多样性，规划支持具备双充电口的车辆进行双通道充电测试，并搭配充电枪 2015＋（250A 风冷）×1、2015＋（1000A 液冷）×2 等充电枪各一，供使用者依据需求配套替换使用。

软件系统由 Chroma 8000 平台进行开发和集成，并依据不同行业的标准集成对应的定制化硬件，综合控制 600kW 大功率交流源、直流源、示波器、万用表等仪器。

针对国标设备硬件满足 GB/T 18487.1—2023，GB/T 20234.1—2023，GB/T 20234.2—2015，GB/T 20234.3—2023 的要求。测试用例符合以下标准要求：GB/T 27930—2023，GB/T 34657.1—2017，GB/T 34657.2—2017，GB/T 34658—2017。

针对欧标设备硬件满足 IEC61851-1，IEC61851-23，IEC62196-2，IEC 62196-3 等相关标准。设备状态机支持

DIN70121，ISO15118-1，ISO15118-2，ISO15118-3 相关标准。测试用例库符合以下标准要求：DIN70122，ISO15118-4，ISO15118-5，CharIn Testcase for DIN70121：2014 Implementation Guide。

针对美标，设备硬件满足 SAE J1772，IEC62196-2，IEC 62196-3 等相关标准。设备状态机支持 DIN70121，ISO15118-1，ISO15118-2，ISO15118-3 相关标准。测试用例库符合以下标准要求：DIN70122，ISO15118-4，ISO15118-5，CharIn Testcase for DIN70121：2014 Implementation Guide。

针对日标设备硬件满足 CHAdeMO3.0 的要求。测试用例符合以下标准要求：CHAdeMO 0.9，1.0，1.1，1.2，2.0。

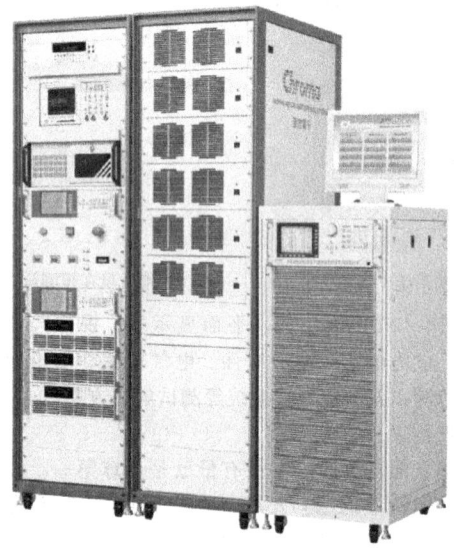

产品优势及应用成果：

Chroma 8000 测试系统除了内建的法规标准外，还可以依据用户实际需求的测试用例进行编辑，灵活度高，配套的 Chroma 61860 交流电源也具备仿真各国电网数据扰动波形，并协助用户开发定制化的真实电网模拟数据库。

送检的车企或者是充电桩企，除了基本的欧标、日标、美标、国标等法规标准能够进行测试验证，助力取得海内外相关准入资质外，同时也能透过测试过程中找到设计的薄弱点，进而从根本上进行改善。

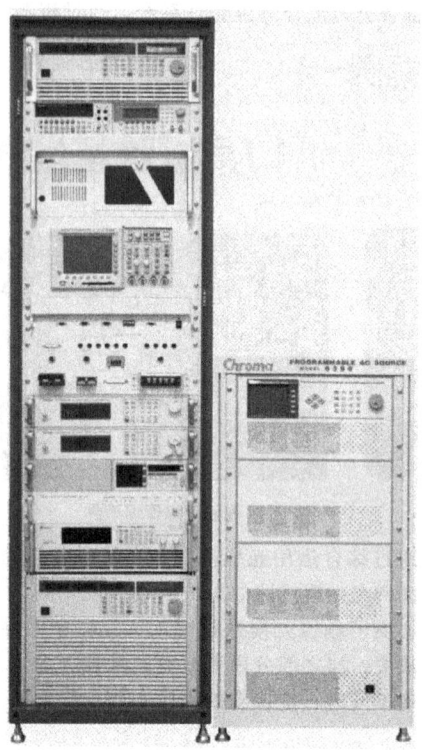

此外该平台具备灵活的开放性，支持多厂家、多产品驱动控制，是成熟可靠且广泛应用到电力电子行业的系统平台，至今为止全球已有超过 5000 套应用案例，现已广泛应用于各类新能源领域范畴，如 OBC、EVSE、PCS、PV Inverter 等。

2023年电源产品主要应用市场目录

产品名称或规格型号	上市时间	公司名称	2023年度销售额	技术特点	产品图片
1. 金融/数据中心					
KR系列UPS(1~1200)kVA	2005年	科华数据股份有限公司	20500万元	为负载提供高质量的电源保障,避免输入端因电网异常给负载设备带来的影响;提供安全、稳定、纯净的绿色电源	
MR系列UPS(30~1250)kVA	2010年	科华数据股份有限公司	16200万元	采用先进的三电平逆变技术、可靠的冗余设计,具有高效率、高功率密度、易于扩展、按需扩容、占地面积小等优点	
WiseMDC慧系列模块化数据中心	2012年	科华数据股份有限公司	26000万元	采用高标准设计,整合IT机柜、配电和制冷单元、封闭组件、综合运维等功能独立的单元实现完整功能	
山特灵聚微模块	2020年	山特电子(深圳)有限公司	未统计	将机房供电、配电,热能管理,环境监控,系统联动等整合为一个系统,提供高可靠性、易维护一体化方案	
基于氮化镓(GaN) CRPS 185mm 3200W 12V AC-DC高功率密度服务器电源	2023年	台达电子企业管理(上海)有限公司	未统计	基于氮化镓器件和平面变压器结构高频(400kHz)模组化设计,支持55℃环温下吸风和吹风应用	
高功率密度48V/12V双向DC-DC变换器U50SU4P180	2022年	台达电子企业管理(上海)有限公司	未统计	23mm×17mm×7.7mm极小机体;输出功率为1000W,效率高达98%	

(续)

产品名称或规格型号	上市时间	公司名称	2023年度销售额	技术特点	产品图片
1. 金融/数据中心					
10kV 交流输入的直流不间断电源系统（巴拿马/火车头电源）	2018年	台达电子企业管理（上海）有限公司	未统计	系统最高效率为97.5%；相比传统方案，降低总建置成本40%~60%，减少安装空间50%等	
CRPS 服务器电源（2000W 钛金）	2024年	东莞市奥海科技股份有限公司	未统计	大于20%负载时，冗余均流精度达到5%；钛金高效率，50%负载效率可达到96%；黑盒报警记录	
DPS 系列分布式电源	2019年	厦门市爱维达电子有限公司	未统计	分布式设计理念，锂电与UPS完美结合，可集中监控，支持在线热插拔，电池智能化管理及联动，保障产品可靠	
RM600/100D、RM800/100D、RM1000/100D 储能模块化UPS	2023年	深圳市英威腾电源有限公司	未统计	整机效率大于97%，输入功率因数大于0.99，输入电流谐波小于3%；电池电网同时向负载供电，错峰供电	
UPS	2001年	江苏爱克赛实业有限公司	15200万元	采用TI最新DSP芯片，主控板4层板设计，SMD贴片工艺，三相桥逆变技术，双线环形冗余结构	
蓄电池	2001年	江苏爱克赛实业有限公司	4560万元	气密性能好，不渗漏，无酸污染，设计使用寿命超过15年，无需补充电解液，产品一致性高	
2. 电信/基站					
微站电源	2020年	北京动力源科技股份有限公司	未统计	自冷型模块电源，体积小、简化基站建站节约站点制冷能耗，适用5G站点建设需要	

（续）

产品名称或规格型号	上市时间	公司名称	2023年度销售额	技术特点	产品图片
2. 电信/基站					
10~1300W 工业砖类电源	2023年	广州金升阳科技有限公司	未统计	国际砖类标准引脚；宽输入电压范围；工业级工作温度；广泛应用于工业、通信等场景	
RM600/60D 储能模块化 UPS（RM600/60D）	2023年	深圳市英威腾电源有限公司	未统计	整机效率大于97%，输入功率因数大于0.99，输入电流谐波小于3%；双向DC-DC拓扑平台，支持最大30%有用功率的充电功率	
通信电源	2007年	江苏爱克赛实业有限公司	678万元	先进的整流模块设计，高可靠、全智能、便捷的系统设计，完善的电池管理及电池保护设计，完善的告警功能	
3. 工业/自动化					
核电厂 1E 级 UPS	2015年	科华数据股份有限公司	8330万元	采用12脉冲相控整流+IGBT逆变技术，输入、输出完全电气隔离，满足核岛环境对电源设备的设计要求	
ZL 系列高压直流电源系统	2008年	科华数据股份有限公司	508万元	采用模块化设计、全数字化控制技术，具备自动休眠和电池智能化管理功能，包括多种电压制式	
MD600 系列简易型通用变频器	2023年	深圳市汇川技术股份有限公司	860万元	引入新一代功率器件、热虹吸散热技术、HSP 工艺，减小产品体积30%以上	

(续)

产品名称或规格型号	上市时间	公司名称	2023年度销售额	技术特点	产品图片
3. 工业/自动化					
HD3X 高性能三电平多传变频器	2023年	深圳市汇川技术股份有限公司	2300万元	高端高性能应用,支持多种电机模式(异步电机,电励磁/永磁同步电机,多绕组电机),控制性能达到国际一流水平;多传架构,灵活易用;高防护等级设计;智能高级控制器HECU;人性化调试软件IDS;分钟级运维	
变流器-IES620-04-0125-WN-125kW 工商业储能变流器	2024年	深圳市汇川技术股份有限公司	未统计	智能高效、安全可靠、智慧互联、经济友好	
工业电源变流器-IPS320-04-125-260-W	2024年	深圳市汇川技术股份有限公司	未统计	高效收益、稳定可靠,灵活智能、极致安全	
SV680NS2R8S-GINT	2024年	深圳市汇川技术股份有限公司	未统计	速度环带宽3.5kHz,标配STO和动态制动,支持EtherCAT总线,内置抱闸输出与PTC检测	
SV680PS2R8S-GINT	2024年	深圳市汇川技术股份有限公司	未统计	速度环带宽3.5kHz,标配STO和动态制动,支持EtherCAT总线,内置抱闸输出与PTC检测	
柔性直流DC-DC变换器(RTM/XL)	2005年	南京国臣直流配电科技有限公司	未统计	数字控制;自身带有各种保护功能,输出有防反接保护,具有失效自隔离功能;内部具有高频隔离变压器	

(续)

产品名称或规格型号	上市时间	公司名称	2023年度销售额	技术特点	产品图片
3. 工业/自动化					
PN8149W	2020年	无锡芯朋微电子股份有限公司	未统计	内置800V高雪崩能力的功率MOSFET;准谐振工作;最高开关频率125kHz;外围精简,无需启动电阻;高低压脚位上下排列提高安全性;内置高压启动,空载待机功耗<50mW,AC230V;优异全面的保护功能;过温保护(OTP);输出过电压保护;逐周期过电流保护(OCP);输出开/短路保护;二次侧整流管短路保护;过负载保护(OLP)	
稳压电源	2001年	江苏爱克赛实业有限公司	1890万元	先进的正弦能量分配程式的电源调节技术,具有稳压范围宽、精度高、响应速度快、能长期连续工作等优点	
35~600W AC-DC机壳型开关电源-LRS系列	2015年	明纬(广州)电子有限公司	未统计	极具性价比的明星产品,支持全范围交流电输入,整系列输出电压涵盖3.3~48V常规规格,完备的国际安规认证	
MK2189	2024年	茂睿芯(深圳)科技有限公司	未统计	MK218X拥有多种模态工作模式,可满足不同负载下的能效设计要求	
高分辨率示波器MHO3系	2023年	深圳麦科信科技有限公司	500万元	3.58cm超薄机身,14in触控屏+按键,12位分辨率,500M带宽,3G采样率,360M存储深度	
平板示波ETO系列	2021年	深圳麦科信科技有限公司	200万元	14in全触控屏,自带锂电池,500M带宽,3G采样率,360M存储深度,23万/秒波形捕获率	

(续)

产品名称或规格型号	上市时间	公司名称	2023年度销售额	技术特点	产品图片
3. 工业/自动化					
平板示波 TO 系列	2021年	深圳麦科信科技有限公司	200万元	10in 全触控屏,自带锂电池,300M 带宽,2G 采样率,220M 存储深度,30 万/秒波形捕获率	
平板示波器 STO 系列	2021年	深圳麦科信科技有限公司	200万元	8in 触控屏+按钮,自带锂电池,200M 带宽,1G 采样率,70M 存储深度,13 万/秒波形捕获率	
分体式示波器 VTO/VATO 系列	2021年	深圳麦科信科技有限公司	100万元	极致便携,随时随地测量,自带锂电池,200M 带宽,1G 采样率,50M 存储深度,4 通道	
光隔离探头 OIP 系列	2022年	深圳麦科信科技有限公司	500万元	带宽为 DC-1GHz,共模电压为 85kVpk,直流增益精度为 1%,共模抑制比高达 180dB	
柔性电流探头（罗氏线圈）RCP 系列	2021年	深圳麦科信科技有限公司	100万元	带宽为 3Hz~30MHz;线圈直径约为 1.6mm;精度为 1%;测量范围为 20mA~3000A	
155℃高耐温工业级一体成型电感 CSAG 系列	2023年	深圳市科达嘉电子有限公司	未统计	更高耐温工业级产品(-55~+155℃);更宽应用频率,最高可达 1000kHz(最佳 800kHz);有高耐温等级、低直流电阻、低损耗、高效率、应用频率宽	
多相 DC-DC 控制器 MP9248	2023年	苏州水芯电子科技有限公司	未统计	多输出和多相同步降压非隔离 DC-DC 控制器;采用先进的数字控制技术,可实现高精度的功率控制	
DSP-M2025	2023年	苏州水芯电子科技有限公司	未统计	高性能、多功能 DSP 芯片;具有高速、低延迟集成模拟和控制外设,方便用户整合其控制和通信设计	

（续）

产品名称或规格型号	上市时间	公司名称	2023年度销售额	技术特点	产品图片
4. 制造、加工及表面处理					
HT11系列1~3kVA 高频塔式UPS（HT11）	2023年	深圳市英威腾电源有限公司	未统计	充电电流支持1~12A可设置，满足长延时要求，125%额定阻性负载>10min后转旁路输出，过载能力强	
CO_2激光电源	2008年	山东镭之源激光科技股份有限公司	5347万元	智能化程度高，可实现与运动控制板卡通信；可用激光系统定位故障，简化故障判断难度，用户可以判断故障原因	
5. 照明					
体育场1.5kW LED照明电源	2020年	台达电子企业管理（上海）有限公司	未统计	带户外防水接线盒，三路独立输出，符合DALI-2和DMX照明控制协议，调光范围达0.1%~100%	
S6系列体育场馆照明智能驱动	2023年	茂硕电源科技股份有限公司	未统计	S6系列880~1800W系列产品的DALI-2功能和DMX512功能可实现软切换	
25W/40W/60W LED驱动电源-XLC/XLN系列	2024年	明纬（广州）电子有限公司	未统计	紧凑型塑胶外壳，带隔离的多种调光接口可选，防水/非防水/恒压/恒流应用可选，安规认证齐全，超高性价比	
EUM-Ex	2022年	英飞特电子（杭州）股份有限公司	未统计	增强版DALI-2；双向通信，智能监管调光状态；高效+调光+待机=三重节能；全球市场多国认证	
6. 轨道交通					
爱科交直流一体化电源屏	2023年	西安爱科赛博电气股份有限公司	未统计	蓄电池并联拓扑；支持在线核容、在线维护；支持集中、分布、混合部署；新旧电池混用；支持接触网取电	

(续)

产品名称或规格型号	上市时间	公司名称	2023年度销售额	技术特点	产品图片
6. 轨道交通					
STK-BS系列电流传感器	2014年	宁波希磁电子科技有限公司	未统计	较宽的电流检测范围；响应时间为3μs；带宽为50kHz；电压为±5V	
7. 充电桩/站					
25kW直流充电模块	2021年	台达电子企业管理（上海）有限公司	未统计	Interleaved ViennaPFC+同步整流LLC架构，可支持不同车型的充电要求	
智能充换电柜	2021年	北京动力源科技股份有限公司	未统计	有电池仓消防、温度监测、充满即停、实时查看充电状态等功能，手机扫码一键开箱，快速安全充、换电	
充电桩	2019年	北京动力源科技股份有限公司	未统计	防护等级高,功率密度高,效率高,功率因数高,谐波小,环境适应性强；分交流、直流和风冷、液冷充电桩	
3.5kW交流充放一体机	2023年	东莞市奥海科技股份有限公司	未统计	枪盒一体和充放一体设计；兼容性强，即插即充；自动开启特斯拉充电盖板/自动识别16A转10A转接头等	
博兰得20kW直流充电桩模块	2023年	南京博兰得电子科技有限公司	未统计	博兰得独有专利一级供电方案，可实现同功率等级下充电桩模块体积缩小30%，成本降低30%	

（续）

产品名称或规格型号	上市时间	公司名称	2023年度销售额	技术特点	产品图片
7. 充电桩/站					
360~800kW 柔性共享超充堆	2020年	深圳市盛弘电气股份有限公司	未统计	高利用率,最多支持16枪,1000V超高电压平台,待机无功损耗为零	
40kW 液冷充电模块(LRG1K0135)	2020年	深圳英飞源技术有限公司	未统计	模块零噪声/模块全封闭设计,防尘、防盐雾、防凝露/通过全球EMC class B认证	
480kW 直流充电系统	2022年	万帮数字能源股份有限公司	未统计	480kW直流充电系统适配多种标准终端,额定电流可达600A,并支持短时700A的电流输出	
新能源汽车充电桩	2014年	先控捷联电气股份有限公司	未统计	包含一体化直流充电桩、分体式直流充电桩、一体式交流充电桩等系列,应用场景广泛,更加智能、高效、环保	
光储充一体化充电站	2014年	先控捷联电气股份有限公司	未统计	集成了光伏、储能的绿色新理念,结合储能电池,保障供电容量,充分利用峰谷电价,大幅度节约运营成本	
独立风道系列-30kW/40kW 直流充电模块 A 款	2023年	珠海云充科技有限公司	未统计	独立风道、免维护、低噪声、高效率、长寿命	
独立风道系列-30kW/40kW 直流充电模块 B 款	2023年	珠海云充科技有限公司	未统计	独立风道、免维护、低噪声、高效率、长寿命	

(续)

产品名称或规格型号	上市时间	公司名称	2023年度销售额	技术特点	产品图片
8. 车载驱动					
高速电机控制器	2019年	北京动力源科技股份有限公司	未统计	算法优异,大功率输出能力,高电压输入能力,高速输出能力,优异EMC指标,性能优异,多重保护,加倍安全	
车载电源	2021年	北京动力源科技股份有限公司	未统计	电压输入输出范围广,电源效率高,内部集成PDU,32PIN低压信号端子,防护性能IP67级	
乘用车150kW混动双电机控制器	2023年	东莞市奥海科技股份有限公司	未统计	新一代混动双电控(主驱+发电),高性能和可靠性,ASIL C级,可选配TCU;高控制电压和母线电压	
MDZ系列车载定制电容	2019年	六和电子(江西)有限公司	未统计	公司自主研发的汽车定制直流母线电容,具有低ESR、低ESL、长寿命、耐高低温冲击、耐大电流等优点	
STB-CAS系列电流传感器	2014年	宁波希磁电子科技有限公司	未统计	闭环设计,响应时间短,为0.3μs,带宽为400kHz,良好的非线性,较高的隔离电压	
SHK-VBS系列车载电流传感器	2018年	宁波希磁电子科技有限公司	未统计	单通道或多通道电流检测,响应时间为2~4μs,带宽度为40kHz,卓越的EMC性能	
汽车级碳化硅功率模块	2021年	深圳基本半导体有限公司	未统计	高功率密度,高可靠性,高工作结温,低杂散电感,低热阻	

（续）

产品名称或规格型号	上市时间	公司名称	2023年度销售额	技术特点	产品图片
8. 车载驱动					
车规级一体成型电感VSHB-T系列	2022年	深圳市科达嘉电子有限公司	未统计	车规级,创新T-core磁心结构及热压成型,高工作电流、高Q值、高可靠性,工作温度为-55~+165℃	
9. 新能源					
光伏储能系统	2023年	广东志成冠军集团有限公司	未统计	系统采用模块级/系统级两级独立的消防系统并组串级联,安全性能高,设备寿命长,可远程移动操作设备	
构网型变流器	2023年	深圳市禾望电气股份有限公司	未统计	具备孤岛运行能力,主动响应电网暂态电压变化、电网频率变化;支持黑启动运行;支持并、离网运行	
350kW组串式光伏逆变器	2023年	深圳市禾望电气股份有限公司	未统计	2023年推出的单机大功率组串式逆变器,45℃环境温度下不降额,40℃以下可超额实现385kW;8路MPPT设计,可接入32路组串;整机具备IP66防护等级,内置交直流防雷保护;支持高/低电压穿越;SCR最低为1.03	
MD880-DCP-0600	2023年	深圳市汇川技术股份有限公司	1700	基于MD880变频器开发,采用标准化、模块化设计;高精度、小尺寸	
MD880-DCP-1000	2023年	深圳市汇川技术股份有限公司	240	基于MD880变频器开发,采用标准化、模块化设计;高精度、小尺寸	

（续）

产品名称或规格型号	上市时间	公司名称	2023年度销售额	技术特点	产品图片
9. 新能源					
1500V/90A/125kW 双向直流变换器	2023年	台达电子企业管理（上海）有限公司	未统计	宽电压范围应用DC 750~1500V,高效率99.2%,高功率密度8.32kW/L,支持多模块并联	
"1+X"模块化逆变器	2021年	阳光电源股份有限公司	未统计	"1+X"模块化逆变器支持多机并联,兼具组串式与集中式逆变器的双重优势	
PowerTitan2.0	2023年	阳光电源股份有限公司	未统计	PowerTitan2.0是行业首个10MW·h交直一体全液冷储能系统;阳光电源全栈自研,秉持"三电融合智储一体"理念,采用PCS嵌入式革新设计,实现交直流一体化,提高转换效率	
SG320HX	2021年	阳光电源股份有限公司	未统计	最大输出功率为352kW,引领300kW+组串新技术,刷新1500V组串逆变器功率	
燃料电池DC-DC变换器	2019年	北京动力源科技股份有限公司	未统计	配置灵活,多输出电压规格,支持整车故障诊断,输入输出端电气隔离,谐振软开关技术,系统瞬态响应快速良好	
功率优化器	2016年	北京动力源科技股份有限公司	未统计	MPPT效率达99.9%,转换效率达99.4%;规避组件失配支持级快速安全关断IP68防护,设计灵活	
光储一体机	2020年	北京动力源科技股份有限公司	未统计	轻巧美观无噪声,效率超97.5%;离网THDV优于3%,兼容锂和铅酸;离并网双输出,切换时间短	

（续）

9. 新能源

产品名称或规格型号	上市时间	公司名称	2023年度销售额	技术特点	产品图片
储能变流器	2021年	北京动力源科技股份有限公司	未统计	多模块并联、配置灵活;可离并网运行及切换,电网适应性强;具备对电网有功、无功补偿功能,体积小	
单相储能逆变器 3~6kW	2024年	东莞市奥海科技股份有限公司	未统计	安装时间节省60%,双路MPPT,最大充放电电流达120A,可自动切换电池,兼容低压电池	
户用智慧储能一体机 HS2	2022年	广州三晶电气股份有限公司	90000万元	eSAJ家庭能源管理和运维,通过发电预测、负载预测和最优用能策略三大算法实现一键AI节能20%	
光伏 DC-DC 变换器	2017年	南京国臣直流配电科技有限公司	未统计	数字化直流电源,具备MPPT功能;可设置输出电压、电流;输出具备稳压限流功能	
并网双向变换器 FCS	2017年	南京国臣直流配电科技有限公司	未统计	双向自动控制,能量双向流动;空间矢量控制,有功、无功的解耦控制;并网逆变功率根据母线电压自动设定	
DC-DC 双向储能变换器	2017年	南京国臣直流配电科技有限公司	未统计	高效率,减少能耗损耗,符合节能减排要求;DSP数字控制;宽输入电压范围,宽输出电压范围,支持热插拔	
多功能储能变流器	2018年	先控捷联电气股份有限公司	未统计	谷电峰用,节约成本;应急供电;动态扩容,延缓配电投资;安全可靠,改善电能质量;平滑新能源,提升效率	

(续)

产品名称或规格型号	上市时间	公司名称	2023年度销售额	技术特点	产品图片
9. 新能源					
锂电池系统	2018年	先控捷联电气股份有限公司	未统计	系统状态多重监测,分级联动;继电器、熔断器、断路器、BMS构成集电气、功能安全为一体的综合保护体系	
储能一体化电源系统——工商业储能	2018年	先控捷联电气股份有限公司	未统计	具备能量存储和交直流功率变化能力,可安全、稳定、可靠长期运行,交流侧并联,灵活拓展容量,实现弹性扩容	
一体化光储系统——静态发电机	2018年	先控捷联电气股份有限公司	未统计	具备并网供电、离网供电、并离网不间断供电、静态无功补偿、谐波抑制等功能,易安装、易操作,应用前景广泛	
气雾化铁硅铝KPH-HP磁心	2023年	浙江东睦科达磁电有限公司	5000万元	KPH-HP磁心具有更低的磁心损耗,更高的直流偏置能力,能明显降低电感温升,提高电源产品的功率密度	
锂电储能新能源	2019年	江苏爱克赛实业有限公司	7325万元	高品质磷酸铁锂电芯,先进的电池管理系统,模块化设计、兼容性强,支持多样化通信接口及软件协议库,标准循环使用寿命超过5000次	
STK-CTS系列电流传感器	2013年	宁波希磁电子科技有限公司	未统计	开环设计,响应时间为1μs,带宽为400kHz,铁氧体磁心,TMR传感技术,内置线圈支持AFCI功能	
STK-HD系列电流传感器	2016年	宁波希磁电子科技有限公司	未统计	开环设计,响应时间为1μs;带宽为600kHz;铁氧体磁心,TMR传感技术,较高的隔离电压	
STK-PL系列电流传感器	2015年	宁波希磁电子科技有限公司	未统计	开环设计,响应时间为1.5μs;带宽为400kHz,铁氧体磁心;TMR传感技术;较高的隔离电压	
STK-HO系列电流传感器	2015年	宁波希磁电子科技有限公司	未统计	开环设计,非常短的响应时间,为200ns,带宽为1MHz,铁氧体磁心	

(续)

产品名称或规格型号	上市时间	公司名称	2023年度销售额	技术特点	产品图片
9. 新能源					
SFG系列漏电流传感器	2018年	宁波希磁电子科技有限公司	未统计	开环电流传感器,电压输出,5kV/交流电绝缘电压,单电源电压,PCB安装,钴基磁心	
门极驱动器	2011年	深圳青铜剑技术有限公司	未统计	驱动设计紧凑,功耗低;具有退饱和检测、有源钳位、米勒钳位等保护功能;产品调试方便,可多元化应用	
差分探头N2060Apro(200MHz,6kVpp)	2024年	广州德肯电子股份有限公司	未统计	200MHz带宽,1%精度,带5MHz限频设计	
高频电流探头PT-3510(5MHz,1000App)	2024年	广州德肯电子股份有限公司	未统计	国产产品,可替代国外众多品牌电流探头,带宽为DC5MHz,可测试高带宽大电流信号	
碳化硅MOSFET	2018年	深圳基本半导体有限公司	未统计	更低的比导通电阻,更低的器件开关损耗,更高的可靠性,更高的工作结温	
碳化硅二极管	2018年	深圳基本半导体有限公司	未统计	零反向恢复,抗浪涌电流能力强,高温反向漏电低,雪崩耐量高	
工业级碳化硅功率模块	2023年	深圳基本半导体有限公司	未统计	高晶圆可靠性,优异抗噪特性,高热性能及高封装可靠性	
混合碳化硅分立器件	2021年	深圳基本半导体有限公司	未统计	将IGBT的续流二极管用碳化硅SBD代替硅基FRD,可使IGBT开关损耗大幅降低	

(续)

产品名称或规格型号	上市时间	公司名称	2023年度销售额	技术特点	产品图片
9. 新能源					
门极驱动芯片	2023年	深圳基本半导体有限公司	未统计	更低传输延迟,更强抗干扰能力,更大驱动电流,更高可靠性	
高压差分探头MDP系列	2021年	深圳麦科信科技有限公司	200万元	带宽为100~500MHz,最大差分电压为700~3000Vpk	
高频交直流电流探头CP系列	2021年	深圳麦科信科技有限公司	50万元	带宽为100MHz,量程为6A/30A,上升时间为3.5ns,直流精度为±10(1±1%)mA	
超级大电流电感CPEX系列	2018年	深圳市科达嘉电子有限公司	未统计	低损耗、高饱和,饱和电流可高达350A;优秀的温度稳定性,工作温度为-55~+155℃	
低损耗大电流电感CPRX系列	2022年	深圳市科达嘉电子有限公司	未统计	饱和电流高达150A;更紧凑设计,能显著节省PCB安装空间,提高电源功率密度	
VEM小功率电池模拟器	2023年	苏州万瑞达电气有限公司	未统计	功率为400~800W,集直流电源、回馈负载和电池模拟功能于一体,能量流动,双向回馈,节能减排	
VEADL回馈型电子负载	2017年	苏州万瑞达电气有限公司	未统计	电压精度为0.05%,电流精度为1%,响应时间为5~7ms,无过冲	
LVR低电压治理装置	2023年	西安科浿电气有限公司	300万元	针对短时间用电负荷激增,长距离线路压降增大,部分现场改造成本高,末端电能治理等问题	

（续）

产品名称或规格型号	上市时间	公司名称	2023年度销售额	技术特点	产品图片
9. 新能源					
台区电能质量治理综合装置	2023年	西安科湃电气有限公司	280万元	V-UPQC主要用于治理台区配变或线路末端的供电电压过高或过低、三相电压及电流不平衡、功率因数低、电流谐波含量大等各种电能质量问题，是一种功能强大、综合性能优、性价比高的配电台区综合电能质量治理产品	
61800能源回收式电网模拟电源	2023年	致茂电子（苏州）有限公司	4604	设定电压和频率的输出变动率，设定电压波形开关机角度，输出点烟变化的同步TTL信号，电源扰动模拟	
62000D能源回收式可程控双向直流电源供应器	2023年	致茂电子（苏州）有限公司	1681	定功率模式可多种电压电流组合输出，可程序设定步骤自动输出，电压及电流斜率控制，快速瞬时响应可达1.5ms，低输出涟波噪声	
63800R能源回收式电子负载	2024年	致茂电子（苏州）有限公司	未统计	线性负载机的精度高，电流超前落后拉载，电流源模式，具备待机投入功能，正负半周拉载功能，可设定电流拉载角度	
10. 计算机/消费电子					
240WUSBPD3.1充电器	2024年	台达电子企业管理（上海）有限公司	未统计	该产品为业界首个实现全范围电压输出的PD3.1充电器，输入电压为AC 90~264V，输出电压为5~48V可调，额定功率为240W；产品采用AHBFlyback拓扑，效率满足DOE VI & CoC Tier2，设计过程中共提出三项发明专利与一项实用新型专利	
280W氮化镓笔电适配器	2023年	东莞市奥海科技股份有限公司	未统计	体积小于1W/CC，GaN全球规范设计，可靠性高，满载效率≥92.68%（230V50Hz）	
240W PD适配器	2023年	东莞市奥海科技股份有限公司	未统计	采用GaN器件，率先支持PD3.1协议，可实现最高48V5A长期大功率输出，拥有超薄的外观设计	
园林工具充电器	2022年	东莞市奥海科技股份有限公司	未统计	待机功耗<0.35W，多种保护功能，功率因数>0.96，满载效率93%，防护等级为IP67户外	

(续)

产品名称或规格型号	上市时间	公司名称	2023年度销售额	技术特点	产品图片
10. 计算机/消费电子					
600W 便携储能电源	2023年	东莞市奥海科技股份有限公司	未统计	高精度和安全性的软件版BMS,带MPPT自适应车充、墙充、太阳能充充电,600W恒功率双向逆变等模块	
健康智能插座	2023年	东莞市石龙富华电子有限公司	未统计	输出口支持PD3.0、PPS、QC3.0、QC2.0等快充协议,智能化功率分配	
UES60D1-SPC	2021年	东莞市石龙富华电子有限公司	未统计	符合通信、医疗安全认证,2MOPP隔离保护,漏电流≤100μA,DOE效率等级VI,待机功耗≤0.15W,工作海拔5000m,5~20V输出,最高60W,支持USB PD3.0快充协议	
多协议双回路输出8相控制器——IS6201A	2022年	东莞市长工微电子有限公司	未统计	支持PMBus/SVI2协议,搭配自研30A/70A/90A智能功率级可提供160A以上的稳定电流	
多协议双回路输出5相控制器——IS6202A	2023年	东莞市长工微电子有限公司	未统计	支持PMBus/AVSBus/SVID协议,快速的动态响应,支持动态调节工作相数,搭配自研30A/70A/90A智能功率级可提供100A以上的稳定电流	
医美七合一多功能电源	2019年	山东镭之源激光科技股份有限公司	710万元	多功能组集成:IPL电源+OPT电源+激光电源+高性能RF电源+整机系统检测控制+串口屏+双手柄转换+TEC手柄制冷控制	

(续)

产品名称或规格型号	上市时间	公司名称	2023年度销售额	技术特点	产品图片
10. 计算机/消费电子					
平板示波器MDO系列	2023年	深圳麦科信科技有限公司	200万元	3.58cm超薄机身,14in触控屏+按键,500MHz带宽,3GHz采样率,360Mbit存储深度,64Gbit内存	
11. 安防/特种行业					
EPS	2007年	江苏爱克赛实业有限公司	896万元	高效的IGBT逆变技术,过欠电压保护、浪涌保护、电池过充过放保护、输出过载短路保护等多种保护功能	
120~600W机壳型安消防电源-LAD系列	2022年	明纬(广州)电子有限公司	未统计	高性能安防电源,具备充电/救援/通信功能,适用铅酸/锂电应急照明和疏散系统,满足国内及国际消防法规	
12. 环保/节能					
岸电电源系统	2018年	广东志成冠军集团有限公司	未统计	逆变器采用GOMA系列高性能逆变器产品,兼具有模块化、高可靠性、高功率密度、高防护和灵活扩展的特点	
博兰得光伏微型逆变器	2023年	南京博兰得电子科技有限公司	未统计	博兰得光伏微型逆变器,是博兰得在电力电子领域开发的尖端技术和工艺的结晶,具有业界领先的功率密度、效率和可靠性,结构紧凑,仅重2kg,产品峰值效率可达97%,并提供15年标准保修;此外,产品还配备两个独立的MPPT和监控,并符合快速关机要求	
13. 通用产品					
可配置电源供应器MEG-3K0A系列	2021年	台达电子企业管理(上海)有限公司	未统计	应用于医疗设备,提供9插槽电源框架、支持3种类型电源模块,高至3kW/2~60V供电	
可并联模块化应急电源	2014年	北京动力源科技股份有限公司	未统计	用于单相输出应急照明场所及三相输出大型建筑场所集中供电应急电源;容量范围宽,符合国家标准,落地安装	

（续）

产品名称或规格型号	上市时间	公司名称	2023年度销售额	技术特点	产品图片
13. 通用产品					
HB系列光伏逆变器	2022年	鸿宝电源有限公司	未统计	操作简捷且更易安装,高效利用,安全可靠	
SJW-WB50-800KVA	2015年	鸿宝电源有限公司	未统计	反应速度最快可达40ms,LCD液晶显示运行和故障参数	
聚合物导电高分子电解电容器	2010年	湖南艾华集团股份有限公司	未统计	高分子电介质比传统的液态电容电介质导电性更好、ESR更低,耐纹波能力强,寿命更长等	
LP系列基板自立型铝电解电容器	2013年	湖南艾华集团股份有限公司	未统计	该系列产品相比常规系列,纹波电流提升约30%,同时低温特性强化,可耐受-40℃;适用于变频器、伺服器、光伏逆变器等应用领域	
NB系列产品	2009年	湖南艾华集团股份有限公司	未统计	电解液高温特性,水系电解液体系	
MLPC（全固态叠层片式铝电解电容器）	2015年	湖南艾华集团股份有限公司	未统计	全固态叠层电容器的ESR特别小,在高频环境下,如数字处理单元,具有独特的应用优势	
微晶片电源	2023年	上海杰瑞兆新信息科技有限公司	未统计	MHz级高频软开关,高功率密度,高转换效率,质量轻,体积小	
STB-LA系列电流传感器	2019年	宁波希磁电子科技有限公司	7862万元	闭环设计;响应时间短,为0.3μs;带宽为300kHz;良好的非线性;较高的隔离电压	

(续)

产品名称或规格型号	上市时间	公司名称	2023年度销售额	技术特点	产品图片
13. 通用产品					
无磁心电流传感器芯片	2019年	宁波希磁电子科技有限公司	未统计	高响应,约为50ns;低噪声,<10mVpp,200kHz	
通用数字DC-DC控制器M14344	2023年	苏州水芯电子科技有限公司	未统计	大功率,支持高压大电流,升压、降压、升降压应用;替代DSP在大功率DC-DC中的应用	
14. 电源配套产品					
灵霄系列PT3000 IoT(1~3kVA)	2022年	山特电子(深圳)有限公司	未统计	集IoT UPS手机APP和云服务平台于一体,将UPS接入互联网,实现随时随地移动监控UPS	
山特ARRAY 3A3 PT系列(60~600kVA)	2018年	山特电子(深圳)有限公司	未统计	总拥有成本低,借助节能系统(ESS)达到99%效率,双转换模式下效率最高可达97%	
非晶/纳米晶材料及制品	2000年	安泰科技股份有限公司非晶制品分公司	未统计	兼备铁基非晶合金的高饱和磁感应强度(B_s)和钴基非晶合金的高磁导率、低矫顽力和低损耗	
一体化电力模块系统	2021年	先控捷联电气股份有限公司	未统计	集成变压器、UPS、供配电系统、集中夯路等组件,快速部署、高效运行、在线维护、动态增容、降低成本	
模块化数据中心	2016年	先控捷联电气股份有限公司	未统计	全封闭标准机柜内,高度集成空调系统、UPS、配电单元、应急散热装置及综合管理平台等,高密度高效率,优化PUE值小于1.2~1.5	
不间断电源(UPS)	2003年	先控捷联电气股份有限公司	未统计	支持IECO在线节能模式,运行效率达99%,可实现0ms无缝切换,提供稳定、高质量、不间断的电力供应	

(续)

产品名称或规格型号	上市时间	公司名称	2023年度销售额	技术特点	产品图片
14. 电源配套产品					
直流充电模块	2014年	先控捷联电气股份有限公司	未统计	交错并联、串联谐振控制技术，符合 GB/T、CCS2、CHAdeMO 等标准，防护等级高	
高频开关电源	2002年	北京力源兴达科技有限公司	12900万元	级联功率转换拓扑结构，高频变压器的设计、制作，微小功率电源变换器模块的有源钳位反激电路	
AC 12~100W 可换头插墙式适配器-NGE 系列	2023年	明纬（广州）电子有限公司	未统计	AC 插头可更换，全电压输入极低空耗和漏电流，输出涵盖 5~55V 及 PD 快充，具备资讯/医疗等国际认证	
功率器件动态参数测试系统	2019年	深圳青铜剑技术有限公司	未统计	产品特点：-40℃低温动态参数测试，相位延迟校准装置，低于 10nH 低杂感测试工装，自动化高效测试，一键导出报告	
功率器件产线测试系统	2023年	深圳青铜剑技术有限公司	未统计	可高效实现从晶圆级到最终产品的 ISO、DC、AC 等全套测试，并配置丰富的测试接口和功能模块选择	
脉冲信号发生器	2015年	深圳青铜剑技术有限公司	未统计	具备发送多种脉冲信号的能力，适用于功率器件的动态测试、短路测试等	
6.6kW 电源总成	2018年	珠海英搏尔电气股份有限公司	未统计	功率密度高、体积小、质量轻	

（续）

产品名称或规格型号	上市时间	公司名称	2023年度销售额	技术特点	产品图片
14. 电源配套产品					
3.3kW 电源总成	2019年	珠海英搏尔电气股份有限公司	未统计	功率密度高、体积小、质量轻	
11kW 电源总成	2023年	珠海英搏尔电气股份有限公司	未统计	功率密度高、体积小、质量轻	
A-400FJM-P	2023年	常州市创联电源科技股份有限公司	未统计	结构上采用底部安装和侧面安装两种固定方式；带PFC高效节能设计，减少对电网的污染	
CR-IOMS 机房综合运维管理平台	2015年	陕西柯蓝电子有限公司	431.21万元	该产品采用BS架构，具备多级管理模式，内置专家库、模型库，提供专业的维护建议、故障定位和处理方案	
小尺寸大电流电感 CSUT 系列	2023年	深圳市科达嘉电子有限公司	未统计	T-core+U-core组装设计结构，兼具大电流电感优异饱和电流特性及一体成型电感小体积全屏蔽优势	

2023年代表性电源产品介绍

科华数据股份有限公司
地址：福建省厦门市湖里区马垄路457号
邮编：361006
电话：0592-5160516
网址：www.kehua.com.cn
E-mail：fengbo@kehua.com

新产品介绍 507
CONDUCT OF NEW PRODUCT

科华慧云7.0模块化数据中心

2023年销售额：30000万元

产品简介：

科华数据深耕数据中心行业20余年，为政府及企业数字化转型打造坚实的基础设施底座，为数字经济高质量发展注入新动能，2023年第一季度正式发布新一代模块化数据中心产品慧云7.0。

慧云7.0立足智能化，围绕低碳友好、交付友好、管理友好，打造体验友好型模块化数据中心，引领数据中心建设迈入集智体验阶段。

产品创新性：

一、低碳友好
1）深耕节能难题，应对低碳新挑战，PUE＜1.20。
2）智慧温控系统融合AI^+热管理技术。
3）内置S^3锂电系统，首创支持单锂电模块热插拔的锂电解决方案。

二、交付友好
1）以预制化为载体，交付时间缩短至2.5天。
2）通过色彩管理、清单管理，实现货品极速校验。
3）配置向导+一键组网功能，仅需2.2h即可完成调测。

三、管理友好
1）首创构建系统、设备、器件三级健康监测，预警微模块健康风险。
2）打造配电、制冷以及通信三个系统链路管理，提供更全面、更直观的运维新视角。
3）搭建告警收敛、告警定位、告警知识库等功能，提供可靠易用的告警体系。

产品面向市场：

金融/数据中心，电信/基站，工业/自动化，制造、加工及表面处理，轨道交通，计算机，安防，环保/节能

主要参数：

类别	项目	规格描述
微模块	规格型号	WiseMDC
	IT柜数	10～48柜
	通道尺寸	3600mm（宽）×2400mm（高）×长度（依机柜数量而定）
	输入电源制式	AC380V/400V/415V，50Hz/60Hz，3P+1N+1PE
	安装方式	底座安装或架空地板安装
	PUE	常规模式≤1.35；氟泵模式≤1.25（100%负载下，北京地区全年）
	通道类型	冷通道、热通道可选
	人机界面	10in、49in屏
	端门类型	自动门、手动平移门、旋转门

产品图片：

山特城堡系列UPS（1~10kVA）

山特电子（深圳）有限公司
地址：广东省深圳市宝安72区宝石路8号
邮编：518101
电话：0755-27572666
传真：0755-27572730，27572480
网址：www.santak.com.cn
E-mail：4008303938@santak.com

产品简介：

山特城堡系列是目前中国市场存量广，畅销的在线式 1~10kVA UPS。通过30多年的经验积累及数字化控制技术，在解决九种电力问题（市电断电、电压下陷、浪涌、欠电压、过电压、电子干扰、频率波动、瞬变、谐波失真）的基础上，进一步提高了产品的适应性和可靠性，为用户设备以及UPS本身提供了可靠的保障。

产品创新性：

1）市场上畅销，存量广的在线式UPS，30多年经验积累，能适应中国电力环境。
2）超宽输入电压频率范围，适应苛刻的电力环境。
3）成熟的数字化控制技术，功能强大的功率半导体器件，三重软硬件保护，更加安全绿色的功率设计，节能环保。
4）输出功率因数最高可达0.9，提供更多能量。
5）高效率电气设计，在线模式下效率高达90%，节省运行费用，减少排放。
6）绿色环保，符合欧盟环保指令的各项要求。

产品面向市场：

金融/数据中心，电信/基站，工业/自动化，制造、加工及表面处理，照明，轨道交通，传统能源/电力操作，新能源，计算机，消费电子，安防，环保/节能，特种行业

主要参数：

	型号	C1K	C1KS	C2K	C2KS	C3K	C3KS
容量	VA/W	1000VA/800W[①]		2000VA/1600W[①]		3000VA/2400W[①]	
输入参数	输入电压范围	AC115~300V					
	频率范围	40~70Hz					
	输入连接	国标					
	输入谐波失真	<10% 非线性满载					
	输入功率因数	≥0.98					
效率	市电模式	>89%		>90%		>90%	
电池及充电参数	电池电压	DC24V	DC36V	DC48V	DC72V	DC72V	DC96V
	电池类型	9A·h		9A·h		9A·h	
	后备时间	>4.5min	取决于用户需求和配置	>4.5min	取决于用户需求和配置	>4.5min	取决于用户需求和配置
	回充时间	7h回充至90%		7h回充至90%		7h回充至90%	
	充电电流	1.0A	6.0A	1.0A	6.0A	1.0A	6.0A
转换时间	电池模式<-->市电模式	0ms	0ms	0ms	0ms	0ms	0ms
显示	LCD+LED	可数字化显示负载/电量/输入/输出参数，文字和图形化显示运行模式					
	执行标准	IEC 61000，IEC 62040，GB 7260，GB 4943					
	产品认证	TLC/节能认证					

① 30℃环境温度下，输出功率因数可配置为0.9。

产品图片：

多功能电网模拟装置

深圳市禾望电气股份有限公司
地址：深圳市南山区西丽官龙第二工业区
邮编：518055
电话：400-8828-705
传真：0755-86114545
网址：www.hopewind.com/
E-mail：hopewind@hopewind.com

产品简介：

禾望电气自主研发的多功能电网模拟装置不仅可以精确模拟不同电压、不同频率的三相三线制电网系统及其动态扰动特性，用于对风力发电系统、光伏发电系统、储能系统等被测设备进行电压偏差、频率偏差、三相电压不平衡、电压闪变、电网谐波、间谐波等电网适应性测试；而且能够真实模拟各类电网的高电压和低电压等故障特性，包括对称和不对称变化的故障状态，用于对风力发电系统、光伏发电系统、储能系统等被测设备进行高电压穿越测试和低电压穿越测试。

产品创新性：

1）功能多样化，具备电网适应性测试（电压、频率、三相电压不平衡、闪变、谐波电压、间谐波）、电网故障穿越测试（高电压、低电压、连锁故障）、电网支撑性测试（一次调频、惯量响应、机组特性频域分析、弱电网并网特性测试）。
2）产品容量覆盖1~60MVA，支持定制多种电压等级和不同测试功能。
3）具备隔离式抗冲击能力，特别适用于弱电网环境下的测试。
4）具备机组特性频域分析功能。
5）谐波输出精度达到±0.2%。
6）输出电压波形质量高，额定空载输出THDu≤0.5%。
7）支持多机并联扩容。

产品面向市场：

新能源

主要参数：

类型	2.5MVA	6MVA	10MVA
产品类型	耦合型	级联型	
输入电压	AC35kV（1±10%）/AC10kV（1±10%）		
输入频率	50Hz（1±5%）		
稳态输出电压范围	80%~110%		
稳态电压精度	0.50%		
高电压输出范围	110%~130%		
低电压输出范围	0%~90%		
输出频率范围	45~66Hz		
输出频率精度	0.01Hz		
输出波形失真率	≤1%		
三相电压不平衡度输出范围	1%~10%		
输出闪变Pst	1~10		
输出谐波	2~25次		
整机效率	≥95%		
噪声	≤70dB	≤90dB	
存储温度	-40~+70℃	-30~+55℃	
工作温度	-30~+40℃	-25~+40℃	
海拔	≤2000m		
冷却方式	水冷	风冷	
防护等级	IP54	IP23	

注：部分功能参数可根据客户需求定制。

产品图片：

MD880系列电池模拟器

2023年销售额：4000万元

深圳市汇川技术股份有限公司
地址：广东省深圳市龙华新区观澜街道高新技术产业园汇川技术总部大厦
邮编：518110
电话：0755-29799595
传真：0755-29619897
网址：www.inovance.com

产品简介：

MD880电池模拟器产品为中高端产品，一种具备电池模拟功能的高精度双向直流电源系统，不仅可分别精确控制输出直流电压和电流，还可以根据内置模型或客户自定义模型，来模拟电池组内阻和输出电压随SoC、温度的变化而改变的情形，从而使客户无需配备真实电池组，便可以进行电控、电机、动力总成的各类实验。产品主要应用在测试台架和下线台架及OEM市场。

产品创新性：

1）高效率全功率回馈，无谐波污染。
2）高精度直流电压和电流输出。
3）具有通信拓展能力、故障等级自诊断处理功能、远端线电压补偿功能、绝缘监视功能。
4）内置电池模型模拟功能及自定义电池模型功能。
5）支持并机拓展。

采用仿真电池测试，可提供重复性测试结果。电池模拟器可作为直流电源提供恒压、恒流、恒功率输出模式。恒压源模式支持电源虚拟内阻设定，对外输出特性表现为带有固定内阻的恒压源输出，是基于MD880平台开发的具备动力电池模拟器功能的双向直流电源。AC-DC转换AFE整流器，DC-DC可调压精确控制直流变换器。内阻电池模型可模拟出不同SoC和T工作条件下的开路电压和内阻变化，根据负载电流情况，输出相应电池端电压。

产品面向市场：

工业/自动化，传统能源/电力操作，新能源，环保/节能

主要参数：

项目	规格
输入电压	AC380V
输出电压范围	24～1000V或24～1200V
响应时间	≤3ms(10%～90%突加载)
切换时间	≤6ms(-90%～+90%切换)
电压纹波（rms）	0.2%F.S
回馈功率	全功率段能量回馈
电流总谐波	≤3%
功率因数	>0.99
频率范围	47.5～63Hz（允许电网频率）
操作界面	液晶屏幕
通信	具备多种通信协议：CanOpen，Profibu-DP，Profinet，Modbus-RTU，Modbus-TCP，EtherCAT
电流控制精度	±0.1%F.S
电压控制精度	±0.1%F.S
输入保护	过电压、过电流、断相、过频、欠频
输出保护	过电压、过量、过电流、内部过温保护
紧急停止保护	主回路采用物理耐压DC1700V的器件构成，耐受足够高的反电动势过电压；输出侧配备的快熔，来保证设备本身的器件免遭破坏
具备功能	可模拟三元锂电池、磷酸铁锂电池、镍氢电池等不同电池类型的放电特性具有稳压滤波功能；可设置单体容量、串联数、并联数、SoC和温度等参数的单独设置和组合设置恒压、恒流、恒功率、电池模拟功能。其电路电流能够快速反馈回电网
防护等级	IP21（室内）
冷却方式	风冷
环境温度	-10～40℃
环境湿度	10%～95%RH无凝露

产品图片：

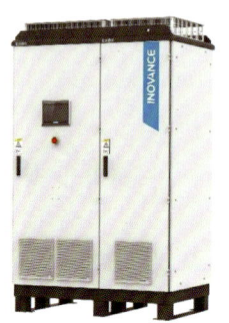

台达电子企业管理（上海）有限公司
地址：上海市浦东新区曹路镇民雨路182号
邮编：201209
电话：021-68723988
传真：021-68723996
网址：www.delta-china.com.cn
E-mail：news.cn@deltaww.com

高功率密度48V/12V 双向 DC-DC转换器

产品简介：

为应对数据中心母线从12V到48V的转变，台达高功率密度U50SU4P180可在板卡端实现48V到12V或12V到48V的转换，5000W/in^{3}的功率密度保证了板卡面积利用率。搭配双面散热低热阻，为数据中心实现高效、可靠运行提供保障。自带PMBus电源管理总线，能够将电力情况实时上传至系统主控制器进行监控、管理。

产品创新性：

1）48V/12V双向转换，一机多用。
2）1MHz以上的开关频率，极大地缩小模块尺寸。
3）新型高效开关电容拓扑。
4）双面散热超低热阻设计。

产品面向市场：

金融/数据中心

主要参数：

48V/12V双向转换
23mm x 17.4mm x 7.7mm 极小尺寸
输出持续功率1000W，峰值3000W
98% 转换效率
支持最大输出电容40000μF
支持PMBus电源管理总线
双面散热超低热阻

产品图片：

PowerTitan2.0液冷储能系统

阳光电源股份有限公司
地址：安徽省合肥市高新区习友路1699号
邮编：230088
电话：18856012283
网址：www.sungrowpower.com/
E-mail：sales@sungrowpower.com

产品简介：

PowerTitan2.0是行业首个10MW·h交直一体全液冷储能系统。阳光电源全栈自研，秉持"三电融合 智储一体"理念，采用PCS嵌入式革新设计，实现交直流一体化，提高转换效率；采用314A·h电芯、大Pack设计，实现20ft柜容量高达5MW·h，推动系统"瘦身增肌"。此外，还搭载第二代智能液冷温控系统、AI技术、干细胞电网技术等，重新定义大型储能。并将"一体化"理念践行到极致，标准化设计、检验、装配，简化电站现场作业，让安装回归工厂，把安全留在现场。

产品创新性：

PowerTitan2.0交直一体，直流不出柜，标准化短线缆内置避免安全隐患，免去现场PCS安装、直流接线、通信测试、充放电测试四大环节，省去PCS、LC等设备占地及维护空间，单柜20ft容量高达5MW·h，能量密度大，背靠背、好布局合理，占地节省29%，1MW·h仅2000m²。

首次应用电芯AI全息管理技术，通过电压、电流、温度、气体、压力、颗粒"6D传感监测"，提前24h智能预警，源头管理热失控。

创新采用独立智能子阵管理设计，将Block级通信、调试、能量调度集于一机，一柜控制、单机管理，保障系统充放电量最大化，系统响应时间减少25%，设备维修工作量减少75%。

产品面向市场：

工业/自动化，制造、加工及表面处理，充电桩/站，传统能源/电力操作，新能源，环保/节能

主要参数：

	产品型号	ST10030kWh-5000kW-MV-2h	ST20060kWh-5000kW-MV-4h
电池侧参数	电芯类型	LFP 3.2V/31.4A·h	
	系统配置	416S12P·2	416S13P·4
	电池容量	5015kW·h·2	5016kW·h·4
	电池电压范围	1123.2~1497.6V	
交流侧参数	额定功率	1250kW·4	
	最大功率	5500kVA	
	电流谐波	<3%（额定功率）	
	电压直流分量	<0.5%Un（线性平衡负载）	
	交流器端口额定电压	690V	
	交流器端口电压范围	586.5~769V	
	功率因数	>0.99（额定功率）	
	无功功率可调范围	-105%~105%	
	额定电网频率	50Hz	
	电网频率范围	45~55Hz	
	隔离方式	变压器隔离	
变压器参数	变压器类型	干变	
	额定功率	5000kV·A	
	电压变比	37kV/0.69kV*	
	组别	Dy11	
系统参数	电池系统尺寸（宽×高×深）	6058mm×3100mm×2438mm	
	电池系统重量	41000kg	
	变流升压系统尺寸（宽×高×深）	9000mm×2896mm×3000mm	
	变流升压系统重量	23500kg	
	防护等级	IP55	
	工作温度范围	-30~50℃	
	工作湿度范围	0%~100%	
	最高工作海拔	6000m（>4000m降额）	
	电池温控方式	智能液冷	
	消防系统（电池集装箱）	可燃气体探测+事故通风+气体消防+水消防	
	系统通信接口	以太网	
	对外系统通信协议	Modbus TCP、IEC104、IEC61850	
	认证	GB/T 34120，GB/T 34133，GB/T 36276，GB/T 34131，CGC/GF 177：2020	

产品图片：

伊顿电源（上海）有限公司
地址：上海市长宁区临虹路280弄3号
邮编：200335
电话：18918687230
网址：www.eaton.com.cn
E-mail：markguo@eaton.com

伊顿93PR UPS

2023年销售额：2110万元

产品简介：

Eaton 93PR是伊顿设计的面向全球客户的大功率具高性能的、高效率、高可靠UPS。通过追求更高的功率密度和供电效率，支持先进的锂电储能技术，帮助客户适应不断变化的数据中心供电需求，并利用垂直可扩展性降低数据中心成本。产品设计创新地采用了新型电子器件和多种伊顿专利技术，实现双变换效率达到97.3%以上，使得93PR UPS无论在单机应用还是多机并联工作均能表现出优异的工作性能和极高的可靠性；93PR系统设计标配支持锂电储能系统，本身具备智能电力调配功能，在数据中心应用中配合锂电池系统实现电力系统的削峰填谷，使数据中心在应用绿色能源的同时提高用电效率。

产品创新性：

1）节能环保：双变换效率最高达97.3%以上。
2）功率模块采用碳化硅混合型IGBT模块，提高系统可靠性。
3）智能电池管理技术，电池使用寿命提高50%。
4）包括Eaton专利的ESS(旁路直供)模式，可使20%～100%的带载率下整机效率达到99%以上。
5）Eaton专利的VMMS模式，在低负载下，效率也可达到97.3%。
6）采用油浸式电容，寿命长、更安全。
7）设计标配支持锂电储能系统，本身具备智能电力调配功能，在数据中心应用中配合锂电池系统实现电力系统的削峰填谷。

产品面向市场：

金融/数据中心，制造、加工及表面处理，充电桩/站，车载驱动

主要参数：

单机容量300～600kVA，可4台并机扩展至2.4MVA
双变换模式效率高达97.3%，ESS节能模式效率＞99%
输出电压谐波因数THDv在线性满载时<1%，非线性满载时<3%
支持高达50节铅酸电池，同时支持锂电
最大充电电流达400A (600kVA的机器)，60%负载率时为250A
7inHMI触摸显示屏，3个智能卡槽。

产品图片：

模块化电源ZXEPS EBD48600 N1

中兴通讯股份有限公司
地址：深圳市南山区西丽留仙大道中兴通讯工业园研一楼
邮编：518055
电话：0755-26770000
网址：www.zte.com.cn
E-mail：li.li51@zte.com.cn

产品简介：

中兴通讯智能断路器模块化电源是基于中国铁塔技术规范开发的一款多租户共享型通信直流电源系统，采用模块化设计理念，可以根据站点当期需求，灵活组合成不同容量、不同配电路数的直流电源系统，并在后期很方便地通过增加扩展单元实现容量、配电及功能扩展，适用于铁塔公司分阶段电源投资，减少初始投资成本。直流配电部分采用全智能断路器，可以实现直流分路控制和计量，通过起租加电及通断控制策略，实现站点供电的精细化管理。支持50A/75A整流模块及光伏模块兼容混插，具备削峰填谷、平滑叠光等智能化功能。便于实施错峰用电，降低电费支出；通过增加光伏组件及光伏模块实现平滑叠光，引入绿色能源，实现站点的低碳或零碳供电。

产品创新性：

1）各功能组件采用模块化设计可以根据站点当期需求灵活配置，后期扩容便利，可以分阶段投资，降低初始建站成本。
2）功率模块峰值效率：≥97%（40%～90%负载率），整流模块和光伏模块面板尺寸为1U×2U，功率密度高达70.2W/in^3，业界领先。
3）全智能断路器，可用软件定义分路名称、用途（负载/电池）及容量，维护便利，具备分路起租加电、分路计量功能，实现站点用电的智能化、精细化管理，同时支持分路通断控制策略，实现差异化备电。
4）智能削峰，市电免改造，节省市电扩容改造成本。
5）错峰用电，利用峰谷电价差套利，减少电费支出。
6）整流模块与光伏兼容混插，平滑叠光，实现站点低碳供电。

产品面向市场：

电信/基站

主要参数：

参数	描述
产品型号	ZXEPS EBD48600 N1
容量	200A：满配置4个ZXEPS R4850F1整流器（4×50A） 300A：满配置4个ZXEPS R4875F1整流器（4×75A）
效率	峰值效率≥97%（40%～90%负载率）
MTBF	=3.2×10^{5}h
交流输入	
输入制式	三相五线制（L1/L2/L3/N/PE）
电压范围	额定相电压/线电压：220V/380V；相电压范围：85～295V
频率范围	45～66Hz
功率因数	=0.97（40%～90%额定功率）
交流防雷	室外型：满足B+C级防雷 室内型：满足C级防雷
交流输入	室外型：两路100A/4P，手动机械互锁 室内型：单路100A/4P
交流备用输出	室外型：3×16A/1P 室内型：无
交流扩展（选配）	2×63A/1P，用于基础单元与整流器扩展单元之间的线缆连接
直流输出	
输出电压	DC -53.5V（DC -42～-58V通过监控单元连续可调）
稳压精度	=0.5%
直流防雷	In=15kA（8/20μs），热插拔、前维护、前操作
直流配电	铁塔自用：2×16A普通断路器 运营商负载：共50个智能断路器槽位，支持63A/125A智能断路器壳架混插，智能断路器可软件定义分路名称、容量及用途 注：63A智能断路器占用2个槽位，125A智能断路器占用3个槽位；125A智能断路器可定义为负载输出或电池接入，智能断路器不可以定义为电池接入
直流扩展（选配）	直流输出扩展端子（含2正2负），与智能断路器槽位兼容，占用6个槽位，可选配多个扩展直流配电扩展单元、整流器扩展单元及铅酸电池接入单元接入
监控单元	
型号	CSU603C
接口	RJ45：1个 RS485：3个，其中北向接口1个，南向接口2个 电池温度检测：1路 环境温度检测：1路 通过软件升级满足智能断路器要求的计量、鉴权、分组功能

产品图片：

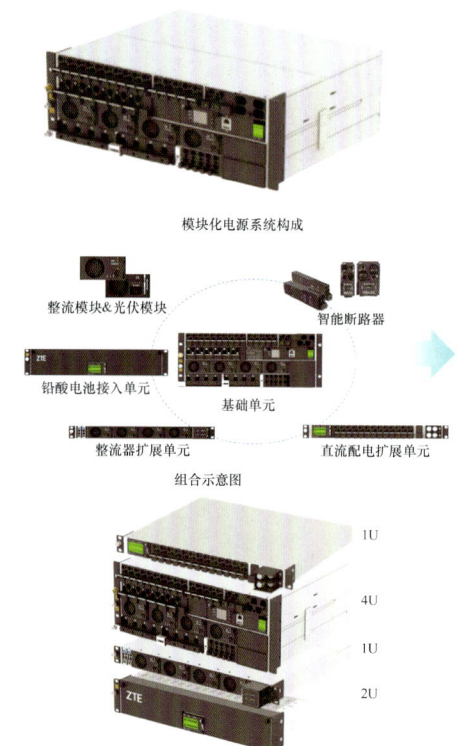

模块化电源系统构成

整流模块&光伏模块　智能断路器

铅酸电池接入单元　基础单元

整流器扩展单元　直流配电扩展单元

组合示意图

安泰科技股份有限公司非晶制品分公司
地址：北京市海淀区永丰基地永澄北路10号B区
邮编：100094
电话：010-58712641
传真：010-58712642
网址：www.atmcn.com/fjjssyb/
E-mail：nano@atmcn.com

纳米晶带材

2023年销售额：22828万元

产品简介：

随着光储及新能源汽车的快速发展，安泰科技非晶制品分公司针对电动汽车市场提前布局的纳米晶超薄带和高端纳米晶共模电感产品，基于超薄带制备的高阻抗纳米晶共模电感铁心及器件高阻抗优势更加明显。汽车共模电感产品严格按照汽车IATF 16949体系全流程执行，全自动化流水生产线完全保证了产品的一致性和高可靠性，目前已经为全球90%以上的电动汽车生产企业及其一级供应商供应纳米晶共模电感产品，并形成了战略合作开发。

产品创新性：

1）带材厚度12～14μm。
2）优异的高频阻抗特性。
3）高低温环境下产品性能更加稳定。

产品面向市场：

轨道交通、充电桩/站、车载驱动、新能源、消费电子、环保/节能、工业电源、电力电气

主要参数：

材料牌号	居里温度/℃	晶化温度/℃	密度/(g/cm³)	电阻率/(μΩ·cm)	饱和磁感应强度/T	饱和磁致伸缩系数
1K107系列	约570	约530	7.20	120	1.25	$<1\times10^{-4}$
低磁导	约560	约510	7.20	120	1.10～1.30	$<1\times10^{-6}$

产品图片：

液冷充电模块

北京动力源科技股份有限公司
地址：北京市丰台区科技园区星火路8号
邮编：100070
电话：010-83682266
网址：www.dpc.com.cn/
E-mail: dpczl@dpc.com.cn

产品简介：

DZY-1000/30k 液冷充电模块是北京动力源科技股份有限公司利用多年电力电子技术的沉淀，以及耕耘在通信和工业领域的经验积累，设计生产的恒功率液冷充电模块。该产品分前后隔离的两级拓扑架构，前级采用三电平有源PFC，后级采用LLC拓扑，并采用DSP数字控制，通过液冷散热技术，防护等级达IP54以上。产品具有功率密度高、防护等级高、全电压范围效率高、功率因数高、环境适应性强、使用寿命长等特点。

产品适用于不同功率等级的直流充电机，可满足电动乘用车、大巴车、物流车、工程车等多种车型的快速充电需求以及各类换电站的充电需求。

产品创新性：

1）宽输出范围：DC200～1000V。
2）宽恒功率范围：DC300～1000V无断点恒功率输出。
3）高效率：最高效率达96.5%以上。
4）环境适应性强：防护等级可达IP54，极大避免了外界粉尘、盐雾、潮湿等不利环境的影响。
5）宽温度范围：工作温度范围可达-35～85℃(75～85℃降额输出)。
6）高功率密度：充电模块功率密度达30W/in^{3}以上，系统设计时节省整机空间。
7）模块寿命长：内部半导体开关整流器件通过液冷板散热，器件结温较直通风产品低10～20℃，寿命延长2~3倍。

产品面向市场：

充电桩/站

主要参数：

功率等级	30kW	保护功能	交流输入过/欠电压保护、过温保护、过电流保护、短路保护等
输入电压范围	AC 380（1±20%）V		
输入电流谐波	≤5%	环境条件	工作温度：-35～85℃
功率因数	≥0.99		海拔<2000m
工作频率范围	45～65Hz		相对湿度5%～95%
输出电压范围	DC 200～1000V	通信接口	CAN总线
恒功率输出范围	DC 300～1000V		支持模块分组使用
稳流精度	≤±1%	防护等级	IP54
稳压精度	≤±0.5%	输出电压误差	≤±0.5%
最高效率	≥96.5%	输出电流误差	输出电流≥30A，≤±1%，输出电流<30A
均流不平衡度	≤±3%	输出纹波电压	有效值≤±0.5%，峰峰值≤±1%
冷却方式	液冷	外形尺寸	132mm×256mm×498mm（高×宽×深）

产品图片：

东莞市奥海科技股份有限公司
地址：广东省东莞市塘厦镇蛟乙塘银园街2号（办公地址）/蛟乙塘振龙东路6号（上市公司注册地址）
邮编：523723
电话：0769-89290871
网址：www.aohaichina.com/
E-mail：LHB@aohaichina.com

新产品介绍 517

15W超薄磁吸无线充电模组

2023年销售额：1000万元

产品简介：

15W高效无线充电模组，Qi2.0兼容苹果磁吸充电

产品创新性：

全球首批通过Qi2.0+MPP认证，拥有10项技术专利，15W高效充电，散热快。

产品面向市场：

消费电子

主要参数：

产品参数			
输入	DC 9V/3A（MAX）PD	输出	5V 1A/7.5V 1A/9V 1.12A/9V 1.66A/12V 1.25A
高温保护	75℃	颜色	可选
连接器	可选	高压保护	10.2V
尺寸	φ58.21mm×6.9mm（PCBA）		
特点和优势	全球首批通过Qi2.0+MPP认证；拥有10项技术专利；15W高效充电；散热快		

产品图片：

新产品介绍 / CONDUCT OF NEW PRODUCT

60W PD快充

2023年销售额：500万元

东莞市石龙富华电子有限公司
地址：东莞市石龙镇新城区黄洲祥龙路富华电子工业园
邮编：523236
电话：0769-86022222
传真：0769-86023333
网址：fuhua@fuhua-cn.com
E-mail：fuhua@fuhua-cn.com

产品简介：

UE Electronic电源产品功率涵盖5~500W，可实现模块化、标准化、智能化、定制化设计；具有防短路、防过电流、防过电压、防过载、防漏电五重保护，能满足±15kV抗雷击检测要求；符合医疗2MOPP标准、家用医疗标准及UL国际医疗认证第3.1版；UE健康智能插座，每个电源都经过电磁干扰测试合格，超低辐射；符合六级能效标准，并通过cULus、CSA、TUV-GS、CE、BEAB、RCM、PSE-JET、KC-MARK、EAC、NOM、PSB、CCC、IRAM、CB、EMC、FCC及可靠度评定等各种认证，得到了业界同行与客户的高度认可。

产品创新性：

1）符合通信、医疗安全认证。
2）2 MOPP隔离保护。
3）漏电流 ≤ 100μA。
4）DOE效率等级 Ⅵ。
5）待机功耗 ≤ 0.15W。
6）工作海拔为5000m。
7）5~20V 输出，最高为60W。
8）支持USB PD3.0快充协议。

产品面向市场：

金融/数据中心，消费电子，医疗设备

主要参数：

输入电压：AC90~264V
工作温度：0~40℃
输入电流：1300mA
存储温度：-40~70℃
平均效率：符合六级能效
湿度：非浓缩条件下，湿度5%~95%
待机功耗：0.15W MAX
平均故障间隔时间：在25℃环境温度下，最大负载工作平均无故障时间100000h（根据MIL-HDBK-217标准）
质量：175g
机械规格：88.0mm(L)×51.5mm(W)×28.0mm(H)
应用场所：适用于手机和掌上计算机等便携设备充电
安规标准：CE(EN62368-1)、CB(IEC62368-1)、TUV SUD-NRTL(UL62368-1)、CCC(GB4943.1)、FCC(PART 15)、RCM(AS/NZS62368.1)、TUV-GS(EN62368-1)、cULus(UL62368-1)、CB(IEC60601-1)、UL(ANSI/AAMI ES60601-1 CAN/CSA-C22.2NO.60601-1)、TUV-SUD/Mark(EN60601-1)

产品图片：

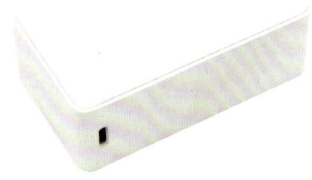

广州金升阳科技有限公司

地址：广东省广州市黄埔区科学城科学大道科汇发展中心科汇一街5号
邮编：510700
电话：020-38601850
网址：www.mornsun.cn/
E-mail：模块电源产品：sales@mornsun.cn
机壳开关电源产品：sales101@mornsun.cn

15～5000W机壳开关电源

2023年销售额：50000万元

产品简介：

金升阳机壳开关电源性能优异，功率段扩展至5000W，可满足不同场景的多种需求。该系列电源具有全球通用输入电压范围、交直流两用、高性价比、低功耗、高效率、高可靠性、安全隔离等优点。可广泛应用于工控、LED、路灯控制、电力、安防、通信、智能家居等领域。符合 IEC 62368、EN 62368、UL 62368、EN 60335、GB 4943认证标准。

产品创新性：

LM-R2系列开关电源突破体积与性能的瓶颈，重新定义工业电源标准，以更高性能适配305全工况应用。全系列效率平均值为89.8%，高于行业平均水平；拥有AC85～305V/DC120～430V超宽输入电压范围，可适应全球输入电压长期波动的大环境；工作温度范围为-40～+85℃，更能适应恶劣的应用环境；瞬态过功率，最低满足125%负载维持170ms，轻松应对非阻性负载起机瞬态大功率需求；EMS四级，达到A级重工业标准。

产品面向市场：

电信/基站，工业/自动化，轨道交通，充电桩/站，车载驱动，新能源，安防，环保/节能

主要参数：

效率最高达91.5%
输入电压范围：AC85～305V/DC120～430V
满足5000m高海拔应用
可承受AC300V输入浪涌电压5s，AC4000V高隔离电压

产品图片：

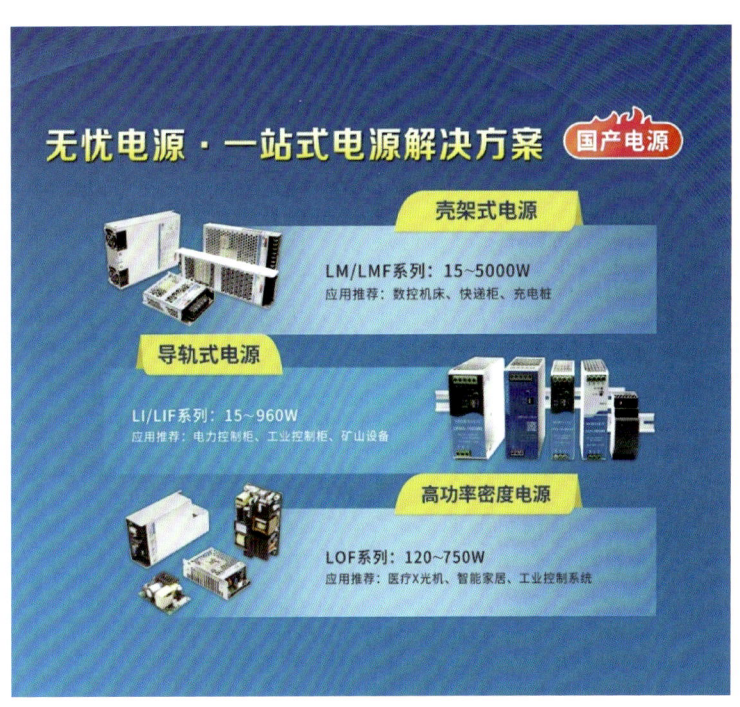

户用智慧储能一体机

广州三晶电气股份有限公司
地址：广州高新技术产业开发区科学城荔枝山路9号三晶创新园
邮编：510663
电话：020-66608588
传真：020-66608589
网址：www.saj-electric.cn/
E-mail：info@saj-electric.com

2023年销售额：90000万元

产品简介：

广州三晶电气股份有限公司凭借对创新的坚定承诺和对绿色未来的愿景，推出HS2第二代家庭储能一体化解决方案，采用模块化概念设计，具有优异的灵活性和可扩展性，使用户能够充分利用可再生能源的潜力，同时减少碳排放和能源成本。

产品创新性：

1）HS2一体化解决方案采用模块化设计理念，允许业主根据自己的需求定制储能容量。
2）具有UPS功能的停电保护，只需10ms的快速响应时间。
3）HS2一体化解决方案的高度集成和预布线方法简化了安装过程。
4）用户可自主选择自用模式、分时模式、备用模式。三种工作模式使HS2能够提高太阳能发电的清洁能源效率，最大限度减少对电网的依赖，更好地节省家庭电费。作为解决方案的一部分，公司还开发了智能能源管理平台eSAJ，用于家庭能源管理和运维，通过发电预测、负载预测和最优用能策略三大算法实现一键AI，可节能20%，同时支持虚拟电厂（VPP）项目建设，为用户节省开支，带来更高收益。

产品面向市场：

新能源

主要参数：

MODEL	HS2-3K-S2-X	HS2-4K-S2-X	HS2-5K-S2-X	HS2-6K-S2-X
DC Input				
Max.PV Array Power [Wp]@STC	4500	6000	7500	9000
Max.DC Voltage [V]	550			
MPPT Voltage Range [V]	90~500			
Rated DC Voltage [V]	360			
Start Voltage [V]	100			
Max.DC Input Current [A]	16/16			
Max.DC Short Circuit Current [A]	19.2/19.2			
No.of MPPT	2			
Battery Parameters				
Battery Type	LiFePO4			
Battery Voltage Range [V]	85~450			
Max.Charging/Discharging Current [A]	30/30			
Scalability	BU2-5.0-HV1/5（up to 4 battery modules）			
AC Output [On-grid]				
Rated AC Power [W]	3000	4000	5000	6000
Max.Apparent Power [VA]	3300	4400	5500	6000
Rated Output Current [A]@230Vac	13.0	17.4	21.7	26.1
Max.Output Current [A]	15.0	20.0	25.0	27.3

产品图片：

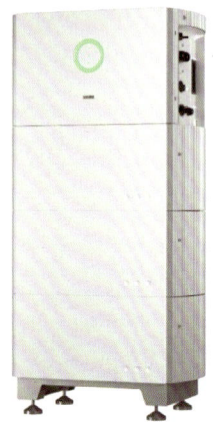

HB系列光伏逆变器

鸿宝电源有限公司
地址：浙江省乐清市柳市镇象阳工业区
邮编：325604
电话：0577-62762615
网址：www.hossoni.com
E-mail：774058299@qq.com

2023年销售额：3879万元

产品简介：

HB系列光伏逆变器通过先进的拓扑结构及创新的逆变控制技术，实现高达99%的转换效率，提高发电量及用户投资收益。同时HB系列光伏逆变器拥有全方位的保护措施，组串智能监控及故障排除功能，灵活多样的通信方式，IP65高防水防尘等级和多路MPPT等特点，保证逆变器长期高效可靠安全的运行工作。

HB系列逆变器相比市场同类产品，操作更加简捷且更易安装。HB系列逆变器直流输入电压最高可达1100V，其超宽MPPT工作电压范围和180V的低起动电压，可确保产品更长的工作时间及更大的发电量，以实现最大程度持续为客户提供长期收益。

产品创新性：

1）简单易用：体积小，质量轻，安装运输方便；外形美观，完美融合现代家居，操作界面友好；充放电时间和功率可自由设置。

2）高效利用：高转化效率，最大利用太阳能；兼容锂电池和铅酸电池；既能节约电费，又可保障电网断电和电网不稳定时的用电安全和用电自由。

3）安全可靠：集成智能的EMS管理及BMS电池管理功能；可根据用户需求选择不同工作模式，保证电池和设备安全；具备光伏和电池极性反接保护；多种监控方式可选。

产品面向市场：

金融/数据中心，电信/基站，工业/自动化，制造、加工及表面处理，照明，轨道交通，车载驱动，传统能源/电力操作，新能源，计算机，消费电子，安防，环保/节能

主要参数：

直流输入	
最大输入电压	1100V
额定输入电压	720V
MPPT电压范围	180～1000V
最大输入电流	10×26A
MPPT数量/最大输入组串路数	10/20
交流输出	
额定输出功率	125kW
额定电网电压	3/PE，500V
额定电网频率	50Hz
额定电网输出电流	144.3A
最大输出电流	158.8A
功率因数	>0.99（0.8超前…0.8滞后）
总电流谐波畸变率	<3%
保护	
直流反接保护	具备
交流短路保护	具备
交流输出过电流保护	具备
浪涌保护	直流二级/交流二级（交流一级可选）
电网监测	具备
孤岛保护	具备
温度保护	具备
组串监测	具备
IV曲线扫描	具备
PID修复	可选
集成直流开关	具备
基本参数	
防护等级	IP66
冷却方式	智能冗余风冷
特点	
直流端口	MC4连接器
交流端口	OT端子（最大185mm²）
显示屏	LCD
通信方式	RS485/PLC（可选）/Wi-Fi（可选）/GPRS（可选）

产品图片：

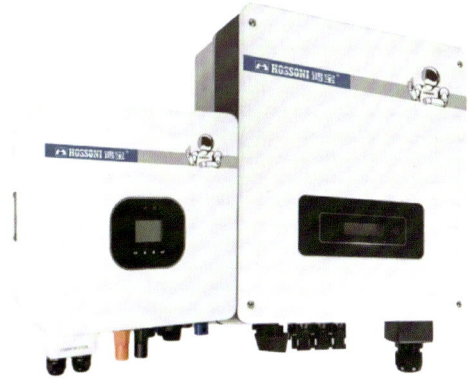

LP系列基板自立型铝电解电容器

湖南艾华集团股份有限公司
地址：湖南省益阳市赫山区桃花仑街道
邮编：413000
电话：0737-6184466
网址：www.aishi.com
E-mail：745277088@qq.com

产品简介：

电压：400~450V，容量：82~820μF，温度：-40~105℃

产品创新性：

该系列产品相比常规系列，纹波电流提升约30%，同时强化了低温特性，可耐受-40℃低温。适用于变频器、伺服器、光伏逆变器等应用领域。

产品面向市场：

金融/数据中心，工业/自动化，充电桩/站，车载驱动，新能源

主要参数：

项目	性能			
工作温度范围	-40~105℃			
额定电压范围	DC400~450V			
静电容量允许偏差	±20%（M） （20℃，120Hz）			
漏电流	$I≤3CV$ I：漏电流（μA），C：静电容量（μF），V：额定电压（V）			（20℃，5min）
损失角正切值 （tan δ）	额定电压（DC V）	400	420,450	（20℃，120Hz）
	损失角正切值（最大）	0.15	0.20	
低温特性（最大阻抗比）	额定电压（DC V）	400~450		（120Hz）
	Z（-25℃）/Z（+20℃）	6		
	Z（-40℃）/Z（+20℃）	8		
耐久性	在105℃环境中，连续加载直流电压与额定纹波电流3000h后，待温度恢复到20℃进行测量时，应满足以下要求：			
	静电容量变化率	≤初始值的±20%		
	损失角正切值	≤初始规格值的200%		
	漏电流	≤初始规格值		
高温贮存	在105℃环境中，无负荷放置1000h后，待温度恢复到20℃进行测量时，应满足以下要求：			
	静电容量变化率	≤初始值的±15%		
	损失角正切值	≤初始规格值的150%		
	漏电流	≤初始规格值的200%		

产品图片：

 系列

- 保证寿命：+105℃ 3000h
- 高纹波电流,长寿命
- 符合 RoHS

科威尔技术股份有限公司
地址：合肥高新技术开发区大龙山路8号
邮编：230088
电话：0551-65837951
网址：www.kewell.com.cn
E-mail: sales@kewell.com.cn

D2000系列可编程双向直流电源

2023年销售额：5800万元

产品简介：

D2000系列是一款集高精度、高动态响应、高效率于一体的智能化直流电源，采用全新第三代宽禁带半导体器件SiC设计，产品高度模块化、标准化，性能和体验遥遥领先。

产品创新性：

1）超高功率密度：单机最大功率密度超过176kW/m^3，对比工频方案提高112%；300kW单机质量小于900kg，对比工频方案降低61.9%。
2）模块化设计：支持自主更换故障模块，整机无需返厂；拆除故障模块，设备正常运行，提高测试效率。
3）全新设计理念：自研7in2TFT触摸屏，操作顺滑；全新万向轮设计，360°顺滑，十分便利。
4）极强输出特性：采用SiC设计，结合交错BUCK拓扑设计，控制环路调节频率倍增，实现直流电压高动态特性输出。
5）超高效率：D2000系列效率高达95.5%，对比工频方案提高3.5%，年度二氧化碳排放减少30150kg。

产品面向市场：

车载驱动，新能源

产品图片：

S6系列体育场馆照明智能驱动

茂硕电源科技股份有限公司
地址：广东省深圳市南山区松白路1061号 茂硕科技园
邮编：518000
电话：0755-27653908
网址：www.mosopower.com
E-mail：info@mosopower.com

股票代码：002660

产品简介：

S6系列是一款为体育场馆照明设计的LED智能驱动电源产品，产品功率覆盖600~1800W，涵盖了1~3路输出，能够满足不同客户的产品需求。其主要的智能属性特点为 DALI-2及DMX512 编程调光功能。其中，880~1800W系列产品的DALI-2功能和DMX512功能可实现软切换，大幅度节省了操作时间，可适应更加复杂的场景需求。此外，S6系列的超低纹波设计（<2%）支持高清转播，让高清转播更流畅。

产品创新性：

S6系列产品的技术创新主要体现在软切换技术。软切换技术在LED电源中的应用可以带来多方面的优势，包括提高效率、降低损耗、改善系统可靠性等。LED电源采用软切换技术可以减少开关管的导通和截止过程中的损耗，提高整体转换效率。特别是在高功率LED照明系统中，软切换技术能够显著降低能量损耗，提高能源利用效率。LED电源中使用软切换技术可以减小开关时的电磁干扰水平，降低辐射噪声对周围电子设备的影响，提高系统的抗干扰能力，确保LED灯具工作稳定。

产品面向市场：

照明

主要参数：

输入电压：AC220~480V
控制方案：DMX512/DALI-2控制可选
调光深度：5%~100%
超低纹波：<1%，<3kHz或<20%，3kHz
功率因数：>0.97，100%负载；>0.90，50%负载
谐波电流：THD<10%，100%负载；<20%，50%负载
浪涌电流：<35A，AC480V
防雷等级：差模6kV，共模10kV
保护功能：短路保护，过电压保护，过载保护，过温保护
防护等级：IP66；IK08
环境温度：-40~50℃

产品图片：

南京博兰得电子科技有限公司
地址：南京市秦淮区紫丹路设计产业园9号楼
邮编：210000
电话：025-85582306
网址：www.powerlandtech.com/cn/
E-mail：sales@powerlandtech.com

新产品介绍

博兰得65W氮化镓快充充电器

2023年销售额：2980万元

产品简介：

博兰得65W 氮化镓口红系列USB-C 便携式适配器支持QC4.0和PD3.0协议，采用新一代氮化镓器件，具备高效率、高功率密度和高可靠性等特点，适用于笔记本计算机、手机和其他便携式设备。

产品创新性：

博兰得65W氮化镓快充充电器是博兰得与联想合作的口红电源家族第三代产品，外观设计与前几代口红电源相似，但相比前两代口红电源，在最大输出性能65W不变的情况下，体积大幅度缩减，整机尺寸为31mm×33mm×43mm，体积仅有44cm^3，相比第二代口红质量再度缩减30%，仅为89g；并且运用各种黑科技达成了1.45W/cm^{3}的超高功率密度，远超业界水准，实现了体积与功能的两大平衡。

产品面向市场：

计算机，消费电子，环保/节能

主要参数：

输入电压：DC90～264V
输入电流：1.5A max
保护：过电压保护、过电流保护、过温保护、短路保护
符合标准：符合EN 60950，EN 62368，UL 62368，J 62368，GB 4943.1标准
能效标准：符合DoE VI 及CoC Tier 2能效标准
尺寸：31mm×33mm×43mm

产品图片：

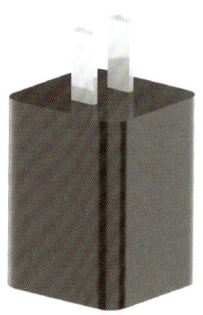

新产品介绍 | CONDUCT OF NEW PRODUCT

LED驱动电源

宁波赛耐比光电科技有限公司
地址： 浙江省宁波高新区剑兰路1228号
邮编： 315000
电话： 0574-27902582
网址： https://zh.snappy.cn/
E-mail: 1281578671@qq.com

2023年销售额：12221.6万元

产品简介：

公司研发的高效率DALI电源，是基于氮化镓器件组成的PFC及LLC高效率高功率因数LED驱动电路，采用脉冲检测技术，解决了在深度调光下反馈信号弱而无法检测的难题，填补了国内外在DALI智能照明领域深度调光下无法检测故障的短板。2022年，经过公司研发团队与高校共同研究开发，设计出了高可靠性、高效率的氮化镓大功率小尺寸电源，在提高产品性能的同时，使得产品体积得到大幅度缩减，广泛应用于电子产品及5G领域。

产品创新性：

公司一直在产品和技术的升级以及新产品的研发上进行大量的投入，重研发、高投入、快迭代，公司产品具有"轻薄巧"的特点，分别应用于橱柜家居、卫浴、广告灯箱照明，为这些领域的照明扩展了更多的可能性。产品的市场反馈很好，始终在同行业中保持领先。

公司通过自适应技术与照明技术的结合，在软件和硬件方面的技术创新，实现在不同场景下LED照明可自动调节照度和色温，实现在不同场景下的节能照明、舒适照明、安全照明。

目前国外头部企业有在相关领域的研发，国内尚未有该控制技术的市场应用。

产品面向市场：

照明

主要参数：

1）输出电压纹波<2%。
2）现行调整率<1%。
3）负载调整率<1%。
4）产品厚度<16mm。
5）满足欧规产品ERP指令。
6）符合安规和EMC电磁兼容要求。
7）输入AC180~264V，使用国家更广。
8）效率：>93%。
9）功率因数>95%，电网电能利用率更高。
10）总谐波<10%，可有效控制设备过热。

产品图片：

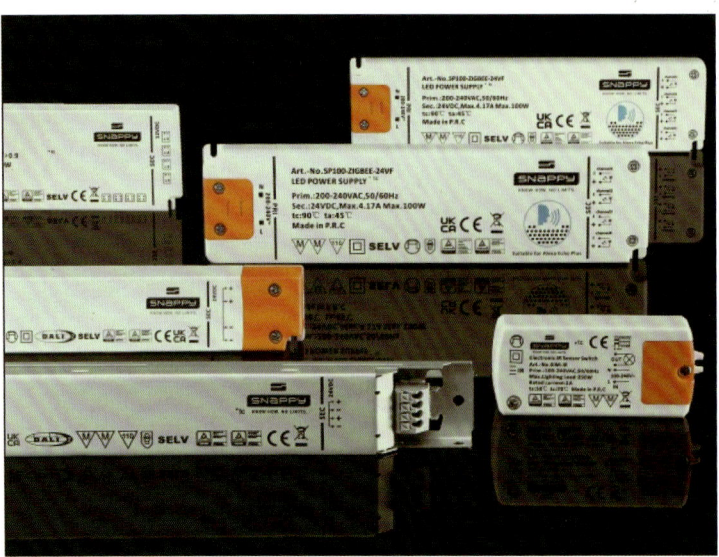

厦门市爱维达电子有限公司
地址：厦门市海沧区新阳路10号
邮编：361028
电话：0592-8105999
传真：0592-5746808
网址：www.evada-channel.com
E-mail：zhangjt@evadaups.com

DPS系列分布式电源

2023年销售额：25172.60万元

产品简介：

爱维达DPS系列产品为分布式电源系统，它是针对新一代绿色数据中心所设计研发的不间断电源产品。它将传统UPS成熟稳定的控制技术与新型锂电池储能技术相结合，具有体积小、质量轻、高智能、易部署的特点。普遍适用于分布式数据中心、承重受限数据中心、分阶段部署数据中心、快速部署数据中心和一体化机柜等供电应用场景。

产品创新性：

1）模块化设计，主机模块与锂电池模块均支持在线热插拔，维护方便快捷，保障系统安全可靠运行。
2）具备分时控制技术，对负载设备进行分级管理，实现能源调度。
3）具有独立的双路输入和输出端子，实现服务器柜级双电源备份组网模式。
4）部署无需独立的分布式电源系统空间和电池室，有效机柜数量可增加40%以上。
5）在同一数据中心可兼容T2/T3/T4级别，极大保障供电持续不间断。
6）采用交互通信技术，实现主机对电池的智能化管理及联动，防止电池热失控。
7）特殊的散热孔和风道设计，能够精确控制电源和锂电池的温度。
8）支持锂电模块并联，系统后备时间可灵活配置。
9）电池模块设置插拔侦测开关，提高设备的可靠性。

产品面向市场：

金融/数据中心，环保/节能，公共行业，科教、通信行业

主要参数：

主路输入
额定电压：AC220V
电压范围：AC176~300V（80%~100%负载）
频率范围：46~54Hz，50Hz系统；56~64Hz，60Hz系统
功率因数：≥0.99
电池
电池规格：230V锂电池
电池容量：10/15/20/25/30A·h
输出
额定电压：AC208V/220V/230V/240V
频率范围：46~54Hz，50Hz系统；56~64Hz，60Hz系统
功率因数：0.9
电压精度：±1.0%
电压波形失真度：THDu≤1%（线性满载）
峰值比：3：1
工作温度：0~45℃
相对湿度：0%~95%（无凝露）
工作海拔：＜2000m
通信：USB/RS485/智能卡插槽

产品图片：

模块电源

上海杰瑞兆新信息科技有限公司

地址：中国（上海）自由贸易试验区临港新片区环湖西二路888号C楼
邮编：201306
电话：021-50800662
网址：www.jarizx.com
E-mail：jari_nj@163.com

2023年销售额：12000万元

产品简介：

模块电源包含微晶片电源、法兰砖电源、工业砖电源三大类，具有全国产化、高可靠、高密度功率、原位替代、谱系齐全等特点。其中微晶片电源是基于革命性模块级半导体封装工艺的最新一代DC-DC模块电源，包括隔离稳压、隔离固定变比以及非隔离稳压三大类，总计百余种型号，可以灵活组合成分布式的供电网络。该系列产品采用先进的MHz级软开关拓扑、专利控制策略及专用芯片，实现安全隔离、低热阻和双面高效散热，将模块电源的集成化、轻量化和小型化推向新的高度。特别适合对功率、效率、体积、质量和厚度等要求极端严苛的高可靠性电子系统。性能指标达到国际先进水平，与国外公司同类产品Pin-To-Pin兼容，填补国内空白。

产品创新性：

基于硅基器件，采用先进的电路拓扑和专利控制策略，实现MHz级以上开关频率下的软开关工作，大幅度降低磁性元器件体积以及开关损耗，实现高效率和高功率密度；采用模块级半导体塑封工艺，将包含功率器件、变压器等磁性元器件、无源元件和控制电路的转换器整体封装进标准模块中，实现安全隔离、低热阻和双面高效散热，与传统采用金属底板加灌封胶工艺的模块电源相比，质量减少90%，高度降低50%。

产品面向市场：

电信/基站，轨道交通，航空航天，特种行业，船舶，雷达，无人机等

主要参数：

电气分类	产品系列	输入电压 /V	输出电压 /V	输出功率 /W	质量/g	功率密度 /(W/in³)	封装尺寸/ (mm×mm×mm)
DC-DC隔离稳压	JPI系列	9~50	3.3~48	25~50	7.8	334	22.0×16.5×6.73
	低压JDCM系列	9~75	3.3~48	80~320	24.2	818	38.72×22.8×7.21
	高压JDCM系列	120~420	3.3~48	110~600	28	1040	47.91×22.8×7.21
DC-DC隔离非稳压	JVTM系列	26~55	3~32	120~300	16	1114	32.5×25.14×6.73
	低压JBCM系列	38~55	4~32	200~300	16	1114	32.5×22.0×6.73
	高压JBCM系列	260~800	12~48	816~1680	41	2735	61×22.0×7.21 63.34×22.8×7.21
DC-DC非隔离稳压	JPRM系列	16~75	5~55	120~600	16	2035	32.5×22.0×6.73

产品图片：

800kW柔性共享超充堆

深圳市盛弘电气股份有限公司
地址：深圳市南山区西丽街道松白路1002号百旺信高科技工业园2区6栋
邮编：518005
电话：0755-86513100
传真：0755-86511588
网址：www.sinexcel.com
E-mail: qianwen_liu@sinexcel.com

2023年销售额：38400万元

产品简介：

新能源汽车市场虽然发展迅猛，但充电难、电车续驶里程低仍然是制约电动汽车发展的关键因素。因此如何提高车辆续驶里程，缩短充电时间成为行业共识。

盛弘股份自研推出了800kW柔性共享超充堆，该设备能够通过智能并充算法，与车辆BMS互联，自动识别单充或并充车辆充电；单枪最大600A电流可持续输出2h，双枪并充可达1200A，为用户带来"充电一秒钟，续航不止一公里"的超快充电体验；搭配自研SiC MOS 40kW模块，模块内置交流接触器，能实现模块待机零功耗、整机低功耗。

产品创新性：

1）高效立省：充电效率高达96.3%，优于行业1.3%，一年可节省电费近8500元。
2）一刻即满：单枪最大600A大电流，可持续2h以上稳定输出，充电1s续航大于1km。
3）智能休眠：智慧模块内置了交流接触器，能够智能切换工作、休眠多状态，实现模块零功耗，整机低功耗。
4）柔性共享：可根据不同车型的充电电流和电压需求，进行按需分配，支持能量利用率最大化。
5）敏捷适应：适用于高风沙、高海拔、超低温、高湿热等场景，应用覆盖90%真实恶劣场景。
6）社会价值：快充终端占地面积低至0.63m^2；此外，能与储能完美融合，实现光储充一体化，有效缓解电网压力。

产品面向市场：

充电桩/站

主要参数：

项目	产品名称	800kW柔性共享充电堆
输入参数	输入频率	45～65Hz
	输入电压	AC380（1±15%）V
	输入功率因数	≥0.99
输出参数	输出电压范围	AC200～1000V，支持最低DC50V输出
	恒功率范围	DC300～1000V
	直流输出路数	2～16路
	单路最大输出电流	250A（普通终端）/600A（液冷终端）
	整机最大输出电流	2666A
	模块平台	40kW
工作环境	整机峰值效率	峰值效率＞96.3%
	防护等级	IP54
	工作温度	-20～+65℃，50℃以上需降额输出
	工作湿度	5%～95%，无冷凝
	海拔	≤2000m，2000m以上需降额输出
	设备尺寸	充电堆主机：1800mm×835mm×1800mm GB 2015-250A直流终端：350mm×180mm×1400mm 600A液冷超充终端：450mm×500mm×1650mm
安全防护	保护功能	输入过欠电压保护、输入过电流保护、防浪涌保护、输出短路保护、过温保护、防反灌保护、电池主动保护、紧急停机等保护功能、兼容防倾斜、防水浸保护

产品图片：

RM系列10~3000kVA模块化UPS

深圳市英威腾电源有限公司
地址：深圳市光明区马田街道薯田埔社区英威腾光明科技大厦1栋501
邮编：518106
电话：400-700-9997 转2
传真：0755-26782664
网址：www.invt-power.com.cn/
E-mail：chinasales@invt.com.cn

2023年销售额：20747.91万元

产品简介：

英威腾RM系列模块化UPS结合传统塔式UPS机型的技术特点与现代数据中心预制化智能化的需求，在实现模块化设计的同时，保证了系统的高可靠性和可用性。RM系列模块化UPS采用在线式双变换和部件模块化全冗余设计，基于新一代全新双DSP全数字化技术，匹配产品自身先进的自适应主从分散控制逻辑，使得该系列产品各项性能指标均达到行业先进水平，是各行各业高可靠性高质量不间断供电的理想选择。

产品创新性：

1）全模块热插拔，功率模块、旁路模块均支持在线热插拔，可用性及可靠性高。
2）全方位保护与温度监控，各模块具备温度检测及关键参数监控预警。
3）智能录波自动记录，控制单元在故障前后自动识别并抓取保存关键波形参数。
4）智能轮换休眠技术，保证UPS可靠高效运行，绿色节能。
5）全数字化控制，高速双DSP数字化控制及CAD-BUS通信系统，安全稳定。
6）维护"零门槛"，模块ID自主智能识别技术，免手动设置，一步到位。
7）友好人机界面，10in以上超大液晶触摸屏与控制面板，信息丰富。
8）支持错峰储能供电，响应节能政策，降低电网的高峰负荷。
9）兼容无中线和有中线设计，简化装配工程，节约成本。

产品面向市场：

金融/数据中心，电信/基站，制造、加工及表面处理，照明，传统能源/电力操作，新能源，计算机，航空航天，安防，环保/节能

主要参数：

主路	输入方式	3P+N+PE
	输入电压	AC380V/400V/415V（线电压）
	功率因数	＞0.99
	电流畸变	THDi＜3%（100%线性负载）
	电压范围	AC304~485V（线电压）满载，AC304~138V（线电压），负载从100%到40%之间线性降额
电池	电池电压	±DC240V（默认40节）
	充电功率	最大15%~20%有功功率
输出	额定输出	AC380V/400V/415V（线电压）
	额定频率	50Hz/60Hz
	输出功率	1
	电压精度	±1.0%
	逆变器过	110%，1h后转旁路；125%，10h后转旁路；150%，1h后转旁路；＞150%，200ms后转旁路
	频率精度	0.1%
	峰值比	3:1
	显示	LCD+LED+彩色触摸屏
	语言	支持多种语言，简体中文、繁体中文、英语、俄语、意大利语、韩语、葡萄牙语、西班牙语、德语、波兰语、法语、土耳其语、捷克语、塞尔维亚语
	工作温度	0~40℃
	相对湿度	0~95%（无凝露）

产品图片：

深圳英飞源技术有限公司
地址：深圳市宝安区石岩街道塘头1号路领亚智慧谷春生楼一楼
邮编：518108
电话：13631237256
网址：www.infypower.cn
E-mail：sales01@infypower.cn

CONDUCT OF NEW PRODUCT | 新产品介绍 | 531

全系列液冷电能变换模块

2023年销售额：250000万元

产品简介：

英飞源将精力集中在未来电动汽车补能、低碳城市建设方案的核心技术研究上。全液冷超充批量部署所面临的最大问题就是配电的问题，一套640kW的液冷充电系统所需配电量就相当于一栋居民楼的配电量，因此，解决未来超充配电问题的终极方案在于超充配储，利用电池储能来缓解超充对电网的冲击。故在开发液冷充电模块的同时，英飞源展开了全系列液冷整流模块、DC-DC模块、双向AC-DC模块的研发，当前已经形成了全系列液冷电能变换模块产品矩阵，可以为客户提供各种全液冷的储能、充电产品及方案。

产品创新性：

基于全系列液冷电能变换模块产品矩阵，英飞源可以实现超充、储能、储充、光储充、V2G等各种全液冷方案，在技术和产品上领先于业界。

产品面向市场：

充电桩/站，新能源

产品图片：

LRG1K0135
40kW AC-DC整流模块

LCG1K0135
40kW DC-DC直流变换模块

LBG1K0120
35kW AC-DC双向变换模块

高可靠
- 全封闭设计，防尘、防盐雾
- 水电同侧，防漏设计便于维护
- 使用寿命>10年

0噪声
- 无风扇，模块完全无噪声
- 系统散热方式多样化

高效率
- 液冷散热效率高
- 电能转换效率较常规模块高1%~2%

高兼容性
- AC-DC整流模块、DC-DC直流变换模块、AC-DC双向模块同尺寸兼容，便于储充系统设计
- 兼容更大功率液冷模块

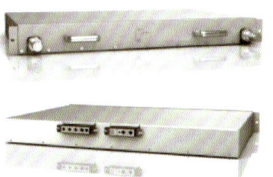

刀片式液冷模块

水电同端液冷模块

高防护液冷模块

480kW直流充电系统

万帮数字能源股份有限公司
地址：江苏省常州市武进区龙惠路39号
邮编：213100
电话：400-8280-768
网址：www.wbstar.com/
E-mail：starcharge@wanbangauto.com

产品简介：

电动汽车发展迅猛，对提升充电效率、缩短充电时间，都提出了更高的要求。公司480kW充电桩产品，电压平台最高支持1000V，额定电流600A，最大700A输出，符合未来大功率充电发展趋势，单枪输出最大功率480kW，充电8min，最高续航400km，让充电和加油一样方便，再搭配独创的DPA双层功率池技术与智能云平台，将车端的充电需求与桩端的功率分配策略进行精准匹配，让场站运营效率更高。

产品创新性：

1）智能：DPA双层功率池技术，充电运营效率提升10%。
2）灵活：超充快充自由搭配组合，适配各类场站及车辆需求。
3）先进：具备200~1000V输出能力，兼容液冷大功率升级，满足未来发展趋势，无需重复投资。
4）安全：采用首创的Aone三重安全防护技术，安全运营高保障。

产品面向市场：

充电桩/站，新能源，环保/节能

主要参数：

额定输入电压：AC380（1±15%）V，50Hz±1Hz
输出电压范围：DC200~1000V；
输出电流：额定250A，最大600A
输出功率范围：0~480kW
防护等级：IP54起
工作温度：-35~55℃

产品图片：

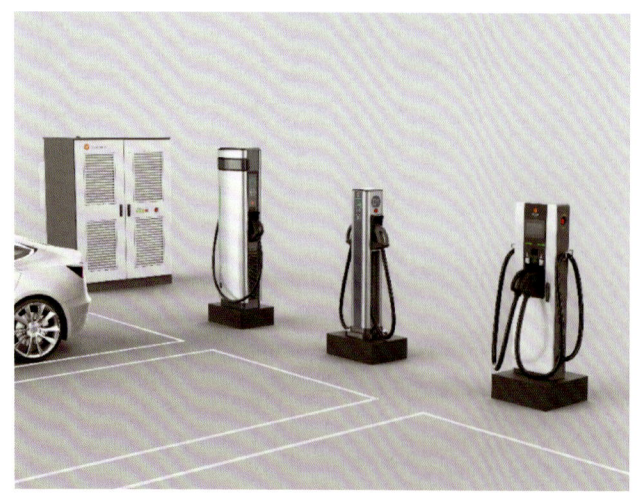

西安爱科赛博电气股份有限公司
地址：西安市高新区新型工业园信息大道12号
邮编：710119
电话：029-88887953
网址：www.cnaction.com
E-mail：sales@cnaction.com

爱科-PRE20系列回馈型可编程交流源载一体机

产品简介：

PRE20系列回馈型可编程交流源载一体机同时具备交流电源和交流负载两种功能。独特的交流源载一体机产品设计，再次引领新一代交流电源的发展方向。PRE20系列产品配置的矩阵式并联功能可并联扩容至200kW，同时满足了小体积（3U/20kW）与大容量的需求。PRE20系列产品具备四象限工作能力，作为电源可满足一般电网适应性法规测试需求，作为RLC负载可满足新能源行业防孤岛保护性能测试需求、离网负载需求。无需搭配任何选配件即可实现一机两用，可回收100%的电流至电网，具有高达91%的回馈效率。降低了用户设备投入及能耗费用，更符合"双碳"要求。

产品创新性：

产品将双向可编程交流电源与回馈型可编程交流电子负载合二为一。负载模式下具备CC、CP、CR、RLC及PQ模式，具备防孤岛保护特性测试功能。内置多达12种RLC网络模型，可灵活模拟线性负载特性，还可模拟非线性负载。小信号带宽10kHz，大信号带宽2000Hz，响应时间70μs，能将仿真系统、信号源或控制板卡的信号放大输出至被测品，实现功率硬件在环仿真（PHIL）功能。高达±（0.01%+0.05%F.S.）电压测量精度及±（0.1%+0.1%F.S.）电流测量精度；内置的谐波分析功能具有100次（50Hz/60Hz）的分析能力，数据准确度与可信度远超同类产品，可帮助用户节省更多的测量仪器。

产品面向市场：

工业/自动化，充电桩/站，新能源

主要参数：

产品型号	额定功率/kVA	最大电压/V$_{rms}$	三相电流		单相电流		最大电压/V$_{DC}$	外形
			A$_{rms}$	A$_{Peak}$	A$_{rms}$	A$_{Peak}$		
PRE2060S	60	450	100	300	300	900	±636	24U&30U
PRE2075S	75	450	200	600	600	1800	±636	24U&30U
PRE2090S	90	450	200	600	600	1800	±636	24U&30U
PRE20135S	12	450	300	900	900	2700	±636	30U
PRE20180S	15	450	400	1200	1200	3600	±636	36U

产品型号	功率等级/kVA	电压等级/V	电流等级/A	频率/Hz	外形	备注
PRE2006S	6	450	30	0.001~200	3U	在40~70Hz范围内，输出功率可达22kVA
PRE2007S	7.5	450	30	0.001~200	3U	
PRE2009S	9	450	35	0.001~200	3U	
PRE2012S	12	450	35	0.001~200	3U	
PRE2015S	15	450	35	0.001~200	3U	
PRE2020S	20	450	35	0.001~200	3U	
PRE2022S	22	450	35	0.001~200	3U	
PRE2006SHF	6	450	30	0.001~5000	3U	后缀增加HF型号，频率增至5kHz
PRE2007SHF	7.5	450	30	0.001~5000	3U	
PRE2009SHF	9	450	35	0.001~5000	3U	
PRE2012SHF	12	450	35	0.001~5000	3U	
PRE2015SHF	15	450	35	0.001~5000	3U	
PRE2020SHF	20	450	35	0.001~5000	3U	

产品图片：

爱科-PRD系列双向可编程直流电源

西安爱科赛博电气股份有限公司
地址：西安市高新区新型工业园信息大道12号
邮编：710119
电话：029-85691870
网址：www.cnaction.com
E-mail：sales@cnaction.com

产品简介：

PRD系列双向可编程直流电源是一款具有源载功能、自动两象限运行、能吸收被测试设备能量回馈的电源。广泛应用于光伏逆变器、储能变流器、光伏/储能混合式逆变器系统测试中太阳能电池板模拟、储能电池/电容模拟等场合。也适用于新能源汽车双向车载充电器、DC-AC电动机驱动器、双向直流变换器模拟电池测试等场合。

内置独立高精度电压、电流测量系统，全新编程理念，直达源、载本质。3U体积内功率可达30kW。快至微秒量级的动态特性，将直流产品测试提升至全新高度，实验室内即可模拟现场异常工况。

产品创新性：

可提供快至百微秒级的动态性能，内置独立高精度电压、电流测量系统，性能媲美6位半电压表，节省了高压高精度直流电压表、高精度电流表、功率表、阻抗计。扩容不降低精度。具备双向直流源和回馈式负载功能，两象限运行能力，在线自动平滑快速无缝切换，自动"源""载"转化。可在直流输出上叠加正弦波、三角波、脉冲波、方波等；满足被试品进行直流电压纹波适应性测试。

PRD有恒压（CV）、恒流（CC）、恒功率（CP）、恒阻（CR）四种模式指示，其中CC、CV、CP模式可以根据公式$P=UI$自动切换。SAS太阳能电池模拟器功能，可以精确地模拟太阳能电池板输出$I-U$特性曲线。具备电池模拟、曲线导入、波形重现等功能。

产品面向市场：

工业/自动化，充电桩/站，新能源

主要参数：

功率	产品型号	电压/V	电流/A	功率	产品型号	电压/V	电流/A
30kW	PRD0224	200	±240	20kW	PRD0805E	800	±80
	PRD0324	360	±240		PRD1005E	1000	±80
	PRD0518	500	±180		PRD1504E	1500	±60
	PRD0618	600	±180		PRD2004E	2000	±60
	PRD0808	800	±80	15kW	PRD4V50E	40	±667
	PRD1008	1000	±80		PRD6V50E	60	±667
	PRD1506	1500	±60		PRD8V50E	80	±667
	PRD2006	2000	±60		PRD0212E	200	±160
20kW	PRD4V66E	40	±667		PRD0312E	360	±160
	PRD6V66E	60	±667		PRD0509E	500	±120
	PRD8V66E	80	±667		PRD0609E	600	±120
	PRD0216E	200	±240		PRD0804E	800	±54
	PRD0316E	360	±240		PRD1004E	1000	±54
	PRD0512E	500	±180		PRD1503E	1500	±45
	PRD0612E	600	±180		PRD2003E	2000	±45

产品图片：

西安爱科赛博电气股份有限公司
地址：西安市高新区新型工业园信息大道12号
邮编：710119
电话：029-88887953
网址：www.cnaction.com
E-mail：sales@cnaction.com

SinPOWER-第四代高功率密度电能质量治理模块

产品简介：

高功率密度电能质量治理模块是公司自主研发的第四代可用于动态抑制谐波、补偿无功、调节三相不平衡的新型电力电子设备。

第四代高功率密度模块分为静止无功发生器（SVG）、有源电力滤波器（APF），以及有源电能质量综合滤波补偿器（DAS）三种功能性产品。

第四代高功率密度模块通过互感器对电网侧或负载侧电流进行采样，提取其中的无功电流或谐波电流成分，快速分析并响应，主动输出并控制输出电流的幅值、频率和相位，抵消负载中相应电流成分，实现动态跟踪补偿和滤波的目的。

第四代高功率密度模块具有插箱式和壁挂式两种安装方式。

产品创新性：

1）尺寸小（3U）、质量轻（35kg）。
2）业内单模块功率密度最高（Si IGBT）：SVG 100kvar、APF 150A、DSA 100kvar+60A。
3）交错并联的"I"字形三电平拓扑，等效开关频率高。
4）模块并网部分采用LCL的滤波方案。
5）模块入网纹波电流小、共模抑制能力强。
6）基于28377双核DSP的控制策略。
7）最新控制算法、主动谐振抑制功能。
8）最新厚膜涂覆工艺，环境适应性强。
9）模块结构采用上下对扣的创新设计。
10）模块具有多维度风机调速功能、过温降容功能。
11）模块兼容三相三线制和三相四线制。

产品面向市场：

金融/数据中心，工业/自动化，制造、加工及表面处理，轨道交通，传统能源/电力操作，新能源，消费电子，航空航天，安防，环保/节能，特种行业

主要参数：

指标项目	技术参数	
	标准型	高精度
输入电压	380V，-30%~+20%；208V，-10%~+20%	380V，-30%~+20%；208V，-10%~+20%
接线方式	3P4L+PE/3P3L+PE（两者兼容）	
模块容量	60A、75A、100A、150A、50kvar、100kvar、50kvar/30A、100kvar/60A、150kvar/90A	10A、20A、30A、40A
整机容量	60~1500A、50~1000kvar、50kvar/30A~1000kvar/600A	10~400A
谐波补偿次数	2~50次	2~61次
补偿功能	谐波、三相不平衡、无功，优先级可选择、设置	
补偿模式	谐波全补、谐波和不平衡、指定次补偿、谐波源/无功源	
保护	过电流、过热、过欠电压等多项保护功能	
防护等级	模块IP20，整机IP30，整机更高防护等级可定制	
海拔	<2000m，2000m以上按照GB/T 3859.2降额使用，每增加100m，功率降低1%	
安装方式	模块：插箱式或壁挂式；整机：落地式安装	
显示屏	4.3/7in屏幕	
显示内容	电压、负载电流、补偿电流、网侧电流、模块温度、电压畸变率、电流畸变率	
通信接口及通信方式	RS485/CAN、WiFi（选配）	
通信协议	Modbus协议、TCP/IP协议	

产品图片：

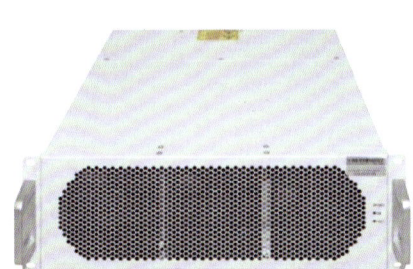

SinPOWER-动态电压治理设备（DVR）

西安爱科赛博电气股份有限公司
地址：西安市高新区新型工业园信息大道12号
邮编：710119
电话：029-88887953
网址：www.cnaction.com
E-mail: sales@cnaction.com

产品简介：

动态电压治理设备（DVR）是爱科赛博研发的一款治理电压暂降的产品，采用先进的电力电子技术，装置串联在配电系统中，它可以快速调整电压，有效解决电压暂降、电压暂升、电压波动、电压谐波等电能质量问题，保护负载稳定、可靠运行。

动态电压治理设备以独立的功率模块为基础单元，可通过并机方式实现扩容以满足不同容量需求，持续监测系统电源电压，一旦发现供电电压偏离额定电压水平，会通过逆变器产生一个合适的补偿电压注入系统，确保受保护的负载不受电压变化的影响。

动态电压治理设备有两种模式，即不带储能型（VQC系列）和带储能型（支VQCP系列），可以满足不同客户需求。

产品创新性：

1）系统效率高，响应速度快：效率高达98%，响应时间≤2ms。
2）电压调节能力强：0%～130%剩余电压补偿至100%。
3）可靠性高，专为工业设计：多级保护，电路简洁，可靠性高，免维护，免值守。
4）先进的并联扩容功能，模块化设计：并联扩容功能在增加DVR系统容量的同时互为冗余，更进一步提高设备可靠性。
5）波形品质高、无谐波污染：输出电压畸变率<3%，对电网和负载不产生谐波污染。
6）防护等级高：模块内部采用先进的厚膜涂覆工艺，防护等级高，可用于高海拔户外地区。

产品面向市场：

金融/数据中心，工业/自动化，制造、加工及表面处理，轨道交通，传统能源/电力操作，新能源，消费电子，航空航天，安防，环保/节能，特种行业

主要参数：

指标项目	技术参数
额定输入电压	400V
暂降电压动作范围	−10%～+10%（可设）
输入电网频率	50(1±5%)Hz
接线方式	3P3L+PE/3P4L+PE
补偿能力（标准型）	额定功率，三相电压剩余量60%～130%，校正到100%，持续补偿
补偿能力（储能型）	额定功率，三相电压剩余量降至0%，校正到100%，3s（时间可定制）
输出电压范围	−15%～+15%（可设）
电压调节精度	−2%～+2%
整机效率	>98%
旁路过载能力	1.5倍过载持续1min
屏幕	7in全彩触摸屏
参数设置及数据显示	运行状态、主路接线图、运行状态、故障状态、操作记录等
通信接口	RS485、网口、干接点、GPRS远程
通信协议	Modbus协议、TCP/IP
负载功率	储能型：30～1000kVA　不带储能型：30～2500kVA
海拔	<2000m，1500m以上按照GB/T 3859.2降额使用
工作温度	−10～+40℃
相对湿度	<90%，无凝露
防护等级	IP30，其他等级可定制

产品图片：

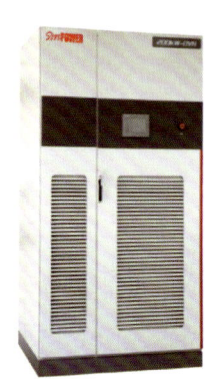

先控捷联电气股份有限公司
地址：河北省石家庄市高新区湘江道319号第14,15幢
邮编：050035
电话：400-612-9189
传真：0311-85903718
网址：www.scupower.cn
E-mail: scu@scupower.com

储能一体化电源系统——工商业储能

产品简介：

IESS（Integrated Energy Storge System）储能一体化电源系统，是将长寿命锂电池、电池管理系统（BMS）、高性能双向储能变流模块（PCM100）、主动安全系统、热管理系统、能量管理系统融于单个标准化室外柜，形成一体化即插即用的智能化、模块化供电设备。每个柜体都是一个独立的单元，具备能量存储和交直流功率变化能力，并配置空调温控系统和消防系统，可安全、稳定、可靠长期运行，通过交流侧并联，灵活拓展容量，实现储能电站容量的弹性扩容。

产品创新性：

1）单簇精细控制，直流侧无并联，短路电流小。
2）空调设计，系统寿命长，运行平稳。
3）IP54防护等级设计，保证设备在恶劣环境下安全可靠运行。
4）BMS及交、直流多层保护设置，保证系统的安全运行。
5）电芯间采用热隔离绝缘支架，模组级消防系统。
6）一体化集成，模块化设计，快速安装、即插即用。
7）支持多机柜交流侧并联，单柜独立维护。
8）可配置远程监控、设备管理，远程故障排除和数据分析。
9）体积小、质量轻，节省占地面积及安装费用。
10）最大限度地利用绿色能源，节省电费开支。

产品面向市场：

金融/数据中心，电信/基站，工业/自动化，制造、加工及表面处理，照明，轨道交通，充电桩/站，传统能源/电力操作，新能源，计算机，航空航天，安防，环保/节能，特种行业，工商业用电，楼宇供电，园区配电等

主要参数：

直流参数			
电池系统参数	储能容量	215kW·h	
	系统电压	768V	
	工作电压范围	DC672~876V（2.8~3.65V）	
	循环次数	>6000次（90%DoD，剩余80%，0.5C）	
PCS参数			
直流侧参数	电压范围	DC650~900V	
交流并网参数	输出线制	3W+PE	
	额定功率	100kW	
	额定电压	AC380V/400V	
	电压范围	-15%~+10%	
	额定频率	50Hz/60Hz	
	功率因数	1	
	输出谐波	≤3%	
	交流电流畸变率	<3%（额定功率时）	
基本参数			
环境	工作海拔	45℃时，2000m；2000~4000m降额使用	
	噪声	<70dB	
其他	通信协议	Modbus、CAN2.0	
	通信方式	CAN、RS485、LAN	
	防护等级	IP54	
	冷却方式	电池舱：空调；电气舱：风冷	
	消防	七氟丙烷/全氟己酮	

产品图片：

PN8149W

芯朋微电子股份有限公司
地址：无锡市新吴区长江路16号芯朋大厦
邮编：214028
电话：18963650423
网址：www.chipown.com
E-mail：yinq@chipown.com.cn

产品简介：

PN8149W内部集成了准谐振工作的电流模式控制器和功率MOSFET，专用于高性能、外围元器件精简的交直流转换开关电源。PN8149W通过QR-PWM、QR-PFM、Burst-mode的三种模式混合调制技术和特殊器件低功耗结构技术实现了超低的待机功耗及全电压范围下的最佳效率。频率调制技术和SoftDriver技术充分保证良好的EMI表现。

产品创新性：

1）内置800V高雪崩能力的功率MOSFET。
2）准谐振工作。
3）最高开关频率125kHz。
4）外围精简，无需启动电阻。
5）高低压脚位上下排列提高安全性。
6）内置高压起动，空载待机功耗<50mW（AC230V）。
7）优异全面的保护功能。
8）过温保护（OTP）。
9）输出过电压保护。
10）逐周期过电流保护（OCP）。
11）输出开/短路保护。
12）二次侧整流管短路保护。
13）过负载保护（OLP）。

产品面向市场：

工业/自动化，消费电子

主要参数：

产品	描述	功率管耐压	待机功耗	功率管导通电阻	输出功率（密闭条件）	输出功率（开放条件）	频率	封装	供电电压工作范围
PN8149W	低待机功耗多线式PWM集成器	800V	<50mW	4.6Ω	24W	28W	125kHz	SOP12	9～23V

产品图片：

易事特集团股份有限公司
地址：广东东莞松山湖国家高新区工业北路6号
邮编：523800
电话：0769-22897777
网址：www.eastups.com/
E-mail: info@eastups.com

EA660系列智能模块化UPS

产品简介：

EA660系列属于在线式产品，由功率模块、旁路模块、系统监控模块、机柜以及电池组构成。采用模块化技术，易维护、易扩容。模块均采用数字信号处理（Digital Signal Processing，DSP）智能控制，功率模块由整流器和逆变器构成，通过高频开关技术，将输入变换为纯净的、高质量的正弦波输出。输入整流器采用有源功率因数校正（PFC）技术，输入功率因数高达0.999，系统效率提升至96.5%，节能率提升一倍；在电网条件较好的情况下，开启ECO模式后，工作效率高达99%。

产品创新性：

EA660系列产品采用全数字化控制技术，单机最大可扩容至1200kVA。所有模块均支持热插拔操作.主要技术特点为先进的双核DSP数字化控制技术；风扇转速随温度智能变化，可降低噪声并延长使用寿命；采用UV胶三防工艺及完善的软硬件保护功能，超强的自诊断功能，丰富的历史记录；先进的数字化并联技术，超宽的输入电压范围适合各种电网环境，输入低压时线性降额，降低放电次数延长电池使用寿命；双输入设计，支持独立旁路提高旁路的可用性；输出功率因数提高到1，带载能力提升11%，支持30~46节电池兼容铅酸电池和铁锂电池，在无市电状况下可以直接用电池起动UPS，市电不稳定时UPS供电模式转换时间为零，保障输出不断电。

产品面向市场：

金融/数据中心，工业/自动化，制造、加工及表面处理，新能源，计算机，航空航天，安防，环保/节能

主要参数：

型号	EA66400	EA66500	EA66600	EA66800	EA661000	EA661200
模块额定容量	100kVA/100kW					
输入额定电压	AC380/400/415V					
输入电压可变范围	AC324~485V（不降额）；AC139~324V（35%~100%负载之间线性降额）					
输入频率变化范围	40~70Hz					
输入功率因数	≥0.99					
输入电流谐波	≤3%					
输出额定电压	AC380V/400V/415V（相电压AC220V/230V/240V）（可设置）					
输出功率因数	1					
逆变过载能力	105%＜负载≤110%，60min后转旁路；110%＜负载≤125%，10min后转旁路；125%＜负载≤150%，1min后转旁路；负载＞150%，0.2s后转旁路					
系统效率	在线模式：97.0%，ECO模式：99%					
保护功能	输出短路保护，输出过载保护，过温度保护，电池低电压保护，电池过欠电压保护，输入断相、相序保护，风扇故障保护等					
通信接口	标配：RS485、RS485/CAN（BMS）、NET（具有SNMP功能）、输入输出干接点和EPO；选配：并机组件、LBS组件、WiFi卡、GPRS卡、电池温度传感器、4G卡					
运行温度	0~55℃（40~55℃时，降额使用）					
贮存温度	-25~55℃（不含电池）					
机柜尺寸（宽×深×高）	1000mm×1000mm×2000mm			2000mm×1000mm×2000mm		
机柜净重（空机柜）	525kg			920kg		
模块净重	50kg					

产品图片：

KPH-HP第三代气雾化铁硅铝磁粉芯

2023年销售额：3000万元

浙江东睦科达磁电有限公司
地址：浙江省湖州市德清县阜溪街道环城北路882号
邮编：313200
电话：0572-8088064
网址：www.kda.com.cn
E-mail: info@kdm-mag.com

产品简介：

KPH-HP材质是公司推出的新一代高性价比气雾化铁硅铝材料，产品具有良好的抗直流偏置能力，同时又具有较低的磁心损耗。相比于第一代气雾化铁硅铝（KS-HF）材质，KPH-HP可以大大降低产品的磁心损耗，提高产品效率；同时产品具有更高的直流偏置能力，能有效减小产品体积。KPH-HP材质具有良好的温度特性，主要应用场合包括光伏逆变器、UPS、服务器电源等场合。

产品创新性：

公司研发部门通过在制粉工艺上进行突破，采用铁、硅、铝的合理搭配，在熔炼后得到更高B_s和良好球形度的粉末，使得KPH-HP材质具有更高的直流偏置能力，同时在绝缘包覆上形成更致密、高绝缘电阻的包覆层，有效降低了磁粉芯在高频下的磁心损耗，降低了产品在使用时的温升。经客户端实际测试，在同体积的优化设计后，功率密度可以提升10%～15%。

产品面向市场：

充电桩/站，新能源

主要参数：

KPH-HP磁粉芯
磁导率：19～75H/m
直流偏置DC-Bias：%μ=66%，100Oe（典型值）
磁芯损耗Pcv：150mW/cm^3，50kHz/1000Gs（典型值）

产品图片：

宁波希磁电子科技有限公司
地址：宁波镇海区蛟川街道金溪路1号
邮编：315200
电话：17866820690
网址：www.sinomags.com
E-mail：sinomags@sinomags.com

CONDUCT OF NEW PRODUCT | 新产品介绍 541

STB-LA

2023年销售额：7862万元

产品简介：

希磁科技自主研发生产的STB-LA电流传感器基于TMR技术的闭环电流反馈原理，实现了磁场的精确反馈。TMR传感器具有出色的温度补偿功能。在较宽的温度范围内，这种传感器表现出极小的精度漂移。因此，传感器的直流组件随温度波动而产生的漂移可以忽略不计。

为了增强传感器的抗干扰能力，在反馈磁路设计中考虑了高磁导率、低磁滞和适当大小的磁路横截面积。这样的设计不仅提高了传感器的性能，还确保了其在面对潜在干扰时的可靠性能。

总的来说，STB-LA产品采用的技术解决方案不仅保证了卓越的精度，而且确保了在面对潜在干扰时的可靠性能。

产品创新性：

STB-LA产品的最大优势在于其采用的TMR芯片。相比于传统的霍尔传感器，选择了具有高灵敏度和低噪声的TMR芯片作为传感器件，这使得该产品在信号与信噪比上保持了卓越的表现。此外，TMR传感器还具备极快的响应速度，保证了STB-LA产品在高频信号处理上的优越性能。更为重要的是，TMR传感器内置了温度补偿功能，能够在广泛的温度范围内有效减少精度漂移，从而确保始终如一的高精度表现。

产品面向市场：

电信/基站，工业/自动化，车载驱动，新能源，消费电子，环保/节能，特种行业

主要参数：

型号	STB-200LA	单位
工作温度	-40~105	℃
存储温度	-40~125	℃
质量	59	g
offset对应到一次电流	-500~500	mA
Vref温漂系数	±75	$\times 10^{-6}/K$
Vout温漂系数	±2	$\times 10^{-6}/K$
灵敏度温漂系数	50	$\times 10^{-6}/K$
噪声电压谱密度	0.9	$\mu V/Hz^{1/2}$
频响	0.3	μS
10%频响	0.5	μS
80%频响	1	μS
带宽	300	kHz
抗外场干扰	好	

产品图片：

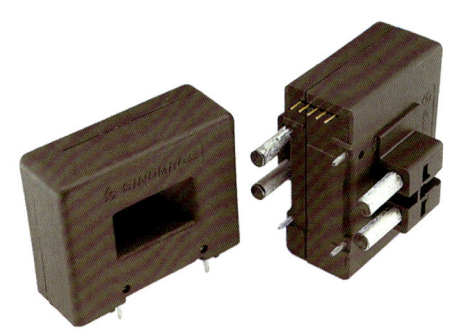

金属磁粉芯大电流电感

深圳市科达嘉电子有限公司
地址：深圳市龙岗区坂田街道天安云谷产业园11栋34楼
邮编：518100
电话：0755-89585372
网址：www.codaca.com
E-mail：info@codaca.com

产品简介：

科达嘉磁粉芯大电流电感采用扁平线圈绕组与自主研发的低损耗金属磁粉芯材料组合设计，具有极低的直流电阻和电感损耗，温升小、效率高，能够长时间稳定工作于大电流应用场合。产品具有优异的直流偏置能力和软饱和特性，可以处理瞬间尖峰电流，充分满足大功率部件小体积、高功率密度的设计需求。

科达嘉电子设计开发出了多个系列的金属磁粉芯大电流电感，如CPEX、CPRX、CPEA等系列，广泛应用于工业控制、新能源、电池检测、汽车电子、大功率LED等大电流设计方案。

产品创新性：

1）自研金属磁粉芯，磁损低，DC电阻小，可长时间稳定工作于大功率应用场合。
2）优异的直流偏置能力，软饱和特性可以处理瞬间尖峰电流，饱和电流高达350A。
3）磁屏蔽结构设计，具有良好的抗电磁干扰能力。
4）紧凑型设计，最大限度地缩小产品封装尺寸（相对磁环电感缩小封装尺寸30%）。
5）采用扁平线螺旋绕制，相邻匝间配合紧密，磁心窗口填充系数高达80%以上（传统漆包线填充系数仅为50%，磁环电感填充系数约40%）。
6）绝缘性能良好，具有高绝缘强度的绝缘层。
7）良好的温度稳定性，高温环境下仍保持良好的饱和电流和温升曲线，工作温度范围-55~155℃，部分型号通过了AEC-Q200测试。

产品面向市场：

工业/自动化，充电桩/站，车载驱动，新能源

主要参数：

系列	电感值/μH±20%	DCR/mΩ	饱和电流/A	温升电流/A	工作温度/℃	应用频率/kHz
CPRX	0.60~30.0	0.25~6.89	16.5~350	17.0~80.0	-55~+150或+155	0~1000
CPEA	2.20~110	0.30~6.96	13.0~73.0	20.5~120	-55~+150或+155	0~1000
CPEX	1.00~110	0.30~6.96	21.0~290	20.5~120	-55~+155	0~1000

产品图片：

61800能源回收式电网模拟电源

致茂电子（苏州）有限公司
地址：江苏省苏州市高新区珠江路855号
邮编：215129
电话：18862172257
网址：www.chroma.com.cn
E-mail：lynn@chroma.com.cn

产品简介：

3U高度具备最大15kVA高功率密度设计，具有单相、三相输出模式，可通过并联模式提供最大输出功率；具备能源回收功能，提供额定视功率回灌能力，经转换可回收至电网；适用于V2F、V2L、V2H、ESS国际法规对于交流电压的测试；具备电源干扰仿真PLD进阶编辑功能，可仿真多种电网异常及扰动状态；可选配回收式交流负载功能，实现单一机体拥有电源和负载双功能，并可进行四象限拉载；符合EV、PV inverter及Smart Grid相关产品测试应用；LIST、STEP、PULSE模式可做测试电源扰动PLD模拟；谐波和间谐波的失真波形合成；参数测量功能包括各阶电流谐波成分；输出电压变化的同步TTL信号。

产品创新性：

高功率密度设计，3U高度具备最大15kVA输出功率，350V宽范围相电压输出，单、三相输出模式，DC100%功率能力，能源回收等硬件功能；全球通用的入电规格PF>0.98功率因子校正技术，实现低能耗及高转换效率，具备三相200（1±10%）~480（1±10%）V电压值宽范围输入电压规格；可模拟多种电网异常及扰动状态，且可编辑复杂的测试波形，符合IEC 61000-4-11认证前测试和-4-13/-4-14/-4-28的法规免疫性测试；并联台数最多为三台，实现9U硬件高度内含总输出功率45kVA高功率密度配置；实现单一机体拥有交流电源和交流负载功能，当机器为交流负载模式时，不仅具备能源回收功能，还可进行四象限拉载。

产品面向市场：

工业/自动化，制造、加工及表面处理，照明，轨道交通，充电桩/站，车载驱动，传统能源/电力操作，新能源，计算机，消费电子，航空航天，安防，环保/节能

主要参数：

Model	61809	61812	61815
AC Output Rating			
Output Phase	1 or 3 selectable	1 or 3 selectable	1 or 3 selectable
Max.Power	9kVA	12kVA	15kVA
Voltage			
Range	0~350V_{LN}/0~606V_{LL}	0~350V_{LN}/0~606V_{LL}	0~350V_{LN}/0~606V_{LL}
Setting Accuracy	0.1%+0.2%F.S	0.1%+0.2%F.S	0.1%+0.2%F.S
Maximum Current（1-phase mode）			
RMS	87A	96A	105A
Peak	261A	288A	315A
Frequency			
Range	30~100Hz	30~100Hz	30~100Hz
Accuracy	0.01%	0.01%	0.01%
DC Output（1-phase mode）			
Power	9kW	12kW	15kW
Voltage	495V	495V	495V
Harmonic Synthesis Function			
Harmonic Range	up to 50 Harmonic order @50/60Hz fundamental frequency		
Protection	OVP，OCP，OPP，OTP，FAN		
Safety & EMC	CE（include EMC & LVD）		

产品图片：

62000D能源回收式可程控双向直流电源供应器

致茂电子（苏州）有限公司
地址：江苏省苏州市高新区珠江路855号
邮编：215129
电话：18862172257
网址：www.chroma.com.cn
E-mail：lynn@chroma.com.cn

产品简介：

单机3U为18kW高功率密度设计，简易主从并联和串联可达540kW，电压范围最高可达1800V，180kW大功率供电。兼具电源及负载特性，双象限适用于新能源的储能系统测试，也适用于新能源车双向车载充电器、双向直流转换器、DC-AC电动机驱动器等，取代电池达到双向的电源转换模拟测试。跨象限的瞬时响应能力，拥有高速的瞬时响应。可控制电压、电流按步骤输出功能，并执行电压及电流斜率控制，如新能源汽车零部件测试法规LV123、LV148等测试。适用于充放电测试及长时间寿命测试、电动机驱动器DC-AC供电及能量回馈测试、LV123/LV148法规的车用电器预先测试、微网实验室的电池模拟电源、高压组串式逆变器测试。

产品创新性：

二合一双向直流电源为双向拓扑电源架构设计，提供正电压/正电流及正电压/负电流操作范围，可作为电源与负载，并且将吸收的能量回馈至电网，转换效率高达93%；高速瞬时响应<1.5ms，在负载电流-90%～+90%的变动下，输出电压反映稳定时间小于1.5ms；LV123所标定的车内高压系统部件测试，以及LV148所标定48V电池电压系统部件测试；可模拟操作于不同电池电量SoC条件或载入特定的电池特性U-I曲线；能提供量测电池电压及电流并计算电池容量A·h，并可以执行周期性或满足cut-off条件自动停止的充放电测试；光伏电池数组仿真I-U曲线功能（选配），适合验证组串式光伏逆变器性能。

产品面向市场：

工业/自动化，制造、加工及表面处理，照明，轨道交通，充电桩/站，车载驱动，传统能源/电力操作，新能源，计算机，消费电子，航空航天，环保/节能

主要参数：

Model	62180D-100	62180D-1800
Source/Sink Ratings		
Source/Sink Voltage	0～100V	0～1800V
Source/Sink Current	±540A	±40A
Source/Sink Power *1	±18000W	±18000W
Voltage Measurement		
Accuracy	0.05%+0.05%F.S.	
Current Measurement		
Accuracy	0.1%+0.1%F.S.	
Slew Rate Control		
Voltage slew rate range（Full Load）	0.001～10V/ms	0.001～90V/ms
Current slew rate range	0.001～30A/ms	0.001～20A/ms
Operating Mode		
Source	CC、CV、CP	
Load	CC、CV、CP	
Other Models	62060D-100、62120D-100、62060D-600、62120D-600、62180D-600、62120D-1200、62180D-1200	

产品图片：

UE Electronic
Since 1989

医用级电源
IEC60601-1-11
2 MOPP
IP22

90/150W 医疗级开架式电源
(UES90-SPA-OP1)
- 输出电压:12.0-48.0V
- 输出电流:0.01-7.00A

(UES150-SPA-OP)
- 输出电压:12.0-48.0V
- 输出电流:0.01-11.0A

120/180W 医疗级电源
(UES120DZ-SPA)
- 输出电压:11.0-54.0V
- 输出电流:0.01-10.0A

(UES180DZ-SPA)
- 输出电压:11.0-54.0V
- 输出电流:0.01-12.5A

18/24/36W 医疗级电源
(UES18LCP4-SPA)
- 输出电压:5.0-24V
- 输出电流:0.01-3.0A

(UES24LCP1-SPA)
- 输出电压:6.1-52V
- 输出电流:0.01-3.0A

(UES36LCP1-SPA)
- 输出电压:5.0-48V
- 输出电流:0.01-5.0A

140W 医疗级PD快充
(UES140DZ-SPC)
- 输出电压:5.0-28.0V
- 输出电流:0.01-5.0A

广告

ISO9001　ISO14001　ISO13485　ISO45001

邮箱: fuhua@fuhua-cn.com　　网址: www.fuhua-cn.com

官方网站　微信公众号

商宇（深圳）科技有限公司

第三代微模块数据中心

高效节能

快速安装

集成管理

适应性强

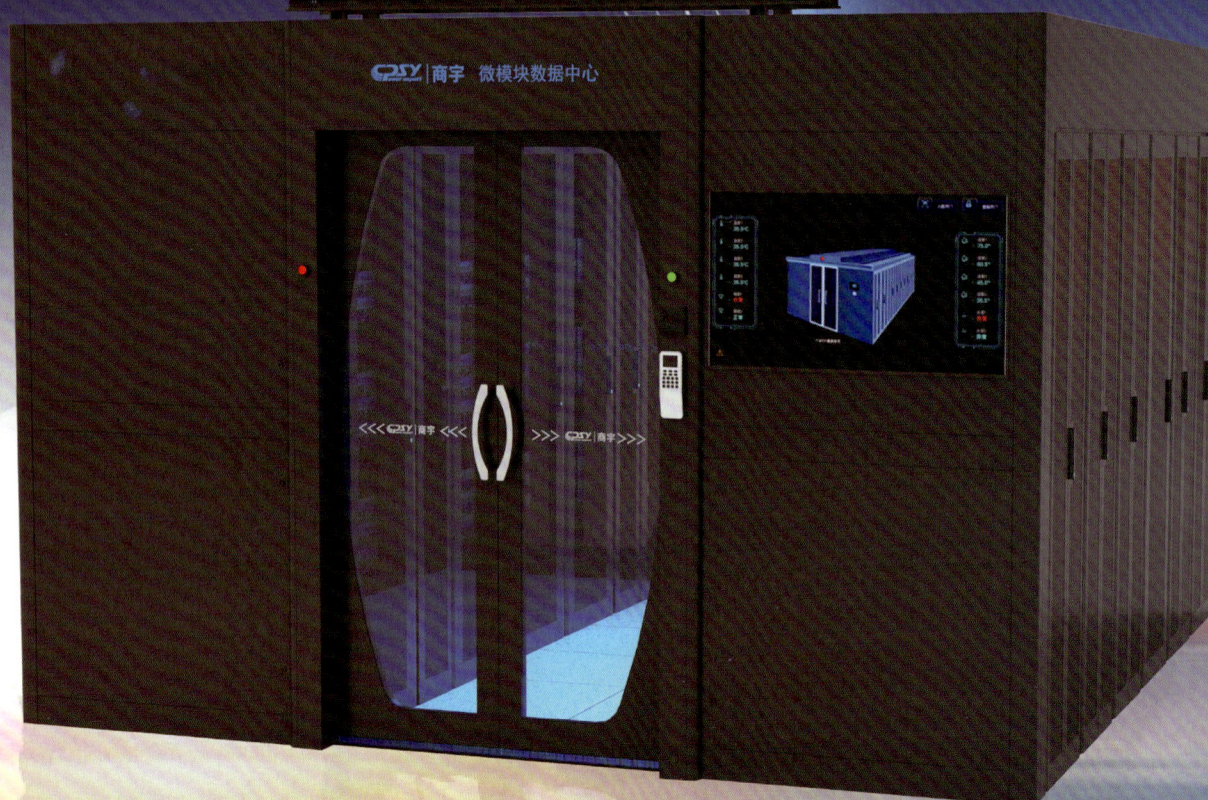

UPS不间断电源

精密机房空调

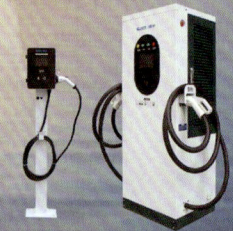
交直流充电桩

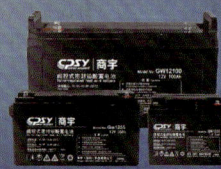
高效蓄电池

广告

工厂地址：深圳市宝安区楼岗大道26号商宇科技园
服务热线：400-0505-800　网址：www.cpsypower.com

微信公众号

CODACA 科达嘉

23年专注电感研发与制造
更大电流 | 更低损耗 | 更高可靠性

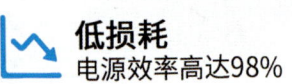
低损耗 电源效率高达98%

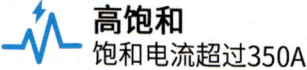
高饱和 饱和电流超过350A

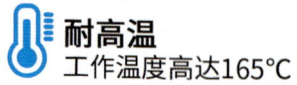
耐高温 工作温度高达165°C

高可靠 满足AEC-Q200标准

›› 我们的优势

- 磁性元件原厂,核心材料自主研制
- IATF16949和ISO9001认证工厂
- CNAS认可的实验室,产品符合AEC-Q200

- 电感产品快速定制服务
- 自主研发的在线选型工具
- 专业的FAE技术支持

广告

深圳市科达嘉电子有限公司
SHENZHEN CODACA ELECTRONIC CO.,LTD

电话:+86 755 89585372
邮箱:info@codaca.com
网址:www.codaca.com
地址:深圳市龙岗区坂田街道天安云谷产业园11栋